알기 쉬운

# 생명과학

알기 쉬운

# 생명과학

개념과 핵심

PEARSON 탐구당

**BIOLOGY: Life on Earth With Physiology**
[ELEVENTH Edition]
by
Teresa Audersirk
Gerald Audersirk
Bruce E. Byers

Authorized translation from the English language edition, entitled BIOLOGY: LIFE ON EARTH WITH PHYSIOLOGY, 11th Edition, 9780133923001 by AUDESIRK, GERALD; AUDESIRK, TERESA; BYERS, BRUCE E., published by Pearson Education, Inc, publishing as Pearson, Copyright © 2020



PEARSON 탐 구 당

# 저자

**TERRY AUDESIRK와 GERRY AUDESIRK**는 뉴저지 주에서 자랐고, 그곳에서 대학생 때 만났다. 1970년에 결혼을 한 후에, 캘리포니아로 이사하여, 테리는 남부 캘리포니아 대학에서 해양 생태학 박사학위를 취득하였고, 게리는 캘리포니아 공과대학에서 신경생물학 박사학위를 취득하였다. 그들은 워싱턴 대학 해양 연구소의 박사 과정을 끝낸 학생으로서 바다의 연체 동물을 모델 시스템으로 이용하여 행동의 신경 기부에 관해 함께 연구하였다.

그들은 현재 덴버에 있는 콜로라도 대학의 생물학 명예 교수이다. 이 대학에서 그들은 1982년부터 2006년까지 기초 생물학과 신경생물학을 가르쳤다. 주로 국립 보건원에서 자금을 댄 그들의 연구에서 그들은 뉴런이 낮은 정도의 환경오염에 의해 손상되고 에스트로겐에 의해 보호되는 메커니즘을 조사하였다.

테리와 게리는 함께 자연을 깊이 음미한다. 그들은 로키산맥을 등반하고 덴버의 서쪽 지역의 작은 언덕에 자리 잡은 그들의 집 구저를 달리고, 배고픈 사슴과 엘크들이 사는 약 2,100 미터의 고지대에 채소밭을 만들려는 시도를 하면서 즐겁게 생활하고 있다. 그들은 많은 환경 보존 단체의 오랜 맴버들이다. 그들의 딸인 Heather는 그들의 삶의 또 다른 중심점이다.

**BRUCE E. BYERS**는 서부 메사추세츠의 언덕으로 옮겨온 중서부인으로서 애머스트, 메사추세츠 대학의 생물학과 교수이다. 그는 1993년 이후 메사추세츠 대학(이곳에서 그는 박사 학위를 받았다) 교수진의 멤버이다. 부르스는 비전공 학생들과 전공 학생들에게 기초 생물학을 가르치며, 조류학과 동물 행동학도 가르친다.

# 엮은이

| | |
|---|---|
| 김 군 도 | 부경대학교 미생물학과 |
| 임 재 환 | 안동대학교 생명공학부 |
| 정 병 갑 | 고신대학교 의생명과학과 |
| 정 정 남 | 동아대학교 명과학과 |

(가나다 순)

# 목차

## Unit 1 생명과학, 기초화학 및 세포

# Unit 2 유전학과 생명공학

## 7 세포주기와 세포분열

# 머리말

## 개념과 핵심 중심의 생명과학

기후변화, 식량 및 산림 대 바이오 연료, 생명공학, 의학의 줄기세포, 잠재적 유행성 독감 전염병, 북극곰 및 판다의 곤경, 인류 인구 증가 및 지속 가능성: 이들은 매우 현실적이고 긴급하며 상호 관련되어있으며 점점 더 인간 사회를 위협하는 우려들 중 일부일 뿐이다. 우리는 손끝으로 인터넷을 통해 풍부한 정보를 얻을 수 있다. 다만 엄청난 양의 잘못된 정보까지도 함께 유통된다. 과학적 소양은 새로운 정보가 통합될 수 있는 견고하고 정확한 인지적 틀을 제공하는 사실적 지식의 기반을 필요로 한다. 그러나 더 중요한 것은 잘못된 정보의 늪으로부터 풍부한 데이터를 분리할 수 있는 정신적 도구를 제공한다는 것이다. 과학적으로 지식 있는 시민은 사실을 평가하고 개인 생활과 정치 분야에 대한 정보에 입각해서 더 나은 선택을 할 수 있다. 그런 맥락에서 과학적으로 지식 있는 학생들이 인류의 미래에 더 중요한 적이 없었다.

급변하는 시대 상황 속에서 생명과학의 영역은 급속하게 방대해지고 깊어지고 있다. 그와 함께 대학에서 배우는 교양 생명과학 교재들의 두께도 날로 두꺼워지고 있다. 그러나 생명과학 관련 학과들이 많아지면서 한 학기 동안에 생명과학 일반에 관하여 배워야만 하는 경우도 생겨나고 있다. 이러한 상황의 니즈를 맞추기 위하여 이 책이 세상 밖으로 나왔다.

이 책은 <생명과학-지구의 생명>(Biology-Life on Earth)의 축약판이다. 따라서 본판의 전통은 유지하되 중요 개념과 핵심 내용을 중심으로 축약판을 엮었다. 내용이 대폭 축소되었으며, 그렇다고 생명과학의 중요 개념과 핵심 내용은 놓치지 않고 있으므로 생물학에 입문하는 학생에게 이 과목을 이해하는 데 도움이 될 것이라고 기대한다.

각 장은 맨 앞에 현실세계에서 그 장의 주제들이 어떻게 응용되는지를 보여주었다. 본문 중간 중간 관련 내용을 넣어 과학적 지식과 흥미를 올려주고자 하였으며 또한 풍부한 삽화와 사진, 표 등을 이용하여 축약으로 인한 설명의 한계를 넘어보고자 하였다. 다만 이 책은 축약판으로서 본판의 내용을 개념 중심으로 핵심만을 다루고 있으므로 따로 본문 요약을 넣지는 않았다. 이 책이 조금이라도 부족하다고 느낀다면 본판인 <생명과학-지구의 생명>을 확인해 보면 내용을 이해하는 데 부족함이 없으리라 생각한다.

# UNIT 1

# 생명과학, 기초화학 및 세포

Chapter

# 1 지구의 생명에 대한 이해

에볼라 바이러스는 매우 감염성이 높으므로 간병인들은 특수한 격리복(isolation suit)을 이용하여 자신들을 보호해야 한다.

기니아 작은 마을의 속이 비어있는 커다란 나무에 수천 마리의 박쥐들이 서식하고 있었다. 이 나무는 동네 아이들의 사랑받는 놀이터였다. 과학자들은 이 장소를 최근에 일어난 엄청난 에볼라 전염병의 첫 번째 희생자인, Emile Ouamouno가 감염된 곳으로 추정하였다. Emile은 2013년 12월에 사망하였으며 그 뒤를 따라 그의 엄마와 형제들도 사망하였다. 이 사건으로 약 10,500명 이상이 사망하는 전염병이 발생하였다. 에볼라 바이러스는 과일 박쥐를 포함하는 열대우림 동물들 속에 도사리고 있다.

에볼라(Ebola)의 위협은 고열과 두통으로 시작하여 심한 구토로 이어진다. 내부 출혈이 피해자의 모든 개구부에서 일어날 수 있다. 사망은 보통 증상이 시작된 지 7–16일 이내에 발생하고 현재로선 치료법이 없다. 치사율은 25–90%에 이른다. 에볼라는 전염성이 매우 높기 때문에 간병인들은 환자의 혈액과 같은 체액으로부터 자신을 보호하기 위해 보호복을 착용해야 한다(삽입된 사진 참소).

에볼라는 바이러스로 인해 발생되는 질병 중 하나이다. 천연두와 소아마비 같은 일부 바이러스들은 대부분 근절된 반면에 감기와 독감은 우리를 여전히 성가시게 한다. 가장 경계해야 할 것들은 최근에 등장한 치명적인 전염성 바이러스들이다. 인체면역결핍바이러스(human immunodeficiency virus, HIV)에 의해 유발되는 후천성면역결핍증(AIDS)은 1981년 샌프란시스코에서 처음 보고되었고, 에볼라(처음 발생한 장소인 아프리카의 에볼라강 이름을 따라 명명됨)는 1976년 처음 확인되었다.

많은 바이러스들이 단백질로 둘러싸인 적은 양의 유전물질들로만 구성되어 있지만, 바이러스는 지구상에 알려진 모든 생명체를 감염시키는 생물학적 실체이다. 바이러스에는 몇 가지 생명체 같은 특성이 있다. 바이러스는 세포의 특정 부위에 결합하여 자극에 반응한다. 어떤 과학자들은 바이러스의 복제를 생명체의 특징인 번식으로 간주한다. 바이러스는 또한 종종 충격적인 속도로 진화하기도 한다. 그러나 바이러스는 물질대사를 하지 않고, 자신을 유지하고 성장시키지도 않는다. 요컨대 바이러스는 바이러스 학자인 Luis Vilarreal이 언급한 바와 같이 "생명체와 불활성 물질의 경계에 위치한 기생체"이다.

그러나 여전히 많은 과학자들은 바이러스를 생물로 분류하는 것에 동의하지 않고 있다. 과연 생명의 정의가 무엇이기에 그럴까?

## Contents

## 1.1 생명이란 무엇인가?

**생물학(Biology)**이란 단어는 그리스어의 '생명'이라는 'bio'와 연구라는 'logy'에서 유래했다. 생명이란 무엇인가? 생명의 사전적 의미를 보면, '죽은 것과 구별되는 살아 있어 기능하는 성질'이라고 되어 있지만, 그 '성질'이 무엇인지는 확인할 수 없다. 생명은 무형적이며 생명과학자조차도 간단히 정의하기가 불가능하다. 그럼에도 불구하고, 모든 **생명체(organism)**가 어떤 특성들을 공유한다는 것에는 대체로 동의한다.

- 생물체들은 물질과 에너지를 획득하고 사용한다.
- 생물체들은 조직화된 복잡성을 유지한다.
- 생물체들은 자극을 인지하고 반응한다.
- 생물체들은 성장한다.
- 생물체들은 번식한다.
- 생물체들은 진화한다.

무생물체들도 이러한 특성의 일부를 가질 수 있다. 하지만 오직 생명체만이 이러한 특성들을 모두 갖고 있다. **세포(cell)**는 생명의 기본단위이다(그림 1-1). 지구상 대부분의 생물은 단세포 생물이지만, 생명의 특성은 글자의 'O'자보다 작은 동물인 물벼룩과 같은 다세포 생물에서 보다 잘 나타난다(그림 1-2).

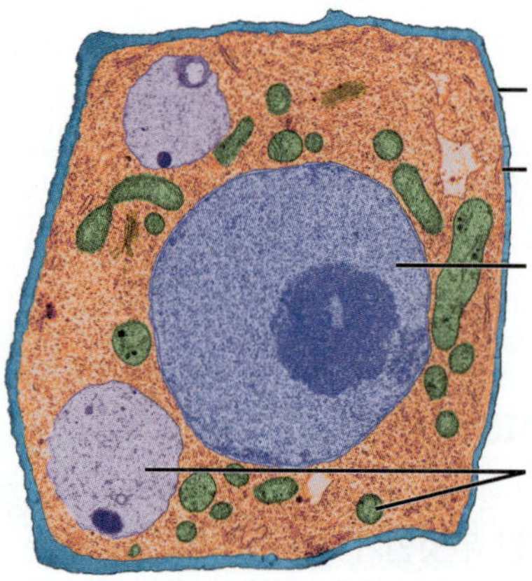


▲ 그림 1-1 **세포는 생명의 가장 작은 단위이다.** 인위적으로 색칠한 식물세포(진핵세포)의 현미경 그림은 식물세포를 둘러싸서 지지하고 있는 세포벽(파란색)을 뚜렷하게 보여준다. 세포벽 바로 안쪽에 원형질막(모든 세포에 존재)은 세포로의 물질의 출입을 조절한다. 세포는 또한 액상의 세포 내 환경(오렌지색)에 핵을 포함한 여러 유형의 특화된 세포소기관을 가지고 있다.

▶ 그림 1–2 **생명의 특징** 물벼룩은 생명체의 놀라운 복잡성을 유지하기 위해 섭취한 광합성 생물체(장내의 녹색부분)로부터 에너지를 얻는다. 눈과 안테나는 자극에 반응한다. 그림의 암컷 성체는 번식중이며, 이 암컷 자체도 암컷이 현재 가지고 있는 것과 같은 알로부터 성장하였다. 이러한 물벼룩이 생존하고 성장하며 번식할 수 있도록 한 모든 적응들은 진화에 의해 형성되었다.

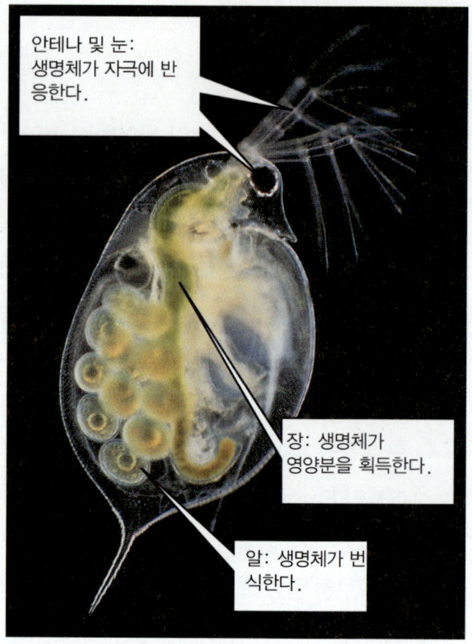


### 생물체는 물질과 에너지를 획득하고 사용한다

생물체는 몸을 구성하기 위한 물질을 환경 혹은 다른 생물체로부터 획득한다. 생물체와 무생물적 환경들 간에 물질의 지속적 교환 또는 재순환이 일어난다(그림 1-3).

궁극적으로 생물체를 유지시키는 에너지는 태양광에서 온다. 일부 생물체들은 **광합성(photosynthesis)**이라고 하는 과정을 통해 태양에너지를 직접 포획한다. 포획된 에너지는 광합성 생물 자신을 위해 사용되지만 또한 비광합성 생물체들에게 제공되기도 한다. 따라서 에너지는 태양으로부터 광합성 생물체를 통해 모든 다른 형태의 생물체로 흐른다.

### 생물체는 조직화된 복잡성을 능동적으로 유지한다

책상 위에 놓여 있는 책과 세포의 복잡성은 에너지를 사용하지 않으면 무질서한 상태가 되는 경향이 있다. 조직화된 복잡성을 나타내는 생물체들은 그들의 복잡성을 유지하기 위해 지속적으로 에너지를 사용하여야 한다.

제한된 범위 내에서 내부 환경을 유지하는 생물체의 능력을 **항상성(homeostasis)**이라고 한다. 항상성을 유지하기 위해, 세포막은 특정 화학물질을 세포 내로 수송하고 다른 화학물질들은 방출한다. 사람은 좁은 범위 내에서 체온을 유지하고 있다(그림 1-4).

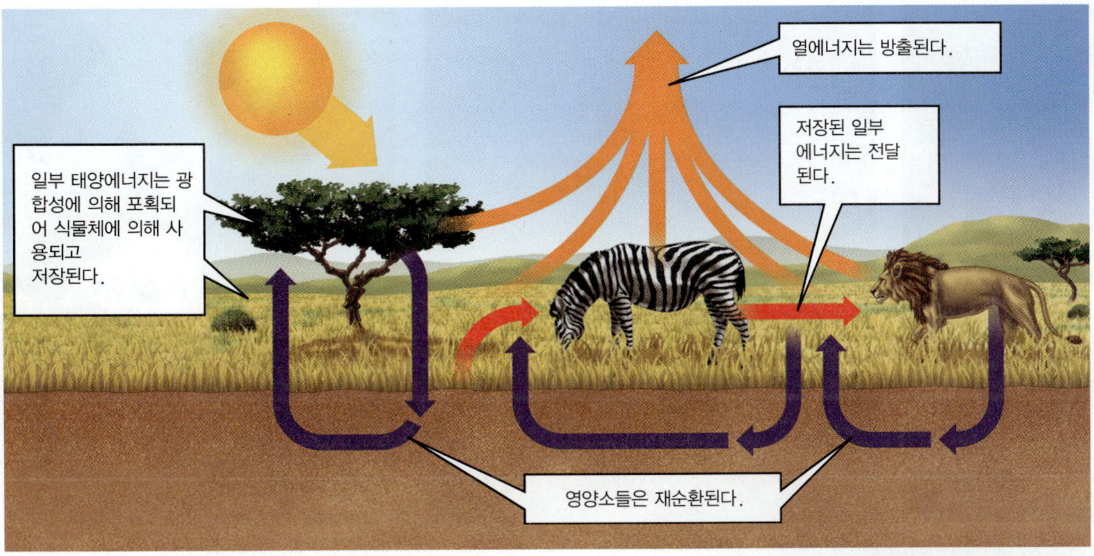


◀ **그림 1–3 에너지의 흐름과 무생물적 영양분의 재순환**

▶ **그림 1–4 생물체는 비교적 일정하게 내부 환경을 유지한다.** 땀과 물병의 물을 이용한 발한은 운동선수가 격렬한 운동 중에 체온을 유지하는 데 도움을 준다.

## 생물체는 자극을 인지하고 반응한다

생물체는 생명을 유지하기 위해 주변 환경을 인지하고 자극에 반응해야 한다(그림 1-5). 동물은 내부 및 외부의 자극들을 감지하기 위해 특화된 세포를 사용한다. 한 예로, 여러분의 뇌가 혈당의 감소를 감지할 경우, 음식 냄새에 의해 입에 침이 고이게 된다. 가장 작고 단순한 생물체인 박테리아조차도 유해물질을 피하여 유리한 환경쪽으로 이동한다.

◀ **그림 1–5 빛을 향한 구부러짐** 식물들은 그들의 생존에 필요한 에너지를 제공하는 태양빛을 인지하고 빛을 향해 구부러진다.

## 생물체는 성장한다

생애의 어떤 시기에 모든 생명체는 성장한다. 그림 1-2의

(a) 분열중인 *Streptococcus* 박테리아 (b) 종자를 생산하고 있는 민들레 (c) 새끼와 함께 있는 판다

▲ 그림 1-6 생물은 번식한다

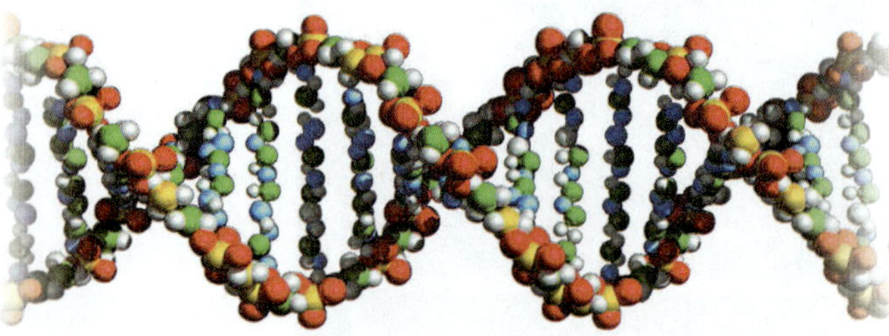

▲ 그림 1-7 DNA DNA 구조의 공동 발견자인 James Watson은 DNA를 "이렇게 아름다운 구조는 반드시 존재해야만 했다."라고 말하였다.

물벼룩은 물벼룩 몸속의 한 알로부터 성장한다. 박테리아와 같은 단세포 생물은 분열하기 전에 원래 크기의 두 배로 성장하고, 유전물질을 복제한 뒤 번식을 위해 둘로 나뉘어진다. 동물과 식물도 유사한 과정을 통해 보다 많은 세포를 생산하고, 성장이 멈출 때까지 이러한 과정을 반복한다.

### 생물체는 번식한다

생물체는 다양한 방식으로 번식한다(그림 1-6). 이러한 과정은 반으로 분열하고, 종자를 생산하고, 어린 생물체를 임신하고, 알을 낳는 것 등을 포함한다. 번식의 최종결과는 항상 동일하다. 독특한 생명 형태를 생성하고 유지할 정보를 물려받은 부모생물체의 새 버전이다. 모든 세포에서 복제되고 자손들에게 전해지는 이러한 정보는 유전물질인 **DNA(deoxyribonucleic acid)**에 들어 있다(그림 1-7).

### 생물은 진화할 능력을 갖추고 있다

**진화(evolution)**에 대한 간단한 정의는 오랜 시간에 걸쳐 한 개체군에 일어나는 DNA의 변화이다. 여러 세대를 거치는 동안 **개체군(population)** 내에서의 DNA 변화는 피할 수 없으며 그 결과 진화가 일어난다. 생물학자인 데오도시우스 도브잔스키는 "진화를 빼고 이해되는 생물학은 없다."는 말을 남겼다.

## 1.2 진화란 무엇인가?

진화는 오랜 시간에 걸쳐 하나의 개체군에서 일어나는 유전적 변화이다. 광대한 시간 동안 누적된 변화들이 이 행성에서 살아가는 생물의 엄청난 다양성을 설명해준다. 진화에 관한 과학적 이론은 1800년대 중반 영국의 박물학자 찰스 다윈과 알프레드 러셀 윌리스에 의해 수립되었다. 그 이후 진화는 화석, 지질학적 연구, 암석의 방사성 연대추정, 유전학, 분자생물학, 생화학 및 육종 실험들을 통해 지지되어 오고 있다. 진화는 생명의 엄청난 다양성뿐 아니라 생물체 간의 놀라운 유사성에 대해서도 설명해준다. 한 예로, 사람은 침팬지와 많은 특징을 공유하며 우리의 DNA는 침팬지와 거의 일치한다. 이러한 유사성은 사람과 침팬지가 공통

▲ 그림 1-8 침팬지와 사람은 상당히 연관되어 있다.

조상으로부터 유래했다는 강력한 증거이다(그림 1-8).

## 세 가지 중요한 자연의 과정이 진화의 기초가 된다

진화는 세 가지 사건의 피할 수 없는 결과이다. (1) 개체군 내 구성원들 간의 차이, (2) 이러한 차이점들의 유전, 그리고 (3) 자연선택. 이들 세 가지 요인을 좀 더 자세히 살펴보자.

### 돌연변이가 DNA에 차이를 부여하는 근원이다

개를 관찰하면 크기, 모양, 털의 색깔과 길이 등이 다른 것을 알 수 있다. 환경과 생활 방식의 차이가 어느 정도 이러한 차이를 초래하겠지만, 주된 원인은 유전자의 차이다. **유전자(gene)**는 유전의 기본 단위이다. 세포가 분열 전에 세포의 모든 DNA가 복제되어 유전자들이 새로운 세포에 전달된다. 세포는 DNA를 복제할 때 종종 실수를 일으키는데, 복제 실수에 의해 생기는 이러한 유전자의 변이를 **돌연변이(mutation)**라고 한다.

### 일부 돌연변이들은 유전된다

정자나 난자에 돌연변이가 일어나면 이러한 돌연변이는 유전된다. 그 결과, 변형된 DNA는 부모로부터 자손으로 전달된다. 유전자에 일어나는 대부분의 돌연변이는 유해하거나 중성적이다. 드물긴 하지만, 생존과 번식에 도움을 주는 돌연변이가 있을 수도 있다. 이러한 돌연변이들이 진화의 재료가 된다.

### 일부 유전되는 돌연변이들은 생존과 번식에 유리하다

진화에서 가장 중요한 과정은 자연선택이다. **자연선택(natural selection)**은 주어진 자연환경에서 특정 유전형질을 가진 개체가 이러한 형질을 갖지 못한 다른 개체들보다 성공적으로 생존하고 자손을 번식시키는 과정이다. 그 결과, 이러한 유전형질은 여러 세대를 거치면 개체군 내에서 흔해진다. 이러한 형질들은 유전자들의 차이에서 비롯되므로, 전체적으로 개체군의 유전적 구성은 시간이 지나면 변한다. 즉, 개체군이 진화한다.

주어진 환경에서 생존과 번식에 도움이 되는 구조, 생리

◀ 그림 1-9 **새로 발견된 공룡 타이타노사우루스(*Titanosaurus*)의 화석** 가장 일반적으로 받아들여지는 6500만 년 전 공룡 멸종에 대한 가설은 엄청나게 광대한 운석의 충돌이 서식환경을 급격하고 근본적으로 변화시켰다는 것이다. 9500만 년 정도 된 것으로 추정되는 이 넓적다리 뼈는 130피트(40미터) 길이의 176,000 파운드(80톤) 무게를 가진 것으로 추정되는 초식공룡의 것이다.

적 과정, 혹은 행동들을 **적응(adaptation)**이라고 한다. 생물체들의 놀라운 특징들, 즉 사슴의 빠르고 민첩한 다리, 삼나무의 큰 키 등은 적응의 예이다. 오늘날 생물체에서 발견되는 수많은 적응은 무작위적으로 일어난 돌연변이들에 작용한 자연선택의 결과이다.

환경에 유리한 돌연변이가 일어나지 않으면, 변화하는 환경이 한 종의 **멸종(extinction)**을 가져오는 재앙이 될 수 있다(그림 1-9). 최근 수십 년간 화석연료의 사용, 열대림의

|  |  |
|---|---|
| 생물권 | 살아있는 모든 생명체와 생명체를 보조하는 지구의 무생물 부분 |
| 생태계 | 생물과 주변의 무생물들로 이루어진 사회 |
| 군집 | 같은 지역에서 서식하며 상호작용을 하는 둘, 혹은 그 이상의 서로 다른 종의 개체군 |
| 개체군 | 같은 지역에 서식하는 한 종의 구성원 |
| 종 | 매우 유사하여 상호교배가 가능한 모든 생명체들 |
| 다세포 생명체 | 다세포로 이루어진 각각의 생명체 |
| 기관계 | 특정 신체 기능을 협력 수행하는 둘 이상의 기관들 |
| 기관 | 기능적 단위를 형성하는 여러 유형의 조직들로 구성된 구조 |
| 조직 | 특정 기능을 수행하는 유사 세포들의 집단 |
| 세포 | 생명의 가장 작은 단위 |
| 분자 | 원자의 조합 |
| 원자 | 원소의 특성을 유지하는 원소의 가장 작은 입자 |

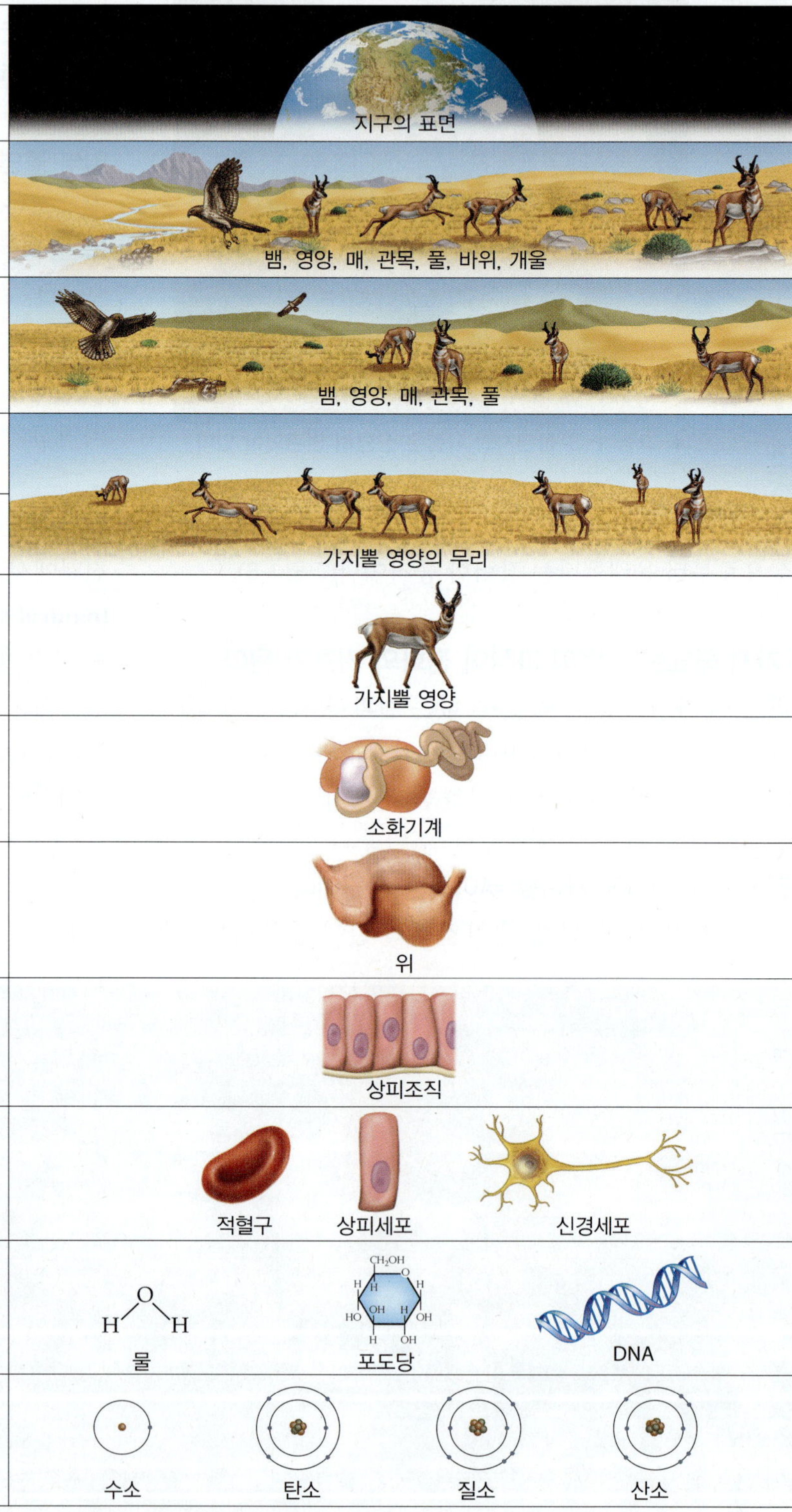


▲ **그림 1–10 생물학적 구성의 체계** 각 하위 수준은 상위 수준에 대한 구성단위를 제공한다. 상위 수준은 하위 수준 간의 상호작용을 통해 형성되는 새로운 특성을 가지게 된다.

농장 전환 같은 인간의 활동은 환경의 급속한 변화를 초래하였다. 급속한 환경변화에 유리한 돌연변이는 드물기 때문에 멸종이 빠르게 진행되고 있다.

## 1.3 과학자들은 생명을 어떻게 연구하나?

생물학은 다양한 연구 분야를 포함하고 있으며 각 분야는 상이한 전문 지식을 요구한다.

### 생물학은 여러 수준에서 연구되고 있다

생명을 구성하는 여러 수준의 체계가 있다(그림 1-10). 생물학자들은 DNA와 같은 분자에서부터 생태계까지 여러 수준에서 연구를 수행한다.

먼저 단백질과 DNA 같은 분자들이 생명의 기본단위인 **세포(cell)**를 구성한다. 다세포 생물에서는 비슷한 유형의 세포들이 결합하여 상피조직과 같은 **조직(tissue)**을 이룬다. 여러 조직들이 합쳐져서 심장과 같은 **기관(organ)**을 형성한다. 특정 기능을 수행하는 두 개 이상의 기관은 묶어서 **기관계(organ system)**라 부른다. 예를 들어, 위는 소화기계의 일부이다.

체계의 수준은 개체의 그룹들로 확장된다. 한정된 지역에서 같이 살며 상호작용하는, 동종의 생물체 그룹은 **개체군(population)**이다. 발견되는 지역과 상관없이 짝짓기가 가능할 만큼 유사한 생물체들이 **종(species)**을 구성한다. **군집(community)**은 같은 지역에 서식하며 상호 교류하는 서로 다른 종의 개체군들로 구성된다. 군집과 그것을 둘러싸는 무생물의 환경이 **생태계(ecosystem)**를 구성한다. 끝으로, **생물권(biosphere)**은 지구상의 모든 생명체와 이들을 지원하는 지구의 무생물 부분을 포함한다.

### 생물학자들은 진화적 유연관계에 따라 생물을 분류한다

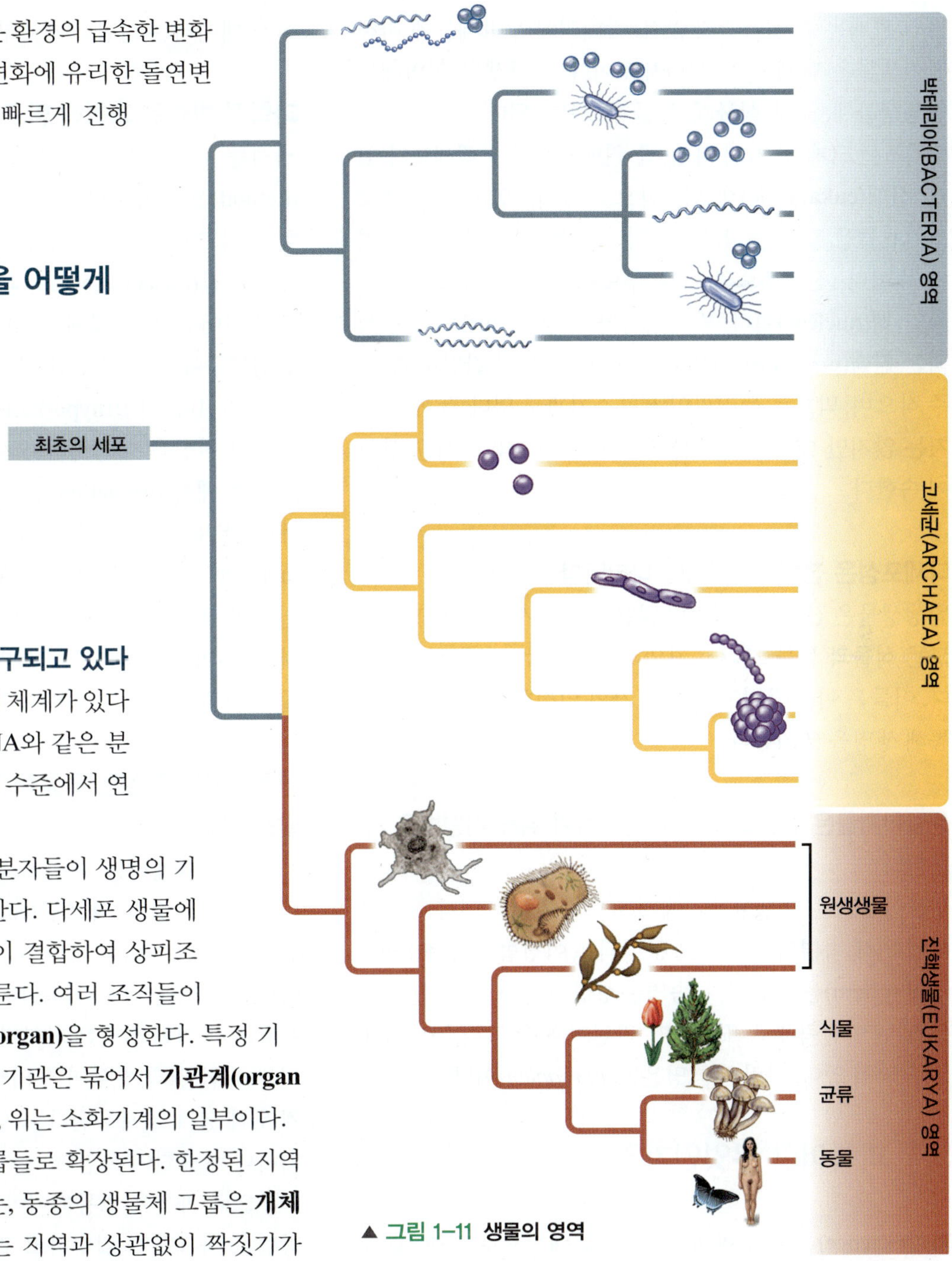


▲ 그림 1-11 생물의 영역

모든 생물이 앞서 기술한 일반적인 특성을 공유하긴 하지만, 진화로 인해 엄청나게 다양한 생물들이 생겨났다. 과학자들은 진화적 유연관계에 따라 생물을 박테리아(Bacteria), 고세균(Archaea), 진핵생물(Eukarya)의 3개 그룹, 혹은 영역(domain)으로 분류한다(그림 1-11).

이러한 분류는 세포 간의 근본적인 차이에 근거한다. 박테리아와 고세균에 속하는 생물은 일반적으로 단일세포다. 그러나 분자 수준에서 둘 사이에는 근본적인 차이가 있어들의 관계는 결코 가깝지 않다. 박테리아와 고세균에 비해 진핵생물은 단세포 혹은 다세포이다. 진핵생물 영역에는 원생생물계, 균계, 식물계, 동물계가 포함된다.

세포는 크게 두 가지 타입, 즉 원핵세포와 진핵세포가 있다. **진핵(eukaryotic)**세포는 막으로 둘러싸인 다양한 세포소기관들을 갖고 있다. '진핵'이라는 용어는 '진정한 핵'이란 뜻이다. 진핵세포의 가장 뚜렷한 특징은 막으로 둘러싸인 **핵(nucleus)**이다. 박테리아와 고세균 영역으로 구성되는 **원핵(prokaryotic)**세포는 진핵세포보다 간단하고, 아주 작으며, 막으로 둘러싸인 세포소기관도 없다. 눈에 보이지는 않지만 대부분의 생물체는 박테리아 및 고세균 영역에 속한다.

### 다세포성은 진핵생물에서만 나타난다

원생생물은 진핵생물이지만 많은 경우 단세포이다. 그러나 모든 식물과 동물 그리고 거의 모든 균류는 다세포 생물이다. 이들은 여러 특화된 세포들 간의 밀접한 교류와 협력을 통해 생명을 영위한다.

### 생물학자들은 생물의 이름을 명명하기 위해 이명법을 사용한다

생물학자들은 각 생물체들에게 고유한 과학적 이름을 부여하기 위해 속명과 종명으로 구성되는 **이명법 시스템(binomial system)**을 사용한다. 속명은 항상 대문자로 쓰며, 두 부분 모두 이탤릭체로 표기하며, 라틴어 혹은 그리스어 어원으로 되어 있다. 사람의 학명은 *Homo sapiens*이다.

## 1.4 과학이란 무엇인가?

**과학(science)**은 우주의 모든 현상을 대상으로 하여, 관찰과 실험을 통해 행해지는, 체계적인 탐구라고 정의할 수 있을 것이다.

### 과학자의 세 가지 원칙

과학자는 세 가지의 기본적인 원칙을 갖고 과학적 탐구에 임한다. 첫째, 모든 사건을 인과관계로 파악할 수 있다. 고대인들은 초자연적인 힘이 자연현상을 일으킨다고 믿었다. 둘째, 자연법칙은 시간의 흐름이나 거리에 따라 변하지 않는다. 셋째, 과학적 발견은 '가치중립적'이다. 다시 말해, 과학적 데이터는 신념 체계로부터 떨어져 존재한다.

### 과학적 방법은 과학적 탐구의 중요한 수단이다

세계를 이해하기 위해 과학자들은 **과학적 방법(scientific method)**을 사용한다. 이 방법은 관찰, 의문, 가설, 예측, 실험 그리고 결론으로 구성된다. 과학적 탐구는 특정 현상에 대한 **관찰(observation)**로 시작된다. 관찰은 **의문(question)**으로 이어진다. '어떻게 이러한 현상이 일어났을까?' 뒤이어 선행연구에 대한 세심한 검토, 동료들과의 토론 끝에 가설이 세워진다. **가설(hypothesis)**은 이용 가능한 증거들에 기초하여 현상을 설명하려는 시도이다. 가설이 유용하기 위해서는 **예측(prediction)**이 성립해야 한다. 예측은 신중하게 고안된 추가적인 관찰이나 통제된 조작인 **실험(experiment)**에 의해 검증된다. 가설과 일치하거나 반대되는 실험결과의 해석을 통해 과학자는 **결론(conclusion)**에 도달한다. 결론이 타당하기 위해서는, 실험의 결과가 다른 연구자들에 의해 재현될 수 있어야 한다.

### 생물학자들은 실험을 통해 가설을 검증하고 결과를 발표한다

통제된 실험에서는 두 가지 상황이 설정된다. 하나는 모든 변인들이 고정된 **대조군(control)** 조건이다. 다른 하나는 실험적 조건으로, 하나의 요인 또는 **변인(variable)**이 원인이라는 가설을 검증하기 위해 이 변인이 조작된다. 실험이 유효하기 위해 실험은 과학자들에 의해 반복 수행된다. 그리고 실험 결과가 우연에 의해 일어났을 가능성을 배제하기 위해 통계가 사용된다. 우연이 아니라면, 통계적으로 유의하다는 표현이 쓰인다.

끝으로 과학은 소통되어야 한다. 좋은 과학자들은 실험방법을 자세하게 설명하고 결과를 발표함으로써 다른 과학자들이 그들의 실험방법에 근거하여 결과를 재현할 수 있도록 한다.

### 과학적 이론은 철저하게 검증된다

**과학적 이론(scientific theory)**은 자연현상에 대한 일반적이고 신뢰성 있는 설명으로서 관찰과 실험을 통해 얻어진다. 그러나 과학자들은 과학적 이론이 틀렸다고 입증될 수 있기 때문에 기본원리를 '사실' 대신 '이론'이라고 말한다. 과학적 이론을 무효화시키는 뚜렷한 증거가 제시되면 이

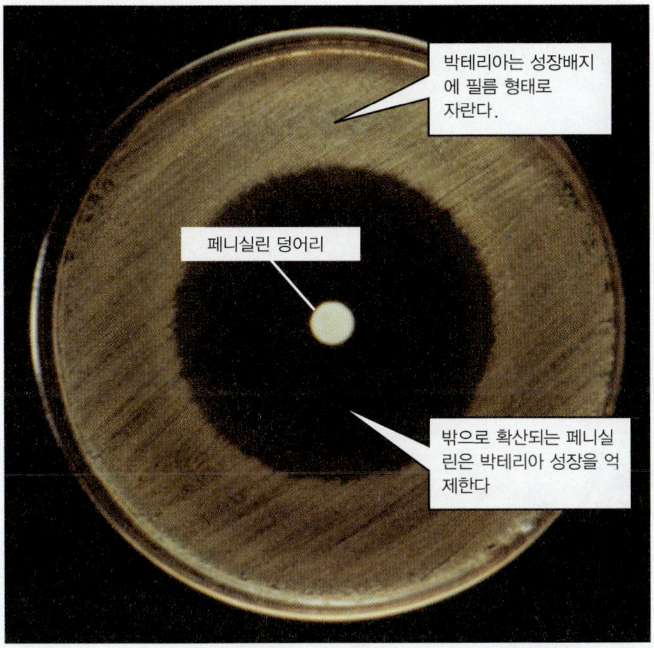


▲ 그림 1–12 **페니실린은 박테리아를 죽인다.** Alexander Fleming은 *Penicillium* 곰팡이의 콜로니 주변에 박테리아 성장이 비슷하게 억제되는 것을 관찰하였다.

론은 수정되거나 폐기되어야 한다.

과학 탐구는 과학 이론을 지속적으로 검증한다. 이것은 과학원리와 신앙 간의 주요한 차이이다. 신앙 교리는 증명하거나 반증하는 것이 아니므로, 과학의 범위에서 벗어난다.

### 과학적 이론은 귀납적 및 연역적 추론에 의해 도출된다

과학적 이론은 관찰들의 결과로부터 일반화를 이끌어내는 과정인 **귀납적 추론(inductive reasoning)**에 의해 도출된다. 과학적 이론이 생기면, 이는 **연역적 추론(deductive reasoning)**을 뒷받침하는 데 쓸 수 있다.

### 과학은 인간 노력의 산물이다

과학자들도 자부심, 두려움, 야망을 갖는 사람이다. 우연한 발견, 운 좋은 추측, 경쟁관계에 있는 과학자들 간의 논쟁, 또한 과학자 개개인의 지적 호기심 등이 과학의 발전에 크게 공헌한다. 심지어 실수도 과학발전에 기여한다.

1920년대 말 스코틀랜드 과학자 Alexander Fleming은 배지 중 하나가 *Penicillium* 곰팡이에 오염되었을 때, 배지를 버리는 대신 곰팡이 주변에서는 박테리아가 자라지 않는다는 것을 관찰하였다. 플레밍은 "왜 박테리아가 그 주변에서는 자라지 않을까"라는 의문을 갖고, 계속 연구한 끝에 첫 번째 항생제인 페니실린을 발견하였다(그림 1-12).

▲ 그림 1–13 **루핀 꽃의 적응** 생명에 대한 이해는 사람들이 자기 발 아래에 놓여 있는 작은 경이로움을 인지하고 감사하게 할 수 있게 도와준다. (삽입된 그림) 루핀 꽃은 찾아온 벌 복부 위에 화분을 묻힌다.

### 생물학에 대한 지식은 생명을 보여준다

일부 사람들은 세상에 대한 이해가 너무 깊으면 우리의 상상력과 경외심을 앗아간다고 생각하여 과학을 비인간화시키는 활동으로 간주한다. 그러나 진실보다 위에 있는 것은 없다. 예를 들어, 루핀(lupine) 꽃을 보자. 벌에 의한 루핀의 수분은 복잡하다(그림 1-13). 벌과 루핀 꽃에 대한 지식은 이 꽃에 대한 우리의 감상을 훼손시킬까? 전혀 그렇지 않다. 오히려 벌과 꽃의 상호작용을 관찰하고 이해하는 새로운 기쁨을 주게 될 것이다.

우리는 이 책을 집필하면서 생물학이 단지 암기해야 할 사실의 집합체가 아니라는 것을 전달하려고 노력했다. 생물학은 여러분과 여러분을 둘러싸고 있는 생물에 대한 이해를 구하는 통로이다. 또한 생물학은 완성된 것이 아니라 계속 진행되고 있는 탐험이다.

Chapter

# 2
# 생명의 화학

친구는 친구를 먹지 않는다. Scrapie에 감염된 양의 유해에 존재한 단백질을 포함한 사료를 먹인 소에게 광우병이 나타났다.

"있잖아, 아무래도 내 몸이 좀 이상해진 것 같아." Charlene은 그녀의 여동생에게 말했다. 쾌활하고 장학생인 22살의 그녀는 기억력 감퇴와 감정 기복을 경험하기 시작했다. 이후 3년 동안 그녀의 증상은 더 악화되었다. 손이 떨리고 의지와 상관없이 사람들을 물어뜯고 때리다가 마침내 걸을 수도, 음식을 삼킬 수도 없게 되었다. 결국, Charlene은 미국 내 거주자 중에서 인간형 광우병에 의한 첫 사망자가 되었는데, 그녀는 아마 10여 년 전 영국에서 살았을 때 이 병에 걸렸을 것이다.

보건 당국은 1990년대 중반에 이르러서야 광우병, 즉 소해면상뇌증(bovine spongiform encephalitis, BSE)이 사람에게 전염될 수 있다는 사실을 알게 되었다. 비록 수백만 명이 오염된 고기를 먹었지만 전 세계적으로 200명 미만의 사람이 인간형 BSE, 즉 변종 크로이츠펠트-야콥병(vCJD)에 감염되었다. 그러나 감염된 사람들에게 있어 이 병은 예외 없이 치명적이었다. 감염된 사람이나 소의 뇌에는 미세한 구멍들이 뚫려 뇌가 스펀지와 같은 모양으로 바뀌었다.

광우병은 어디에서 왔을까? 양들에게 나타나는 scrapie라고 불리는 질병에서 이 병이 시작되었다는 설이 있는데 이는 scrapie 증상과 BSE 증상이 동일하기 때문이다. 감염된 양들은 털을 긁는 경향이 있기 때문에 이러한 이름이 붙게 되었다. 감염된 양들은 체중 감소와 자세 불안정 및 신경질적이고 폭력적인 행동을 보일 뿐 아니라 뇌가 점점 스펀지 형태로 변한다. 1980년대 초반에 변형된 scrapie가 소에 전염되었을 것으로 추측하는데, 이 당시 소의 사료에 때로 양고기가 포함되었기 때문이다. 1986년 영국 소에서 BSE가 처음 확인되어 1988년에 양고기와 염소고기를 소의 사료로 사용하는 것이 금지되었다. 1996년이 되어서야 영국의 소고기 수출이 금지되었는데, 이는 이 병이 사람들에게 전염될 수 있다는 것이 밝혀진 이후였다. 그 당시 예방조치로 영국은 450만 마리 이상의 소를 도살하여 소각하였다. 이는 영국 농부들에게 큰 비극이었다.

왜 광우병은 과학자들의 높은 관심을 끌까? 1980년대 초반에 Stanley Prusiner 박사는 단백질이 scrapie의 원인이며, 이 단백질이 병을 전염시킨다는 증거를 제시하면서 이 감염성 단백질을 'prion'이라 명명하였다. 유전물질 이외의 물질이 전염병을 일으킨 적이 없었으므로, Prusiner 박사의 결과는 처음에 많은 의심을 받았다.

단백질은 무엇이며 DNA나 RNA와 어떻게 다를까? 단백질이 어떻게 다른 생물에 감염되고 그 수가 늘어나서 치명적인 질병을 일으킬까?

## Contents

## 2.1 원자와 분자란 무엇인가?

생물을 구성하는 물질은 화학물질이므로, 생물학은 화학물질로부터 시작한다. 그러나 원자나 그 이하의 수준을 다루는 화학과 달리 생물학은 당, 아미노산, 뉴클레오타이드 등의 분자로부터 시작하는 경우가 대부분이다. 원자나 분자에 관한 화학적 지식이 필요한 경우에는 일반화학의 교과서를 참조하는 것이 좋다.

## 2.2 이온결합, 공유결합, 수소결합이란 무엇인가?

화학결합 중에서 생물학적으로 중요한 것은 이온결합, 공유결합, 수소결합이다.

### 이온결합은 이온 간에 형성된다

원자가 전자를 잃거나 얻음으로써 양전하 혹은 음전하를 띠게 되면, **이온(ion)**이 된다. 서로 반대되는 전하를 가지는 이온은 서로를 끌어당겨, **이온결합(ionic bond)**을 형성한다. 예를 들면 소금의 하얀 결정은 이온결합으로 연결된 나트륨과 염화 이온이다.

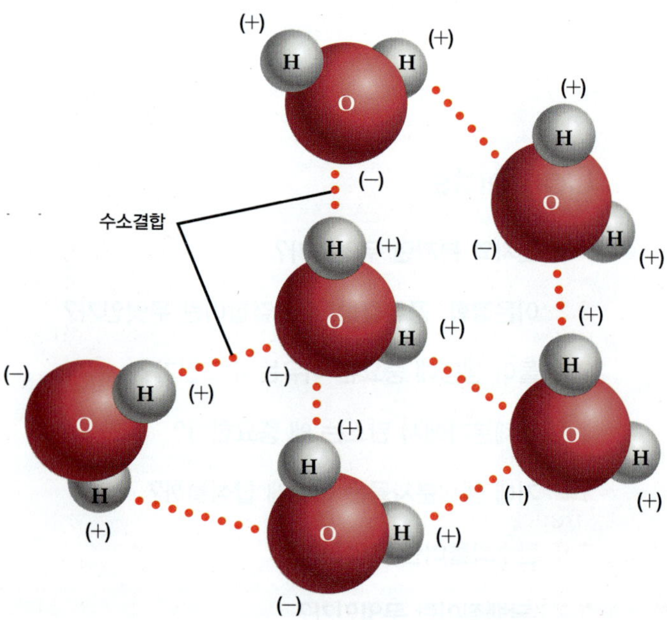


▲ 그림 2–1 **물에서의 수소결합** 물 분자의 서로 반대되는 극성의 약한 전하는 서로 근접해 있는 물 분자에서 산소와 수소 원자 간에 수소결합을 형성한다. 각 물 분자는 4개의 수소결합을 형성할 수 있다. 액체 상태의 물에서, 이 결합은 새로이 만들어지면서 계속해서 끊어진다.

### 공유결합은 전자를 공유하면서 형성된다

원자는 다른 원자와 전자를 공유하여 **공유결합(covalent bond)**을 형성한다. 단백질, 당, 지방과 같은 생체분자들의 원자들은 공유결합에 의해 연결되어 있다.

공유결합에서 원자들이 전자를 동등하게 공유하면, 전하가 없는 **비극성 공유결합(nonpolar covalent bond)**이 된다. 전자를 차이 나게 공유하면 **극성 공유결합(polar coralent bond)**이 된다. 극성 분자는 전하를 띤다. 예를 들면 물($H_2O$)이 그렇다.

### 수소결합은 극성 분자들 간의 인력이다

당, 단백질 그리고 핵산을 포함한 생체분자들은 종종 수소와 산소 혹은 수소와 질소 사이에서 극성 공유결합을 갖는다. 이런 경우에 수소는 약간 양전하를 띠고 산소 혹은 질소는 약간 음전하를 띤다. 약한 양전하 부분과 약한 음전하 부분 사이의 결합을 **수소결합(hydrogen bond)**이라 한다. 물의 수소결합은 물 분자를 느슨한 네트워크로 연결해 준다(그림 2-1). 물 분자의 수소결합은 물 분자의 많은 특성을 설명해 준다.

## 2.3 물이 생명에 중요한 이유는 무엇인가?

물은 세포의 70%를 차지할 만큼 생명의 유지에 중요하다. 그 이유는 무엇 때문일까?

### 물 분자는 서로 끌어당긴다

수소결합이 물 분자들을 연결한다. 한 파트너에서 다른 파트너로 손을 잡았다 놓으며 지속적으로 파트너를 바꾸는 스퀘어 댄서들처럼 물 분자의 수소결합은 계속 끊어졌다가 다시 이어져 물이 흐를 수 있게 한다. 물 분자 간의 수소결합으로 물의 **응집력(cohesion)**이 생기는데, 이로 인해 물이 작은 방울을 형성할 수 있다. 물 분자의 응집성으로 물의 표면이 파괴되는 것에 대한 저항력인 **표면장력(surface tension)**이 나타난다. 물은 또한 다른 표면에 달라붙는 경향인 부착력을 갖고 있다. 물은 유리, 종이, 거미줄 등에 달라붙는다. 물의 부착력에 의해 **모세관 현상(capillary action)**이 일어난다. 물 분자 간의 강한 응집력과 모세관 현상으로 식물의 뿌리에서 흡수된 물이 높은 곳의 잎까지 도달할 수 있다.

### 물은 많은 다른 분자들과 상호작용을 한다

**용매(solvent)**는 다른 분자들을 완전히 둘러싸서 분산시키는 물질이다. 이러한 현상이 일어나면, 용매가 물질을 녹였다고 한다. 물질이 용매에 녹아있는 것을 **용액(solution)**이라 한다. 양극성 때문에 물은 매우 좋은 용매이다. 극성 분자와 이온이 물에 녹는 성질을 **친수성(hydrophilic)**이라 한다. 물은 단백질, 염, 당, 산소, 이산화탄소 등과 같은 생명에 중요한 많은 분자를 녹인다. 지방이나 기름같은 비극성 분자들이 물에 녹지 않는 성질은 **소수성(hydrophobic)**이라 한다.

### 물은 온도 변화의 영향을 완화시킨다

어떤 물질 1g을 1℃ 높이는 데 필요한 에너지를 **비열(specific heat)**이라고 하는데, 물의 비열은 다른 물질들보다 훨씬 높다. 우리가 뜨거운 모래 위에 앉아 있을 수 있는 이유 중 하나는 우리 몸의 약 60%가 물로 이루어져 있고, 이 물이 상당한 열을 흡수하기 때문이다. 그리고 물이 갖는 매우 높은 기화열은 우리를 시원하게 해준다.

### 물은 특이한 고체인 얼음을 형성한다

고체 상태의 물인, 얼음은 액체 상태의 물보다 밀도가 낮다. 물이 얼게 되면, 물 분자는 다른 4개의 물 분자와 수소결합을 형성하여 육각형 구조를 만든다. 그러면 액체 상태 때보다 평균 거리가 더 멀어진다. 따라서 얼음은 액체의 물보다 밀도가 더 낮고, 이 때문에 빙산과 얼음 조각이 뜨게 된다.

### 수용액은 산성, 중성, 또는 염기성으로 구분된다

용액 중의 수소 이온 농도가 수산화 이온 농도를 넘어선다면 그 용액은 **산성(acidic)**이다. **산(acid)**은 물에 녹아 수소 이온을 방출하는 물질이다. 수산화 이온의 농도가 수소 이온의 농도보다 높으면 용액은 **염기성(basic)**이다. **염기(base)**는 수소 이온과 결합하여 수소 이온의 수를 줄이는 물질이다.

용액의 산염기도를 나타내는 데는 수소 이온 농도의 지수인 pH가 쓰인다. 산성 0에서 알칼리성 14까지의 값이 있으며 중성 용액의 pH는 7이다.

**완충제(buffer)**는 pH 변화에 저항하여 용액의 pH를 일정하게 유지시키는 분자이다. 체액의 pH는 이러한 몇몇 완충제 덕분에 일정하게 유지된다.

## 2.4 생체분자에서 탄소는 왜 중요한가?

화학에서 **유기(organic)**라는 용어는 분자에 반드시 탄소가 포함된 경우에 사용한다. 많은 유기분자가 유기체에 의해 합성되기 때문에 그렇게 불리고 있다. **무기(inorganic)**분자에는 탄소 원자가 없다.

생명체의 특징 중 하나는 매우 다양한 **생체분자(biological molecule)**들을 갖는다는 것인데, 거의 모든 생체분자가 탄소 원자에 기반을 두고 있다.

### 탄소의 결합 성질이 유기분자들의 복잡성에 대한 열쇠이다

탄소 원자는 생체분자의 다양성에서 핵심적인 역할을 한다. 탄소 원자는 탄소 원자들끼리 단일 혹은 이중 결합을 이루거나 2개, 3개 혹은 4개의 다른 원자와 결합할 수 있다.

### 작용기는 유기분자의 탄소 골격에 부착되어 있다

**작용기(functional group)**는 유기분자의 탄소 골격에 붙은 원자 또는 원자단이다. 작용기는 탄소 골격보다 불안정하여 화학반응에 보다 쉽게 참여한다. 생체분자의 작용기는 분자에 독특한 성질을 부여하며 다른 분자와 반응하는 경향을 결정한다.

## 2.5 거대 생체분자들은 어떻게 합성될까?

원자들을 하나씩 결합시켜 복잡한 분자를 만들 수도 있지만 생명체는 작은 분자 구성단위를 미리 조립하여 이들을 엮음으로써 보다 효율적인 방식을 채택한다. 이는 여러 차량을 연결시켜 기차를 만드는 것과 같다. 개개의 구성단위를 **단량체(monomer)**라 하며, 단량체들의 연쇄를 **중합체(polymer)**라 한다.

거대 생체분자의 구성단위들은 일반적으로 **탈수축합(dehydration synthesis)**이라 불리는 화학반응을 통하여 결합된다. 탈수축합에서는 한 분자의 수소와 다른 분자의 수산기가 물로 결합하여 제거되면서 분자 간에 새로운 공유결합이 형성된다. 역반응은 **가수분해(hydrolysis)**이다.

생체분자들은 매우 다양하지만 대부분은 탄수화물, 단백질, 핵산, 지질과 같은 4가지 주요 범주 중 하나에 속한다.

## 2.6 탄수화물이란 무엇인가?

탄수화물은 1:2:1 비율의 탄소, 수소, 산소로 이루어져 있다. 이 비율로부터 **탄수화물(carbohydrate)**이란 이름이 붙었다. 탄수화물은 작고 물에 잘 녹는 분자인 **당(sugar)**이거나 아니면 녹말과 같은 당 중합체이다. 만일 탄수화물이 한 개의 당 분자로 되어 있다면 **단당류(monosaccharide)**라고 부른다. 두 개의 단당류 분자가 연결되면 **이당류(disaccharide)**가 된다. 예를 들어, 식탁의 설탕은 과당과 포도당으로 이루어진 이당류이다.

### 단당류는 구조가 약간씩 다르다

탄수화물의 화학식은 대개 $(CH_2O)_n$으로 표시되고 $n$은 골격에 놓인 탄소 개수를 말하는데, 단당류에서 $n$은 3–7이다. 당이 물에 녹으면 당의 탄소 골격은 대개 고리 구조를 취한다.

**포도당(glucose)**은 생물체에서 가장 흔한 단당류로 세포의 주된 에너지 공급원이다. 포도당의 분자식은 $C_6H_{12}O_6$이다. 포도당의 화학구조가 그림 2-2에 그려져 있다. 고리 구조의 연결지점은 탄소이다. 과당은 과일, 벌꿀에 흔하며 갈락토오스는 포유류가 분비하는 젖에 들어 있다. 세포가 과당과 락토오스를 에너지원으로 사용하려면 이들이 먼저 포도당으로 전환되어야 한다. 다른 흔한 단당류인 **리보오스(ribose)**와 **데옥시리보오스(deoxyribose)**는 5탄당으로 핵산에 존재한다.

### 이당류는 탈수축합으로 연결된 두 개의 단당류로 구성되어 있다

단당류는 탈수축합 반응으로 연결되어 이당류 혹은 다당류가 될 수 있다(그림 2-2). 식물은 이당류를 단기적인 에너지 저장에 사용한다. 에너지가 필요할 때 이당류는 단당류로 분해되어 포도당으로 전환된다. 설탕(포도당과 과당으로 구성), 유당(포도당과 갈락토오스로 구성), 맥아당(두 개의 포도당으로 구성) 등은 이당류이다.

### 다당류는 단당류의 연쇄이다

많은 단당류가 모여 중합체가 되면 이를 **다당류(polysaccharide)**라고 부른다. 다당류는 물에 거의 녹지 않는다. 녹말, 글리코겐, 셀룰로오스, 키틴 등이 다당류의 보기이다. **녹말(starch)**은 주로 뿌리나 종자에서 만들어지며, 50만 개까지의 포도당이 모여 분지된 연쇄 형태로 존재한다. 동물의 단기적 에너지 저장물질인 **글리코겐(glycogen)** 역시 포도당의 중합체이지만 녹말보다 훨씬 많은 분지를 가진다(그림 2-3). 글리코겐은 주로 간과 근육에 저장되어 있다.

**셀룰로오스(cellulose)**는 구조 물질로 사용된다. 식물의 세포벽은 셀룰로오스로 구성되어 있다(그림 2-4). 셀룰로오스도 녹말처럼 포도당의 중합체이나, 그림 2-3와 그림 2-4를 비교하면 셀룰로오스의 포도당 분자들이 번갈아 뒤집혀 있다는 것을 알 수 있다. 이 때문에 동물은 녹말을 쉽게 분비시키지만 셀룰로오스를 소화할 수 없다. 소와 흰개미를 비롯한 일부 동물들의 소화관에는 셀룰로오스를 소화시키는 미생물이 살고 있다. 분해는 되지 않지만 셀룰로오스는 사람의 몸에 좋은 식이섬유이다.

곤충, 갑각류 및 거미류의 외골격을 구성하는 **키틴(chitin)** 역시 다당류이다.

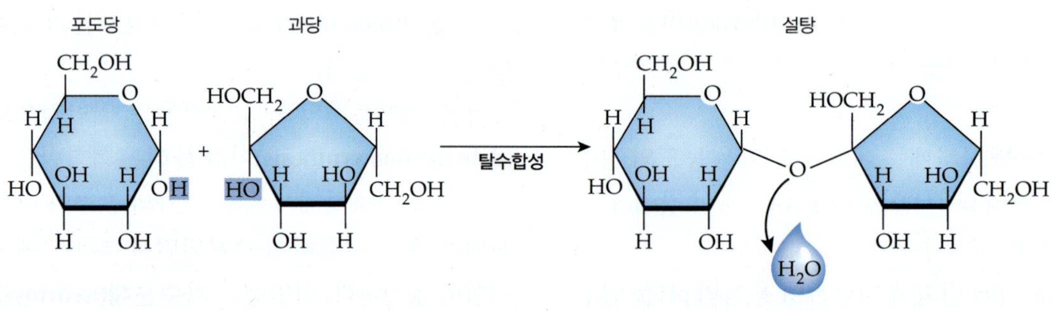


▲ **그림 2-2 이당류의 합성** 포도당에서 수소가, 과당에서는 수산기가 제거되는 탈수축합 반응을 통하여 설탕이 합성된다. 이 과정에서 물 분자 하나가 생성되며, 두 개의 단당류 고리는 남은 산소 원자와 단일결합을 이룬다.

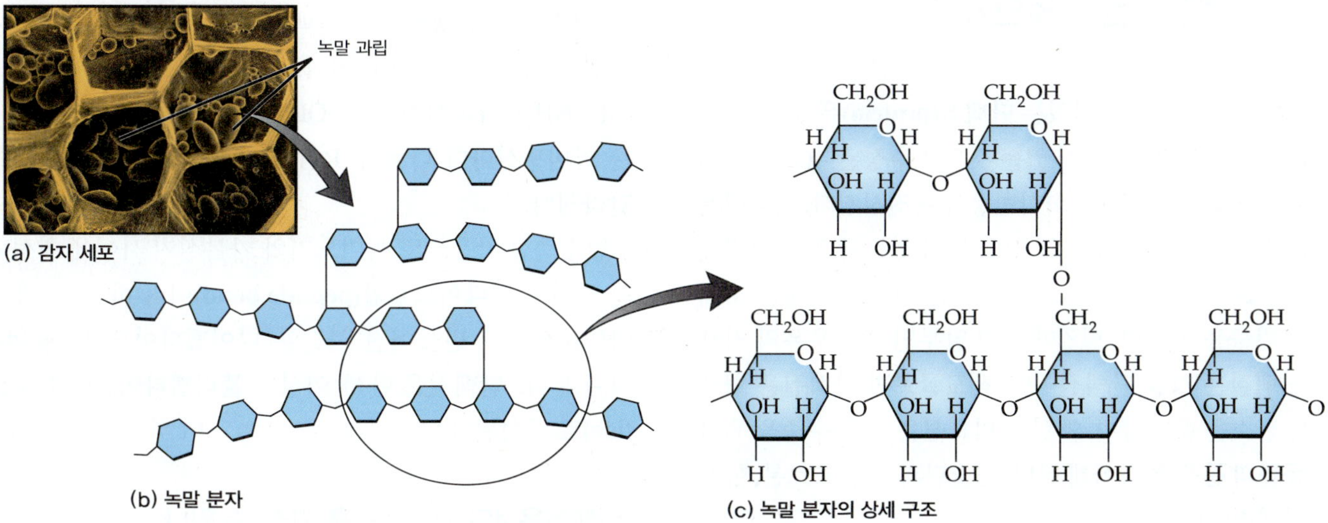


▲ **그림 2-3 녹말의 구조와 기능** **(a)** 감자 세포 안의 녹말 과립은 봄에 감자가 새로운 개체로 자라는 데 필요한 에너지를 저장한다. **(b)** 녹말 분자의 일부분. 녹말은 분지된 사슬로 이루어지는데 이 사슬에는 50만 개 정도까지의 포도당 분자가 연결되어 있다. **(c)** (b)의 원 안쪽 부분의 상세 구조. 포도당 분자 사이의 결합을 셀룰로오스(그림 2-4)와 비교하라.

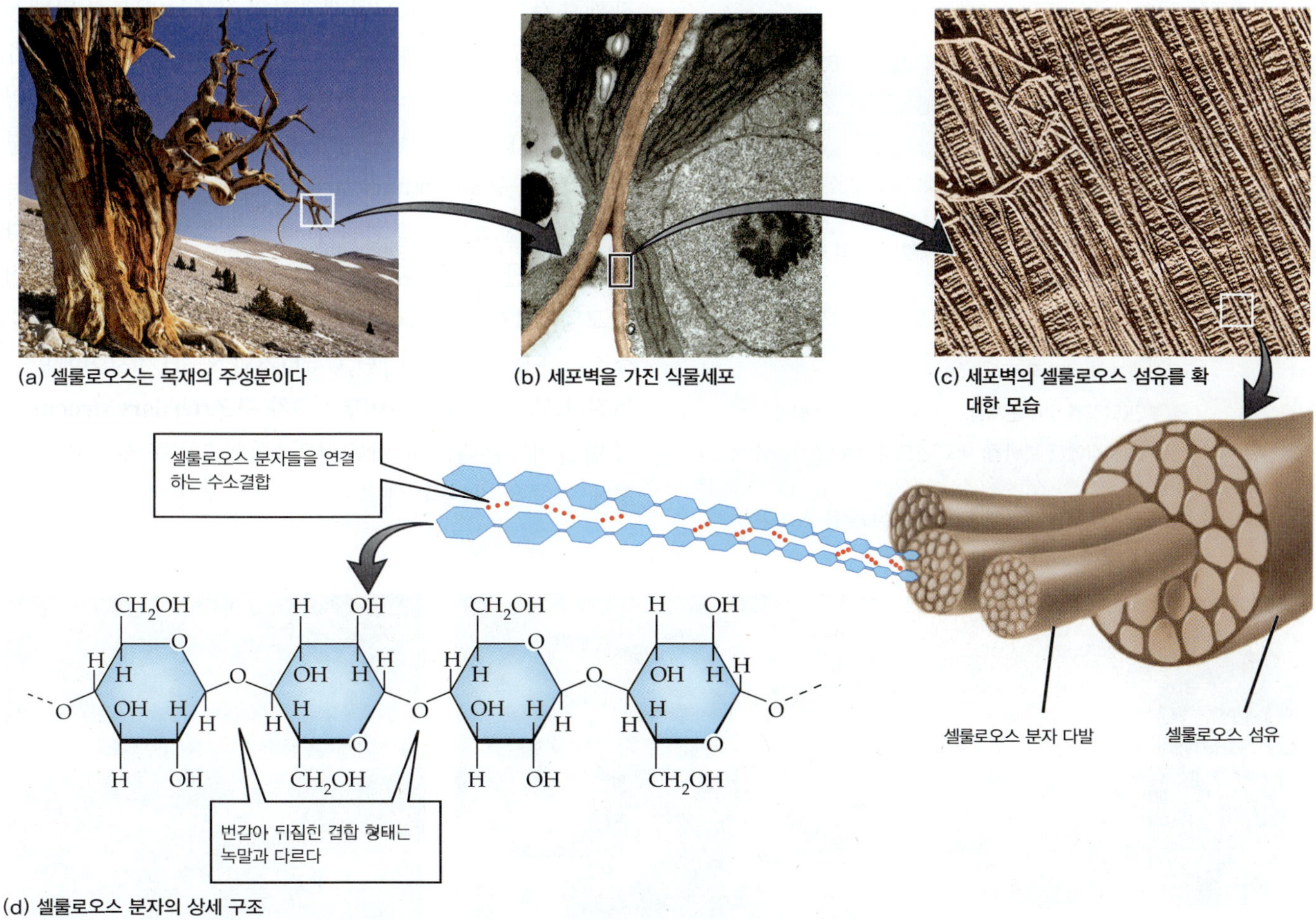


▲ **그림 2-4 셀룰로오스의 구조와 기능** **(a)** 3,000년 동안 자랐던 소나무의 목재는 주로 셀룰로오스로 구성되어 있다. **(b)** 셀룰로오스는 식물세포를 둘러싸는 세포벽을 만든다. **(c)** 식물의 세포벽은 흔히 셀룰로오스 섬유층이 서로 수직으로 배열하여 양방향 모두에서 쉽게 찢어지지 않는다. **(d)** 셀룰로오스는 10,000개까지의 포도당 분자로 구성되어 있다. 이 구조를 그림 2-3c와 비교하여 보고, 셀룰로오스의 포도당 분자들이 번갈아 뒤집혀 있음을 확인하라.

## 2.7 단백질이란 무엇인가?

중요하다는 말뜻이 들어있는 **단백질(protein)**은 우리 몸 안에 25만에서 100만 종류가 있는 것으로 추정된다(표 2-1). 먼저 **효소(enzyme)**는 특정 화학반응을 촉진시킨다. 케라틴은 머리카락, 뿔, 손톱, 비늘 및 깃털 등에 있는 구조 단백질이다(그림 2-5). 누에와 거미가 분비하는 실크 단백질은 고치와 거미줄을 만든다. 달걀흰자의 알부민이나 우유의 카세인 단백질은 영양 단백질이다. 헤모글로빈 단백질은 혈액에서 산소를 운반하며, 액틴과 미오신은 근육 수축을 통하여 동물의 몸을 움직이게 한다. 인슐린과 같은 호르몬, 항체도 단백질이다.

### 단백질은 아미노산 사슬로 만들어진다

단백질의 구성단위는 **아미노산(amino acid)**이다. 20종류의 아미노산이 생물체의 단백질에 공통적으로 존재하며 동일한 기본구조를 갖고 있다. 중앙의 탄소 원자에 아미노기($-NH_2$), 카복실기($-COOH$), 'R'기가 연결되는데 'R'기는 아미노산마다 다르다. R기에 따라 아미노산의 성질이 달라진다.

탈수축합 반응으로 아미노기와 카복실기 사이에 형성되는 결합을 **펩타이드결합(peptide bond)**이라 하고, 두 개의 아미노산으로 만들어진 사슬은 **다이펩타이드(dipeptide)**라 부른다. 단백질은 한 개 이상의 **폴리펩타이드(polypeptide)**로 구성된다.

**표 2-1 단백질의 기능**

| 기능 | 예시 |
|---|---|
| 구조 | 케라틴(머리카락, 손톱, 비늘, 깃털, 및 뿔을 만듦); 실크(거미줄과 고치를 만듦) |
| 운동 | 액틴과 미오신(근육 세포에 존재함; 근육의 수축을 가능케 함) |
| 방어 | 항체(혈액 내에 존재함; 질병을 일으키는 생물과 싸우거나 독을 중화시킴); 독(독을 가진 동물에서 발견됨; 포식자를 몰아내고 먹이를 무력화시킴) |
| 저장 | 알부민(달걀흰자에 존재함; 배아에 영양을 제공함) |
| 신호전달 | 인슐린(췌장에서 분비됨; 세포 안으로 포도당 유입을 촉진시킴) |
| 반응 촉매 | 아밀라아제(침과 소장에 존재함; 탄수화물을 소화시킴) |

### 단백질은 4단계의 구조를 가질 수 있다

단백질의 아미노산 혹은 R기 사이의 상호작용으로 뒤틀림, 접힘 및 내부결합이 발생하여 단백질은 3차원 구조를 갖게 된다. 단백질 구조는 4단계, 즉 1차, 2차, 3차, 그리고 4차까지 가능하다. 처음 3단계까지의 구조는 대부분 단백질의 특징이고 마지막 4단계 구조는 헤모글로빈과 같이 2개 이상의 폴리펩타이드로 구성된 단백질에서 관찰할 수 있다(그림 2-6). 단백질을 구성하는 아미노산 서열이 바로 단백질의 **1차 구조(primary structure)**이며 아미노산 서열은 DNA의 유전정보로 결정된다. 특정 위치의 아미노산과 다른 아미노산 사이에 수소결합이 만들어져 나선 아니면 병풍 모양의 **2차 구조(secondary structure)**가 형성된다. 이 수소결합은 R기 사이가 아닌, C=O기와 N—H기 사이에 만들어진다. 각 단백질이 꼬이면서 **3차 구조(tertiary structure)**가 만들어지는데 이때 단백질의 1차와 2차 구조 및 주변 환경에 영향을 받는다. 예를 들어, 세포 내부의 물 환경에 놓

(a) 머리카락

(b) 뿔

(c) 실크

▲ **그림 2–5 구조 단백질** 케라틴은 흔한 구조 단백질 가운데 하나로써 (a) 머리카락, (b) 뿔, 및 (c) 거미줄의 실크에 가장 많이 존재하는 단백질이다.

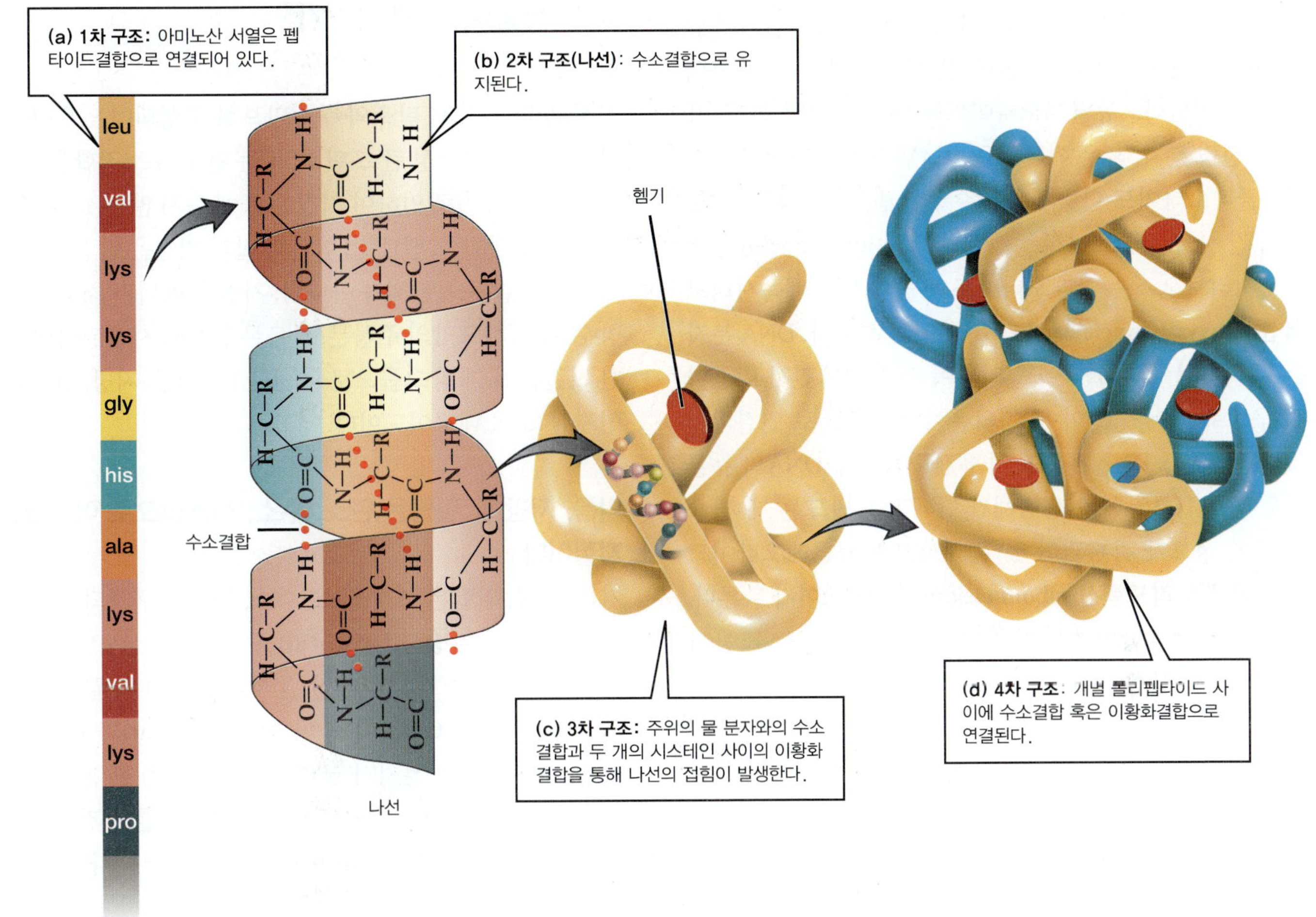


▲ 그림 2-6 **단백질의 4단계 구조** 헤모글로빈은 적혈구에서 산소를 운반하는 단백질이다. 적색 원반은 철을 함유하고 있는 헴기를 나타내며, 이는 산소와 결합한다.

인 단백질은 친수성 아미노산을 물을 향해 바깥에 드러내고 소수성 아미노산은 단백질 내부로 숨기면서 전체적으로 구 형태로 접힌다. 이러한 수용성 구형 단백질에는 헤모글로빈, 효소, 달걀의 알부민 등이 있다. 그리고 케라틴과 같은 섬유 형태의 3차 구조도 있다.

단백질 구조의 4번째 단계인 **4차 구조(quaternary structure)**는 두 개 이상의 폴리펩타이드가 수소결합, 이황화결합 및 반대 전하 사이의 인력 등으로 연결된 형태이다.

### 단백질의 기능은 단백질의 구조에 의해 결정된다

매우 정교한 구조는 단백질의 기능 발휘에 필수적이다. 효소의 기질특이성은 효소의 정교한 구조 때문이다. 헤모글로빈의 경우, 한 개의 아미노산이 바뀌어 헤모글로빈의 구조는 물론 적혈구의 모양마저 바뀌고 산소 운반 능력이 떨어지는 낫형적혈구빈혈증이 잘 알려져 있다.

단백질이 **변성(denatured)**되었다고 하면 이는 단백질의 정상적인 3차원적 구조가 파괴되었다는 것이다. 달걀흰자위의 알부민 단백질은 보통 투명한 액체지만 프라이팬의 열에 의해 수소결합이 끊어지면 변성되어 흰 고체로 변한다. 머리카락의 케라틴은 파마 과정에서 변성된다. 세균과 바이러스의 단백질은 열, 자외선, 높은 농도의 염, 산성 용액 등에 의해 변성될 수 있다.

## 2.8 뉴클레오타이드와 핵산이란 무엇인가?

**뉴클레오타이드(nucleotide)**는 5탄당, 인산기, 염기의 세 부분으로 되어 있다. 5탄당은 리보오스나 데옥시리보오스 가운데 하나다. 염기는 탄소 및 질소 원자가 서로 연결되어 단일 고리(티민, 시토신, 우라실) 혹은 이중 고리(아데닌, 구아닌)로 되어있다. 뉴클레오타이드는 에너지 운반 분자, 세포 내 전령 분자, 혹은 핵산의 구성단위 등으로 사용된다.

뉴클레오타이드 단량체가 탈수축합 반응으로 서로 결합되어 긴 사슬로 만들어진 중합체가 **핵산(nucleic acid)**이다. 데옥시리보오스 뉴클레오타이드의 중합체는 **데옥시리보핵산(deoxyribonucleic acid, DNA)**이라 부른다. DNA 분자는 두 개의 뉴클레오타이드 가닥이 서로 꼬이면서 이중나선 구조로 되어있고 이 두 가닥은 수소결합으로 연결되어 있다(그림 2-7). DNA는 세포의 유전물질이다. DNA의 뉴클레오타이드 서열에는 생명체가 단백질을 만드는 데 필요한 유전 정보가 기록되어 있다. 리보오스 뉴클레오타이드의 중합체는 **리보핵산(ribonucleic acid, RNA)**이라 부른다. DNA와는 달리 단일 가닥이며 DNA의 정보는 RNA를 통하여 단백질로 합성된다.

▶ **그림 2-7 데옥시리보핵산** 마치 뒤틀린 사다리와 같이, DNA의 이중나선은 두 개의 뉴클레오타이드 가닥이 서로 꼬여 만들어지는데, 마주보는 두 가닥 사이의 염기들은 수소결합으로 연결된다. 각 염기는 첫 알파벳으로 표기된다: A: 아데닌(adenine); C: 시토신(cytosine); T: 티민(thymine); G: 구아닌(guanine).

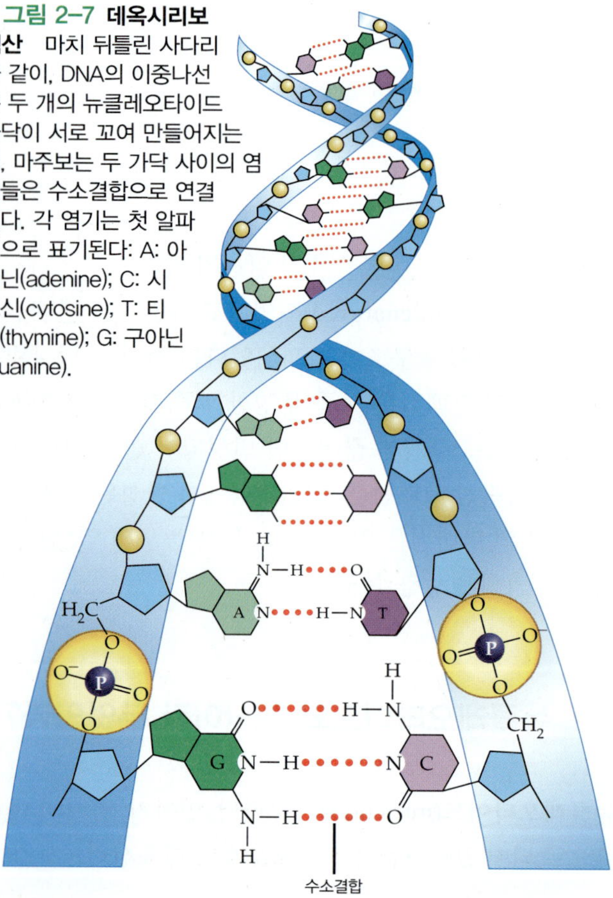


## 2.9 지질이란 무엇인가?

**지질(lipid)**은 거의 탄소와 수소만으로 구성되어 있으며, 다양한 형태의 비극성 탄소-탄소, 또는 탄소-수소결합을 가지는 분자이다. 이로 인하여 지질은 물에 녹지 않는, 소수성을 갖는다. 탄수화물, 단백질, 핵산과 달리 지질은 단량체 구성단위로 연결된 중합체가 아니다. 지질은 에너지 저장 물질, 방수 물질, 세포막의 주성분, 호르몬 등으로 사용된다. 이러한 지질은 세 개의 그룹으로 나뉜다. (1) 기름, 지방, 밀랍 (2) 인지질 (3) 스테로이드이다.

### 기름, 지방 및 밀랍은 탄소, 수소, 산소만으로 이루어진 지질이다

기름, 지방, 밀랍은 오직 탄소, 수소, 산소로 구성되어 있다. 한 개 이상의 **지방산(fatty acid)**을 포함하고 있으며, 지방산은 탄소와 수소로 이루어진 긴 사슬인데 한 쪽 끝에 한 개의 카복실기(—COOH)가 붙어 있다. **지방(fat)**과 **기름(oil)**은 세 개의 지방산 분자가 **글리세롤(glycerol)** 한 분자와 탈수축합하여 만들어진다(그림 2-8). 이런 구조를 가진 지방과 기름을 **트리글리세리드(triglyceride)**라고 부른다. 지방과

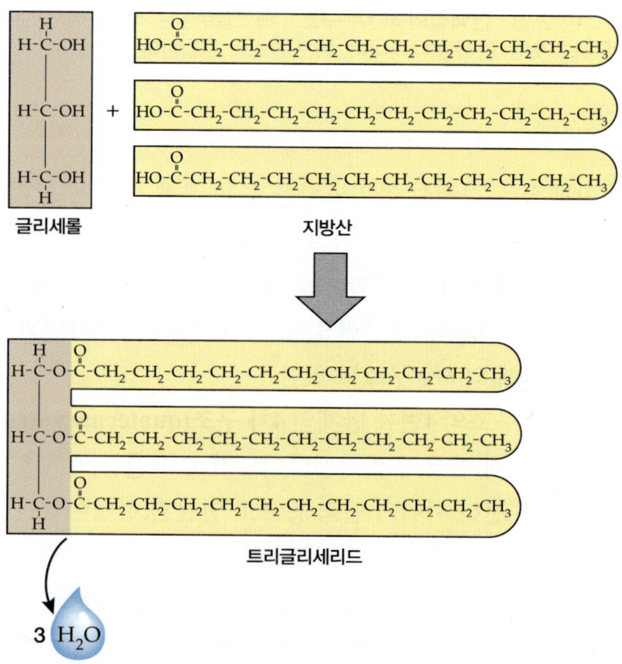


▲ **그림 2-8 트리글리세리드의 합성** 탈수축합 반응으로 한 개의 글리세롤 분자에 세 개의 지방산 분자가 결합되어 트리글리세리드 한 분자와 물 세 분자가 만들어진다.

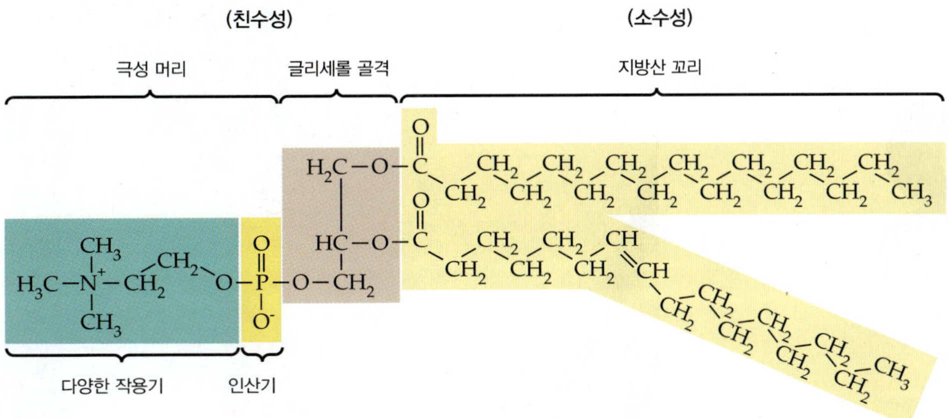


▲ **그림 2-9 인지질** 인지질은 두 개의 소수성 지방산 꼬리가 있으며 이 지방산은 3개의 탄소로 구성된 글리세롤에 붙어있다. 극성의 머리는 글리세롤의 세 번째 자리(왼쪽)를 차지고하고 있는데 여기에 인산기가 붙어 있고, 이 인산기에 다양한 작용기(보통 질소를 함유하고 있는)가 붙어있다. 인산기는 음전하를 띠며 질소를 함유하는 작용기는 양전하를 가져 머리 부분은 친수성이다.

기름은 주로 에너지 저장 물질로 쓰인다. 상온에서 지방이 고체인 반면 기름이 액체인 것은 지방산의 구조적 차이 때문이다. 지방산에 이중결합이 있으면 **불포화(unsaturated)** 되어 있다고 말하고, 이중결합이 없으면 **포화(saturated)**되어 있다고 말한다. 상온에서 포화지방산은 고체상태로, 불포화지방산은 액체 상태로 존재한다. 액체 상태의 기름을 고체 상태로 전환시키기 위한 **수소화(hydrogenation)** 공정은 건강에 나쁜 영향을 미칠 수 있다.

**밀랍(wax)**은 화학적으로 지방과 유사하지만 대부분의 동물이 이를 분해하지 못한다. 밀랍은 고도로 포화되어 있어 고체 상태로 존재하며 방수에 사용된다.

## 인지질은 수용성 '머리'와 불수용성 '꼬리'로 구성되어 있다

세포를 둘러싸고 있는 원형질막은 몇 가지 형태의 **인지질(phospholipid)**을 가진다. 기름과 비슷하지만, 세 개의 지방산 가운데 하나가 인산기로 치환되어 있다. 인산기에는 다시 질소를 함유하는 극성 작용기가 붙어 있다(그림 2-9). 인지질의 양쪽 말단 성질은 완전히 다르다. 한쪽 말단은 두 개의 비극성 지방산인 '꼬리'이며 물에 녹지 않는다. 다른 말단은 '머리'로서, 극성이고 물에 녹는다. 인지질의 이러한 성질은 막의 구조와 기능에 아주 중요하다.

## 스테로이드는 4개의 탄소 고리를 가지고 있다

모든 **스테로이드(steroid)**는 4개의 탄소 고리로 구성되어

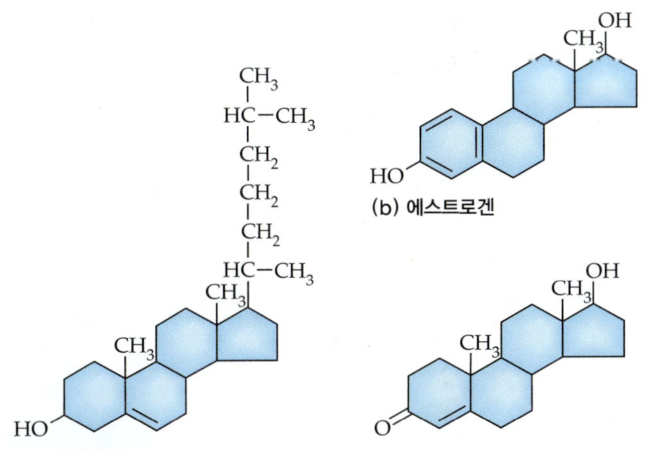


▲ **그림 2-10 스테로이드** 모든 스테로이드는 4개의 탄소 고리가 연결되어 유사한 구조를 지니며 비극성이다. 고리에 부착된 작용기의 종류에 따라 스테로이드 기능이 달라진다. **(a)** 콜레스테롤, 이로부터 다른 스테로이드가 합성된다; **(b)** 여성 성호르몬인 에스트로겐(에스트라디올); **(c)** 남성 성호르몬인 테스토스테론. 두 가지 성호르몬의 구조가 유사하다는 점을 주목하라.

있다(그림 2-10). 콜레스테롤은 동물 세포막의 구성성분이다. 콜레스테롤은 인간 뇌의 약 2%를 차지하며, 지질이 풍부한 막은 신경세포의 절연에 매우 중요하다. 콜레스테롤은 에스트로겐과 테스토스테론의 합성에 사용되고, 심혈관질환과도 관련된다.

Chapter

# 3

# 생명과 에너지

뉴욕 마라톤에 참가한 이 주자들의 몸에 저장된 에너지는 운동에너지와 열로 전환된다. 이들이 쿵쿵대는 발걸음때문에 버라재노 다리(Verrazano Narrows Bridge)가 흔들거린다.

뉴욕 마라톤에서는 전 세계적으로 50,000명 이상이 모여서 42.195km를 달린다. 마라톤 주자는 결승선에 도달할 때까지 약 3,000Kcal를 소비한다.

장거리 달리기에 익숙하지 않은 사람들은 마라톤을 위해서 몇 개월 동안 훈련하는 동안에 생리적 변화가 일어나는데, 근육세포에서는 미토콘드리아 수가 급격히 증가하고 포도당 대사 효소의 양도 증가한다. 근육세포는 글리코겐을 저장하는 능력이 증가되며, 근육 주위에 있는 모세혈관이 급격히 증가하므로 미토콘드리아에 충분한 산소를 공급하게 된다.

마라톤 주자는 달리는 데 필요한 많은 에너지를 근육과 간에 저장된 글리코겐으로부터 공급받는다. 글리코겐은 길고 가지친 포도당 분자의 사슬로 되어 있는데, 에너지가 필요할 경우 포도당 분자는 사슬에서 분리되어 이산화탄소와 물로 분해된다. 이 발열반응은 ATP에 있는 화학에너지를 생성하는데, 이는 근육을 수축하게 한다. 마라톤 주자들이 근육에 적절한 산소를 공급하기 위해 숨을 빠르게 쉴 때 이산화탄소가 나온다. 포도당이 분해되면서 생성된 물은 땀으로 배출된다.

마라톤 주자가 42.195km를 달리면 34,000 걸음을 걷게 되는데, 근육에 충분한 ATP를 공급하기 위하여 상당한 양의 포도당을 연소한다. 사람은 글리코겐을 주로 근육과 간에 저장한다. 성인은 일반적으로 간에 100g, 근육에 280g의 글리코겐을 저장하는 반면, 마라톤 선수는 간에 150g 이상, 근육에 560g 이상을 저장할 수 있다.

글리코겐 저장은 마라톤 주자에게 매우 중요한데, 경기를 시작한 지 90분 만에 몸에 저장된 글리코겐은 모두 사용된다. 이제 몸에서는 지방을 포도당으로 전환하기 시작한다. 이 과정은 매우 천천히 일어나는데, 근육과 뇌는 포도당이 결핍된 상태로 있게 된다. 낮은 혈당으로 인해 극도의 근육 피로, 동기의 상실, 때때로 환각 상태까지 일어나게 된다. 주자들은 이 감각을 '한계상황'이라고 묘사한다. 글리코겐을 최대로 많이 저장하기 위해 지구력이 필요한 선수는 경기가 열리기 3일 전부터 많은 양의 녹말과 당을 섭취하는 탄수화물 식사를 한다. 주자들은 경주 이전에 간과 근육에 글리코겐을 가득 채우고 경주하는 동안에 에너지 음료를 섭취함으로써, 한계상황에 도달하기 전에 간신히 결승선을 통과하게 된다.

## Contents

## 3.1 생체에너지란 무엇인가?

에너지는 일할 수 있는 능력이다. 세포에서는 ATP라는 생체에너지를 사용하는데, 근육수축처럼 에너지를 방출하는 반응으로부터 에너지를 필요로 하는 반응으로 에너지를 전달한다.

에너지에는 위치에너지와 운동에너지라는 두 가지 기본적인 종류가 있으며, 각 종류의 에너지는 여러 가지 형태로 존재한다. 위치에너지는 팽팽한 활에 저장된 탄성에너지, 가파르게 하강하기 직전의 롤러코스터(그림 3-1)에 저장된 중력에너지 등이 있다. 위치에너지는 화학에너지도 포함하는데 건전지, 마라톤 주자에게 힘을 부여하는 생물학 분자인 ATP, 자동차에 사용되는 화석 연료에 저장된 에너지 등이다.

운동에너지는 움직임과 관련된 에너지로서 복사에너지(빛, X선, 전자기파의 다른 형태의 파장), 열에너지(분자나 원자의 운동), 전기에너지(전기, 전하를 띤 입자의 흐름) 등을 말한다. 조건이 충족될 때, 운동에너지는 위치에너지로 전환될 수 있으며 반대방향도 가능하다. 예를 들면 롤러코스터가 다음번의 꼭대기로 오르면 운동에너지가 위치에너지로 전환된다(그림 3-1). 분자 수준에서, 광합성을 하는 동안 빛에너지는 포획되어 화학결합의 위치에너지로 전환된다.

▲ **그림 3-1 위치에너지에서 운동에너지로의 전환** 롤러코스터는 하강하면서 위치에너지를 운동에너지로 전환한다.

생물체는 복잡한 분자를 합성하기 위하여 햇빛을 이용한다. 태양에너지는 광합성 생물체인 식물을 통해 생물권 내로 들어오는데, 광합성의 화학방정식은 다음과 같다.

$$6\,CO_2 + 6\,H_2O + \text{빛에너지} \rightarrow C_6H_{12}O_6 + 6\,O_2$$

광합성은 포도당 분해와 반대 과정으로 빛에너지는 포도당의 화학결합에 저장된다. 포도당에 저장된 빛에너지는 사람이 포도당을 섭취할 때 사람의 몸 안으로 들어와서 근육이 일을 할 때 소비되는데, 결국 사람은 포도당에 저장된 빛에너지를 간접적으로 사용하고 있는 것이다.

생물체에 들어가지 않은 빛에너지는 대부분 열로 전환되고 그중 일부는 지구의 온도가 일정하게 유지되도록 한다. 그러나 1800년대부터 화석 연료를 무분별하게 연소함으로써 대기의 $CO_2$ 수준이 약 30% 증가하였고 이로 인해 지구 온난화가 진행되고 있는 것이다.

## 3.2 화학반응과 ATP는 어떠한 관계가 있을까?

**화학반응(chemical reaction)**이란 화학결합을 형성하거나 분해하는 과정이며 반응물을 생성물로 만드는 과정이다. 이 과정에서 에너지를 방출하는 반응을 **발열반응(exergonic reaction)**이라고 하는데, 설탕을 연소하는 것과 같이 반응과정에서 에너지를 방출하기 때문에 반응물은 생성물보다 더 많은 에너지를 가지고 있다. 세포는 포도당을 산소와 결합시켜 화학에너지(ATP)를 생성하고 열을 방출하면서 이산화탄소와 물을 만든다. 반응물인 포도당과 산소에 있는 전체 에너지는 생성물인 이산화탄소와 물에 있는 에너지보다 훨씬 크기 때문에 당을 연소하는 반응은 발열반응이다.

화학반응 과정에 에너지가 유입되는 반응을 **흡열반응(endergonic reaction)**이라고 하는데, 반응과정에 에너지가 추가되기 때문에 생성물이 반응물보다 더 많은 에너지

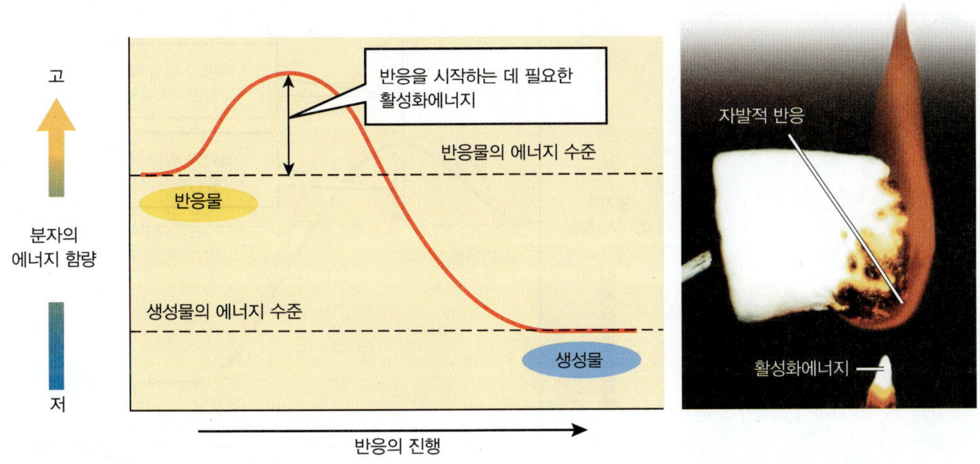


(a) 발열반응

(b) 불꽃은 마시멜로에 있는 당에 불을 붙인다.

◀ **그림 3-2 발열반응에서 활성화에너지**
(a) 활성화 장애가 극복된 뒤에, 에너지가 방출될 것이다. (b) 당의 연소에 의해 방출된 열은 반응이 자발적으로 지속되도록 할 것이다.

를 가지고 있다. 근육세포에 있는 단백질은 단백질 재료인 아미노산보다 더 많은 에너지를 가진다. 광합성 과정에서는 빛에너지를 사용하여 포도당을 합성하기 때문에 광합성 과정은 에너지가 순 유입되었기 때문에 흡열반응이다.

### 화학반응이 시작되려면 활성화에너지가 필요하다

화학반응이 시작되기 위해서는 **활성화에너지(activation energy)**가 필요하다(그림 3-2). 언덕 정상에 놓여 있는 바위를 아래로 굴리기 위해 힘을 가하지 않는다면 바위는 계속 그 자리에 머물러 있을 것이다. 바위를 처음 굴리기 위해서 에너지가 유입되어야 하는 것처럼 화학반응이 시작되기 위해서는 충분한 활성화에너지가 공급되어야 한다.

화학반응이 일어나기 위해서 왜 활성화에너지가 필요할까? 음전하를 가진 전자들이 모든 원자들을 감싸고 있는데, 이 음전하는 서로 밀어내고 원자들이 분리된 상태를 유지하도록 하는 경향이 있다. 활성화에너지는 이러한 음전하의 반발력을 극복하여 원자들이 반응하기에 충분할 정도로 가깝게 있게 하고 새로운 화학결합을 형성하게 하는 데 필요하다.

## 3.3 에너지는 세포 내에서 어떻게 전달되는가?

대부분의 생물체는 포도당을 분해시켜서 에너지를 얻는다. 그러나 포도당에 저장된 화학에너지는 ATP와 같은 에너지 운반체 분자로 전달되어야 한다. 에너지 운반체 분자는 발열반응이 일어나는 곳에서 합성되는 고에너지 분자인데, 방출되는 화학에너지 일부를 포획하여 잠시 저장한다. 에너지 운반체 분자는 발열반응에서 생성된 에너지를 저장하여 흡열반응이 일어날 때 사용되는 에너지를 제공하는 것이다.

### ATP와 전자운반체는 세포 내에서 에너지를 전달한다

당과 지방이 분해될 때처럼 세포에서 일어나는 발열반응에서는 에너지 운반체 분자인 ATP가 생성된다. ATP는 질소를 포함한 염기인 아데닌, 5탄당인 리보오스, 그리고 3개의 인산기로 구성된 뉴클레오타이드이다. ATP는 다양한 흡열반응을 추진하는 에너지를 제공하기 때문에 세포의 **'에너지 통화(energy currency)'**로 불린다.

발열반응으로부터 나온 에너지는 낮은 에너지를 가지는 분자인 무기 인산(Pi)을 ADP와 결합하는 데 사용된다(그림 3-3a). ATP 합성은 에너지의 유입이 필요하므로 흡열반응이다.

ATP는 세포 내에서 확산하여, 흡열반응이 일어나는 곳에 에너지를 전달한다. ATP가 분해되면서 에너지가 방출되고 ADP와 Pi를 재생산한다(그림 3-3b). 세포에서 ATP 분자의 수명은 매우 짧아서 매일 약 1,400번 순환된다. 마라톤 주자는 1분에 약 0.45kg의 ATP 분자를 소비하기 때문에 ATP가 즉시 순환되지 않는다면 마라톤 경주를 할 수가 없다. ATP

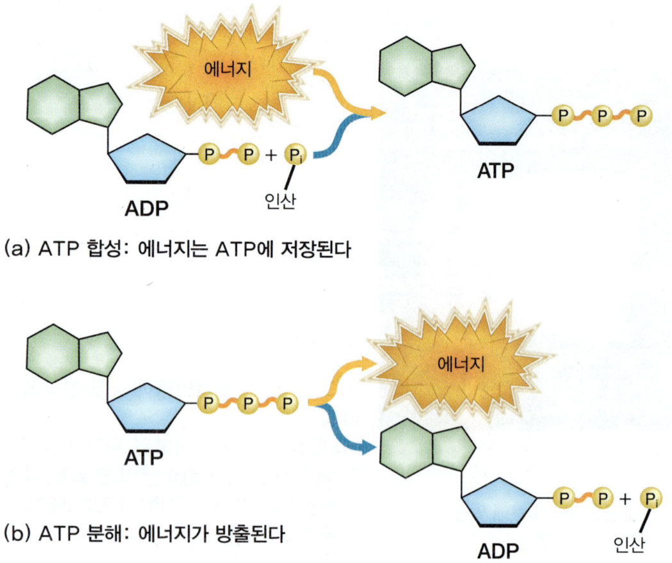


▲ 그림 3-3 **ADP와 ATP의 상호 전환**
**(a)** 인산기($P_i$)가 아데노신 2인산(ADP)에 부가되어 아데노신 3인산(ATP)이 형성될 때 에너지가 포획된다.
**(b)** ATP가 ADP와 $P_i$로 분해될 때 세포 반응을 수행하는 에너지가 방출된다.

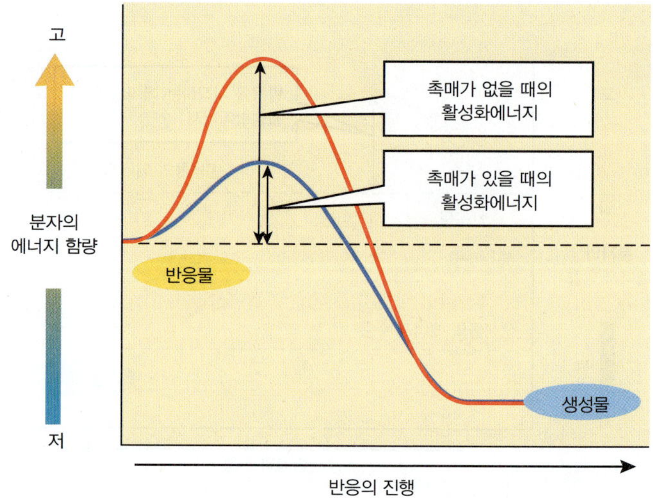


▲ 그림 3-4 **촉매는 활성화에너지를 낮춘다** 주어진 온도에서 촉매가 있을 때 반응이 훨씬 더 잘 진행된다.

와는 달리, 식물에 있는 녹말, 동물에 있는 글리코겐 및 지방과 같은 안정한 분자는 에너지를 수 시간, 수 일 또는 지방의 경우에는 수 년까지도 저장할 수 있다.

## 3.4 효소가 무엇이기에 생화학반응을 일으키는가?

어떤 반응이 일어날 수 있느냐 없느냐는 원자 사이의 반발력에 의해 만들어진 장벽을 극복하기에 충분한 에너지인 활성화에너지가 공급되느냐에 달려있다(그림 3-2a).

설탕이 물에 녹는 반응은 낮은 활성화에너지를 가지고 있어서 사람의 체온(약 37℃)에서도 빠르게 반응이 일어날 수 있다. 반면에, 설탕은 산소가 있는 상태에서 실온에서 수십 년간 저장될 수 있고 사실상 변하지 않은 채로 남아있을 수 있다. 왜 그럴까?

당이 산소와 반응하여 이산화탄소와 물을 생성하는 반응은 발열반응임에도 불구하고 높은 활성화에너지를 필요로 한다. 불꽃의 열은 당 분자와 주위의 산소 분자가 반응하기에 충분하기 때문에 활성화에너지 장벽을 뛰어 넘고 에너지를 방출하면서 연소한다. 그러나 세포 내에서는 효소를 사용하여 활성화에너지를 낮추는 방법으로 작용한다.

**촉매(catalyst)**는 화학반응의 활성화에너지를 낮춰서 반응이 빨리 일어나게 한다(그림 3-4). 이 과정에서 촉매는 자기 자신이 소모되거나 영구적으로 변하지 않는다. 촉매는 자동차 배기 시스템에 있는 촉매 변환장치가 작동하는 원리와 같은 원리로 작동한다. 촉매 변환장치는 일산화탄소가 대기 중의 산소와 빠르게 결합하게 함으로써 독성이 강한 일산화탄소를 이산화탄소로 변환시키는 장치이다.

### 효소는 생물 촉매이다

무기물 촉매는 다양한 화학반응의 속도를 빠르게 한다. 그러나 세포에서는 종류를 가리지 않고 반응의 속도를 빠르게 하는 것은 세포에 치명적일 수 있다. 따라서 세포는 단백질이 주성분인 특별한 생물 촉매, 즉 **효소(enzyme)**를 사용한다. 대부분의 효소는 특정한 분자가 관여하는 한 가지 또는 몇 가지 유형의 화학반응을 촉매하며 매우 유사한 분자일지라도 변화시키지 않는다.

발열반응과 흡열반응 모두 효소에 의해 촉진된다. 예를 들어 ADP와 Pi로부터 ATP를 합성하는 것은 ATP 합성효소에 의해 촉진된다. 흡열반응에 필요한 에너지를 만들기 위해서는 ATP 가수분해효소에 의해 ATP가 분해된다. 효소의 명명은 일정하지 않은데, 어떤 경우에는 효소의 작용에 'ase'를 붙이기도 하고(ATP synthase, ATP 합성효소), 다른 경우에는 효소가 작용하는 분자에 'ase'를 붙이기도 하며(예: ATPase, ATP 가수분해효소), 독특한 경우도 있다(예: 펩신).

### 효소의 구조 때문에 특정 반응이 촉진된다

효소의 기능은 효소의 구조에 의해 결정된다. 각 효소의 특정한 형태는 아미노산 서열 및 아미노산 사슬이 비틀리고 접히는 3차 구조에 의해 결정된다. 효소는 자신의 3차 구조를 이용하여 다른 분자의 방향을 바꾸고 비틀고 변경해서 반응하게 하지만 효소 자신은 변하지 않는다.

각 효소는 **기질(substrate)**이라는 반응물 분자와 결합할 수 있는 **활성부위(active site)**를 가지고 있다. 활성부위를 구성하는 아미노산의 전하뿐만 아니라 활성부위 형태에 따라 결합하는 기질 분자가 결정된다. 예를 들면 아밀레이스는 녹말 분자를 가수분해할 수 있지만 섬유소 분자를 분해하지 못한다. 왜냐하면 녹말에 있는 포도당 분자의 결합 패턴은 아밀레이스의 활성부위에 적합하지만 섬유소의 결합 패턴은 적합하지 않기 때문이다.

위에서 작용하는 펩신은 아미노산 사슬을 여러 부위에서 공격하여 단백질을 분해하며 트립신은 특정한 아미노산 사이의 결합을 분해할 수 있다. 따라서 소화계에서는 단백질을 단일 아미노산으로 완전히 분해하기 위해서는 여러 가지 효소를 만들어야 한다.

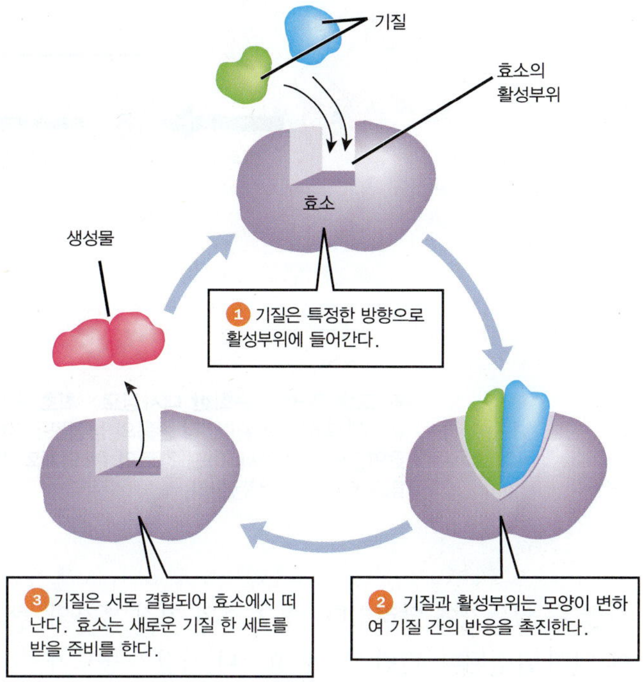


▲ **그림 3-5 효소-기질 상호작용의 순환** 이 그림에서는 두 개의 반응물 기질 분자가 결합하여 하나의 생성물을 형성하는 것을 보여준다. 효소는 하나의 기질을 분해하여 두 개의 생성물 분자가 되도록 촉진할 수도 있다.

## 3.5 효소의 작용은 어떻게 조절되는가?

효소는 반응을 어떻게 촉진할까? 그림 3-5에서 두 개의 기질 분자가 결합하여 하나의 생성물이 되는 과정을 살펴볼 수 있다. 활성부위의 형태와 전하 때문에 기질은 특정한 방향으로만 효소에 들어올 수 있다❶. 적절한 기질이 활성부위에 들어올 때, 활성부위에 있는 특정한 아미노산과 기질의 특정한 부분 사이에 약한 화학결합이 형성되면서 기질과 활성부위는 형태를 약간 변화시킨다❷. 이러한 형태 변화는 기질 안에 있는 원래 결합을 뒤틀리게 하여 기질을 더 쉽게 분해되게 한다. 기질 특이성, 기질 방향성, 일시적 결합 및 기존 결합의 뒤틀림이 조합되어 효소가 촉매하는 화학반응을 촉진한다. 이는 효소가 두 개의 분자를 서로 반응하게 하든지 하나의 분자를 더 작은 생성물로 분해하든지 간에 모두 적용된다. 반응이 완료되면, 생성물은 더 이상 활성부위에 맞지 않기 때문에 배출된다❸. 효소는 원래의 형태로 돌아가고 동일한 기질을 받아들일 준비를 한다. 기질 분자가 많을 경우 1초에 수만 번의 반응을 촉진할 수 있는 효소도 있고 매우 느리게 작용하는 효소도 있다(그림 3-5).

세포에서 일어나는 대사과정은 화학반응의 총합이다. 포도당을 분해해서 이산화탄소와 물을 만드는 것과 같은 화학반응은 **대사경로(metabolic pathway)**라고 하는 일련의 반응으로 연결되어 있다(그림 3-6). 대사경로에서 최초 반응물 분자는 효소의 도움을 받아 변형되어 약간 다른 중간 분자를 형성하고, 중간분자는 다른 효소에 의해 변형되어 두 번째 중간 분자를 형성하며, 최종 생성물이 만들어질 때까지 이 과정이 계속된다. 대사경로가 다르더라도 같은 분자를 사용하는 경우가 많은데 그 결과 세포에서 일어나는 수천 개의 대사경로는 직·간접적으로 서로 연결되어 있다.

시험관 내에서 일어나는 효소의 반응속도는 일정한 시간 동안 얼마나 많은 기질 분자가 효소 분자의 활성부위에 결

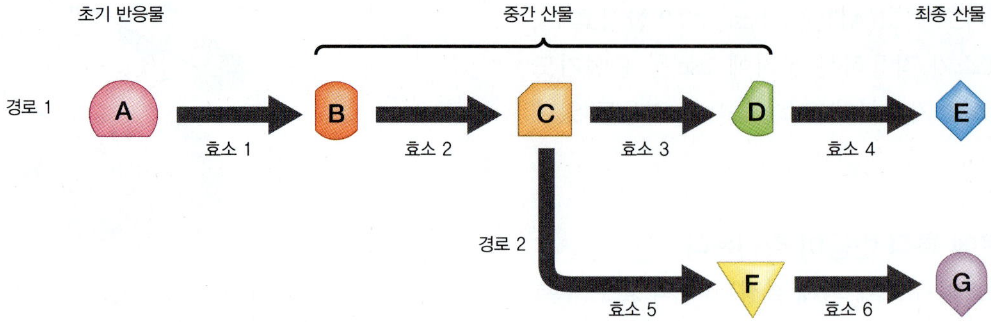


▲ **그림 3-6 단순화한 대사경로** 최초 반응물 분자(A)는 일련의 반응을 거치는데, 각 반응은 특이적인 효소에 의해 촉진된다. 각 반응의 생성물은 경로에서 다음 반응의 반응물 역할을 한다. 대사경로는 주로 상호연관되어 있어서, 어떤 경로의 한 단계의 생성물(경로 1에서 C)이 다른 경로의 효소의 기질(경로 2에서 효소 5)로 종종 작용한다.

합할 수 있는가에 달려있다. 즉, 효소와 기질 분자의 농도에 의해 결정된다. 일반적으로 효소나 기질의 농도가 증가되면 두 분자가 만날 가능성이 증가하기 때문에 반응 속도가 올라갈 것이다.

그러나 살아있는 세포는 시험관에서 일어나는 것보다 훨씬 복잡한 체계를 필요로 할 뿐 아니라 반응 속도가 정확하게 조절되어야 한다. 기질의 양이 많이 변하더라도 세포는 최종 생성물의 양을 일정한 범위에서 유지시켜야 한다. 예를 들면, 식사 후에 포도당이 혈액 내로 유입될 때 한꺼번에 분해하여 무수히 많은 ATP를 생성하는 것은 바람직하지 않다. 그 대신 나중에 사용하기 위해 일부 포도당이 글리코겐이나 지방으로 저장되어야 한다.

세포가 효소를 조절하는 효과적인 방법은 세포가 필요한 효소를 암호화하는 유전자를 활성화시키는 것이다. 세포내 기질이 많아지면 유전자 조절로 효소가 다량 합성되고, 효소 농도가 높아지면 기질 분자와 효소가 더 쉽게 만날 수 있게 되므로 반응 속도가 빨라진다. 예를 들면, 탄수화물이 많은 식사를 한 후에 포도당이 혈액으로 많이 유입되면 이자에서 인슐린을 방출하게 되고, 인슐린은 포도당을 분해하는 첫 번째 효소를 암호화하는 유전자를 활성화시키므로 포도당 분해를 촉진시킨다. 이와 동시에 지방산 합성효소를 암호화하는 유전자도 활성화시키므로 포도당 분해로 생성된 분자를 지방으로 전환시키게 되는 것이다.

일부 효소는 불활성화 상태로 합성되어 효소가 필요한 곳의 조건에 따라 활성화되기도 한다. 예를 들면 펩신의 경우 효소의 활성부위가 덮여진 불활성화 상태로 합성되어 위액의 산성으로 인해 펩신이 활성화되므로 음식물 안의 단백질을 분해시키게 된다. 만약 펩신이 활성화 상태로 합성되면 펩신으로 인해 위벽세포가 분해되는 일이 일어나게 된다. 단백질 소화를 마무리시키는 트립신은 불활성화 상태로 소장으로 방출되어 소장에서 분비된 다른 효소에 의해 활성화된다.

## 3.6 대사 경로는 어떻게 조절되는가?

효소가 합성되고 활성화 상태에 있게 된 뒤, 대사경로에서 효소가 억제될 수 있는 방법에는 경쟁적 억제와 비경쟁적 억제 등 두 가지 방법이 있다. 두 가지 모두 억제제는 효소에 일시적으로 결합하는데, 억제제의 농도가 높을수록 효소와 잘 결합한다(그림 3-7a).

**경쟁적 억제(competitive inhibition)**에서는 정상적인 기질이 아닌 물질도 기질과 경쟁하여 효소의 활성부위에 결합할 수 있다(그림 3-7b). 경쟁적 억제제는 기질과 구조적으로 유사해서 효소의 활성부위에 결합할 수 있는 것이다.

**비경쟁적 억제(noncompetitive inhibition)**에서는 억제제가 활성부위가 아닌 곳에 결합하면 효소의 활성부위 구조가 바뀌게 되는데, 활성부위 구조가 바뀌면 기질이 활성부위와 결합하지 못하게 되므로 효소활성이 억제되는 것이다(그림 3-7c).

다른자리입체성 조절(allosteric regulation)은 활성화 부위가 아닌 다른 부위에 결합하는 물질에 의해 활성화되기도

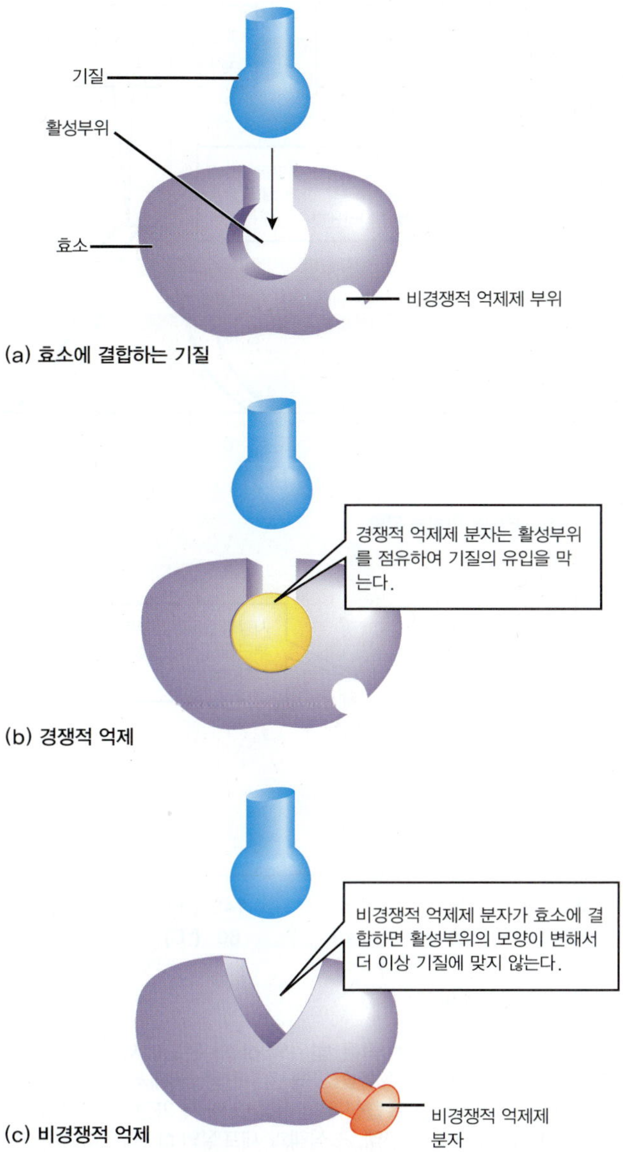


◀ **그림 3-7 경쟁적 및 비경쟁적 효소 억제**
**(a)** 정상적인 기질은 효소의 활성부위에 들어맞는다. **(b)** 경쟁적 억제에서, 기질을 닮은 경쟁적 억제제 분자가 활성부위에 들어가서 막는다. **(c)** 비경쟁적 억제에서, 어떤 분자가 효소의 다른 부위에 결합하여 활성부위를 뒤틀어서 효소의 기질이 더 이상 들어맞지 않게 된다.

하고 억제되기도 하는 것이다. 이렇게 조절되는 효소를 다른자리입체성 효소라고 한다. 다른자리입체성 억제는 억제제가 다른 부위에 결합하므로 효소활성이 억제되는 것이고 다른자리입체성 활성화는 활성제가 다른 부위에 결합하므로 효소활성이 촉진되는 것이다.

**피드백 억제(feedback inhibition)**는 대사경로의 시작 부분에 있는 효소의 활성이 반응경로의 최종 산물에 의해 억제되는 것인데, 이때 최종 산물은 다른자리입체성 억제제로 작용한다(그림 3-8). 방이 충분히 따뜻해지면 난방장치가 꺼지는 것처럼, 생성물의 농도가 최적 수준에 도달하면 피드백억제는 대사경로가 최종 산물을 생산하는 것을 중지하게 한다.

## 3.7 효소활성에 영향을 미치는 요인은 무엇인가?

신경가스와 살충제는 아세틸콜린을 분해하는 아세틸콜린 에스테라아제의 활성부위를 영구적으로 차단한다. 이로 인

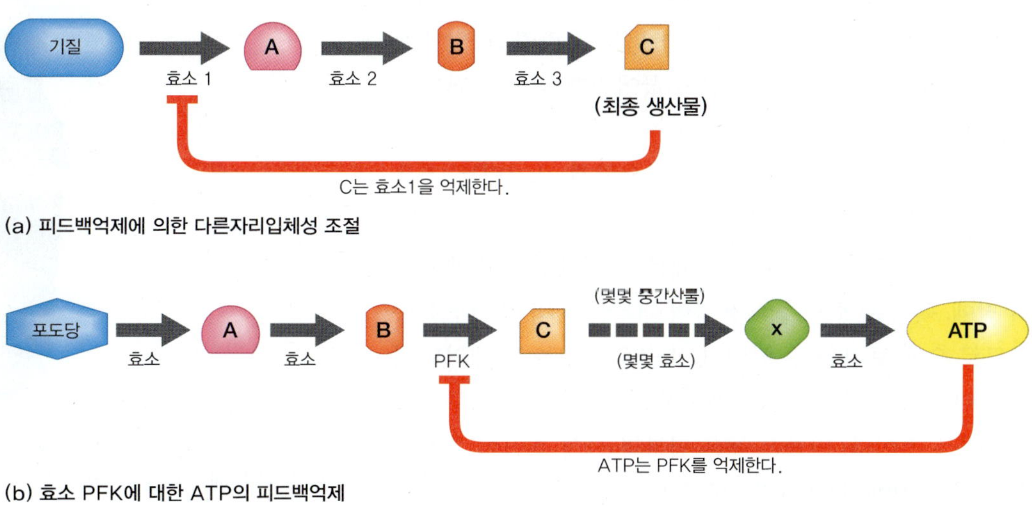


▶ **그림 3-8 피드백억제에 의한 다른자리입체성 조절** **(a)** 피드백억제의 일반적인 과정에서, 대사경로의 최종 생산물은 다른자리입체성 억제제로 작용하여 최종 생산물이 생성되는 속도를 감소시킨다. **(b)** PFK 억제는 피드백억제의 예이다.

해 아세틸콜린이 축적되고 근육을 지나치게 자극하여 마비가 유발되고 숨을 쉴 수 없기 때문에 결국 죽게 된다. 비소, 수은, 납, 청산가리 같은 것은 효소의 비경쟁적 억제제인데, 청산가리의 경우 ATP 생성에 반드시 필요한 효소를 비경쟁적으로 억제하여 짧은 시간에 죽게 만든다.

많은 약제는 효소의 경쟁적 억제제로 작용한다. 예를 들면 페니실린은 박테리아의 세포벽 합성에 필요한 효소를 경쟁적으로 억제하여 박테리아를 파괴시킨다. 아스피린과 이부프로펜은 부기, 통증, 발열을 일으키는 분자들의 합성을 촉진하는 효소의 경쟁적 억제제로 작용한다.

일부 콜레스테롤 저하제는 콜레스테롤을 합성하는 경로에서 효소를 경쟁적으로 억제하여 혈액 콜레스테롤 수준을 낮춘다. 항암제는 DNA를 복제하기 위해 필요한 효소 중 하나 이상을 방해하여 암세포 증식을 막는다. 불행하게도, 이 항암제들은 머리카락 소낭과 소화관 내부를 덮는 세포와 같이 빠르게 분열하는 정상세포의 생장도 방해하기 때문에 머리카락이 빠지고 메스꺼움이 나타나게 된다.

효소의 3차 구조는 환경 조건에 민감한데, pH, 온도, 염 조건 등의 적절한 화학물리적 조건에서 최적의 기능을 수행할 수 있다. 이 범위를 벗어나면 효소는 변성되는데 효소가 변성되는 것은 효소 단백질의 3차 구조가 바뀌는 것이다.

사람의 경우, 효소는 pH 7.4 부근에서 최적의 기능을 수행할 수 있다(그림 3-9a). 그러나 단백질 소화 효소인 펩신의 경우 pH 2.0 정도의 산성조건에서 최적의 기능을 수행할 수 있고 단백질 분해효소인 트립신은 pH 8.0 부근에서 가장 활성이 높다.

온도는 효소가 촉진하는 반응의 속도에 영향을 미치는데, 낮은 온도에서 느려지고, 적당히 높은 온도에서는 빨라진다(그림 3-9b). 반면에 온도가 너무 올라가면, 단백질의 구조를 결정하는 수소결합이 끊어지게 되므로 단백질이 변성된다.

식품이 냉장고나 냉동고에서 신선하게 유지되는 것은 박테리아와 곰팡이가 자라고 번식하게 하는 효소 촉매반응이 온도로 인해 늦추어지기 때문이다. 냉장고가 개발되기 전에, 육류는 소금을 이용하여 대부분의 박테리아를 죽이므로 오래 보관할 수 있었다. 소금은 이온으로 해리되어 효소 단백질의 아미노산과 결합하므로 효소의 3차 구조를 파괴하는 것이다. 피클은 높은 염분과 산성 조건이 조합된 식초-염 용액에서 매우 잘 보존된다(그림 3-10).

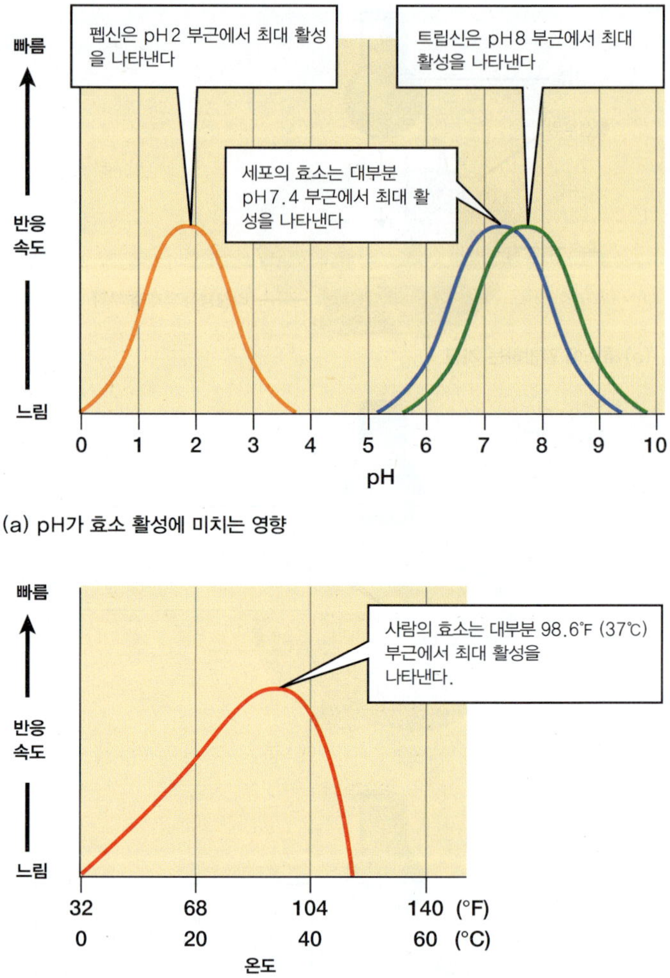


▲ **그림 3-9 사람의 효소는 좁은 범위의 pH와 온도에서 가장 잘 작용한다** **(a)** 위로 분비되는 소화효소 펩신은 산성 pH에서 가장 잘 작용한다. 소장으로 분비되는 트립신은 염기성 pH에서 가장 잘 작용한다. 세포 내의 대부분의 효소는 혈액, 조직액과 세포질의 pH(약 7.4)에서 가장 잘 작용한다. **(b)** 사람의 대부분 효소는 사람의 체온에서 최대 활성을 나타낸다.

▶ **그림 3-10 보존** 오이 피클은 몇 달 뒤에도 먹을 수 있다.

## 어떤 효소가 부족하면 락토스 민감성을 일으킨다

여러분이 아이스크림과 피자를 좋아한다면, 이런 선물이 없는 세상을 상상하기란 매우 어려울 것이다. 그런데 세계 인구의 많은 사람들이 이러한 유제품을 즐길 수 없다. 비록 어린 아이들은 정상적으로 락테이스(락토스 또는 "유당"을 분해하는 효소)를 생산하지만, 3천만에서 5천만 미국인을 포함하여 세계 인구의 약 65%는 어린 시절을 지나오면서 이 효소를 적게 생산하게 되는데, 이러한 상태를 락토스 민감성이라고 한다. 최악의 사례로는, 사람들이 유제품을 먹고 나서 복통, 속이 부글거림, 메스꺼움, 설사 등을 겪는다.

왜 사람들이 이 음식물에 대한 효소의 합성을 중지하는 것일까? 진화적 관점에서 보면, 아무런 기능을 하지 않는 어떤 효소를 합성하기 위해 에너지를 계속해서 소비하지 않는 것이 타당하다. 우리의 (아직 가축을 기르지 않았던) 초기 선조들은 젖을 뗀 후에 락토스의 주된 원천인 우유를 더 이상 섭취하지 않았기 때문에 어린 시절에 락테이스가 그 기능을 잃었다. 그 결과, 많은 현대 성인들은 젖을 뗀 후에 락테이스를 암호화하는 유전자가 활성화되지 않도록 조절되기 때문에 락토스를 소화할 수 없다. 락토스 민감성은 동아시아, 서아프리카, 미국 원주민의 후손들에게서 특히 우세하게 나타난다. 유전학 연구에 따르면 지금으로부터 1만 년 내지 6천 년 전에 북유럽과 중동아시아에 있는 일부 사람들에게서 일생동안 락토스를 소화할 수 있게 하는 돌연변이가 나타났다고 한다. 이러한 돌연변이로 인해 농경사회의 구성원들에게 더 나은 음식을 공급하게 되고 가축으로부터 고기뿐만 아니라 우유를 얻을 수 있게 되므로 이 돌연변이는 유리하게 되어 서서히 퍼졌다. 그들의 후손은 오늘날 우유, 아이스크림, 치즈 피자를 계속해서 즐기고 있다.

Chapter

# 4 세포

로버트 후크의 현미경과 그가 그린 코르크 세포

루벤훅의 광학현미경

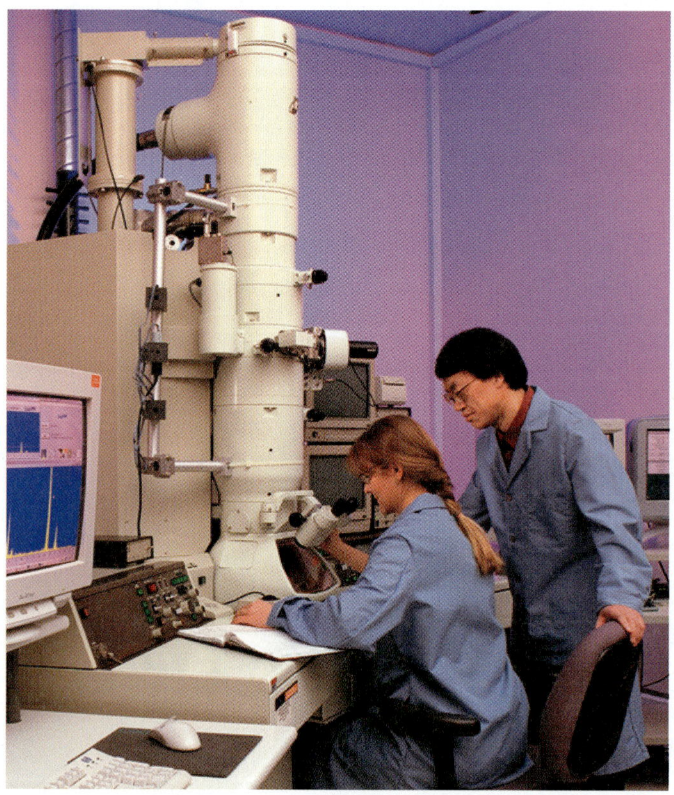

전자현미경

현미경의 어제와 오늘

로버트 후크가 사진에 있는 광학현미경으로 코르크 세포들의 벽을 관찰하여 세밀하게 그린 그림. (위) 후크와 루벤훅은 동시대 사람이다. 후크는 루벤훅의 현미경에서 더 좋은 상이 관찰되지만 매우 간단한 루벤훅의 현미경이 자신의 눈에는 거칠다고 하였다. (아래) 이 전자현미경은 주사전자현미경과 투과전자현미경으로 모두 작동된다.

생명체를 구성하는 가장 기본적인 단위가 세포인데, 최초의 세포 관찰은 1665년 영국의 후크(Robert Hooke)가 자신이 제작한 원시적 현미경으로 코르크 조각을 관찰하여 작은 상자들이 많이 있음을 관찰한 것이었다. 후크는 이 상자들이 수도승들이 거처하는 방처럼 보여 방이라는 뜻으로 세포(cell)라고 이름을 붙였다. 후크가 관찰한 상자는 식물세포를 둘러싼 세포벽이라는 것을 훗날 알게 되었다. 1670년대에 네덜란드의 현미경학자인 뤠벤후크(Anton van Leeuwenhoek)는 간단한 현미경을 사용하여 연못물을 관찰한 결과 미세한 단세포 동물들을 관찰하였다고 발표하였다. 더 나아가 혈구세포, 정자세포, 진딧물, 벼룩 같은 곤충 등 다양한 생물을 세밀하게 관찰하여 자연발생설에 큰 타격을 주었다.

생물학자, 물리학자 및 공학자들은 세포를 관찰하기 위해 다양한 현미경 개발에 노력해왔다. 광학현미경은 시료를 관통하거나 표면에 반사된 빛을 꺾고 초점을 맞추고 통과시키기 위해 유리나 석영으로 만든 렌즈를 사용하는데, 시료에 빛을 비추는 방법과 염색에 따라 다양한 이미지를 관찰할 수 있다. 특정 파장의 빛을 사용하여 특정 분자를 관찰할 수 있는 형광 염색은 세포 관찰에 새로운 장을 열고 있다. 광학현미경의 최대 해상력은 약 200나노미터(200 nm = 0.2 ㎛; 1 nm는 백만분의 1 m)이며 진핵세포의 일부 내부 구조와 대부분의 원핵세포를 관찰할 수 있다. 광학현미경은 짚신벌레처럼 살아있는 세포를 관찰하는 데 유용하다.

전자현미경(electron microscope)은 빛 대신에 전자빔을 사용하며 자기장에 의해 초점을 맞춘다. 투과전자현미경(Transmission Electron Microscope TEM)은 전자빔이 얇은 시료를 투과하기 때문에 세포의 내부구조를 상세히 관찰할 수 있다. 현재 0.05 nm의 해상력을 갖는 최첨단 투과전자현미경은 DNA 같은 분자나 탄소 원자까지도 관찰할 수 있다.

주사전자현미경(Scanning Electron Microscope; SEM)은 건조된 단단한 시료의 표면을 금속으로 도금한 시료의 표면에서 전자가 반사되는 원리를 활용하여 관찰하는데, 세포와 세포소기관의 표면구조를 3차원으로 자세하게 관찰할 수 있다.

## Contents

## 4.1 세포의 정체는 무엇인가?

세포는 작기 때문에 1600년대 중엽 현미경의 발명으로 처음 연구되기 시작한 이래 많은 연구가 이루어져 왔다. 그 결과 모든 생물은 세포로 이루어졌다는 세포설이 탄생하였다. 1838년에 독일의 식물학자 슐라이덴(Mattias Schleiden)은 세포와 세포로부터 만들어진 물질이 식물의 기본 구조를 이루고, 식물이 성장하는 것은 새로운 세포가 추가되기 때문이라는 결론을 내렸다. 1839년에 독일의 생물학자 슈반(Theodor Schwann)은 동물 세포에 대해서도 같은 결론을 도출했다. 슐라이덴과 슈반의 업적은 생명의 기본 단위인 세포에 대한 통일된 이론으로 모아졌다. 1855년에 독일의 내과의사인 피르호(Rudolf Virchow)가 모든 세포는 이미 존재하던 세포로부터 만들어진다는 결론을 내림으로써 생물학의 기본 개념인 **세포설(cell theory)**이 완성되었다.

세포설은 3가지 원리로 되어있다.

① 모든 생명체는 하나 또는 그 이상의 세포로 구성된다.
② 세포는 모든 생명체의 기능적 단위다.
③ 모든 세포는 이미 존재했던 세포로부터 만들어진다.

대부분의 세포는 직경이 약 1~100μm 정도인데(그림 4-1) 왜 그렇게 작아야만 할까? 그 이유는 원형질막을 통해 영양분과 노폐물을 효과적으로 교환해야 하기 때문이다. 대부분의 영양분과 노폐물은 **확산(diffusion)**에 의해서 고농도에서 저농도로 세포를 출입하는데 세포의 안쪽도 외부 환경과 유사하게 유지되어야하기 때문에 모양에 상관없이 크기가 작아야 한다.

### 모든 세포는 공통적인 특징을 가지고 있다

모든 세포는 인지질 이중층의 막으로 둘러싸여 있고, 유전물질로서 DNA를 가져야 하며, 세포내 대사를 조절하는 기구가 있어야한다. 현재의 세포는 세균이나 고세균처럼 단순한 원핵세포와 원생생물, 균류, 식물, 동물 등 복잡한 진핵세포로 구분된다. 모든 세포는 **원형질막(plasma membrane)**이라는 얇고 유동성이 있는 막에 의해 둘러싸여져 있다(그림 4-2). 원형질막 및 세포내의 모든 막은 인지질과 콜레스테롤 분자로 이루어진 이중층으로 되어 있으며, 지질 이중층 내에 다양한 종류의 단백질이 삽입되어 있다.

인지질 이중층은 세포를 주변 환경과 분리시키므로 세포 내외의 물질 농도 차이가 유지되도록 한다. 반면에 원형질막에 있는 단백질은 세포 내외부의 물질 이동을 조절하는 기능을 한다. 예를 들면, 통로 단백질은 특정한 분자나

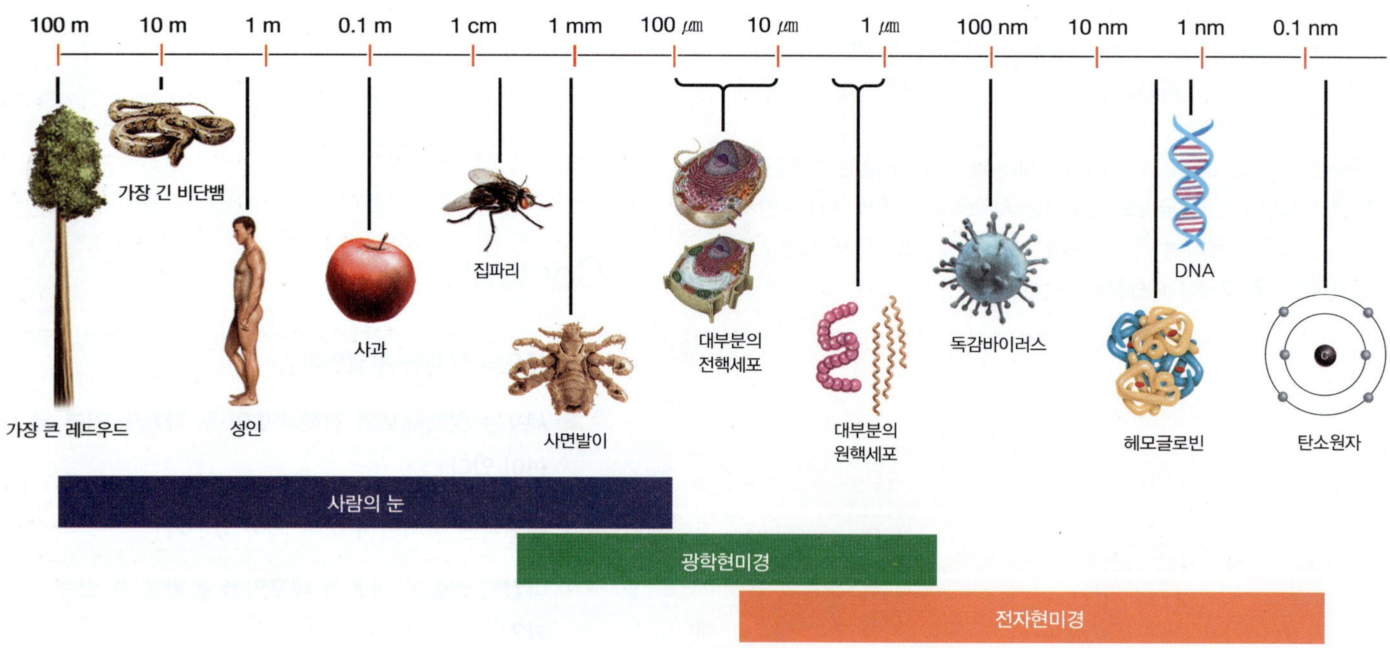


▲ **그림 4-1 전형적인 세포와 비교한 생물 및 원자 크기** 약 100 m(가장 키가 큰 레드우드의 높이)에서 수 μm(대부분의 세포의 직경) 및 수 nm(큰 분자들의 직경)에 이르기까지 생물과 관련되는 길이의 단위가 표시되어 있다.

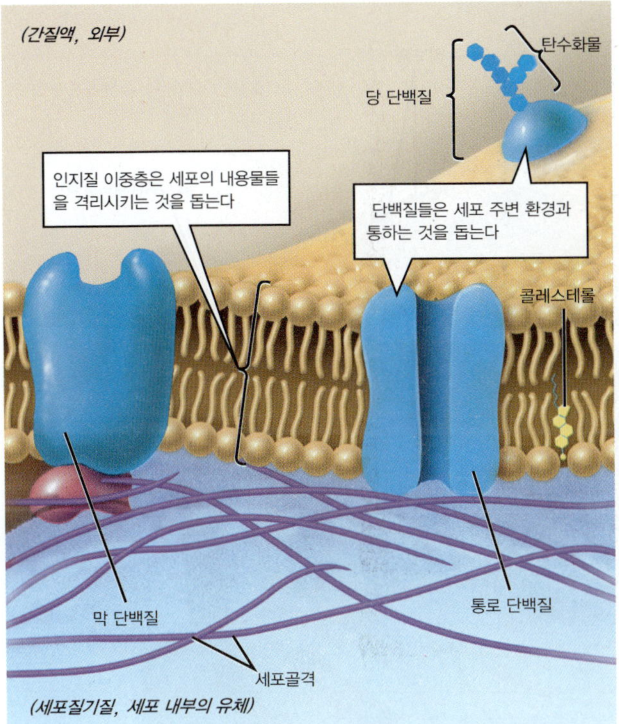


◀ 그림 4–2 **원형질막의 분자구조 모형** 원형질막은 세포를 둘러싸고 있다. 이 막의 구조는 모든 세포막들의 구조와 유사하며, 다양한 단백질들이 파묻혀 있는 인지질 이중층으로 구성되어 있다. 막은 세포골격에 의해 지지된다.

이온의 통로 역할을 하고, 당 단백질은 세포 밖에 있는 분자의 신호에 반응하며 세포 안쪽에서 일어나는 화학반응을 촉매한다.

## 모든 세포는 세포질을 가지고 있다

**세포질(cytoplasm)**은 핵을 제외한 원형질막 안쪽에 있는 모든 유동 물질과 구조물을 일컫는다(그림 4-3, 4-4). 원핵세포와 진핵세포 모두 세포질의 용액 부분을 **세포질기질(cytosol)**이라 하는데 물, 무기염, 단백질, 지질, 탄수화물,

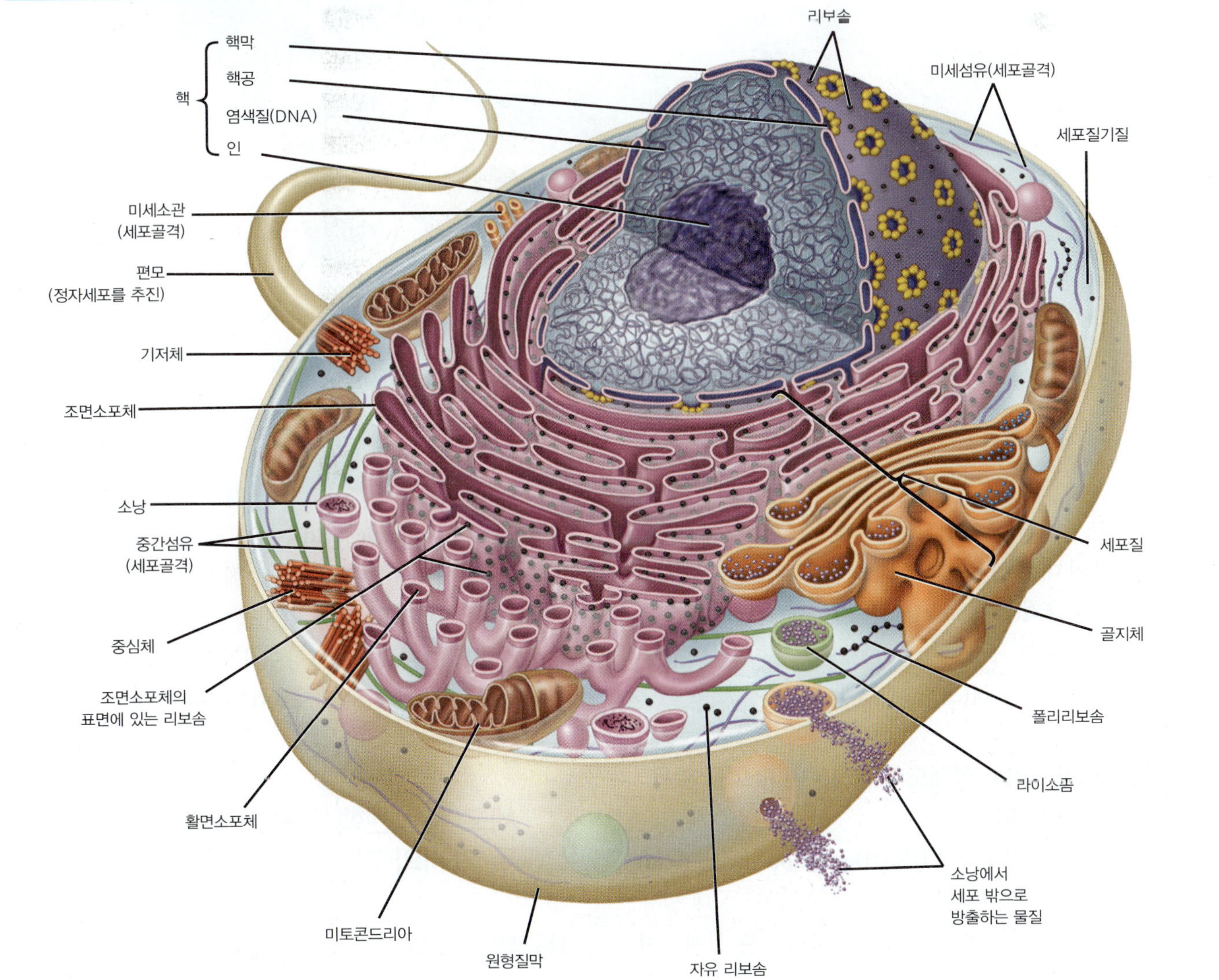


▲ 그림 4–3 **동물세포의 전자현미경적 모식도**

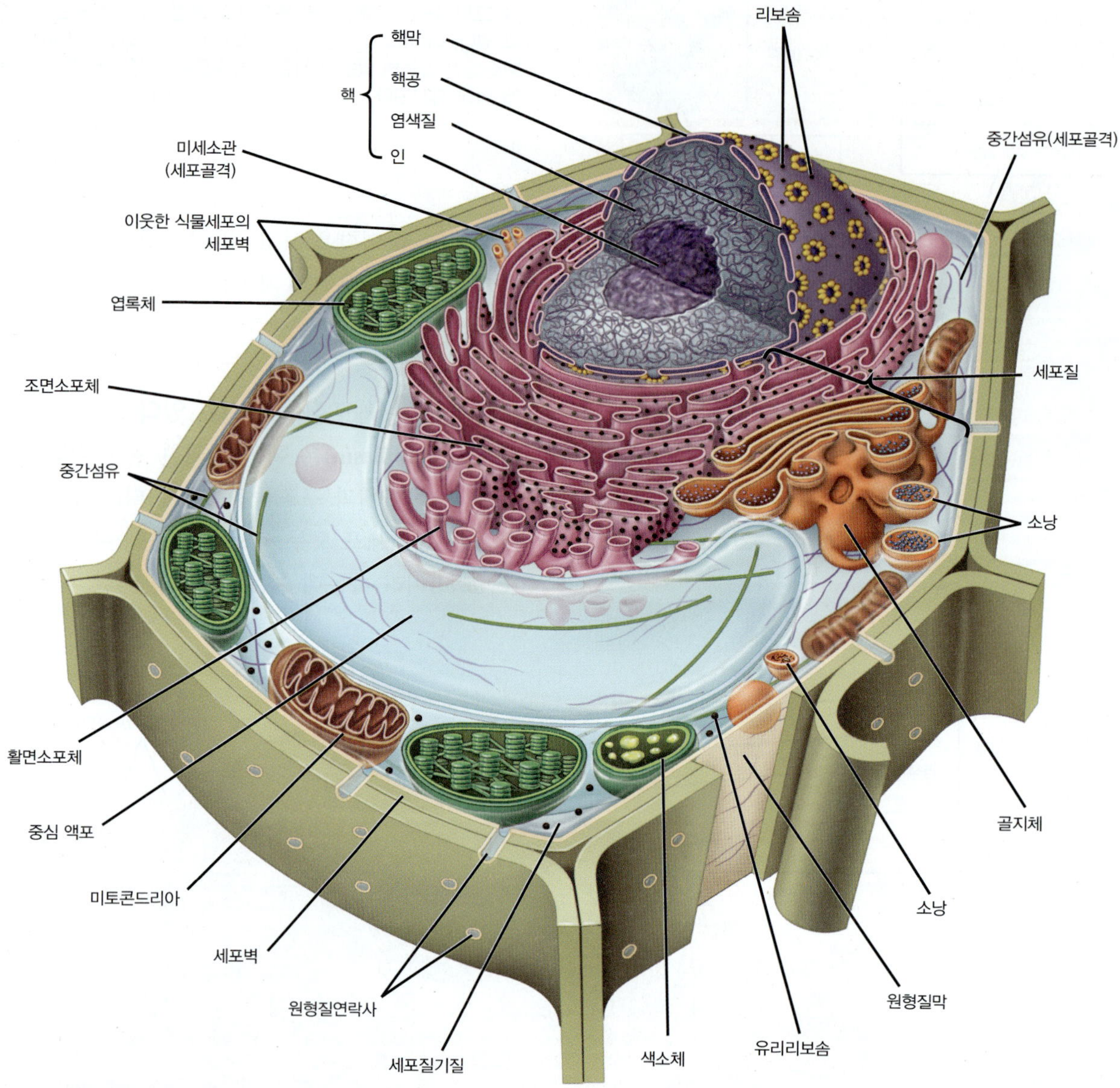


▲ 그림 4-4 **식물세포의 전자현미경적 모식도**

당, 아미노산, 뉴클레오타이드 등 여러 유기분자들이 들어 있다. 대부분의 대사 활동과 생화학반응은 세포질기질에서 일어난다. **세포골격(cytoskeleton)**은 다양한 단백질 섬유로 이루어져 있고 지지, 구조 유지, 이동, 구조변화, 세포 분열 등에 중요한 기능을 한다(그림 4-2, 4-16).

### 세포는 설계도인 DNA, 설계도의 복사본인 RNA를 활용하여 구조물을 만든다

세포에 들어있는 유전물질은 **DNA(DeoxyriboNucleic Acid)**로서 세포의 모든 구성물과 새로운 세포를 만드는 데 필요한 설명서가 들어 있으며 부모로부터 물려받은 설계도이다. **RNA(RiboNucleic Acid)**는 DNA 유전자의 복사본으로써 설계도에 근거하여 단백질을 합성하는데 활용된다. 모든 세포는 DNA와 RNA 두 가지를 가지고 있다. RNA 정보를 사용하여 단백질을 만드는 과정은 세포작업대(cellular workbench)라고 불리는 **리보솜(ribosome)**에서 일어난다.

## 4.2 세포에는 원핵세포와 진핵세포의 두 가지의 기본 유형이 있다

모든 생명체는 두 가지 유형의 세포 중 한 가지로 이루어져

| 표 4-1 | 세포 구조의 기능과 분포 | | | |
|---|---|---|---|---|
| **구조** | **기능** | **원핵생물** | **진핵생물: 식물** | **진핵생물: 동물** |
| **세포표면** | | | | |
| 세포벽 | 보호, 세포 지지 | 없다 | 있다 | 있다 |
| 섬모 | 유체 속에서 세포를 움직이게 하든지 또는 세포표면으로 유체가 지나가도록 한다. | 없다 | 없다(대부분) | 있다 |
| 편모 | 유체 속에서 세포를 움직이게 한다. | 있다[1] | 없다(대부분) | 있다 |
| 원형질막 | 환경으로부터 세포 내용물을 격리한다. | 있다 | 있다 | 있다 |
| **유전물질의 구성** | | | | |
| 유전물질 | 조립에 필요한 정보를 코드화한다. | DNA | DNA | DNA |
| 염색체 | DNA를 포함하고 있고 DNA의 이용을 조절한다. | 단일, 원형, 단백질이 없음 | 다수, 선형, 단백질이 있음 | 다수, 선형, 단백질이 있음 |
| 핵* | 막으로 둘러싸고 있는 염색체 컨테이너이다. | 없다 | 있다 | 있다 |
| 핵막 | 핵을 둘러싸고 있으며, 핵 안팎으로의 물질 이동을 조절한다. | 없다 | 있다 | 있다 |
| 인 | 리보솜 합성 | 없다 | 있다 | 있다 |
| **세포질의 구조** | | | | |
| 리보솜* | 단백질 합성 장소로 제공한다. | 있다 | 있다 | 있다 |
| 미토콘드리아* | 호기적 대사에 의해 에너지를 생산한다. | 없다 | 있다 | 있다 |
| 엽록체* | 광합성을 수행한다. | 없다 | 있다 | 없다 |
| 소포체* | 막의 구성성분인 단백질, 지질 합성 | 없다 | 있다 | 있다 |
| 골지체* | 단백질과 지질의 변형, 선별 및 포장 | 없다 | 있다 | 있다 |
| 라이소좀* | 세포 내 소화효소를 지닌다. | 없다 | 없다(대부분) | 있다 |
| 색소체* | 음식물과 색소를 저장한다. | 없다 | 있다 | 없다 |
| 중심 액포* | 물과 노폐물을 지니고 있으며, 세포를 지지하는 팽압을 제공한다. | 없다 | 있다 | 없다 |
| 소낭과 액포* | 분비물을 수송하고, 식세포작용에 의해 얻은 음식물을 지닌다. | 없다 | 있다 | 있다 |
| 세포골격 | 세포를 지지하고 형태를 유지한다. 세포 요소들을 이동시키고, 또한 고정도 한다. | 있다 | 있다 | 있다 |
| 중심체 | 섬모와 편모의 미세소관을 만든다. | 없다 | 없다(대부분) | 있다 |

1 일부 원핵생물은 미세소관은 없고 진핵세포 편모와 다른 방법으로 움직이는 편모를 갖고 있다.
* 막으로 둘러싸인 세포소기관들로 진핵세포에만 있다.

있다. **원핵세포(prokaryotic cell**, 'prokaryotic'은 '핵이 생기기 전'을 의미함)는 **세균(bacteria)**과 **고세균(archaea)**을 구성한다. **진핵세포(eukaryotic cell**, 'eukaryotic'은 '진정한 핵'을 의미함)는 원핵세포보다 훨씬 더 복잡하며 동물, 식물, 균류 및 원생생물을 구성한다. 원핵세포와 진핵세포의 가장 큰 차이점은 핵막이 있는가 없는가 하는 점이다. 표 4-1은 원핵세포와 진핵세포의 주요 특징들을 요약해 놓았다.

원핵세포는 대개 5㎛ 이하로 매우 작고(진핵세포는 10~100㎛), 진핵세포에 비해 단순한 내부구조를 가지고 있으며, 막으로 둘러싸인 세포소기관이 없다. 고세균 영역과 세균 영역에 속하는 생물은 원핵세포 한 개로 이루어져 있다. 고세균은 온천이나 소의 위장 같은 극한 환경이나 토양 및 해양에서 서식하는데 질병을 일으키지는 않는 것으로 알려져 있다.

## 원핵세포는 특수화된 표면 구조를 가지고 있다

원핵세포는 **세포벽(cell wall)**에 의해 둘러싸여 있는데, 세포를 보호하고 세포 모양을 유지해준다. 세균의 세포벽은 펩티도글리칸으로 이루어져 있으며 원핵생물은 막대형의 간균, 나선형의 나선균, 구형의 구균(그림 4-5 a,b,c) 중에 한 가지 형태를 나타낸다.

세균은 세포벽 밖으로 다당류를 분비하여 캡슐과 점액층

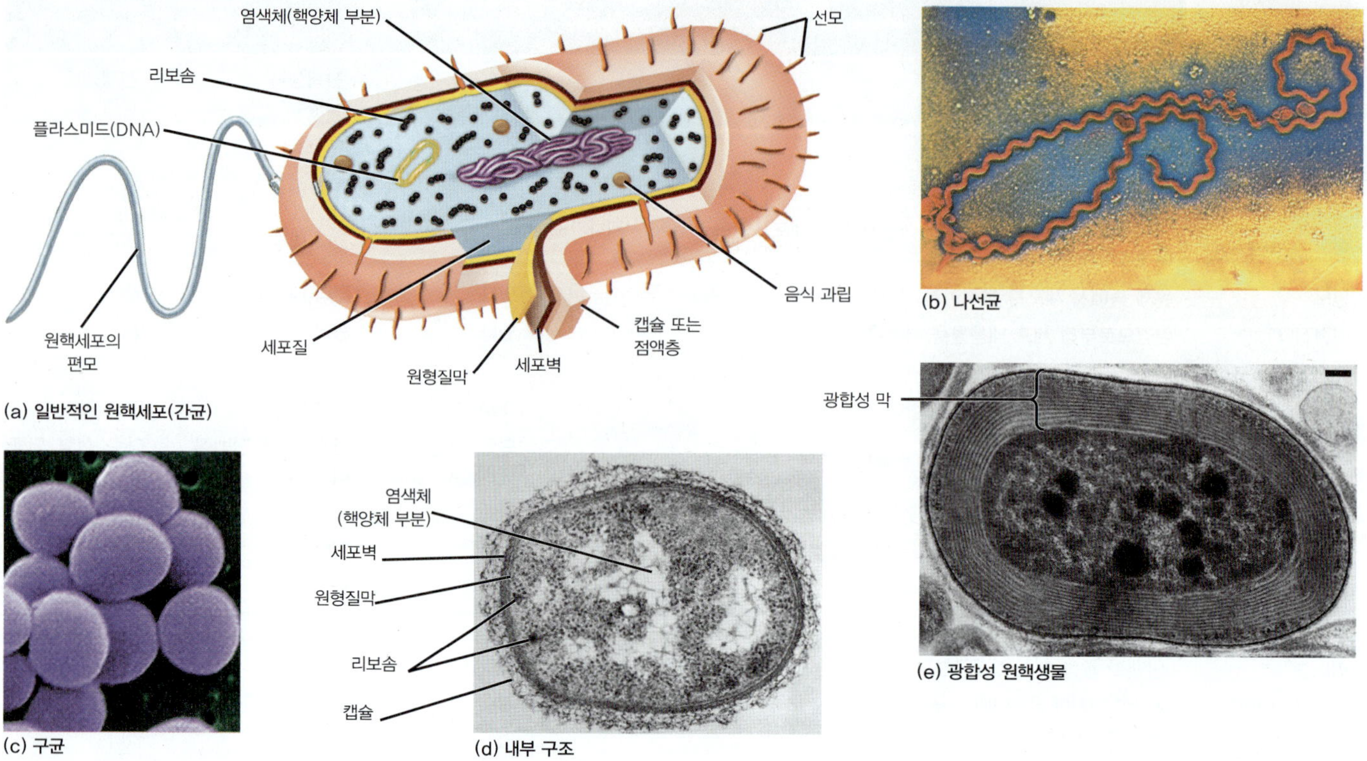


▲ 그림 4-5 **원핵세포** 원핵생물은 여러 모양을 하고 있다.

(a) 막대 모양의 간균, (b) 나선형의 나선균, (c) 구형의 구균. 내부 구조가 투과전자현미경 사진에서 (d)와 (e)로 관찰된다. 일부 광합성 박테리아는 (e)에서 보이는 바와 같이 광합성이 일어나는 내부 막을 갖고 있다.

피막을 만든다. 충치, 설사, 폐렴 혹은 요로 감염을 일으키는 세균은 캡슐이나 점액층을 가지고 있어서 치아 표면이나 작은창자, 허파 혹은 방광의 내벽 같은 특별한 숙주 조직에 쉽게 부착할 수 있다. 캡슐과 점액층은 세균을 보호하고 세균이 건조되는 것을 막아주며 변기 표면에 표면막을 형성하기도 한다.

**선모(pili)**는 세균의 세포벽에 돌출된 표면 단백질이다(그림 4-5a). 선모에는 길이가 짧고 수가 많은 부착선모와 길이가 길고 수가 적은 성선모 등 두 종류가 있다. 부착선모는 세균을 부착하게 하는데 일부 세균은 부착선모를 이용하여 환자를 감염시킨다. 어떤 종류의 세균은 성선모를 이용하여 같은 종류의 세균을 끌어당겨서 서로의 세포질을 연결하는 통로를 만들고 **플라스미드(plasmid)**라는 DNA 조각을 전달하기도 한다. 일부 박테리아와 고세균은 회전하면서 추진력을 만드는 **편모(flagella)**를 가지는데(그림 4-5a), 원핵세포의 편모는 진핵세포의 편모와는 구조와 기능이 다르다.

## 원핵세포는 특수화된 세포질을 가지고 있다

원핵세포는 막으로 둘러싸여 있지 않은 **핵양체(nucleoid**, '핵 같은'이라는 뜻 그림 4-5a)를 가지는데 이것은 DNA 가닥으로 구성된 단일 원형 염색체를 가지고 있는 핵이라고 할 수 있다. 그리고 세포질에는 원형의 플라스미드가 있는데, 이것은 독특한 특성을 나타내는 유전자를 가지고 있다. 일부 박테리아는 항생제를 불활성화시킬 수 있는 플라스미드를 가지고 있어서 죽이기가 훨씬 어렵다.

원핵세포는 막으로 둘러싸인 막성구조가 없지만 일부에서는 내부 막을 사용하여 효소 역할을 수행하기도 하는데, 반응이 일어나는 순서에 따라 일정하게 위치하기도 한다. 예를 들면 광합성 박테리아는 빛을 포획하는 단백질과 효소가 들어있는 다양한 막성구조를 가지고 있다(그림 4-5e).

원핵세포는 진핵세포의 세포골격(그림 4-16 참조)과 유사한 세포골격을 가지고 있다. 원핵생물의 세포골격과 진핵생물의 세포골격은 기능면에서 많이 유사한데, 두 가지 모두 세포분열에 필수적이며 세포의 모양을 조절하는 기능을 수행한다.

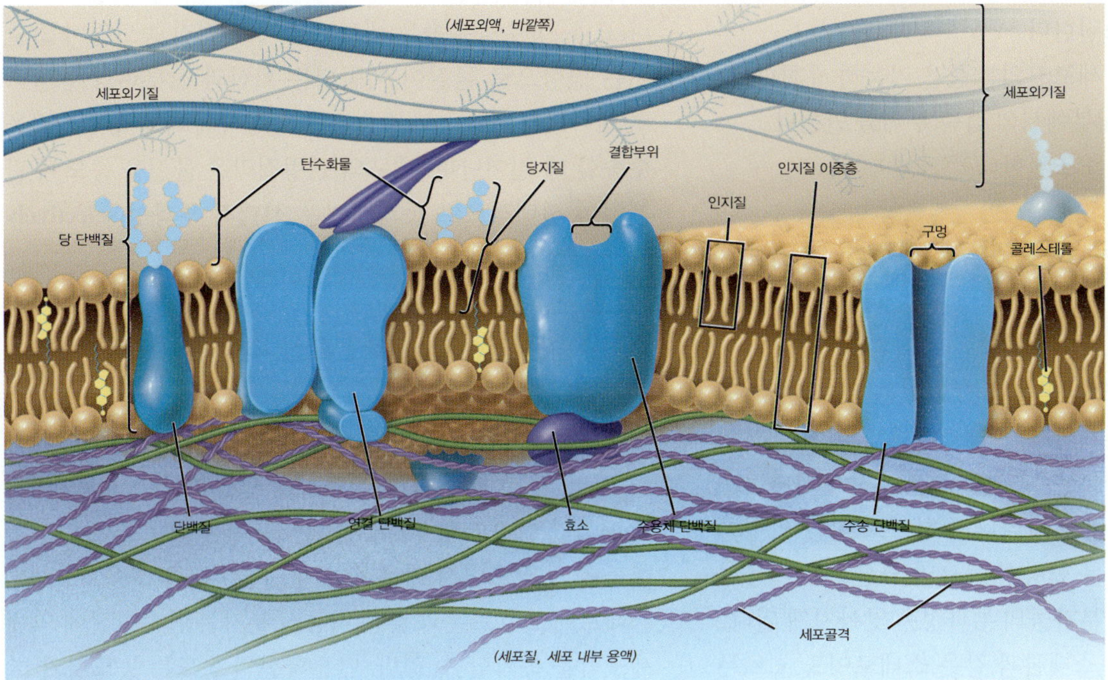


◀ **그림 4-6 원형질막** 원형질막은 단백질(청색)이 박혀있고 콜레스테롤 분자가 분산되어 있는 인지질의 이중층이다. 효소뿐만 아니라 인지, 연결, 수용체, 수송 단백질 등과 같은 많은 단백질들을 갖고 있다. 또한 탄수화물이 부착된 많은 당 단백질과 당지질을 가지고 있다.

## 4.3 세포막은 어떠한 구조로 되어 있는가?

### 세포막은 인지질 이중층 내에서 단백질이 움직이는 모자이크 구조를 하고 있다

1970년대 이전의 세포생물학자들은 세포막이 기본적으로 지질 이중층과 단백질로 구성되어 있다는 것을 알았지만 이들이 서로 어떻게 배열되어 있는지는 모르고 있었다.

1972년에 S. J. Singer와 G. L. Nicolson은 현재 우리가 이해하고 있는 막의 구조와 기능에 대한 기본 형태인 **유동성 모자이크 모델(fluid mosaic model)**을 제안하였다. 유동성 모자이크 모델에 따르면 세포막은 인지질 이중층의 유동성 용액으로 구성되어 있으며, 다양한 단백질이 용액 내에 모자이크 배열을 하고 있다(그림 4-6).

인지질은 극성이며 친수성인(물과 접촉하는) 머리와 비극성이며 소수성인(물과 접촉하지 않는) 꼬리 등 두 부분으로 되어 있다. 세포막은 그림 4-7에서 보여주는 것과 같은 유사한 구조를 가진 다양한 종류의 인지질을 가지고 있다.

막에 있는 인지질이 특별한 방식으로 배열하고 있는 것은 (그림 4-6) 모든 세포가 수용액으로 둘러싸여 있기 때문이다. 단세포 생물은 민물이나 해양에서 살고 식물세포는 섬유소로 구성된 세포벽으로 싸여 있다. 동물세포의 원형질막 바깥쪽은 **간질액(interstitial fluid)**으로 되어있고 원형질막 안쪽은 **세포질(cytoplasm)**로 되어있다. 인지질의 머리 부분은 친수성이어서 물과 접촉하게 되고 인지질의 꼬리 부분은 소수성이기 때문에 꼬리끼리 서로 마주보며 접촉하게 된다. 결국 인지질 분자는 물속에서 이중층의 주머니 형태를 이루게 되는 것이다.

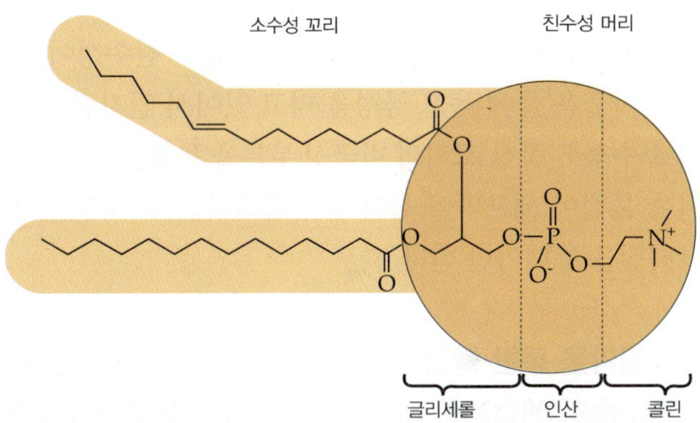


▲ **그림 4-7 인지질** Phosphatidylcholine(여기서 보여줌)은 세포막에 아주 풍부하게 존재한다. 지방산의 꼬리에 있는 하나의 이중결합은 꼬리가 구부러지게 한다.

#### 세포막은 다음의 여러 가지 기능을 수행한다

- 세포를 주위의 간질액과 분리시킨다.
- 막으로 둘러싸인 세포소기관을 세포질과 분리시킨다.
- 세포와 간질액 사이 또는 세포소기관과 세포질기질 사

이의 물질교환을 조절한다.
- 단세포 생물체에서 세포간의 소통을 가능하게 한다.
- 세포 사이와 세포 내부에서의 접촉 부위를 만든다.
- 다양한 생화학반응을 조절한다.

## 4.4 다양한 물질은 어떻게 세포막을 통과할 수 있는가?

모든 세포의 막은 콜레스테롤을 가지고 있는데(그림 4-6) 원형질막에 특히 많이 존재한다. 콜레스테롤과 인지질 사이의 상호작용으로 저온에서는 고체의 성질이 적게 나타나고 고온에서는 유동성이 적게 나타나게 하므로 막을 안정화시킨다. 막에 콜레스테롤 함량이 높으면 확산으로 이동하는 친수성 물질과 작은 분자들의 투과성은 낮아지게 된다.

에스트로겐과 테스토스테론과 같은 스테로이드 호르몬과 지용성 비타민 같은 물질은 소수성을 띠기 때문에 인지질 이중층을 쉽게 투과할 수 있다. 그러나 세포가 이용하는 염류를 포함한, 아미노산, 당류의 대부분은 친수성이다. 이들 분자들은 물에 녹고 극성을 띠고 있어서 인지질 이중층의 소수성 지방산 꼬리의 비극성 부분을 통과할 수 없다. 이러한 물질이 세포막을 통과하기 위해서는 막 내부에 있는 단백질을 통해야만 한다.

### 원형질막을 통한 물질 수송은 에너지를 사용하지 않은 수동수송과 에너지를 사용하는 능동수송으로 구분된다

원형질막을 통한 물질 수송은 에너지를 사용하지 않는 **수동수송(passive transport)**과 **에너지를 사용하는 수송(energy-requiring transport)** 등 크게 두 가지로 구분할 수 있다(표 4-2). 수동수송은 세포막을 가로 질러 농도경사를 줄이는 방향으로 물질이 이동되는 확산과 삼투현상을 말하며 에너지를 사용하는 수송은 농도경사에 역행하여 물질을 수송할 때 일어난다. 세포의 원형질막은 물질을 농도에 관계없이 선택적으로 통과시키는 **선택적 투과성(selectively permeable)**을 나타내고 있다.

### 수동수송은 단순확산, 촉진확산, 삼투현상으로 구분된다

**단순확산 :** 어떤 분자는 세포막의 인지질 이중층을 통과하여 직접 확산하며, 이러한 과정을 **단순확산(simple diffusion)**이라 한다(그림 4-8a). 물, 산소, 이산화탄소와 같이 전하를 갖지 않으면서 매우 작은 분자들이나 알코올, 비타민, 스테로이드 호르몬과 같은 지용성 분자는 단순확산에 의해 세포막을 통과할 수 있다. 단순확산의 속도는 농도차가 클수록, 온도가 높을수록, 분자의 크기가 작을수록, 지질에 대한 용해도가 높을수록 빨라진다.

**촉진확산 :** 세포막의 인지질 이중층은 당과 같이 크기가 크고 지질에 용해되진 않는 대부분의 극성물질을 통과시키지 않는다. $K^+$, $Na^+$, $Cl^-$, $Ca^{2+}$과 같은 이온은 크기가 작을지라도 전하를 띄기 때문에 인지질 이중층을 직접 통과할 수 없다. 따라서 이온과 극성분자가 막을 통과하기 위해서는 특별한 수송 단백질을 통해서 일어나야 하는데, 이것을 **촉진확산(facilitated diffusion)**이라 한다.

**운반 단백질(carrier protein)**은 세포막에 걸쳐 있고 당이나 작은 단백질과 같은 특별한 분자나 어떤 이온이 결합할 수 있는 부위를 가지고 있다. 이온이나 분자가 결합하면

| 표 4-2 | 막을 횡단하는 운반 |
|---|---|
| **수동수송** | 막을 횡단하는 물질의 확산은 농도, 압력 또는 전하의 경사를 줄인다; 에너지를 요구하지 않고 진행한다. |
| 단순확산 | 물과 용해된 기체의 확산 또는 지질 용해성 물질이 막의 인지질 이중층을 통과하여 확산한다. |
| 촉진확산 | 물과 이온이나 지질 용해성 물질이 통로나 수송 단백질을 이용하여 막을 통과하는 확산 |
| 삼투 | 유리수의 농도가 높은 곳에서 유리수의 농도가 낮은 곳으로 선택적 투과막을 통과하는 물의 확산 |
| **에너지-요구성 운반** | 막을 통과하는 물질의 운반에 보통 ATP로 공급되는 세포의 에너지를 이용하는 것 |
| 능동수송 | 막을 관통하고 있는 단백질이 작은 분자나 이온을 그들의 작은 농도경사에 반하여 운반하는 것 |
| 내세포운동 | 용액, 특정 분자나 입자를 세포 안으로 운반하는 것; 물질을 원형질막으로 감싸서 낭을 만들고 세포 안으로 들여오는 운반 |
| 외세포운동 | 입자나 큰 분자를 세포 밖으로 운반하는 것; 물질을 세포 안에 있는 막으로 된 낭에 넣어 세포 표면 쪽으로 옮기고 원형질막과 융합시켜서 물질이 밖으로 확산되어 나가도록 하는 이동 |

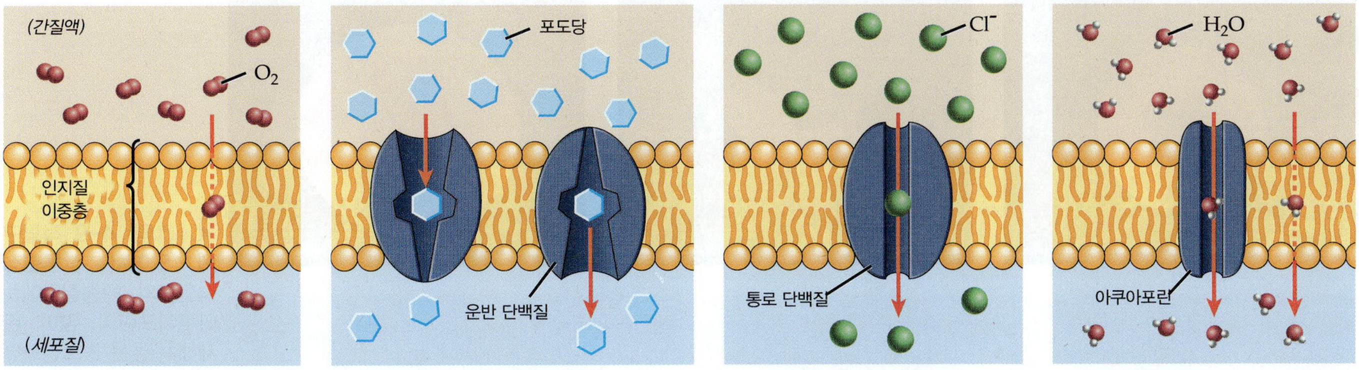


(a) 인지질 이중층을 통한 단순확산 (b) 수송 단백질을 통한 촉진확산 (c) 통로를 이용한 촉진확산 (d) 인지질 이중층이나 아쿠아포린을 통한 삼투

▲ **그림 4-8 원형질막을 통한 확산의 형태** **(a)** 작으면서 전하를 띠지 않거나 지용성 분자들은 인지질 이중층을 직접적으로 통과하여 확산한다. 여기에서는 산소 분자가 그들의 농도경사(빨간 화살표)를 줄이면서 확산한다. **(b)** 운반체 단백질은 포도당과 같은 특정 분자에 대한 결합부위를 가지고 있다. 결합하면 운반체의 형태가 변하며, 분자를 막을 횡단하여 실어 나르면 농도경사는 낮아진다. **(c)** 통로 단백질을 통한 매개적 확산은 염소 이온과 같은 이온들이 막을 통과하도록 허용한다. **(d)** 삼투현상은 물의 확산이다. 물 분자는 단순확산으로 인지질 이중층을 통과하거나 아쿠아포린을 통한 매개적 확산으로 더욱 빠르게 이동한다.

운반 단백질의 형태가 바뀌므로 결합한 분자가 막을 횡단하여 이동할 수 있다. 예를 들면 원형질막에 있는 포도당의 운반체는 세포 밖에서 안쪽으로 당을 확산시키므로 세포가 필요할 때마다 계속 포도당을 사용할 수 있게 한다(그림 4-8b).

**통로 단백질(channel protein)**은 세포막을 통과하는 구멍을 형성하므로 물질을 수송하게 된다. 이온의 통로 단백질은 크기가 작고 높은 선택성을 가지고 있다(그림 4-8c). 많은 이온 통로는 신경전달 물질이 수용체에 결합하면 비로소 통로가 열리게 된다. 이온이 통과하는 통로 단백질은 통로 내부의 아마노산이 전하를 띄고 있어서 특정 이온을 끌어당기기 때문에 이온에 따라 선택적이다. 예를 들면 $Na^+$ 통로에 있는 어떤 아미노산은 약한 음전하를 가지고 있어서 $Na^+$는 끌어들이지만 $Cl^-$는 쫓아내는 것이다.

많은 세포는 '물구멍'을 뜻하는 **아쿠아포린(aquaporin)**이라는 통로 단백질을 가지고 있다(그림 4-8d). 아쿠아포린 통로는 물 분자에 대한 선택성이 있을 만큼 극도로 작다. 아쿠아포린 통로 단백질 내부에 있는 어떤 아미노산은 약한 양전하를 가지고 있어서 물 분자의 음극은 끌어당기지만 양극은 밀어낸다.

**삼투** : **삼투(osmosis)**는 농도, 압력, 온도의 경사에 반응하여 선택적투과성 막을 횡단하는 물의 이동이다. 삼투는 물의 농도가 높은 용액(용질의 농도는 낮음)에서 물의 농도가 낮은 용액(용질의 농도는 높음)으로 물 분자가 이동하는 것이다. 예를 들면 설탕 농도가 낮은 용액에서 설탕 농도가 높은 용액으로 물이 이동하는 현상을 삼투라고 한다.

삼투현상은 식물체 뿌리에서 물을 흡수하는 과정, 소장에서 음식물로부터 물을 흡수하는 과정, 신장에서 혈액으로 물을 재 흡수하는 과정 등에서 결정적 역할을 하고 있다.

동물에서 세포 주위의 용액과 세포질은 등장액이다. 세포 안쪽과 바깥쪽의 특정 용질 농도가 같지 않더라도 세포 내외부의 물과 전체 용질의 농도는 같다. 따라서 물이 세포 안쪽으로 들어오거나 바깥쪽으로 나가는 일은 없다.

적혈구세포는 원형질막에 아쿠아포린을 많이 가지고 있어서 물이 잘 투과할 수 있다. 세포를 등장액에 넣으면 정상 크기를 유지하지만 고장액에 넣으면 삼투에 의해 물이 빠져나기 때문에 세포는 쪼그라든다. 이와 반대로 저장액에 넣으면 세포 안으로 물이 확산되기 때문에 세포는 부풀다가 결국 터지게 된다(그림 4-9).

### 에너지를 사용하는 수송을 능동수송이라고 한다

**능동수송(active transport)**은 막 단백질이 에너지를 사용하여 원형질막 안팎의 농도경사에 거슬러서, 즉 낮은 농도에서 높은 농도로 이온이나 분자들을 이동시키기는 과정이다. 세포는 능동수송을 이용하여 나트륨이나 칼슘 농도를 외부보다 낮게 유지한다. 신경세포는 이온수송을 전기 신호로 변환시키기 위하여 농도경사를 크게 유지해야 한

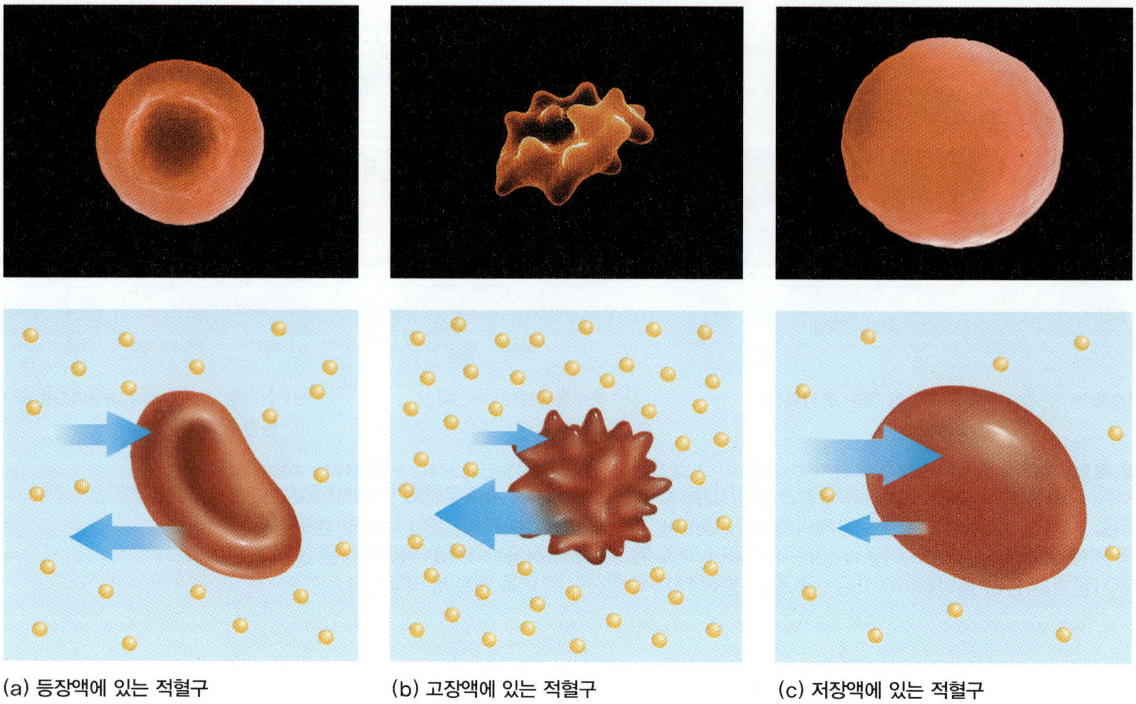


◀ **그림 4-9 적혈구에 있어서 삼투현상** 적혈구의 원형질막에는 아쿠아포린이 많이 존재해서 물은 농도경사에 따라 안과 밖으로 쉽게 움직일 수 있다. **(a)** 세포를 등장액에 담그면, 정상적인 딤플 모양을 유지한다. **(b)** 고장액에 있는 세포는 많은 물이 밖으로 빠져나가서 세포가 쭈그러든다. **(c)** 저장액에 있는 세포는 확장된다.

다. 결국 이온이 세포의 안과 밖으로 확산된 후에는 농도경사를 유지시키기 위해서 능동수송에 의해 이온을 다시 반대 방향으로 수송해야 하는 것이다.

능동수송을 담당하는 단백질은 막 전체를 관통하여 위치해야 하며 두 가지 결합부위를 가지고 있다(그림 4-10). 이들 중 하나는 특정한 분자나 $Ca^{2+}$ 같은 이온과 약하게 결합한다. 두 번째 부위는 막의 안쪽에 있는데 ATP와 결합한다❶. ATP가 단백질에 에너지를 제공하면 단백질에 구조 변화가 일어나면서 칼슘 이온 막을 횡단하여 이동된다❷. 능동수송을 위한 에너지는 ATP에 있는 3개의 인산기 중에서 마지막에 연결된 고에너지 결합을 끊으면서 나온다. 인산기를 잃으면서 저장된 에너지가 방출되며 ATP는 ADP와 Pi 로 된다❸. 능동수송 단백질은 물을 퍼 올려서 저장탱크로 가져가는 펌프질 같아서 종종 펌프라 부르며, 이들은 농도경

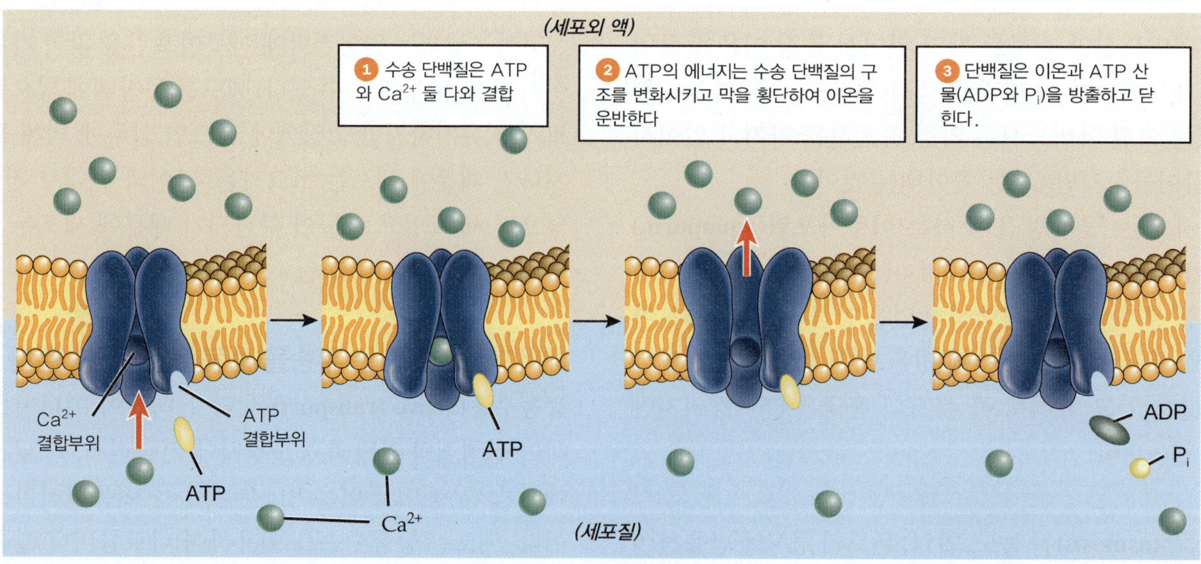


▲ **그림 4-10 능동수송** 원형질막을 경계로 하는 농도경사를 거슬러서 물질을 이동시키는 데 세포의 에너지를 사용한다. 능동수송 단백질은 ATP와 운반될 분자에–여기에서는 칼슘 이온($Ca^{2+}$)– 대한 결합부위를 가지고 있다. ATP가 에너지를 제공하였을 때 세 번째 인산기가 상실되고 ADP와 자유 인산으로 된다.

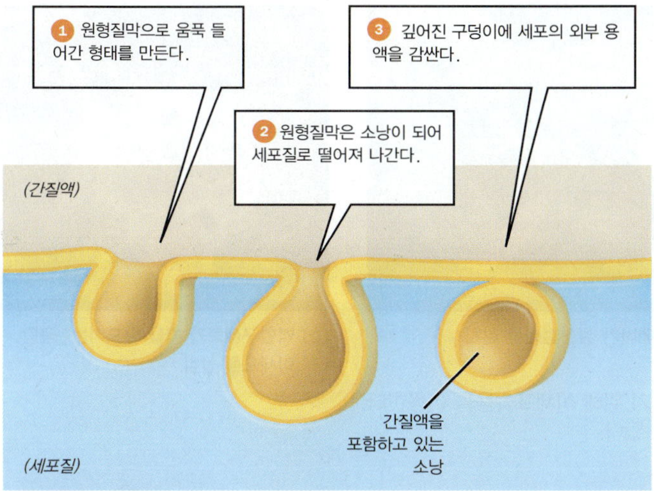

(a) 음세포작용의 모식도

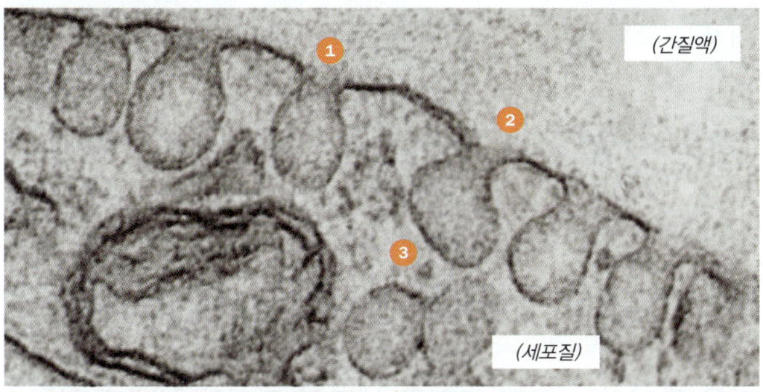

(b) 음세포작용이 일어나는 원형질막의 전자현미경 사진

▲ 그림 4-11 음세포작용

사에 거슬러서 이온이나 분자들을 오르막으로 이동시키면서 에너지를 사용한다.

### 내세포작용은 세포가 입자나 용액을 내부로 삼키는 과정이다

세포는 외부환경으로부터 막을 직접 통과하기에는 크기가 큰 물질을 받아들일 필요가 있다. 이러한 물질은 원형질막으로 감싸서 소낭에 넣어 세포 내부로 운반된다. 에너지가 사용되는 이러한 과정을 **내세포작용**(**endocytosis**)라 한다. 내세포작용은 물질의 크기와 유형 및 물질을 받아들이는 방법에 따라 **음세포작용**(**pinocytosis**), **수용체매개 내세포작용**(**receptor-mediated endocytosis**), **식세포작용**(**phagocytosis**) 등 3가지로 구분할 수 있다. 음세포작용(그림 4-11)은 원형질막이 세포외액을 감싸서 안쪽으로 움푹 들어가게 만든 다음 작은 소낭 형태로 만들어 세포외액을 세포 안으로 운반히는 것이다. 세포는 결국 세포외액과 동일한 농도의 물질을 얻게 된다. 바이러스 입자는 음세포작용으로 세포 안으로 들어가서 감염된다. 이것을 막기 위해, 일부 면역 세포는 음세포작용으로 일상적으로 대량의 세포외액을 섭취함으로써 그 안에 있는 바이러스를 소화시켜버린다.

세포는 원형질막을 통한 확산이나 통로를 통하여 수송할 수 없는 특정 물질을 선택적으로 받아들이기 위해 수용체-매개 내세포작용을 이용한다(그림 4-12). 수용체-매개 내세포작용은 **피복 구덩이**(**coated pit**)라 부르는 함몰지역에서 시작된다. 피복 물질은 구덩이를 만드는 데 도움을 주는 원형질막의 표면에 있는 단백질로 구성되어 있다. 특정 물질에 대한 수용체 단백질은 원형질막으로부터 돌출되어 있다. 이러한 수용체에 결합된 물질이 운반되는데, 함몰지역

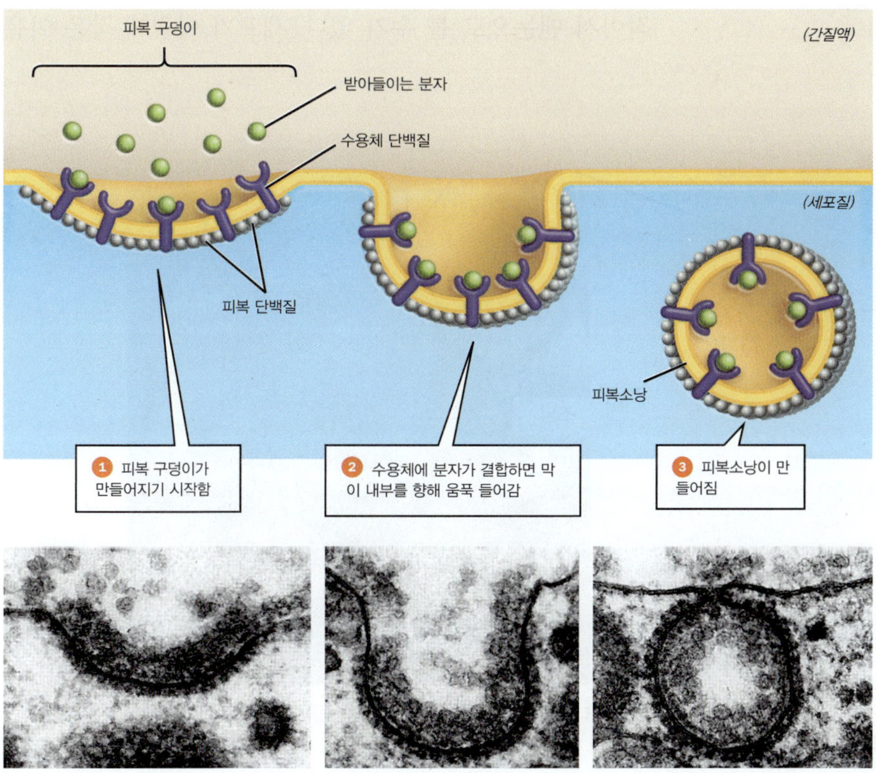


◀ 그림 4-12 매개 내세포작용

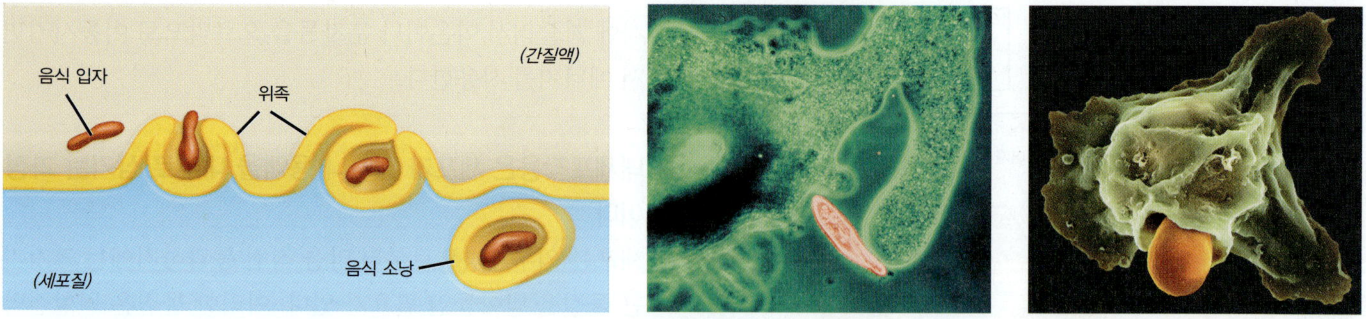


(a) 식세포작용

(b) 아메바가 짚신벌레를 삼킴

(c) 백혈구세포가 병을 일으키는 곰팡이세포를 삼킴

▲ **그림 4-13 식세포작용** (a) 식세포작용이 일어나는 과정 (b) 아메바는 먹기 위해 식세포작용을 이용한다. (c) 백혈구세포가 병을 일으키는 미생물을 삼키기 위해 식세포작용을 이용하고 있다.

이 포켓으로 되고 떨어져 나와 피복소낭을 만든 다음 세포질로 이동시킨다. 단백질 호르몬과 콜레스테롤을 가지고 있는 당 단백질 복합체 같은 것들이 이 과정으로 운반된다.

식세포작용은 커다란 입자를 세포 내부로 이동시키는 과정이다(그림 4-13a). 예를 들면 아메바가 짚신벌레를 감지했을 때 원형질막을 확장시켜서 **위족(pseudopods)**을 만들고(그림 4-13b), 위족은 먹이 주위를 감싸서 식포(food vacuole)라 부르는 소낭으로 만들어 내부로 가져간다. 식포는 라이소좀과 융합하므로 소화된다. 백혈구는 몸 안에 침입한 박테리아를 삼키고 파괴하기 위해 식세포작용을 활용하여 소화시키는 것이다(그림 4-13c).

### 외세포작용는 물질을 세포 밖으로 이동시킨다

세포는 소화되지 않는 입자를 버리거나 세포외액으로 호르몬과 같은 물질을 분비하기 위해 에너지를 사용하여 외세포작용을 활용한다(그림 4-14). 외세포작용 과정에서는 물질을 가지고 있는 소낭이 원형질막 쪽으로 이동하여 원형질막과 소낭의 막이 융합한 다음 소낭 안의 내용물을 세포 바깥쪽으로 내보내게 된다.

### 막을 통과하는 물질 교환은 세포의 크기와 형태에 영향을 미친다

대부분의 세포는 1~100 마이크로미터(1/100만 m) 정도로 작아서 맨눈으로 볼 수가 없다. 세포가 이렇게 작은 이유

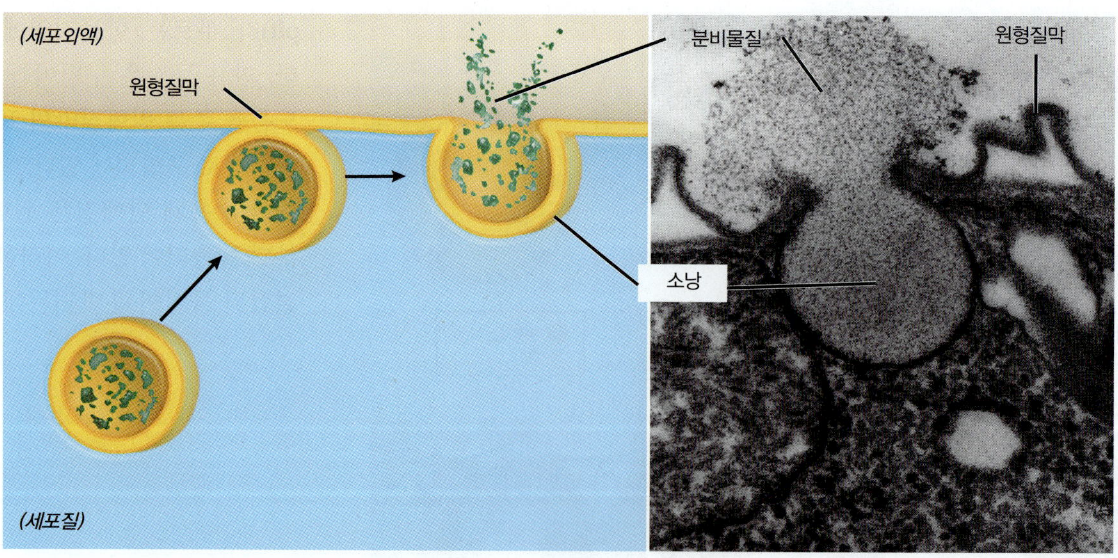


▲ **그림 4-14 외세포작용** 외세포작용은 기능적으로 내세포작용의 반대이다. 소낭 안에 담겨 있는 물질은 세포의 안쪽에서 표면 쪽으로 운반된다. 그런 다음 소낭은 원형질막과 융합하며 주위의 용액으로 내용물을 방출한다.

| 표 4-3 | 세포 구조의 기능과 분포 | | | |
|---|---|---|---|---|
| 구조 | 기능 | 원핵생물 | 진핵생물: 식물 | 진핵생물: 동물 |
| **세포표면** | | | | |
| 세포외기질 | 세포를 둘러싸고, 생화학적, 구조적 지지를 제공한다. | 없다 | 있다 | 있다 |
| 섬모 | 유체 속에서 세포를 움직이게 하든지 또는 세포표면으로 유체가 지나가도록 한다. | 없다 | 없다(대부분) | 있다 |
| 편모 | 유체 속에서 세포를 움직이게 한다. | 있다[1] | 없다(대부분) | 있다 |
| 원형질막 | 환경으로부터 세포 내용물을 격리한다. | 있다 | 있다 | 있다 |
| **유전물질의 구성** | | | | |
| 유전물질 | 조립에 필요한 정보를 코드화하고, 세포 활동을 지배한다. | DNA | DNA | DNA |
| 염색체 | DNA를 포함하고 있고 DNA의 이용을 조절한다. | 단일, 원형, 단백질이 없음 | 다수, 선형, 단백질이 있음 | 다수, 선형, 단백질이 있음 |
| 핵[2] | 염색체와 인을 포함하고 있다. | 없다 | 있다 | 있다 |
| 핵막 | 핵을 둘러싸고 있으며, 핵 안팎으로의 물질 이동을 통제한다. | 없다 | 있다 | 있다 |
| 인 | 리보솜 합성 | 없다 | 있다 | 있다 |
| **세포질의 구조** | | | | |
| 리보솜 | 단백질 합성 장소를 제공한다. | 있다 | 있다 | 있다 |
| 미토콘드리아[2] | 호기적 대사에 의해 에너지를 생산한다. | 없다 | 있다 | 있다 |
| 엽록체[2] | 광합성을 수행한다. | 없다 | 있다 | 없다 |
| 소포체[2] | 막의 구성성분인 단백질, 지질 합성 | 없다 | 있다 | 있다 |
| 골지체[2] | 단백질과 지질의 변형, 선별 및 포장 | 없다 | 있다 | 있다 |
| 라이소좀[2] | 세포 내 소화효소를 지니며, 음식과 낡은 소기관을 소화시킨다. | 없다 | 없다(대부분) | 있다 |
| 색소체[2] | 음식물과 색소를 저장한다. | 없다 | 있다 | 없다 |
| 중심 액포[2] | 물과 노폐물을 지니고 있으며, 세포를 지지하는 팽압을 제공한다. | 없다 | 있다 | 없다 |
| 소낭과 액포[2] | 분비물을 수송하고, 식세포작용으로 얻은 음식물을 지닌다. | 없다 | 있다 | 있다 |
| 세포골격 | 세포를 지지하고 형태를 유지한다. 세포 요소들을 배치하거나 이동시킨다. | 있다 | 있다 | 있다 |
| 중심체 | 섬모와 편모의 기저체를 만든다. | 없다 | 없다(대부분) | 있다 |

1 일부 원핵생물은 미세소관은 없고 진핵세포 편모와 다른 방법으로 움직이는 편모를 갖고 있다.
2 막으로 둘러싸인 세포소기관들로 진핵세포에만 있다.

가 무엇일까?

세포가 구형에 가깝다고 가정하면 직경이 커질수록 가장 안쪽의 내용물은 원형질막으로부터 멀리 떨어져 있게 된다. 직경 20cm 크기의 세포를 가정하면 산소 분자가 세포 안쪽으로 확산해 들어가는 데 200일이 걸리는데, 그렇게 오래 걸리면 세포는 죽게 된다. 따라서 세포의 모든 부분이 확산에 의해 영양분을 얻고 노폐물을 효과적으로 배출하기 위해서는 작아야 한다. 그러나 신경 및 근육과 같은 어떤 세포는 부피에 대한 표면적 비를 높게 유지하기 위해서 극도로 긴 형태를 나타내고 있다.

## 4.5 진핵세포는 어떠한 특징이 있는가?

진핵세포는 동물, 식물, 원생생물 및 균류를 이루고 있으며 다양하고 복잡한 구조를 나타내고 있다. 진핵세포(그림 4-16 참조)의 세포질은 핵과 미토콘드리아처럼 다양한 세포소기관(organelle)을 가지고 있다(표 4-3). 동물세포는 식물세포에 없는 중심립, 라이소좀, 섬모 및 편모 등의 구조물을 가지고 있으며, 식물세포는 동물세포에 없는 중심액포, 세포벽, 엽록체 및 색소체 등의 구조물을 가지고 있다(그림 4-3, 4-4 참조).

### 원형질막 바깥에는 세포외기질이 있다

원형질막은 분자 2개 정도의 두께에 불과하기 때문에 구조를 강화하지 못하면 쉽게 찢어질 수 있다. 동물세포에서는 세포 외부에 발달한 **세포외기질(ExtraCellular Matrix, ECM)**이 보강기능을 수행한다. 세포외기질은 단백질과 다당류로 이루어져 있는데 막 단백질에 연결되어(그림 4-15a), 세포를 구조적으로 지지하거나 생화학적으로 돕는 기능을 수행한다. 또한 인접한 세포를 부착하고, 세포 사이에서 신호전달 기능을 하며 세포가 이동하고 세포 분화를 돕는 기능을 한다. 또한 세포를 고정시키고 조직 내에서 세포가 지지할 수 있는 틀을 제공하는데, 예를 들면 연골세포가 딱딱한 뼈에 붙어 있을 수 있도록 지지하기도 한다(그림 4-15b).

식물세포에서는 세포벽이 세포외기질의 기능을 수행한다. 중첩된 셀룰로오스 섬유로 구성된 식물세포벽은 산소, 이산화탄소 및 무기 이온이 함유된 물을 쉽게 통과시킨다. 세포벽은 인접한 식물세포를 서로 붙이고, 인접한 세포의 세포질을 연결하는 **원형질연락사(plasmodesmata)**라는 통로에 의해 물질 교환이 일어나기도 한다(그림 4-4 참조).

### 세포골격은 세포가 모양을 유지하고 지지하며 움직이게 한다

**세포골격(cytoskeleton)**은 세포질 전체에 퍼져 있는 단백질 섬유로 이루어진 구조이다(그림 4-16). 세포골격은 액틴이 주성분이고 가장 가는 **미세섬유(microfilament)**, 다양한 단백질로 구성된 중간 크기의 **중간섬유(intermediate filaments)**, 튜불린이 주성분이면서 가장 굵은 **미세소관(microtubule)**으로 구분된다.

세포골격은 세포가 외부 압력으로부터 지지할 수 있는 뼈대로서의 기능을 수행하며 세포외기질의 신호에 따른 세포의 모양 변화와 세포분열 과정에서도 중요한 기능을 수행한다.

- **세포의 모양 유지:** 세포골격 단백질은 ATP를 이용하여 세포의 모양을 변화시킬 수 있는데, 소단위를 추가하거나 제거함으로써 길이를 변화시키거나 서로 교차하여 미끄러짐으로서 움직일 수 있다. 동물세포에서 중간섬유는 세포를 지지하고 모양을 결정하며, 세포를 서로 연결시키고 세포외기질과 연결시킨다. 원형질막 내부에 집중된 미세섬유 역시 세포를 지지하고 주변의 세포외기질과 연결되어 보호기능을 수행한다.
- **세포 이동 :** 동물세포의 이동은 미세소관과 미세섬유가 한쪽 끝에서는 소단위를 추가하고 다른 끝에서는 소단위를 절단하는 과정을 통해 일어난다. 미세소관과 중간섬유는

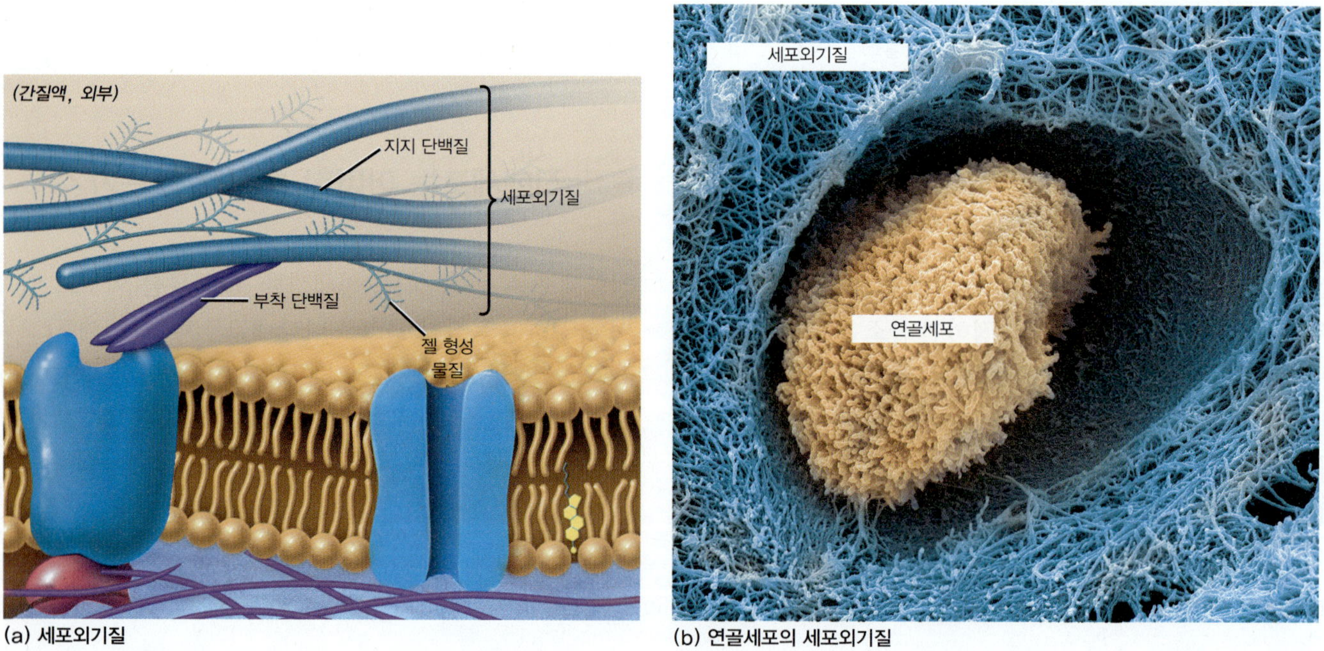


(a) 세포외기질 (b) 연골세포의 세포외기질

▲ 그림 4-15 세포외기질 (a) 세포외 단백질은 다양한 기능을 수행한다. (b) 세포외기질에 의해 둘러싸여진 연골세포의 주사전자현미경 사진

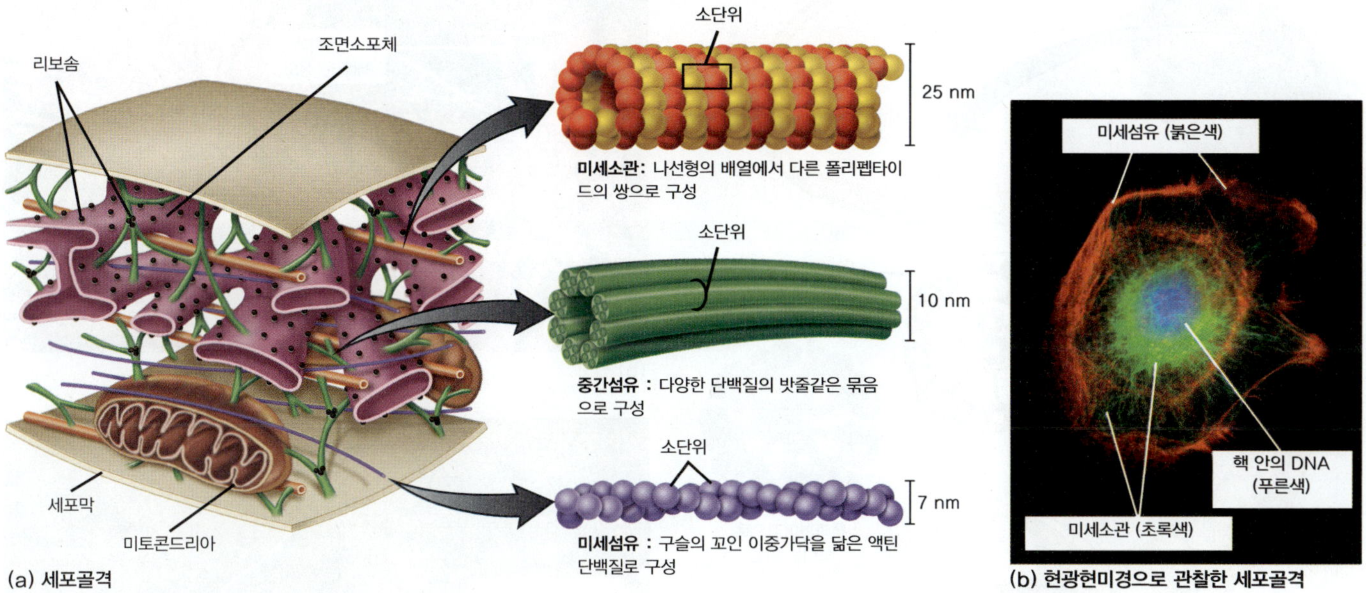


▲ **그림 4-16 진핵세포의 세포골격**
(a) 세포골격의 세가지 유형의 단백질 가닥, (b) 형광현미경에서의 미세섬유, 핵, 미세소관.

운동과 관련이 있는데, 운동 단백질은 ATP 에너지를 사용하여 분자운동을 일으키는 특성이 있다. 다른 형태의 세포 이동은 액틴 미세섬유가 서로 교차하면서 미끄러질 때 일어나는데 근육세포의 수축 과정에서 볼 수 있다. 근육 세포의 크기가 증가되기 위해서는 수축해야만 한다.

- **세포소기관의 이동 :** 운동 단백질은 미세섬유와 미세소관을 '철도'로 활용하여 세포 내에서 세포소기관을 이동시킨다.
- **세포분열 :** 동식물세포 모두에서 미세소관은 염색체를 이동시키며, 동물세포의 미세섬유는 세포분열 말기에 세포를 졸라매어서 2개의 딸세포로 분리한다.

## 섬모와 편모는 세포를 이동시키거나 세포 주변의 유체를 흐르게 한다

**섬모(cilia)**와 **편모(flagella)**는 원형질막으로 둘러싸인 세포의 일부가 외부로 머리카락처럼 확장된 구조이다. 섬모와 편모는 세포골격인 미세소관에 의해 내부를 지탱하고 있는데, 9쌍의 융합된 미세소관이 바깥쪽에 위치하고 융합되지 않은 1쌍의 미세소관이 가운데에 위치하고 있다(그림 4-17). 섬모와 편모는 끊임없이 너울거리는데 이러한 운동에 필요한 에너지는 원형질막 바로 밑의 기저체에 있는 미토콘드리아에서 공급된다.

섬모와 편모에서 단백질로 된 작은 팔에 의해서 인접하고 있는 미세소관 쌍들이 연결되어 고리를 이루고 있다(그림 4-17a). 이러한 단백질 팔은 ATP 에너지를 사용하여 구부러져 움직이게 된다. 이 팔이 구부러지면 하나의 미세소관 쌍이 인접한 다른 미세소관 쌍으로 미끄러지듯 기울어지고 이로 인해 섬모나 편모가 너울거리는 것이다.

일반적으로 섬모는 길이가 짧고 수는 많다. 섬모는 보트의 노에 의해서 생기는 힘과 비슷하게 주변의 액체에 힘을 만들어낸다. 편모는 섬모보다 길고 세포에 1~2개 있다. 편모는 모터보트의 프로펠러처럼 작동하여 세포가 물속에서 앞으로 나아가게 한다.

동물의 정자는 편모를 사용하여 움직인다(그림 4-17c). 섬모와 편모의 미세소관은 원형질막의 바로 안쪽에 위치하고 있는 9개의 3중 미세소관으로 이루어진 **기저체(basal body)**에서 뻗어져 나오는데, 기저체는 **중심립(centriole)**에서 만들어진다(그림 4-17a). 동물세포는 한 쌍의 중심립을 가지며(그림 4-3 참조) 중심립은 세포분열 과정에 반드시 필요한 미세소관 단백질을 만드는 기능을 한다.

## 핵은 진핵세포의 중앙통제소이다

**핵(nucleus)**은 핵막, 염색질, 인의 세 부분으로 이루어진 큰 세포소기관으로(그림 4-18), 핵 안에는 DNA가 들어있다.

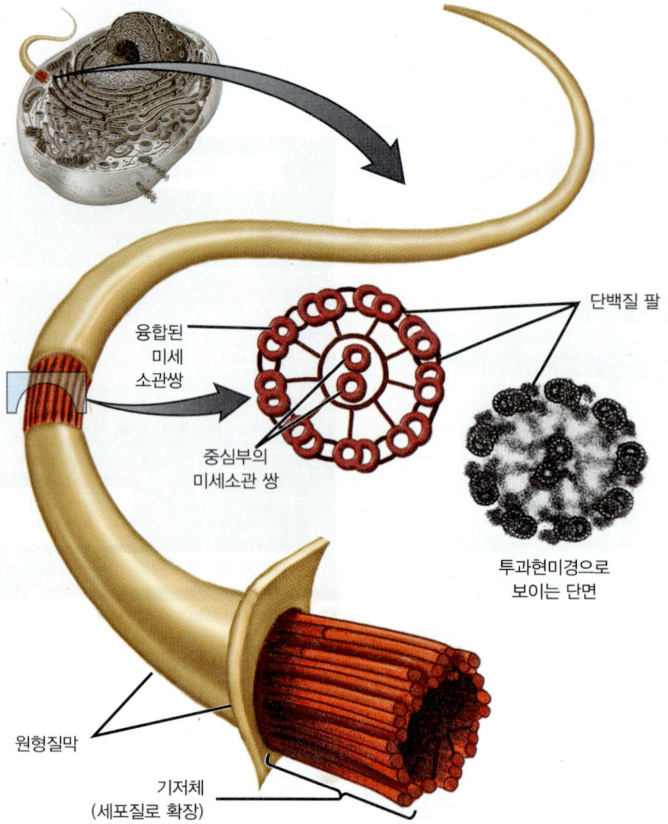


(a) 섬모와 편모의 내부구조

(b) 섬모

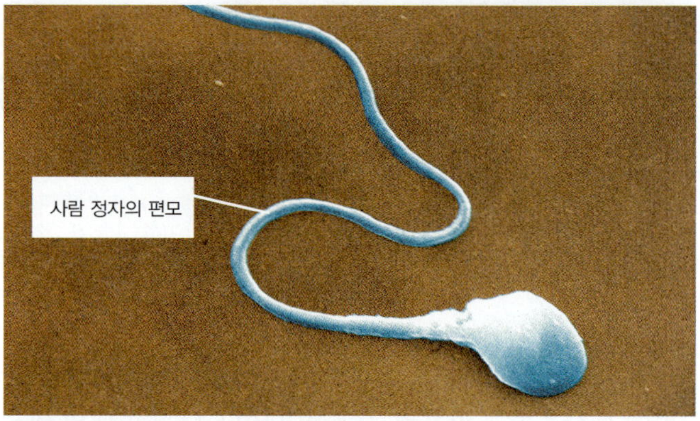


(c) 편모

▲ **그림 4–17 섬모와 편모**

(a) 섬모와 편모는 기저체에서 만들어진 미세소관으로 채워져 있다. (b) 기관(공기가 폐로 들어가는 통로)에 있는 섬모의 주사전자현미경 사진. 이 섬모들은 점액을 밖으로 쓸어내어 먼지를 배출시킨다. (c) 사람 정자의 주사전자현미경 사진. 정자는 편모를 사용하여 난자로 헤엄쳐 간다.

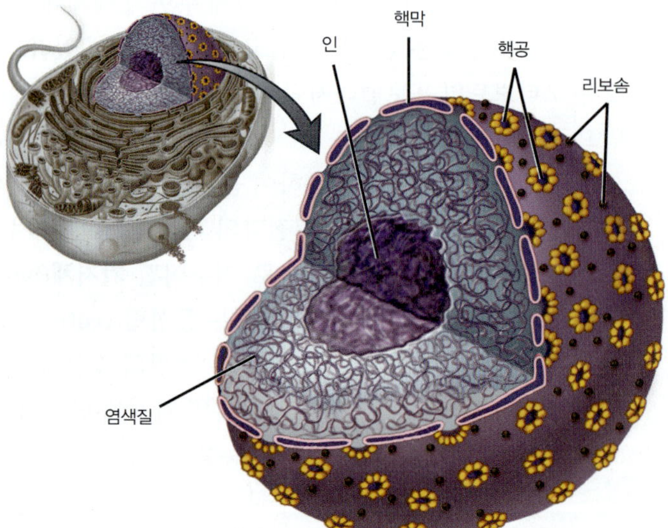


(a) 핵

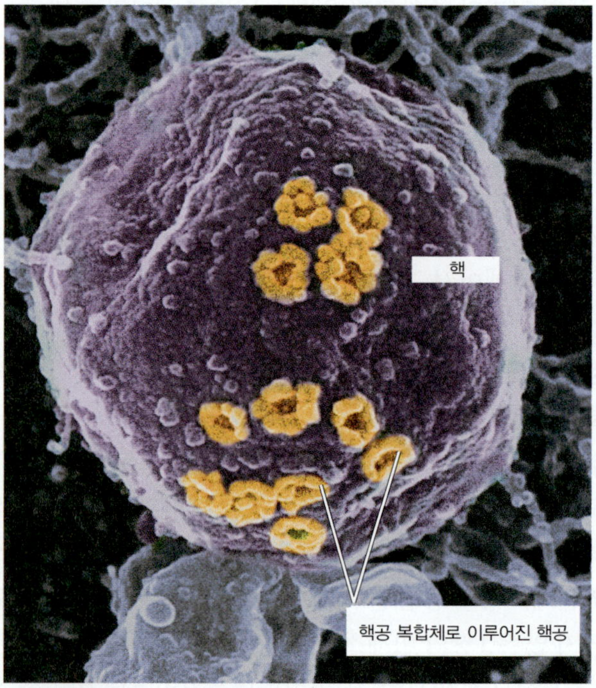


(b) 효모세포의 핵

▲ **그림 4–18 핵**

(a) 핵은 두 겹의 막으로 둘러싸여 있으며 막에 핵공이 분포되어 있다. 핵 안에는 염색질과 한 개 이상의 인이 있다. (b) 효모세포 핵의 주사전자현미경 사진.

DNA에는 세포를 만들고 생명 유지와 번식에 필요한 화학 반응을 수행하기 위한 모든 정보가 저장되어 있다. DNA에 들어있는 유전정보는 발생단계, 환경조건, 세포의 유형에 따라 선택적으로 활용된다.

**핵막(nuclear envelope)** 외막과 내막 등 2개의 막으로 둘러싸여 있다. 핵막에는 단백질 복합체로 이루어진 핵공이 있는데 핵공은 단순한 구멍이 아니라 **핵공 복합체(nuclear pore complex)**로 되어 있어서(그림 4-18) 물, 이온, 작은 분자들은 쉽게 통과할 수 있으나, 단백질, 리보솜 소단위체, RNA와 같은 큰 분자들은 특별한 메커니즘에 의해서만 통과될 수 있다. 외막에는 리보솜이 붙어있고 조면소포체와도 연결되어 있다.

### 염색질은 단백질과 결합된 DNA 가닥으로 구성된다

핵은 광학현미경 관찰용 염색약으로 진하게 염색되기 때문에, 핵 내의 물질을 채색된 물질이라는 뜻으로 **염색질(chromatin)**이라고 부르게 되었다. 그 후에 염색질은 DNA와 단백질로 이루어졌으며 채색된 물체라는 뜻의 **염색체(chromosome)**가 핵의 주성분이라는 것을 알게 되었다. 세포가 분열하지 않는 동안에는 염색체의 DNA가 가늘고 긴 가닥으로 풀어져 있기 때문에 광학현미경으로 염색체를 관찰할 수는 없지만, 세포분열 중에는 풀어졌던 염색체들이 응축되기 때문에 광학현미경으로 쉽게 관찰할 수 있다(그림 4-19).

단백질은 세포질에서 합성되지만 DNA는 핵 안에 들어있다. 따라서 단백질 유전암호의 복사본이 핵에서 세포질로 나와야 한다. 이를 위해서 **DNA 유전정보**가 **mRNA(messenger RNA)**로 복사되어 핵공을 통해 세포질로 이동한 다음, 리보솜이 mRNA에 결합하면 단백질 합성이 진행된다(그림 4-20).

### 인은 리보솜을 조립하는 장소이다

진핵세포는 핵 안에 적어도 한 개의 인(**nucleolus**, 그림 4-18)을 가지고 있다. 인은 리보솜이 조립되는 장소로서 rRNA(ribosomal RNA)와 단백질 및 다양한 단계의 리보솜으로 구성되어 있다.

**리보솜(ribosome)**은 rRNA와 단백질로 구성된 작은 과립이다. 각각의 리보솜은 세포질에서 단백질을 합성하는 일종의 작업대로 사용된다. 작업대가 여러 종류의 물건을 제작하는 데 사용되는 것처럼 리보솜은 결합되는 mRNA의 종류에 따라 수많은 종류의 단백질을 합성하는 데 사용된다. 전자현미경으로 리보솜을 관찰하면 진한 과립으로 보이는데 이들은 세포질에 분산되어 있거나, 핵막과 조면소포체에 붙어 있거나(그림 4-3), 혹은 많은 리보솜이 mRNA 가닥에 달려있는 **폴리리보솜(polyribosome)**을 형성하기도 한다(그림 4-20).

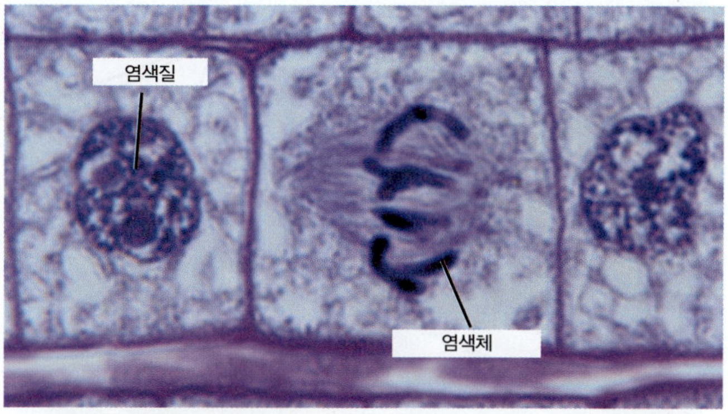


▲ 그림 4-19 **염색체**
양파 뿌리의 선단부에서 분열 중인 세포(중앙)의 광학현미경 사진에서 보이는 염색체. 염색질은 이웃 세포에서 관찰된다.

### 진핵세포의 세포질에는 막으로 이루어진 세포내막성계가 있다

진핵세포의 세포질에는 막으로 이루어진 막성구조물이 있는데 이러한 구조 전체를 **세포내막성계(endomembrane**

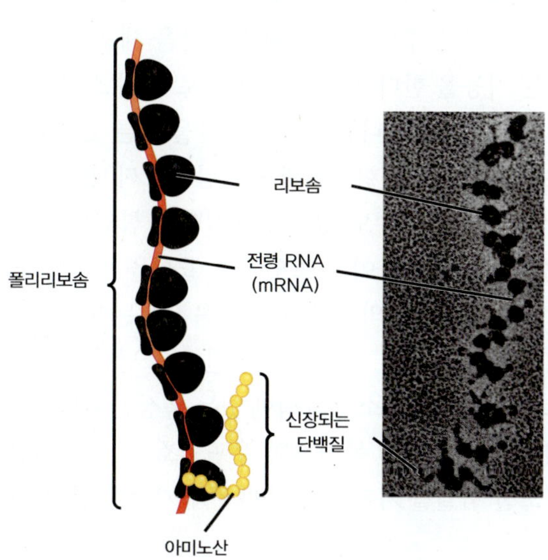


▲ 그림 4-20 **폴리리보솜**
리보솜들이 mRNA 가닥에 달려서 폴리리보솜을 형성한다. 투과전자현미경 사진(오른쪽)에서 각각의 리보솜에서 동시에 단백질(일부 리보솜에서 가로 방향으로 나와 있는 작은 가닥)이 합성되고 있다.

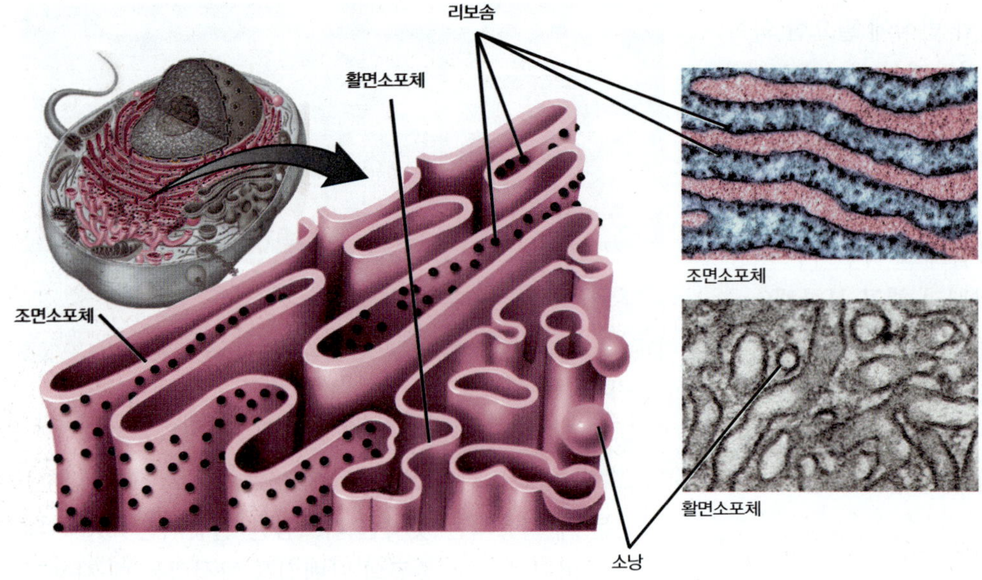

(a) 소포체는 조면소포체와 활면소포체로 구분된다.
(b) 활면소포체와 조면소포체

◀ 그림 4-21 소포체
(a) 조면소포체의 막 바깥 부분에 결합되어 있는 리보솜(검은색 점으로 표시). 조면소포체의 막은 핵의 외막과 연결되어 있다. 활면소포체는 조면소포체보다 납작하지 않으며 원통형이고 조면소포체와 연결되어 있다. (b) 소낭들이 있는 조면소포체와 활면소포체의 투과전자현미경 사진

**system)**라고 부른다. 세포내막성계는 내부의 분자를 세포질과 분리시키므로 생화학반응이 질서정연하게 일어나도록 한다. 세포내막성계는 다양한 분자들이 합성되거나 분해될 때, 또는 세포 내에서 수송되거나 세포 바깥으로 방출될 때, 이 분자를 둘러싸는데 핵막, 소낭, 소포체, 골지체, 라이소좀 등으로 구성된다.

## 소낭은 세포내막성계와 원형질막에서 떨어져 나온다

**소낭(vesicle)**은 세포내막성계와 원형질막으로부터 돋아난 일시적인 작은 주머니로 생체 분자들을 세포 곳곳으로 수송하는 기능을 한다. 막의 유동성으로 인해 소낭은 세포내막성계와 융합하거나 소낭의 내용물을 다른 곳으로 이동시킬 수 있다. 또한 원형질막과 융합함으로써 내용물을 세포 바깥으로 내보낼 수도 있고 원형질막이 함입되어 세포 밖의 물질들을 포장하여 세포 안으로 물질을 옮길 수도 있다.

소낭은 미세소관의 궤적을 따라 움직이는 모터 단백질에 의해 세포 내의 다른 곳으로 운반된다. 소낭은 어떻게 목적지로 갈 수 있을까? 소낭의 막에 있는 특정한 단백질은 소낭과 내용물이 전달될 목적지의 '우편번호' 기능을 하는 특정 아미노산 서열을 가지고 있기 때문에 가능한 것이다.

## 소포체는 세포질에서 막으로 둘러싸인 통로를 만든다

**소포체(Endoplasmic Reticulum, ER)**는 세포질에 있는 막으로 된 주머니, 관 또는 판이 연결된 미로 구조이다. 소포체 막은 전체 세포막의 50%를 차지한다(그림 4-21). 소포체는 생체 분자를 합성하거나 가공하여 수송하는 기능을 담당한다. 이 분자 중 일부는 소포체 막에 삽입되거나 소포체 내강에서 가공된다. 소포체는 조면(거친 면)과 활면(매끈한 면) 중 어느 하나로 되어 있으며 이들은 서로 연결되어 있다.

**조면소포체** 조면소포체는 리보솜이 결합되어 있는 핵의 외막으로부터 생겨난다(그림 4-3 참조). 세포질 쪽에 접해 있는 조면소포체 표면에는 리보솜이 부착되어 있어서 전자현미경 하에서 거칠게 관찰된다. 조면소포체에 부착된 리보솜은 단백질 합성이 일어나는 중요한 장소인데, 이곳에서 합성된 단백질은 소포체 막으로 삽입되거나 소포체에서 유래하는 소낭의 막에 삽입되거나 소포체 내강에 남아 있게 된다. 세포 밖으로 분비되거나 세포 내의 다른 세포소기관으로 이동할 단백질은 소포체 내부로 들어와서 화학적으로 가공되고 적절한 3차원 구조로 접힌다. 마지막으로 단백질은 소포체 막에 포장되어 소낭의 형태로 소포체에서 떨어져 나와 골지체로 이동한다. 세포 밖으로 방출되는 단백질은 세포 유형에 따라 소화효소, 항체, 세포외기질을 형성하는 단백질 등이 있고, 세포 내에 남아 있는 단백질은 라이소좀 내의 소화효소 및 원형질막 단백질 등이 있다.

인지질 합성에 관여하는 효소는 소포체 막의 바깥쪽 면에 위치하기 때문에 인지질은 소포체 막의 바깥면에 삽입된다. 그리고 조면소포체에서 합성된 막 단백질은 소포체

내강으로 이동하는 과정에 소포체 막에 삽입된다. 소포체에서 유래한 소낭이 융합되므로 세포내막성계 전체에 걸쳐 새로운 막이 생성된다.

**활면소포체** 활면소포체는 리보솜이 부착되지 않아서 표면이 매끄러운 소포체로서 인지질 합성에 관여한다. 포유류 생식기관 같은 특정 세포에는 활면소포체가 잘 발달되어 있어서 스테로이드 호르몬이 활발하게 합성된다. 간세포의 활면소포체 막에는 다양한 효소들이 삽입되어 있다. 일부 활면소포체는 저장된 글리코겐을 포도당으로 전환시켜 에너지를 공급하는 기능을 하며 또 다른 일부 활면소포체는 지질 단백질의 지질 부분의 합성에 관여한다. 그리고 활면소포체 내강의 효소는 암모니아 같은 대사성 폐기물, 알코올 같은 약물, 특정 살충제 같은 독성물질을 분해한다. 근육세포의 활면소포체는 칼슘 이온을 저장하는 데 특화되어 있어 근육수축에 중추적인 역할을 한다.

## 골지체는 중요한 분자를 가공, 선별 및 포장한다

이탈리아 내과의사이며 세포생물학자인 Camillo Golgi가 1898년에 발견한 공로로 이름 붙여진 골지체(Golgi complex)는 납작하고 서로 연결된 주머니들이 차곡차곡 쌓여 있는 모양으로 특수화된 막 구조이다(그림 4-22). 골지체는 포장되어 출하될 생산품을 최종 점검하는 공장의 공정실과 같다. 조면소포체로부터 떨어져 나온 소낭은 골지체의 한 면과 융합되면서 골지체로 소낭의 막이 첨가되고 소낭 속의 내용물은 골지체 안으로 들어간다. 골지체의 내강 안에서는 조면소포체에서 합성된 단백질이 좀 더 가공된다. 가공된 단백질은 세포 내에서 목적지를 안내하는 분자로 표지되어 있다. 최종적으로 골지체의 반대 면에서 소낭이 출아되어 떨어져 나온 완제품을 세포 내에서 사용하거나 세포 밖으로 배출하기 위하여 운반하게 된다.

골지체는 일부 분자를 가공하는 기능을 수행한다. 골지체의 중요한 역할은 당 단백질을 만들기 위해 단백질에 탄수화물을 첨가하는 것이다. 이 당 중 일부는 단백질의 목적지를 지정하는 '우편번호' 기능을 한다.

골지체는 목적지에 따라 소포체로부터 받은 다양한 단백질들을 선별한다. 예를 들면, 골지체는 세포가 분비할 단백질성 호르몬과 라이소좀에 결합된 소화효소를 선별한다. 또한 완성된 분자를 소낭에 담아 다른 세포소기관으로 보내거나 세포 밖으로 배출하기 위해 원형질막으로 이동시키기도 한다.

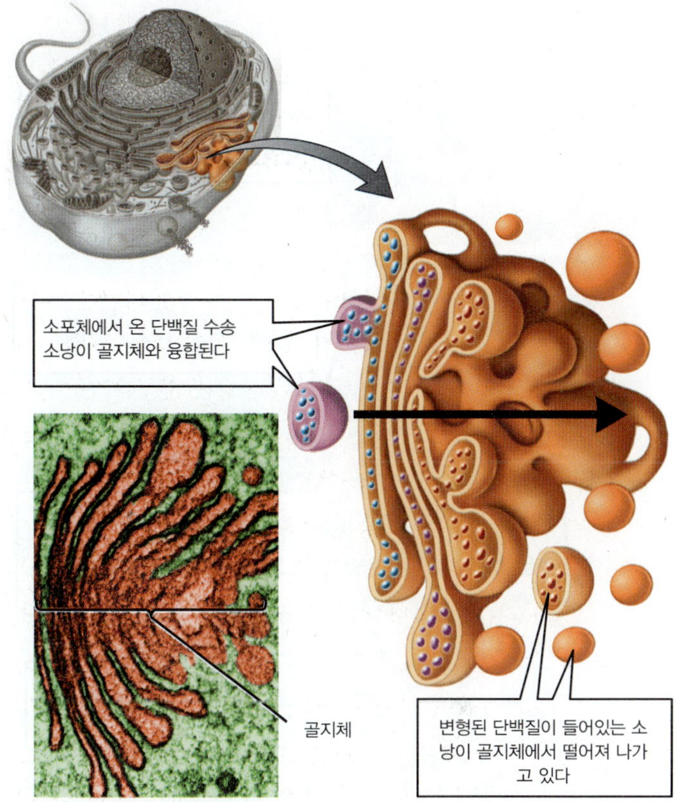


▲ 그림 4-22 **골지체**

골지체는 납작한 막으로 된 주머니들이 겹쳐있는 구조이다. 소낭은 세포막과 내용물을 소포체에서 골지체로 수송한다. 화살표는 물질들이 변형되고 선별되는 동안의 물질의 이동 방향을 나타낸다. 소포체 반대쪽에 위치한 골지체에서 소낭이 떨어져 나온다.

## 세포내막성계는 분비 단백질을 합성, 가공 및 수송한다

세포내막성계를 구성하는 소기관들이 어떻게 함께 일을 하는지를 이해하려면 항체의 생산과 분비과정을 참조하면 된다(그림 4-23). 백혈구세포에 의해 생산되는 항체들은 당단백질로서 박테리아 같은 외부 침입자와 결합하여 파괴하는 기능을 한다. 항체 단백질은 조면소포체에 있는 리보솜에서 합성되어 소포체 내강으로 이동하며❶, 소포체 막에서 만들어진 소낭에 저장된다. 이들 소낭은 골지체로 이동하여❷, 골지체 막과 융합하여 항체를 내부로 방출시킨다. 골지체 내에서 항체에 탄수화물이 결합되고(당 단백질로 가공)❸, 골지체 막에서 만들어진 소낭에 다시 포장된다❹. 완성된 항체를 담은 소낭은 원형질막으로 이동하여 막 융합을 통해 외세포작용에 의해 항체를 세포 밖으로 방출

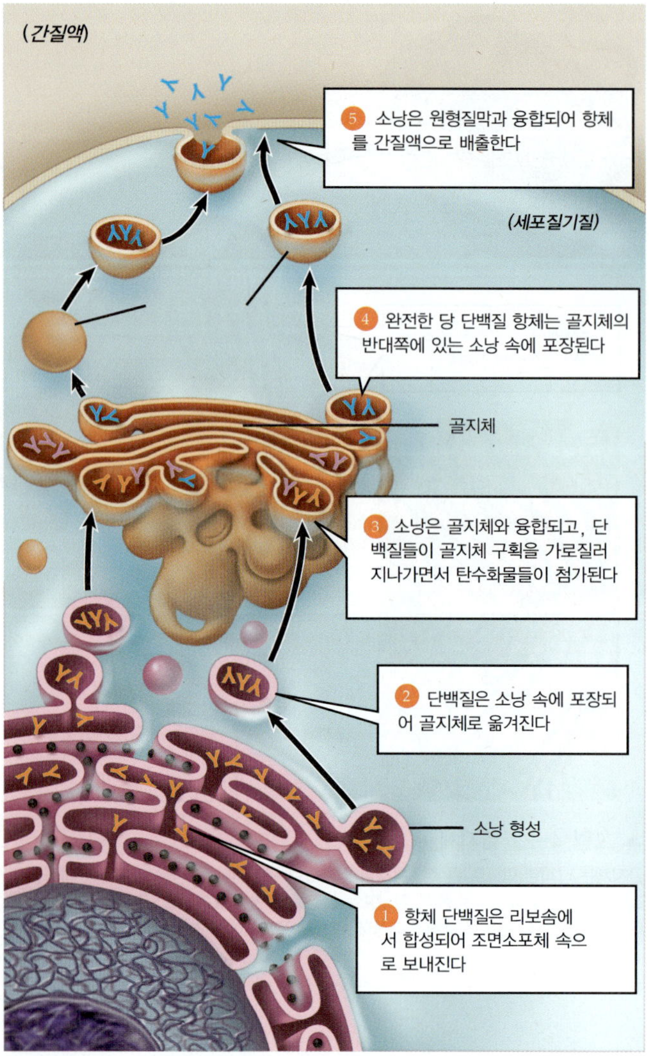


▲ 그림 4-23 내막계를 통하여 단백질이 만들어지고 방출된다
항체형성 과정에서 단백질 합성 및 이동, 방출과정

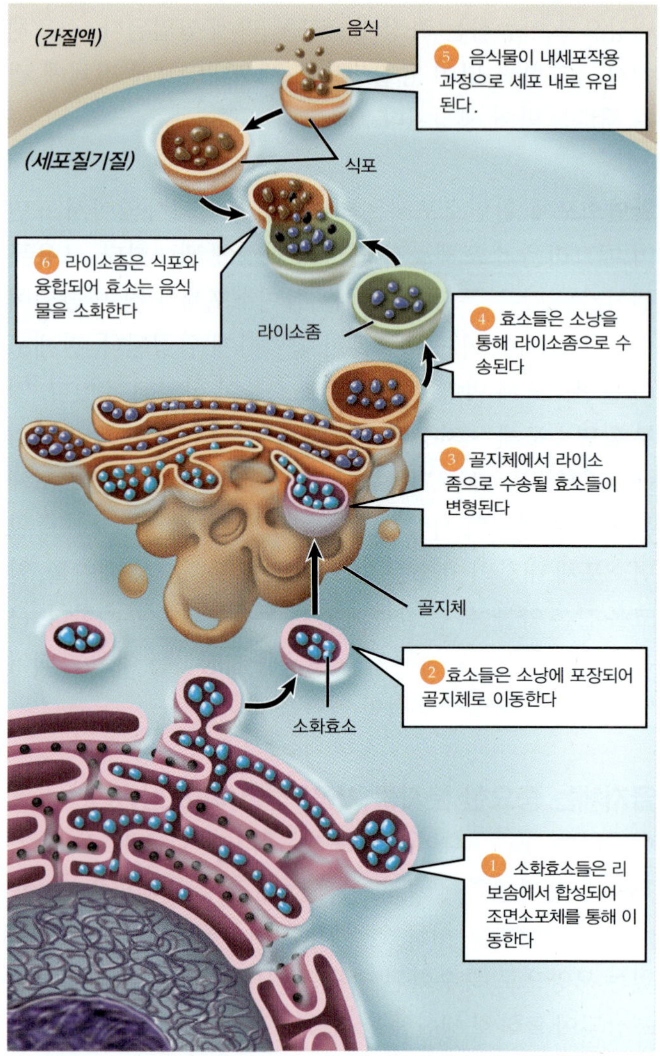


▲ 그림 4-24 내막계를 통한 라이소좀 및 식포형성 과정

한다❺. 이후 항체는 감염체로부터 몸을 방어하기 위해 혈류 속으로 들어간다.

## 라이소좀은 세포의 소화기관 역할을 한다

**라이소좀(lysosome)**은 단백질 분자부터 세균과 같은 미생물에 이르기까지 다양한 크기의 음식물을 소화하는 막으로 된 주머니이다(그림 4-24). 라이소좀은 수십 종류의 효소를 담고 있다. 이 효소들은 가수분해를 이용하여 탄수화물, 지질, 단백질 및 핵산 등 거의 모든 거대 생체분자를 분해한다. 라이소좀의 효소가 효과적으로 기능하기 위해서는 산성 조건(pH 5.0)이 되어야 하기 때문에 효소가 만들어지는 pH 7.2의 소포체 구획에서는 거의 기능을 하지 못한다❶. 라이소좀에 있는 소화효소는 소포체에서 합성되어 소낭에 포장되어 골지체로 수송된다❷. 골지체에서 탄수화물 '우편번호'는 효소와 결합하고❸, 이 우편번호는 소화효소를 특정 골지체 소낭으로 보내는 역할을 한다❹. 라이소좀 막은 에너지를 소비하여 수소 이온을 내부로 보내어 효소가 최적으로 활성화할 수 있는 산성 환경(약 pH 5.0)을 만든다. 라이소좀 막은 막을 둘러싸는 효소의 작용에 잘 견디도록 화학적으로 변형된다.

많은 종류의 동물세포와 원생생물은 세포 밖의 입자를 내세포작용에 의해 '먹는다'. 즉, 세포 밖에 있는 입자를 막으로 둘러싸는 것이다❺. 음식물을 둘러싼 원형질막은 세포질 안으로 떨어져서 **식포(food vacuole)**라는 큰 주머니를 형성한다. 이러한 식포들은 라이소좀과 융합되고❻ 라이소좀의 효소는 음식물을 아미노산, 단당류 및 지방산 같

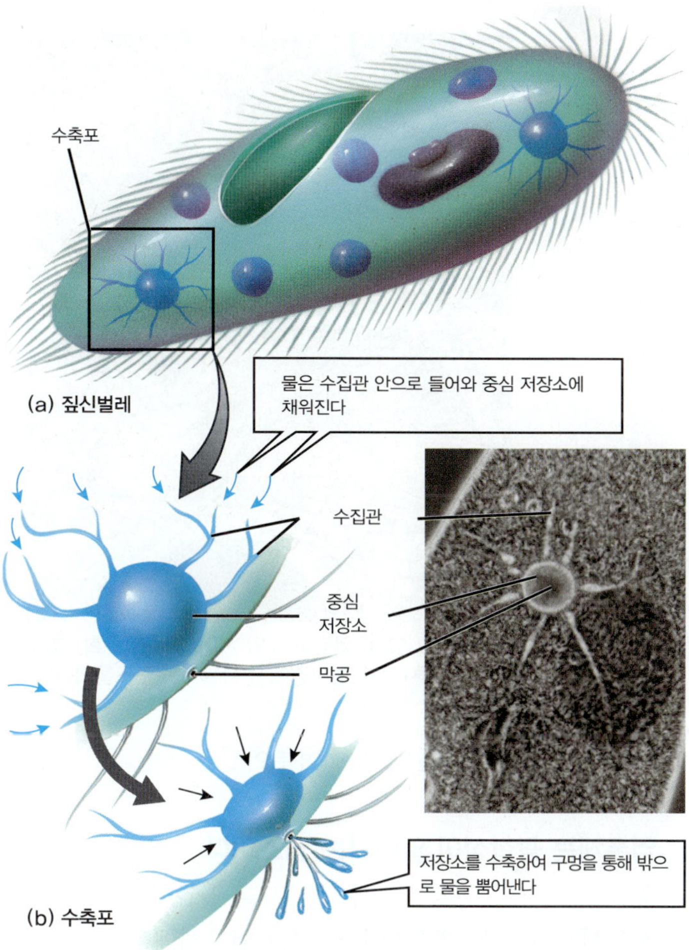


▲ 그림 4-25 **수축포** 많은 담수 원생생물들은 수축포를 가지고 있다. **(a)** 단세포 원생생물인 짚신벌레는 담수 연못과 호수에 서식한다. **(b)** 수축포의 구조와 물을 모으고 배출하는 활동을 보여주는 수축포의 확대 그림

은 작은 분자로 소화시킨다. 라이소좀은 기능에 문제가 있거나 결함이 있는 세포소기관을 소화시켜 세포의 구성 분자로 분해한다. 분해된 분자는 라이소좀 막을 통해 세포질로 방출되어 세포의 대사과정에 사용된다.

### 원생생물의 수축포와 식물세포의 액포는 다양한 기능을 수행한다

짚신벌레와 같은 담수 원생생물들은 수집관, 중심 저장소 및 원형질막의 작은 구멍과 연결된 관으로 구성된 **수축포(contractile vacuole)**를 가지고 있다(그림 4-25). 담수는 원생생물의 원형질막을 통해 계속해서 수축포 안으로 들어온다. 이 물은 세포질을 통해 수집관으로 유입되는데 에너지를 사용하여 배수시키지 않는다면 생물체는 곧 터져버릴 수 있다. 유입된 물은 중심 저장소로 배수된다. 저장소가 가득차면 수축포가 수축되어 원형질막에 있는 작은 구멍을 통해 밖으로 물을 뿜어낸다.

식물세포는 세포 부피의 3/4 이상을 **중앙 액포(central vacuole)**가 차지하고 있고(그림 4-4 참조), 세포질의 이온 양을 조절하거나 노폐물이나 유해 물질을 저장한다. 일부 식물은 초식동물의 접근을 막을 수 있는 물질을 저장하기도 한다. 또한 세포가 당장에 필요로 하지는 않지만 나중에 사용하기 위해 당이나 아미노산을 저장해 두기도 한다. 중앙 액포에 저장되어 있는 청색과 자주색 색소는 꽃의 색을 띠게 한다.

또한 중앙 액포는 식물세포를 지지하는 기능도 한다. 용해된 물질로 인해 삼투압이 증가하고 삼투압이 증가되면 액포 내로 물이 들어오게 된다. 물이 들어오면 팽압이 높아지므로 세포질의 용액 부분을 세포벽 쪽으로 밀어낸다. 세포벽은 유연성이 있기 때문에 팽압이 증가하면 세포의 전체적인 모양을 유지하고 세포를 단단하게 만든다. 따라서 팽압은 식물의 목질화되지 않은 부분에서 지지 작용을 하게 된다.

### 미토콘드리아는 음식 분자에서 에너지를 생산하며 엽록체는 태양에너지를 포획한다

미토콘드리아와 엽록체는 각각 고유한 기원을 가진 복잡한 세포소기관이다. 대부분의 생물학자들은 미토콘드리아와 엽록체가 모두 원핵세포인 박테리아로부터 진화되었다는 내부공생설(endosymbiosis hypothesis)을 받아들이고 있다.

미토콘드리아와 엽록체는 모두 이중 막으로 둘러싸여 있는데, 외막은 원래의 숙주세포에서 유래되었고 내막은 잡아먹힌 세포로부터 유래되었다고 여겨진다. 미토콘드리아와 엽록체는 여러 가지 면에서 서로 비슷하며, 전형적인 원핵세포와 크기가 비슷하고(직경이 약 1~5 μm), 모두 이중 막으로 둘러싸여 있으며, ATP를 합성하는 효소를 가지고 있다. 또한 DNA와 리보솜도 가지고 있는데, 이들은 원핵세포의 DNA와 리보솜과 유사한 특징을 가진다.

### 미토콘드리아는 음식 분자에 저장된 에너지를 사용하여 ATP를 생산한다

진핵세포는 세포 내 발전소인 **미토콘드리아(mitochondria)**를 가지고 있는데 이것은 음식 분자에서 에너지를 뽑아내어 ATP의 고에너지 결합에 저장하기 때문에 붙여진

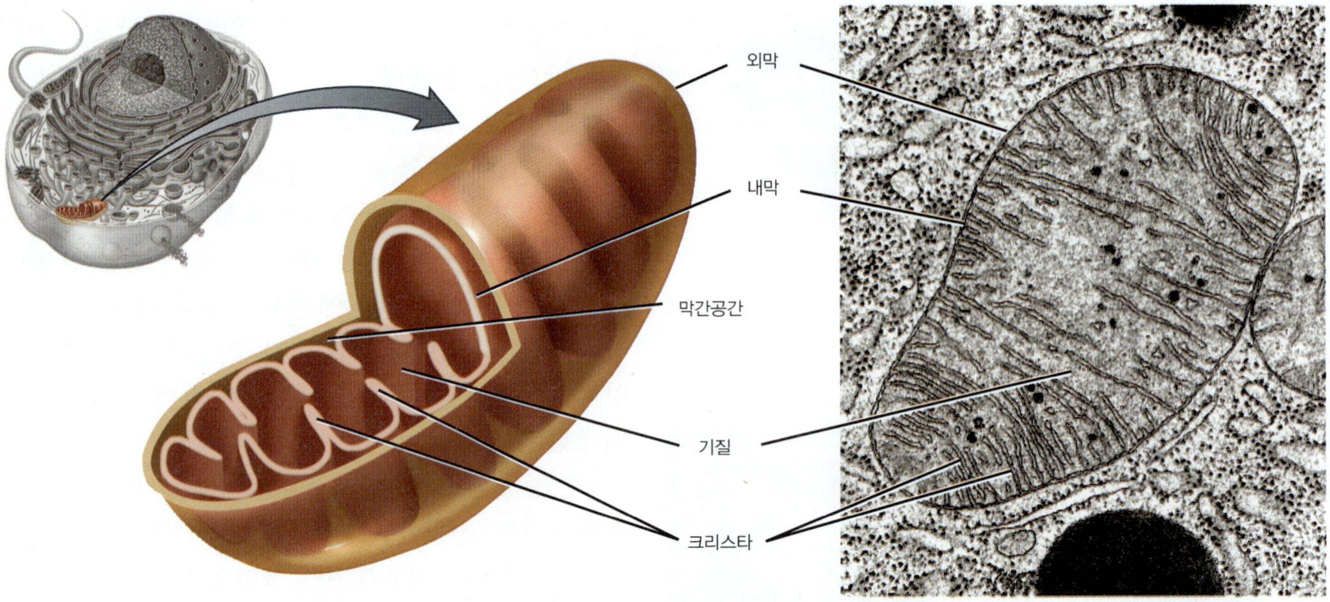


▲ 그림 4-26 **미토콘드리아** 미토콘드리아(왼쪽)는 두 개의 액상 구획을 둘러싼 두 개의 막을 가지고 있다: 외막과 내막 사이의 공간 구획, 그리고 내막 안에 있는 기질. 외막은 매끄럽지만 내막은 심하게 접힌 크리스타 구조를 형성한다. 오른쪽은 투과전자현미경에서 관찰되는 구조들의 사진

이름이다.

미토콘드리아는 이중막으로 되어 있는데(그림 4-26), 외막은 매끄럽지만 내막은 심하게 접혀져서 크리스타(crista)를 형성한다. 미토콘드리아 외막과 내막 사이의 공간인 막간공간은 액체로 차 있으며 내막 안쪽을 미토콘드리아 **기질(matrix)**이라고 한다. 고에너지 분자를 분해하는 일부 반응은 기질에서 진행되고, 나머지 반응은 크리스타 막에 붙어있는 일련의 효소들에 의해 이루어진다.

### 엽록체는 광합성이 일어나는 장소이다

빛을 포획하여 생명체에게 에너지를 공급하는 광합성은 식물세포와 일부 원생생물에 있는 엽록체에서 일어난다. **엽록체(chloroplast)**는 이중막으로 둘러싸인 색소체로서(그림 4-27), 내막 안쪽은 액상 성분으로 이루어져 있고 **스트**

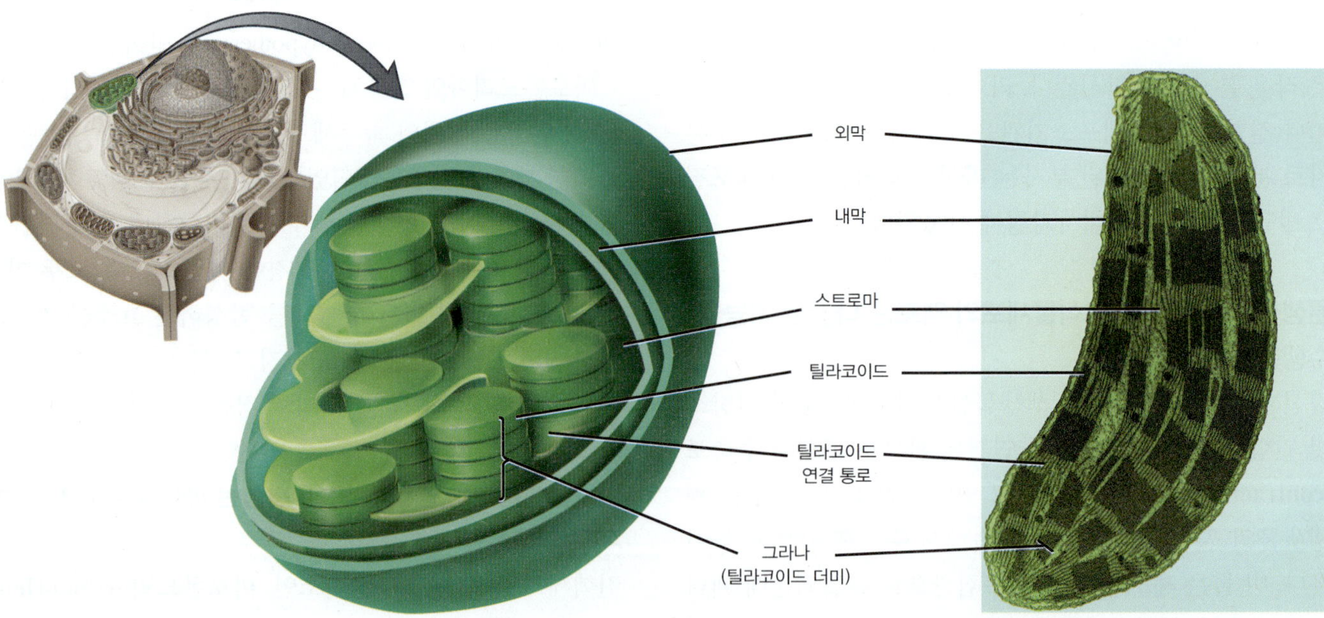


▲ 그림 4-27 **엽록체의 구조 및 모식도** (왼쪽)엽록체는 이중막으로 둘러싸여 있다. 스트로마는 내막으로 둘러싸여 있고, 그 속에 그라나라고 하는 틸라코이드 주머니들이 있다. 엽록소는 틸라코이드 막에 들어있다. (오른쪽) 엽록체 구조를 보여주는 투과전자현미경 사진.

**로마(stroma)**라고 한다. 스트로마 내에는 속이 빈 주머니들이 서로 연결되어 쌓여있는데, 개개의 주머니를 **틸라코이드(thylakoid)**라고 하며 이들이 포개져 있는 더미를 **그라나(grana)**라고 부른다.

틸라코이드 막에는 색소 분자인 **엽록소(chlorophyll)**가 들어있다. 광합성을 하는 동안 엽록소는 빛에너지를 포획하여 틸라코이드 막에 위치한 다른 분자에게 전달한다. 이들 분자들은 에너지를 ATP와 다른 에너지 운반체에 전달한다. 에너지 운반체는 스트로마로 확산된 후, 이산화탄소와 물을 사용하여 당을 합성하는 데 필요한 에너지로 사용된다. 이렇게 합성된 당은 에너지로 저장되고 이 에너지는 지구상의 거의 모든 생명체를 유지시키는 주요 에너지원으로 활용된다.

## 일부 색소체는 물질을 저장하는 기능을 한다

엽록체는 고도로 특수화된 **색소체(plastid)**인데, 색소체는 색소를 저장하거나 탄수화물을 합성하고 저장하는 세포소기관이다. 색소체는 식물 및 광합성을 하는 원생생물에서만 발견된다(그림 4-28). 일부 색소체는 과일과 꽃잎의 노란색, 오렌지색, 빨간색을 나타내는 색소들을 저장한다. 다년생 식물은 광합성 산물을 녹말로 바꾸어 색소체에 저장한다. 예를 들어 감자세포에는 다음 봄철에 성장할 때 에너지로 사용하기 위해 녹말을 가득 채운 색소체가 무수히 많이 들어있다(그림 4-28).

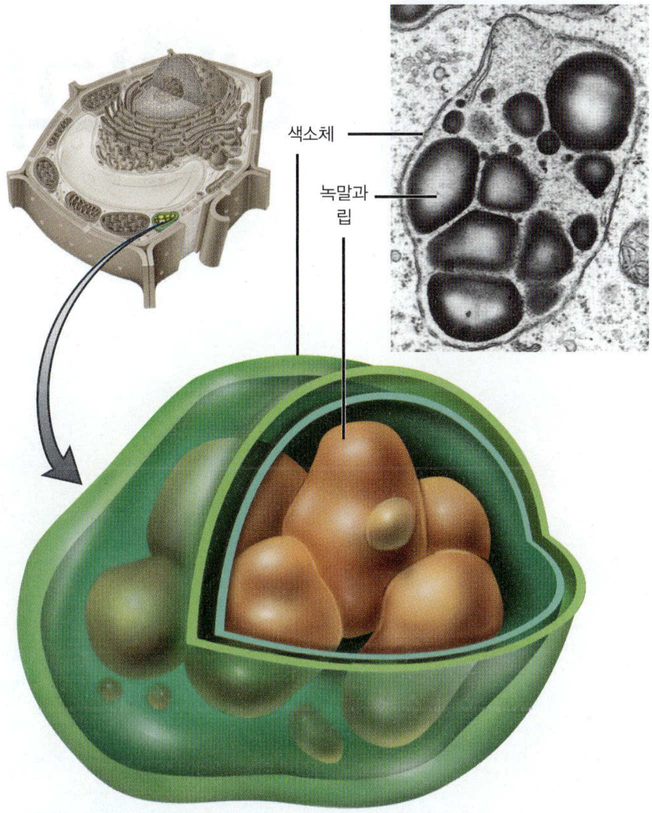


▲ 그림 4-28 **색소체** 식물세포와 광합성 원생생물에서 관찰되는 색소체들은 이중막으로 둘러싸여 있는 세포소기관이다. 엽록체는 잘 알려진 색소체이며, 다른 형태의 색소체들은 전분으로 가득 채워져 있는 감자세포의 색소체(오른쪽 위의 투과전자현미경 사진)와 같이 다양한 물질을 저장한다.

# Chapter 5 해당과정과 세포호흡

꽃의 꿀을 섭취하고 있는 벌새

당에서 지방을 만드는 방법

인류역사를 살펴보면 배고픈 시기에는 살찐 사람들이 더 오래 생존했던 것 같다. 사람들이 고칼로리 음식을 쉽게 먹을 수 있는 것은 최근의 일인데, 고칼로리 음식을 너무 많이 섭취하게 되면서 건강을 해치는 비만 문제가 발생하게 되었다.

왜 사람은 지방을 축적할까? 지방(트리글리세라이드)은 잘 분해되지 않으며 같은 무게의 탄수화물보다 2배 많은 에너지를 저장한다. 선사시대 조상들은 사냥이나 포식자를 피하기 위해 빠르게 움직여야 했기 때문에 무게는 적지만 에너지는 많이 낼 수 있는 지방을 축적하는 것이 생존에 매우 중요한 문제였을 것이다.

당과 탄수화물을 섭취하여 지방을 축적하는 것은 동물에서 일상적인 일이다. 당으로 어떻게 지방을 만들까? 포도당이 크렙스 회로를 통해 분해되면서 아세틸 CoA가 형성된다. 에너지로 소비되고 남은 여분의 아세틸 CoA 분자는 지방산을 합성하는 원료로 사용되며, 지방산은 서로 연결되어 지방을 형성한다. 빵, 감자, 파스타 속의 전분은 포도당이 길게 결합된 분자이기 때문에 전분을 많이 섭취하면 몸 안에 지방이 축적되는 것은 당연한 것이다.

당보다 지방을 저장하는 것이 왜 생존에 유리한지 이해하기 위해 빨간목벌새를 살펴보자. 이 새의 체중은 초여름에 3~4g인데 여름에 많은 양의 꿀을 섭취하여 체중이 2배로 는다. 벌새는 지방에 축적된 에너지를 사용하여 미국 동부에서 멕시코만을 거쳐 멕시코나 중앙아메리카로 이동하여 겨울을 난다. 만약 벌새가 지방 대신 당으로 에너지를 저장했다면 너무 무거워서 날지 못했을 것이다.

## Contents

## 5.1 세포는 어떻게 에너지를 얻는가?

### 햇빛은 세포 에너지의 근원이다

지구에 존재하는 모든 생명체가 이용하는 에너지 대부분은 빛에너지에서 유래하는데, 이는 식물과 광합성 생물에 의해 포획되어 당 및 다른 유기물의 화학 결합으로 저장된다. 모든 생물은 당과 다른 유기물을 해당과정과 세포호흡을 통해 분해하며 그 에너지의 일부를 ATP로 획득한다. 그림 5-1에 광합성과 포도당 분해의 상호관계가 나타나 있다. 포도당($C_6H_2O_6$)의 분해는 세포질에서 해당과정으로 시작되며, 이 과정에서 약간의 ATP가 생성된다. 해당과정의 최종 산물은 미토콘드리아에서 세포호흡 동안에 더욱 분해되면서 많은 양의 에너지가 ATP로 저장된다. 세포호흡으로 ATP를 생성하면서 세포는 산소를 이용하고 물과 이산화탄소를 배출하는데, 이 두 물질은 광합성의 원료이다.

광합성과 포도당 분해과정은 서로 정반대로 일어나는 과정이다.

광합성 : $6\,CO_2 + 6\,H_2O +$ 빛에너지 $\rightarrow C_6H_{12}O_6 + 6\,O_2$

포도당 분해 : $C_6H_{12}O_6 + 6\,O_2 \rightarrow 6\,CO_2 + 6\,H_2O + ATP +$ 열

두 반응의 차이점은 반응에 사용된 에너지의 형태만 다를 뿐이다. 광합성 과정에 포도당으로 저장된 빛에너지는 포도당이 분해되는 동안에 방출되어 ATP를 생성하는데 이 과정에서 일부 에너지가 열로 손실된다.

### 모든 세포는 포도당을 에너지원으로 이용할 수 있다

포도당을 저장 분자로 사용하는 생물은 거의 없다. 식물은 포도당을 저장하기 위해 설탕 또는 전분으로 전환한다. 인간과 동물은 글리코겐과 지방 같은 분자들로 에너지를 저장한다. 대부분의 세포들은 ATP를 생산하기 위해 다양한 유기분자를 대사할 수 있지만 이 장에서는 모든 세포가 에너지원으로 사용하는 포도당의 대사를 다루고자 한다. 포도당 분해과정은 약간의 에너지가 생성되는 해당과정으로 시작하여 산소가 존재하면 훨씬 더 많은 에너지를 생성하는 세포호흡으로 마무리된다(그림 5-2).

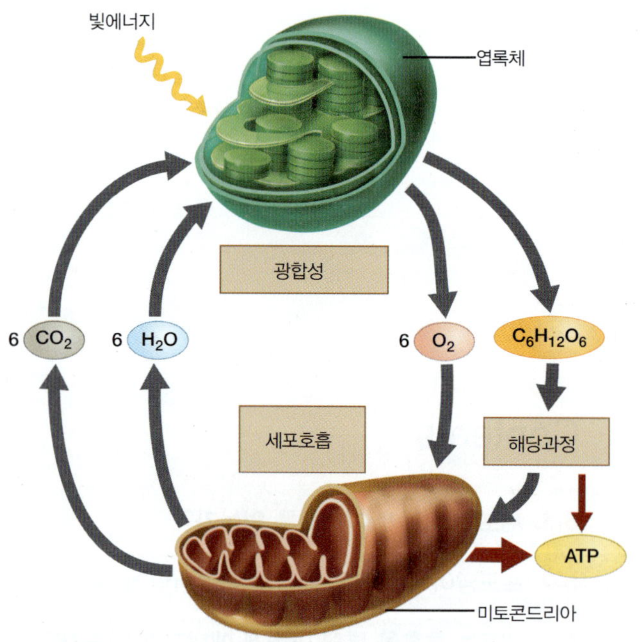


▲ 그림 5-1 **광합성과 포도당 분해과정의 상호관계** 각 과정의 산물은 다른 과정에서 사용된다. 에너지의 궁극적 근원은 햇빛이며 이는 광합성으로 포획되고 해당과정과 세포호흡으로 방출된다.

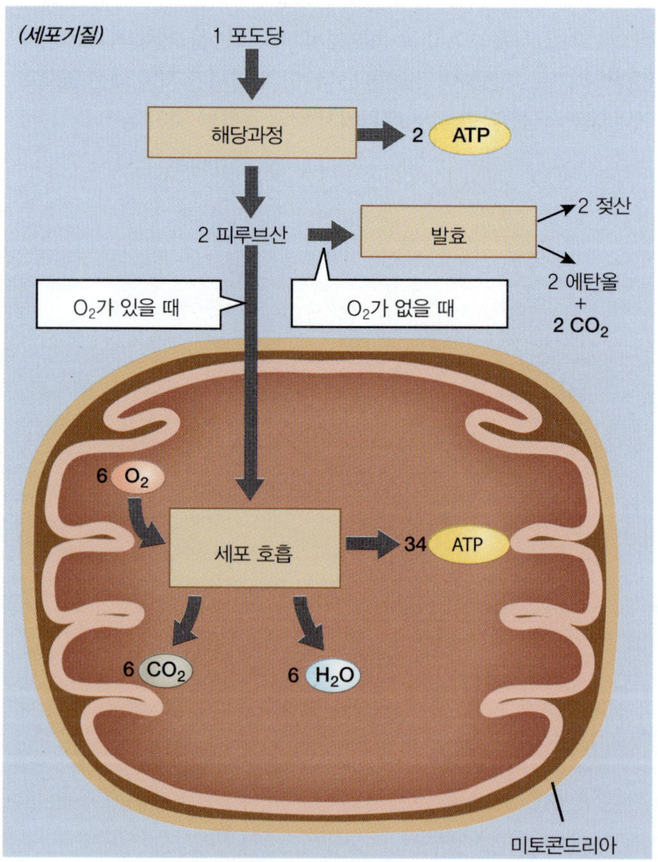


▲ 그림 5-2 **포도당 분해과정의 요약**

## 5.2 포도당이 분해되는 해당과정은 어떻게 일어나는가?

**해당과정(glycolysis)**에서는 6탄소 분자인 포도당이 2분자의 피루브산으로 분해된다. 해당과정에는 에너지 투자 단계와 에너지 회수 단계가 있는데, 각 단계는 여러 과정으로 진행된다(그림 5-3). 포도당에서 에너지를 추출하기 위해서는 우선 ATP로부터 에너지의 투입이 필요하다. 에너지 투입 단계를 구성하는 일련의 반응들 동안에 2분자의 ATP가 포도당에게 인산기와 에너지를 제공하여 활성화된 분자인 과당 이인산(fructose bisphosphate)을 생성한다. 과당 이인산은 ATP로부터 얻은 에너지 때문에 포도당보다 쉽게 분해된다.

에너지 회수 단계에서는 과당 이인산이 3탄소 분자인 글리세르알데하이드 3-인산(Glyceraldehyde-3-phosphate, G3P) 2분자로 분해되고 일련의 반응을 수행하여 피루브

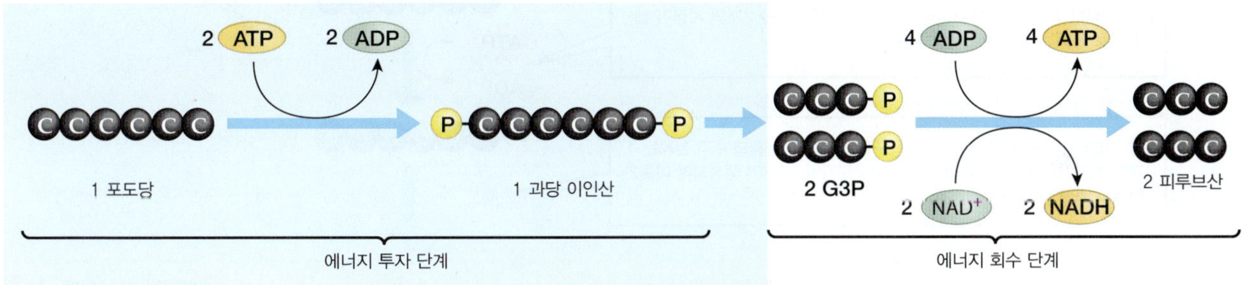


▲ 그림 5-3 **해당과정의 필수 과정** 에너지 투자 단계 : 2 ATP의 에너지가 포도당을 과당 이인산으로 전환시키는 데 사용되며, 이 화합물은 2분자의 G3P로 분해된다. 에너지 회수 단계 : 2분자의 G3P는 일련의 반응을 수행하여 4 ATP와 2 NADH 분자들을 생성한다.(탄소골격만 그림에 나타냈다)

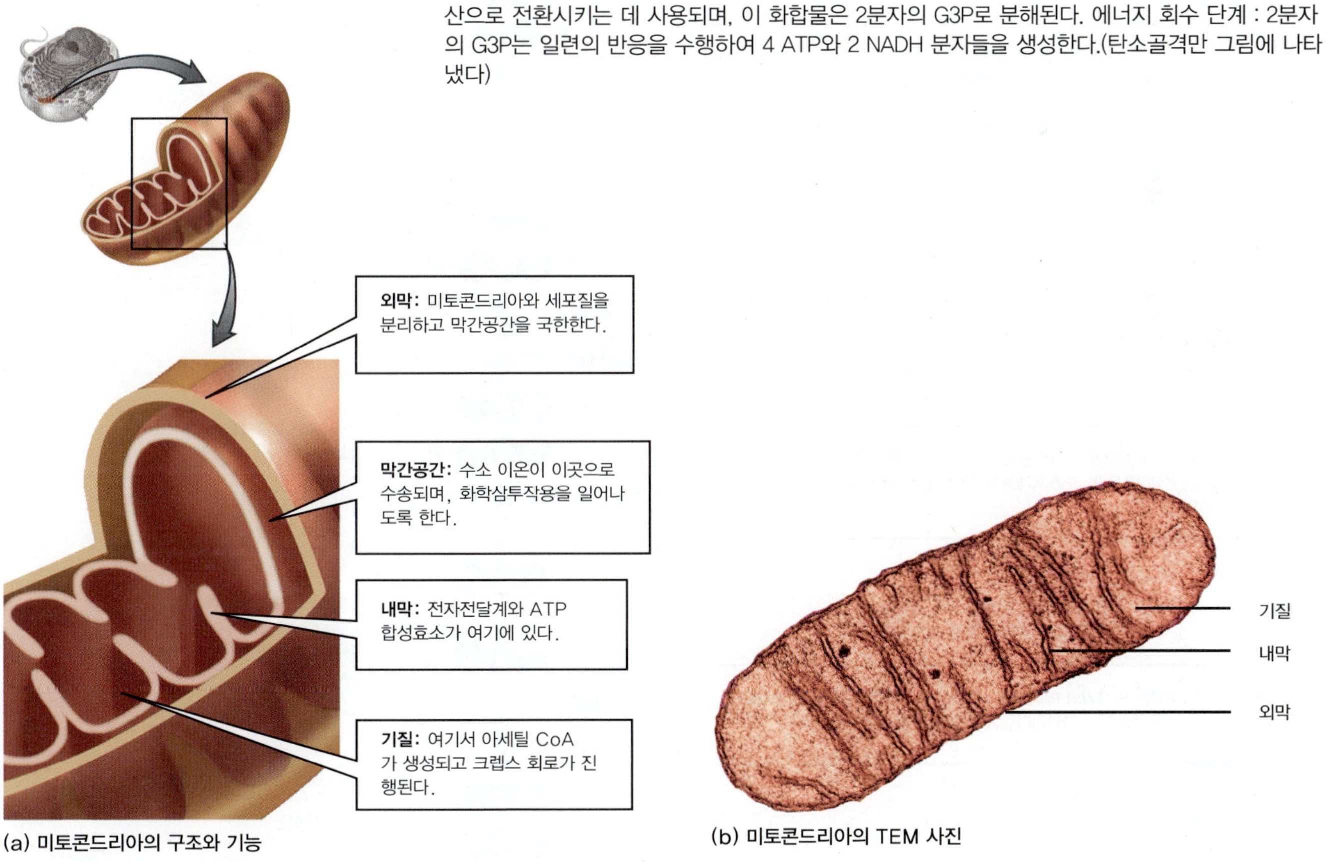


▲ 그림 5-5 **미토콘드리아**

# 해당과정

해당과정은 포도당 1분자가 2분자의 피루브산으로 분해되는 일련의 효소-촉매반응들이다. 그림 5-4에서는 반응들의 이해를 돕기 위해 해당과정의 포도당 및 생성되는 각 분자들의 '탄소 골격(carbon skeleton)'만을 표시한다. 각 파란색의 화살표는 효소-촉매반응을 나타낸다.

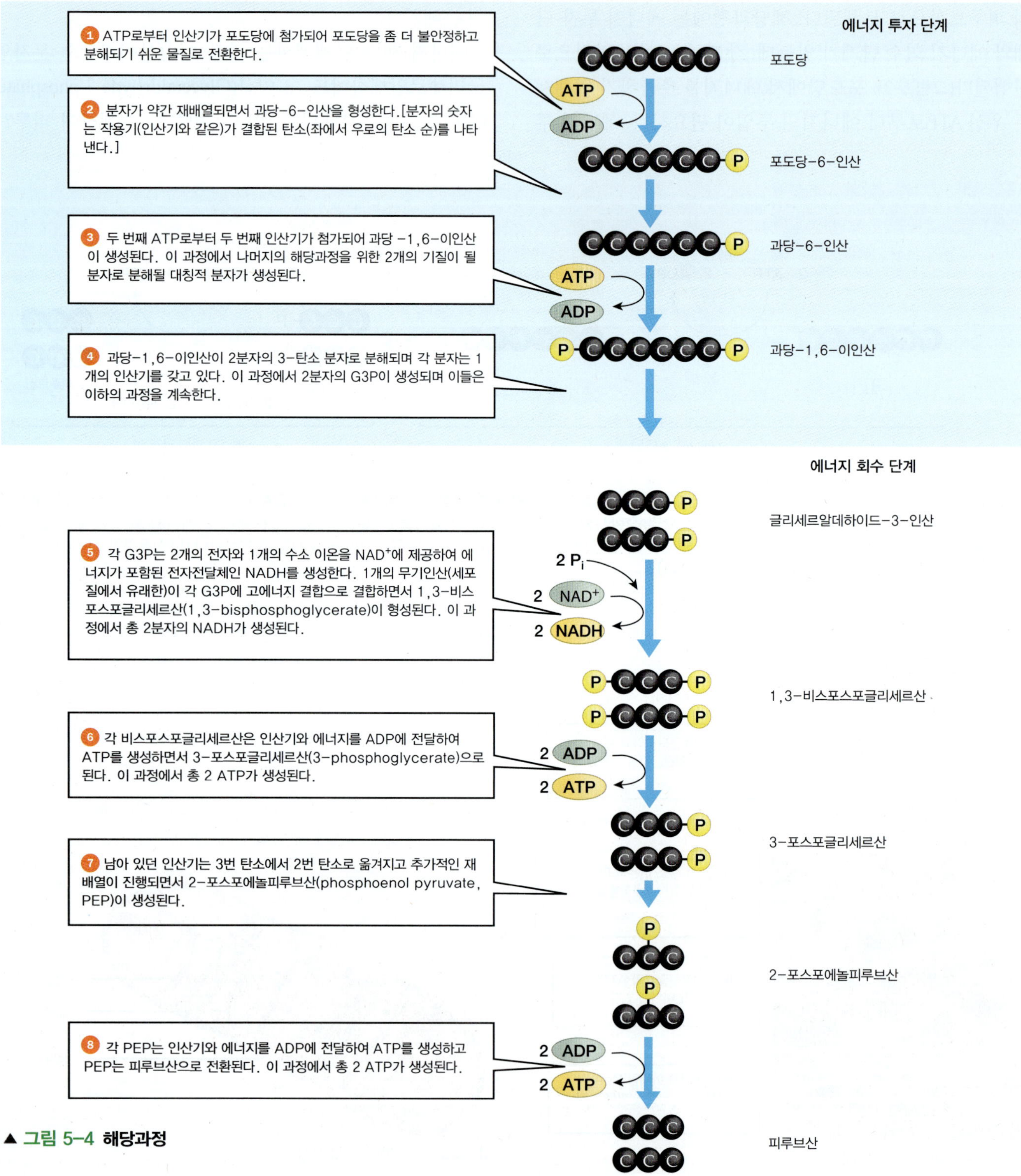


▲ 그림 5-4 해당과정

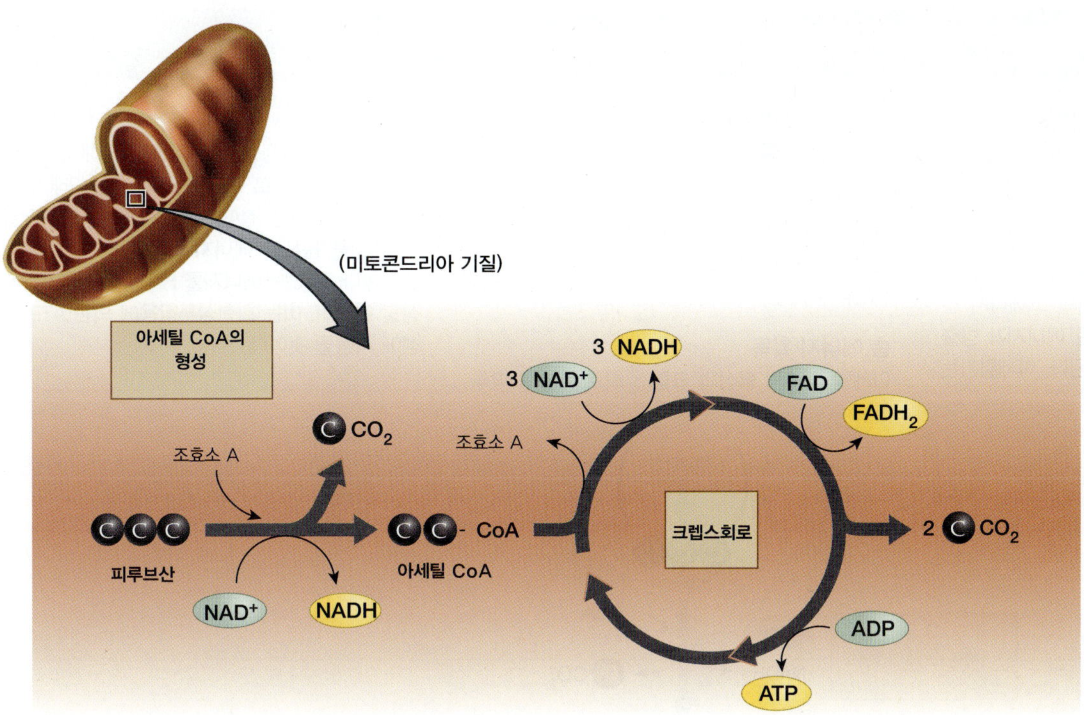


◀ 그림 5-6 미토콘드리아 기질에서의 반응들 : 아세틸 CoA의 형성과 크렙스 회로

산으로 전환되는데 이 과정에 NADH 2분자가 만들어진다. 추가적인 에너지가 각 G3P로부터 2분자의 ATP로 회수되어 포도당 1분자 당 총 4분자의 ATP가 생성된다. 그러나 2분자의 ATP가 과당 이인산을 생성하는 데 소비되었기 때문에 2분자의 ATP가 생성되는 것이다(그림 5-4).

## 5.3 세포는 호흡을 통해 어떻게 에너지를 얻는가?

산소가 존재하면 포도당 분해의 두 번째 단계가 진행된다. 세포호흡을 통해 해당과정에서 생성된 2분자의 피루브산은 6분자의 이산화탄소와 6분자의 물로 분해된다. 이 과정에 2분자의 피루브산에서 유래한 화학에너지는 ATP를 생성하는 데 사용된다.

진핵세포에서 세포호흡 과정은 2중막으로 되어 있는 **미토콘드리아(mitochondria)**에서 일어나는데, **내막(inner membrane)**은 유동성의 **기질(matrix)** 쪽으로 함입되어 크리스타를 형성하고 **외막(outer membrane)**은 내막과의 사이에 **막간공간(intermembrane space)**을 형성하고 있다(그림 5-5).

### 세포호흡 1단계: 아세틸 CoA의 형성과 크렙스 회로를 통한 분해

해당과정의 최종산물인 피루브산은 세포질에서 생성된다. 세포호흡이 일어나기 전에 피루브산은 미토콘드리아 외막을 통해 막간공간으로 확산된 다음, 미토콘드리아 내막을 통해 능동수송되어 세포호흡이 시작되는 미토콘드리아 기질로 운반된다.

세포호흡 1단계에서는 미토콘드리아 기질에서 두 종류의 반응 즉, 아세틸 CoA의 생성과 **크렙스 회로(Krebs cycle)**가 진행된다(그림 5-6). 피루브산이 분해되면서 $CO_2$를 방출하므로 아세틸기(acetyl group)를 생성하고, 아세틸기는 조효소 A(coenzyme A)와 결합하여 아세틸-CoA를 형성하는데 이 반응에서 NADH가 생성된다.

그 이후의 반응은 이 반응을 밝혀 1953년 노벨상을 수상한 생화학자인 크렙스(Krebs)의 이름을 붙여 **크렙스 회로(Krebs cycle)**라고 한다. 크렙스 회로는 이 회로의 최초 산물이 시트르산염이기 때문에 시트르산 회로(citric acid cycle)라고도 한다. 이 대사과정을 회로라고 하는 이유는 이 과정의 최초 반응 기질인 옥살로아세트산(oxaloacetate)이 지속적으로 재생성되기 때문이다(그림 5-7)

크렙스 회로가 매번 수행되는 동안에 아세트산 형태로 유

# 아세틸 CoA의 형성과 크렙스 회로

미토콘드리아의 기질에서의 반응은 (1) 피루브산에서 아세틸 CoA의 형성과 (2) 크렙스 회로의 두 단계로 진행된다(그림 5-7).

### 아세틸 CoA의 형성

피루브산은 아세틸기와 $CO_2$를 형성하면서 분해된다. $CO_2$가 형성되면서 2개의 고에너지 전자와 1개의 수소 이온에 포획된 에너지가 방출되면서 $NAD^+$가 NADH로 전환된다. 아세틸기는 CoA와 결합하면서 아세틸 CoA로 되고 이는 크렙스 회로로 들어간다.

### 크렙스 회로

크렙스 회로로 유입된 각 아세틸 CoA는 2 $CO_2$로 분해되면서 에너지를 방출하고 이 에너지는 1 ATP, 3 NADH 및 1 $FADH_2$로 포획된다.

### 총 에너지 획득

아세틸 CoA의 형성과 크렙스 회로를 통해 피루브산 1분자 당 3 $CO_2$, 1 ATP, 그리고 4 NADH 및 1 $FADH_2$이 생성된다. 각 포도당에서 2피루브산이 생성되므로 모든 산물의 수는 2배가 된다. 전자전달체인 NADH와 $FADH_2$는 전자전달계(ETC)를 통해 고에너지 전자를 전자전달계에 전달한다. ETC는 에너지를 $H^+$ 농도기울기로 저장할 것이며, 이는 화학삼투작용에 의한 ATP 생성에 사용될 것이다.

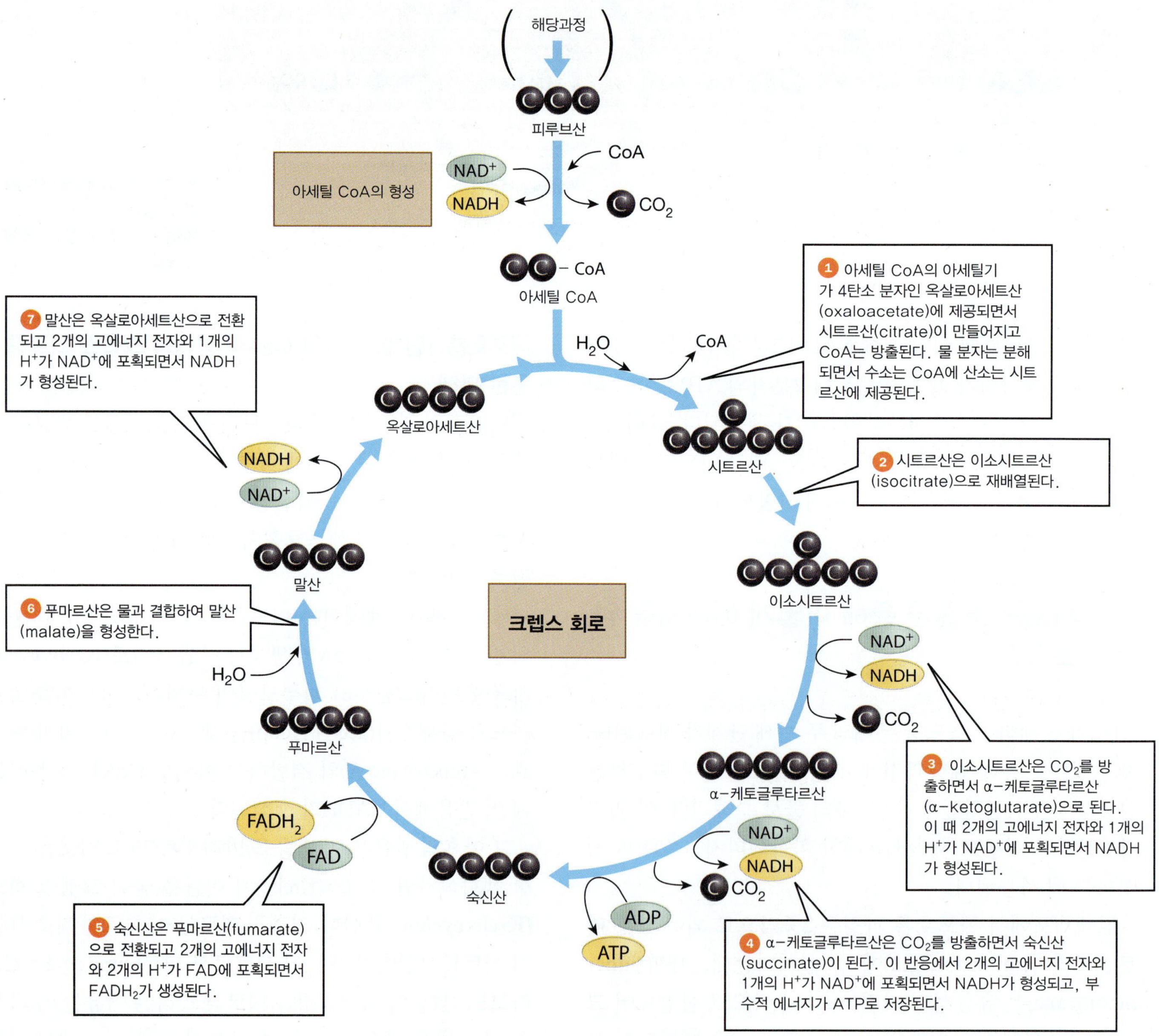


▲ 그림 5-7 아세틸 CoA 형성과 크렙스 회로

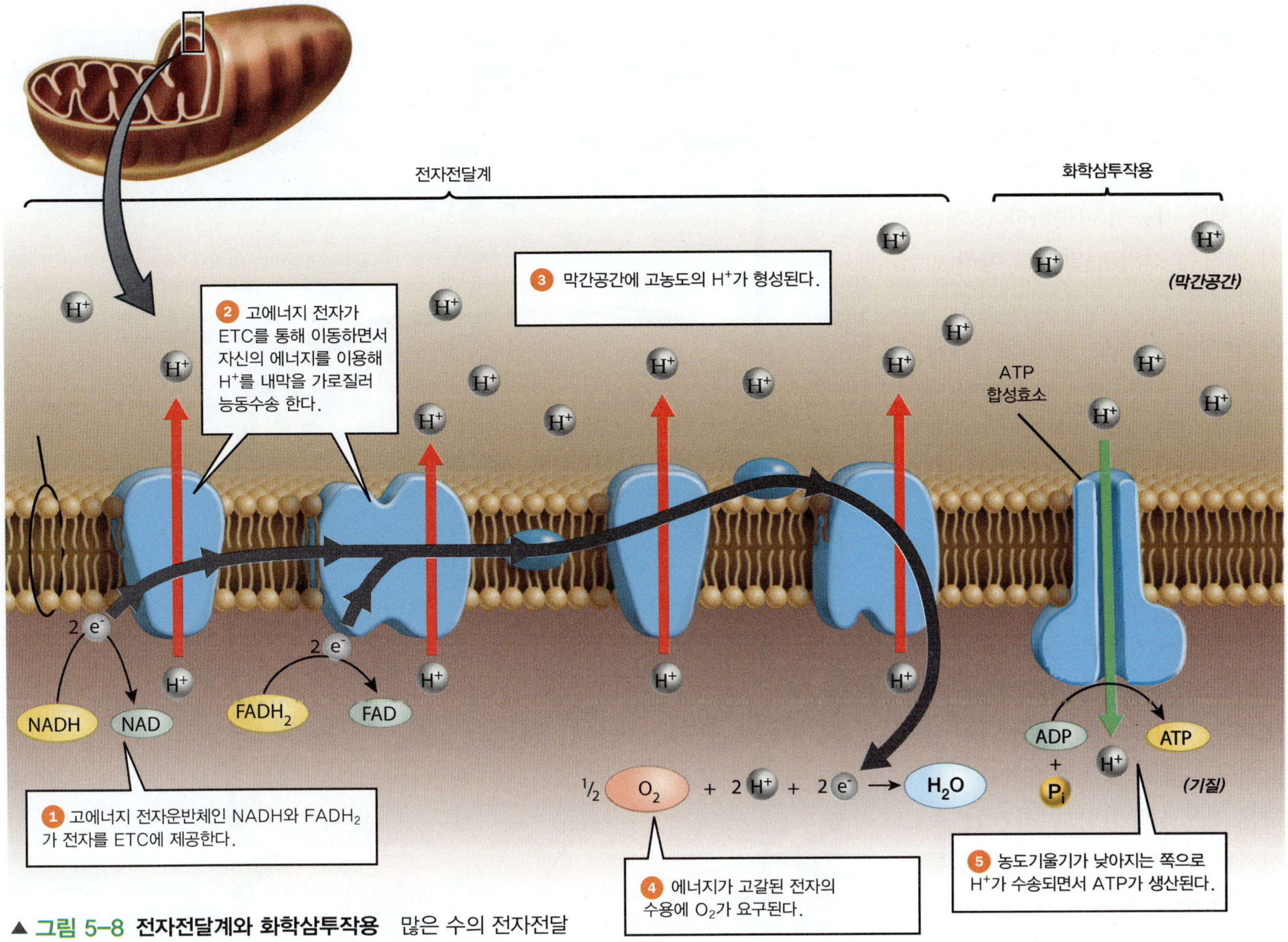


▲ **그림 5-8 전자전달계와 화학삼투작용** 많은 수의 전자전달계와 ATP 합성효소가 미토콘드리아 내막에 삽입되어 있다.

입된 탄소 원자 2개는 에너지를 생성하면서 이산화탄소로 방출된다. 이 에너지의 일부가 크렙스 회로 과정에 고에너지 전자 전달체와 ATP에 포획된다.

크렙스회로는 아세틸 CoA가 4-탄소 화합물인 옥살로아세트산과 결합하면서 시작되는데, 이때 6-탄소 화합물인 시트르산이 형성되고 CoA는 방출된다. CoA는 이러한 반응 과정에서 영원히 변하지 않고 재사용된다. 크렙스 회로가 진행되면서 미토콘드리아 기질의 효소들은 아세틸기를 분해하여 2분자의 $CO_2$를 방출하고 회로가 계속 돌아가도록 하기 위해 옥살로아세트산을 재생성 한다.

크렙스 회로가 계속되는 동안에 화학에너지는 에너지 수송 분자에 포획된다. 아세틸 CoA에서 각 아세틸기가 분해되면서 1분자의 ATP와 3분자의 NADH가 생성된다. 또한 1분자의 $FADH_2$(flavin adenine dinucleotide)도 생성되는데, 이는 NADH와 유사한 고에너지 전자전달체이다. 크렙스 회로에서 FAD는 에너지를 품은 2개의 전자와 2개의 $H^+$를 받아들여 $FADH_2$를 형성한다. 포도당 1분자는 피루브산 2분자를 생성하기 때문에 회로에서 나타나는 ATP의 2배가 되는 것이다.

### 세포호흡 2단계 : 전자전달계를 통한 고에너지 전자 수송과 화학삼투에 의한 ATP 생성

1단계의 반응 결과로 세포는 포도당 1분자로부터 단지 4분자의 ATP를 획득했을 뿐이다(해당과정에서 2 ATP와 크렙스 회로에서 2 ATP). 그러나 세포는 각 포도당 분자에서 많은 고에너지 전자들을 총 10 NADH와 2 $FADH_2$로 포획했다.

세포호흡의 2단계에서 이 전자전달체들은 각각 2개의 고에너지 전자들을 전자 수송분자들이 연속해서 배열되어 있는 전자전달계(electron transport chain, ETC)에 제공하는데, 미토콘드리아 내막에는 많은 수의 전자전달계가 존재한다(그림 5-8).

## 전자전달계는 단계별로 에너지를 방출한다

미토콘드리아 내막의 전자전달계와 엽록체의 틸라코이드막의 전자전달계는 기능이 비슷하다. 고에너지 전자는 전자 전달계를 따라 한 분자에서 다른 분자로 전달되며, 각 단계에서 적은 양의 에너지를 방출한다. 이 단계에서 생성된 에너지는(비록 일부 에너지는 열로 손실되지만) $H^+$를 미토콘드리아 기질에서 막간공간으로 수송하는 데 이용된다. 그 결과로 $H^+$의 농도가 막간공간에서는 높고 기질에서는 낮은 **농도기울기(concentration gradient)**가 형성된다(그림 5-8). $H^+$의 농도기울기를 형성하면서 에너지를 사용한 것은 축전기를 충전하는 것에 상응한다. 이러한 $H^+$ 축전기는 다음에서 설명할 **화학삼투작용(chemiosmosis)**을 통해 ATP를 생성하는 데 사용된다.

최종적으로 전자전달계의 마지막 단계에서 에너지가 고갈된 전자는 전자수용체로 작용하는 산소에 전달된다. 에너지가 고갈된 전자와 산소 및 수소 이온이 결합하여 물이 형성된다. 전자 전달계를 통해 2개의 전자가 전달될 때마다 1분자의 물이 생성된다(그림 5-8).

전자를 수용할 산소가 없다면 전자전달계는 전자로 채워져 있게 되고 NADH와 $FADH_2$로부터 전자를 획득할 수 없다. 전자가 전자전달계를 통해 전달될 수 없다면, $H^+$는 내막을 가로질러 수송되지 않는다. 결국 $H^+$ 농도 기울기는 빠르게 소멸되고 화학 삼투작용에 의한 ATP 합성도 멈추게 된다. ATP로부터의 에너

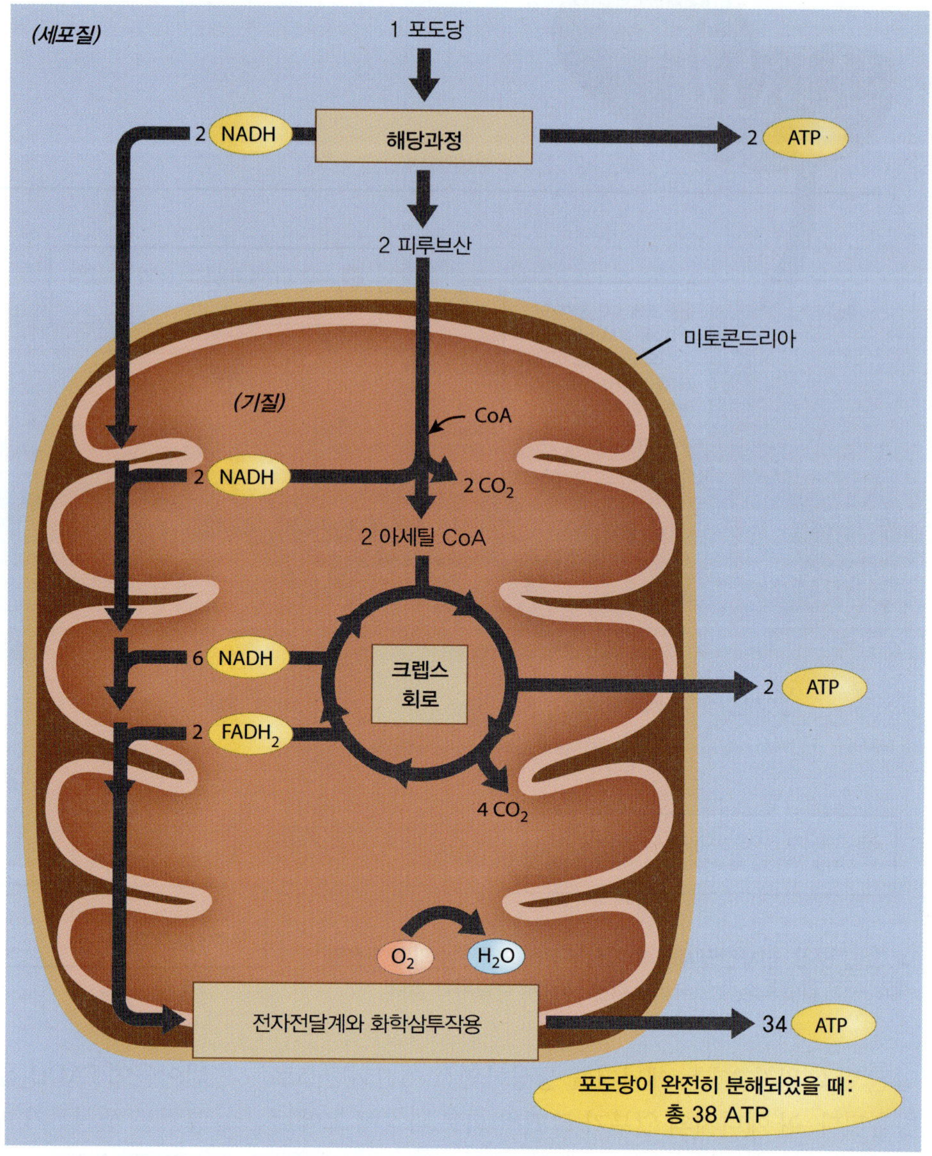


▲ **그림 5-9 해당과정과 세포호흡으로 획득되는 ATP의 요약** 세포호흡에서 가장 많은 ATP가 생성된다. 거의 모든 ATP는 NADH와 $FADH_2$에서 제공된 고에너지 전자로부터 생성된다. 전자들이 전자전달계를 따라 수송되면서 $H^+$ 농도기울기가 형성되고 이로 인해 화학삼투작용이 일어난다.

**표 5-1 포도당 분해의 요약**

| 포도당 분해 단계 | 전자전달체 | ATP 순생성량 | 수행 위치 |
|---|---|---|---|
| 해당과정 | 2 NADH에 에너지 포획 | 2 ATP | 세포질 |
| **세포호흡 1단계 :** 아세틸 CoA 형성과 크렙스 회로 | 8 NADH와 2 $FADH_2$에 에너지 포획 | 2 ATP | 미토콘드리아 기질 |
| **세포호흡 2단계 :** 전자전달계와 화학삼투작용 | 10 NADH와 2 $FADH_2$에서 에너지 방출 | 32 ATP | 미토콘드리아 내막과 막간 공간 |
| 발효 | 2 $NAD^+$ 재생 | 0 ATP | 세포질 |
| 총 | 0 NADH와 0 $FADH_2$ | 36 ATP | 세포질과 미토콘드리아 |

지 요구량이 높기 때문에 대부분의 진핵세포는 산소가 안정적으로 공급되지 않으면 수 분 내에 죽는다. 사람은 들숨으로 허파에 들어온 산소를 혈액순환을 통해서 모든 세포에 수송하기 때문에 흡기하는 공기 속보다 배기하는 공기 속에 더 적은 산소가 들어 있는 것이다.

### 화학삼투작용으로 에너지는 ATP로 포획된다

화학삼투작용은 $H^+$ 농도기울기에 저장된 에너지의 일부가 농도기울기를 감소시키면서 $H^+$를 수송할 때 ATP로 포획되는 과정이다. 미토콘드리아의 내막은 일부분이 ATP 합성효소인 통로를 통해서만 $H^+$를 투과할 수 있다. 막간공간으로부터 기질로 수소 이온이 이러한 ATP 합성효소를 통해 유입되면서 기질에 존재하던 ADP와 무기인산으로부터 ATP가 생성된다.

### ATP는 미토콘드리아 밖으로 수송된다

미토콘드리아 내막의 수송 단백질은 ATP를 미토콘드리아 기질에서 막간공간으로 수송함과 동시에 막간공간에서 기질로 ADP를 수송한다. 미토콘드리아 외막에는 커다란 통로가 있어서 ATP와 ADP는 자유롭게 확산될 수 있기 때문에 막간공간으로 나온 ATP는 외막을 쉽게 통과해 세포질 전반으로 확산되고, ADP는 막간공간으로 확산되어 들어온다. 이러한 연속적인 재순환 과정이 일어나지 않으면 생명 현상은 멈추게 될 것이다. 사람은 매일 자신의 신체가 필요로 하는 만큼의 ATP를 생산하여 사용하고 재 생성한다.

해당과정만 수행하는 것보다는 해당과정에 뒤이어 일어나는 세포호흡이 진행됨으로써 훨씬 더 많은 ATP가 생성된다는 것을 알았다. 그림 5-9와 표 5-1에 진핵세포에서 산소가 존재할 때 수행되는 1분자의 포도당이 분해되는 과정과 각 단계에서 생성되는 에너지, 그리고 각 단계가 진행되는 위치가 요약되어 있다. 요약하면 해당과정에서 2 ATP가 형성되고 크렙스 회로에서 2 ATP가 더 생성되며, 화학삼투작용에서 34 ATP가 생성되면서 포도당 1분자에서 총 38 ATP가 생성된다.

### 세포호흡은 다양한 유기분자에서 에너지를 얻을 수 있다

포도당은 전분 또는 설탕의 형태로 공급되지만, 사람의 전형적인 음식은 상당량의 에너지를 지방과 단백질 형태로 제공한다. 이는 여타의 대사 과정을 통해 세포호흡에 이용

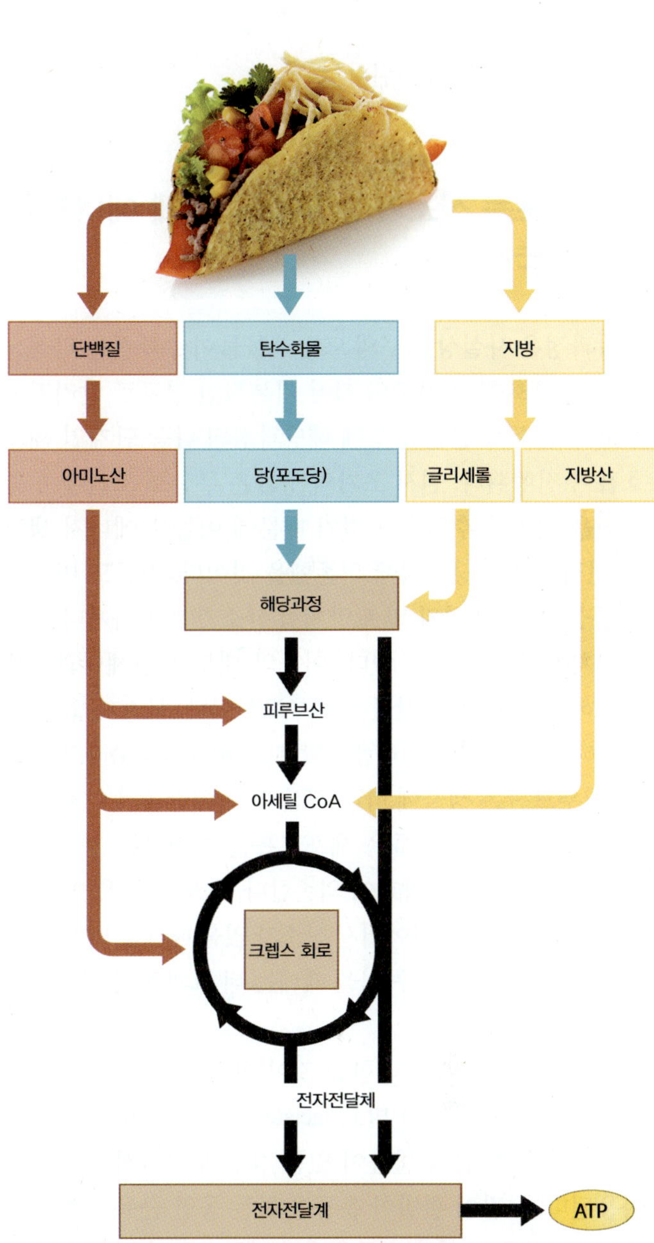


▲ 그림 5-10 단백질, 탄수화물, 지방의 분해와 ATP 생산

되는 다양한 중간대사물질이 생성될 수 있기 때문에 가능하다. 이러한 중간대사물질은 다양한 단계에서 세포호흡으로 들어올 수 있으며, ATP를 생성하도록 분해된다(그림 5-10). 예를 들면, 단백질을 구성하는 20가지 아미노산 중 일부는 피루브산으로 바로 전환될 수 있으며, 나머지 아미노산들은 복잡한 경로를 통해 크렙스 회로의 분자로 전환될 수 있다. 지방은 매우 좋은 에너지원으로 동물의 주요 에너지 저장 물질로 이용되는데, 지방에 저장된 에너지가 방출되기 위해서는 지방산 꼬리는 CoA에 결합하여 2탄소 절편으로 분해되면서 아세틸 CoA를 형성하고, 이 아세틸 CoA

는 크렙스 회로로 유입된다.

## 5.4 세포는 산소가 없을 때 어떻게 에너지를 얻는가?

해당과정은 사실상 지구의 모든 생물들이 수행하는 과정으로 모든 생화학적 경로의 가장 기본적인 경로로 알려지고 있고 유산소 조건일 경우에 해당과정의 다음 단계인 세포호흡이 진행된다. 원시 초기의 생물은 무산소 조건에서 출현했을 것이라 추정하고 있기 때문에 이들은 에너지 생산을 전적으로 해당과정에 의존했을 것이다. 지금도 미생물이 동물의 위 및 창자 및 토양처럼 산소가 희박하거나 없는 서식처에서 번성하고 있다. 이들의 대부분은 해당과정에 의존하고 있고 최종 산물은 피루브산이다. 산소가 없을 때 일어나는 포도당 분해과정을 **발효(fermentation)**라고 하는데, 피루브산은 생물에 따라 젖산 또는 에탄올과 $CO_2$로 전환된다. 일부 미생물들은 세포호흡을 수행하는 효소들이 결여되어 전적으로 발효에 의존한다. 효모와 같은 여러 미생물들은 기회주의적이어서 산소가 없을 때에는 발효를 이용하지만, 산소를 쓸 수 있을 때에는 더 효과적인 세포호흡을 수행하기도 한다.

발효는 미생물에만 국한된 것이 아니다. 피루브산을 젖산으로 전환하는 젖산 발효(lactate fermentation)는 척추동물에서 격렬한 근육 활동이 있는 경우에 일시적 수단으로 이용된다. 사람이 활발한 운동을 하는 동안 근육의 화끈거림(burning)을 느꼈다면 근육에서 피루브산이 젖산으로 발효되고 있기 때문이다.

세포호흡과 비교했을 때, 발효는 피루브산 대사에 비효율적인 수단인데, 그 이유는 ATP가 많이 생성되지 않기 때문이다. 그렇다면 왜 발효가 필요할까? 해당과정에서 포도당 1분자 당 2 ATP와 2 NADH가 생성되는데 산소가 없다면 $NAD^+$가 NADH를 생성하면서 축적된 전자에 대한 최종 수용체가 없는 것이다. 발효는 해당과정에서 생성된 NADH를 $NAD^+$로 전환하기 위해 필요하다. 발효가 멈추면 $NAD^+$의 공급이 고갈되고 결국 해당과정은 중단되며 에너지 생성은 멈추므로 생물은 곧 죽게 된다.

### 발효로 젖산, 알코올 및 이산화탄소가 생성된다

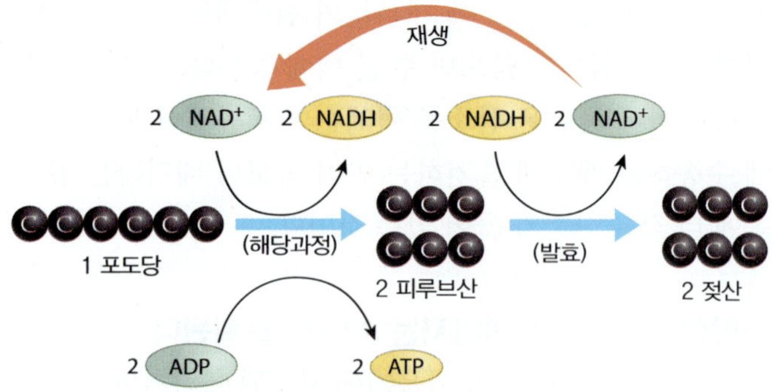


▲ 그림 5-11 해당과정 이후에 진행되는 젖산 발효

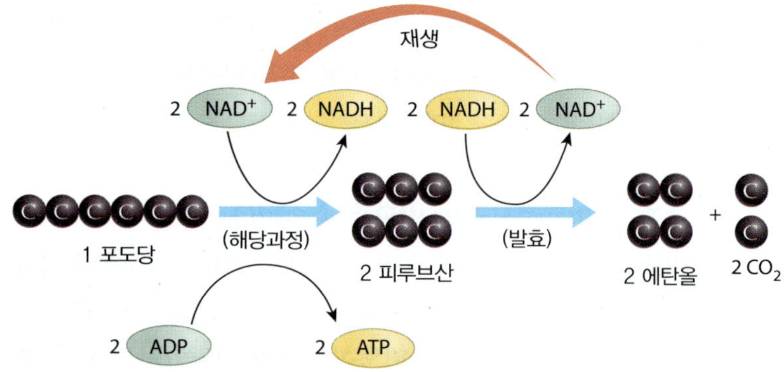


▲ 그림 5-12 해당과정 이후의 알코올 발효

세포호흡을 위해서 혈액이 산소를 충분히 공급하지 못할 경우에 격렬하게 수축하는 근육은 일시적으로 ATP를 생산하기 위해 해당과정을 이용한다. 그런 다음 NADH의 전자와 수소 이온이 피루브산을 젖산으로 전환하는 데 사용되면서 $NAD^+$가 재생되는 과정이 진행된다(그림 5-11). 해당과정은 포도당 1분자 당 겨우 2 ATP를 생산하기 위해 많은 양의 포도당을 사용하지만 세포호흡보다는 빠르게 ATP를 생산한다. 이렇게 생산된 ATP는 격렬한 단거리 운동, 싸움, 도망, 또는 포식 과정에 에너지로 공급될 수 있다. 이러한 능력을 조금이라도 더 지속할 수 있는 능력의 여부가 사느냐 죽느냐를 결정지을 수 있다. 근육에서 발효 동안에 생산된 젖산의 대부분은 혈액으로 확산되고 간으로 수송되어 피루브산을 거쳐 포도당으로 전환된다.

일부 세균과 곰팡이 같은 미생물은 산소가 없는 상태에서 **알코올 발효(alcoholic fermentation)**를 수행한다. 알코올 발효에서는 피루브산이 에탄올과 $CO_2$로 전환된다. 이 과정에서 NADH는 $NAD^+$로 전환되고, 이 $NAD^+$는 해당과정이 일어나는 동안에 고에너지 전자를 수용하는 데 이용된다(그림 5-12).

### 발효는 오래전부터 음식준비에 활용되었다

효모를 사용하여 포도주와 맥주를 생산했던 일은 7,000년 전부터 시작되었다. 효모는 기회주의적이어서 산소를 이용할 수 있을 때에는 세포호흡을 하지만 산소를 이용할 수 없을 때는 알코올 발효를 통하여 알코올과 $CO_2$를 생산한다. 맥주 또는 포도주를 만들 경우 으깬 곡물과 포도의 당이 효모에 의해 발효되는 것이다. 발효는 세포호흡이 일어날 수 없도록 외부 공기의 유입은 막지만 $CO_2$ 배출은 가능하도록 하는 밸브가 장착된 통에서 일어난다. 맥주와 샴페인의 특징적인 거품(fizz)은 병을 밀봉한 후에 이산화탄소가 포획되도록 발효를 지속시킨 결과로 생긴다.

발효는 제빵 과정에서 빵이 부풀어 오르는 과정에도 중요하다. 효모가 가지고 있는 효소는 밀가루에 있는 전분을 포도당으로 분해한다. 효모는 빠르게 분열하면서 $CO_2$를 방출하는데 처음에는 세포호흡으로, 밀가루를 반죽할 때 사용한 물에 용해된 $O_2$가 고갈된 후에는 알코올 발효로 $CO_2$를 방출한다. $CO_2$가 포획되고 반죽이 치대지면 빵 반죽은 탄력 있고 질기게 되며, 오븐에서 구워지는 동안 부풀어 오른다. 알코올은 빵을 굽는 과정에서 증발된다.

다양한 미생물이 에너지를 생산하기 위해 해당과정 후에 주로 젖산 발효를 이용한다. 이들 중에는 우유를 요구르트 또는 치즈로 전환하는 데 사용하는 **유산균(lactic acid bacteria)**도 포함된다. 이들은 먼저 젖당을 포도당과 갈락토오스로 분해하고 이어서 해당과정과 젖산 발효를 통해 젖산으로 전환시킨다. 젖산은 우유의 단백질을 변성하여 3차원 구조를 변화시켜 반고체 상태의 요구르트를 만든다. 젖산은 음식에 신맛과 고유의 풍미를 부가해주는데, 젖산균은 치즈 생산 과정에서 우유의 응고에도 사용된다.

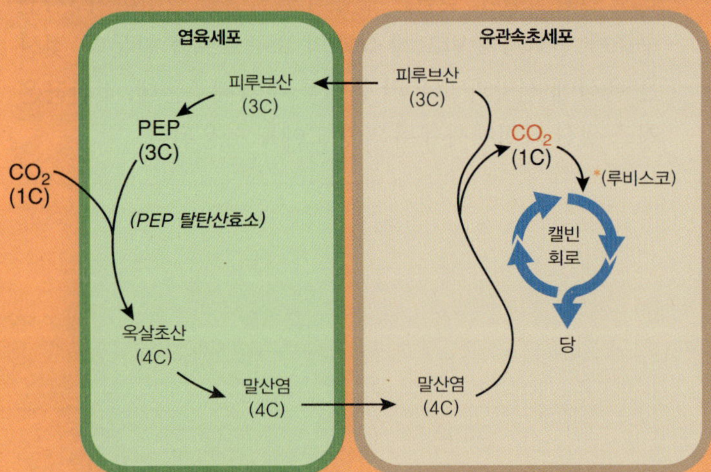


$C_4$ 회로는 선택적 효소인 PEP 탈탄산효소(carboxylase)를 사용하여 탄소를 고정하고 동일한 분자인 옥살초산을 생성하여 이것을 말산염에 저장한다. $C_4$ 식물에서는 대기 중의 $CO_2$가 엽육세포에 포획되고 유관속초세포 내에서 캘빈회로로 들어간다.

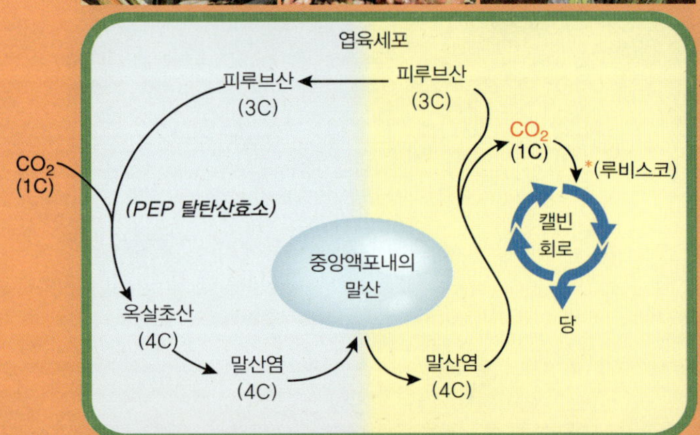


CAM 회로

Chapter

# 6 광합성 : 태양에너지 포획

광합성은 대기 중의 이산화탄소를 식물체 내로 받아들여 탄소를 유기 탄소화합물로 합성하는 과정이다. 이 과정은 주로 식물의 잎에 존재하는 엽록체에서 일어나는데, 탄소 원자를 사용하여 처음으로 고정된 탄소화합물이 탄소 몇 개로 된 유기화합물인가에 따라 아래의 몇 가지 다른 유형의 회로를 사용한다.

**1) $C_3$ 회로**

광합성의 명반응은 빛에너지를 사용하여 물을 광분해 하면서 $O_2$, ATP, NADPH를 생성하는 반응이다. 그리고 명반응에서 생성된 ATP와 NADPH는 암반응에 다시 사용된다. 따라서 암반응이 일어나기 위해서는 명반응이 먼저 일어나야만 한다. 암반응은 대기 중의 $CO_2$를 고정하여 탄소화합물을 만드는데, 처음 만들어지는 물질이 3탄소 화합물인 PGA인 회로를 캘빈회로 또는 $C_3$ 회로라고 한다. 이때 대기 중의 탄소를 고정하는 반응을 촉매하는 효소를 Rubisco라고 하는데 지구상에 단일 효소로서 가장 많은 양이 존재하는 효소이다.
$C_3$ 회로 즉 캘빈회로가 일어나는 식물을 $C_3$식물이라고 하는데, 이 식물의 경우 유관속초세포(그림 6-3)에는 엽록체가 존재하지 않는다. 이와 반대로 $C_4$ 식물에서는 엽육세포와 유관속초세포 모두에 엽록체가 존재한다.

**2) $C_4$ 회로**

바랭이, 옥수수, 데이지, 엉겅퀴 등 $C_4$ 식물에서 일어나는 암반응에서는 처음에 합성되는 화합물이 4탄소 화합물인 옥살초산(oxaloacetate)이기 때문에 $C_4$ 회로라고 부르게 되었다. 이 회로가 일어나는 식물의 엽육세포에 있는 엽록체는 캘빈회로에 필요한 효소를 가지고 있지 않기 때문에 $CO_2$를 고정하기 위해서 PEP 탈탄산효소(carboxylase)를 사용하게 된다. PEP 탈탄산효소는 PEP와 $CO_2$를 결합시켜서 4탄소 화합물인 옥살초산(oxaloacetate)을 만드는 것이다. 옥살초산은 곧바로 4탄소 화합물인 말산염으로 바뀌게 되고 이 말산염이 엽육세포에서 유관속초세포로 확산되고 유관속초세포에 존재하는 루비스코와 캘빈회로에 사용되는 효소가 말산염을 3탄소 화합물인 피루브산(pyruvate)과 $CO_2$로 분해시키므로 유관속초세포의 $CO_2$농도는 대기 중의 농도보다 10배나 높게 된다. 그 결과 루비스코가 캘빈회로를 통하여 탄소를 효율적으로 고정하는 것이다.

**3) CAM 회로**

**CAM(Crassulacean Acid Metabolism)** 회로는 다육식물유기산 대사가 일어나는 과정을 말하는데, CAM 회로가 일어나는 식물을 CAM 식물이라고 하며 선인장, 파인애플, 옥배추 같은 다육식물이 이 부류에 속한다. CAM 회로 역시 $C_4$ 회로를 사용하는데 $C_4$ 식물과 다른 점은 CAM 식물에서는 탄소 고정은 밤에 일어나고 당 합성은 낮에 일어나게 된다는 점이다.

## Contents

## 6.1 광합성은 어떻게 일어나는가?

**광합성(Photosynthesis)**은 빛에너지를 포획하여 화학에너지로 전환한 후 당과 같은 유기화합물에 저장하는 과정이다(그림 6-1). 바다와 호수에서는 광합성 원생생물이나 특정 박테리아에서 일어나지만 육상에서는 식물에서 일어난다. 지구 전체에서 일어나는 광합성을 계산해 보면 매년 1,000억 톤의 탄소가 식물체 내로 들어가는 셈이다. 에너지가 풍부한 탄소화합물을 가진 광합성 생물은 다른 모든 생물의 먹이로 이용된다.

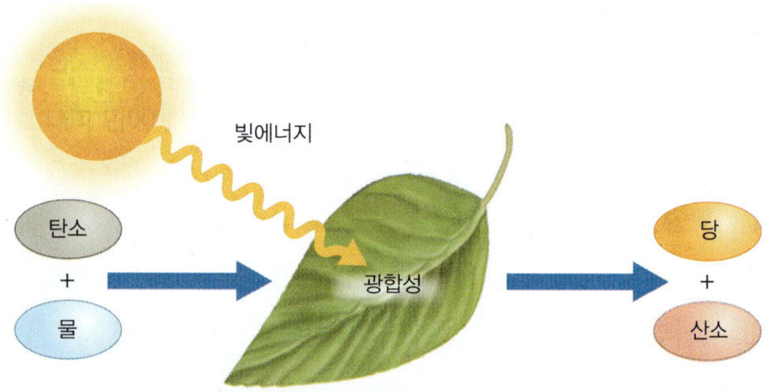


▲ 그림 6-1 광합성 개요

### 잎과 엽록체는 광합성에 적합한 구조이다

식물의 잎은 광합성이 잘 일어나도록 적응되어 있다. 잎은 형태가 납작하여 많은 면적이 태양에 노출될 수 있으며, 두께가 얇아서 햇빛이 잎 내부에 있는 엽록체에 쉽게 도달할 수 있다. 잎의 위아래 표면은 **표피(epidermis)**로 이루어져 있는데, 표피세포는 투명하여 햇빛을 잘 투과시키면서 안쪽에 위치한 세포를 보호하는 기능을 한다. 표피 바깥에는 큐티클이라는 투명한 방수성 왁스가 있어서 잎에서 물이 증발하는 것을 막아준다.

잎은 표피에 있는 **기공**(stomata, 그림 6-2)이라는 구멍을 통해 광합성에 필요한 $CO_2$를 받아들인다. 잎의 내부에는 **엽육(mesophyll**, 그림 6-3)이라는 세포층이 있는데, 대부분의 엽록체가 엽육세포에 있기 때문에 광합성은 이곳에서 주로 일어난다. 잎 중앙에 위치한 엽육세포는 느슨하게 배열되어 있어서 공기가 세포 주변으로 순환될 수 있으며, 이 세포의 막은 수분으로 적셔져 있기 때문에 $CO_2$와 $O_2$의 교환이 효율적으로 일어날 수 있다.

유관속은 잎의 잎맥을 이루고 있는데(그림 6-3b), 물과 무기물을 엽육세포에 공급하며 광합성 과정에서 합성된 당을 식물의 다른 부위로 운반한다. 유관속을 둘러싸고 있는 세

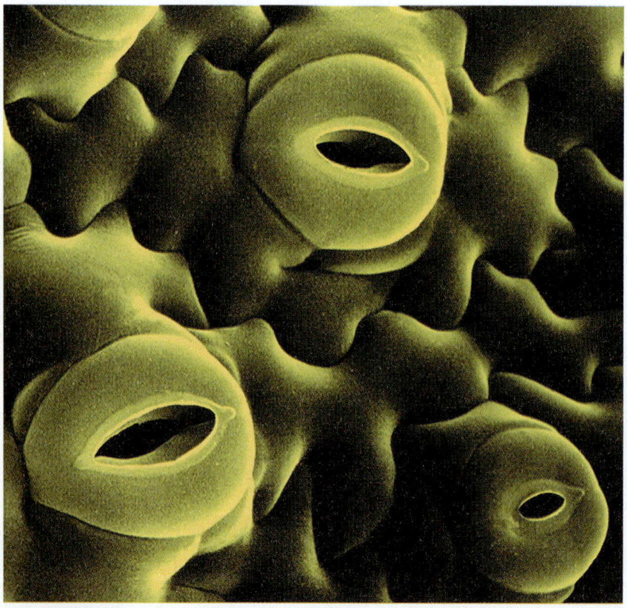

(a) 열린 기공

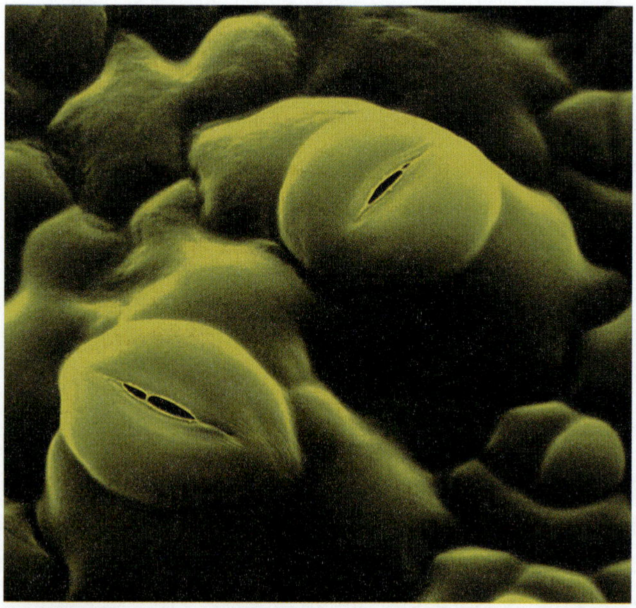

(b) 닫힌 기공

▲ 그림 6-2 기공 (a) 기공이 열리면 $CO_2$는 확산되어 들어오고 $O_2$는 확산되어 나간다.
(b) 기공이 닫히면 증산에 의한 수분 손실이 줄어들며 $CO_2$가 들어오고 $O_2$가 나가는 것이 중단된다.

▲ **그림 6–3 잎과 엽록체 구조** **(a)** 광합성은 잎에서 일어난다. **(b)** 잎의 단면 (c) 엽육세포 1개의 광학현미경 사진으로 엽록체가 가득 차 있다. **(d)** 엽록체 1개의 전자현미경 사진으로 광합성이 일어나는 틸라코이드와 스트로마가 관찰된다. **(e)** 엽록체의 모식도

포를 **유관속초세포(bundle sheath cell)**라고 하는데, 대부분의 식물에서 이 세포에는 엽록체가 없다.

잎의 엽육세포 한 개는 약 40~50개의 엽록체를 가지고 있는데(그림 6-3c), 엽록체는 너무 작아서 500,000개가 모이면 $1mm^2$정도의 넓이가 된다. 엽록체는 반유동성의 **스트로마(stroma)**를 이중막이 둘러싸고 있는 세포소기관이다. 스트로마에는 막으로 둘러싸인 주머니가 서로 연결되어 있는 **틸라코이드(thylakoid)**가 위치하는데, 틸라코이드는 원반 모양의 구조를 하고 있으며 내강은 액체로 가득 차 있고 틸라코이드가 쌓인 구조를 **그라나(grana)**라고 한다(그림 6-3d, e).

## 광합성은 명반응과 암반응으로 이루어진다

광합성은 단순 분자인 이산화탄소($CO_2$)와 물($H_2O$)을 사용하여 빛에너지를 화학에너지로 전환시켜 포도당($C_6H_{12}O_6$)의 화학결합에 저장하고 부산물로 산소($O_2$)를 내놓는다. 광합성의 간단한 전체 화학반응식은 다음과 같다.

$$6\,CO_2 + 6\,H_2O + \text{빛에너지} \rightarrow C_6H_{12}O_6(\text{포도당}) + 6\,O_2$$

이 간단한 반응식에는 수십 가지의 효소가 촉매 하는 수십 개의 반응이 관여한다는 사실은 나타나있지 않다. 광합성은 명반응과 암반응의 두 단계로 나누어진다. 각 단계는 엽록체 내의 다른 곳에서 일어나지만 에너지 전달 분자에 의해 서로 연결되어 있다.

**명반응(light reaction)**에서는 틸라코이드 막에 위치하는 **엽록소(chlorophyll)** 및 다른 색소분자들이 빛에너지를 포획하여 화학에너지로 전환하는 반응이 일어난다. 이 화학에너지는 에너지 전달 분자인 **ATP**와 **NADPH** 상태로 전환된다. 물이 분해되는 부산물로 산소가 만들어진다.

**암반응(dark reaction)**은 **캘빈회로(Calvin cycle)**라고도 하는데, 빛이 있을 때에도 일어나고 없을 때에도 일어난다. 이 회로에서는 스트로마에 위치한 효소들이 공기 중의 $CO_2$와 ATP 및 NADPH에 있는 에너지를 결합시키며 최종산물은 탄소 3개짜리 당으로써 이것은 포도당을 합성하는 데 사용된다. 그림 6-4는 명반응과 캘빈회로가 일어나는 장소와 이 두 반응의 연관성을 나타내고 있다.

▼ **그림 6-4 명반응과 캘빈회로의 관계**
광합성 재료인 $H_2O$와 $CO_2$는 각각 다른 단계에 들어가고 엽록체의 다른 부분에서 사용된다. 광합성 결과 생성되는 $O_2$는 $H_2O$에서 유래하고 당 합성에 사용되는 탄소원자는 $CO_2$에서 유래한다.

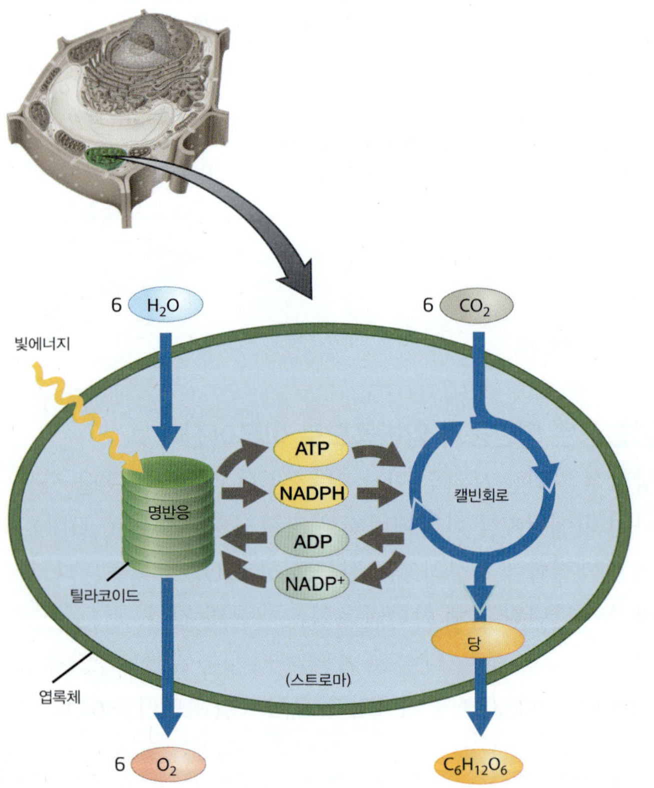


## 6.2 빛에너지가 화학에너지로 전환되는 명반응은 어떻게 일어나는가?

명반응은 빛에너지를 포획하여 에너지 전달 분자인 ATP와 NADPH에 화학에너지 형태로 저장한다. 빛을 포획하는 색소와 효소는 틸라코이드 막에 정교하게 배열되어 있기 때문에 이러한 반응이 효율적으로 일어날 수 있다.

### 엽록체의 색소가 빛을 포획한다

엽록체에는 서로 다른 파장의 빛을 흡수하는 다양한 색소 분자가 있다. 빛을 흡수하는 색소 분자인 **엽록소 a(chlorophyll a)**는 보라색, 파란색, 빨간색을 강하게 흡수하지만 녹색은 반사하므로 잎은 녹색을 띠게 된다(그림 6-5). 엽록체에 있는 다른 분자인 **보조색소(accessory pigment)**는 다른 파장의 빛에너지를 추가로 흡수하여 엽록소 a로 전달한다. 엽록소 b는 엽록소 a가 흡수하지 못하는 파란색과 빨강-주황색 빛을 흡수하고 노랑-녹색을 반사한다. **카로티노이드(carotenoid)**는 모든 엽록체에 존재하는 보조색소로, 파란색과 녹색을 흡수하며 노란색과 주황색을 반사하므로 노

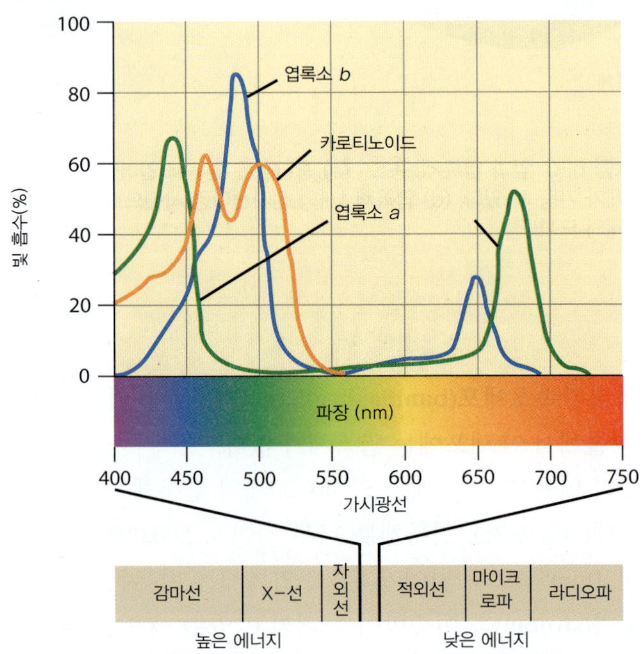


▲ **그림 6-5 빛과 엽록체의 색소** 가시광선은 전자기스펙트럼의 좁은 영역인 무지개 빛깔에 대응하는 파장들로 이루어진다. 엽록소 a(녹색 곡선)와 b(파란색 곡선)는 보라색, 파란색, 빨간색을 강하게 흡수하고 초록색과 연노랑-초록색을 반사한다. 카로티노이드(주황색 곡선)는 파란색과 녹색 파장을 흡수한다.

▲ 그림 6-6 **엽록소의 소실로 나타나는 카로티노이드 색소.** 겨울이 다가오면 사시나무 잎에 있던 엽록소가 분해되어 카로티노이드 색소인 노란색이 드러난다.

랑-주황색으로 보인다(그림 6-5). 베타카로틴과 같은 카로티노이드 보조색소는 당근, 호박, 오렌지 같은 과일이나 채소를 오렌지색으로 보이게 한다. 흥미로운 것은 동물은 베타카로틴을 비타민 A로 전환하여 눈에서 빛을 포획하는 색소로 사용한다는 점이다. 이처럼 카로티노이드가 식물에서 빛에너지를 흡수하고, 동물에서도 빛을 흡수하는 물질로 전환된다는 사실은 매우 흥미로운 점이다.

카로티노이드는 식물의 잎에 존재하지만 잎에 많이 들어있는 녹색 엽록소에 가려져서 색깔이 나타나지 않는다. 온대지방에서는 가을에 잎이 죽기 시작하면 엽록소가 카로티노이드보다 먼저 분해되기 때문에 카로티노이드의 밝은 노란색과 주황색 색소가 단풍으로 나타나게 된다(그림 6-6).

## 명반응은 틸라코이드 막에서 일어난다

명반응은 틸라코이드 막에서 일어난다. 이 막에는 다수의 **광계(photosystem)** I과 광계 II가 있는데, 각각의 광계는 여러 가지 단백질에 의해 둘러싸인 엽록소와 보조색소 집합체로 이루어져 있으며 명반응 과정에서 함께 작동한다. 광계의 명칭은 발견 순서에 따른 것이지만 명반응에서는 광계 II에서 광계 I 쪽으로 반응이 진행된다.

**전자전달사슬(electron transport chain, ETC)**은 틸라코이드 막에 삽입된 일련의 전자전달 분자로 이루어진다. 명반응에서의 전자전달 경로는 광계 II → 전자전달사슬 → 광계 I → 전자전달사슬 → NADPH로 일어난다.

광계 II와 전자전달사슬은 빛에너지를 포획하고 수소 이온 기울기를 형성하며 물을 분해한다. 그림 6-7에 나와 있듯이 명반응은 광계 II에 있는 색소 분자 집단에 의해 광자가 흡수되면 시작된다❶. 에너지는 한 색소 분자에서 다음 분자로 건너뛰어 반응중심으로 모인다❷. 각 광계의 **반응중심(reaction center)**은 엽록소 a 분자 한 쌍과 단백질 복합체에 묻혀있는 **1차전자수용체(primary electron acceptor)** 분자로 구성된다. 반응중심에 도달한 빛에너지가 반응중심에 있는 엽록소 중 하나로부터 전자를 밀어 올리면, 1차전자수용체가 활성화된 전자를 포획한다❸.

광합성이 계속 진행되려면 광계 II의 반응중심에서 튀어나간 전자는 새로운 전자로 대체되어야 한다. 대체 전자는 물에서 나온다(❷ 참조). 물 분자는 광계 II에 결합된 효소에 의해서 분해되는데 물이 분해될 때 나오는 전자는 엽록소 분자의 반응 중심에서 튀어나간 전자를 대체한다. 물이 분해되면 2개의 수소 이온이 방출되고 물 분자 2개가 분해될 때마다 1개의 산소 분자가 생성된다.

광계 II의 1차전자수용체는 포획한 전자를 틸라코이드 막에 있는 ETC II의 처음 분자로 전달한다❹. 이 전자는 전자전달 분자를 따라 이동하면서 점차 에너지를 잃는다. 이 에너지의 일부는 수소 이온($H^+$)을 틸라코이드 막을 가로질러 틸라코이드 공간으로 수송하는 데 사용되는데, 이 수소 이온은 틸라코이드 공간에서 ATP 생성에 사용된다❺. 마침내 에너지가 고갈된 전자는 ETC를 떠나 광계 I의 반응중심으로 들어가며 광계 I이 빛을 받아서 잃은 전자를 대체한다❻.

### 광계 I과 전자전달사슬은 NADPH를 생성한다

앞에서 설명한 반응이 일어나는 동안 빛은 광계 I에 있는 색소 분자에도 비친다. 빛에너지는 반응중심에 있는 엽록소 a 분자로 전달된다❻. 이 에너지는 광계 I의 1차전자수용체에 흡수된 전자를 활성화시키고❼, 활성화된 전자는 즉시 전자전달사슬 II에서 받은 에너지가 고갈된 전자로 대체된다. 이 활성화된 전자는 광계 I에 위치한 1차전자수용체를 떠나서 틸라코이드 막에 위치한 광계 I과 붙어있는 2차전자전달사슬로 이동한다❽. 여기서 최종 전자전달자는 NADPH의 합성을 촉매하는 효소이다. 이 효소는 전자전달사슬에서 받은 2개의 전자와 스트로마에서 용해된 상태로 존재하는 $NADP^+$와 $H^+$를 결합하여 NADPH를 합성한다❾.

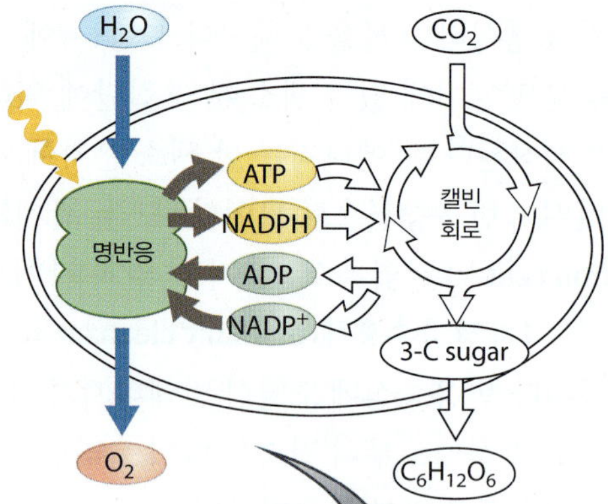


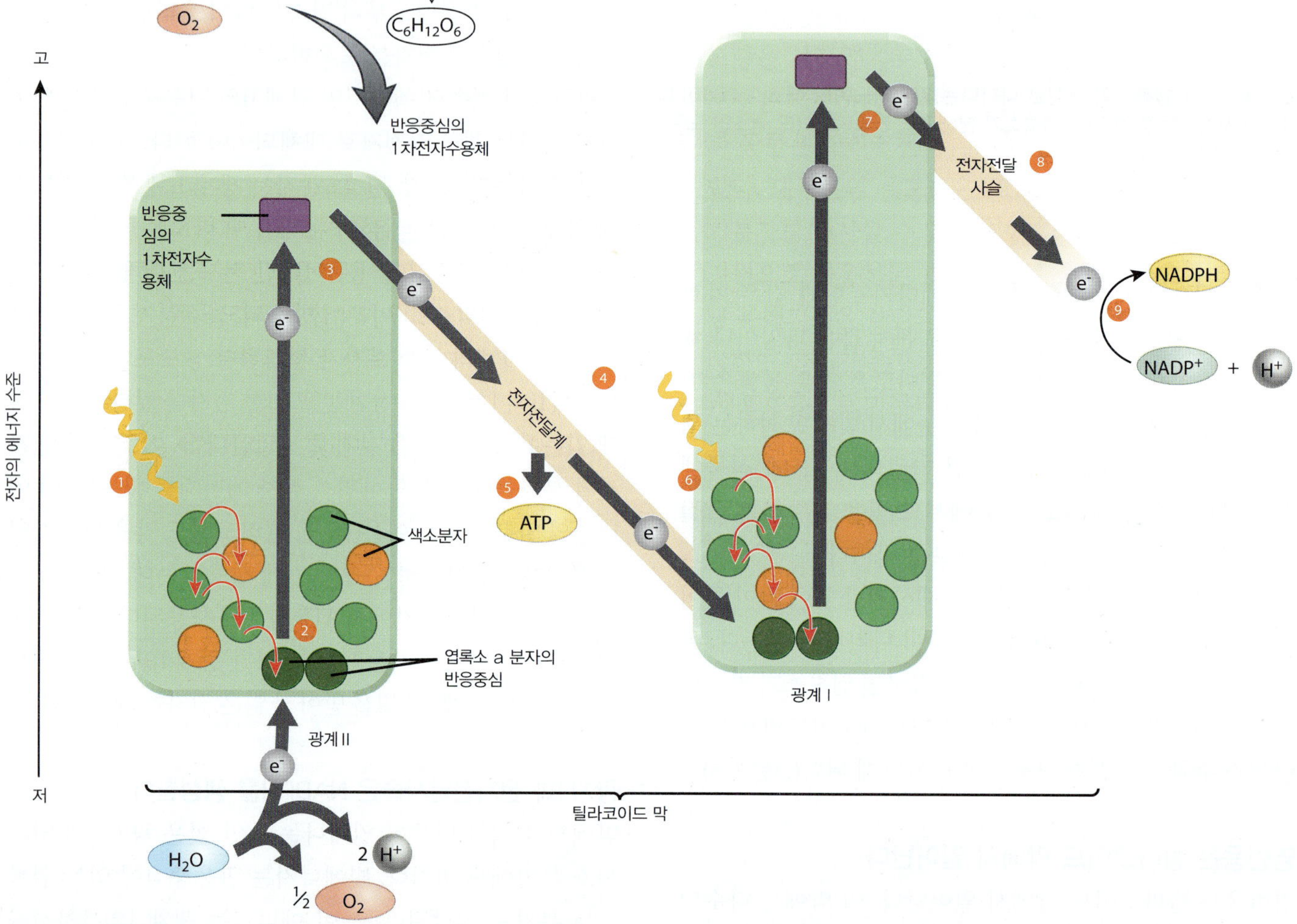


◀ **그림 6-7 에너지 전달과 광합성의 명반응** 명반응은 틸라코이드 막 내부 또는 막에 인접해 있는 일련의 분자에서 일어난다. 세로축은 반응에 참여한 각 분자의 상대적 에너지 수준을 나타낸다.

## 수소 이온 기울기에 의한 화학삼투로 ATP가 생성된다

그림 6-8은 **화학삼투(chemiosmosis)**라는 과정을 통해서 전자가 어떻게 틸라코이드 막을 따라 이동하는지, 전자에너지가 ATP를 생성하기 위해서 $H^+$ 기울기를 어떻게 형성하는지 보여주고 있다. 활성화된 전자가 광계 II와 결합된 전자전달사슬을 따라 이동하면서 각 단계마다 에너지를 방출한다. 방출되는 에너지는 $H^+$를 틸라코이드 막을 통과하여 틸라코이드 내강으로 수송하는 데 사용된다❶. 이로 인해 수소 이온 농도가 틸라코이드 내강에서는 높아지고❷ 스트로마에서는 낮아진다. 화학삼투 과정에서 $H^+$는 틸라코이드 막에 걸쳐 있는 특별한 통로를 통해 농도 기울기를 따라 이동하는데, 이 통로를 **ATP 합성효소(ATP synthase)**라고 하며 틸라코이드 막을 관통하여 위치한다. ATP 합성효소는 스트로마에 용해되어 있는 ADP와 인산기를 사용하여 ATP를 합성하게 된다❸. 한 분자의 ATP를 합성하기 위해서는 ATP합성 효소를 통과하는 3개의 $H^+$로부터 에너지를 사용하게 된다.

◀ **그림 6-8 틸라코이드 막 내부와 주변에서 일어나는 반응**

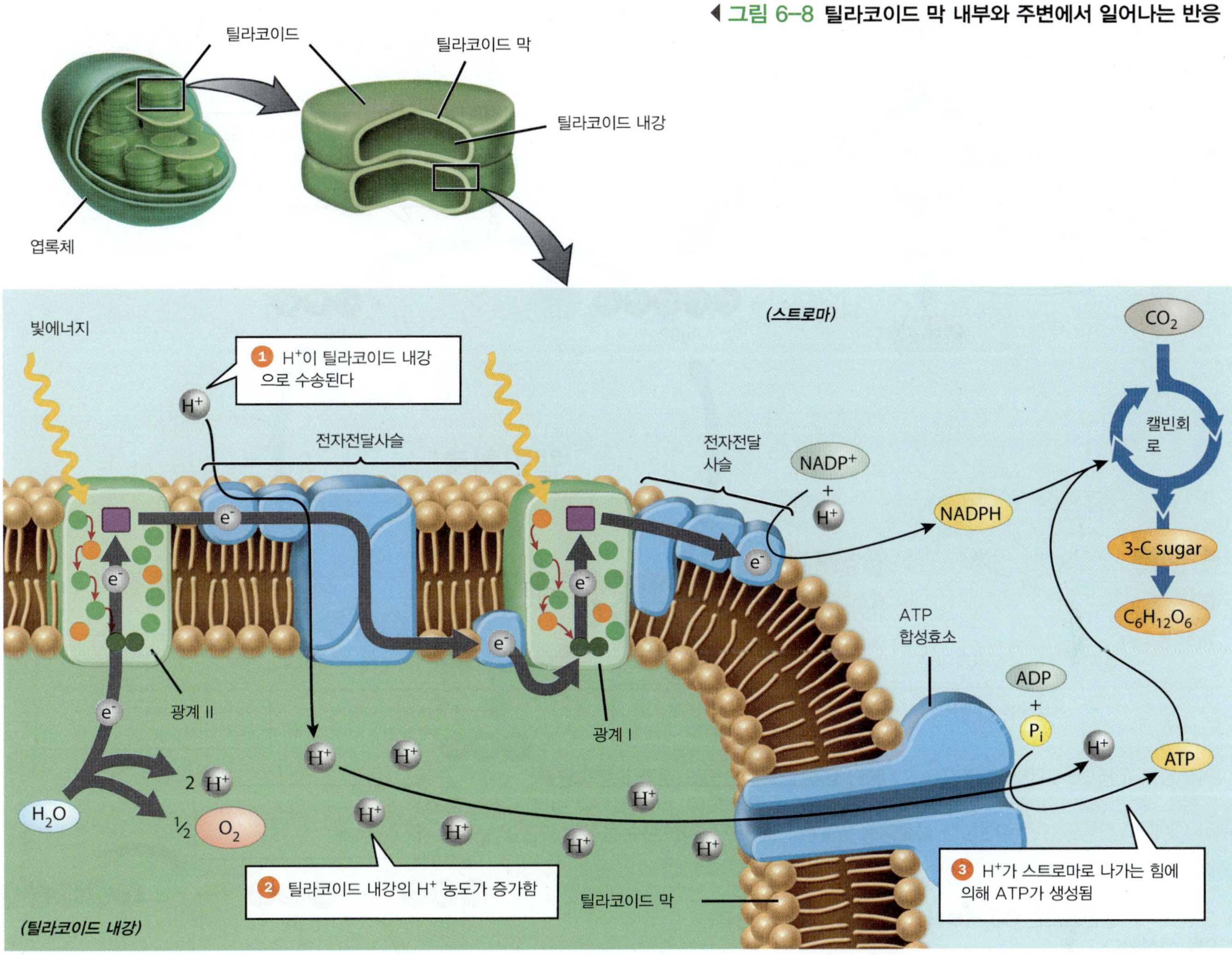


## 6.3 화학에너지가 당 분자에 저장되는 암반응은 어떻게 일어나는가?

인체 세포는 당을 분해하여 $CO_2$를 생성하기는 하지만 $CO_2$에서 탄소원자를 고정하여 유기물을 만들지는 못한다. 이러한 반응은 무기물을 분해할 때 얻는 에너지를 사용하여 탄소를 고정하는 일부 화학합성 박테리아에서도 일어나지만 거의 대부분의 탄소 고정은 광합성 생물에 의해서 일어난다. 대기 중의 $CO_2$에서 탄소원자를 고정하는 반응은 캘빈회로에서 일어나는데, 이 반응은 명반응 결과 생성된 에너지를 사용하여 일어난다. 캘빈회로는 1950년대 화학자인 Melvin Calvin, Andrew Benson 및 James Bassham에 의하여 밝혀졌다. 이들은 방사성 탄소를 사용하여 탄소원자가 $CO_2$에서 중간물질을 거쳐 당 분자까지 전달되는 전 과정을 추적할 수 있었다.

### 캘빈회로에서는 이산화탄소가 포획되어 고정된다

명반응에서 합성된 ATP와 NADPH는 틸라코이드를 둘러싸고 있는 스트로마에 용해된 상태로 존재한다. 이들은 스트로마에서 일어나는 캘빈회로를 통하여 $CO_2$를 사용하므로 3-탄당 분자인 글리세르알데하이드-3-인산(G3P)을 합성한다. 이 과정을 '회로'라고 하는 이유는 5-탄당 물질인 리불로오스-2-인산(RuBP)에서 시작되어 RuBP에서 끝나기 때문이다.

이 회로가 한 바퀴 돌때 $CO_2$ 3분자가 사용되며 1분자의 단순당인 G3P가 최종산물로 생성된다. 캘빈회로는 (1) 탄소 고정, (2) G3P 합성, (3) 회로를 계속 유지시키는 RuBP 재생의 3부분으로 나누어 보면 이해하기 쉽다(그림 6-9).

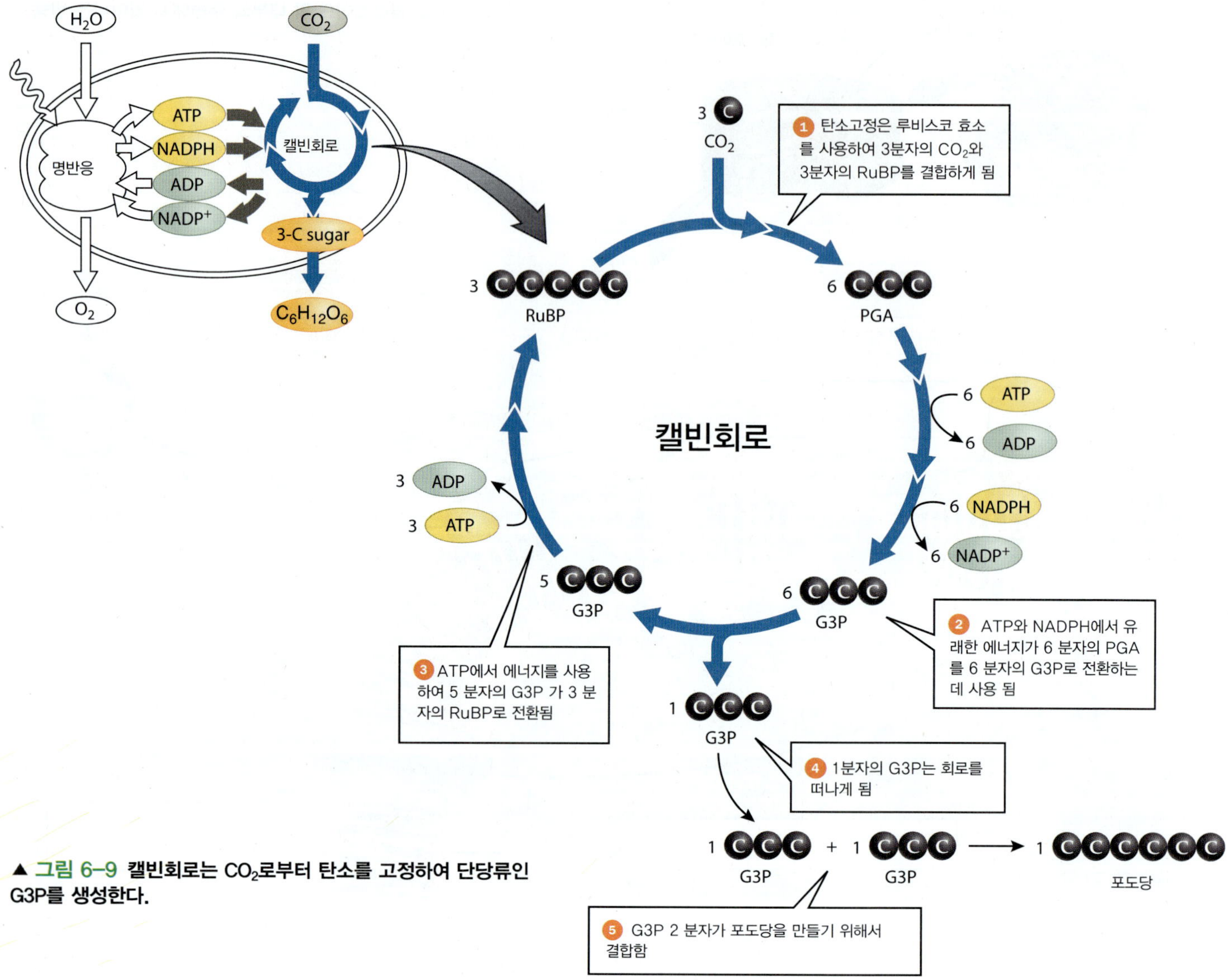


▲ 그림 6-9 캘빈회로는 $CO_2$로부터 탄소를 고정하여 단당류인 G3P를 생성한다.

**탄소 고정(carbon fixation)** 반응에서는 $CO_2$에 있는 탄소가 유기분자에 삽입된다. 이 반응에서는 루비스코(rubisco)라는 효소가 $CO_2$ 3분자와 RuBP 3분자를 결합시켜서 6-탄소 1분자를 만드는데, 이 분자는 불안정하므로 즉시 반으로 갈라져 3-탄소 분자인 포스포글리세르산(PGA) 2분자를 만든다❶. 탄소 고정으로 3-탄소 분자인 PGA가 생성되기 때문에 캘빈회로를 때로는 **$C_3$ 회로($C_3$ pathway)**라고 부르기도 한다.

단순 3탄당 화합물인 G3P는 ATP와 NADPH에서 유래한 에너지를 사용하는 일련의 반응을 통하여 합성된다. 이 반응에서는 3탄소 화합물인 PGA 6개가 G3P 6개로 재배치가 일어나게 된다❷. 6개의 G3P 분자 중에서 5개는 명반응에서 만들어진 ATP를 사용하면서 5탄소 화합물인 RuBP 3개를 만드는 데 사용된다❸. 나머지 1 분자의 G3P는 캘빈회로에서 빠져 나간다❹.

캘빈회로의 첫 단계인 탄소고정 반응은 $O_2$에 의하여 방해받을 수 있다. 탄소 고정을 촉매하는 효소인 루비스코는 원래는 $CO_2$를 RuBP와 결합시켜야 하지만 전적으로 선택적이지 않기 때문에 $O_2$를 결합시킬 수도 있다. 만약 $O_2$가 RuBP와 결합하면 **광호흡(photorespiration)**이라는 낭비성 대사가 일어나서 약 33% 정도의 광합성율 손실이 일어난다. 많은 연구자들이 루비스코의 유전자를 조작하여 이 효소가 $CO_2$에 선택적으로 결합될 수 있도록 만들어서 밀 같은 작물의 생산성을 증대시키려는 노력을 하고 있다. 일부 다른 연구자들은 광합성 박테리아에서 빠르게 작용하는 루비스코 유전자를 식물에 도입하는 연구를 진행하고 있다.

**캘빈회로에서 고정된 탄소가 포도당 합성에 사용된다**

캘빈회로 밖에서 일어나는 반응을 보면 2분자의 G3P가 서로 결합하여 6-탄소 화합물인 포도당을 만드는 것이다❺. 포도당은 과당과 결합하여 설탕을 합성하는 데 사용된다. 또한 포도당은 서로 중합하여 녹말이나 섬유소를 합성하는 데 사용되기도 한다. 일부 식물은 포도당을 지질로 전환하여 저장하기도 한다. 그리고 포도당은 세포호흡 과정에서 분해되어 식물세포의 에너지로 사용된다.

# UNIT 2
# 유전학과 생명공학

Chapter

# 7 세포주기와 세포분열

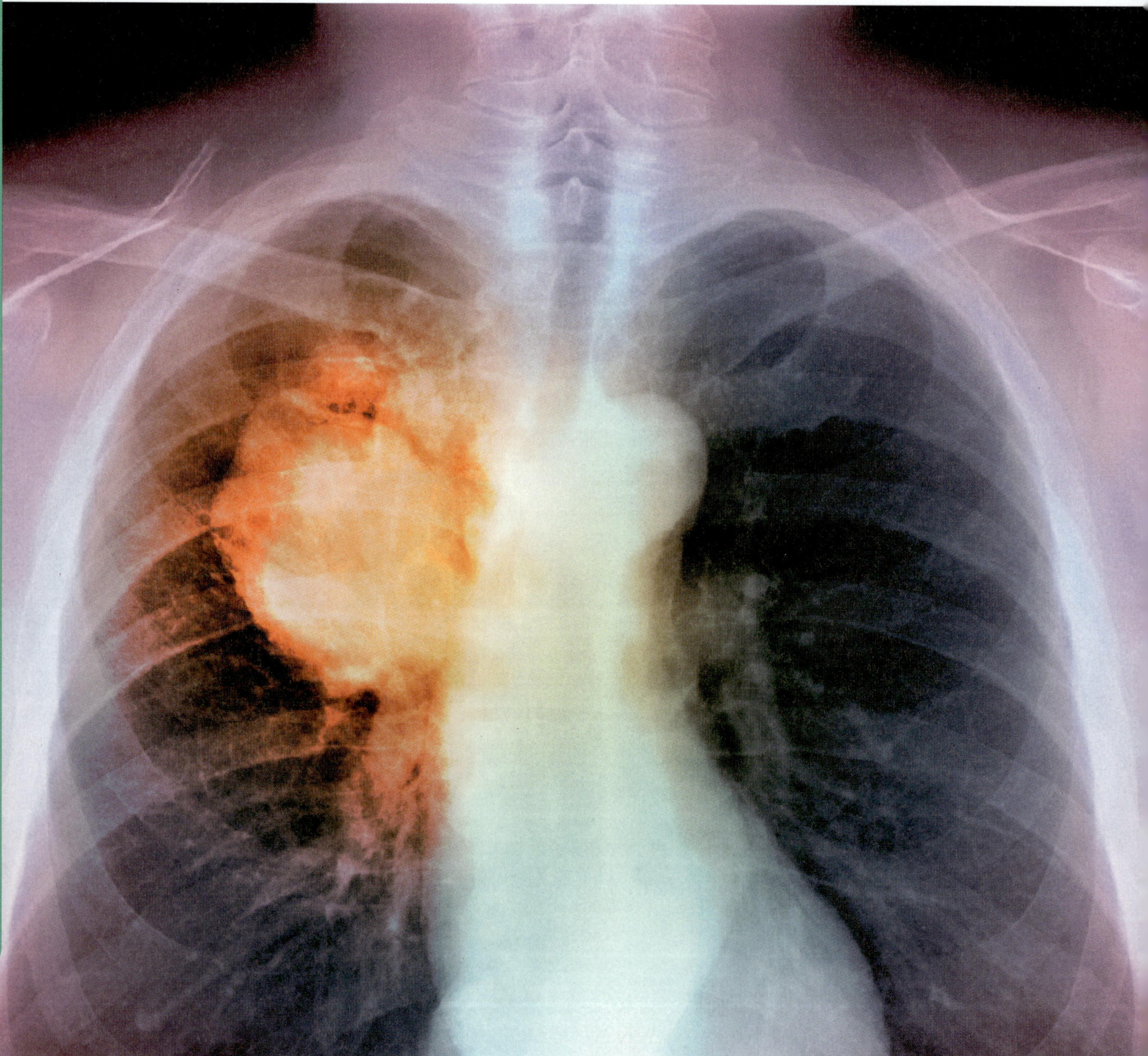

진행된 폐암의 X선 사진. 비흡연 여성과 남성에서 40-50%의 폐암은 너무 많은 상피세포 성장인자 수용체에 의해, 또는 EGF가 없는 상황에서도 활동하는 돌연변이 수용체에 의해 유발된다.

암은 통제받지 않고 증식하며, 신체의 다른 부분을 침투할 수 있는 세포들의 집단이다. 대부분의 암의 근본적인 원인은 **돌연변이(mutation)**로서 이것은 DNA 복제 동안 생기는 오류, 바이러스 감염, 자외선 노출, 환경에서의 화학물질들(살충제, 많은 산업적 산물들, 식물이나 곰팡이에 의해 자연적으로 생산되는 화학물질) 등의 다양한 원인에 의해 발생한다. 대부분의 경우, 돌연변이는 DNA를 치유하는 효소에 의해 신속히 고쳐지지만, 치유되지 않고 오류를 가진 세포는 사멸한다. 그러나 간혹 이 과정을 회피한 오류 세포들이 생존하고 증식한다.

**세포주기(cell cycle)**는 두 개의 상호작용하는 과정에 의해 조절된다: (1) 세포주기를 시작하거나 속도를 증가시키는 성장인자에 대한 반응과 (2) DNA의 돌연변이가 발생하거나 염색체가 잘못 배열되는 등의 문제가 발생하면 세포주기를 멈추게 하는 검문소가 그것이다. 암은 돌연변이 세포가 이러한 조절들을 벗어날 때 발생한다.

대부분의 정상세포는 성장인자에 의해 자극될 때만 분열한다. 많은 암세포들은 집합적으로 **종양유전자(oncogene)**내에 다수의 돌연변이를 갖는데, 이 돌연변이들은 조절되지 않은 세포분열을 촉진한다. 또한 모든 세포들은 **종양억제 단백질(tumor suppressor protein)**이라 불리는 많은 단백질을 가지고 있다. 이 단백질들은 오류세포의 분열을 저해하여 돌연변이 DNA를 갖는 딸세포의 생산을 차단한다. 예를 들면 p53이라 부르는 종양억제 단백질은 세포 DNA의 완벽성을 모니터한다. 정상적인 DNA를 갖는 건강한 세포는 p53이 거의 없다. 그러나 손상된 DNA를 갖는 세포에서 p53 수준은 급속히 증가한다. p53 단백질은 세포에서 Cdk(사이클린 의존성 인산화효소)를 저해하고 DNA 합성을 방해하는 반응을 활성화하여 G1과 S기 사이의 검문소에서 세포주기를 멈춘다. 따라서 세포는 손상된 DNA를 갖는 딸세포들을 만들지 않는다. 이 단백질은 또한 DNA 치유 단백질(DNA repair protein)들의 합성을 자극한다. DNA가 회복되면 p53 수준은 감소되고, Cdk는 활성화되며 세포는 S기로 들어간다. DNA가 회복되지 않으면 p53은 세포사멸을 유도하는데, 이 과정에서 세포는 자신의 DNA를 잘라 내고 효과적으로 스스로 사멸하게 된다. 이 단백질 덕분에 세포는 $G_1$에서 S로 가는 검문점을 통과하지 못하고 세포주기를 지속할 수 없게 된다.

그러나 만일 p53 단백질을 암호화하는 유전자에 돌연변이가 발생하여 결함 있는 p53이 만들어지면 어떻게 될까? 이렇게 되면 세포의 DNA가 상해되어도 세포는 $G_1$–S 검문점을 뛰어넘게 된다. 따라서 유방암, 폐암, 뇌암, 췌장암, 방광암, 위암, 그리고 대장암 등 다양한 암의 반 이상이 p53 유전자에 돌연변이를 갖고 있는 것은 놀랄 일이 아니다.

## Contents

## 7.1 세포분열의 기능은 무엇인가?

"모든 세포는 세포로부터 만들어진다." 1800년대 중반 독일의 의사인 루돌프 비르초프가 처음 언급한 이 견해는 모든 살아있는 유기체들에게서 세포생식의 큰 중요성을 강조한다. 세포는 부모세포가 두 개의 딸세포를 생산하는 과정인 **세포분열(cell division)**에 의해 생식한다. 전형적인 세포분열에서는 부모세포의 유전적 정보와 동일한 유전적 정보의 완전한 한 세트와 세포질의 반절을 각각의 딸세포(daughter cell)가 받게 된다.

### 세포분열은 다세포 유기체의 성장, 발생 및 회복에 필요하다

**유사세포분열(mitotic cell division)**은 부모세포와 유전적으로 동일한 딸세포를 만드는 것으로, 진핵세포 세포분열에서 가장 일반적인 형태이다(7.4절과 7.6절 참조). 하나의 수정란으로부터 성체로 발생과 성장 과정에서 유사세포분열은 당신의 몸에 있는 모든 세포들을 만들어왔다. 성인이 된 이후에도 일상생활 중 파괴되는 세포들 역시 유사세포분열에 의해 교체된다.

세포분열에 의해 만들어진 딸세포는 **세포주기(cell cycle)**라 불리는 반복적인 패턴으로 성장하고 분열한다. 근육세포가 수축하거나, 백혈구세포가 감염에 대항하는 것처럼 딸세포들은 **분화(differentiate)**하여, 특수한 기능을 가지도록 특화된다. 대부분의 다세포 유기체들은 분열 및 분화할 수 있는 능력에 따라 세 가지 범주의 세포를 가지고 있다:

- **줄기세포(Stem cell)** 수정란 초기에 수 회의 세포분열에 의해 형성된 대부분의 세포와 성체의 피부, 장, 지방, 뇌, 난소, 정소, 골수, 그리고 심장 등에 존재하는 일부 세포는 줄기세포이다(그림 7-1). 줄기세포들은 두 가지 중요한 특징을 갖는데 하나는 **자기갱신(self-renewal)**이고 또 하나는 **분화능(potency)**이다. 자기갱신은 줄기세포가 분열할 수 있는 능력을 유지하는 것으로, 어떤 경우에는 줄기세포가 유기체의 생활 주기 동안 분열할 수 있는 능력을 가지기도 한다. 보통 한 줄기세포가 분열할 때 두 개의 딸세포 중 하나는 줄기세포로 남는다. 따라서 줄기세포의 수는 시간이 경과하여도 거의 동일하다. 줄기세포가 아닌 다른 딸세포는 종종 수 회의 세포분열을 더 거치게 되고, 여기에서 분열한 세포는 특별한 세포 유형으로 최종적으로 분화된다. 분화능은 분열하는 줄기세포가 여러 특화된 세포 유형으로 분화할 수 있는 딸세포를 만드는 것을 의미한다. 초기 배의 어떤 줄기세포들은 몸 전체의 특화된 세포 유형의 어느 것이나 만들 수 있다. 성체의 줄기세포는 보통 제한적으로 오직 몇 종류의 세포 유형으로만 분화할 수 있다. 세포의 환경, 즉 주위 세포들에 의해 분비되는 성장인자들의 특수한 "칵테일"이 딸세포의 최종 분화의 유형을 결정한다.

  식물도 역시 분열조직이라는 줄기세포들을 갖고 있다. 식물의 성장점은 분열조직 세포 무리로 뿌리, 줄기 그리고 가지의 말단부위에 갖는다. 딸세포의 일부가 분열하고 분화하여 식물체의 다양한 구조를 만든다.

- **분열할 수 있는 다른 세포들** 몇몇 분화된 세포도 분열이 가능하며 그 딸세포는 전형적으로 하나 또는 두 가지 정도의 세포 유형으로만 분화될 수 있다. 예를 들어, 간이 심각하게 손상되었다면, 분화된 간세포는 잃어버린 간 조직을 대체하기 위해 분열을 시작한다. 분열에서 생성된 딸세포는 오직 많은 수의 간세포로만 성장한다.
- **영구적으로 분화된 세포** 어떤 세포들은 분화된 후에는

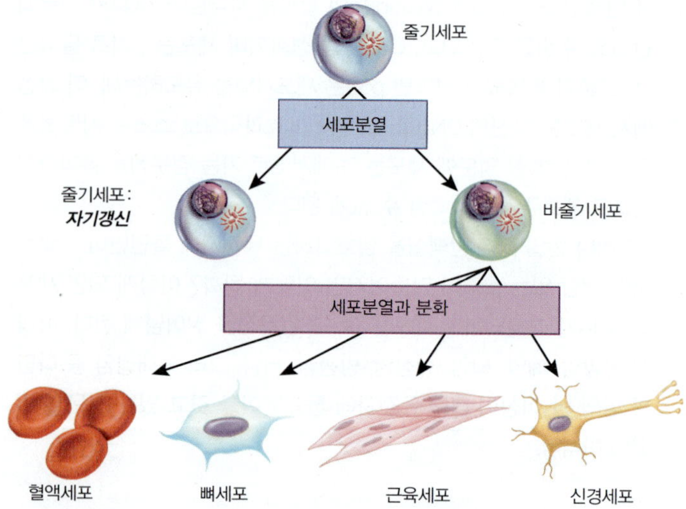


▶ 그림 7-1 **줄기세포** 줄기세포가 분열할 때, 하나의 딸세포는 줄기세포로 남는다(자기갱신, 중간 왼쪽). 다른 딸세포는 몇 번 분열할 수 있으나 결국 특별한 세포 유형으로 분화한다(분화능, 아래)

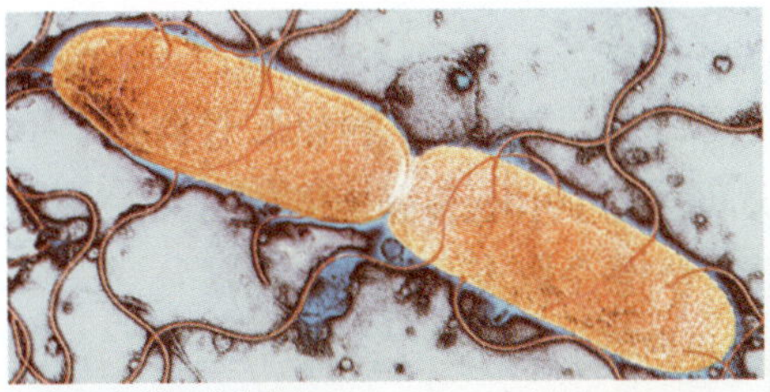

(a) 분열하는 박테리아

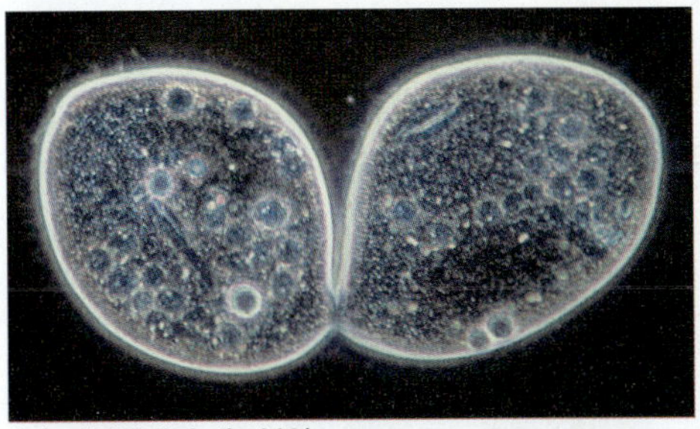

(b) 짚신벌레의 세포분열

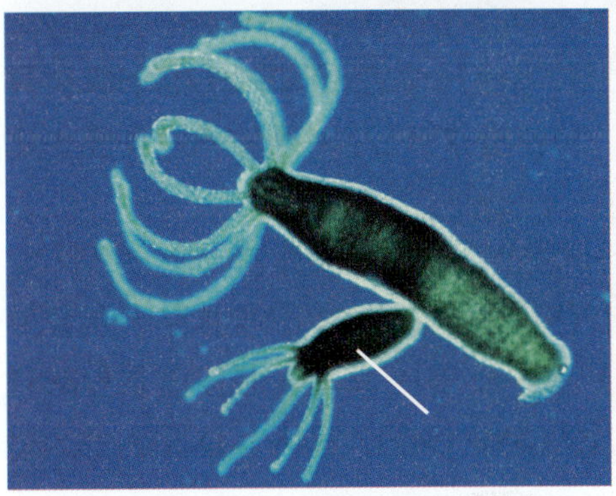

(c) 히드라는 출아법에 의해 무성적으로 생식한다

(d) 사시나무 숲은 종종 무성생식에 의해 생긴 유전적으로 동일한 나무들로 구성된다

◀ **그림 7-2 세포분열은 무성생식을 가능하게 한다** **(a)** 박테리아는 둘로 분열하여 무성생식한다. **(b)** 짚신벌레(*Paramecium*)와 같은 단세포 진핵미생물에서, 세포분열은 두 개의 새로운 독립적인 생물체를 생산한다. **(c)** 말미잘의 담수성 친척뻘인 히드라(*Hydra*)는 자신의 가장자리에 자신의 작은 복사체인 돌기를 성장시킨다. 완전히 발달되면 돌기는 떨어져 나와 독립적인 삶을 영위한다. **(d)** 사시나무 숲의 나무들은 대부분의 경우 유전적으로 동일하다. 각 나무는 하나의 조상 나무의 뿌리로부터 성장해 나온다. 이 사진은 콜로라도주 아스펜에 있는 3개의 분리된 숲을 보여주고 있다. 가을에 나타나는 잎의 색과 모습에 의해, 각각의 숲 내의 집단은 유전적으로 동일하고 숲들 서로는 유전적으로 차이가 있음을 보이고 있다.

다시 분열하지 않는다. 예를 들어 심장과 뇌의 대부분 세포는 분열하지 못한다.

## 세포분열은 유성생식과 무성생식에 요구된다

유기체는 근본적으로 다른 두 과정, 유성생식과 무성생식, 중 하나 혹은 두 가지에 의해 생식한다. **유성생식(sexual reproduction)**은 대부분 진핵세포 유기체에서 일어나며, 자손들은 **배우자(gametes**, 정자와 난자)의 융합에 의해 만들어진다. 배우자를 만들기 위해, 성체의 생식기관에 있는 세포는 **감수세포분열(meiotic cell division)**이라는 특별한 형태의 세포분열을 거치게 되는데 이는 7-8 절에서 더 자세히 설명할 것이다.

정자가 난자를 수정하지 않고, 한쪽 부모로부터만 자손이 만들어지는 생식 현상을 **무성생식(asexual reproduction)**이라고 한다. 무성생식은 부모와 그리고 자손들 서로 간에 모두 유전적으로 동일한 자손을 생산한다. 즉, 그들은 클론(clone)이다. 박테리아(그림 7-2a)는 원핵세포 분열(7.2절 참조)이라 불리는 세포분열 유형에 의해 무성적으로 생식한다. 짚신벌레(그림 7-2b)와 같은 많은 단세포 진핵유기체는 유사세포분열을 통해 무성적으로 생식한다. 어떤 다세포 진핵생물들은 유사세포분열을 사용한 무성생식과 그 이후 딸세포의 분화에 의해 유전적으로 동일하면서 작은 성체의 축소판을 만들어서 번식한다. 예를 들면, 히드라(Hydra)는 출아법에 의해 생식하는데 그 몸에서 돌기(bud)라 불리는 작은 복제물을 성장시킨다(그림 7-2c). 그 싹은 최종적으로 부모로부터 분리되어 새로운 히드라를 만든다. 많은 식물과 곰팡이는 무성 및 유성적으로 생식한다. 사시나무 숲은 한 부모 나무의 뿌리에서 성장한 어린 싹으로부터 무성적으로 발생한다(그림 7-2d). 비록 그 숲이 분리된 나무들의 집단으로 보이지만 그들은 공통의 뿌리로 연결된 다수의 몸통을 갖는 한 개체인 경우가 많다. 한편 사시나무는 유성생식에 의해 생산된 씨에 의해서도 생식하기도 한다.

## 7.2 원핵세포의 세포주기 동안 무슨 일이 일어나는가?

원핵세포의 세포주기는 세포가 그 DNA를 복제하는 상대적으로 긴 성장 기간과, 그 이후 **원핵생물 분열(prokaryotic fission**, 그림 7-3a)에 의한 세포분열로 구성된다. 원핵생물 분열은 종종 "이분법"으로도 불린다. 많은 생물학자들은 원핵생물과 단세포 진핵생물의 분열을 이분법이라는 용어로 혼용한다.

그림 7-3b는 원핵생물 분열의 과정을 보여준다. 원핵세포의 DNA는 둘레 길이가 1~2 mm 정도인 하나의 원형 염색체 안에 포함되어 있다. 원핵세포 염색체는 막으로 둘러싸인 핵 안에 있지 않다(4장 참조). 그 대신, 원핵세포의 염색체는 세포의 원형질막의 안쪽에 부착되어 있다❶. 원핵생물 세포주기의 성장기간 동안 DNA는 복제되어, 두 개의 동일한 염색체를 생성하고, 두 염색체는 원형질막의 서로 분리된 인접 지점에 각각 부착된다❷. 세포가 성장하면서 염색체가 부착된 두 지점 사이에 새로운 원형질막이 첨가됨에 따라 두 지점이 서로 멀어지게 된다❸. 세포의 크기가 대략 두 배가 되면 세포 중앙 부근의 원형질막은 두 DNA 부착지점 사이 안쪽으로 성장한다❹. 세포의 적도를 따라 원형질막이 융합되면 각각 하나의 염색체를 갖는 두 딸세포를 만든다❺. DNA 복제는 동일한 두 개의 DNA 분자를 만들어내기 때문에, 두 딸세포는 유전적으로 서로 동일하며, 딸세포를 만든 모세포와도 동일하다.

## 7.3 진핵생물 염색체의 DNA는 어떻게 압축되는가?

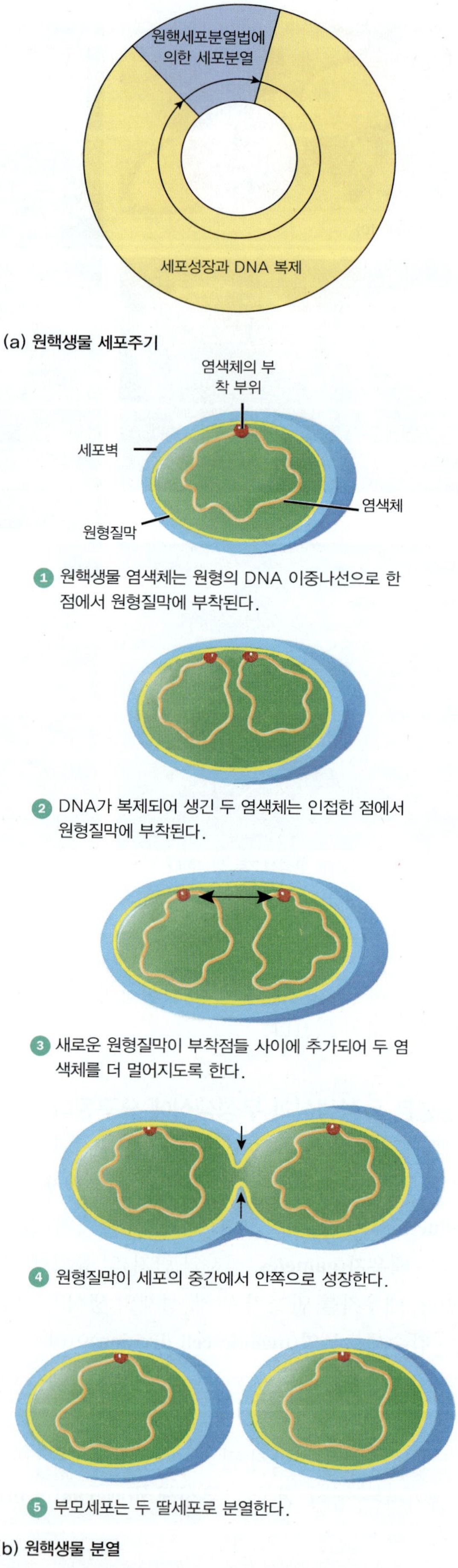


▶ **그림 7–3 원핵생물의 세포주기** (a) 원핵생물의 세포주기는 성장과 DNA 복제 및 이를 뒤따르는 원핵생물 분열로 구성된다. (b) 원핵생물 분열의 과정.

▶ 그림 7-4 **염색체의 구조** 진핵세포의 염색체의 단백질들은 DNA를 감고, 코일처럼 만들고, 접어서 조밀한 구조로 만든다. 염색체의 말단은 말단소립에 의해 보호된다. 중심절은 유사세포분열 동안 염색체를 움직이는 미세소관의 부착 부위이다. (삽입도) 전자현미경 사진에서 보이는 솜털 같은 끝부분은 응축된 염색체의 루프들이다.

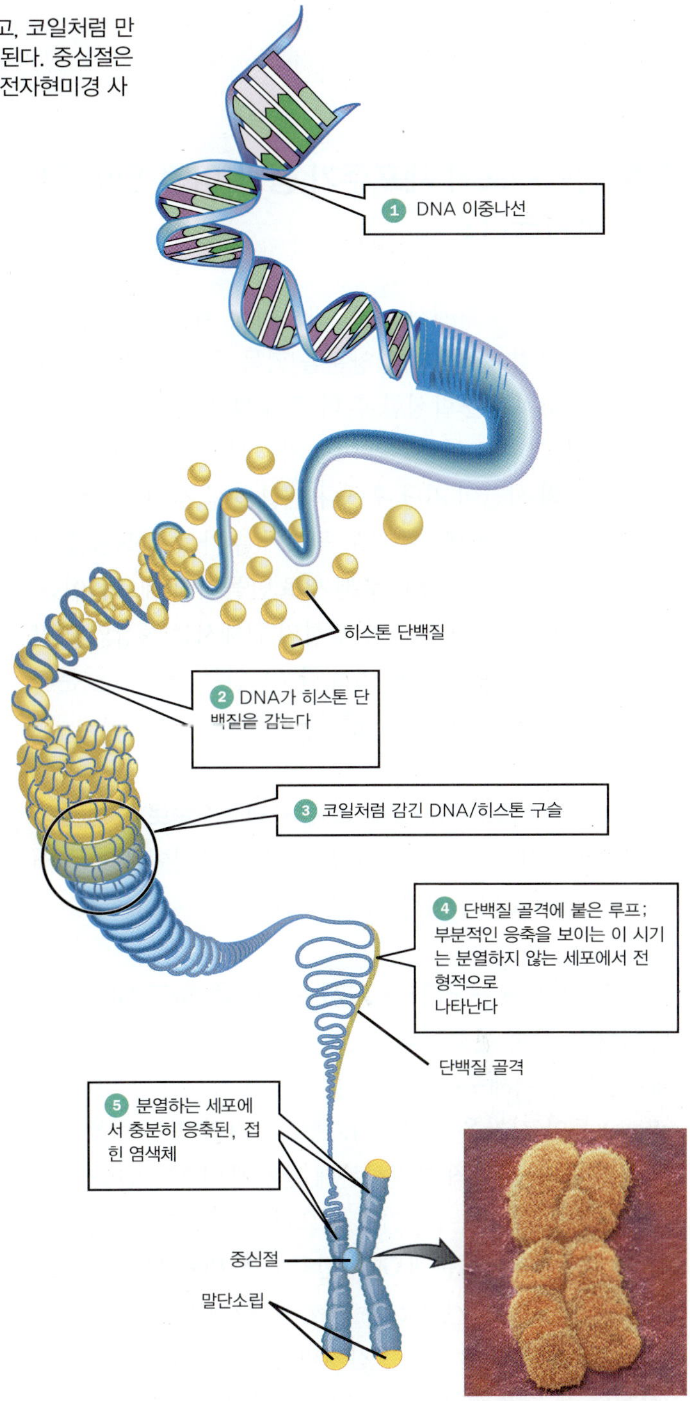


진핵생물 염색체는 원핵생물 염색체와 몇 가지 측면에서 다르다. 진핵생물 염색체는 막으로 둘러싸인 핵에 위치하여 세포질로부터 분리되어 있고, 원핵생물의 원형 염색체와 달리 선형이다. 진핵생물 염색체는 원핵생물 염색체보다 많은 단백질을 포함하고 있으며, 그 단백질의 종류는 매우 다르다. 마지막으로, 진핵생물 염색체는 원핵생물 염색체보다 일반적으로 훨씬 많은 DNA를 포함한다. 예를 들어 인간세포 내 각 염색체는 전형적인 원핵세포 염색체보다 약 10~50배 정도 많은 DNA를 포함한다. 인간의 각 염색체는 5천만~2억 5천만 뉴클레오타이드 길이를 갖는다. 만일 그 DNA를 완전히 풀어서 연장하면 각 염색체는 15~75 밀리미터 정도의 길이이다. 따라서 사람 세포 하나의 모든 염색체 DNA를 다 이으면 그 길이는 1.8 미터나 된다. 진핵생물의 염색체 수는 굉장히 다양하다 — 가장 작은 한 개의 염색체는 수컷 잭 점퍼 모기 세포에서 발견되며, 대부분의 동물은 수십 개를 가지며, 어떤 식물은 1,200개 보다 많은 염색체를 갖는다.

진핵생물 세포분열 중의 복잡한 이벤트는 주로 많은 수의 기다란 염색체를 복제하고, 분배하는 문제에 대한 진화적인 해결책인 것이다. 진핵생물 세포분열을 이해하기 위해, 우리는 진핵생물 염색체의 구조에 대해 더 세밀하게 관찰해보기로 하자.

## 진핵생물 염색체는 단백질들이 결합된 직선형의 이중나선 DNA로 구성되어 있다

엄청난 양의 DNA를 단지 몇 마이크로미터의 직경을 갖는 핵 속에 꼭 끼워 넣는 것은 간단한 일이 아니다. 진핵세포는 이 문제를 단백질 지지체 주위로 DNA를 감아서 그 길이를 크게 감소시킴으로써 해결하고 있다(그림 7-4). 한 세포 일생의 대부분 동안을 각 염색체의 DNA는 히스톤(histone) 단백질 덩어리를 감고 있다❶, ❷. 이러한 DNA/히스톤 구슬을 다른 단백질들이 더 감아서 스프링 또는 슬링키 장난감 모양의 코일이 된다❸. 이 코일은 단백질 "골격"에 루프 모양으로 붙어서 세포 생애의 대부분 동안 유지된다. 이러한 감기, 코일 만들기, 루프 만들기는 DNA를 원래의 이완된 길이의 약 1000분의 1 정도로 응축한다❹. 그러나 이 엄청난 수준의 압축으로도 염색체가 서로 분류되어 세포분열 동안 딸핵으로 이동하기에는 아직 너무 길다. 세포분열이 시작되면, 단백질들이 각 염색체를 더 감아서 10배 정도 더 수축시켜서, 약 4 마이크로미터 길이의 응축된 구조로 만든다⑤.

## 7.4 진핵세포의 세포주기 동안 어떤 일이 일어나는가?

진핵세포 세포주기에서, 새로 만들어진 세포들은 일반적으로 주위환경으로부터 영양분을 획득하고, 더 많은 세포질과 세포소기관을 합성한 후 더 크게 성장한다. 생물체, 세포의 유형, 그리고 영양분의 이용 가능성에 따라 세포는 다양한 길이의 시간이 지난 후에나 분열을 할 것이다. 각각의 딸세포는 또 다른 세포주기로 들어가 추가로 세포들을 만들어 낼 것이다. 그러나 대부분 새로 만들어진 세포들이 또 하나의 세포주기로 들어가 분열하기 위해서는 성장인자 같은 신호를 받아야만 한다(7.6절 참조). 일부 세포들은 분화하여 결코 다시는 분열하지 않기도 한다.

### 진핵세포의 세포주기는 간기와 유사세포분열로 구성된다

진핵세포의 세포주기는 간기와 유사세포분열이라는 두 개의 주요 단계로 나누어진다(그림 7-5).

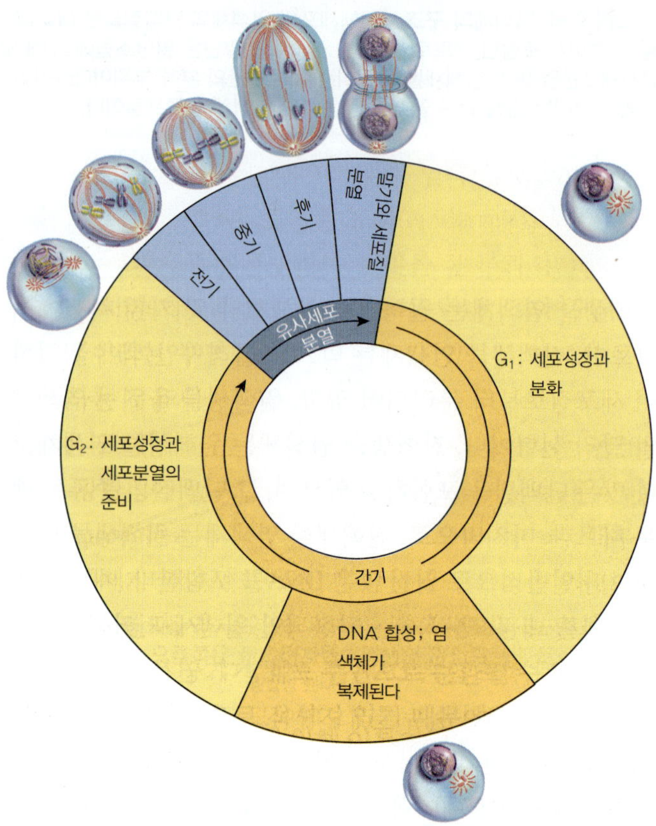


▲ 그림 7-5 **진핵세포의 세포주기** 진핵세포의 세포주기는 간기와 유사세포분열로 구성된다

### 간기 동안 세포는 크기가 커지는 성장을 하고 DNA를 복제하며 간혹 분화한다

대부분의 진핵세포는 세포분열 사이의 기간인 **간기(interphase)** 동안 시간을 소모한다. 예로 인간의 일부 피부세포는 하루에 약 한 번씩 분열하는데 간기에 약 22시간을 소모하고, 분열하는 데는 2시간만 소요된다. 간기는 세 개의 작은 단계로 나누어지는데 $G_1$기(간극 1, 첫 번째 생장기), S기(DNA 합성), $G_2$기(간극 2, 두 번째 생장기)이다.

새로 만들어진 딸세포는 간기의 한 부분인 $G_1$기로 들어간다. $G_1$기 동안 세포는 다음의 세 가지 활동 중 하나 이상을 수행한다. 첫째, 대부분 세포는 그 크기가 성장한다. 둘째, 세포는 간혹 특별한 기능을 수행하기 위해 분화하면서 새로운 구조나 생화학적 경로를 발생시킨다. 예를 들어 신경세포들은 축삭이라 불리는 긴 돌기들을 성장시켜서 다른 세포들과의 연결을 가능하게 하지만, 간세포의 경우는 담즙이나 혈액응고 인자, 그리고 많은 독성물질을 해독하는 효소들을 분비한다. 셋째, 세포는 분열할 것인지 안 할 것인지를 결정하는 세포 내부 및 외부의 신호에 반응한다. 만일 세포가 분열하도록 자극받으면, 세포는 각 염색체 DNA의 정확한 복사본을 만드는 과정인 염색체 복제를 수행한다. 염색체가 복제되는 것은 S기에 일어난다. 염색체가 복제된 후 세포는 $G_2$기로 진행하는데 이 기간에 세포는 조금 더 성장하고 세포분열에 필요한 단백질을 합성한다.

간세포와 같은 대부분의 분화된 세포들은 분화상태에서 분열기로 되돌아갈 수도 있으나 심장 근육세포나 신경세포들은 $G_1$기에 머물러서 다시 분열하지 않는다.

### 유사세포분열은 핵분열과 세포질분열로 구성된다

유사세포분열(mitotic cell division)은 하나의 부모세포가 두 개의 딸세포로 분열하는 것으로 유사분열과 세포질분열로 구성된다. **유사분열(mitosis)**은 핵의 분열이다. "mitosis"라는 단어는 그리스어의 "실"에서 유래하는데 유사분열의 초기 단계에서 염색체들은 응축되어 짧아져서, 광학현미경으로 보면 실 같은 구조로 보인다. 유사분열은 두 딸핵을 만드는데 각각은 부모핵에 존재하는 염색체의 한 복사체를 갖게 된다. **세포질분열(cytokinesis)**은 "세포 움직임"을 의미하는 그리스어에서 유래한 것으로서 세포질의 분열을 뜻한다. 세포질분열은 세포질과 세포소기관(미토콘드리아, 리보솜, 골지체), 새로 형성된 핵 중 하나를 두 딸세포의 하나에 분배한다. 그러므로 유사세포분열은 두 딸세포를 형성하는데, 이들은 서로, 그리고 부모세포와 물리적으로 유사하며 유전적으로는 서로 동일하다.

## 7.5 유사세포분열은 어떻게 유전적으로 동일한 딸세포를 만드는가?

염색체는 많은 수의 유전자, 두 개의 텔로미어, 하나의 동원체로 구성된다는 것을 상기하라(그림 7-6a). 세포의 모든 염색체들은 유사세포분열이 시작되기 전에, 간기의 S기 동안 복제된다. 결과적으로 두 개의 동일한 DNA 이중나선(결합 단백질을 포함한)으로 구성된 복제 염색체(duplicated chromosome)는 각각 동원체에 연결된 자매염색분체(sister chromatid)라 한다(그림 7-6b). 유사세포분열 동안, 두 자매염색분체는 분리되어 각각 독립적인 염색체로서 두 개의 딸세포에 전달된다(그림 7-6c).

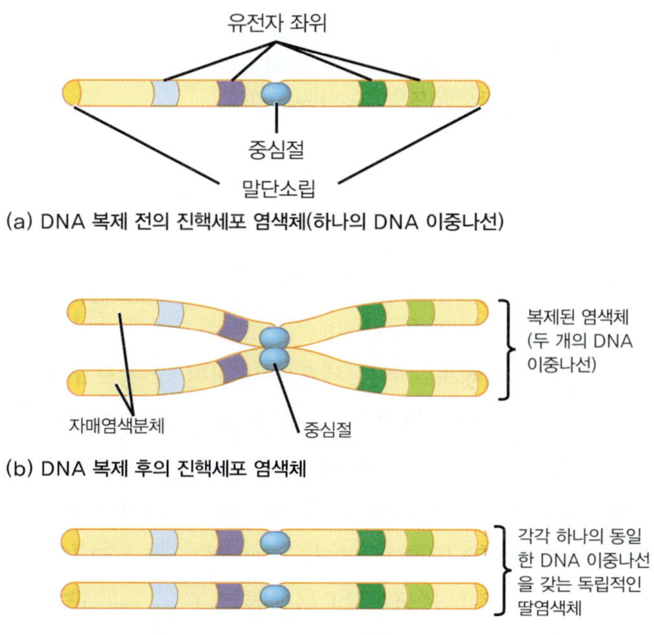


▲ **그림 7-6 세포분열 동안 진핵세포 염색체의 주요 특징** **(a)** DNA 복제 전에 각 염색체는 하나의 DNA 이중나선으로 구성되어 있다. 유전자는 DNA의 일부분으로 그 길이는 수백에서 수천 뉴클레오타이드이다. 염색체의 말단 부분은 말단소립에 의해 보호된다. **(b)** 복제된 염색체의 두 자매염색분체는 동원체에 의해 부착되어 있다. **(c)** 자매염색분체는 세포분열 동안 분리되어 두 개의 독립적이고 유전적으로 동일한 염색체가 된다.

### 전기 동안에 염색체는 응축되고, 방추사가 형성되고, 핵막은 분해되며, 염색체는 방추사 미세소관에 의해 붙잡힌다

유사분열의 첫 번째 단계는 **전기(prophase**, 그리스어로 "전단계, the stage before"라는 의미)라고 불린다. 전기에서는 4가지 주요 사건들이 일어난다: (1)복제된 염색체가 응축되고(그림 7-4 참조), (2)방추사 미세소관이 형성되며, (3)핵막이 분해된다. 그리고 (4)염색체가 방추사 미세소관에 의해서 포획된다(그림 7-7b,c). 염색체 응축에 의해 인(nucleolus)은 사라지게 된다. 인은 일부만 조립된 리보솜과 일부 RNA 종을 암호화하는 유전자로 구성된다(9장 참조). 이들 RNA는 서로 다른 염색체에 위치한다. 염색체들이 응축되면서 리보솜 합성은 중단되고 각 염색체는 서로 분리되어, 결국 인은 사라진다.

복제된 염색체가 응축되면서 **방추사(spindle)**가 형성되기 시작한다. 방추사는 **방추사 미세소관(spindle microtubules)**으로 불리는 미세소관들로 구성된다(그림 7-7c). 모든 진핵세포에서 유사분열 동안 염색체의 운동은 방추사 미세소관에 의존한다. 동물세포에서는 미세소관을 포함한 구조체인 한 쌍의 **중심소체(중심립, centriole)**가 자리 잡고 있는 한 지역으로부터 방추사 미세소관의 생성이 시작된다. 식물, 곰팡이, 많은 조류(algae), 또 어떤 돌연변이 초파리의 세포들은 중심소체를 갖고 있지 않지만, 유사분열 동안 기능적인 방추사를 형성하고 있어서, 중심소체가 방추사의 형성에 필수적인 것이 아님을 보여준다.

방추사 미세소관들이 핵 주위에 형성되면서, 핵막은 붕괴되고 복제된 염색체가 방출된다. 각 자매염색분체의 동원체와 단백질 조합체로 구성되어진 키네토코어(kinetochore)를 갖고 있다. 복제된 각 염색체에서 두 염색분체의 키네토코어는 등을 맞대고 서로 반대방향을 보는 형태로 배열된다. 한 자매염색분체의 키네토코어는 세포의 한쪽 극으로 이동을 유도하게 하는 방추사의 미세소관 말단과 결합하고, 다른 염색분체의 키네토코어는 반대쪽 극으로 유도하는 방추사 미세소관에 결합한다(그림 7-7c). **키네토코어 미세소관(kinetochore microtubule)**은 키네토코어

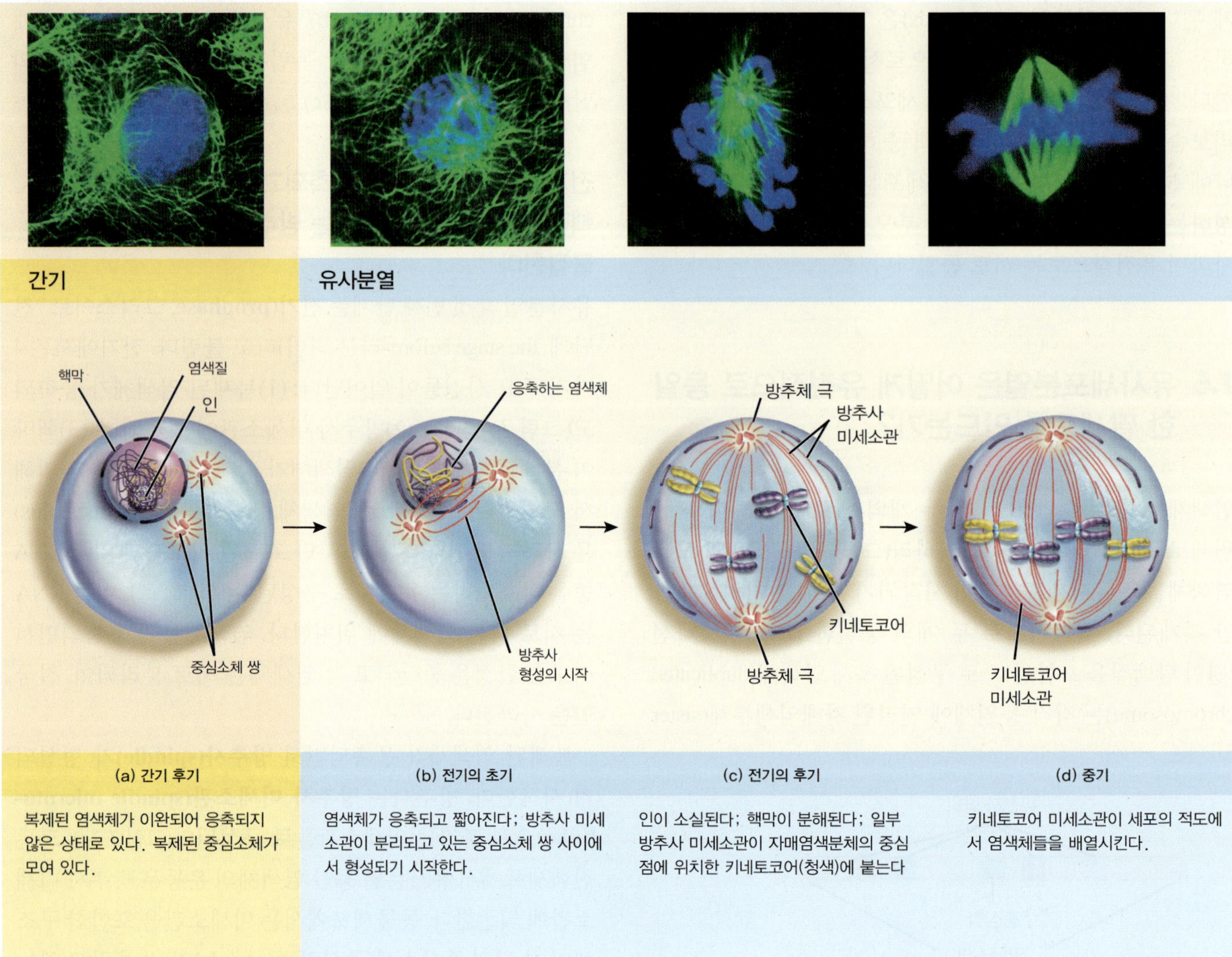


▲ 그림 7-7 동물세포에서의 유사세포분열

에 부착된 미세소관으로, 이들은 키네토코어에 부착되지 않은 **극성 미세소관(polar microtubule)**과 구별된다. 유사분열 동안 자매염색분체들은 결국 분리되어 새롭게 독립적으로 된 염색분체들은 키네토코어 미세소관을 따라 양쪽 극 쪽으로 이동할 것이다.

### 중기에는 염색체들이 세포의 적도판에 배열한다

전기 말에 각각의 복제된 염색체의 두 키네토코어는 세포의 양쪽 극 방향으로 끌고 있는 방추사 미세소관과 연결되어 있다. 결과적으로 복제된 각 염색체는 두 방추사 극과 연결되어 있다. **중기(metaphase**, "middle stage") 동안 복제된 염색체의 두 키네토코어는 세포의 반대편 극 쪽으로 끌어당긴다. 이러한 분자적인 "줄다리기" 과정 동안, 각 키네토코어가 각각의 극 쪽을 향한 채로, 각 염색체가 세포의 적도판을 따라 배열될 때까지 미세소관들은 길어지거나 또는 짧아진다(그림 7-7d).

### 후기에는 염색분체들이 분리되어 세포의 반대 극 쪽으로 끌려간다

**후기(anaphase)**의 초기(그림 7-7e)에는 염색분체는 서로 분리되어 독립적인 딸염색체가 된다. 이 분리과정은 부착된 미세소관의 끝부분이 조금씩 갉아먹어 짧아지게 됨과 동

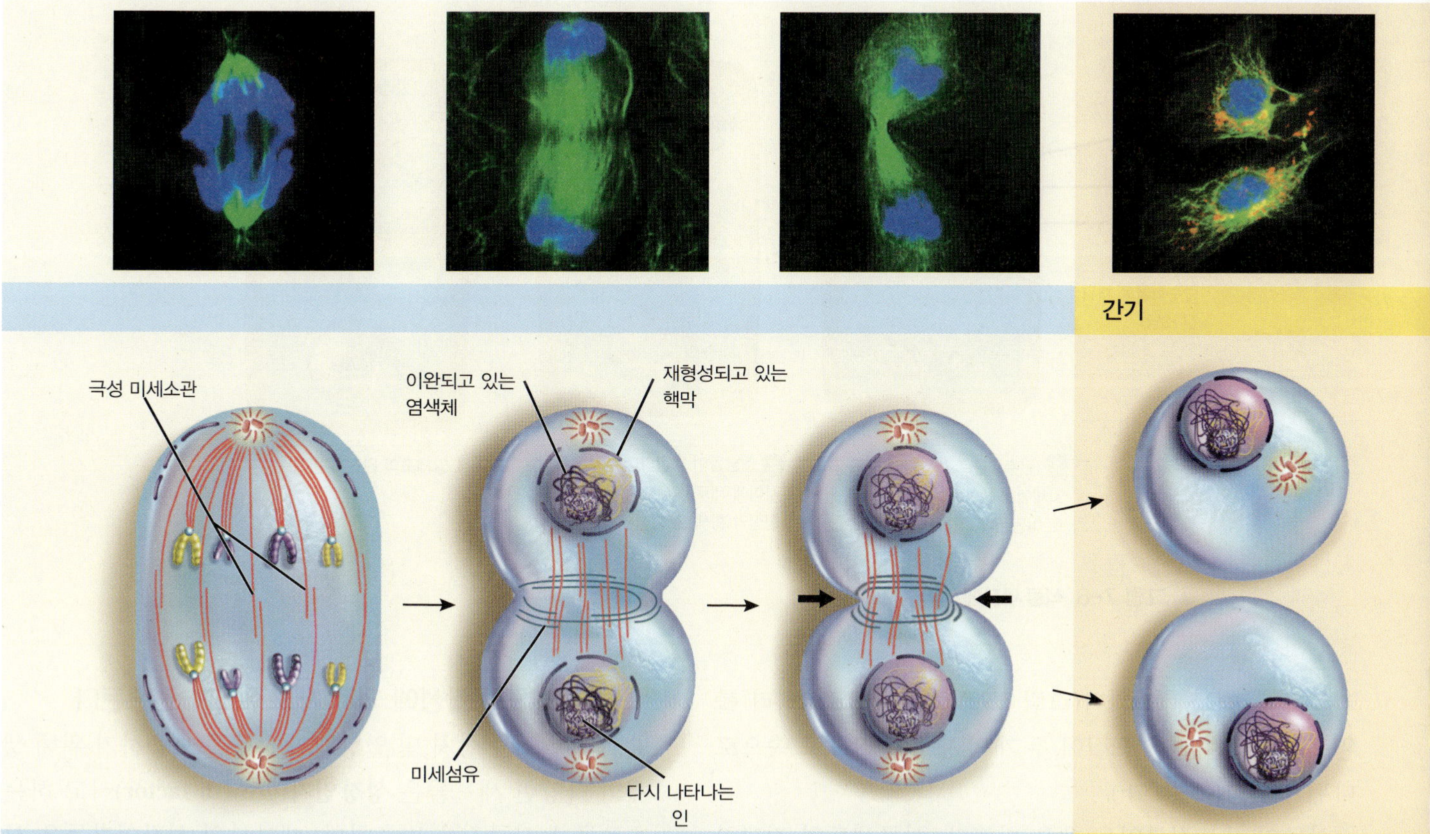


(e) 후기

자매염색분체가 분리되어 세포의 반대 극으로 이동한다. 극성 미세소관이 극들을 멀리 떨어지도록 민다.

(f) 말기

염색체 중 한 세트가 한쪽 극에 도달하고 탈응축되기 시작한다; 핵막이 형성되기 시작한다; 인이 다시 나타나기 시작한다; 방추사 미세소관이 없어지기 시작한다; 적도 주위에 미세필라멘트가 고리를 형성한다.

(g) 세포질분열

미세소관 고리가 수축하여 세포를 둘로 나눈다; 각 딸세포는 하나의 핵과 세포질의 반을 받는다.

(h) 딸세포의 간기

방추사가 없어진다; 핵막이 형성되고 염색체가 완전히 풀린다.

시에 키네토코어가 염색체를 극 쪽으로 움직이게 한다(이 메커니즘을 "팩맨(Pac Man) 운동"이라 부른다). 부모염색체의 하나로부터 유래한 두 딸염색체 중의 하나가 세포의 각 극을 향하여 이동한다. 딸염색체들은 부모염색체의 동일한 복사체들이기 때문에, 세포의 반대 극에 형성되는 각 염색체 집단은 부모세포 속에 들어있던 전체 염색체의 한 복사체를 갖는다.

### 말기에는 핵막이 염색체의 두 집단 주위에 형성된다

염색체들이 양쪽 극에 도착하면 **말기(telophase,** "end stage")가 시작된다(그림 7-7f). 방추사 미세소관들이 붕괴되고, 핵막이 각 염색체 집단 주위로 형성된다. 염색체들은 펼쳐진 상태로 되돌아가고, 인이 다시 형성되기 시작한다. 대부분의 세포들에서 세포질 분열은 말기 동안에 일어나면서 각각의 딸핵이 자신의 딸세포 속으로 분리되게 한다(그림 7-7g). 그러나 때때로 유사분열은 세포질분열이 없이 일어나서 다수의 핵을 갖는 세포들을 만든다.

### 세포질분열에서 세포질은 두 딸세포로 나누어진다

세포질분열은 식물과 동물세포에서 상당히 다르다. 동물세포에서, 원형질막에 부착된 미세섬유는 보통 늦은 후기 또는 말기 초기에 세포의 적도판 근처에서 하나의 고리 모양을 형성한다(그림 7-7f). 고리는 수축하여 세포의 적도를 조이는데, 이것은 마치 허리를 조이게 하는 바지 끈을 잡아당

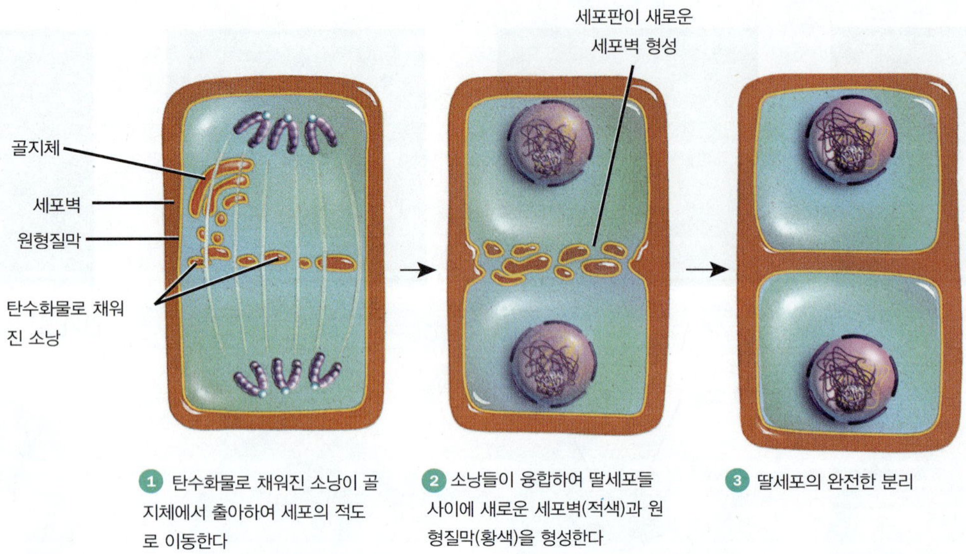


▲ **그림 7-8 식물세포에서의 세포질분열**

기는 것과 매우 유사하다(그림 7-7g). 결과적으로 "허리"를 완전하게 조이면 세포질이 두 개의 새로운 딸세포 속으로 나뉘게 된다(그림 7-7h).

식물의 세포질분열은 매우 다르다. 식물세포의 견고한 세포벽이 한 세포가 허리를 좁혀서 둘로 나누는 것을 불가능하게 만들기 때문일 것이다. 대신에 골지체에서 떨어져 나온 탄수화물로 채워진 소낭들이 두 핵들 사이의 적도를 따라 늘어선다(그림 7-8). 소낭들이 융합하여 세포판(cell plate)이라고 부르는 구조를 형성한다. 세포판은 평평한 주머니와 같은 모양으로 원형질막에 의해 둘러싸여 있으며 탄수화물로 채워져 있다. 소낭이 충분히 융합되면 세포판의 가장자리는 세포 둘레 지역의 본래 원형질막과 융합된다. 세포판의 두 면은 두 딸세포 사이의 새로운 원형질막이 된다. 소낭 속에 담겨있던 탄수화물은 원형질막 사이에 남게 되어 새로운 세포벽의 기초가 된다.

## 7.6 세포주기는 어떻게 조절되는가?

세포분열은 다양하게 나열될 수 있는 다수의 분자들에 의해 조절되는데, 이들 분자는 아직 모두가 확인되고 연구된 상태는 아니다. 그럼에도 불구하고, 대부분 진핵세포에서 세포주기 조절의 몇 개의 일반적인 원칙이 적용된다.

### 특정 효소들의 활성에 의해 세포주기가 진행된다

발생과정 또는 상처 및 일상적인 손상을 보충하기 위해 생체의 다양한 세포들은 **성장인자(growth factor)**라고 하는 호르몬 유사물질을 방출한다. 대부분의 성장인자들은 **사이클린-의존성 인산화효소(cyclin-dependent kinase**, 약어로 Cdk)라고 하는 효소들의 활성을 조절하는 사이클린이라는 단백질의 합성을 조절하여 세포분열을 자극한다. 이 단백질들은 세포주기를 관장하기 때문에 "사이클린"이라는 이름으로 불려진다. 사이클린 의존성 인산화효소는 두 가지 특징을 가지고 있다: 인산기를 다른 단백질에 결합시키는 '인산화효소(kinase)"는 표적 단백질의 활성을 촉진하거나 억제시키기도 한다. "사이클린 의존성"은 이 단백질들이 사이클린이라 불리는 단백질과 결합할 때만 활성을 갖는 것을 의미한다.

예를 들어, 당신의 피부가 베었을 때 이 상처를 치유하기 위해 성장인자, 사이클린, 그리고 Cdk가 어떻게 세포분열을 자극하는지를 살펴보자(그림 7-9). 혈소판(혈액응고에 관여하는 혈액세포)들이 상처부위에 축적되고, 몇 가지 유형의 성장인자들이 방출된다. 이러한 성장인자들은 상처난 피부에 위치한 세포 표면의 수용체들과 결합하고❶, 세포가 사이클린 단백질들을 합성하도록 자극한다❷. 사이클린들은 각각 특정 Cdk에 결합하고❸, 이 사이클린-Cdk 복합체들이 형성되어 DNA 합성에 필요한 단백질들의 발현 및 활성을 촉진시킨다❹. 그 결과 세포는 S기로 진입하

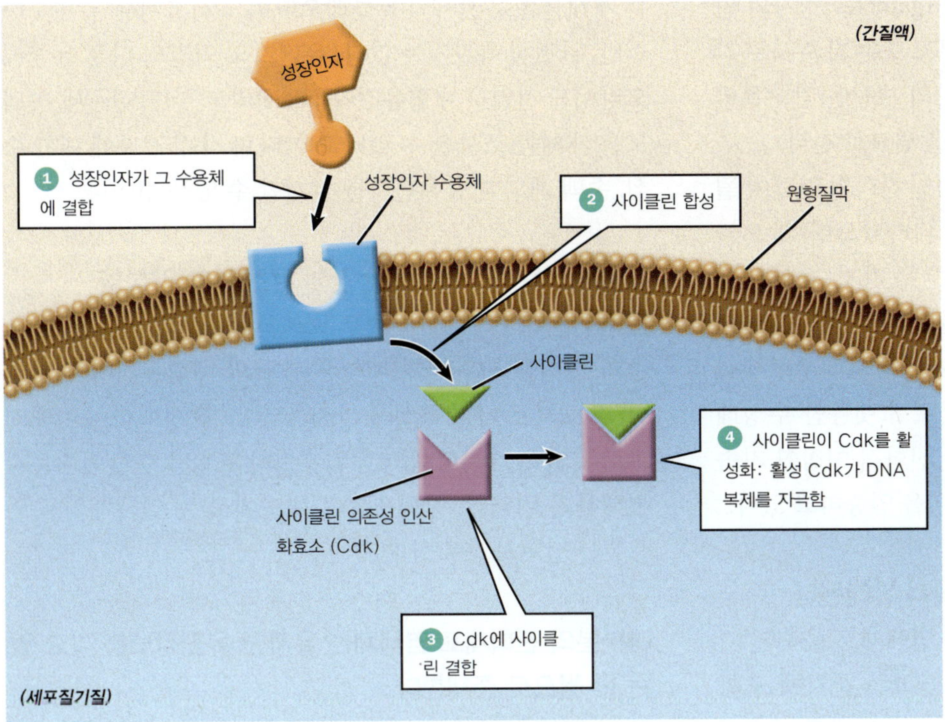


◀ 그림 7-9 **성장인자는 세포분열을 자극한다** 세포주기의 진행은 사이클린과 사이클린 의존성 인산화효소들(Cdks)에 의해 전체적으로 조절된다. 대부분의 경우에서 성장인자는 사이클린 단백질의 합성을 촉진한다. 사이클린은 Cdk를 활성화하여 DNA 복제와 세포분열로 이끄는 사건들의 연속을 시작한다.

게 되고 DNA를 복제하게 된다. DNA 복제가 마무리되면, 다른 Cdk들이 $G_2$기와 유사분열기 동안에 활성화되어 염색체 응축, 핵막 분해, 방추사 형성, 방추사 미세소관에 염색체의 부착 등을 유도하게 된다. 최종적으로, 또 다른 Cdk들이 자매염색분체가 개개의 염색체로 분리되는 과정과 후기에서 염색체가 세포의 반대극 편으로 이동하는 것을 촉진하게 된다.

### 검문점은 세포주기의 진행을 조절한다

조절되지 않은 세포분열은 위험할 수 있다. 만일 세포가 그 DNA에 돌연변이를 가지거나  또는 딸세포가 너무 많거나 적은 수의 염색체를 갖게 되면, 딸세포는 죽게 될 것이다. 만일 생존하게 된다면, 그 세포는 암세포로 변할 수 있다. 이러한 가능성을 방지하기 위해 진핵세포의 세포주기에는 세 개의 주요 검문점(checkpoint)이 존재한다. 각각의 검문점에서, 세포의 단백질들은 세포가 특정의 세포주기를 성공적으로 완수하였는지를 확인한다:

- *$G_1$에서 S로*: 세포의 DNA는 결함이 없고 복제하기에 적절한가?
- *$G_2$에서 유사분열로*: DNA가 완전하고 정확하게 복제되었는가?
- *중기에서 후기로*: 염색체들이 방추사에 부착되고 적도판에 적절하게 배열되어 있는가?

검문점 단백질들은 사이클린의 생산이나 사이클린 의존성 인산화효소의 활성, 또는 이 두 가지 모두를 조절하여 세포주기의 한 단계로부터 다음 단계로 진행하는 과정을 조절한다. 대부분의 경우 예를 들어 돌연변이된 DNA나 잘못 배열된 염색체들에 의해 검문점 단백질들이 활성화되면, 이 단백질들은 결함이 회복될 때까지 세포주기를 멈춘다. 결함이 회복되지 않으면 결함있는 세포들은 자기 스스로 파괴되거나 면역계에 의해 제거된다.

## 7.7 유성생식은 어떻게 유전적 다양성을 만들어낼까?

생물체는 근본적으로 다른 두 가지 방법으로 생식한다: 무성생식과 유성생식. 짚신벌레(Paramecium)나 아메바(Amoeba) 같은 단세포이든지, 히드라(Hydra)나 포플러 나무 같은 다세포이든지 상관없이 무성생식은 유사세포분열로 부모와 유전적으로 동일한 후손을 생산한다. 반면에 **유**

**성생식**(sexual reproduction)은 **배우자**(gametes, 정자와 난자)의 융합으로 자손을 만들게 되고, 부모 또는 자손 서로 간에도 다른 자손들이 탄생한다. 배우자의 생산은 감수분열이라고 하는 특별한 형태의 세포분열을 필요로 한다.

어떤 환경에서는 무성생식이 성공적인 진화의 전략이 될 수 있다. 그러면 왜 유성생식이 진화로 나타났으며, 왜 오늘날까지 다세포 생물체에서도 서로 다른 두 가지 방식의 생식방법이 유지되고 있을까? 아마도 환경에 영향을 받는 개별적인 생물체들에서는 시기에 따라, 유성생식과 무성생식 모두가 진화적인 이점을 가지는 것으로 오랫동안 추정해 왔다. 최근의 연구는 유성생식에 대한 진화적 이점이 지속적인 유전적 다양성의 생성이라는 가설을 입증하고 있다.

### 유전적 다양성은 DNA의 돌연변이에서 유래된다

모든 세포의 유전정보는 한 개 이상의 염색체로 응축된 디옥시리보핵산(deoxyribonucleic acid)인 DNA 분자에 포함되어 있다. 유전의 단위인 **유전자**(gene)는 염색체 상에서 특정 위치(**유전자 자리**, locus, 복수는 loci)의 뉴클레오타이드 서열로 구성된다. 진핵세포 내 한 개의 염색체는 일반적으로 수십에서 수천 개의 유전자를 가진다. 한 생물종의 모든 개체들은 유전자의 뉴클레오타이드 서열이 매우 비슷하지만, 완전히 똑같지는 않다. 유전자의 약간씩 다른 뉴클레오타이드 서열을 **대립유전자**(allele)라고 한다. 한 생물종의 모든 개체를 조사할 수 있다고 한다면 각 유전자에 대한 수십, 수백 개의 대립유전자를 발견할 수 있을 것이다.

### 유성생식은 종의 개체들 간에 유전적 다양성을 만들어낸다

종의 개체들마다 대개는 다른 조합의 대립유전자를 가지며, 그 결과로 다른 특성을 가지게 된다. 유성생식이 어떻게 그토록 많은 각양각색의 대립유전자 조합을 만들어내는지 이해하기 위해서, 진핵생물의 세포에 있는 염색체의 수와 종류를 살펴보기로 한다.

### 대부분의 진핵세포 염색체는 유사한 유전정보를 갖고 있는 한 쌍으로 존재한다

한 세포의 완전한 염색체 세트를 그 세포의 **핵형**(karyotype)이라고 부른다(그림 7-10). 대부분의 진핵세포 생물체들에서 핵형은 염색체의 쌍들로 구성된다. 인간은 세포마다 23쌍, 총 46개의 염색체를 가진다. 쌍을 만드는 두 염색체를 **상동염색체**(homologous chromosomes 또는 homologues)라고 부른다. 상동염색체는 동일한 유전자를 가지

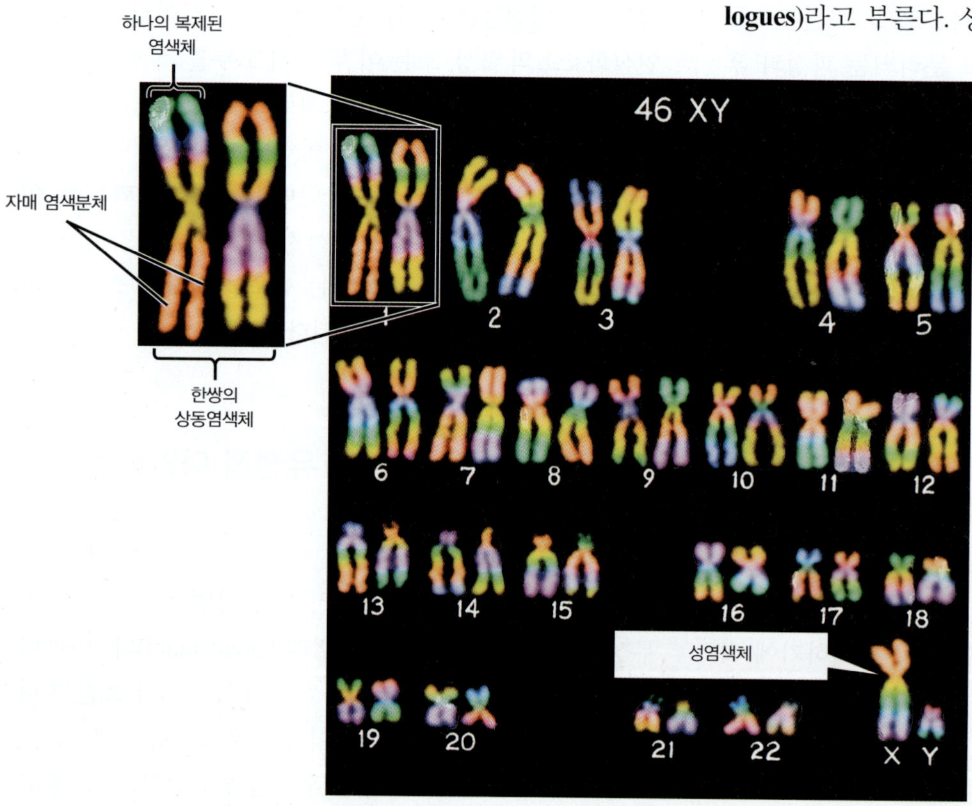


◀ **그림 7-10 인간 남성의 핵형** 한 세포 속에 들어있는 복제되고 응축된 염색체들 전체 세트를 염색하고 사진 촬영하면 하나의 핵형이 만들어진다. 각 염색체의 사진들을 오려내어 길이가 짧아지는 순서대로 나열하였다.
염색체 쌍(상동염색체)은 대개 크기가 비슷하고 유사한 유전물질을 갖는다. 염색체 1번부터 22번까지는 상염색체이고; X와 Y염색체는 성염색체이다. 이것이 여자의 핵형이라면, Y염색체는 안 보이고 2개의 X염색체만 있었을 것이다.

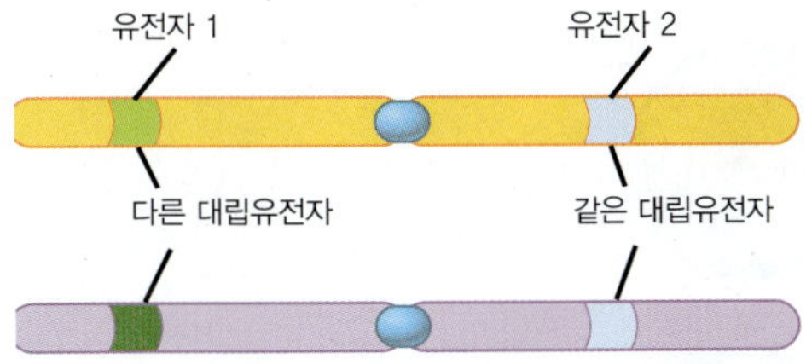


▲ 그림 7-11 **상동염색체는 일반적으로 완벽하게 동일하지는 않다.** 두 상동염색체는 같은 위치에 같은 유전자를 갖는다. 상동염색체는 어떤 유전자는 같은 대립유전자(오른쪽)를, 또 다른 유전자는 다른 대립유전자(왼쪽)를 가질 수 있다.

지만, 한 쌍 중 어떤 유전자는 동일한 대립유전자로, 또 다른 어떤 유전자는 상이한 대립유전자로 있기도 한다(그림 7-11).

상동염색체 쌍을 갖고 있는 세포를 "두 배"라는 의미의 이배체(diploid)로 부른다. 각각의 쌍에서 상동염색체 하나는 엄마로부터 유전되므로 모계 상동염색체로 불리고, 다른 상동염색체는 아버지로부터 유전되므로 부계 상동염색체로 불린다. 남성과 여성 모두의 이배체 세포에서 발견되는 거의 동일한 DNA 서열을 갖는 염색체 쌍을 상염색체(autosome)라고 한다. 인간은 22쌍의 상염색체를 갖는다. 상염색체 외에 인간과 대부분의 다른 포유류들은 두 개의 성염색체(sex chromosome), 즉 두 개의 X염색체(여성의 경우) 혹은 한 개의 X와 한 개의 Y염색체(남성의 경우)를 갖고 있다. X와 Y염색체는 크기와 유전적 조성이 매우 다르지만(그림 7-10 참조), 이 두 염색체의 일부분은 서로 상동적이다.

모든 세포가 이배체인 것은 아니다: 세포가 상동염색체 쌍의 하나만 가지는 경우를 **반수체(haploid)**라고 한다. 7.8절에서 보겠지만, 이배체 생물체에서 생산되는 정자와 난자는 각 상동염색체 쌍을 구성하는 두 개 중 하나만 가지게 되므로 반수체가 된다. 생물학적으로 간단하게 표시할 때, 특정 생물 종에서 다른 염색체 종류의 수를 반수체 수라고 부르며 $n$으로 표기한다. 사람은 23개의 서로 다른 종류의 염색체를 갖고 있기 때문에 $n = 23$이다(22개의 상염색체에 성염색체 하나가 더해진 것임). 이배체 세포들은 $2n$ 염색체를 갖고 있다.

어떤 생물은 각 세포마다 상동염색체를 2개보다 더 많이 가지기도 하며, 이러한 경우를 **다배체(polyploid)**라고 한다. 예를 들면, 많은 식물들은 한 세포 당 각 염색체 종류마다 2개 이상의 사본 수, 즉 $4n$ (4배체), $6n$ (6배체), 심지어 그 이상을 가지고 있다. 원추리, 난초, 백합, 꽃잔디 등의 흔한 꽃들은 4배체이고, 밀은 4배체 또는 6배체이다.

## 7.8 감수세포분열은 어떻게 유전적으로 다양한 반수체 세포를 생성하는가?

유성생식은 유전적으로 비슷하지만 완전히 동일하지는 않는 상동염색체 쌍을 이루는 것으로 시작을 해서 두 단계의 과정을 통해 자손을 만들어낸다(그림 7-12): ❶ 감수세포분열 동안에 이배체 세포는 각 상동염색체 한 쌍의 하나씩만을 포함하는 반수체 딸세포로 분열한다. 반수체 세포 또는 반수체 세포의 유사세포분열로 만들어진 자손들은 배우자가 된다. 동물에서, 감수세포분열로 만들어진 반수체 세포는 정자나 난자로 분화한다. ❷정자와 난자의 수정으로 자손의 염색체 수는 다시 이배체가 된다.

감수세포분열은 이배체 핵이 두 번 분열하여 4개의 반수체 핵을 만드는 핵분열인 감수분열(meiosis)과 4개의 핵을 각각 별개의 세포로 포장하는 **세포질분열(cytokinesis)**로 구성된다. 감수세포분열은 유사세포분열과 유사하지만, 몇 가지 중요한 차이점이 있다. 가장 큰 차이점은 DNA 복제이다: 유사세포분열에서 부모세포는 1회의 DNA 복제 후 한 번의 핵분열이 뒤따른다. 감수세포분열에서는 두 번의 핵분열이 일어나고 첫 번째 분열에서는 DNA가 복제되지만(그림7-13a), 두 번째 분열에서는 복제되지 않는다.

감수분열의 첫 번째 분열(감수분열 I)은 상동염색체 쌍

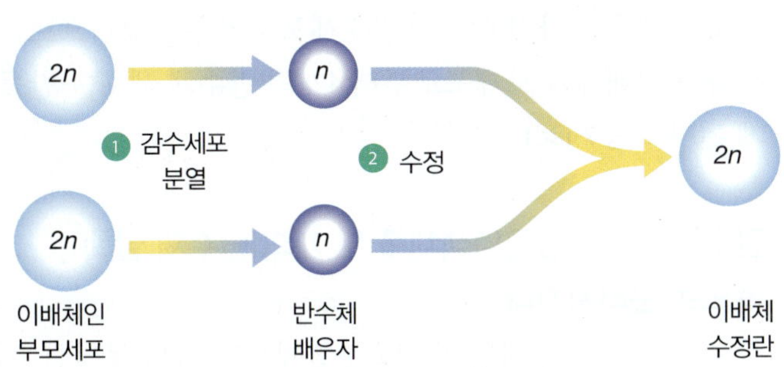


▲ 그림 7-12 **감수세포분열은 유성생식을 위해 필수적이다** 유성생식에서는 부모의 특수화된 이배체 생식세포($2n$)가 반수체 세포($n$)를 형성하기 위해 감수분열을 겪는다. 동물에서는 이러한 세포들이 배우자(정자 혹은 난자)가 된다. 난자와 정자가 수정하게 되면 그 결과물인 수정란 혹은 접합자는 다시 이배체($2n$)가 된다.

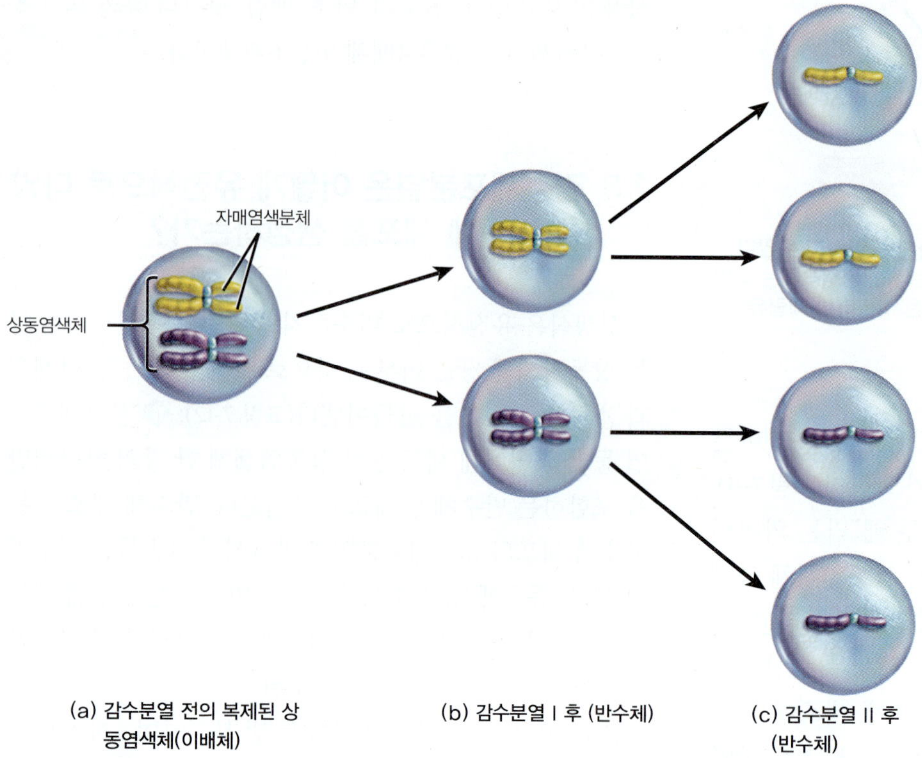


◀ **그림 7-13 감수분열은 염색체의 수를 반으로 나눈다**
**(a)** 상동염색체 쌍의 두 구성원은 감수분열 전에 복제된다. **(b)** 감수분열 I 동안 각 딸세포는 각 상동염색체 쌍의 한 구성원을 받는다. **(c)** 감수분열 II 동안 자매염색분체는 분리되어 독립된 염색체가 된다. 각 딸세포는 이러한 독립된 염색체의 하나를 받는다. 모계 쪽 염색체는 보라색; 부계 쪽 염색체는 노란색.

을 분리시켜, 분리된 각 염색체를 각각의 딸핵으로 보냄으로써 두 개의 반수체 핵을 생성시킨다. 그러나 분리된 각 염색체는 아직 두 개의 자매염색분체로 구성된 상태이다(그림 7-13b). 두 번째 분열(감수분열 II)은 염색분체를 독립된 염색체로 분리시켜서 각 염색체를 각각의 딸핵 속으로 나누어 넣게 된다. 그러므로 감수분열이 끝날 즈음에는 4개의 반수체 딸핵이 존재하며, 각 딸핵은 각 상동염색체의 복사체 하나만을 갖게 된다. 각 핵은 일반적으로 각각의 다른 세포 속에 들어가기 때문에 감수세포분열은 정상적으로는 하나의 이배체 부모세포로부터 4개의 반수체 세포를 만들게 된다(그림 7-13c).

## 감수분열 I 은 상동염색체를 두 개의 반수체 딸핵 속으로 분리시킨다

감수분열의 각 단계는 체세포분열에서의 거의 동일한 이름을 갖고 있으며, 두 번의 핵분열을 구별하기 위해 I 또는 II를 각 단계의 이름 뒤에 붙인다(그림 7-14). 감수분열 I 이 시작될 때, 염색체는 세포주기 간기에서 이미 복제된 상태이고 각 염색체의 자매염색분체들은 동원체가 서로 부착된 상태로 존재한다.

## 전기 I 동안 상동염색체는 쌍을 이루고 DNA를 교환한다

체세포분열 동안 상동염색체들은 서로 완전히 독립적으로 이동한다. 이와는 다르게, 감수분열의 전기 I 에서 상동염색체들은 나란히 쌍을 이루며, DNA의 일부분을 교환한다(그림 7-14a, 그림 7-15). 이러한 과정은 단백질들이 모계와 부계 상동염색체에 함께 결합하면서 시작되고 상동염색체들은 전체 길이를 따라 정확히 배열된다. 그 후 효소들은 쌍을 이룬 상동염색체 내의 DNA 골격을 절단하고, 절단된 DNA 말단들을 다시 함께 결합시키는데, 일반적으로 모계 상동염색체의 염색분체와 부계 상동염색체의 염색분체가 교환된다. 그 후 결합 단백질들과 효소들은 떨어져 나가고 서로 꼬이는 교차 혹은 키아스마타(chiasmata, 단수는 키아스마)를 만들어내는데, 이 부위에서 모계와 부계의 염색체는 교환된 부분을 갖게 된다(그림 7-15). 사람 세포의 경우 각 상동염색체 쌍은 일반적으로 두 개 또는 세 개의 키아스마타를 전기 I 에 형성한다. 키아스마타에서 모계와 부계 염색체들 사이의 상호 DNA 교환을 교차(crossing over)라

## 감수분열 I

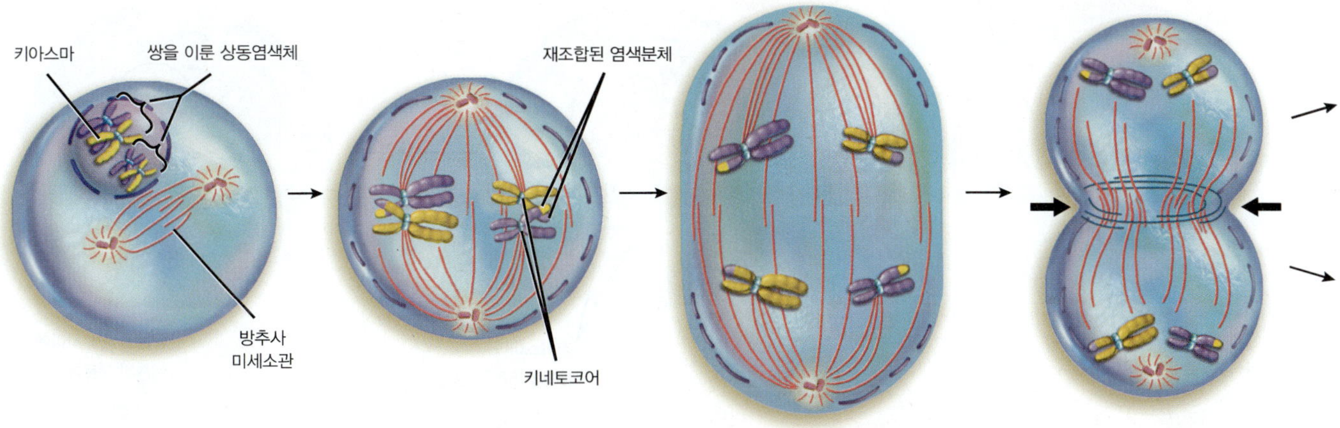


**(a) 전기 I**

복제된 염색체가 응축된다. 상동염색체가 쌍을 이루고, 상동염색체의 염색분체가 교차에 의해 부분들을 교환하면서 서로 꼬이는 교차 부위들이 생긴다. 핵막은 분해되고 방추사 미세소관이 형성된다.

**(b) 중기 I**

쌍을 이룬 상동염색체가 세포의 적도판에 배열된다. 쌍을 이뤘던 상동염색체는 하나씩 각각 세포의 양극을 향하고 키네토코어(파란색 부뷰)를 통해 방추사 미세소관에 붙는다.

**(c) 후기 I**

쌍을 이뤘던 상동염색체는 확실하게 분리 되어서 각각 세포의 양극으로 따로 이동한다. 자매염색분체는 분리되지 않는다

**(d) 말기 I**

방추사 미세소관이 없어진다. 두 집단의 염색체가 형성되고, 각 집단은 상동염색체 각 쌍의 한 구성원만 포함한다. 따라서 딸핵은 반수체이다. 세포질분열이 이 시기에 흔히 일어난다. 감수분열 I 과 감수분열 II 사이에는 간기가 없다.

## 감수분열 II

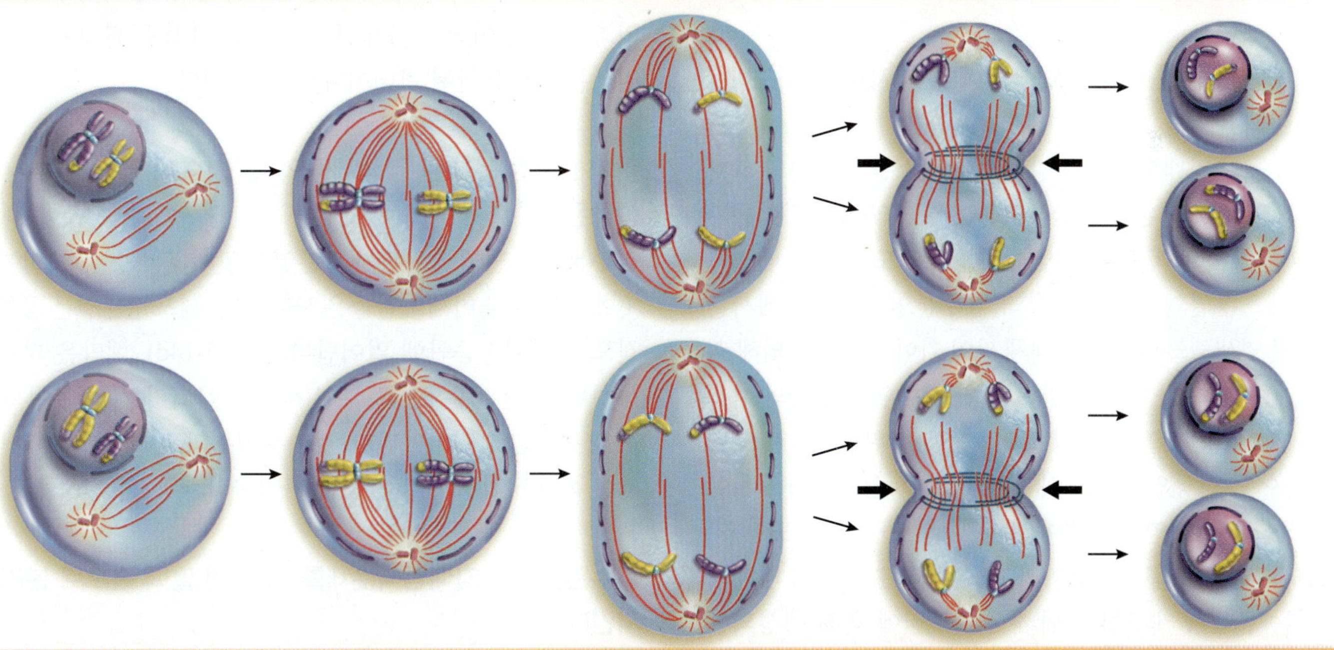

**(e) 전기 II**

방추사 미세소관이 재형성되고 자매염색분체에 부착한다.

**(f) 중기 II**

염색체가 적도를 따라 배열되고 각 염색체의 자매염색분체는 반대 극으로 끌고 가는 키네토코어 미세소관에 붙는다.

**(g) 후기 II**

염색분체가 독립적인 딸염색체로 분리되고, 이전에 염색분체였던 딸염색체는 각각의 극으로 이동한다.

**(h) 말기 II**

염색체가 반대 극으로 이동 완료된다. 핵막이 재형성되고 염색체가 다시 탈응축된다(여기서는 안 보임).

**(i) 네 개의 반수체 세포**

세포질분열에 의해 4개의 반수체 세포가 생기는데, 각각은 상동염색체 각 쌍 중 한 구성원을 갖는다(여기서 응축된 상태로 보여짐).

▲ **그림 7-14 감수세포분열** 감수세포분열에서는 이배체 세포의 상동염색체들이 분리되어 4개의 반수체 딸세포를 생성한다. 이 그림에서는 상동염색체 두 쌍이 보인다.

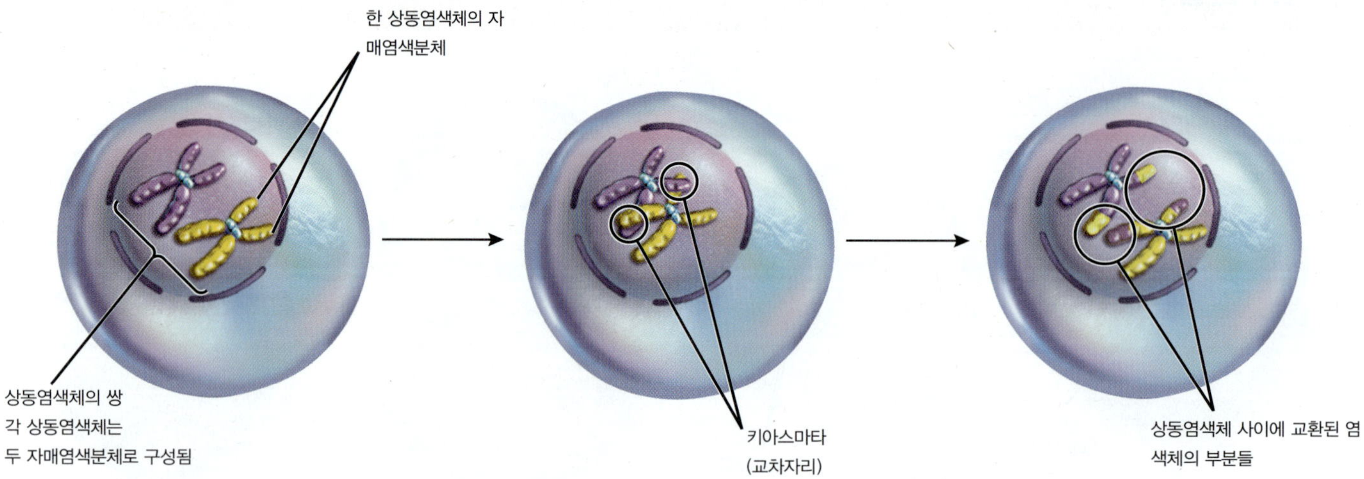


▲ 그림 7–15 **교차** 자매염색분체가 아닌, 상동염색체 쌍의 서로 다른 염색분체가 키아스마타에서 DNA를 교환한다.

고 부른다. DNA를 교환한 후에도 상동염색체의 팔들은 키아스마타에 순간적으로 엮여져 있다. 이렇게 후기 I 에 두 상동염색체가 떨어져서 멀리 끌려가기 전까지 유지된다.

체세포분열의 전기에, 방추사 미세소관들은 전기 I 동안 핵의 바깥쪽에 모여지기 시작한다. 전기 I 이 거의 끝날 때가 되면, 핵막은 붕괴되고 방추사 미세소관들이 핵으로 침투하여 키네토코어에 부착되면서 염색체를 포획한다.

### 중기 I 동안 쌍을 이룬 상동염색체들이 세포의 적도에 배열한다

중기 I 동안 키네토코어와 방추사 미세소관들 사이의 상호작용으로 쌍을 이룬 상동염색체들이 세포의 적도로 이동된다(그림 7-14b). 복제된 각 염색체들이 적도를 따라 배열하는 체세포분열의 중기와는 달리, 감수분열의 중기 I 에서는 복제된 염색체들의 상동염색체 쌍이 키아스마타에 의해 결합된 채로 적도를 따라 배열된다. 한 상동염색체 쌍의 어느 염색체가 어떤 극으로 향할 것인지는 무작위적으로 결정된다 — 어떤 상동염색체 쌍에서는 모계 쪽 염색체가 "북쪽"을 향하고, 다른 염색체 쌍에서는 "남쪽"을 향할 수도 있다. 이런 무작위성(독립 유전이라고도 한다)은 교차에 의해서 생기는 유전자 재조합과 함께 감수분열에 의해 생성되는 반수체 세포들의 유전적 다양성의 요인이 된다.

### 후기 I 동안 상동염색체들이 분리된다

감수분열의 후기 I 은 체세포분열의 후기와는 상당히 다르다. 체세포분열의 후기에는 자매염색분체가 분리되어 서로 반대 극으로 이동한다. 이와 대조적으로 감수분열의 후기 I 에서는 각각의 복제된 상동염색체들의 자매염색분체가 서로 결합된 채로 유지되어 같은 극으로 이동한다. 그러나 키아스마타가 풀리면서 상동염색체는 분리되어 반대쪽 극으로 이동한다(그림 7-14c). 후기 I 의 끝 무렵에, 양극에 밀집된 염색체는 각 쌍의 상동염색체에서 한 쪽만 이동한 것이 된다. 그러므로 양극의 집단들은 반수체 염색체(각각의 염색체는 여전히 복제된 상태이고 아직 동원체에 자매염색분체가 부착된 형태이다)로 구성된다.

### 말기 I 동안 복제된 염색체들의 두 반수체 집단들이 형성된다

감수분열의 말기 I 은 체세포분열의 말기와 비슷하다. 말기 I 에서 방추사 미세소관들은 사라진다. 세포질분열은 공통적으로 말기 I 동안에 일어난다(그림 7-14d). 핵막은 다시 형성된다. 말기 I 은 세포분열 사이의 간기가 거의 없이 즉시 감수분열 II 로 이어진다. 감수분열 I 과 II 사이에서 염색체는 복제되지 않는다는 점을 기억하라.

### 감수분열 II 는 자매염색분체를 네 개의 딸핵 속으로 분리시킨다

감수분열 II 동안, 복제된 각 염색체의 자매염색분체들은 비록 반수체 세포에서 일어나는 것이긴 하지만 사실상 체세포분열과 동일한 과정으로 분리된다. 전기 II 에서 방추사 미세소관들이 다시 형성되고(그림 7-14e) 복제된 각 염색체들의 자매염색 분체에 있는 키네토코어는 세포의 반대 극으로 뻗어있는 방추사 미세소관들에 부착된다. 중기 Ⅱ 동안에는, 복제된 염색체들이 세포의 적도에 나란히 배열된다(그림 7-14f). 후기 Ⅱ 동안에는 자매염색분체들이 분리되어 반대 극으로 끌려간다(그림 7-14g). 말기 Ⅱ와 세포질분열에 의해, 핵막이 재형성되고, 염색체는 풀린 상태가 되며, 세포질이 나누어지면서 감수분열 Ⅱ를 마무리 하게 된다(그림 7-14h). 감수분열 Ⅰ에서 만들어진 두 딸세포가 함께 감수분열 Ⅱ를 거치면서, 본래 이배체 부모세포로부터 총 4개의 반수체 세포가 만들어지게 된다(그림 7-14i).

표 7-1에서 유사세포분열과 감수세포분열을 비교하면서 유사점과 차이점을 하나씩 짚어 보도록 하자.

## 7.9 감수분열과 배우자의 결합이 어떻게 유전적으로 다양한 자손을 만들어내는가?

수백만 년을 지나면서 무작위로 일어나는 돌연변이는 유전적 다양성(새로운 대립유전자)의 근본적인 원천이다. 그러나 배우자에서의 돌연변이 또는 배우자를 만드는 전구세포에서의 돌연변이는 매우 드문 일이다. 따라서 한 세대로부터 다음 세대를 거치면서 발생하는 유전적 다양성은 거의 전적으로 감수분열과 유성생식의 결과로 생기는 것이다.

**표 7-1 동물세포에서 유사세포분열과 감수세포분열의 비교**

| 특성 | 유사세포분열 | 감수분열세포 |
|---|---|---|
| 발생하는 세포 | 신체세포 | 배우자 형성 세포 |
| 최종 염색체 수 | 이배체-$2n$; 각 유형의 염색체의 두 복사체(상동염색체 쌍) | 반수체 $1n$; 각 상동염색체 쌍의 한 구성원 |
| 딸세포의 수 | 2개, 부모세포 및 각각에게 동일 | 4개, 교차로 인해 재조합된 염색체를 포함 |
| DNA 복제당 세포분열의 수 | 한 번 | 두 번 |
| 동물에서의 기능 | 발생, 성장, 수선, 조직의 유지; 무성생식 | 유성생식을 위한 배우자 생성 |

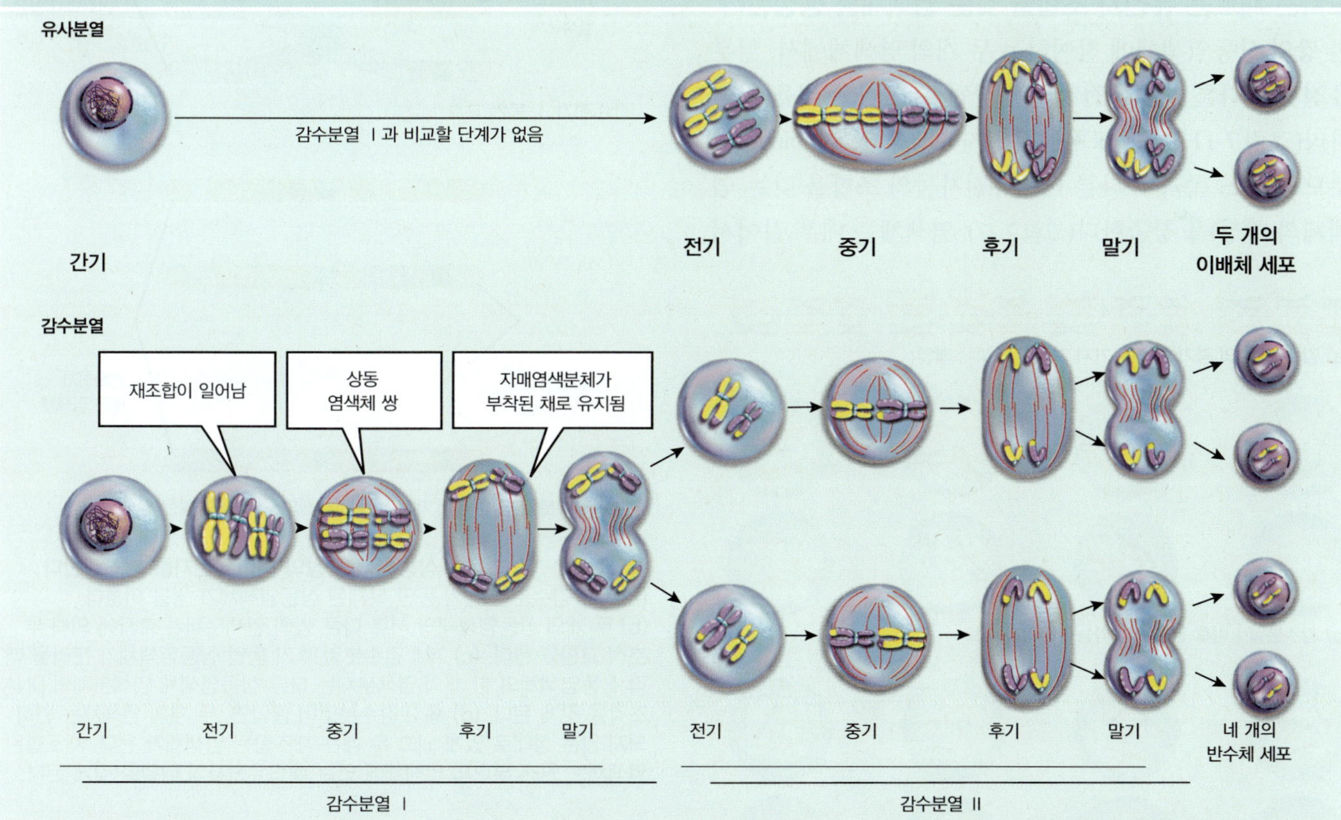


비교할 만한 단계들을 이 도표에서 배열하였다. 유사분열과 감수분열 모두에서 염색체는 간기에 복제된다. 감수분열 Ⅰ에서 보이는 상동염색체의 쌍 형성, 키아스마타의 형성, 염색체의 부분적 교환, 반수체 딸핵을 형성하기 위한 상동염색체의 분리는 유사분열에서 찾아볼 수 없다. 그러나 감수분열 Ⅱ는 실제로 반수체 세포에서의 유사분열과 동일하다.

## 상동염색체를 뒤섞어 새로운 염색체들의 조합을 만들어낸다

한 가지 주요한 유전적 다양성의 원천은 감수분열 I 에서 딸핵으로 모계와 부계의 상동염색체를 무작위로 분배하는 것이다. 중기 I 에서 적도에 배열된 쌍을 이룬 상동염색체 쌍 중에서 어느 염색체가 어느 극을 향할 것인지는 무작위로 결정되고 다른 염색체 쌍의 상동염색체들의 방향성에 의해 영향 받지 않는다.

세 쌍의 상동염색체($n$=3, 2$n$=6)를 가진 모기에서의 감수분열을 생각해보자. 중기 I 에서 염색체들은 4가지의 형태로 배열될 수 있다(그림 7-16a). 그러므로 후기 I 에는 8가지의 염색체 조합이 가능해진다($2^3$=8; 그림 7-16b). 감수세포분열의 결과, 모기는 8개의 다른 염색체 조합을 갖는 배우자들을 생성할 수 있다(그림 7-16c). 사람의 경우에는, 감수분열로 23쌍의 상동염색체를 무작위로 뒤섞어서 이론적으로 8백만($2^{23}$) 이상의 모계와 부계 염색체들의 다른 조합을 갖는 배우자들을 생성할 수 있다.

## 교차는 새로운 유전자 조합을 갖는 염색체를 생성한다

한 쌍의 상동염색체에 참여하는 두 개의 염색체에서, 일부 유전자는 다른 대립유전자로 구성될 수 있다는 점을 기억하라(그림 7-11 참조). 교차는 유전자 재조합(recombination: 부모의 어느 쪽과도 다른 대립유전자들의 조합을 갖는 염색체의 형성)을 창출한다(그림 7-17). 염색체는 매우 길어서

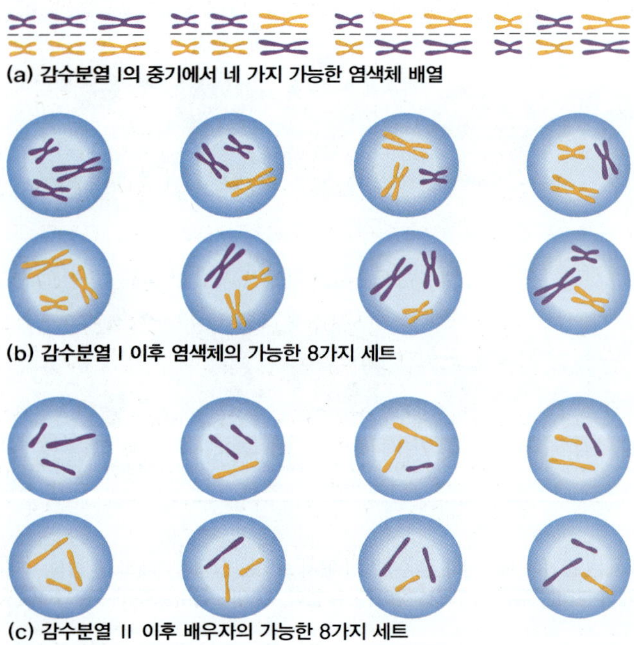


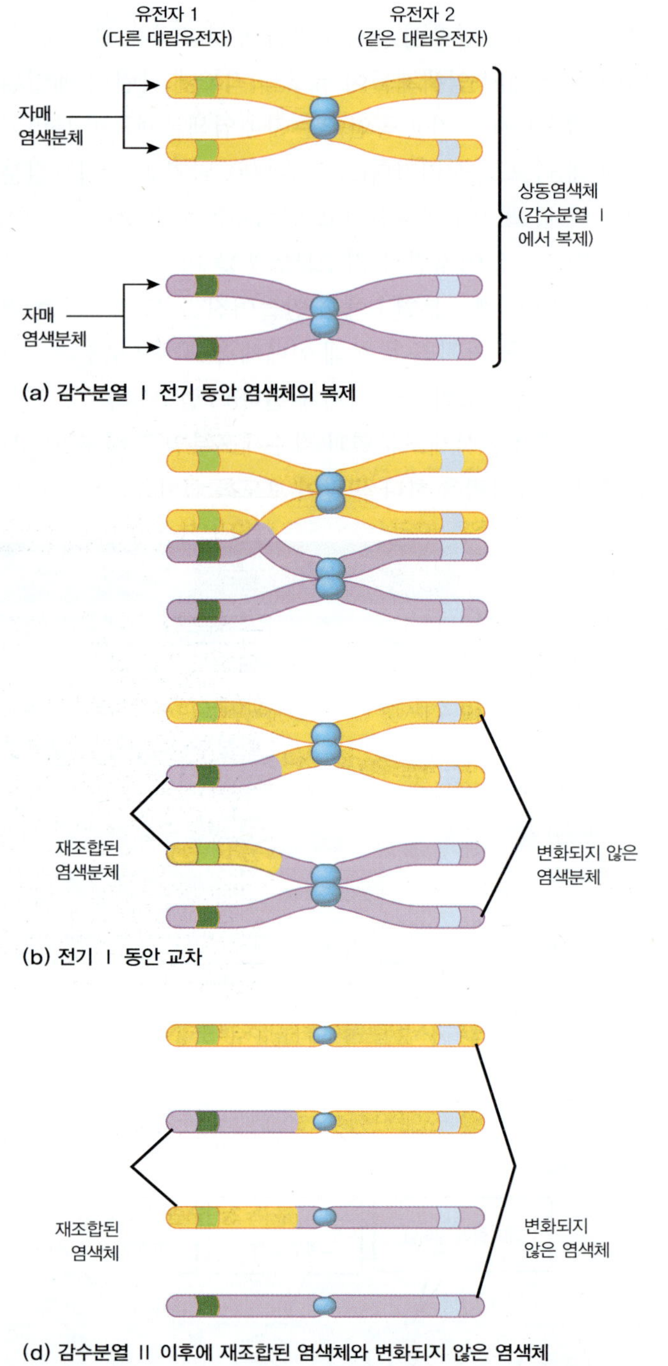


▲ **그림 7-17 교차는 상동염색체 상의 대립유전자를 재조합한다**
**(a)** 제 1 감수분열 전기 동안 복제된 상동염색체가 쌍을 이룬다. **(b)** 두 개의 상동염색체의 서로 다른 쌍의 염색분체가 교차에 의해 부분적 교환을 한다. **(c)** 제 1 감수분열 후기 동안 상동염색체가 분리될 때 각 상동염색체의 한 개의 염색분체는 다른 상동염색체 염색분체의 DNA 조각을 갖게 된다. **(d)** 제 2 감수분열이 끝나면, 두 개의 염색체는 변화되지 않은 상태로 있게 되고 두 개는 재조합된 염색체가 된다. 재조합된 염색체는 원래 부모의 염색체에 없는 대립유전자의 배열을 갖게 된다.

◀ **그림 7-16 상동염색체 쌍의 무작위적인 분리로 유전적 다양성이 생긴다** 명확하게 하기 위해 염색체들은 대, 중, 소의 크기로 나타내었다.

— 사람의 염색체는 5천만에서 2억 5천만 뉴클레오타이드 길이 — 염색체를 따라 교차가 얼마든지 아무 곳에서나 일어날 수 있다. 그러므로 단 한 사람에서도 배우자 생산이 엄청나게 많은 수의 유전적으로 독특한 재조합 염색체를 만들어낼 수 있다.

## 7.10 유사세포분열과 감수세포분열은 진핵세포 생활주기 중 언제 일어나는가?

거의 대부분의 진핵생물들은 생활주기에서 공통적인 양상을 보인다. 첫째, 두 개의 반수체 세포들이 수정과정에 융합됨으로써, 각 부모에게서 가져온 유전자들이 합쳐지게 되고, 그 결과 생성되는 이배체 세포는 새로운 유전자 조합을 갖게 된다. 둘째, 생활주기의 어느 시점에서 감수세포분열이 일어나게 되어 반수체 세포를 재탄생시킨다. 셋째, 반수체 세포나 이배체 세포 각각 또는 두 가지 세포 모두의 유사세포분열에 의해 다세포체의 성장이나 무성생식이 일어나게 된다.

### 이배체 생활주기의 대부분은 이배체 세포로 존재한다

대부분의 동물에서는 실질적으로 생활주기의 거의 전체를 이배체 상태로 지낸다(그림 7-18). 이배체 성체는 짧은 수명의 반수체 배우자를 감수세포분열로 만들어 낸다. 정자와 난자가 융합해서 이배체의 수정란인 접합자(zygote)를 형성한다. 접합자가 이배체로서 체세포분열과 분화를 하게 되면 성장과 발달과정에 의해 성체가 된다.

### 반수체 생활주기의 대부분은 반수체 세포로 존재한다

많은 수의 균류와 단세포 조류 같은 일부 진핵세포들은 대부분의 생활주기를 반수체 상태로 보낸다(그림 7-19). 유사세포분열에 의한 무성생식은 동일한 반수체 세포 집단을 만들어 낸다. 특정한 환경조건 하에서, 일부 세포는 생식세포로 분화한다. 보통은 유전적으로 다른 종류인 두 개의 반수체 생식세포들이 융합해서 이배체 접합자를 형성한다. 접합자는 즉시 감수세포분열을 수행해 다시 반수체 세포들을 생성한다. 반수체 생활주기를 갖는 생물체에서는, 유사세포분열이 이배체 세포들에서 결코 일어나지 않는다.

### 생활주기의 세대교번에서는, 이배체 다세포 단계와 반수체 다세포 단계를 모두 갖는다

식물의 생활주기는 다세포 이배체 단계와 다세포 반수체 단계가 번갈아 나오기 때문에, 이를 세대교번이라고 한다. 전형적인 패턴은(그림 7-20), 다세포 이배체 성체 단계(이배체 세대)에서 특별한 세포들이 감수세포분열을 하게 되고,

▶ **그림 7-18 인간의 생활주기** 감수세포분열 중에, 남녀 양성은 배우자들–남성에서는 정자, 여성에서는 난자–을 형성하고, 이들은 서로 융합해 이배체인 접합자가 된다. 유사세포분열과 분화에 의해 딸세포는 배아, 어린이, 그리고 궁극적으로 성적으로 성숙된 성인이 된다. 반수체 단계는 단지 몇 시간 정도나 수일 정도에 걸쳐 지속될 뿐이다; 이배체 단계는 100년 동안 존속될 수도 있다.

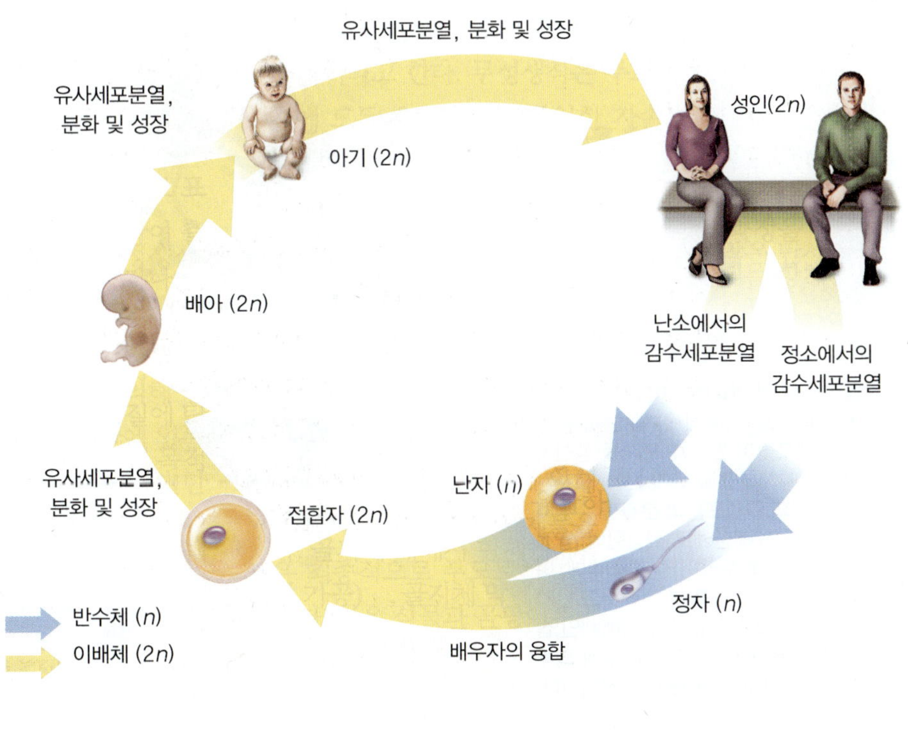

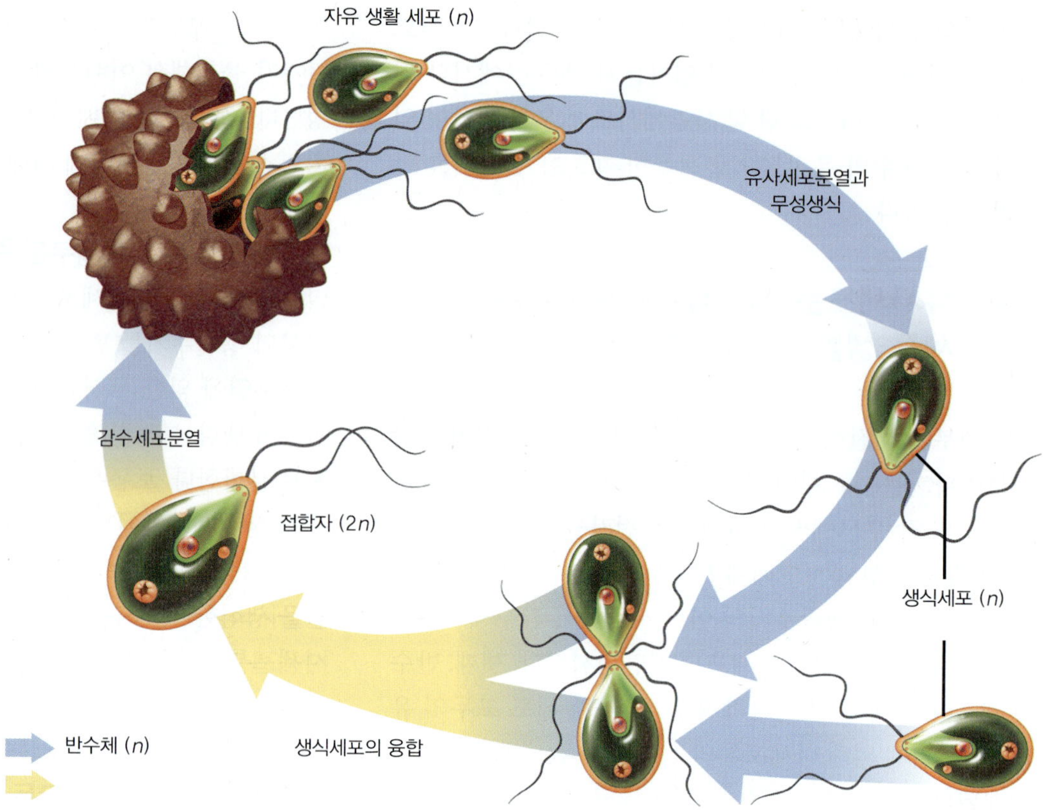


▶ **그림 7-19 단세포 조류인 *Chlamydomonas*의 생활주기** *Chlamydomonas*는 반수체 세포의 유사세포분열에 의해 무성생식으로 증식한다. 영양분이 부족해지면, 특화된 반수체 생식세포들(보통은 유전적으로 다른 집단들에서 생성된 것들)이 융합해 이배체 세포를 형성한다. 그런 다음 감수세포분열에 의해 즉시 4개의 반수체 세포들을 형성하는데, 이들은 통상적으로 모균들의 어느 쪽과도 다른 유전적 조성을 갖는다.

포자로 불리는 반수체 세포들을 만드는 것이다. 포자는 여러 차례 유사세포분열을 반복하게 되고, 포자의 딸세포들은 분화를 거쳐 다세포 반수체 성체 단계(반수체 세대)로 된다. 어느 시점에, 특정 반수체 세포들은 반수체 배우자로 분화한다. 그런 다음 2개의 배우자가 융합해 하나의 이배체 접합자를 형성한다. 접합자는 유사세포분열에 의해 성장해서 또 다른 다세포 이배체 성체 단계가 된다.

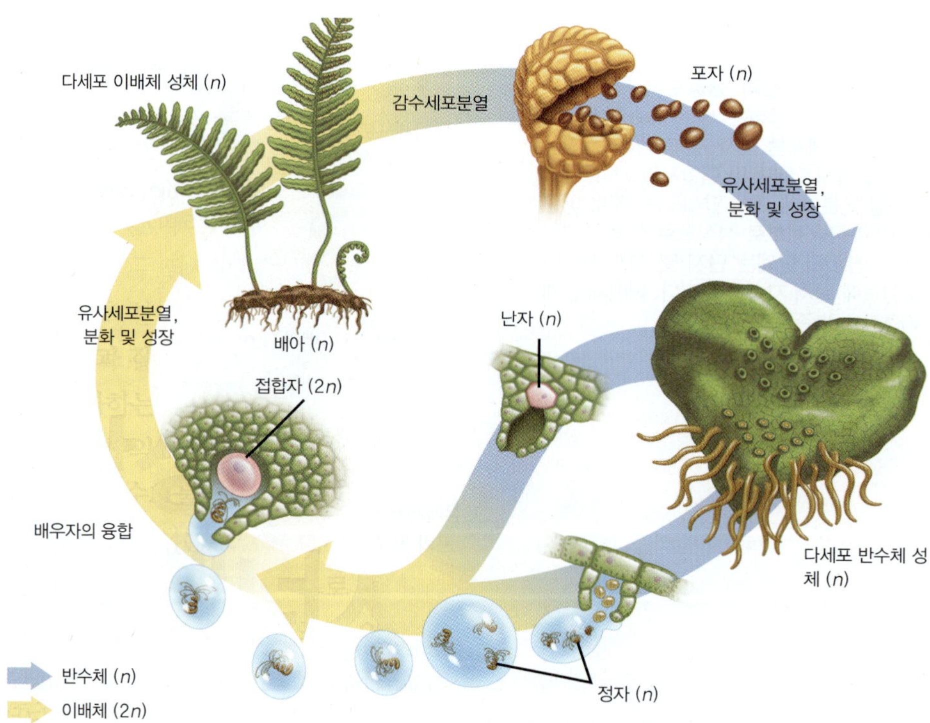


▶ **그림 7-20 세대교번** 이끼와 같은 식물에서는, 다세포 이배체 성체 단계에 있는 특화된 세포들이 반수체 포자를 생산하기 위해 감수세포분열을 하게 된다. 포자는 유사세포분열과 딸세포들의 분화를 수행해 다세포 반수체 성체 단계로 진입한다. 일정 시간 후, 아마도 몇 주일이 경과한 후에, 이들 반수체 세포들 중의 일부가 정자와 난자로 분화한다. 이들은 융합해서 이배체인 접합자가 된다. 유사세포분열과 분화에 의해 다시 다세포 이배체 성체 단계로 진입한다.

## 7.11 감수분열 중의 오류는 인간 유전병의 원인이 되는가?

이미 살펴보았듯이, 감수세포분열의 복잡한 메커니즘은 유성생식과 유전적 다양성 창출에 필수적이다. 하지만 이런 염색체의 정교한 댄스는 비용을 치르게 된다: 종종 차질이 생기면서 배우자는 정상보다 너무 많거나 적은 염색체를 갖게 된다. 감수분열에서의 이러한 오류를 **비분리현상 (nondisjunction)**이라고 하며 이러한 현상은 배우자의 성염색체나 상염색체 수에 영향을 미칠 수 있다(그림 7-21). 사람에서는, 비정상적인 염색체 수를 가진 배우자들의 융합으로 생긴 배아의 대부분이 자연유산 되는데 전체 유산의 20~50%가 여기에 해당된다. 그러나 비정상인 염색체 수를 가진 배아의 일부는 살아남아서 태어나고 생명을 유지하는 경우가 있다.

### 어떤 질병들은 성염색체 수의 이상으로 생긴다

사람과 기타 포유동물들의 정자는 X 또는 Y염색체 중 하나를 가지며, 모든 난자는 X염색체를 가진다. 남성에서 성염색체의 비분리현상은 성염색체가 없거나(보통 "O" 정자라고 부른다) 2개의 성염색체(XX, YY 또는 XY)를 갖는 정자를 생산한다. 여성의 성염색체에서의 비분리현상은 O 또는

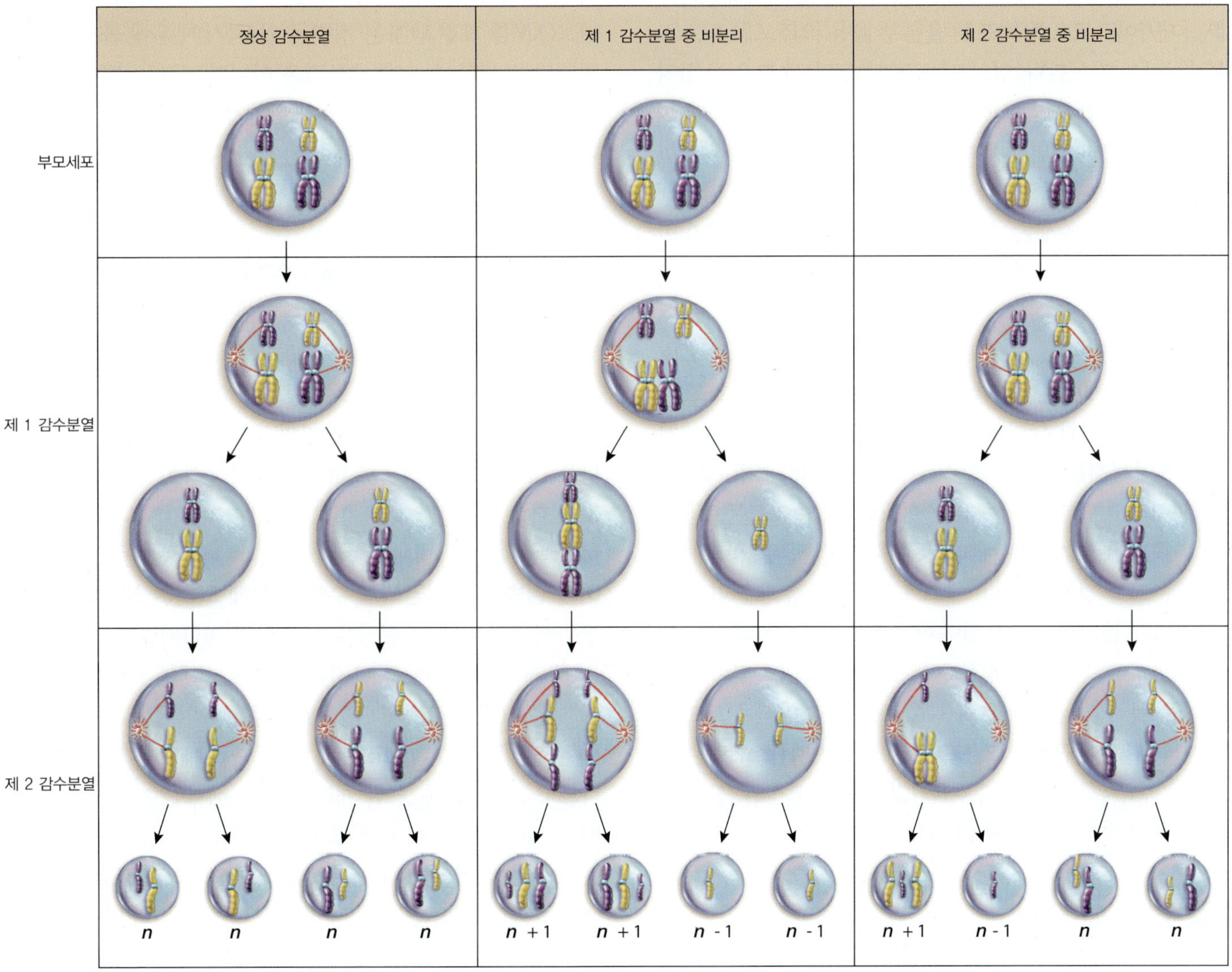


▲ **그림 7-21 감수분열기간 동안의 비분리 현상** 비분리 현상은 제 1 감수분열 또는 제 2 감수분열 기간 동안 일어날 수 있으며, 결과적으로 배우자 세포는 너무 많거나($n$+1) 또는 너무 적은($n$−1) 수의 염색체를 갖는다.

| 표 7-2 | 감수분열 중 성염색체의 비분리 현상의 영향 | | |
|---|---|---|---|
| **부계 비분리 현상** | | | |
| **결손 정자의 성염색체** | **정상 난자의 성염색체** | **자손의 성염색체** | **표현형** |
| O (없음) | X | XO | 여자 – 터너 증후군 |
| XX | X | XXX | 여자 – 삼염색체성 X |
| XY | X | XXY | 남자 – 클라인펠터 증후군 |
| YY | X | XYY | 남자 – 야콥 증후군 |
| **모계 비분리 현상** | | | |
| **정상 정자의 성염색체** | **결손 난자의 성염색체** | **자손의 성염색체** | **표현형** |
| X | O (없음) | XO | 여자 – 터너 증후군 |
| Y | O (없음) | YO | 초기 배아 때 죽음 |
| X | XX | XXX | 여자 – 삼염색체성 X |
| Y | XX | XXY | 남자 – 클라인펠터 증후군 |

XX 난자를 생산한다. 정상 배우자가 이러한 결함 있는 정자나 난자와 융합하면 그 접합자는 정상 상염색체를 갖게 되지만, 비정상인 성염색체 수를 갖게 된다(표 7-2). 가장 흔한 비정상 상태는 XO, XXX, XXY 그리고 XYY이다. X염색체상의 유전자들은 생존에 필수적이기 때문에, X염색체가 한 개만 없어도 배아는 발생 초기 때 자연유산 된다.

### 터너 증후군(XO)

여자아기 2,500명당 1명꼴로 한 개의 X염색체를 가지고 태어나는데, 이러한 상태를 터너 증후군(Turner syndrome, "하나의 X염색체를 가진다"는 의미로 1염색체성 X라고도 불린다)이라고 한다. 터너 증후군 여아의 난소는 보통 출생 전에 퇴화되어 있기 때문에 터너 증후군 여아들은 성장하면서 사춘기를 겪지 않는다. 에스트로겐을 처방해 주면 가슴이 커지는 등의 2차 성징 발육이 촉진될 수 있다. 그러나 대부분의 터너 증후군 여성들은 난소 기능이  상실되어 난자 생산을 못하기 때문에 호르몬 치료를 해도 임신은 불가능하다. 터너 증후군 여성의 또 다른 일반적인 특성으로는 작은 키, 목 주위 피부의 주름, 그리고 심혈관계 질환, 신장병, 청력 상실의 위험 증가 등이 있다.

### 3염색체성 X(XXX)

약 1,000명의 여성 중 한 명은 3개의 X염색체를 갖는데, 이런 상태를 3염색체성 X(trisomy X) 또는 3중 X라 한다. 그런 여자들의 대부분은 키가 크고 높은 빈도의 학습장애를 보이는 것 외에는 XX 여성들과 별다른 차이점이 없다. 터너 증후군 여성들과는 다르게 대부분의 3염색체성 X를 가진 여성들은 생식능력이 있으며, 흥미롭게도 거의 항상 정상적인 XX와 XY를 갖는 아이들을 낳는다.

### 클라인펠터 증후군(XXY)

약 500~1,000명의 남성 중 한 명은 두 개의 X염색체와 한 개의 Y염색체를 갖고 태어난다. 클라인펠터 증후군(Klinefelter syndrome) 남자들은 보통 작은 크기의 고환을 가지고 있기 때문에, XY 남자들이 고환에서 테스토스테론을 만들어 내는 것과 비교하여 테스토스테론을 많이 만들지를 못한다. 사춘기가 되면 이들 중 일부는 부분적인 유방 성숙, 넓어진 엉덩이, 빈약한 수염 같은 혼재된 2차 성징을 발현한다. XXY를 가진 남자는 정자 수가 적기 때문에 불임일 수 있지만 성생활이 불가능한 것은 아니다. 클라인펠터 증후군은 XXY 남성과 그의 여성 배우자가 불임 때문에 병원을 찾아와 진단 받으면서 비로소 알게 된다.

### 야콥 증후군(XYY)

**야콥 증후군(Jacob syndrome)**은 남자 1,000명당 한 명꼴로 발생한다. Y염색체는 활성 유전자를 몇 개만 가지므로, Y염색체를 한 개 더 가지는 야콥 증후군 남자들 대부분은 기능적으로나 외모적으로 큰 변화가 없다. XYY 남성들에서 보이는 가장 흔한 영향은 키가 평균보다 큰 경향을 가진다는 점이다. 추가적으로 학습장애 가능성이 조금 커질 수도 있다.

### 어떤 질병들은 상염색체 수의 이상에 의하여 생긴다

상염색체의 비분리 현상은 상염색체 하나가 빠지거나 또는 두 개의 상염색체를 가지는 정자나 난자를 생산한다. 정상 배우자(각 상염색체 한 개씩만 갖는)와의 융합은, 영향을 받은 상염색체 한 개 또는 세 개를 가진 배아를 만들게 된다. 어느 상염색체 중 한 개만을 가진 배아는 거의 발생 초기 단계에 유산되어 버리므로, 여성은 자신이 임신했었다는 사실을 전혀 알지 못한다. 상염색체가 세 개(3염색체성, trisomy)인 배아도 보통은 자연 유산된다. 그러나 염색체 13번, 18번 또는 21번이 3염색체성인 배아의 극히 일부는 생존해서 출생이 된다. 21번 염색체가 3염색체성인 경우에는 성인이 될 때까지도 생존할 수 있다.

(a) 21번 염색체가 3개인 것을 보여주는 핵형

(b) 다운 증후군 여동생과 정상인 언니

▲ **그림 7-22 21번 3염색체성 또는 다운 증후군** **(a)** 다운 증후군 아이의 핵형은 21번 염색체가 세 개임을 보여준다(화살표). **(b)** 다운 증후군은 거의 항상 비분리현상이 원인이며 집안 내력으로 유전되는 경우는 거의 없다. 사진 왼쪽의 언니는 부모로부터 21번 염색체를 각각 하나씩 물려받은 것이고; 동생은 부모 중 한 분으로부터 2개의 21번 염색체를 물려받은 것이다.

## 21번 3염색체성(다운 증후군)

21번 염색체를 한 개 더 가지는 상태를 21번 3염색체성(trisomy 21) 또는 **다운 증후군(Down syndrome)**이라고 하며, 700명 출산 중 1명꼴로 발생하지만 이러한 발생 빈도는 부모의 나이에 따라 많이 달라진다. 다운 증후군을 갖는 아이는 몇 가지 특별한 신체적 특징이 있는데, 약한 근력, 혀와 조화를 이루지 못해 부분적으로 벌려져 있는 작은 입, 특이한 모양의 눈 등이 그것이다(그림 7-22). 더욱 심각한 문제로는 다양한 수준의 정신지체, 전염병에 대한 약한 저항력, 심장결함 등이 포함된다.

염색체 비분리 현상의 빈도는 양친, 특히 산모의 나이가 많아질수록 증가한다. 20세 산모가 낳은 아이의 0.05% 정도가 다운 증후군을 가지는 반면에, 산모의 나이가 45세를 넘어서면 3% 이상으로 증가한다. 정자의 비분리현상은 다운 증후군의 경우 10% 정도의 원인에 해당하며, 아버지의 나이가 증가해도 다운 증후군 발생 비율이 그다지 늘어나는 것은 아니다. 21번 3염색체성은 출생 전에 태아세포의 염색체를 조사함으로써 진단할 수 있으며, 부정확하지만 태아의 생화학적 검사나 초음파 검사로도 알 수 있다.

Chapter

# 8 유전 현상

올림픽 배구 은메달리스트인 플로 하이만(Flo Hyman)은 선수생활 절정기에 마르판 증후군으로 사망했다.

플로 하이만은 키 183cm에 우아하고 탄탄한 몸을 가진 당대 최고의 배구선수였다. 그녀는 1984년 올림픽 때 미국 배구팀에게 은메달을 안겨주었고 이후 일본 프로팀에 입단했다. 1986년에 31세의 나이에 호흡곤란으로 경기 출전을 포기하고 선수석에서 구경만 하다가 결국 사망하였다. 이렇게 젊고 건강한 사람에게 어떻게 이런 일이 일어날 수 있을까?

하이만은 마르판 증후군(Marfan syndrome)이라는 희귀 유전병을 가지고 있었다. 마르판 증후군을 가진 사람들은 키가 크고 날씬하며 팔, 다리가 길고 유연하며 손발이 크다. 일부 마르판 증후군을 가진 사람들은 이러한 특징 때문에 부와 명성을 얻기도 했다. 그러나 불행하게도 마르판 증후군은 생명을 앗아가기도 한다.

하이만은 심장으로부터 몸 전체에 혈액을 운반하는 거대 동맥인 대동맥의 파열로 사망하였다. 왜 하이만의 대동맥이 파열되었으며 큰 키와 큰 손이 연약한 대동맥과 무슨 공통점을 가지고 있었을까? 마르판 증후군은 결합조직의 필수 구성성분인 피브릴린(Fibrillin)이라는 단백질을 암호화하는 유전자의 돌연변이로 생기는 병이다. 정상적인 피브릴린은 긴 섬유 형태로 뼈에 근육을 붙이는 힘줄, 관절에서 뼈를 서로 이어주는 인대, 그리고 동맥의 벽에 힘을 가지도록 한다. 또한 피브릴린은 뼈, 연골, 인대, 그리고 힘줄을 포함하는 연결조직을 만드는 세포들의 세포분열이 과도하게 일어나지 않도록 특정 성장인자를 억제시킨다. 결함이 있는 피브릴린은 성장인자를 억제시키지 못하므로, 그 결과 마르판 증후군을 가진 사람들은 팔, 다리, 손, 발이 비정상적으로 길어지게 되는 것이다. 결함이 있는 피브릴린 분자와 과도한 성장인자의 작용으로 뼈, 연골, 동맥벽 등이 약해지게 된다.

인간을 포함한 이배체 생물은 각각의 유전자가 쌍으로 이루어 졌는데 한 유전자 각각은 상동염색체상에 존재한다. 이 중에 한쪽 피브릴린 유전자가 결손되면 마르판 증후군이 일어난다. 이 사실은 마르판 증후군의 유전에 대해 우리에게 무엇을 알려주는가? 모든 유전병들은 한쪽 유전자의 이상만으로 생길 수 있는가? 이를 이해하기 위하여 우리는 과거의 모라비아에 있는 수도원으로 들어가 그레고리 멘델의 정원을 방문해 보아야 한다.

## Contents

## 8.1 유전 법칙은 어떻게 발견되었는가?

**유전(inheritance)**이란 개체들의 형질들이 자손에게 전달되는 과정이다. 유전의 물리적 기초가 되는 것들에 대해 간략하게 살펴보며 유전에 대한 여정을 시작하고자 한다. 이 장에서는 반수체 배우자의 결합을 통해 유성생식을 하는 대부분의 동, 식물을 포함한 이배체 생물체에만 국한시켜 논의하고자 한다.

이배체 생물체의 염색체는 쌍으로 이루어져 있으며 이 염색체 쌍을 상동염색체라 한다. 상동염색체 쌍 각각에는 동일한 위치에 동일한 **유전자(gene)**가 놓여있다. 그러나 유전자의 뉴클레오타이드 서열은 한 종의 개체들마다 다르고 심지어 동일 개체에서도 두 개가 서로 다를 수 있다. 이러한 어떤 동일한 **유전자자리(locus)**에서 유전자의 서로 다른 유형을 **대립유전자(alleles)**라고 한다(그림 8-1) 즉, 이배체 생물체는 상동염색체 쌍을 가지며 각각은 동일한 유전자자리를 가지고 있기 때문에 한 개체는 각 유전자를 두 개씩 갖게 된다.

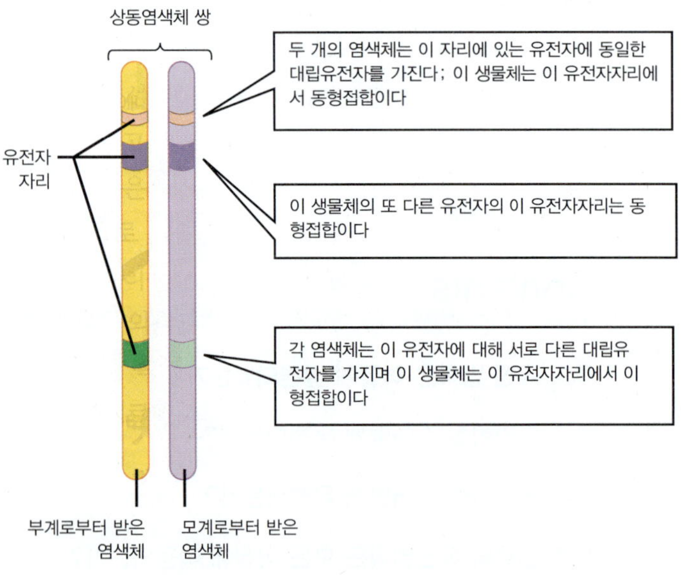


▲ **그림 8-1 유전자, 대립유전자, 그리고 염색체 사이의 관계** 각각의 상동염색체는 동일한 유전자 쌍을 갖는다. 각 유전자는 그 염색체상의 동일한 위치, 즉 유전자자리에 위치한다. 같은 유전자자리에서 뉴클레오타이드 서열의 차이가 유전자의 서로 다른 대립유전자를 만들어 낸다. 이배체 생물체는 각 유전자에 대하여 각각의 상동염색체에 하나씩, 모두 두 개의 대립유전자를 갖는다. 두 개의 상동염색체상의 대립유전자는 같을 수도 있고 다를 수도 있다.

### 올바른 길 : 멘델의 성공 비결

▲ **그림 8-2 그레고리 멘델 (Gregor Mendel)**

1800년 중기에 오스트리아 수도승 그레고리 멘델은 실험을 통해 많은 중요한 유전법칙을 발견했다(그림 8-2). 멘델이 비록 DNA, 염색체, 감수분열이 알려지기 이전에 연구를 수행했지만, 그의 연구결과는 유전자와 대립유전자 그리고 이것들이 유성생식 동안 어떻게 유전이 되는가에 대한 아주 중요한 사실들을 밝혔다. 그의 실험은 행동하는 과학의 훌륭한 본보기이기 때문에 지금부터 멘델이 지나간 발견의 발자취를 따라가 보자.

모든 생물학 실험에서 성공을 위한 세 가지 중요한 단계가 있다: 첫째는 연구하고자 하는 적절한 대상을(대상은 효소, 대사과정, 생물체, 생태계에 이르기까지 다양할 수 있다) 선택하는 것, 둘째는 올바르게 실험을 디자인하고 수행하는 것, 마지막으로 결과를 정확히 분석하는 것이다. 멘델은 이 세 가지 단계 모두를 완성한 최초의 유전학자이다.

멘델은 그의 연구를 위해 완두콩을 선택하였다(그림 8-3). 수술은 꽃의 숫생식기관으로서 꽃가루

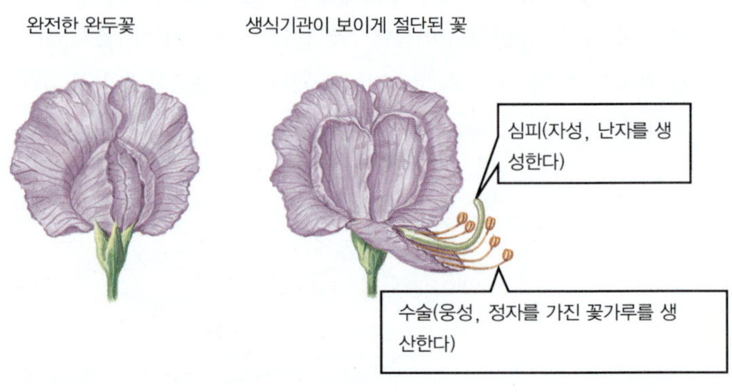


▲ **그림 8-3 완두꽃** 완전한 완두꽃(왼쪽)에서 하부의 꽃잎이 생식기관인 수술과 심피를 감싸고 있다. 평상시 꽃가루는 밖에서 들어와 수정되지 않는다. 그래서 완두꽃은 자가수분과 자가수정을 한다. 만일 덮고 있는 꽃잎이 열리면(오른쪽) 인공적으로 타가수분이 가능하다.

를 생산한다. 각각의 꽃가루는 정자를 포함하고 있다. **수분(pollination)**은 정자를 암생식기관인 심피 속에 있는 자방(carpel)의 난자와 수정하도록 한다. 완두콩의 꽃잎은 모든 생식기관을 감싸고 있어서 다른 꽃의 꽃가루가 들어가는 것을 막고 있다. 따라서 꽃의 난자는 같은 꽃의 꽃가루에서 유래한 정자에 의해서만 수정된다. 각 생물체의 정자가 자신의 난자와 수정될 때 이 과정을 **자가수정(self-fertilization)**이라고 한다.

그러나 멘델은 어떤 특징들이 자손에게 유전되는지를 알기 위해 두 개의 서로 다른 콩 식물을 교배시키길 원했고, 그러기 위해 그는 꽃잎을 벌리고 수술을 제거하여 자가수정을 막았다. 심피의 끈적거리는 암술머리에 다른 식물의 꽃가루를 털어 넣어주었다. 한 생물체의 정자가 다른 생명체의 난자와 수정될 때 이 과정을 **타가수정(cross-fertilization)**이라 한다.

멘델의 실험 설계는 단순하였지만 현명했다. 그는 흰색 꽃 색에 보라색 꽃 색과 같은 뚜렷한 특징을 가진 형질을 연구하였다. 또한, 한 번에 하나의 형질에 대해 연구하였다. 초기의 과학자들은 일반적으로 개체들 사이에 약간 다르게 나타나는 형질을 포함하여 생물체 전체의 모든 특징들을 한꺼번에 모두 고려하여 유전연구를 하려고 애썼다. 당연히 연구자들은 새로운 사실을 알아내기보다는 갈팡질팡하였다.

연구결과를 해석하기 위해 멘델은 각각의 형질을 가진 자손의 수를 계산하면서 몇 세대 동안 이러한 형질들의 유전을 살펴보았다. 멘델에 의한 이러한 숫자들의 분석으로 유전의 기본양식이 명백해졌다. 오늘날에는 실험결과의 정량화와 통계 분석의 적용이 모든 생물학 연구에 필수도구이다. 멘델시대에서 숫자 분석은 혁신적 연구방법이었다.

## 8.2 단일형질은 어떻게 유전되는가?

보라색 꽃 색과 같은 형질을 가지고 있는 **순종(true-breeding)** 생물체들은 그들을 자가수정시켰을 때 자손 모두에게 변함없이 유전된다. 멘델은 처음 실험에서 꽃색과 같이 단일형질이 다른, 여러 순종 완두 식물을 타가수정시켰다. 적어도 하나의 유전적으로 결정된 형질에서 똑같지 않은 부모의 자손을 **잡종(hybrids)**이라고 부른다. 멘델은 자손의 형질을 결정하기 위하여 생긴 잡종 씨앗을 보관하였다가 이듬해에 길렀다.

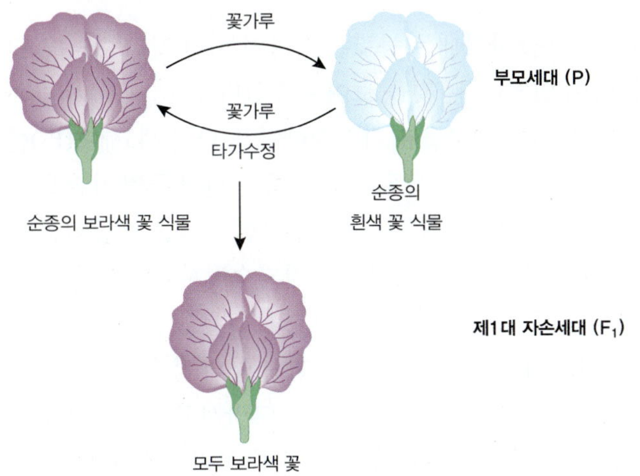


▲ **그림 8–4 흰색 꽃과 보라색 꽃의 교배** 자손 모두 보라색 꽃을 가졌다.

이러한 실험 중에 멘델은 순종의 흰 꽃을 갖는 식물을 역시 순종의 보라색 꽃을 갖는 식물에 타가수정시켰다. 이렇게 시작한 처음 식물을 부모세대라고 하고 문자로 P라고 표시하였다. 그 결과 생긴 잡종 씨앗을 길렀을 때 그는 제1세대 자손 모두가("first filial" 또는 $F_1$ 세대) 보라 꽃을 피운 것을 발견했다(그림 8-4). 흰색은 어떻게 되었는가? $F_1$ 잡종의 꽃은 순종부모세대와 같은 보라색 꽃을 가졌다. 순종의 흰색 꽃은 F1 자손세대에서는 사라지는 것으로 보인다.

멘델은 F1세대의 꽃을 자가수정하였다. 그래서 얻어진 종자를 다음해 봄에 다시 심었다. 제2세대($F_2$)에서 705개 식물이 보라색이었고 224개 식물은 흰색으로 나타났다. 이 숫자는 약 3/4이 보라색, 1/4이 흰색으로, 보라색: 흰색의 비율은 대략 3:1이었다(그림 8-5). 이러한 결과로 미루어 보아 $F_1$

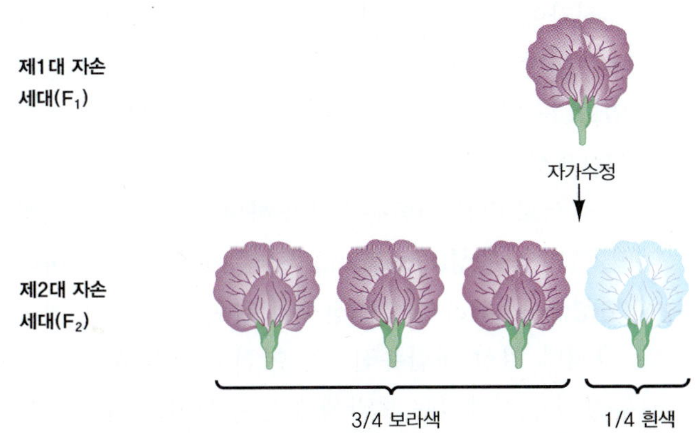


▲ **그림 8–5 $F_1$ 보라색 꽃의 자가수정** 자손의 3/4은 보라색 꽃을, 1/4은 흰색 꽃을 생산한다

에서 흰색을 나타내는 능력은 사라져 버린 것이 아니고 단지 "숨어 있었다"는 것을 보여주고 있다.

멘델은 $F_2$의 식물을 자가수정하여 또 다시 제3세대($F_3$)를 만들었다. 그는 여기서 $F_2$의 흰색 꽃은 흰색 꽃의 자손을 생산하는 것을 발견하였다. 다시 말하면 그들은 순종이었다. 반면에 보라색 꽃의 $F_2$ 식물을 자가수정시키면 자손은 두 가지 유형으로 나타났다. 이들의 약 1/3은 보라색의 순종이었고 나머지 2/3는 보라색이나 흰색 꽃의 자손을 생산하는 잡종이었다. 즉 3:1의 비율이었다. 따라서 $F_2$의 세대에서는 1/4이 순종 흰색 식물이고 1/4 은 순종 보라색이며, 1/2은 잡종 보라색이었다.

## 상동염색체상의 우성과 열성 대립유전자의 유전이 멘델의 교배실험의 결과를 설명한다

멘델의 실험 결과에 유전자와 상동염색체에 대한 현재의 지식을 보충하여 단일형질의 유전에 대해 다음과 같은 다섯 가지의 가설을 만들 수가 있다.

- 각 형질은 유전자라고 불리는 한 쌍의 분리된 물리적 단위에 의하여 결정된다. 각 생물개체는 각 유전자에 대하여 두 개의 대립유전자를 갖는데 이들은 상동염색체 각각에 한 개씩 존재한다. 흰 꽃을 갖는 순종 완두콩은 보라색 꽃을 갖는 순종 완두콩과 꽃 색의 유전자에서 서로 다른 대립유전자를 갖고 있다.
- 순종 생물체는 어떤 하나의 유전자에 대하여 동일한 대립유전자를 두 개 갖고 있으므로 그 유전자에 대해 **동형접합(homozygous)**이다. 동형접합자 개체에서 형성된 모든 배우자는 그 유전자에 대해 동일한 대립유전자를 갖는다(그림 8-6a). 잡종 생물체는 어떤 하나의 유전자에 대하여 두 개의 서로 다른 대립유전자를 가지므로 그 유전자에 대해 이형접합이다. 이형접합자를 가진 배우자의 절반은 그 유전자에 대하여 한 대립유전자를 갖고 있고, 또 다른 절반은 다른 쪽 대립유전자를 갖고 있다(그림 8-6b).
- 두 개의 서로 다른 대립유전자가 하나의 개체에 존재한다면, 하나의 **우성(dominant)** 대립유전자는 다른 하나인 **열성(recessive)** 대립유전자의 발현을 억제할 것이다. 그러나 열성 대립유전자는 여전히 존재하고 있다. 완두콩의 실험에서는 보라색 꽃은 우성이고 흰색 꽃은 열성이다.

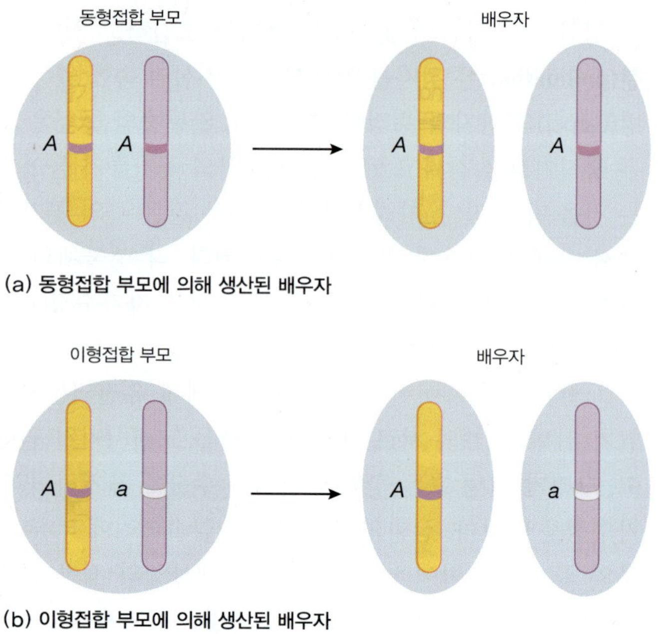


▲ **그림 8-6 배우자에서 대립유전자의 분포** (a) 동형접합 개체에 의해 생산된 모든 배우자는 동일한 대립유전자를 가진다. (b) 이형접합 개체에 의해 생산된 배우자의 반은 한쪽의 대립유전자를 가지고 배우자의 반은 다른 쪽의 대립유전자를 갖는다.

- 상동염색체 쌍이 감수분열 과정에서 서로 분리되면, 대립유전자도 나눠진다. 이러한 현상이 멘델의 **분리의 법칙(law of segregation)**으로 알려져 있다. 따라서 각 배우자는 한 쌍의 대립유전자 중에 오직 하나만 받게 된다. 정자가 난자와 수정할 때, 자손은 부계(정자)로부터 하나의 대립유전자를, 모계(난자)로부터 또 다른 하나의 대립유전자를 받는다.
- 상동염색체는 감수분열 동안 무작위로 나누어지기 때문에 배우자 내로 들어가는 대립유전자의 분배는 무작위로 이루어진다.

이러한 가설이 어떻게 꽃의 색에 대한 멘델의 실험 결과를 설명하는가를 살펴보자(그림 8-7). 서로 다른 대립유전자를 표시하는데 문자를 이용해 대문자 $P$는 보라색(우성)을 표시하고 소문자 $p$는 흰색(열성)을 표시하자. 동형접합인 보라색 꽃을 가진 식물은 보라색 꽃 색에 대해 두 개의 대립유전자($PP$)를 갖는다. 동형접합인 흰색 꽃을 가진 식물은 흰 꽃 색에 대하여 두 개의 대립유전자($pp$)를 갖는다. 따라서 $PP$ 식물에 의하여 생성되는 모든 정자와 난자는 $P$ 대립유전자를 가지나 *pp* 식물에 의하여 생성되는 모든 정자와 난자는 *p* 대립유전자를 갖게 된다(그림 8-7a).

*P*를 갖는 정자가 *p*를 갖는 난자와 수정하든지 *p*를 가진 정자가 *P*를 가진 난자와 수정하여 타가수분으로 $F_1$ 자손이 생긴다면 어느 경우에서나 $F_1$ 자손은 *Pp*이며 P는 *p*에 대하여 우성이기 때문에 모든 자손은 보라색이다(그림 8-7b).

멘델은 이형접합 $F_1$ 식물들을 자가수정하여 $F_2$ 세대를 얻었다. 이형접합자 *Pp* 식물에 의하여 생산되는 각 배우자는 *P* 나 *p* 대립유전자를 받을 수 있는 확률은 동일하다. 즉 이형접합 식물은 동일한 수의 P와 *p*를 갖는 정자와 난자를 생산한다. 만일 *Pp* 식물이 자가수정되면 각 종류의 정자가 각 종류의 난자와 수정할 수 있는 기회는 동일하다(그림 8-7c). 따라서 $F_2$ 세대에서는 세 종류의 자손 즉 *PP*, *Pp* 그리고 *pp*가 생기게 된다. 세 가지 종류는 약 1/4의 *PP*(동형접합 보라), 1/2의 *Pp*(이형접합 보라)와 1/4의 *pp*(동형접합 흰색)의 비율로 나타난다.

겉으로 비슷하게 보이는 두 식물들이 실제로는 다른 대립유전자의 조합으로 되어있을 수도 있다. 생물체에 의하여 이루어지는 대립유전자의 조합을(예컨대 *PP* 또는 *pp*) **유전형(genotype)**이라 하고 외형, 행동, 소화효소, 혈액형 기타 관찰 혹은 측정되는 생물체의 특징을 **표현형(phenotype)**이라고 한다. 지금까지 본 바와 같이 *PP*나 *Pp* 유전자형을 갖는 식물은 표현형으로는 보라색 꽃을 나타낸다. 멘델이 재배한 완두콩 $F_2$ 세대는 3개의 유전자형으로 이루어 졌지만 (1/4 *PP*, 1/2 *Pp* 그리고 1/4 *pp*) 표현형은 단지 두 가지(3/4 보라색과 1/4 흰색)만 나타난다.

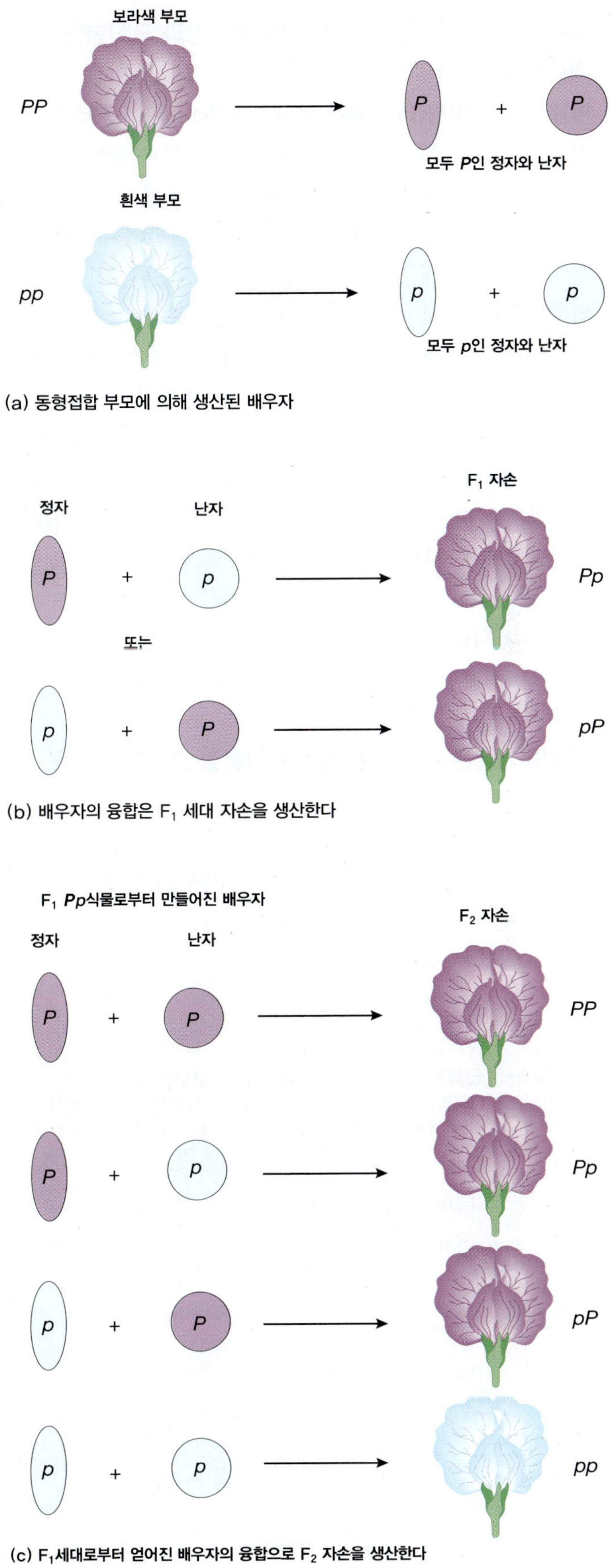


▶ **그림 8-7 대립유전자의 분리와 배우자들의 융합은 완두콩 꽃색의 유전에서 대립유전자와 형질의 분포를 예측한다** **(a)** 부모세대: 동형접합 부모의 모든 배우자는 같은 대립유전자를 갖는다: *PP* 부모의 배우자는 *P* 대립유전자만, *pp* 부모의 배우자는 *p* 대립유전자만 갖는다. **(b)** $F_1$ 세대: *P* 대립유전자를 가진 배우자와 *p* 대립유전자를 가진 배우자의 융합은 *Pp* 자손을 생산한다(*Pp*와 *pP*는 같은 유전형이라는 것을 기억하라). **(c)** $F_2$ 세대: 이형접합 *Pp* 부모의 배우자의 절반은 *P* 대립유전자를 가지며 절반은 *p* 대립유전자를 갖는다. 이들 배우자의 융합으로 *PP*, *Pp*, *pp* 자손이 생산된다.

## "유전학적 기록"을 통해 자손의 유전형과 표현형을 예측할 수 있다

**퍼네트 사각형법(Punnett square method)**은 1900년대 초기 유명한 유전학자 R. C. Punnett에 의하여 만들어졌으며 자손의 유전자형과 표현형을 나타내는 데 편리한 방법이다. 그림 8-8a는 하나의 형질에 대해 이형접합인 두 생물체를 교배시켰을 때 생산되는 자손의 예상 비율을 결정하기 위하여 퍼네트 사각형을 사용하는 방법을 보여주고 있다. 그림 8-8b는 각 유형의 정자와 각 유형의 난자가 수정될 확률을 사용하여 자손의 비율을 계산하는 방법을 보여준다.

유전학적 기록법을 실제 실험에 사용하면, 정확히 예상한 대로의 비율로 자손들에게 나타나지는 않는다는 것을 기억해야 한다. 예를 들면 매번 임신할 때마다 아들과 딸이 태어날 확률은 서로 동일하다. 그러나 두 아이를 가지고 있는 모든 가정이 한 명은 아들이고 또 다른 한 명으로 딸을 갖는 것은 아니다. 1:1의 비율은 여러 가족에서 관찰되는 아이들의 성비의 평균이다.

## 멘델의 가설은 새로운 형태의 단일형질 교배의 출현을 예측할 때 사용될 수 있다

멘델이 과학적인 방법을 썼다는 것을 알게 되었을 것이다: 관찰을 하고 그것에 기준하여 가설을 세웠던 것이다. 그러나 멘델의 가설이 계속된 실험의 결과도 정확하게 예측할

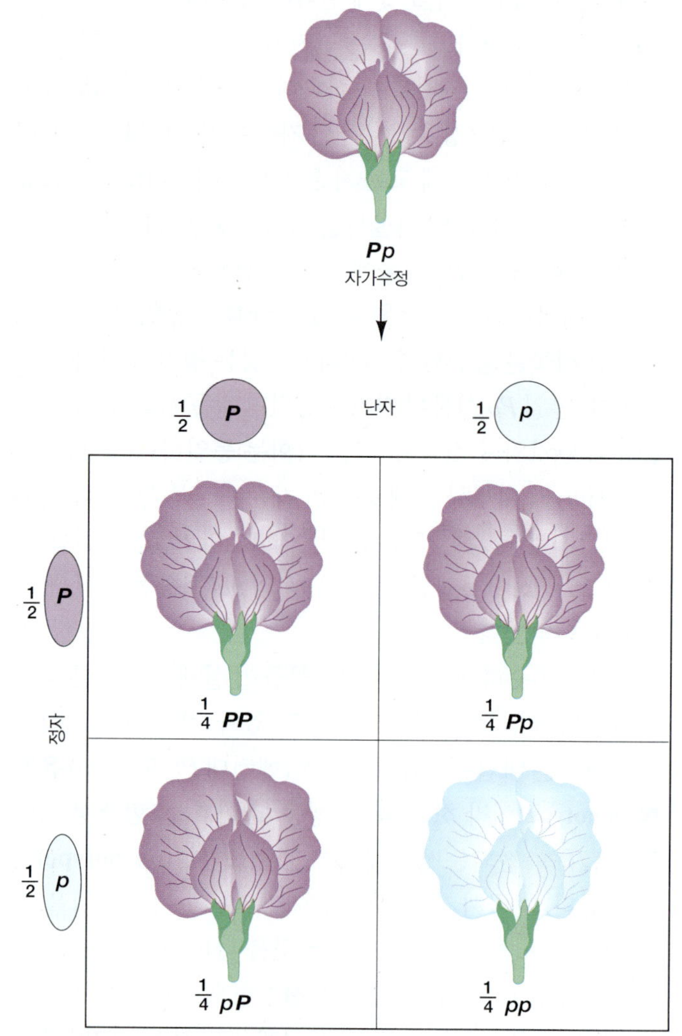


(a) 단일형질 교배의 퍼네트 사각형법

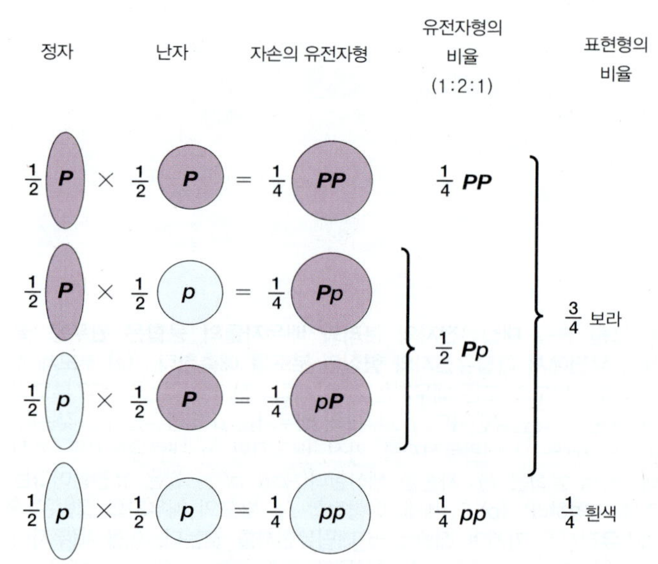


(b) 단일형질 교배의 자손 결정에 확률을 사용

▶ **그림 8-8 단일형질 교배에 의해 생긴 결과 결정하기**

(a) 퍼네트 사각형법은 당신이 어떤 교배에서의 유전자형과 표현형을 예측할 수 있게 해준다; 이 그림에서 우리는 꽃 색이라는 단일형질을 이형접합으로 가지고 있는 완두 식물 사이의 교배에 이 방법을 이용해본다.

1. 서로 다른 대립유전자에 문자를 부여한다; 우성에는 대문자를, 열성에는 소문자를 이용한다.
2. 암, 수 부모로부터 생성되는 유전적으로 서로 다른 모든 배우자의 유형을 결정한다.
3. 퍼네트 사각형을 그린다. 가로와 세로에 각각 난자와 정자의 가능한 유전자형을 모두 표시한다.(각각의 유전자형을 분수로도 표시한다.)
4. 가로에 있는 난자의 유전자형과 세로에 있는 정자의 유전자형이 결합된 자손의 유전자형을 사각형 안에 써 넣는다(가로 위쪽의 난자의 분수를 세로 앞쪽의 정자의 분수에 곱한다).
5. 각각의 유전자형을 갖는 자손의 수를 센다(*Pp*는 *pP*와 같은 유전자형임을 주의).
6. 각 자손의 유전자형 수를 자손 전체 수의 분수로 전환한다. 이 실험에서 4가지 수정 중에 오직 하나만이 *pp*유전자형으로 생산된다. 따라서 이 교배 실험에서 생산된 자손의 1/4은 흰색으로 예측할 수 있다. 표현형의 분수들을 결정하기 위하여 유전자형의 분수를 더하면 표현형이 된다. 예를 들면 보라색 꽃은 1/4 PP+1/4 Pp+1/4 *pP* 유전자형이 만들게 되므로, 즉 총 자손의 3/4이 보라색이 된다.

(b) 확률도 단일형질 교배의 결과를 예측하는 데 사용될 수 있다. 각 유전자형의 난자와 정자의 분수를 결정하여 이 분수를 함께 곱하여 각 유전자형을 가진 자손의 분수를 계산한다. 만일 두 개의 유전자형이 같은 표현형을 생성하였다면(예, *Pp*와 *pP*), 각 유전자형의 분수를 합하여 표현형 분수를 결정한다.

까? 이형접합 $F_1$ 식물이 하나의 보라색에 대한 대립유전자와 하나의 흰색에 대한 대립유전자를 가졌다는 가설을 기반으로(즉, *Pp* 유전자형을 가졌다면), 멘델은 이 *Pp*식물을 동형 열성 흰색 식물(*pp*)과 타가수정시켰을 때 그 결과를 예측했다: 동일한 수의 *Pp*(보라색)와 *pp*(흰색)의 자손을 예측하였고 실제로 그것이 맞는다는 것을 발견하였다.

이러한 종류의 실험은 가축과 재배식물 품종들의 우수한 우성형질이 자손들 모두에게 전해질지 혹은 일부에게만 유전될지를 알고자 할 때 유용하게 이용된다. 우성 표현형(이 경우는 보라색 꽃)이지만 유전자형은 알지 못하는 개체와 동형 열성접합자 개체(흰 꽃)와의 타가수정을 검정교배(test cross)라고 하는데, 이것은 우성 표현형을 가진 개체가 동형접합자인지 이형접합자인지를 알아보는 것이기 때문이다(그림 8-9). 만일, 동형 열성접합자(*pp*)와 교배하였을 때, 동형접합 우성(*PP*)이라면 표현형적으로 모두 우성 자손이 생산되는 반면에 이형접합 우성 (*Pp*)이라면 우성과 열성 표현형이 1:1의 비율로 생성된다.

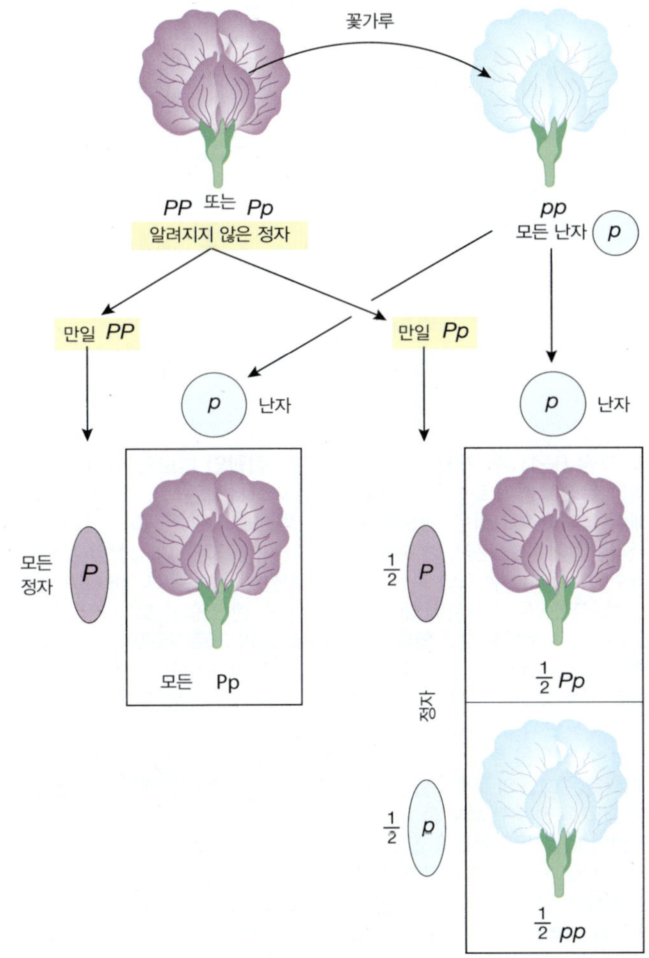


▲ 그림 8-9 **검정교배의 퍼네트** 사각형법 우성 표현형을 가진 생물체는 동형접합이거나 이형접합일 것이다. 동형접합 열성 생물체와의 교배는 우성 표현형 생물체가 동형접합(왼쪽)인지 또는 이형접합(오른쪽)인지를 결정할 수 있게 한다.

## 8.3 복합형질은 어떻게 유전되는가?

다음으로 멘델은 복합형질 유전으로 연구의 눈을 돌렸다(그림 8-10). 그는 두 가지 형질이 서로 다른 식물을 타가수정시켰다 - 예컨대 씨의 색(황색이나 녹색) 그리고 씨의 모양(매끄럽거나 주름지거나). 이런 형질을 갖는 식물들을 교배하여 멘델은 이미 씨 모양의 유전자에서는 매끄러운 대립유전자(*S*)가 주름진 대립유전자(*s*)에 대하여 우성인 것과 또한 씨의 색 유전자에서는 노란색 대립유전자(*Y*)가 녹색 대립유전자(*y*)에 대하여 우성임을 알았다. 그는 매끄럽고 노란색의 씨(SSYY)를 생산하는 순종 식물을 주름지고 녹색인 씨(ssyy)를 생산하는 순종식물과 교배시켰다. SSYY

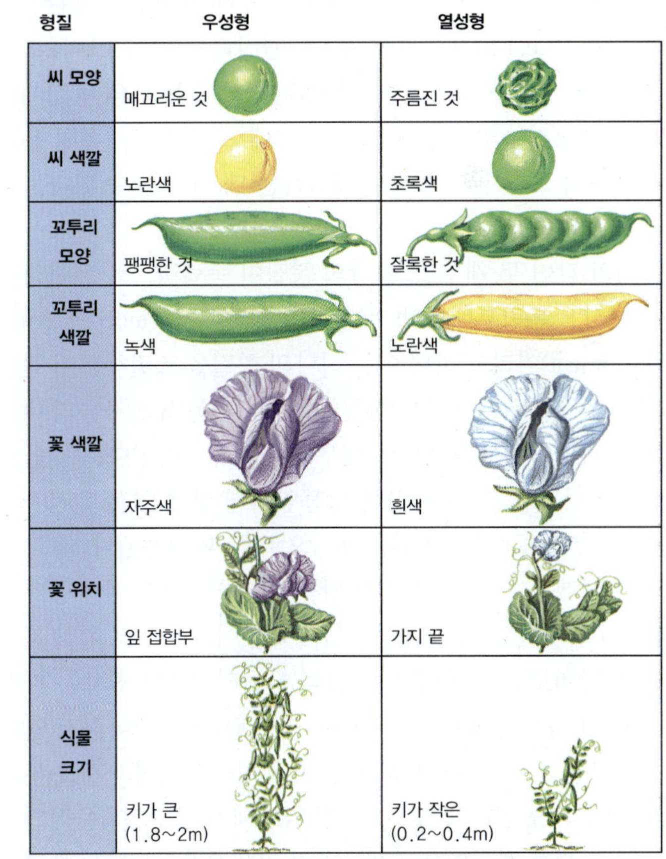


▲ 그림 8-10 **멘델이 연구에 사용하였던 완두콩 식물의 형질들**

식물은 SY 배우자만 생산하고 ssyy 식물은 sy 배우자만 생산하므로 $F_1$ 자손은 모두가 이형접합이었다: 유전자 형이 SsYy이었으므로 표현형으로는 매끄럽고 노란색 씨였다.

멘델은 이형접합인 $F_1$ 식물을 자가수정시켜 $F_2$ 세대에서 매끄럽고 노란색의 씨를 315개, 주름지고 노란색의 씨는 101개, 매끄럽고 녹색은 108개 그리고 주름지고 녹색의 씨는 32개를 얻었고-그 비율은 9:3:3:1이었다. 두 개의 형질에 대하여 이형접합인 다른 식물들의 교배에서 생산되는 자손의 표현형도 역시 9:3:3:1의 비율로 나타났다.

## 멘델은 형질이 독립적으로 유전된다고 가정하였다

멘델은 이러한 실험 결과로 씨의 색과 씨의 모양에 대한 유전자가 배우자 형성 기간에 서로 영향을 주지 않고 독립적으로 유전된다는 사실을 알았다. 이 가설이 옳다면 각 형질에 대하여 자손의 3/4은 우성 표현형이고 1/4은 열성 표현형으로 나타날 것이다. 이 결과가 바로 멘델의 실험에서 나타난 것이다. 그는 423개의 식물은 매끄러운 씨(꽃 색과 상관이 없다)이고 133개의 식물은 주름진 씨인 것과(약 3:1비): 똑같은 식물들 중에서 416개는 노란색 씨(씨 모양은 상관이 없다) 그리고 140개는 녹색 씨임을 관찰하였다(약 3:1비). 그림 8-11은 퍼네트 사각형이나 확률계산법이 두 개의 형질에 대한 이형접합의 생물체들 간의 교배로 생성된 자손의 유전자형과 표현형의 비율을 예측하는 데 사용될 수 있다는 것을 보여준다.

이와 같이 두 개나 그 이상의 형질이 독립적으로 유전하는 현상을 독립분배의 법칙(독립의 법칙, law of independent assortment)이라고 하며 이는 하나의 형질을 조절하는 유전자의 대립유전자가 다른 형질들을 조절하는 유전자들의 대립유전자와는 독립적으로 배우자에 분배되어진다는 것을 설명한다. 독립분배는 다른 상동염색체 쌍에 있는 유전자에 의하여 조절되는 형질을 대상으로 할 때 적용된다. 왜 그렇게 되겠는가? 감수분열 시 쌍을 이룬 상동염색체가 중기 I 시기에 배열된다. 어떤 상동염색체가 어느 극으로 향할 지는 무작위로 이루어지고 한 쌍의 상동염색체의 진로는 다른 쌍의 상동염색체의 진로에는 아무런 영향을 미치지 않는다(7장 참조). 따라서 후기 I 시기에 상동염색체가 서로 분리될 때, 상동염색체 쌍 1에 어떤 염색체가 "북으로" 움직이는 것은 다른 상동염색체 쌍 2에 한 염색체가 "북으로" 움직이는 데 아무런 영향을 미치지 않는다. 즉, 다른 염색체에 있

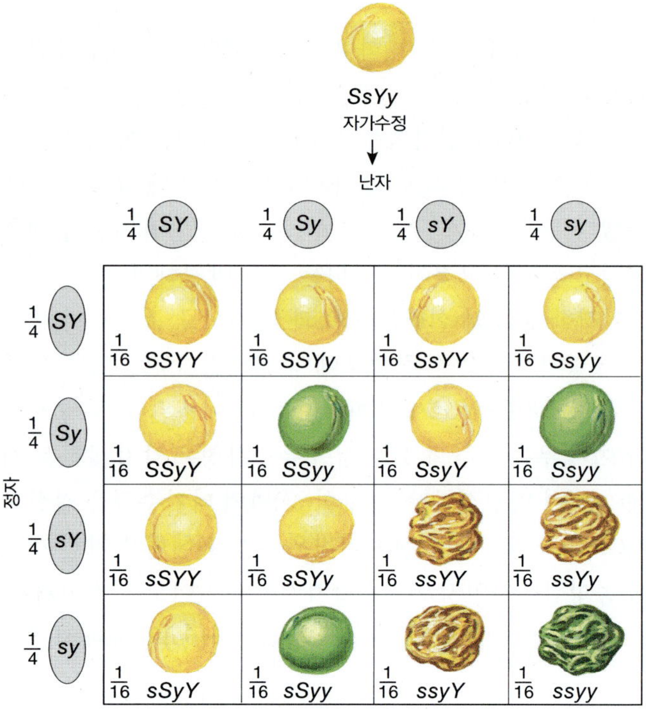


(a) 두 가지 형질의 교배에 대한 퍼네트 사각형법

| 씨 모양 | | 씨 색깔 | | 표현형의 비율 (9:3:3:1) |
|---|---|---|---|---|
| $\frac{3}{4}$ 매끄러운 것 | × | $\frac{3}{4}$ 노란색 | = | $\frac{9}{16}$ 매끄럽고 노란색 |
| $\frac{3}{4}$ 매끄러운 것 | × | $\frac{1}{4}$ 녹색 | = | $\frac{3}{16}$ 매끄럽고 초록색 |
| $\frac{1}{4}$ 주름진 것 | × | $\frac{3}{4}$ 노란색 | = | $\frac{3}{16}$ 주름지고 노란색 |
| $\frac{1}{4}$ 주름진 것 | × | $\frac{1}{4}$ 녹색색 | = | $\frac{1}{16}$ 주름지고 녹색 |

(b) 두 가지 형질의 교배에 대한 자손을 결정하는 데 확률법을 사용

▲ **그림 8-11 두 가지 형질에 대해 이형접합인 부모들 사이의 교배에 대한 유전자형과 표현형의 예측** 완두 씨에서 노란색(*Y*)은 녹색(*y*)에 대해 우성이며 매끄러운 것(*S*)은 주름진 것(*s*)에 대해 우성이다. **(a)** 퍼네트 사각형법에 의한 분석. 이 교배에서 두 가지 형질에 이형접합인 개체를 자가수정 시킨다. 두 개의 독립적인 유전자를 포함하는 교배에서 만들어지는 배우자는 두 유전자의 대립유전자의 가능한 조합을 모두 가진다– *SY*, *Sy*, *sY*, *sy*. 배우자의 조합을 퍼네트 사각형의 가로, 세로에 적고, 자손을 계산하라. 퍼네트 사각형법은 형질 조합(9/16 매끄럽고 노란색, 3/16 매끄럽고 녹색, 3/16 주름지고 노란색, 1/16 주름지고 녹색)의 빈도와 개체 형질(3/4 노란색 1/4 초록색, 3/4 매끄러운 것, 1/4 주름진 것)의 빈도를 예측할 수 있음을 주목하다. **(b)** 확률론에서 두 개의 독립적인 사건이 일어날 확률은 그들의 독립확률의 결과(곱하기)라는 것을 말해준다. 예를 들어, 두 개의 동전을 던져서 둘 다 앞면이 나올 확률을 구할 때, 각각의 동전이 앞면이 나올 독립확률을 곱하면 된다(1/2 X 1/2 = 1/4). 씨의 모양은 씨의 색과 서로 독립적이다. 따라서 각 형질의 유전자형 또는 표현형의 독립적인 확률의 곱이 각 형질에 대한 자손의 조합된 유전자형과 표현형에 대한 빈도를 나타낸다. 이 빈도는 퍼네트 사각형법에서 산출된 것과 동일하다.

▶ **그림 8-12 대립유전자의 독립분배**
감수분열시 염색체의 이동은 그림에서 보여주는 것처럼 두 개의 서로 다른 유전자에 대한 대립유전자의 독립분배를 일으킨다. 대립유전자들의 각 조합은 동등하게 일어날 수 있기 때문에 예측되는 배우자의 빈도는 1/4 *SY*, 1/4 sy, 1/4 *Sy* 그리고 1/4 *sY*으로 만들어진다.

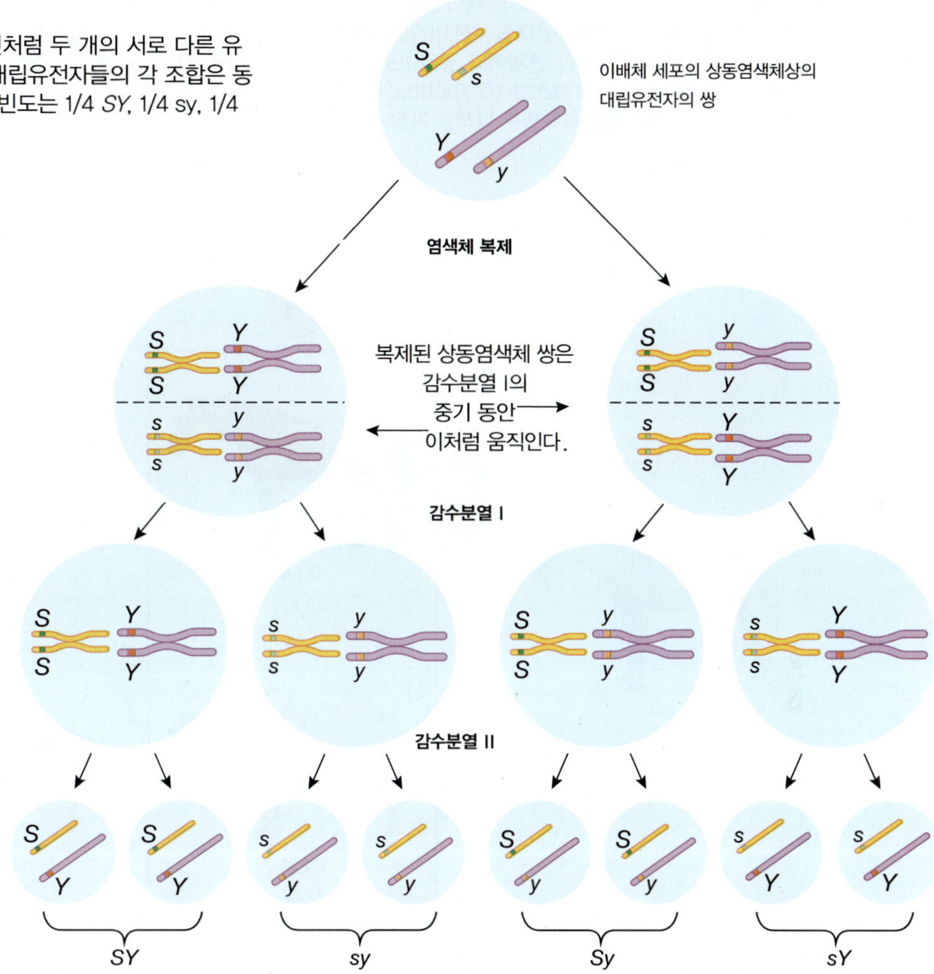


는 유전자의 대립유전자는 서로 독립적으로 배분 또는 분배된다(그림 8-12).

## 8.4 멘델의 유전법칙은 모든 형질에 적용되는가?

우리는 현재까지 유전의 양식을 논하는 데 있어서 각 형질은 완전하게 한 개의 유전자에 의하여 조절되고, 각 유전자에는 두 가지 가능한 대립유전자가 있으며, 그 중 한 대립유전자는 다른 대립유전자에 대해서 완전한 우성인 것으로 가정했다. 하지만 모든 형질은 보다 복잡하고 미묘한 방법에 의해 영향을 받는다.

### 불완전우성에서 이형접합자의 표현형은 동형접합자의 표현형들 사이의 중간형을 나타낸다

하나의 대립유전자가 다른 대립유전자에 대하여 완전히 우성이라면 한쪽에 우성 대립유전자를 가진 이형접합은 두 개의 우성 대립유전자를 가진 동형접합처럼 똑같은 표현형을 갖는다(그림 8-8과 8-9 참조). 하지만, 어떤 경우에는 이형접합자의 표현형이 불완전우성(incomplete dominance)이라고 불리는 유전 양식인 두 동형접합자 표현형의 중간형을 보인다. 예를 들어, 황금색 팔로미노는 가장 예쁜 색을 가진 말 중에 하나로 알려져 있다. 팔로미노는 우리가 체스넛($C_1$) 그리고 크레멜로($C_2$)라고 부르는 두 개의 불완전우성 대립유전자에 대해 이형접합이다. 밤색 털을 가지고 있는 말들은 $C_1$ 대립유전자에 대해 동형접합이고 옅은 우유 빛 털을 가진 크레멜로는 $C_2$ 대립유전자에 대해 동형접합이다. 팔로미노는 이형접합($C_1$,$C_2$)이므로 순종이 아니다. 팔로미노 사이의 교배를 통해 1/4 체스넛($C_1$,$C_1$), 1/2 팔로미노($C_1$,$C_2$), 그리고 1/4 크레멜로($C_2$,$C_2$)의 확률로 체스넛, 팔로 미노, 또는 크레멜로 망아지 모두가 태어날 수 있다(그림 8-13).

### 단일 유전자는 복대립유전자를 가질 수 있다

모든 대립유전자는 돌연변이에 의해 발생했으며, 이 돌연변이는 다음 세대로 유전된다는 것을 기억하자. 단일 종에서 수백만의 생물체가 수천 년의 세대가 지나면서 많은 다양한 돌연변이가 같은 유전자에 발생할 수 있으며, 그 결과

▶ 그림 8-13 **불완전우성** 말의 팔로미노 털색의 유전은 불완전우성의 예이다. 팔로미노는 하나의 체스넛 대립유전자($C_1$)와 하나의 크레멜로 대립유전자($C_2$)를 가진 이형접합체이다. 팔로미노들의 교배를 통해 태어난 망아지들은 대략 1/4 체스넛 : 1/2 팔로미노 : 1/4 크레멜로 비율로 체스넛, 팔로미노, 혹은 크레멜로 털색을 가질 수 있다.

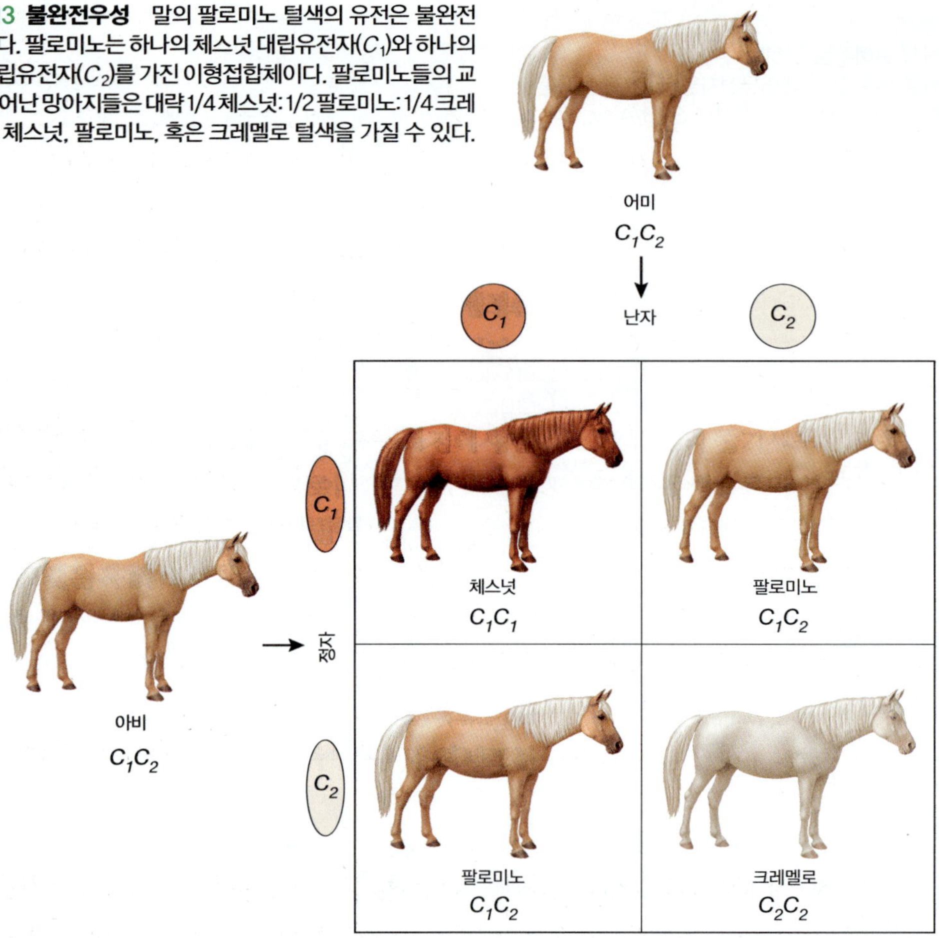


로 유전자의 여러 대립유전자가 생성된다. 한 개체는 기껏해야 하나의 유전자에 대해 두 개의 대립유전자를 가지지만(각각의 상동염색체에 하나씩 가짐), 한 종에 속하는 모든 구성원 유전자를 조사해보면 일부 유전자가 수십 혹은 수백 개의 다른 대립유전자를 가진다는 것을 확인할 수 있을 것이다. 물론 어떤 자손이 어떤 대립유전자를 물려받는 가는 부모가 어떤 대립유전자를 가지느냐에 달려 있다.

인간의 혈액형은 단일 유전자에 대한 복대립유전의 좋은 예이다. 혈액형 A형, B형, AB형 그리고 O형은 단일 유전자의 3가지 다른 대립유전자의 결과로서 생긴다(A, B 그리고 O라고 표시한다). 이 유전자는 적혈구의 표면에 돌출된 당 단백질의 말단에 당 분자를 부착시키는 일을 하는 효소를 암호화한다. 대립유전자 A와 B는 당 단백질에 서로 다른 당을 첨가시키는 효소를 암호화한다(우리는 이러한 첨가되는 당을 당 단백질 A와 B로 각각 부른다). 대립유전자 o는 기능이 없는 효소를 생산하여 어떤 당분자도 부착시키지 못한다.

한 개인은 다음과 같은 6가지 중에 한 유전자형을 갖게 된다: AA, BB, AB, Ao, Bo 또는 oo. 대립유전자 A와 B는 o에 대하여 우성이므로, AA 또는 Ao 유전자형을 갖는 사람은 오로지 A 당 단백질만을 만들고 A형 혈액을 갖게 된다. BB와 Bo 유전자형을 갖는 사람은 오직 B 당 단백질만을 합성하기 때문에 B혈액형을 갖는다. 동형접합자 열성 oo를 갖는 사람은 두 가지 당 단백질 모두가 없으며 O형의 혈액을 갖게 된다. AB 혈액형을 가진 사람은 양쪽의 효소가 다 있기 때문에 적혈구의 원형질막에는 A와 B의 당 단백질을 다 갖고 있다. 이형접합자가 동형접합자의 양쪽 표현형을 발현할 때(이 경우, A와 B 당 단백질 모두), 이러한 유전의 양식은 공동우성(codominance)이라고 하며 대립유전자는 서로 공동우성 관계라고 한다.

표 8-1은 혈액형과 수혈의 특징에 대하여 요약해 놓은 것이다. 한 사람이 같은 혈액을 갖는 모두에게 수혈할 수 있다는 것은 명백하다. 게다가, 말단 당이 없는 O형 혈액형은 A, B 또는 AB 혈액에 있는 항체에 대하여 공격받지 않기 때문에 모든 혈액형에 안전하게 수혈할 수가 있다(수혈된 혈액에 존재하는 항체들은 너무 희석이 되어 문제를 일으키지 않는다). O형 혈액형을 갖는 사람을 "만능공여자"라고 하지만 O형 혈액형은 A와 B 당 단백질 양쪽에 항체를 갖고 있다. 따라서 혈액형 O형을 갖는 개체는 오직 O형 혈액형의 수혈만 받을 수 있다. AB형 혈액형을 갖는 사람은 어떤 종류의 적혈구에 대해서도 항체를 가지고 있지 않으므로 모든 혈액형으로부터 수혈을 받을 수 있어서 "만능수여

| 표 8-1 | 인간 혈액형의 특징 | | | | | |
|---|---|---|---|---|---|---|
| 혈액형 | 인자형 | 적혈구 | 혈청항체 | 수여혈액 | 공여혈액 | 미국에서의 빈도 |
| A | *AA* 또는 *Ao* | 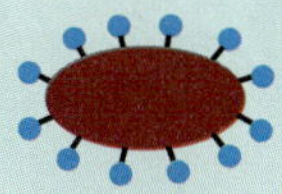 A 당 단백질 | B 당 단백질 | A이나 O (B 당 단백질이 없는 혈액) | A 또는 AB | 42% |
| B | *BB* 또는 *Bo* | 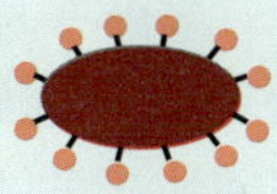 B 당 단백질 | A 당 단백질 | B나 O (A 당 단백질이 없는 혈액) | B 또는 AB | 10% |
| AB | *AB* | 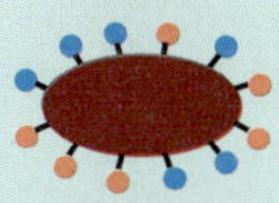 A,B 당 단백질이 모두 있음 | A,B 당 단백질이 모두 없음 | AB, A, B, O (만능 수여자) | AB | 4% |
| O | *oo* | 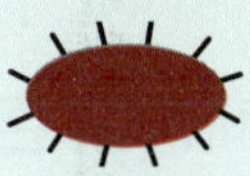 A,B 당 단백질이 모두 없은 | (A,B 당 단백질이 모두 있음) | O(A,B 당 단백질이 모두 없는 혈액) | O, AB, A, B (만능 공여자) | 44% |

▲ 그림 8-14 누드 쥐(Nude mice)

자"라고 한다.

### 단일 유전자는 대체로 여러 표현형 효과를 갖는다

단일 유전자가 여러 표현형 효과를 가질 수도 있는데, 이것을 **다면발현(pleiotropy)**이라고 한다. 실험용 쥐의 한 유전자에 일어난 하나의 돌연변이로 누드 쥐가 만들어 졌다(그림 8-14). 연구자들은 이어서 누드 쥐가 털이 없는 것뿐 아니라 흉선 결핍, 사실상 면역반응 결핍, 그리고 암컷의 경우 기능할 수 있는 유선이 발달되지 않아 새끼들에게 수유를 할 수 없다는 것을 밝혔다.

### 많은 형질들은 여러 개의 유전자에 의하여 영향을 받는다

우리가 강의실에 있는 학생들을 살펴보면 키, 피부색, 체격 등이 다양하게 다른 것을 알 수 있다. 하지만 이러한 다양성을 정확한 표현형으로 범주를 나누기는 쉽지가 않다. 이러한 형질은 두 개 이상 유전자들의 상호작용에 영향을 받는데, 이 과정을 **다원유전(polygenic inheritance)**이라고 한다. 우리가 생각할 수 있는 바와 같이, 단일형질을 나타내는 데 관여하는 유전자 수가 많을수록 표현형의 수는 커지며 그 표현형들의 차이는 미세해질 것이다.

예를 들어, 인간의 피부색은 적어도 10개의 서로 다른 유전자들에 의해 영향을 받는다(그림 8-15). 일부 유전자들은 아주 큰 영향을 미친다: 한 가지 특정 유전자에 열성 대립유전자의 동형접합을 가진 사람은 피부, 눈, 그리고 털에 색소가 결핍되어 있다(8.7절 참조). 다른 유전자들은 약간 어둡거나 혹은 밝은 피부색을 나타나게 하는 다양한 대립유전자를 가지고 있어서 큰 영향을 미치지는 않는다. 적어도 400개 이상의 유전자들이 인간의 키 높이에 관여한다. 키 높이의 다양성이 뚜렷한 증가 없이 지속된다는 것은 놀라운 것이 아니다.

▲ 그림 8-15 **인간의 피부색** 다원유전과 다양한 양의 햇빛 노출이 인간 피부색을 매우 작은 차이로 점진적으로 나타나게 한다.

### 환경은 유전자 발현에 영향을 준다

하나의 생물체란 오직 그 생물체 유전자의 총합만은 아니고 유전자형과 더불어 그 생물이 사는 환경도 마찬가지로 표현형에 많은 영향을 준다. 환경이 유전자에 영향을 주는 적절한 예는 샴고양이(Siamese cat)의 털색의 경우이다. 모든 샴고양이들은 연한 털색을 가지고 태어나지만 출생 후 몇 주 안에 귀, 코, 꼬리 그리고 다리는 검은색으로 된다(그림 8-16).

샴고양이의 유전자 중 하나는 검은색 털을 만들어내는 효소를 암호화한다. 이 효소는 고양이 몸의 모든 곳의 색소 세포에서 합성된다. 그러면 왜 샴고양이는 완전한 검은색이 아닐까? 검은색을 만들어내는 효소가 34℃(93℉) 이상에서는 불활성화되기 때문이다. 어미 자궁 속의 어린 새끼는 몸 전체가 따뜻하기 때문에 갓 태어난 새끼는 몸 전체가 연한 털색을 갖는다. 태어난 후에 귀, 코, 다리, 꼬리는 나머지 몸 온도보다 더 차갑기 때문에 그 부위만 검은 색소가 생산된다.

◀ 그림 8-16 **표현형에 미치는 환경의 영향** 샴고양이의 검은 털색의 분포는 유전자형과 환경과의 상호작용으로 특이한 표현형을 나타낸다. 갓 태어난 어린 샴고양이 새끼는 몸 전체가 연한 털색을 가진다. 샴고양이 성체는 검은색 털에 대한 대립유전자가 차가운 부위(코, 귀, 발, 꼬리)에서만 발현한다.

## 8.5 같은 염색체상에 존재하는 유전자들은 어떻게 유전되는가?

염색체는 많은 유전자를 가지고 있으며 심지어 큰 염색체에는 수천 개에 이르는 유전자들이 들어 있다는 사실을 알고 있다. 이러한 사실은 유전 현상의 중요한 의미를 내포한다.

### 같은 염색체상에 존재하는 유전자들은 함께 유전하려는 경향이 있다

감수분열 I 과정 동안 개개의 유전자가 아닌 염색체들이 독립적으로 분배된다. 그러므로 서로 다른 염색체상에 위치한 유전자들은 배우자에게 독립적으로 분배된다. 그러나 그와는 반대로 같은 염색체상에 존재하는 유전자들은 함께 전달되려는 경향이 있다. 이 현상을 **유전적 연관(gene linkage)**이라고 한다. 최초의 연관된 유전자 쌍의 하나는 스위트완두콩에서 발견되었다. 이 콩은 멘델이 실험재료로 쓰던 완두콩과는 다른 종이다. 스위트완두콩은 꽃 색의 유전자(보라와 빨강)와 꽃가루 모양(둥근 것과 긴 것)의 유전자가 하나의 상동염색체상에 존재하기 때문에(그림 8-17) 이들 유전자의 대립형질 유전자들은 감수분열 시 배우자로 함께 분배되며, 그 결과 함께 유전된다.

이러한 유전의 양식은 독립분배의 법칙을 벗어나는 경우이다. 왜냐하면 꽃 색과 꽃가루의 모양에 대한 각 대립유전자들은 감수분열 과정 동안 서로 독립적으로 분리되지 않

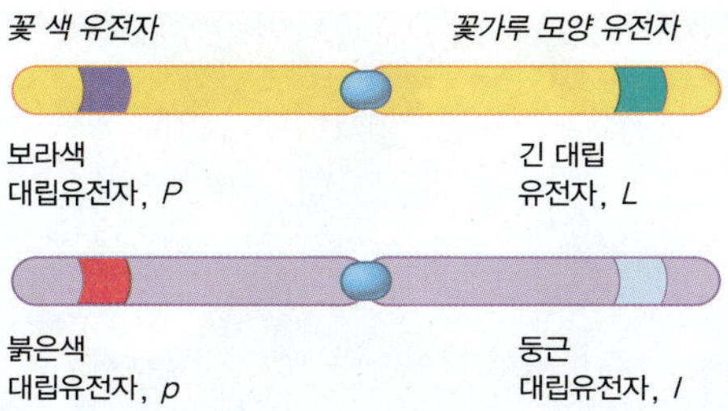


▲ 그림 8-17 **스위트완두콩의 상동염색체상에 연관된 유전자들** 꽃 색과 꽃가루 모양을 만드는 유전자는 같은 염색체상에 있으므로 함께 유전되려는 경향이 있다.

고 함께 전달되려는 경향이 있기 때문이다.

## 교차는 연관된 대립유전자의 새로운 조합을 만든다

그러나 같은 염색체상에 존재하는 유전자들이 항상 함께 움직이는 것은 아니다. 그림 8-17에서와 같은 염색체를 가진 두 개의 스위트완두콩을 타가수정시키면, 자손의 모두기 긴 꽃가루를 가진 보라색 꽃 또는 둥근 꽃가루를 가진 붉은색의 꽃을 가진 개체가 나타나는 것을 알 수 있다(퍼네트 사각형법을 이용하여 예측해 보라). 실제로는 마치 꽃 색의 유전자와 꽃가루 모양의 유전자가 연관되어 있지 않은 것처럼, 몇 개의 보라색 꽃과 둥근 꽃가루를 가진 자손과 붉은색 꽃과 긴 꽃가루를 가진 자손을 발견하게 될 것이다. 어떻게 이런 현상이 일어날까?

감수분열 전기 I 시기에 때때로 상동염색체는 염색체의 일부를 서로 교환하는데 이것을 **교차(crossing over)**라 한다(7장, 그림 7-15 참조). 대부분의 염색체에서 적어도 각 상동염색체 쌍 사이에 한 번의 교환이 감수분열 시기에 일어난다. 교차 동안에 DNA 분절의 교환은 **유전자 재조합(genetic recombination)**, 즉 상동염색체 상에 위치한 대립유전자들의 새로운 조합을 만들어 낸다. 그 후 상동염색체가 후기 I 시기에 분리될 때, 반수체 딸세포는 부모세포가 가진 염색체와는 다른 조합의 대립유전자를 가진 염색체를 받게 될 것이다.

감수분열 과정의 스위트완두콩을 다시 생각해 보자. 전기 I 과정 동안 복제된 상동염색체가 쌍을 형성한다(그림 8-18a). 각 상동염색체는 한 개 이상의 교차가 일어난 부분을 갖고 있는 것이다. 두 상동염체의 비자매염색분체들 사이에 꽃 색에 대한 대립유전자들의 교차가 일어난 경우를 생각해 보자(그림 8-18b). 후기 I에서 분리된 상동염색체의 염색분체 한 개는 다른 상동염색체 염색분체의 DNA 조각

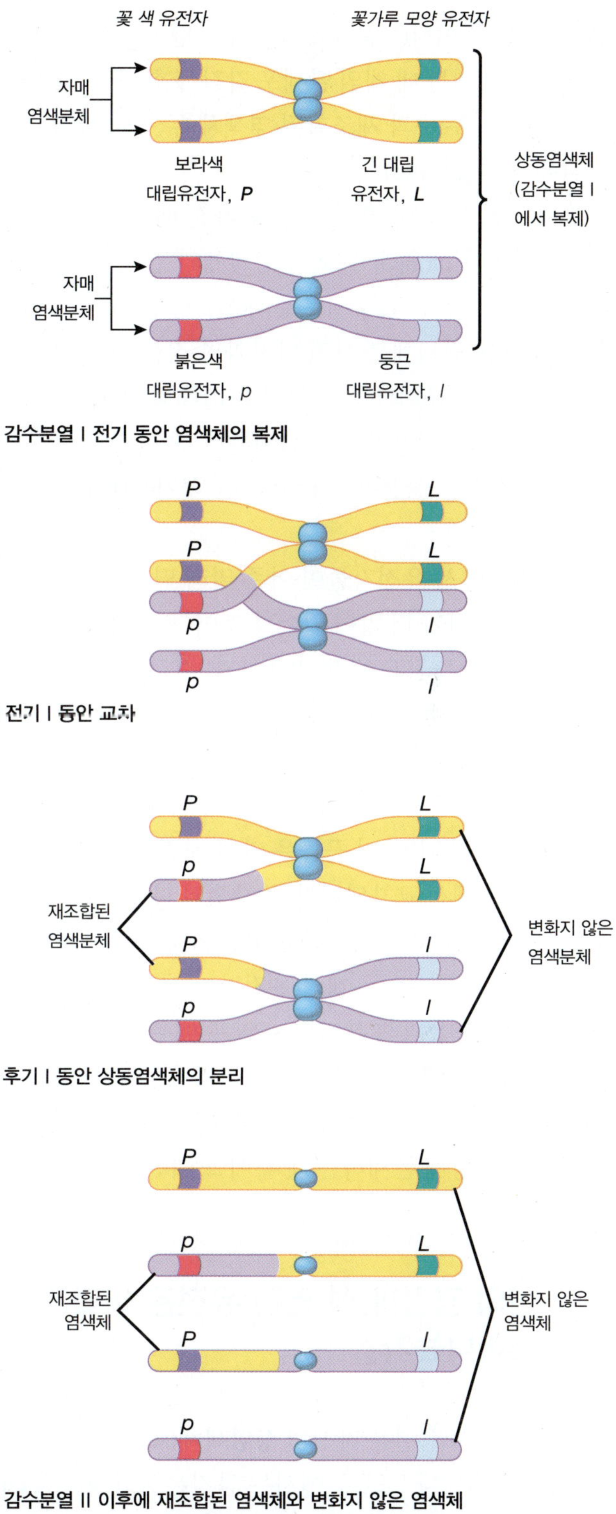


▲ 그림 8-18 **교차는 상동염색체상의 대립유전자을 재조합한다** (a) 제1 감수분열 전기 동안 복제된 상동염색체가 쌍을 이룬다. (b) 두 개의 상동염색체의 서로 다른 쌍의 비자매 염색분체가 교차에 의해 DNA 조각을 교환한다. (c) 제1감수분열 후기 동안 상동염색체가 분리될 때 한 상동염색체의 한 개의 염색분체는 다른 상동염색체 염색분체의 DNA 조각을 갖게 된다. (d) 제2감수분열이 끝나면 두 개의 반수체 딸세포는 변하지 않은 염색체를 받게 되고 두 개는 재조합된 염색체를 받게 된다. 재조합된 염색체는 원래 부모의 염색체에는 없는 대립유전자의 배열을 갖게 된다.

을 갖게 될 것이다(그림 8-18c). 감수분열 II 동안에 네 가지 형태의 염색체는 네 개의 딸세포 각각에 한 개씩, 즉 변하지 않은 염색체 두 종과 재조합된 염색체 두 종이 각각 하나씩 전달된다(그림 8-18d).

그러므로 각각 네 가지 조합을 가진 배우자들이 생산될 것이다: PL과 pl(원래 부모의 염색체와 같은 배열)과 Pl과 pL(재조합된 염색체의 새로운 배열). 만일 Pl 염색체를 가진 정자가 pl 염색체를 가진 난자와 수정을 하면 그 자손식물은 보라색 꽃(*Pp*)과 둥근 꽃가루(ll)를 갖게 되며, 만일 pL 염색체를 가진 정자가 pl 염색체를 가진 난자와 수정을 하면 그의 자손은 붉은색 꽃(*pp*)과 긴 꽃가루(Ll)를 갖게 될 것이다.

염색체상에서 유전자들이 아주 멀리 떨어져 존재한다면 그들 간에 교차가 더 많이 일어날 것이다. 한 쌍의 상동염색체를 두 개의 긴 끈으로 생각해 보자. 각각의 끈의 한 쪽 끝에는 빨간색 줄무늬가 있고, 빨간색 줄무늬와 아주 가까운 곳에 파란색 줄무늬가 있으며, 반대쪽 끝에는 노란색 줄무늬가 있다. 이 끈을 바닥에 던졌을 때 하나의 끈이 다른 끈 위에 올라가게 되면, 이 끈들은 거의 매번 노란색과 파란색 줄무늬 사이에서 교차되지만, 빨간색과 파란색 사이에서의 교차는 거의 일어나지 않을 것이다. 이것과 유사하게, 염색체상에 인접해 있는 두 개의 유전자는 서로 강하게 연관되어 있어, 교차에 의해 분리되는 일은 매우 드물 것이다. 그러나 만일 두 유전자들이 멀리 떨어져 있다면 교차는 쉽게 일어나서 독립적으로 분배되는 것처럼 보이기 때문에 마치 다른 염색체상에 존재하는 것 같이 느껴진다.

## 8.6 성의 결정과 성 연관 유전은 어떻게 일어나는가?

많은 동물에서 성별은 자신의 **성염색체(sex chromosomes)**에 의해 결정된다. 포유류에서는 암컷은 **X염색체(X chromosome)**라고 하는 두 개의 동일한 성염색체를 가지며 수컷은 X염색체 하나와 Y염색체(Y chromosome) 하나를 갖고 있다(그림 8-19). 크기와 유전적 조성에서의 큰 차이에도 불구하고, X와 Y염색체는 서로 상동체처럼 행동한다: X와 Y염색체는 감수분열 I의 전기에는 쌍을 이루고 후기 I 동안에는 분리된다. 암컷과 수컷에서 동일한 모양을 가지며 쌍을 이루는 다른 염색체들은 **상염색체(autosome)**라 한다.

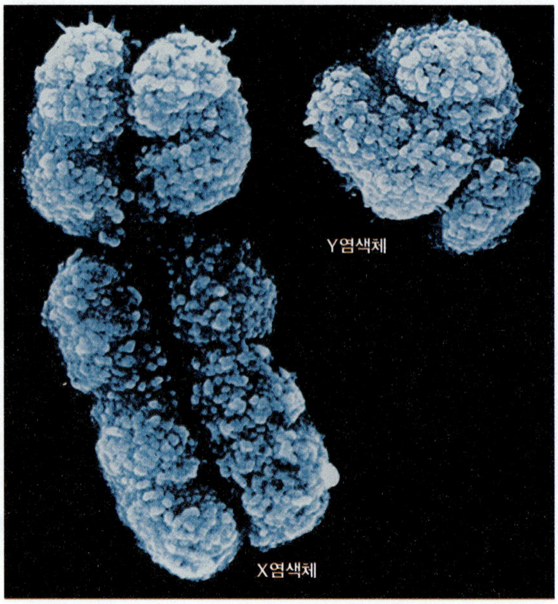


▲ **그림 8-19 인간 성염색체의 전자현미경 사진** 비교적 적은 수의 유전자를 가진 Y염색체(오른쪽)는 X염색체(왼쪽)보다 아주 작다.

### 포유류에서 자손의 성별은 정자에 있는 성염색체에 의해 결정된다

정자가 형성되는 동안 성염색체는 분리되고 각 정자는 X나 Y염색체 중 하나를 받게 된다(여기에 각각의 상염색체 쌍에서 한 벌을 더함). 난자가 형성되는 동안에도 성염색체 역시 분리되지만 암컷은 두 개의 X염색체를 가지므로 모든 난자는 X염색체만 받게 된다(여기에 각각의 상염색체 쌍에서 한 벌과 함께). 그래서 만일 난자가 Y를 갖는 정자와 수정하면 자손은 수컷이 되고 난자가 X를 갖는 정자와 수정하면 암컷 자손이 된다(그림 8-20).

### 성 연관 유전자들은 X염색체와 Y염색체에서만 발견된다

성염색체 상에만 존재하는 유전자를 성 연관되었다(sex-linked)고 한다. 포유류의 Y염색체에는 비교적 적은 수의 유전자를 가지고 있다. 사람의 Y염색체에는 수십여 개의 유전자가 있고 대부분은 남성의 생식에 중요한 역할을 한다. 가장 잘 알려져 있는 Y-연관 유전자는 SRY라고 불리는 성 결정 유전자이다. 배아기 동안 이 유전자의 활동은 전체적인 남성으로의 발생 경로를 지정한다. 정상 상태에서 SRY 유전자는 Y염색체에 100% 연관된 남성 형질을 야기한다.

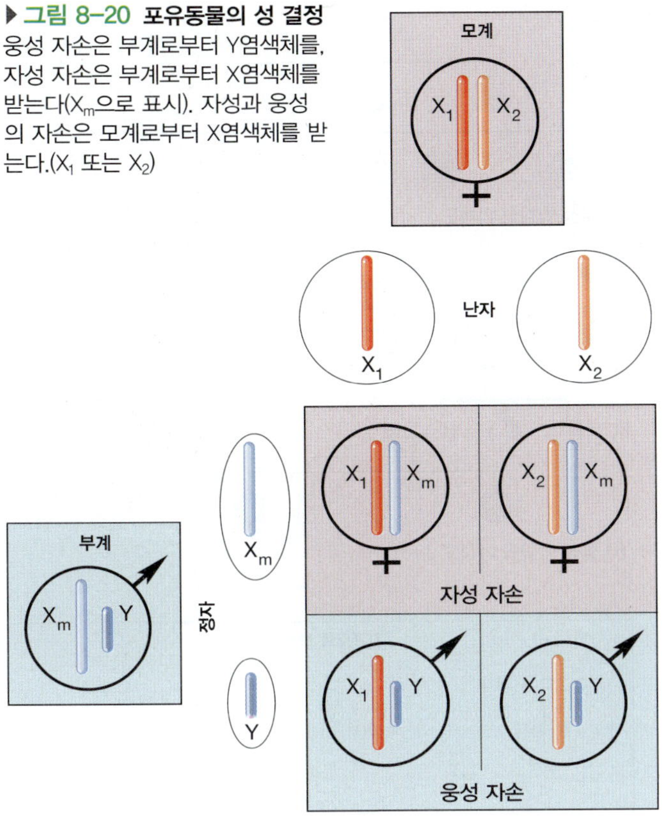


▶ **그림 8–20 포유동물의 성 결정** 웅성 자손은 부계로부터 Y염색체를, 자성 자손은 부계로부터 X염색체를 받는다($X_m$으로 표시). 자성과 웅성의 자손은 모계로부터 X염색체를 받는다.($X_1$ 또는 $X_2$)

작은 Y염색체와 비교하여, 사람의 X염색체에는 1,000개 이상의 유전자가 있고, 그 대부분이 Y염색체에 대응하는 유전자가 없다. X염색체의 대부분 유전자는 색각, 혈액 응고 능력, 그리고 근육에서 특수한 구조 단백질의 존재와 같이 양쪽 성 모두에서 중요한 형질들을 결정한다. 여성은 두 개의 X염색체를 가졌기 때문에, X염색체상의 유전자는 동형접합 또는 이형접합 중 하나가 될 수 있으며, 대립유전자들 사이에서 우성 대 열성 관계로 발현될 것이다. 그와 반대로 남성에서는 단일 X염색체상에 존재하는 모든 대립유전자는 여성에서 우성이든 열성이든 관계없이 모두 발현된다.

색각 결핍은 어떻게 유전되는가? 한 남성의 유전자형은 CY 또는 cY로 표시할 수 있는데, X염색체상에는 색각 대립유전자로 C 또는 c를 가지며 Y염색체상에는 대응되는 색각 유전자가 없다. X염색체상에 C 대립유전자를 가지면 정상

(a) 정상 색각(왼쪽); 적녹 색각 결핍(오른쪽) 모의실험

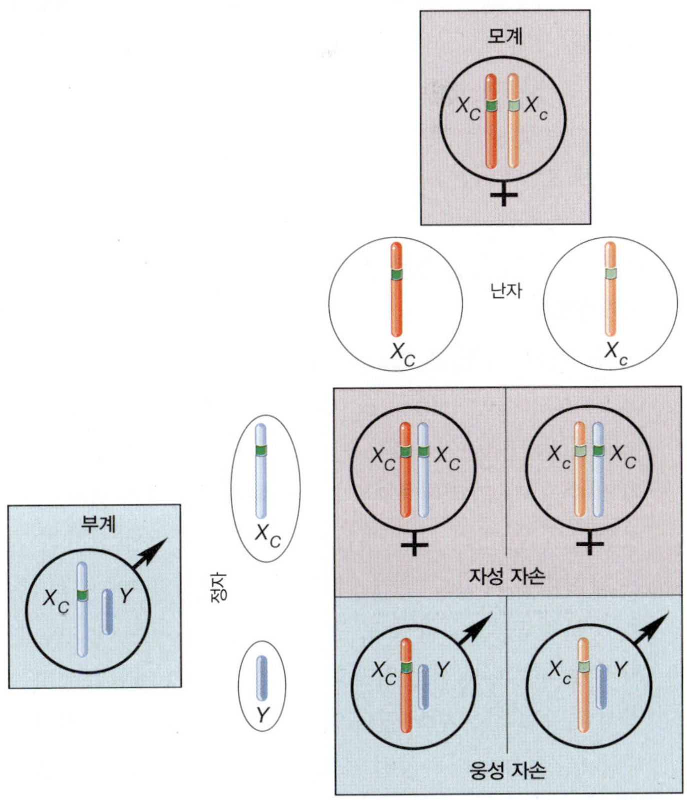


(c) 정상 색각인 남성(*CY*)과 색맹 이형접합 여성(*Cc*)으로부터 예측되는 아이들

▶ **그림 8–21 적녹 색각 결핍의 성 연관 유전** **(a)** 이 사진들은 적녹 색각 결핍을 가진 사람의 눈으로 보면 세상이 어떻게 보이는지를 정상 색각을 가진 사람들에게 보여준다. 이 교재의 저자들 중 한 명에게는, 각각 쌍에서 왼쪽과 오른쪽 그림이 거의 같게 보인다. **(b)** 퍼네트 사각형법은 이형접합으로 가지는 여성(*Cc*)이 아들에게 색맹을 유전시키는 것을 보여준다.

으로, c 대립유전자를 가지면 색맹이 된다. 여성의 유전자형은 CC, Cc, cc로 표시할 수 있고 CC나 Cc 유전자형을 갖는 여성은 정상 색각을 가지며 cc 유전자형을 가지면 색맹이 된다. 대략 남성의 7% 정도가 결함 있는 색각을 갖는데 여성 중에서는 약 93%가 동형접합 정상 CC이고 7%는 이형접합 Cc로 정상이며, 0.5% 미만이 동형접합 cc로 색각 결핍이다(그림 8-21).

## 8.7 인간의 유전병은 어떻게 유전되는가?

인간의 많은 질병은 유전에 의해 다양하게 영향을 받는다. 인간을 실험적으로 교배시킬 수 없기 때문에 인류유전학자들은 과거에 일어난 교배를 연구하기 위해 의학적, 역사적 그리고 가족의 기록을 조사한다. 몇 세대를 연결시킨 기록은 **가계도(pedigrees)**의 형태로 배열시킬 수가 있다. 이 그림은 관련된 개개의 일가들 사이의 유전적 관계를 보여주고 있다(그림 8-22).

인간의 가계도를 세밀하게 분석하는 데 있어서, 분자유전공학 기술을 결합하여, 인간의 유전병을 이해하는 데 큰 성과를 거두었다. 예컨대 현재 유전학자들은 낫형 적혈구 빈혈증, 혈우병, 근육위축증, 마르판 증후군, 낭포성 섬유증과 같은 많은 유전병을 일으키는 유전자를 알고 있다. 분자유전학 연구는 유전병을 예측하고 심지어 어떤 경우에는 치료도 할 수 있는 능력을 증가시켰다(10장 참조).

### 어떤 인간의 유전병은 열성 대립유전자에 의하여 발생한다

인간의 몸은 수많은 효소와 다른 단백질의 작용에 의존하고 있다. 이러한 단백질 중 하나를 암호화하는 대립유전자 하나에 돌연변이가 나타나면 그 기능이 손상을 입거나 파괴될 수 있다. 그러나 하나의 정상 대립유전자가 있으면 이형접합이 두 개의 정상 대립유전자를 가진 동형접합과 같은 표현형을 가질 수 있을 만큼의 정상 기능을 하는 단백질을 충분히 만들어 낼 수도 있다. 이런 경우에는 제 기능을 하지 못하는 단백질을 암호화하는 돌연변이 대립유전자는 정상 기능을 하는 단백질을 암호화하는 정상 대립유전자에 대해 열성이며, 비정상적 표현형은 오직 두 개의 돌연변이 대립유전자를 물려받은 사람들에서만 나타난다.

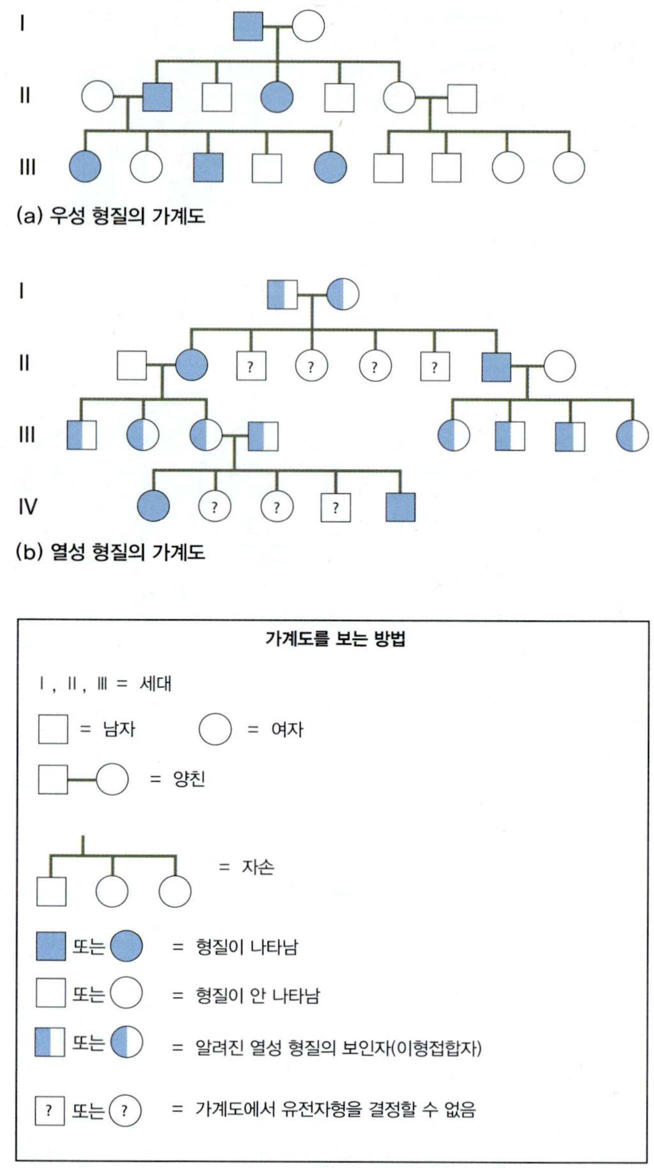


▲ 그림 8-22 **가계도** (a) 우성 형질을 나타내는 가계도. 우성 형질을 보이는 자손은 적어도 양친 중 어느 한 분이 그러한 우성 형질을 가지고 있어야만 함에 주의 하자. (b) 열성 형질을 나타내는 가계도. 어떤 사람이 열성 형질을 나타낸다면 동형접합 열성임에 틀림없다. 만일 그 사람의 양친이 그런 형질을 보이지 않으면 양친은 모두 이형접합이다(보인자). 보인자이거나 동형접합 우성일 수도 있는 자손에 대해서는 유전자형을 결정할 수 없는 점에 주의하라.

유전병에서 **보인자(carrier)**란 각각 하나의 정상 우성 대립유전자와 결함 있는 열성 대립유전자를 가지는 이형접합자인데, 그 사람은 표현형적으로는 건강하지만 남녀 모두 열성 대립유전자를 후대 자손에게 유전시킨다. 거의 모든 경우에서, 우리는 동형 접합자일 경우 심각한 유전질환을 일으킬 수 있는 일부 열성 대립유전자를 가지고 있다. 우

(a) 사람 (b) 캥거루

▲ 그림 8–23 **백색증** (a) 백색증은 사람을 포함한 대부분의 척추동물에서 발생한다. 이 소년의 홍채는 아주 밝은 흰색이기 때문에 밝은 빛에 아주 민감하다. (b) 그림 앞의 이 백색 캥거루는 건강하고 동물원에서는 안전하다. 그러나 야생에서는 밝은 흰색털이 포식자에게 쉽게 눈에 띄게 만든다.

리가 아이를 낳을 때마다, 50:50의 비율로 결함 있는 대립유전자를 물려준다. 이러한 것은 일반적으로 해가 되지 않는다. 왜냐하면 혈연관계가 아닌 남녀는 보통 다른 유전자들에 대해 결함 있는 대립유전자를 가질 것이고, 그들의 자녀들은 오로지 같은 유전자의 결함 대립유전자에 대해 동형접합일 경우에만 유전질환을 가지게 되기 때문이다.

### 백색증은 멜라닌 색소 생성에 결함이 있어서 발생한다

타이로시네이즈라고 하는 효소는 피부, 머리카락, 눈동자의 홍채에 검은 색소인 멜라닌을 생성하는 데 필요한 효소이다. 하나 혹은 두 개의 정상적으로 기능을 하는 타이로시네이즈 대립유전자를 가진 사람은 정상 멜라닌을 생성하게 된다. 그러나 결함이 있는 타이로시네이즈를 합성하는 대립유전자에 대해 동형접합이라면 **백색증(albinism)**이 생긴다(그림 8-23). 인간과 다른 포유류에서의 백색증은 피부와 머리카락이 백색이다.

### 낫형 적혈구 빈혈증은 헤모글로빈 합성에 관련된 결함 있는 대립유전자에 의해 발생한다

적혈구는 산소를 운반하는 헤모글로빈이라는 단백질로 채워져 있기 때문에 붉게 보인다. 빈혈증은 혈액에 정상보다 낮은 수의 적혈구나 헤모글로빈을 가지고 있을 경우 사용되는 포괄적인 용어이다. **낫형 적혈구 빈혈증(sickle cell anemia)**은 헤모글로빈 유전자에서 돌연변이가 일어난 결과인 것이다. 하나의 뉴클레오타이드가 변화되어 결과적으로 헤모글로빈의 결정적인 위치에 잘못된 아미노산이 들어가게 된 것이다(9장 9-9절 참조). 낫형 적혈구 빈혈증을 가진 사람이 운동을 하거나 고도가 높은 곳으로 이동하면, 혈액 속의 산소 농도가 떨어지게 되고 낫형 헤모글로빈 분자가 서로 엉켜서 응집한다. 이 덩어리가 적혈구세포를 정상적인 유연하고 원반 모양(그림 8-24a)에서 뻣뻣하고 길쭉한 낫 모양(그림 8-24b)으로 만들게 된다. 낫형 적혈구는 약해서 쉽게 손상을 입는다. 빈혈증이 일어나는 것은 정상 적혈구의 수명에 비해 낫형 적혈구가 일찍 파괴되기 때문이다.

낫 모양은 또 다른 문제들도 야기한다. 낫형 적혈구는 모세혈관에 응집하여 혈액응고를 일으킨다. 따라서 그 아래에 있는 조직들은 충분한 산소를 받을 수가 없게 된다. 만일 뇌혈관이 막히면 마비성 뇌졸중이 나타날 수가 있다.

낫형 적혈구 대립유전자를 동형접합으로 가지는 사람은 오로지 비정상적인 헤모글로빈만을 합성하므로 결과적으

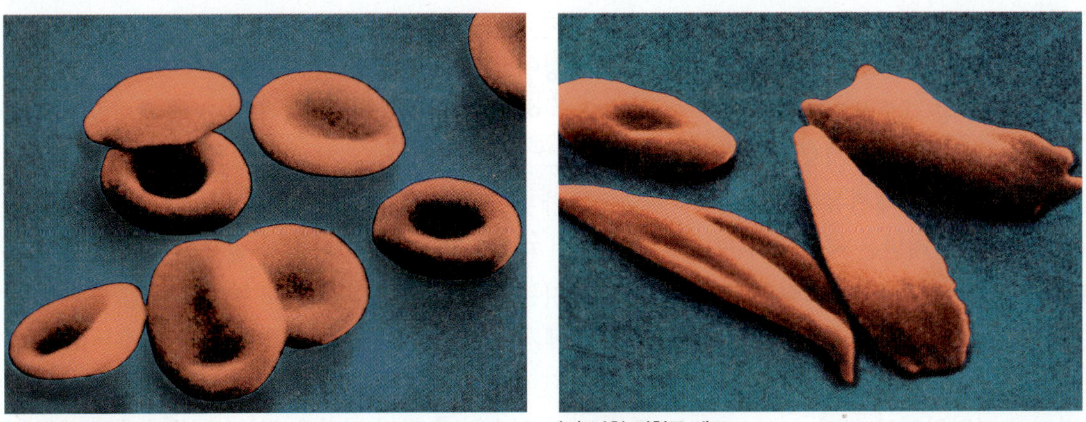

(a) 정상 적혈구 세포 (b) 낫형 적혈구 세포

◀ 그림 8–24 **낫형 적혈구 빈혈증** (a) 정상 적혈구는 중심이 들어간 원반 모양이다. (b) 혈액 내 산소가 줄어들면 낫형 적혈구 빈혈증에 걸린 사람의 적혈구는 낫 모양으로 가늘고 길게 휘어진 모양을 한다.

로 많은 적혈구들이 낫 모양으로 바뀌고 낫형 적혈구 빈혈증을 가지게 된다. 그러나 이형접합자는 반은 정상이고 반은 비정상인 헤모글로빈을 가지게 되고, 적은 수의 낫형 적혈구를 가지므로 이 병 때문에 심각하게 영향을 받지는 않는다. 일반적으로 낫형 적혈구 대립유전자를 동형접합으로 가지는 사람에게서만 증상이 나타나기 때문에, 낫형 적혈구 빈혈증은 보통 열성 질환으로 여겨진다. 그러나 아주 격렬한 운동을 할 경우 일부 이형접합자를 가진 사람은 생명이 위험할 정도의 증상을 경험할 수도 있다.

낫형 이형접합자 적혈구는 말라리아를 일으키는 기생충에 대하여 상당한 내성이 있다. 말라리아는 아프리카와 기후가 따뜻한 지역에서 흔하지만 대부분의 유럽 지역처럼 추운 곳에서는 흔하지 않다. 이러한 "이형접합자의 이점"은 아프리카 출신의 사람들에게서 낫형 적혈구 대립유전자가 지배적인 이유를 설명해준다.

### 인간의 어떤 유전 질환은 불완전우성 대립유전자에 의해 발생한다

어떤 경우에는, 하나의 정상 대립유전자에 의해 생산된 정상 단백질의 양이 결함 대립유전자를 보완하기에 충분하지 않기 때문에, 결함 대립유전자가 정상 대립유전자에 대해 불완전우성이 된다. 예를 들어, 불완전우성은 혈액에서 **저밀도 당 단백질(low-density lipoprotein: LDL**, "나쁜" 콜레스테롤)을 제거하지 못하는 질병인 **가족성 고콜레스테롤혈증(familial hypercholesterolemia)**의 심각한 정도가 다양하게 나타나는 것을 설명해 준다. 결과적으로 높은 콜레스테롤 수치는 동맥을 단단하게 만드는 원인이 된다.

### 어떤 인간 유전 질환은 우성 대립유전자에 의해 발생한다

헌팅턴병 같은 어떤 심각한 유전병은 우성 대립유전자에 의하여 발병한다. 완두콩 식물이 자주색 꽃을 가지기 위해서는 단지 하나의 자주색에 대한 우성 대립유전자가 필요한 것처럼(그림 8-7, 8-8 참조), 사람도 마찬가지로 이러한 질병을 얻는 데는 하나의 결함 있는 우성 대립유전자로 충분하다. 그러므로 우성 유전 질환을 물려받은 사람의 부모 중 적어도 한 명은 반드시 유전병을 가지고 있다(그림 8-22a 참조). 아주 드문 경우로 유전질환을 일으키는 우성 대립유전자는 여러 세대를 거쳐 유전된 것이 아니라, 정상 부모의 정자 혹은 난자에서 돌연변이로 기인하기도 한다.

어떻게 결함 있는 대립유전자가 정상 기능을 하는 대립유전자에 대해 우성으로 작용하는가? 일부의 결함 우성 대립유전자는 정상적인 단백질의 기능을 방해하는 비정상적인 단백질을 생성한다. 다른 경우에서, 우성 대립유전자는 새로운 독성 반응을 일으키는 단백질을 만든다. 또 다른 우성 대립유전자는 과잉활동을 하거나 부적절한 시기와 신체 장소에서 그 기능을 수행하는 단백질을 만들 수도 있다.

### 헌팅턴병은 뇌의 특정 부위에 있는 세포를 죽이는 결함 있는 단백질 때문에 발생한다

헌팅턴병(Huntington disease)은 우성으로 유전되는 질병으로, 뇌 일부의 기능이 천천히 저하되는 진행성 질병으로 결국 통합 기능이 상실되어 운동 기능 상실과 인격 상실, 죽음에 이르게 된다. 헌틴턴병의 증상은 전형적으로 30~50세까지는 나타나지 않는다. 그러므로 많은 사람들이 최초로 증상이 나타나 고통을 받기 전에 자녀들에게 대립유전자를 물려준다. 유전학자들은 1993년에 헌팅턴 유전자를 분리하였고, 수년 후에 유전자의 산물인, 그들이 "헌팅턴"이라 이름 붙인 단백질을 확인하였다. 정상적인 헌팅턴 단백질은 뇌세포에서 유전자 전사, 세포골격의 기능, 그리고 세포소기관의 이동에 영향을 준다. 돌연변이 헌팅턴 단백질은 세포 내에서 독성을 가지는 조각물질로 잘려져서 결국 세포를 죽인다.

### 인간의 일부 유전병은 성과 연관되어 있다

앞서 논의한 대로, X염색체는 Y염색체에 대응 부분이 없는 많은 유전자를 갖고 있다. 남자는 단지 한 개의 X염색체만 갖고 있어서 한 개의 대립유전자만을 갖고 있다. 그러므로 대립유전자가 열성일 때, 여자의 경우에는 우성 대립유전자에 의해 가려지지만, 남자에서는 단일 대립유전자에 의한 표현형이 나타난다.

아들은 어머니로부터 X염색체를 받아 딸에게만 넘겨줄 것이다. 그래서 열성 대립유전자에 의하여 생긴 성 연관 병은 독특한 유전 양식을 가진다. 그런 병은 남성에게서 자주 일어나며 대개 세대를 뛰어넘어서 발생한다: 유전질환을 가진 남자는 그들의 유전형질을, 표현형이 정상 또는 보인자인 딸에게 넘겨주며, 이 딸은 질병 형질을 가지는 남자 아이를 가질 수 있다. X염색체 열성 대립유전자에 의해 발생하는 가장 익숙한 유전적 결함은 적녹 색각 결핍(그림 8-21

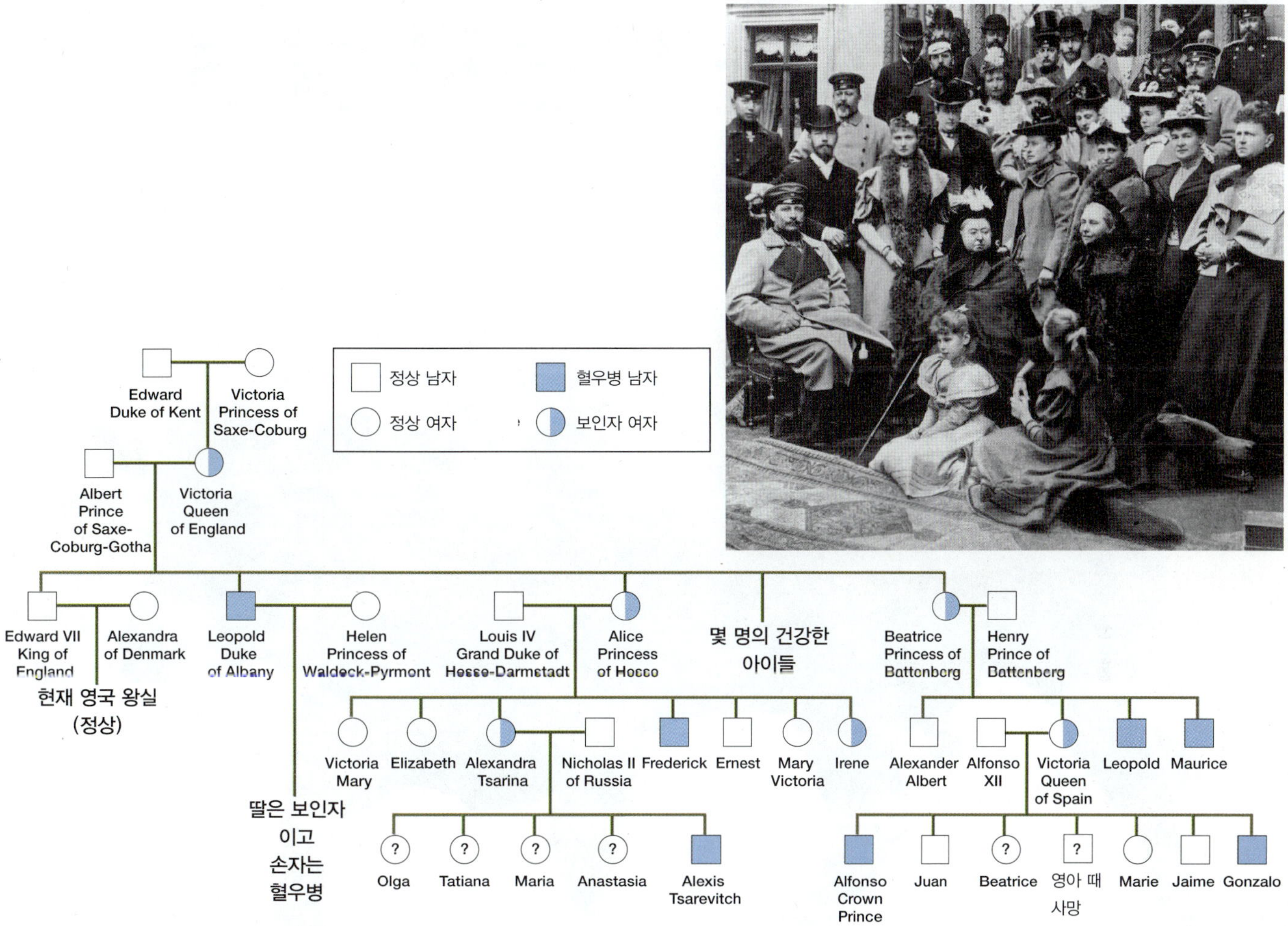


▲ 그림 8-25 **유럽 왕족들 사이의 혈우병** 유명한 유전적 가계도는 영국의 빅토리아 여왕(여왕은 중앙 전방에 지팡이를 갖고 앉아있다, 1885)으로부터 성 연관된 혈우병이 그녀의 자손에게, 또 그녀의 아이들이 다른 유럽 국가의 왕가와 서로 혼인하였기 때문에 유럽의 여러 왕족에게 유전되어가는 것을 보여주고 있다. 빅토리아 조상은 혈우병이 없기 때문에, 혈우병의 대립유전자는 빅토리아 자신이거나 양친 중의 어느 쪽에서 돌연변이가 일어났기(또는 어머니 쪽의 간통의 결과) 때문이다.

참조), 혈우병, 그리고 근육위축증이다.

혈우병(Hemophilia)은 X염색체상의 열성 대립유전자에 의해 발병이 되는데, 혈액 응고에 필요한 단백질 중 한 개가 결핍되기 때문에 일어난다. 혈우병을 가진 사람은 쉽게 타박상을 일으키며 작은 상처에도 과량의 출혈을 일으킨다. 혈우병은 가끔 혈액 손실 때문에 빈혈증을 일으킨다. 혈액 응고 인자를 보충하는 현대 치료법 이전에도 몇몇 혈우병 남자는 살아남아서 그들의 결손된 대립유전자를 딸에게 넘겨주고 또 그 딸은 그들의 아들에게 그 대립유전자를 넘길 수 있었다(그림 8-25)

Chapter

# 9 DNA와 유전자 발현

평범한 황소가 될 것인가 아니면 헐크 같은 황소가 될 것인가? DNA상의 아주 작은 변화가 이러한 차이를 만든다.

포유동물의 발생과정 동안, 세포들은 여러 번 분열을 하며, 유전자로부터 일련의 과정을 통해 합성된 단백질들에 의해 이 과정을 조절하게 되며, 분열과 증식을 거쳐 특별한 기능을 지니도록 분화된다. 근육의 발생도 예외는 아니다. 유년기, 미성숙 근육세포들은 증식되고, 서로 융합하여 다핵을 지닌 비교적 길고 두꺼운 세포들을 형성하며, 근육을 수축하여 골격을 움직일 수 있게 하는 특수한 단백질을 합성한다. **마이오스타틴**(myostatin)이라는 단백질이 이 단계를 억제하고 있다. "마이오스타틴"이라는 글자의 뜻은 '근육을 그대로 있게 하는 것'을 의미하며, 이것이 정확히 마이오스타틴이 하는 일이다. 근육 발생 과정에서 마이오스타틴은 미성숙 근육세포들의 증식을 늦추고 결국에는 멈추게 한다. 마이오스타틴은 근육세포들의 최대 크기 또한 조절한다.

벨지안 블루들은 정상적인 마이오스타틴을 생성할 수 없기 때문에 평범한 소들보다 크고 많은 근육세포를 가지고 있다. 왜 그럴까? 아는 바와 같이 유전자들은 디옥시리보핵산(deoxyribonucleic acid, DNA)으로 만들어져 있다. 벨지안 블루 소는 마이오스타틴 유전자의 DNA에 변형된 돌연변이를 가지고 있다. 결과적으로 결함이 있는 마이오스타틴이 생성되게 된다. 벨지안 블루의 미성숙 근육세포들은 정상세포들보다 많이 증식되고, 과도한 크기로 분화됨으로써 기이한 황소가 되는 것이다.

1700년대 후반이나 1800년대 초반의 어느 시점에 벨지안 블루 소 조상의 마이오스타틴 유전자에 돌연변이가 발생하여 유전자의 뉴클레오타이드 서열이 바뀌었을 것이다. DNA 복제가 아주 정확하다면, 그러한 돌연변이는 어떻게 일어나는 것일까? 벨지안 블루 소는 마이오스타틴 유전자에 결실 돌연변이의 동형접합체이다. 그 결과, 각 세포들은 마이오스타틴 단백질이 반쯤 합성되다 멈추게 된다. 다른 동물에서도 마이오스타틴 돌연변이는 나타난다. 예를 들어, "bully" whippet 개는 벨지안 블루 소와는 다른 종류의 결실 돌연변이를 가지는데, 이 돌연변이는 짧고, 기능이 없는 마이오스타틴을 만들어내고 근육의 크기를 매우 증가시킨다. "이중근육" 소라는 Piedmontese는 치환 돌연변이를 가지고 있다. 비록 전체 길이의 마이오스타틴 단백질이 합성되지만, 정확한 3차원 구조로 만들어지지 않아서 완전히 불활성화 되어있다. 따라서 Piedmontese 소는 기본적으로 벨지안 블루 소와 같은 표현형을 가진다.

어떻게 DNA가 근육의 크기나 꽃의 색깔, 성과 같은 형질에 대한 지시를 암호화할 수 있을까? 또한 이러한 대부분의 경우에는 세대를 거치는 동안 어떻게 그대로 유지되는가? 혹은 어떠한 경우에 변화하는가? 이러한 질문에 대한 답이 DNA 구조와 기능에 있다.

## Contents

## 9.1 과학자들은 유전자가 DNA로 만들어졌음을 어떻게 발견하였을까?

1900년도 초반 무렵, 과학자들은 유전정보가 유전자라고 불리는 독립 단위체에 존재하며, 이 유전자는 염색체의 일부분이라는 것을 알았다. 염색체는 단지 단백질과 DNA로 구성되어 있다. 그러므로 이들 중 하나는 유전 물질임에 틀림없다. 그렇다면 어떤 것일까?

1920년대 후반에 영국인 과학자 그리피스(Frederic Griffith)는 세균성 폐렴을 막아주는 백신을 만들기 위해 노력하고 있었다. 어떤 백신은 질병을 일으키지 못하는 약화된 균주로 만들어졌다. 약화되었으나 여전히 살아있는 균주를 동물 내로 주사하게 되면 질병을 일으키는(병원성) 균주에 대항하는 면역체계를 자극하게 될 것이다. 또 다른 백신은 질병을 유발하는(병원성) 균주를 열이나 화학물질에 노출시켜 죽여서 사용하였다.

그리피스는 두 종류의 *Streptococcus pneumoniae* 균주를 실험에 사용하였다. 첫 번째 균주인 R균을 생쥐에 주사했을 때 폐렴을 일으키지 않았으나(그림 9-1a), 다른 균주인 S균을 쥐에 주사했을 때는 폐렴을 일으켜 하루나 이틀 만에 죽었다(그림 9-1b). 예상했던 대로 생쥐에 주사하기 전 열처리로 S균을 죽인 경우는 질병을 일으키지 않았다(그림 9-1c). 불행히도 살아있는 R균이나 죽은 S균을 사용한 백신의 경우에는 모두 살아있는 S균에 대응하는 면역성을 제공하지 못했다.

그리피스는 또한 살아있는 R균과 열처리로 죽인 S균의 혼합물을 쥐에 주사하였다(그림 9-1d). 이들 자체로는 각각 폐렴을 일으키지 않기 때문에 쥐들이 건강하게 살아남을

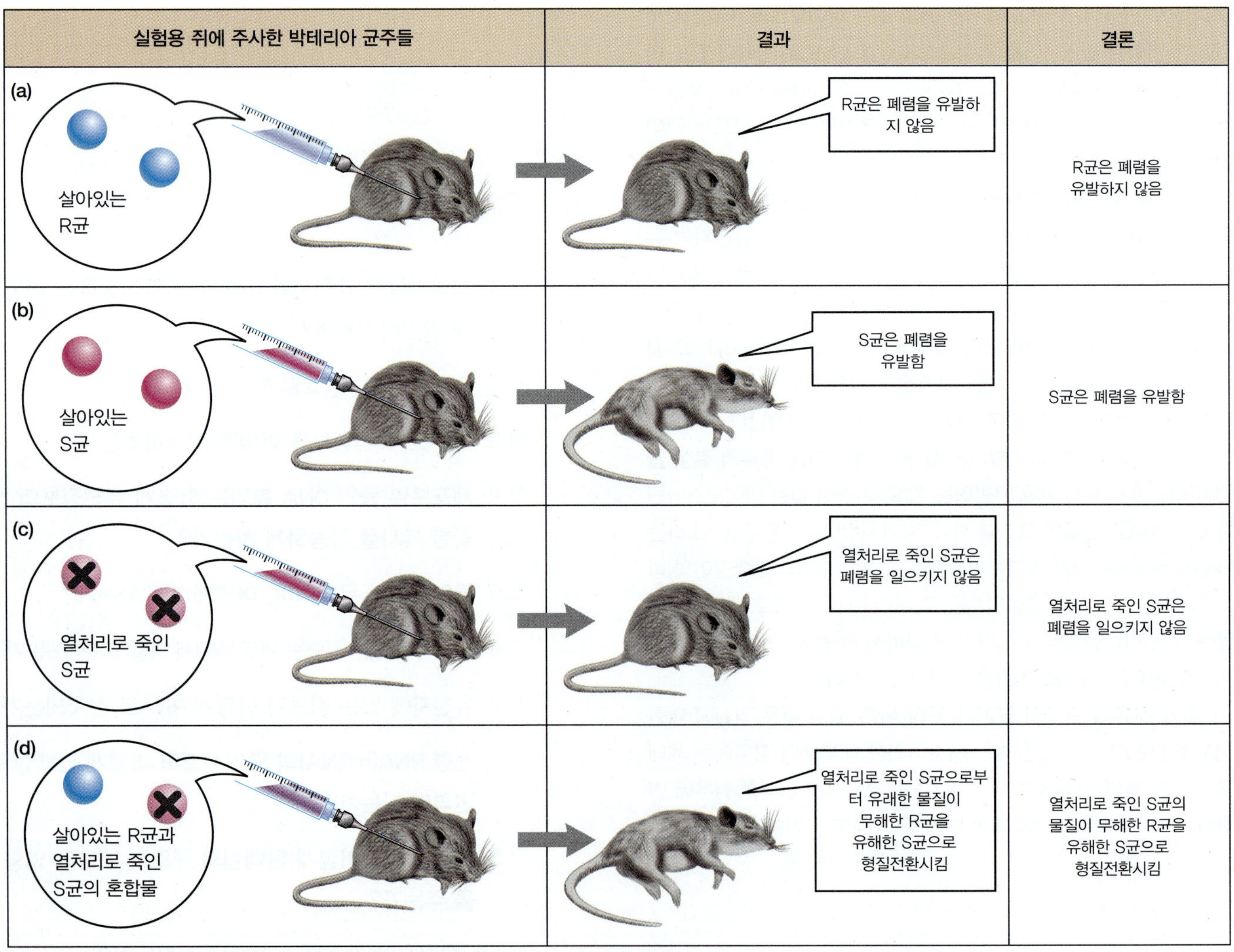


▲ **그림 9-1 세균의 형질전환** 무해한 세균이 유독한 세균으로 형질전환될 수 있다는 그리피스의 발견은 유전자가 DNA로 구성된다는 것을 밝히는 기초가 되었다.

것이라 예측하였다. 그러나 놀랍게도 쥐들은 병에 걸려 죽고 말았다. 죽은 쥐들을 해부하였을 때, 살아있는 S균을 분리하였다. 어떻게 생쥐는 살아있는 S균을 가지게 되었을까? 그리피스는 열처리에 의해 죽은 S균의 어떤 물질이 살아있는 무해한 균인 R균을 유해한 S균으로 변형시켰다고 가정하였고, 이 과정을 형질전환이라고 불렀다. 즉 형질전환된 균주가 폐렴을 일으킨 것이다.

### 형질전환 분자는 DNA이다

1944년 Oswald Avery, Colin MacLeod, Maclyn McCarty는 형질전환 분자가 DNA임을 밝혔다. 이들은 S균으로부터 DNA를 분리하여 살아있는 R균과 섞어, 살아있는 S균을 생성하였다. 이들은 단백질을 파괴하는 효소와 DNA를 파괴하는 효소를 일부 샘플에 처리하였다. 단백질을 파괴하는 효소는 형질전환을 저해하지 않았으나, DNA를 파괴하는 효소는 형질전환을 저해하였다. 따라서 이들은 형질전환이 DNA에 의해 야기되며 단백질에 의한 것은 아니라는 결론을 내렸다.

이 발견은 그리피스의 실험결과를 해석할 수 있게 해준다. S균에 대한 열처리는 균을 죽이지만 그들의 DNA는 완전히 파괴되지 않는다. 죽은 S균을 살아있는 R균과 함께 혼합하게 되면, 죽은 S균의 DNA 조각이 R균 속으로 들어가게 되고, 이것이 R균 내의 염색체 내로 삽입된다(그림 9-2). 만약 질병을 일으키는 필요한 유전자를 가진 DNA 조각이 삽입된다면, R균 세포는 S균 세포로 형질전환될 수 있을 것이다. 이리하여 Avery, MacLeod, McCarty는 DNA가 유전물질이라고 결론지었다.

그 후로 10년 간 DNA가 유전물질이라는 증거가 계속 축적되었다. 예를 들면, 진핵세포는 분열하기 전에 자신의 염색체를 복제하며(7장 참조), 자신의 DNA를 정확히 2배로 증가시키지만 단백질 양은 그렇지 않다 – 이는 유전자가 단백질이 아닌 DNA로 되어있음을 예측할 수 있다. 그럼에도 불구하고, 이 문제는 Alfred Hershey와 Martha Chase가 DNA가 박테리오파지(세균을 감염시키는 바이러스)의 유전물질임을 확인하는 실험결과를 보여줄 때까지 많은 사람이 확신하지 못했다. 이 내용은 본 장의, "DNA는 유전물질이다"에 서술되어 있다.

## 9.2 DNA는 어떤 구조일까?

유전자가 DNA로 되어있다는 것을 알아도 유전에 대한 핵심 의문에 답할 수 있는 것은 아니다. DNA는 어떻게 유전정보를 암호화할 수 있을까? 유전정보가 딸세포에 전달될 수 있도록 복제는 어떻게 일어날까? DNA의 기능과 복제에 관한 비밀은 DNA 분자의 3차 구조로부터 발견되었다.

### DNA는 4가지 종류의 뉴클레오타이드로 구성되어 있다

DNA는 **뉴클레오타이드(nucleotide)**라고 하는 단위체로 이루어진 기다란 사슬로 되어있다. 각각의 뉴클레오타이드는 세 가지 부위로 이루어져: 인산기, 디옥시리보오스라고 불리는 당, 그리고 질소를 함유하는 네 종류의 **염기(base)** 중 하나로 되어 있다. DNA에서 발견되는 염기는 **아데닌(adenine, A)**, **구아닌(guanine, G)**, **티민(thymine, T)**, **시토신(cytosine, C)**이다(그림 9-3). 아데닌과 구아닌은 탄소와 질소 원소로 이루어진 5각과 6각의 구조가 연결된 형태를 취하며, 6각 구조의 서로 다른 위치에 부착된 상이한 기능

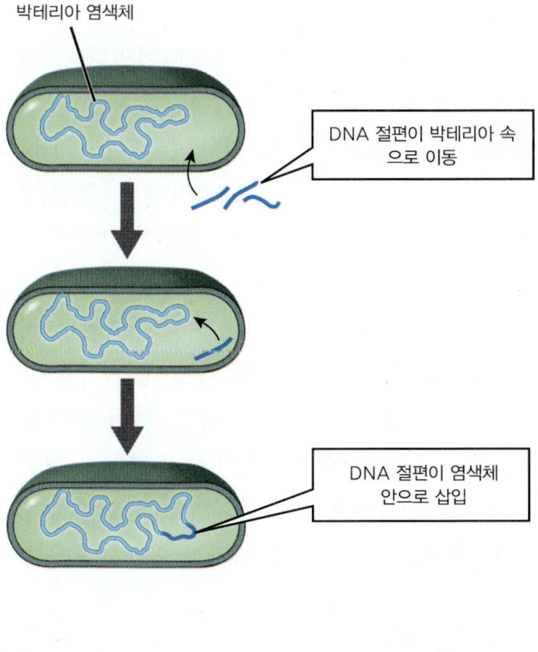


◀ 그림 9-2 **형질전환의 분자메커니즘** 대부분의 박테리아는 DNA로 이루어진 하나의 큰 원형염색체를 가지고 있다. 형질전환은 살아있는 박테리아가 환경으로부터 DNA 조각을 받아들이고, 이것이 염색체 내로 삽입될 때 일어날 수 있다.

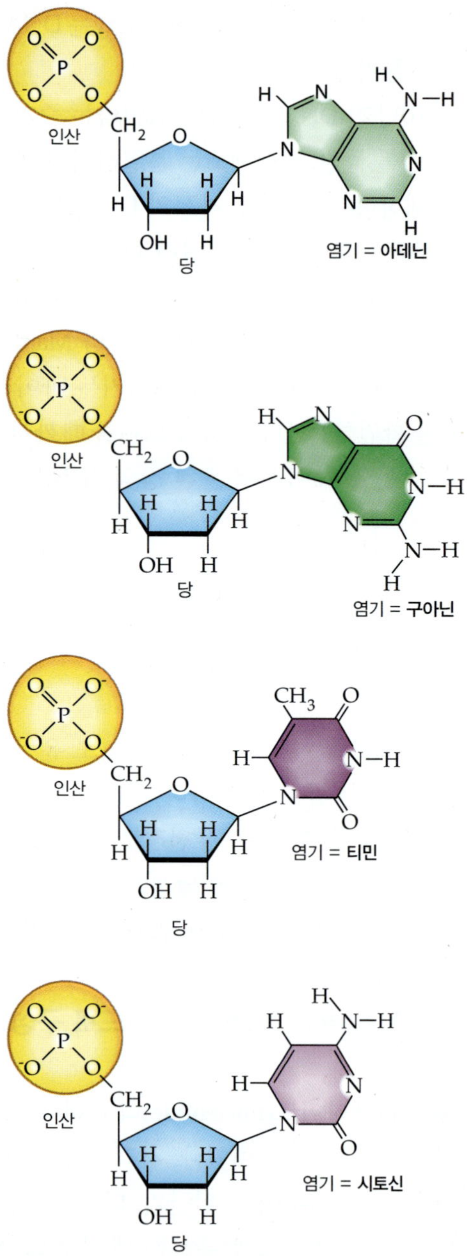


▲ 그림 9-3 DNA 뉴클레오타이드

그룹에 의해 구별된다. 티민과 시토신은 탄소와 질소로 이루어진 하나의 6각 구조물이며 상이한 작용기가 서로 다른 위치에 부착되어 있다.

1940년대 콜롬비아대학의 생화학자인 어윈 샤가프(Erwin Chargaff)는 박테리아, 성게, 물고기, 사람 등 다양한 생물에서 DNA의 네 가지 염기의 함량을 분석하여 매우 홍미로운 일관성을 발견했다. 조사한 모든 종에서 DNA는 같은 양의 아데닌과 티민, 그리고 같은 양의 구아닌과 시토신을 포함하고 있었다. 그러나 사람들이 "샤가프의 법칙(Chargaff's rule)"이라고 부르는 이러한 일관성이 사실임을 인식하는 데 거의 십여 년이 더 걸렸다.

## DNA는 두 개의 뉴클레오타이드 사슬로 이루어진 이중나선이다

1940년대 후반 몇몇의 과학자들이 DNA의 구조를 밝히기 위한 연구를 시작하였다. 영국의 과학자 Maurice Wilkins와 Rosalind Franklin은 DNA 분자구조 연구에 X-선 회절을 사용하였다(그림 9-4). 비록 X-선 회절 패턴이 분자의 직접적인 모양을 제공하진 않았지만, 분자의 모양과 구조에 대한 중요한 정보를 제공하였다. Wilkins와 Franklin은 실험을 통해 몇 가지 추론을 만들었다. 첫째, DNA 분자는 폭이 2 나노미터(20억분의 1미터)의 얇고 긴 분자이다. 둘째, DNA는 나선 계단처럼 꼬인 나선형이다. 셋째, DNA는 두 가닥의 뉴클레오타이드가 서로 꼬인 이중나선이다. 넷째, DNA는 반복되는 소단위체로 구성되어있다. 그리고 다섯째, 인산은 나선구조의 외부에 위치할 것이다.

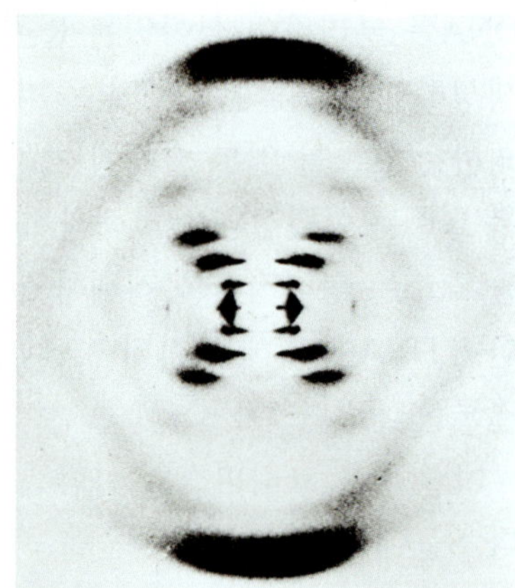

▲ 그림 9-4 DNA의 X-선 회절 이미지 검은 점의 교차된 패턴은 DNA와 같은 나선형 분자의 특징이다. 이 모양을 다양한 각도로 측정하여 DNA 나선의 직경을 알 수 있다. 예를 들면, 검은 점 사이의 거리는 나선의 회전간 거리를 나타낸다.

Franklin과 Wilkins는 시간이 충분했다면 DNA의 정확한 구조를 추론했을 것이다. 그러나 두 젊은 과학자인 James Watson과 Francis Crick(그림 9-5)이 밝혀내게 되었다. Wilkins는 X-선 회절 데이터를 그들과 공유하였고, 그 결과 DNA 분자의 모양과 총합적 크기를 알게 되었다. 복잡한 유기분자가 어떻게 결합되어 있는지에 대한 이해와 "중요한 생물학적 물질이 쌍으로 되어 있다"는 통찰에 의해, 크릭과 왓슨은 DNA 구조에 대한 구체적 분자 모델을 제공하였다.

왓슨과 크릭은 DNA 한 가닥(strand)은 많은 뉴클레오타이드 단위체로 이루어진 중합체라고 제안하였다. 뉴클레오

▲ 그림 9–5 DNA 구조 모델을 보는 왓슨(왼쪽)과 크릭(오른쪽)

타이드에 있는 인산기는 다음 뉴클레오타이드의 당에 결합하여 공유결합으로 연결된 당과 인산이 반복되는 당-인산 골격(sugar-phosphate backbone)을 만든다는 것이다(그림 9-6). 뉴클레오타이드의 염기는 이 당-인산 골격으로부터 돌출되어 있다.

단일 DNA 한 가닥의 모든 뉴클레오타이드들은 같은 방향으로 배열되어 있다. 그러므로 DNA 가닥의 양 말단은 서로 달라 한쪽 끝은 자유로운 당 잔기, 다른 쪽은 자유로운 인산기가 존재한다(그림 9-6a).

### 상보적 염기 사이의 수소결합은 이중나선의 두 가닥 DNA를 연결한다

왓슨과 크릭의 결정적인 통찰력은 생물체에 존재하는 염색체 내의 DNA는 동일하지는 않으나 유사한 뉴클레오타이드 모듈이 사다리처럼 조립된 두 가닥의 사슬로 되어 있다는 것이다. 두 가닥의 당-인산 골격(Sugar-phosphate backbone)은 DNA 사다리의 "수직"부분을 형성한다. 각 사슬의 돌출된 염기들은 수소결합에 의해 서로 붙어 사다리의 "계단(가로대)"을 형성한다(그림 9-6a). 염기의 크기를 주목하면, 아데닌과 구아닌은 각각 두 개의 연결된 고리구조를 갖기 때문에 크기가 크다. 티민과 시토신은 각각 한 개의 고리 구조를 가져 작은 크기이다. X-선 데이터를 기억해보면, DNA 분자는 일정한 폭으로 되어 있다. 만약 작은 염기 하나와 큰 염기 하나가 사다리의 계단부분을 이루고 있다면 DNA 사다리의 넓이는 일정할 수 있을 것이다. 어떠한 염기쌍이 함께 연결되어 계단을 형성할까?

그림 9-6a의 계단 부분의 염기쌍을 자세히 살펴보자. 아데닌은 오직 티민과 수소결합을 형성하고, 구아닌은 오직 시토신과 수소결합을 형성한다. 이러한 A-T, G-C 결합 염기쌍을 **상보적 염기쌍(complementary base pairs)**이라 한다. DNA 이중나선의 계단 부분에 있는 모든 염기는 서로 상보적이다. 그러므로 한 DNA 가닥의 염기서열을 안다면 다른 가닥의 염기서열을 말할 수 있다. 예를 들면, 한 가닥이 A-T-T-C-C이면 다른 가닥의 염기는 T-A-A-G-G가 되어야 한다.

상보적인 염기쌍은 "샤가프의 법칙"(한 종에서 DNA는 같은 양의 아데닌과 티민, 그리고 같은 양의 시토신과 구아닌을 가지고 있다)을 설명할 수 있다. DNA 한 가닥에 존재하는 A는 다른 가닥의 T와 항상 쌍을 이루기 때문에 A의 양이 항상 T의 양과 같을 수밖에 없는 것이다. 이와 유사하게 DNA 한 가닥에 존재하는 G도 다른 가닥의 C와 항상 쌍을 이루기 때문에 G의 양이 항상 C의 양과 같을 수밖에 없는 것이다.

마지막으로 X-선 데이터에서 보여준 것 같이 DNA 사다리는 직선형이 아니다. 즉, 두 가닥이 서로를 감싸고 있는 **이중나선(double helix)** 구조인 것이다. 마치 회전계단처럼 길쭉하게 꼬인 것과 같은 사다리 모양이다(그림 9-6b). 게다가 DNA 이중나선의 두 가닥은 서로 반대 방향으로 역평행으로 되어 있다. 그림 9-6a에서 왼쪽 DNA 가닥은 위쪽에 인산기가 있고 아래쪽에 당이 있는데 비하여, 오른쪽 DNA 가닥은 그 반대로 되어 있다.

## 9.3 DNA는 유전정보를 어떻게 암호화하는가?

그림 9-6의 DNA 구조를 다시 살펴보자. 당신은 DNA가 유전정보를 암호화한다는 사실을 많은 과학자가 왜 받아들이기 힘들었는지 이해가 되는가? 하나의 생명체가 가지는 많은 특성들을 생각해 보라. 새의 깃털 색, 부리의 모양과 크기, 둥지를 만드는 능력, 그들의 노래, 이 모든 것이 어떻게 단지 네 개의 다른 뉴클레오타이드만을 갖는 분자에 의해 결정될까?

### 유전정보는 뉴클레오타이드의 서열로 암호화된다

이에 대한 해답은 그들 서로 다른 소단위체의 숫자가 아니

# DNA는 유전물질이다

Avery, MacLeod와 McCarty는 박테리아에서 형질전환된 분자가 DNA라는 것을 밝혔다. 오랫동안 찾았던 유전에 관련된 분자가 DNA라는 것을 의미하는 것일까? 다소 분명하지 않았던 부분이 1952년 Alfred Hershey와 Martha Chase에 의한 놀라운 실험을 통하여 확실히 밝혀지게 되었다.

Hershey와 Chase는 박테리오파지(짧게는 파지)라 불리는 바이러스의 종류에 대해 연구하였다(그림 E9-1). 파지가 세균과 만났을 때, 파지는 세균의 세포벽에 붙어 그들의 유전물질을 세균 안으로 주입시킨다❶. 파지의 외피는 세균 바깥쪽에 남게 된다. 세균은 자신의 유전자와 파지의 유전자를 구별하지 못하기 때문에 파지의 유전자가 "해독"되고, 그 정보를 더 많은 파지 생산을 위해 사용한다❷. 마지막으로, 박테리아가 파열되고 새로운 파지가 방출된다❸.

대부분의 박테리오파지들이 화학적으로는 DNA와 단백질로만 이루어져 있는 매우 단순한 구조이다. 그러므로 이 두 분자 중 하나가 파지의 유전물질일 것이다. DNA와 단백질 양쪽 모두 탄소, 산소, 수소, 질소 원소를 포함하고 있다. DNA는 또한 인산을 가지고 있지만 황은 없고, 반면에 단백질은 황을 가지고 있지만 인산이 없다. Hershey와 Chase는 DNA와 단백질의 조성에서 이러한 차이점을 이용하여 DNA가 박테리오파지의 유전물질을 추론하였다(그림 E9-2).

Hershey와 Chase는 한 파지의 배양균을 방사성 동위원소 인을 사용해 파지 DNA를 합성하도록 하여 파지의 DNA를 표지시켰다. 파지의 다른 배양균은 방사성 동위원소 황을 이용하여 단백질을 합성하도록 하여 파지 단백질을 표지시켰다❶. 세균은 이렇게 표지된 두 개의 파지 배양액 중 하나에 감염되었다❷. 그리고 나서 박테리아를 믹서기에서 돌려 박테리아로부터 파지 피막을 떨어뜨리고❸, 원심분리를 하여 박테리아와 파지 피막을 분리하였다❹.

Hershey와 Chase는 박테리아가 표지된 단백질을 가진 파지에 의해 감염되게 되었는지 조사한 결과, 파지의 피막은 방사능을 나타냈지만 박테리아는 그렇지 않았다. 만약 방사성 동위원소를 가진 DNA를 포함한 파지가 박테리아에 감염되었다면, 박테리아는 방사능을 나타내지만 파지 피막은 그렇지 않다❺. 그러므로, 파지에 의해 박테리아로 주입된 물질은 단백질이 아닌 DNA이다. 감염된 박테리아는 단백질 피막이 제거된 후에도 새로운 파지를 만들어 낼 수 있으므로 단백질이 아니라 주입된 DNA가 유전물질임을 확인할 수 있었다. 이 실험이 "DNA가 주요 유전물질임을 밝힌 강력한 증거" 라고 James Watson은 말했다.

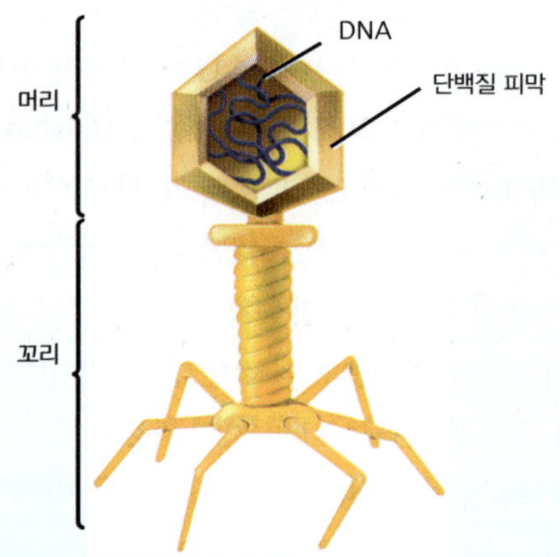


(a) 박테리오파지의 구조

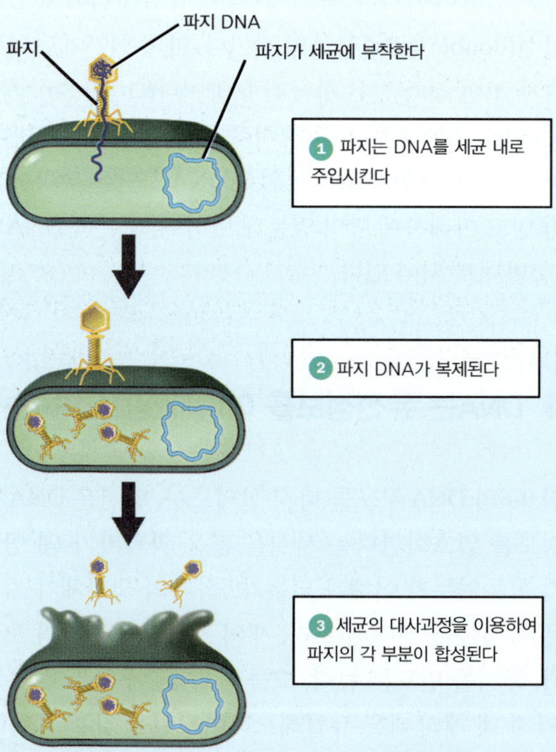


(b) 박테리오파지의 생식주기

▲ 그림 E9-1 **세균의 형질전환** 무해한 세균이 유독한 세균으로 형질전환될 수 있다는 그리피스의 발견은 유전자가 DNA로 구성된다는 것을 밝히는 기초가 되었다.

**관찰**

1. 박테리오파지 바이러스들은 DNA와 단백질만으로 이루어져 있다.
2. 박테리오파지는 세균 내로 자신의 유전물질을 주입하여, 세균이 더 많은 파지를 합성하도록 만든다.
3. 박테리오파지의 피막은 세균의 바깥쪽에 남게 된다.
4. DNA에는 황은 없지만 인을 가지고 있다.
   - DNA는 방사성 동위원소 인으로 표지시킬 수 있다.
5. 단백질은 인은 없지만 황을 가지고 있다.
   - 단백질은 방사성 동위원소 황으로 표지시킬 수 있다.

**질문** 박테리오파지의 유전물질은 DNA일까 아니면 단백질일까?

**가설** DNA가 유전물질이다.

**예측**

1. 만약 세균들이 방사성 동위원소로 표지된 DNA를 가진 박테리오파지로 감염이 된다면 세균들은 방사성을 띠게 된다.
2. 만약 세균들이 방사성 동위원소로 표지된 단백질을 가진 박테리오파지로 감염이 된다면 세균들은 방사성을 띠지 않게 된다.

**실험**

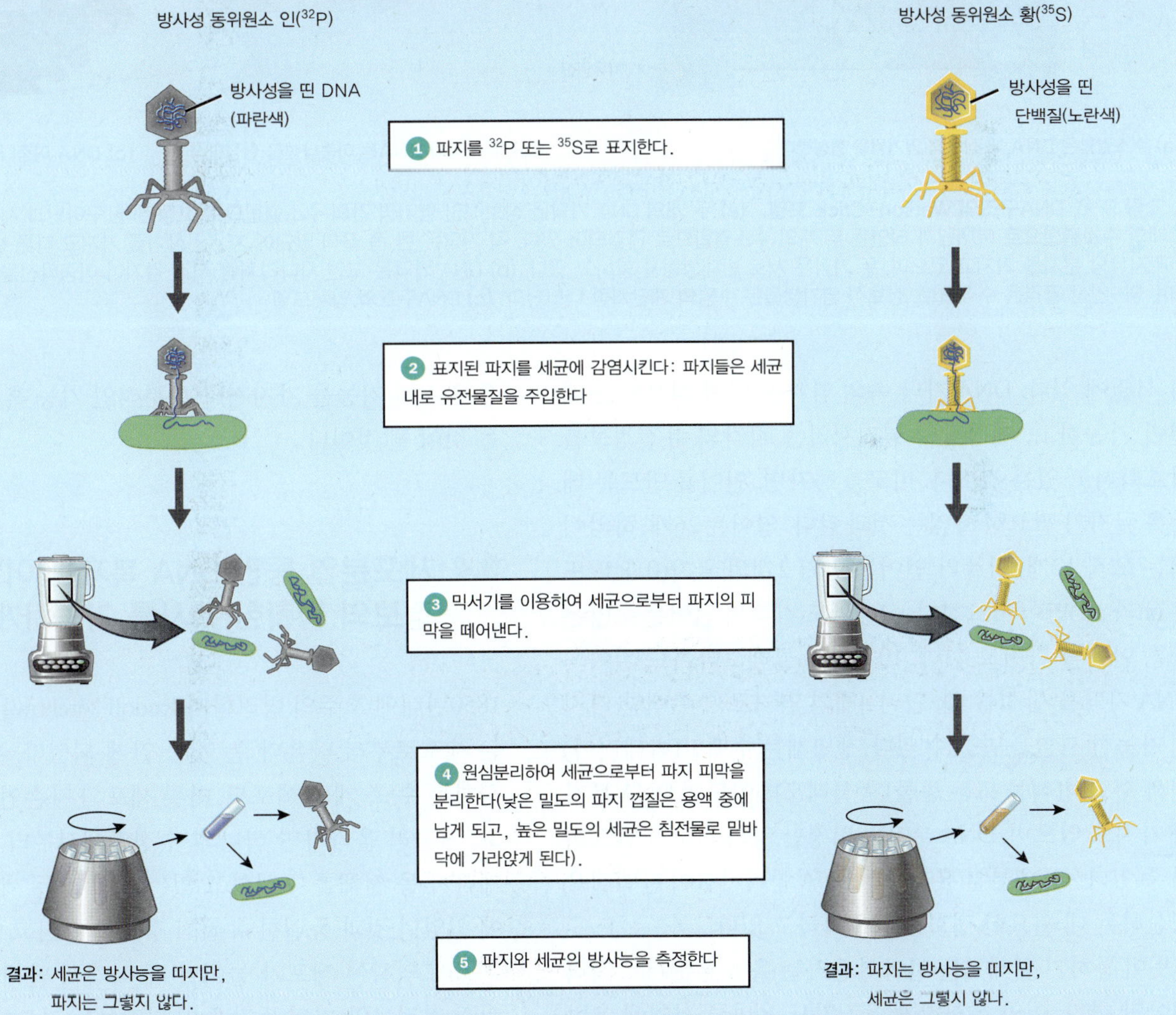


**결론** 감염된 세균들은 방사성 동위원소 인으로 표지되지만, 동위원소 황으로는 표지되지 않았다. 이는 박테리오파지의 유전물질이 단백질이 아닌 DNA라고 하는 가설을 뒷받침한다.

▲ **그림 E9–2 형질전환의 분자메커니즘** 대부분의 박테리아는 DNA로 이루어진 하나의 큰 원형염색체를 가지고 있다. 형질전환은 살아있는 박테리아가 환경으로부터 DNA 조각을 받아들이고, 이것이 염색체 내로 삽입될 때 일어날 수 있다.

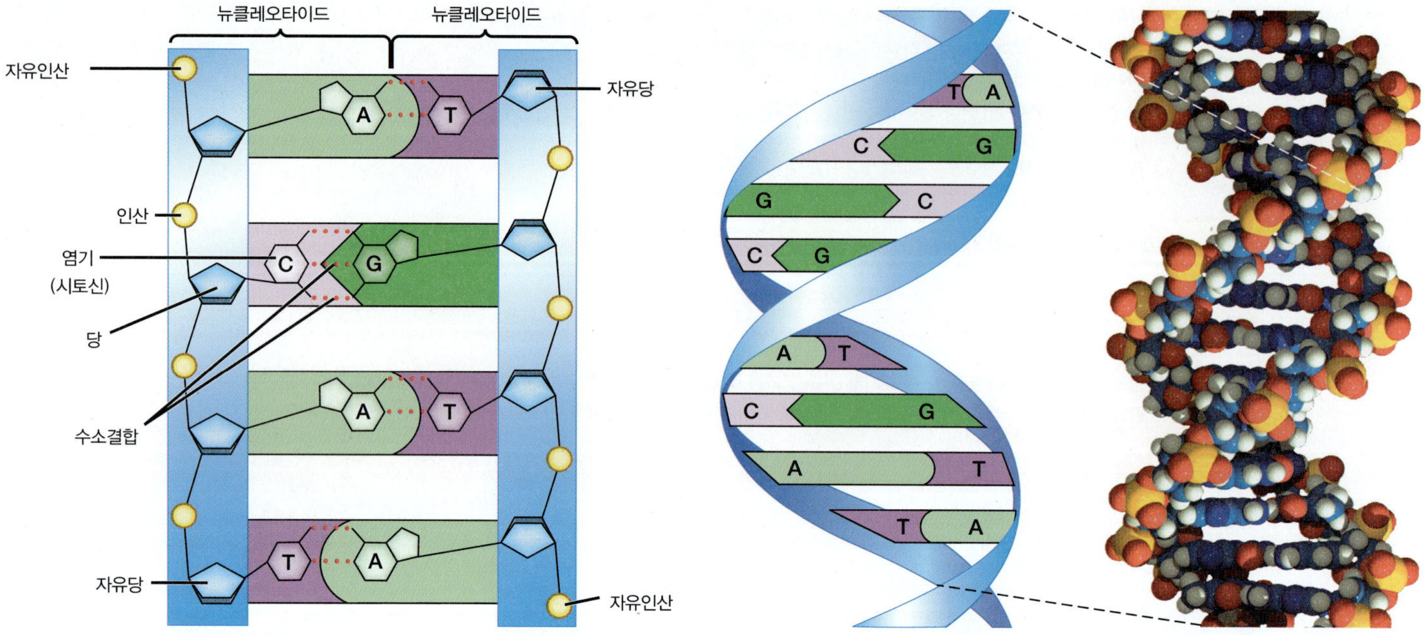


(a) 수소결합은 DNA 내 상보적 염기쌍을 형성한다 (b) 두 가닥의 DNA는 이중나선을 형성한다 (c) DNA 이중나선의 입체 모델

▲ **그림 9-6 DNA구조의 Watson-Crick 모델** **(a)** 두 개의 DNA 가닥은 상보적인 염기쌍 간의 수소결합으로 고정된다. 구아닌과 시토신은 세 개의 수소결합으로 아데닌과 티민은 두 개의 수소결합으로 연결되어 있다. 각 가닥은 한 쪽 끝의 말단에 자유인산기를 가지고 다른 반대쪽 끝에 자유당 분자를 가지고 있으며, 두 가닥은 서로 반대방향을 향하고 있다. **(b)** DNA 가닥은 꼬인 사다리처럼 서로 감기어 이중나선을 형성하며, 당-인산 골격은 수직으로, 상보적 염기쌍들은 수평의 계단처럼 나타난다. **(c)** DNA구조의 입체모델

라 서열에 있다. DNA 가닥 속의 염기는 어떤 식으로든 배열이 가능하고, 제각각의 염기서열은 각각의 유전정보를 암호화하고 있는 것이다. 비교를 하자면, 언어를 만드는 데 많은 글자가 필요하지 않는 것과 같다. 영어는 26개, 하와이어는 오직 12개, 컴퓨터 언어는 단지 2개의 글자(0과 1, 또는 on과 off)만이 필요하다. 그럼에도 각각의 언어는 수많은 다른 단어를 가지고 있다. 10개의 뉴클레오타이드 길이의 DNA 가닥을 합성할 때, 단지 4개의 염기로써 수백만 가지의 가능한 서열을 만들 수 있다. 생명체는 수백만(박테리아)에서 수십억(식물 또는 동물) 뉴클레오타이드의 DNA 분자를 가지고 있으며, DNA 분자는 엄청난 양의 정보를 암호화할 수 있다. 즉, 대부분 유전자의 DNA 염기서열이 단백질을 생산하는 데 필요한 정보를 암호화하고 있다.

뜻이 통하기 위해서는 언어의 문자는 올바른 순서로 적혀져야만 한다. 이와 유사하게 유전자도 올바른 서열에 올바른 염기가 있어야 한다. "friend"와 "fiend"가 다른 뜻을 가지고, "fliend"는 의미가 없듯이, DNA 뉴클레오타이드의 다른 염기서열은 매우 다른 정보를 암호화하거나 혹은 아예 아무 정보도 암호화할 수 없게 된다. 그 결과 만들어진 단백질은 완전히 기능을 가지거나 부분적인 기능 혹은 기능이 없는 것이 될 것이다.

## 9.4 세포분열 동안 DNA 복제는 어떻게 유전정보의 정확한 복사를 가능하게 하는가?

1850년대에 호주의 병리학자 Rudolf Virchow는 "모든 세포는 세포로부터 나온다"는 것을 알게 되었다. 우리 몸을 구성하는 수 조 개의 세포도, 다른 세포의 자손인 딸세포들이고, 거슬러 올라가면 하나의 수정란에서부터 시작되었다. 게다가 몸 전체를 구성하고 있는 거의 모든 세포는 수정란에 있었던 것과 동일한 유전적 정보를 가지고 있다. 체세포분열에 의하여 세포가 늘어날 때 각각의 딸세포는 모세포의 유전정보와 거의 똑같은 유전정보를 갖는다. 따라서 세포분열 초기에 모세포는 두 개의 정확한 DNA 복사본을 합성해야만 한다. **DNA 복제(DNA replication)**라고 알려진 과정을 통하여 이러한 두 개의 똑같은 이중나선 구조가 만들어진다.

## DNA 복제는 본래의 한 가닥과 새로운 한 가닥으로 이루어진 두 가닥의 DNA 이중나선을 생성한다

왓슨과 크릭은 DNA 구조를 기술한 그들의 논문에서 모든 과학 영역에서 가장 위대한 함축적 내용 하나를 포함하고 있다: "우리가 즉각적으로 가정한 특별한 (염기)쌍은 유전물질의 가능한 복제 메커니즘을 제시한 것이라는 우리의 인식에서 빠져나올 수 없었다." 사실, 염기쌍은 DNA 복제의 기본이다. 염기가 쌍을 이루는 원칙은 한쪽 가닥의 아데닌은 반드시 다른 가닥의 티민과 결합하고, 시토신은 구아닌과 결합하는 것이다. 그러므로 한 가닥의 염기서열은 다른 가닥을 복제하는 데 필요한 모든 정보를 포함하고 있다.

개념상으로 DNA 복제는 아주 간단하다(그림 9-7). 이를 위한 필수적인 요소는 어버이 DNA 가닥❶, 세포질에서 합성되어 핵 속으로 들어온 **자유 뉴클레오타이드(free nucleotide**, 아직 DNA 가닥의 일부분이 아닌 상태), 어버이 DNA 이중나선을 풀어주고, 새로운 DNA 가닥을 합성하는 여러 가지의 효소들이다.

첫째로, **DNA 헬리케이즈(DNA helicase**, "이중나선을 끊어주는 효소"를 의미함)는 어버이 DNA 이중나선을 풀어주어 두 가닥의 염기가 더 이상 서로 쌍을 이루지 않게 된다❷. 둘째로, **DNA 중합효소(DNA polymerase**, 'DNA 중합체를 합성하는 효소')라고 불리는 효소가 분리된 어버이 DNA 가닥을 따라 움직이면서 상보적인 자유 뉴클레오타이드를 붙여나간다❸. 예를 들어, DNA 중합효소는 어버이 가닥의 노출된 아데닌에 자유 티민으로 쌍을 맞춘다. DNA 중합효소는 이 뉴클레오타이드들을 서로 연결시킴으로써 한 어버이 DNA 가닥에 상보적인 새로운 가닥을 포함한 두 가닥의 새로운 DNA 가닥을 형성한다. 그러므로 만약 어버이 가닥이 T-A-G를 가지고 있다면, DNA 중합효소는 이에 상보적인 서열 A-T-C를 가진 새로운 DNA 가닥을 합성할 것이다. DNA가 어떻게 복제되는지에 대한 더 많은 정보는 "DNA 구조와 복제"에 언급되어 있다.

복제가 완료되었을 때, 하나의 어버이 가닥은 새롭게 합성된 상보적인 딸 DNA 가닥과 서로 감기어 새로운 이중나선을 형성한다❹. 새로운 이중나선의 생성에 있어서, DNA 복제는 어버이의 한 가닥은 보존되고, 거기에 새로이 한 가닥이 생성되므로 이 과정을 반보존적 복제(semiconservative replication)라고 부른다(그림 9-8).

만일 실수가 없다면 새로이 합성된 두 개의 DNA 이중나

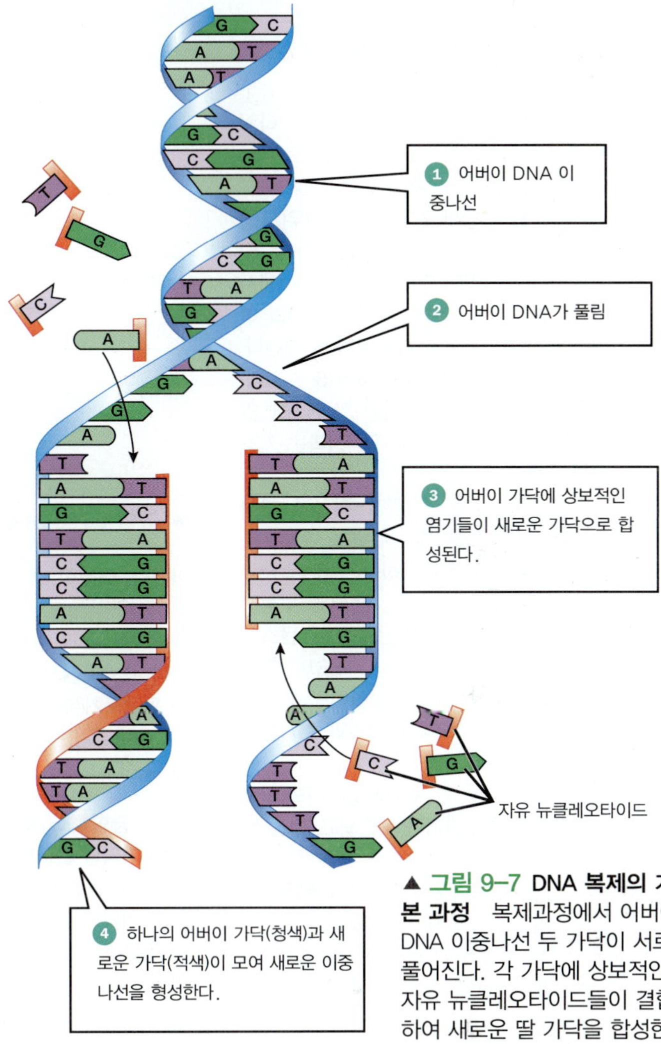


▲ **그림 9–7 DNA 복제의 기본 과정** 복제과정에서 어버이 DNA 이중나선 두 가닥이 서로 풀어진다. 각 가닥에 상보적인 자유 뉴클레오타이드들이 결합하여 새로운 딸 가닥을 합성한다. 각 어버이 DNA 가닥과 그 딸 DNA 가닥이 하나씩 모여 새로운 이중나선을 형성한다.

▶ **그림 9–8 DNA의 반보존적 복제**

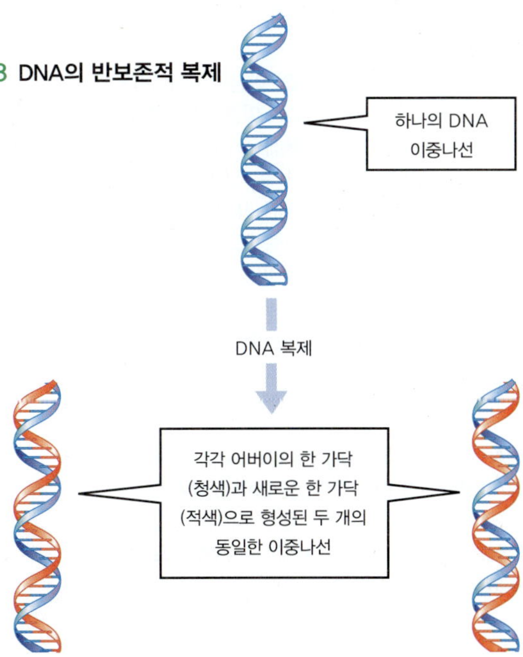

# DNA 구조와 복제

## DNA 구조

DNA 복제를 완전히 이해하기 위해서는 다시 DNA의 구조로 돌아가야 한다. 생화학자들은 복잡한 분자를 구성하는 원자에 번호를 매겨 그들을 표시한다. 뉴클레오타이드의 경우(그림 E9-3), 염기의 각 "모퉁이(코너)"을 형성하는 원자를 시토신이나 티민의 단일 고리에서는 1에서 6으로 번호를 매기고, 아데닌이나 구아닌의 이중고리는 1부터 9까지의 숫자로 번호를 매긴다. 당의 탄소 원자는 1′(1-프라임)에서 5′(5-프라임)로 숫자를 매긴다. 당에 있는 원자와 염기에 있는 원자를 구별하기 위해 프라임(′)이라는 기호를 사용한다.

DNA 사슬의 당-인산 골격 합성에 관여하는 뉴클레오타이드의 당 부위는 두 부분의 말단을 포함하고 있다: 하나는 3′ 말단으로 -OH(수산)기가 당의 3′ 탄소에 부착되어 있고, 다른 하나는 5′ 말단으로 5′ 탄소에 인산기가 부착되어 있다. DNA 사슬이 합성될 때, 새로 들어오는 뉴클레오타이드 인산은 그 앞의 뉴클레오타이드의 수산기와 결합한다(그림 E9-4).

이 결합에도 항상 한 뉴클레오타이드의 3′ 말단 부위에는 자유수산기가 노출되고, 다른 뉴클레오타이드의 5′ 말단 부위에는 자유인산기가 노출된다. 이 형태는 아무리 많은 뉴클레오타이드가 연결되어 있더라도 마찬가지이다.

이중나선의 두 가닥에 존재하는 당-인산 골격은 서로 반대의 방향성으로 놓여 역평행하다. 따라서 이중나선의 한쪽 끝을 보면, 한 가닥은 자유수산기(3′ 말단)를 갖는 당을 가지고 있고, 다른 한 가닥은 자유인산기(5′ 말단)를 갖고 있다. 이중나선의 다른 쪽 끝은 자유당과 인산의 위치가 반대로 되어 있다(그림 E9-5).

## DNA 복제

DNA 복제는 세 가지 주요 과정을 포함한다(그림 E9-6, p210). 첫째, DNA 이중나선이 풀려 두 가닥으로 분리되어, 뉴클레오타이드 서열을 읽을 수 있어야 한다. 그리고 두 개의 본래 가닥과 상보적인 염기서열을 가지는 새로운 DNA 가닥들이 합성되어야 한다. 진핵세포에서 이러한 새로운 DNA 가닥은 상당이 짧은 조각으로 합성된다. 그러므로 DNA 복제의 셋째 단계는 이런 짧은 DNA 조각들을 연결하여 연속적인 새로운 DNA 가닥을 형성하는 것이다. 이러한 각 단계는 독특한 일련의 효소들에 의해 진행된다.

### DNA 나선분리효소(DNA helicase)가 어버이 DNA 가닥(주형 DNA 가닥)을 풀어 분리시킨다

DNA 나선분리효소는 다른 몇 가지 효소들과 함께 작용하여 두 가닥의 어버이 DNA를 서로 잡고 있는 상보적 염기쌍 사이의 수소결합을 끊어낸다. 어버이 DNA 두 가닥이 풀려서 분리되면, 복제방울(replication bubble)이 형성된다(그림 E9-6, ❶과 ❷). 어버이 DNA 가닥이 풀리기 시작하는 곳에서 생긴 각 복제방울은 양쪽 끝에 복제분기점을 가진다. 복제방울 내에서 어버이 DNA 염기는 더 이상 다른 염기와 쌍을 이루지 않는다.

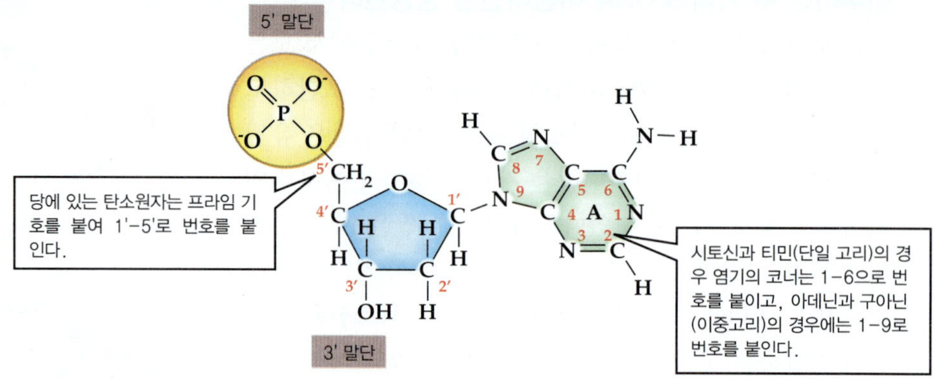


▲ 그림 E9-3 뉴클레오타이드의 탄소원자 번호 붙이기

### DNA 중합효소(DNA polymerase)는 새로운 DNA 가닥을 합성한다

두 번째 효소인 DNA 중합효소가 분리된 각 DNA 가닥에 결합하기 위해서 복제방울이 반드시 필요하다. DNA 중합효소와 다른 단백질 간의 복합체가 각 복제분기점에서 각 주형 가닥에 결합한다❸. DNA 중합효소는 어버이 가닥의 쌍을 이루지 않은 염기를 인식하여 자유 뉴클레오타이드 내에 있는 상보적인 염기를 가져와 결합시킨다. 그리고 DNA 중합효소는 새로이 들어올 자유 뉴클레오타이드의 인산기(5′ 말단)를, 합성되고 있는 딸 가닥에 마지막으로 첨가된 뉴클레오타이드의 당 부위(3′ 말단)와 연결시킨다. 이와 같은 방법으로 DNA 중합효소는 딸 가닥의 당-인산 골격을 합성해 나간다.

DNA 복제는 간단하게 하나의 DNA 중합효소가 이중나선의 한쪽 끝에서 시작하여 반대쪽 끝까지 연속적으로 복사하지 않고, 왜 복제방울을 만드는 것일까? 진핵생물의 염색체는 아주 길다는 것을 상기해보자: 인간의 염색체는 상대적으로 작은 Y염색체의 경우 5천만 뉴클레오타이드에서부터 1번 염색체의 경우에는 2억 5천만 뉴클레오타이드로 이루어져 있다. 진핵생물

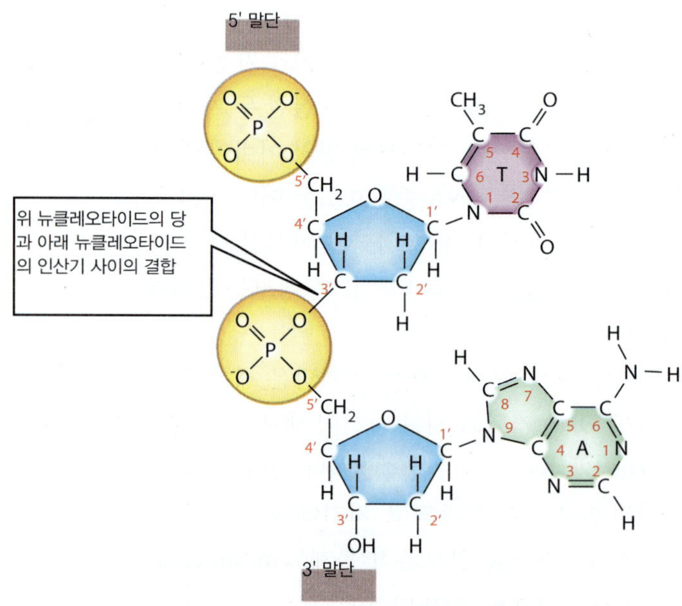


▲ 그림 E9-4 뉴클레오타이드 이량체의 탄소 원자 번호 붙이기

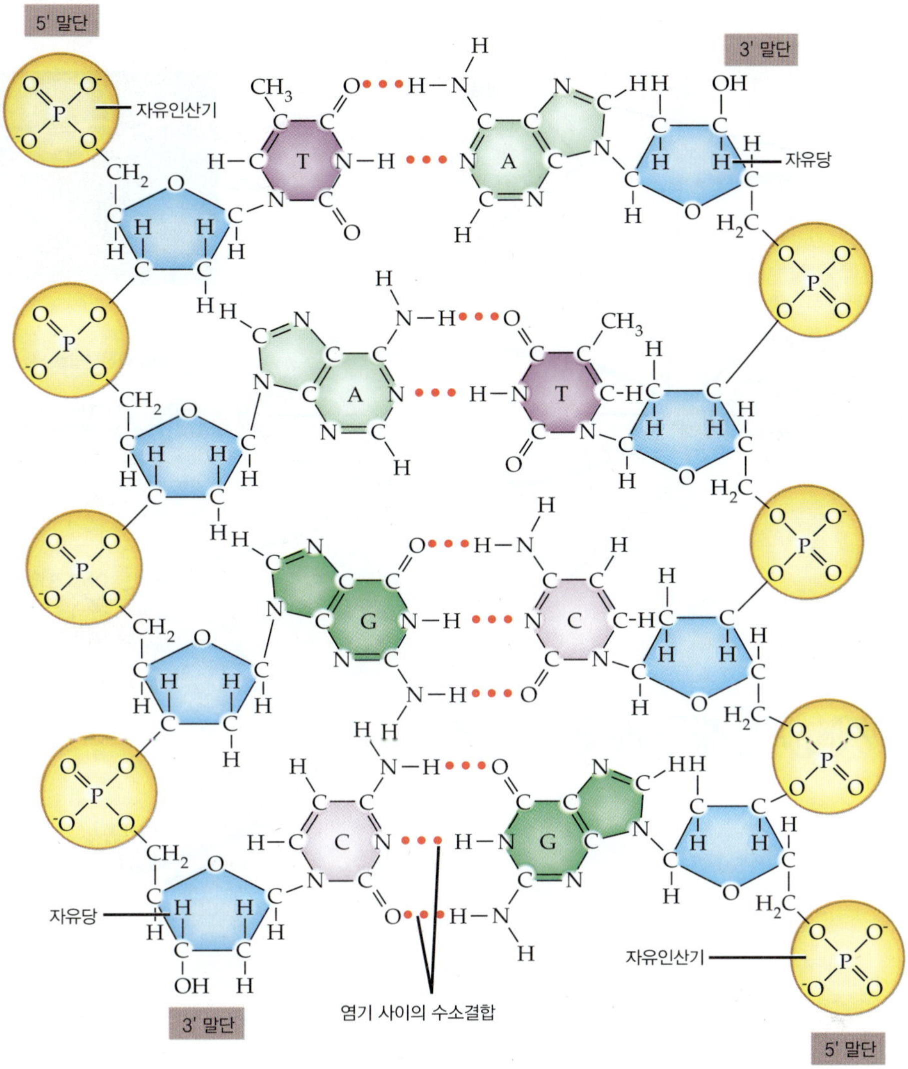


▲ 그림 E9–5 **DNA 이중나선의 두 가닥은 역평행이다.**

의 염색체는 초당 50 뉴클레오타이드가 복사되는데, 이로 인해 하나의 연속적인 조각으로 복사한다면 12일에서 58일 가량이 걸린다. 적절한 시간 내에 염색체 전체를 복제하기 위해서는 많은 DNA 나선분리효소가 많은 복제방울을 동시에 열어줌으로써, 많은 DNA 중합효소가 동시에 작은 조각의 가닥을 복사할 수 있도록 해준다. 각각의 방울은 DNA 복제가 진행됨에 따라 점점 커져서 궁극적으로는 서로 만나게 된다.

DNA 중합효소는 항상 어버이 가닥의 3′ 말단(당의 말단 수산기 부분)에서부터 5′ 말단(인산기 부분) 방향으로 이동한다. 새로운 뉴클레오타이드는 항상 딸 가닥의 3′ 말단에 첨가된다. 어버이 DNA 이중나선 두 가닥이 서로 반대 방향으로 향하고 있기 때문에 DNA 중합효소는 두 어버이 가닥에서 서로 반대 방향으로 이동하게 된다(그림 E9–6 ❸).

DNA 나선분리효소와 DNA 중합효소는 함께 작용한다(그림 E9–6, ❹). DNA 나선분리효소가 DNA 이중나선에 부착되어 이동함으로써 이중나선을 풀고 두 가닥이 나누어지게 한다. 두 DNA 가닥은 서로 반대 방향으로 향하고 있기 때문에, DNA 나선분리효소가 한쪽 어버이 가닥의 5′ 말단 방향으로 이동하게 되면, 이것은 동시에 다른 어버이 가닥의 3′ 말단 방향으로 이동하게 된다. 이 때 두 개의 DNA 중합효소가 DNA의 분리된 두 가닥에 각각 결합한다. 한 DNA 중합효소(중합효소 #1이라 명명하자)는 어버이 가닥의 5′ 말단으로 향하는 DNA 나선효소를 뒤따라서 연속적으로 새로운 DNA 가닥을 다른 복제방울에 닿을 때까지 합성해 나간다. 이 연속적인 새 DNA 가닥을 선도가닥(leading strand)이라 부른다. 그러나 DNA 중합효소 #2는 나선효소와는 반대 방향으로 멀어진다: 그림 E9–6의 ❸에서 나선분리효소는 왼쪽으로 움직이는데 비하여 DNA 중합효소는 오른쪽으로 움직인다. 그러므로 이 가닥의 DNA 합성은 불연속성이 된다: DNA 중합효소 #2는 짧은 새로운 DNA 가닥을 합성하게 된다. 이를 지연가닥(lagging strand)이라 한다. 반면에 나선분리효소는 계속 왼쪽으로 움직여 이중나선을 계속 풀어나간다(그림 E9–6, ❹, ❺). #3, #4 등 부가적인 DNA 중합효소가 이 가닥에 결합하여 차례로 더 많은 짧은 지연가닥을 합성하게 된다.

#### DNA 연결효소(DNA ligase)는 DNA 조각을 연결시킨다

많은 DNA 중합효소는 다양한 길이의 DNA 조각을 합성한다. 각 염색체는 수백 개의 복제방울을 형성한다. 각 방울은 하나의 선도가닥과 수십에서 수천 개의 지연가닥을 포함하고 있다. 따라서 세포는 하나의 염색체를 복제하는 동안, 수백만 개의 DNA 조각을 합성한다. 이런 조각들은 모두 어떻게 연결될까? 이 일을 담당하는 제3의 효소가 DNA 연결효소(DNA를 연결하는 효소, **DNA ligase**; 그림 E9–6, ❺참조)이다. 많은 DNA 연결효소는 각 딸 가닥에서 긴 연속적인 하나의 DNA 중합체가 되도록 각 조각들을 연결시킨다.

(계속)

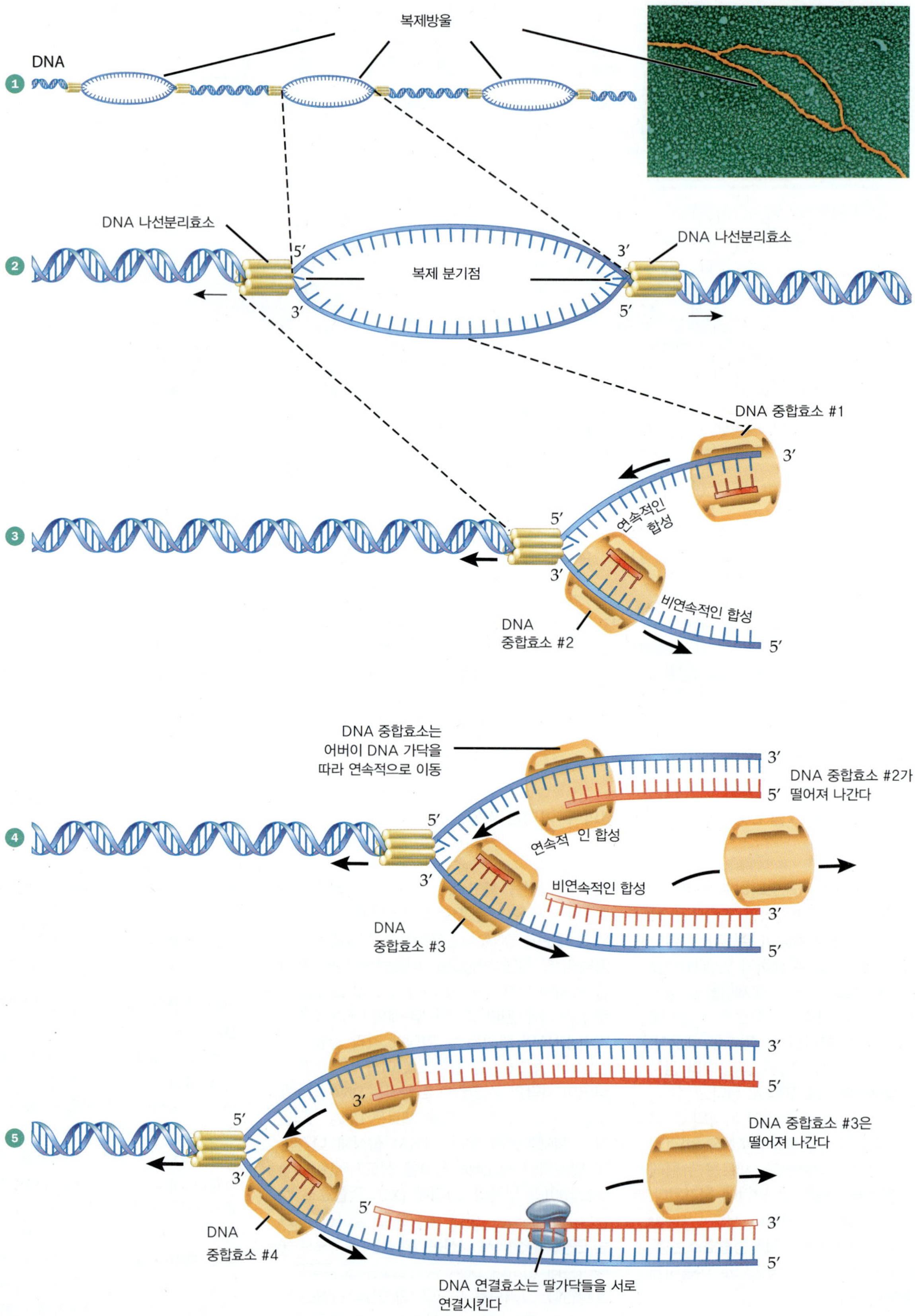
복제방울
DNA
1
DNA 나선분리효소
5′
3′
복제 분기점
3′
5′
DNA 나선분리효소
2
DNA 중합효소 #1
3′
5′
연속적인 합성
3′
비연속적인 합성
DNA
중합효소 #2
5′
3
DNA 중합효소는
어버이 DNA 가닥을
따라 연속적으로 이동
3′
5′
DNA 중합효소 #2가
떨어져 나간다
5′
연속적 인 합성
3′
비연속적인 합성
3′
5′
DNA
중합효소 #3
4
3′
5′
5′
3′
DNA 중합효소 #3은
떨어져 나간다
5′
3′
5′
DNA
중합효소 #4
DNA 연결효소는 딸가닥들을 서로
연결시킨다
5

▲ 그림 E9–6 DNA 복제

선 염기서열은 원래의 어버이 DNA 이중나선 염기서열과 동일하며, 새로운 두 이중나선도 서로 동일하다.

## 9.5 돌연변이는 무엇이며, 어떻게 발생하는가?

세포분열이나 세대 간에 있어서도 DNA 염기서열은 매우 정확하게 보존된다. 하지만 이런 염기서열에 변화가 때때로 일어나기도 한다. 이를 **돌연변이(mutation)**라고 하며, 이것은 모든 유전적 변이의 원인이다. 돌연변이는 종종 유해하며, 이는 셰익스피어의 햄릿의 공연 중에 단어가 무작위로 바뀌면 극의 흐름이 방해를 받게 되는 것과 같다. 만일 어떤 돌연변이가 진짜로 유해하다면, 유전된 세포나 개체의 돌연변이는 일찍 죽게 된다. 하지만 어떤 돌연변이들은 개체에 영향을 주지 않거나 드물게는 이로움을 주기도 한다. 이롭게 하는 돌연변이는 적어도 특정 환경에서 자연선택에 의해 선택되기도 하여 지구에서 생명 진화의 기초가 된다(11장 참조).

### 정확한 복제, 교정, 수선과정은 거의 완벽한 DNA를 만들어낸다

상보적인 염기쌍 사이의 특이적 수소결합은 DNA 복제를 아주 정확하게 만든다. DNA 중합효소는 만에서 백만 염기쌍 당 한 번 정도로 잘못된 염기를 결합시킨다. 하지만 완성된 DNA 가닥은 1억에서 100억 염기쌍 당 하나 정도의 실수가 나타난다(사람의 경우, 보통 복제할 때 염색체 당 한 번 이하의 실수를 포함한다). 이렇게 매우 낮은 오류 비율은 딸 가닥을 합성하는 도중이나 합성 후에 딸 가닥을 교정하는 **DNA 수선효소(DNA repair enzyme)** 때문이다. 예를 들면, 어떤 형태의 DNA 복제효소는 염기쌍을 형성할 때 생기는 오류를 인식한다. 이러한 유형의 DNA 중합효소는 일시 정지하고, 오류를 수정한 다음 이어서 더 많은 DNA 합성을 계속한다. 세포의 생애 동안에 일어나는 다른 DNA 염기서열의 변화는 대개 DNA 수선효소에 의해 수정된다.

### 독성 화학물질, 방사능, 또는 DNA 복제 시 생기는 오류는 돌연변이를 일으킬 것이다

이렇게 DNA 복제의 놀라운 정확성에도 불구하고, 인간을 포함한 다른 어떤 생명체일지라도 오류 없는 완벽한 DNA를 가질 수는 없다. 때때로 정상적인 DNA 복제과정 동안에 만들어진 오류가 수선되지 않은 상태로 남아있게 된다. 독성 화학물질(예를 들면 정상정인 대사과정 중에 형성된 자유 라디칼, 담배연기의 일부 요소, 그리고 일부 곰팡이 등에 의한 독소물질), 어떤 종류의 방사선(햇볕에 있는 자외선과 같은) 등에 의해 DNA는 손상을 입기도 한다. 이러한 화학물질과 방사능은 복제 시 염기쌍 오류의 가능성을 증가시킨다. 일부는 복제 과정 사이에서 DNA에 손상을 주기도 한다. 비록 대부분의 염기서열의 변화는 수선효소에 의해 고쳐지지만, 일부는 돌연변이로 남게 된다.

### 돌연변이 발생 범위는 단일 염기쌍의 변이에서부터 염색체의 큰 조각의 이동까지 다양하다

복제 시 염기쌍이 잘못되면, DNA 수선효소가 오류를 인식하여 잘못된 뉴클레오타이드를 잘라내고 상보적인 염기를 가진 뉴클레오타이드로 대체한다. 그러나 가끔 이 효소는 잘못된 딸 가닥의 뉴클레오타이드 대신에 어버이 가닥의 뉴클레오타이드를 교체하기도 한다. 이로 인해 만들어지는 염기쌍은 상보적이기는 하지만 본래의 염기쌍과 다르다; 이것은 **뉴클레오타이드 치환 돌연변이(nucleotide substitution mutation)**라고 한다(그림 9-9a). 그 결과 만들어진 염기쌍은 상보적이며, 이후의 세포분열에서 정확한 복제에 의해 돌연변이를 영구화시킨다. 이것은 염색체의 영구적인 부분이 될 것이고, 이 세포의 모든 자손 세포에게 전달될 것이다. **삽입 돌연변이(insertion mutation)**는 하나 또는 그 이상의 뉴클레오타이드 쌍이 DNA 이중나선 속으로 삽입될 때 일어난다(그림 9-9b). **결실 돌연변이(deletion mutation)**는 하나 또는 그 이상의 뉴클레오타이드 쌍이 DNA 이중나선으로부터 제거되는 현상이다(그림 9-9c). 삽입과 결실 돌연변이 모두 정확한 염기쌍의 DNA라서 이 돌연변이는 영구적이다.

단일 뉴클레오타이드 쌍에서부터 거대 DNA 단편에 이르기까지 염색체 조각들은 종종 재배열된다. **역위(inversion)**는 DNA 조각이 염색체로부터 잘려져 나와, 거꾸로 회전한 후에 빈자리를 다시 채움으로써 일어난다(그림 9-10a). 마지막으로 **전좌(translocation)**는 보통 큰 DNA 단편이 한 염

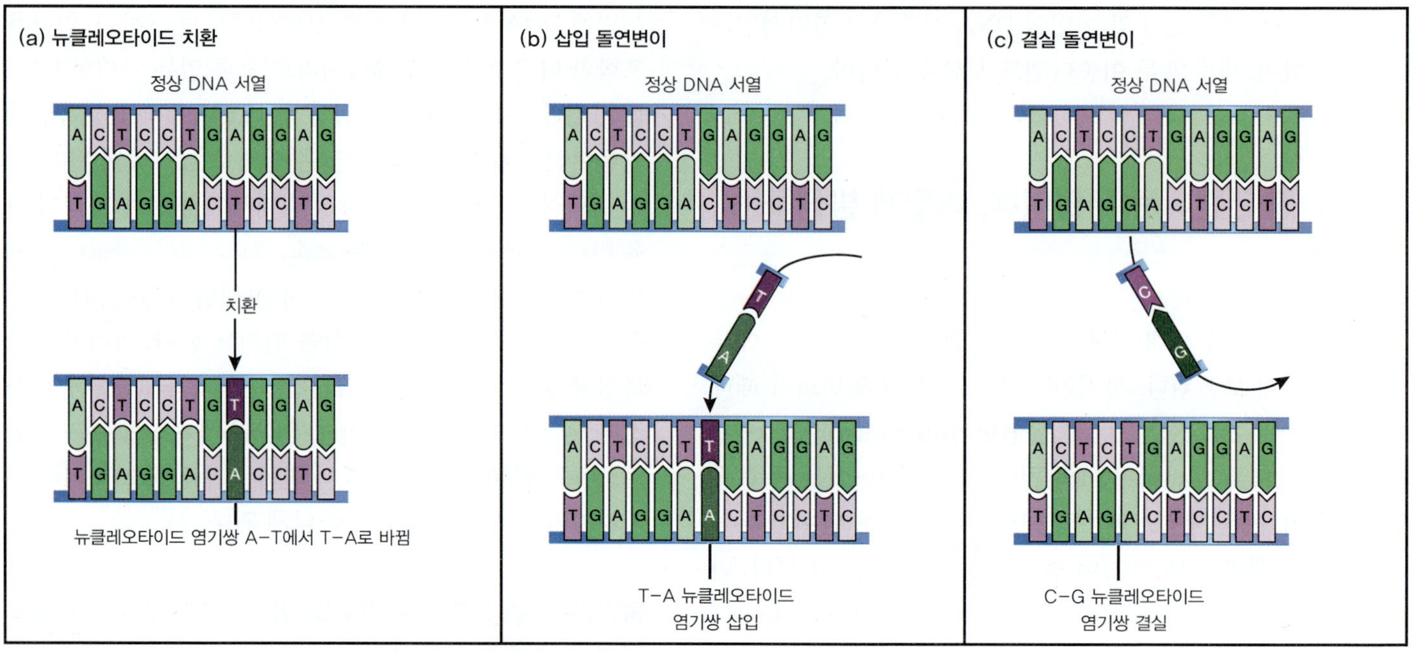


▲ 그림 9-9 **하나 또는 몇 쌍의 뉴클레오타이드를 포함하는 돌연변이**
(a) 뉴클레오타이드 치환 (b) 삽입 돌연변이 (c) 결실 돌연변이
원래의 DNA 염기는 옅은 색 바탕에 검은 글자로 나타내었고, 돌연변이는 짙은 색 바탕에 흰 글자로 표시되었음.

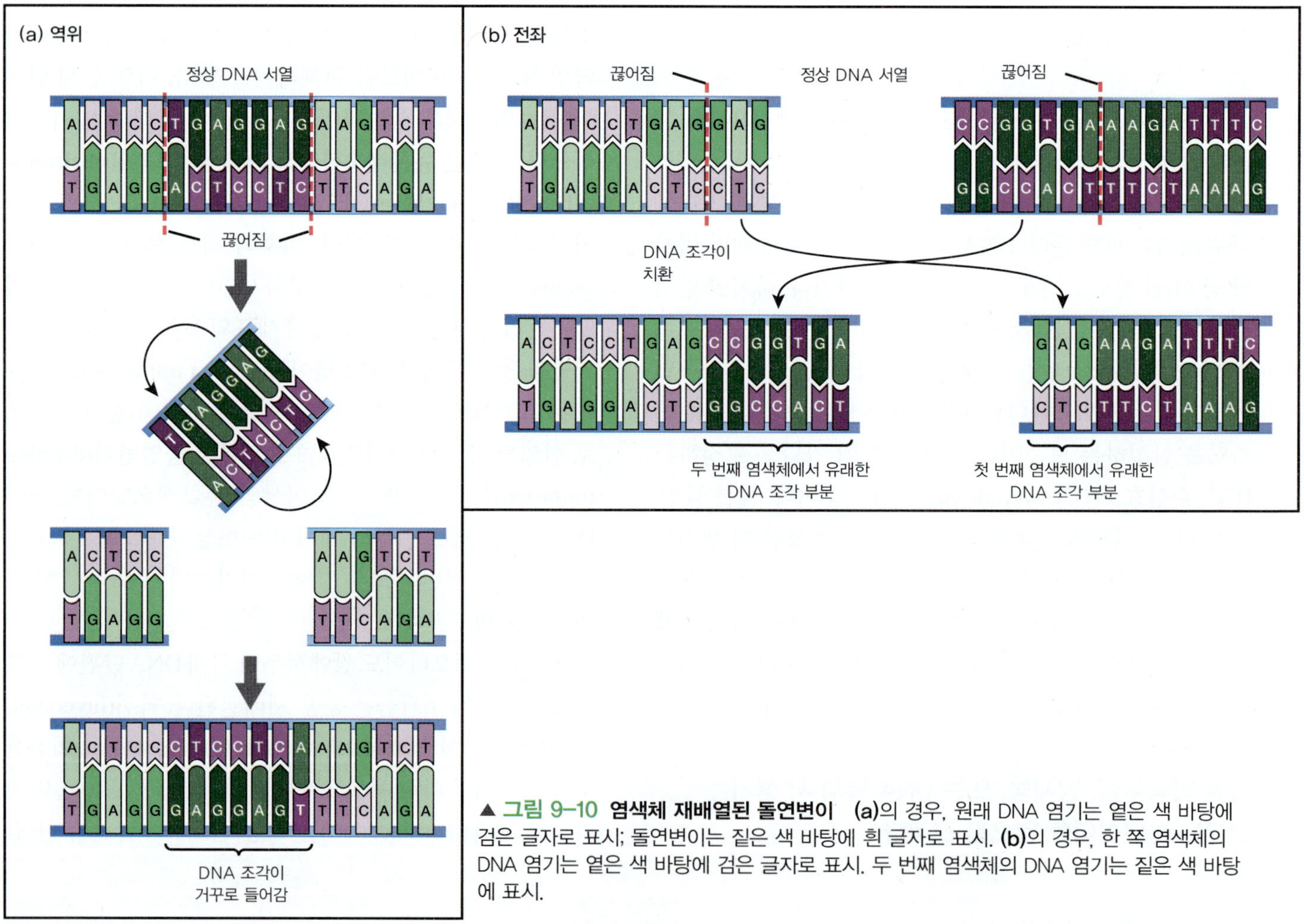


▲ 그림 9-10 **염색체 재배열된 돌연변이** (a)의 경우, 원래 DNA 염기는 옅은 색 바탕에 검은 글자로 표시; 돌연변이는 짙은 색 바탕에 흰 글자로 표시. (b)의 경우, 한 쪽 염색체의 DNA 염기는 옅은 색 바탕에 검은 글자로 표시. 두 번째 염색체의 DNA 염기는 짙은 색 바탕에 표시.

색체로부터 떨어져 나와, 다른 염색체에 삽입되어 나타난다(그림 9-10b). 삽입과 결실 돌연변이처럼, 역위와 전좌 돌연변이가 일어난 DNA에서도 정확하고 상보적인 염기쌍을 가진다.

## 9.6 유전자에 있는 정보는 세포 내에서 어떻게 사용되는가?

정보자체가 어떤 것을 하지 않는다. 예를 들어 청사진은 집의 구조를 자세히 묘사할지 모르지만 건축가에 의해서 정보가 실행에 옮겨지지 못한다면, 집은 결코 건축되지 못할 것이다. 마찬가지로 모든 세포의 분자적 청사진인 DNA의 염기서열이 거대한 양의 정보를 포함하고 있지만 DNA는 그 스스로 활동할 수는 없다. 그러면 DNA는 당신이 검은, 갈색 혹은 붉은 머리를 갖는지 혹은 정상적인 폐의 기능을 갖는지 아니면 낭포성섬유증을 갖는지 어떻게 결정하는가?

DNA는 모든 세포의 유전물질이지만 단백질은 세포의 "분자적 일꾼"들이다. 단백질은 세포골격이나 세포막의 이온채널처럼 많은 세포구조물을 형성한다. 세포 내의 화학적 반응을 촉매하는 효소 또한 단백질이다. 그러므로 세포를 형성하고 조절하기 위하여 정보가 DNA로부터 단백질로 흘러가야만 한다.

### DNA는 RNA 중간체를 통하여 단백질 합성에 대한 정보를 제공한다

DNA는 **리보핵산(ribonucleic acid)** 혹은 RNA라고 하는 중간분자를 통하여 단백질 합성을 지시한다. RNA는 DNA와 비슷하지만 3가지 면에서 구조적으로 다르다 (1) RNA는 기본 구조에 데옥시리보오스 대신 리보오스 당을 갖는다(RNA에서의 R); (2) RNA는 이중가닥이 아니라 보통 단일가닥이다; 그리고 (3) RNA는 티민이란 염기 대신에 우라실이란 염기를 사용한다 (표 9-1).

DNA는 많은 종류의 RNA의 합성을 암호화하며, 이 중에서 세 가지 형태의 RNA는 단백질 합성에서 특별한 역할을 한다: 전령 RNA(messenger RNA, mRNA), 리보솜 RNA(ribosomal RNA, rRNA) 그리고 운반 RNA(transfer RNA, tRNA) (그림 9-11). 또 여러 가지의 다른 RNA가 있는데, 인체면역결핍바이러스(HIV)와 같은 바이러스의 유전물질로 작용하는 RNA; 어떠한 화학반응을 촉매하는 리보자임(ribozyme)이라는 효소 RNA; 그리고 이번 장의 후반에서 논하게 될 "조절" RNA 등이다. 이곳에서 우리는 전령 RNA, 리보솜 RNA, 운반 RNA의 역할에 대하여 소개할 것이다.

### 전령 RNA(mRNA)는 단백질 합성을 위한 코드를 DNA로부터 리보솜으로 운반한다

진핵세포에서 DNA는 도서관의 귀중한 서류처럼 핵 내에

표 9-1 DNA와 RNA의 비교

| | DNA | RNA | |
|---|---|---|---|
| 가닥 | 2 | 1 | |
| 당 | 디옥시리보오스 | 리보오스 | |
| 염기형태 | 아데닌(A), 티민(T),<br>시토닌(C), 구아닌(G) | 아데닌(A), 우라실(U),<br>시토닌(C), 구아닌(G) | |
| 염기쌍 | DNA-DNA<br>A-T<br>T-A<br>C-G<br>G-C | RNA-DNA<br>A-T<br>U-A<br>C-G<br>G-C | RNA-RNA<br>A-U<br>U-A<br>C-G<br>G-C |
| 기능 | 유전자를 포함한다;<br>대부분 유전자의 염기서열은 단백질의 아미노산 서열을 결정한다. | 전령 RNA(mRNA): 단백질을 암호하는 유전자에 대한 코드를 DNA에서 리보솜으로 운반한다.<br>리보솜 RNA(rRNA): 단백질과 조합을 지어 리보솜, 즉 아미노산을 연결시켜 단백질을 만드는 구조물을 형성한다.<br>운반 RNA(tRNA): 아미노산을 리보솜으로 운반한다. | |

▶ **그림 9-11 세포는 단백질 합성에 필요한 세 가지 주요한 형태의 RNA를 합성한다.**

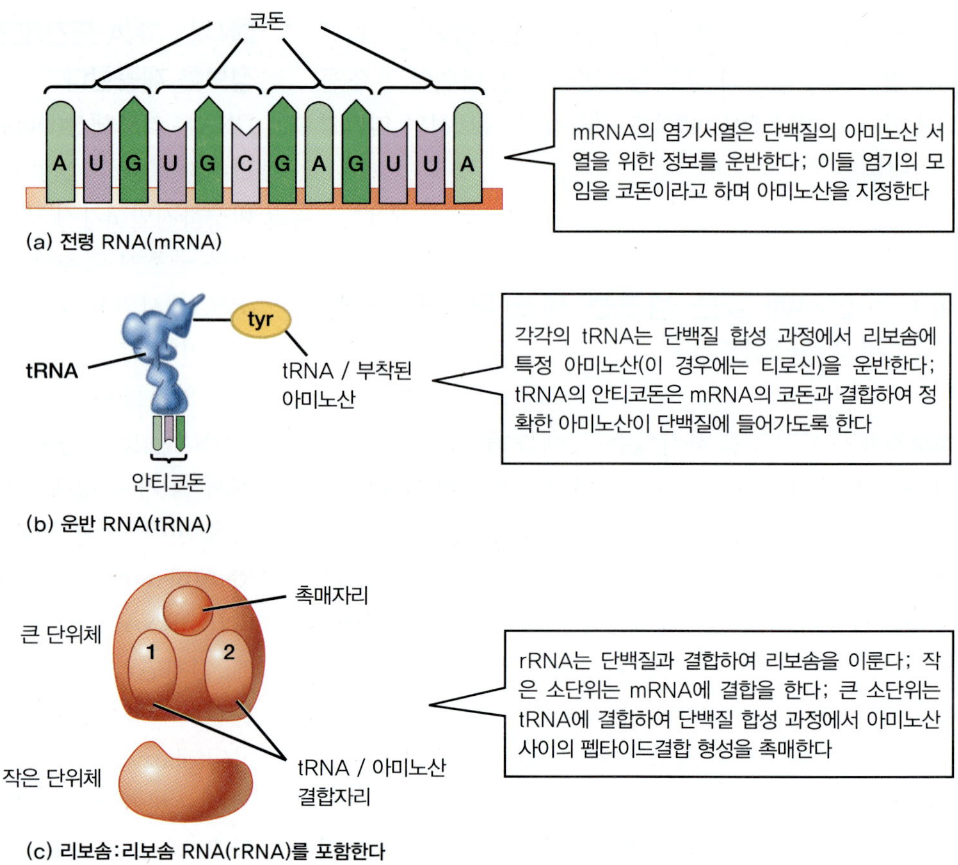


저장되어 남아 있는 반면에 **전령 RNA(messenger RNA, mRNA)**는 분자 복사사진처럼 유전정보를 세포질 내의 리보솜으로 전달하고 그곳에서 단백질 합성을 위해 사용된다(그림 9-11a). 여기서, **코돈(codon)**이라고 불리는 mRNA 상의 세 개의 염기 모임이 단백질 합성에 사용되는 아미노산 하나를 특정화하는 것을 간단히 살펴보자.

## 운반 RNA(tRNA)는 리보솜에 아미노산을 운반한다

**운반 RNA(transfer RNA, tRNA)**는 단백질 합성에 사용되는 아미노산을 리보솜에 운반한다. 모든 세포는 단백질 합성에 사용되는 20개의 아미노산에 대하여 아미노산 당 최소한 하나의 tRNA를 합성한다. 세포질 내에 있는 각 아미노산 당 하나인 20개의 효소는 다른 tRNA 분자를 인지하고, 각 tRNA 말단에 올바른 아미노산을 결합하는 데 ATP 에너지를 사용한다(그림 9-11b). 이러한 짐을 실은 tRNA는 그들의 아미노산을 리보솜에 운반한다. **안티코돈(anticodon)**이라고 불리는 3개 염기 모임은 각 tRNA로부터 돌출되어 있다. mRNA의 코돈과 tRNA의 안티코돈의 상보적인 염기쌍은 단백질 합성 동안에 어떠한 아미노산이 될지를 지정한다.

## 리보솜 RNA와 단백질은 리보솜을 형성한다

전령 RNA에 있는 정보로부터 단백질을 합성하는 구조인 **리보솜(ribosome)**은 **리보솜 RNA(ribosomal RNA, rRNA)**와 수십 개의 단백질로 이루어져 있다. 각 리보솜은 두 개의 서브유닛으로 구성되어 있다—하나는 작고 하나는 크다(그림 9-11c). 작은 서브유닛은 mRNA, "시작" tRNA 그리고 리보솜의 조립과 단백질 합성의 시작에 필수적인 여러 개 단백질과의 결합부위를 갖고 있다. 큰 서브유닛에는 두 개 tRNA와의 결합 부위와 tRNA에 결합된 아미노산을 연결시키는 촉매 부위가 있다. 단백질 합성 기간에 두 서브유닛은 함께 모여 mRNA 분자를 그들 사이에 잡아둔다.

## 총괄 : 유전정보는 RNA로 전사되고 단백질로 번역된다

DNA의 정보는 전사와 번역이라고 하는 두 단계를 통한 단백질 합성에 사용된다(그림 9-12와 표 9-2).

**표 9-2 전사와 번역**

| 과정 | 과정에 대한 정보 | 산물 | 과정에 관련된 주요 효소나 구조 | 요구되는 염기쌍의 종류 |
|---|---|---|---|---|
| **전사** (RNA 합성) | 하나의 DNA 가닥의 일정 부위 | 하나의 RNA 분자 (mRNA, tRNA, rRNA 등) | RNA 중합효소 | DNA와 RNA: RNA 분자가 합성됨에 따라서 RNA 염기는 DNA염기와 쌍을 형성 |
| **번역** ( 단백질 합성) | mRNA | 하나의 단백질 분자 | 리보솜(또한 tRNA를 필요로 함) | mRNA와 tRNA: mRNA의 코돈이 tRNA의 안티코돈과 염기쌍을 형성 |

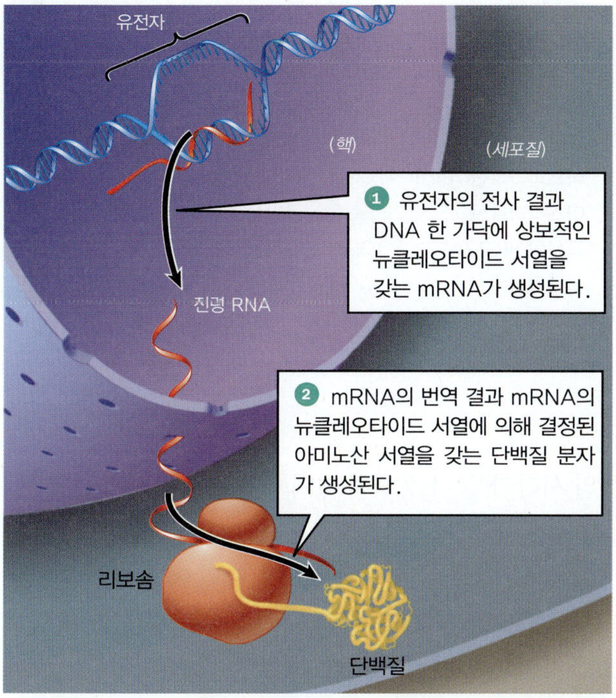


▲ **그림 9-12 DNA에서 RNA를 거쳐 단백질로의 유전정보의 흐름** 전사과정에서 한 유전자의 뉴클레오타이드 서열은 상보적인 RNA분자의 뉴클레오타이드 서열을 지정한다. 단백질을 암호화하는 유전자의 산물은 mRNA분자로서 핵에서 빠져나와 세포질로 들어간다. 번역과정에 mRNA분자의 서열은 단백질에서 아미노산 서열을 지정한다.

❶ **전사(transcription)** 동안에 유전자의 DNA에 포함된 정보는 RNA로 복사된다. mRNA의 염기서열은 단백질의 아미노산 서열을 암호화한다. 진핵생물 세포에서의 전사는 핵 내에서 일어난다.

❷ 단백질 합성, 즉 **번역(translation)** 동안 mRNA의 염기서열은 해독이 된다. mRNA가 리보솜에 결합한 후, 그곳에서 mRNA와 tRNA(아미노산을 리보솜으로 가지고 온) 사이에 짝지어진 염기들은 mRNA의 염기서열을 단백질의 아미노산 서열로 전환시킨다. 진핵생물의 리보솜은 세포질 내에 존재하기에 번역도 그 곳에서 일어난다.

## 유전암호는 3개의 염기를 사용하여 하나의 아미노산을 지정한다

전사와 번역을 자세히 살펴보기 전에 유전학자들이 **유전암호(genetic code)**를 −DNA와 전령 RNA에 있는 염기서열을 단백질의 아미노산 서열로 번역을 하는 법칙을 판독한 생물학적 사전− 어떻게 해독하였는지 알아보자. DNA와 RNA는 모두 4개의 다른 염기를 갖고 있다. DNA는 아데닌(A); 구아닌(G); 시토신(C); 티민(T); RNA는 아데닌, 구아닌, 시토신, 그리고 티민을 대신하여 우라실(U)을 갖고 있다(표 9-1 참조). 그러나 단백질은 20개의 다른 아미노산으로 구성되어 있어 하나의 염기는 하나의 아미노산을 암호화할 수 없다. 만약 2개의 염기가 한 개의 아미노산을 암호화한다면, 16가지의 가능한 조합이 있을 수 있다(첫 번째로 가능한 4종의 염기가 4종의 두 번째 염기와 조합하여 쌍을 이룸, $4 \times 4 = 16$). 이것은 20여 가지 아미노산을 암호하기에는 충분치 못하다. 그러나 3개 염기서열은 64가지 조합($4 \times 4 \times 4 = 64$)이 가능하므로 충분하다. 이러한 합리적인 계산을 토대로 물리학자 George Gamow는 1954년 전령 RNA에 있는 3개의 염기가 하나의 아미노산을 지정한다고 가정하였고 이를 유전암호(codon)라 불렀다. 1961년 프란시스 크릭(Francis Crick)과 3명의 공동 연구자는 이러한 가정이 옳음을 증명하였다.

어떤 언어를 이해하기 위해서 그 사용자는 그 단어가 의미하는 것, 단어가 어디에서 시작되고 끝나는지, 그리고 문장이 어디에서 시작되고 끝나는지를 알아야 한다. 유전암호의 "단어"를 해독하기 위하여 Marshall Nirenberg와 Heinrich Matthaei는 세균을 갈아서 mRNA가 첨가될 경우 단백질을 합성하는 데 필요한 구성물들을 분리하였다. 이 혼합물에 특정 "단어"가 번역되는 것을 조절하도록, 인위적으로 제조된 mRNA를 첨가하여 어떠한 아미노산이 단

**표 9-3 유전암호 (mRNA의 코돈)**

| 첫 번째 염기 | 두 번째 염기 U | | C | | A | | G | | 세 번째 염기 |
|---|---|---|---|---|---|---|---|---|---|
| U | UUU | 페닐알라닌(Phe) | UCU | 세린(Ser) | UAU | 티로신(Tyr) | UGU | 시스테인(Cys) | U |
| | UUC | 페닐알라닌 | UCC | 세린 | UAC | 티로신 | UGC | 시스테인 | C |
| | UUA | 루이신(Leu) | UCA | 세린 | UAA | 종결 | UGA | 종결 | A |
| | UUG | 루이신 | UCG | 세린 | UAG | 종결 | UGG | 트립토판(Trp) | G |
| C | CUU | 루이신 | CCU | 프로린(Pro) | CAU | 히스티딘(His) | CGU | 알기닌(Arg) | U |
| | CUC | 루이신 | CCC | 프로린 | CAC | 히스티딘 | CGC | 알기닌 | C |
| | CUA | 루이신 | CCA | 프로린 | CAA | 글루타민(Gln) | CGA | 알기닌 | A |
| | CUG | 루이신 | CCG | 프로린 | CAG | 글루타민 | CGG | 알기닌 | G |
| A | AUU | 이소루이신(Ile) | ACU | 트레오닌(Thr) | AAU | 아스파라긴(Asp) | AGU | 세린(Ser) | U |
| | AUC | 이소루이신 | ACC | 트레오닌 | AAC | 아스파라긴 | AGC | 세린 | C |
| | AUA | 이소루이신 | ACA | 트레오닌 | AAA | 리신(Lys) | AGA | 알기닌(Arg) | A |
| | AUG | 메티오닌 (Met) 개시 | ACG | 트레오닌 | AAG | 리신 | AGG | 알기닌 | G |
| G | GUU | 발린(Val) | GCU | 알라닌(Ala) | GAU | 아스파라트산(Asp) | GGU | 글리신(Gly) | U |
| | GUC | 발린 | GCC | 알라닌 | GAC | 아스파라트산 | GGC | 글리신 | C |
| | GUA | 발린 | GCA | 알라닌 | GAA | 글루탐산(Glu) | GGA | 글리신 | A |
| | GUG | 발린 | GCG | 알라닌 | GAG | 글루탐산 | GGG | 글리신 | G |

백질 내로 조립되는가를 볼 수 있었다. 예를 들어 모두 우라실(UUUUUUUU…)로 구성된 mRNA는 모두 페닐알라닌이란 아미노산으로 구성된 단백질을 합성하는 것을 발견하였다. 따라서 3개의 염기 UUU는 페닐알라닌을 암호화함이 틀림없었다. 유전암호는 이러한 인위적으로 제조된 mRNA를 사용하여 해독되었기 때문에 각각의 아미노산은 mRNA(DNA보다는)상의 3개의 염기로 된 용어로 보통 표기된다(표 9-3).

어떻게 세포는 코돈이 어디에서 시작하고 종료하는 것과 그리고 하나의 온전한 단백질에 대한 시작과 끝의 암호를 인식하는가? 번역은 개시코돈(start codon)이라 알려진 코돈 AUG에서 시작한다. AUG는 또한 메티오닌이라는 아미노산을 암호화하기 때문에 모든 단백질은 원래 메티오닌으로 시작하며, 단백질이 합성된 후 제거되는 경우도 있다. mRNA에서 첫 번째 AUG 코돈은 개시코돈으로 작용하기 때문에 mRNA 상의 다른 AUG 코돈은 단순히 메티오닌만 암호화한다. 3개의 코돈 –UAG, UAA, UGA-은 종결코돈(stop codon)이며 아미노산을 암호화하지 않는다. 리보솜이 종결코돈을 만나면 새롭게 합성된 단백질과 mRNA를 방출한다. 모든 코돈은 3개의 염기로 구성되어 있고 단백질의 시작과 끝이 정해져 있기 때문에 코돈이라는 "단어들" 사이에 "띄어쓰기"는 불필요하다. 왜 그런가? 만약 영어가 3개의 문자로 된 단어만 사용한다면 어떤 일이 일어날까? THEDOGSAWTHECAT라는 문장은 단어 사이에 공간이 없을지라도 완전히 이해될 수 있다.

유전암호는 3가지의 정지코돈이 있기 때문에 61개의 3글자 염기는 20개 아미노산을 암호화한다. 그러므로 대부분의 아미노산은 여러 개의 다른 코돈에 의해 암호화 된다. 예를 들어, 6개의 코돈(UUA, UUG, CUU, CUC, CUA, 그리고 CUG)이 루이신을 지정한다(표 9-3 참조). 그러나 각 코돈은 단지 한 개의 아미노산을 지정한다.

mRNA의 코돈을 해독하는 것은 tRNA와 리보솜의 역할이다. tRNA가 리보솜에 아미노산을 운반하는 것과 각각의 다른 종류의 아미노산을 운반하는 독특한 tRNA 분자가 있다는 것을 기억하자. 이들 독특한 tRNA 각각은 안티코돈(anticodon)이라고 하는 세 개의 노출된 염기를 갖고 있으며 이들은 mRNA의 코돈 염기와 상보적이다. 예를 들어 mRNA 코돈 GUU는 그 끝 부위에 아미노산 발린을 갖고 있는 tRNA의 안티코돈 CAA와 염기쌍을 형성한다. 리보솜은 발린을 합성되어가고 있는 단백질 사슬에 연결한다.

## 9.7 유전자에 있는 정보가 어떻게 RNA로 전사되는가?

전사(그림 9-13)는 세 가지 단계로 이루어진다. (1) 개시, (2) 신장, 그리고 (3) 종결. 이러한 3개 과정은 진핵생물과 원핵생물에서 대부분 유전자의 3개 주요 부분에 대응한다: (1) 전사가 시작되는 유전자의 시작점에 있는 프로모터(promoter) 부위 (2) RNA 가닥의 신장이 일어나는 유전자의 "몸통" 그리고 (3) RNA 합성이 정지되거나 종결되는 유전자의 말단에 있는 종결신호.

### 전사는 RNA중합효소가 유전자의 프로모터에 결합되었을 때 시작한다

효소인 **RNA 중합효소(RNA polymerase)**는 RNA를 합성한다. 모든 유전자의 개시점 근처에는 프로모터(promoter)라 불리는 DNA 서열이 있다. RNA 중합효소가 유전자의 프로모터에 결합할 때 유전자의 개시점 부위에 있는 DNA가 풀리고 전사가 시작된다(그림 9-13 ①). 진핵생물에서 프로모터는 2개의 주요 부분으로 이루어져있다. (1) 짧은 염기서열인 TATAAA로 RNA 중합효소가 결합하는 부분과 (2) *조절부위(response element)*라 불리는 하나 이상의 다른 서열 부분으로, 이 부위는 세포가 변화하는 상황에 적응할 수 있도록 해준다. 발달상황과 환경변화에 반응하여 세포 내에서 활성화되는 **전사인자(transcription factor)**라 불리는 단백질은 조절부위에 결합하여 RNA중합효소와 프로모터의 결합을 강화하거나 억제함으로써, 결과적으로 유전자의 전사과정을 강화하거

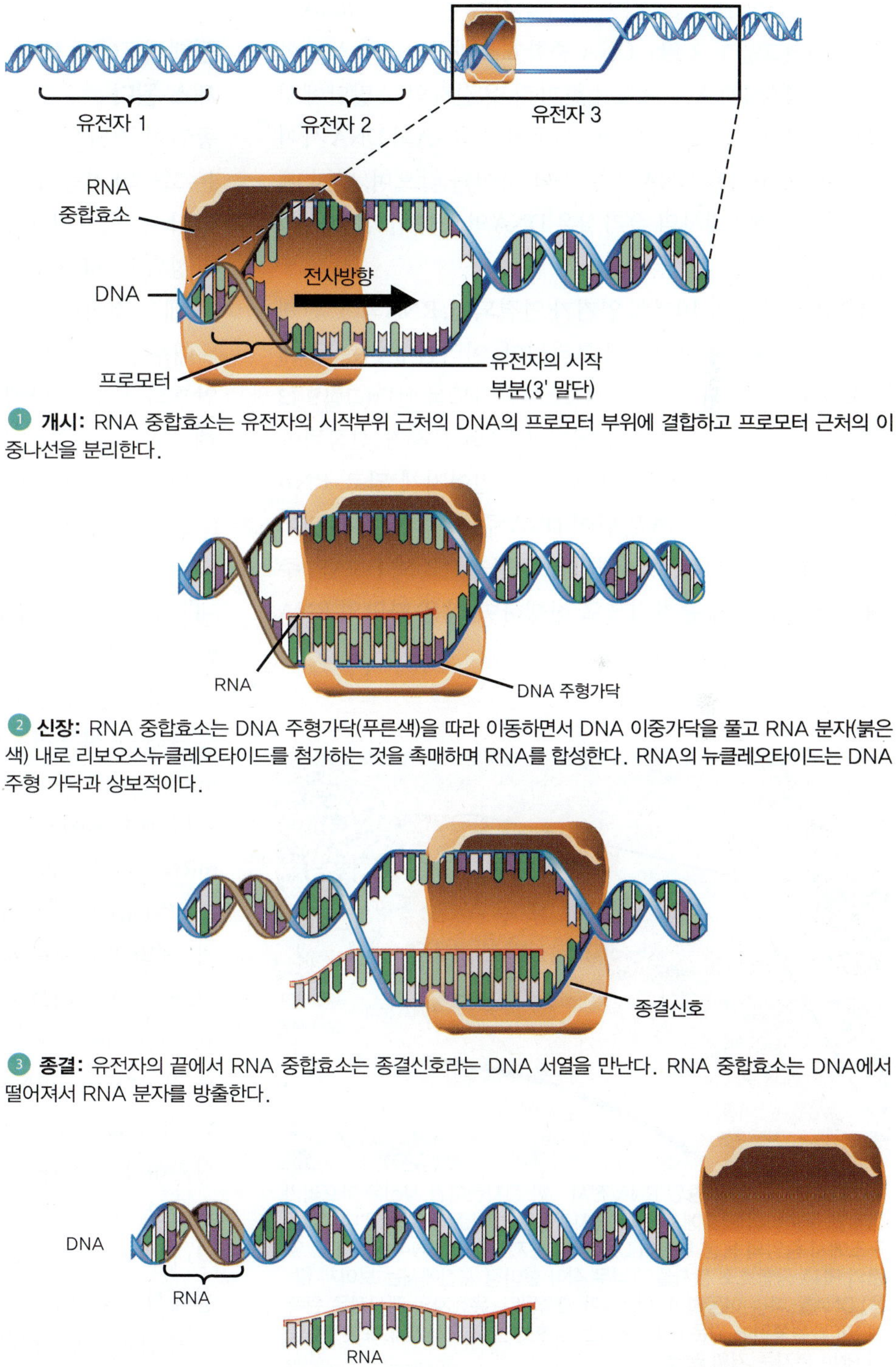


① **개시:** RNA 중합효소는 유전자의 시작부위 근처의 DNA의 프로모터 부위에 결합하고 프로모터 근처의 이중나선을 분리한다.

② **신장:** RNA 중합효소는 DNA 주형가닥(푸른색)을 따라 이동하면서 DNA 이중가닥을 풀고 RNA 분자(붉은색) 내로 리보오스뉴클레오타이드를 첨가하는 것을 촉매하며 RNA를 합성한다. RNA의 뉴클레오타이드는 DNA 주형 가닥과 상보적이다.

③ **종결:** 유전자의 끝에서 RNA 중합효소는 종결신호라는 DNA 서열을 만난다. RNA 중합효소는 DNA에서 떨어져서 RNA 분자를 방출한다.

④ **전사의 결론:** 종결 후에 DNA는 완전히 이중나선으로 다시 감긴다. RNA 분자는 자유롭게 핵에서 세포질로 번역되기 위해 이동된다. RNA 중합효소가 다른 유전자로 다시 한번 전사를 시작하기 위해 이동한다.

▶ 그림 9-13 **전사는 DNA 정보로부터 RNA를 합성하는 것이다.** 유전자는 염색체의 DNA 단편이다. DNA 가닥 중 하나는 주형으로 작용하여 DNA 가닥의 염기에 상보적인 염기를 갖는 RNA 분자를 합성한다.

나 억제한다. 우리는 유전자의 조절이라는 중요한 주제에 대하여 9.10 절에서 다시 살펴볼 것이다.

### 신장은 자라나는 RNA 가닥을 만든다

RNA 중합효소가 프로모터에 결합한 후, 주형가닥(template strand)이라고 불리는 DNA의 한 가닥을 따라 이동하며 DNA의 가닥에 상보적인 염기를 갖는 한 가닥의 RNA를 합성한다(그림 9-13 ❷). DNA 중합효소와 같이 RNA 중합효소는 항상 DNA 주형가닥을 따라 유전자의 3' 말단에서부터 유전자의 5' 말단 쪽으로 이동한다. RNA와 DNA 사이의 염기쌍 형성은 DNA의 두 가닥 사이와 같으며, 단지 예외적으로 RNA에서의 우라실은 DNA의 아데닌과 쌍을 이룬다(표 9-1).

RNA 가닥에 약 10개의 염기가 연결되면, RNA의 첫 번째 염기가 DNA 주형가닥에서 분리된다. 이러한 분리는 두 개의 DNA 가닥이 다시 이중나선으로 감기도록 한다(그림 9-13 ❸). 따라서 전사가 계속 진행되어 RNA 분자가 신장됨에 따라 RNA의 한쪽 말단은 DNA에서 멀어지게 되고, RNA 중합효소는 다른 RNA 말단이 DNA 주형가닥에 부착되어 있도록 한다. 때로는 여러 개의 RNA 중합효소가 DNA의 주형가닥에 붙어서 순차적으로 진행하며 많은 가닥의 RNA를 전사한다(그림 9-14).

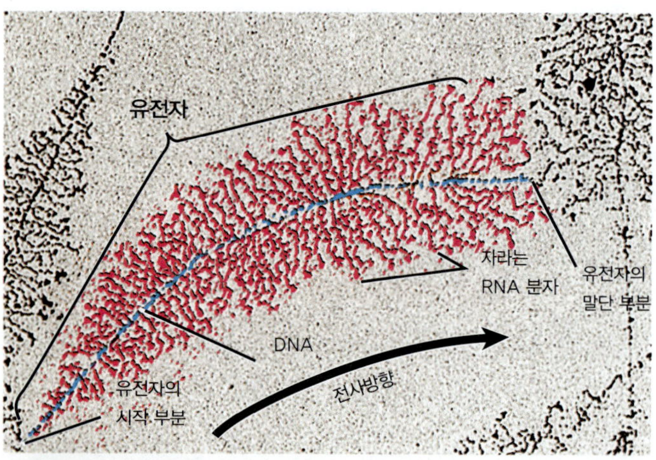


▲ **그림 9-14 활동 중인 RNA 전사** 이 전자현미경 사진은 아프리카 집게발 두꺼비의 난자에서 RNA 전사과정을 보여준다. 각각의 나무같은 구조에서 중앙의 몸통 부분이 DNA이고 분지 부분이 RNA 분자이다. 일련의 RNA 중합효소 분자들이(너무 작아 현미경 사진에서는 보이지 않음) DNA를 따라 이동하면서 RNA가 합성된다. 유전자의 개시점은 왼쪽에 있다. 왼쪽편에 짧은 RNA 분자는 막 합성을 시작하였다. 오른편에 긴 RNA 분자는 거의 끝났다.

### RNA 중합효소가 종결신호를 만나면 전사는 종결된다

RNA 중합효소는 유전자의 주형가닥을 따라 계속 이동하여 **종결신호(termination signal)**라 불리는 DNA 염기서열에 도달하게 된다. 이 종결신호는 RNA 중합효소가 완성된 RNA 분자를 방출하고 DNA로부터 분리되게 한다(그림 9-13 ❸, ❹).

### 진핵세포에서 RNA 전구체는 mRNA로 되기 위하여 프로세스 된다

종결이 전사에 있어서 마지막 단계이지만 대부분의 RNA는 그들의 기능을 수행할 수 있기 전에 변형되어만 한다. 여기서 우리는 진핵세포에서 유전자로부터 전사된 RNA가 활성화된 mRNA가 되기 위하여 어떻게 프로세스 되는가를 배울 것이다.

대부분 진핵생물 유전자들은 보통 단백질 합성을 위한 암호화 부위가 단백질로 번역되지 않는 염기서열들에 의해 분리되어 있는 두 개 혹은 그 이상의 DNA 염기서열 부위로 이루어져 있다. 암호화되는 부분은 단백질로 표현(expressed)되기 때문에 **엑손(exon)**이라고 불리고, 암호화되지 않는 부분은 **인트론(intron)**이라 부르며 이는 "유전자 내" 라는 의미의 **유전자 내부(intragenic)**에서 유래한다(그림 9-15a). 사람의 유전자는 평균 8~9 개의 엑손을 포함한다.

진핵생물 유전자의 전사는 굉장히 긴 RNA 가닥을 만드는데 흔히 mRNA 전구체(precursor mRNA 혹은 pre-mRNA)라고 하며, 그것은 첫 번째 엑손 전에 시작해서 마지막 엑손 후에 끝난다(그림 9-15b ❶). 더 많은 염기들이 pre-mRNA 분자의 시작부분과 끝부분에 결합하여 "캡(cap)"과 "꼬리(tail)"을 형성하면서 추가된다❷. 이 염기들은 mRNA가 핵막의 핵공을 통하여 세포질로 이동하는 것을 도와주고, mRNA가 리보솜에 결합하는 것을 도와주며, 세포 내부 효소들이 mRNA 분자를 분해하지 못하게 막는 것을 도와줄 것이다. 이 mRNA 전구체를 완성 mRNA로 바꾸기 위해 핵 내의 효소들은 인트론과 엑손 사이의 RNA 연결부분을 정확하게 잘라내고, 단백질을 암호화하는 엑손들을 서로 붙이고 인트론들은 버린다❸. 완성된 mRNA 분자는 핵을 떠나 핵막에 있는 핵공을 지나 세포질로 이동한다❹. 세포질에서 mRNA는 리보솜과 결합하여 mRNA 염기서열에 따른 특정화된 단백질을 합성한다.

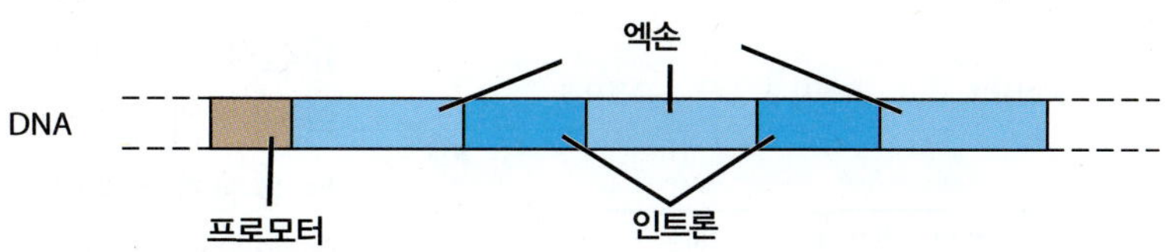

(a) 진핵세포의 유전자 구조

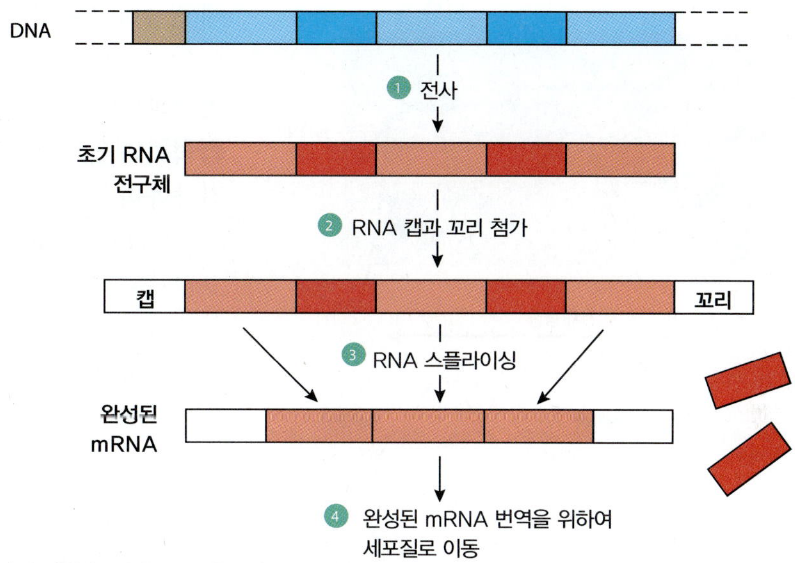

(b) 진핵세포에서 RNA 합성 및 프로세싱

▶그림 9-15 진핵세포에서의 mRNA의 합성 (a) 진핵유전자는 단백질의 아미노산 서열을 암호화하는 엑손(중간파랑)과 그렇지 못한 인트론(진한 파란)으로 구성되어 있다. (b) 진핵생물에서 mRNA의 합성은 여러 단계로 구성된다.

## 인트론-엑손 유전자 구조의 기능

왜 진핵생물의 유전자는 인트론과 엑손을 갖고 있는 것일까? 이러한 유전자 구조는 최소한 두 가지의 역할을 하는 것으로 보인다. 첫 번째 기능은 세포가 여러 가지 방법과 조합으로 엑손들을 붙이면서 하나의 유전자로부터 다양한 단백질을 만들도록 하는 것이다. 예를 들어 CT/CGRP라 불리는 유전자는 갑상선과 뇌 모두에서 전사가 된다. 갑상선에서는 혈액 내 칼슘 농도를 조절하는 호르몬인 칼시토닌이 합성되도록 **스플라이싱(splicing)**을 한다. 뇌에서는 뇌세포들 사이에서 서로 간의 소통을 위한 화학적 전령으로 쓰이는 단백질이 합성되도록 스플라이싱을 일으킨다. 대부분의 척추동물 유전자는 두 개 혹은 그 이상의 최종 mRNA 분자로 스플라이싱 되지만 이들 중 얼마가 실제로 기능을 하는 단백질로 번역되는지는 잘 모른다.

두 번째 기능은 분절로 된 유전자가 새로운 기능을 갖는 새로운 단백질로 진화되는데 빠르고 효과적인 방법을 제공할 것이다. **엑손 셔플링(exon shuffling)**이라는 과정에서 엑손들은 아무런 손상 없이 한 유전자로부터 다른 유전자로 옮겨갈 것이다. 대부분의 엑손 셔플링은 위험하다. 하지만 때로는 엑손 셔플링은 그것을 가지고 있는 유기체의 생식력과 생존력을 증가시키는 새로운 유전자를 생산할 것이다. 이러한 이로운 유전자들은 자연선택에서 선호될 것이다.

## 9.8 전령 RNA(mRNA)의 염기서열이 어떻게 단백질로 번역이 되는가?

원핵생물과 진핵생물은 유전자의 구성과 그들의 DNA 정보로 부터 기능이 있는 mRNA를 만드는 방법, 그리고 번역되는 시간과 장소 등이 다르다.

원핵생물의 게놈에 있어서 하나의 완전한 대사작용을 위해 필요한 거의 모든 유전자는 염색체에 차례로 나란히 존재한다(그림 9-16a). 대부분 원핵생물 유전자는 인트론을 포함하지 않는다. 그러므로 원핵생물의 한 유전자에 있는 모든 뉴클레오타이드는 한 단백질에 있는 아미노산을 암호화한다. 궁극적으로 원핵생물의 mRNA는 프로세싱 없이 단백질로 직접 번역될 수 있다.

원핵생물은 인접한 일련의 여러 유전자들로부터 하나의 굉장히 긴 mRNA를 전사하는데, 이들 개개의 유전자는 하나의 대사과정에 참여하는 여러 단백질들을 암호화한다. 원핵생물은 세포질과 그들의 DNA를 분리하는 핵막이 없기 때문에(그림 4-5 참조) 전사와 번역이 같은 장소, 동일한

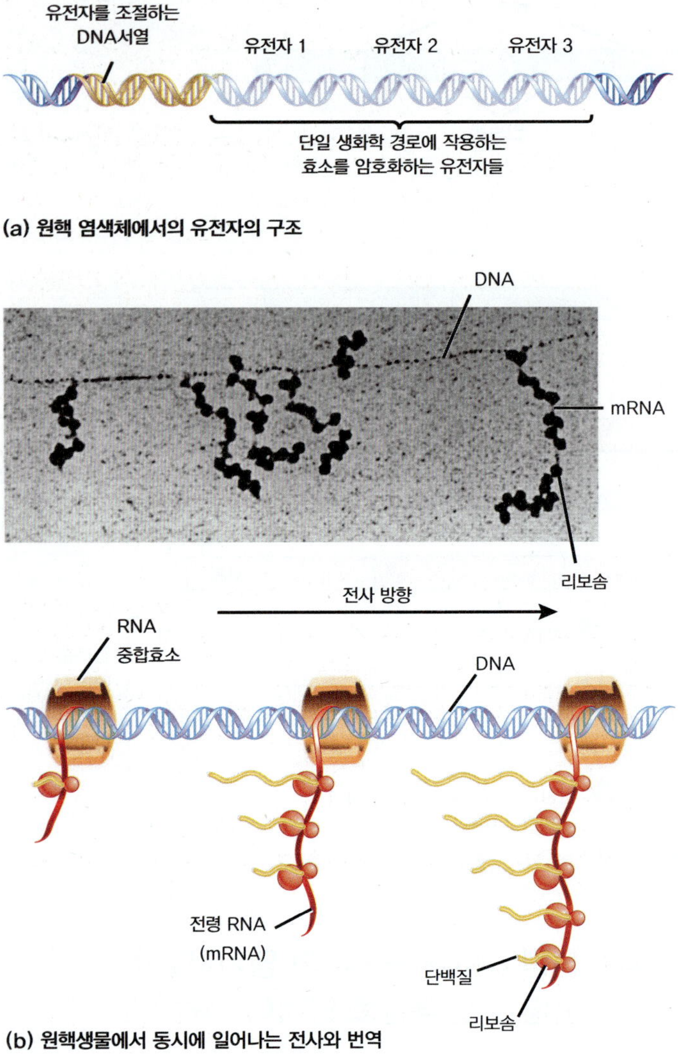


▲ 그림 9-16 **원핵생물에서의 mRNA 합성** **(a)** 원핵세포에서 하나의 완전한 대사 경로를 위한 거의 모든 유전자들은 염색체 상에 나란히 존재한다. **(b)** 전사와 번역은 원핵세포에서 동시에 일어난다. 전자현미경 사진에서 RNA 중합효소(현 배율로는 보이지 않는다)는 DNA(푸른색) 가닥을 따라서 왼쪽에서 오른쪽으로 이동한다. mRNA(붉은색)가 합성됨에 따라서 리보솜(진한 다각형)이 mRNA에 결합하고 즉시 단백질 합성을 시작한다(보이지 않음). 사진 아래에 있는 그림은 포함된 모든 핵심 분자를 보여준다.

시간에 거의 동시에 일어난다. 대부분의 경우 mRNA 분자가 전사과정 동안 DNA로부터 떨어져 나가기 시작하면 곧바로 리보솜이 mRNA에 결합하여 코돈을 단백질로 번역하기 시작한다(그림 9-16b).

진핵생물에서는 DNA 유전정보를 단백질로 전환하는 것은 훨씬 복잡하다. 예를 들어 진핵생물의 DNA는 핵 내에 위치하고, 리보솜은 세포질 내에 존재한다. 진핵생물의 경우, 하나의 생화학적 경로에 필요한 단백질을 암호화하는 유전자들이 원핵생물의 것처럼 밀집되어 있지 않고, 몇 개의 염색체 사이에 흩어져있다. 그리고 단백질을 암호화하는 유전자로부터 전사 기간에 생성된 RNA는 즉시 단백질로 번역되지 않고 기능이 있는 RNA가 되기 위하여 프로세스 되어야만 한다. mRNA가 단백질로 해독되는 과정은 진핵생물과 원핵생물에서 아주 유사하므로, 우리는 진핵생물에 집중하여 논의할 것이다.

## 번역과정에서 mRNA, tRNA, 그리고 리보솜은 상호 협력하여 단백질을 합성한다

전사와 마찬가지로 단백질 번역은 3가지 단계로 되어 있다: (1) 개시 (initiation), (2) 단백질 사슬의 신장(elongation) 그리고 (3) 종결 (termination) (그림 9-17).

### 개시: tRNA와 mRNA가 리보솜에 결합한다

개시 전 복합체(preinitiation complex) –리보솜 작은 서브유닛, 개시(메티오닌) tRNA와 여러 다른 단백질로 구성되어 진 ①– 는 mRNA 분자의 앞 부위에 결합한다. 개시 전 복합체는 개시(AUG) 코돈을 만날 때까지 mRNA를 따라 이동하며 이곳에서 메티오닌 tRNA의 UAC 안티코돈과 염기쌍을 형성한다②. 다음에 리보솜 큰 서브유닛은 리보솜 작은 서브유닛에 부착하여 mRNA가 두 리보솜 서브유닛 사이에 위치하게 되고, 그 첫 번째 tRNA 결합 자리에 메티오닌 tRNA가 결합한다③. 리보솜은 이제 mRNA의 번역을 시작할 준비가 된다.

### 신장: 아미노산은 자라는 단백질 사슬에 한 번에 한 개씩 더해진다.

리보솜은 큰 서브유닛 내의 두 개의 tRNA 결합 자리와 정렬되어 두 개의 mRNA 코돈을 붙잡고 있다. mRNA의 두 번째 코돈에 상보적인 안티코돈을 갖는 두 번째 tRNA가 큰 리보솜 서브유닛의 두 번째 tRNA 결합 자리 속으로 이동한다④. 큰 서브유닛의 활성화 자리는 첫 번째 아미노산(메티오닌)과 그 tRNA의 결합을 절단하고 두 번째 tRNA에 부착된 아미노산과 펩타이드결합을 형성하게 한다⑤. 리보솜 RNA가, 큰 서브유닛 내 단백질이 아닌, 펩타이드결합의 형성을 촉매한다. 단백질이 아닌 RNA가 촉매기능을 하기 때문에, 리보솜의 촉매 부위를 리보자임(ribozyme)이라 부른다.

펩타이드결합이 형성된 후에 첫 번째 tRNA는 더 이상 아

개시:

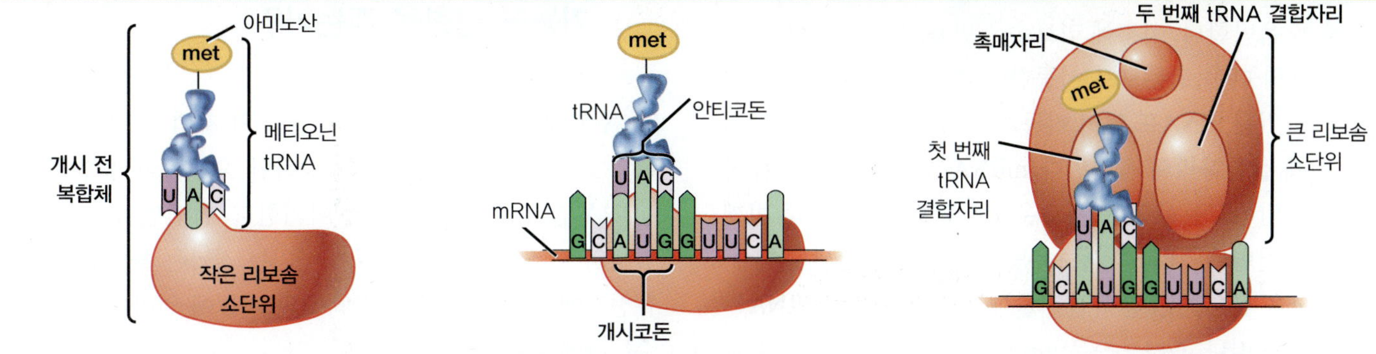


1 부착된 메티오닌 아미노산을 함유한 tRNA는 작은 리보솜 소단위에 결합하여 개시 전 복합체를 형성한다.

2 개시 전 복합체는 mRNA에 결합한다. 메티오닌(met) tRNA 안티코돈(UAC)은 mRNA의 개시코돈(AUG)과 염기쌍을 형성한다.

3 큰 리보솜 소단위는 작은 소단위와 결합한다. 메티오닌 tRNA는 큰 소단위 상의 첫 번째 tRNA 자리에 결합한다.

신장:

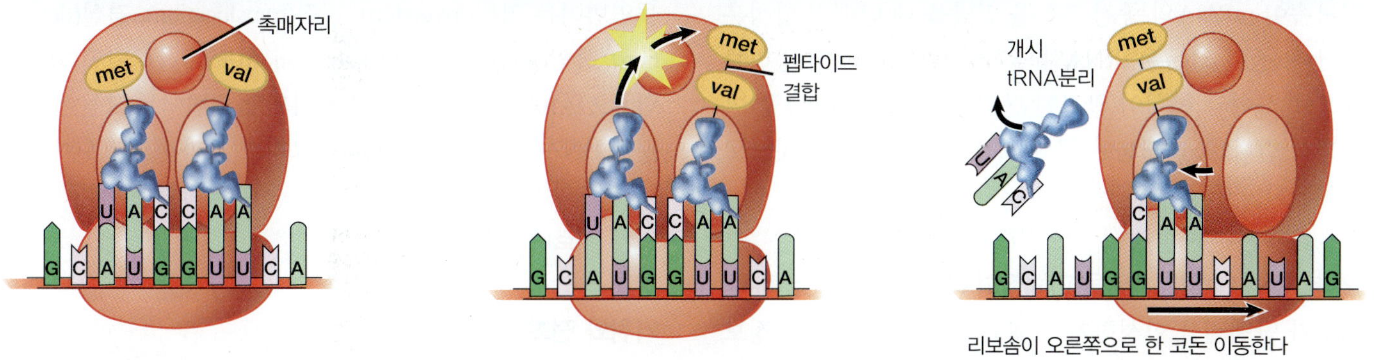


4 mRNA의 두 번째 코돈(GUU)은 아미노산 발린(val)을 운반하는 두 번째 tRNA의 안티코돈(CAA)과 염기쌍을 형성한다. 이 tRNA는 큰 소단위 상의 두 번째 tRNA자리에 결합한다.

5 큰 소단위 상의 촉매자리는 아미노산 메티오닌과 발린을 연결하는 펩타이드결합의 형성을 촉매한다. 두 아미노산은 이제 두 번째 결합자리에 있는 tRNA에 부착된다.

6 빈 tRNA가 방출되고 리보솜이 mRNA를 따라 오른쪽으로 한 코돈만큼 이동한다. 두 아미노산에 부착되어 있는 tRNA는 이제 첫 번째 tRNA 결합자리에 있게 되고 두 번째 tRNA 결합자리는 비게 된다.

종결:

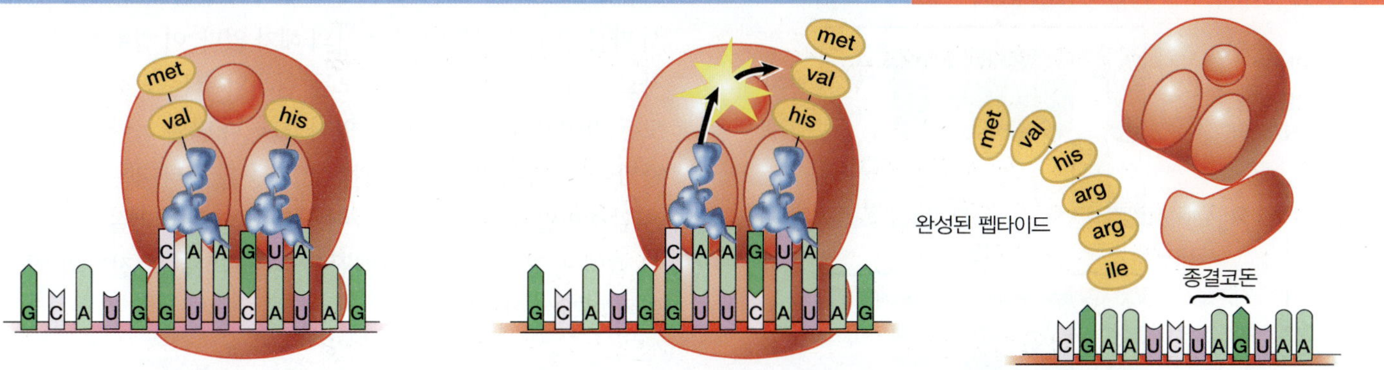


7 mRNA의 3번째 코돈(CAU)은 아미노산 히스티딘(his)을 운반하는 tRNA의 안티코돈(GUA)과 염기쌍을 형성한다. 이 tRNA는 큰 소단위 상의 두 번째 결합자리에 들어간다.

8 촉매자리는 발린과 히스티딘 사이에 펩타이드 결합을 형성한다. 3개의 아미노산 사슬은 이제 두 번째 결합자리의 tRNA에 부착된다. 첫 번째 자리에 있는 tRNA는 떠나게 되고 리보솜이 mRNA 상에서 한 코돈만큼 이동한다.

9 이 과정은 종결코돈에 도달될 때까지 반복된다; mRNA와 연결된 펩타이드는 리보솜에서 방출되고 소단위는 서로 분리된다.

▲ 그림 9-17 **번역은 단백질 합성의 과정이다** 번역은 mRNA의 염기 서열을 단백질의 아미노산 서열로 해독하는 것이다.

미노산을 가지지 않으며 두 번째 tRNA가 두 개의 아미노산 사슬을 운반한다. 이후에 리보솜은 빈 tRNA를 방출시키고 mRNA의 다음 코돈으로 이동한다❻. 아미노산 사슬과 결합하고 있는 tRNA도 역시 이동하여 리보솜의 두 번째에서 첫 번째 결합자리로 움직인다. mRNA의 세 번째 코돈에 상보적인 안티코돈을 갖는 새로운 tRNA가 비어있는 두 번째 자리에 결합된다❼. 큰 서브유닛의 활성자리는 세 번째 아미노산을 신장 중인 단백질 사슬에 연결한다❽. 빈 tRNA는 리보솜을 떠나고 리보솜은 mRNA 상의 다음 코돈으로 움직이며 이 과정이 한 코돈에 한 번씩 계속 반복된다.

### 종결: 종결 코돈은 번역의 끝을 신호한다.

리보솜이 mRNA의 종결 코돈을 만났을 때 단백질 합성은 끝난다. 종결 코돈은 tRNA와 결합하지 않는다. 대신 리보솜으로 하여금 합성이 완결된 단백질 사슬과 mRNA를 방출토록 한다❾. 리보솜은 큰 서브유닛, 작은 서브유닛으로 해체된다.

### 요약 : DNA의 염기서열을 단백질의 아미노산 서열로 해독

세포가 단백질을 합성하기 위해 DNA에 저장된 유전정보를 어떻게 해독하는지를 하나의 그림으로 요약하자(그림 9-18):

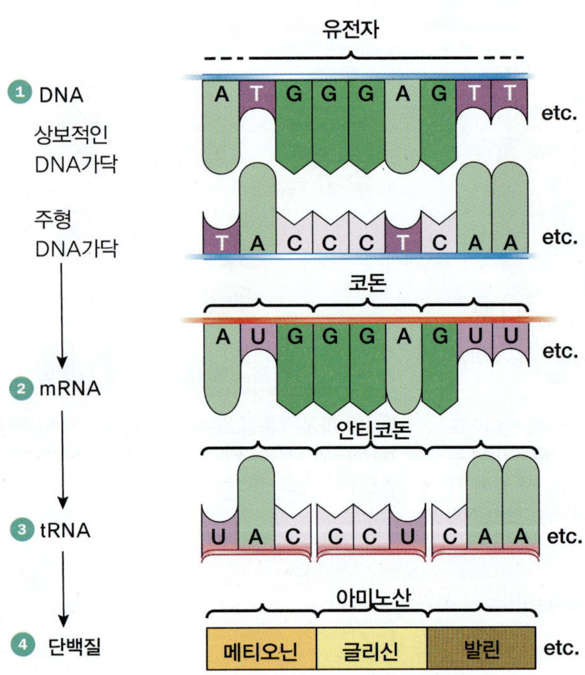


◀ 그림 9-18 상보적인 염기쌍 형성은 유전 정보를 해독하는 데 중요한 과정이다.

## 9.9 돌연변이는 어떻게 단백질의 구조와 기능에 영향을 주는가?

DNA 복제에서의 실수, 태양광선 내의 자외선, 담배 연기 속의 화합물 그리고 다른 환경적인 요인들이 돌연변이 –DNA 염기서열의 변화–를 야기한다. 돌연변이가 한 생명체의 구조와 기능에 대하여 미치는 결과는 돌연변이 된 유전자에 의하여 번역된 단백질의 기능에 얼마나 영향을 주는가에 달려 있다.

### 돌연변이의 영향은 어떻게 그들이 mRNA의 코돈을 변화시켰는가에 달려 있다

돌연변이는 역위(inversion), 전좌(translocation), 결실(deletion), 삽입(insertion), 치환(substitution)으로 나누어진다(그림 9-9, 9-10 참조). 이들 여러 가지의 돌연변이는 그들이 어떻게 DNA에 영향을 미치는지 그리고 결과적으로 단백질의 구조와 기능에 있어서 얼마나 중요한 변화를 야기하는지가 다르다.

### 역위와 전좌

**역위(inversion)**는 단일 염색체 내에서 DNA의 일부가 잘라져 분리된 후 뒤집어져서 반대 방향으로 다시 삽입된 돌연변이다. **전좌(translocation)**는 한 염색체에서 유래한 DNA의 조각이 다른 염색체에 결합되는 돌연변이다. 역위와 전좌는 프로모터를 포함한 전체 유전자가 단순히 한 장소에서 다른 장소로 이동만 하며 거의 해가 없다. 이 경우에 유전자로부터 전사된 mRNA는 모든 원래의 코돈을 갖고 있고 모든 것이 변하지 않고 남아 있다. 그러나 만일 하나의 유전자가 둘로 나뉘면 더 이상 완전한 기능을 나타내는 단백질을 암호화할 수 없다. 예를 들어 심각한 혈우병의 절반 이상이 혈액 응고에 필요한 단백질을 암호화하는 유전자의 역위에 의하여 야기된다.

### 결실과 삽입

**결실 돌연변이(deletion mutation)**는 하나 이상의 염기쌍

| 표 9-4 | 헤모글로빈 유전자에서 돌연변이의 효과 | | | | | |
|---|---|---|---|---|---|---|
| | DNA (주형가닥) | mRNA | 아미노산 | 아미노산의 특성 | 단백질의 기능적인 효과 | 질병 |
| 원래의 코돈 6 | CTC | GAG | 글루탐산 | 친수성 | 정상적인 단백질 기능 | 없음 |
| 돌연변이 1 | CT**T** | GA**A** | 글루탐산 | 친수성 | 중성, 정상적인 단백질 기능 | 없음 |
| 돌연변이 2 | **G**TC | **C**AG | 글루타민 | 친수성 | 중성, 정상적인 단백질 기능 | 없음 |
| 돌연변이 3 | C**A**C | G**U**G | 발린 | 소수성 | 물에 대한 용해도를 상실: 단백질 기능이 떨어짐 | 빈혈 |
| 원래의 코돈 17 | TTC | AAG | 리신 | 친수성 | 정상적인 단백질 기능 | 없음 |
| 돌연변이 4 | **A**TC | **U**AG | 종결코돈 | 아미노산 16번 다음에 번역이 정지 | 단지 단백질의 일부를 합성한다: 단백질 기능을 상실함 | 베타 탈라세미아 |

이 유전자로부터 제거된 것이다. **삽입 돌연변이(insertion mutation)**는 하나 이상의 염기쌍이 유전자 내로 삽입된 것이다. 만일 하나 혹은 두 쌍의 뉴클레오타이드가 제거되거나 첨가되면 단백질의 기능은 보통 완전히 파괴된다. 왜 그럴까? 유전암호에 대하여 다시 생각해보자: 세 개의 염기는 하나의 아미노산을 암호화한다. 하나 혹은 두 개의 염기쌍의 삽입과 결실 또는 염기쌍의 3 배수가 아닌 삽입과 결실은 그 이후에 존재하는 모든 유전암호를 변경시킨다. 세 글자 단어로 된 문장을 생각해보자: THE DOG SAW THE CAT SIT AND THE FOX RUN. 한 글자가 결실되거나 삽입되면 (예를 들어 처음 E를 제거) 다음의 모든 단어가 바뀐다. THD OGS AWT HEC ATS ITA NDT HEF OXR UN. 이러한 돌연변이를 포함한 mRNA로부터 합성된 단백질은 대부분 아미노산이 부정확하여 기능을 못하게 된다.

세 개의 뉴클레오타이드 쌍이 삽입되거나 결실되는 것은 이들이 하나의 단일 코돈을 만들거나 두 개의 코돈으로 중복되든지 상관이 없어 암호화되는 단백질에 미세한 영향을 준다.

## 치환

**뉴클레오타이드 치환 돌연변이(nucleotide substitution mutation)**는 DNA의 염기쌍 하나의 변화이다. 단백질을 암호화하는 유전자 내 염기 하나의 치환은 최소한 네 가지의 다른 결과를 나타낼 수 있다. 이 결과를 설명하기 위하여 적혈구 내 산소 운반 단백질인 헤모글로빈 서브유닛 중 하나인 β-글로빈을 암호화하는 유전자에 발생된 돌연변이를 생각해보자(표 9-4). 헤모글로빈의 다른 서브유닛은 α-글로빈으로 부른다; 정상적인 헤모글로빈은 두 개의 α 서브유닛과 두 개의 β 서브유닛으로 구성되어 있다. 처음 세 가지 예에서 우리는 글루탐산을 지정하는 β-글로빈의 6번째 코돈(DNA에서 CTC, mRNA에서 GAG)− 전하를 띤 친수성, 수용성 아미노산(4장 참조)에 일어난 돌연변이의 결과를 생각해 보자. 네 번째 예는 17번째 코돈이 정지코돈으로 바뀐 돌연변이의 예이다.

- 단백질의 아미노산 서열은 아마 변화되지 않을 것이다(역주: silent mutation). 대부분의 아미노산은 여러 다른 코돈에 의해서도 암호화될 수 있음을 기억하라. 만약 치환 돌연변이가 β-글로빈 DNA 염기서열을 CTC에서 CTT로 바꾼다면, 이러한 서열은 여전히 글루탐산을 암호화할 것이다. 그러므로 돌연변이가 일어난 유전자에서 합성된 단백질은 변화가 없다.
- 아미노산 서열은 변화해도 단백질의 기능은 아마 필수적으로 변하지 않을 것이다. 많은 단백질은 정확한 아미노산 서열이 상대적으로 중요치 않은 부위가 있다. β-글로빈에서 단백질 외부에 있는 아미노산은 단백질이 적혈구의 세포질에 용해되어야하므로 친수성이어야한다. 정확하게 어떤 친수성 아미노산이 밖에 위치해야할지는 크게 중요하지 않다. 치환의 결과 만들어진 아미노산이 동일하거나 기능적으로 동일한 경우 이때 암호화된 단백질의 기

능이 감지할 정도로 변화되지 않기 때문에 **중성 돌연변이(neutral mutations)**라 부른다. 중성 돌연변이에 대해서는 거의 혹은 전혀 자연선택이 없다.

- *단백질기능은 변화된 아미노산 서열에 의해서 변화될 수 있다*(역주: missense mutation). CTC에서 CAC로의 돌연변이는 글루탐산(친수성)을 발린(소수성)으로 교체한다. 헤모글로빈 분자의 외곽에 있는 소수성 발린이 이 분자를 서로 뭉치게 하여 적혈구의 모양이 뒤틀리게 된다. 이러한 치환은 낫형적혈구증의 원인이 되는 유전적인 결함이다(8장 참조).
- *단백질의 기능은 종결코돈이 조기에 만들어지므로 파괴될 수 있다*(역주: nonsense mutation). 아주 심각한 돌연변이는 β-글로빈 유전자의 17번째 코돈 (DNA의 TTC, mRNA의 AAG)에서 때때로 일어난다. 이 코돈은 아미노산 리신을 지정한다. TTC가 ATC (mRNA 에서는 UAG)로의 돌연변이는 종결코돈을 만들어내어 단백질 합성이 완결되기 전에 β-글로빈 mRNA의 번역이 중단된다. 이러한 돌연변이 유전자를 어머니와 아버지에서 둘 다 이어받은 사람은 기능성이 있는 어떠한 β-글로빈 단백질도 합성할 수 없다. 이들은 단지 α-글로빈 단위체로 구성된 헤모글로빈을 제조한다. 이러한 "α- 만의" 헤모글로빈은 산소에 잘 결합하지 못한다. β-지중해 빈혈증이라 불리는 이러한 증상을 갖는 사람은 일생동안 정기적으로 다른 혈액을 공급 받아야한다.

## 9.10 유전자의 발현은 어떻게 조절되는가?

사람의 전체 게놈은 단백질로 암호화되는 약 20,000개의 유전자를 포함하고 있으며 또한 유전자의 최종 산물이 RNA인 "**비암호화 RNA(noncoding RNA)**" 유전자가 몇 천 개 있을 것이다. 이들 유전자들은 당신 몸의 거의 모든 세포에 존재하지만 개개의 세포들은 단지 이들의 일부분만을 발현(전사, 그리고 만일 최종 유전자의 산물이 단백질이라면 번역이라 함)한다. 어떤 유전자는 세포가 살아가는 데 필요한 RNA나 단백질을 암호화하기 때문에 모든 세포에서 발현된다. 예를 들어, 모든 세포는 단백질을 합성해야 하므로, tRNA와 rRNA 유전자와 리보솜 단백질 유전자가 전사된다. 또 어떤 유전자들은 특정 형태의 세포나, 생명체가 살아가는 동안 특정 시기에, 혹은 특정 환경 하에서만 발현한다. 예를 들어 당신 몸의 모든 세포는 모유의 주 단백질인 카세인을 암호화하는 유전자를 갖고 있지만 이는 단지 유방세포에서 그리고 모유를 먹이는 여자에게서만 주로 발현이 된다.

### 원핵생물의 유전자의 조절은 전사 수준에서 주로 조절된다

원핵생물 유전자는 유사한 기능을 나타내는 유전자들이 서로 서로 나란히 존재하는 **오페론(operon)**이라고 불리는 구조로 되어 있다(그림 9-19a). 오페론은 네 개의 부분으로 이루어져 있다: (1) 다른 유전자의 전사 시간과 속도를 조절하는 **조절유전자(regulatory gene)**; (2) RNA 중합효소가 전사를 시작하는 장소로써 인식하는 **프로모터(promoter)**; (3) 프로모터에 RNA 중합 효소가 결합하는 것을 조절하는 **작동부위(operator)**; (4) 효소나 단백질을 실제적으로 암호화하는 **구조유전자(structural gene)**. 전체 오페론은 하나의 단위처럼 조절되며, 기능적으로 관련이 있는 단백질들은 그것이 필요할 때 동시에 합성된다.

원핵생물의 오페론은 다양하게 조절된다. 어떤 오페론은 다량의 아미노산을 합성하는 효소처럼 전 생애동안 세포가 필요로 하는 효소를 합성한다. 이 오페론은 박테리아가 특정 아미노산을 다량으로 흡수하는 특수한 환경을 제외하고는 계속적으로 전사된다. 어떤 오페론은, 예를 들어, 특정효소가 희귀한 먹이를 소화시키기 위해서만 필요한 것처럼 필요 시에만 발현된다. 즉, 그들은 단지 박테리아가 희귀한 먹이를 만났을 때만 발현을 한다.

흔한 대장 박테리아인 대장균을 생각해보자, *Escherichia coli* (*E. coli*). 이들 박테리아는 숙주로써, 섭취하는 영양분의 종류에 의존하여 살아가야만 한다. 그리고 다양한 먹이를 이용할 수 있는 다양한 효소를 합성해야 한다. 특정 효소가 필요할 때 이들 효소를 암호화하는 유전자가 전사된다. 밀크의 주된 당인 젖당(lactose)을 이용하는 효소가 그 예이다. **젖당 오페론(lactose operon)**은 세 개의 구조유전자로 되어있으며 각각은 젖당 대사를 도와주는 효소를 암호화한다(그림 9-19a 참조).

젖당 오페론은 젖당이 존재하여 특별히 활성화되지 않는 한 억제되어 발현되지 않는다. 젖당 오페론의 조절유전자는 **억제 단백질(repressor protein)**이라고 불리는 단

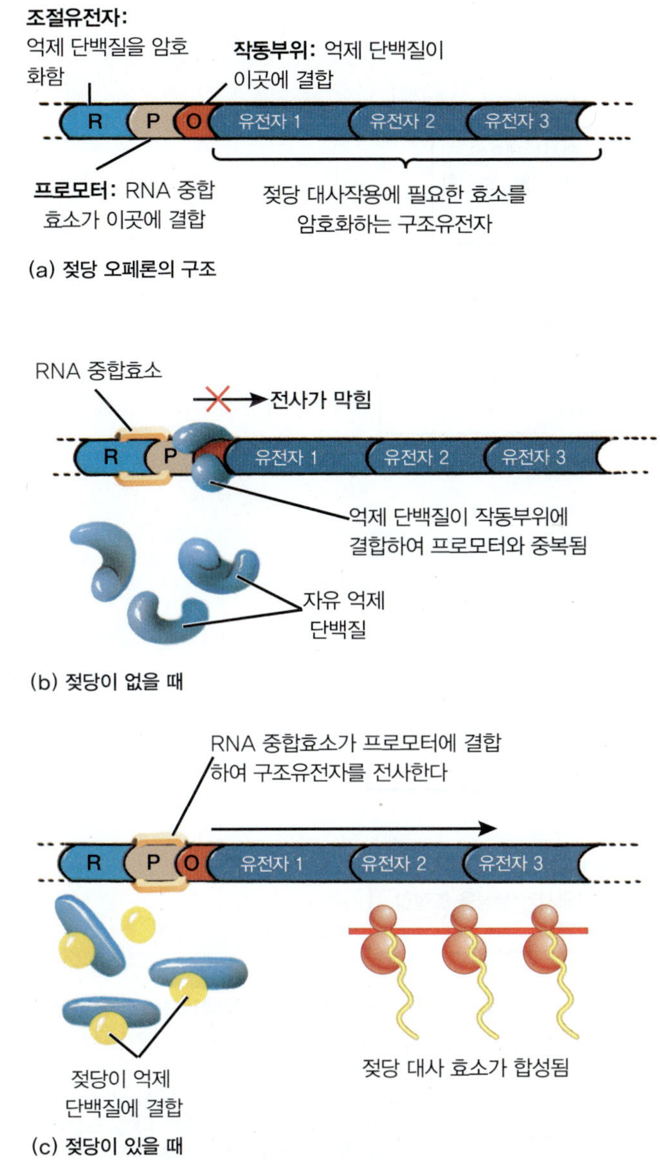


▲ **그림 9-19 젖당 오페론의 조절** (a) 젖당 오페론은 조절유전자, 프로모터, 작동부위 그리고 젖당 대사작용에 필요한 효소들을 암호화하는 세 가지 구조유전자로 되어 있다. (b) 젖당이 없을 때 억제 단백질은 젖당 오페론의 작동부위에 결합한다. RNA 중합효소가 프로모터에 결합하지만 구조유전자의 전사를 위하여 억제 단백질을 지나 이동할 수 없다. (c) 젖당이 존재하면 억제 단백질에 결합하여 억제 단백질이 작동부위에 결합하지 못한다. RNA 중합효소는 프로모터에 자유롭게 결합을 하여 작동부위를 지나 구조유전자를 전사한다.

백질의 합싱에 관여한다. 억제 단백질이 작동부위에 결합하면 RNA 중합효소는 구조유전자를 전사하지 못한다. 결과적으로 젖당 대사에 관여하는 효소는 합성될 수 없다(그림 9-19b).

## 진핵생물의 유전자의 조절은 여러 단계에서 조절된다

진핵생물에 의한 유전자 발현의 조절은 DNA의 전사로 시작하여 특별한 기능을 수행하는 단백질에서 끝나는 여러 단계의 과정이다. 유전자 발현의 조절은 그림 9-20에 보이듯이 이러한 과정의 어느 단계에서 일어날 수 있다.

❶ 세포는 개개의 유전자가 전사되는 빈도를 조절할 수 있다. 특정 유전자의 전사 속도는 생명체마다 다르고, 생명체의 세포마다 다르고, 한 세포에서도 생명체가 살아가는 기간에 처한 단계마다 다르거나, 처한 환경조건에 따라서 다르다. 낭포성 섬유증의 어떤 경우는 프로모터 지역의 돌연변이에 의하여 야기되며 해당 유전자의 전사가 늦거나 아주 일어나지 않는다.

❷ 동일한 유전자에서 다른 mRNA와 다른 단백질이 만들어질 수 있다. 단백질로 번역이 되는 최종 mRNA를 형성하기 위하여 RNA 전구체가 어떻게 스플라이싱 되느냐에 따라서 동일한 유전자에서 한 가지 이상의 다른 단백질이 만들어질 수 있다(9.8 참조).

❸ 세포는 mRNA의 안정성과 번역을 조절할 수 있다. 어떤 mRNA는 오래 유지되며 여러 번 단백질로 번역된다. 다른 mRNA는 분해되기 전에 몇 번만 번역된다. 부가적으로 어떤 작은 RNA 분자는 다른 mRNA의 번역을 막고 심지어는 파괴하는 것도 발견되었다. 낭포성 섬유증의 어떤 경우는 낭포성 섬유증 막전도 조절자(CFTR) mRNA가 일반적인 경우보다 빠르게 분해거나 CFTR 단백질로의 해독이 늦어져서 발생하기도 한다.

❹ 활성을 조절하기 위하여 세포는 단백질을 변형할 수 있다. 많은 단백질, 특히 효소들은 해독 후에 변형되어 순간적으로 혹은 불변적으로 그들의 기능이 조절된다. 인산기를 첨가하거나 제거함으로써 많은 효소와 수용체 그리고 이온 채널이나 다른 단백질의 활성이 조절되며 단백질의 활성을 순간적으로 조절한다. 예를 들어 CFTR 염화 채널에 인산기가 첨가되면 채널이 열려 염화 이온이 농도 차에 의해서 원형질막을 가로질러 이동하게 된다. 어떤 CFTR 돌연변이는 채널이 인산화되지 않아서 낭세포 섬유증을 일으킨다. 예를 들어 위장과 췌장 내 세포에서 생산되는 단백질 분해효소는 최초에 불활성 형태로 합성되어, 이들을 생성한 세포에서 분해되지 않도록 한다. 불활성 형태로 소화관에서 분비된 후 이 효소의 일부가 잘려져 효소의 활성부위가 드러나 음식에 있는 단백질을 소화시킨다.

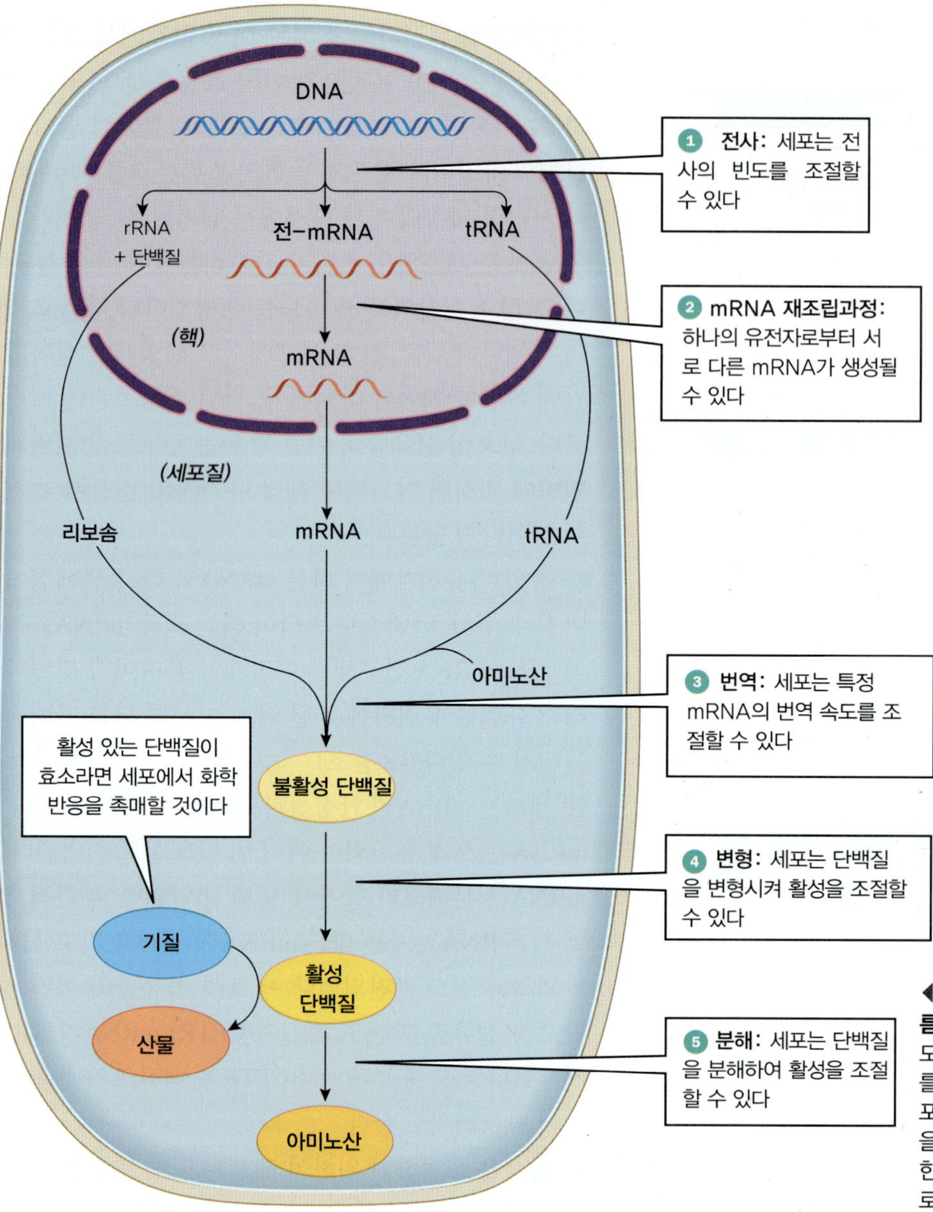


◀ 그림 9-20 **진핵세포에서 유전정보 흐름의 개관** 모든 유전자들이 그림과 같은 모든 단계에서 조절되는 것이 아니다. 예를 들어 어떤 유전자는 단지 하나의 엑손을 포함하고 있어 mRNA의 다른 스플라이싱을 할 수 없다. 단지 일부 유전자만이 뚜렷한 다른 역할을 하는 몇 개의 적은 단백질로 잘라지는 하나의 단백질을 암호화한다.

❺ 세포는 단백질이 분해되는 속도를 조절할 수 있다. 단백질 분해를 증진시키거나 억제함으로써 세포는 특정 단백질의 양을 빨리 조절할 수 있다.

이제 세포가 전사와 번역을 조절하는 몇 가지 메커니즘을 살펴보자.

### 유전자의 프로모터에 결합하는 조절 단백질은 전사의 속도를 변화시킨다

모든 유전자의 프로모터 지역은 몇 개의 다른 조절 인자가 결합하는 부위를 포함하고 있다. 그러므로 이들 유전자가 전사가 되는가 여부는 세포에 의하여 어떠한 특정한 **전사 인자(transcription factor)**가 합성되는가에 달려있고 또한 이들 인자가 활성화되었는가 비활성화되었는가에 달려있다. 예를 들어 세포들이 자유 라디칼에 노출되었을 때(2장 참조) 하나의 전사 인자는 여러 개 유전자의 프로모터에 존재하는 항산화 조절 부위에 결합을 한다. 그 결과 세포는 자유 라디칼을 해가 없는 물질로 분해하는 효소를 만들어 낸다.

많은 전사 인자들이 유전자의 전사에 영향을 주기 전에 활성화되어야 한다. 가장 잘 알려진 예시 중 하나는 성호르몬인 에스트로겐이 새의 알의 생성을 조절하는 데 중요한

## 후성유전학의 이상한 세계

유전자 발현에 대한 조절의 대부분은 수초 혹은 수일 작용하고 사라진다. 그러나 후성유전학적인 조절은 종종 해당 생명체의 전 생애 기간 동안에 작용한다. 어떤 것은 심지어 부모로부터 자식으로 이전한다.

후성유전학적인 조절은 전사와 번역의 중요한 조절자이다. 예를 들어, 인슐린 유전자의 프로모터에 메틸기가 첨가되는 것은 해당 유전자가 전사되지 못하게 한다. 초기 배의 모든 세포는 메틸화되어 발현되지 않는 인슐린 유전자를 갖고 있다. 발생 후기에 인슐린 유전자에 있는 메틸기은 췌장의 인슐린 분비 세포가 될 세포에서만 선택적으로 제거된다. 몸의 다른 부위의 모든 세포는 메틸화되어 있어 발현되지 않는 인슐린 유전자를 갖게 된다. 장의 내막에 존재하는 어떤 세포는 매일 혹은 이틀에 한번 분열하여–일생 동안 수천 번 분열한다. 이렇게 분열하는 전 기간에 인슐린 유전자는 메틸화된 상태로 남아 있다. 어떻게? DNA 복제는 반보전적임을 생각하자(9장 참조). 하나의 장 세포가 분열할 때 두 개의 낭세포는 인슐린 유전자에 메틸기가 있는 하나의 부모 가닥과 메틸기가 없는 다른 하나의 새로운 가닥을 물려받을 것이다. 그러나 낭세포에 있는 효소는 낭세포 DNA 가닥에 부모와 같은 메틸기를 첨가한다. 그 결과 모든 장 세포는 발현되지 않는 인슐린 유전자를 갖고 있다.

쥐의 털 색깔은 유전자 발현의 후성유전학적인 조절의 뚜렷한 예를 보여 준다(그림 E9-7). 어떤 특정 종류의 쥐에서 유전적으로 동일한 한 배에서 태어난 새끼들이 노란색부터 갈색에 이르는 다양한 털을 갖는 것을 볼 수 있다. 연구에 의하여 하나의 유전자의 DNA 메틸화가 색깔을 조절한다는 것이 밝혀졌다: 메틸화가 더 되었으면 유전자가 덜 발현되어 더 갈색의 털을 갖는다. 아주 적은 메틸화가 된 쥐는 유전자가 많이 발현되어 노란 털을 갖는다. 그들은 또한 살이 찌고 당뇨병과 암이 발병할 확률이 더 높았다. 임신한 쥐에게 DNA 메틸화를 증가시키는 메티오닌, 폴레이트, 콩단백, 그리고 비타민 $B_{12}$가 많은 음식을 먹였을 때 태어난 모든 새끼 쥐들이 갈색이었다.

대부분의 경우에 있어서 DNA의 메틸화 양상은 감수분열 기간에 지워지거나 배우자 발달 기간에 지워져서, 후성유전학적인 변화는 세대에서 세대로 전달되지 않는다. 그러나 약간의 예외가 있다. 메틸기가 정자 혹은 난자 중 어느 하나에 있는 특정 유전자의 집단에 첨가되어 결과적으로 유전자 각인(genomic imprinting)이 되며, 이는 해당 유전자가 엄마로부터 유전되었는가 혹은 아빠로부터 유전되었는가에 따라서 발현이 달라진다. 사람에 있어서 발작을 하고, 말을 잘 못하고, 동작이 부자연스러운 희귀한 유전병인 엔젤만 증후군은 염색체 15번에 생긴 하나의 결실 돌연변이의 결과이다. 엔젤만 증후군은 이 돌연변이가 엄마로부터 유전되었을 때 발생된다. 정상적이고 기능이 있는 아버지의 염색체는 메틸기에 의하여 침묵을 하여 엄마의 돌연변이를 보상하지 못한다. 쥐에 있어서 노란 털과 갈색 털은 세대를 통해 유전되고 주로 어머니로부터 유전된다.

여러 세대 동안 지속하는 후성유전학적인 변화는 박테리아, 원생동물, 곰팡이, 식물, 그리고 동물에서 증명되어 왔다. 심지어 행동은 세대를 통하여 유전될 수 있다: 만일 쥐들이 전기적 충격을 받을 때 특정한 냄새와 연결시키는 훈련을 받으면 그들의 손자는 이 기억과 냄새에 반응하는 부분이 커진 뇌를 모두 물려받을 수 있다. 이러한 발견은 도발적인 질문을 유발시켰다: 사람에 있어서 부모의 생활의 경험 혹은 환경에 의하여 야기된 후성유전학적인 변화는 그들 자손에게 전해지는 유전의 일부가 될 수 있는가?

▲ 그림 E9-7 **후성유전학적인 차이는 유전적으로 동일한 쥐들 내에서 형태적인 변화를 야기한다. 살이 찌고 노란색의 쥐는 마르고 갈색인 쥐보다 털색을 나타내는 유전자에 훨씬 적은 메틸기를 갖고 있다.**

지금 그 대답은 "그럴 것이다"처럼 보인다. 어느 누구도 사람에 대하여 조절되고 여러 세대에 걸친 실험을 수행하지 않아서 좋은 결과를 얻기가 힘들다. 그러므로 사람에 있어서 여러 세대에 걸친 후성유전학적인 유전의 증거는 어떤 주된 사건이 상당히 많은 사람들에게 영향을 미친 "자연적인 실험"이 될 가능성이 많다. 이러한 하나의 자연적인 실험은 Norrbotten이라고 하는 스웨덴의 최북단에서 이미 발생하였다. 아주 최근까지 Norrbotten은 극단적으로 격리되어 있었다. 그 지역에 들어가거나 나가는 식량이 거의 없었다. 농작물 추수가 좋으면 사람들은 다음 겨울에 배불리 먹고 만일 수확이 나쁘면 굶었다. 조사자들은 1800년대의 출생과 사망기록을 추적하고 농작물의 수확과 연관을 맺어 보았다. 추수를 충분히 많이 한 기간 동안에 살아서 아마 지나치게 많이 먹은 소년들의 자손은 거의 굶은 겨울 시절을 보낸 소년의 자손보다 6년에서 32년이나 현저하게 짧은 삶을 살았다. 유사한 결과는 소녀들에게도 발견되었다.

다른 자연적인 실험에 있어서 그들의 아버지가 2차 세계대전 말기인 1944–1945년의 독일 기근 시기에 임신된 사람은 출산 전에 영양이 부족하지 않았던 아버지로부터 탄생한 자손들보다 비만이 되는 경향이 있다. 영국의 한 연구에서는 아주 어린 시절부터 담배를 피우기 시작(11살 이전)한 남자들의 아들들은 과체중이 되는 것이 발견되었다. 이러한 결과들은 논쟁 중이나 어떤 유전자들이 포함되어 있는지 그리고 DNA에 대한 후성유전학적인 메틸기가 이러한 차이를 야기했는지는 아무도 모른다.

역할을 한다는 것이다. 달걀흰자의 주요 단백질인 알부민 유전자는 새가 번식하지 않고 에스트로겐 수준이 낮은 겨울에는 전사되지 않는다. 부화하는 계절 동안에 암컷 새의 난소는 에스트로겐을 방출하고, 방출된 에스트로겐은 난관에 들어가 전사인자에 결합한다. 이 에스트로겐 전사인자 복합체는 알부민 유전자의 프로모터에 있는 에스트로겐 조절부위에 결합해서, RNA 중합효소가 프로모터에 결합하여 mRNA 전사를 개시하기 용이하게 한다. mRNA는 많은 양의 알부민으로 번역된다. 스테로이드 호르몬에 의한 유전자 전사의 유사한 활성화는 인간을 포함한 동물에서 일어난다. 발생 동안 전사에 대한 호르몬 조절의 중요성은 성호르몬에 대한 수용체가 기능을 못하는 "안드로겐 불감증" 같은 질병의 유전적인 결함에 의해 증명된다.

### 후성유전적인 조절이 유전자의 전사와 번역을 조절한다

**후성유전학**(**epigenetics**, "유전학에 부가하여"라는 의미)은 어떻게 세포나 생명체가 그들 DNA의 염기서열의 변화 없이 유전자의 발현과 기능에 영향을 주는지를 연구하는 것이다. 어떠한 과정을 후성유전학으로 간주할 것인지에는 견해의 불일치가 있다. 그러나 일반적으로 후성유전학적인 조절은 세 가지 방법으로 기능한다: (1) DNA의 변형; (2) 염색체 단백질의 변형; 그리고 (3) 총체적으로 비암호화 RNA(noncoding RNA)로 불리는 몇 가지 형태의 RNA를 통한 전사와 해독의 변화. 많은 형태의 후성유전학적인 조절은 부모로부터 자식에게 체세포 분열 동안에 유전될 수 있다. 박테리아, 식물, 쥐 등 다양한 생명체에서– 심지어는 사람에서도– 후성유전학적인 표지는, 한 세대에서 다음 세대로 전해진다.

**DNA의 후성유전학적인 변형은 아마 전사를 억제한다.** 세포에서 어떤 효소는 DNA 특정부위의 시토신에 메틸기(—$CH_3$)를 첨가하며 이를 메틸화라고 한다. 만일 유전자나 그 유전자의 프로모터에 많은 메틸기를 갖고 있다면 해당 유전자는 보통 RNA로 전사되지 않기 때문에, 그 정보는 단백질을 합성하는 데 사용되지 않는다. 정상적인 발달 과정이나 암 같은 질병에서, DNA 상에 메틸기의 수나 위치가 중요하다. 암세포에서 성장인자 유전자들 (7장 참조)은 너무나 적은 수의 메틸기를 종종 갖고 있다. 이것은 해당 유전자가 너무 많이 전사되어 높은 농도의 성장인자를 생산함으로써, 세포분열을 부적절하게 자극한다. 만일 종양억제유전자가 너무 많은 메틸기를 갖고 있다면 그들의 전사는 차단되고 신체는 암에 저항하여 싸우는 가장 효과적인 무기 중의 하나를 잃어버리게 된다. 후성유전학적인 조절의 결함은 심장병, 비만, 불임 같은 다양한 질환에 관련되어 있다.

**히스톤의 후성유전학적인 변형은 아마 전사를 촉진시킬 것이다.** 진핵세포 염색체에서 DNA는 히스톤이라고 부르는 단백질이 만든 "실꾸러미" 주위를 감고 있다(7장 참조). DNA가 촘촘하게 감겨져 있으면 RNA 중합효소가 해당 유전자의 프로모터에 접근할 수가 없어 전사가 일어난다 해도 천천히 일어난다. 그러나 아세틸기(—$COCH_3$)가 히스톤에 첨가가 되면 DNA가 부분적으로 풀리고 RNA 중합효소가 프로모터에 쉽게 접근하여 전사가 쉽게 일어나게 된다.

### 비암호화는 전사 혹은 해독을 조절할 것이다

사람 DNA의 단지 적은 부분만이 단백질을 암호화하는 유전자로 구성되어 있다. 우리 DNA의 나머지 부분은 무의미하다는 것을 나타내는 것인가? 전혀 그렇지 않다. 최근에 분자 생물학자들은 DNA의 일부가 수백, 아마 수천의 비암호화 RNA로 전사가 되어 유전자의 발현에 주된 영향을 미치는 것을 발견하였다.

**비해독 RNA는 아마 전사를 조절할 것이다.** 어떤 종류의 비암호화 RNA는 유전자의 전사에 영향을 줄 수 있다. 어떤 것은 RNA 중합효소가 특정 유전자의 프로모터에 결합하지 못하게 하여 전사를 막는다. 또 어떤 것은 염색체의 특정 부위에 있는 히스톤이나 DNA에 대한 후성유전학적인 변형을 막거나 촉진한다. 이러한 비암호화 RNA는 영향을 받는 후성유전학적인 조절의 성질에 따라서 전사를 증가시키거나 감소시킨다.

아마 가장 잘 알려진 비암호화 RNA는 포유류의 X염색체에서 전사를 막는 것이다. 당신이 아는 것처럼 수컷 포유류는 하나의 X와 Y염색체(XY) 그리고 암컷은 두 개의 X염색체(XX)를 갖는다. 결과적으로 암컷은 두 개 X염색체의 유전자에서 mRNA를 합성할 수 있는 반면, 수컷은 단지 한 개의 X염색체를 가지고 기껏해야 단지 반 정도만 생산한다. 1961년 영국의 유전학자 Mary Lyon은 여성에 있어서 두 개의 X염색체 중의 하나는 어느 정도 불활성화되어 유전자들이 발현되지 않을 것이라고 가정하였다. 계속된 후속 연구는 그녀가 옳다는 것을 보여 주었다. 암컷 포유류에서 X염색체의 하나는 불활성화 되어 그것에 존재하는 유전자들의 85%가 전사되지 않는다. 발생초기(사람에 있어서 약 16주)에 잘 이해되지 않는 메커니즘에 의하여 각 암컷 세포에 있는 한 X염색체는 Xist라고 부르는 많은 양의 비해독 RNA 분자를 생산한다. Xist RNA는 X염색체의 대부분을 둘러싸고 단단한 덩어리로 응축을 하고 전사를 막는다. 발견자인 Murray Barr의 이름을 따서 응축된 염색체를 바소체(Barr body)라고 하며, 포유류 암컷 세포의 핵 안에 뚜렷한 점으로 나타난다(그림 9-21).

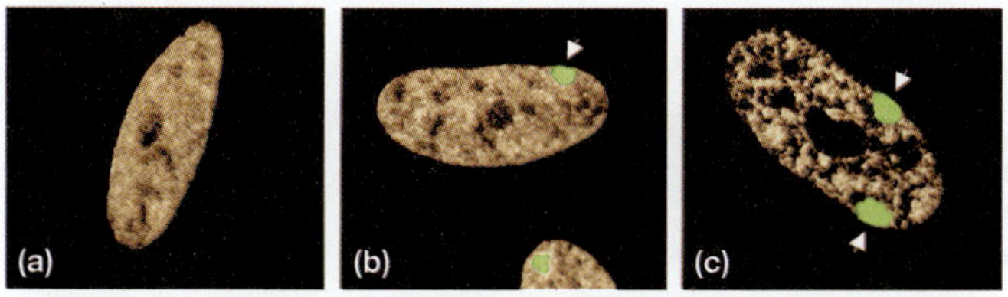


▲ 그림 9-21 **바소체는 X염색체 불활성화의 뚜렷한 증거를 제시한다.** 포유류에서 한 X염색체는 활성화되고; 다른 X염색체는 바소체로 농축된다. 이 그림에서 바소체는 밝은 점으로 보인다. **(a)** 수컷(XY)의 핵은 바소체가 없다. **(b)** 암컷(XX)의 핵은 하나의 바소체가 있다. **(c)** X 삼염색체를 갖는 암컷으로부터의 핵은 두 개의 바소체를 갖는다.

**마이크로 RNA(Micro RNA)와 RNA 간섭(RNA Interference)은 번역을 조절한다.** 얼마나 많은 단백질이 합성되는가는 얼마나 많은 mRNA가 합성되는가 그리고 얼마나 빠르게, 오랫동안 mRNA가 번역되는가에 달려 있다. RNA 간섭으로 들어가 보자. 식물, 선충류, 사람 등 다양한 생명체의 일부 DNA는 수백 가지의 다른 비암호화 RNA로 진사되며 이들은 궁극적으로 마이크로 RNA(micro RNA)라고 이름 지어진 아주 짧은 RNA로 잘라진다. 각각의 마이크로 RNA는 특정 mRNA의 일부분과 상보적이다. 이러한 마이크로 RNA는 해당 RNA의 번역을 막는다(그러므로 RNA 간섭(RNA interference)이라고 이름 붙여짐). 어떤 경우에 이들 작은 RNA 가닥은 상보적인 mRNA와 염기쌍을 이루어 번역이 되지 않는 작은 이중 RNA 가닥을 형성한다. 다른 경우에 있어서 이 짧은 RNA 가닥은 효소와 결합하여 상보적인 mRNA 가닥을 분해하여 번역을 막는다.

세포가 자신의 mRNA의 번역을 간섭하는 것이 이상한 것처럼 들린다. 그러나 RNA 간섭은 많은 진핵생명체의 발달에 중요하다. 예를 들어 포유류에서 마이크로 RNA는 심장과 뇌의 발달, 췌장에 의한 인슐린의 분비, 심지어는 학습과 기억에도 영향을 준다. 마이크로 RNA의 생산의 결함은 – 특정 마이크로 RNA가 너무 많거나 너무 적은 경우– 암이나 심장 질환을 야기한다.

Chapter

# 10 생명공학

**황금쌀(Golden Rice)** 배타 카로틴 함량이 높은 황금쌀 2는 밝은 노랑색을 띤다. 일반쌀은 베타카로틴이 없고 흰색이다.

쌀은 지구 인류의 약 2/3에게 주요한 식량이다. 쌀은 탄수화물과 일부 단백질의 훌륭한 공급원이 되지만 비타민 A를 비롯하여 많은 비타민은 부족하다. 과일이나 야채를 충분히 섭취하지 않는 사람은 비타민 A가 부족하고, 시력 저하, 면역체계의 결함, 그리고 호흡, 소화, 그리고 요로 손상 등을 겪을 수 있다. WHO에 따르면 아시아, 아프리카, 그리고 라틴 아메리카에서 약 2억 5천명의 아이들이 비타민 A가 결핍되었으며, 그 결과 25만에서 50만 명의 어린이들이 시력을 잃고 그들의 절반은 사망한다. 비타민 A 결핍증은 먹거리가 쌀뿐인 전형적으로 가난한 아이들에게 치명적이다. 생명공학은 가능성 있는 치료법을 제시했다; 수선화의 노란 색을 띠게 하는 색소인 베타카로틴은 쉽게 체내에서 비타민 A로 전환되므로 베타카로틴을 함유하게 유전공학적으로 변형된 쌀을 만드는 것이다.

분자생물학자인 Ingo Potrykus와 Peter Beyer는 수선화로부터 2개, 세균으로부터 한 개, 총 3개의 유전자를 쌀 게놈에 삽입하였다. 그 결과, 만들어진 "황금쌀"은 베타카로틴을 합성했다. 불행이도 초기의 황금쌀은 베타카로틴을 많이 만들지 못해, 사람들이 충분한 비타민 A를 얻기 위해선 상당히 많은 양의 쌀을 섭취해야만 한다. 그러나 수선화 대신 옥수수 유전자가 도입된 황금쌀 2는 처음 황금쌀보다 23배 이상의 베타카로틴을 생산하고 따라서 보다 밝은 노란 색을 띤다. 약 2컵 분량의 요리된 황금쌀 2는 비타민 A의 1일 권장량에 충분한 양의 베타카로틴을 공급한다. 황금쌀 2가 실험과 재배를 위해 동남아에 있는 Humanitarian Rice Board에 무료로 기증되었다.

그러나 황금쌀은 다른 문제에 직면해 있다. 많은 사람들이 황금쌀(또는 많은 다른 형질전환 농작물)을 대량으로 재배하는 것을 꺼려했다. 2008년 4월 필리핀에서 처음으로 황금쌀을 시험 재배되었을 때 재배지의 일부가 반대자들에 의해 훼손되었다. 그럼도 불구하고 시험재배는 계속되었고, 황금쌀은 농부들이 재배 가능하게 필리핀 농무성의 승인 대기 중에 있다.

물론 황금쌀이 가난한 사람들의 부실한 영양 문제를 모두 해결할 수는 없다. 한 가지로, 많은 가난한 사람의 식사는 단지 비타민 A뿐만 아니라 여러 영양에 있어 부족하다. 이런 문제를 해결하기 위해, Bill and Melinda Gates 재단은 쌀에 비타민 E, 철분, 그리고 아연의 함량을 높이기 위한 연구를 지원하고 있다. 모든 가난한 사람들이 쌀을 주식으로 하는 것은 아니다. 일부 아프리카에서는 쌀이 아니라 고구마가 주요 영양소이다. 이런 사람들이 흰색의 고구마 대신에 오렌지를 먹음으로 비타민 A의 섭취량이 놀랍게 증가하였다. 마지막으로 세계 여러 곳에서, 정부와 인도주의 단체들이 다량의 비타민 A 공급 프로그램을 시작하고 있다. 일부 아프리카와 아시아에서 80% 정도의 어린이들은 어릴 때 많은 양의 비타민 A를 몇 번 지급 받는다. 언젠가는 이러한 노력들의 결집으로 어린이들이 그들의 식사에 단순한 영양소의 부족으로 시력을 잃는 일이 없는 세상이 될 것이다.

## Contents

## 10.1 생명공학이란?

**생명공학(biotechnology)**이란 식품, 약품, 또는 다른 상품을 만들기 위해 생물체나 세포 또는 생물학적 분자들을 이용하거나 변형하는 것이다. 그러므로 어떤 면에서 생명공학은 옛날부터 있어 왔다. 예를 들어, 과거 만 년 동안 사람들은 빵, 맥주, 포도주 등을 만들기 위해 효모세포를 사용해 왔다. 밀, 포도 그리고 개, 돼지와 같은 가축을 포함한 많은 식물과 동물은 6,000 ~ 15,000년 전에 가축화되었고 원하는 형질을 위해 선별육종 되어왔다. 예를 들어 선별육종은 비교적 날씬하고 긴 어금니를 가진 성질 사나운 야생 수퇘지를 얌전한 가축 돼지로 빠르게 전환시켰다.

비록 선별육종이 가축과 작물개량을 위한 중요한 방법이기는 하지만, 현대생명공학에서는 유전자를 얻고 조작하여 유전형질을 조절하는 **유전공학(genetic engineering)**을 사용한다. 유전적으로 조작된 세포나 생물체들은 유전자가 제거, 첨가 또는 변형되기도 한다. 농업에서 작물이나 가축을 개량하기 위해 사용할 뿐만 아니라, 유전공학은 세포와 유전자가 질병에 어떻게 싸우는지, 어떻게 호르몬이나 백신과 같은 유용물질을 생산하는지, 멸종 위기종을 복원하거나 멸종된 것들의 부활을 위한 연구에 사용될 수도 있다.

현대생명공학에서 주요한 기술은 **DNA 재조합(recombinant DNA)**이며, 재조합 DNA란 두 개 이상의 다른 생물체의 유전자나 유전자 일부를 포함한다. 재조합 DNA는 효모나 바이러스, 박테리아에서 생산되어, 다른 종으로 도입된다. 유전공학을 이용해 다른 종으로부터 유래되거나 또는 변형된 DNA가 도입된 생물체를 **형질전환체(transgenic)** 또는 **유전자변형생물체(genetical modified organisms GMOs)**라 부른다.

이 장에서, 우리는 현대생명공학의 적용과 사회에 미치는 영향에 대해 전체적으로 살펴볼 것이다. 한편 그러한 적용에 이용되는 중요한 방법들을 간단하게 기술할 것이다. 우리는 5가지의 주요한 주제를 다룬다: (1) 자연에서 발견되는 재조합 DNA 메커니즘 (2) 법의학 분야의 생명공학 (3) 형질전환식물과 동물을 포함한 농업에서의 생명공학 (4) 인간 및 다른 생물게놈 프로젝트와 그 적용 (5) 유전병 진단과 치료에 초점이 맞춰진 의학계에서의 생명공학

## 10.2 자연에서 생물체 간 그리고 종간 DNA 재조합은 어떻게 일어나는가?

DNA를 재조합하는 일이 현대식 연구실에서만 일어나는 것은 아니다. 자연 상태에서도 DNA는 한 생물체에서 또 다른 생물체로, 때때로는 심지어 다른 종의 생물체로 전이된다.

### 유성생식은 DNA를 재조합한다

두 부모로부터 유전된 상동염색체는 제1감수분열 동안 교차함으로써 DNA를 교환한다(7장 참조). 그러므로 두 다른 개체로부터 DNA가 재조합된다. 이 염색체가 수정란을 형성할 난자와 정자에 저장됐을 때, 그 결과 자손은 재조합 DNA를 갖는다. 이런 경우 재조합 DNA는 항상 동일종으로부터 유래한다.

### 형질전환은 다른 박테리아 종으로부터 DNA를 조합한다

형질전환(transformation)을 통해 박테리아는 주위 환경으로부터 DNA를 취득한다(그림 10-1). 그 취득된 DNA는 다른 박테리아의 염색체 부분이거나(그림 10-1a), 가끔 다른 종의 염색체, 또는 **플라스미드(plasmid)**라는 작은 원형 DNA 일 수 있다(그림 10-1b).

하나의 박테리아 세포는 수십에서 수백 개의 플라스미드를 갖는다. 그 박테리아가 죽으면, 플라스미드를 주위 환경에 내놓게 되고, 같은 종이나 다른 종의 박테리아들이 이 플라스미드를 취하게 될 수도 있다. 또 살아있는 박테리아가 다른 살아있는 박테리아에게 직접 플라스미드를 전달하기도 한다. 플라스미드는 박테리아에서 효모로, 즉 원핵세포에서 진핵세포로도 이동할 수 있다.

비록 박테리아의 염색체는 세포가 기본적 생존을 위해 필요한 모든 유전자를 포함하지만 플라스미드가 가지고 있는 유전자는 가끔 특별한 환경에서도 박테리아를 생존할 수 있게 한다. 어떤 플라스미드는 석유 같이 특이한 에너지자원을 박테리아가 대사할 수 있게 하는 유전자를 지니기도 한다. 어떤 플라스미드는 항생제가 있는 상태에서도 박테리아가 자랄 수 있게 하는 유전자를 지니기도 한다. 병원과 같이 항생제 사용이 높은 곳에서는 이러한 항생제-저항 플라스미드를 지닌 박테리아가 환자나 의료 업무를 하

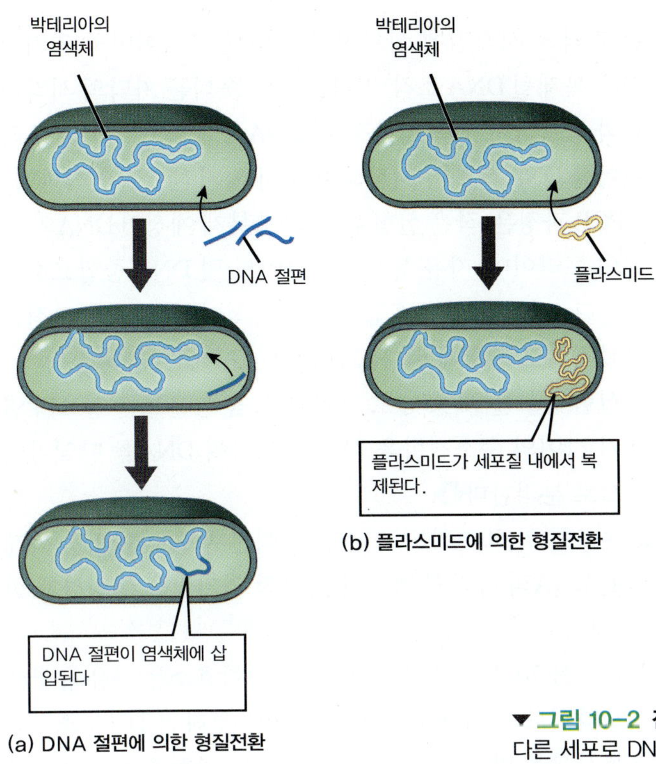


◀ **그림 10-1 박테리아에서 형질전환** 박테리아 형질전환은 살아있는 박테리아가 (a) 염색체 절편이나 (b) 플라스미드를 흡수할 때 일어난다.

는 사람들에게 빨리 퍼져 항생제-저항 감염과 같은 심각한 문제를 야기하기도 한다.

## 바이러스는 종 사이에서 DNA를 전이한다

바이러스는 단순히 단백질 피막으로 싸인 유전물질에 지나지 않아서 오직 세포 내에서만 증식될 수 있다(그림 10-2). 바이러스는 특정 숙주세포의 표면에 있는 특정 분자에 붙는다❶. 그런 다음 일반적으로 바이러스는 숙주세포의 세포질로 들어가❷, 그곳에서 자신의 유전물질을 내 놓는다❸. 숙주세포는 바이러스의 유전물질(DNA나 RNA)을 복제하고 단백질을 합성한다❹. 복제된 유전자와 바이러스 단백질은 세포 내에서 바이러스로 조립된다❺. 이 새로운 바이러스는 밖으로 분비되어 다른 세포들을 감염시킨다❻.

일부 바이러스는 한 생물체에서 다른 생물체로 유전자를 전이할 수 있다. 이런 경우, 바이러스의 DNA는 숙주세포의 염색체 중 하나에 삽입된다(그림 10-2 ❸). 바이러스 DNA는 며칠 간, 몇 달 간, 심지어 몇 년 간 숙주세포 염색체에 남아 있기도 한다. 세포가 분열할 때마다, 그 세포는 자신의 DNA와 함께 바이러스의 DNA도 복제한다(과학자들은 사람 유

▼ **그림 10-2 전형적 바이러스의 생활주기** 어떤 경우, 바이러스 감염은 한 숙주세포에서 다른 세포로 DNA를 전이하게 한다.

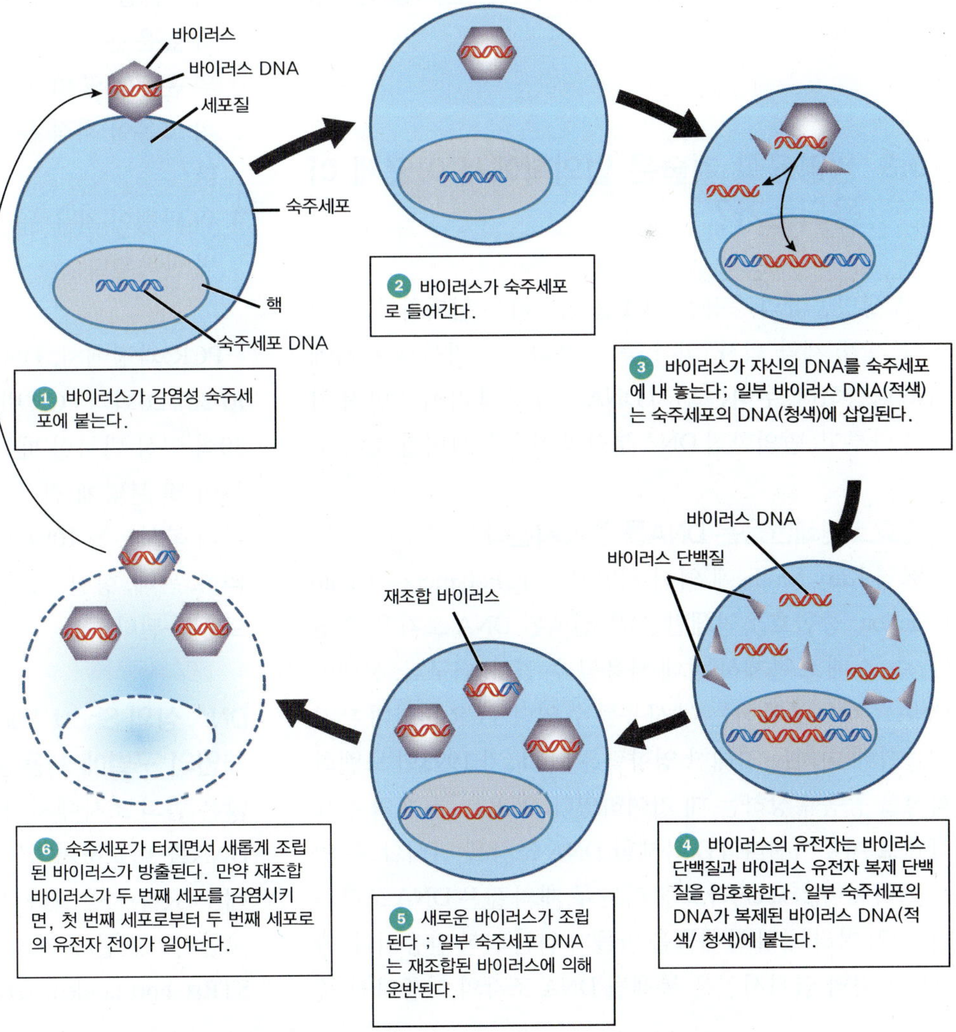

전체의 약 8%는 수천~수백만 년 전 우리 DNA에 삽입된 바이러스 유전자의 잔재로 믿고 있다). 여기서 새로운 바이러스가 생성될 때, 숙주유전자의 일부가 바이러스 DNA에 함께 붙어 있기도 한다. 그런 재조합된 바이러스가 다른 세포를 감염시키고 그들의 DNA를 새로운 숙주세포의 염색체로 삽입하면, 이전 숙주세포의 DNA 일부 역시 삽입되어 전달될 것이다.

대부분의 바이러스는 특정한 세균이나 동물 또는 식물세포, 각각에만 감염되어 복제된다. 그러므로 대부분의 경우, 바이러스는 단일 또는 상당히 유연관계가 있는 종들의 개체들 사이에서 움직인다. 그러나 어떤 바이러스는 전혀 유연관계가 없는 종들을 감염하기도 한다, 예로 인플루엔자는 새, 돼지, 인간을 감염시킨다. 여러 종들을 감염시키는 바이러스 간의 유전자 전이는 매우 치사율 높은 재조합 바이러스를 생산할 수 있다. 이러한 일이 1957년과 1968년 발생했는데, 조류독감 바이러스와 인간독감 바이러스의 재조합으로 인해 수십만의 사람이 죽는 글로벌 전염병이 발생했다

## 10.3 생명공학 기술은 법의학에서 어떻게 이용되는가?

DNA 생명공학의 응용은 그것을 이용하는 법의학자, 생명공학 기업, 제약 회사, 의사 등  사용하는 사람들의 목적에 따라 다양하다. 우리는 먼저 DNA 조작의 몇 가지 일반적 기술을 다루고, 법의학적 DNA 분석의 적용을 설명할 것이다.

### 중합효소연쇄반응은 DNA를 증폭시킨다

1986년 Kary Mullis에 의해 개발된 PCR(Polymerase Chain Reaction; 중합효소연쇄반응)은 선택된 DNA 조각을 수십억, 수 조 배로 복제하는 데 사용될 수 있다. 더구나, 선택된 DNA 조각을 증폭하는 데 사용될 수 있다. PCR이 현대 분자생물학에 미치는 지대한 영향력은 Mullis가 1993년 노벨화학상을 공동수상하는 데 기여하였다. PCR은 두 개의 주요 단계로 이루어진다: (1) 복제할 DNA 조각을 인식할 수 있는 프라이머(*primer*)라고 불리는 두 개의 짧은 DNA 조각의 합성 (2) 여러 개의 복제물을 만들기 위한 반복 반응이다. 한 프라이머의 염기서열은 복제될 DNA 조각의 이중나선 중 한 가닥의 시작점에 상보적이고 다른 프라이머의 염기서열은 복제될 DNA 조각의 이중나선 중 다른 가닥의 시작지점과 상보적이다. 복제과정 중, DNA 중합효소는 DNA 프라이머를 DNA 복제가 시작되어야 하는 지점으로 인식한다.

PCR 과정은, 작은 실험 튜브 안에 복제 예정인 DNA와 두 개의 프라이머, 자유 뉴클레오타이드 및 DNA 중합효소를 섞는다. 이러한 반응혼합물은 연속적인 온도변화 과정을 반복적으로 거치게 된다(그림 10-3a).

1. 실험 튜브를 90-95℃로 가열한다. 높은 온도는 상보적 염기 사이의 수소결합을 끊어지게 하여 DNA를 단일가닥으로 분리한다❶.
2. 온도를 약 50℃ 정도로 낮춘다. 이는 두 프라이머가 복제될 DNA의 각각의 가닥과 상보적 염기쌍을 형성하게 한다❷.
3. 온도를 70-72℃로 올린다. DNA 중합효소는 자유 뉴클레오타이드를 사용하여 프라이머가 부착된 DNA 조각의 복사본을 만든다❸. 대부분의 DNA 중합효소는 40℃보다 높은 온도에서는 기능을 잃는다. 그러나 PCR은 고온의 온천(그림 10-4)에서 사는 박테리아에서 분리한, 72℃의 고온이 최적 온도인 특수한 DNA 중합효소를 사용한다.
4. 위 과정이 자유 뉴클레오타이드가 소모될 때까지 30-40번 반복된다.

PCR 과정에서, DNA 양은 매회당 2배씩 증가된다(그림 10-3b). 20회의 PCR 반복은 약 백만 개의 복사본을 만들고, 30회 이상 반복할 때는 10억 개의 복사본을 만든다. 각 반복이 몇 분밖에 걸리지 않아 PCR은 반나절 만에 DNA 조각의 복사본을 10억 개 정도 만들 수 있다. 그런 DNA는 법의학, 복제, 형질전환체를 만들거나 또는 다른 많은 목적으로 사용된다.

### DNA 상의 Short Tandem Repeat의 차이가 각 개인의 구별에 사용된다

많은 범죄 조사에서, 용의자의 DNA와 범죄현장에 남겨진 DNA를 비교하기 위한 충분한 양의 DNA를 증폭하기 위해 PCR를 사용한다. 법의학 연구실은 어떻게 DNA를 비교할까? 몇 년 동안의 힘든 작업 끝에, 법의학 전문가들은 STRs(short tandem repeats)이라 불리는 짧은 DNA 조각이

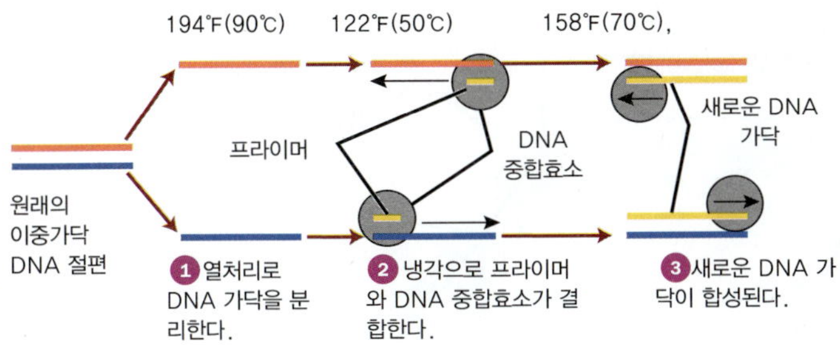


(a) 1회 PCR 단계

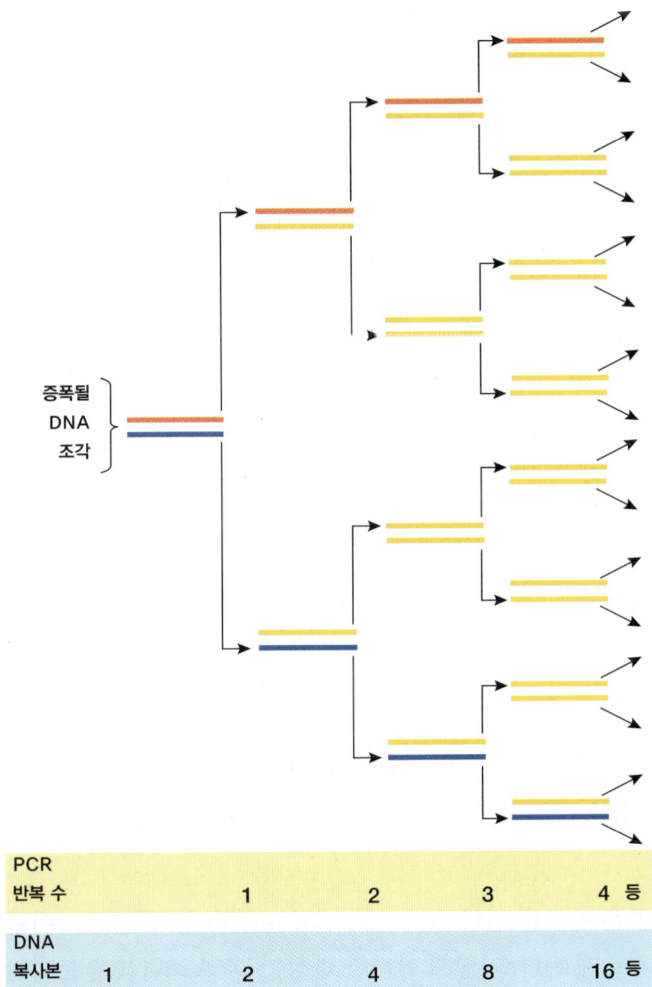


(b) 각 PCR 반복 단계는 DNA의 복사본의 수를 배가시킨다.

◀ **그림 10-3 PCR은 특정한 DNA 염기서열을 복제한다** **(a)** PCR은 고온 가열, 냉각, 적정온도 유지의 과정을 30~40회 반복하는 과정으로 구성된다. **(b)** 매 반복 단계마다 DNA 양은 두 배가 된다. 30회 정도의 반복으로 원하는 DNA의 백만 개의 복사본이 합성된다.

▲ **그림 10-4 Thomas Brock이 "Mushroom" 온천을 조사하고 있다** Brock은 엘로스톤 국립공원의 Mushroom 온천에서 *Thermus aquaticus* 박테리아를 발견하였다. *T. aquaticus*의 DNA 중합효소는 PCR에 필요한 높은 온도에서도 최상의 기능을 수행한다.

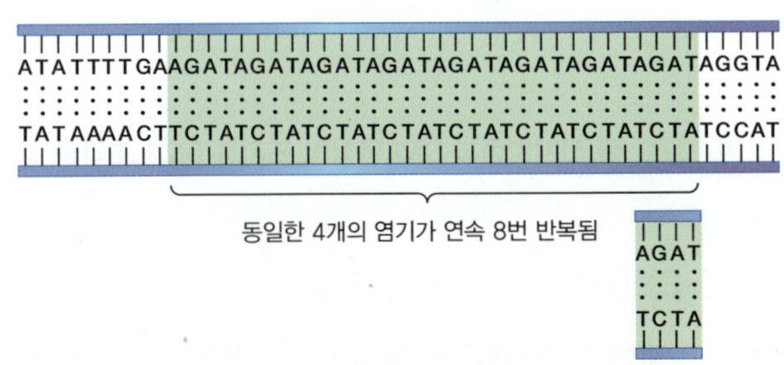


▲ **그림 10-5 짧은 반복서열(STR)** 이 STR 인자는 AGAT 염기서열을 지니고 있고, 각 대립유전자에 따라 7회에서 15회 반복된다. 동일한 4개의 염기가 연속 8번 반복됨

놀라운 정확도로 사람의 신원을 알아내는 데 사용될 수 있다는 것을 알아냈다. STR은 매우 작은 유전자라고 생각해보라(그림 10-5). 각 STRs은 짧고(약 20 – 250 뉴클레오타이드로 구성), 반복적이고(2-5개의 염기가 50번 정도까지 반복), 직렬 배열(각 반복 단위가 서로 나란히 반복)이다. 다른 유전자들과 마찬가지로 STRs은 다른 형태, 또는 대립인자를 갖는다. 하나의 STR의 경우, 그 대립인자는 서로 동일한 반복 서열을 갖고 그 반복수만 다를 뿐이다.

법의학 연구소는 STR 서열 및 이들과 바로 인접한 주변의 DNA 서열을 증폭하기 위해 PCR 프라이머를 사용한다. STR 대립인자는 반복되는 수가 달라, 그 길이의 차이가 나기 때문이다. 반복수가 많은 STR의 대립인자는 반복수

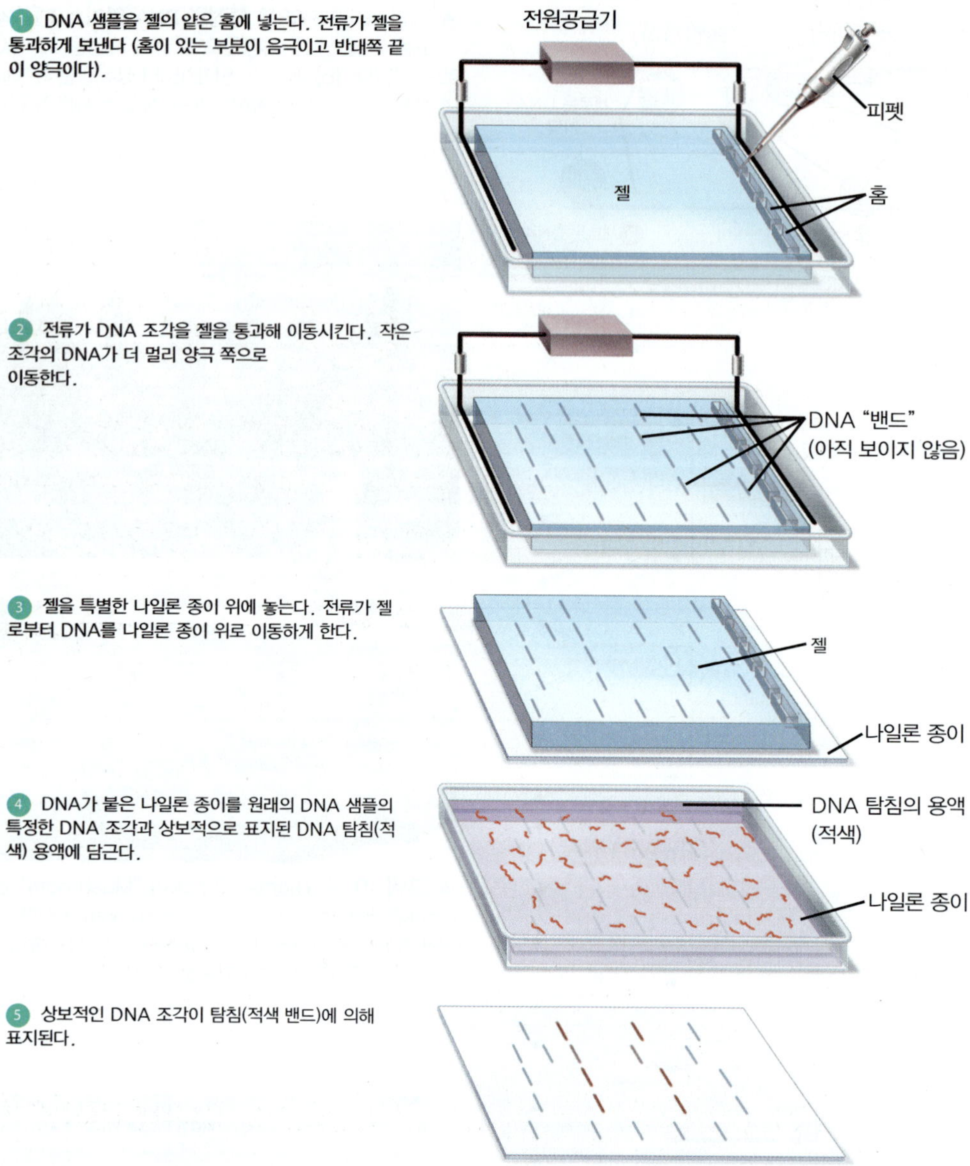


▲ 그림 10-6 **젤 전기영동과 DNA탐침의 표지로 DNA 조각을 분리하고 확인한다.**

가 적은 경우보다 길이가 길다. 그러므로 법의학 연구실은 DNA 시료에서 각 STR을 판별하고 그 길이를 파악하여 어떤 대립인자가 나타나는지 확인한다.

## 젤 전기영동은 DNA 조각을 분리한다

DNA 조각의 혼합물은 **젤 전기영동(gel electrophoresis)**이라는 기술에 의해 분리될 수 있다(그림 10-6). 먼저, 실험실 연구원은 DNA 조각의 혼합물을 판 모양의 젤에 만들어진 얕은 홈에 넣는다①. 젤은 다양한 크기의 극미세 구멍이 있는 섬유질이 서로 얽혀 있는 구조로 이루어진다. 젤을 양 끝이 전극에 연결된 통에 넣는다. 한 전극은 양극을 띠고 다른 쪽은 음극을 띤다 그러므로 전류는 젤을 통해 전극 사이를 흐르게 된다. 어떻게 이러한 과정이 DNA 조각들을 분리할까? DNA 축에 있는 인산기가 음전하를 띤다는 것을 기억하라. 전류가 젤을 통하여 흐르면 음전하를 띠는 DNA 조각은 양극으로 이동한다. 작은 조각은 큰 조각보다 젤 안의 구멍으로 쉽게 미끄러져 들어가기 때문에 더 빨리 양극으로 이동한다. 결국 DNA 조각은 크기 별로 분리되며, 젤 위에 구분되는 밴드를 형성한다②.

## DNA 탐침이 특정 염기서열을 표지하기 위해 사용된다

안타깝게도, DNA 밴드는 보통 눈으로 보이지 않는다.

DNA를 염색하는 몇 종류의 염색시약이 있지만 법의학이나 의학에서는 그다지 유용한 편이 아니다. 왜 그럴까? 크기가 거의 같은 많은 DNA 조각들이 있을 수 있고, 염색시약은 염기서열과 상관없이 모든 DNA 분자들을 염색하기 때문이다. 예를 들어 같은 반복수를 갖는 서로 다른 5~6가지 STR이 같은 밴드 내에 함께 섞여 있을 수도 있다. 따라서 연구원들은 원래 자연 상태의 각 STR들의 특정 서열을 염기쌍 형성으로 확인한다.

전기영동이 끝나면, 연구원은 화학물질을 처리해 이중가닥 DNA를 단일가닥으로 분리한다. 이들 DNA 가닥들은 젤로부터 나일론으로 만들어진 종이 위로 옮긴다❸. 이 DNA 샘플은 이제 단일가닥이기 때문에, **DNA 탐침자(DNA probes)**라 불리는 합성 DNA 조각이 샘플 내의 특정 DNA 조각과 염기쌍을 이룰 수 있다. DNA 탐침자는 방사성 물질이나 색을 띠는 분자를 붙여 표지된 작은 단일가닥의 DNA이다.

특정 DNA 조각을 찾기 위해, 종이를 특정 DNA 서열과 상보적인 서열로 이루어진 서열을 포함하고 있는 DNA 탐침자가 포함된 용액에 담근다❹. 탐침은 찾고자 하는 DNA와 염기쌍을 이루며 결합하지만, 종이 위의 다른 DNA 조각과는 그렇게 하지 않는다. 남아있는 DNA 탐침은 종이에서 씻어 낸다. 그 결과 : DNA 탐침은 젤에서 원하는 DNA가 존재하는지 보여준다❺. (DNA 조각을 방사물질이나 색을 띤 DNA 탐침으로 표지하여 가시화하는 과정은 많은 연구에서 표준화된 과정이다. 법의학 연구실에서 STR은 PCR 과정 동안 색을 띤 분자로 직접 표지되므로 젤에서 바로 볼 수 있다. 그러므로 DNA 탐침은 필요하지 않는다)

### 친척이 아닌 사람은 동일한 DNA 프로필을 갖지 않는다

젤 위에서 분리된 STR 위치들은 **DNA 프로필(DNA profile)**이라 불리는 패턴을 만든다(그림 10-7). 젤 위에 밴드 위치는 각 STR 대립인자의 짧은 염기서열의 반복수에 의해 결정된다. DNA 프로필은 우리에게 무엇을 말하는가? 다른 유전자들과 같이, 모든 사람들은 각 STR의 두 대립인자를 가지고 있다(8장 참조). 주어진 STR의 두 대립인자는 같은 반복수를 갖거나(그 사람은 그 STR에 대해 동형접합자이다), 또는 다른 반복수를 갖는다(그 사람은 그 STR에 대해 이형접합이다). 예를 들어, 그림 10-7의 오른쪽 그림, D16 STR 예에서 첫 번째 사람의 DNA는 12 반복수의 단일 밴드를 갖는다(이 사람은 D16 STR의 경우 동형접합자이다). 그러나 두 번째 사람의 DNA는 12번 그리고 13번 반복수의 두 개의 밴드를 갖는다(이 사람의 경우 D16 STR에 대해 이형접합자이다). 그림 10-7에서 모든 DNA 샘플을 자세히 들여다보면 STR 중 하나에서 같은 반복수를 갖는 사람이더라도 (D16 STR에서 2, 4, 5번째 시료), 4개의 모든 STR에서 같은 반복수를 갖는 사람의 DNA는 없다.

### 법의학적 DNA 표현형 분석은 범인과 피의자를 찾는 데 도움이 될 수 있다

만약 범죄현장에 남겨진 DNA를 가지고 STR을 활용하는

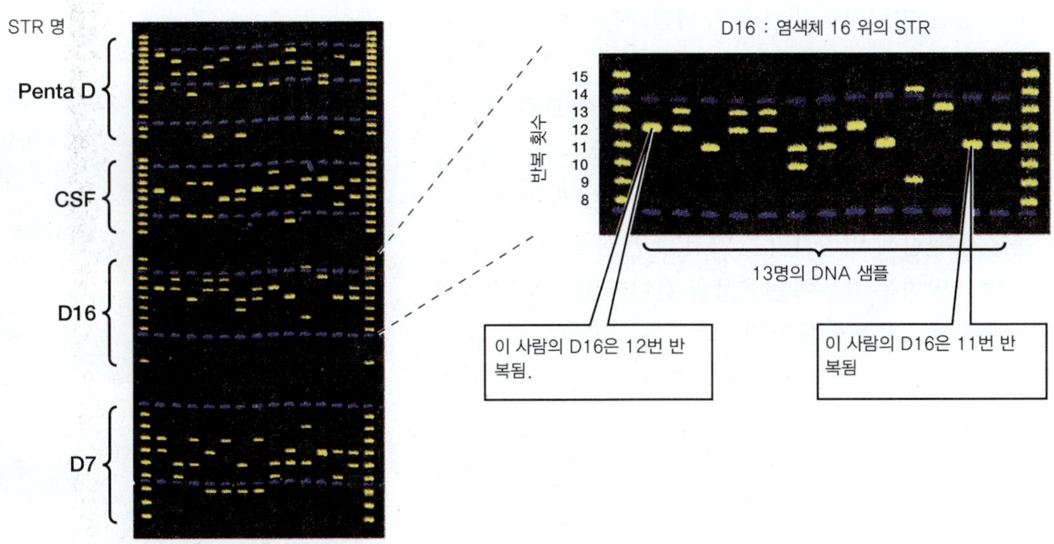


▲ 그림 10-7 **DNA 프로파일** DNA의 STR 길이는 젤 상에서 특이한 패턴을 나타낸다. 위 젤은 4가지 다른 STRs(Penta D, CSF, D16, D7)를 나타낸다. 젤의 왼쪽과 오른쪽 끝에 고른 간격의 노랑-초록 밴드는 개별 STR의 반복수를 나타낸다. 13명의 다른 사람들의 DNA 샘플이 이러한 표준 사이를 지나고, 세로 lane 마다 결과적으로 한두 개의 밴드를 보인다. 각 밴드의 위치는 STR 대립인자의 반복수에 상응한다(반복수가 많아지면 뉴클레오타이드 수가 더 커져 대립인자가 더 큼을 의미한다). (Dr. Margaret Kline, National Institute of Standards and Technology 사진 제공).

**CODIS 시스템(Combined DNA Index System)**에서 일치하는 패턴을 찾을 수 없다면 어떻게 해야 할까? 당분간, 예전의 경찰수사 방식으로 돌아갈 수밖에 없다. 하지만 SNPs(single nucleotide polymorphism) 덕분에 더 이상 그렇지 않아도 된다. SNP(snip으로 발음한다)는 오랜 과거에 유전자 내의 염기에서 발생한 치환 돌연변이가 세대를 거듭하여 전해져 내려온 것이다. 경우에 따라서, 서로 다른 SNPs는 서로 다른 표현형을 만든다. 사람에 있어서 성별, 키, 그리고 머리카락, 눈, 피부의 색깔 등 쉽게 알아볼 수 있는 외부적 특질을 만드는 요인이 된다. 성별을 제외하고 이러한 특질들은 다양한 유전자(키의 경우 400가지 이상)에 의해 조절되고, 외부환경에 강한 영향을 받는다.

이렇게 표현형 결정이 다인자 유전 및 외부환경의 영향에 의해 복잡함에도 불구하고, 법의학적 DNA 프로파일링에서 SNP는 사람의 생김새를 예측할 수 있는 좋은 아이디어를 제공한다. HIrisPlex 시스템은 이를 사용한 좋은 예이다. "HIris"는 "Hair and iris"의 축약어이다. HIrisPlex는 머리카락과 눈동자 색깔에 관여하는 24가지 유전자에서의 SNP를 결정하는 시스템으로 변형된 PCR과 전기영동 방법을 사용한다.

시험연구에서, HIrisPlex 시스템은 머리카락 색깔 예측에서는 70~90% 정도의 정확성을 보였고, 눈동자의 경우는 90% 이상의 정확도를 보였다. 20만 개 이상의 SNP들을 분석하고, 성별, 머리카락 및 눈동자 색깔, 지리학적 가계도 등 특성에 따라 50~95%의 정확도로 예측한다. 성별의 경우는 당연히 100%의 정확도로 예측한다. 법의학적 DNA 표현형 분석은 아직 법정에서 증거로 사용되기에 충분한 정확도를 가지고 있지 못하지만, 형사들이 조사관들에게 "아마도 파란 눈동자에 갈색 머리카락을 가진 백인 남성을 찾으면 될 거야"라고 말하는 경우에는 유용할 것이다. DNA 표현형 분석은 고대 인류의 표현형을 결정하고자 노력하는 고인류학자들에게도 유용하게 사용된다. 네안데르탈인의 경우에도 아마도 일부는 빨간색 머리카락과 창백한 피부를 가졌을 것으로 예측된다(그림 10-8).

▶ **그림 10-8 고대인을 시각화하기 위한 DNA 사용** 네안데르탈인의 뼈에서 분리한 DNA 분석은 그들은 붉은 머리카락과 창백한 피부를 가졌을 것으로 추측했다. 그러나 대중매체에서 알려진 것과는 다르게 현대 인류는 네안데르탈인과 교배를 통해 붉은색 머리카락이 유전된 것은 아니다. 그들의 붉은 색 머리카락 대립유전자는 현 인류의 대립유전자와는 다르다.

## 10.4 생명공학 기술은 유전자변형생물을 만드는 데 어떻게 이용되는가?

생명공학은 법의학을 넘어 응용범위가 훨씬 넓다. 생명공학은 다양한 생물종으로부터 유전자를 찾고, 분리, 변형시키고 또 다른 종으로 유전자를 전달하는 데 사용될 수 있다. 이러한 기술들이 어떻게 유전자변형생물(GMO)를 만드는 데 사용되는지 살펴보자.

GMO를 만들기 위해서는 3단계가 필요하다. (1) 필요한 유전자를 얻기, (2) 유전자 클로닝하기, (3) 유전자를 숙주 생물의 세포에 삽입하기. 각 단계마다 복잡한 여러 가지 기술들이 사용된다. 여기서는 간단히 전체적인 과정을 소개한다.

### 원하는 유전자를 분리하고 합성한다

하나의 유전자를 얻기 위해서는 일반적으로 2가지 방법이 사용된다. 오랫동안 사용되어온 방법은 목표 유전자를 가지고 있는 생물체로부터 그 유전자를 분리하는 것이다. 유전자 공여 세포로부터 염색체를 분리하고 효소로 절단한다. 전기영동을 통해 원하는 유전자의 DNA 조각을 다른 나머지 DNA들로 부터 분리한다(그림 10-6 참조). 오늘날 생명공학자들은 연구실에서 DNA 합성기를 사용하여 유전자 –또는 그 유전자의 변형된 유전자– 를 합성할 수도 있다.

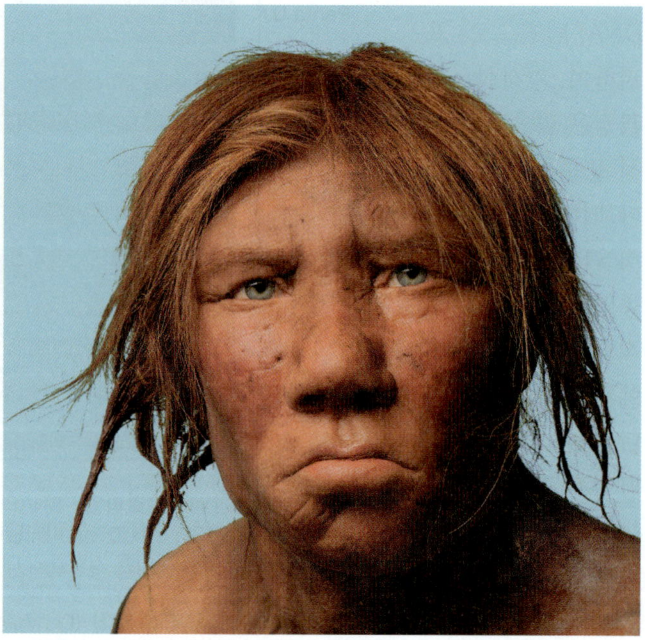

## 유전자를 클로닝한다

일단 유전자가 얻어지면, 그 유전자는 형질전환생물을 만들거나, 전 세계의 과학자들과 공유되고, 질병치료에 사용될 수 있다. 얻어진 유전자는 유용하지만 더 중요한 것은 일반적인 PCR 방법을 통하여 만들 수 있는 복사본의 개수보다 훨씬 더 많은 유전자의 복사본을 만드는 것이다. 많은 수의 복제본을 만드는 가장 간단한 방법은 **DNA 클로닝(DNA cloning)** 방법을 이용하여 살아있는 생물체가 만들게 하는 것이다. DNA 클로닝에서 유전자는 일반적으로 박테리아나 효모와 같은 단세포에 삽입하여, 그들이 빠르게 증식할 때마다 증폭되게 한다.

DNA 클로닝의 가장 일반적인 방법은 유전자를 박테리아 플라스미드(그림 10-1 참조)에 삽입하는 것이다. 유전자는 플라스미드를 지닌 박테리아가 증식할 때마다 복제된다. 유전자를 박테리아 염색체가 아닌 플라스미드에 삽입하는 것은 박테리아 DNA로부터 쉽게 분리될 수 있기 때문이다. 목표 유전자는 플라스미드로부터 분리할 수도 있고, 또는 전체 플라스미드를 식물, 동물 그리고 다른 박테리아를 대상으로 형질전환생물체를 만들기 위해 사용할 수도 있다.

유전자는 특정 염기서열의 DNA만을 절단하는 **제한효소(restriction enzyme)**를 사용해 플라스미드로 삽입된다. 제한효소는 수백 종류가 있다. 많은 제한효소들은 DNA 이중나선을 똑바로 가로질러 절단한다. 어떤 제한효소들은 두 곳에서 엇갈리게 두 가닥의 DNA를 각각 잘라 단일가닥의 DNA가 DNA의 말단에 매달려 있게 한다. 이러한 단일가닥의 부분은 상보적 염기배열을 갖는 다른 DNA의 단일가닥과 염기쌍을 이룰 수 있기 때문에 그 부분을 "접착말단(sticky end)"이라 한다(그림 10-9). 접착말단이 형성되게 하는 제한효소들이 주로 DNA 클로닝에 사용된다.

유전자를 플라스미드에 삽입하기 위해서는 유전자의 양쪽 말단 절단과 원형의 플라스미드 DNA를 열기 위한 삽입 부위 절단에 동일한 제한효소를 사용한다(그림 10-10 ❶). 결과적으로 유전자를 포함한 DNA의 양쪽 말단과 열린 플라스미드의 삽입 부위는 접착말단에 상보적인 서열을 가지게 되고 서로 상보적 결합이 가능하다. 절단된 유전자와 플라스미드를 함께 섞어 주면 유전자는 플라스미드의 삽입 부위에 일시적으로 삽입되고, 상보적 결합에 의해 유지될 것이다. DNA 연결효소(DNA Ligase, 9장 참조)를 넣어주면 유전자를 플라스미드 내에 안정하게 결합시킨다❷.

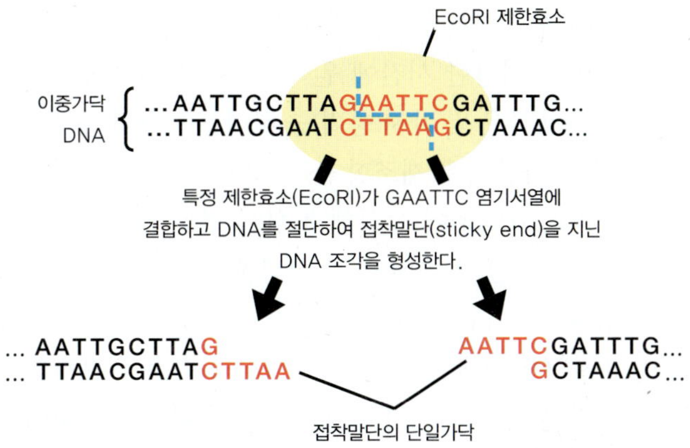


▲ 그림 10-9 **제한효소는 특정 염기서열의 DNA를 자른다**

박테리아를 이 재조합 플라스미드로 형질전환한다. 적당한 조건 하에서 박테리아가 증식하면서, 플라스미드도 함께 복제된다. 대량의 박테리아는 필요한 만큼의 많은 수의 유전자 복제본을 만든다.

## 유전자를 숙주생물에 도입한다

**형질도입(Transfecting)** 단계에 왔다. 유용한 기능을 제공

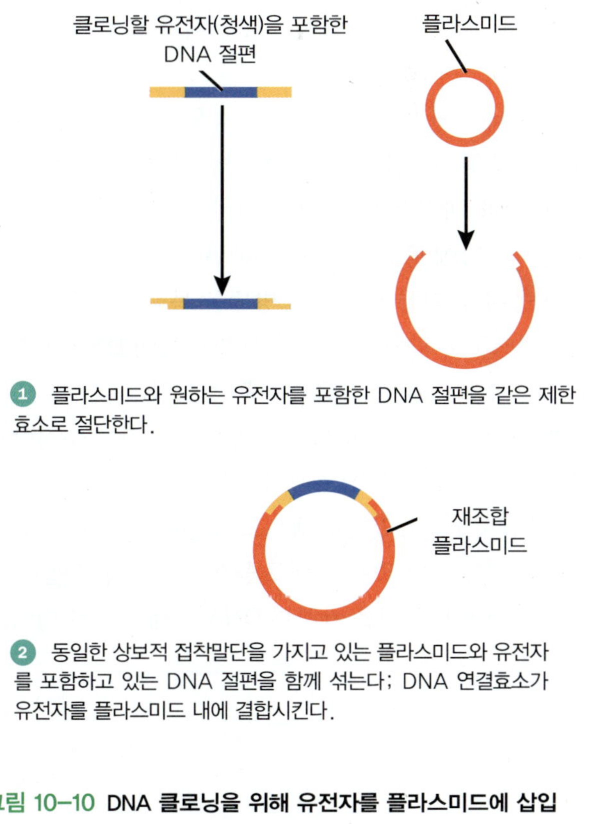


▲ 그림 10-10 **DNA 클로닝을 위해 유전자를 플라스미드에 삽입**

하기 위해, 유전자는 반드시 숙주생물 내로 삽입되어 적당한 세포에서 적당한 시간에 원하는 수준으로 발현되어야 한다. 숙주생물은 몇 가지 방법 중 하나를 이용해 형질도입될 수 있다. 어떤 경우 재조합 플라스미드를 또는 정제된 유전자를 벡터(vector)에 삽입해 독성이 없는 박테리아나 바이러스에 삽입한 후, 이들을 숙주생물에 감염시킨다. 이상적인 경우, 박테리아나 바이러스가 새로운 유전자를 숙주생물의 세포염색체에 삽입하고, 그것이 숙주 유전체의 일부분이 되어 숙주 DNA가 복제될 때마다 복제되는 것이다. 이런 방법으로 식물에 제초제 저항성 그리고 해충 저항성 유전자가 도입되어졌다(10.5절 참조).

더 간단한 방법은 유전자총(gene gun)을 사용하는 것이다. 금이나 텅스텐으로 된 미세입자에 DNA(재조합 플라스미드나 정제된 유전자)를 코팅한 후 세포나 생물체를 향해 발사한다. 이상적인 경우에 입자는 개별 세포에 손상을 주지 않고 세포를 관통한다. 세포 내부에서 DNA는 입자에서 떨어져 세포질로 용해되어 나가고 핵 속으로 들어가게 되어 염색체의 일부가 된다. 이 과정은 말 그대로 "맞추거나 빗나가거나"가 되는데 식물이나 배양세포 그리고 가끔 동물(회충이나 초파리같이 일반적으로 작은 동물)에서 매우 효과적이다. 유전자총은 대상 숙주생물을 대량으로 사용가능해서 낮은 성공률이라도 문제가 되지 않는 경우에 사용된다.

또한, 배양된 동물세포와 세포벽을 제거한 식물 또는 균류세포에 형질도입을 위해서는 다양한 화학적 방법이 사용된다. 주로 DNA는 아주 작은 지질 소포에 넣어져 대상 세포의 세포막에 융합되고 이후 DNA는 목적 세포의 세포질로 이동된다. 다른 형질도입 방법은 목적 세포의 세포막을 일시적으로 투과되기 쉬운 상태로 만들어 DNA가 쉽게 목표 세포에 들어갈 수 있도록 하는 것이다.

마지막으로 플라스미드나 정제된 유전자는 수정란과 같은 동물세포에 직접 삽입될 수 있다(그림 10-11). 미세 유리관을 DNA가 녹아있는 용액으로 채운다. 이 유리관 끝은 세포를 상처내지 않고 세포 내로 들어갈 만큼 날카롭다. 유리관의 반대쪽에 압력을 가하면 DNA를 세포 내로 밀어 넣을 수 있게 된다.

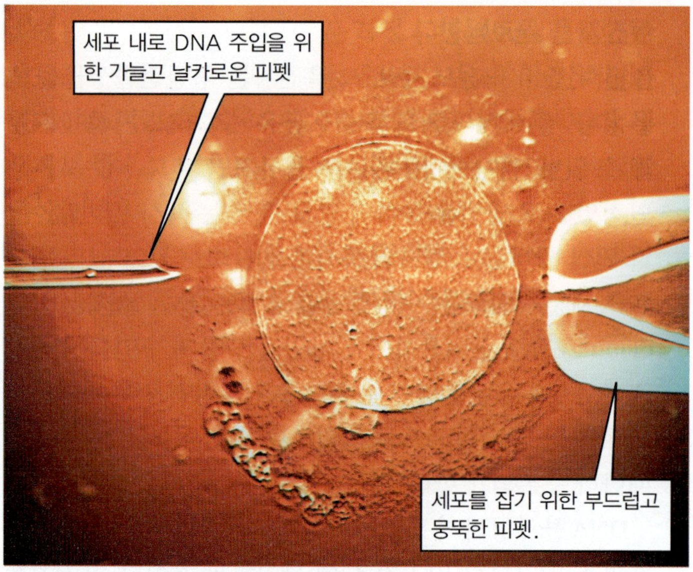


▲ **그림 10-11 외래 DNA 삽입에 의한 수정란의 형질전환** 작업이 진행되는 동안 오른쪽의 큰 피펫이 난자세포를 잡고 있다. 왼쪽의 작고 날카로운 피펫으로 난자세포를 찔러 DNA를 삽입한다. 세포 내로 DNA를 삽입하기 위한 날카롭고 가느다란 피펫. 세포를 잡기 위한 부드럽고 뭉뚝한 피펫.

## 10.5 유전자변형생물체는 어떻게 만들어지고 이용되는가?

형질전환생물은 농업분야와 의생명연구분야에서 널리 이용된다. 최근에 곤충을 통하여 전염되는 질병을 억제하고, 광산폐기물을 정화하거나 멸종위기에 놓인 미국밤나무의 자생지인 산림을 복원하기 위하여 유전자변형생물체가 개발되었다. 또한 유전공학자들은 광합성 효율을 개선하고, 값싸고 효율적인 바이오연료를 생산하는 조류를 개발하고 있다.

### 많은 작물들은 유전적으로 변형된 것이다

농업의 주된 목표는 곤충이나 잡초로부터의 피해를 최소화하면서 가능한 적은 자본을 투입하여 가능한 많은 식품을 생산하는 것이다. 이러한 목표를 실현하기 위해 많은 종자회사들이 생명공학에 눈을 돌리고 있다. 그러나 어떤 사람들은 인간 혹은 자연에게 이러한 유전자변형생물체 장점보다 위험성이 더 크다고 생각하기도 한다. 이러한 논란은 10.8절에서 더 알아볼 것이다.

미국농림부(USDA)에 따르면, 2014년 미국에서 재배되는 옥수수의 약 93%, 목화의 96%, 콩의 94%가 형질전환

**표 10-1 미국 농림부(USDA) 승인 유전자변형농작물**

| 유전공학적으로 변형된 형질 | 잠재적 이점 | 농작물의 예 |
|---|---|---|
| 제초제 저항성 | 제초제는 작물을 제외한 잡초만을 죽이며, 더 많은 작물 수확을 얻는다. | 비트, 유채, 옥수수, 목화, 아마, 감자, 벼, 콩, 토마토 |
| 병충 저항성 | 작물은 곤충으로부터 피해를 덜 받아 더 많은 수확을 한다. | 옥수수, 목화, 감자, 벼, 콩 |
| 질병 저항성 | 바이러스, 박테리아나 균류에 의해 덜 감염되어 더 많은 수확을 한다. | 파파야, 감자, 호박 |
| 생식 불능 | 형질전환식물이 야생종들과 교배할 수 없게 하여 환경에 대해 더욱 안전하게 하고, 그것들을 생산하는 종자회사가 더 경제적으로 생산하게 한다. | 치커리, 옥수수 |
| 기름성분 변화 | 기름을 건강에 이롭게 만들며, 보다 고급 기름(야자수나 코코넛)과 비슷하게 만든다. | 유채, 콩 |

작물로, 이들은 다른 종의 유전자를 가지고 있다. 2013년 전 세계에서, 1억 8000만 농부가 약 4.3억 에이커에 형질전환작물을 재배하였다.

가장 일반적으로 농작물은 병충이나 제초제, 또는 두 가지 모두에 대한 저항성을 증가시키기 위해 변형된다(표 10-1). 제초제 저항성작물을 심으면 농부들은 그들의 작물에게는 해를 주지 않고 잡초만을 죽일 수 있다. 잡초와의 경쟁이 적어지므로 농작물은 더 많은 물과 영양, 그리고 빛을 받게 되고 더 많은 수확을 하게 된다. 많은 제초제는 식물, 곰팡이 그리고 박테리아(동물은 제외)에서 사용되는 아미노산 합성 효소를 억제함으로써 식물을 죽인다. 이러한 아미노산이 없이는 식물은 단백질을 합성할 수 없기 때문에 죽게 된다. 대부분의 제초제 내성 형질전환작물은 제초제를 빠르게 분해하거나 제초제가 있어도 기능을 할 수 있는 박테리아 유전자가 도입되어 있다. 어떤 경우든 형질전환식물은 아미노산과 단백질을 정상적으로 합성할 수 있다.

많은 해충 저항성 형질전환작물의 해충 저항성은 *Bacillus thuringiensis*라는 박테리아의 Bt라는 유전자를 도입함으로써 증가된다. Bt 유전자에서 암호화된 단백질은 곤충의 소화관에 해를 입히지만 포유류에는 영향을 주지 않는다. 그럼으로 형질전환 Bt 작물은 일반 작물보다 곤충으로부터 해를 덜 받고, 그래서 농부는 그들의 밭에 살충제를 더 적게 사용할 수 있다(그림 10-12).

▲ **그림 10-12 *Bt* 식물체는 곤충 공격에 저항한다** *Bt* 유전자를 지닌 형질전환된 목화는(오른쪽) 목화씨를 먹는 지렁이(bollworm)의 공격에 저항한다. 그러므로 형질전환된 식물은 형질전환되지 않은 목화(왼쪽)보다 훨씬 많은 목화를 생산한다.

## 유전자변형식물은 약을 생산하는 데 이용될 수 있다

생명공학기술들은 식물체에 의학적으로 유용한 유전자를 식물에 삽입하여, 밭에서 치료약을 생산하는 데 사용할 수 있다. 2012년, 가우처병(Gaucher's disease)의 효소치환 치료법은 미국식품의약청(FDA)이 승인한 형질전환식물에 기반한 임상치료법의 첫 사례가 되었다. 가우처병을 가진 환자들은 특정 지질대사를 위해 필요한 효소를 만들지 못한다. 이 효소가 없으면 체내에 지질이 축적되어 빈혈, 관절통, 신경질환, 전염병에 대한 저항력 약화를 포함한 다양한 증상이 나타나게 된다. 식물 유래의 효소가 환자가 가지고 있지 않은 효소를 대체할 수 있는 것이다.

또한, 많은 연구자들이 백신을 만들기 위해 식물을 조작하는 일을 하고 있다. 백신을 만들기 위해서, 병원성 박테리아나 바이러스에서 흔히 발견되는 무해한 단백질을 생산하기 위해 필요한 유전자를 식물에 도입한다. 이후 이 단백질을 분리 정제하고, 기존의 백신과 마찬가지 방법으로 주사한다. B형 간염, 홍역, 광견병, 충치, 감기, 유아설사 등에 대한 식물 생산 백신이 현재 동물 혹은 인체를 대상으로 다양한 단계의 임상시험 중에 있으나 아직까지 인간에 대한 사용이 승인된 백신은 아직 어떤 것도 없다.

단순히 적당한 형질전환식물을 먹는 것만으로 백신접종의 효과를 얻을 수 있을까? 이는 사실 쉬운 일이 아니다. 첫째 단백질은 위와 내장의 소화과정을 견디기 위해 변형되어야 한다. 둘째로 투여량을 조절할 좋은 방법이 없기 때문이다. 너무 적게 사용하면 사용자에게 알맞은 면역이 발달하지 않고, 너무 많이 사용하면 백신 단백질이 해로울지도 모르기 때문이다.

### 유전자변형동물은 농업과 의학에 그리고 산업에 유용하다

원하는 DNA를 수정란에 직접 주입하는 방법을 포함해 형질전환 동물을 생산하는 방법은 여러 가지가 있다. 난자가 배양액에서 몇 번의 분열을 하고나면 난자를 대리모에 이식한다. 그 자손이 건강하고 외부 유전자를 발현하면, 그들을 형질변형생물체 순계를 만들기 위해 다른 개체와 교배시킨다. 지금까지 상업적으로 유용한 형질전환 가축을 만드는 데 어려움이 있음이 판명되었다. 그러나 몇 개의 회사에서 이런 일이 진행되고 있다.

예를 들어 생명공학회사들은 털을 더 많이 만드는 양, 우유에 더 많은 단백질을 생산하는 젖소, 지방이 적고, 건강에 이로울 것으로 생각되는 오메가-3 지방산이 더 많은 육질을 가진 돼지를 만들었다. Enviropig라고 불리는 형질전환 돼지가 캐나다의 Guelph대학에서 개발되었는데, 이 돼지는 일반 돼지보다 인산염을 보다 효율적으로 대사하여 배설물을 통한 인산염 배출량이 낮다. 돈육 농가에서 유출되는 인산염은 때로 개천이나 호숫가로 유입되는데 이는 수중생물의 폐사를 유발하는 유해한 조류의 폭발적 증식의 원인이다. 이러한 현상은 Enviropig의 도입으로 감소할 수 있을 것이다. 영국과 스코틀랜드의 연구자들은 조류독감을 일으키는 H5N1 바이러스를 퍼뜨리지 못하는 형질전환 닭을 개발하였다. 조류독감의 유행을 막기 위하여 전세계적으로 매년 수백만 마리의 닭이 살처분 되고 있다. 따라서 조류독감 내성을 가진 형질전환 닭은 잠재적으로 매우 중요한 가치를 지니고 있다고 생각된다. 유타주립대학교에서는 우유에 거미줄 단백질을 분비하게 하는 염소도 개발하였다. 거미줄 단백질은 철보다 그리고 방탄조끼에 사용되고 있는 "Kevlar"보다 강하다. 그래서 이 염소로부터 생산된 단백질을 사용해 가볍고 뚫을 수 없는 조끼가 만들어 지기를 기대한다.

### 유전자변형생물은 환경생명공학에 사용될 수 있다

환경재난을 해결하기 위해 생명공학의 적용으로, 환경생명공학에 이용될 수 있는 유전자변형생물체들이 개발되어 왔다. 환경생명공학은 희귀종이나 멸종위기종의 복원, 폐광 정화, 곤충을 매개로 하는 질병의 통제 등 다양한 활동을 포함한다.

많은 폐광이 수은, 납, 카드뮴 등 중금속으로 심하게 오염되어 있다. 이러한 고농도의 중금속 환경에서 잘 자라는 GM 박테리아가 개발되었다. 이 박테리아는 토양과 지하수에서 중금속을 제거하여 세포 속에 저장한다. 중금속을 격리함으로써 박테리아는 오염된 하천을 정화하여 더러운 토양에서도 식물이 잘 자랄 수 있을 것이라고 기대할 수 있다.

곤충 매개의, 특히 모기에 의한 전염병 확산은 심각한 보건 문제이다. 많은 모기 종의 암컷은 알을 만들기 위해 혈액을 필요로 한다(그림 10-13). 모기가 사람에서 혈액을 빨 때, 어떤 종류의 모기는 특히 지구의 온대지방에서 매년 수억 명의 사람을 감염 시키는 말라리아나 뎅기열 같은 치명적인 병을 전파한다. 말라리아는 *Anopheles* 모기의 한 종이 전파한다. 말라리아를 통제하기 위해 연구자들은 *Anopheles* 종 모기의 소화관에서 발견되는 박테리아를 조작하여 모

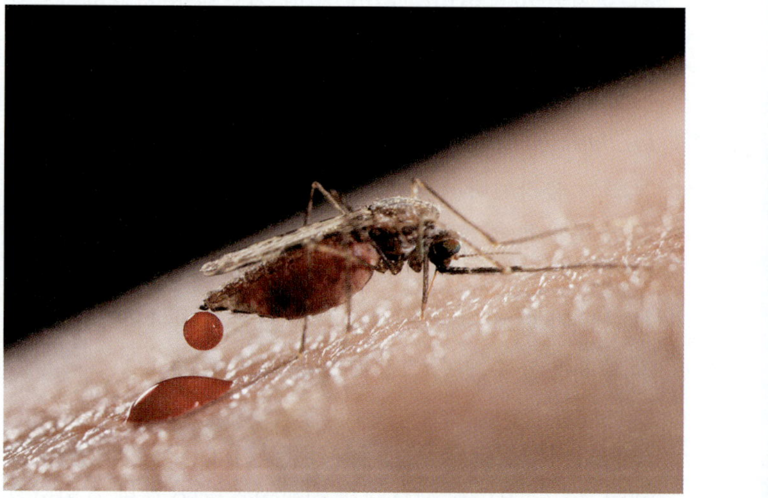

▲ **그림 10-13 사람의 혈액을 빨고 있는 *Anopheles* 모기** 세계보건기구(WHO)는 *Anopheles* 모기가 매년 약 2억 명의 인구에게 말라리아를 감염시키고, 60만 명이 죽는다고 예상한다.

기의 소화관 내에서 독성물질을 분비하여 말라리아 기생충을 죽이지만 모기 혹은 사람에게는 무해한 박테리아를 만들었다. 또 다른 연구프로젝트는 말라리아 기생충을 죽이는 유전공학적으로 변형된 면역시스템을 갖는 모기를 만드는 것이다.

또 다른 접근방법은 모기 전체를 박멸하는 것이다. 연구자들은 모기 정자에서 X염색체를 손상시키는 단백질을 암호화하고 있는 점액곰팡이 유전자가 도입된 *Anopheles* 모기를 개발하였다. 따라서 거의 모든 살아있는 정자세포는 Y염색체만을 가지고 있고 유일하게 수컷 모기만을 낳을 수 있다. GM 수컷 모기는 야생형 암컷 모기와 교배될 수 있도록 야생에 방사될 것이다. 태어난 수컷 모기는 점액곰팡이 유전자를 여전히 지니고 있고, 이 과정은 계속 반복된다. 시간이 지나면, 암컷 모기는 거의 태어나지 않을 것이고, 전체 모기 집단은 거의 사라질 것이다.

영국의 생명기술회사인 Oxitec은 뎅기열과 치쿤구니아 열병을 전파하는 *Aedes aegypti*라는 모기를 유전적으로 조작하였다. GM 수컷 모기가 야생형 암컷 모기와 교배하면 태어난 모기들은 치사유전자를 물려받게 되고 죽게 된다. 제한된 시험에서, 많은 수의 GM 모기를 방사하였을 때, 전체 모기의 개체수는 80~96%까지 감소하였다. 브라질 정부는 뎅기열의 확산을 막기 위해 Bahi 주에서 Oxtec 사가 개발한 GM 모기의 야생 방사를 허용하였다

## 10.6 생물의 유전체를 이해하기 위해 생명공학 기술은 어떻게 이용되는가?

유전자는 전염병에 대한 감수성, 정신질환, 심장질환, 당뇨 등 사람의 모든 형질에 영향을 준다. 인간 게놈프로젝트 및 진행 중인 연구에서 인간유전체는 약 20,000개의 유전자를 가지고 있음을 결정하였으며 이는 전체 DNA의 약 2%에 해당한다. 나머지 98%의 DNA는 각 유전자가 얼마나 자주 전사될지 조절하는 프로모터 부위와 암호화되지 않는 RNA를 포함하고 있으며 사실 대부분의 DNA의 기능은 거의 알지 못하고 있다.

인간유전체 프로젝트는 함께 수행되고 있는 다른 많은 프로젝트 즉 박테리아, 곰팡이, 쥐, 침팬지와 같은 다양한 생물의 유전체 서열 결정 프로젝트와 함께 지구상 생물의 진화에서 우리의 위치를 설명하는 데 도움을 줄 것이다. 예를 들어 사람과 침팬지의 DNA는 매우 유사하다. 연구자들은 이 상대적 작은 차이에 대한 연구가 인간이 침팬지보다 훨씬 더 지능이 높은지 설명해 줄 수 있을 것으로 기대하고 있다.

## 10.7 생명공학 기술은 의료 진단과 치료에 어떻게 이용되는가?

지난 이십여 년 동안, 생명공학은 몇몇 유전질환의 진단, 특히 태아의 진단에 사용되어 왔다("태아의 유전자 검사" 참조, 172페이지). 최근 들어 의학 연구자들은 유전질환을 다루고 치료하는 데 생명공학을 이용하기 시작했다.

### DNA 기술을 유전질환 진단에 이용할 수 있다

정상적으로 기능을 수행하는 대립유전자와는 염기서열에서 변이가 있는 비정상 대립유전자를 하나 이상을 가지고 있는 사람은 유전질환을 유전한다. 유전질환을 진단하는 대부분의 방법은 PCR를 사용해 특정 유전자 또는 특정 대립유전자를 증폭한다.

### PCR를 이용하여 질병 특이적 대립인자를 얻는다

PCR은 증폭될 DNA를 결정하는 특정 DNA 프라이머를 사용한다는 것을 생각해보라. 만약 유전질환의 원인이 되는 결함이 있는 대립유전자의 DNA 서열을 알고 있다면, 의학 진단회사들은 유전질환을 일으키는 결함이 있는 DNA 서열만을 증폭하고 결함이 없는 보통의 대립유전자는 증폭되지 않도록 프라이머를 설계하여 PCR 자체를 진단 도구로 이용할 수 있다.

### 제한효소는 한 유전자의 대립유전자가 다르면 다른 위치에서 절단할 수 있다

낫형적혈구빈혈증은 적혈구가 충분하지 못한 유전병으로 글로빈 유전자의 시작 부위의 아데닌이 티민으로 치환되는 점 돌연변이에 의해 발생한다(8, 9장 참조). 낫형적혈구빈혈증의 일반적 진단은 제한효소가 특정 염기서열의 DNA만을 절단한다는 점을 이용한다. 낫형적혈구빈혈증 대립유전자의 존재를 진단하기 위해서는, 환자나 해당 대립유전자를 가지고 있을 것으로 예상되는 부모 또는 태아의 세

포로부터 DNA를 추출한다. PCR를 사용해 돌연변이 위치가 있는 부위의 DNA를 증폭한다. 제한효소 MstII는 정상 서열(CCTGAGGAG)은 절단하지만, 점 돌연변이 때문에 낫형적혈구빈혈증 서열을 가진 DNA(CCTGATGGAG)는 절단할 수 없다. 결과적으로 Mst II는 정상 글로빈 대립유전자를 1/2로 절단하지만 낫형적혈구빈혈증 대립유전자는 그대로 존재한다. 전기영동을 통해 낫형적혈구빈혈증 대립유전자는 정상 대립유전자보다 더 작은 크기이므로 쉽게 구분할 수 있다.

### 다른 대립인자들이 다른 DNA 탐침에 결합한다

낭포성섬유증은 허파, 땀샘, 소장의 많은 세포에서 세포막을 가로지르는 염소 이온의 정상적 이동을 돕는 CFTR이란 단백질의 결함에 의한 질병이다(9장 참조). 동일 좌위에 약 1,900개 이상의 알려진 CFTR 대립인자가 존재하며, 각각의 대립인자는 약간씩 다른, 결함이 있는 CFTR 단백질을 암호화한다. 다행히도 32개의 대립인자가 낭포성섬유증 질병 유발의 90%를 차지하며, 나머지는 매우 희귀하다. 고비용의 테스트를 통해 전체 CFTR 유전자에 대한 서열을 모두 읽어 결함이 있는 대립유전자를 찾는 방법도 있지만, 빠르고 상대적으로 값싼 방법은 일반적인 32개의 대립유전자만을 대상으로 수행된다.

각각의 결함이 있는 CFTR 대립유전자들은 고유의 서열을 가지고 있다. 이들을 찾아낼 수 있는 여러 가지 방법이 존재하지만 거의 모두 상보적 염기쌍 형성의 원리에 기반하고 있다. 적당한 조건 하에서, 만약 탐침이 타겟과 완전히 상보적 서열이면 특정 DNA 탐침은 타겟 DNA와만 결합할 것이다. 낭포성섬유증을 진단하기 위한 가장 간단한 방법은 특수한 종이에 단일가닥의 DNA 탐침이 붙어있는 어레이를 이용한 것이다(그림 10-14). 각각의 탐침은 고유의 CFTR 대립유전자에 상보적인 서열로 이루어져 있다(그림 10-14a). 피검자의 DNA를 보다 작은 조각들로 자르고, 이 조각들을 단일 서열로 분리한 다음 각각의 서열을 형광 염료로 표지한다(그림 10-14b). 이후 종이를 표지된 DNA 조각들이 들어있는 용액에 담근다. 피검자의 DNA는 완벽히 상보적인 서열을 가진 DNA 탐침에만 결합하여, 피검자가 가지고 있는 CFTR 대립유전자들을 볼 수 있게 된다(그림 10-14c).

유전질환을 진단하기 위한 혹은 잠재적으로 관심 있는 유전적 특징을 찾아보는 더 간단한 기술은 DNA 마이크로어레이이다. 마이크로어레이는 수백에서 수십만 개의 DNA 탐침이 점으로 찍어진 유리 혹은 플라스틱으로 이루어진 평판이다. 각각의 탐침은 하나의 특정 유전자의 단일 대립유전자에만 결합한다. 큰 어레이는 수십에서 수백 가지의 대립유전자를 한 번에 진단할 수 있다. 몇몇 회사는 BRCA1

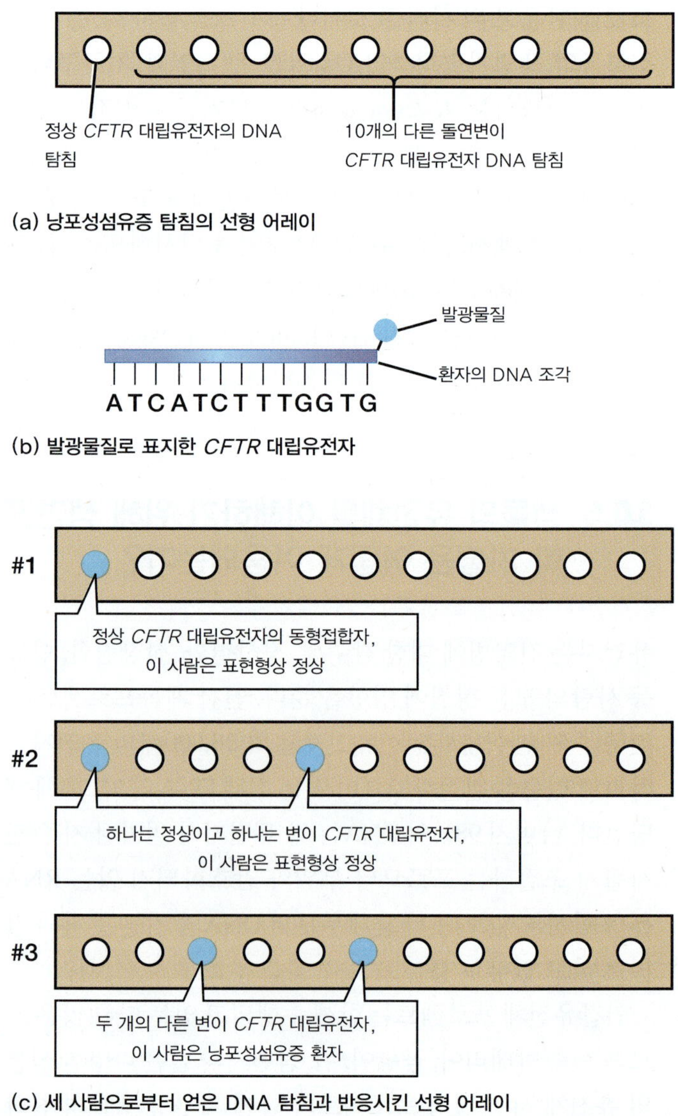


▶ **그림 10-14 낭포성섬유증 진단 어레이** **(a)** 낭포성섬유증 진단을 위한 선형 어레이에는 정상 CFTR 유전자와 상보적인 DNA 탐침(가장 왼쪽 점)과 가장 흔한 변이 CFTR 유전자 몇 개(나머지 10개 점)가 특수 종이에 찍혀져 있다. **(b)** 환자로부터 DNA를 추출하고 작은 조각으로 절단한 후 CFTR 유전자를 발광물질로 표지한다. **(c)** 어레이를 환자의 표지된 DNA가 있는 용액에 담근다. 환자가 가지고 있는 CFTR 유전자에 따라 어레이의 각 점들이 표지된다.

대립유전자 결함과 같은 특정 질환 대립유전자 검사를 위한 어레이를 만든다. 이상적으로 큰 DNA 마이크로어레이는 보다 효과적으로 사람들이 가지고 있는 대립인자에 기초하여 많은 질환에 더 민감한지 그리고 여러 가지 치료법에 잘 맞는지 여부 등의 정보를 제공할 것이다.

### DNA 기술은 감염성 질환 검사에 사용될 수 있다

DNA 마이크로어레이는 박테리아나 바이러스에 의한 감염성 질환의 진단에도 사용할 수 있을 것이다. 감염성 질환 마이크로 어레이는 세균 각 종류를 결정하는 DNA 탐침으로 만들어졌다. 환자로부터 추출한 DNA를 표지한 후 마이크로어레이의 탐침에 붙여보면 환자에 감염된 세균이 무엇인지 보여줄 것이다. 그러한 마이크로어레이인 Virochip은 비록 임상실험 중에 있지는 않지만 1500종류 이상의 바이러스를 구별할 수 있다.

감염성 박테리아나 바이러스의 DNA 염기서열 분석은 감염을 진단하는 또 다른 방법이다. 예를 들어 2014년 위스콘신에서 의사들은 한 십대의 생명을 위협하는 고열, 발작 그리고 뇌염증으로 당황했다. 그들은 샌프란시스코에 있는 캘리포니아 대학교의 Joseph DeRisi와 Charles Chiu 교수에게 도움을 요청했다. 그들은 환자의 뇌척수액의 DNA 염기서열을 결정하고 박테리아 염기서열 데이테베이스를 검색해 감염균이 *Leptospira santarosai*라는 것을 알아내는데 1,000달러의 비용으로 2일도 걸리지 않았다. 만약 유사한 과정이 상용화된다면 박테리아나 바이러스 감염을 진단하는 비용은 더 절감되고 빨라질 것이다. DeRisi는 "이것은 그들을 모두 지배하기 위한 하나의 실험이다"라고 말했다.

### DNA 기술은 질병 치료를 도울 수 있다

질병 치료를 위해 적용되는 DNA 기술 2가지가 있다; 1) 재조합 DNA 기술을 이용한 의약품을 생산, 2) 환자의 세포 내 유전자를 변형, 제거 또는 삽입하여 질병을 치료하는 유전자 치료(Gene therapy).

### 의약품 생산을 위한 생명공학 적용

재조합 DNA 기술 덕택에 몇 가지 의학적으로 중요한 단백질들이 이제 박테리아나 배양 진핵세포에서 생성된다. 재조합 DNA 기술로 만들어진 최초의 사람 단백질은 인슐린이다. 1982년, 재조합 사람 인슐린이 사용 목적으로 처음으로 특허를 받기 이전, 당뇨병 환자가 필요로 한 인슐린은 식용 고기를 위해 도살되는 소나 돼지의 이자로부터 추출되었다. 이런 동물에서 추출된 인슐린은 사람의 인슐린과 매우 비슷하지만 약간의 차이 때문에 당뇨병 환자의 약 5%에서 알레르기 반응을 일으키는 원인이 된다. 재조합 인간 인슐린은 알레르기 반응을 일으키지 않는다.

성장호르몬, 응고인자와 같은 다른 종류의 사람 단백질들도 형질전환된 박테리아나 진핵세포에서 생산될 수 있다. 재조합 DNA 기술 이전, 이런 단백질은 사람의 혈액이나 *시체*로부터 얻어졌는데, 이러한 재료는 비싸며 때로는 위험하다. 잘 알다시피, 사람의 혈액은 AIDS를 일으키는 HIV 바이러스에 의해 오염될 수 있다. *시체*는 크로이츠펠드-야곱(Creutzfeld- Jacob) 증후군과 같은 진단하기 어려운 감염 질병을 갖고 있을 수도 있다. 크로이츠펠드-야곱 증후군에 감염되어 있을 경우 비정상적 단백질이 감염된 죽은 *시체*의 조직으로부터 환자에게 전달되면 치명적 뇌 손상을 일으킬 수 있다. 박테리아나 배양세포에서 만들어진 재조합 단백질은 이러한 위험성을 피할 수 있다.

### 유전자 치료법으로 질병 치료

유전자 치료는 질병에 대한 감염성을 증가시키는 대립인자를 불활성화하거나 결함 대립유전자를 정상 기능의 대립유전자로 치환하는 등의 결함 대립유전자를 "고치는 것"을 포함한다. 대부분의 유전자 치료는 실험단계 또는 임상단계에 있으며 일상적인 질병치료를 위해 허락되지는 않았다.

### AIDS를 위한 유전자 편집

사람면역결핍성바이러스(HIV)는 면역반응에 중요한 역할을 하는 조력 T-세포를 포함 여러 종류의 면역세포(대부분 백혈구)에 침입한다. HIV는 T-세포를 죽인다. 조력 T-세포의 공급이 너무 낮아지게 되면 면역반응은 떨어지고, 사소한 감염도 생명을 위협하는 AIDS가 발생한다. 그러나 어떤 사람은 AIDS 감염에 내성을 갖는다. HIV는 감염성 면역세포의 표면에 있는 CCR5라는 수용체 단백질에 결합한다. 그리고서 HIV는 세포 내로 들어가 치사적인 감염 생활주기를 시작한다. 그러나 소수의 사람들은 변이된 CCR5 유전자를 가지고 있고, 수용체 단백질을 만들지 않아 그런 사람들은 일반적인 HIV 에는 감염되지 않는다.

생명공학은 AIDS 환자의 CCR5 수용체를 제거해 치료할

# 태아의 유전자 검사

현대생명공학 덕택에, 의사들은 태아의 성, 친자 그리고 낭포성섬유증, 낫형적혈구빈혈증, 다운 증후군과 같은 다양한 유전병을 조사할 수 있다. 태아 검진을 위해서는 태아에 의해 만들어진 세포 샘플이나 화학물질이 필요하다. 현재 태아 검사를 위해 이런 샘플을 얻기 위해 세 가지 주요한 기술을 이용한다: 양수천자와 융모막융모 샘플링, 그리고 임산부의 혈액 채취

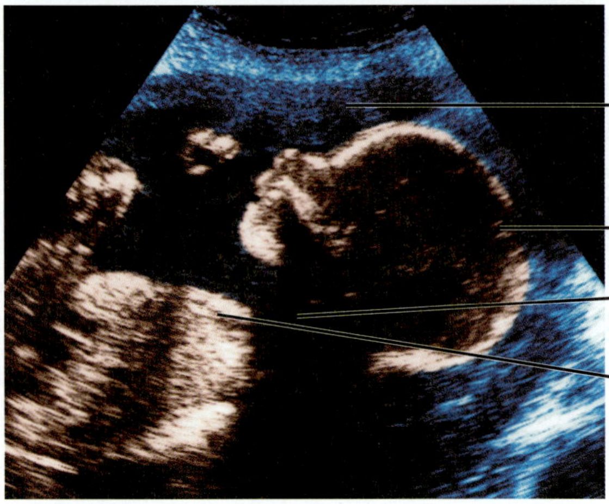


▲ 그림 E10–1 태아의 초음파 사진

## 양수천자(amniocentesis)

모든 동물의 배와 같이, 인간 태아는 물로 된 환경 속에서 발달한다. 양막이라 불리는 방수막이 태아를 둘러싸고 있으며 양수를 보유하고 있다. 태아가 발달하는 동안, 태아는 다양한 화학물질(종종 자신의 소변 속에)을 분비하고 자신의 일부 세포를 양수에 떨어뜨린다. 태아가 15주 이상이면, **양수천자(amniocentesis)**라 불리는 과정으로 안전하게 양수를 얻을 수 있다.

먼저, 의사는 초음파 검사로 태아의 위치를 알아낸다.

당신은 어떻게 박쥐가 밤에 나방을 찾는지 아마도 이미 알거다: 그들은 고주파수 소리를 내고(사람의 제한된 듣기 이상으로), 나방 몸체로부터 반사되는 메아리를 듣는다.

태아의 위치를 초음파로 파악하기 위해 고주파를 임신 여성의 배로 보내고, 복잡한 기계가 메아리를 실제 태아의 이미지로 전환한다(그림 E10-1). 가이드로서 초음파 이미지를 사용하여, 의사는 조심스럽게 살균된 바늘을 복부 벽이나 자궁 양막을 통과하여(태아와 태반을 피해가면서) 삽입하고, 10 내지 20ml 양수를 빼낸다(그림 E10-2). 양수검사는 약 0.5% 이하 유산의 위험을 가지고 있다.

## 융모막융모샘플링(Chorionic villus sampling)

융모막은 태아가 만든 막으로 태반의 일부가 된다. 융모막은 융모라 불리는 많은 작은 돌기를 만든다. **융모막융모샘플링(Chorionic villus sampling, CVS)**에서, 의사는 모체의 질을 통해 자궁으로 작은 튜브를 삽입하여 몇 개의 융모를 축출한다(그림 E10-2); 약간의 융모 손실은 태아에 해를 주지 않는다. CVS는 양수천자보다 두 가지 중

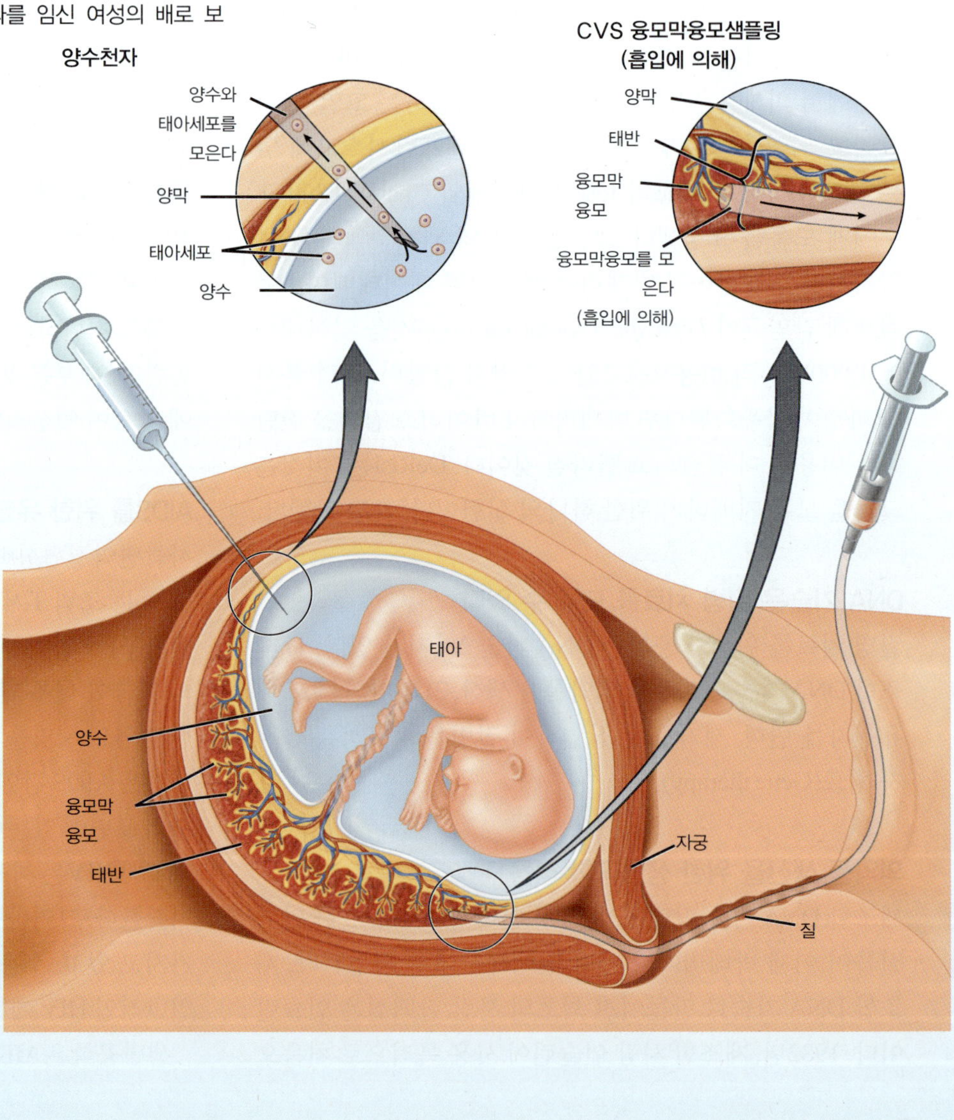


▶ 그림 E10–2 태아의 세포 샘플링 기술
태아 검진을 위해 태아세포 샘플을 얻는 가장 일반적인 2가지 방법은 양수천자와 융모막의 샘플링이다(실제로 CVS는 태아가 이 그림에서 묘사된 것보다 훨씬 미숙할 때 수행된다)

요한 이점을 가지고 있다. 첫째, 임신 8주 정도의 임신 초기에 — 보통 10에서 12주 사이에 행해지지만 — 행해질 수 있다. 이는 임신한 여자의 태아가 심한 결함을 갖고 있다면 임산부가 치료적 낙태를 고려하는 데 상당히 중요하다. 둘째, CVS 샘플은 양수천자에 의해 얻어지는 태아세포보다 훨씬 많은 양의 태아세포를 포함한다. 그러나 CVS는 양수천자보다 유산을 일으킬 위험이 약간 더 크다. 또한 융모막은 양막 주머니의 바깥에 있기 때문에 CVS는 양수의 샘플을 얻지는 못한다. 마지막으로, 어떤 경우 융모막세포는 태아에서는 갖지 않는 염색체 이상을 가져서 핵형을 복잡하게 한다. 이러한 이유 때문에 CVS가 양수천자보다 드물게 행해진다.

**임산부의 혈액 모집**

소수의 태아세포는 임신 6주 정도 초기에 태반을 지나 모체의 혈액으로 들어간다. 산모 혈액 샘플을 얻는 것은 쉽고 간단하며 태아에 영향을 주지 않는다. 많은 모체세포에서 태아의 세포(혈액 1ml 당 한 두개 정도로 소수)를 분리하는 것은 쉬운 일은 아니지만, 가능하긴 하다. 모체 혈액 내에 자유롭게 떠다니는 태아 DNA도 있다. 게다가, 태아에 의해 만들어진 다양한 단백질과 다른 화학 물질이 모체의 혈액 속으로 들어 갈 수도 있다.

**샘플 분석**

산모의 혈장과 양수에 있는 화학물질 그리고 태아의 염색체와 DNA로부터 임신단계, 태아의 전체적 건강상태나 발달장애 그리고 유전질환 등을 알 수 있다. 양수와 모체 혈액를 간단히 원심분리하여 용액으로부터 세포들을 분리한다. 용액 내의 다양한 단백질, 호르몬, 효소들의 농도를 측정하기 위해 생화학 분석을 수행한다. 예로, 양수에 alpha-fetoprotein이라 불리는 태아 단백질이 고농도로 있다면, 이는 태아가 척수가 미완성되거나, 무뇌증으로 뇌의 상당 부분이 발달하지 못하는 척추피열(spina bifida)과 같은 신경계 문제를 지닐 수 있음을 의미한다. 임산부 혈청 내 alpha-fetoprotein, 에스트로겐, 그리고 다른 화학물질의 특정한 조합은 다운 증후군, 척추피열, 또는 다른 질병의 가능성을 예측한다.

그러나 이러한 생화학 분석은 완전히 결정적인 진단을 하지 못한다. 그러므로 이러한 예비조사로 질병의 가능성이 예상되면, 태아가 이러한 결함들이 있는지 없는지 확실히 판단하기 위해 태아의 핵형이나 DNA 분석 또는 매우 상세한 초음파 검사와 같은 검사를 수행한다.

핵형 분석을 위해서는 태아세포가 있어야 한다. 양수는 매우 작은 수의 태아세포를 포함하므로, 핵형이나 DNA 분석을 위한 충분한 세포를 얻기 위해서는 한두 주 동안 세포를 배양해서 키운다. CVS에 의해 많은 수의 태아세포가 얻어지면 세포배양 과정 없이 핵형과 DNA 분석이 수행될 수 있다. 태아세포의 핵형 분석은 염색체 중 어떤 것이 너무 많고 적은지, 구조적으로 이상한 염색체가 있는지를 알 수 있다. 예를 들어 다운 증후군은 21번 염색체가 3개 존재하기 때문에 일어난다(10장 참조).

생명공학 기술은 낫형적혈구빈혈증이나 낭포성증후군과 같은 많은 결함 대립인자를 위해 태아 DNA를 분석하는 데 이용될 수 있다. 다운 증후군의 경우 임신 10주의 모체혈액에 있는 태아 DNA를 이용하여 약 99%의 정확도로 판단할 수 있다. 만약 태아의 DNA가 다운 증후군 양성이라면 진난을 위해 양수천자와 핵형문석을 수행한다.

수 있는, 또는 질병을 완화하는 가능성을 제공한다. 유전자 편집이라는 과정을 통해, 분자생물학자들은 CCR5 수용체와 같은 특정유전자를 절단할 수 있는 맞춤형 효소를 제작할 수 있다. 치료는 다음과 같이 진행한다. 먼저 환자의 면역세포를 분리하고 맞춤형 효소로 세포 내 CCR5 유전자를 손상시킨다. 세포는 손상된 DNA를 수선하려하겠지만, 약 25%는 실패해 CCR5 수용체를 만들지 못한다. 이 CCR5 제거 세포를 다시 환자에게 이식한다. 두 번의 임상실험에서, 이 치료를 받은 환자에서 정상적인 면역세포가 크게 증가하였다. 몇몇 환자에서 HIV의 수는 역시 감소하였다.

## 중증복합면역결핍증 치료를 위한 유전자 치환

**중증복합면역결핍증(severe combined immune deficiency; SCID)**은 어린 아이에게 면역 시스템이 발달하지 않는 희귀 질병이다. 약 80,000명의 아이 중 한 명이 SCID를 가지고 태어난다. 정상 아이의 경우에는 사소한 감염도 이 아이들에게는 생명을 위협하는 것이 된다. 만약 비슷한 유전 구성을 갖는 사람으로부터의 골수이식은 그 아이에게 기능하는 줄기세포를 주게 됨으로, 아이가 제 기능의 면역 시스템을 발달시킬 수 있다. 그러나 대부분의 SCID 환자는 그들의 첫 번째 생일을 맞기도 전에 죽는다.

대부분의 SCID은 몇 개 유전자 중 하나의 열성 대립유전자에 의해 발병한다. SCID의 한 종류의 경우, 아이들은 아데노신 탈아민효소(이 경우 ADA-SCID라 부름)라 불리는 효소를 암호화하는 유전자에 결함이 있는 열성 동형접합자를 가지고 있다. 1990년 ADA-SCID 환자인 4살 아샨티 데실바(Ashanti Desilva)에게 유전자 치료가 시도되었다. 그녀의 백혈구 일부를 추출한 후, 백혈구를 그녀의 결함 대립유전자에 대해 정상 기능의 대립유전자를 가지고 있는 바이러스를 이용하여 유전적으로 변형시키고 다시 그녀의 혈액에 주입하였다. 이 치료는 부분적으로 성공하였으나 치료가 끝난 것은 아니다. 이제 아샨티는 건강한 성인이 되었으나 그녀의 면역계를 활성화하기 위해 계속 주기적으로 아데노신 탈아민효소(ADA)를 주사 받아야 한다. 최근 ADA-SCID 치료를 위해 다른 종류의 유전자 치료가 시도되었다. 연구자들은 ADA-SCID 환자의 골수줄기세포를 분리하고, 정상적인 ADA 유전자를 세포에 삽입한 후 수선된 세포를 어린 환자에 이식하였다. 골수줄기세포는 생애 동안 계속 새로운 백혈구를 만들기 때문에 이러한 치료를 받은 어린이가 영원히 치료되기를 기대한다. 2014년까지, 40명 이상의 어린이가 이러한 방법의 치료를 받았고, 모두 건강하며, 70%는 완전히 치료된 것으로 보인다.

두 번째 타입의 SCID는 X-연관 SCID라 불리며, X-염색체에 위치한 결함 열성 대립유전자에 의해 발병한다. 20명의 어린이가 그들의 골수줄기세포에 정상의 유전자를 삽입하는 유전자 치료를 받았다. 치료 후 10년경과 후 모두 치료된 것으로 보인다. 그렇다고 X-염색체연관 SCID의 유전자 치료는 위험성이 없는 것은 아니다. 몇 명의 어린이에게서는 백혈병이 나타났는데 이는 유전자 삽입에 의해 발암 유전자(7장 참조)가 활성화된 결과로 보인다. 최근의 방법은 이러한 위험성을 감소 또는 제거할 것으로 보인다. 최근 치료를 받은 9명 중 한 명도 백혈병이 발병하지 않았으며, 8명은 정상의 면역시스템을 발달시켰다.

### 다른 유전자

치료요법 몇 개의 다른 질환이 환자의 특정 세포에 정상의 대립유전자를 넣어주는 방법의 유전자 치료법으로 부분적으로 치료되었다. 예를 들어 파킨슨 질환이 완화되었으며, 유전적으로 장님인 환자의 시력이 부분적으로 회복되었고, 혈우병 환자에서 혈액 응고가 일부 회복되었고, 베타-지중해혈증(혈우병의 한 종류, 9장 참조)이 치료되었고, 특정 백혈병을 제거하기 위해 면역 시스템을 교정하였다.

## 10.8 현대생명공학의 주요한 윤리적 이슈는 무엇인가?

현대생명공학은 인간의 삶과 지구상의 다른 많은 생물의 삶을 크게 바꾸는 미래의 희망 — 어떤 이는 위협이라 함 — 이다. 인류가 생명공학을 책임감 있게 다룰 수 있을까? 여기서 우리는 두 가지 중요한 이슈를 살펴볼 것이다: 농업과 환경생명공학에서 유전자변형생물체의 이용 그리고 인간의 유전적 변형에 대한 전망이 그것이다.

### 유전자변형생물체를 허락해야 하는가?

전통농업과 현대의 농업생명공학의 목적은 같다: 즉 살아있는 생물체를 더 유용하게 하기 위해 그 유전적 구성을 변형하는 것이다. 그러나 여기에는 3가지 중요한 차이가 있다. 첫째, 전통 생명공학은 느리다. 새로운 유용작물이나 동물 품종을 만들기 위해서는 여러 세대의 선택 교배가 요구된다. 반면, 유전공학은 한 세대에 잠재적으로 다량의 유전적 변이를 도입할 수 있다. 둘째, 전통 생명공학은 같은 종이나 적어도 상당히 가까운 연관 종으로부터 유전 물질을 도입하나, 유전공학은 전혀 다른 종으로부터도 DNA를 해당 생물체에 도입할 수 있다. 마지막으로, 전통 유전학자들은 유전자 자체의 DNA 서열을 직접 조작할 방법이 없다. 현대 유전공학은 지구상에 전에 전혀 존재하지 않은 새로운 유전자를 생산할 수도 있다.

좋은 형질전환작물은 농부에게 확실히 이익을 준다. 제초제 저항 작물은 농부가 작물의 어느 성장단계에서도 강력한 제초제를 사용하여, 수확량을 10% 이상 감소시키는 잡초를 제거할 수 있다. 곤충저항성작물은 합성 살충제의 사용을 감소하여 트랙터의 연료와 노동뿐만 아니라 살충제 자체 비용을 감소하게 한다. 그러므로 형질전환작물은 더 적은 비용으로 더 많은 수확을 얻게 할 것이다. 그리고 이러한 이익은 소비자에게도 전달될 것이다. 형질전환 농작물은 기존의 "표준" 작물보다 좋은 영양소를 가질 수도 있다. 그러나 많은 사람들은 형질전환작물이나 가축을 강하게 반대한다. 주요한 관점은 GMO가 인간 건강을 해롭게 하거나, 환경에 위험하지 않을까 하는 것이다.

### GMOs는 먹으면 위한한 식품인가?

대부분의 경우, GMO를 먹어서 위험할 거라 생각할 이유는 없다. 예로, 여러 연구에서 Bt 유전자의 단백질은 포유류에게 해롭지 않음을 보여주었고, 그래서 인류 건강에도 위험하지 않을 것이다. 성장 촉진된 가축이 시장에 나온다면, 그것은 형질전환이 되지 않은 동물에 존재하는 같은 단백질로 구성된 고기를 단지 더 많이 가지고 있을 뿐이며, 따라서 둘 다 위험하지 않다. 예로, AquaBounty라는 회사는 여분의 성장호르몬 유전자를 가진 형질전환 연어를 만들었다. 이 물고기는 야생의 아틀란틱 연어보다 더 빨리 자라지만, 살에는 야생 연어와 똑같은 단백질을 가지고 있을 것이다. 미국식품의약국은 AquaBounty사의 연어가 일반 아틀란틱 연어처럼 먹어도 안전한 식품으로 승인하였다.

반면, 일부 사람들은 유전자변형식물에 대해 알레르기를 일으킬 수 있다. 1990년대, 콩 단백질의 아미노산 조성을 개선하기 위해 브라질 땅콩의 한 유전자를 콩에 삽입하였다. 그러나 브라질 땅콩에 알레르기를 일으키는 사람은 형질전환 콩에도 알레르기를 일으키는 것이 곧 발견되었다. 이러한 형질전환 콩은 결코 농장에서 재배될 일이 없을 것이다. 현재 미국식품의약국은 모든 새로운 형질전환식물에 대해 알레르기 가능성 조사를 요구한다.

GMO 식품에 대한 다른 관심사, 즉 영양적 가치는 저하되고, 자연적으로 나타나는 식물 독성 수준은 증가한다는 논란이 있지만 아직 신뢰할 만한 증거가 있지는 않다. 2012년 말 미국과학발전협회(AAAS)는 "대중적 오해와는 반대로, GM 작물은 지금까지의 어떤 식량보다 광범위하게 조사된 작물이다"라고 발표하였다. AAAS 위원은 "실제 과학은 아주 분명하다. 생명공학의 현대 분자적 기술로 개량된 작물은 안전하다"고 말하였다. 지난 15년 동안 미국국가과학위원회(NAS)와 국제보건기구(WHO) 그리고 많은 다른 건강 그리고 과학단체들에 의해 비슷한 성명이 발표되었다.

### GMOs는 환경에 해로운가?

GMOs의 환경적 영향은 훨씬 더 토론의 여지가 많다. Bt 농작물의 긍정적인 점은 농부들이 그들의 농장에 살충제를 덜 사용한다는 점이다. 이는 환경오염을 덜 일으키고, 농부에게는 덜 해롭다고 해석할 수 있다. 예를 들어 인도에서 Bt 목화를 재배한 농부들은 일반 목화를 재배한 농민들이 사용한 살충제의 1/2 이하를 사용하였다. 이는 살충제 중독을 약 8배 감소시켰다. 미국농무성(FDA)은 Bt 옥수수 경작의 증가는 결과적으로 옥수수 농장에 살충제 사용을 감소시켜, 1995년과 2010년 사이에 약 90% 감소시켰다고 발표하였다. 한편 제초제 저항성 GMO 작물은 제초제, Glyphosate의 사용을 증가시켰다. Glyphosate의 광범위한 사용은 결과적으로 제초제 저항성 잡초를 진화시켰다.

GMO 작물의 재배 시 원치 않는 하나의 부작용은 Bt 또는 제초제 저항성 유전자가 농장 밖으로 퍼질 수 있다는 것이다. 이들 유전자는 형질전환작물의 유전체 내에 있기 때문에 유전자는 그 식물의 꽃가루에도 존재하게 될 것이다. 농부는 형질전환농작물의 꽃가루가 어디로 갈지 조절할 수 없다. 2006년, 미국 환경보호국의 연구원들은 오레곤의 한 실험 장소로부터 2마일 이상 떨어진 곳에서 제초제 저항 잔디를 발견하였다. 유전적 분석을 기초로, 과학자들은 제초제 저항성 유전자의 일부는 꽃가루로 옮겨졌고(대부분 잔디는 바람에 의해 수분됨), 일부는 종자(대부분 잔디는 매우 가벼운 씨를 맺는다)를 통해 옮겨졌음을 밝혔다. 2010년 연구자들은 제초제 저항성 유전자를 갖는 형질전환 유채가 North Dakota 주에 널리 퍼져 있음을 발견하였다. 미국에서 재배되는 유채의 90% 이상이 North Dakota주에서 재배된다.

이것이 문제가 될까? 많은 작물, 미국의 옥수수, 유채, 해바라기 그리고 동유럽이나 중동에는 밀, 보리, 귀리 등은 근처에 야생 근연종들이 있다. 이러한 야생식물이 형질전환 농작물과 교배가 되서 제초제나 살충제에 대한 저항성을 갖게 된다고 가정해 보라. 그렇게 만들어진 야생 형질전환 식물들이 심각한 잡초 문제를 일으키지 않을까? 그것들이 곤충에게 덜 먹히므로 야생에서 다른 식물을 대체하지 않을까? 야생에 형질전환농작물과 가까운 유연종이 없다 할지라도, 박테리아나 바이러스들은 관련이 없는 식물 종 간에 유전자를 운반할 수도 있다. 바이러스가 원하지 않는 유전자를 야생식물 군집으로 퍼지게 할지도 모르지 않는가? 아무도 이러한 질문에 대한 답을 정확히 아는 사람은 없을 것이다.

형질전환동물은 어떠한가? 소나 양과 같이 대부분 가축들은 상대적으로 부동적이다. 더욱, 그들이 유전자를 교환할 수 있는 야생종들이 거의 없어 상대적으로 자연 생태계에 대한 위험이 적다. 그러나 물고기와 같은 특정 형질전환 동물은 매우 빠르게 번져나가고 다시 잡아들이는 것이 거의 불가능하기 때문에 중대한 잠재적 위협을 갖는다. 만약 형질전환물고기가 야생 물고기보다 더욱 공격적이고, 빨리 자라고, 또는 빨리 성숙된다면, 그들은 원래 군집을 재빠르게 대체할 것이다. 이러한 문제를 해결하는 하나의 방법은, AquaBounty사에서 개발된 것으로 불임성 형질전환물고기만 키워내는 것이다. 그러면 도망자들도 생식 없이 죽게 되어 자연 생태계에 최소한의 영향만을 끼치게 될 것이다. 회의론자들은 불임화가 100% 효과적이지 않을 수도 있고, 수정 가능한 형질전환물고기가 야생으로 들어갈 가능성이 있음을 걱정한다.

### 인간의 유전체가 생명공학에 의해 바뀌게 되는가?

생명공학의 인간 적용에 대한 많은 윤리적 문제는 의료적 적용 시 문제들과 기본적으로 같다. 예를 들어, 지난 약 40년간 21번 염색체의 이수성(다운 증후군)은 양수("태아의 유전 검사" 참조)에서 얻은 세포에서 염색체 수를 조사함으로써 배 단계에서 진단할 수 있었다. 이 정보는 가끔 낙태를 위한 기초로 사용될 수 있다. 그러나 또 다른 윤리적 문제들이 생명공학의 진보 결과로 제기되고 있다. 예로, 사람은 그들 자손의 게놈을 선택하거나 바꾸어도 되는가? 자녀 유전체를 선택하는 것은 실험관 수정(IVF)의 비교적 직접적 부분일 수 있다. 간단히, 난자는 체외에서 수정된 후, 자궁에 착상하기 전에 몇 번 분열을 하고, 하나의 배아를 형성한다. 하나의 세포를 초기 배로부터 상처를 주지 않고 분리할 수 있다. 핵형 분석이나 유전체 염기서열을 결정할 수 있고, 원하는 표현형을 가진 하나의 배아를 엄마에게 착상시킬 수 있다. 일반적으로 의사들은 유전질환만을 조사하지만, 성이나 눈 색과 같은 물리적 형질을 선택하는 데 기본적으로 같은 기술이 사용된다. 대부분의 국가는 이식전 유전자 진단을 규제하며, 심각한 유전질환의 유무에 기초하여 배아 선택을 허용한다.

SCID 치료를 위해 골수줄기세포 내로 유전자를 삽입하는 데 사용한 기술들이 수정란에 유전자의 삽입 또는 변형을 위해 사용될 수 있다(그림 10-15). 만약 기능적 CFTR 대립인자를 사람 난자에 삽입하여 낭포성섬유증을 예방한다고 가정해보라. 이것이 인간게놈에 대한 윤리적 변화가 될 것인가? 지능을 높이고 유아 비만을 낮추는 것은 어떠한가? 더 크고 강한 풋볼 선수, 더 아름다운 슈퍼모델을 만드는 것은 어떤가? 이런 기술이 질병을 치료하기 위해 개발되었을지라도 비의학적인 목적으로 사용되는 것을 막기는 어려울 것이다. 무엇이 적당한 사용이고, 무엇이 사소한 허영인지 누가 결정할 수 있을까?

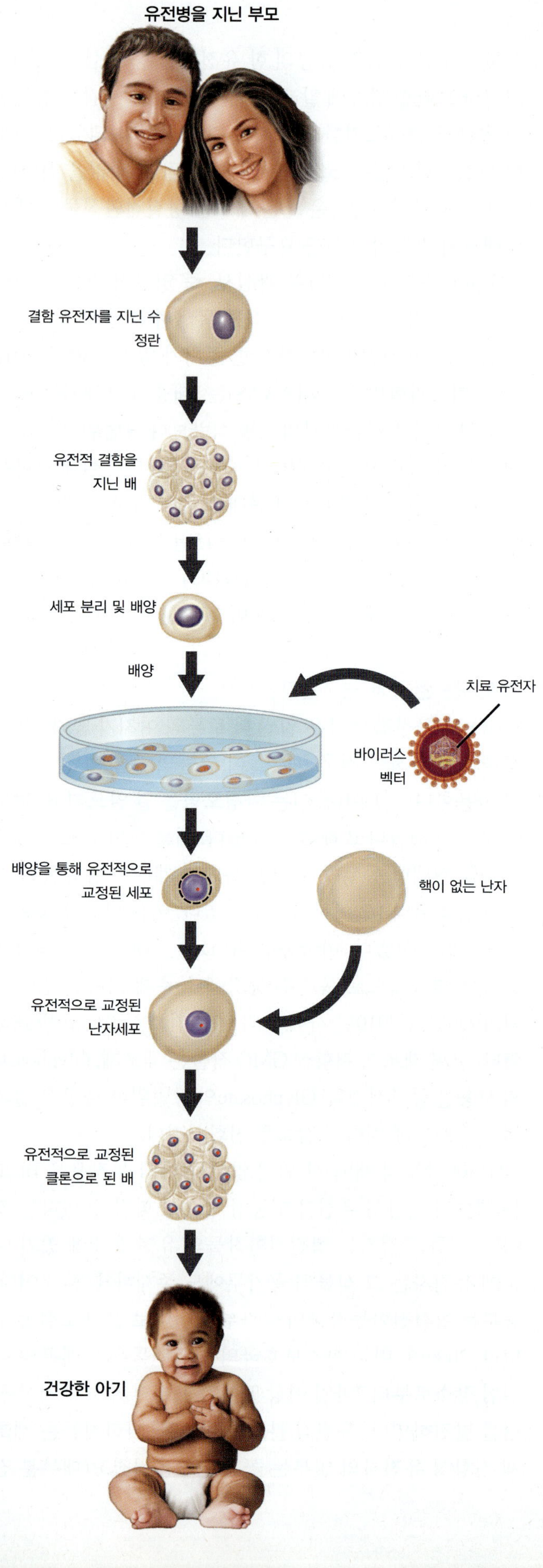


▶ **그림 10-15 인간 배에서 유전병을 고치기 위한 생명공학의 이용** 이 가설적인 예로, 한 명 또는 둘 다 유전병을 가지고 있는 부부의 경우, 사람의 배아가 배양을 통해 정자에 의해 수정된 난자로부터 유도될 수 있다. 결함 있는 유전자를 지닌 배아가 작은 세포덩어리로 자라면 배아에서 단일세포를 떼어내어 결함유전자를 적합한 벡터(약화된 바이러스)를 이용하여 교정한다. 그리고 다른 난자세포(같은 엄마로부터 채취)의 핵을 제거한다. 유전적으로 교정된 세포를 핵이 제거된 난자로 삽입한다. 교정된 난자세포는 정상적 발달을 위해 여자의 자궁으로 이식된다.

# UNIT 3
# 지구의 생명

Chapter

# 11 진화와 생명체의 다양성

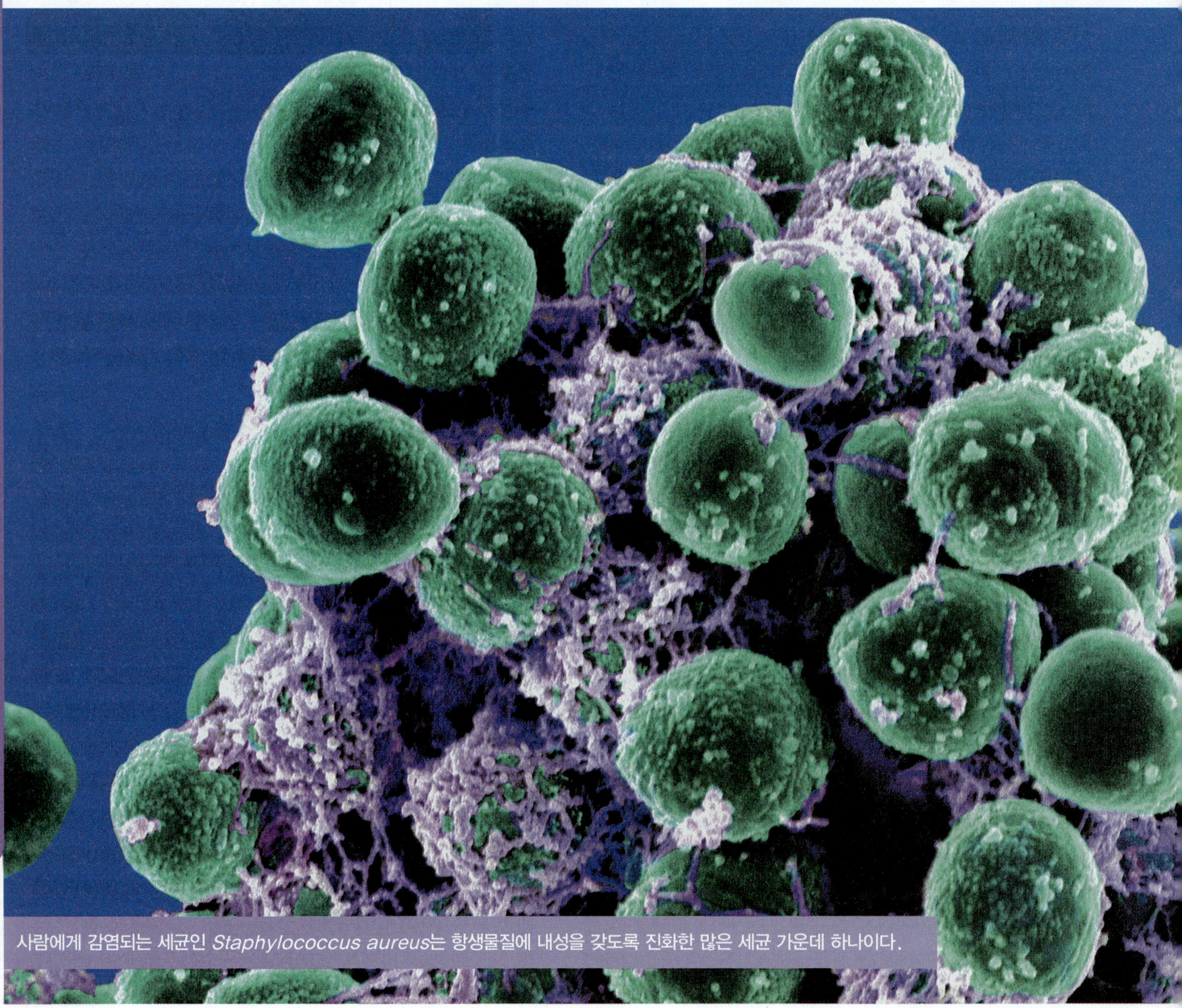

사람에게 감염되는 세균인 *Staphylococcus aureus*는 항생물질에 내성을 갖도록 진화한 많은 세균 가운데 하나이다.

**위험의 진화**

얼마 전 2월 어느 날 한 20세 학생이 웨스턴 워싱턴 대학병원의 건강 검진센터에 왔다. 그는 2주 이상 지속되는 만성 감기 때문에 고생하였고, 열이 나고 구토가 생기는 등 증상이 악화되어 진료를 받으러 온 것이다. 의사는 그 학생이 폐렴을 앓고 있다고 빠르게 진단 후 치료를 시작하였다. 그러나 그의 증세는 더욱 심해져 인근 병원으로 이송되었다. 며칠 후 그는 사망하였다.

왜 의사는 치료 가능한 병에 걸린 건강하던 청년의 목숨을 구하지 못하였을까? 왜냐하면 희생자의 폐렴은 메티실린 내성 *Staphylococcus aureus*(MRSA)에 의해 유발되었기 때문이다. "staph"라고 불리는 *Staphylococcus aureus*는 피부, 혈액 또는 호흡기를 감염시킬 수 있는 일반적인 세균이다. 많은 staph 감염은 항생물질로 치료할 수 있는데, MRSA 세균은 항생물질 내성이 있어 일반적으로 사용되는 항생물질 처리에 의해 사멸되지 않는다. 최근까지 MRSA 감염은 병원에서만 한정적으로 발생하였다. 그러나 오늘날 MRSA 감염의 절반 이상이 가정, 학교, 직장 등 병원 외에서도 발생한다.

미국에서는 매년 MRSA 감염으로 최소 11,000명이 사망한다. 불행하게도 항생물질에 내성이 있는 병원균은 *Staphylococcus*만 있는 것은 결코 아니다. 예를 들어 항생물질 내성은 결핵을 유발하는 세균에서도 나타나며 매년 약 200만 명 이상이 목숨을 잃는다. 결핵 환자의 수가 점점 증가함에 따라, 이 질환은 일반적으로 사용되는 약으로는 더 이상 치료할 수 없다. 임질 같은 성병을 일으키는 세균에서 다 약제 내성이 흔하게 나타난다. 또한 식중독, 패혈증, 이질, 폐렴, 수막염 및 요로 감염을 일으키는 세균에서 약물 내성이 흔하다. 우리는 전 세계적인 내성의 습격 "supergerms"을 경험하고 있으며 완치될 수 없는 무서운 질병과 마주하고 있다.

많은 의사와 과학자들은 저항성 질병 증가를 억제하기 위한 가장 효과적인 방법은 바로 항생물질의 사용을 줄이는 것이라고 믿는다. 그러한 전략이 왜 효과적일까? 항생물질에 내성이 급증하는 이유는 세균 집단의 진화적 변화 때문이며, 변화의 매개체는 항생제에 의한 자연선택이다. 우리가 집단이 진화하는 메커니즘을 이해할 수 있다면 항생 물질 내성의 위기가 어떻게 발생했는지, 어떻게 하면 해결할 수 있을지 알 수 있지 않을까?

## Contents

## 11.1 생명의 역사

모든 종들은 신에 의해서 만들어진 것으로 생각했으며, 19세기 전까지도 비생물체로부터 **자연발생(spontaneous generation)**을 통해서 생물체가 나타났다고 생각하였다. 시카고 대학의 스탠리 밀러(Stanley Miller)와 해롤드 유리(Harold Urey)는 1953년에 전생물적 진화 과정에 대하여 모델 실험을 진행하였다. 원시 지구 대기 조건과 같이 플라스크 안에 산소는 거의 없고, 메탄($CH_4$), 암모니아($NH_3$), 수소($H_2$), 수증기($H_2O$) 등을 혼합해서 넣고 원시 지구의 번개와 폭풍 대신에 전기 불꽃으로 에너지를 제공하였다. 이 실험에서 연구자들은 간단한 유기분자들이 생성됨을 발견하였다(그림 11-1).

지질학적 시간의 간격은 대(eras), 기(periods), 세(epochs)의 명명 체계로 표시된다(표 11-1). 가장 오래된 화석상의 생물은 약 34억 년 전에 존재하며 생명이 시작되는 시대는 선캄브리아대(Precambrian era)로 알려져 있다.

최초의 생물체는 무기호흡을 하는 **원핵생물(prokaryotes)**이었으며 유전적 물질은 세포 내의 다른 부분과 격리된 핵에 있지 않다. 이후 광합성 세균이 등장했는데 초기 광합성 세균들은 수소 공급을 위해 물속에 녹아 있는 황화수소를 사용했을 것이다. 이후 황화수소의 부족은 광합성 세균들이 수소 공급원으로 물($H_2O$)의 이용을 가능하도록 진화하였다. 물을 사용하는 광합성은 물과 이산화탄소를 당으로 변환시키면서, 산소를 방출한다. 약 24억 년 전 지구 대기에 처음으로 출현한 산소의 뚜렷한 양적 변화는, 암석의 화학적 분석을 근거로, 현존하는 남세균(*Cyanobacteria*)과 매우 비슷한 세균들에 의해서 생성되었을 것으로 제안되었다. 산소의 축적으로 많은 수소 이용 생물체들이 소멸되었겠지만 유기호흡을 통해 에너지를 생산하는 호기성 대사 생물체가 등장하도록 하였다.

진핵세포는 약 17억 년 전부터 진화했으며, 첫 번째 진핵세포는 아마도 포식성 원핵세포와 다른 세균과의 **내부공생(endosymbiosis)**에 의해서 출현하였을 것이다. 미토콘드리아와 엽록체들은 자신의 DNA를 갖고 있으므로, 연구자들은 이 DNA가 포식된 세균이 원래 가지고 있던 DNA의 잔유물이라고 생각한다(그림 11-2). 진핵세포들은 내부막의 체계를 가짐으로써 원핵세포들과는 구분되며 내막계는

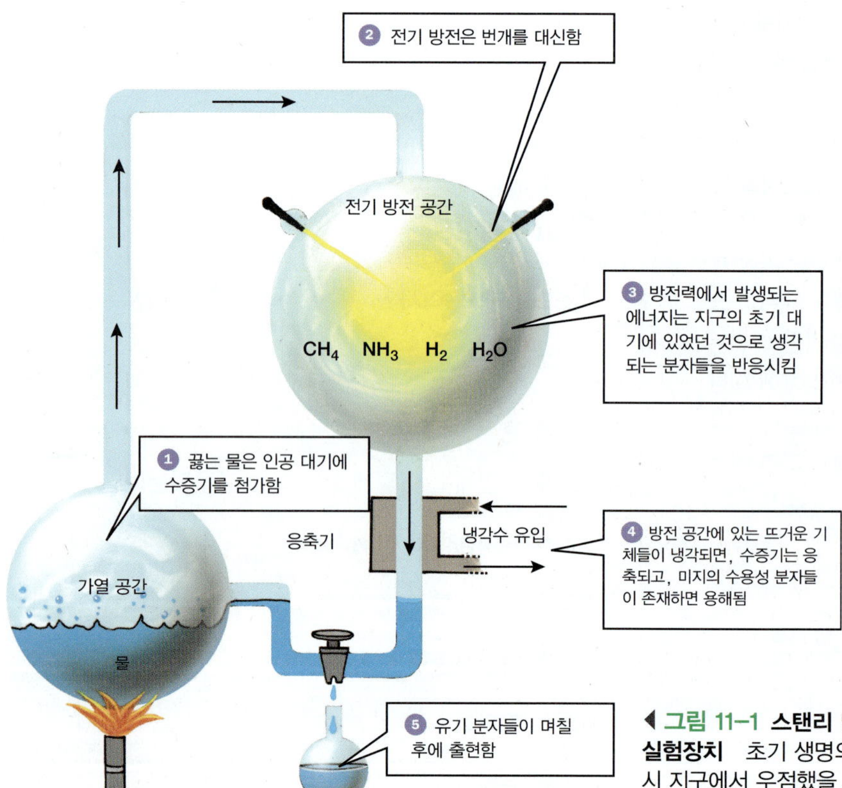


◀ **그림 11-1 스탠리 밀러(Stanley Miller)와 해롤드 유리(Harold Urey)의 실험장치** 초기 생명의 시대에 있었던 화석은 없기 때문에, 진화학자들은 원시 지구에서 우점했을 조건을 실험실에서 재창조하는 방법으로 추적하였다.

**표 11-1 지구에서 생명의 역사**

| 대 | 기 | 세 | 백만 년 전 | 주요 사건 |
|---|---|---|---|---|
| 신생대 | 제4기 | 현재 | 0.01–현재 | 인간속의 진화 |
| | | 홍적세 | 2.6–0.01 | |
| | 신생기 | 선신세 | 5.3–2.6 | 조류(bird), 포유류, 곤충 그리고 현화식물의 광범위한 번성 |
| | | 중신세 | 23–5.3 | |
| | 고생기 | 점신세 | 34–23 | |
| | | 시신세 | 56–34 | |
| | | 팔레오세 | 66–56 | |
| 중생대 | 백악기 | | 145–66 | 현화식물의 등장과 우점<br>공룡을 포함한 대양 및 육상 생물의 대량멸종 |
| | 쥐라기 | | 201–145 | 공룡과 침엽수의 우점<br>최초의 조류(birds) |
| | 삼첩기 | | 252–201 | 최초의 포유류와 공룡<br>겉씨식물과 양치식물의 숲 |
| 고생대 | 페름기 | | 299–252 | 삼엽충을 포함한 해양생물 대량 멸종<br>파충류의 번성과 양서류의 쇠퇴 |
| | 석탄기 | | 359–299 | 나무고사리와 석송류의 숲<br>양서류와 곤충의 우점<br>최초의 파충류와 침엽수 |
| | 데본기 | | 419–359 | 어류와 삼엽충의 번성<br>최초의 양서류, 곤충, 종자식물, 화분식물 |
| | 실루리아기 | | 444–419 | 많은 어류, 삼엽충, 연체동물<br>최초의 관다발식물 |
| | 오르도비스기 | | 485–444 | 절지동물과 연체동물의 해양 우점<br>식물과 절지동물의 육상 진입<br>최초의 균류 |
| | 캄브리아기 | | 541–485 | 해조류의 번성<br>대부분의 해양 무척추동물 기원<br>최초의 어류 |
| 선캄브리아 | | | 630 | 최초의 동물(연체 해양 무척추동물) |
| | | | 1,200 | 최초의 다세포 생물 |
| | | | 1,700 | 최초의 진핵생물 |
| | | | 2,400 | 대기 중 유리 산소의 축적 |
| | | | 3,500 | 광합성 기원(남세균) |
| | | | 3,900~3,500 | 최초의 살아있는 세포(원핵생물) |
| | | | 4,000~3,900 | 지구상에 암석 최초 등장 |
| | | | 4,550 | 태양계와 지구의 기원 |

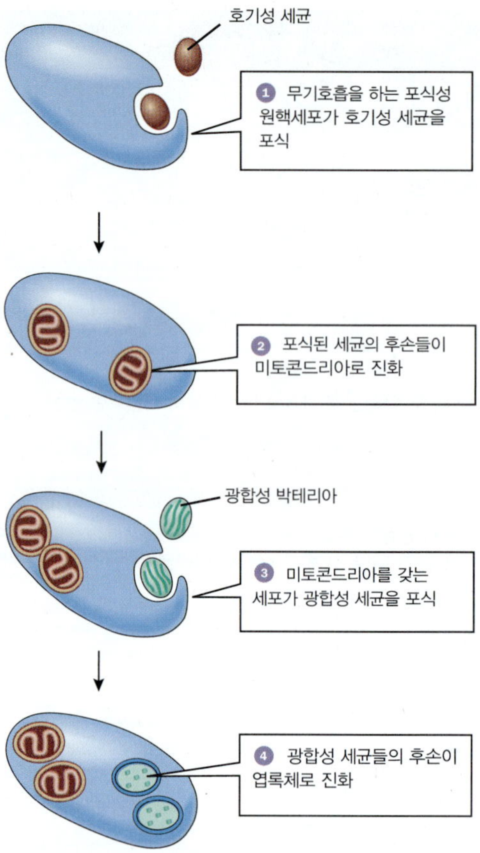


▲ 그림 11-2 **진핵세포에서 미토콘드리아와 엽록체의 기원 가능성**

유전물질을 갖는 핵막과 같은 소기관들을 포장한다. 하나 또는 그 이상의 진핵세포들로 구성된 생물체를 **진핵생물(eukaryotes)**이라고 한다.

최초의 다세포 생물은 다세포 조류로서 엽록체를 함유하는 단세포 진핵생물에서 진화되었다. 오늘날 해안에 분포하는 녹조류, 갈조류, 홍조류와 약 70m보다 더 깊은 곳에 서식하는 갈조류 같은 켈프(kelp) 종류는 이러한 다세포 조류의 자손들이다.

가장 오래된 것으로 알려진 동물의 흔적들은 6억 3천만 년 전 선캄브리아대에서 발견되며 해면동물과 해파리의 조상이 나타났고, 뒤이어 환형동물, 연체동물, 절지동물들의 조상들이 출현하였다. 오늘날 지구상에 존재하는 거의 모든 동물들은 초기 캄브리아기에 이미 출현하였다. 약 4억 년 전, 어류는 다양하고 두드러진 무리가 되었으며 대양에서 주도적인 포식자가 되었다.

최초의 육상생물은 아마도 조류(algae)였을 것이다. 최초의 다세포 육상식물은 정자나 난자를 물속으로 방출할 수 있는 습지 또는 땅이 가끔 물로 뒤덮이는 강우량이 풍부한 지역에서만 제한적으로 서식하였을 것이다. 석탄기(약 3억 5천 9백만 년에서 2억 9천 9백만 년 전 사이)에는 거대한 나무고사리와 쇠뜨기, 석송들로 구성된 광대한 숲이 특징이었다(그림 11-3). 최초의 종자식물은 데본기 후반에 나타났으며 석탄기 중반쯤 **침엽수(conifer)**가 등장하였다. 백악기에 침엽수와 같은 식물들로부터 진화한 현화식물들이 등장했다. 이들 식물들은 곤충이나 다른 동물들에 의해 수분되면서 진화하여 오늘날 육지에서는 추운 지역에 우점하는 침엽수를 제외하고 현화식물이 우점하고 있다.

다른 생물체의 먹이가 될 수 있는 육상생물이 진화한 후 육상으로 이동한 최초의 동물은 **절지동물(arthropod)**로 오

▲ 그림 11-3 **석탄기의 습지 산림** 화가가 재구성한 그림에서 나무처럼 보이는 식물들은 대부분이 멸종한 현재의 석송과 물속새의 친척들이다.

▲ 그림 11-4 **땅위를 걷는 물고기** 이 말뚝망둥어(mudskipper)와 같은 현대의 어떤 물고기는 땅 위를 걷는다. 고대의 로브 핀 어류(lobefins)가 양서류로 진화된 것처럼, 말뚝망둥어의 단단한 가슴지느러미는 습지 서식지에서 건조한 땅을 가로질러 이동할 때 사용한다.

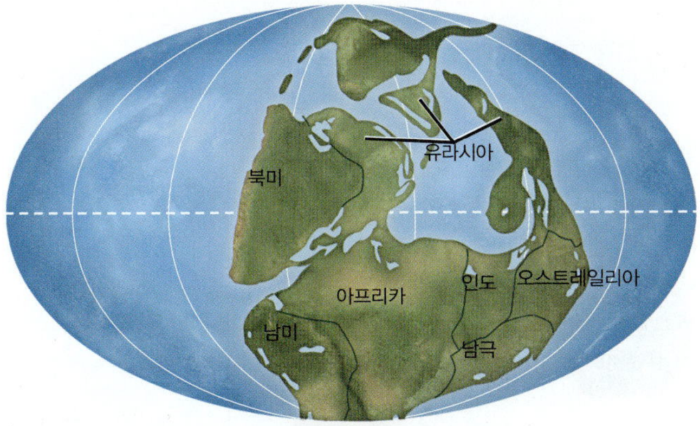


(a) 34억 년 전

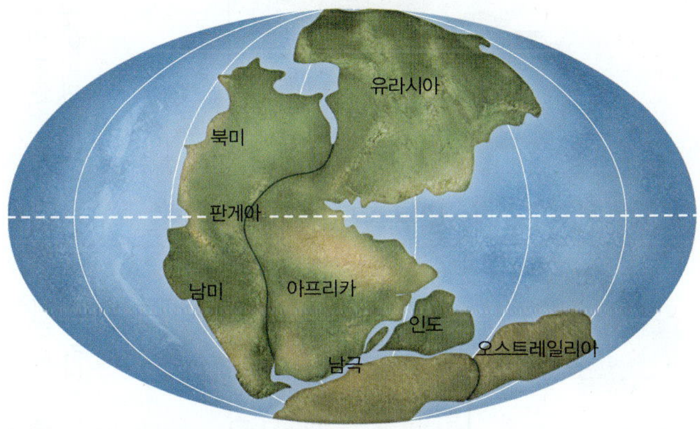


(b) 22.5억 년 전

(c) 13.5억 년 전

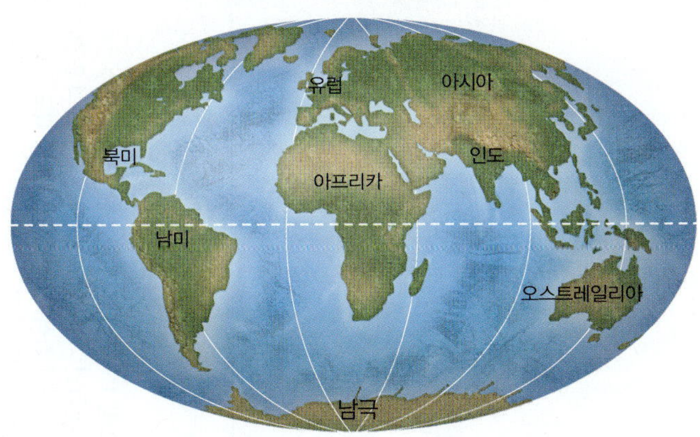


(d) 현재

늘날 곤충, 거미, 전갈, 지네, 게 등을 포함한다. 약 4억 년 전, **로브핀 어류(Lobefin)**들이 등장하였다. 일부 로브핀 어류는 오늘날의 일부 물고기와 같이 먹이나 물을 찾아 한 웅덩이에서 다른 웅덩이로 자신의 지느러미를 이용하여 기어다니기 시작하였다(그림 11-4). 허파와 다리의 발달로 로브핀 어류로부터 진화한 **양서류(amphibians)**가 등장하고 **파충류(reptiles)**는 양서류로부터 진화되어 페름기 동안 기후가 건조해졌을 때 파충류들은 우점 척추동물이 되었고, 양서류는 고인 물의 웅덩이로 밀려나 오늘날까지 그대로 살고 있다. 파충류의 비늘이 변화하여 진화한 깃털은 조상새의 체온 유지와 비행을 위한 구조물로 진화하였다. 날 수 있는 깃털의 발달은 1억 5천 만 년 전의 화석에서 발견되며 파충류의 한 그룹 이었던 **조류(bird)**는 보온과 날개를 가지도록 진화하였다. 털에 의해 몸이 보온되는 포유류는 파충류의 한 집단에서 진화되었다. 알을 낳는 파충류와는 달리, **포유류(mammal)**는 출산을 하고 새끼를 양육할 수 있도록 젖을 생산하는 유선을 발달시켰다.

생명의 역사는 종이 멸종되고 새로운 종으로 교체되는 꾸준한 생물 종의 전환이 특징이다. **대량 멸종(mass extinction)**은 주기적으로 발생하였고 **판구조론(plate tectonics)**으로 야기되는 대륙이동(그림 11-5)에 의한 기후 변화와 화산 폭발, 운석의 충돌의 조합에 의하여 일어난 것으로 생각된다. 멸종에도 불구하고 생물종이 사라지는 비율보다 생물 종이 새롭게 출현하는 비율이 훨씬 빠르다는 것이다. 그래서 지구상에 존재하는 생물종의 수는 시간이 지날수록 점점 더 증가해 왔다.

인간의 기원과 진화에 관한 가장 오래된 **호미닌(hominins;** 인간과 근연군들) 화석은 6백만 년 된 사헬란트로푸스 챠덴시스(*Sahelanthropus tchadensis*)로 아프리카의 차

◀ **그림 11-5 판구조론에 의한 대륙이동**
판구조론의 결과, 대륙은 판 위의 탑승자처럼 지구 표면을 이동한다. **(a)** 약 34억 년 전 오늘날의 북미 대륙 대부분이 적도 부근에 위치하고 있다. **(b)** 모든 판들은 지질학자들이 '판게아(Pangea)'라고 부르는 거대한 땅 덩어리로 융합된다. **(c)** 점차적으로 판게아가 로라시아(Laurasia)와 곤드와나(Gondwana) 대륙으로 분리되고 곤드와나는 다시 동곤드와나와 서곤드와나로 갈라진다. **(d)** 추가적인 움직임의 결과로 오늘날의 대륙의 위치가 자리 잡게 되었다.

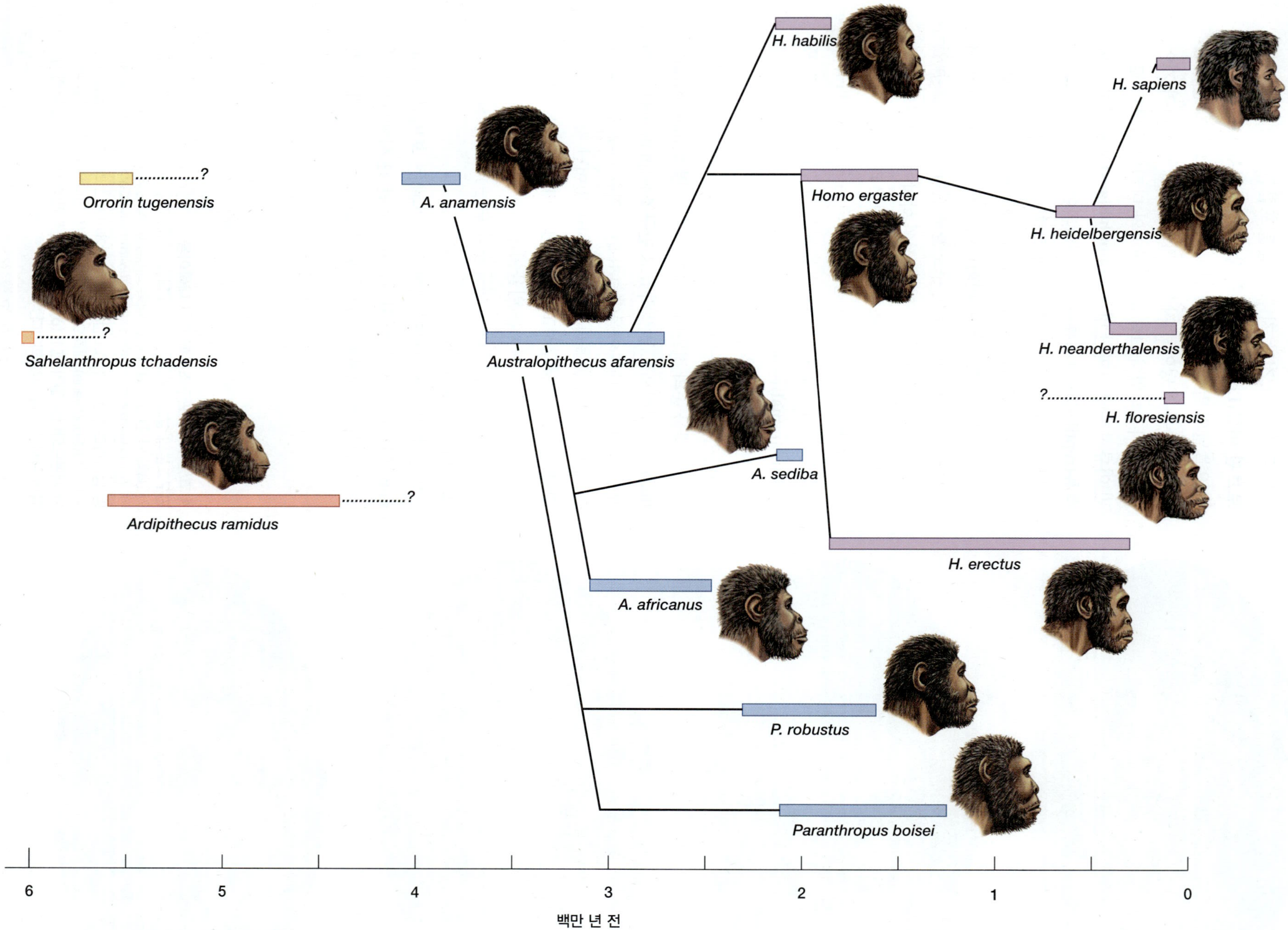


▲ 그림 11–6 **인류의 가능한 진화 계통수**
이 가설적인 계통도는 대표적인 표본들의 안면부를 재구성한 것이다. 많은 고생물학자들은 이것이 인간의 계통도와 가장 유사하다고 생각하고 있으나, 알려져 있는 호미닌 화석에 대한 또 다른 해석도 있다. 최초의 호미닌 화석은 매우 드물고 파편조각으로 남아 있어서, 이들 종과 후기 호미닌과의 진화적 관계는 아직도 알려져 있지 않다.

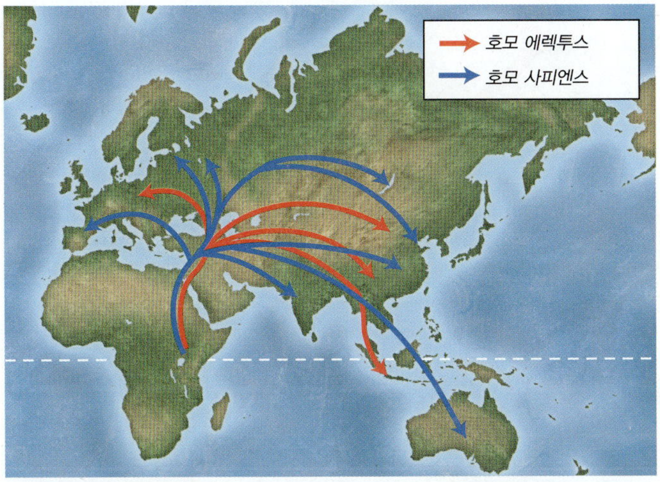


(a) 아프리카 대체 가설

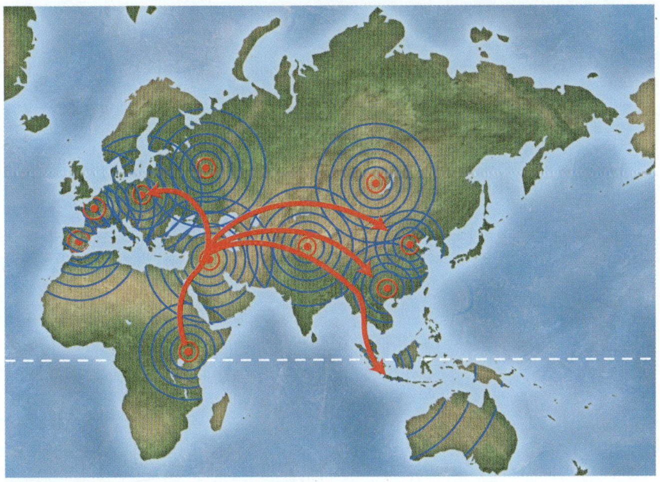

(b) 다지역 기원 가설

▲ **그림 11-7 인간의 진화에 대한 경쟁적인 두 가설들** **(a)** “아프리카 대체” 가설에 따르면 인간은 아프리카에서 진화되어 그 후에 서남아시아, 중동지역, 유럽, 아시아 등지로 이동하여 그 지역에서 살고 있던 다른 호미닌 종을 대체하였다고 한다. **(b)** “다지역 기원” 가설에 따르면 인간 개체군은 이미 널리 퍼져있던 호모 에렉투스 개체군으로부터 여러 지역에서 동시에 진화하였다고 한다.

드(Chad)에서 발견되었다. 다양한 초기 호미닌의 기록들은 약 4백만 년 전쯤 시작되며, 오스트랄로피테쿠스(*Australopithecus*)속(genus)의 화석 기록이 출발점이었다. 현생 인류의 인간 속(genus *Homo*)은 약 2백 5십만 년 된 아프리카의 화석에서 처음으로 발견되었다. 호모 에르가스터(*H. ergaster*)는 현생인류와 유사한 사지 비율의 해부학적 골격 특징을 가지고 있고 과학자들은 이 종이 우리와 같은 호모 사피엔스(*H. sapiens*)로 진화하였다고 믿고 있다(그림 11-6).

인간의 가계도는 아프리카에 뿌리를 두고 있지만 아프리카가 아닌 여러 곳에서 발견되었다. 인간의 진화에 대해서는 “아프리카 대체” 가설과 “다지역 기원” 가설이 경쟁하고 있으며(그림 11-7), 인간의 기원에 관한 “아프리카 대체” 모델을 지지하는 현생 인류의 DNA 연구들이 증가하고 있지만 아직도 의문점은 남아 있다.

## 11.2 진화

현대 생물학은 생물이 **진화(evolution)**해 왔다는 이해에 기초를 두고 있으며(그림 11-8), 1859년 찰스 다윈의 자연선택에 의한 종의 기원에 대해(On the Origin of Species by Means of Natural Selection; 이하 종의 기원)가 출판된 이후, 과학자들은 **개체군(population)**의 유전자 조합을 변화시키는 자연선택 과정에 의해 종이 생겨나고 진화한다고 확신했다. 개체군은 시간이 흐르면서 변화되고 환경에 가장 적합한 개체들은 더 많은 자손을 남기고 그들의 유리한 형질을 다음 세대로 넘겨줄 것이며, 유리한 형질은 세대가 지나면서 더욱 보편화될 것이다. 즉 자연선택은 특정 환경에 가장 적합한 형질을 유리하게 만드는 무작위적 변이이다. 개체군의 형질들은 각 세대마다 조금씩 변하며 이 과정이 **자연선택(natural selection)**에 의한 진화이다.

공통조상으로부터 진화되었다고 생각되는 종들은 비교해부학적으로 유사한 구조를 보인다. 조류와 포유류의 앞날개(앞다리)는 날거나, 수영하거나, 다양한 지역을 뛰어다

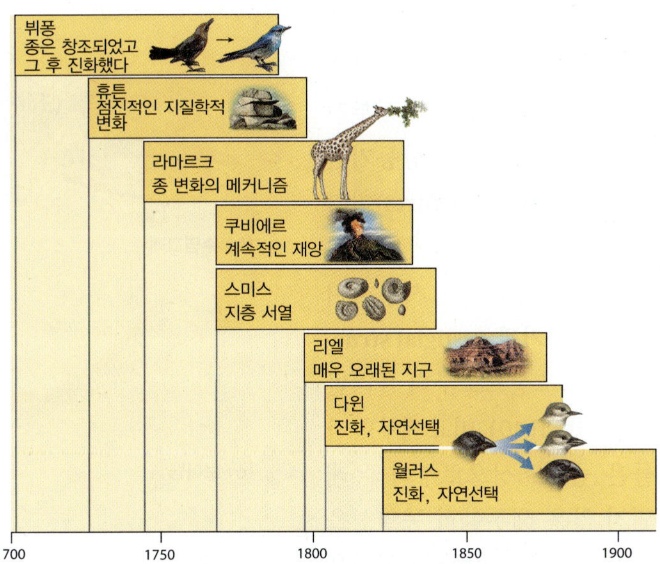


▲ **그림 11-8 진화론적 사고의 기원에 관한 연대기**
각 사각형의 길이는 현대의 진화 생물학의 발전에 있어 중요한 역할을 한 인물들의 수명을 나타낸 것이다.

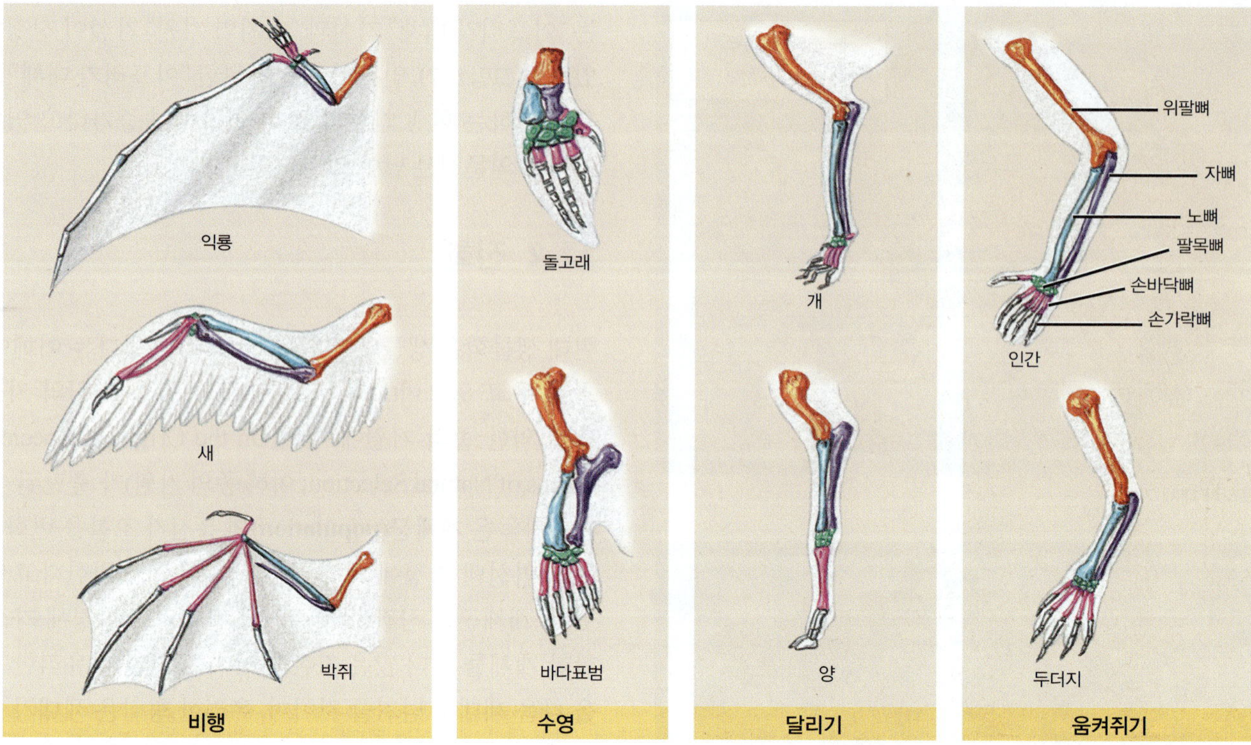


▲ **그림 11-9 상동기관** 기능 면에선 차이가 많지만, 여기에 나오는 모든 동물의 앞다리에는 하나의 공통조상으로부터 물려받은 같은 세트의 뼈가 있다. 다른 색들로 표현된 뼈는 여러 종 사이의 일치를 강조하고 있다.

니거나, 나뭇가지나 다른 물체를 잡는 등 다양한 목적으로 사용된다. 이러한 기능상의 다양함에도 불구하고, 모든 조류와 포유류의 앞날개(앞다리) 구조는 매우 비슷하다(그림 11-9). 이와 같이 현재의 기능이나 모습이 다름에도 불구하고 내부적으로 비슷한 구조를 **상동기관(homologous structures)**이라고 하며, 진화적으로 같은 기원을 갖는다. 지금은 사용하지 않는 **흔적기관(vestigial structures)**도 조상으로부터 물려받는다(그림 11-10). 비교해부학자들은 공통조상으로부터 유래되지 않은 해부학적 동일성을 발견하였고 이러한 동일성은 **수렴진화(convergent evolution)**로부터 유래한 것이며, 자

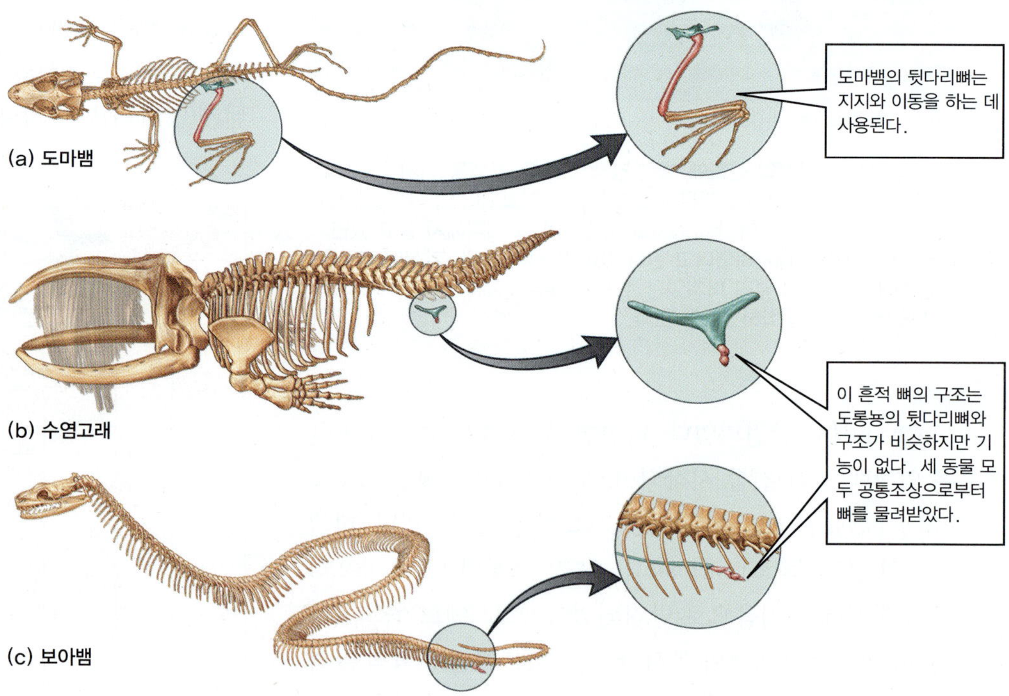


▲ **그림 11-10 흔적기관** 많은 생물들은 기능이 없는 흔적기관을 갖고 있다. 도마뱀(a), 수염고래(b), 보아뱀(c) 은 모두 공통 조상으로부터 뒷다리를 물려받았다. 도마뱀에서는 그 뼈의 기능이 유지되고 있지만, 고래와 뱀에서는 흔적기관이다.

(a) 잠자리 (b) 제비

▲ **그림 11-11 상사기관** 수렴진화를 통하여 (a) 곤충과 (b) 조류의 날개처럼 해부학적 구조는 다르지만 외형적으로 유사한 구조가 나올 수 있다.

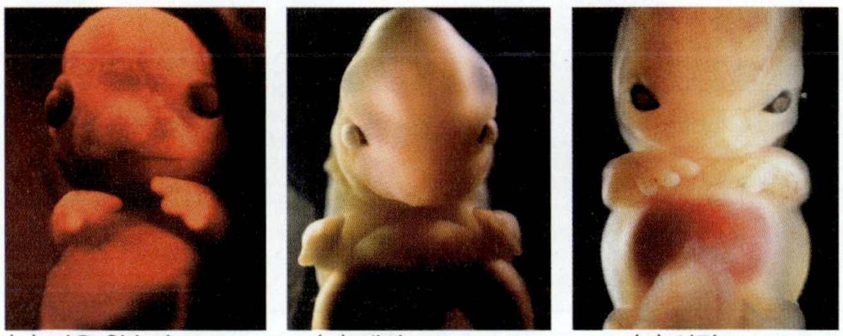

(a) 여우 원숭이 (b) 돼지 (c) 사람

▲ **그림 11-12 발생단계는 진화의 연관성을 보여준다** (a) 여우 원숭이, (b) 돼지, (c) 사람의 초기 발생 단계는 놀라울 정도로 비슷한 해부학적 특징을 보여준다.

연선택은 비슷한 기능을 수행하는 비상동성 기관들이 서로 닮도록 만들었다. 자연선택이 조류와 곤충에게 날아다니는 것을 유리하게 만들었기 때문에 두 집단은 표면적으로는 유사한 구조인 날개를 진화시켰다. 이렇게 겉으로는 유사하지만 상동이 아닌 구조를 **상사기관(analogous structures)**이라고 한다(그림 11-11). 상사기관의 경우, 내부 구조가 다르며 그 이유는 그 부위들이 공통조상의 동일한 구조로부터 유래된 것이 아니기 때문이다. 성체들은 다른 모습인데 척추동물들의 초기 발생 단계 배아들이 가지는 유사성은 공통조상의 존재를 암시해준다(그림 11-12). 또한 살아있는 세포들은 유전정보인 DNA를 갖고 있으며(그림 11-13), ATP를 세포에너지 운반체로 사용한다는 생화학적 형질의 유사성도 공유한다.

진화는 개체가 아닌 집단의 특성을 의미하며, **집단(population)**이란 특정 지역에 살고 있는 같은 종의 개체 전부를 의미한다. 진화는 세대를 거치면서 일어나는 집단의 유전적 구성의 변화이며 돌연변이, 유전자 흐름, 규모가 작은 집단, 비무작위 교배, 자연선택을 진화의 5가지 중요한 요인으로 간주할 수 있다(표 11-2).

▲ **그림 11-13 분자 단계에서의 유사성은 진화의 연관성을 보여준다** 사람과 생쥐의 시토크롬 c를 암호화하는 유전자 염기서열. 그 유전자에 있는 315개의 염기들 중에서 30개(청색으로 음영됨)만 두 종들 사이에서 차이가 나타난다.

**돌연변이(mutation; DNA 염기서열의 변화)**는 DNA의 무작위적이고 방향성 없는 변화이며 생물체에 중립적이거나 해롭지만, 일부 돌연변이는 특정 환경에서 이로울 수 있다. **유전자 흐름(genetic flow)**은 한 종의 서로 다른 집단 사이에 대립유전자가 이동하는 것이다. 집단이 작으면 우연한 사건에 의해 특이한 대립유전자를 지니고 있는 개체들의 생존과 번식을 감소시켜 집단의 대립유전자 빈도를 크게 바꿀 수 있으며 이것이 **유전적 부동(genetic drift)**이다. 유전적 부동의 2가지 원인은 집단병목현상과 창시자 효과이다. **집단병목현상(population bottleneck)**은 집단의 크기가 자연의 대재앙이나 과도한 사냥 등의 결과로 인해 극적으로 감소함으로써 발생하는 현상이다(그림 11-4). 나중에 집단의 크기가 커진다 해도 병목현상의 유전적 영향은 수

**표 11-2 진화의 원인**

| 과정 | 결과 |
|---|---|
| 돌연변이 | 새로운 대립유전자의 생성; 가변성의 증가 |
| 유전자 흐름 | 상이한 집단의 유사성 증가 |
| 유전적 부동 | 대립유전자 빈도의 무작위적 변화의 원인; 대립유전자의 손실 |
| 비무작위 교배 | 대립유전자가 아닌 유전자형 빈도의 변화 |
| 자연선택, 성적선택 | 호의적 대립유전자 빈도의 증가; 적응력 양산 |

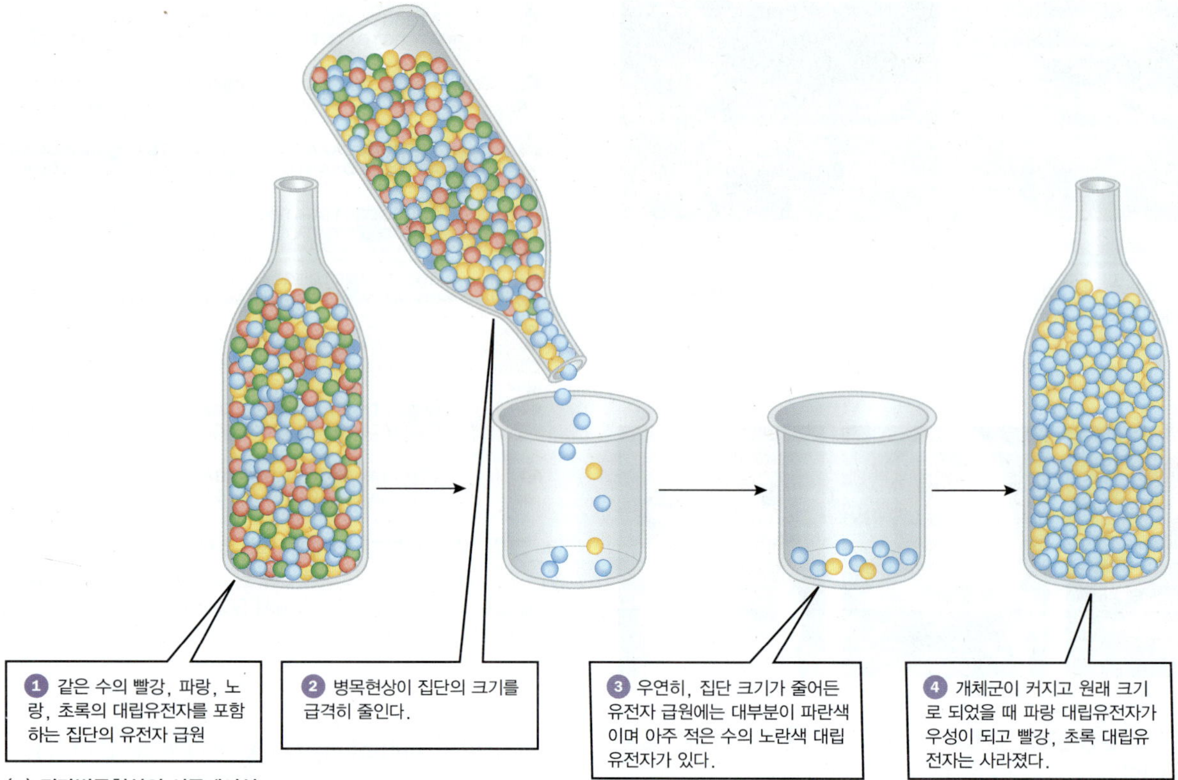


(a) 집단병목현상의 시뮬레이션

(b) 코끼리바다표범

◀ **그림 11-14 집단병목현상은 변이를 감소시킨다**
(a) 집단병목현상에 의해 살아남은 몇 개체가 비슷한 유전자 구성을 하고 있을 수 있기 때문에 개체군의 유전적, 표현형적 변이를 극적으로 감소시킬 수도 있다. (b) 북극코끼리바다표범은 최근 집단병목현상을 거쳤으며 그 결과 집단의 유전적 다양성이 극히 낮다.

백 세대 혹은 수천 세대까지 남아있을 수 있다. **창시자 효과(founder effect)**는 적은 수의 생물체가 집단으로 고립되었을 때 일어난다. 예를 들어 펜실베이니아의 랭카스터 카운티의 아만파(Amish) 주민들은 18세기 200여 명의 이민자들의 후손들이다. Ellis-van Creveld 대립유전자를 가지는 아만파 이주자의 한 쌍의 부부로부터 발생 즉, 창시자 효과에 의해 나타난 높은 초기 대립유전자의 빈도는 유전적 부동과 연계되어 아만파 집단에서 비정상적이고 많은 수의 Ellis-van Creveld 증후군이 나타난다(그림 11-15). 동계교배(*assortative mating*)나 근친교배(*inbreeding*)와 같은 **비무작**

▶ **그림 11-15 사람에서 창시자 효과의 예** 이 아만파 여성의 자녀는 Ellis-van Creveld 증후군으로 알려진 유전병으로 고통 받고 있다. 이 증후군은 짧은 팔과 다리, 여분의 손가락, 경우에 따라 심장질환의 증상이 있다. 펜실베니아 랭커스터 카운티의 아만파 주민들에게 높은 빈도로 유행하는 Ellis-van Creveld 증후군을 창시자 효과로 설명할 수 있다.

▲ **그림 11–16 흰기러기들의 비무작위 교배** 흰기러기는 깃털이 흰 것과 청회색의 두 종류가 있는데 깃털의 색이 같은 것끼리 교배하려는 경향이 있다.

▲ **그림 11–17 수컷 공작의 화려한 깃털은 성적선택의 결과이다.** 현재 암컷 공작들의 조상들은 좀 더 길고 화려한 색의 깃털을 갖는 것을 선호하여 어떤 수컷과 교배할 것인가를 결정할 때 매우 까다로웠을 것이다.

**위 교배(nonrandom mating)**는 특히 동형접합체의 비율을 증가시킴으로 집단에서 유전자형의 분포를 바꾸어 놓을 수 있다(그림 11-16). 자연선택은 생식 성공률의 차이에 의해 이루어지며, 생물의 교배를 돕는 표현형은 **성적선택(sexual selection)**에 의해 진화할 수 있다(그림 11-17). 자연선택과 성적선택은 진화적 변화에 다양한 패턴을 유발할 수 있으며, 이러한 패턴들은 세 가지 유형으로 분류한다(그림 11-18):

- 지향성선택(Directional selection)은 형질의 극단적 값을 갖는 개체들을 선호하여 선택하며 평균값이나 반대쪽 극한 값의 개체를 배제한다. 예를 들면 지향성선택에서 크기가 작은 것을 선호하여 선택하면 평균크기의 개체나 큰 개체는 선택하지 않는 경우이다.
- 안정화선택(Stabilizing selection)은 어떠한 형질의 평균값의 개체들(예를 들면 몸 크기가 중간인 것)을 선호하며, 극단의 값을 가진 개체들에게 불리하게 작용하는 선택이다.
- 분열성선택(Disruptive selection)은 양극단의 형질(예를 들면 몸의 크기가 크거나 작은 것)을 가진 개체를 선호하며 중간 값을 가진 개체를 선호하지 않는 것을 말한다.

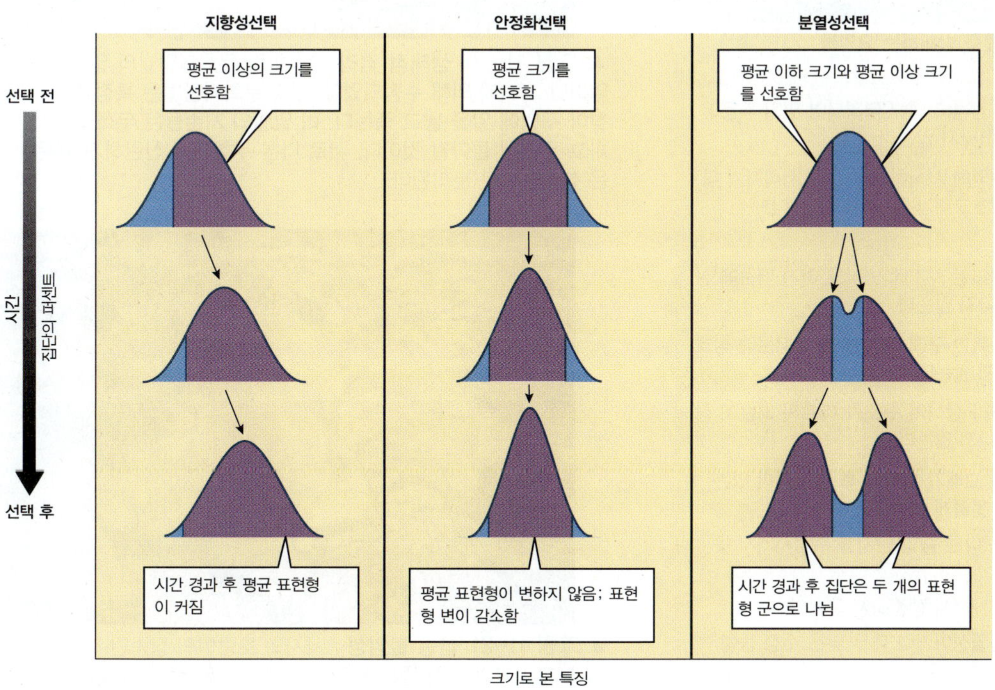


◀ **그림 11–18 시간 경과에 따라 집단에 영향을 주는 선택의 세 가지 유형** 표현형의 정규분포에 작용하는 세 가지 방식의 자연선택 및 성적선택에 대한 그림 설명은 이러한 선택이 시간 경과에 따라 집단에 영향을 미칠 수 있다는 것을 보여준다. 모든 그림에서 파란색 구역은 불리하게 선택을 받은 개체들을 나타내는데 이는 자주색 범위의 개체들처럼 성공적으로 생식하지 못하는 것들이다.

## 11.3 종의 기원

**종(species)**이란 "실제적 또는 잠재적으로 상호 교배하는 자연집단으로서 다른 집단과 생식적으로 격리되어 있다"라고 정의한다. 생물학적 종의 개념은 **생식적 격리(reproductive isolation**, 다른 집단과의 교배 실패)를 말한다. 교배를 막고 생식적 격리를 유지하는 특성을 **격리 메커니즘(isolating mechanisms)**이라 한다(표 11-3). **교미 전 격리 메커니즘(premating isolating mechanisms)**은 **지리적 격리**, **생태적 격리(ecological isolation)**, **시간적 격리(temporal isolation)**, **행동학적 격리(behaviorl isolation)**, **기계적 부적합(mechanical incompatibilities)**을 포함한다(그림 11-19, 20). **교미 후 격리 메커니즘(postmation isolation mechanisms)**은 **배우자 부적합(gametic incompatibility)**, **잡종 불생존(hybrid inviability)**, **잡종 불임성(hybrid infertility)**이 포함된다(그림 11-21).

새로운 종은 어떻게 형성되는가? 새로운 종이 형성되는 **종분화(speciation)**는 두 가지 요소 즉 격리와 유전적 차이에서 기인한다.

- **개체군의 격리**: 개체들이 두 개의 군집 사이를 자유롭게 왕래하는 경우, 상호교배와 이로 인한 유전적 흐름으로

| 표 11-3 | 생식적 격리 메커니즘 |
|---|---|
| **교미 전 격리 메커니즘** | **두 종 간의 교배를 방해하는 요인들** |
| *지리적 격리* | 종들은 물리적 장벽에 의해 격리되어 있기 때문에 상호교배가 일어나지 않는다. |
| *생태적 격리* | 종들은 동일 지역에 서식하고 있지만 서식지가 다르기 때문에 상호교배가 일어나지 않는다. |
| *시간적 격리* | 종들이 각기 상이한 시기에 번식을 하기 때문에 상호교배가 일어나지 않는다. |
| *행동학적 격리* | 종들은 각기 독특한 구애 행동을 하기 때문에 상호교배가 일어나지 않는다. |
| *기계적 부적합* | 종들은 종에 따라 생식기 구조가 다르기 때문에 상호교배가 일어나지 않는다. |
| **교미 후 격리 메커니즘** | **두 종 사이에서 교배가 일어난 후 생식력이 있는 자손을 만들지 못하게 하는 요인들** |
| *배우자 부적합* | 한 종의 정자는 다른 종의 난자를 수정시키지 못한다. |
| *잡종 불생존* | 잡종 자손은 성체까지 생존하지 못한다. |
| *잡종 불임성* | 잡종 자손은 불임성이거나 매우 낮은 수정 능력을 갖는다. |

(a) 카이밥다람쥐

(b) 아버트다람쥐

▲ 그림 11-19 **지리적 격리** 그림에 있는 두 종류의 다람쥐가 서로 다른 종이라는 것을 결정하기 위해서는 이들이 실제적으로 또한 잠재적으로 상호교배를 하고 있는지를 알아야만 한다. 그러나 불행하게도 (a) 카이밥다람쥐는 그랜드 캐년의 북쪽 주변부에만 서식하고 있으며 (b) 아버트다람쥐는 남쪽 주변부에서만 서식하고 있기 때문에 상호교배가 일어나는지를 말하기 어렵다. 이 두 집단은 지리적으로 격리되어 있지만 아직도 매우 유사한 외형을 하고 있다. 이러한 분리로 인해 생식적으로도 격리가 일어난 만큼 진화된 것일까? 이들은 지리적으로 격리되어 있기 때문에 확실히 그렇다고 말할 수는 없다.

▲ 그림 11-20 **생태적 격리** 이 암컷 무화과말벌의 알은 무화과에서 일어난 교미에 의해 수정되었다. 암컷 무화과말벌은 특정 종의 무화과를 찾아 구멍에 알을 낳고 죽는다. 이 말벌의 자손들은 무화과 속에서 우화하고 무리에 돌아갈 것이다. 서로 다른 무화과에 산란하기 때문에 각 종은 생식적으로 분리된다.

▲ 그림 11-21 **잡종 불임성** 사자와 호랑이의 잡종인 라이거는 불임이다. 라이거의 양친 종의 유전자 풀은 격리된 상태로 남아있다.

▲ 그림 11–22 **이소적 격리와 분화** 이소적 종분화에 있어서, 어떤 사건은 지나갈 수 없는 지리학적 장애물을 형성하여 집단이 나누어지도록 한다. 분지의 한 가지 방법은 격리된 섬에서의 군집화이다. 이제 두 개의 나누어진 집단은 유전적으로 분지한다. 만약 두 군집 간의 유전적 차이가 너무 커져 교배가 불가능해지면, 두 집단은 다른 종을 형성한다.

▲ 그림 11–23 **동소적 격리와 발산** 동소적 종분화에서 일부 사건은 단일 지리적 영역에 남아있는 모집단의 두 부분 간에 유전자 흐름을 차단한다. 이 유전적 분리가 일어날 수 있는 한 가지 방법은 곤충 개체군의 일부가 새로운 숙주식물 종으로 이동했을 때(*Rhagoletis pomonella*)와 같이 이전에 알려지지 않은 자원을 사용하는 것이다. 두 개의 격리된 개체군은 유전적으로 다를 수 있다. 만약 두 집단 간의 유전적인 차이가 너무 커서 교배가 이루어지지 않게 되면, 두 개의 집단은 다른 종을 형성한다.

인해 하나의 군집에 변화를 유발하게 되며 다른 군집에도 변화가 나타나게 된다. 두 군집 사이의 상호교배가 억제되지 않는 한 서로 다르게 성장할 수 없게 된다. 즉, 종분화는 격리에 의해 이루어지며, 격리에는 두 집단이 지리적으로 분리되는 **이소적 종분화(allopatric speciation**, 그림 11-22)와 두 집단이 동일한 지리적 범위를 공유하는 **동소적 종분화(sympatric speciation**, 그림 11-23)로 분류한다.

- **집단의 유전자 분화**: 두 집단의 고립만으로는 충분하지 않다. 격리 기간 동안에 큰 유전적 차이를 진화시켜야만 다른 종으로 된다. 고립된 집단이 다시 만나더라도 교배가 되지 않으며, 생존능력이 있고 번식력이 있는 자손이 생기지 않아야 한다. 즉, 종분화는 유전적 분화가 격리 메커니즘의 진화로 될 때 완성이 된다.

종의 최종적 운명은 **멸종(extinction)**이다. 사실 존재했었던 종의 99.9%는 멸종되었다. 멸종의 직접적 원인은 항상 환경의 변화, 즉 무생물적 또는 생물적 환경요소의 변화일 것이다. 멸종에 이르는 중요한 환경요소로는 종간의 포식과 경쟁, 종의 제한적 분포, 환경에 대한 과도한 선호성 및 특수화, 그리고 서식처의 환경 변화와 파괴는 멸종의 위험을 증가시킨다.

## 11.4 생명체는 어떻게 명명되고 분류되는가?

현대 **분류학(taxonomy)**의 기초는 스웨덴의 과학자 칼 폰 린네(Carl von Linne, 1707~1778)에 의해 확립되었다. 린네는 이명법의 도입, **학명(scientific name)**을 속명과 종명으로 명명하였다. **속(genus)** 안에서의 각 **종(species)**들은 자연 상태에서 잠재적으로 교배 가능한 개체들을 포함한다. 학명은 라틴어로 속명을 먼저 종명을 다음에 쓰며 항상 밑줄을 긋거나 이탤릭체로 써야 한다. 속명의 첫 글자는 항상 대문자이며 종명의 첫 글자는 소문자이다. 종명은 홀로 사용될 수 없고, 항상 속명과 짝을 이루어야 한다.

린네의 분류는 8개의 주요 등급으로 구성된다: 영역(*domain*), 계(*kingdom*), 문(*phylum*), 강(*class*), 목(*order*), 과(*family*), 속(*genus*), 종(*species*). 이들 등급은 각 단계가 그 아래 모든 다른 단계를 포함하는 내부체계를 형성한다.

1970년대 이전의 분류학자는 모든 종을 다섯 개의 계(*kingdom*) 즉, 하나의 원핵생물계와 네 개의 다른 진핵생물[다세포생물(식물, 동물 그리고 곰팡이)과 모든 단세포생물]계로 나누었다. 미생물학자인 칼 워스(Carl Woese)는 RNA의 염기서열을 분석, 원핵생물을 세균과 고세균(Archaea)으로 구분하였다(그림 11-24). 현대 분류도표는 생물은 3개의 영역: **세균(Bacteria)**, **고세균(Archaea)** 그리고 **진핵생물(Eukarya)**로 보여준다(그림 11-25). 진핵생물은 식물, 동물, 곰팡이 그리고 총칭해서 원생생물(*protists*)로 알려진 대부분 단세포생물 계통군을 포함한 진

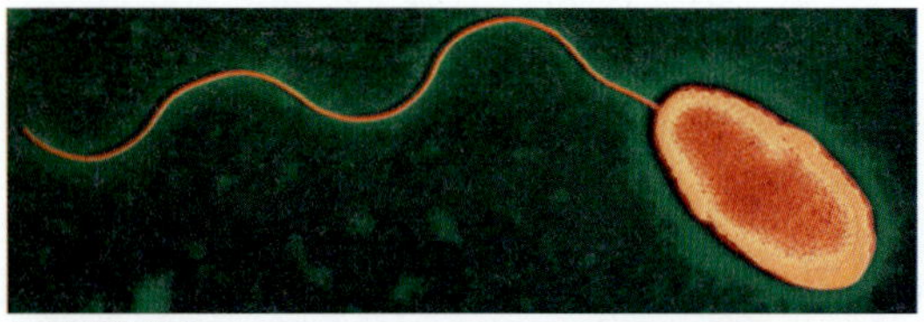

(a) 박테리아

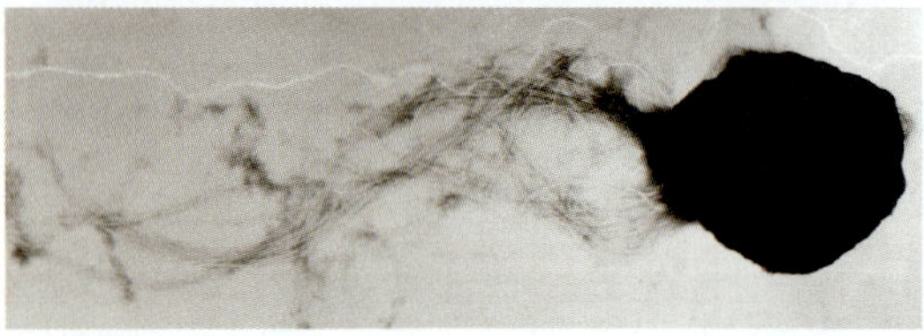

(b) 고세균

▲ **그림 11-24 원핵생물의 두 영역** 비록 외형은 비슷할지라도 **(a)** 세균 영역에 있는 *Pseudomonas aeruginosa*와 **(b)** 고세균 영역에 있는 *Methanococcus jannaschii*는 버섯과 코끼리보다 연관이 더 적다.

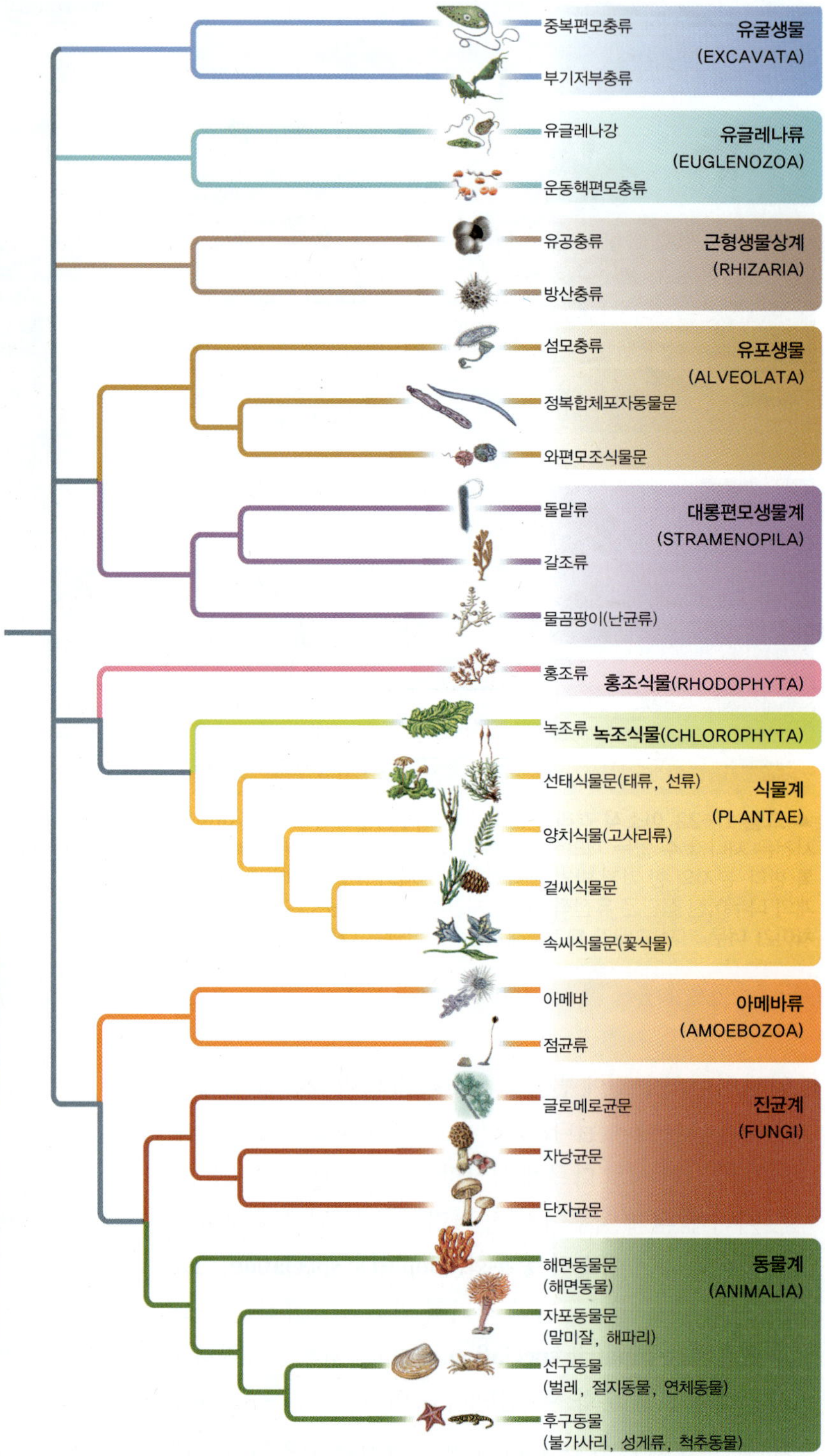


▲ **그림 11-26 진핵생물의 진화 계통수** 진핵생물의 주요 진화계통.

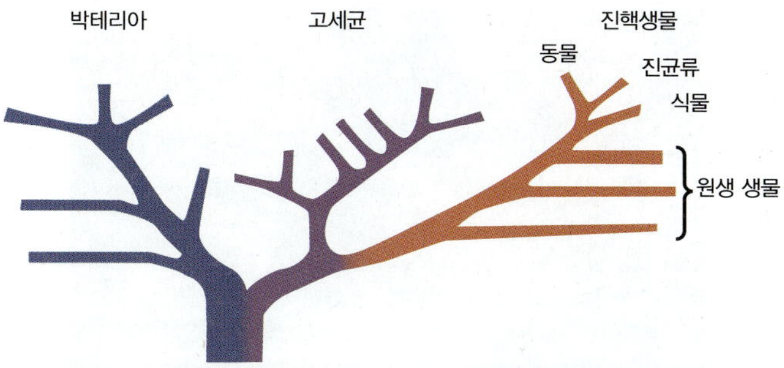


▲ 그림 11-25 **생물의 계통수** 생물의 영역은 생물계통수의 세 부분의 줄기로 나타낸다. "원생생물(protist)"은 식물, 동물, 균류가 아닌 많은 진핵생물들을 포함하고 있다.

핵세포로 구성된 모든 생물을 포함한다. 그림 11-26은 진핵생물의 진화적 상호관계를 보여준다.

종의 경계는 정의 내리기가 어렵고, 특히 무성생식 하는 종의 경우에는 더욱 그렇다. 특히 분자생물학에서 유래된 기술의 적용으로 진화의 유연관계에 대해 많이 알게 됨에 따라 분류에 대한 논쟁과 개선은 계속될 것이다. 현재 지구상의 생물종은 약 160만 정도의 종이 명명되었지만 전체 범위는 870만 종 이상일 것으로 평가되고 있고 수많은 종들이 **생물다양성(bio-diversity)**을 구성한다.

## 11.5 원핵생물과 바이러스

원핵생물은 세균(bacteria)과 고세균(archaea)으로 구성되어 있다. 외적 형태는 유사하지만, 구조와 생화학적인 특징은 현저한 차이가 있으며, 두 분류군은 고대에 진화를 통해 분리되었음을 알 수 있다(표 11-4). 원핵세포의 세포벽은 서로 다른 종류의 원핵생물에게 특징을 부여한다. 가장 일반적인 형태는 구형, 막대형, 그리고 나선형이다(그림 11-27). 펩티도글리칸(*peptidoglycan*)은 세균의 세포벽에만 있는 세균 고유의 물질로서, 고세균의 세포벽에는 없다. 또한 세균과 고세균은 원형질막, 리보솜, 그리고 RNA 중합 효소의 구조와 구성이 다르며, 전사와 번역과 같은 기초과정의 메커니즘도 다르다. 오늘날, 원핵생물의 분류는 거의 전적으로 DNA 염기서열 정보를 기반으로 한다.

현재 세균 영역에서는 30여 개, 고세균 영역에서는 5개의 주요 그룹을 인지하고 있다. 세균 영역의 예로는 광합성을 하는 종들을 다수 포함하는 남세균(*cyanobacteria*), 우유를 요구르트로 바꾸고 파상풍을 유발하는 종을 포함한 페르미쿠테스(*Firmicutes*), 그리고 식중독을 유발하는 종을 포함

표 11-4 고세균과 세균 영역 생물의 차이

| | 고세균 | 세균 |
|---|---|---|
| 세포벽에 펩티도글리칸이 존재하는가 | 없음 | 있음 |
| 세포막 지질의 구조 | 가지형 탄화수소 | 비가지형 탄화수소 |
| DNA와 결합하는 히스톤 단백질 | 있음 | 없음 |
| 인트론 | 몇몇 유전자에 존재 | 없음 |
| RNA 중합효소 | 여러 종류 | 한 종류 |
| 단백질 합성을 개시하는 아미노산 | 메티오닌 | 포르밀메티오닌 |

(히스톤, 인트론, RNA 중합효소의 기능에 대한 추가 사례에 대해서는 7–10장 참조)

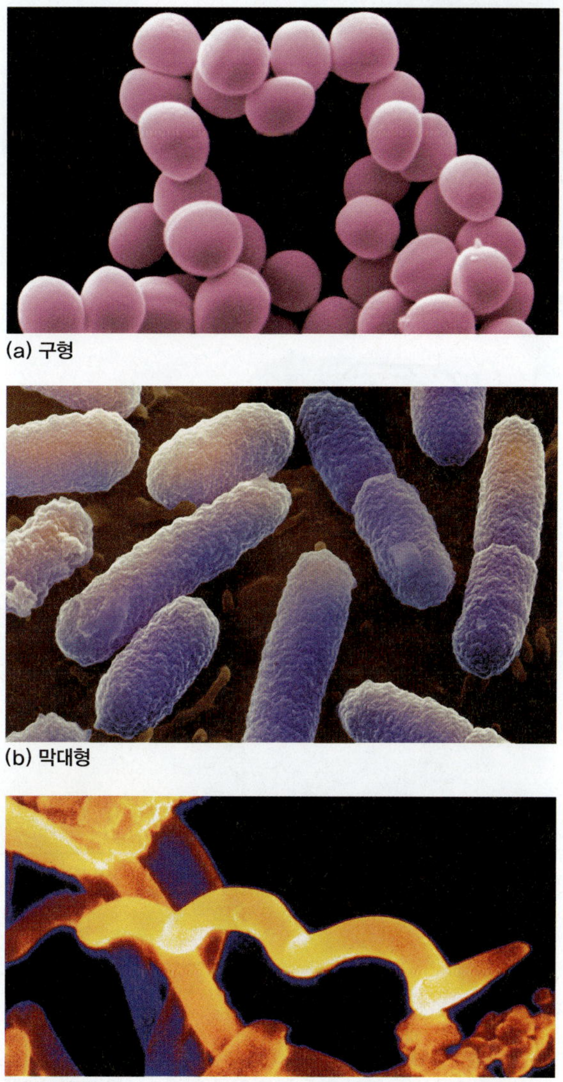

(a) 구형

(b) 막대형

(c) 나선형

▲ 그림 11-27 **세 가지 형태의 일반적인 원핵생물** (a) 포도상구균(*Staphylococcus*) 속의 구형 세균, (b) 에셀리키아(*Escherichia*) 속의 막대형 세균, (c) 보렐리아(*Borrelia*) 속의 나선형 세균.

한 프로테오박테리아(*Proteobacteria*)가 있다. 고세균 영역에는 아주 뜨거운 환경에서 사는 종들을 포함한 크렌고 세균(*Crenarchaeota*), 그리고 우리의 창자에 살며 메탄(천연가스의 주성분)을 생성하는 유리고세균이 있다.

많은 세균과 고세균들은 표면에 부착하거나 액체에서 수동적으로 떠돌아다니지만, 일부는 **편모(flagella**, 단수형:**flagellum)**를 통하여 운동성을 가지며(그림 11-28) 새로운 서식지로 확산할 수 있고, 영양분을 따라 이주하며, 불리한 환경에서 멀어진다.

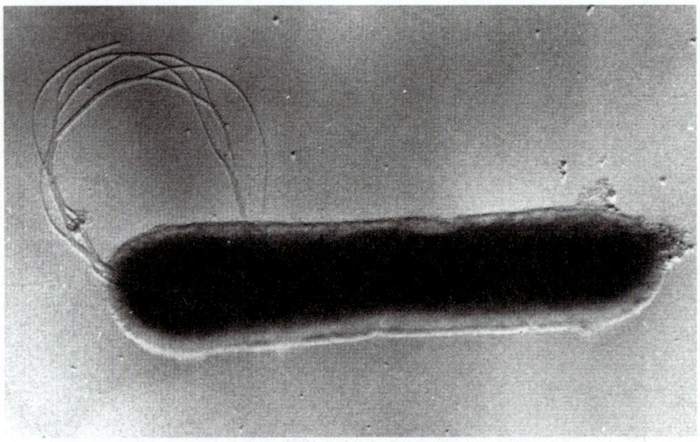

(a) 편모성 고세균

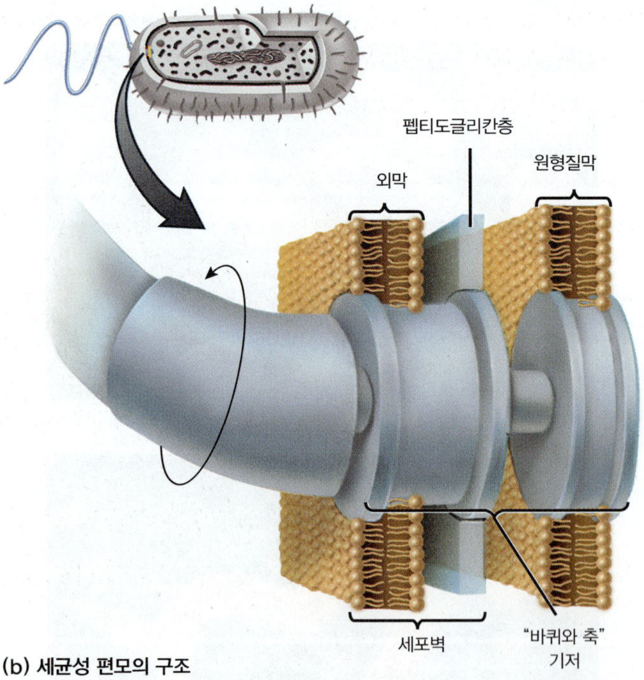


(b) 세균성 편모의 구조

▲ **그림 11-28 원핵세포의 편모** (a) 편모성 고세균 속인 아퀴펙스(*Aquifex*)는 편모를 사용하여 양호한 환경을 향해 움직인다. (b) 세균에서 독특한 "바퀴와 축" 배열이 편모를 세포벽과 원형질막에 걸쳐 놓아 편모가 빠르게 회전하도록 한다. 이 모식도는 그람 음성균의 편모를 나타낸 것이다; 그람 양성균의 편모에는 가장 바깥쪽 "바퀴들"이 없다.

▲ **그림 11-29 치아 부식의 원인** 사람 입 속의 세균은 에나멜에 매달려 있도록 도와주고, 환경의 위협으로부터 그들을 보호해 주는 미끄러운 생물막을 형성한다. 이 현미경 사진에서, 각각의 세균(녹색과 노란색)들이 갈색 생물막에 묻혀 있는 것을 눈으로 볼 수 있다. 세균이 적재되어 있는 생물막은 치아 부식의 원인이 될 수 있다.

원핵생물은 개체군의 밀도가 높아지면 쿼럼 센싱(*quorum sensing*)이라는 세포작용을 촉발하여 **생물막(biofilm)**을 형성한다. 대표적인 것이 입에 서식하는 세균에 의해 형성된 치석이다(그림 11-29). 치아 부식, 잇몸 질환, 귀 감염 등을 포함하여 인체의 많은 감염 원인은 생물막 형태를 취하고 있다.

환경조건이 열악할 때, 많은 막대형 세균들은 **내생포자(endospore)**를 형성한다. 세균의 내부에서 형성되는 내생포자는 환경이 호전될 때까지 대사활동을 중지하고, 환경이 호전되면 대사를 재개하여 활동성 있는 세균으로 발전한다(그림 11-30).

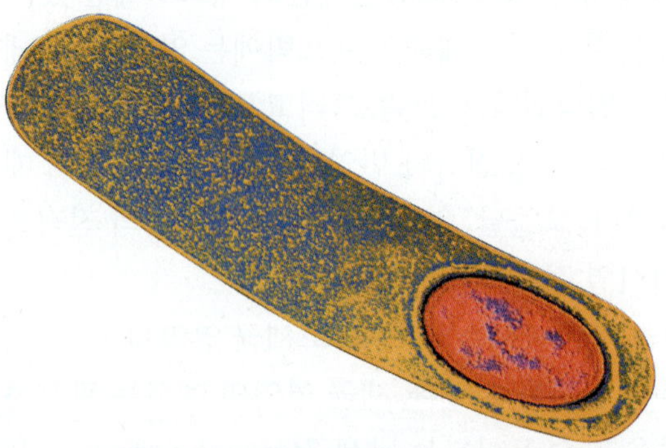

▲ **그림 11-30 포자는 일부 세균을 보호한다** 내성 내상포자(붉은 타원)는 클로스트리듐(*Clostridium*) 속 세균의 내부에서 형성된다.

▲ **그림 11-31 일부 원핵생물은 극한 환경에서 산다** 온천에는 열과 광물질 모두 견딜 수 있는 세균과 고세균이 잠복해 있다. 여러 원핵생물 종들이 옐로우스톤 국립공원의 온천을 생생한 색깔로 칠해 놓는다. 각각은 온도 범주에 따라 결정되는 특정 지역에 제한되어 있다.

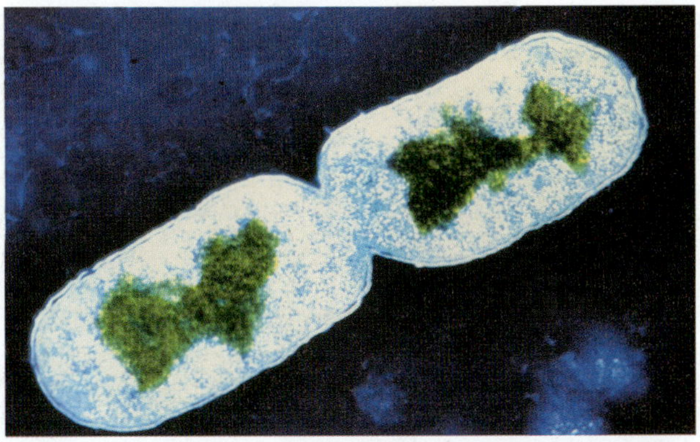

▲ **그림 11-32 원핵생물의 증식** 원핵세포는 이분법으로 증식한다. 이 천연색 전자현미경 사진에서, 사람 장관의 정상 세균인 대장균(*Escherichia coli*)이 분열하고 있다.

일부 고세균들은 온천지대(그림 11-31)나 지각의 틈에서 230°F(110℃)가 넘는 매우 뜨거운 물이 나오는 심해 배출구를 포함하여 뜨거운 환경에서도 산다. 또한 지구 표면 아래 매우 깊은 곳의 높은 압력 하에서도, 남극바다의 얼음과 같은 아주 추운 환경, 산성, 알칼리 상태의 물, 염분이 매우 많거나, 혐기성인 것을 포함한 지구의 거의 모든 환경에서 군집을 형성하고 생존할 수 있다.

원핵생물은 호기성이든 혐기성이든 다양한 물질들에서 에너지를 얻는다. 황세균의 일부 종들은 광합성에서 물($H_2O$) 대신 황화수소($H_2S$)를 사용하고, 산소 대신 황을 배출한다. 광합성을 하는 고세균은 알려지지 않았다.

대부분의 원핵생물은 **이분법(binary fission)**에 의해 무성생식하며(그림 11-32) 성선모(*sex pili*)를 통한 **접합(conjugation)**으로 **플라스미드(plasmid)** DNA를 공여체에서 수여체로 전이시킬 수 있다(그림 11-33). 이상적인 조건 하에서, 원핵생물은 약 20분에 한 번씩 분열할 수 있다. 원핵세포의 빠르고 반복되는 세포분열은 새로운 돌연변이가 일어날 기회를 제공하고, 신속하게 퍼질 수 있도록 생존을 증진시키는 돌연변이도 일어나게 한다.

원핵생물은 보이지 않지만 지구의 생물들에게 중요한 역할을 한다. 콩과식물들(알파파, 콩, 루핀콩, 클로버와 같은 콩과식물 그림 11-34)의 뿌리혹에는 **질소고정 세균(nitrogen-fixing bacteria)**이 있으며 이들은 대기로부터 질소가스($N_2$)를 포획, 식물이 이용할 수 있는 암모늄염($NH_4^+$) 형태로 전환한다. 초식 동물의 소화관 내에 서식하는 원핵생물은 동물들이 스스로 분해할 수 없는 셀룰로오스를 분해하여 양분을 방출해 준다. 치즈, 요구르트,

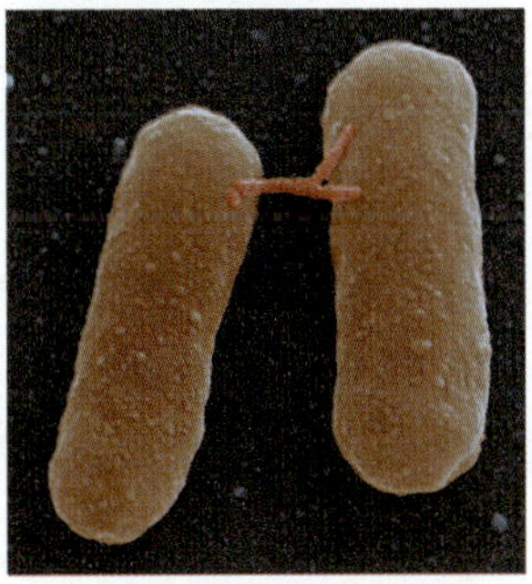

◀ **그림 11-33 접합: 원핵세포의 "짝짓기"** 접합 중에 공여체 역할을 하는 한 원핵세포가 DNA를 수여체로 전달한다. 이 사진에서 두 개의 대장균은 긴 성선모(*sex pili* )로 연결되어 있다. 성선모는 움츠러들어 수여체 세균을 공여체 세균 쪽으로 당긴다.

(a) 뿌리에 있는 뿌리혹

(b) 혹 내에 있는 질소고정세균

▲ **그림 11-34 뿌리혹의 질소고정 세균**
(a) 콩과식물 뿌리에 뿌리혹이라고 불리는 특수한 방들은 질소고정 세균에게 안정된 환경을 제공한다.
(b) 이 주사전자현미경 사진은 혹 속에 있는 세포 안에 존재하는 질소고정 세균을 보여준다.

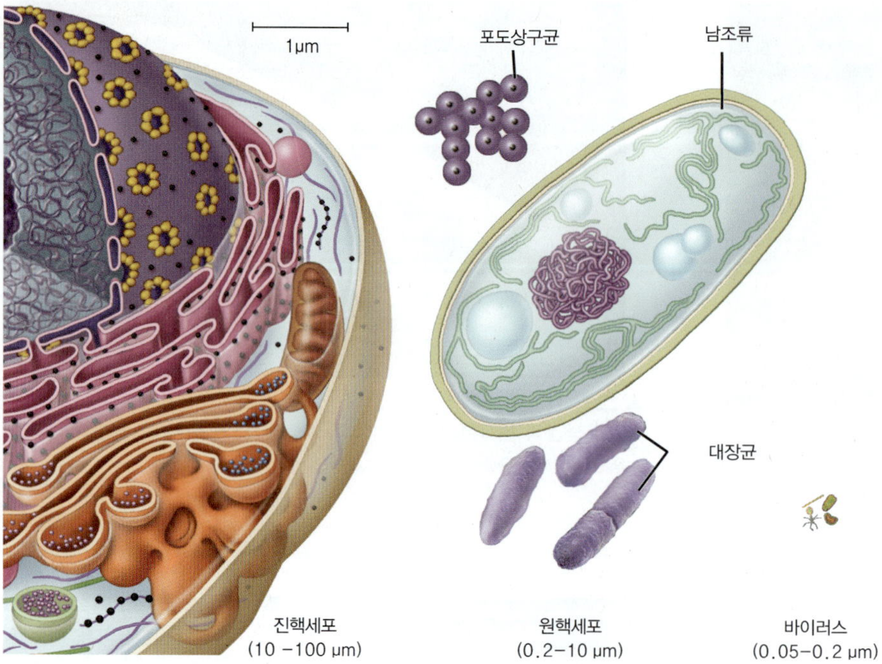


◀ **그림 11-35 미생물의 크기** 진핵세포, 원핵세포, 그리고 바이러스의 상대적 크기 (1㎛ = 1/1000 mm)

소금에 절인 오이와 같이 많은 음식들은 세균의 활동으로 만들어진다. 장내세균은 여러분들의 장에 서식하며 소화되지 않은 음식물을 먹고 인간이 흡수하는 비타민 K와 비타민 $B_{12}$와 같은 영양분을 합성한다.

원핵생물은 폐기물과 사체를 분해되고, 유기분자의 재순환을 돕는다. 인간 활동으로 인한 오염물질들은 고세균과 세균의 잠재적인 먹이가 될 수 있으며 생물을 통해 오염물질들의 분해를 촉진시키도록 상태를 조정하는 것을 **생물학적 치유(Bioremediation)**라 한다.

세균이 제공하는 이익에도 불구하고, **병원성(pathogenic:** 병을 유발하는) 세균들은 병의 증상을 유발하는 독성물질을 합성한다(아직까지 병원성 고세균은 발견된 적이 없다). 인류에게 가장 치명적인 병의 일부는 미생물로부터 기원한다. 일부 세균들은 병원성으로 파상풍(*Clostridium tetani*), 페스트(*Yersinia pestis*), 식중독, 성적으로 전파되는 임질과 매독을 유발한다.

**바이러스(virus)**는 단백질 껍질로 둘러싸인 DNA나 RNA 분자로 구성된 생명이 없는 입자이며, 생물을 규정하는 세포로 이루어지지 않았다. 바이러스는 리보솜과 세포질이 없고, 유기물질을 합성할 수 없으며 에너지를 추출하거나 사용할 수 있는 능력이 없다. 그들은 스스로 생장하거나 생식할 수 없다. 바이러스의 단순함이 그들을 생물체로 여기지 않게 하지만 그들도 역시 진화한다.

바이러스는 가장 작은 원핵생물보다 더 작아서(직경 0.05~0.2㎛, 그림 11-35) 전자현미경 하에서만 볼 수 있다(그림 11-36). 바이러스의 유전물질은 종류에 따라 DNA이

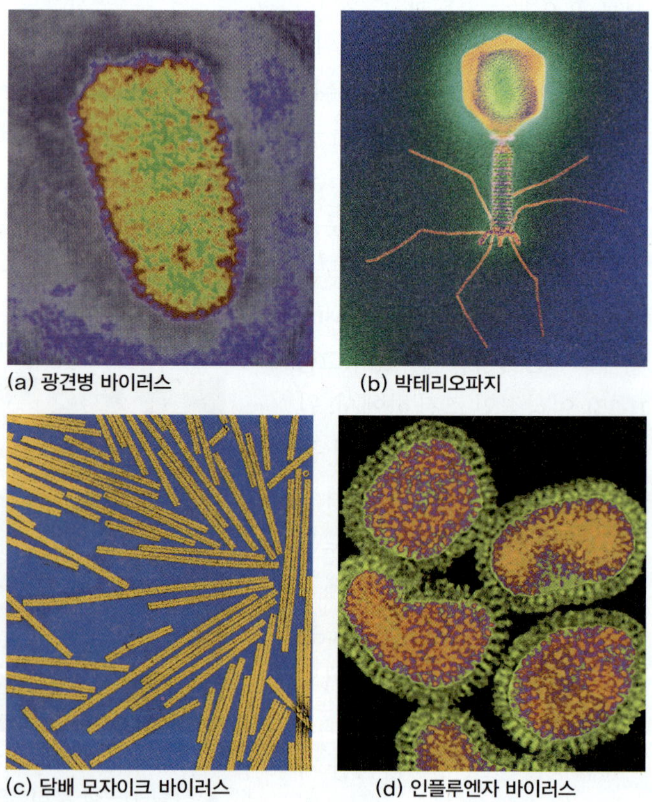

(a) 광견병 바이러스 (b) 박테리오파지 (c) 담배 모자이크 바이러스 (d) 인플루엔자 바이러스

▲ **그림 11-36 바이러스의 다양한 형태** 바이러스의 형태는 바이러스 단백질 껍질의 특성에 의해 결정된다.

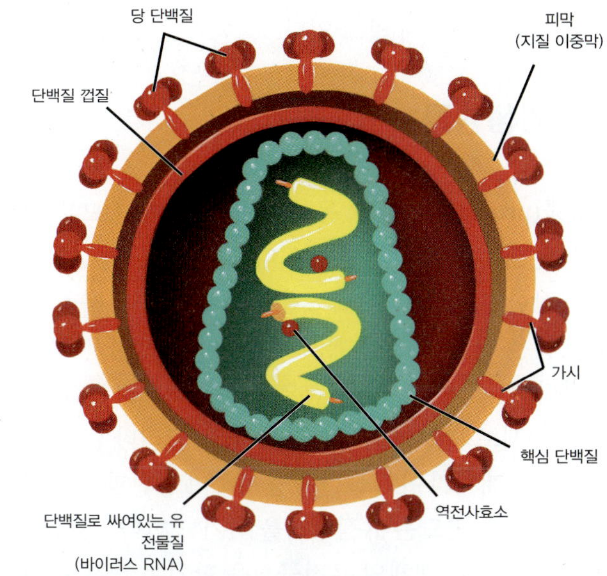


◀ **그림 11-37 바이러스의 구조와 복제** AIDS의 원인이 되는 바이러스인 HIV의 단면도. 이 바이러스도 숙주세포의 원형질막으로부터 형성된 외막을 갖고 있는 것들 중의 하나이다. 가시는 외막에서 돌출된 당 단백질( 단백질과 탄수화물)로 이루어져 있고 바이러스가 숙주에 부착하도록 돕는다. 내부에서, 단백질 껍질이 유전물질과 바이러스가 숙주세포에 들어간 후 바이러스 RNA 주형으로부터 DNA의 전사를 촉진하는 효소인 역전사효소 분자를 둘러싸고 있다.

거나 RNA중에 하나이며, 단일나선이거나 이중나선이고, 또는 선형이거나 환형이다. 단백질 껍질은 숙주 세포의 원형질막에서 기원된 피막에 의해서 둘러싸여 있을 수 있다(그림 11-12).

바이러스는 오직 **숙주(host)**세포(바이러스나 다른 감염체가 감염하는 세포) 내에서만 증식할 수 있는 숙주특이성을 가지고 있다. 숙주 세포에 침투하고 더 많은 바이러스 입자를 만들기 위해 숙주의 에너지, 효소, 그리고 리보솜을 사용하며, 입자들은 세포가 터질 때 방출된다. 세균이나 고세균을 감염시키는 바이러스를 박테리오파지(bacteriophage), 혹은 줄여서 파지(phage)라고 부른다(그림 11-38). 식물이나 동물과 같은 다세포생물에 대해 서로 다른 바이러스들이 특수화되어 있다. 예를 들어, 감기를 유발하는 바이러스는 호흡기 막을 공격하고, 광견병 바이러스(rabies virus)는 신경세포를 공격한다. 포진 바이러스(herpes virus)는 입술 포진을 나타내거나 생식기 주변에 포진을 나타낸다. 체내의 면역체계를 망가뜨리는 AIDS(Acquired Immune Deficiency Syndrome)는 체내의 면역반응을 조절하는 백혈구 세포를 공격하는 바이러스에 의해서 유발된다(그림 11-39). 바이러스는 또한 T-세포 백혈병(백혈구성 암), 간암, 경부(목)암과 같은 일부 형태의 암을 유발하기도 한다.

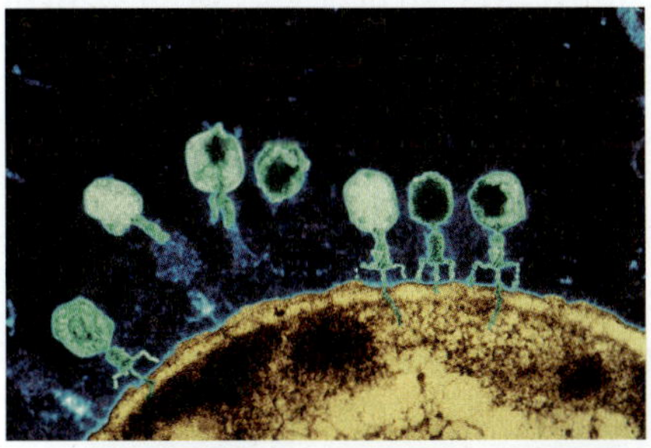

◀ **그림 11-38 일부 바이러스들은 세균을 감염시킨다.** 이 전자현미경 사진에서, 박테리오파지가 세균을 공격하는 것이 보인다. 그들은 단백질 껍질은 세균의 세포벽에 부착시켜 놓은 채 그들의 유전물질을 내부로 주입시킨다.

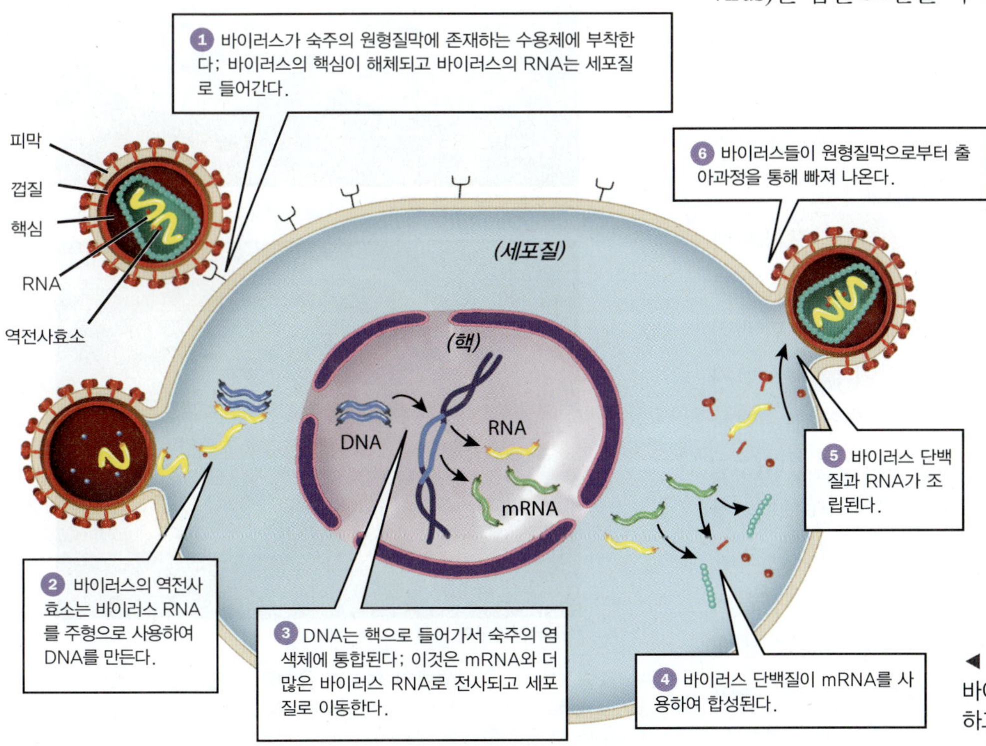


◀ **그림 11-39 바이러스의 복제** 레트로 바이러스인 HIV 바이러스가 백혈구에 침투하고 있다.

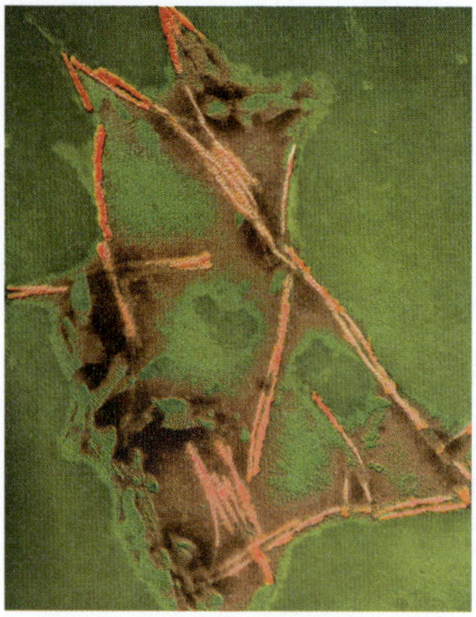

◀ **그림 11-40 프리온: 의문의 단백질** 우해면양뇌증에 걸린 소의 뇌 절편에서 프리온 단백질의 섬유성 뭉치를 관찰할 수 있다

바이러스는 숙주 세포의 메커니즘과 밀접하게 연결되어 있으므로, 바이러스에 의한 질병은 치료하기가 어렵다. 항바이러스제는 바이러스뿐 아니라 숙주세포도 파괴할 수 있다. 바이러스들은 DNA나 RNA 복제 중에 발생하는 오류를 교정하는 메커니즘이 결여되어 있어 항바이러스제에 의해 공격을 받을 때 약에 대한 저항성을 주는 돌연변이가 일어나는 것은 거의 필연적이다. 결국 저항성이 있는 바이러스들은 우점이 되고 이전에 효과가 있던 약은 그 효과가 사라지게 된다.

**비로이드(viroid)**는 단백질 껍질이 결여된 감염입자로 짧은 환상의 RNA 가닥으로만 구성되어 있다. 이렇게 단순함에도 비로이드는 숙주세포의 핵에 들어갈 수 있고 새로운 비로이드의 합성을 지시한다. 오이, 아보카도, 감자와 같은 작물에서 비로이드에 의한 질병이 유발된다.

1982년 노벨상 수상자인 신경학자 스탠리 프루시너(Stanley Prusiner)는 스크래피(그리고 더 넓게는 쿠루, 크로이츠펠트-야곱병, 그리고 수많은 유사한 증세들)는 단백질로만 구성된 감염체에 의해 발병되며 구멍이 뚫린 스펀지 같은 뇌조직이 형성된다고 발표하였다. 이 감염체는 핵산이 없는 단백질이며 이를 **프리온(prion)**이라고 불렀다(그림 11-40). 프리온은 PrP라는 단백질의 잘못 접힌 형태라는 것이 밝혀졌다. 잘못 접힌 프리온 단백질 분자가 건강한 포유류에 들어가게 되면 정상적인 단백질도 프리온으로 전환되도록 유도한다. 결국 이러한 연쇄작용에 의해 신경 조직 내 프리온의 농도는 세포에 해를 끼치고 퇴보시킬 만큼 높아지게 된다. 그러나 왜 정상적인 단백질이 이렇게 전환되는지는 아직도 밝혀지지 않고 있다.

## 11.6 원생생물

**원생생물(protists)**은 식물, 동물 및 균류도 아닌 모든 진핵생물을 일컫는 편의상의 용어이다. 대부분의 원생생물은 매우 복잡한 하나의 진핵세포지만 일부는 군체를 이루며 해초와 같은 다세포도 있다. 대부분의 원생생물은 무성생식을 한다. 한 개체가 체세포분열로 유전적으로 부모와 동일한 두 개체로 나누어진다(그림 11- 41a). 그러나 많은 원생생물에서 두 개체가 유전물질을 공여하여 양친과 유전적으로 다른 자식을 만드는 유성생식을 하기도 한다. 생식이 아니면서 서로 다른 개체의 유전물질을 합치는 경우도 원생생물에서는 흔하다(그림 11-41b). 원생생물은 세 가지 방법으로 영양을 섭취한다: **위족(pseudopods)**을 사용하여 먹이를 섭취하거나, 주변 환경으로부터 영양을 흡수하거나, 광합성을 통해 직접 태양에너지를 획득한다.

(a) 이분법을 통한 생식

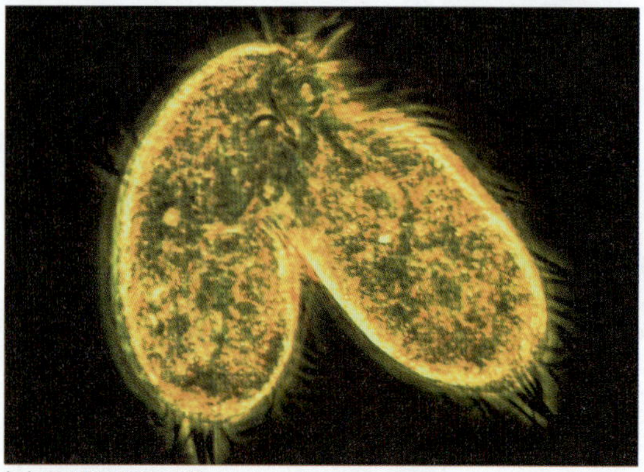

(b) 유전물질의 교환

▲ **그림 11-41 원생생물의 생식과 유전자 교환** (a) 녹조류인 *Micrasterias*가 이분법으로 무성생식을 하고 있다. (b) 섬모충류인 두 *Euplotes*가 유전물질을 교환하고 있다.

**표 11-5 원생생물의 주요 그룹**

| 그룹 | 소그룹 | 운동성 | 영양 | 대표적 특징 | 대표 속 |
|---|---|---|---|---|---|
| **엑스카베이트** 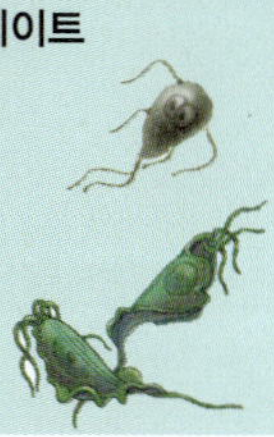 | 중복편모충류 | 편모로 유영 | 종속영양 (다른 생물체를 섭취함) | 미토콘드리아 결핍; 토양이나 물에 서식, 혹은 기생성 | *Giardia* (포유류 장에서 기생) |
| | 부기저체충류 | 편모로 유영 | 종속영양 | 미토콘드리아 결핍; 기생성 또는 공생, 단세포 | *Trichomonas* (성적으로 전파되는 감염인 트리코모나스증을 일으킴) |
| **유글레나문** 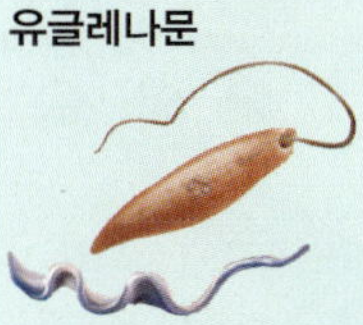 | 유글레나류 | 하나의 편모로 유영 | 광합성 | 안점이 있다; 모두 담수성이다 | *Euglena* (흔한 연못 서식자) |
| | 동원핵편모충류 | 편모로 유영 | 종속영양 | 토양이나 물에 서식, 혹은 기생성 | *Trypanosoma* (아프리카 수면병을 일으킴) |
| **스트라메노필레스 (크로미스트)** 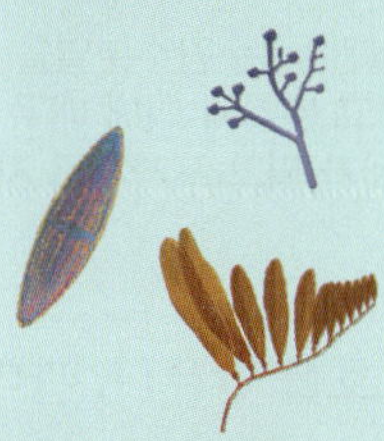 | 물곰팡이류 | 편모로 유영 (배우자) | 종속영양 | 필라멘트형 | *Plasmopara* (노균병을 일으킴) |
| | 규조류 | 표면을 따라 미끄러짐 | 광합성 | 실리카 껍질이 있음; 대부분 해양성; 단세포 | *Navicula* (빛을 향해 미끄러짐) |
| | 갈조류 | 비운동성 | 광합성 | 온대 해양의 해초; 다세포 | *Macrocystis*(켈프숲 형성) |
| **알베오레이트**  | 와편모조류 | 두 개의 편모로 유영 | 광합성 | 생물형광을 내는 것이 많음; 종종 셀루로오스 세포벽을 갖는다; 단세포 | *Gonyaulax*(적조를 일으킴) |
| | 정복합체포자충류 | 비운동성 | 종속영양 | 모두 기생성; 감염성 포자 형성; 단세포 | *Plasmodium*(말라리아 유발) |
| | 섬모충류 | 섬모로 유영 | 종속영양 | 가장 복잡한 단세포가 포함됨; 단세포 | *Paramecium*(빠르게 움직이는 연못 서식자) |
| **리자리안**  | 유공충류 | 가는 위족을 뻗는다 | 종속영양 | 탄산칼슘 껍질이 있다; 단세포 | *Globigerina*(껍질이 해저면의 많은 부분을 덮음) |
| | 방산충류 | 가는 위족을 뻗는다 | 종속영양 | 실리카 껍질이 있다; 단세포 | *Actinomma*(전 세계적으로 해양에 분포) |
| **아메바문** 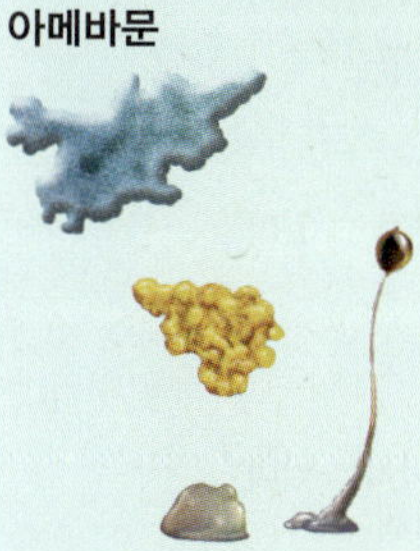 | 아메바 | 두꺼운 위족을 뻗는다 | | 껍질이 없다 | *Amoeba* (일반적으로 연못에 서식) |
| | 비세포성 점균류 | 민달팽이 모양의 덩어리가 표면 위로 흘러나옴 | 종속영양 | 다핵성 변형체 형성 | *Physarum* (커다란 밝은 오렌지색 덩어리 형성) |
| | 세포성 점균류 | 아메바류 세포가 위족을 뻗는다; 민달팽이 모양의 덩어리가 표면 위를 기어 다님 | 종속영양 | 각각의 아메바류 세포로 위변형체 형성 | *Dictyostelium* (종종 실험실 연구재료로 쓰임) |
| **홍조류**  | | 비운동성 | 광합성 | 일부는 탄산칼슘 축적; 대부분 해양성 | *Porphyra* (김밥을 만드는 데 사용) |
| **녹조류**  | | 편모로 유영(일부 종에 한함) | 광합성 | 육상 식물과 가장 가까운 친척임; 단세포 및 다세포 | *Ulva* (바다상추) |

원생생물은 긍정적이든 부정적이든 인간 생활에 중요한 영향을 미친다. 긍정적 영향으로 해양의 광합성 원생생물은 태양에너지를 포획하여 생태계의 다른 생명체가 이용할 수 있게 하고 광합성 과정에서 산소를 방출하여 호흡에 의해 대기권에서 사라진 산소를 보충하는 데 도움을 준다. 부정적인 측면은 많은 인간의 질병이 기생 원생생물에 기인한다는 것이다. 또한 많은 식물 병을 일으키기도 하는데, 사람에게 중요한 작물에 피해를 주는 경우도 있다.

대표적인 원생생물 그룹과 주요 특징은 표 11-5에 기술되어 있으며, 엑스카베이트(중복편모충류와 부기저체충류), 유글레나문(유글레나류와 동원핵편모충류), 스트라메노필레스(물곰팡이류, 규조류, 갈조류), 알베오레이트(와편모조류, 정복합체포자충류, 섬모충류), 리자리안(유공충, 방산충), 아메바문(아메바류, 점균류), 홍조류, 녹조류 등이 있다. 광합성을 하는 원생생물은 모두 **조류(algae**, 단수 alga)이고, 단세포이면서 비광합성 원생생물들은 총칭해서 **원생동물(protozoa**, 단수 protozoan)로 불리고 있다.

## 11.7 육상식물

식물은 광합성, 다세포 배, 세대교번의 특징을 모두 갖춘 생물이다. 엽록체는 물과 이산화탄소를 당으로 전환하는 광합성에서 필수적인 역할을 한다. 식물의 다세포성 배는 어미 식물체의 조직에 의해 영양공급과 보호를 받는다. 관다발식물 생활주기의 특징은 반수체 세대($n$)와 이배체 세대($2n$)가 번갈아 나타나는 **세대교번(alteration of generation**, 그림 11-42)에 있다. 이배체 세대에서 식물체는 이배체 세포들로 이뤄지며 **포자체(sporophyte)**라고도 한다. 포자체의 어떤 세포들이 감수분열하여 반수체의 포자를 형성하고, 포자는 세포 분열을 거듭하여 **배우체(gametophyte)**라

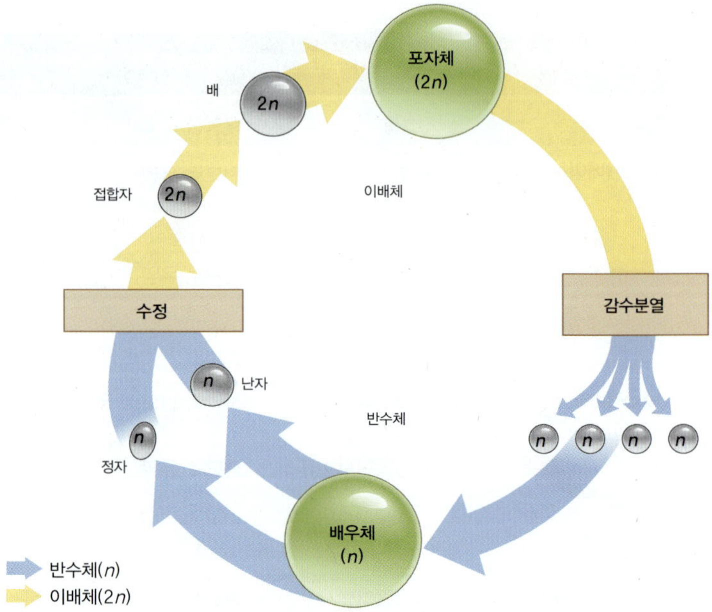


▲ **그림 11-42 식물의 세대교번**
일반적 식물 생활주기에서 볼 수 있듯이 포자체 세대($2n$)는 감수분열을 통해 포자($n$)를 만든다. 포자는 배우체 세대로 자라고 분열에 의해 배우자($n$)를 형성한다. 두 배우자는 수정하여 접합자($2n$)가 되고 포자체로 자라간다.

**표 11-6 주요 식물군의 특징**

| 분류군 | 아분류군 | 포자체와 배우체의 관계 | 생식세포 이동 | 초기 배 발달 | 전파 | 물과 양분을 운반하는 관다발조직 |
|---|---|---|---|---|---|---|
| 무관다발 식물 | 우산이끼류<br>뿔이끼류<br>이끼류 | 배우체 우세 – 포자체는 접합자로부터 생긴다. | 운동성 있는 정자가 배우체 위의 난을 향해 헤엄쳐 간다. | 배우체의 장란기 속에서 발생한다. | 반수성 포자가 바람에 의해 날린다. | 없다 |
| 유관다발 식물 | 석송류<br>속새류와<br>양치류 | 포자체 우세 – 포자체는 배우체에 보존되어 있는 접합자로부터 생긴다. | 운동성 있는 정자가 배우체 위의 난을 향해 헤엄쳐 간다. | 배우체의 장란기 속에서 발생한다. | 반수성 포자가 바람에 의해 날린다. | 있다 |
| | 겉씨식물 | 포자체 우세 – 매우 작은 배우체가 포자체 안에 생긴다. | 바람에 날린 화분이 구과 속의 난세포에게 정세포를 전달한다. | 배젖을 함유한 종자 속에서 발생한다. | 배가 들어 있는 종자가 바람이나 동물에 의해 전파된다. | 있다 |
| | 속씨식물 | 포자체 우세 – 매우 작은 배우체가 포자체 안에 생긴다. | 바람이나 동물에 의해 옮겨진 화분이 꽃 속의 난핵에게 정핵을 전달한다. | 배젖을 함유한 종자 속에서 발생한다. 종자는 열매 속에 들어 있다. | 종자를 함유한 열매가 동물, 바람, 물에 의해 전파된다. | 있다 |

고 하는 반수성 다 세포체가 된다. 배우체는 궁극적으로 세포분열을 통해 각각 반수체의 암수배우자(정자와 난자)를 형성한다.

육상식물은 조류로부터 **무관다발식물(nonvascular plants, bryophtes)**과 **관다발식물(vascular plants, tracheophytes)**로 분화하였다(그림 11-43와 표 11-6).

무관다발식물의 배우체는 물에 의해 퍼져나가며, 뿌리, 줄기, 잎의 구분이 없다. 느린 확산이나 엉성한 관다발조직에 의존하여 물과 영양분을 분배하고 리그닌이 없어서 중력에 저항하여 높이 자라기 어려워 대부분의 무관다발식물은 2.5cm 정도이다. 무관다발식물에는 뿔이끼, 우산이끼류, 솔이끼류가 있다(그림 11-44). 무관다발식물의 생식에는 물이 필요하며, 생식기관에는 두 가지 유형; **조란기(ar-**

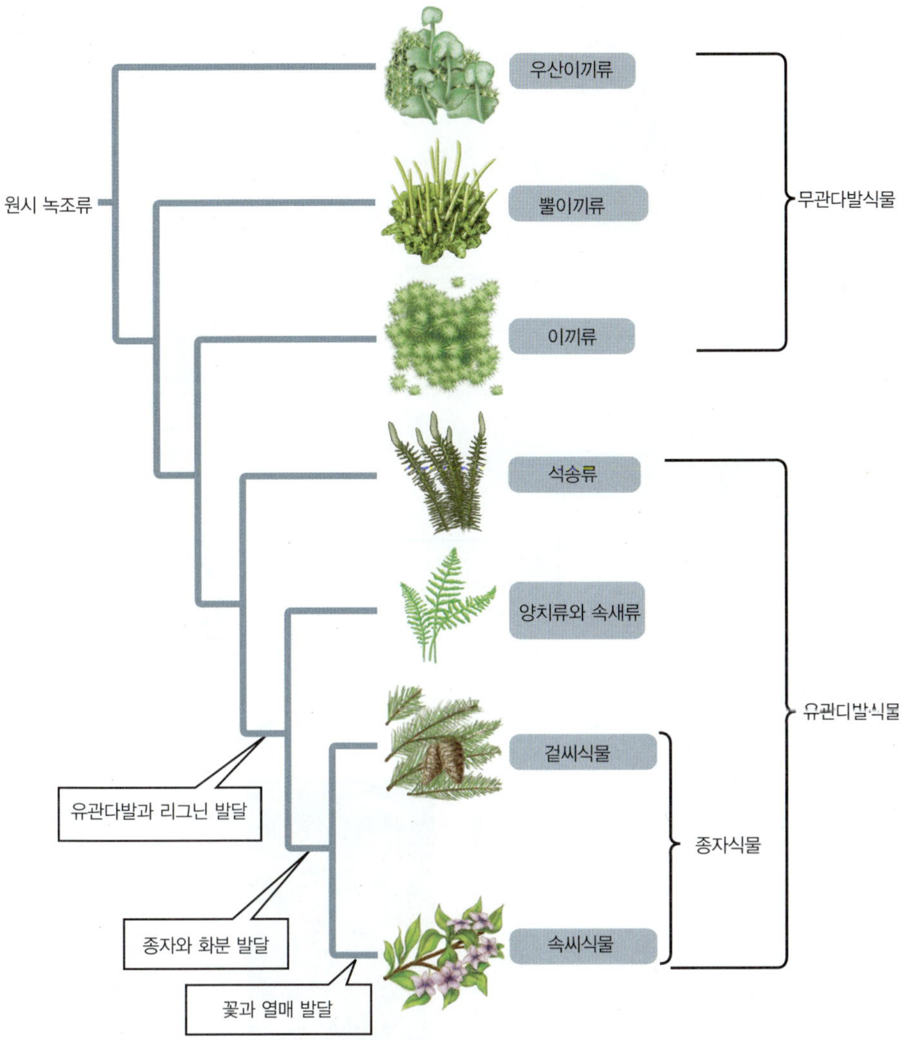


▲ 그림 11-43 주요 식물군의 진화 계통도

(a) 우산이끼 (b) 뿔이끼 (c) 솔이끼 (d) 물이끼

◀ 그림 11-44 무관다발식물 위의 무관다발식물들은 키가 1cm에 미치지 못한다. (a) 축축하고 그늘진 곳에 자라는 우산이끼류. 난을 만드는 우산 모양 조란기를 가진 암개체. 정자는 조란기 위에 있는 수막을 타고 난에게 헤엄쳐 간다. (b) 뿔이끼의 뾰족한 뿔모양 포자체가 배우체에 묻혀 있는 조란기로부터 자라 오른다. (c) 자루(stalk)를 가진 솔이끼류. 포자는 삭(capsule) 속에서 만들어진다. (d) 솔이끼류의 *Sphagnum*이 북방지역의 소택지를 뒤덮고 있다.

▼ **그림 11-45 솔이끼류의 생활주기** 삽입된 사진은 태류인 솔이끼로서 짧은 녹색의 엽상체는 반수체($n$) 상태의 배우체이고 적갈색의 자루(stalk)는 이배체($2n$)의 포자체이다.

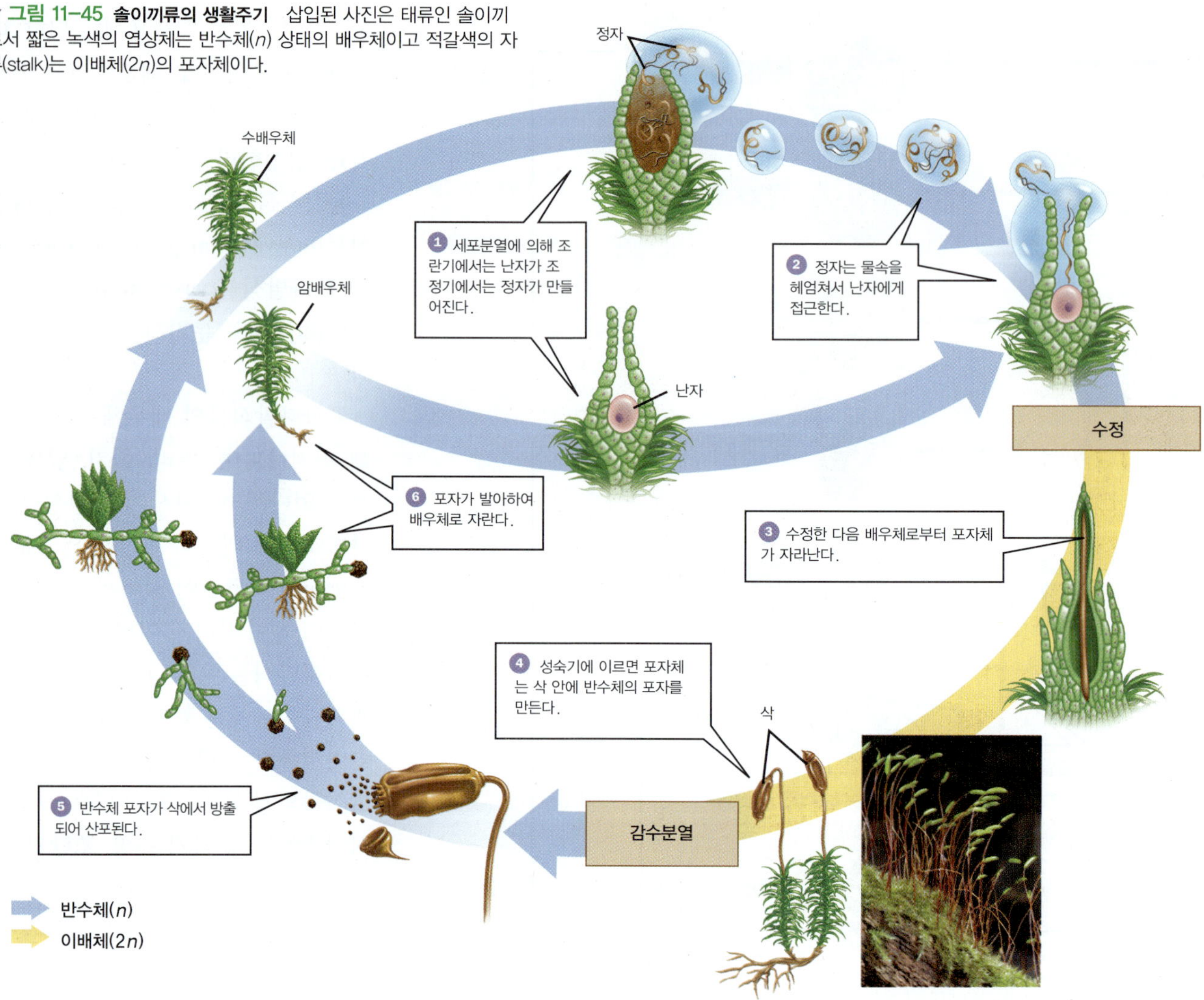


**chegonia)** 속에서는 난이 발생하고, **조정기(antheridia)** 속에서는 정자가 발생한다(그림 11-45).

관다발식물은 물관과 체관이라는 관모양의 통도세포를 가지고 있다(그림 11-46). 리그닌에 의한 지지기능과 뿌리에서 줄기까지 물을 이동시키는 물관이 있어 관다발식물은 선태류에 비해 훨씬 크게 자랄 수 있다. 관다발식물은 무종자식물과 종자식물로 나뉜다.

무종자식물 역시 운동능력이 있는 정자를 가지며, 생식에 물을 필요로 한다. 이들은 종자를 형성

▲ **그림 11-46 육상생활에의 초기 적응** 육상생활에의 적응 형질에는 땅에 식물체를 고정하는 뿌리, 증발을 억제하는 납질 표면인 큐티클, 수분 보존을 위해 닫을 수 있는 기공, (관다발식물의 경우)물과 수용액을 수송하고 식물체를 지지할 수 있도록 리그닌으로 보완된 물관부와 체관부가 있다.

(a) 석송류

(b) 속새류

(c) 양치류

(d) 목생양치류

◀ **그림 11–47 무종자유관다발식물** 무종자유관다발식물은 습기 있는 삼림지대에 자란다. (a) 온대 삼림지대에 자라는 석송류. 포자를 산포하고 있다. (b) 줄기의 모든 절에서 가늘고 긴 가지가 윤생하는 쇠뜨기. 잎은 인편 모양으로 거의 눈에 띄지 않는다. 오른쪽은 솔방울 모양의 포자수이다. (c) deer fern의 소용돌이 모양으로 말린 어린잎에서 성숙한 잎이 펼쳐져 나오고 있다. (d) 대부분의 양치식물은 작지만, 이 목생양치와 같은 몇몇 양치식물은 석탄기에 번성했던 목생양치와 비슷한 크기를 유지하고 있다.

하지 않고 포자로 번식한다. 석송류, 속새류, 양치류가 있다(그림 11-47). 무종자식물 중 양치류만이 넓은 잎을 가진다. 양치식물의 생식에 있어서, 배우자는 매우 작고 연약한 배우체 위에 달린 조란기와 조정기 속에서 만들어진다(그림 11-48).

종자식물은 화분과 종자를 만든다는 점에서 무관다발식물 및 무종자식물과 구별된다. 종자식물에 있어서 암배우체는 포자체 안에 남아서 난을 형성하는 몇 개의 반수체 세포들이다. 수배우체는 **화**

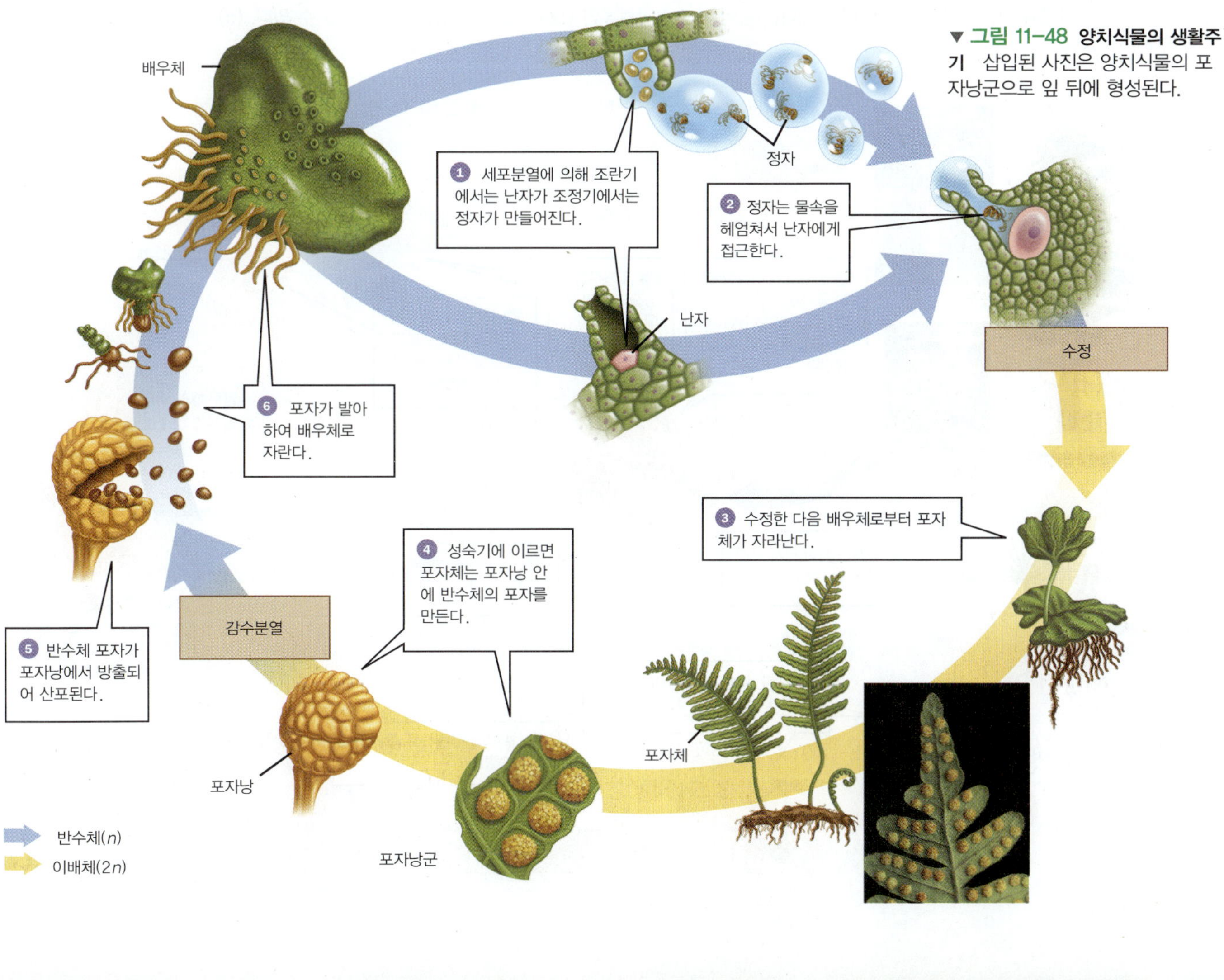


▼ **그림 11–48 양치식물의 생활주기** 삽입된 사진은 양치식물의 포자낭군으로 잎 뒤에 형성된다.

(a) 씨앗 (b) 민들레 (c) 코코넛

▲ **그림 11-49 종자** (a) 왼쪽은 겉씨식물이고 오른쪽은 속씨식물의 종자이다. 종자는 종피에 싸인 배와 배젖으로 이루어진다. 종자는 산포를 위한 다양한 적응 형태를 보인다. (b) 민들레의 작은 종자는 관모를 가져서 바람에 잘 날린다. (c) 코코넛의 육중한 종자는 단단한 열매 속에 잘 보호되어 있어서 대양을 가로지르는 긴 세월 동안 살아남을 수 있다.

(a) 은행 (b) 소철 (c) 마황류 (d) 구과식물

▲ **그림 11-50 겉씨식물** (a) 은행나무는 세계적으로 녹음수나 관상수로 식재된다. (b) 소철은 공룡시대에 번성했으나 현재는 160종 전후로 줄어들었다. 소철도 은행나무와 마찬가지로 암수가 따로 있다(자웅이주). (c) 마황류인 *Welwitschia*의 잎은 천 년을 살 수 있다. (d) 구과식물의 침엽은 왁스층으로 보호되어 있다.

▼ **그림 11-51 소나무의 생활주기**

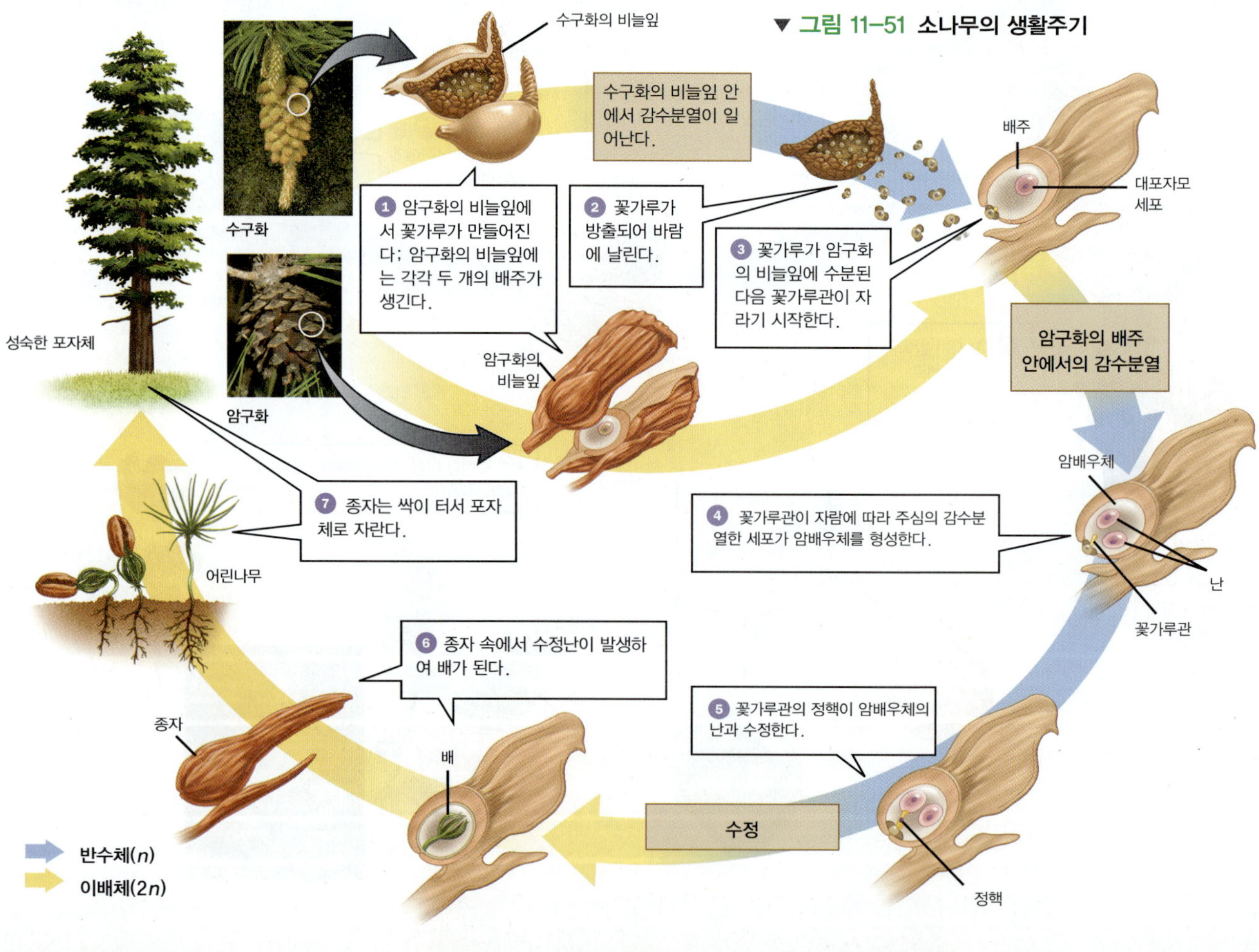

**분(pollen)**이다. 화분은 바람 또는 동물(수분자 벌 등)에 의해 산포되어 난자를 수정시킨다. 물에 의존하지 않고 생식할 수 있게 되었기 때문에 종자식물의 분포는 물의 제약에서 벗어날 수 있게 되었다. **종자(seeds)**는 어린 배, 배에 양분을 공급하는 배젖, 이들을 보호하는 종피로 이뤄져 있다(그림 11-49). 종자식물은 꽃이 없는 겉씨식물(은화식물)과 꽃이 피는 속씨식물(현화식물)로 나뉜다.

**겉씨식물(gymnosperms)**은 속씨식물보다 먼저 분화되어 양치식물과 함께 석탄기의 대삼림을 이루었고, 현재 겉씨식물에는 은행나무류, 소철류, 마황류와 구과식물의 네 무리가 남아 있다(그림 11-50). **구과식물(conifers)**은 소나무, 전나무, 가문비나무, 솔송나무, 삼나무를 포함, 500여 종이 북반구 고위도 한대지방이나 고산지대처럼 건조한 지역에 많다. 구과식물은 세 가지 방법으로 춥고 건조한 환경에 적응하고 있다. 첫째, 연중 푸른 잎을 유지하여 대부분의 식물이 휴면을 하는 동안에도 지속적인 광합성을 한다. 이런 이유로 상록수라고 부르기도 한다. 둘째로 두터운 불투수성 표피로 보호된 가는 바늘잎을 가진다. 마지막으로 수액 속에 부동액을 만들어서 결빙점보다 낮은 온도에서도 영양분 이동이 가능하다. 특유의 솔잎 향은 이 물질로부터 나온다. 구과식물의 생식은 모두 동일하므로 소나무의 생식을 참조하면 된다(그림 11-51).

**속씨식물(angiosperms)**은 꽃을 피우는 종자식물(현화식물)이며, 1억 년 간 지구의 우점종으로 번성하여 현재 23만 종 이상으로 분화되었다. 크기도 초소형의 좀개구리밥(그림 11-52a)에서 거대한 유칼리나무(그림 11-52b)까지 다양하다.

(a) 좀개구리밥

(c) 벼과식물

(b) 유칼리나무

(d) 인주솜풀속

◀ **그림 11–52 속씨식물** **(a)** 연못에 자라는 개구리밥은 가장 작은 속씨식물이다. 개구리밥은 직경이 3mm 정도이다. **(b)** 100m에 달하는 유칼리나무는 가장 큰 속씨식물이다. 바람으로 꽃가루를 산포하는 잔디**(c)**나 자작나무와 같은 나무들은 눈(녹색)이나 꽃망울(갈색)처럼 눈에 띄지 않는 꽃을 가진다. **(d)** 인주솜풀속(butterfly weed)이나 유칼리나무의 꽃과 같이 눈에 잘 띄는 꽃은 동물(주로 곤충)을 이용하여 화분을 다른 개체에게 전달한다.

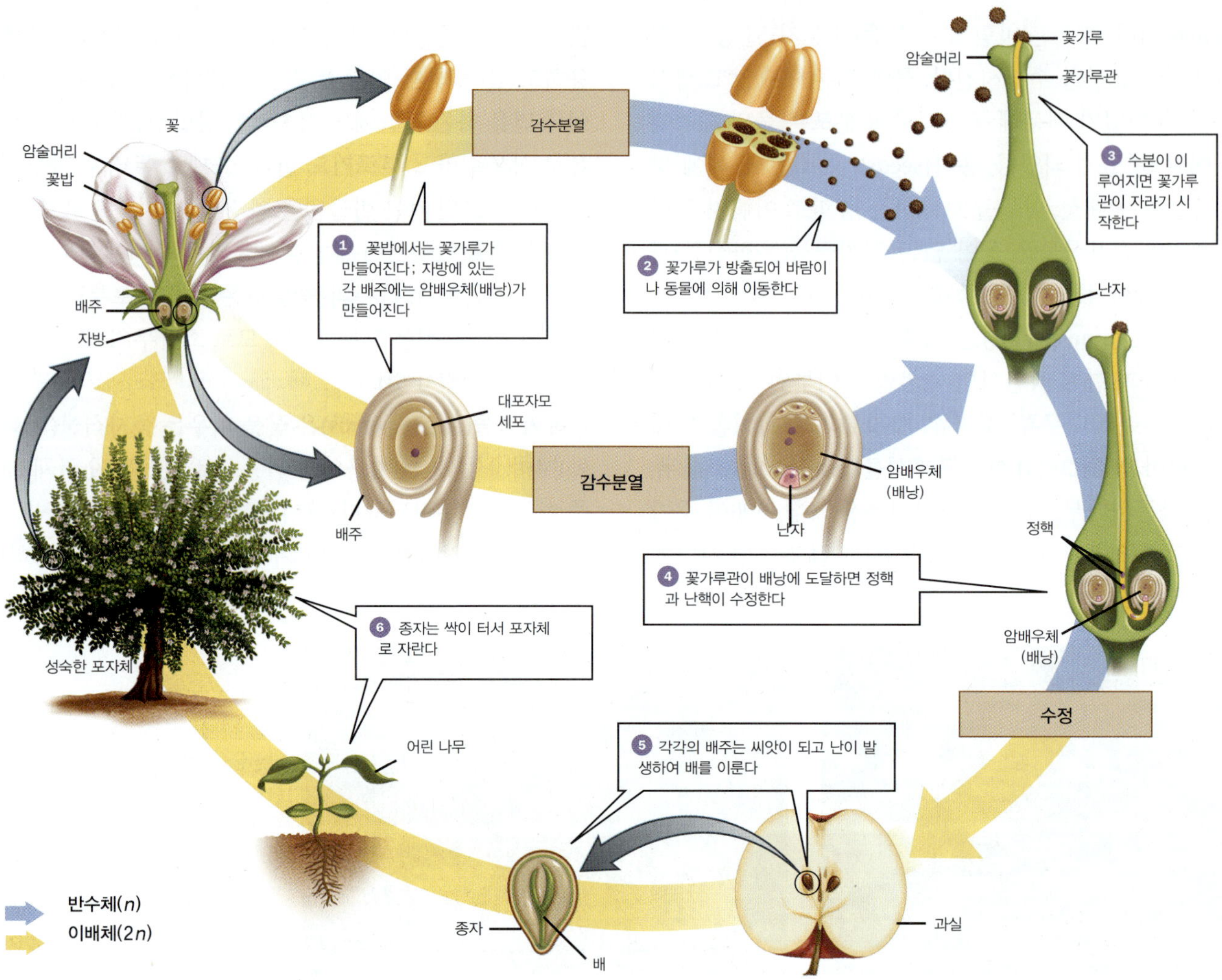


▲ 그림 11-53 현화식물의 생활주기

다육식물, 열대난이나 기생식물인 라플레시아에 이르기까지 식물계 대부분을 점하고 있다. 속씨식물은 꽃, 열매, 넓은 잎의 적응으로 번성하였다.

속씨식물, 꽃을 피우는 현화식물의 생활주기에서 꽃은 포자체 위에 생긴다(그림 11-53). 속씨식물의 꽃(flowers)은 화분을 나르는 동물(곤충으로 추정되는, 충매화) 혹은 바람에 의해 꽃가루를 산포(풍매화)하면서 진화했을 것이다. 속씨식물은 햇빛을 효율적으로 잡을 수 있는 넓은 잎을 가지고 있다. 속씨식물의 넓고 부드러운 잎은 초식동물의 좋은 먹이가 된다. 그래서 속씨식물은 포유류나 해충으로부터 자신을 지키기 위하여 바늘, 가시, 단단한 잎과 같은 물리적 방어 수단과 화학적 방어를 위해 화합물을 생성하였다. 이들 화합물은 약용 및 식용자원으로 유용하게 개발되어 아스피린이나 코데인 같은 의약품, 니코틴이나 카페인 같은 기호품, 후추나 페퍼민트 같은 향신료로 활용되고 있다.

식물은 육상생태계의 구성원들이 이용하는 에너지를 고정하고, 대기에 산소를 공급, 토양의 생성과 안정에 기여하며, 생태계의 물 흐름을 느리게 하는 등 중요한 생태적 역할을 수행한다. 식물은 인간에게 먹이, 연료, 건축용재, 약품은 물론 심미적 즐거움을 제공한다.

## 11.8 곰팡이

곰팡이하면 버섯을 떠올릴 것이다. 그러나 대부분의 곰팡이는 버섯을 만들지 않는다. 곰팡이 몸체는 **균사체(mycelium** 복수 mycelia; 그림 11-54a)인데, **균사(hyphae** 단수 hypha; 그림 11-54b, c)는 실과 같은 섬유들이 서로 얽힌 덩어

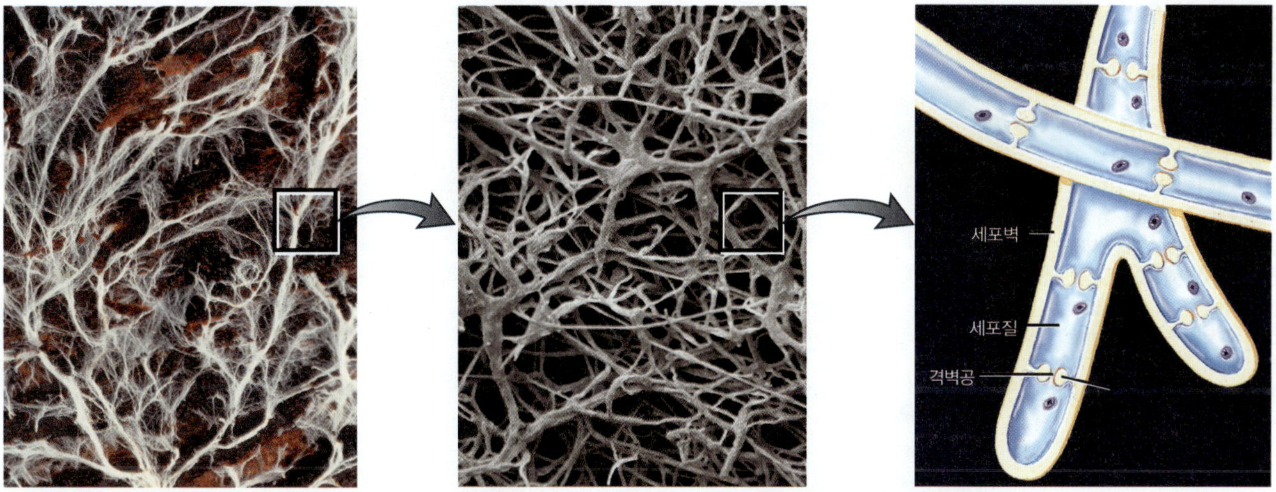


(a) 균사체 (b) 균사 (c) 균사 횡단면

▲ **그림 11-54 곰팡이의 균사체** **(a)** 곰팡이 균사체가 썩어가는 식물 위에 퍼져있다. 균사체는 현미경으로 보이는 균사**(b)**로 뒤얽혀 있으며 내부 구조는 단면**(c)**에 묘사되어 있다.

리이다. 일부 종들에서 균사는 수많은 핵이 있는 하나의 신장된 세포로 구성되어 있다. 일부 종들에서는 **격벽(septa,** 단수 septum)이라고 하는 구획에 의해 수많은 세포로 나누어져 있는데 각 세포에는 한 개에서 여러 개의 핵이 존재한다. 곰팡이의 세포벽은 키틴(chitin)을 함유하고 있어 단단한 구조를 가진다. 모든 곰팡이는 종속영양생물이고 균사 밖으로 소화효소를 분비하여 분해된 영양분을 흡수한다.

곰팡이는 새로운 개체를 만들 수 있는 반수체 세포의 **포자(spores)**로 부터 발생한다(그림 11-55). 일반적으로 곰팡이는 무성생식과 유성생식을 모두 할 수 있다(그림 11-56). 대부분 곰팡이는 안정된 조건에서 무성생식을 하지만, 환경변화나 스트레스를 받는 조건에서는 유성생식을 한다.

곰팡이는 6개의 주요 분류군으로 분류된다: 병꼴균문(호상균문, *Chytridiomycota*, chytrids), 네오칼리마스티그균문(*Neocallimastigomycota*, 혹위곰팡이), 후벽낭균문(*Blastocladiomycota*, blastoclades), 글로메로균문(*Glomeromycota*, glomeromycetes), 담자균문(*Basidiomycota*, ba-

(a) 목도시흙밤버섯(earthstar)

(b) *Pilobolus*

▶ **그림 11-55 일부 곰팡이는 포자를 시출한디** **(a)** 성숙한 목도시흙밤버섯은 물 한 방울에 부딪히면 공기 흐름에 의해 전파될 수 있는 구름 같은 포자들을 방출한다. **(b)** 말똥에서 사는 *Pilobolus*의 정교하고 투명한 생식구조는 성숙했을 때 꼭대기 부분을 날려버리는데 까만 포자를 담고 있는 모자 부분을 1m 이상 분산시킨다. 풀에 떨어진 포자들은 말 같은 초식동물이 풀을 먹을 때까지 그대로 있다. 이후에(약간 거리가 있는 곳에서) 말이 *Pilobolus* 포자가 포함된 새로운 똥을 누게 되면 포자들은 동물의 소화관을 통과하는 동안 손상 받지 않고 밖으로 나오게 된다.

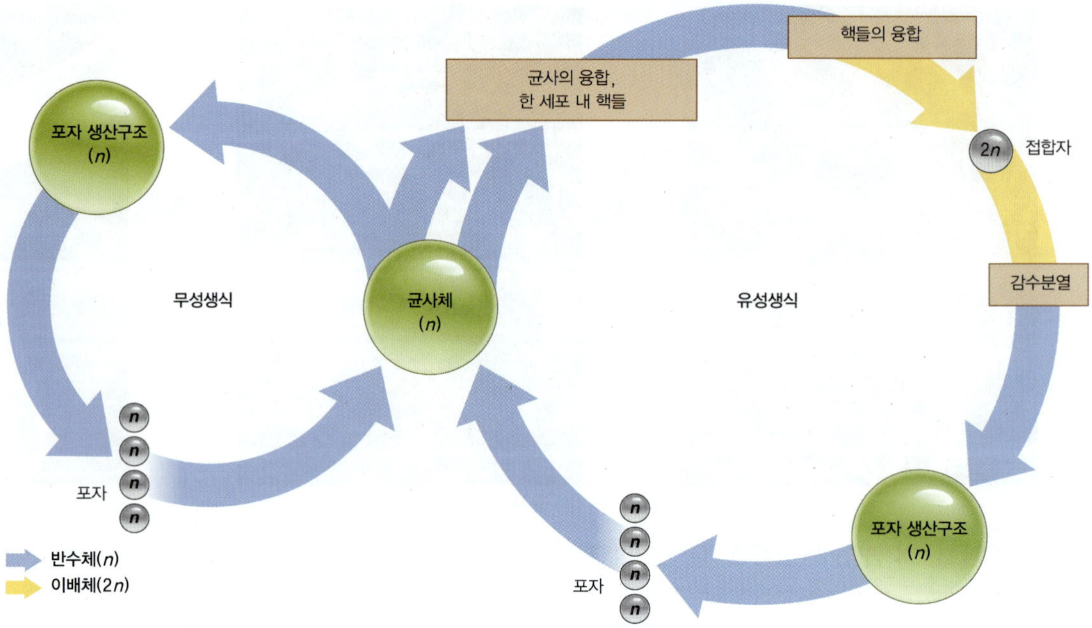


▶ **그림 11-56 일반적인 곰팡이 생활주기** 무성생식에서 균사체 내의 반수체 균사는 유사분열을 통해 반수체 포자를 생산하는 구조를 만든다. 유성생식에서 서로 다른 대립되는 교배형 반수체 균사들은 융합하여 양쪽 부모의 핵들을 가진 세포를 만든다. 이 핵들은 다음에 융합하여 이배체 접합자를 만들고 반수체 포자들을 만들기 위해 감수분열을 거치게 된다.

sidiomycetes), 그리고 자낭균문(*Ascomycota*, ascomycetes). 6개 분류군에 속하지 않는 일부 곰팡이들은 접합균문(*Zygomycota*, Zygomycetes)에 속한다. 그러나 최근 DNA서열 분석에 의해 접합균류를 새롭게 지명된 분류군에 배정하기 위해 이들의 진화적 역사에 관한 추가적 자료들을 모으고 있는 중이다. 그림 11-57와 표 11-7은 곰팡이 주요 분류군의 계통 발생과 중요한 특징을 요약해 놓았다.

병꼴균류, 혹위곰팡이, 그리고 후벽낭균류는 포자 분산을 위해 물을 요구하는 유주포자를 가지는 특징이 있다. 포자는 한 개 혹은 그 이상의 편모를 가지고 물속에서 이동한다. 대부분의 **병꼴균(chytrids)**들은 민물에서 살지만 일부는 바다에서 산다. 기생 병꼴균류는 현재 전 세계적으로 개

표 11-7 곰팡이의 주요 분류군

| 보통 명(문) | 생식구조 | 세포의 특성 | 경제와 보건에 미치는 영향 | 대표 속 |
|---|---|---|---|---|
| **병꼴균류** (Chytridiomycota) | 반수체 혹은 이배체 편모가 있는 포자 생산 | 격벽이 없다 | 개구리 개체군 감소에 영향을 준다. | *Batrachochytrium* (개구리 병원균) |
| **혹위곰팡이** (Neocallimastigomycota) | 반수체 혹은 이배체 편모가 있는 포자 생산 | 격벽이 없다 | 소, 말, 양이 초식 생활을 하게 해준다 | *Neocallimastix* (초식동물 소화계에서 산다) |
| **후벽낭균류** (Blastocladiomycota) | 반수체 혹은 이배체 편모가 있는 포자 생산 | 격벽이 없다 | 알려져 있지 않다 | *Allomyces* (수생 분해자) |
| **글로메로균류** (Glomeromycota) | 반수체 무성포자 생산, 보통 군생 집단 내 | 격벽이 없다 | 균근 형성 (상리공생, 식물뿌리와 공생 연합) | *Glomus* (넓게 퍼지는 균근 구성원) |
| **담자균류** (Basidiomycota) | 유성생식으로 곤봉 같은 담자기에 반수체 담자포자 생산 | 격벽이 있다 | 깜부기병과 녹병을 일으킴; 식용 버섯 포함 | *Amanita* (독버섯) *Polyporus* (선반버섯) |
| **자낭균류** (Ascomycota) | 주머니 같은 자낭 속에서 반수체 유성포자 형성 | 격벽이 있다 | 과일부패; 섬유손상; 느릅나무시듦병과 밤나무줄기마름병을 일으킴; 효모류와 곰보버섯 포함 | *Saccharomyces* (효모) *Ophiostoma* (느릅나무시듦병) |
| **접합균류** (Zygomycetes, 공식적으로 지정된 분류군이 아님) | 유성 이배체 접합포자생산 | 격벽이 없다 | 연과류 부패균과 검은빵곰팡이 | *Rhizopus* (검은빵곰팡이); *Pilobolus* (똥곰팡이) |

▶ 그림 11–57 곰팡이 주요군의 진화 계통수

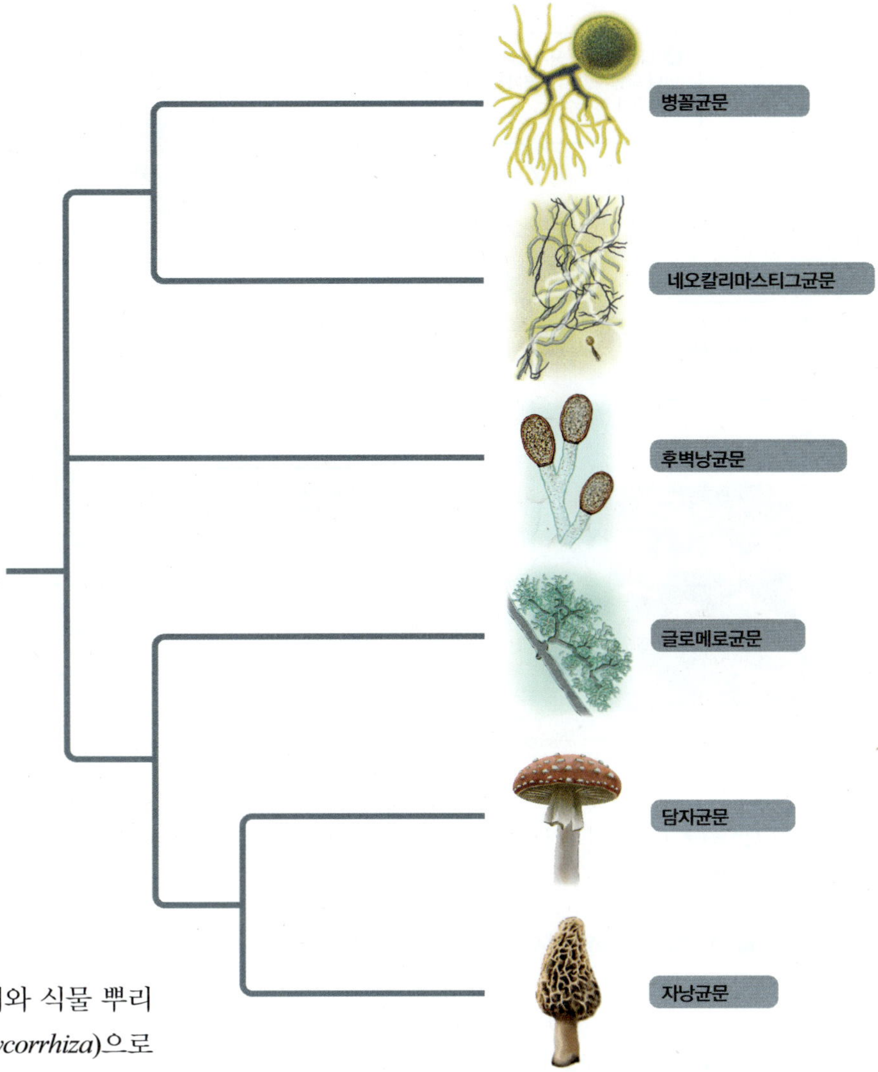


구리가 사망하는 원인이 되기도 한다. **혹위곰팡이(rumen fungi)**는 혐기성이고 소, 양 같은 초식동물의 소화관에서 주로 살며, 섬유소를 분해하는 효소를 생산하여 그 분해산물을 자신과 동물숙주 모두가 이용할 수 있게 한다. **후벽낭균(Blastoclades,** 그림 11-58)들은 포자의 핵 부근에 핵피막(nuclear cap)이라는 특이한 구조를 가진다. 후벽낭균은 민물에서 살거나 토양에서도 살며 일부는 식물이나 물벼룩 혹은 모기 유충 같은 수생무척추동물의 기생자이다.

**글로메로균류(glomeromycetes)**는 식물의 뿌리와 긴밀하게 접촉하며 살아간다. 글로메로균류의 균사는 뿌리세포로 침투하여 수지상 구조를 만든다(그림 11-59). 곰팡이와 식물 뿌리 사이의 이러한 이로운 연합 양식은 균근(*mycorrhiza*)으로 알려져 있다.

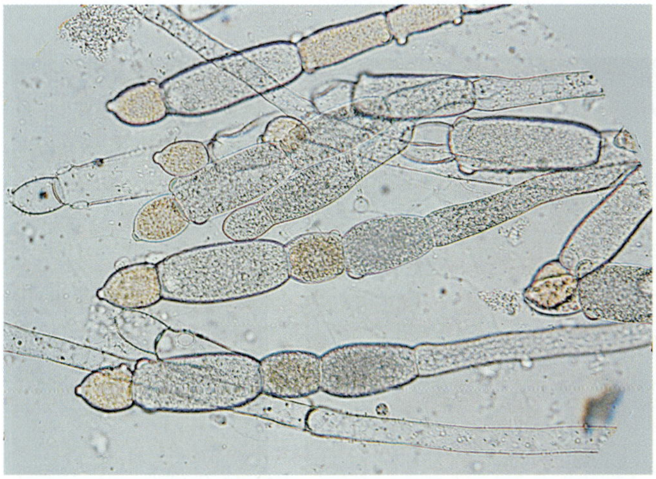

▲ 그림 11–58 **후벽낭균 균사** 후벽낭균 *Allomyces*의 균사는 유성생식과정 중에 있다. 균사상의 오렌지색 구조는 수배우자를 방출하고 투명하게 부푼 구조는 암배우자를 방출한다. 배우자는 편모가 있으므로 이와 같은 유영생식구조는 수중에서 분산에 도움이 된다.

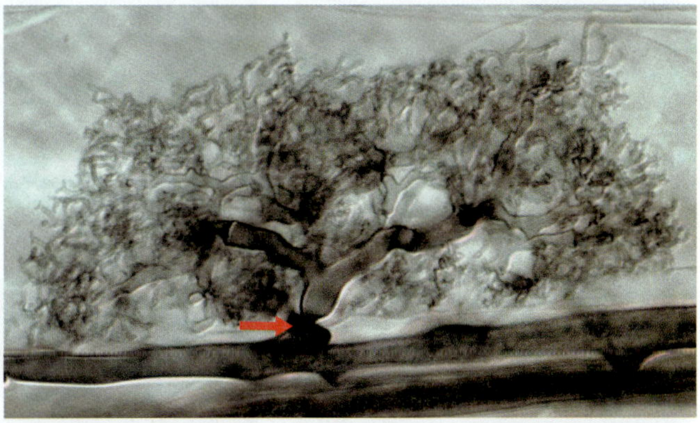

▲ 그림 11–59 **식물 세포 내의 글로메로균** 글로메로균 균사는 상호공생 연합을 이루는 식물세포 내로 들어간다. 숙주식물 뿌리세포 내에서 곰팡이는 전형적인 수지상 구조로 발달한다. 이 사진에서 보면, "줄기" 균사(붉은 화살표)는 바닥에 있는 더 큰 균사로부터 분지되고 식물 뿌리세포 내에서 많은 "세분지" 균사로 나누어진다.

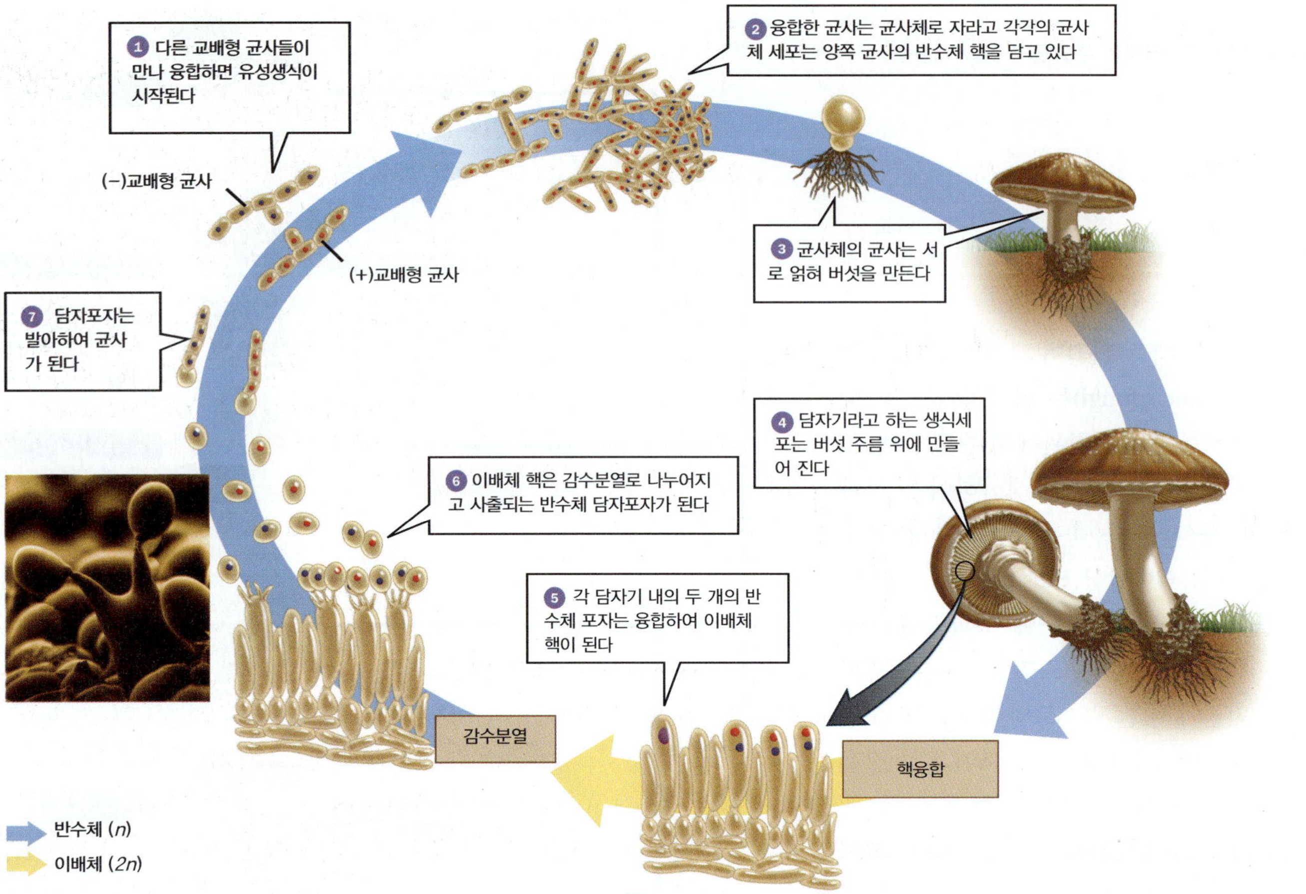


▲ 그림 11-60 **전형적인 담자균의 생활주기** 사진은 담자기에 부착된 두 개의 담자포자를 보여 주고 있다.

**담자균류(Basidiomycetes)**는 전형적으로 유성생식을 하며(그림 11-60, 61) 균사는 곤봉모양의 생식세포인 **담자기(basidia)**로 발달한다. **자낭균류(ascomycetes)**는 sac fungi라고 하는데 유성생식과 무성생식을 모두 할 수 있으며(그림 11-62) 균사의 일부 정단에서 **자낭(ascus,** 복수 asci)이라고 하는 주머니 같은 케이스가 만들어 진다.

(a) 말불버섯

(b) 선반버섯

(c) 말뚝(망태)버섯

▲ 그림 11-61 **다양한 담자균류** (a) 거대한 말불버섯 *Lycoperdon giganteum*은 5조 개의 포자를 만든다. (b) 디저트 접시 크기인 선반버섯은 나무숲에서 눈에 잘 띈다. (c) 말뚝버섯의 포자는 사람에게는 악취가 나지만 파리가 좋아하는 점액성 덮개 밖으로 운반된다. 파리는 말뚝버섯에 알을 낳고 몸에 붙은 포자를 본의 아니게 퍼뜨리는 역할을 하게 된다.

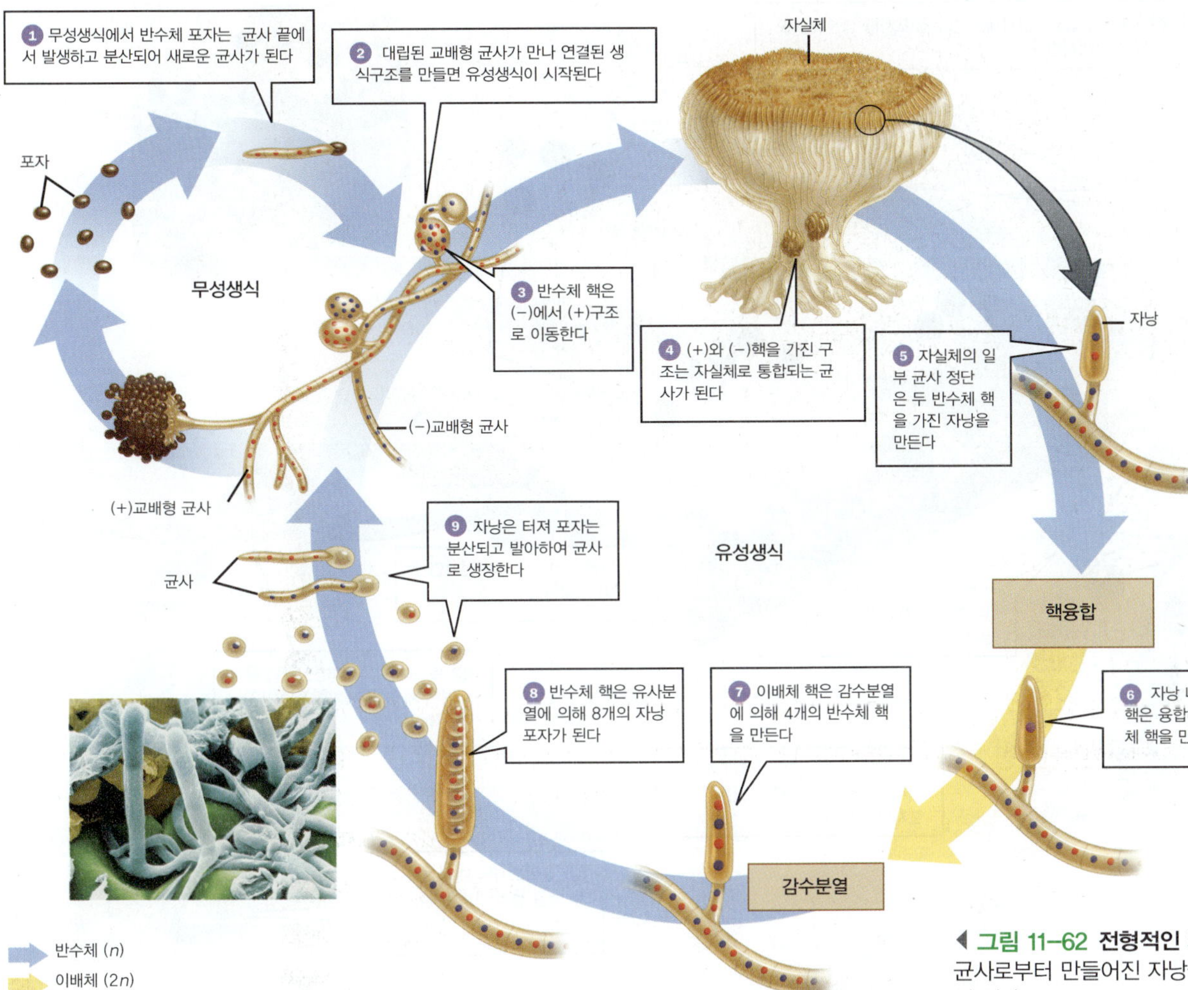


◀ **그림 11-62 전형적인 자낭균의 생활주기**
균사로부터 만들어진 자낭들이 사진에 제시되어 있다.

**접합균류(zygomycetes)**라고 했던 많은 종들은 보통 토양이나 동, 식물 사체에서 산다. 이 종들은 부패를 일으키거나 검은빵곰팡이로 알려진 *Rhizopus*속에 속하는 종들을 포함하고 있다. 유성생식과 무성생식을 모두 할 수 있는 검은빵곰팡이의 생활주기가 그림 11-63에 나와 있다. 무성생식은 검은 포자 주머니인 **포자낭(sporangia**, 단수 sporangium)

▼ **그림 11-64 지의류 : 공생관계** (a) 대부분의 지의류는 곰팡이 균사로 만들어진 외부 층이 위와 아래에 부착된 층상구조를 가진다. 곰팡이 균사는 아래층으로부터 뻗어 나오는데 이는 암석이나 나무의 표면에 부착되어 있다. 조류와 곰팡이가 긴밀하게 연락되어 생장하는 조류층은 곰팡이의 상부층 바로 아래에 있다. (b) 건조한 암석 위에서 자라고 있는 색깔을 띤 외피성 지의류는 곰팡이와 조류의 공생관계가 가진 강인한 자립성을 보여주고 있다. 곰팡이로부터 생산된 색소는 밝은 오렌지색이다. (c) 잎 모양의 지의류가 암석에서 자라고 있다.

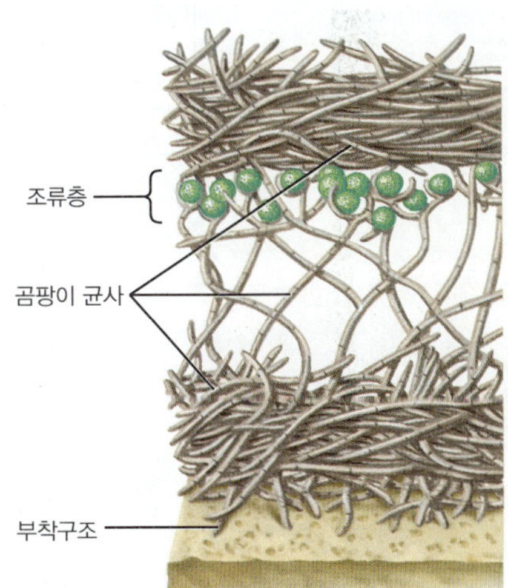


(a) 지의류 구조

(b) 외피로 덮인 지의류

(c) 잎 모양의 지의류

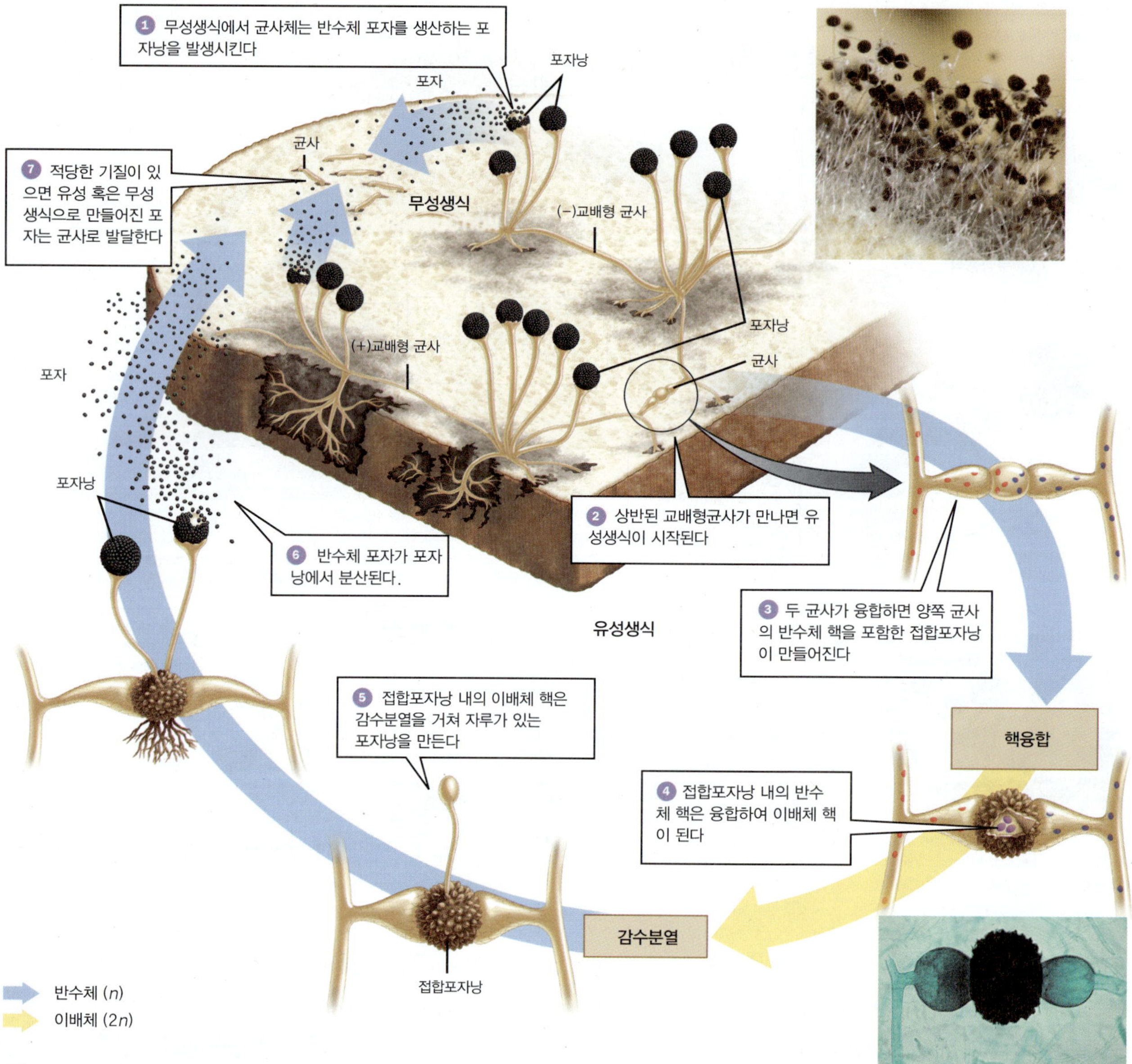


▲ 그림 11-63 **빵곰팡이의 생활주기**

내의 반수체 포자가 만들어지면서 시작된다.

곰팡이들은 다른 생물 종들과 공생(*symbiotic*)관계를 유지하며 살고 있으며, **지의류(lichens)**는 곰팡이와 단세포 녹조류 혹은 시아노박테리아와 사이의 공생연합이다(그림 11-64a). 수천 종류의 곰팡이 종(주로 자낭균류)이 지의류(그림 11-64b,c)를 만든다. **균근(mycorrhizae**, 단수 mycorrhiza)은 곰팡이와 식물뿌리 사이의 중요한 공생연합이다. 5,000종 이상의 균근 곰팡이가 관다발식물 뿌리와 긴밀한 관계를 유지하며 살고 있다. 균근 곰팡이의 균사는 식물뿌리를 둘러싸고 침입하여(그림 11-65) 식물의 광합성 산물인 당 분자를 공급 받으며 곰팡이는 토양의 무기물과 유기양분을 분

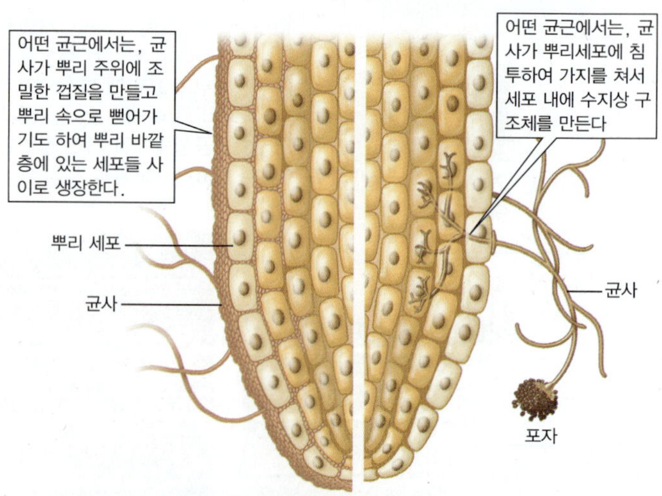


▲ 그림 11-65 **균근은 식물생장을 증진시킨다** 곰팡이와 식물뿌리 사이의 균근 연합은 이 그림의 왼쪽과 오른쪽에 제시된 바와 같이 두 가지 일반적 타입이 있다.

(a) 옥수수 깜부기병균

(b) 줄기흑녹병균

▲ **그림 11-66 깜부기병균과 녹병균** **(a)** 옥수수 깜부기균은 담자균 병원균으로 매년 수백만 달러에 해당하는 옥수수를 파괴하고 있다. 그러나 옥수수 깜부기병균 같은 병원균조차도 찬양자가 있는데 멕시코에서는 이 곰팡이를 위틀라코체(*huitlacoche*)라고 하는데 매우 맛있는 진미로 간주되고 있다. **(b)** 또 다른 담자균인 줄기흑녹병균은 아프리카, 중앙아시아 그리고 중동의 수백만 에이커의 밀농사 지역을 위협하고 있다.

해하고 흡수하여 일부를 식물 뿌리세포에 전달한다. 균근곰팡이는 또한 물을 흡수하여 식물에게 전달하기도 한다.

내생균류(*endophytes*, 식물 내부에서 사는 생물체)의 일부는 식물 질병을 일으키는 원인이기도 하나 대부분은 숙주식물에 이익이 된다. 이 곰팡이들은 곤충이나 초식동물에게 맛없는 혹은 유독한 물질을 생산하여 포식자로부터 초본식물을 보호하는 데 도움을 준다.

생물체 중에서 곰팡이만이 나무를 구성하고 있는 리그닌과 섬유소를 분해할 수 있다. 모든 종류의 사체를 분해하는 부생생물(*saprophytes*, 죽은 생물체를 먹이로 함)인 곰팡이는 죽은 조직 성분을 생태계로 돌아가게 한다.

곰팡이는 인간에게 중요한 식물을 공격한다. 녹병균(rusts)과 깜부기병균(smuts)의 담자균 식물병원균은 곡물에 피해를 주고 있다(그림 11-66). 그러나 곰팡이 병원균은 현재 흰개미, 쌀바구미, 천막벌레나방유충, 감귤진드기 같은 해충들을 억제하는 데 이용되기도 한다(그림 11-67).

일부 곰팡이는 인간에게 위험한 독소를 생산한다. *Aspergillus*속의 곰팡이는 아플라톡신(aflatoxins)이라는 매우 독

▲ **그림 11-67 해충을 죽이는 곰팡이** *Cordyceps*같은 곰팡이는 농사에서 해로운 곤충을 통제하는 데 이용된다. 이 나방의 몸에서 나온 흰 스파이크는 *Cordyceps* 자실체이다.

▲ **그림 11-68 *Penicillium*** 오렌지에서 자라고 있는 *Penicillium*. 과일 표면을 덮고 있는 생식구조가 눈에 띄는 반면, 아래쪽 균사는 과일 내부에서 양분을 빨아들인다. 항생제 페니실린이 처음 이 곰팡이로부터 분리되었다.

성이 강하고 발암성인 화합물을 생산한다. 독소를 생산하는 자낭균 *Claviceps purpurea*는 호밀의 맥각병(ergot)을 일으킨다.

인간을 공격하는 기생성 곰팡이 종들도 있다. 질 감염의 원인이 되는 효모 *Candida albicans*와 같은 자낭균이 있으며, 무좀, 완선, 백선(버짐)의 원인인 피부를 공격하는 것들이 있다. 이런 병은 불쾌하지만 생명을 위협하는 것은 아니고 항진균 연고로 치료될 수 있다.

곰팡이는 인류건강에 긍정적인 영향을 주기도 한다. 항생제는 자낭균으로부터 생산되는 페니실린의 발견으로 시작되었다(그림 11-68). 페니실린은 올레안도마이신과 세팔로스포린 같은 곰팡이에 의해 생산되는 항생제와 함께 세균성 질환의 치료에 이용되고 있다. 사이클로스포린은 장기이식 중 면역반응을 억제하여 이식된 기관을 거부하지 않도록 하는 데 이용되고 있다.

곰팡이는 사람의 음식에도 중요한 기여를 한다. 야생 혹

▲ 그림 11-69 **송로(truffle)** 송로는 떡갈나무뿌리에 균근을 형성하는 자낭균의 지하 포자생산구조이다. 특히 질 좋은 것은 종종 경매로 팔리기도 한다.

은 재배 담자균 버섯 그리고 곰보버섯과 값비싼 송로(그림 11-69)와 같은 자낭균류을 포함하는 일부 곰팡이를 우리는 직접 먹는다. 세계에 가장 유명한 치즈로는 Roquefort, Camembert, Stilton 그리고 Gorgonzola 치즈가 있는데, 이들은 치즈가 숙성될 때 치즈에서 자라는 자낭균에 의해 독특한 향기를 얻게 된다. 음식공급에 가장 중요하고 널리 보급된 곰팡이는 아마도 효모(yeasts)로 알려진 단세포 자낭균류(일부 담자균류)이며, 포도주, 맥주 그리고 빵의 발효를 돕는다.

## 11.9 동물

동물의 주된 특징은 진핵생물이며 다세포로 구성되어 있고, 동물세포에는 세포벽이 없다. 유성생식을 하며, 다른 생

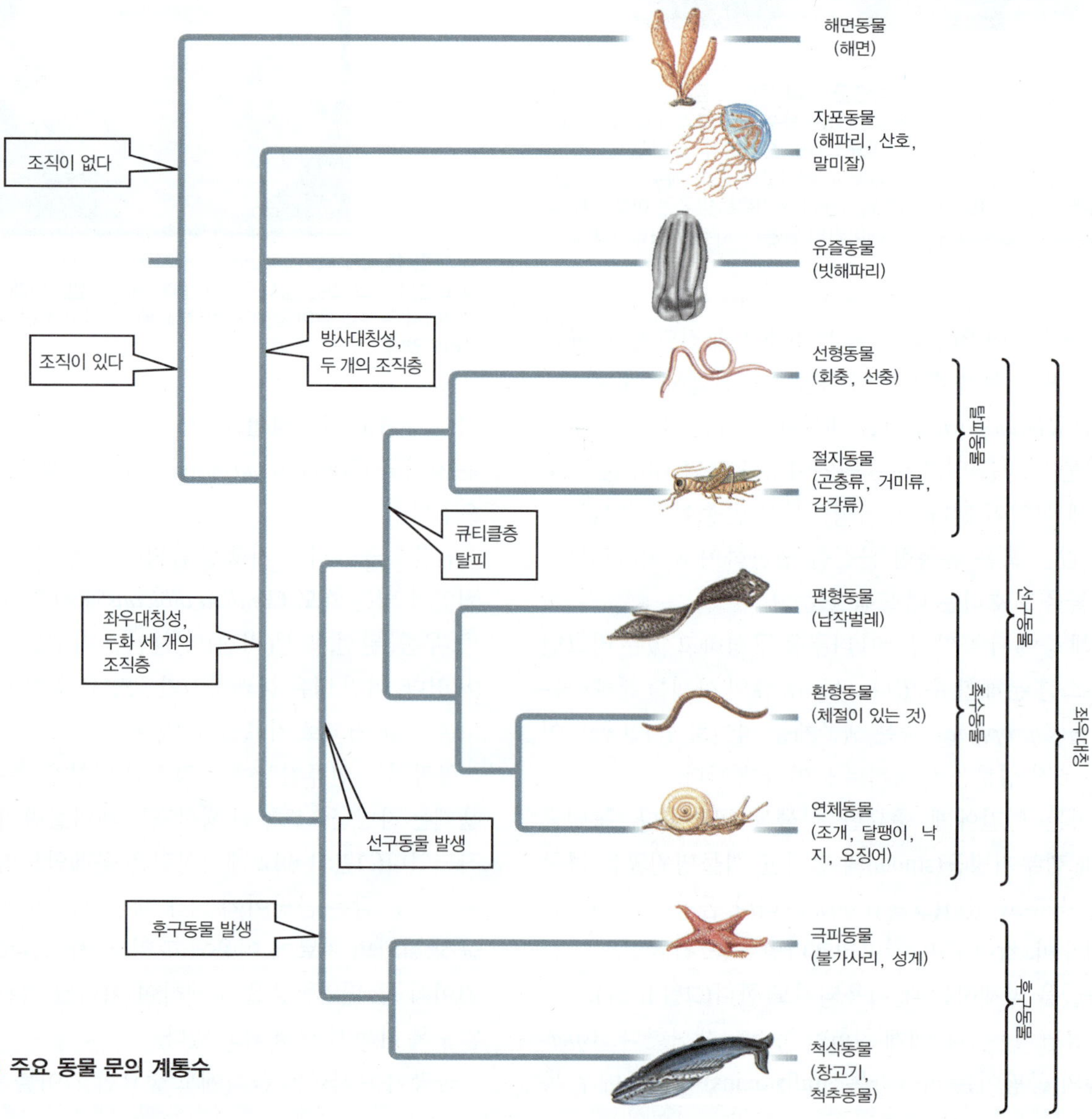


▲ 그림 11-70 **주요 동물 문의 계통수**

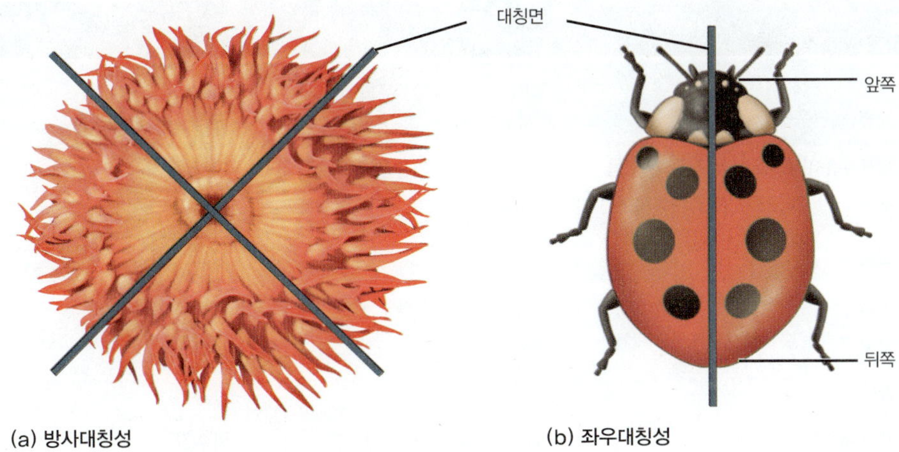


◀ **그림 11-71 몸의 대칭과 두화현상** (a) 말미잘과 같은 방사대칭동물은 머리가 없다. 중앙 축을 지나는 어떤 면이라도 몸은 이등분되어진다. (b) 딱정벌레와 같은 좌우대칭동물은 앞쪽에 머리가 있고 뒤쪽에 꼬리가 있다. 몸은 중앙선을 따라가는 하나의 면에 의해서만 이등분될 수 있다.

물을 섭취해서 에너지를 얻는 종속영양을 한다. 대부분의 동물은 외부 자극에 대해 빠르게 감지하고 반응할 수 있으며, 생활주기의 일정 단계에서는 움직일 수 있다.

동물의 계통수 분기점에 관한 단서는 동물의 구조, 초기 발생 과정 그리고 DNA 염기서열에서 찾고 있다(그림 11-70). 대부분의 동물은 **조직(tissues)**을 가지고 있으며, 조직이 없는 동물은 해면동물뿐이다. 조직을 가진 동물은 **방사대칭성(radial symmetry)**이나(그림 11-71a) **좌우대칭성(bilateral symmetry)**을 나타낸다(그림 11-71b). 방사대칭동물의 배는 이배엽 즉 **내배엽(endoderm)**과 **외배엽(ectoderm)**으로 이루어져 있고, 좌우대칭동물은 삼배엽 즉 내배엽과 외배엽 그리고 **중배엽(mesoderm)**으로 이루어져 있다. 좌우대칭동물에서 내배엽은 분화되어 호흡표면, 소화관, 그리고 대부분의 중공기관을 이룬다. 외배엽은 신경조직과 몸 바깥쪽 표면의 조직을 형성한다. 중배엽은 근육, 순환기관, 골격기관을 형성한다.

방사대칭동물은 말미잘처럼 고착(sessile)하거나 해파리처럼 떠다니는 경향이 있으며, 얼굴이 모든 방향을 향하고 있다. 좌우대칭동물은 어떤 주어진 방향으로 스스로 움직임(*motile*)이 가능하므로 머리에 뇌와 감각기관이 집중되어 있는 **두화현상(cephalization)**이 나타난다. 두화현상은 몸의 앞쪽(*anterior*)에 감각세포, 감각기관, 신경세포다발 그리고 먹이를 섭취하기 위한 기관이 집중, 뒤쪽(*posterior*)에 꼬리가 나타나는 것이 특징이다.

대부분의 좌우대칭동물은 소화관과 체벽 사이에 액체가 들어 차 있는 체강이 있으나, 방사대칭동물은 체강이 없다. **체강(coelom)**은 중배엽에서 발생한 조직으로 완전히 둘러싸여 있고, 액체가 들어있다(그림 11-72a). 체강을 가진 동물

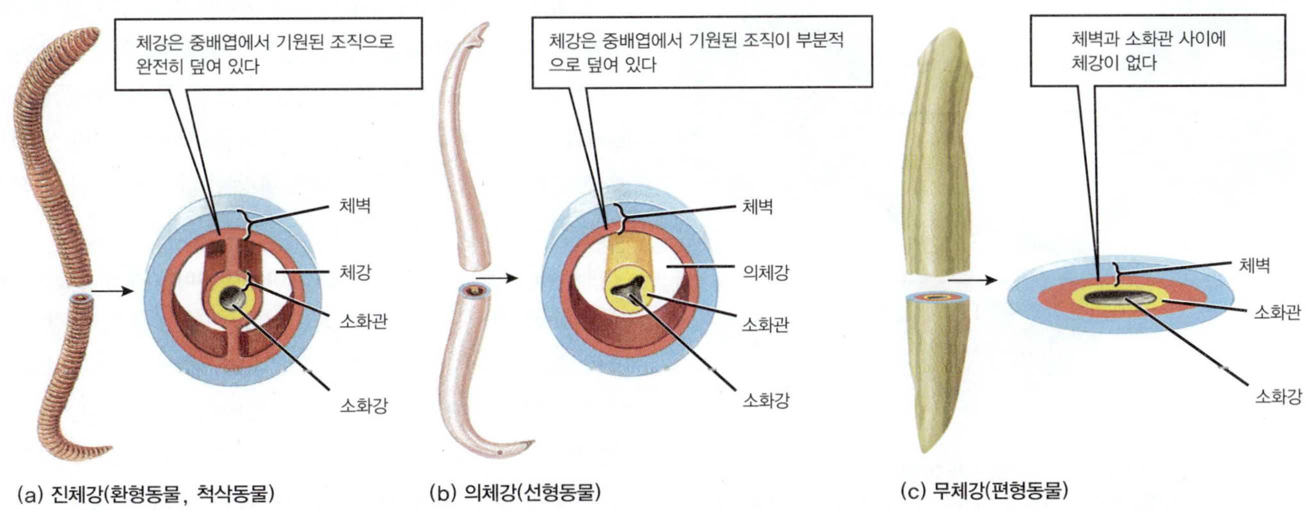


▲ **그림 11-72 체강** (a) 환형동물은 체강을 가지고 있다. (b) 선형동물은 의체강동물이다. (c) 편형동물은 체벽과 소화관 사이에 체강이 없다.(파란색은 외배엽에서, 붉은색은 중배엽에서, 노란색은 내배엽에서 각각 기원된 것을 나타낸다).

| 표 11-8 | 주요 동물 문의 비교 | | | |
|---|---|---|---|---|
| 일반명(문) | | 해면(해면동물) | 히드라, 말미잘, 해파리 (자포동물) | 편형동물(편형동물) |
| 몸체제 | 구성 수준 | 세포수준이고, 조직과 기관이 없음 | 조직은 있고, 기관은 없음 | 기관계 |
| | 배엽 | 없음 | 이배엽 | 삼배엽 |
| | 대칭 | 없음 | 방사대칭 | 좌우대칭 |
| | 머리 | 없음 | 없음 | 있음 |
| | 체강 | 없음 | 없음 | 없음 |
| | 체절 | 없음 | 없음 | 없음 |
| 내부기관계 | 소화계 | 세포내소화 | 위수강:일부는 세포내소화 | 위수강 |
| | 순환계 | 없음 | 없음 | 없음 |
| | 호흡계 | 없음 | 없음 | 없음 |
| | 배설계(체액조절) | 없음 | 없음 | 섬모세포가 있는 원신관 |
| | 신경계 | 없음 | 신경망 | 종신경삭을 가진 뇌 신경절 |
| | 생식 | 유성생식과 무성생식(출아)을 겸함 | 유성생식과 무성생식(출아)을 겸함 | 유성생식(일부는 자웅동체)과 무성생식(분열법)을 겸함 |
| | 지지 | 골편이 있는 내골격 | 유체골격 | 유체골격 |
| | 밝혀진 종수 | 8,500 | 10,000 | 10,000 |

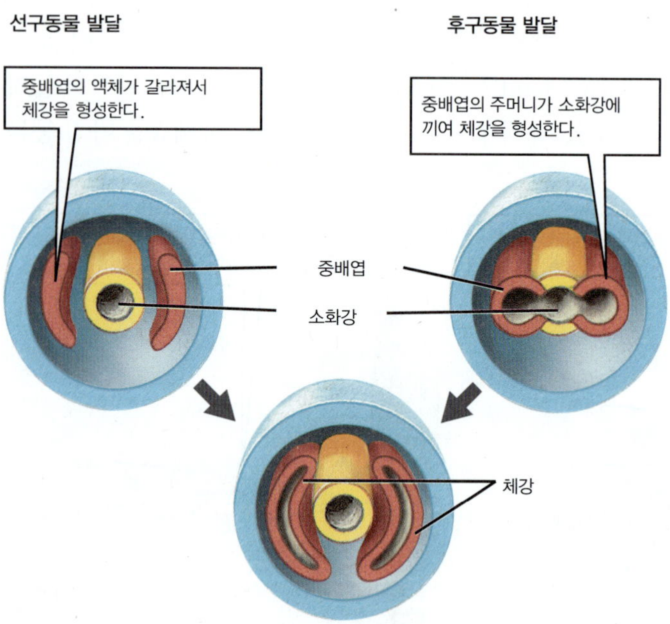


▲ 그림 11-73 **선구동물과 후구동물의 체강 형성** 여기에는 선구동물과 후구동물의 배 발생에서 나타나는 여러 차이점 중 하나를 나타내었다. (파란색의 조직은 외배엽, 빨간색 부분은 중배엽, 노란색은 내배엽에서 각각 유래하였다.)

을 체강동물(*coelomates*)이라 한다. 환형동물, 절지동물(곤충, 거미, 갑각류), 연체동물(조개, 달팽이), 극피동물 그리고 척삭동물(사람 포함) 등이 체강동물이다. 어떤 동물은 중배엽에서 발생한 조직으로 완전히 둘러싸여 있지 않은 체강을 가지고 있는데, 이런 체강을 **의체강(pseudocoelom)**, 이런 동물을 의체강동물(*pseudocoelomates*)이라 한다(그림 11-72b). 선형동물(회충, 선충 등)이 가장 큰 의체강동물이다. 좌우대칭동물의 일부는 체강이 없는 무체강동물(*acoelomates*)이다. 예를 들어, 편형동물(플라나리아, 디스토마, 촌충 등)은 체벽과 창자 사이에 체강이 없고 단단한 조직으로 채워져 있다(그림 11-72c).

좌우대칭동물은 **선구동물(protostome)**과 **후구동물(deutrostome)**로 나누어진다(그림 11-73). 선구동물의 체강은 체벽과 소화관 사이에 형성되고, 후구동물의 체강은 소화강이 만들어지면서 자연스럽게 형성된다. 환형동물, 절지동물, 그리고 연체동물은 선구동물이고, 극피동물과 척삭동물은 후구동물이다. 선구동물은 진화 초기에 절지동물과 같이 주기적으로 허물을 벗는 탈피동물(*ecdysozoans*)과 먹

| 체절로 됨(환형동물) | 달팽이, 대합오징어(연체동물) | 곤충, 거미, 갑각류 (절지동물) | 회충(선형동물) | 불가사리, 성게(극피동물) |
|---|---|---|---|---|
| 기관계 | 기관계 | 기관계 | 기관계 | 기관계 |
| 삼배엽 | 삼배엽 | 삼배엽 | 삼배엽 | 삼배엽 |
| 좌우대칭 | 좌우대칭 | 좌우대칭 | 좌우대칭 | 유생:좌우대칭 성체:방사대칭 |
| 있음 | 있음 | 있음 | 있음 | 없음 |
| 체강 | 체강 | 체강 | 의체강 | 체강 |
| 있음 | 없음 | 있음 | 없음 | 없음 |
| 입과 항문이 분리됨있음 | 입과 항문이 분리됨 | 입과 항문이 분리됨 | 입과 항문이 분리됨 | 입과 항문이 분리됨 |
| 폐쇄 순환계 | 개방순환계 | 개방순환계 | 없음 | 없음 |
| 없음 | 아가미, 폐 | 기관, 아가미, 서폐 | 없음 | 관족, 피부아가미, 호흡수 |
| 신관 | 신관 | 신관과 유사한 배설선 | 배설선 | 없음 |
| 한 쌍의 복신경삭을 가진 뇌신경절이 있고, 체절마다 신경절이 있음 | 일부 두족류에서 잘 발달된 뇌가 있고, 여러 쌍의 신경절이 있음 체벽에 신경망 있음 | 한 쌍의 복신경삭을 가진 뇌신경절이 있고, 체절마다 신경절이 있음 일부는 연합됨 | 배복 신경삭을 가진 뇌신경절이 있음 | 뇌신경절은 없고, 신경환과 방사신경이 있음 |
| 유성생식(일부는 자웅동체) | 유성생식(일부는 자웅동체) | 유성생식 | 유성생식(일부는 자웅동체) | 유성생식(일부는 자웅동체)과 재생에 의한 무성생식을 겸함 |
| 유체골격 | 유체골격 | 외골격 | 유체골격 | 외피 아래에 있는 내골격 |
| 13,000 | 50,000 | 1,000,000 | 12,000 | 6,800 |

이를 잡아먹는 촉수를 가지고 있고 촉수동물로 나누어졌다(그림 11-74a).

생물학자들은 동물을 **척추동물(vertebrates)**과 **무척추동물(invertebrates)**로 나누고 있다. 척추동물은 전체 동물의 3% 미만이고 대부분은 무척추동물이다. 동물은 표 11-8에 요약된 것처럼 대략 32개의 문으로 인식하고 있다.

## 무척추동물

**해면동물(sponges)**은 **자웅동체(hermaphroditic)**로서 유성생식을 한다. 체제가 단순하고 조직이 없으며 고착성이고 색깔과 모양이 다양하다(그림 11-75). 해면동물에는 세 종류의 세포가 있다. 상피세포(*epithelial cells*)는 몸 표면을 덮고 있다. 일부 상피세포는 소공 세포(pore cells)로 변형되어 소

(a) 촉수관 (b) 담륜자유생

▲ 그림 11–74 **촉수담륜동물의 특징** 편형동물, 절지동물, 환형동물이 포함된 촉수담륜동물문의 동물은 (a) 촉수 같은 섭취구조나 (b) 담륜자로 불리는 특이한 유생구조를 나타낸다.

(a) 외피해면 (b) 관해면 (c) 나팔해면

▲ **그림 11–75 해면동물의 다양성** 해면동물은 크기와 모양 그리고 색깔이 다양하다. (a) 외피해면은 해저 바위 위에서 일정한 모양이 없이 자란다. 다른 종류는 관 모양(b)을 하고 있거나, 항아리 모양(c)을 하고 있다.

공의 크기를 조절하고 물의 흐름을 일정하게 한다. 동정세포(*collar cells*)는 편모로 물의 흐름을 유지시킨다. 편모 주위의 세포는 미생물을 걸러내며 걸러진 미생물은 세포에 의해 섭취되고, 일부는 변형세포(*amoeboid cells*)를 지나면서 소화와 영양분배를 하고, 생식세포를 생산하며 골편(*spicules*)을 만든다. 골편은 탄산칼슘이나 규소 또는 단백질로 구성되며 내골격을 형성, 몸을 지탱한다(그림 11-76).

해파리, 말미잘, 산호, 히드라와 같은 **자포동물(cnidarians)**은 육식성 포식자이다(그림 11-77). 자포동물의 신경망

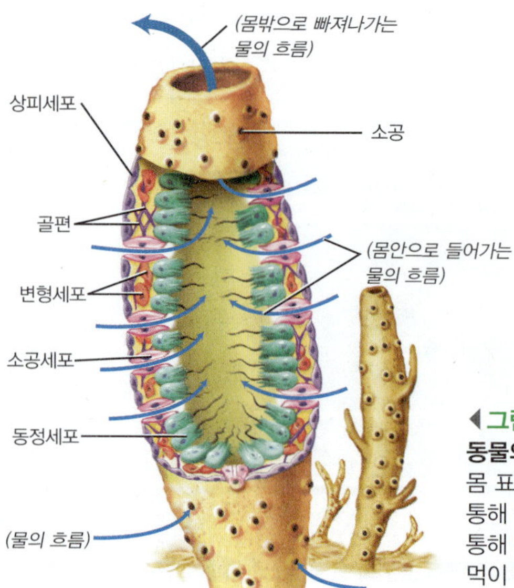


◀ **그림 11–76 해면동물의 몸 체제** 물은 몸 표면에 있는 소공을 통해 들어가고 대공을 통해 배출된다. 미세한 먹이 입자들은 물로부터 걸러진다.

(a) 말미잘 (b) 해파리 (c) 산호 (d) 바다장수말벌

◀ **그림 11–77 자포동물의 다양성**
(a) 붉은 점이 있는 말미잘이 먹이를 잡기 위해 촉수를 펴고 있다. (b) 바다에 떠다니는 해파리 (c) 산호가 촉수를 펴고 있다. (d) 해파리의 일종인 바다장수말벌은 강한 독을 가지고 있는 자세포가 있다. 독은 새우와 같은 먹이를 빠르게 죽일 수 있다.

(*nerve net*)은 온 몸에 퍼져 있어 운동, 섭식행동 등을 일으키는 수축조직을 조절한다. 그러나 대부분의 자포동물은 진정한 기관이나 뇌가 없다. 고착형(*polyp*, 그림 11-78a)과 해파

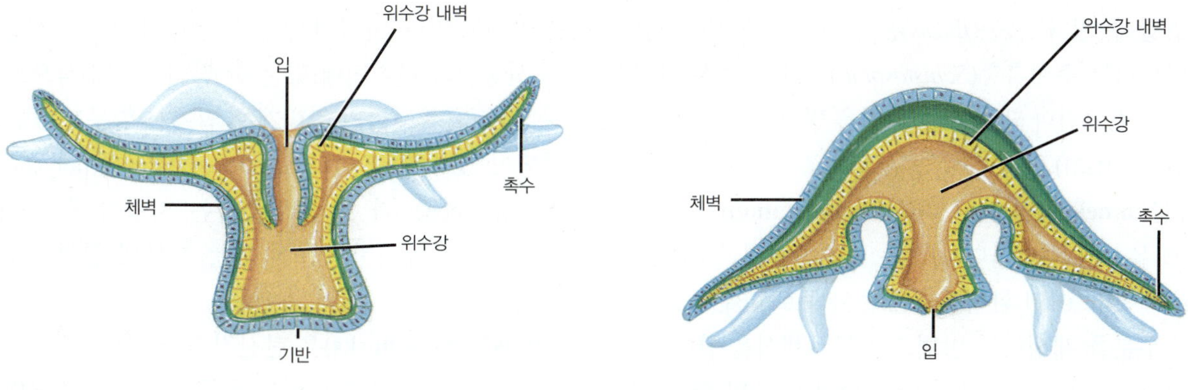


(a) 말미잘 (b) 해파리

▲ 그림 11-78 고착형과 해파리형 (a) 말미잘과 산호에서 볼 수 있는 고착형. (b) 해파리에서 볼 수 있는 해파리형. 뒤집혀 있는 고착형과 닮아 있다.(파란색 부분은 외배엽에서, 노란색 부분은 내배엽에서 유래된 것을 보여준다.)

리형(*medusa*, 그림 11-78b)이 있다. 일반적으로 고착형은 바위에 부착하여 살도록 적응되었고 먹이를 잡을 수 있는 촉수가 있고, 촉수에는 먹이와 접촉했을 때 먹이에게 독이 있는 필라멘트를 주입할 수 있는 자세포(*cnidocytes*)가 있다(그림 11-79). 종 모양을 하고 있는 해파리형은 물의 흐름에 따라 떠다닌다. 생식 방법은 다양하지만, 일반적으로는 폴립 단계와 해파리 단계를 거치게 된다. 고착형은 전형적으로 **출아법(budding)**에 의한 무성생식을 한다. 자포동물의 한 종류인 산호는 폴립 형태의 군집을 이루며 단단한 탄산칼슘의 골격을 분비한다.

**편형동물(flatworms)**은 몸이 납작하고 리본 모양을 하며, 좌우대칭으로 약 10,000여 종이 기생충이다(그림 11-80). 모두 유성생식을 할 수 있으며 자웅동체이고, 기관을 가지고 있다. 머리에 **신경절(ganglia)**이 있어 간단한 뇌를 형성하고 있다. 한 쌍의 **신경삭(nerve cords)**이 신경절에 신호를 전달한다. 호흡계와 순환계가 없어서 체세포와 환경 사이에서 확산에 의해 가스교환을 한다. 양분은 몸 전체에 뻗어있는 소화관을 통해 체세포로 이동되며 소화되지 않는 찌꺼기는 입을 통해 다시 밖으로 배출된다. 기생성 편형동물은 인간

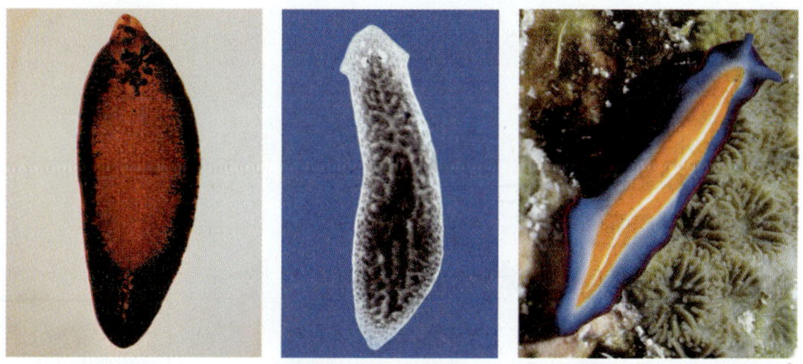

(a) 흡충 (b) 민물에 사는 편형동물 (c) 바다에 사는 편형동물

▲ 그림 11-80 편형동물의 다양성 (a) 이 흡충은 기생하는 편형동물의 한 예이다. (b) 민물에서 자유생활을 하는 편형동물의 머리에는 분명하게 볼 수 있는 안점이 있다. (c) 열대 산호초에서 사는 대부분의 편형동물은 밝은 색을 띤다.

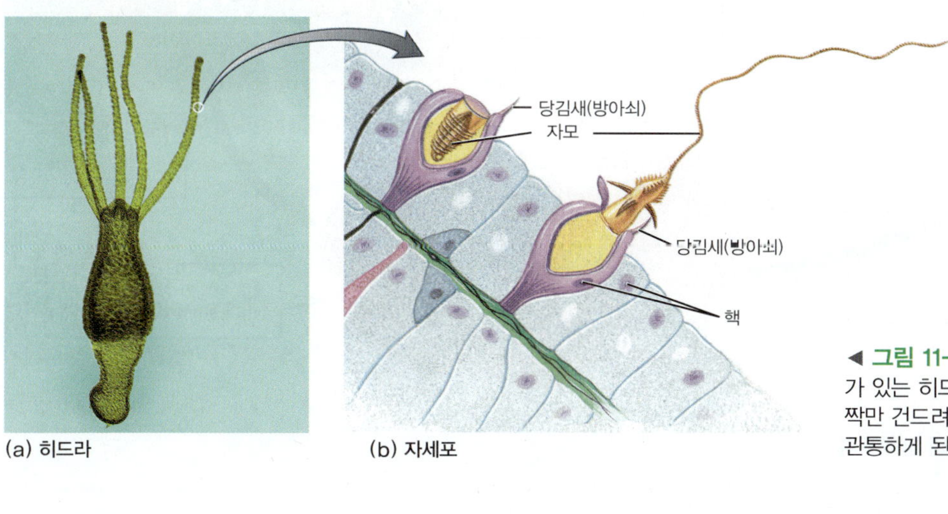


(a) 히드라 (b) 자세포

◀ 그림 11-79 자포동물의 무기 : 자세포 (a) 자세포가 있는 히드라의 촉수 (b) 방아쇠 역할을 하는 자침을 살짝만 건드려도 독이 있는 자모가 힘차게 발사되어 먹이를 관통하게 된다.

에게 감염될 수 있다. 흡충(*flukes*)은 간디스토마와 주혈흡충증을 일으키는 주혈흡충(*Schistosoma*)이다. 촌충은 사람들이 감염된 소고기나 돼지고기, 생선을 덜 익혀 먹었을 때 감염된다(그림 11-81).

**환형동물(annelids)**의 몸은 **체절(segmentation)**로 이루어져 있고 유성생식을 하며 일부는 자웅동체지만 대부분은 자웅이체이다. 어떤 환형동물은 몸이 둘로 나누어진 후 잃어버린 부분을 재생하는 방법으로 무성생식을 한다. 진정한 체강을 가지고 있고 체강 안에 액체가 몸의 골격 기능을 담당하는 **유체골격(hydrostatic skeleton)**으로 토양을 민첩하게 파고 들어간다. 편형동물은 몸 전체에 가스와 양분을 공급해 주는 **폐쇄순환계(closed circulatory system)**를 가지고 있다. 머리에 있는 간단한 뇌 그리고 체절마다 있는 신경절과 연결되어 있는 한 쌍의 복신경삭으로 이루어져 있다. 환형동물의 소화계는 입에서 항문까지 관으로 연결되어 있다. 빈모류(oligochaetes), 다모류(polychaetes), 거머리류(leeches)가 있다. 빈모류는 지렁이 종류, 다모류는 갯지렁이 종류이며, 거머리류는 동물의 혈액을 흡혈한다(그림 11-82).

**연체동물(mollusks)**은 탄산칼슘 성분의 패각에 의해 자신을 보호한다. 패각이 없는 종류는 신속하게 도망가거나, 몸에 독을 지니고 있거나 싫어하는 화학물질을 가짐으로써 포식자들을 피한다. **개방순환계(open circulatory system)**를 가지며 혈액은 **혈강(hemocoel)**내에 존재한다. 신경계는

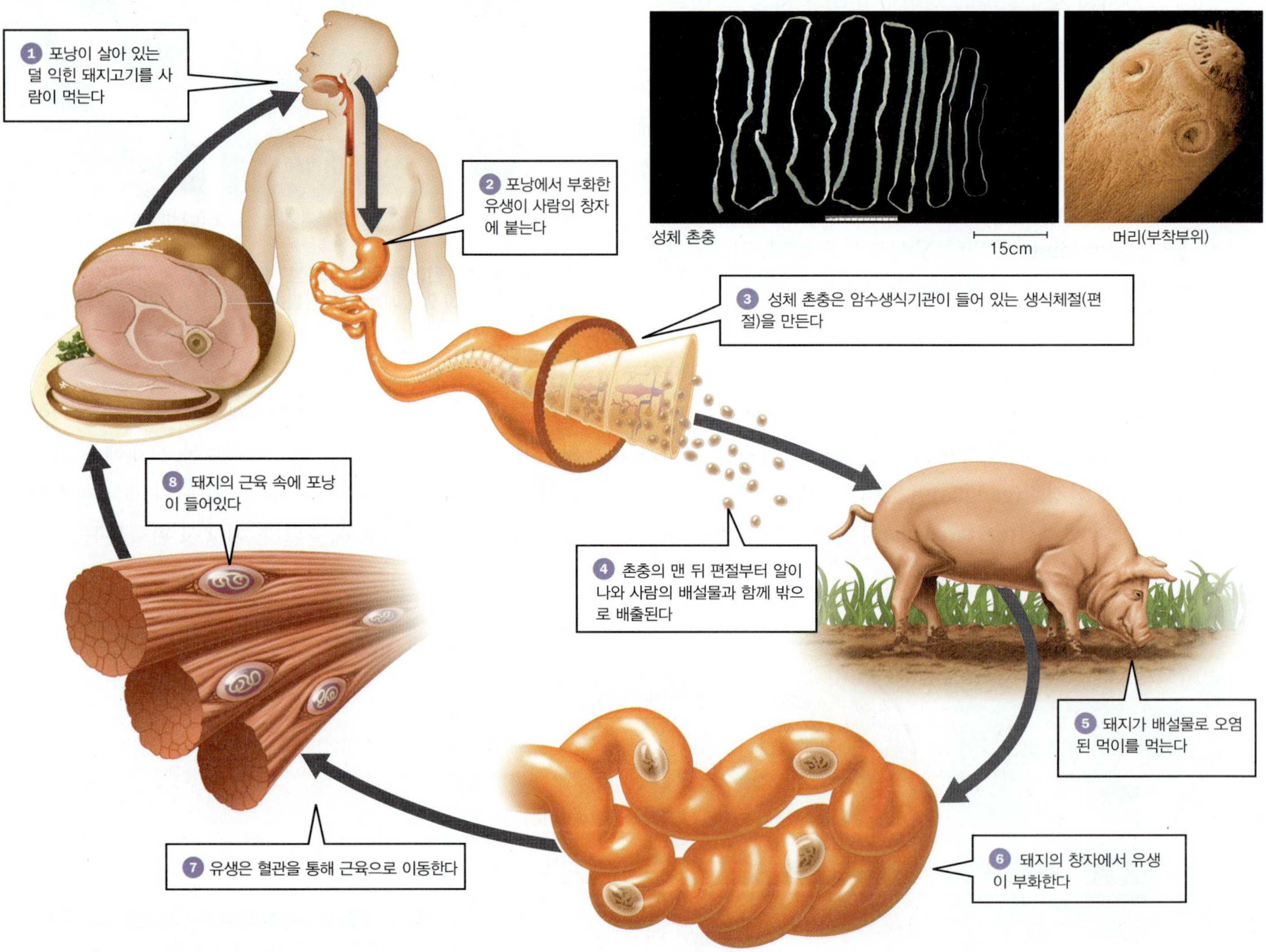


▲ 그림 11-81 인간에게 기생하는 돼지촌충의 생활주기

(a) 갯지렁이의 아가미 (b) 심해 갯지렁이 (c) 거머리

▲ 그림 11-82 **다양한 환형동물** (a) 갯지렁이 한 종류의 밝고 화려한 아가미. 몸의 나머지 부분은 관 속에 숨겨져 있다. (b) 이 갯지렁이는 수온이 섭씨 80°C정도 되는 심해 구멍에서 산다. (c) 민물에 사는 거머리는 수많은 체절이 있다. 입 주위에 있는 빨판이 먹이에 붙을 수 있도록 해준다.

신경과 연결된 신경절로 구성되어 있고, 많은 신경절이 뇌에 집중되어 있다. 유성생식을 하고, 자웅동체 또는 자웅이체이다. 연체동물은 체벽이 늘어나서 형성된 외투막(mantle)을 가지고 있는데 이것은 아가미를 위한 방을 만들거나 패각을 가진 종에서는 패각을 분비한다(그림 11-83). 연체동물에는 복족류, 부족류(조개류), 두족류가 있다. 달팽이와 민달팽이 같은 복족류(*gastropods*)는 근육질의 발(foot)로 기어 다니고 치설(*radula*)로 먹이를 먹는다(그림 11-84). 대부분의 복족류는 아가미 호흡을 하지만 육상에 사는 일부(육상달팽이나 민달팽이)는 간단한 폐로 호흡을 한다. 가리비, 굴, 홍합, 대합 등이 부족류 또는 이매패(*bivalves*)에 속하며 두 개의 패각이 연결되어 있다(그림 11-85). 부족류는 먹이를 걸러서 먹는 동물로, 호흡을 하고 먹이를 섭식할 때 아가미를 이용한다. 문어, 앵무조개, 오징어 등은 두족류(cephalopods)에 속한다(그림 11-86). 모든 두족류는 육식성이고 바다에 산다. 두족류의 발은 먹이를 탐지할 수 있는 촉수로 진화하였다. 촉수의 빨판에 붙잡힌 먹이는 타액(침)속에 들어있는 독으로 마비시킨 후, 악판(부리)에 의해 찢겨지게 된다. 두족류는 폐쇄순환계를 가진 유일한 연체동물로, 개방순환계보다 훨씬 효과적으로 산소와 양분을 운반할 수 있다. 이로 인해 빠른 움직임이 가능하다. 두족류의 뇌 특히, 문어의 뇌는 무척추동물 가운데 가장 크고 복잡하며 뛰어난 학습능력과 기억능력이 있다.

**절지동물(arthropods)**은 가장 다양하고 많은 동물이다. 절지동물에는 곤충, 거미, 지네, 갑각류 등이 있다. 모든 절

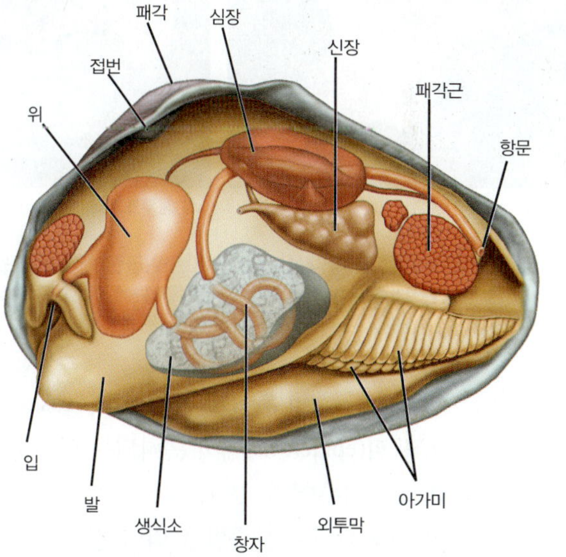


▲ 그림 11-83 **연체동물 부족류(조개류)** 조개류의 몸 체제에서는 외투막, 발, 아가미, 패각 그리고 대부분의 연체동물에서 볼 수 있는 특징들을 보여주고 있다. 조개류의 패각근은 패각을 닫는 데 사용한다.

(a) 달팽이 (b) 갯민숭달팽이

▲ 그림 11-84 **복족류의 다양성** (a) 플로리다 나무달팽이는 밝은 색의 줄무늬 패각을 가지고 있고, 자루 끝에 있는 눈은 만지면 바로 수축한다. (b) 갯민숭달팽이의 밝은 색은 그들이 맛이 없다는 것을 포식자에게 경고한 것이다.

(a) 가리비 (b) 홍합

◀ **그림 11-85 부족류의 다양성** **(a)** 이 가리비는 먹이를 걸러 먹기 위해 물을 섭취한다. 위아래 패각 바로 안쪽 외투막을 따라 파랗게 보이는 점이 단안(눈)이다. 위쪽의 패각은 해면동물로 덮여 있다. **(b)** 바위에 빽빽하게 부착된 홍합이 조간대 아래쪽에 드러나 있다. 따개비가 홍합껍데기와 바위에 부착되어 있다.

(a) 문어 (c) 앵무조개 (b) 오징어

▲ **그림 11-86 두족류의 다양성** **(a)** 문어는 위급할 때 외투막을 강하게 수축시켜 뒤쪽으로 이동할 수 있다. 문어와 오징어는 쫓아오는 포식자에게 시커먼 먹물을 내뿜을 수 있다. **(b)** 앵무조개는 물에서 뜨기 위해 기체가 가득 들어 있는 방이 있고, 잘 발달된 눈과 촉수는 먹이를 잡는 데 사용된다. **(c)** 오징어는 외투막을 수축시켜 물을 뒤로 내뿜으면서 생기는 추진력으로 이동할 수 있다.

지동물은 관절로 된 한 쌍의 부속지와 **외골격(exoskeleton)**을 가지고 있다. 표피(epidermis)에서 분비되는 외골격은 주로 키틴(chitin)으로 이루어져 있다. 외골격은 포식자로부터 보호뿐만 아니라 체내 수분증발을 막아 건조한 육상서식처를 정복하는데 크게 기여하였으나, 성장할 때 주기적으로 **탈피(molted)**해야 하며(그림 11-87) 탈피 시 에너지가 이용되고 외골격이 단단해질 때까지 상처를 입기 쉬운 단점이 있다. 절지동물은 체절로 되어 있지만, 체절은 환경감지, 섭식, 이동 등과 같은 기능으로 분화되었다(그림 11-88). 절지동물의 감각계로는 다양한 빛을 감지할 수 있는 겹눈(compound eyes)과 화학물질과 촉각을 빠르게 감지할 수 있는 감각기관을 가지고 있다(그림 11-89). 곤충은 유일하게 날 수 있는 무척추동물이며, 모든 곤충은 유생에서 성체로 변하는 **변태(metamorphosis)** 과정을 거친다. 완전변태를 하는 곤충의 미성숙단계를 **유충(larva)**이라 하며 알에서 부화한 유생은 먹으면서 성장하다가 먹지 않는 단계인 **번데기(pupa)**를 형성하고 번데기는 날개가 있는 성체로 변태 한다. 곤충은 수십 개의 목으로 분류되고 있다(그

◀ **그림 11-87 주기적으로 탈피를 해야만 하는 외골격** 매미가 성장하기 위해 외골격(왼쪽)으로부터 빠져 나오고 있다.

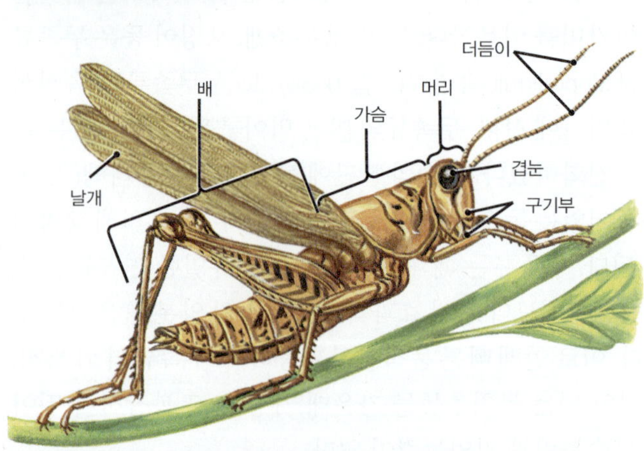


▲ **그림 11-88 분화되고 합해진 곤충의 체절** 메뚜기와 같은 곤충은 머리, 가슴, 배로 체절이 합해지고 분화되었다. 체절은 배 부분에서 볼 수 있다.

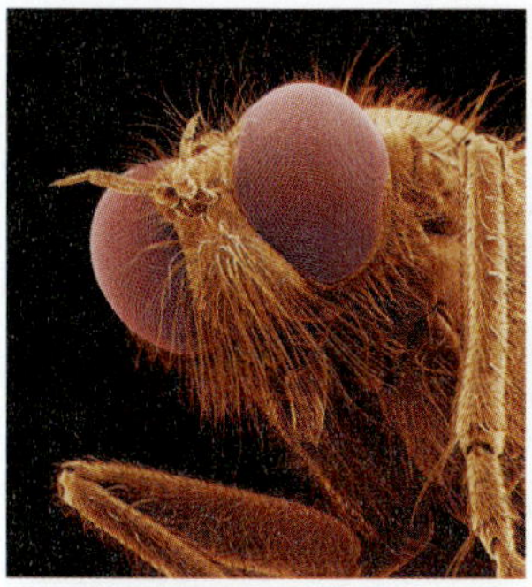

◀ **그림 11-89 절지동물의 겹눈** 주사전자현미경사진은 말파리의 겹눈을 보여주고 있다. 겹눈은 빛을 모으고 넓은 시야를 볼 수 있도록 감지하는 요소들로 구성되어있다. 곤충은 좋은 상을 맺는 능력과 색을 구별하는 능력을 가지고 있다.

(a) 진딧물

(b) 개미

(c) 딱정벌레의 비행

(d) 나방의 유충

▲ **그림 11-90 곤충의 다양성** **(a)** 진딧물이 식물에서 꿀물을 빨고 있다. **(b)** 탄알개미는 매우 고통스러운 침을 찌를 수 있다. **(c)** 딱정벌레는 착륙할 때 두 쌍의 날개가 나타난다. 바깥쪽 날개는 배와 안쪽 날개를 보호한다. **(d)** 풀쐐기는 나비나 나방의 유충이다. 누에나방의 유충은 입으로 째깍거리는 소리를 낼 수 있다. 그 소리는 유충이 맛이 없는 것을 포식자에게 알리는 역할을 한다.

림 11-90). 거미류(*arachnids*)에는 거미, 진드기, 전갈 등이 있다(그림 11-91). 대부분의 거미류는 더듬이가 없고 8개의 다리를 가지며 육식성이다. 곤충류의 겹눈과는 달리 갑각류와 거미류는 하나의 렌즈로 된 단안을 가지고 있다. 다족류(*myriapods*)에는 지네와 노래기 등이 있으며, 많은 다리를 가지고 있다(그림 11-92). 다족류의 눈은 명암만 식별하고 상을 만들지 못한다. 대부분 흙 속이나 낙엽더미 속 그리고 통나무나 바위 밑에서 산다. 갑각류(crustaceans)에는 게, 바다가재, 새우, 따개비 등이 있으며 주로 물에서 산다(그림 11-93). 갑각류는 곤충류와 비슷한 겹눈을 가지고 있으며 대부분 아가미를 이용하여 호흡한다.

(a) 거미

(b) 전갈

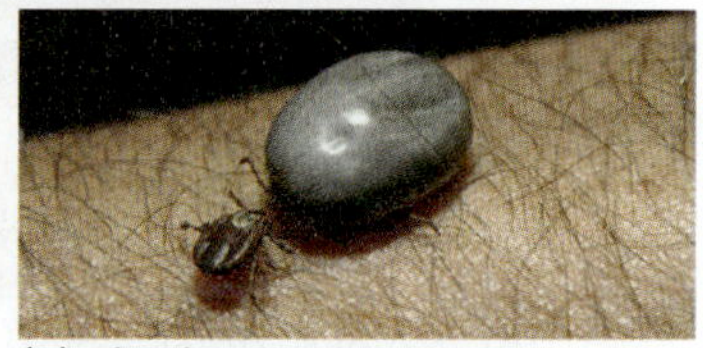

(c) 진드기

▲ **그림 11-91 거미류의 다양성** **(a)** 타란툴라는 가장 큰 거미 가운데 하나지만, 비교적 해가 없다. **(b)** 미국 남서부의 사막 같은 기후에서 발견되는 전갈은 배의 끝에 있는 침에서 나오는 독으로 먹이를 마비시킨다. 몇몇 종은 인간에게 해를 끼칠 수 있다. **(c)** 진드기가 먹기 전(왼쪽), 외골격이 유연하고 접어져있다. 혈액을 먹으면서 외골격이 이상할 정도로 부풀어진다.

(a) 지네

(b) 노래기

▲ **그림 11-92 다족류의 다양성** **(a)** 지네와 **(b)** 노래기는 야행성 절지동물이다. 지네는 체절마다 한 쌍의 다리를 가지고 있고, 노래기는 두 쌍의 다리를 가지고 있다.

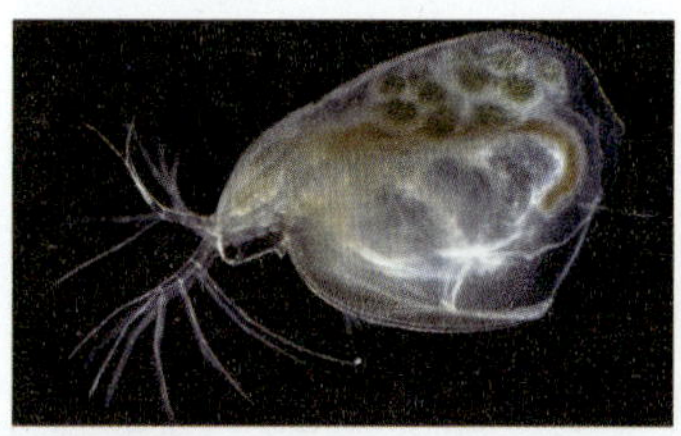

(a) 물벼룩

(b) 쥐며느리

(c) 소라게

(d) 띠개비

▲ **그림 11-93 갑각류의 다양성** **(a)** 물벼룩은 보통 민물에 살고, 알이 체내에서 발생한다. **(b)** 어둡고 축축한 바위 밑이나 썩은 통나무 밑에 사는 쥐며느리는 육상에서 사는 몇 안 되는 갑각류 가운데 하나이다. **(c)** 소라게는 버려진 패각에 살면서 부드러운 배를 보호한다. **(d)** 따개비는 단단하고 유연한 자루를 이용하여 바위나 선박에 몸을 고정시킨다. 따개비는 화산처럼 생긴 패각으로 물체에 부착한다(그림 11-85b 참조). 초기 생물학자들은 따개비의 관절로 된 다리가 관찰되기 전까지 연체동물이라고 생각했다.

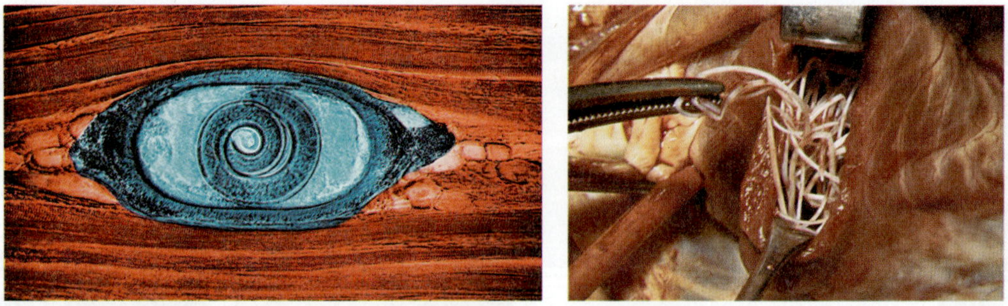

(a) 선모충 (b) 심장사상충

▲ **그림 11-94 일부 기생하는 선형동물**
**(a)** 포낭에 싸여 있는 선모충의 유생은 돼지 근육조직에서 20년 이상 살 수 있다.
**(b)** 개 심장에 기생하는 심장사상충의 성체. 감염된 개의 혈액 속에 있는 유생을 모기가 섭취하면 다른 개에게 감염될 수 있다.

(a) 해삼 (b) 성게 (c) 불가사리

▲ **그림 11-95 극피동물의 다양성** **(a)** 해삼은 모래 속에 있는 부유물을 먹고 산다. **(b)** 성게의 가시는 내골격에서 나온다. **(c)** 불가사리는 보통 5개의 팔을 가지고 있으나 어떤 종은 20개 이상 가진다.

선충류(*nematodes*)로도 불리는 **선형동물(roundworms)**은 여러 종류가 있고 크기가 작으며 유기물을 분해하는데 중요한 역할을 한다. 선형동물은 단순한 몸 체제를 가진 의체강 동물이다. 몸을 둘러싸서 보호하고 있는 큐티클 층은 주기적으로 탈피한다. 머리에 있는 감각기관은 뇌로 정보를 보낸다. 선형동물은 순환계와 호흡계가 없고 자웅이체이며 유성생식을 한다. 십이지장충, 선모충은 사람에게 해를 끼치며, 개는 모기에 의해 전염되는 심장사상충에 민감하다(그림 11-94).

**극피동물(Echinoderms)**에는 성게, 불가사리, 해삼, 바다나리 등이 속한다(그림 11-95). 극피동물의 가시나 돌기는 탄산칼슘의 **내골격(endoskeleton)**에서 비롯된 것이다. 극피동물은 후구동물로서 유생 때는 좌우대칭이고 성체 때는 방사대칭이다. 극피동물은 관족(tube feet)으로 이동한다. 관족은 극피동물에만 있는 특징으로, 먹이를 포획하고 호흡을 하여 이동하는 기능을 가진 수관계(water vascular system)의 일부이다(그림 11-96). 극피동물은 뇌가 없는 단순한 신경계를 가지고 있다. 신경계는 식도 주변의 신경환과

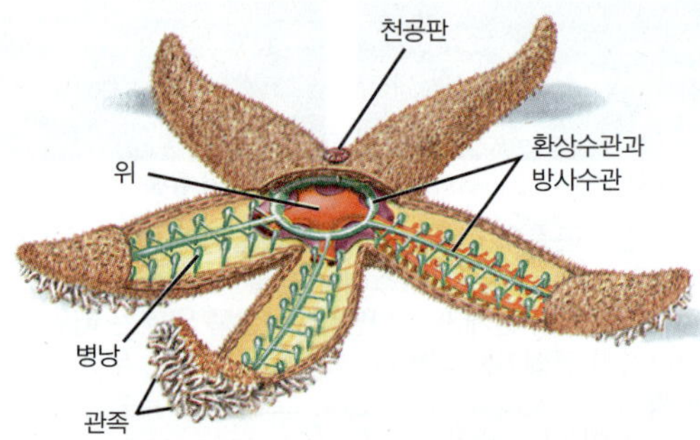


(a) 불가사리의 몸 체제

(b) 홍합을 잡아먹고 있는 불가사리

▲ **그림 11-96 극피동물의 수관계** **(a)** 바닷물로 가득 찬 수관계 내부의 압력에 따라 관족이 수축되거나 늘어난다. **(b)** 불가사리는 가끔 홍합 같은 연체동물을 잡아먹는다. 불가사리는 수많은 관족을 패각에 부착시켜 힘껏 잡아당긴 후, 자신의 위를 입 밖으로 내밀어 패각을 약간 연다. 위는 1mm 이하로 벌어진 패각의 틈도 들어갈 수 있다. 패각 사이로 들어간 위는 소화효소를 분비하여 홍합을 약화시킨 후 틈을 더욱 벌린다. 부분적으로 소화된 먹이가 위 윗부분으로 수송되면 소화가 끝난다.

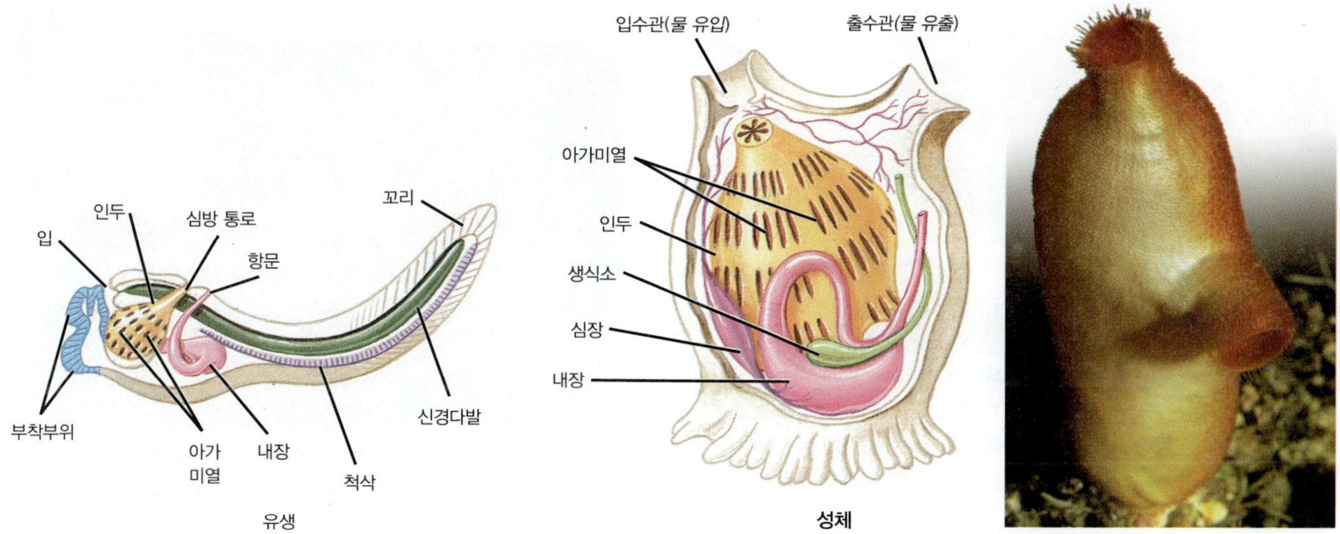


▲ **그림 11-97 우렁쉥이** 우렁쉥이 유생(왼쪽)은 척삭동물의 모든 진단적 특징을 보여준다. 성체 우렁쉥이(가운데)는 꼬리와 척삭을 잃고 정착생활을 한다(오른쪽).

방사신경, 그리고 표피에 있는 신경망으로 구성되어 있다. 순환계가 없고, 호흡은 관족이나 피부아가미로 한다. 극피동물은 자웅이체로 물속에서 수정이 일어난다. 대부분의 극피동물은 잘린 몸의 일부를 재생시킬 수 있는데, 그러한 능력은 특히 불가사리가 강하다.

## 척삭동물

척삭동물(*chordates*)은 네 가지 특징; 등 쪽의 신경다발(dorsal nerve chord), 척삭(notochord), 인두의 아가미열(pharyngeal gill slits), 항문 뒤꼬리(post-anal tail)를 가지고 있다. 척삭동물에는 피낭류, 창고기류, 두개동물류가 있다.

피낭류(tunicates)는 해양 무척추동물(Invertebrate)이다. 우렁쉥이(sea squirts)는 고착생활을 하며 먹이를 걸러먹는 여과섭식 무척추동물이다(그림 11-97). **살파류(salps)**라 불리는 통 모양의 피낭류는 개방된 해양에서 물을 분사하여 앞쪽으로 추진한다. 대부분의 피낭류는 자웅동체이며, 그들은 유성생식 또는 무성생식을 한다고 알려져 있다.

창고기류(두삭동물아문)는 무척추동물이며, 바다 밑바닥의 모래에 부분적으로 몸을 묻혀 살고 있다(그림 11-98). 성이 구분되어 있고 유성생식을 한다.

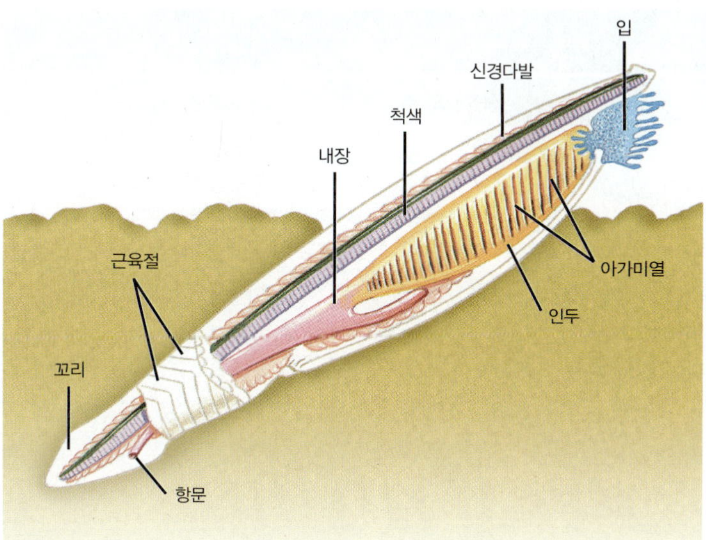


▼ **그림 11-98 창고기** 창고기, 물고기 모양의 무척추 척삭동물. 성체는 모든 척삭동물의 특징을 보여준다.

▲ 그림 11-99 **먹장어** 먹장어는 진흙 속에 있는 공동의 굴 안에서 지렁이류를 먹고 살아간다.

▲ 그림 11-100 **칠성장어** 몇몇 성체 칠성장어는 기생생활을 하고, 물고기에 붙기 위해 치열을 지닌 흡반 모양의 입을 사용한다.

두개동물류(craniates)는 뇌를 둘러싸는 머리뼈를 가진 모든 척삭동물을 포함하며 먹장어류(턱이 없는, 등뼈가 없는 장어 모양의 두개동물, 그림 11-99)와 **척추동물류(vertebrates)**를 포함한다. 척추동물에서 초기 척삭은 발달과정에 등뼈 또는 뼈와 연골로 구성된 척추(vertebral column)로 대체된다. 표 11-9은 두개동물군의 몇 가지 특성을 요약한 것이다.

## 척추동물

등뼈를 가지고 있는 척추동물(vertebrates)에는 칠성장어, 연골어류, 방사형지느러미 어류, 실러캔스, 폐어, 양서류, 파충류, 포유류가 포함된다.

칠성장어(Petromyzontiformes)는 먹장어처럼 턱이 없다. 신경다발이 마디로 이루어진 연골에 의해 보호받기 때문에 진정한 척추동물로 인정받는다. 기생성 칠성장어는 이빨이 줄지어 나 있는 입으로 자신보다 큰 물고기에 달라붙는다(그림 11-100).

상어, 홍어, 가오리는 **연골어류(cartilaginous fish**; Chondrichthyes)에 해당된다(그림 11-101). 연골어류는 완전히 연골로만 구성된 뼈대를 가진 포식자들이며, 체내수정을 한다. 일부 상어는 물에서 플랑크톤(작은 동물과 원생생물)을 걸러서 먹기도 하지만, 대부분은 다른 물고기나 해양 포유류, 바다거북, 게, 오징어와 같은 큰 먹이를 잡아먹는다. 홍어와 가오리는 거의 대부분이 납작한 몸과 날개 모양의 지

**표 11-9 유두동물군의 비교**

| 동물군 | 수정 | 호흡 | 심장방의 수 | 체온조절 |
|---|---|---|---|---|
| 먹장어류(먹장어강) | 체외 | 아가미 | 2 | 외온성 |
| 칠성장어류(칠성장어목) | 체외 | 아가미 | 2 | 외온성 |
| 연골어류(연골어강) | 체내 | 아가미 | 2 | 외온성 |
| 방사형지느러미 어류(조기아강) | 체외[1] | 아가미 | 2 | 외온성 |
| 실러캔스류(악티니스티아목) | 체내 | 아가미 | 2 | 외온성 |
| 폐어류(폐어아강) | 체외 | 아가미와 폐 | 2 | 외온성 |
| 양서류(양서강) | 체외 또는 체내[2] | 피부와 아가미 및 폐 | 3 | 외온성 |
| 파충류(파충강) | 체내 | 폐 | 3[3] | 외온성[4] |
| 포유류(포유강) | 체내 | 폐 | 4 | 내온성 |

1 비교적 적은 수의 방사형지느러미 어류는 체내수정을 한다.
2 대부분의 개구리와 두꺼비에서 체외; 무족영원류(caecilians)와 대부분의 도룡뇽에서 체내
3 조류, 악어류는 제외. 이들은 4개의 방을 가진다
4 조류는 제외, 이들은 내온성이다

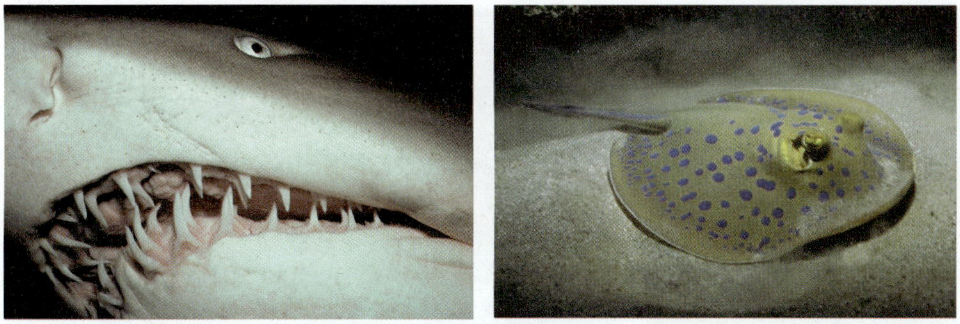

(a) 상어 (b) 가오리

▲ 그림 11-101 **연골어류**
**(a)** 여러 층의 이빨을 드러내 보이는 상어. 앞쪽의 이빨이 소실되면 안쪽에 있는 새로 난 이빨로 대체된다. **(b)** 열대산 파랑점 바늘가시 가오리는 자신의 몸 옆으로 나 있는 얇은 구조물을 우아하게 움직여서 헤엄친다. 상어와 가오리 모두 부레(swim bladder)가 없어서 헤엄치지 않을 때는 바닥에 가라앉는 경향이 있다.

느러미, 그리고 가는 꼬리를 가지고 바닥에서 생활한다. 이들 중 대부분은 무척추동물을 먹는다.

**방사형지느러미 어류(ray-finned fishes**; Actinopterygii)는 가장 다양한 척추동물이다. 골질의 가시로 지지되는 피부막으로 이루어진 지느러미의 구조에 의해 구별된다. 이들의 피부는 서로 겹쳐져 있는 비늘들로 덮여있어서 유연성을 가지면서도 동시에 외부로부터 몸을 보호할 수 있다. 대부분의 방사형지느러미 어류는 몸을 쉽게 뜨게 하는 부레를 가지고 있다. 부레는 현재의 방사형지느러미 어류의 조상에서 발견되는 폐와 연관이 있다. 방사형 지느러미 어류는 많은 종을 포함하며 형태와 생활주기도 다양하다(그림 11-102).

경골어류의 거의 대부분이 방사형지느러미 어류에 속하지만, 실러캔스(Actinistia)과 폐어(Dipnoi)는 두꺼운 근육층에 둘러싸인 막대 모양의 뼈를 포함하고 있는 육질의 지느러미를 가지고 있기 때문에 잎사귀형지느러미류(lobe-finned fishes)로 불리기도 한다. 1938년 살아있는 실러캔스가 발견되기 전까지 멸종된 것으로 생각되었다. 이들은 아가미로 호흡하는데, 폐어류는 아가미와 폐 둘 다 가지고 있어서 건기 동 안에도 물 밖에서 살아남을 수 있다.

▼ 그림 11-102 **방사형지느러미 어류의 다양성** 방사형지느러미 어류는 물이 있는 거의 모든 서식처에서 살아가고 있다. **(a)** 심해에 사는 암컷 아구(anglerfish)는 입 바로 위에 돋아나 있는 살아 움직이는 미끼로 먹이를 유혹한다. 몸은 유령같이 흰색인데, 이들이 사는 1.8km 깊이의 바다 속에는 빛이 못 들어오기 때문에 색깔은 필요 없기 때문이다. 수컷 아구는 아주 작고, 암컷에 붙어 영구적으로 기생하며 언제든 암컷의 알을 수정시킬 수 있다. 사진 속의 암컷에는 두 마리의 수컷이 붙어있다. **(b)** 이 열대성 녹색곰치(green moray eel)는 바위의 갈라진 틈에서 산다. 아래턱에 붙어있는 작은 물고기(줄무늬 청소망둥어; banded cleaner goby)가 녹색곰치의 피부에 붙어있는 기생충들을 잡아먹는다. **(c)** 해마는 감는 꼬리(붙잡는 데 도움이도록 적응됨)로 몸을 스스로 고정시킨 후, 작은 갑각류를 먹고산다.

(a) 아구 (b) 곰치 (c) 해마

(a) 올챙이

(b) 개구리

(c) 도롱뇽

(d) 무족영원류

◀ 그림 11-103 **"양서류"는 "이중생활"을 의미한다** 양서류의 이중생활은 황소개구리의 변태에서 볼 수 있다. 즉, **(a)** 완전 수생인 올챙이에서, **(b)** 반육지생활로 들어가는 성체로 된다. **(c)** 붉은 도롱뇽(red salamander)은 미국 동부의 습한 지역에서만 살아간다. **(d)** 무족영원류(*caecilians*)는 다리가 없고 굴을 파는 양서류이다.

최초의 **사지동물(tetrapods** "4발"의 그리스어)은 육지를 침입한 양서류였다. 오늘날 6,500여 종의 **양서류(amphibians;** Amphibia)가 수중과 육상의 경계에 걸쳐 생활하고 있다(그림 11-103). 양서류의 다리는 기어 다니는 도롱뇽부터 멀리 뛸 수 있는 개구리까지 다양하게 적응되었다. 무족영원류(caecilians)는 다리가 없고, 굴을 파는 양서류이다. 양서류의 폐는 불완전하게 발달해 있어서 피부로 보충을 받아야 한다. 체외수정을 하며, 올챙이들을 보호하기 위해 축축한 습지에 제한적으로 살아간다.

**파충류(reptiles; Reptilia)**는 도마뱀, 뱀, 악어, 거북이, 조류를 포함한다(그림 11-104). 다음 세 가지가 파충류를 육상에서 살 수 있도록 한다. (1) 수분 손실을 막아주며 몸을 보호하는 질기고 비늘이 있는 피부를 지니고 있고, (2) 수컷이 암컷의 몸 안에 정자를 넣어주는 체내수정을 하며, (3) 양막성 알(amniotic egg)을 진화시켰다. 파충류는 양서류보다 효율적인 폐를 가지고 있고 피부를 호흡기관으로 쓰지 않는다. 파충류의 순환계는 3개 또는 4개의 방(조류, 악어류)을 가진 심장으로 이루어져 있다.

(a) 악어

(b) 뱀

(c) 육지거북이

▲ 그림 11-104 **파충류의 다양성(조류는 제외)** **(a)** 미국 남부의 습지에서 발견되는 미국 악어(alligator)의 외양은 1억 5천만 년 된 화석 악어와 거의 똑같은 모습이다. **(b)** 주홍색왕뱀(scarlet king snake)은 포식자들이 회피하는 독성을 가진 산호뱀(coral snake)과 매우 비슷한 색깔과 무늬를 가지고 있다. 이러한 모방(mimicry)은 독성이 없는 왕뱀이 포식을 피할 수 있도록 돕는다. **(c)** 에콰도르의 갈라파고스 군도에 사는 육지거북이(tortoise; 거북이의 한 형태)는 100년 이상을 살기도 한다.

(a) 벌새

(b) 군함새

(c) 타조

▲ 그림 11-105 **조류의 다양성** **(a)** 0.15온스(4g)의 무게가 나가는 연약한 벌새는 1초당 약 60번의 날갯짓을 한다. **(b)** 군함새는 과일을 먹는 중남미 산림에 서식하는 새이다. **(c)** 조류 중에서 가장 큰 타조는 몸무게가 300파운드(135kg) 이상이고 알 하나의 무게만도 3파운드(1,500g) 이상이다.

도마뱀과 뱀은 공통적인 진화적 유전을 공유하고 있으며, 뱀이 다리를 가지는 계통성은 일부의 종에 존재하는 뒷다리 뼈의 흔적에서 찾아볼 수 있다. 악어는 물속 생활에 적응되었으며 거북이는 사막, 강, 연못, 해양을 포함한 다양한 서식처에서 살아가며 다양한 적응 유형을 보여주고 있다.

조류는 파충류 중에서 매우 특별한 무리이다(그림 11-105). 10,300여 종의 조류는 파충류와 별도의 무리로 분류되어왔지만, 생물학자들은 조류를 파충류의 일부분으로 보고 있다. 오늘날의 새는 깃털을 가짐으로써 다른 파충류와 구별되는데 이러한 깃털은 파충류의 비늘이 고도로 분화된 것이며 조류는 다리에 비늘을 가지고 있는데 이는 조류와 파충류가 같은 계통이라는 증거가 된다. 조류의 뼈는 비행을 위하여 가벼워졌다. 조류는 체온을 유지할 수 있으며, 이는 조류와 포유류에서 나타나는 특징으로 온혈성(warm blooded) 또는 내온성(endothermic)으로 기술된다. 이와는 대조적으로 외온성(ectothermic) 또는 냉혈성(cold blooded) 동물(무척추동물, 어류, 양서류, 조류를 제외한 파충류)은 그들이 살아가는 주변의 환경에 따라 체온이 달라진다. 조류는 기낭(air sacs)을 보유하고 있어 조류의 호흡계는 숨을 내쉴 때도 계속해서 산소를 폐로 공급할 수 있도록 되어 있다.

사지동물(tetrapod)의 진화 계통수 중 한 가지는 털이 있는 **포유류(mammalia)**로 분화되었다. 포유류는 암컷 포유류들이 **젖샘(mammary glands)**을 통해 새끼들에게 젖을 먹이는 데서 유래되었다. 조류나 악어처럼, 포유류는 조직으로 산소공급량을 증가시킬 수 있는 4개의 방으로 된 심장을 가졌다. 4,900종의 포유류는 단공류, 유대류, 유태반류의 3개의 계통으로 구분된다.

단공류(monotremes)는 알을 낳는다. 단공류에는 5종이 있는데 오리너구리 (platypus)와 가시두더지(spiny anteaters) 혹은 바늘두더지(e-chidnas)라 불리는 무리 중 4종이 그에 해당한다(그림 11-106). 단공류는 뉴기니아(4종의 바늘두

(a) 오리너구리

(b) 가시두더지

◀ 그림 11-106 **단공류** **(a)** 오리너구리와 같은 단공류는 파충류의 알처럼 질긴 알을 낳는다. 오리너구리는 강, 호수 또는 하천의 둑에 굴을 파고 서식한다. **(b)** 가시두더지(바늘두더지)의 짧은 다리와 강한 발톱은 땅속의 곤충이나 지렁이를 파내는 데 유용하다. 가시두더지의 몸을 덮고 있는 가시는 털이 변형된 것이다.

(a) 왈라비

(b) 웜뱃

(c) 주머니곰

▲ **그림 11-107 유대류** **(a)** 왈라비(wallaby)와 같은 유대류는 극히 미성숙한 새끼로 태어난 후 어미의 보호주머니에서 발달한다. **(b)** 웜뱃은 굴을 파는 동안 흙이나 부스러기들이 들어오지 않도록 주머니가 몸의 뒤쪽을 향해 열려있다. 웜뱃의 포식자들 중 하나는 **(c)** 주머니곰.

더지)와 호주(오리너구리, 한 종의 바늘두더지)에서만 발견된다.

단공류를 제외한 모든 포유류의 배아는 자궁에서 발달하며 자궁의 내층은 **태반(placenta)**을 형성한다. 태반은 모체와 배아의 순환기관 사이에서 기체, 영양물질, 노폐물들을 교환할 수 있게 한다. **유대류(marsupials)**에서(그림 11-107)

(a) 캐피바라

(c) 박쥐

(b) 혹등고래

(d) 치타

(e) 오랑우탄

◀ **그림 11-108 태반포유류의 다양성** **(a)** 남아메리카의 캐피바라(capybara)는 지구상에서 가장 큰 설치류이다. 2피트 키에 100파운드 이상의 무게를 가진다. **(b)** 포유류 중 유일하게 날 수 있는 박쥐는 일종의 초음파를 이용하여 밤에 비행한다. 목표물 가까이에 고주파의 소리를 내고, 그 메아리를 큰 귀로 감지해 낸다. **(c)** 혹등고래(humpback whale)는 매년 2,400 킬로미터 이상 이동한다. **(d)** 사진에 있는 어미 치타(cheetah)가 하는 것처럼, 어미가 새끼에게 먹여 기를 수 있는 젖샘(mammary glands)을 가지고 있기 때문에 포유류라고 이름이 지어졌다. **(e)** 점잖고 지적인 오랑우탄(orangutan)은 열대지역의 제한된 구역에 있는 습지림에서 살아간다. 그러나 사냥과 서식처파괴 때문에 멸종위기에 처해있다.

배아가 자궁에서 자라는 기간이 짧아서 새끼가 미성숙한 단계로 태어난다. 유대류는 출생 후의 성장을 어미의 주머니 안에서 하게 된다. 호주의 캥거루, 코알라(koalas), 웜뱃(wombats), 주머니곰(tasmanian devil)과 북아메리카의 토착종인 버지니아주머니쥐(Virginia opossum)가 있다.

대부분의 포유류는 **태반(placental)**포유류이며(그림 11-108) 그들의 태반은 유대류의 주머니보다 훨씬 복잡하고 배아를 자궁 내에서 훨씬 더 오랜 기간 동안 성장시키므로 태어나기 전에 배아의 발달이 완성된다. 설치류나 박쥐류가 가장 많은 수의 태반포유류 종을 차지하고 있지만, 이외의 태반포유류는 종류가 다양하고, 유인원(great apes), 육식동물(carnivores), 푸른고래(blue whale) 등과 같이 사람들이 중요하게 여기는 수많은 종들을 포함하고 있다.

Chapter

# 12 생태학

옐로우스톤 국립공원에 있는 늑대들을 근절하는 것은 전체 생태계를 위태롭게 만든다.

**옐로우스톤의 늑대들**

1926년에 옐로우스톤 국립공원의 마지막 두 늑대가 공원 순찰 경비대원에 의해 사살되었다. 왜 늑대는 의도적으로 국립공원에서 근절되었을까? 의회가 1872년에 공원을 설립했을 때, 내무장관은 "수렵에 의한 무자비한 파괴에 대비하라"는 지시를 받았다. 엘크에 대한 늑대의 포식은 "무자비한 파괴"로 간주되어 모든 늑대가 사냥되었다. 그러나 늑대가 없는 것이 너무 많은 엘크를 의미한다는 것이 밝혀지면서 결국 공원은 황폐화되었다. 1930년대 초, 과학자들은 사시나무, 미루나무, 버드나무가 엘크에게 너무 많이 먹힌다고 지적하였다. 사실 1930년대 중반부터 1997년까지 옐로우스톤 북부의 87개 연구 지역에서 사시나무 묘목이 하나도 생존하지 못했다.

1987년에 멸종위기에 놓인 종을 복원하기로 한 미국의 야생동물국(Fish and Wildlife Service)은 늑대를 캐나다에서 옐로우스톤으로 이주하는 것을 제안했다. 상당한 논쟁 끝에 1995년과 1996년에 옐로우 스톤에 31마리의 늑대를 풀었다. 2000년 이후로 공원에 사는 늑대의 개체수는 약 100에서 170마리에 이른다. 늑대가 공원으로 재도입된 후 몇 년 후에 엘크 개체수는 감소하기 시작했다. 엘크 행동도 바뀌었다. 엘크들은 더 많은 시간을 경계에 할애하며, 먹이 활동 시간이 감소하였다. 사시나무 묘목은 찾아보기가 어려웠다가, 다시 자라기 시작하여 야생화와 명금(songbird)들을 포함한 다른 많은 종의 서식지가 증가했다. 늑대 수복이 엘크의 감소와 사시나무의 반등의 원인이라는 것을 증명하는 것은 매우 어렵지만, 옐로우스톤 생태계를 연구하는 대부분의 생태학자들은 실제로 늑대가 이러한 중대한 변화를 일으켰다고 결론지었다.

옐로우스톤에서의 늑대의 영향은 생물 다양성(biodiversity)의 중요한 예일 뿐이다: 유전자, 종, 군집, 생태계를 포함한 지구의 엄청나게 다양한 생물의 계. 1926년 옐로우스톤에서 늑대가 퇴치되었을 때, 여전히 국립공원에는 회색곰, 코요테, 여우, 퓨마가 있었지만 이들 포식자들이 모두 옐로우스톤 생태계에서 늑대의 역할을 채울 수는 없었다.

생물 다양성은 생태계 기능에 정말로 중요한 것일까, 또는 소수의 종이 중요할까? 생물 다양성이 필수적이라면 왜 그럴까? 인간 활동이 생물 다양성을 위협하고 잠재적으로 지구상의 모든 생명이 달린 생태계의 기능을 어떻게 위협할까?

## Contents

## 12.1 개체군의 생장과 조절

**개체군(population)**은 특정 지역에 살고 있는 어떤 종의 모든 개체로 구성되고 잠정적으로 서로 교미가 가능하다. 각 개체군은 동일한 지역에서 살아가는 많은 종들의 개체군과 상호작용하는 한 그룹으로 정의되는 **군집(community)**의 일부를 형성한다. 어떤 지역의 모든 생명체와 무생물(예, 토양, 공기, 물)은 **생태계(ecosystem)**를 형성한다(그리스 단어 oikos는 생활 장소). 자연 생태계는 연못만큼 아주 작거나 대양만큼 엄청나게 클 수 있으며 들판, 숲 혹은 섬이 될 수 있다. 지구상의 모든 생태계는 생물권(biosphere)을 구성한다. **생태학(Ecology)**은 생명체와 그들을 둘러싸고 있는 무생물인 환경 사이의 상호 관계를 연구하는 과학이다.

개체군의 크기는 출생, 사망 그리고 이주에 의해 변화한다. 한 개체군의 **자연 증가(natural increase)**는 출생과 사망의 차이이다. 개체군 크기 변화 = 자연 증가(출생 − 사망) + 순 이주[**이입(immigration) − 이출(emigration)**]

출생률, 사망률과 최초 개체군 크기는 개체군 생장에 영향을 준다. 한 개체군의 **생장률(growth rate, r)**은 **출생률(birth rate, b)**에서 **사망률(death rate, d)**을 마이너스(−)하는 것이다(여기서 우리는 이주를 무시하기 때문에 개체군의 생장률은 자연증가율과 같다). b(출생률) − d(사망률) = r(생장률)

단위 시간당 개체군 생장(G) 즉, 주어진 기간 동안에 개체군에 더해진 개체수는 생장률(r)과 개체군 크기(N)를 곱해야 한다.

G(단위 시간당 개체군 생장) = r(생장률) × N(개체군 크기)

모든 생명체는 일생에 걸쳐서 개체군의 성장을 초래한다. 한 개체군이 연속되는 기간에 항상 증가하는 불변의 양성 생장률은 **지수생장(exponential growth)**을 초래하며 **J-곡선(J-curve)** 형태가 만들어진다(그림 12-1). 생물과 무생물적 환경요인에 의한 **환경저항(environmental resistance)**은 개체군 크기를 조절할 수 있다. 환경저항의 예로는 제한된 자원에 대한 포식(predation)과 경쟁(competition) 같은 생물 간의 상호작용 그리고 태풍, 화재, 홍수와 같은 자연 재해도 포함된다.

생태계에 피해를 주지 않으면서 영구적으로 유지될 수 있는 최대 개체군의 크기를 생태계의 **환경수용력(carrying capacity, K)**이라고 부른다. 영양소, 에너지와 공간은 수많은 종에 대한 환경 수용력의 가장 중요한 결정인자이다. **로지스틱 개체군 생장(logistic population growth)**은 개체군이 환경수용력까지 증가한 후에 안정화 되는 것이 특징이다(그림 12-2). 로지스틱 생장을 그래프로 도식화한 것이 **S-곡선(S-curve)**이다. 개체군의 생장은 환경저항(날씨, 기후)

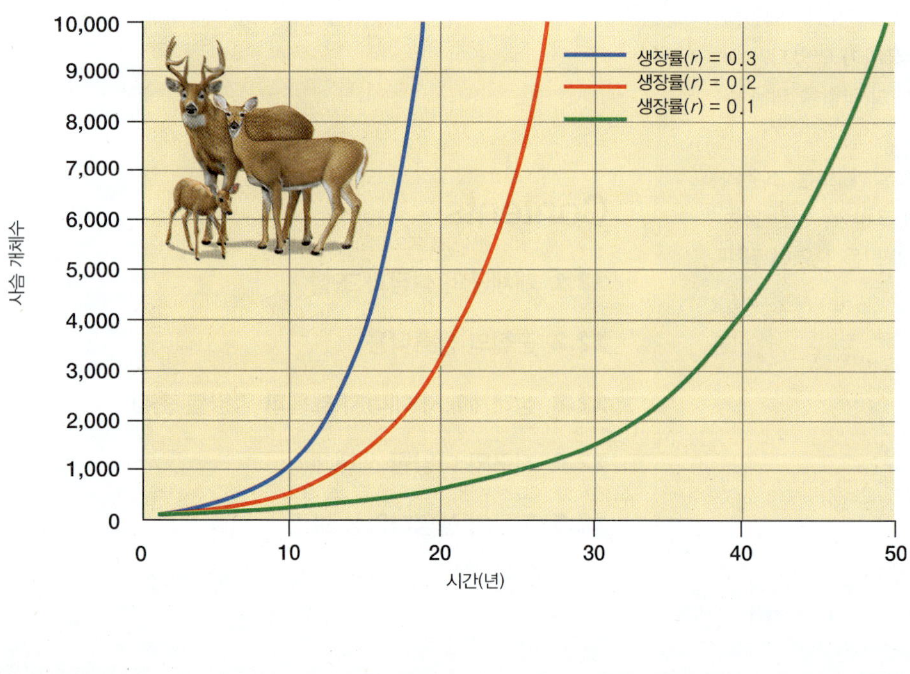


**그림 12-1 지수생장**
그래프는 사슴의 3개 가상 개체군의 생장을 보여주는데, 각기 동일한 생장률(개체별 매년 1.0)을 가진 100마리의 성체에서 시작하지만, 사망률(개체별 매년 0.7–0.9)이 차이가 남으로써 3개의 다른 생장률(개체별 매년 0.3, 0.2, 0.1)을 나타낸다. 모든 양성 생장률은 지수(J-형태) 생장곡선을 보였지만, 생장률이 빠를수록 보다 짧은 시간에 많은 개체군을 형성하였다.

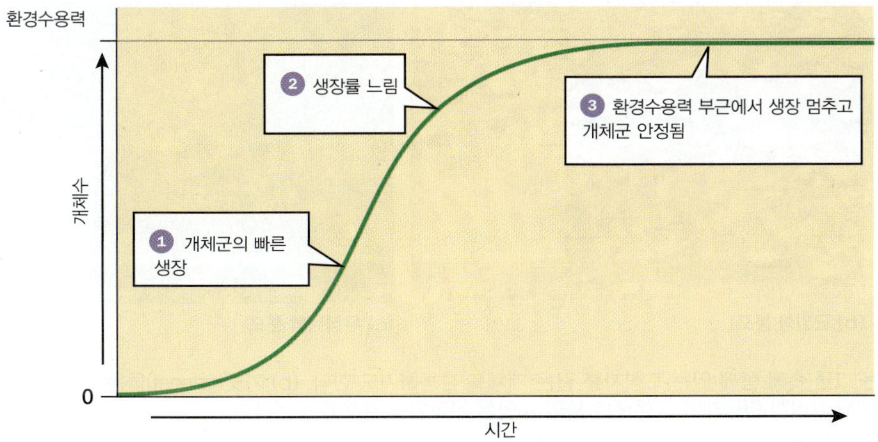


◀ **그림 12-2 로지스틱 개체군 생장** 로지스틱 생장이 일어나는 동안에, 개체군은 일정 시간 작은 상태로 남아 있다가 이후에 어떤 기간 동안 엄청나게 빠르게 팽창할 것이다. 결국 개체군이 증가된 밀도-의존적 환경저항을 만났을 때 생장률은 느려진다. 개체군 생장은 최종적으로 환경수용력(*K*)에서 혹은 부근에서 정지한다. 이 결과는 느린 S(lazy *S*)처럼 생긴 곡선이다.

과 같은 밀도-비의존적 형태와 밀도-의존적 형태(경쟁, 포식 및 기생충)에 의해서 조절된다. 밀도는 개체군의 밀도 즉 주어진 면적당 개체수를 의미한다.

자연선택은 자손의 생산, 생존, 생식을 촉진하는 특징을 가진다. **종간의 생활사(life history)** 전략은 — 생식 시기, 한 번에 얼마나 많은 자손을 생산할 것인지, 얼마나 많은 에너지와 자원을 각 자손에게 헌신할 것인지 — 종 사이에 엄청나게 다양하다. 동물 종에 따라, 생활사 단계에서 사망의 정도는 다르게 나타난다. **생존표(survivorship table)**는 얼마나 많은 개체가 계속적으로 생존하게 되는지를 보여준다(그림 12-3a). 개체군에서 생존자 비율이 생활사와 대비하여 그래프로 그려질 때 그 결과로 나타나는 **생존곡선(survivorship curve)**은 3가지 형태 - 후기사망, 일정사망과 초기사망으로 기술된 — 로 그림 12-13b에서 보여준다. **r-선택종(r-selected species)**은 예측 불가능한 환경에서 살고, 빠르게 성숙하고 수많은 작은 자손을 생산하고, 부모의 보살핌은 거의 없거나 혹은 약간 있는 경향이 있고 반면에, **K-선택종(K-selected species)**은 안정된 환경에서 살아가고, 느리게 성숙하고 적은 수의 자손을 낳아 부모가 오랜 기간 보호한다. **후기-사망(late-loss)** 생존곡선은 인간, 코끼리, 산양과 같은 포유류를 포함하는 K-선택종의 형태이다. **일정-사망(constant-loss)** 곡선을 가지는 종은 모든 연령에서 동일한 사망률을 가지며 갈매기, 몇 종의 거북류, 그리고 히드라와 박테리아와 같은 무성 생식하는 개체군에서 볼 수 있다.

| 연령 | 생존자수 |
|---|---|
| 0 | 100,000 |
| 10 | 99,224 |
| 20 | 98,910 |
| 30 | 98,011 |
| 40 | 96,798 |
| 50 | 94,295 |
| 60 | 88,770 |
| 70 | 78,069 |
| 80 | 57,188 |
| 90 | 23,619 |
| 100 | 1,968 |
| 110 | 0 |

(a) 생존표

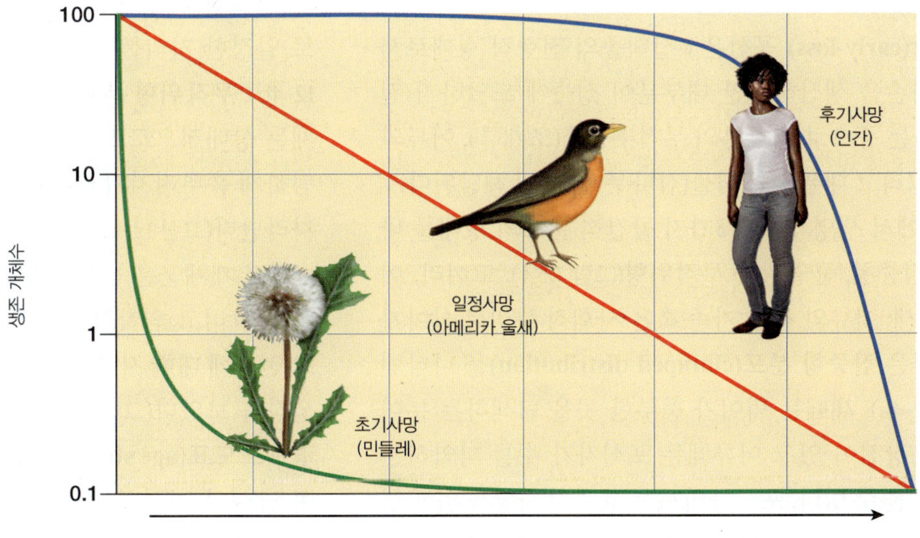


(b) 생존곡선

▲ **그림 12-3 생존** **(a)** 2010년 미국인의 생존표는 10만 명당 태어난 사람들의 나이 증가에 따라 얼마만큼 생존하여 남아 있을 수 있는지에 대한 예측을 보여준다. 이 자료를 도표화하면 곡선이 생성되는데 (b) 부분의 푸른색 곡선과 유사함을 보인다. **(b)** 3가지 형태의 생존곡선이 보인다. 로그 형태의 y-축을 주시하라.

(a) 집중형 분포

(b) 균일형 분포

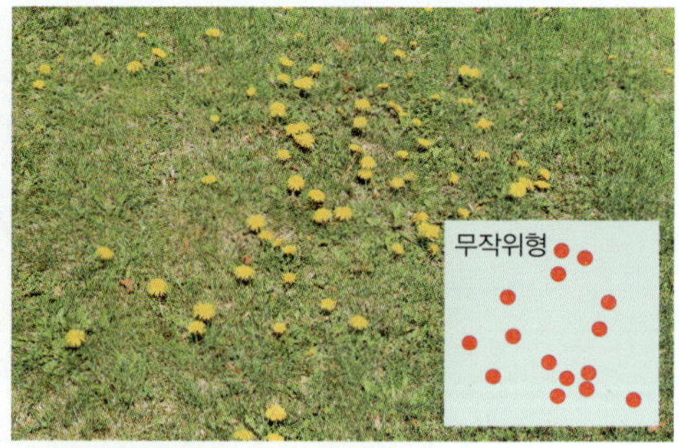


(c) 무작위형 분포

▲ 그림 12-4 **개체군의 공간 분포** (a) 물고기 떼는 그들 속에 함께 있는 포식자를 같은 개체로 혼동하기도 한다. (b) 가넷(gannet)들은 해안가를 따라 고르게 위치한 둥지를 차치하고 있다. (c) 바람에 의해 뿌려진 민들레와 다른 식물들의 씨앗은 무작위형 분포를 보인다.

▲ 그림 12-5 **포식자는 피식자 개체군의 조절을 돕는다**
한 무리의 회색 늑대 무리가 나이가 들거나 기생충으로 인해 약해진 엘크를 넘어뜨렸다.

**초기-사망(early-loss)** 곡선은 r-선택종의 전형적 형태로서 엄청난 자손을 생산하지만 대부분이 성숙에 도달하기 전에 사망하는 종으로 대부분의 무척추동물(조개류), 어류와 양서류, 그리고 대부분의 식물(삼나무 포함)이 해당된다.

개체군에서 생명체들은 3가지 공간적 분포의 형태를 나타낸다: 집중형, 균일형과 무작위형(그림 12-4). 코끼리, 이리, 사자, 새, 어류와 같은 가족 혹은 사회적 무리로 살아가는 개체군은 **집중형 분포(clumped distribution)**를 나타낸다(그림 12-4a). 새떼는 먹이가 풍부한 곳을 탐색하는 눈이 많아지는 장점이 있고 어류떼는 포식자가 수를 파악하는 데 혼동을 줄 수 있다. 포식자의 떼는 효과적 사냥을 위해 협력할 수 있다(그림 12-5). 물범과 같은 소수 몇 종들은 짝짓기와 새끼를 돌보기 위해 일시적으로 무리를 형성한다. 다른 식물 혹은 동물 개체군들은 사회적 이유가 아니라 자원의 지역적 국한 때문에 모이기도 한다. **균일형 분포(uniform distribution)**를 보이는 생명체는 개체 간의 거리가 상대적으로 일정하다. 펭귄, 갈매기, 가넷과 같은 해안의 새는 서로 일정한 거리를 두고 둥지를 만드는 것이 관찰된다(그림 12-4b). **무작위형 분포(random distribution)**를 가지는 생명체는 상대적으로 드물다. 민들레는 바람에 의해 씨앗이 랜덤하게 흩뿌려지기 때문에 비옥한 토양에서 무작위적으로 자라난다(그림 12-4c).

인간 개체군은 높은 출생률과 기술적, 문화적, 농업적, 산업적 그리고 의학적 진보의 조합으로 환경저항을 극복하고 인간에 대한 지구의 환경수용력을 증가시킴으로써 지수생장을 보였다(그림 12-6). 개체군 연령구조를 나타내는 **연령구조도표(age structure diagram)**는 장래 성장을 예보하며 남성과 여성의 수로 기술한다. **개발도상국(developing countries)**에서의 확장형 개체군은 하부가 넓은 삼각형 연령구조를 가진다. **선진국(developed countries)**에서는 안정형 개체군 혹은 하부가 좁아지는 연령구조를 가지는 축소형 개체군을 가진다(그림 12-7).

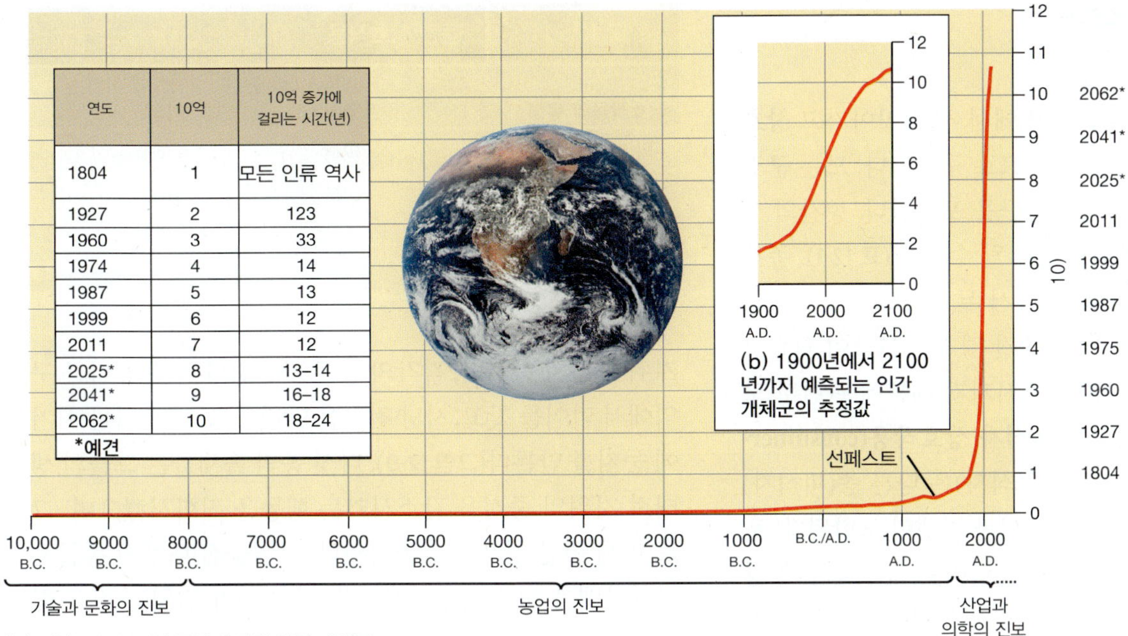


| 연도 | 10억 | 10억 증가에 걸리는 시간(년) |
|---|---|---|
| 1804 | 1 | 모든 인류 역사 |
| 1927 | 2 | 123 |
| 1960 | 3 | 33 |
| 1974 | 4 | 14 |
| 1987 | 5 | 13 |
| 1999 | 6 | 12 |
| 2011 | 7 | 12 |
| 2025* | 8 | 13–14 |
| 2041* | 9 | 16–18 |
| 2062* | 10 | 18–24 |

*예견

(a) 지난 12,000년 동안 측정된 인간 개체군

◀ **그림 12-6 인간 개체군(인구) 생장** **(a)** 석기시대로부터 현재까지 인구는 여러 가지 진보가 환경저항을 극복함에 따라 계속되는 지수 생장을 나타낸다. 10억이 추가되는 데 걸리는 시간 간격을 주목하자. **(b)** 1900년에서 2100년까지로 확장된 X-축은 인간 개체군은 감속되고 있음을 나타낸다. 하지만, 2015년 이후의 인구 자료는 추정 값인 것을 인지하라. 실제적 인간 개체군 생장은 이러한 추정값과 일치하지 않을지도 모른다.

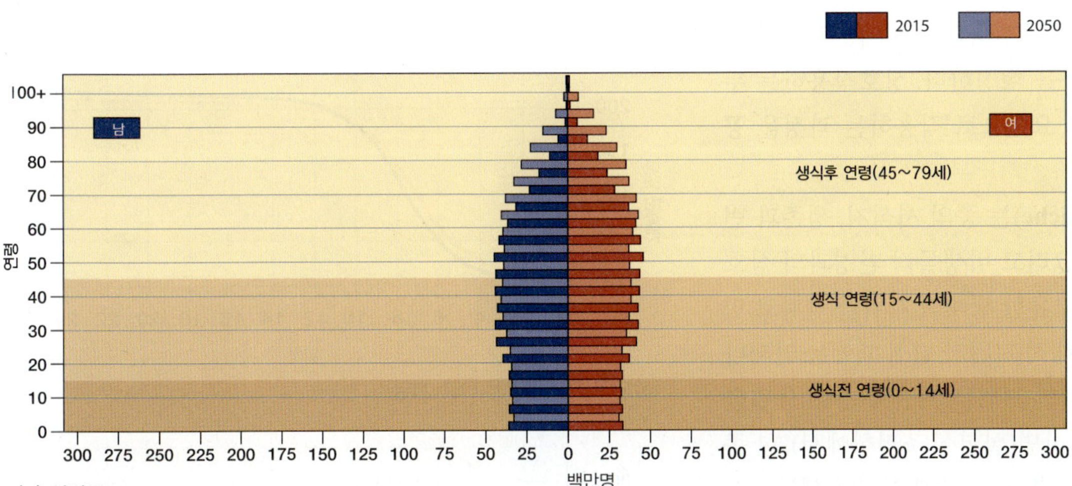


(a) 선진국

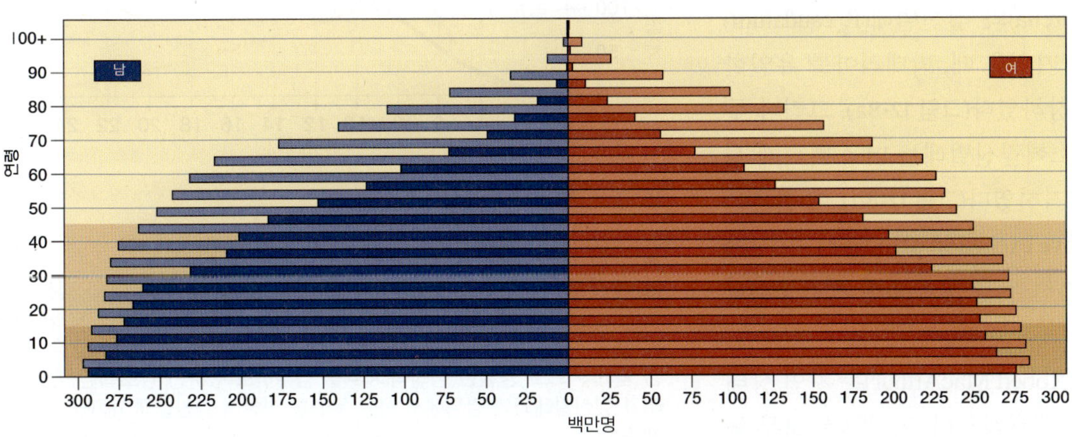


(b) 개발도상국

◀ **그림 12-7 선진국과 개발도상국의 연령 구조** 개발도상국가에서 대체수준생식력(RLF)에 도달하는 2050년에 2015년보다 어린이와 성인의 수의 차이가 더 감소한다는 것을 주목하라. 엄청난 수의 젊은 사람들이 아이들을 가질 수 있는 연령에 가입되므로 생장은 계속될 것이다.

## 12.2 군집의 상호작용

**군집(community)**은 정의된 지역에서 서로 살아가고 상호작용하는 여러 종의 모든 개체군으로 구성된다. 모든 군집의 상호작용에는 자원에 대한 접근을 포함한다. 종간의 상호작용은 3가지 주요 범주로 분류될 수 있다(표 12-1). **종간 경쟁(interspecific competition)**에서 두 종 또는 그 이상의 종은 동일한 자원을 사용한다. 종간 경쟁은 그들이 필요로 하는 자원에 대한 접근성을 감소시키기 때문에 관련된 모든 종에 해를 끼친다. **포식자-피식자 상호작용(consumer-prey interaction)**에서는 한 종(포식자)은 다른 종(피식자)을 먹이 공급원으로 사용하며 포식과 기생이 포함된다. 포식자와 기생충은 이익을 얻는 반면, 먹이는 해를 입는다. **상리공생(mutualism)**에서 두 종은 자원에 대한 접근을 증가시키는 방식으로 협력한다. 그러므로 상리공생은 종들이 혼자 살아남을 수 없는 곳에서 번성할 수 있게 한다. 군집의 상호작용은 개체군의 크기를 제한함과 동시에 서로 작용하는 개체군들의 규모와 행동을 형성한다. 상호작용하는 두 종이 서로에게 자연선택의 요인으로 작용하는 과정을 **공진화(coevolution)**라고 한다.

**생태적 지위(ecological niche)**는 종의 서식지, 생존과 번식을 위해 필요한 생물적 그리고 비생물적 환경과의 상호작용을 포함한다. 각 종은 고유한 생태적 지위를 가지고 있다. 군집 내에서 두 종의 생태적 지위가 겹칠 때에는 언제나 종간 경쟁이 일어난다. 동일한 지위를 가진 두 종이 동일한 생태적 지위를 점유하도록 하면(실험실 조건하에서), 한 종은 항상 다른 종의 우위에 있다. 1934년에 러시아 생물학자 가우스(G. F. Gause)는 실험실 배양액에서 원생동물 쌍소핵짚신벌레(Paramecium aurelia)와 짚신벌레(P. caudatum)의 두 종을 키웠다. 별도로 키웠을 때, 박테리아를 유일한 먹이로 삼아 두 종 모두 번창하였다(그림 12-8a). 그러나 두 종을 함께 배양했을 때, 쌍소핵짚신벌레는 더욱 빠르게 성장하여 짚신벌레를 항상 제거하였다(그림 12-8b). 이 결론은 **경쟁 배타의 원리(competitive exclusion principle)** 즉, 정확히 동일한 생태적 지위를 가진 두 종은 무기한으로 공존할 수 없다는 것이다.

생태학자 로버트 맥아더(Robert MacArthur)는 자연 상태에서 북아메리카솔새 5종을 관찰하였다. 이 새들은 모두 둥지를 틀고 가문비나무에서 곤충을 사냥한다. 비록 생태적 지위가 겹쳐 있지만, 각각의 종은 가문비나무 내의 다른 구역에서 먹이를 찾고, 사냥 전략을 달리하고, 약간 다른 시기에 둥지를 만든다(그림 12-9). 다섯 종의 솔새들은 그들의 생태적 지위의 중첩을 감소시키는 행동을 진화시켰으며, 그로 인해 종간 경쟁이 감소하였다. 자연군집 내에서 종들은 자원분배를 허용하는 적응을 통해 지위가 겹치는 것을 회피하는 방식으로 진화했다. 종간 경쟁은 개체군 크기와 경

**표 12-1 종간 상호작용**

| 상호작용의 유형 | A종에 미치는 영향 | B종에 미치는 영향 |
|---|---|---|
| A와 B의 **종간 경쟁** | 피해 | 피해 |
| **포식자 · 피식자 상호작용**<br>(A는 포식자, B는 피식자) | 이득 | 피해 |
| A와 B의 **상리공생** | 이득 | 이득 |

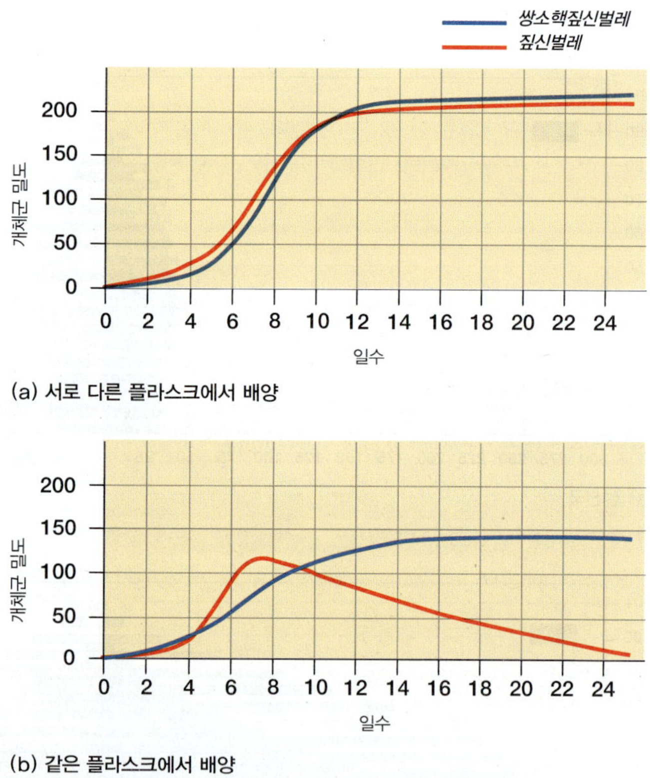


▲ **그림 12-8 실험실 내에서의 종간 경쟁**
**(a)** 꾸준히 먹이를 주고 쌍소핵짚신벌레(*Paramecium aurelia*)와 짚신벌레(*P. caudatum*)를 따로 배양하면 두 종 모두 처음에는 빠르게 자라다가 결국 안정되는 개체군의 전형적인 S자형 곡선을 나타낸다. **(b)** 두 종을 함께 기르고 동일한 생태적 지위를 점유하도록 하면 쌍소핵짚신벌레가 짚신벌레와의 경쟁에서 항상 우위를 점하여 짚신벌레 개체군은 죽게 된다.
자료: Gause, G. F. 1934. The Struggle for Existence. Baltimore: Williams & Wilkins.

▲ 그림 12-9 **자원분배** 북아메리카솔새의 다섯 곤충 습식종 각각은 가문비나무의 약간 다른 부위에서 먹이를 찾는다. 이것은 지위 중복과 경쟁을 줄인다.
자료: MacArthur, R. H. 1958. Population ecology of some warblers of Northeastern coniferous forest. Ecology 39:599 - 619.

쟁하는 종들의 분포 모두를 제한한다. 종내 경쟁 역시 같은 종의 개체들이 동일한 생태적 지위를 점유하고 그들이 필요로 하는 모든 것에 대하여 서로 경쟁하기 때문에 개체군의 크기를 제한한다.

**천이(succession)**는 시간이 지남에 따라 군집과 그들의 비생물적 환경에서 일어나는 점진적인 변화이다. 천이는 생태적 교란, 즉 군집이 변하거나, 비생물적(abiotic) 환경이 변모되거나 또는 둘 다 달라져서 생태계가 교란되는 사건에 의해 비롯된다. 천이 과정을 통해 나타나는 변화는 천이가 일어나는 환경만큼이나 다양하지만, 어느 정도 일반적인 단계들을 인식할 수 있다. 천이는 **선구종(pioneer)**으로 알려진 지의류 또는 식물들부터 시작한다. 선구종들은 경쟁을 벌이는 종들에게 유리하도록 환경을 변모시키고, 점차적으로 선구종들은 경쟁종들로 대체된다. 이 과정이 계속되면 안정된 **극상군집(climax community)**으로 진행된다. 수천 년의 세월이 걸리기도 하는 **1차 천이(primary succession)**는 벌거벗은 암석과 같이 예전에 전혀 군집이 존재하지 않은 곳에서 나타난다(그림 12-10). **2차 천이(sccondary**

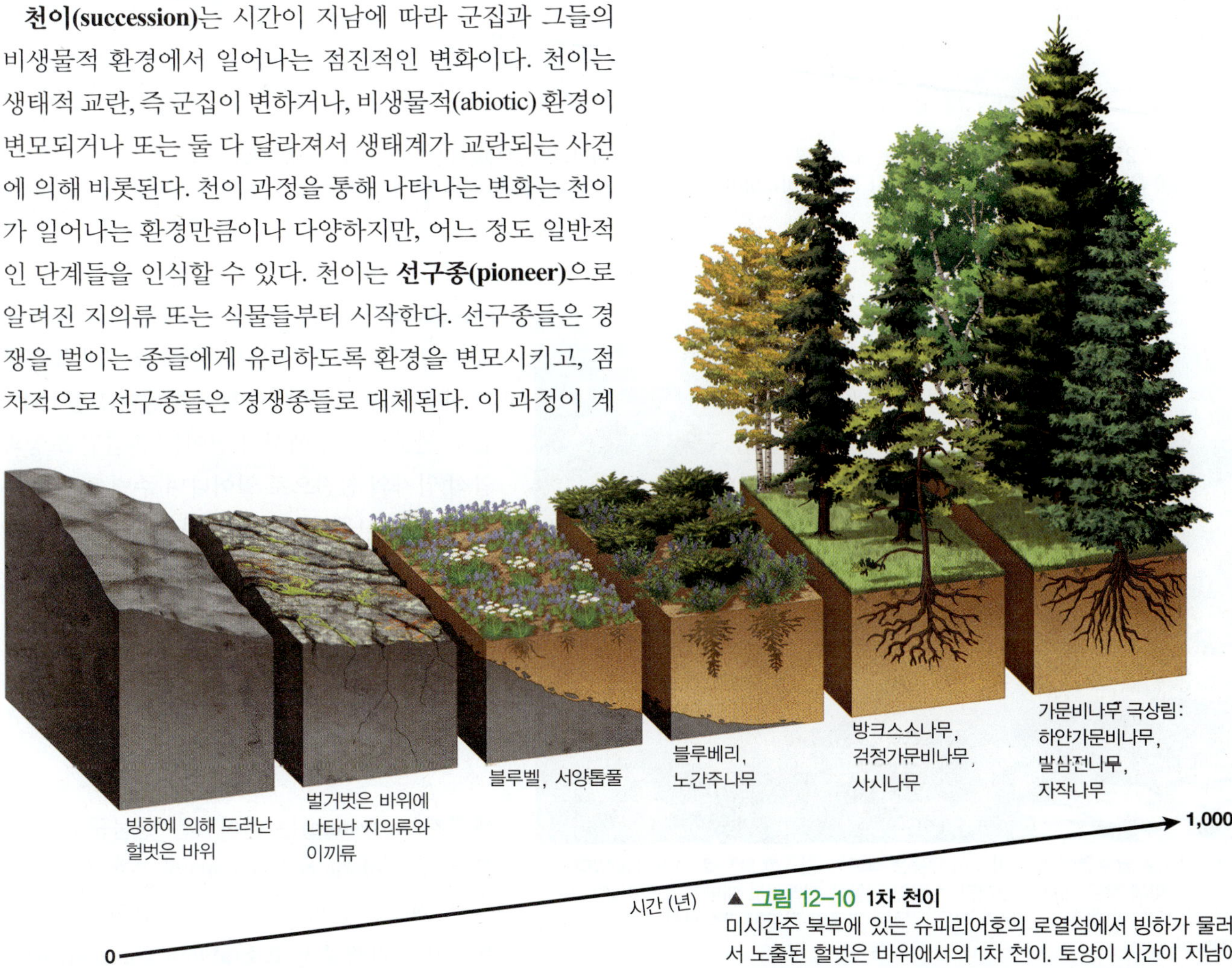


▲ 그림 12-10 **1차 천이**
미시간주 북부에 있는 슈피리어호의 로열섬에서 빙하가 물러가면서 노출된 헐벗은 바위에서의 1차 천이. 토양이 시간이 지남에 따라 깊어지고 점차 기반암을 파묻어 나무가 뿌리를 내릴 수 있음을 주목하라.

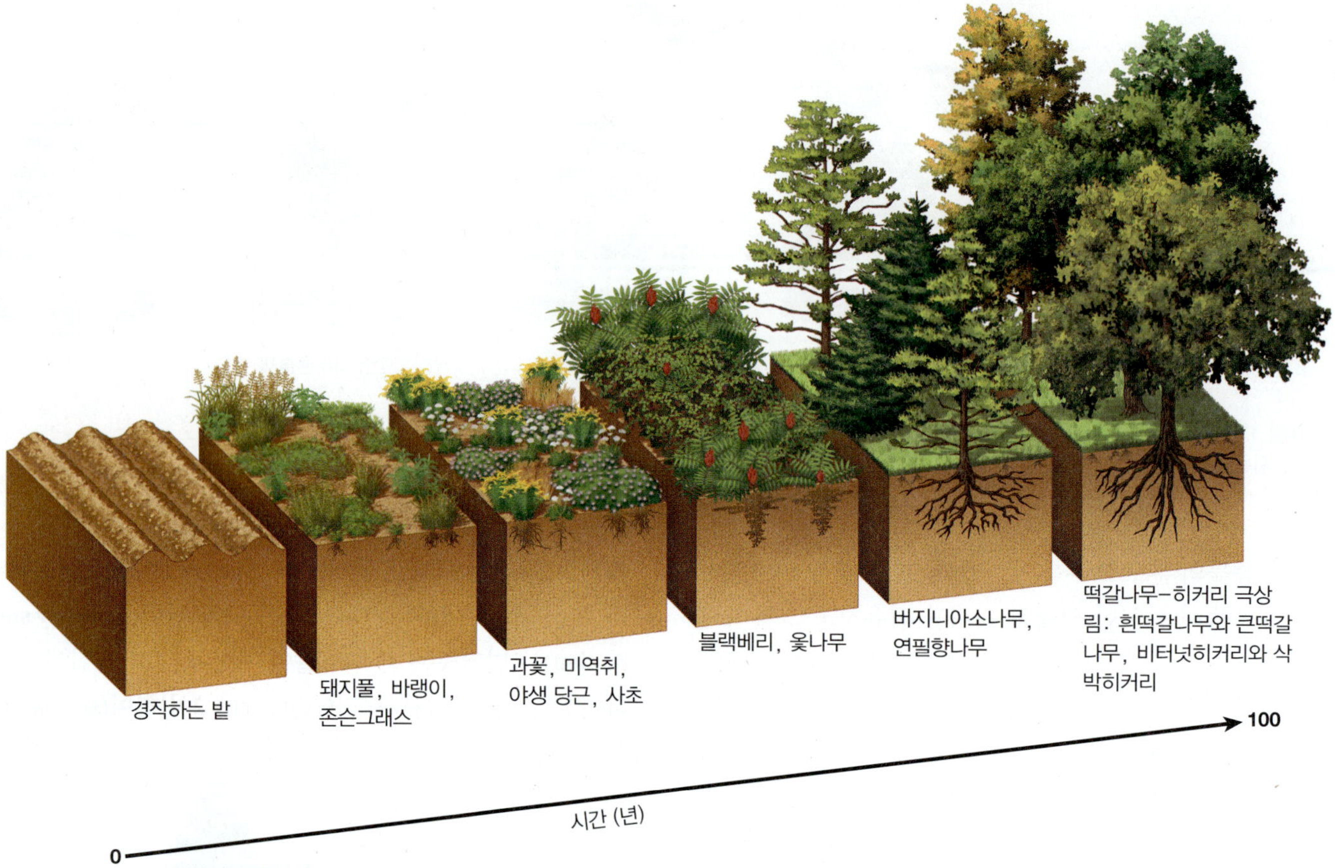


▲ **그림 12-11 2차 천이** 미국 남동부에 있는 노스캐롤라이나에서 경작하다 버려진 농경지에서 일어날 수 있는 2차 천이. 토양의 두꺼운 층이 처음부터 존재하며 이는 1차 천이와 비교하여 천이의 진행 과정을 대단히 빠르게 한다.

▲ **그림 12-12 담수연못의 천이** 이 연못은 빠르게 건조한 토지로 전환되고 있다. 비록 연못의 중앙에 작은 개울이 있지만, 수련이 연못을 지배하고 대부분의 장소에서 단 몇 피트 깊이임을 보여준다. 관목과 작은 나무는 연못의 건조한 가장자리 주변에서 자라기 시작한다.

succession)는 버려진 들판이나 화재 후 숲의 잔해와 같이 교란된 군집의 잔존물을 기반으로 하기 때문에 훨씬 더 빠르게 진행된다(그림 12-11). 담수 연못과 호수에서의 천이는 유입된 토양과 암석 입자의 침전으로 일어나며 주변 토지로 부터 유입된 식물들이 점령한다(그림 12-12). 결국 물은 남아있지 않게 된다.

## 12.3 생태계에서 에너지흐름과 영양분 순환

**생태계(ecosystem)**는 살아있는 생물군집인 **생물적 요소(biotic component)**와 기후, 빛, 온도, 물, 무기염류 등과 같은 물리적, 화학적 성분을 포함하는 **비생물적 요소(abiotic component)**로

▶ 그림 12-13 **생태계에서 에너지흐름, 영양분 순환 및 포식-피식관계** 태양에너지(노란색 화살표)는 생산자의 광합성을 통해 화학결합에너지로 생물분자에 저장되어 비광합성 생물인 소비자에게로 전해진다(붉은색 화살표). 노폐물과 사체의 에너지는 퇴적물섭식자와 분해자가 이용한다. 각 단계에서 일부 에너지는 열로 소실되므로(오렌지색 화살표) 이용 가능한 에너지는 점점 감소한다. 따라서 생태계는 끊임없는 에너지의 유입이 요구된다. 그러나 영양분(자주색 화살표)은 계속해서 재순환한다.

구성된다. 생태계로의 에너지 유입은 광합성을 통해 이루어지며 에너지는 한 영양단계(trophic level)에서 다음 영양단계로 전달된다(그림 12-13).

광합성 생물은 1차영양단계이며 **생산자(producers)** 또는 **독립영양생물(autotrophs)**이라 한다. 광합성을 하지 못해 다른 생물로부터 에너지원이나 영양분을 취해야 하는 생물들은 **소비자(consumers)** 또는 **종속영양생물(heterotrophs)**이라 한다. 어떤 소비자는 생산자만 먹이로 이용하는 초식동물(herbivores)로 메뚜기에서 기린까지 다양한 동물군이 포함되며 **1차소비자(primary consumers)**라 부르고 2차영양단계가 된다. 거미, 독수리, 연어 등과 같은 육식동물(carnivores)은 더 높은 영양단계를 형성한다. 초식동물을 먹는 육식동물은 **2차소비자(secondary consumers)**라 하고 3차영양단계가 된다. 다른 육식동물을 먹으면 이들은 4차영양단계를 이루며 **3차소비자(tertiary consumers)**가 된다. 해양과 같은 특수한 환경에서는 더 높은 영양단계가 존재하기도 한다(그림 12-14).

군집에 따라 많은 차이가 있지만 한 영양단계에서 다음

◀ **그림 12-14 육지와 바다의 먹이사슬**

**(a) 육상의 간단한 먹이사슬**

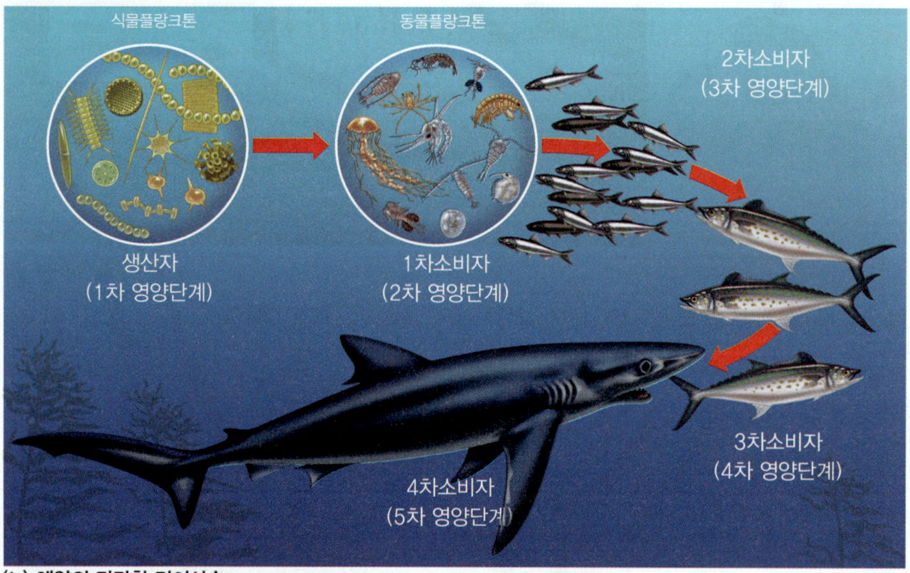


**(b) 해양의 간단한 먹이사슬**

영양단계로 전달되는 에너지는 평균적으로 약 10%의 효율을 갖는 "10%의 법칙"을 나타나고 있다. 이것은 1차소비자(초식동물)는 생산자가 저장한 에너지의 약 10%만을 고정한다는 것을 의미하며 에너지 피라미드(energy pyramid)는 각 영양단계 사이의 에너지 관계를 잘 보여준다(그림 12-15). 한 군집의 생물량 피라미드는 에너지 피라미드와 거의 유사한 형태를 나타낸다. 만약 하위의 영양단계 생물체에 어떤 농도의 독성물질이 들어 있었다면 상위 단계의 생물에는 더 높은 농도로 축적될 것이며 이러한 생물농축(biological magnification)은 위해하거나 심한 경우 치명적인 영향을 초래하기도 한다.

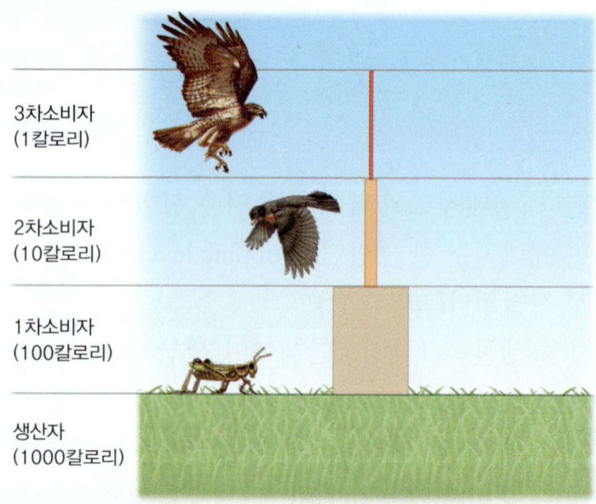


▲ **그림 12-15 초원 생태계에서 에너지 피라미드** 이 피라미드에서 사각형의 크기는 각 영양단계에서 저장되는 에너지의 양에 비례한다. 이 그림에 그려진 생물들은 미국의 초원에서 흔히 볼 수 있는 각 영양단계의 대표 종으로 풀, 메뚜기, 울새, 붉은꼬리말똥가리(매)이다.

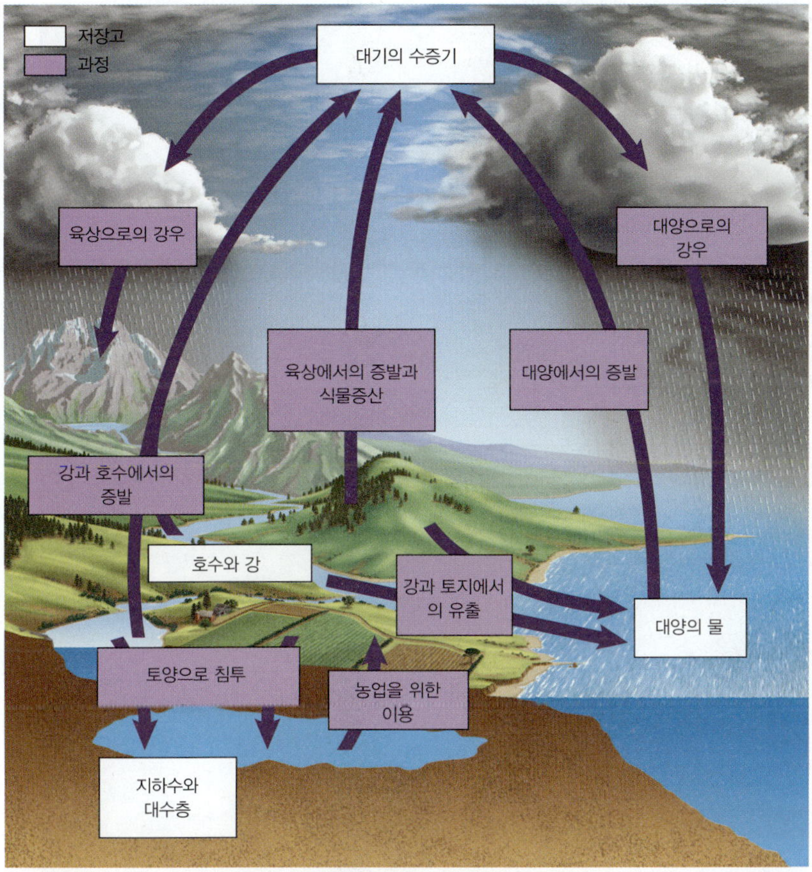


▲ 그림 12-16 물의 순환

**영양분(nutrient)**은 생명체를 구성하는 원소나 작은 분자를 말한다. **다량영양분(macronutrient)**은 생물이 다량으로 요구하는 것으로 물, 탄소, 수소, 산소, 질소, 인, 황, 칼슘 등이 있다. 생물들이 미량으로 요구하는 **미량영양분(micronutrient)**에는 아연, 몰리브덴, 철, 셀레늄, 요오드 등이 있다. 영양분순환(nutrient cycle)은 영양분이 저장소(reservoir)라 하는 비생물 환경에서 생태계 내의 군집으로 이동하고 다시 비생물 환경으로 돌아가는 과정을 의미한다.

**물의 순환(hydrologic cycle)**은 주 저장소인 대양에서 대기로, 강과 호수, 그리고 지하수의 저장소로, 그리고 다시 대양으로의 경로를 말한다(그림 12-16). 탄소원자는 모든 유기분자의 골격이 된다. 대기와 대양 저장소의 탄소가 생산자에 의해 고정되고 소비자를 거쳐 분해자에 의해 분해되어 다시 대기와 대양의 저장소로 돌아가는 것을 **탄소 순환(carbon cycle)**이라 한다(그림 12-17). 질소는 아미노산, 단백질,

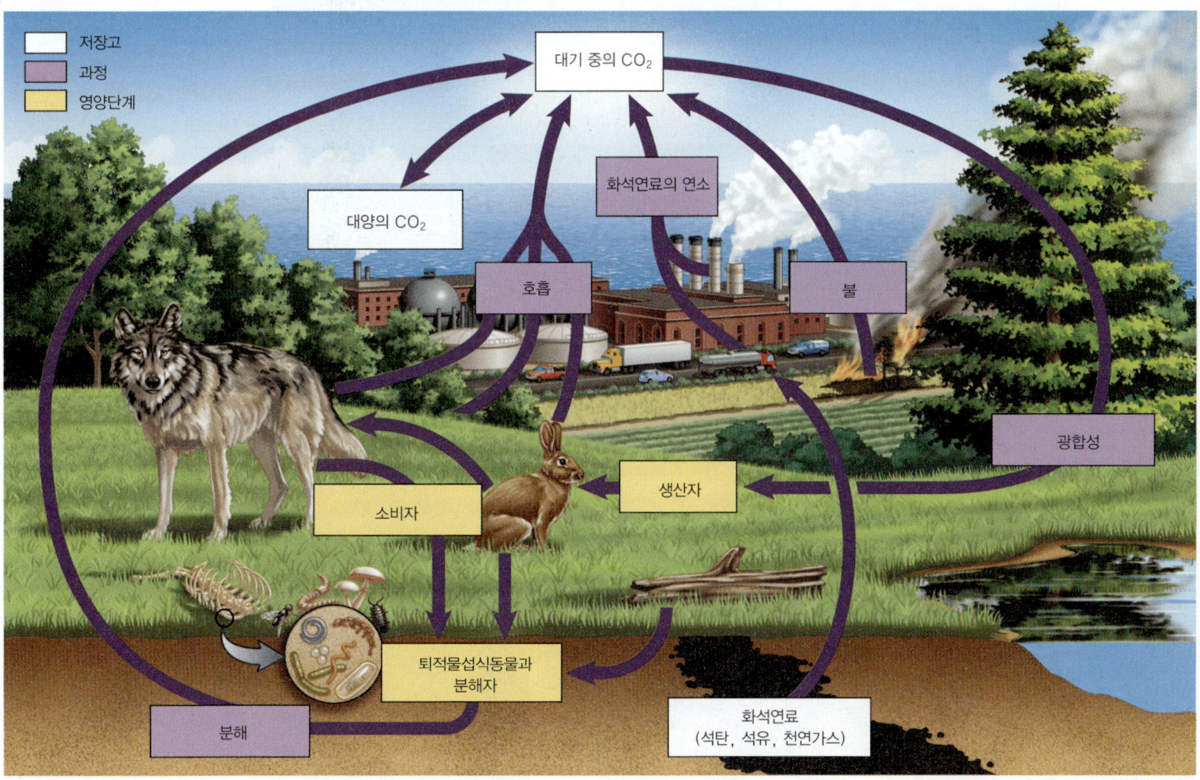


▲ 그림 12-17 탄소 순환

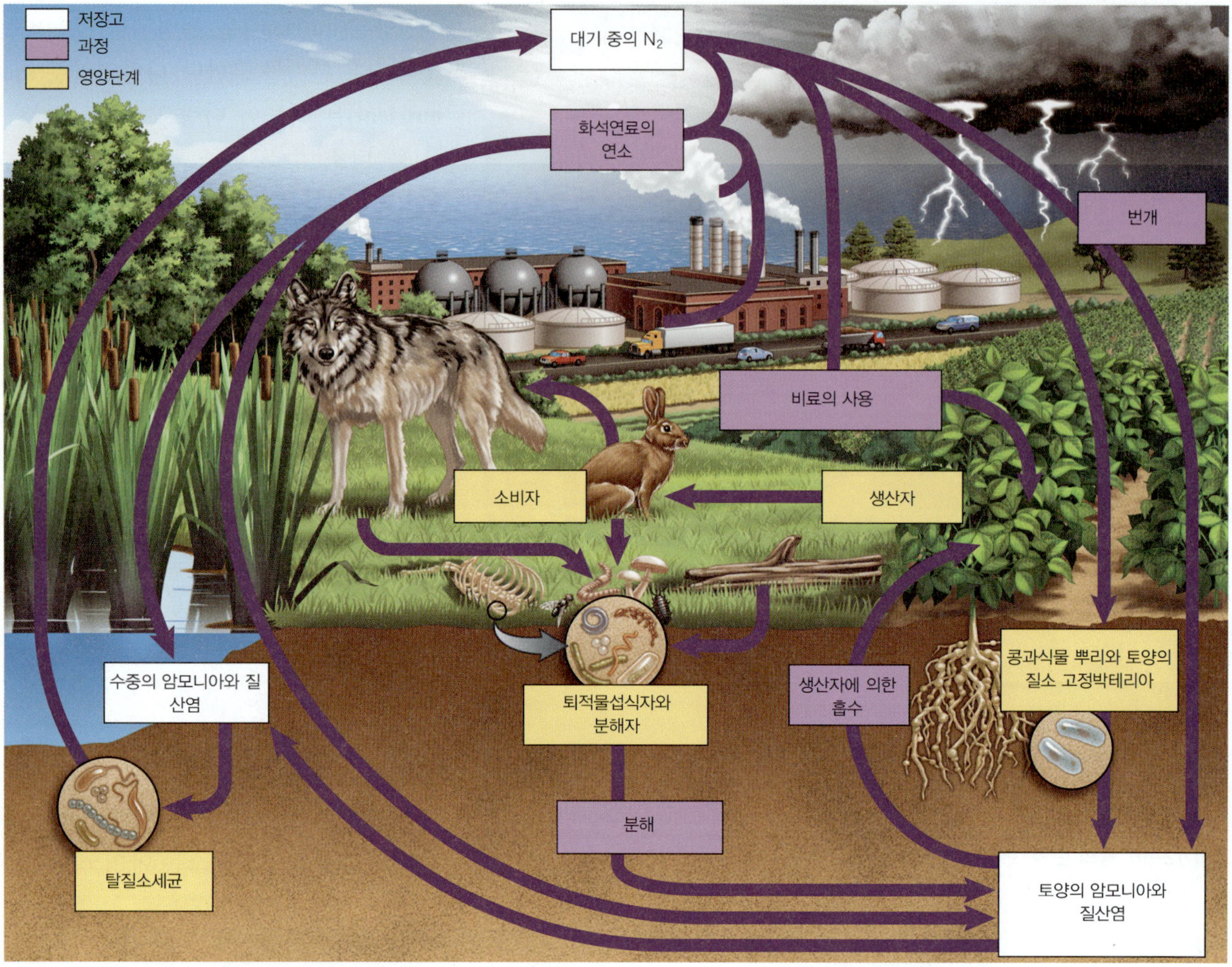


▲ 그림 12-18 질소 순환

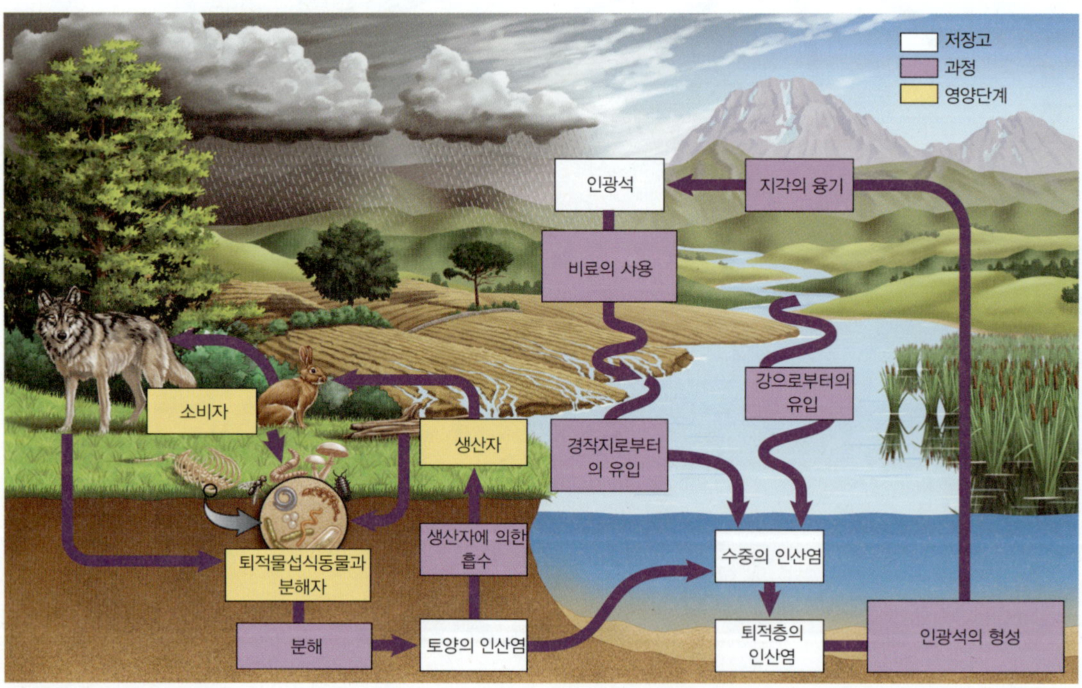


◀ 그림 12-19 인 순환

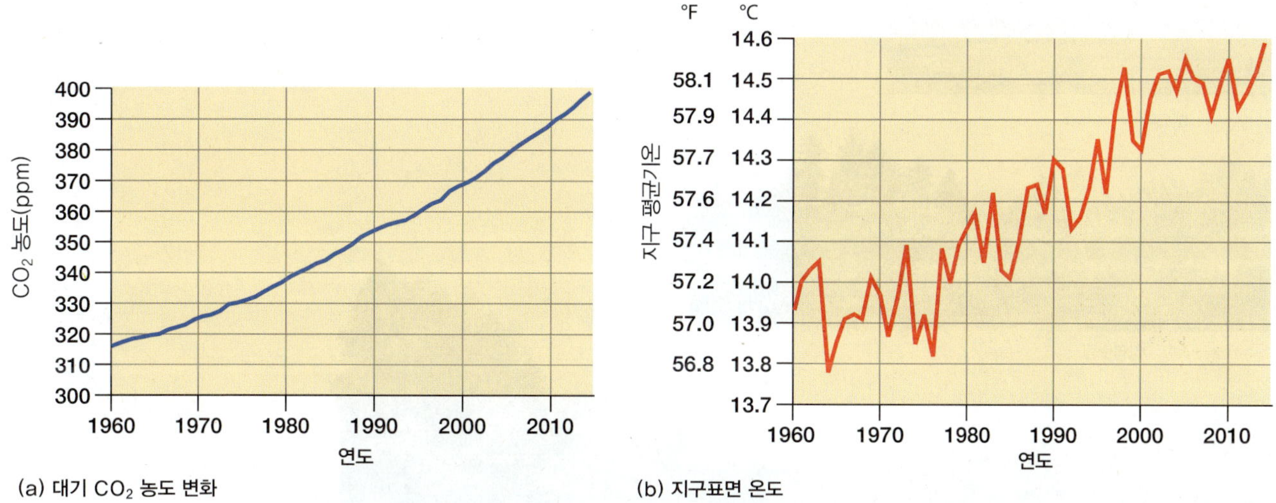


▲ **그림 12-20 지구온도 변화와 대기의 $CO_2$ 증가는 거의 일치한다.**
**(a)** 연평균 $CO_2$ 농도(ppm). 하와이의 마우나로아산 정상부근(해발 3,396m 지점)에서 측정한 값. **(b)** 지구 평균기온의 연도별 변이는 있지만 뚜렷한 증가추세를 확인할 수 있다.

비타민류, 뉴클레오타이드(ATP 등), 핵산(DNA와 RNA)의 핵심 성분이다. **질소 순환(nitrogen cycle)**은 대기저장소의 $N_2$가 생산자와 소비자, 그리고 분해자와 퇴적물섭식자를 거쳐 토양과 물의 암모니아와 질산염으로 전환되었다가 다시 대기저장소로 돌아가는 과정이다(그림 12-18). 인은 생체분자인 핵산(DNA 등)과 세포막의 인지질 등에서 볼 수 있으며 척추동물의 치아와 뼈의 중요한 성분이다. **인 순환(phosphorus cycle)**은 인이 많이 함유된 인광석이 용해되어 토양과 물의 인 저장소로 들어가고, 생물에 의해 흡수되었다가 다시 인광석의 인 저장소로 돌아가는 과정이다(그림 12-19). 인은 기체형이 없고 순환하는 동안 대부분 산소와 결합한 인산염($PO_4^{3-}$)의 형태로 존재한다.

고대에는 인구도 적고 기술도 제한적이어서 인간에 의한 영양분 순환의 교란은 크지 않았다. 그러나 인구가 증가하고 기술이 발달하면서 인류는 영양분 순환을 심각하게 교란하기 시작했다. 오늘날 전 지구적인 질소, 인, 황, 탄소 순환의 교란이 이루어지고 있다. 대기에서 이산화황과 질소산화물은 산성비를 비롯한 산성강하물로 호수와 숲 생태계에 피해를 주었다. 대기 중 이산화탄소의 증가는 지구온난화와 같은 기후변화를 유발하여 극단적인 기상, 빙하의 해빙, 극지방 얼음의 해빙, 바다의 온난화, 해수면 상승, 야생생물의 분포와 계절적 활동의 변화 등 을 일으키고 있다(그림 12-20).

## 12.4 지구의 다양한 생태계

지구 내 생명체의 분포는 (1) 에너지, (2) 영양물질, (3) 물, (4) 적당한 온도에 의해 결정된다. 에너지는 태양에서 유입되는 빛으로 식물과 다른 광합성 유기체에 의해서 흡수되어 거의 모든 생태계에 유입되고, 먹이사슬을 통해 소비자에게 전달된다. 그러므로 지구 내 생명체의 분포는 크게 광합성을 하는 유기체에 의해 결정된다고 할 수 있다. 지구상에서의 대규모 군집을 **생물군계(biomes)**라고 하고, 낙엽수림이나 초원과 같은 주요 식생 유형의 이름을 따서 명명하기도 한다.

육상 생태계에서는 태양에너지와 대부분의 영양물질들이 상대적으로 풍부하고 강수량과 온도가 생명체의 분포를 주로 결정한다(그림 12-21). 육상식물은 대사활성과 잎에서 증발되는 수분을 대체하기 위해서 적어도 연중 일정 기간 동안 토양에서 액체 상태의 물을 공급받아야 한다. 토양수분은 강수량과 온도에 의존한다.

육상생물군계에서 우점하는 식생의 유형은 기온과 강수량의 특성에 의해 결정된다. 어떤 특정한 지역에서 수 년 또는 수 세기 동안의 일기 패턴(weather)은 **기후(climate)**를 형성한다. 기후는 그 지역의 생물군계를 예측하는 훌륭한 인자이다. 적도 근처에 위치하는 **열대우림(tropical rain forest)** 생물군계는 연중 덥고 습하며 거대 한 활엽상록수가 우

▲ 그림 12-21 **육상 생태계의 분포에 영향을 미치는 강우량과 기온** 육지에서 강우량과 기온은 식물의 생장에 필요한 토양 수분의 양을 결정한다.

◀ 그림 12-22 **열대우림 생물군계** 빽빽한 열대우림에서 나무들은 햇빛에 도달하기 위해 우뚝 솟는다. 이 나무들의 가지 한복판에는(왼쪽에서 오른쪽으로) 나무기생난, 황금눈나무잎개구리, 과일섭식큰부리새를 포함하는 지구상에서 가장 다양한 생명체들이 살고 있다.

점한다. 대부분의 영양분은 식생에 고정돼 있고 많은 동물들이 나무 위에서 생활한다. 열대우림은 지구상에서 가장 높은 생산성과 **생물다양성(biodiversity)**을 나타낸다(그림 12-22). 적도에서 약간 떨어지면 우기는 건기와 교차하는데 건기 동안에 낙엽이 떨어지는 **열대낙엽수림(tropical deciduous forest)**을 형성한다. **관목림(tropical scrub forest)**과 **사바나(savanna)**는 열대낙엽수림보다 강수량이 적고 건기가 지속된다. 사바나는 초본들과 함께 넓게 산재한 나무들로 특징지어진

▼ **그림 12-23 아프리카의 사바나** 기린은 사바나의 나무에서 먹이를 얻으며(왼쪽에서 오른쪽으로) 사자, 희귀종인 검은 코뿔소, 얼룩말과 함께 이 생물군계를 공유한다.

다. 연강수량이 10인치(25.4cm) 이하인 대부분의 사막은 남·북위 30°나 산맥의 비그늘에 위치한다(그림 12-23). **사막(desert)**에 사는 식물들은 공간적으로 넓게 분포하고 물을 보존하기 위해 적응되어 있다. 이곳의 동물들은 과도한 열을 피하고 물을 보존하기 위해 행동적이고 생리적인 수단을 가지고 있다. **작은 떡갈나무 수풀(chaparral)**은 사막과 같은 조건이지만 해안 근처라서 완화된 기후조건을 가지므로 내건성 작은 나무와 덩굴들이 무성하다. 대평원(*prairie*)이라 불리는 **초원(grassland)**은 대륙의 중심부에 집중되어 있다. 이들 생물군계는 끝없이 덮여있는 초본과 소수의 나무를 갖고 있으며 상대적으로 적은 강수량, 화재와 극심한 가뭄이 나무의 성장을 억제한다. 이러한 초원은 세계에서 가장 비옥한 토양을 만들고 대부분 농토로 전환되었다(그림 12-24). 활엽수들이 수분을 보존하기 위해 겨울에 잎을 떨어뜨리는 **온대낙엽수림(temperate deciduous forest)**은 미국동부의 절반을 차지하고 유럽과 동아시아에서도 역시 찾을 수 있다. 적당한 강수량과 극심한 가뭄의 부재는 낙엽수림의 성장을 돕고 임상을 그늘지게 하여 초본의 성장을 억제한다. 침엽수가 우점하는 **온대우림(temperate rain forest)**은 많은 강우량과 적당한 기온을 가진 해안 지역에서 형성된다(그림 12-25). **북부침엽수림(northern coniferous forest)**은 북극 아래쪽의 육지를 거의 둘러싸고 있다. 이곳은 작고 밀랍으로 싸인 바늘잎이 수분을 보호하고 짧은 성장기에 유리하도록 적응한 침엽수가 우점한다. **툰드라(tundra)**는 영구동토가 나무들의 성장을 막고 관목들의 성장을 멈추게 하는 얼어붙은 사막이다. 이러한 툰드라는 북극과 산 정상에서

▶ **그림 12-24 단경초본초원** 단경초본초원은 낮게 자라는 초본들로 특징지어진다. 많은 야생화 이외에도 단경초본 초원의 생물에는(왼쪽에서 오른쪽으로) 보호구역의 들소, 가지뿔영양, 개쥐를 포함한다.

◀ **그림 12-25 온대우림 생물군계** 올림픽 국립공원 안의 호(Hoh)강 온대우림은 연간 약 12 피트(약 3.6 미터)의 강우량을 보인다. 양치류, 이끼류와 야생화가 임상층(숲의 바닥)의 약한 녹색광 아래에서 자란다. 이러한 온대우림의 생물로는(왼쪽 위로부터 오른쪽으로) 참새발고사리 같은 양치류, 큰사슴(엘크)과 꽃을 피우는 디기탈리스(현삼과 여러해살이 풀)를 포함한다.

▼ **그림 12-26 툰드라 생물군계** 툰드라의 생물은 가을에 화려한 색으로 바뀌는 알래스카의 데날리 국립공원에서 볼 수 있다. (왼쪽에서 오른쪽으로) 서리로 뒤덮인 월귤나무와 같은 다년생 식물들은 차가운 툰드라의 바람을 피하기 위해 땅에 낮게 자란다. 북극여우와 순록과 같은 툰드라의 동물들은 그들의 다리에서 혈류를 조절하여 동상을 예방할 정도의 체온을 유지하는 반면 뇌와 기타 주요 기관들을 위해서는 정교하게 체온을 유지시킨다.

찾을 수 있다(그림 12-26).

수생생태계에서는 물이 항상 활용가능하고, 태양에너지, 영양물질, 온도가 생명체의 분포를 결정하는 주요 요인이다. 담수호수에서 **연안대(littoral zone)**는 햇빛과 영양분을 동시에 받고 가장 많은 생명체를 부양한다. **조광대(limnetic zone)**는 광합성 원생생물이 번성하는 채광이 좋은 개방수역이다. 대형호의 깊은 **심저대(profundal zone)**에서 빛은 광합성하기에 불충분하고 대부분의 에너지는 유기잔사(detritus)에 의해 공급된다(그림 12-27). **빈영양호(oligotrophic lake)**는 맑고 영양분이 낮으며 희박한 생물군집을 유지시킨다. **부영양호(eutrophic**

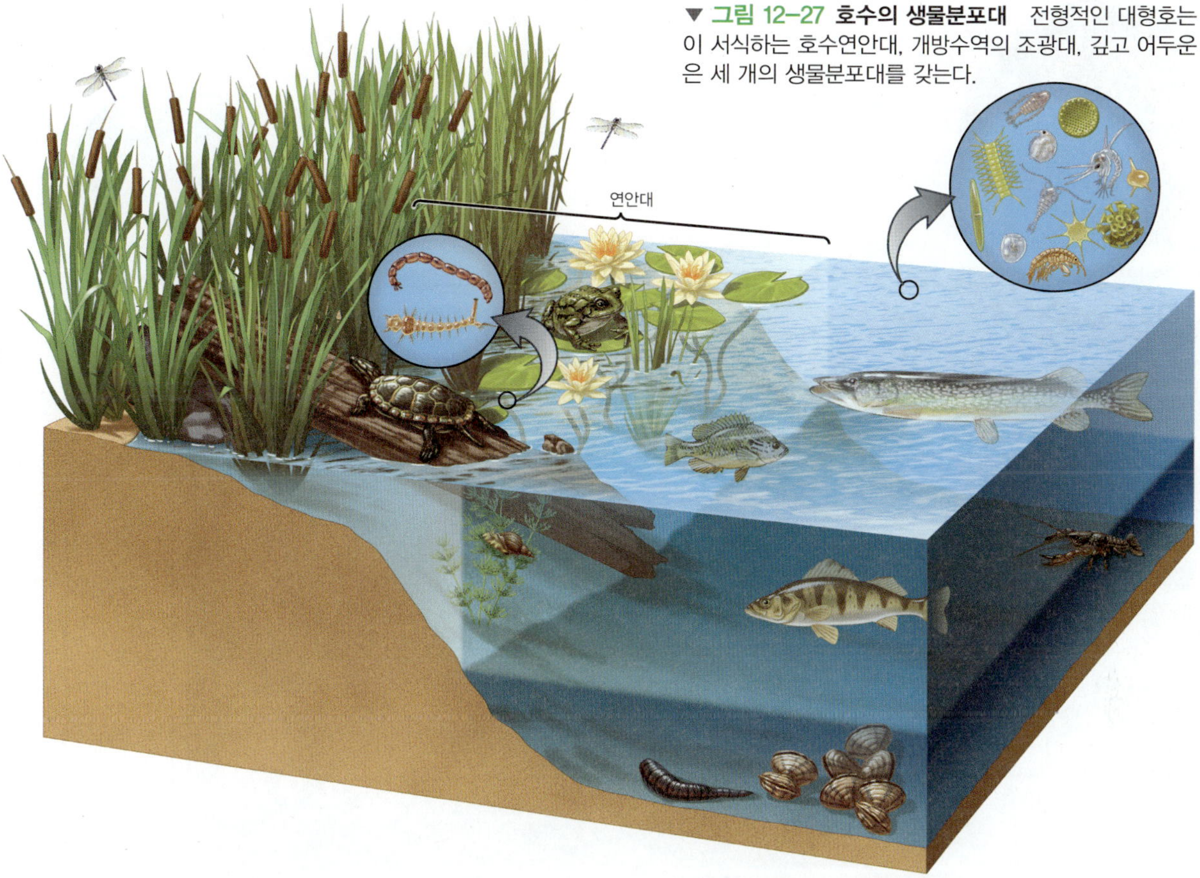


▼ **그림 12-27 호수의 생물분포대** 전형적인 대형호는 뿌리식물들이 서식하는 호수연안대, 개방수역의 조광대, 깊고 어두운 심저대와 같은 세 개의 생물분포대를 갖는다.

**lake)**는 영양분이 풍부하고 밀집된 군집을 유지시킨다. 점진적으로 영양분이 풍부한 침전물질이 축적되면 빈영양호는 부영양화 되는 경향이 있다. 비록 대형호가 수백만 년간 지속된다할지라도 부영양화는 호수가 건조한 육지로 천이가 일어나도록 할 수 있다.

하천은 불투수성 암반 위로 빗물이나 눈 녹은 물이 증가하는 발원지인 산악지형에서 기원한다(그림 12-28). 원천수는 일반적으로 맑고 산소가 풍부하며 영양분이 낮다. 전이

▶ **그림 12-28 하천에서 강으로 그리고 바다로**
높은 고도에서 강우는 빠르게 흐르는 깨끗한 천으로 흘러 들어가고 낮은 고도의 지류와 만나면서 느려진다. 많은 하천은 풍부한 침전물을 쌓는 범람원을 굽이쳐 느린 유속을 갖는 강이 된다. 많은 강들은 바다와 만나는 하구로 결국 흐른다. 담수생물의 군집은 물이 산으로부터 바다로 흘러가는 동안 변화한다.

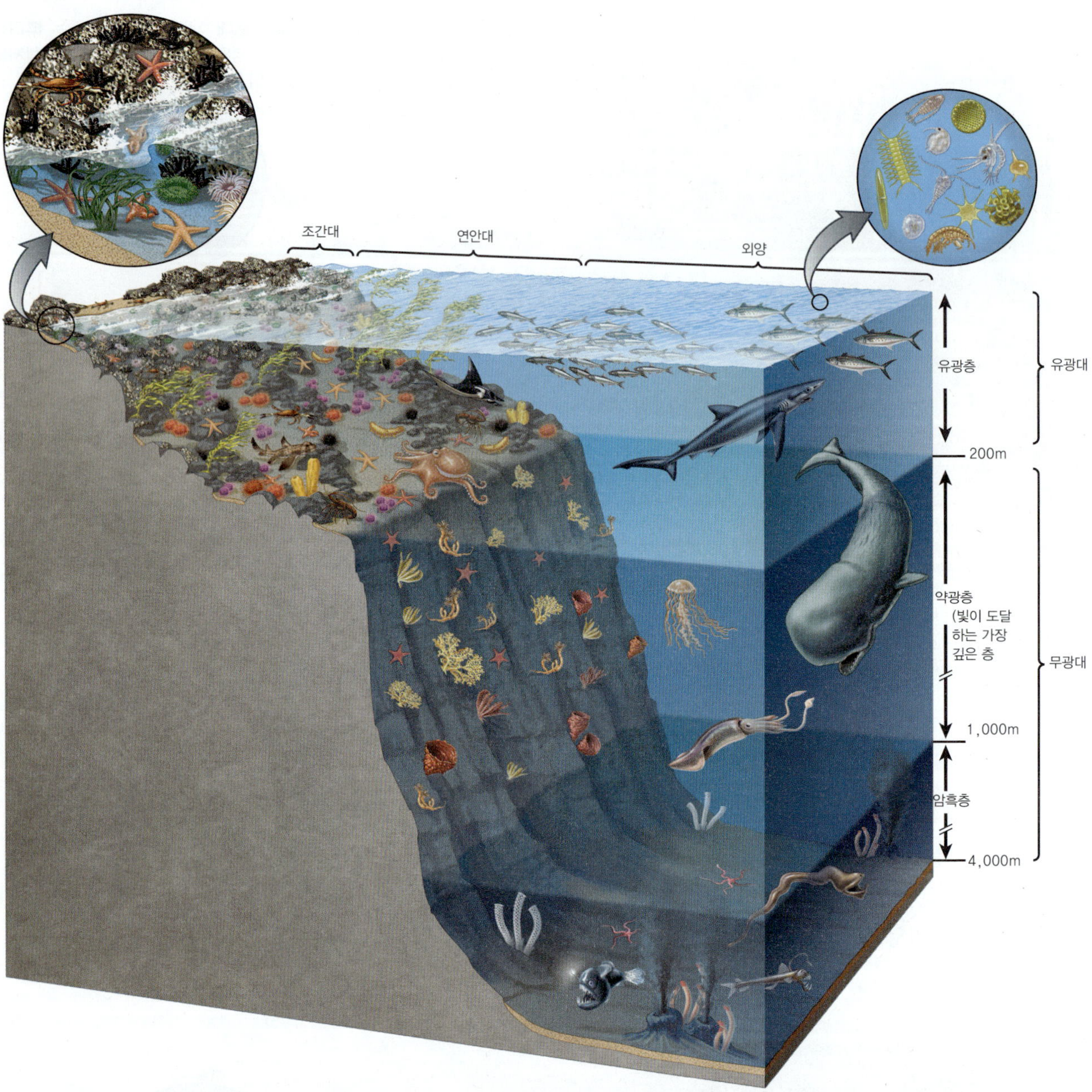


▲ **그림 12-29 해양의 생물분포대** 광합성은 조간대, 연안대, 외양의 상층을 포함하는 유광대에서만 가능하다. 비록 해수의 투명도에 따라 매우 다르긴 하지만 다양한 구역별 대략적인 깊이는 그림에서 볼 수 있다(참고: 각각의 깊이는 실제 비율에 맞게 그려진 것은 아니다). 무광대에서 주로 생활하는 대부분의 생물들은 유광대에서 내려온 유기물에 의존한다.

지대의 낮은 고도에서는 지류가 합쳐지면서 더 넓고 느리게 흐르는 하천과 작은 강을 형성한다. 물은 약간 따뜻해지고 더 많은 침전물이 지류를 통해 이동하면서 수생식물, 조류 및 식물플랑크톤의 증식을 위한 영양분을 공급되며 더 큰 군집을 형성한다. 강은 호수나 해양으로 흘러가는 도중에 영양분이 축적되는 비교적 평평한 범람원(floodplain)을 거쳐 구불구불한 굽이를 지나며 호수나 또 다른 강으로 유입되고 바다와 만나는 하구역에 도달한다.

늪(marsh), 수렁(swamp) 및 소택지(bog)를 포함하는 담수 **습지(wetland)**는 토양이 물로 덮여있거나 포화된 지역이다. 습지는 부들, 시금치 및 낙엽송과 같은 내수성 교목을 포함한 부유식물 및 유근식물 뿐만 아니라 조류와 식물플랑크톤의 밀생을 지원한다. 습지는 다양한 조류(두루미, 논병아리, 왜가리, 물총새, 오리), 포유류(비버, 사향쥐, 수달), 담수 어류, 그리고 가재와 잠자리와 같은 무척추동물에게 번식지, 먹이와 서식지를 제공한다.

해양 생물군계는 빛을 받는 양과 연안과의 근접 정도에 따라 분포대가 구분된다(그림 12-29). 빛이 광합성을 하기

(a) 하구

(b) 조수지

(c) 수중의 켈프 숲

(d) 열대 산호초

▲ **그림 12-30 천해(얕은 바다) 해양생물군계** **(a)** 강물과 해수가 혼합되는 하구에는 생물들이 번성한다. 염습지의 초본들이 이곳에서 번성하여 백로류(그림에서처럼)와 많은 다양한 조류의 먹이가 되는 어류와 무척추동물들에게 은닉처를 제공한다. **(b)** 파도에 휩쓸리고 햇볕에 달구어진다고 할지라도 조간대의 조수지(해안의 조간대에서 간조 시에 해수가 잔류하는 웅덩이)는 무척추동물의 다양성을 유지시킨다. **(c)** 켈프 숲은 아름다운 무척추동물과 밝은 주황색의 가리발디(자리돔과 어류)처럼 물고기들의 안식처이다. **(d)** 산호초는 다양한 어류와 무척추동물에게 서식처를 제공한다.

에 충분한 물의 상층부(깊이 200m까지)를 **유광대(photic zone)**라 하고 유광대 밑에는 해저까지 뻗어있는 **무광대(aphotic zone)**가 있고 가장 깊은 곳은 태평양에 있는 마리아나 해구의 약 11,000m에 이른다. 무광대의 빛은 광합성을 하기에는 불충분하기 때문에 생명 유지에 필요한 거의 모든 에너지는 상부의 유광대에서 가라앉는 배설물이나 생물체로부터 얻어야만 한다. 해양에서 높은 밀도의 생물은 하구, 조간대와 **연안대(nearshore zone)**의 켈프 숲과 산호초에 서식한다. **외양(open sea)**은 연안대의 끝에서부터 시작되고 심지어 강한 태풍이 부는 동안에도 파도가 해저에 영향을 끼치지 않을 정도로 충분한 수심을 갖는다.

**하구(estuary)**는 강으로부터 담수가 바닷물과 만나는 기수역이다. 하구는 엄청난 생물 다양성을 유지시킨다. **조간대(intertidal zone)**는 밀물과 썰물이 오르내리므로 생물들은 공기와 바닷물에서 동시에 생존하기 위해 적응해야만 한다. 모래사장과 개펄의 조간대는 보통 생물다양성이 낮지만 모래톱에 사는 게와 땅굴벌레를 포함하여 생물이 서식한다. **켈프 숲(kelp forest)**은 차갑고 영양분이 풍부한 연안대에서 발견되고 많은 동물에게 먹이와 서식처를 제공한다. **산호초(coral reef)**는 주로 열대의 얕은 바다에서 발견된다. 상리공생 관계로 와편모조류는 산호조직에서 고농도의 영양분과 이산화탄소를 얻고 광합성으로 만든 먹이를 산호에게 제공한다. 또한 와편모조류는 산호에게 화려한 색깔을 제공하며 산호초는 매우 다양한 생태계를 유지한다(그림 12-30). 외양의 대부분의 생물들은 유광대에서 표류하는 식물플랑크톤의 광합성에 의존한다. 식물플랑

◀ 그림 12-31 **외양** 외양은 크릴새우(왼쪽 아래)를 먹는 혹등고래와 같은 고래류를 포함하여 유광대에서 수많은 생물을 부양한다. 고래류, 크릴새우와 해파리(중간 아래)를 포함한 외양에 있는 동물들은 유광대의 광합성 생산자인 플랑크톤(오른쪽 아래)에 의존한다.

크톤은 동물플랑크톤에 의해 잡아먹히고, 그 다음은 좀 더 큰 무척추동물, 작은 어류와 심지어는 혹등고래와 흰긴수염고래 같은 해양 포유류의 먹이가 된다(그림 12-31). 해저에서 대부분의 에너지는 가라앉는 분비물과 사체로부터 얻는다. 그럼에도 불구하고 연충(worms), 해삼, 불가사리, 연체동물, 오징어, 기괴한 모양의 어류를 포함하여 놀랄만한 수와 다양성을 지닌 생물들이 해저에서 발견된다(그림 12-32). **화학합성(chemosynthesis)**을 하는 세균의 도움을 받는 특수한 **열수구 군집(hydrothermal vent community)**들은 지열로 과열된 물이 있는 상당히 깊은 곳에서 번성한다(그림 12-33).

◀ 그림 12-32 **심해 생물** 고래의 뼈는 심해에 다량의 영양분을 제공한다. 좀비벌레(왼쪽 위)는 뿌리처럼 생긴 하반신을 분해되어가는 고래 사체의 뼛속으로 깊숙이 삽입할 수 있다. 심해의 다른 생물로는 거대한 턱과 날카로운 이빨로 먹이 전체를 잡고 삼킬 수 있는 심해어(Chauliodontidae과 어류)(중간 위)와 튀어나온 눈 밑에 짧은 촉수를 가진 거의 투명한 심해오징어(오른쪽 위)가 있다.

◀ 그림 12-33 열수구 생물군집 열수구는 무기질이 풍부한 과열수를 뿜어내어, 열수구 생물군집에 에너지와 영양분을 공급하고 있다. 거대 붉은 관벌레는 길이가 거의 9피트(거의 3미터)에 달하고 250년까지 살 수 있다(왼쪽). 이 열수구 군집 내 달팽이의 발은 황화철로 싸여있는 비늘로 보호받고 있다(오른쪽).

## 12.5 지구의 생명다양성 보존

**보전생물학(conservation biology)**은 지구에 존재하는 생물의 **유전 다양성(genetic diversity)**, **종 다양성 군집(species diversity)** 그리고 **생태계 다양성(ecosystem diversity)**을 이해하고 보존하고자 하는 과학 분야이다.

**생태계 서비스(ecosystem services)**는 인류가 생태계로부터 얻는 이익들이며 공급, 규제, 문화, 지원 서비스의 네 가지 범주로 분류한다. 생태계는 식량, 원자재(목재와 담수), 에너지(강수량, 천연자원), 의약품(화학성분)의 공급원이다. 또한 수질정화, 수분(pollination), 해충방제(pest control), 침식과 홍수조절, 탄소저장, 기후조절 등의 조절에 관여한다. 사람들은 생태계에서 휴양의 기회, 관광을 통하여 정신과 신체의 건강을 향상시킬 수 있다. 지원 서비스에 있어서 생태계는 서식지, 광합성, 유전자원, 토양형성, 영양소를 지원한다. 최근에 등장한 분야인 **생태경제학(ecological economics)**은 생태계 서비스의 금전적 가치를 평가한다. 밀레니엄 생태계 평가(*Millennium Ecosystem Assessment(MEA)*)는 지상 생태계 서비스의 60%가 훼손되고 있다고 결론지었다.

영원히 지속되는 종(species)은 없으며 진화의 과정에서 종은 발생하고 번성하고 멸종한다. 현재 지구 생물의 다양성은 감소하고 있고 멸종 속도는 극단적으로 증가하고 있으나 종들은 대체되지 않고 있다. 생물학자들은 인간의 활동이 **대멸종(mass extinction)**을 일으키고 있다고 확신하고 있다. 국제자연보전연맹(IUCN)은 가까운 미래에 멸종될 가능성을 가진 종들에 대하여 **위태롭게 위기에 처했거나(critically endangered)**, **위기에 처한(endangered)**, **혹은 취약한(vulnerable) 종**으로 분류하고 있다. 세 분류 중 어느 항목이라도 속하는 종들은 **위협 받고 있는(threatened) 종**으로 기술된다. 2014년 위험목록에는 모든 새의 13%, 포유동물의 26%, 양서류의 41%를 포함하여 22,176종의 멸종 위기 종이 포함되었다.

인류의 **생태학적 발자국(ecological footprint)**은 우리가 사용하는 자원들을 생산하고 파생시킨 폐기물을 처리하기 위해 요구되는 지표면의 면적을 계산하는 것을 의미한다. **생태 수용력(biocapacity)**은 지구의 지속가능한 자원과

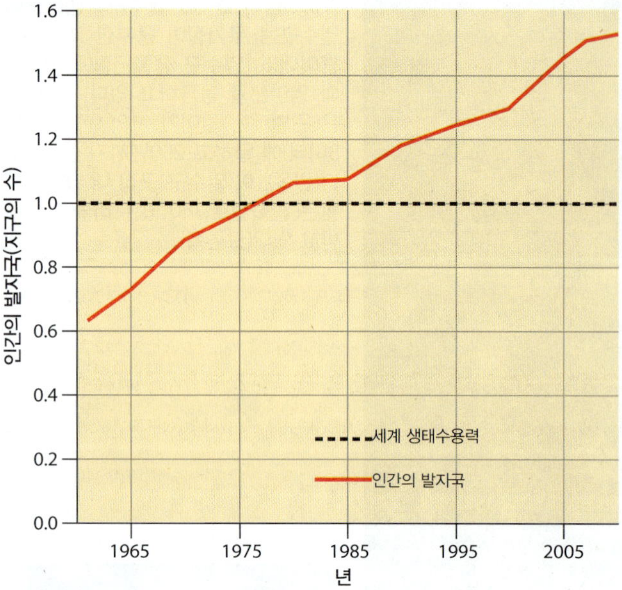


◀ **그림 12-34 인간의 요구는 계산된 지구의 생태 수용력을 초과한다** 지구 전체의 지속가능한 생태 수용력(1.0에서의 점선)에 대한 1961년에서 2010년까지의 인류의 생태학적 발자국. 1961년에 우리는 지구 생태 수용력의 절반을 사용하고 있었다. 2010년 들어, 현재 상태의 소비 형태를 지닌 인류 모두의 지속가능한 부양을 위해 약 1.5개의 지구가 필요할 것이다(필요한 데이터를 얻고 분석하는 어려움으로 인해 2010년의 발자국 계산은 2014년에서야 처음 보고되었다). 출처: World Wildlife Fund, Zoological Society of London, Global Footprint Network, Water Footprint Network (2014), *The Living Planet Report*

활용 가능한 폐기물 수용능력을 산정하는 것이다. 인간의 생태학적 발자국은 다른 생명체들을 부양하기 위한 지구의 생태 수용력을 점점 적게 남기면서 그 능력을 초과해왔다(그림 12-34).

인간의 활동에 의한 서식지 파괴, 남획(overexploitation), 침입종, 오염, 기후변화는 생물 다양성에 상당한 위협이 된다(그림 12-35와 그림 12-36). 해양 어류 종의 약 3분의 1이 서식하는 산호초 또한 과도한 남획, 오염, 해양 산성화, 지구 온난화에 의해 고통 받고 있다. 특히, 인간의 활동에 의해 서식지가 사라지면 많은 종들은 살아남을 수 없다. 따라서 보호구역을 통하여 보호하고 작고 파편화된 지역을 **야생동물 통로(wildlife corridors)**로 연결하는 것은 필수적이다. **핵심 보전지역(core reserves)**은 생태계의 모든 생물 다

◀ **그림 12-35 서식지 파괴** 인간 활동에 의한 서식지 파괴는 전 세계 생물 다양성에 대한 가장 큰 단일 위협이다. 위성 이미지는 1975년(왼쪽)과 2012년(오른쪽) 브라질의 열대우림이다. 원래 열대우림의 절반 이상이 벌채되었다.

(a) Blue rock hunter 시클리드

(b) 나일농어

◀ **그림 12-36 침략종들이 토착종을 위태롭게 한다** (a) 빅토리아 호수는 사진에서 보듯이 blue rock hunter 시클리드와 같은 멋진 색을 띠는 시클리드 수백 종의 고향이었다. (b) 어민을 위해 빅토리아호에 도입된 나일농어가 토착종에게는 재앙이었음이 밝혀졌다.

표 12-2 경작방법은 지속가능성에 영향을 준다

| | 지속 불가능한 농업 | 지속가능한 농업 |
|---|---|---|
| **토양 침식** | 작물의 잔존물을 갈아엎는 일은 새로운 작물이 자라기까지 토양을 노출시키기 때문에 보충될 수 있는 양보다 빠르게 토양을 침식시킨다. | 토양의 침식은 무경운 농법을 통해 크게 감소된다. 농지 주변의 바람막이로 심어진 나무는 바람에 의한 토양침식을 감소시킨다. |
| **해충 관리** | 작물의 해충을 제어하기 위해 많은 양의 살충제를 사용한다. | 농지 주변의 교목과 관목은 해충을 포식하는 새들과 곤충의 서식지를 제공한다. 적은 양의 살충제를 사용하는 것이 새와 포식곤충을 보호하는 데 도움이 된다. |
| **비료 사용** | 많은 양의 합성비료를 사용한다. | 무경운 농법은 비옥한 토양을 유지한다. 가축배설물을 비료로 이용한다. 토양에 질소를 공급하는 콩과식물(콩과 자주개자리)과 질소를 고갈시키는 작물(옥수수와 밀)을 번갈아 심는다. |
| **수질** | 노출된 토양의 유출수는 농약과 비료가 포함되어 물을 오염시킨다. 가축사육장에서 배설물을 과량 방출한다. | 가축 배설물은 토양을 비옥하게 한다. 무경운 농법에 의해 남겨진 식물덮개가 영양분의 유출을 줄인다. |
| 관개 | 농작물에 물대기를 위한 지하수의 소실이 눈이나 비로 보충되는 양보다 많다. | 현대 관개기술은 물의 증발을 줄이고 필요할 때 필요한 곳에만 공급한다. 무경운 농업은 물의 증발을 줄인다. |
| **작물의 다양성** | 높은 이익을 창출하는 소수의 작물에 의지해, 이들에 특이적인 해충이나 질병이 창궐하고 결국 과도한 살충제의 사용을 유도한다. | 작물의 윤작이나 다양한 작물의 재배는 해충이나 질병의 창궐 가능성을 줄인다. |
| **화석연료 이용** | 농장설비운영, 비료생산, 비료와 살충제의 살포에 재생 불가능한 많은 양의 화석연료를 사용한다. | 무경운 농업은 밭을 갈고 비료를 사용하는 것을 감소시킨다. |

양성을 보존하기에 이상적이고 충분한 공간이어야 하며 자연적인 폭풍, 화재, 홍수 등에 의한 종의 손실이 없는 공간이어야 한다.

자연 생태계는 자신을 지속시키며 번성하게 하는 특징을 가지고 있다. 지속가능한 생태계의 가장 중요한 특징은 다양한 공동체, 환경 수용범위 내의 비교적 안정한 개체군, 원료의 재순환과 효율적인 사용, 재생 가능한 에너지원에 대한 의존성을 포함한다. 인간의 개발에 의해 변형된 환경은 때때로 이러한 본질을 잃어버린다. 결과적으로, 변형된 생태계는 장기적으로 지속될 수 없게 된다.

IUCN은 A Strategy for Sustainable Living이란 문서에서 **지속가능한 개발(sustainable development)**이란 "미래를 손상시키지 않고 현재의 요구를 충족시키는 것"이라고 말한다. 이러한 개발은 생물의 다양성을 유지하고 원료를 재사용하며 재생가능한 자원에 의존하기를 요구한다. 지속가능한 농업으로의 전환은 토양과 물을 보존하고 오염과 에너지 사용을 줄이고(표 12-2), 생물 다양성을 유지하는 데 필수적이다. 지속가능한 방법으로 개발을 시도하지 않고는, 우리의 삶의 질을 장기적으로 개선할 수 없다.

환경파괴의 근본적 원인은 간단하다. 너무 많은 사람이 너무 많은 자원을 사용하고 너무 많은 폐기물을 발생시킨다. IUCN이 언급한 "누가 지구를 보호할 것인가(Who will care for the Earth?)"의 중심화제는 "인류의 인구를 부양할 자연 생태계와 우리는 어떻게 균형을 맞출 것인가"이다. 우리의 미래는 당신의 손 안에 있다.

Chapter

# 13 식물의 구조와 기능

가을에 불타는 듯한 단풍나무 홍색은 여행객들에 황홀감을 준다. 그런데 나무에는 이 색이 어떤 이득이 있을까?

**버몬트의 가을**

가을이 되면 매년 350만 명 이상의 관광객이 단풍을 보기 위해 버몬트를 방문하여 화려한 빨강, 노랑, 오렌지색 나무를 찬미한다. 뉴잉글랜드, 뉴욕 북부, 캐나다 남동부의 모든 해안 지역은 가을색을 펼쳐낸다. 애팔랜치아 북부 산맥으로 둘러싸인 작은 도시는 낙엽 덕분에 관광객으로부터 많은 관광수입을 올린다. 그런데 무엇 때문에 나무들이 단풍으로 물들게 된 것일까? 단풍의 색상이 관광객을 즐겁게 하도록 진화한 것은 아니다. 아마 변화하는 색상이 나무를 그런 방향으로 유도한 것인데 어떻게 작용한 것일까?

대부분의 식물 잎들은 생장시기에 녹색을 띠고 있는데 광합성에 필수적인 엽록소 분자에 의해 녹색을 띠게 된다. 잎의 다른 색소들은 낙엽성 교목과 관목 잎의 가을 색소에 관계가 있다. 노랑과 오렌지는 카로티노이드 색소로 카로티노이드는 나팔수선화, 금송화, 오렌지, 당근 등의 화려한 색소와 관련이 있다. 녹색 잎도 카로티노이드를 가지고 있으며 이들은 엽록소가 흡수하지 못하는 빛의 일부를 흡수하여 광합성을 돕는다. 또한 태양광선이 한여름에 너무 강할 때 카로티노이드는 에너지 일부를 흡수하여 엽록소가 열에 의해 파괴되는 것을 보호한다. 적색은 안토시아닌 분자에서 유래한다. 대부분의 잎들은 여름에 안토시아닌을 합성하는데 비해, 이 색소는 가을에 주로 합성된 다.

그렇다면 식물과 식물잎의 단풍색에 대해 의문을 가지게 된다. 왜 낙엽성 나뭇잎은 크고 얇을까? 왜 나뭇잎들은 가을에 떨어질까? 왜 나뭇잎들의 색깔이 가을에 변하는가? 왜 안토시아닌은 가을에만 보이는가? 왜 자연선택은 잎에 있는 안토시아닌을 합성하는데 에너지를 소모하여 그 잎을 떨어뜨리는 식물을 선호하는가?

## Contents

## 13.1 식물체는 어떻게 구성되어 있는가?

진화는 식물을 다양한 형태로 변화시켰으며, 이 장에서는 가장 다양한 그룹을 형성하고 있는 속씨식물 또는 현화식물에 초점을 둘 것이다.

속씨식물의 몸체는 근계와 지상계로 구성되어 있고(그림 13-1) **근계(root system)**는 **뿌리(roots)**로 땅속에 있으며 6가지 기능을 한다. (1) 식물체를 토양에 고정한다. (2) 토양으로부터 물과 미네랄을 흡수한다. (3) 물, 미네랄, 당, 호르몬을 근계와 지상계 사이에서 이동시킨다. (4) 여분의 당과 전분을 저장한다. (5) 호르몬을 생성한다. (6) 식물에 영양을 공급하는 토양균류, 박테리아와 상호작용한다.

**지상계(shoot system)**는 줄기, 잎, 눈(싹), 꽃, 열매 등으로 구성되며, (1) 태양에너지를 포집하여 광합성으로 당을 합성한다. (2) 물질을 식물체의 각 부분으로 수송한다. (3) 여분의 당과 전분을 저장한다. (4) 생식을 한다. (5) 호르몬을 생성한다. 속씨식물에서 지상계는 1개 또는 그 이상의 **줄기(stems)**로 구성되어 있는데 곁눈, 잎, 꽃과 열매 등을 지지하는 역할을 한다(그림 13-1 참조). **눈(bud)**은 지상부의 배이다. 눈의 분화된 형태는 가지, 꽃, 줄기 등이다. 잎은 광합성의 주요한 장소이며 꽃은 식물의 생식기관이다.

속씨식물은 떡잎의 수에 기원하여 한 개의 떡잎을 가지는 외떡잎식물과 2개의 떡잎을 가지는 쌍떡잎식물로 나눈다(그림 13-2). **외떡잎식물(monocots)**은 백합, 나팔수선화, 튤립, 야자수, 그리고 광범위한 초본류(친숙한 잔디뿐만 아니라 벼, 옥수수, 귀리, 대나무)이다. **쌍떡잎식물(dicots)**은 낙엽성 목본과 관목, 대부분의 채소, 들판과 정원에 있는 많은 꽃을 가진 식물이다.

### 식물의 성장과 조직계

식물은 다양한 환경적 자극에 반응하여 평생 동안 자라며,

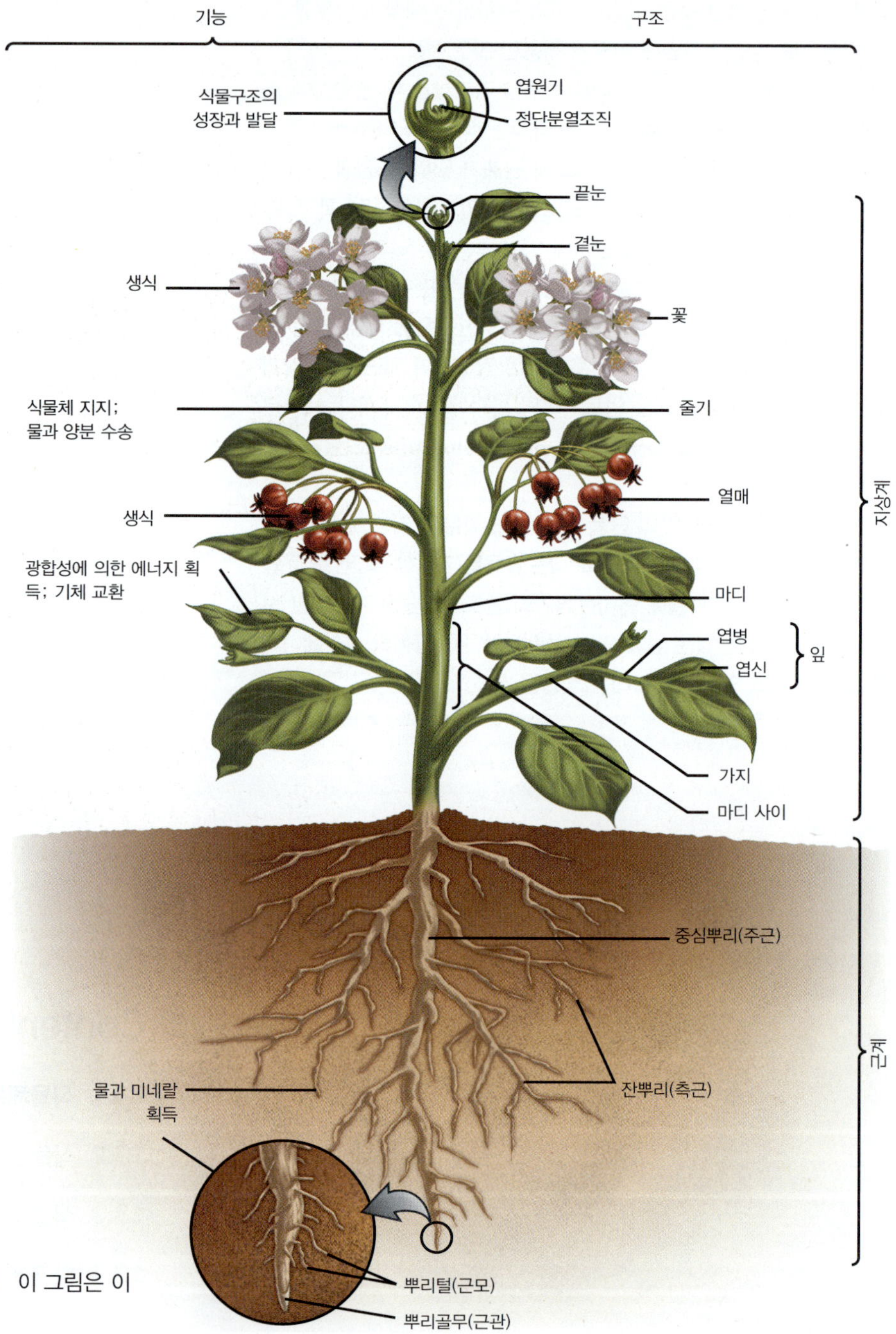


▶ 그림 13-1 **전형적인 속씨식물의 구조와 기능** 이 그림은 이 장의 뒷부분을 이해하는 데 도움이 될 것이다.

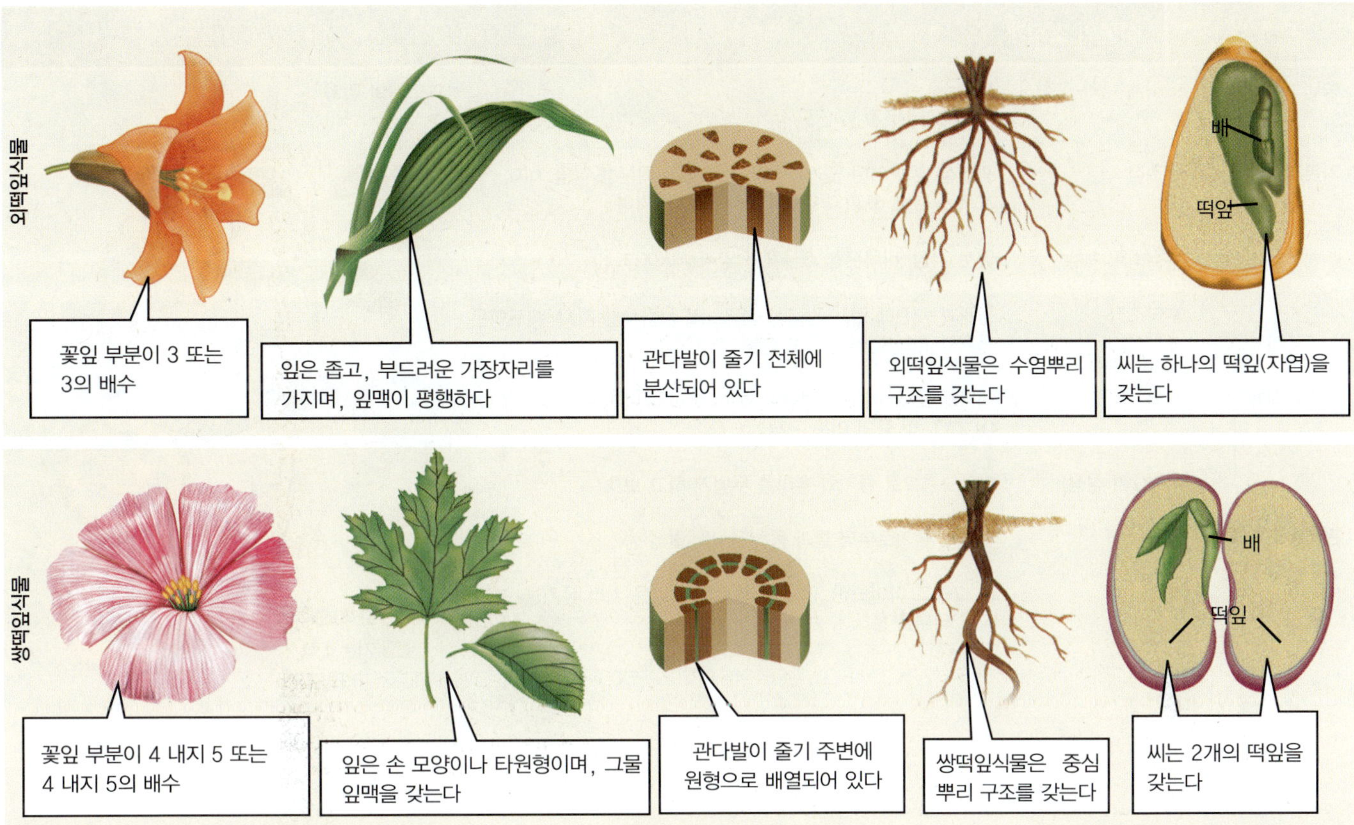


▲ **그림 13–2 외떡잎식물과 쌍떡잎식물의 특성**

대부분은 안정된 식물크기 또는 정확한 모양에 도달하지 못하고 지속적으로 성장하는데 이것을 **불확정성장(indeterminate growth)**이라고 한다.

식물은 분열세포와 분화세포로 구성된다. 분열세포(meristem cells)는 미분화된 세포로 체세포분열 능력이 있다. 이들의 딸세포 대부분은 분열 능력이 상실되고 특수한 구조와 기능을 가진 **분화세포(differentiated cells)**로 전환된다.

식물은 분열세포의 세포분열로 자라며 분열세포는 식물체의 두 조직에 위치한다(그림 13-3). 정단분열조직(apical meristem)은 뿌리, 줄기, 가지의 끝에 위치해 있다. 정단분열세포에 의해 생성된 성장을 1기 성장(primary growth)이라 한다. 1기 성장은 뿌리와 줄기의 높이나 길이의 증가는 물론 잎이나 눈(bud)의 발생을 포함한다. 줄기의 **측부분열조직(lateral meristems)**은 많은 쌍떡잎식물의 뿌리, 줄기 및 가지를 통해 연장되는 분열세포의 동심원기둥이다. 대부분의 외떡잎식물의 줄기에서는 측부분열조직이 결여되어 있다. 측부분열조

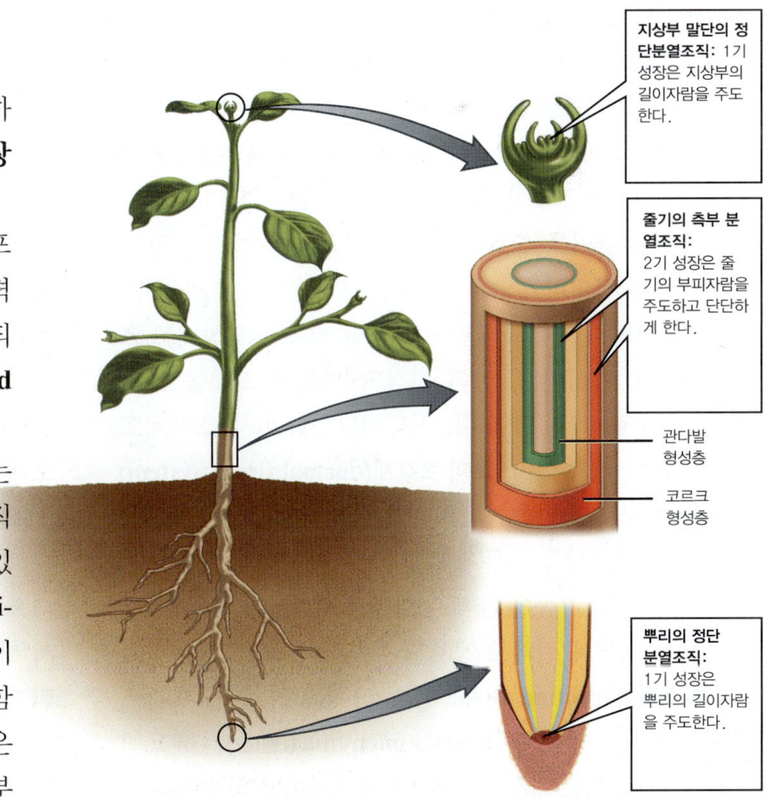


▲ **그림 13–3 분열조직** 쌍떡잎식물은 지상부의 말단, 가지 말단, 뿌리 말단, 분지된 뿌리 말단에 정단분열조직을 가지고 있다. 측부분열조직은 오래된 줄기와 뿌리에서 원주형 분열조직세포로 나타난다.

**표 13-1 식물의 조직계**

| 형태 | 조직계 내의 조직 | 기능 |
|---|---|---|
| 기본조직계 | 유조직 | 광합성(잎과 어린 줄기), 영양소 저장, 비목본성 식물 지지, 호르몬 분비, 표피와 관다발조직 형성에 기여 |
| | 후각조직 | 양분 저장; 비목본성 식물체와 잎자루 지지 |
| | 후막조직 | 물관과 체관에 있는 강력한 섬유소로 식물체를 지지, 세포벽은 목재와 견과 껍질의 주요 성분 |
| 표피조직계 | 표피 | 식물체 보호, 식물 표면을 보호, 식물과 대기 또는 토양 사이에서 $O_2$, $CO_2$ 및 물의 이동 규제 |
| | 주피(2기 성장) | 코르크층으로 줄기와 뿌리를 두텁게 하고 보호 |
| 관다발조직계 | 물관 | 뿌리와 줄기로부터 물과 용해된 미네랄 수송 |
| | 체관 | 당 그리고 아미노산, 단백질, 호르몬과 같은 기타 유기물, 분자를 식물 내부를 통해 수송 |

조직계의 위치

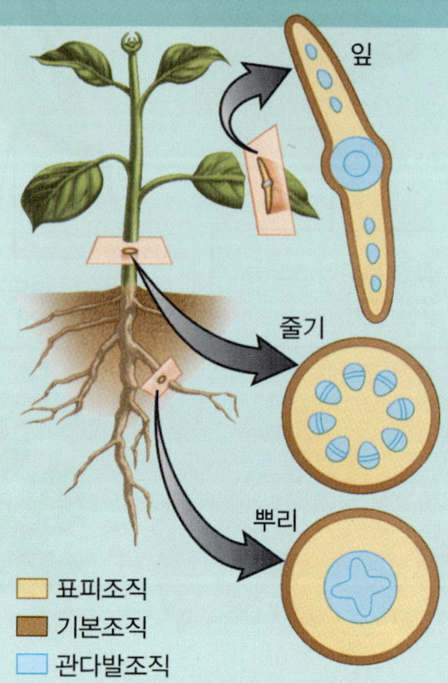


직에서 세포분열과 딸세포의 분화는 **2기 성장(secondary growth)**을 형성, 뿌리와 지상부 줄기의 직경 증대와 신장을 유도한다. 2기 성장은 목본식물에서 일어나는데 교목과 관목, 소나무와 전나무 같은 대부분 침엽수를 포함한다. 딸기, 초본, 일년생 정원 꽃과 같은 식물의 대부분은 2기 성장을 하지 못한다. 2기 성장이 결여된 식물은 부드럽고 단단하고 유연한 줄기를 가지게 되며 한 해 동안 살아가는 데 알맞게 적응된 것이다.

정단분열조직이 분화되면서 다양한 세포가 생성되고 **조직(tissue)**을 형성한다. 여러 조직의 기능성 그룹을 **조직계(tissue system)**라 부르며, 식물체는 세 개의 조직계로 이루어져 있다(표 13-1). **표피조직계(dermal tissue system)**는 식물체 외부표면을 덮는다. **기본조직계(ground tissue system)**는 어린식물의 몸체 대부분 을 구성하며 광합성과 저장, 지지 등의 기능을 한다. **관다발조직계(vascular tissue system)**는 식물체 전체로 액체를 수송한다.

**기본조직계(ground tissue system)**에는 유조직, 후각조직, 후막조직이 있다. **유조직(Parenchyma tissue)**은 세포벽이 얇고 유세포들로 구성된다(그림 13-4a). 유조직세포는 광합성(잎세포의 대부분은 유조직세포이다), 호르몬 분비, 양분 저장을 담당하며 표피와 관다발 조직에도 있다. **후각조직(collenchyma tissue)**은 두껍지만 유연한 세포벽을 가진 긴 세포로 이루어져 있다(그림 13-4b). 후각세포는 영양분 저장, 유연한 골격을 형성하여 바람과 같은 외부의 힘에 대해 유연한 지지대 역할을 한다. 또한 잎맥과 잎자루를 견고하게 한다. **후막조직(sclerenchyma tissue)**은 두껍고 견고한 세포벽을 가진 세포로 구성되어 있다(그림 13-4c). 후각조직처럼 식물체를 지지하고 견고하게 한다. 그러나 후각조직, 유조직과 달리 후막조직세포는 분화 후 죽고 두꺼운 세포벽은 지지 기능만 남게 된다. 후막조직세포는 땅콩껍질과 봉숭아 씨의 바깥층을 형성한다. 후막조직세포는 배의 육질에 있는 유조직세포 도처에 분산되어 있기 때문에 배에 모래 같은 질감을 제공한다.

**표피조직계(dermal tissue system)**는 식물체 표면을 형성하고 보호한다. **표피(epidermis)**라고 불리는 표피조직세포는 어린식물의 잎, 줄기 및 뿌리를 덮고 성숙된 식물에서 새로운 성장을 하는 가장 바깥쪽 세포층을 형성한다(그림 13-6 참조). 표피는 일반적으로 엽록체가 결여되어 있으며, 표피세포로 구성된다. 일부 표피세포는 뿌리털과 비슷한 모양을 가진 **모상체(trichome)**를 생성한다. 모상체는 물을 흡수하며, 잎에 털이 많은 코팅층을 형성하고, 면화섬유와 같이 씨앗의 표피에서 발생하여 종자의 분산을 돕는다

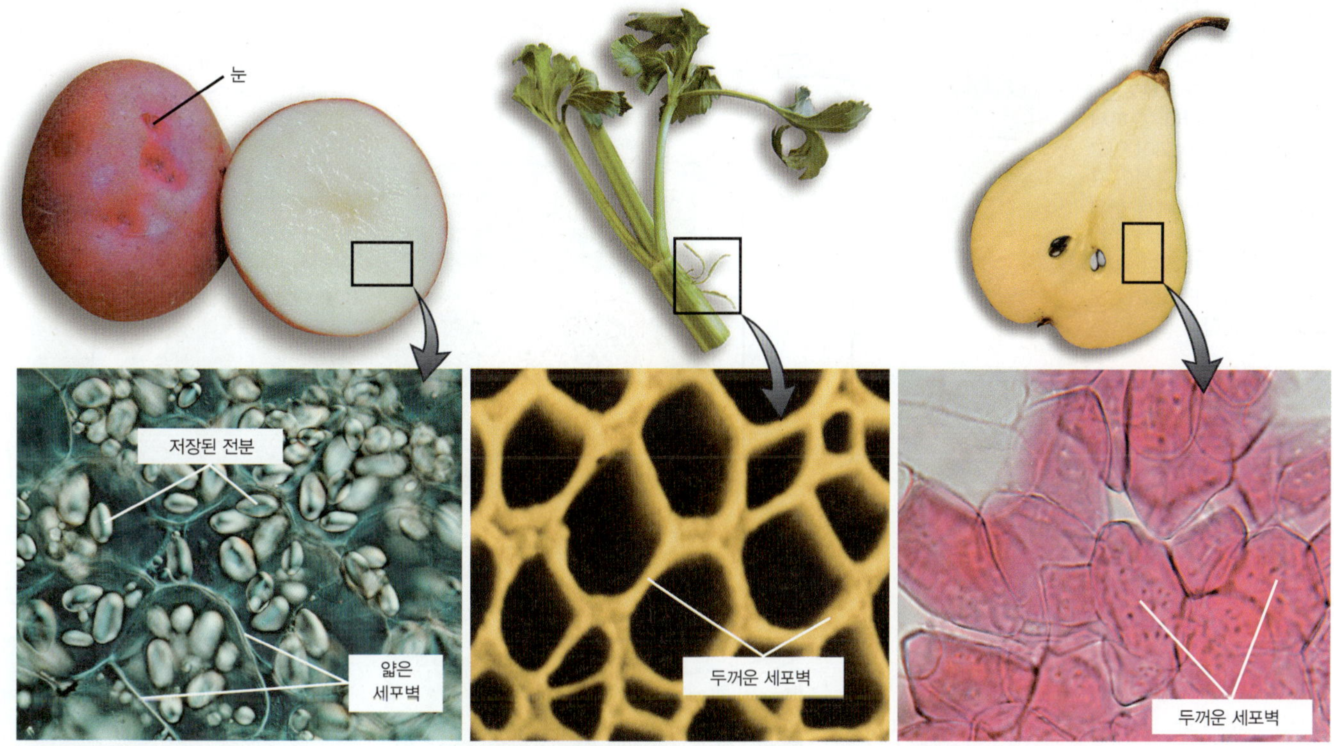


(a) 감자에 있는 유조직 (b) 샐러리 줄기에 있는 후각조직 (c) 배에 있는 후막조직

▲ **그림 13-4 기본 조직** (a) 유조직세포는 살아있고 얇은 세포벽을 가지고 있다. 광합성, 호르몬 분비, 저장 같은 많은 기능을 한다. (b) 후각조직세포는 살아 있고 두껍기는 하나 다소 유연한 1차 세포벽을 갖는다. 그들은 식물체 지지를 가능하게 한다. (c) 후막조직세포는 두껍고 딱딱한 2차 세포벽을 갖고 분화 후 죽는다.

(그림 13-5). 식물의 지상부는 표피세포로부터 분비된 **큐티클(cuticle)**로 덮여 있어 물의 증발을 줄이고 병원체로부터 식물체를 보호한다. 특수화된 표피세표인 공변세포는 줄기와 잎의 표피에 생성되어 수증기, 산소 및 이산화탄소 등의 이동을 조절한다.

**관다발조직계(vascular tissue system)**는 물관과 체관으로 구성되어 있다. **물관부(xylem)**는 물과 용해된 미네랄을 뿌리에서 지상부의 각 부분까지 수송한다. **체관부(phloem)**는 당, 아미노산, 호르몬을 포함한 다양한 유기분자들을 함유하는 용액을 그들을 합성한 장소로부터 필요로 하는 곳으로 수송한다. 액상물질을 뿌리에서 지상부로 한 방향으로 수송하는 물관부와는 달리 체관부는 식물체의 위아래로, 혹은 잎에서 뿌리로 수송하며, 이는 특정 시기에 식물체의 다양한 대사 상태에 의해 좌우된다.

▲ **그림 13-5 면화섬유는 종자에서 발생되는 표피의 모상체이다.**

## 잎의 구조와 기능

식물의 **잎(leaf)**은 **엽신(blade)**과 잎자루인 **엽병(petiole)**으로 구성되어 있다(그림 13-6). 잎의 표피는 왁스 큐티클을 분

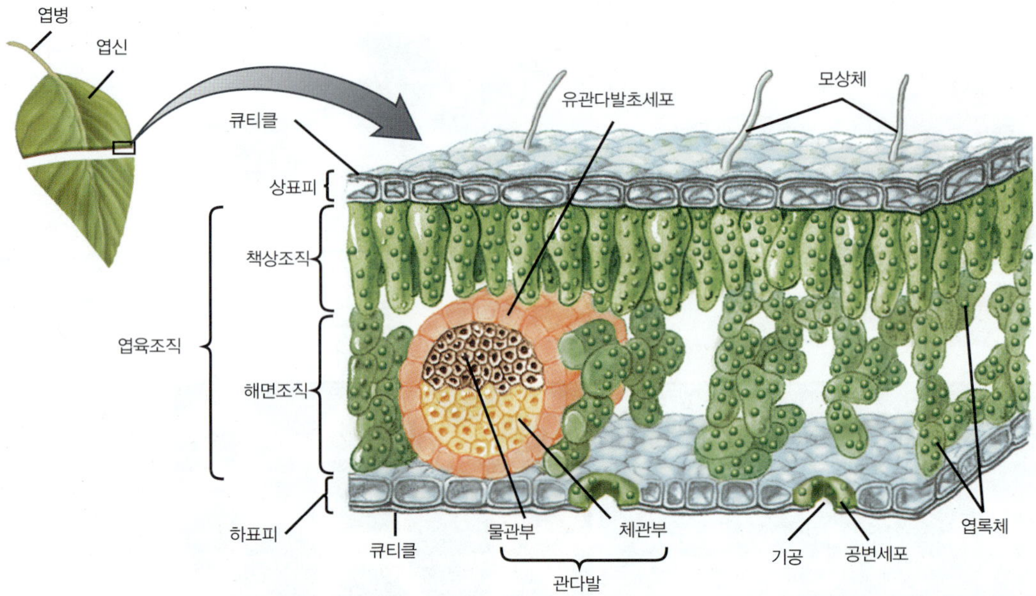


▶ **그림 13-6 전형적인 쌍떡잎식물의 잎** 표피세포의 표면에는 방수 큐티클이 있다. 많은 식물의 표피세포는 모상체들을 생산한다. 표피세포는 엽록체가 결여되어 있고 투과성이 있어 태양광선이 표피세포 아래의 엽록체를 함유하는 엽육세포에 도달하게 한다. 잎의 하부 표피층의 기공은 가스교환을 허용하고 수분 손실을 제어한다.

비하여 방수와 잎의 바깥으로 물의 증발을 막는다. 표피와 큐티클에는 기공(stomata, 단수는 stoma)이 있어 잎의 내외로 이산화탄소, 산소, 물의 증발을 조절한다. 대부분의 기공은 잎의 뒷면 표피에 위치하여 **공변세포(guard cell)**로 둘러싸여 있으며, 공변세포가 기공의 크기를 조절하여 개폐조절을 한다. 표피세포와 다르게 공변세포는 엽록체를 갖고 있으며 광합성을 수행할 수 있다.

광합성은 엽록체를 함유하고 있는 **엽육조직세포(mesophyll)**에서 일어나며 많은 잎들은 두 종류의 엽육조직세포를 가지고 있다. 상표피 아래에 있는 원주형의 책상조직세포(palisade cells)와 아래층에 있는 불규칙한 모양의 해면조직세포(*spongy cells*)이다. 잎과 식물체 사이에 물관과 체관을 가지고 있는 **관다발(vascular bundles**, 잎에서는 **잎맥(vein)**이라 부름)이 있다. 물관부는 물과 양분을 잎의 엽육세포로 운반하고, 체관부는 광합성으로 생성된 당을 운반한다.

온도, 물과 빛의 이용 정도는 잎에 강한 변형을 유발하며 많은 식물들은 특수화된 잎을 가지고 있다(그림 13-7).

(a) 코끼리 귀 잎

(b) 선인장 가시

(c) 다육성 잎

(d) 양파의 잎

▲ **그림 13-7 특수화된 잎** (a) 우림 하층부에 사는 일부 식물(코끼리 귀 같은)은 키 큰 나무 사이로 들어오는 한정된 빛을 포집하기 위해 큰 잎을 가지고 있다. (b) 사막 선인장의 가시는 증발을 감소시키기 위해 적은 표면적으로 된 비광합성 잎이다. 날카로운 가시는 동물의 초식으로부터 식물을 보호한다. (c) 다육성 사막 식물은 자주 내리지 않는 비를 저장하기 위해 불룩한 잎을 가지고 있다. (d) 양파는 물과 양분을 저장하고 있는 두꺼운 잎으로 둘러싸인 짧은 줄기가 중앙에 있다.

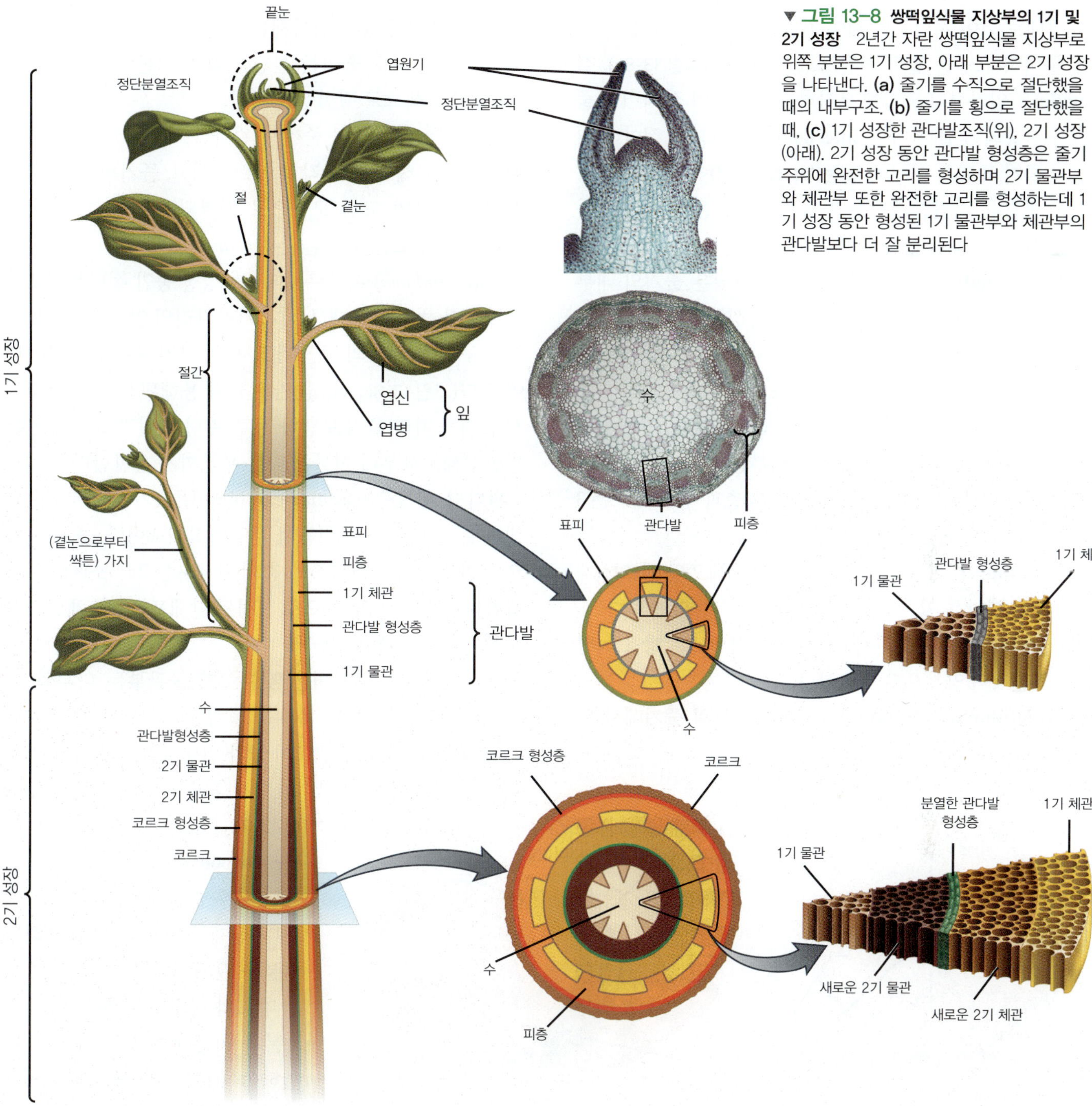


(a) 쌍떡잎식물의 줄기에서 1기 성장과 2기 성장 (b) 줄기의 횡단면 (c) 관다발조직

▼ **그림 13-8 쌍떡잎식물 지상부의 1기 및 2기 성장** 2년간 자란 쌍떡잎식물 지상부로 위쪽 부분은 1기 성장, 아래 부분은 2기 성장을 나타낸다. (a) 줄기를 수직으로 절단했을 때의 내부구조. (b) 줄기를 횡으로 절단했을 때, (c) 1기 성장한 관다발조직(위), 2기 성장(아래). 2기 성장 동안 관다발 형성층은 줄기 주위에 완전한 고리를 형성하며 2기 물관부와 체관부 또한 완전한 고리를 형성하는데 1기 성장 동안 형성된 1기 물관부와 체관부의 관다발보다 더 잘 분리된다

## 줄기의 구조와 기능

줄기는 잎을 지지하여 태양광선 쪽으로 향하도록 하며 뿌리로부터 잎, 봉오리, 꽃, 열매로 물과 용해된 양분을 수송한다. 대부분 쌍떡잎식물의 줄기는 첫 해에 1기 성장을 하고 가지의 말단까지 살아있으며, 다년생 쌍떡잎식물은 2기 성장을 통하여 오래된 줄기와 가지를 만든다.

1기 성장은 어린 줄기의 구조를 생성하며 새로 발생하는 지상부의 끝에 정단분열조직세포로 구성된 **끝눈(terminal bud)**이 위치한다. 끝눈은 잎 또는 **잎 원기(leaf primordia,** 단수는 primordium)에 의해 싸여있다(그림 13-8). 1기 성장 동안, 분열된 딸세포의 대부분은 특수한 세포 형태로 분화하여 잎, 눈, 줄기의 구조가 된다. 나머지 딸세포는 분열조직 상태로 남아 지상부의 길이 자람을 제공한다. 끝눈 아래에 줄기의 표면은 절과 절간으로 구성된다(그림 13-8a). **절(node)**은 잎자루가 줄기에 부착하는 자리이며 절 사이의 줄기가 신장되면 **절간**(마디, **internode**)이 된다. 각 절마다 엽병과 줄기 표면의 사이에 **곁눈(lateral bud)**이라는 분열 조직이 생긴다. 적절한 호르몬 자극으로 곁눈은 싹을 내어 가지로 자란다. 봄과 여름의 생식시기에 분열조직세포는 **꽃눈(flower bud)**을 형성한다. 정단분열조직은 줄기의 내부 구조인 표피, 피층, 수, 관다발조직을 생성한다. 외떡잎식물과 쌍떡잎식물의 관다발조직 배열은 다소 다르다.

쌍떡잎식물에서 **피층(cortex)**은 표피와 관다발조직 사이에 있고, **수(pith)**는 관다발조직에 둘러싸인 줄기의 중심부에 있다. 피층과 수는 어린 줄기의 대부분을 차지하는 유조직(기본조직) 세포로 구성되어 있다. 피층과 수의 세포는 3가지 주요 기능을 한다.

- **지지(support)** 어린 식물에서 피층과 수세포의 액포를 채운 물은 팽압을 일으켜 줄기가 똑바로 설 수 있게 한다.
- **저장(storage)** 피층과 수에 있는 유조직세포는 당을 녹말로 전환하여 양분으로 비축한다.
- **광합성(photosynthesis)** 어린 쌍떡잎식물의 줄기에서 피층 세포의 바깥층은 엽록체를 갖고 있어 광합성을 수행한다. 잎이 가시로 줄어든 선인장 같은 식물에서는 줄기의 피층이 녹색으로 광합성을 한다.

어린 쌍떡잎식물의 줄기는 관다발조직을 가지고 있다. 횡으로 절단해 보면 삼각형으로 보이고, 줄기의 끝까지 신장되어 있으며 고리 모양으로 배열되어 있다(그림 13-8b, 위). 이런 구조는 1기 물관부(*primary xylem*), 1기 체관부(*primary phloem*)로 부르는데 1기 성장 동안 정단분열조직으로부터 생성되기 때문이다. 가장자리의 안쪽은 1기 물관부로 구성, 바깥쪽의 둥근 가장자리는 1기 체관부로 구성되어 있다(그림 13-8c, 위). 물관은 물과 용해된 양분을 뿌리에서 줄기를 따라 올려 보낸다. 체관은 당을 잎과 줄기에 있는 광합성세포로부터 식물체 다른 부분까지 운반한다.

**관다발 형성층(vascular cambium)**은 1기 물관부와 1기 체관부 사이에 있는 원통형 분열조직세포이다. 줄기 안쪽으로 만들어진 관다발 형성층의 딸세포는 2기 물관부로 분화한다. 줄기의 바깥쪽으로 형성된 딸세포는 2기 체관으로 분화한다(그림 13-8c, 아래).

좀 더 두꺼운 세포벽을 갖는 2기 물관부는 나무와 같은 다년생 목본식물의 목재를 형성한다. 어린 2기 물관부는 **변재(sapwood)**라 부르며 물과 미네랄을 수송하고 관다발 형성층의 안쪽에 위치한다(그림 13-9). 오래된 2기 물관은 **심재(heartwood)**라 부르며 오래된 줄기나 나무 기둥의 중심 부분을 채운다. 심재는 더 이상 물과 용해된 양분을 운반하지 않고 단지 줄기의 강도와 지지를 더해준다.

봄과 여름에 형성층 세포는 분열하여 새로운 2기 물관부와 체관부를 형성한다. 봄과 이른 여름에 물이 풍부할 때 물관부 세포는 크고 얇은 세포벽을 가지며, 늦여름에는 물이 부족해져 물관부세포 크기가 작고 세포벽이 두껍다. 그 결과 나무를 횡으로 절단하면 색이 옅은 부분(얇은 벽의 큰 세포)과 어두운 부분(두꺼운 벽을 가진

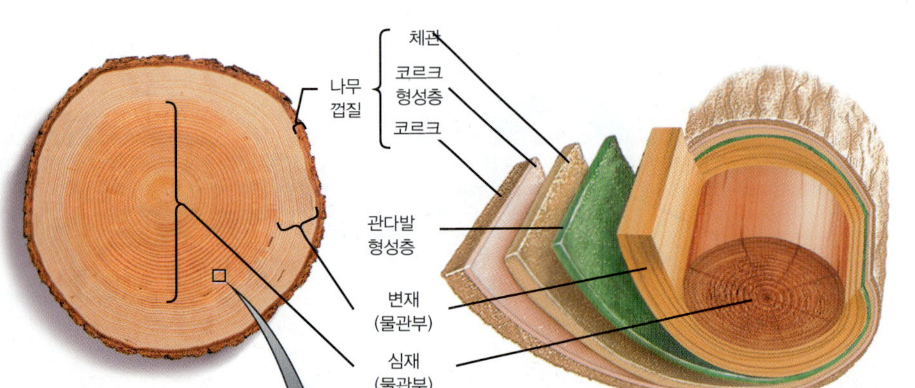

(a) 나무의 횡단면

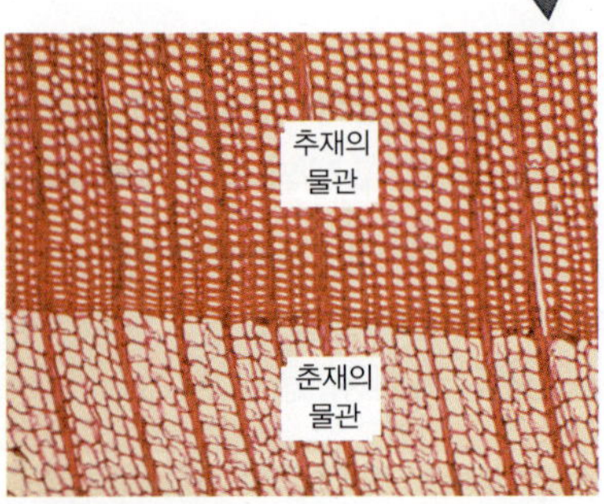

(b) 나이테

▲ 그림 13–9 **나이테** **(a)** 온대 지방에 있는 대부분의 나무는 2기 물관부에 나이테를 만든다. 춘재의 물관은 봄과 초여름에 형성된 것으로 얇은 세포벽을 가진 큰 세포로 옅은 색이다. 추재의 물관은 보통 늦여름에 형성된 것으로 두꺼운 세포벽을 가진 작은 세포로 어두운 색이다. **(b)** 봄과 여름 목재 사이의 연결은 1개의 나이테가 된다.

작은 세포)이 교대로 나타나는 **나이테(annual ring)**의 양상을 종종 볼 수 있는데 그림 13-9에 나타나 있다.

표피세포는 성숙되고 분화되면 보통 더 이상 분열하지 않는다. 새로운 2기 물관부와 체관부가 매년 추가됨에 따라 줄기의 직경이 증가되고 표피는 벗겨져 나간다. 표피 코르크는 측부 분열조직세포인 **코르크 형성층(cork cambium)**을 형성한다(그림 13-8, 13-9). 이들 세포가 분열해서 만들어진 딸세포를 **코르크 세포(cork cell)**라 부르며, 물리적 상태와 건조로부터 나무를 보호하는 견고한 방수 세포벽을 가진다. 코르크 형성층과 그들의 딸세포는 주피를 형성한다. 나무껍질(bark)은 관다발 형성층 바깥의 모든 조직(체관부, 코르크 형성층, 코르크세포)을 일컫는다(그림 13-9).

몇몇 침엽수와 다년생 쌍떡잎식물의 줄기는 2기 성장을 하는데 관다발 형성층과 코르크 형성층으로 된 측부분열조직에서의 세포분열로 일어난다(그림 13-8). 그런 줄기는 수십, 수백, 드문 경우이지만 수천 년까지 생존하여 매년 두꺼워지고 강해진다. 또한 많은 식물은 다양한 특수화된 형태의 줄기나 가지를 진화시켰다(그림 13-10).

## 뿌리의 구조와 기능

당근과 민들레 같은 쌍떡잎식물은 중앙의 뿌리와 이에 부착된 수많은 작은 곁뿌리를 가지는 **원뿌리계(taproot system)**를 발달(그림 13-11a), 잔디와 수선화 같은 외떡잎식물은 줄기의 기저부에서 크기가 거의 같으며 뿌리가 많이 나는 수염 뿌리계(fibrous root system)를 형성한다(그림 13-11b). 뿌리 정단분열조직의 아래 부분에서 생성된 딸세포는 뿌리골무로 분화하고 정단분열조직의 윗부분에서 생성된 딸세포는 표피, 피층, 관다발원통으로 분화한다(그림 13-12).

(a) 바오밥나무

(b) 딸기나무

(c) 포도 덩굴

(d) 주엽나무

▲ **그림 13-10 특수화된 줄기와 가지** (a) 바오밥나무의 거대하게 확장된 수간(樹幹)은 물을 저장하여 건조한 기후 지역에서 잘 자랄 수 있게 한다. (b) 딸기는 수평으로 기는 줄기를 이용하여 번식할 수 있다. 기는 줄기(node)가 토양에 닿을 때 그것의 곁눈은 완전한 식물로 발달할 수 있다. (c) 덩굴손은 포도가 다른 나무나 울타리를 단단히 붙잡을 수 있도록 특수화된 가지이다. (d) 주엽나무는 강하고 날카로우며 여러 개로 갈라진 가시로 자신을 보호한다.

(a) 원뿌리계

(b) 수염뿌리계

◀ **그림 13-11 원뿌리계와 수염뿌리계** (a) 쌍떡잎식물은 중앙에 위치한 하나의 긴 주근과 그로부터 분지된 많고 작은 2차 뿌리로 구성된 전형적인 원뿌리계를 갖는다. (b) 외떡잎식물은 일반적으로 비슷한 크기의 많은 뿌리를 가지는 수염뿌리계를 갖는다.

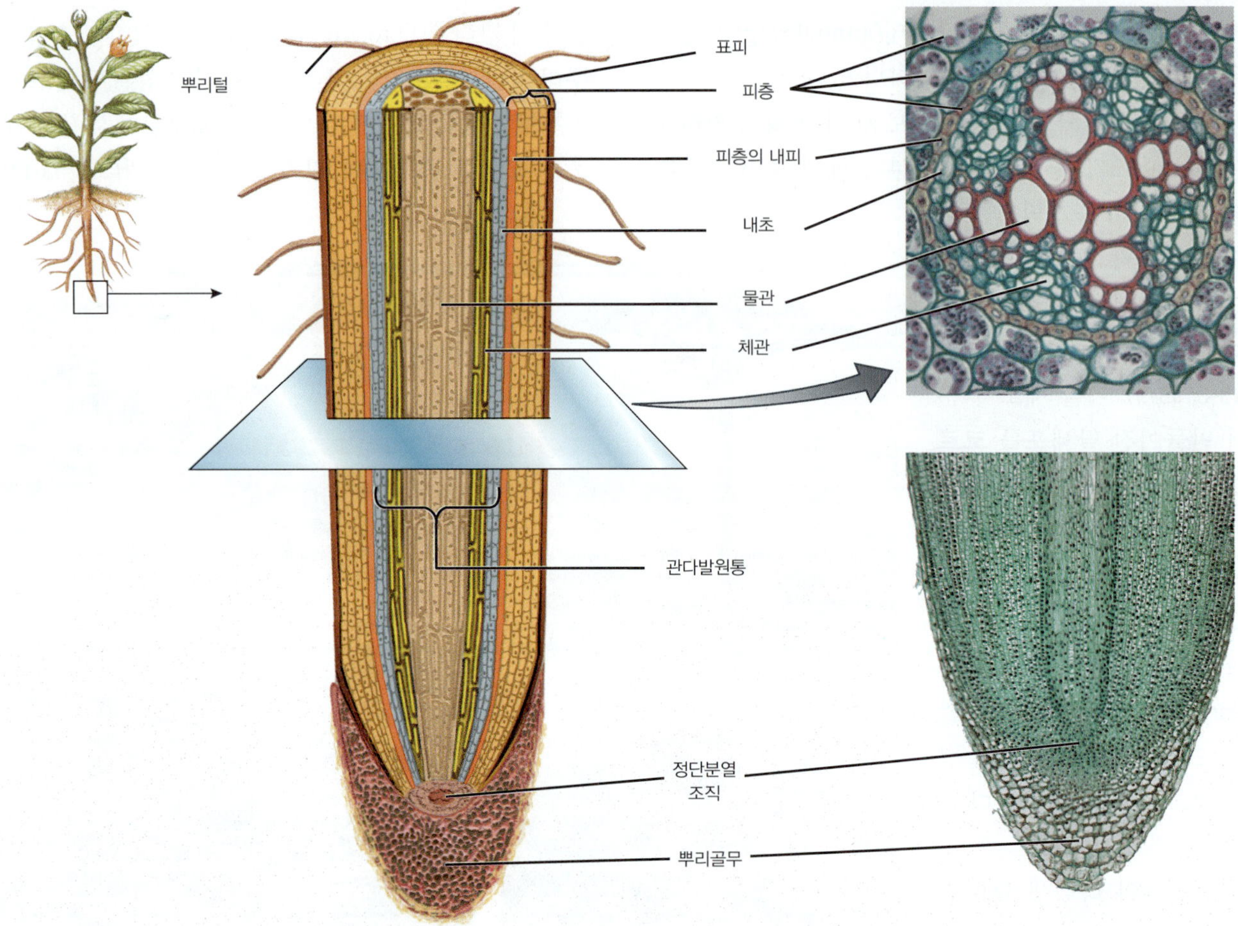


▲ 그림 13-12 **뿌리의 1기 성장** 뿌리에서의 1기 성장은 뿌리 끝 정단분열조직에서의 체세포분열의 결과이다. 뿌리는 뿌리골무, 내피, 피층, 관다발원통으로 구성된다.

**뿌리골무(root cap)**는 뿌리의 맨 아래에 위치, 두꺼운 세포벽을 가지며 끈적끈적한 윤활유를 분비하여 토양 입자 사이에서 뿌리가 쉽게 뻗어나가게 하지만 닳아 없어지므로 분열조직으로부터 새로운 세포가 지속적으로 대체되어야 한다. **뿌리털(root hairs)**은 뿌리의 표면적을 확장하여 물과 미네랄의 흡수 능력을 증대한다(그림 13-13).

▲ 그림 13-13 **뿌리털** 발아 중인 무에서 볼 수 있는 뿌리털은 뿌리의 표면적을 극대화시켜 토양으로부터 물과 미네랄의 흡수를 높인다.

피층은 표피와 관다발원통 사이에 위치하며(그림 13-12) 다공성 세포벽을 갖는 유조직세포들로 구성, 그 중 가장 안쪽의 세포층을 **내피(endodermis)**라고 한다. 광합성에 의해 지상부에서 생산된 당은 피층으로 이동되어 녹말로 저장된다. 피층은 고구마, 비트, 당근 및 무와 같은 탄수화물을 저장하기 위해 특수화된 뿌리에서 잘 발달한다(그림 13-14).

**관다발원통(vascular cylinder)**은 물관부와 체관부의 통도조직을 포함한다. 관다발원통의 가장 바깥층은 **내초**

▲ 그림 13-14 **특수화된 뿌리** 양분 저장을 위해 변형된 쌍떡잎식물의 주근: 고구마, 홍당무, 당근, 비트(왼쪽에서 오른쪽으로)

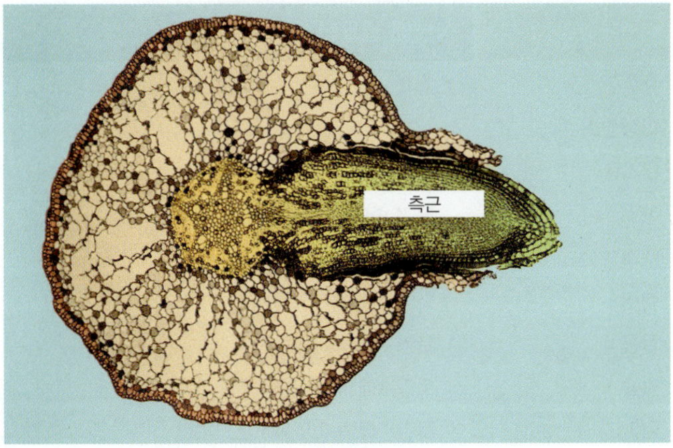


▲ 그림 13-15 **측근** 측근은 뿌리의 내초로부터 나온다. 측근의 중앙에는 이미 관다발조직이 분화 중이다.

**(pericycle)**로(그림 13-12) 내초세포는 내피세포와 함께 관다발원통의 물관으로의 미네랄과 물의 이동을 조절한다. 또한 내초는 뿌리에서 분지가 이루어지는 곳으로 호르몬의 의해 분열하여 **측근(branch root)**의 정단분열조직을 형성한다. 측근의 발달 방향에 있는 세포들은 기계적으로 부수거나 효소로 녹이는 방법을 통해 분리되며 측근의 관다발조직은 1차 뿌리의 관다발조직과 연결된다(그림 13-15).

침엽수와 낙엽수 및 관목을 포함한 목본식물의 뿌리는 2기 성장을 통하여 더 두껍고 강하게 된다. 관다발 형성층은 뿌리의 안쪽에 2기 물관과 체관을 만들고, 코르크 형성층은 뿌리의 바깥쪽에 두꺼운 코르크 세포층을 만든다. 뿌리의 2기 성장은 목질성이라 물과 양분을 흡수할 수 없지만 식물체가 견고히 설 수 있게 하고 식물의 양분을 저장하기도 한다.

## 13.2 식물은 어떻게 영양소를 얻는가?

**영양분(nutrients)**은 환경으로부터 얻는 물질로 성장과 생존에 필수적 물질들이다. 식물은 공기 중의 이산화탄소에서 탄소를 얻고 공기나 물에 녹은 용존산소로부터 산소를, 물로부터는 수소를 얻는다. 이 세 가지 원소가 식물 무게의 95% 이상을 차지한다. 식물이 필요로 칼륨($K^+$), 칼슘($Ca^{2+}$), 질산($NO_3^-$), 인산($PO_4^{3-}$) 같은 이온화합물들은 토양으로부터 **미네랄(minerals)**로 흡수해서 얻는다(표 13-2). 뿌리는 토양수에 녹아있는 미네랄을 물관을 통해 뿌리로부터 지상부로 수송한다.

뿌리는 **균근(mycorrhizae**, 그리스어로 fungus root; 단수는 mycorrhiza)을 통하여 토양으로부터 부족한 미네랄을 얻는데 도움을 받는다(그림 13-16). 균류에 의해 흡수된 미네랄은 뿌리로 이동하며, 균류는 식물로부터 당, 아미노산, 그리고 비타민을 공급받는다. 질소고정 박테리아는 대기 중 질소를 암모니아로 바꾸는 **질소고정(nitrogen fixation)**을 할

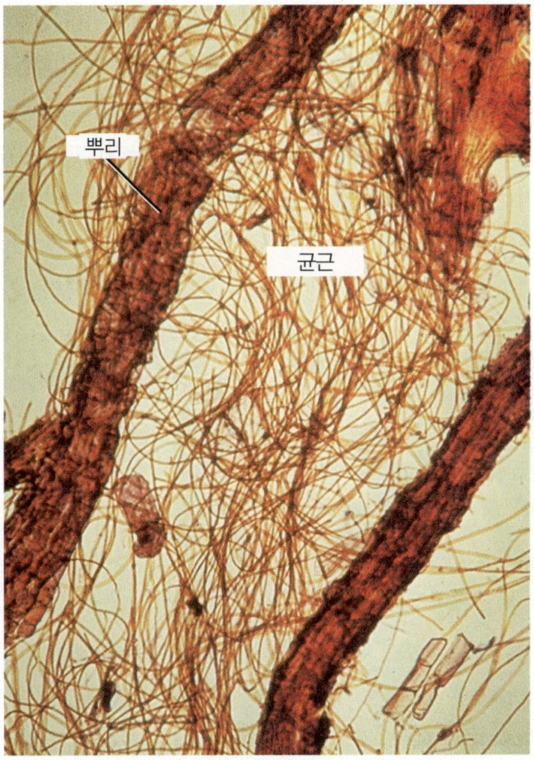


▲ 그림 13-16 **균사망이 뿌리를 둘러 싸고 들어가는 모습**

| 표 13-2 | 식물에 필요한 필수 영양소 | |
|---|---|---|
| **원소*** | **원천** | **기능** |
| **대량원소** | | |
| 탄소 | 공기 중의 이산화탄소 | 모든 유기분자의 구성성분 |
| 산소 | 공기 중이나 토양수에 녹아 있는 산소 | 모든 유기분자의 구성성분 |
| 수소 | 토양수 | 모든 유기분자의 구성성분 |
| 질소 | 토양수에 녹아있음(질산 이온과 암모늄 이온) | 단백질, 뉴클레오타이드, 엽록소의 구성성분 |
| 칼륨 | 토양수에 녹아있음 | 삼투압을 조절하는 것을 도우며 기공의 개폐를 조절 |
| 칼슘 | 토양수에 녹아있음 | 세포벽의 구성성분; 효소 활성화와 환경 자극에 대한 반응 조절에 관련 |
| 인 | 토양수에 녹아있음(인산 이온) | ATP, 핵산, 인지질의 구성성분 |
| 마그네슘 | 토양수에 녹아있음 | 엽록소의 구성성분; 다수의 효소를 활성화 |
| 황 | 토양수에 녹아있음(황산 이온) | 몇몇 아미노산과 단백질의 구성성분; 조효소 A의 구성성분 |
| **미량원소** | | |
| 철 | 토양수에 녹아있음 | 몇몇 효소의 구성성분; 몇몇 효소를 활성화; 엽록소 합성을 위해 필요 |
| 염소 | 토양수에 녹아있음 | 세포막을 사이에 두고 이온의 균형 유지; 광합성에서 물 분자 분해에 관여 |
| 구리 | 토양수에 녹아있음 | 몇몇 효소의 구성성분; 몇몇 효소를 활성화 |
| 망간 | 토양수에 녹아있음 | 몇몇 효소를 활성화; 광합성에서 물 분자 분해에 관여 |
| 아연 | 토양수에 녹아있음 | 몇몇 효소의 구성성분; 몇몇 효소를 활성화 |
| 붕소 | 토양수에 녹아있음 | 세포벽에 존재 |
| 몰리브덴 | 토양수에 녹아있음 | 질소 대사에 관련된 몇몇 효소의 구성성분 |

* 식물체 내에 많이 포함된 순서에 따라 목록을 배열

수 있으며, 콩과식물은 특정 **질소고정 박테리아(nitrogen fixation bacteria)**와 상리 공생관계를 갖는다. 박테리아는 콩과식물의 뿌리털로 들어가 피층세포에 자리를 잡고 박테리아로 가득찬 뿌리혹(nodule)을 형성한다(그림 13-17). 박테리아는 뿌리에 저장된 양분에 의존하여 살아가며 암모늄 이온을 생산, 여분의 암모늄 이온은 숙주식물에게 유용한 질소를 제공한다.

토양의 수분은 뿌리 표피의 세포벽을 통해 세포 외 경로나 세포 내 경로를 통해 내피층으로 들어간다(그림 13-18). 세포 외 경로(extracellular pathway, 파란색 화살표)는 1 세

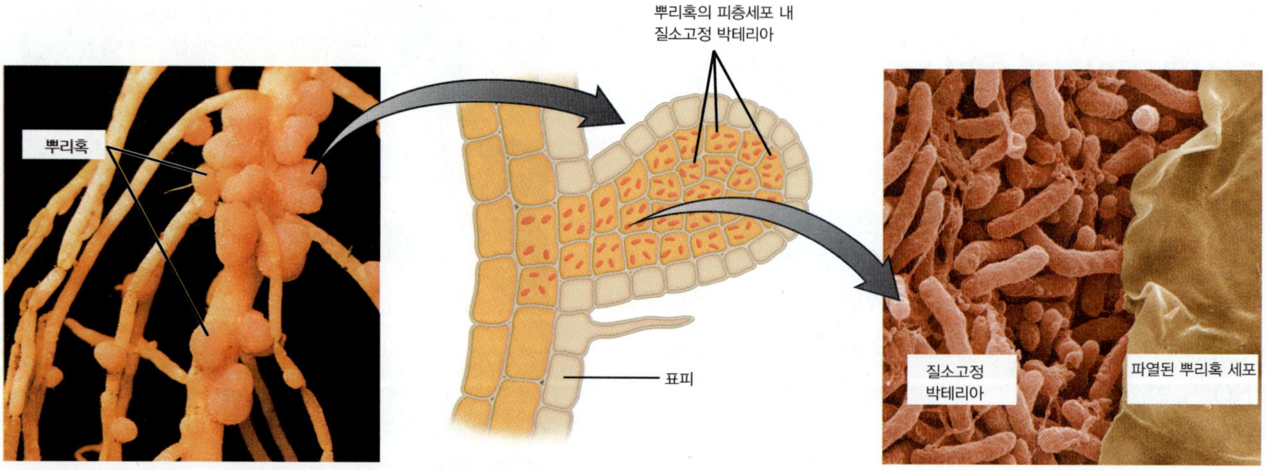


▲ 그림 13-17 질소고정 박테리아가 서식하는 뿌리혹

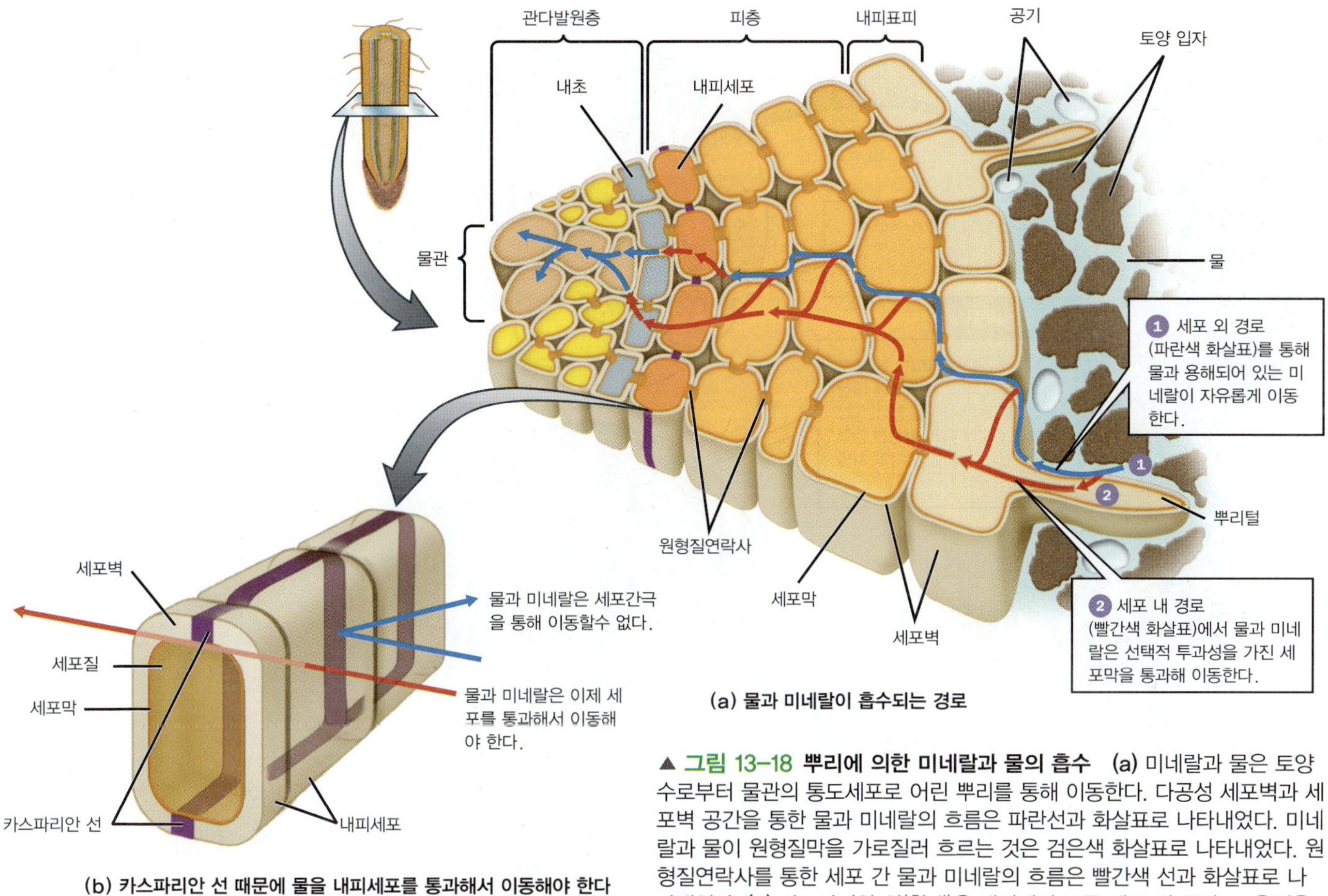


▲ **그림 13-18 뿌리에 의한 미네랄과 물의 흡수** (a) 미네랄과 물은 토양수로부터 물관의 통도세포로 어린 뿌리를 통해 이동한다. 다공성 세포벽과 세포벽 공간을 통한 물과 미네랄의 흐름은 파란선과 화살표로 나타내었다. 미네랄과 물이 원형질막을 가로질러 흐르는 것은 검은색 화살표로 나타내었다. 원형질연락사를 통한 세포 간 물과 미네랄의 흐름은 빨간색 선과 화살표로 나타내었다. (b) 카스파리안 선(확대)은 내피에서 모든 세포 외 물과 그 용질을 세포 외 경로에서 세포 내 경로로 전환시킨다.

포벽과 표피와 피층세포 주변의 세포간극을 통해 이동하는 것이다. 셀룰로오스 섬유로 구성된 세포벽은 다공성이어서, 물과 물에 용해되어 있는 미네랄의 이동이 가능하다. 세포 내(intracellular) 경로(빨간 화살표)는 2 선택적 투과를 하는 세포막을 통해 이동하는 경로이다. 표피의 뿌리털에서 가장 많이 일어나고, 물과 미네랄은 원형질연락사(plasmodesmata)를 통해 이동하며 인접한 세포 간의 세포질 성분 또한 이동할 수 있다.

토양수에 함유된 미네랄은 식물세포의 세포질에 비해 농도가 극히 낮기 때문에, 뿌리는 능동수송을 통해 토양수에 녹아있는 미네랄을 흡수해야 한다. 물은 삼투현상을 통해 뿌리세포로 이동한다. 물의 삼투 이동이 너무 강력해서 물을 지상부로 밀어 올리는데, 이 현상을 뿌리압(root pressure)이라 부르며, 식물의 잎 가장자리 엽맥이 끝나는 곳에 물방울이 맺혀 있는 것을 통해 뿌리압의 현상을 볼 수 있다(그림 13-19). 그러나 대부분의 식물 뿌리부터 상부까지의 물관을 통한 물과 그 용해물의 이동은 증산작용을 통해 일어나는데, **증산(transpiration)작용**은 잎의 기공을 통해 물이 증발되는 현상이다. 물 분자 사이의 수소결합은 강한 응집력(cohesion) 즉 물질들이 서로 당기는 능력을 갖게 한다. **응집력-장력 메커니즘(cohesion-tension mechanism)**은 증산

▲ **그림 13-19 뿌리압** 때때로 이른 아침에 과다한 토양수와 상대적으로 낮은 온도 그리고 높은 습도가 조성되면 뿌리압이 잎의 끝부분을 통해 밖으로 물을 밀어낼 수 있다

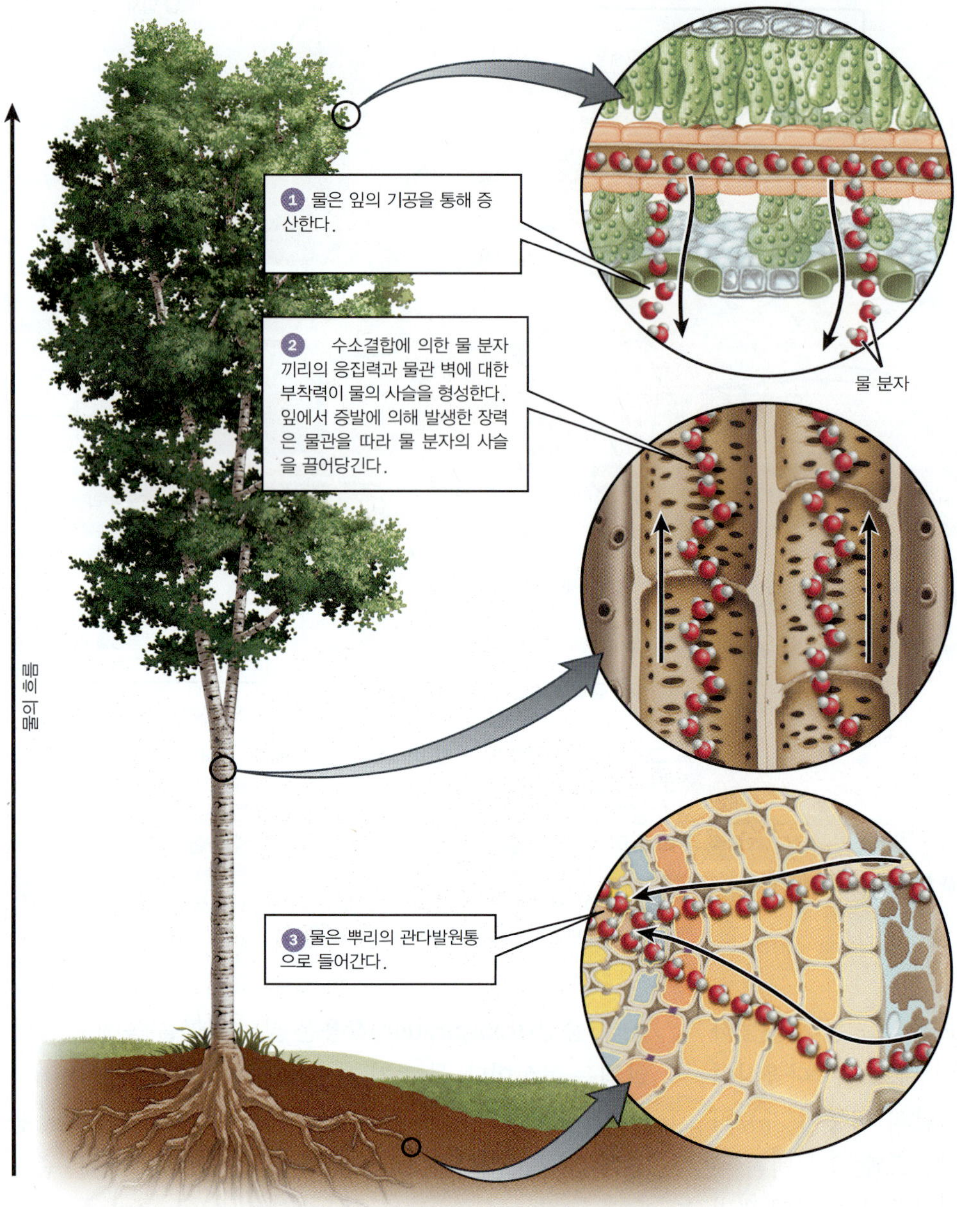


◀ **그림 13-20 물관을 통해 이동하는 물 의흐름에 대한 응집력-장력 메커니즘** 증산작용에 의해 형성된 힘은 가장 높은 나무의 꼭대기로 토양으로부터 물을 끌어 올릴 수 있다.

작용을 통하여 엽육세포에서 증발하는 물을 대신하여 물관을 통해 물을 위로 끌어올린다(**그림 13-20**).

기공은 두 개의 공변세포로 둘러싸여 있고 공변세포는 물의 획득과 소실에 따라 크기와 모양을 바꾸어 기공의 열고 닫음을 조절한다(**그림 13-21**). 공변세포는 세포벽에 특이한 배열의 셀룰로오스를 갖고 있고(**그림 13-22a**), 기공은 공변세포가 물을 흡수하여 세포의 체적이 증가할 때 열린다. 즉 칼륨($K^+$) 이온의 세포 안으로 이동이 삼투에 의한 물의 유입을 가져오며, 이로 인해 세포의 체적 증가로 기공이 열린다(**그림 13-22b**).

공변세포로 칼륨 이온의 이동을 조절하며 기공을 열고 닫는 세 가지 자극으로는;

- **빛** 빛은 공변세포 내 색소에 의해 흡수되어 세포 내로 칼륨 이온의 유입을 유도하며, 삼투현상에 의해 물이 흘러 들어가 공변세포는 부풀어지고 기공은 열린다.
- **이산화탄소** 광합성으로 이산화탄소의 농도가 낮아지면 공변세포 내로 칼륨 이온의 이동을 자극한다. 밤 동안에 광합성은 멈추지만 세포호흡은 지속되어 이산화탄소 농도는 상승한다. 칼륨 이온이 밖으로 확산되면 물도 삼투현상에 의해 밖으로 나가고, 기공은 닫힌다.

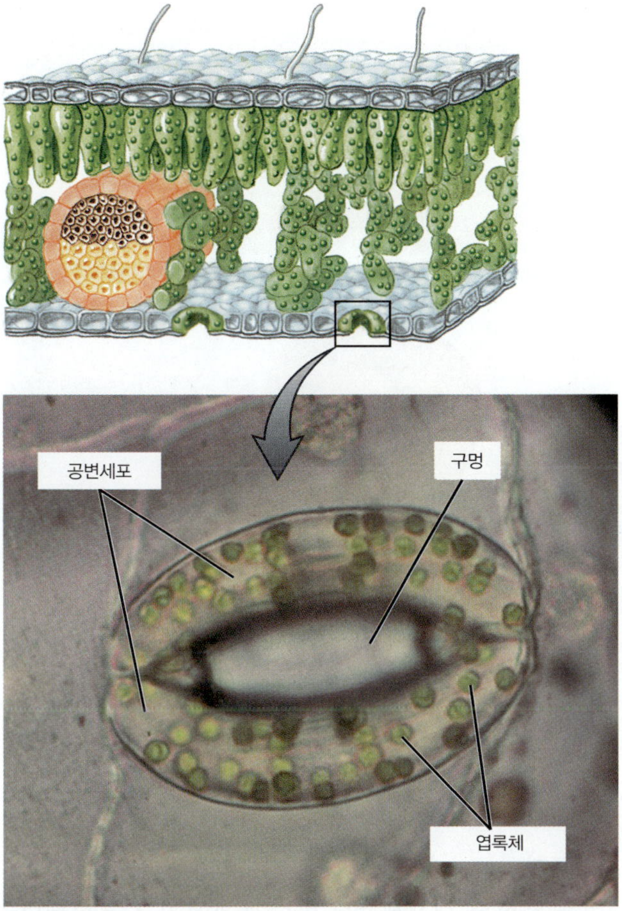


▲ **그림 13-21 잎 표피에서 기공** 공변세포는 엽록체를 함유하고 있지만, 주위의 표피세포는 투명하고 염록체가 주로 결여되어 있다.

• **물** 식물이 물을 많이 소실하여 마르기 시작하면 앱시스산(abscisic acid)이 합성되어 공변세포의 수용체와 결합, 칼륨 이온의 축적을 멈추게 한다. 공변세포에서 칼륨 이온이 밖으로 확산되고 삼투현상에 의해 물이 밖으로 흐르게 되면 공변세포는 기공을 닫는다.

광합성에 의해 생성된 당의 이동은 체관부에서 이루어지며 수압의 차이에 의해 용액을 흐르게 하는 **압류메커니즘(pressure-flow mechanism)**으로 설명할 수 있다. 광합성 중인 잎처럼 당을 많이 합성하는 식물의 부위를 당의 **공급원(source)**이라 부른다. 반대로 분열조직, 발달 중인 꽃과 열매 등 당을 생산하는 것보다 더 많이 사용하는 부위를 당의 **수용부(sink)**라 한다. 공급원과 수용부는 계절에 따라 변할 수 있다. 예를 들어 낙엽수의 뿌리는 당을 녹말로 저장하는 여름 동안은 당의 수용부이지만 봄이 되면, 뿌리는 새로운 잎의 발달을 위한 에니지를 공급하기 위해 녹말을 당으로 바꾸기 때문에 당의 공급원이 된다.

압류메커니즘(그림 13-23)에 ❶ 공급원 세포(예를 들어 광합성을 하는 잎의)에 의해 만들어진 당은 체관을 통해 능동수송 된다. 이것은 체관부 내 체관액의 당 농도를 높인다. ❷ 물관 근처의 물이 삼투현상에 의해 당에 뒤이어 체관으로 이동한다. 단단한 세포벽이 체관세포의 팽창을 억제하기 때문에 체관으로 유입된 물이 내부의 압력을 증가시키게 된다. ❸ 수압이 체관을 통해 압력이 낮은 곳으로 용액을 흐르게 한다.

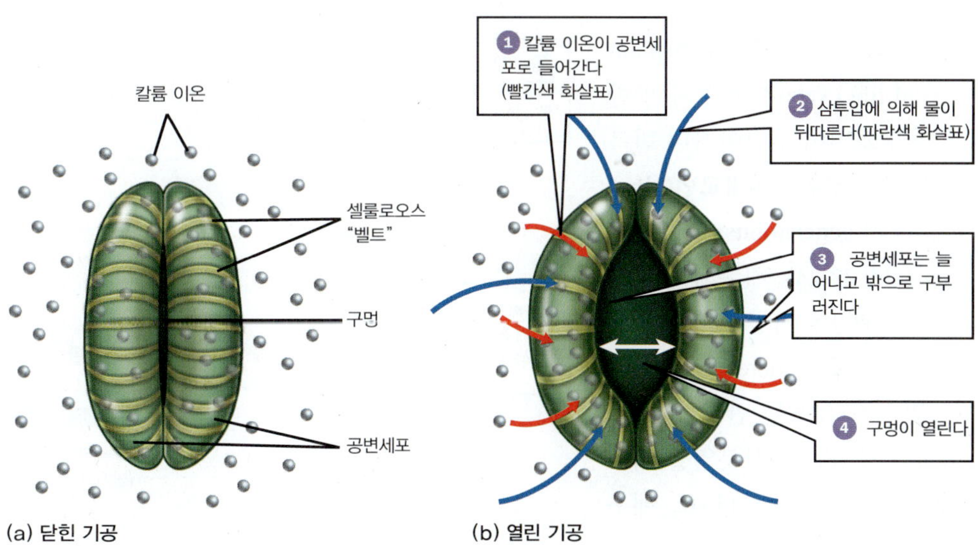


▶ **그림 13-22 공변세포는 어떻게 열까**
**(a)** 중앙의 구멍이 닫혀 있는 기공의 구조를 보여주고 있다. 공변세포는 상대적으로 낮은 칼륨 이온 농도(표피의 다른 세포와 같은), 낮은 물 함량, 그리고 적은 체적을 갖는다. **(b)** 칼륨 이온이 공변세포로 전이될 때 높은 칼륨 이온 농도는 공변세포 안으로 물의 유입을 가져오게 되고 그들의 체적 증가가 구멍을 열리게 한다.

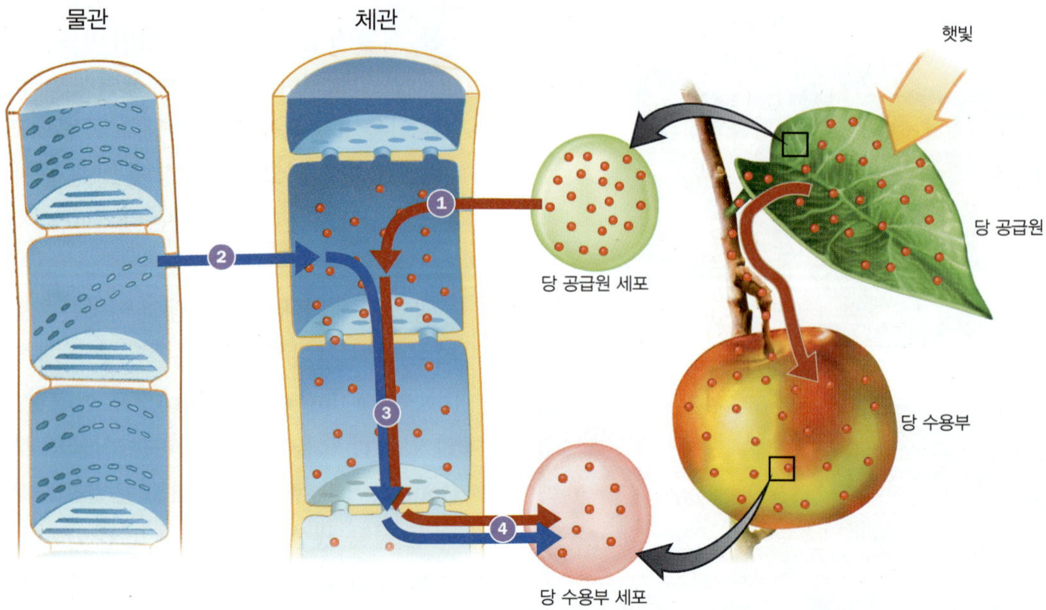


▲ 그림 13-23 **체관에서 당 수송에 관한 압류 메커니즘** 광합성을 하는 잎이 당의 공급원이고 반면 발달 중인 과일이 당의 수용부이다. 빨간색 화살표는 당의 이동을 나타낸다; 청색 화살표는 물의 이동을 나타낸다. 청색 화살표는 물의 이동을 나타낸다. 체관 내부의 청색 밝기의 차이는 수압을 나타내며, 공급원 쪽 관의 끝은 높고 같은 관의 수용부 쪽 끝은 낮다.

## 13.3 식물의 생식과 발생

많은 식물들은 무성생식 혹은 유성생식으로 번식이 가능하다. 무성생식의 경우 이미 생성된 모식물(parent plant)과 유전적으로 동일한 식물에서 유사분열을 하여 번식을 하게 된다. 예를 들어 사시나무, 블랙베리, 튤립, 나팔수선화, 아마릴리스 등.

식물의 **유성생활주기(plant sexual life cycle)**는 배수체와 반수체의 교번이 번갈아가며 반복적으로 일어나는 **세대교번(alternation of generations)**으로 나타난다(그림 13-24). 배수체 단계에서 감수분열을 거친 특정화된 생식세포는 포자(spores)❶로 불리는 반수체 세포를 만들어 낸다. 식물의 포자는 유사분열을 겪으면서 배우체(gametophyte, 배우자를 포함하는 식물)❷라 하는 반수체를 만들어낸다. 배우체의 특정화된 생식세포는 반수체 배우자로 분화된다❸. 두 배우자들은 접합자를 형성한다❹. 유사분열에 의해 자라는 접합자는 다음 세대의 다세포생물 배수체가 된다❺.

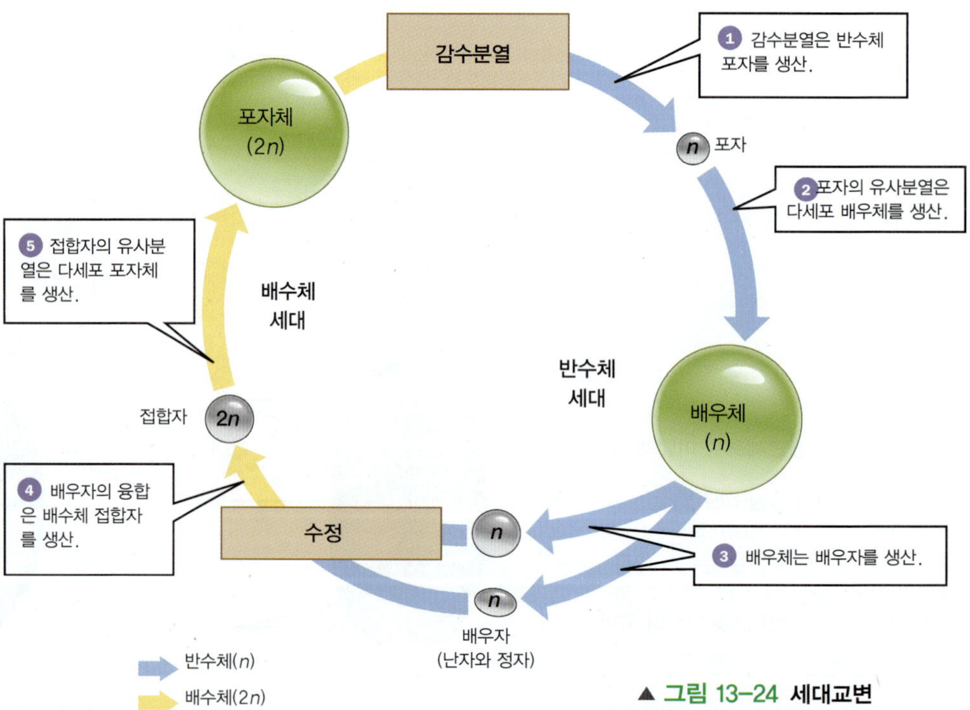


▲ 그림 13-24 **세대교번**

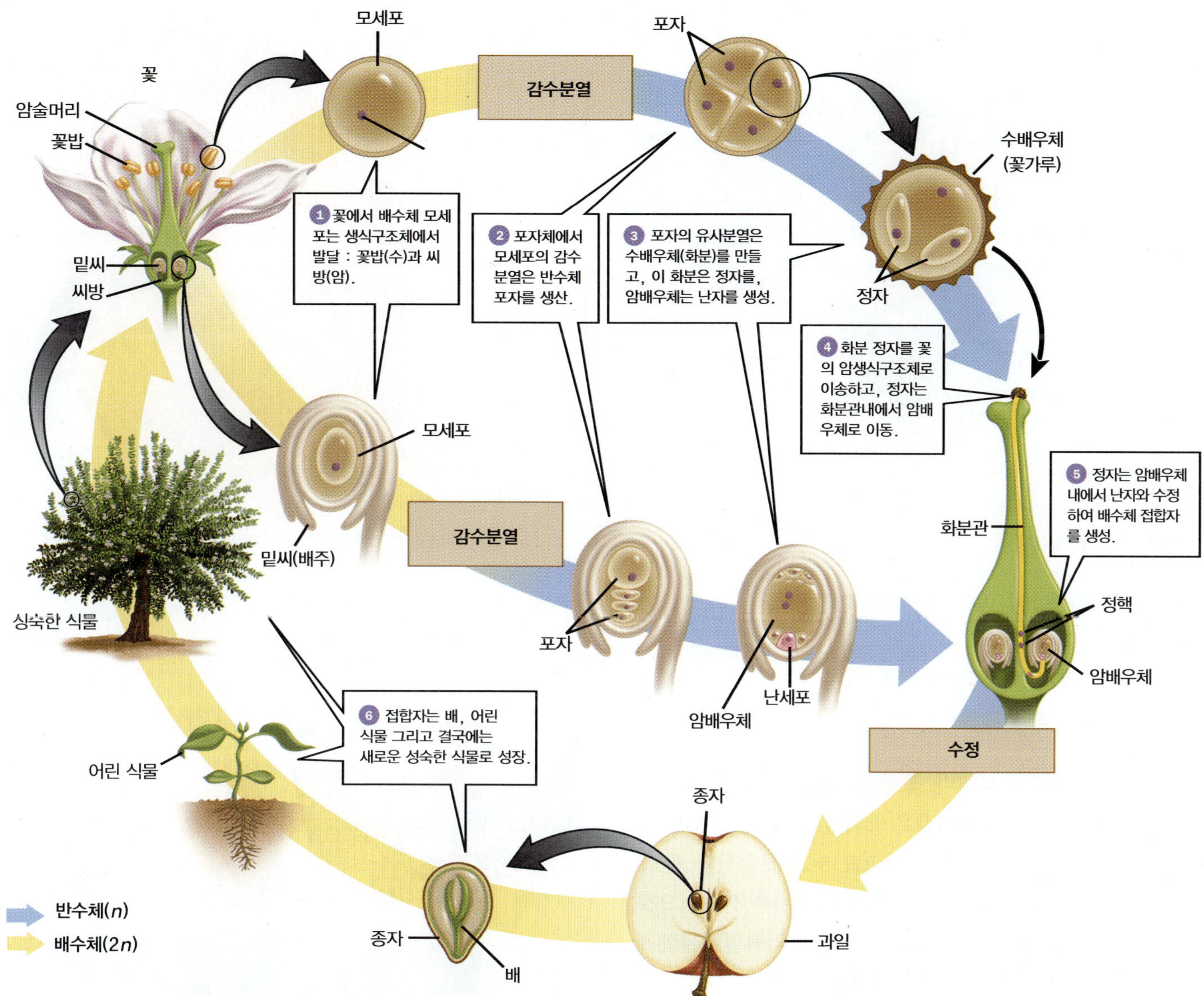


▲ 그림 13-25 **현화식물의 유성생활주기**

배수체 단계를 **포자체(sporophyte)**라고도 한다.

세대교번은 모든 식물의 유성생활주기 임에도 불구하고 포자체와 배우체 단계는 여러 식물들 종에서 아주 다양하게 나타난다. 예를 들어 이끼류는 배우체가 생명주기를 지배하는 반면 양치류는 반수체와 배수체 단계가 자유롭게 일어나는 독립식물이다. 겉씨식물(침엽수류 식물)과 속씨식물(현화식물)은 배수체 포자체 단계가 대부분이다.

현화식물(flowering plant)의 유성생활주기를 살펴보자(그림 13-25). 꽃의 수컷, 암컷 생식구조는 모세포(mother cell, ①)를 만들고 이는 감수분열을 통하여 반수체의 수컷과 암컷 포자를 생성한다②. 포자는 유사분열을 통해 반수체의 수컷과 암컷 배우체를 형성한다③. 암배우체는 꽃 상태로 유지되고 보통 7개의 세포로 구성되며, 그 중 하나가 난자이다. 수배우체는 **화분립(pollen grain)**이며, 다세포생물이지만 단지 3개뿐인 세포이고 그 중 둘은 정자이다. 화분립은 바람이나 동물에 의해 꽃의 암컷 생식구조로 이동한다④. 꽃가루의 정자 중 하나는 난자와 수정해서 배수체 접합자를 생산한다⑤. 접합체는 유사분열을 반복하여 배(embryo)를 만들고 결국 새로운 어른 포자체식물이 된다⑥.

## 꽃의 기능과 구조는 무엇인가?

**꽃(flowers)**은 속씨식물의 생식구조로 배수체인 포자체에 의해 생성된다. 페츄니아, 장미, 백합과 같은 **완전화(complete flower)**는 변형된 잎의 4개 부분 즉, 꽃받침, 꽃잎, 수

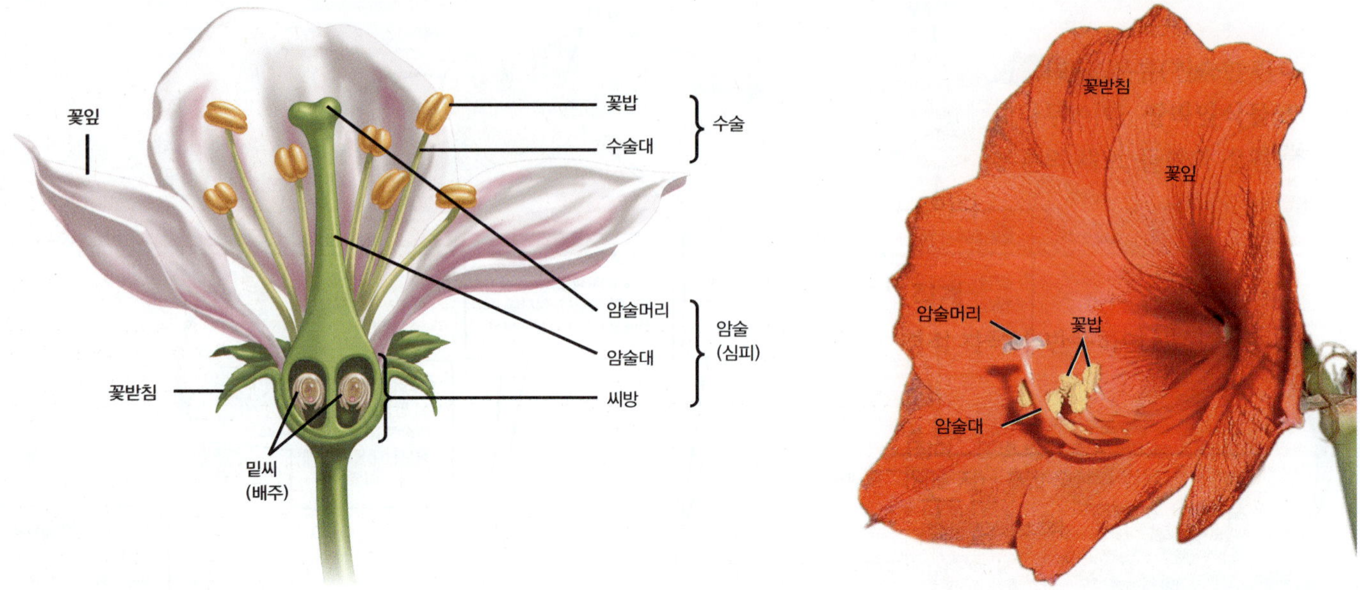


(a) 대표적인 쌍떡잎식물 (b) 대표적인 외떡잎식물꽃(아마릴리스)

▲ **그림 13–26 완전화** **(a)** 완전화의 네 부분: 꽃받침, 꽃잎, 수술(수컷 생식구조체) 그리고 적어도 하나의 심피(수컷 생식구조체). 이 그림은 완전한 쌍떡잎식물의 꽃을 보여주고 있다. **(b)** 아마릴리스는 3개의 꽃받침(실제로 꽃잎과 거의 동일), 3개의 꽃잎, 6개의 수술, 3개의 심피(단일 구조체로 융합되어짐)로 구성된 완전한 외떡잎식물이다. 꽃밥은 암술머리보다 아래에 있어 자가수분을 어렵게 한다.

술 그리고 심피로 구성된다. **꽃받침(sepals)**은 꽃 아래에 위치한다. 장미, 딸기, 사과와 같은 쌍떡잎식물의 꽃받침은 보통 초록색의 잎사귀처럼 생겼다(그림 13-26a). 수선화, 튤립, 아마릴리스와 같은 외떡잎식물(그림 13-26b)은 전형적으로 꽃받침이 꽃잎과 비슷하다. 쌍떡잎식물과 외떡잎식물에서 꽃받침은 꽃봉오리를 둘러싸고 보호한다.

꽃받침 바로 위에는 화사한 색과 향기를 발산하여 잠재적인 수분매개자들에게 자신의 위치를 알리는 **꽃잎(petals)**이 있다. 수컷의 생식구조인 **수술(stamens)**은 꽃잎 바로 위에 붙어 있다. 각각의 수술은 꽃가루를 만들고 **꽃밥(anther)**과 가느다란 **수술대(filament)**로 구성된다. 꽃의 중심 부위에는 **심피(carpels)**라고 하는 하나 혹은 그 이상의 암컷 생식구조가 있다(그림 13-26a). 전형적으로 심피는 꽃병 모양이고, 가늘고 긴 **암술대(style)** 꼭대기엔 끈끈한 **암술머리(stigma)**가 있다. 암술대는 암술머리를 심피 아래의 **씨방(ovary)**과 연결한다. 씨방 안에는 하나 혹은 그 이상의 **배주(ovules)**가 들어 있다. 암배우체는 각각의 배주 안에서 생성된다. 수정 이후 각각의 배주는 **종자(seed)**가 되고, 이는 작은 배 식물로 구성되고 배를 위해 영양분을 저장한다. 씨방은 종자를 품은 **열매(fruit)**로 자라난다.

▲ **그림 13–27 불완전한 암꽃과 수꽃** 호박꽃과 같은 덩굴식물은 분리되어 암꽃(왼편)과 수꽃(오른편)을 갖고 있다. 암꽃의 아래쪽에 있는 씨방으로부터 작은 호박(실제로 열매)이 만들어지는 것을 주시하라.

**불완전화(Incomplete flowers)**는 꽃의 4개 부분(꽃받침, 꽃잎, 수술, 심피) 중 하나 이상이 결여된 것이다. 예를 들어 잔디 꽃은 꽃잎과 꽃받침 둘 다 없다. 만약 불완전화가 수술과 심피 또한 없다면 이를 **불완전꽃(imperfect flower)**이라 한다. 불완전꽃을 피우는 식물은 암꽃과 수꽃이 각각 분리된 채 존재하고 암컷식물이 열매를 생산한다

◀ 그림 13-28 수배우체의 발달

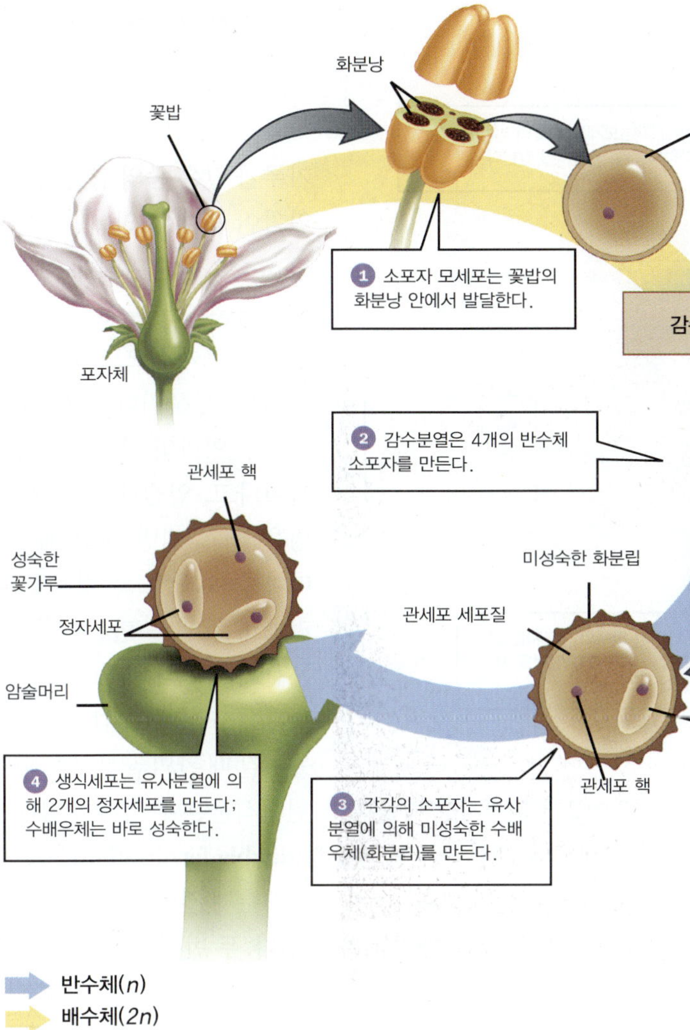


(그림 13-27, 호박꽃).

수배우체는 꽃의 꽃밥 내에서 생성된다(그림 13-28). 각각의 꽃밥은 화분낭이라 하는 4개의 방으로 구성된다. 각각의 화분낭 안에는 수백에서 수천 개의 배수체 **소포자 모세포(microspore mother cells)**가 형성된다❶. 각각의 소포자 모세포는 4개의 반수체 **소포자(microspores)**를 생산하기 위해 감수분열(10장 참조) 한다❷. 이때 각각의 소포자는 2개의 세포로 구성된 미성숙한 수배우체이며, 이는 꽃가루의 가장 큰 부분을 차지하는 관세포(tube cell)와 관세포의 세포질 내부에 존재하는 생식세포(generative cell)로 이루어져 있다❸. 생식세포의 유사분열은 2개의 반수체 정자세포를 만든다❹. 성숙해짐에 따라 화분립은 거친 방수막으로 둘러싸여지고 식물종의 특징일 수도 있는 들어간 부분과 돌출된 부분이 교차되어 정교한 규칙 모양을 띠기도 한다(그림 13-29). 겉면을 둘러싼 이 막은 암컷 심피까지 이동하는 동안 정자를 보호한다. 꽃가루가 성숙되면 화분낭은 쪼개어져 열린다.

▲ 그림 13-29 **화분립(꽃가루)** 많은 꽃가루의 단단한 외피가 종의 특성과 모양에 따라 정교하게 조각되어 있는 모습을 보여주고 있는 전자현미경 사진

심피의 씨방 안에서 세포덩어리는 배주로 분화하며 암배우체는 배주 안에서 형성된다(그림 13-30). 식물 종에 따라 심피는 하나 혹은 수십 개의 배주를 갖는다. 각각의 배주는 하나의 배수체 **대포자 모세포(megaspore mother cell)**를 둘러싸는 **주피(integuments)**라는 다세포성 보호외피로 구성되어 있다❶. 대포자 모세포는 감수분열하여 4개의 반수체 **대포자(megaspore)**를 생성 한다❷. 단 하나의 대포자만 살아나고 나머지 3개는 퇴화한다. 살아남은 대포자의 핵은 세 번의 유사분열로 8개의 반수체 핵들을 생성한다❸. 원형질막과 세포벽이 생겨나고 세포질은 7개(8개가 아닌)의 세포로 분열하여 암배우체가 된다❹. 각각의 끝부분에는 하나의 핵을 가진 3개의 작은 세포 그리고 2개의 핵을 지닌 큰 중

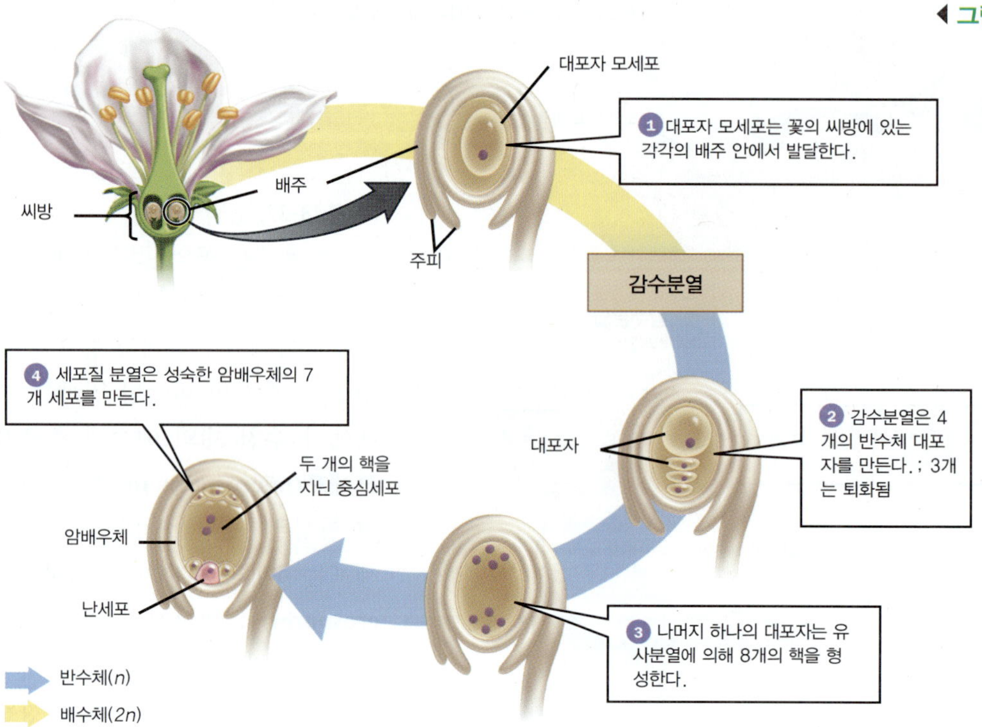


◀ 그림 13-30 **암배우체 발달**

심세포가 된다. 난세포는 아래쪽 끝부분의 3개의 세포 중 배주의 외피 입구 가까이에 있는 한 세포에 위치한다.

꽃의 **수분(pollination)**은 수정을 위한 필수 과정이며, 꽃가루가 같은 종의 암술머리에 안착이 되어야 일어난다(그림 13-31 ①). 암술머리에 안착한 화분립은 수분을 흡수하고 팽창하여 쪼개짐으로써 꽃가루 외피를 부풀린다. 관세포는 꽃가루 외피의 개구부를 통해 늘어나고, 암술대를 통해 구멍을 뚫고, 씨방 내의 배주에 다다를 수 있도록 정자를 내려보내는 관을 만든다②. 화분관이 배주의 외피에 있는 개구부에 도달하고 암배우체로 들어갈 때 관의 끝부분이 파열되어 2개의 정자를 방출한다. 현화식물은 두 정자가 암배우체 세포와 융합하는 **중복수정(double fertilization)**을 한다③. 한 정자는 난자와 수정하여 배수체 접합체를 만들고 배로 형성되어 성숙한 포자체가 된다. 두 번째 정자는 큰 중심

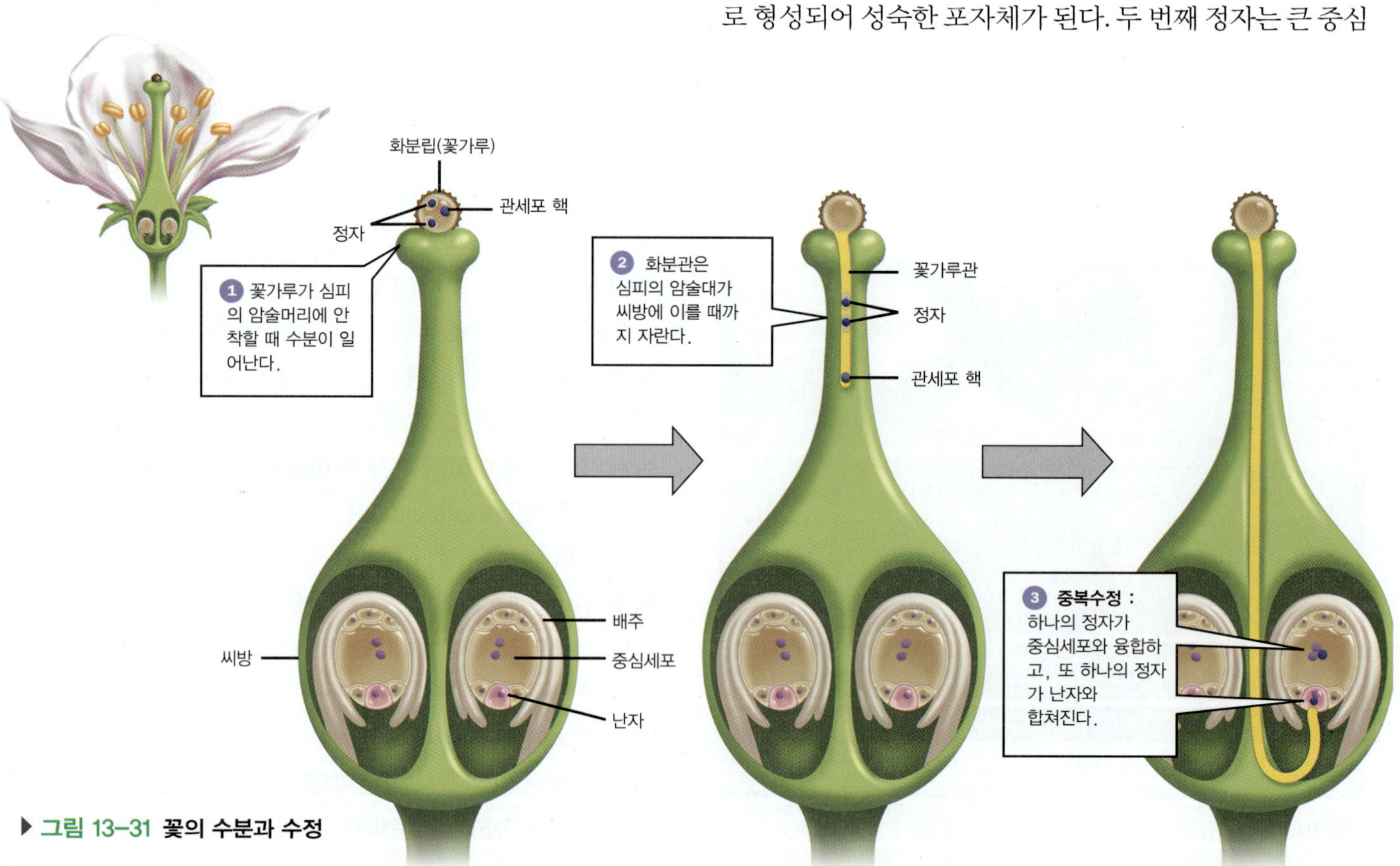


▶ 그림 13-31 **꽃의 수분과 수정**

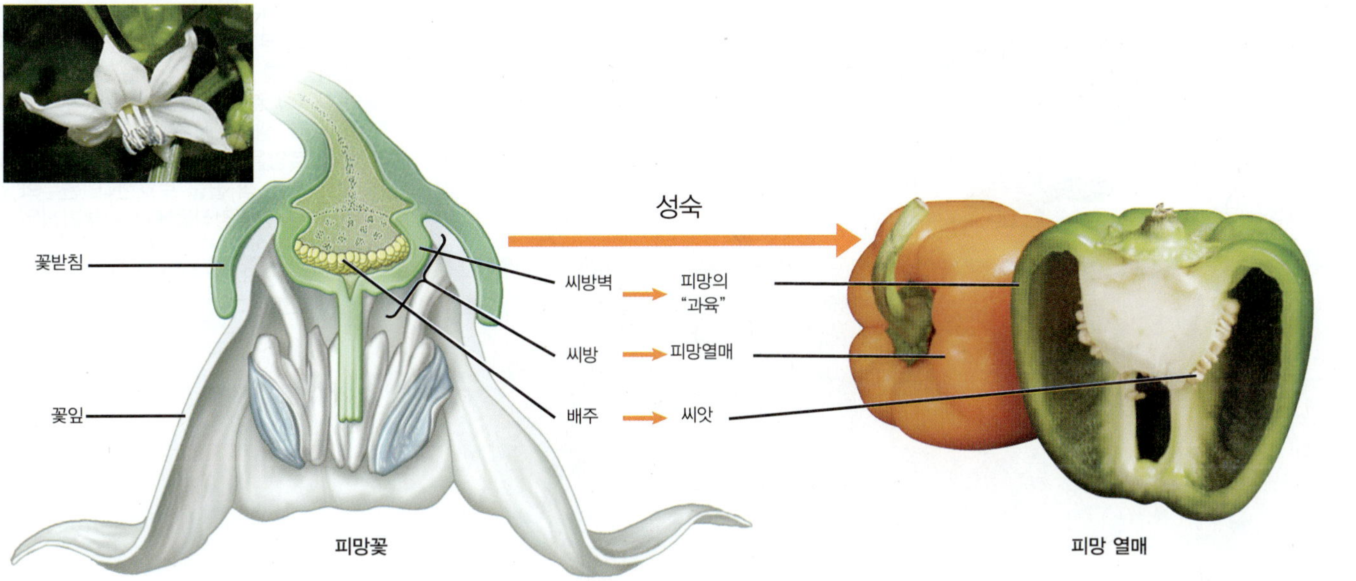


▲ **그림 13-32 피망의 열매와 종자의 발달** 열매와 종자는 꽃 일부로부터 발달한다. 씨방벽은 열매의 과육으로 성숙하고 많은 배주는 종자로 발달한다.

세포로 들어가 이미 존재하고 있는 2개의 핵과 정자의 핵이 융합하여 3개의 염색체 세트를 가진 삼배체의 핵을 형성한다. 반복된 유사분열을 통하여 중심세포는 종자 안에 양분의 저장조직으로서 삼배체인 **배젖(endosperm)**으로 발달한다. 암배우체의 다른 5개의 세포는 퇴화한다.

## 열매와 종자는 어떻게 생기는가?

중복수정 후 암배우체와 배주를 둘러싸고 있는 외피는 씨방에 둘러싸여져 종자가 된다. 꽃잎과 수술은 씨방이 성숙함에 따라 가늘어지고 떨어져 버린다. 우리가 열매를 먹는 것은 잘 익은 씨방을 먹는 것이고 가끔은 꽃의 다른 부분까지 먹게 될 때도 있다(그림 13-32). 종자는 배주로부터 발달하며 배주가 종자로 변형되는 과정은 세 가지가 있다(그림 13-33a). 첫째, 배주의 외피는 두껍고 단단하여 종자를 둘러싸고 보호하는 **종피(seed coat)**가 된다. 둘째, 삼배체 중심세포가 빠르게 분열한다. 분열되어 나온 딸세포는 모식물로

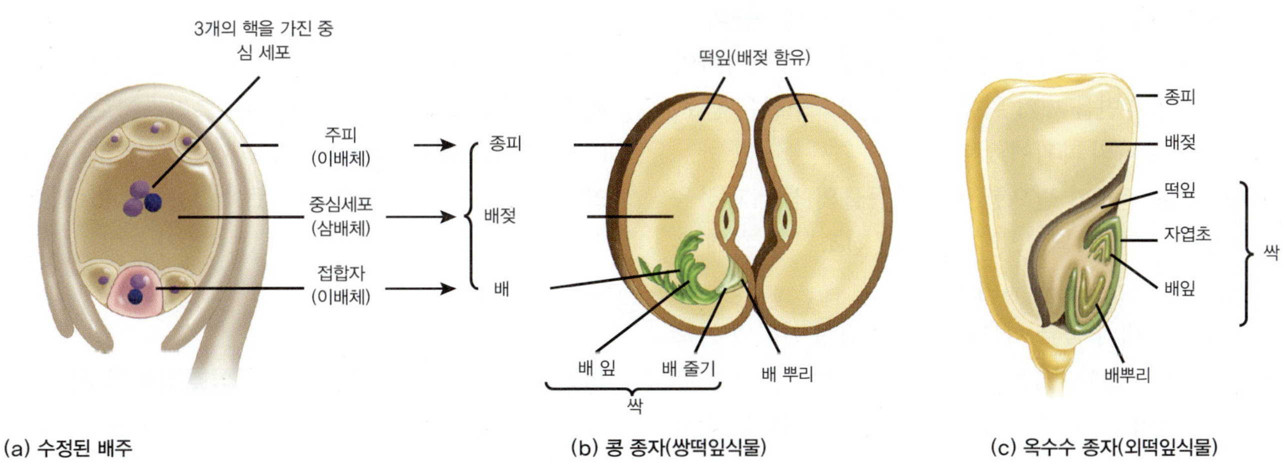


▲ **그림 13-33 종자의 발달** (a) 배는 접합자로부터, 배젖은 삼배체 중심세포로부터 발달한다. 그리고 배주의 주피는 종피를 만든다. (b) 쌍떡잎식물 종자에서 2개의 떡잎은 발아하기 전에 대부분의 배젖을 흡수한다. (c) 외떡잎식물의 종자는 하나의 떡잎을 가지고 있고 발아할 때까지 대부분의 배젖을 유지한다.

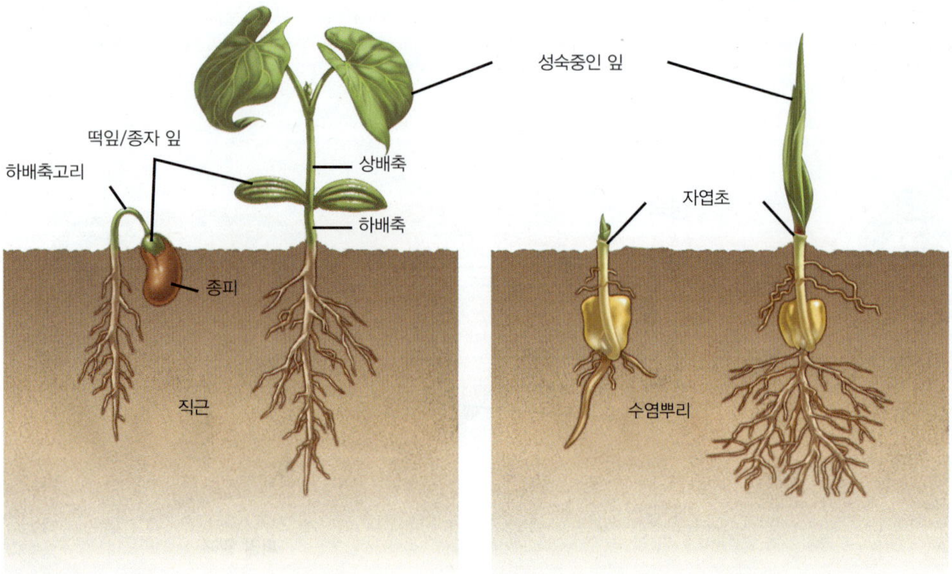


(a) 콩(쌍떡잎식물)

(b) 옥수수(외떡잎식물)

◀ **그림 13-34 종자의 발아** 우선 뿌리는 물과 무기물을 흡수하면서 빠르게 자란다. 이를 이용해서 싹은 흙을 뚫고 나온다. (a) 옆 그림의 콩에서 보여준 것 같이 몇몇 쌍떡잎식물에서 하배축이 굽어 먼저 토양을 미는 고리를 형성하여 아래로 향하는 싹 끝을 보호한다. 완두와 같은 다른 쌍떡잎식물에서 구부러짐은 상배축에서 만들어진다. (b) 옥수수와 같은 외떡잎식물의 싹 끝은 단단한 자엽초 안에서 보호된다.

부터 영양분을 흡수하여 영양이 가득한 배젖을 형성한다. 셋째, 접합자는 배로 발달한다. 종자가 성숙하면 배는 싹과 뿌리로 분화되기 시작한다(그림 13-33b, c).

**발아(germination)**는 '싹이 튼다'라고 말하는데, 종자는 발아를 위해 영양분, 따뜻한 온도와 수분이 필요하지만 이상적인 조건이라 해도 금방 성숙한 종자는 즉시 발아되지 않는다. 이제 막 성숙한 종자는 싹이 트지 않는 동안 **휴면(dormancy)**기에 들어가며 휴면 종자는 춥거나 건조한 상태의 불리한 환경조건에서도 견딜 수 있다.

종자의 휴면은 두 가지 문제를 해결한다. 첫째, 수분이 많은 열매 안에서 발아되는 것을 방지한다. 둘째, 발아 후 생존하고 성숙하기 힘든 환경조건을 피하게 한다. 대부분의 종자는 가을과 겨울에 휴면을 거치며, 이듬해 봄에 발아하여 성숙한다. 종자휴면을 깨기 위한 세 가지 필요조건은 건조, 추위에 노출, 종피의 파괴에 있다.

- **건조(drying)** 건조가 필요한 종자는 동물의 섭식 과정을 통하여 이동 및 배설되고, 공기 중에서 건조된다. 후에 온도와 습도가 적절해지면 발아한다.
- **추위(cold)** 온대와 북극 식물의 종자는 빙점 이하의 온도에 오랫동안 노출되지 않으면 발아하지 않는다. 추운 날씨는 다음 봄이 될 때 까지 싹이 트는 것을 방지하는데 필요하다.
- **종피의 파괴(seed coat distruption)** 어떤 껍질은 발아를 억제하는 화학 물질을 가지고 있다. 종피는 발아가 일어나기 전에 풍화되거나 동물의 소화관을 거치면서 일부분의 분해가 필요할 수도 있다.

발아하는 동안 보통 뿌리가 먼저 발생하고 빠르게 성장하여 토양으로 부터 물과 무기질을 흡수한다(그림 13-34). 많은 물은 싹 부분으로 이동하고 싹의 세포는 길어져 빛이 있는 토양 밖으로 돌출한다. 발아에 필요한 영양분은 종자의 배젖에 함유되어 있는 에너지 저장물질인 전분이나 지질에서 나온다. 쌍떡잎식물은 발아 전에 자엽이 대부분의 배젖을 흡수하고 발아될 때 영양분을 배로 수송하지만 외떡잎식물의 종자는 대부분의 배젖을 발아 때까지 유지한다.

쌍떡잎식물은 새싹에 보호 고리를 형성하는데 고리가 줄기에 붙어있는 떡 잎 위에 있으면 상배축고리(epicotyl hook, 'epi'는 '위'를 의미)라 부르고, 떡잎 아래에 있으면 하배축고리(hypocotyl hook, 'hypo'는 그리스어로 '아래'를 의미)라 한다(그림 13-34a). 옥수수와 같은 외떡잎식물에서 자엽초는 손가락에 장갑을 끼우듯이(그림 13-34b) 싹의 끝을 덮어 보호를 하고 싹 끝이 자라남으로써 토양입자를 밀어내게 만든다.

## 식물과 수분매개자들은 어떻게 상호작용을 하는가?

식물과 수분매개자들은 함께 진화되어 왔다. 충매화는 잠재적인 수분매개자에게 제공하는 이익에 따라 영양분, 성, 육아 등 세 가지로 분류 할 수 있다.

많은 꽃들은 벌, 나방, 나비, 벌새 등 수렵채집동물에게

▲ **그림 13-35 "수분"하는 수분매개자** 벌이 골담초꽃에 화분이 가득 들어 있는 꽃가루를 흩트려서 등에 있는 털에 묻힌다.

▲ **그림 13-36 생식적 기만은 수분을 촉진한다.** 수컷말벌이 교미를 하기 위해서 난초꽃 위에 앉아 있다. 교미의 결과는 말벌이 아닌 난초의 성공적인 수정이다.

양분을 제공한다. 달콤한 꽃향기는 벌과 같은 수분매개자를 유혹하기 위해 발산하며 벌에 의해 수분되는 꽃은 화분의 교환을 돕는 구조적인 형태를 가지고 있다(그림 13-35). 꽃가루로 범벅이 된 채로 벌이 꿀을 찾을 때 암술머리 위에 꽃가루를 묻히게 된다.

일부 꽃은 교배를 위한 미끼이다. 난초 꽃들은 암컷 말벌, 벌, 파리들의 모양(그림 13-36)과 냄새를 흉내 낸다(난초는 암컷 곤충들이 수컷을 유인하는 물질과 유사한 것을 뿜어낸다). 수컷 곤충의 교미를 시도하기 위해 진짜가 아닌 모조의 암컷 위에 앉을 때 꽃가루 덩어리는 곤충에 달라붙는다.

일부 꽃들은 수분매개자들에게 육아방을 제공한다. 곤충이 꽃을 수정시키고 꽃의 씨방에 그들의 알을 낳는 것으로 무화과와 무화과말벌, 유카꽃과 유카나방 사이에서 일어난다(그림 13-37).

▲ **그림 13-37 상호 이해관계**
애리조나 모뉴먼트 계곡에 있는 유카가 꽃을 피웠다. 유카나방은 유카꽃의 암술머리에 있는 화분에 위치해 있다.

식물에 있어서는 종자가 되도록이면 멀리 퍼져서 자손들끼리 영양분과 햇빛을 얻기 위해 경쟁하지 않도록 하는 것이 도움이 된다. 진화는 종자를 먼 서식지로 분산시키는 식물 종에서 이루어지며, 비록 원래의 서식지가 적절하지 못할지라도 이들 종들은 계속 생존하여 서식지를 넓혀간다.

부착성이 있는 열매는 동물에 들러붙는다. 우엉, 토끼풀, 강아지풀, 가막사리풀과 같은 점

▲ **그림 13-38 도꼬마리열매는 털 달린 동물에 달라붙어 휘어진 가시를 이용하여 이동한다** 이 개 또는 개 주인은 모식물로부터 도꼬마리 열매를 멀리 이동시킬 것이다.

▲ **그림 13-39 잘 익은 과일의 색은 동물을 유인한다** 밝고 빨간색을 지닌 베리는 여름과 가을에 여새를 유혹한다. 성숙한 종자를 지닌 잘 익은 열매만이 달콤하고 밝은 색을 띤다.

(a) 민들레 열매

(b) 단풍나무 열매

▲ **그림 13-41 바람에 의해 분산되는 열매** **(a)** 민들레 열매는 미풍에 실려서 날아갈 수 있는 실타래(뭉치) 구조를 가지고 있다. **(b)** 단풍나무 열매는 나무로부터 떨어질 때 빙빙 돌면서 멀리 갈 수 있도록 만들어져 있는 글라이더나 헬리콥터와 흡사하다.

▲ **그림 13-40 터뜨리는 열매** 대부분의 키가 작은 겨우살이 식물은 수피 안에서 서식하고 숙주인 나무로부터 영양분과 물을 흡수한다. 갈색이면서 잎이 없는 겨우살이의 싹은 숙주나무 가지로부터 출현하고, 작고, 색이 옅고 작은 방울모양을 한 열매가 꽉 차있는 뭉치를 이루고 있다. 이 열매가 터질 때는 내부에 생성된 수압이 시간당 50마일에 이르는 속도로 끈적거린 열매를 분산시킨다.

▲ **그림 13-42 물에 의해 분산되는 열매** 싹이 트고 있는 코코넛은 바다에서 긴 여정 끝에 해변에 정착한다. 코코넛의 과육과 밀크는 서로 다른 두 종류의 배젖이다. 커다란 코코넛 내에 저장된 많은 양의 먹거리는 불모지의 모래 해변에서 성공적인 발아와 성장을 거친 적응의 사례이다.

착성이 있는 열매는 갈퀴, 갈고리, 돌기, 점착성을 가진 털을 이용하여 동물의 털(혹은 인간의 옷)에 들러붙는다(그림 13-38).

모체로부터 종자를 이동시키는 것 외에 삼켜서 배설된 종자는 비료로도 제공하게 된다. 복숭아, 자두, 아보카도와 같은 먹을 수 있는 과일은 동물이 먹을 수 없는 크고 단단한 종자를 가지고 있다. 블랙베리, 라즈베리, 딸기, 토마토 등과 같은 과일은 작은 종자를 가져서 동물들이 삼킬 수 있고 결국, 이러한 종자들은 손상되지 않은 채 배설된다. 일부 종자들은 동물의 소화기관을 거치면서 발아가 될 수 있도록 종자가 긁히거나 부드러워진다(그림 13-39).

터지는 열매를 가진 식물들은 종자를 모식물로부터 멀리 떨어지도록 방출한다(그림 13-40). 민들레, 금관화, 느릅나무와 단풍나무는 바람을 탈 수 있는 큰 표면을 가진 가벼운 열매를 만들어낸다(그림 13-41).

물에 뜨기 쉬우며 방수 처리된 코코넛 열매는 모식물에서 떨어져 종종 모래 해변 주변에서 발견된다. 거기서 발아될 수도 있고 아니면 바다 위를 몇 주나 몇 달 떠다니다 다른 쪽 해변에 정착하여 이전에는 존재하지 않았던 새로운 코코넛 군락을 형성하기도 한다(그림 13-42).

## 13.4 환경에 대한 식물의 반응

### 주요한 식물호르몬에는 어떤 것들이 있는가?

식물호르몬은 특정한 세포에서 분비되어 –종종 물관 혹은 체관을 통해 – 식물체의 다른 곳으로 이동되는 화학물질이다. 이 장에서는 6가지 중요한 식물호르몬: 옥신(auxin), 지베렐린(gibberellin), 시토키닌(cytokinin), 에틸렌(ethylene), 앱시스산(abscisic acid), 화성소(florigen)에 초점을 맞추고자 한다(표 13-3).

### 호르몬은 어떻게 식물의 생활주기를 조절하는가?

호르몬은 환경 자극에 대한 반응에서 유전자 발현을 변화시킴으로써 식물의 생활주기를 조절한다. 식물의 생활주기는 종자로부터 시작된다. 종자의 발아 시기는 새로운 어린 식물체가 생존에 필요한 충분한 물과 적절한 온도를 가지고 있는지를 판단하여 결정하는 것이 중요하다.

앱시스산과 지베렐린 호르몬은 종자 발아에 주요한 역할을 한다. 앱시스산은 종자의 휴면을 유지시키고 지베렐린은 발아를 유도한다. 앱시스산의 농도가 낮아지고, 지베렐린의 농도가 높아지면 발아가 일어난다.

새롭게 자란 식물은 빛과 중력에 반응하여 뿌리는 아래 방향으로 향하게 하고 줄기는 위쪽 방향을 향하여 자란다. 이와 같이 특정한 환경 자극에 대해서 같은 방향으로 향하거나 반대방향으로 향하는 운동을 **굴성(tropism)**이라고 한다. 옥신은 줄기와 뿌리에서 **굴지성(gravitropism**, 중력 방향에 대한 반응)과 **굴광성(phototropism**, 빛의 방향에 대한 반응)에 중요한 역할을 한다. 종자가 생장하면서 옥신은 줄기에서의 양성굴광성(*positive phototropism*)과 음성굴지성(*negative phototropism*)을 촉진하며, 뿌리에서는 음성굴광성(*negative phototropism*)과 양성굴지성(*positive phototropism*)을 촉진한다(그림 13-43). 녹말이 가득 채워진 특수화

**표 13-3 주요 식물호르몬과 이의 작용**

| 호르몬 | 주요 기능 | 주요 합성 장소 |
|---|---|---|
| 옥신 | 줄기의 길이 신장 촉진<br>측아 생장 억제(정단우성)<br>뿌리의 분지 촉진<br>줄기와 뿌리의 굴광성과 굴지성 조절<br>관다발 조직 발달 촉진<br>열매 발달 촉진<br>잎과 열매의 노화 지연 | 줄기의 정단분열조직 |
| 지베렐린 | 세포분열과 세포신장을 활성화하여 줄기 신장 촉진<br>눈의 발아, 꽃, 열매발달, 종자 발아 등을 촉진 | 줄기의 정단분열조직<br>식물의 배아<br>어린 잎 |
| 시토키닌 | 식물 전체의 세포분열 촉진<br>측아 발아 촉진<br>뿌리의 분지발생 억제<br>잎과 꽃의 노화 지연 | 뿌리의 정단분열조직 |
| 에틸렌 | 기계적 교란에 반응하여 줄기가 짧고, 굵게 자라도록 유도<br>일부 열매에서 후숙 촉진<br>잎에서의 노화 촉진<br>잎과 열매의 탈리 촉진 | 식물체 전체<br><br>특히 스트레스와 노화과정에서 |
| 앱시스산 | 기공 폐쇄 유도<br>수분부족에 대한 반응에서 줄기 신장을 억제하고 뿌리 생장 촉진<br>눈과 종자의 휴면 유지 | 식물체 전체 |
| 화성소 | 낮의 길이에 대한 반응으로 개화 촉진 | 성숙한 잎 |

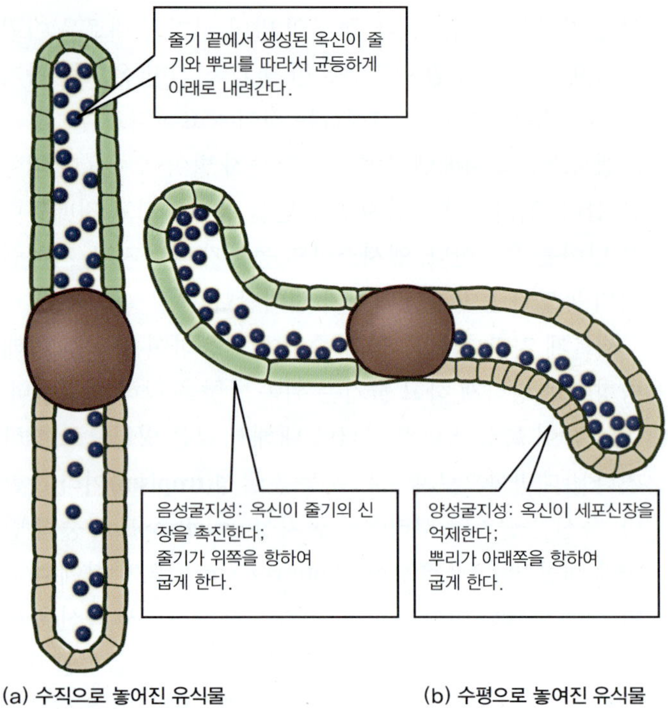

(c) 옥수수 유식물의 굴지성

(d) 어린 해바라기 식물체가 암상태에서 3일 동안 수평으로 자란 후 음성굴지성을 나타낸다.

▲ **그림 13-43 옥신은 줄기와 뿌리에서 굴지성을 일으킨다.**

된 색소체인 평형석(statolith)은 식물의 줄기와 뿌리끝세포가 중력을 인지하도록 하여 중력의 방향에 따라 옥신을 축적하도록 영향을 주게 된다(그림 13-44).

지베렐린은 줄기가 신장하도록 한다. 종자가 발아하면서 주변 토양을 밀치며 뿌리와 줄기가 뻗어 나오게 되는데 이 압력으로 에틸렌(ethylene)이 생성된다. 에틸렌은 식물이 토양 밖으로 나오면서 뿌리와 줄기의 신장은 느리게 하고 두껍게 되도록 촉진한다. 덩굴식물은 접촉에 반응하여 방향성 이동이나 생장 변화가 일어나는 **굴촉성(thigmotropism)**을 나타낸다. 굴촉성을 나타내는 대부분의 식물들에서는 덩굴 손(변형된 잎이나 줄기)이 지지구조물 주변을 감싸고 있다 (그림 13-45).

줄기와 뿌리에서의 분지는 두 개의 시스템에 균형을 이루도록 옥신과 시토키닌에 의해 조절된다. 옥신은 줄기의 정단분열조직에서 생성되어 줄기의 분지는 억제하면서 뿌리의 분지는 촉진한다. 시토키닌은 뿌리의 정단분열조직에서 생성되어 뿌리의 분지는 억제하지만 줄기의 분지는 촉진한다(그림 13-46).

식물은 광색소(photopigment)인 피토크롬을 이용하여 낮의 길이를 측정하는데 피토크롬은 빛의 특정한 파장에 반응하여 활성형(Pfr)과 불활성형(Pr)의 전환을 일으킨다. Pr 형태는 적색광(r은 약 660nm의 파장)을 흡수하여 Pfr형태

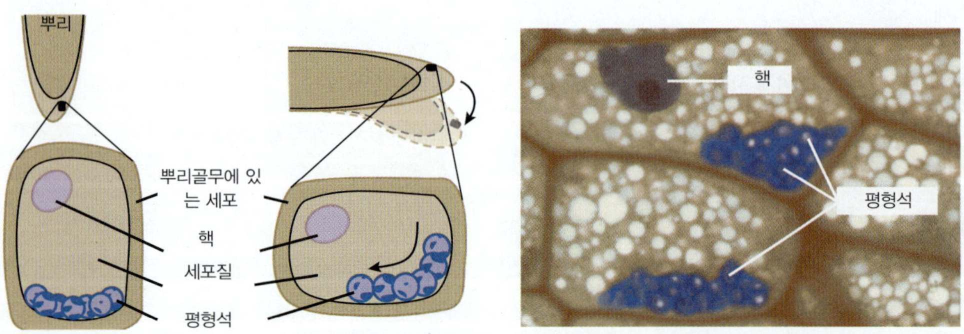


◀ **그림 13-44 평형석은 중력에 반응한다** 평형석은 뿌리골무세포의 가장 아래쪽으로 떨어진다.

◀ **그림 13-45 굴촉성** 물체와 접촉한 반대편의 줄기에 있는 세포가 물체와 접촉한 면에 있는 세포보다 더 빠르게 신장하여 줄기가 꼬이게 만든다.

▶ **그림 13-46 측아의 발아에 대한 옥신과 시토키닌의 역할** 옥신(파란색)과 시토키닌(빨간색)은 측아가 싹이 트고, 곁뿌리가 발달하고 분지하는 것을 조절한다. 정단분열조직에서 생성된 옥신은 아래쪽으로 이동하고, 뿌리 끝에서 생성된 시토키닌은 위쪽으로 이동한다.

로 전환되며 Pfr(fr: 730nm)은 근적색광을 흡수하여 Pr로 전환된다(표 13-4). 활성형 피토크롬은 **장일식물(long-day plants**, 단야식물)과 **단일식물(short-day plants**, 장야식물)에서 개화, 종자발아, 줄기신장, 잎의 팽창, 엽록소 합성 등에 관여한다. 적절한 수준의 낮의 길이와 피토크롬의 조절에 반응하여 개화호르몬인 화성소(florigen)가 식물잎에서 생성되어 정단분열조직에 있는 화아로 이동하여 꽃을 유도하게 한다. "화성소"(라틴어로 "flor"은 "꽃"이라는 뜻이고, "gen"은 "만들다"는 뜻임)라고 이름 붙여졌다.

종자와 열매의 생장과 발달은 옥신, 시토키닌, 지베렐린에 의해 영향을 받는다. 일부 열매에서는 에틸렌이 후숙을 유도한다. 숙성과정에서 에틸렌의 역할을 발견한 것은 현대의 열매 시장에서는 혁명적인 일이다. 중앙아메리카에서 자란 바나나를 녹색이고 단단할 때 수확하여 북아메리카의 시장으로 보내어 그곳에서 에틸렌으로 후숙시킨다. 에틸렌

**표 13-4 빛과 피토크롬의 활성**

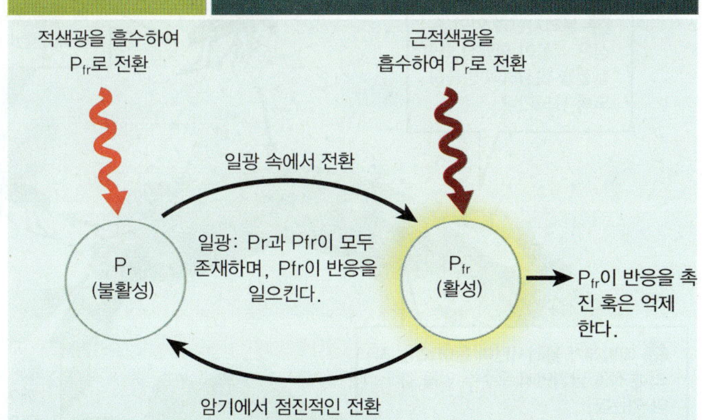


| 빛 | 피토크롬의 형태 | 활성 |
|---|---|---|
| 적색광 | $P_{fr}$ | 활성 |
| 근적색광 | $P_r$ | 불활성 |
| 백색광 (햇빛) | $P_r + P_{fr}$ | 활성 |
| 암상태 | $P_r$ | 불활성 |

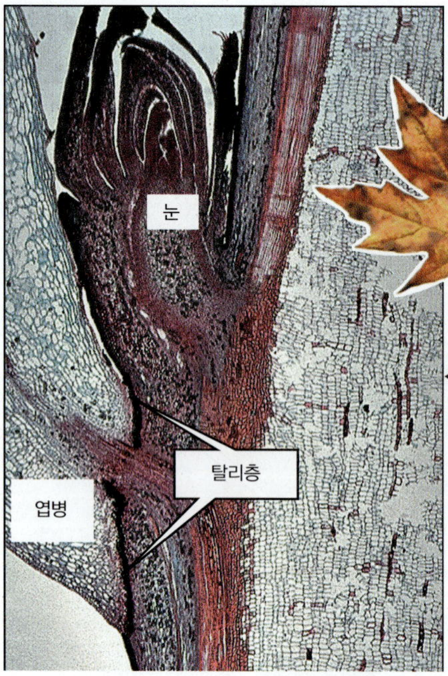


▲ 그림 13-47 **탈리층** 단풍나무 잎의 아래 부분의 광학현미경 사진은 탈리층을 잘 보여주고 있다. 노화가 진행되는 잎의 엽병 윗부분에 측아가 보인다.

에 대한 반응으로 일어난 펙틴 분해는 과일을 부드럽게 할 뿐만 아니라, **탈리층(abscission layer)**이라고 하는 줄기에 열매(혹은 잎)자루가 붙어 있는 지점에 위치한 세포층을 약화시켜 숙성된 과일이 식물체로부터 떨어지도록 한다(그림 13-47). 가을에 낮의 길이가 짧아지고 온도가 낮아지면 식물은 겨울을 준비하도록 노화(senescence)가 진행되며, 에틸렌 생성이 증가하고 옥신과 시토키닌(노화를 지연시키는)의 생성이 감소한다. 노화가 일어나는 동안 잎에 있는 녹말과 엽록소는 분해되어 겨울에 필요한 영양분으로 저장되기 위하여 줄기와 뿌리로 이동된다. 가을에 새로이 형성된 눈은 잎이나 가지로 발달되지 않고 단단하게 감싸여져서 휴면을 하게 된다. 종자에서처럼 눈의 휴면은 앱시스산의 농도가 높아지면서 진행된다.

## 식물은 어떻게 자신을 방어하고, 먹이를 포획하는가?

곤충의 공격을 받은 일부 식물들은 휘발성 화학물질을 방출하여 먹이를 찾는 다른 곤충을 유인하거나 혹은 식물에서 기생하는 포식자를 유인한다(그림 13-48). 손상 받은 식물은 내부 신호물질을 이용하여 그 자신의 방어력을 강화시키고 어떤 경우는 더 잘 방어하는 자손을 남기기도 한다.

상처가 나거나 혹은 감염된 식물로부터 방출된 화학물질은 이웃하고 있는 식물을 자극하여 방어력을 증진시킨다. 바이러스에 감염된 담배식물체는 많은 양의 살리실산

◀ 그림 13-48 **도움을 요청하는 화학물질 울음**

(a) 잎이 건드려지기 전

(b) 잎이 건드려진 후

▲ **그림 13-49 건드리는 것에 대한 빠른 반응** **(a)** 민감한 식물체(미모사)의 잎은 짧은 엽병에 의해 원줄기에 연결되어 있는 중심 자루로부터 돋아나 있는 일련의 소엽으로 구성되어 있다. **(b)** 건드리면 소엽이 함께 닫히게 된다.

▲ **그림 13-50 곤충 먹이를 잡고 있는 끈끈이주걱** 끈끈이주걱의 잎은 달고 색깔이 있고 끈적거리는 털을 이용하여 풀잠자리 곤충을 유도하고 포획한다.

을 생성하는데 이것이 면역반응을 증진시키는 것을 도와준다. 감염된 식물에서 생성된 살리실산의 일부는 휘발성이 강한 화학물질인 메틸살리실산으로 전환된다. 건강한 식물체가 감염된 식물체가 있는 지역을 순환하는 공기에 노출되면 건강한 식물체는 메틸살리실산을 흡수하여 면역방어반응을 유도하는 살리실산으로 전환한다.

미모사(그림 13-49)의 잎은 잎에 있는 접촉 감지기가 전기신호를 발생시키면 특수화된 기둥세포에서 빠르게 칼륨 이온의 투과성을 높여 정상적인 상태에서 고농도로 축적되게 하며, 칼륨 이온이 기동세포 밖으로 빠르게 확산되어 나가게 한다. 삼투현상에 따라 물이 빠져 나가면서 기동세포가 빠르게 위축되고 소엽이 서로 끌어당기게 되고 엽병이 빠르게 밑으로 처지게 된다. 끈끈이주걱은 돌출해있는 융모에 끈적한 물방울을 이용하여 곤충을 잡아서 분해시킨다(그림 13-50).

Chapter

# 14

# 동물의 구조와 기능

뉴욕 마라톤에 참가한 이 주자들의 몸에 저장된 에너지는 운동에너지와 열로 전환된다. 이들이 쿵쿵대는 발걸음때문에 버라재노 다리(Verrazano Narrows Bridge)가 흔들거린다.

"나는 지금 내 인생의 경주를 하고 있다. 나는 내가 할 수 있을 것이라고 생각했던 것보다 더 열심히 수영을 하고 자전거를 탔다. 내 정신의 집중력은 새로운 경지에 도달했다. 32℃의 온도와 90%의 습도가 나의 길을 막을 수는 없다." 의대생이며 스탠포드대학 철인 3종 경기 선수인 Kierann Smith는 2011 전국 대학생 철인 3종 경기에서 쓰러지기 전까지 이렇게 생각했다. 그녀가 쓰러졌을 때, 그녀의 체온은 41℃까지 올랐다. Smith는 의료소로 급히 옮겨져 살았기 때문에 운이 좋은 경우다.

조지아의 달튼주립대 2학년 레슬링선수 Ben Richards는 2013년 9월 달리기 훈련 중 쓰러져 10일 후 사망했다. 병원으로 옮겨졌을 당시 그의 체온은 41.6℃였다. 그리고 2014년 8월, 매릴랜드 모간주립대의 신입생 Marquese Meadow는 축구연습 중에 몸의 중심을 잃고 쓰러진 뒤 근처 병원으로 옮겨졌으나 사망했다. 왜 이들은 회복하지 못했을까? 열사병으로 인해 간과 신장이 심하게 손상되었기 때문이다.

열사병에 걸리면 체온을 유지시키는 음성피드백 메커니즘이 제대로 작동하지 않는다. 과열로 인한 피드백의 한 가지 형태는 피로감이며, 피로감은 사람을 쉬게 만든다. 그러나 열사병의 증상인 정신적 혼란은 음성피드백을 교란시켜 운동선수가 신체의 경고 신호를 무시하도록 만든다.

열사병 환자는 뇌의 온도 조절시스템 오작동으로 땀 흘림이 멎을 수 있다. 또한 효소 활성도가 온도에 따라 증가하면서 대사율이 상승하여 더 많은 열을 발생시키고, 따라서 체온이 더욱 오르게 된다. 즉각적인 냉각으로 이를 막지 않으면, 사망으로 이어진다.

열사병이 운동선수들에게만 문제가 되는 것은 아니다. 열사병으로 인한 죽음은 노인과 아이들에게서도 자주 발생한다. 뜨거운 태양 아래에서 일하는 농부는 열사병의 위험에 직면한다. 어린이들은 열사병에 더욱 취약하다. 아주 어린 경우, 체온에 대한 항상성이 완전히 발달되어 있지 않아서이다. 매년 적지 않은 어린이가 차에 홀로 남겨져 열사병으로 사망한다.

항상성이란 무엇인가? 어떤 조절작용이 좁은 범위 내에서 사람의 체내 상태를 정상적으로 유지하는가?

## Contents

## 14.1 항상성과 동물의 몸 구조

### 항상성: 동물은 왜 그리고 어떻게 자신의 내부 환경을 조절하는가?

당신이 방에 앉아 있거나, 정글에서 무더위로 고생하거나 눈보라 속에서 추위에 떨고 있을 때라도 심장, 뇌, 근육은 항상 일정한 온도를 유지한다.

동물체의 '내부 불변성'은 프랑스 생리학자 Claude Bernard 가 19세기 중반에 처음으로 언급하였다. 1920년대에 Walter Cannon이 **항상성(homeostasis)**이라는 용어를 창안, 항상성이란 세포의 적절한 기능을 위해 필요한 범위 내에서 내부 환경을 유지하려고 하는 능력이라고 하였다. 체온 유지 및 물과 염의 농도 유지 이외에도, 항상성 메커니즘은 포도당 농도, pH, 호르몬 분비, 산소와 이산화탄소의 농도 등을 조절한다.

### 항상성은 효소가 기능하도록 한다

세포가 주변 환경에 대하여 유난히 민감한 이유는 무엇인가? 생명체가 항상성을 유지하는 큰 이유는 단백질, 특히 효소로 귀결된다. 세포 내에서의 거의 모든 생화학 반응은 특정 효소에 의해 촉매되며, 이들 효소의 활성은 부분적으로 수소결합에 의해 유지되는 효소의 정확한 3차 구조에 달려 있다. 수소결합은 취약해서 극염, 극산성, 극염기성, 너무 뜨거움과 같은 환경에 의해 파괴될 수 있다.

### 동물들은 체온조절 방식이 다르다

온혈동물과 냉혈동물이란 말이 있지만 한여름 사막의 작은 연못에 사는 어류는 체온이 38℃를 넘어서고 벌새의 경우에도 낮 동안에는 체온이 40℃까지 올라갔다가 밤에는 13℃까지 내려간다. 혼란을 피하기 위해, 과학자들은 일반적으로 체온유지를 위한 주요 에너지원을 토대로 동물들을 **외온동물(ectotherm)**과 **내온동물(endotherm)**로 구분한다. 조류와 포유류가 가장 대표적인 내온동물이지만, 몇몇 다른 종류의 동물도 때때로 대사를 통하여 상당한 열을 생산한다.

### 피드백 시스템이 내부 조건을 조절한다

피드백 시스템에는 두 가지 형태가 존재하는데 가장 중요한 **음성피드백(negative feedback)**은 변화에 대한 반응을 역방향으로 전환한다. 음성피드백의 전체적인 결과는 그 반응계를 역전시켜 초기의 상태로 되돌아오게 한다.

**양성피드백(positive feedback)**에서는 하나의 변화가 그 변화를 증폭시키는 결과를 초래한다. 대표적인 사례는 출산과 모유사출 반사에서 볼 수 있는 옥시토신의 작용이다.

중요한 항상성 조절자는 뇌 깊숙이 시상하부에 위치하고 있다. 시상하부는 신경신호, 호르몬 방출, 체온 유지 등을 조절한다. 피부와 신체의 신경말단은 온도감지기 역할을 하며 이 정보를 시상하부로 전달한다. 만약 체온이 설정점 아래로 떨어지면 시상하부는 몸을 떨거나 따뜻한 곳으로 이동시킴으로써 열을 생성하거나 보존하려는 메커니즘을 활성화한다. 신체의 중요하지 않은 부위(얼굴, 손, 발, 피부)의 혈관을 수축시켜 따뜻한 혈액을 신체 중심부(뇌, 심장)로 보낸다.

### 동물의 몸은 어떻게 구성되어 있나?

동물의 항상성 유지는 계층 체계에 기반을 두고 있다.

세포 → 조직 → 기관 → 기관계

세포는 모든 생명체의 기본단위이다. 동물의 몸에 존재하는 **조직(tissues)**은 수십에서 수십억 개의 구조적으로 유

#### 과량의 물을 마실 수 있는가?

간단히 답하자면 "그렇다"이다. 그러나 대부분이 그렇듯 물도 과하면 해로울 수 있다. 수분공급(Hydration)은 물을 많이 마시는 것이 좋다는 유행어이다. 물을 더 마시면 땀을 흘려 체온을 내리는 데 도움이 될 수 있다. 그리고 어린 축구선수들의 열사병을 걱정하는 일부 운동 코치들이 과한 수분섭취를 지시할 수도 있다. 그러나 과도한 수분섭취로 인해 드물지만 사망 사고가 일어날 수 있다. 그런 비극이 조지아주 17살의 고등학교 축구선수 Zyrees Oilver에게서 일어났다. 보도에 따르면 그는 축구연습시간에 근육경련이 풀리길 바라며 물 7리터와 게토레이 7리터를 마셨다. 그는 집에 돌아온 후 쓰러져 헬기를 타고 병원으로 이송되었으나 숨졌다. Oliver는 말 그대로 '너무 적은 나트륨'을 의미하는 저나트륨혈증에 의해 사망했다. 과량의 수분섭취에 대한 혈액 내 나트륨 이온이 희석된 것이다. 보스톤 마라톤 대회 참가자 조사에 따르면 결승선에서 테스트한 사람들 중 13%는 경기 도중 물을 과다 섭취하여 가벼운 저나트륨혈증을 보였고, 일부는 위험할 정도로 낮은 혈중 나트륨 수준을 보였다.

나트륨 이온은 신경 신호전달 및 근육수축을 비롯한 생리적 대사작용에 필수적이다. 저나트륨혈증의 증상은 메스꺼움과 구토, 근육경련(쥐), 혼수 등이다.

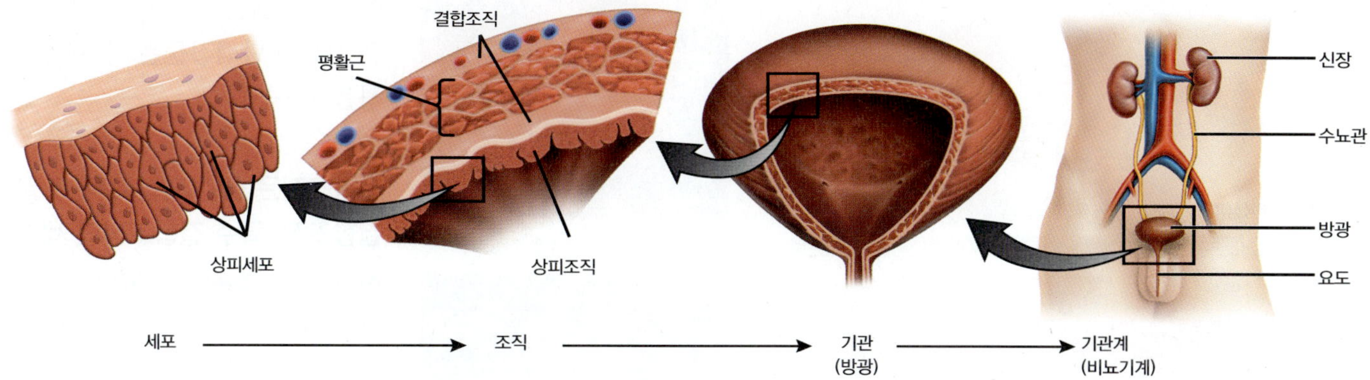


▲ 그림 14-1 **세포, 조직, 기관 그리고 기관계** 동물의 몸은 세포로 구성되어 있으며 세포는 조직을 만들고 조직은 기관을 형성하고 기관은 기관계로서 함께 작용한다.

사한 세포들로 이루어져 있으며, 이들은 특정한 임무를 수행하기 위해 힘께 직용한다. 조직은 복집한 기능을 수행하는 차별화된 구조체인 **기관(organ)**의 구성단위가 된다. 기관의 예로서는 위, 소장, 신장, 그리고 방광이 있다. 기관들은 기관들의 그룹인 **기관계(organ system)**를 형성, 조화로운 방식으로 기능을 수행한다. 예를 들어 비뇨기계는 신장, 요관, 방광, 그리고 요도로 구성된다. 이러한 계층체계의 예가 그림 14-1에 설명되어 있다.

### 동물의 조직은 특수한 기능을 하는 유사한 세포로 구성되어 있다

조직은 구조와 기능이 비슷한 세포들로 구성된다. 조직은 혈액, 연골 및 뼈와 같은 세포외물질을 포함하기도 한다. 동물 조직은 상피조직, 결합조직, 근육조직, 그리고 신경조직의 네 가지 주요 범주로 나눌 수 있다.

### 상피조직은 몸의 표면과 몸통의 체강을 덮고 있으며 분비선을 형성한다

**상피조직(epithelial tissue)**은 막과 분비샘을 형성한다. 상피세포막은 피부의 표피를 형성하고 내부 기관의 외부 표면을 감싸는 내부 및 외부 신체 표면을 모두 뒤덮고 있다. 상피세포막은 자궁, 방광, 폐, 심장, 혈관 및 소화관과 같은 속이 빈 기관과 관을 연결한다. 상피막은 보호, 가스 교환 촉진, 내부의 영양분과 폐기물의 이동을 조절한다. 또한, 상피세포막은 종종 점액과 같은 물질을 분비하는 세포를 포함하기도 한다.

상피세포막(그림 14-2)은 난시 하나의 두꺼운 세포층을 가진 **단층상피(simple epithelium)** 또는 하나 이상의 세포층을 포함하는 **중층상피(stratified epithelium)**로 분류될 수 있다. 각 범주 내에서 상피조직은 편평한 모양, 입방체 또는 원주형 등 세포의 모양에 따라 명명된다. 이러한 다양한 조직들은 때로 섬모를 갖는다.

**분비선(gland)**은 분비작용에 특화되어있다. 분비선은 외분비선과 내분비선의 두 종류로 나뉜다. **외분비선(exocrine gland)**은 좁은 튜브나 관을 통해 체강이나 피부표면에 물질을 분비한다. 여기에는 피부의 땀샘, 지방 분비선, 위의 안쪽에 위치한 여러 종류의 분비선, 유선, 침샘, 그리고 위와 소장에 소화액을 분비하는 분비선 등이 포함된다. 난소, 고환, 갑상선 및 뇌하수체와 같은 **내분비선(endocrine gland)**에는 관이 없다. 이들 분비선 내의 분비상피세포들은 호르몬을 분비한다. **호르몬(hormone)**은 소량으로 생산되어 혈류에 의해 신체의 먼 부분으로 운반되며, 다른 세포들의 활동을 조절하는 화학물질이다.

### 결합조직은 다양한 구조와 기능을 가진다

**결합조직(connective tissue)**은 다른 조직을 지지하거나 강화시키거나, 다른 조직이 피부나 근육에 결합하는 것을 도와준다. 일반적인 특징으로 많은 양의 세포외기질을 가지고 있다. 혈액과 림프를 제외하면, 세포외기질에는 단백질 섬유가 포함된다. 이 섬유 중에서 가장 풍부한 것은 콜라겐

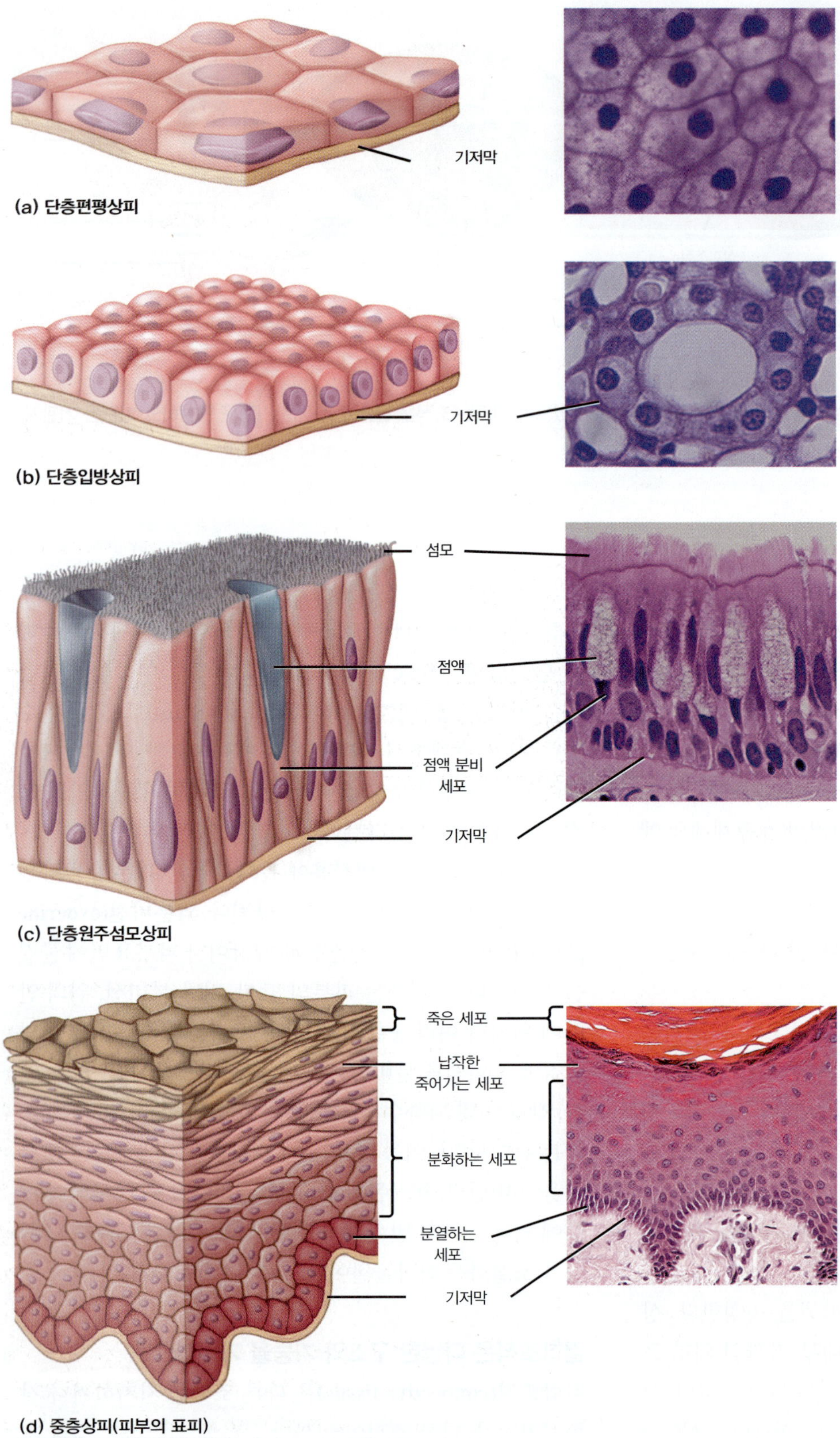


▲ 그림 14-2 **상피조직** (a) 폐를 감싸는 단층편평상피조직에서 단일 층의 얇고 편평한 세포는 확산에 의한 가스의 신속한 교환을 가능하게 한다. (b) 입방상피세포는 신장의 관과 분비선으로부터 분비물을 운반하는 관에 존재한다. (c) 단층원주섬모상피는 기관을 감싸고 있으며 점액을 분비하고 쓸어낸다. (d) 피부 표피와 같은 다층으로 된 중층상피조직은 닳거나 찢어짐을 견딜 수 있다. 건조하고 죽은 세포들이 그 아래에 존재하는 살아있는 층을 보호한다.

이며 콜라겐은 강도를 부여한다. 다른 섬유성 단백질들은 지지력과 탄성을 제공한다.

### 결합조직은 성긴 결합조직, 조밀 결합조직, 특수 결합조직의 세 가지 범주로 분류할 수 있다

**성긴 결합조직(loose connective tissue)**은 가장 많은 형태이다. 이 유연한 조직은 다른 조직을 연결하고 지지하며 감싸고 쿠션을 형성하며 간, 비장 및 유방과 같은 기관을 위한 유연한 내부 구조를 형성한다. 또한 성긴 결합조직은 소화기관, 호흡기관 및 요로기관과 같은 체강을 연결하는 상피세포막을 받치며 지지한다. 지방 또는 **지방조직(adipose tissue)**은 피부 아래에서 쿠션과 같은 역할을 하며 에너지를 저장하고 몸을 보호하고 보온하는 느슨한 결합조직의 한 형태이다.

대부분의 **조밀 결합조직(dense connective tissue)**은 콜라겐 섬유들로 단단히 채워져 있다. **힘줄(tendon**, 골격과 근육을 연결)과 **인대(ligament**, 골격과 골격을 연결)에서 콜라겐 섬유들은 서로 평행하게 배열되어 있다. 피부의 진피 그리고 많은 내장 기관과 근육을 둘러싸고 있는 질긴 피막에서는 콜라겐 섬유들이 불규칙한 그물구조를 형성한다.

**특수 결합조직(specialized connective tissue)**은 연골, 뼈, 혈액과 림프를 포함하는 다양한 그룹이다. **연골(cartilage)**은 콜라겐과 탄성 섬유들로 된 기질 위에 듬성듬성 위치한 세포들로 이루어져 있다(그림 14-3a). 연골은 관절에서 뼈의 끝부

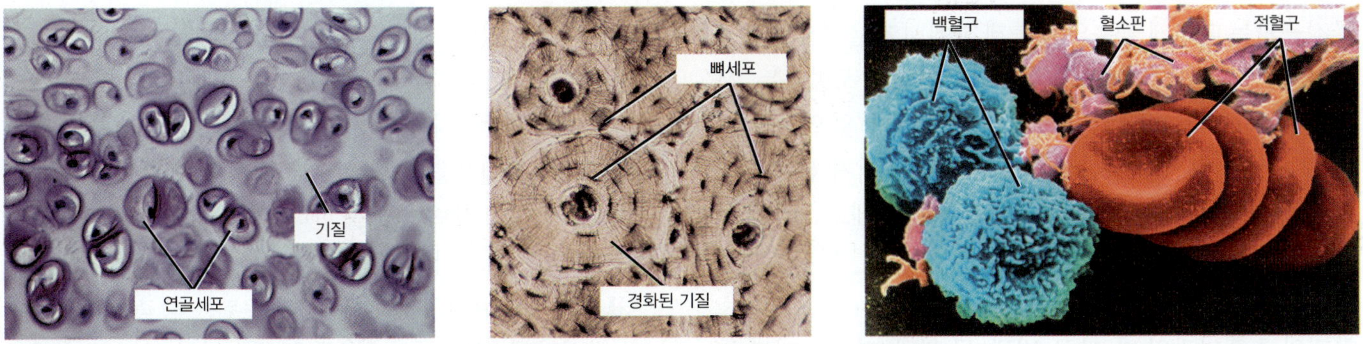


(a) 연골 (b) 뼈 (c) 혈액

▲ 그림 14-3 **특수 결합조직** (a) 연골은 단단한 콜라겐성 기질 내에 분산된 세포들로 구성된다. (b) 뼈세포들은 중심관 주위의 동심원 층에서 경화된 콜라겐성 기질 내에 어두운 점으로 나타난다. (c) 채색한 혈액의 세포 성분을 SEM으로 보이고 있다. 혈소판은 혈전 형성을 도와주는 단백질 가닥에 포획되어 있다. 혈액세포는 액체 혈장의 세포외기질에 부유되어 있다.

분을 덮고 있으며, 호흡의 통로를 제공해주고, 귀와 코를 지지하며, 척추 사이에서 충격을 흡수하는 패드를 형성한다. **뼈(bone)**는 뼈세포에서 분비된 콜라겐 기질로 구성되며 칼슘 화합물의 축적으로 더욱 더 단단해진다. 뼈는 혈관과 신경을 포함하는 중심관 주위로 동심원을 그리며 형성된다(그림 14-3b).

혈액과 림프는 대부분이 세포외기질로 구성되어 있고 단백질과 세포들이 떠다니기 때문에 특화된 형태의 결합조직으로 간주된다. **혈액(blood)**의 세포 성분은 적혈구와 백혈구 그리고 혈액응고를 돕는 혈소판이라고 하는 세포 절편으로 구성되어 있다(그림 14-3c). 이들은 모두 혈장이라는 액체에 떠다닌다. **림프(lymph)**는 모세혈관에서 새어 나온 액체로 구성되어 있고 백혈구를 포함하고 있다.

### 근육조직은 수축하는 능력이 있다

근육조직의 길고 가느다란 세포들은 두 종류의 섬유성 단백질로 채워져 있으며, 자극을 받으면 서로 미끄러져 지나치면서 근육세포가 짧아진다. 자극이 멈추면 세포들은 수동적으로 이완한다. 골격근, 심장근, 평활근의 세 종류가 있다.

**골격근(skeletal muscle**, 그림 14-4a)은 신경계에 의해서 자극되며 일반적으로 의식적 통제 하에 있다. 골격근이란 이름이 말하듯 그 주요한 기능은 골격을 움직이는 것이다. **심근(cardiac muscle**, 그림 14-4b)은 심장에만 분포한다.

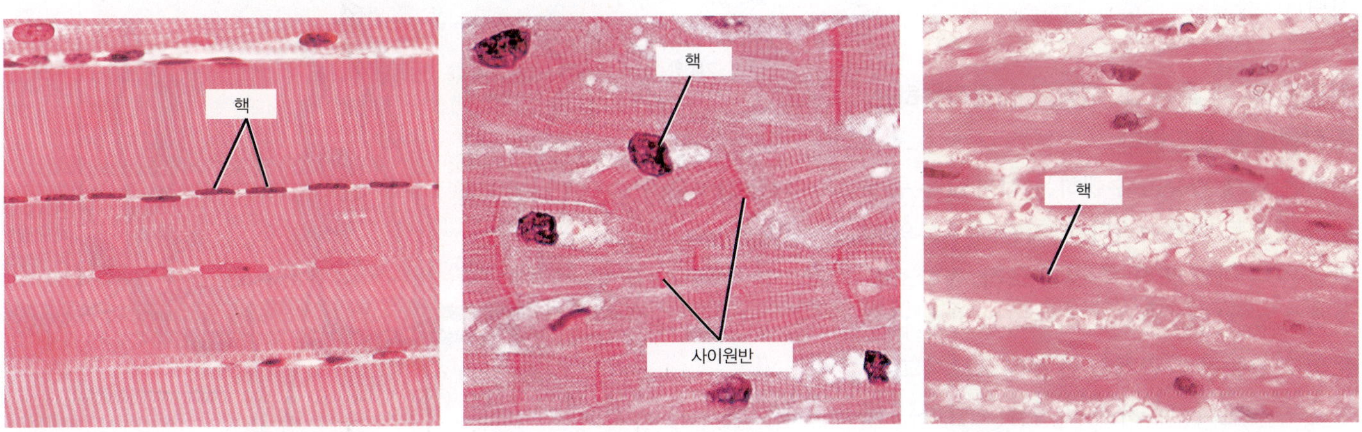


(a) 골격근 (b) 심근 (c) 평활근

▲ 그림 14-4 **근조직** (a) 골격근에서 섬유성 단백질들의 규칙적인 배열은 줄무늬 혹은 '평행으로 줄이 뻗은' 것처럼 보인다. 이 커다란 세포들은 각각 많은 핵을 가지고 있다. (b) 심근도 줄무늬로 배열되어 있다. 사이원반(intercalated disc)이 인접한 심근세포 사이에 어두운 밴드로 보인다. 각 세포는 하나의 핵을 가지고 있다. (c) 평활근 섬유들은 수축성 단백질들이 일관성 있게 배열되어 있지 않은 방추형의 세포들을 가지고 있다. 이런 이유로 부드럽게 보인다. 각 세포는 하나의 핵을 가지고 있다.

골격근과는 다르게 불수의적 통제 하에서 자율적으로 활동한다. 심근세포들은 데스모좀과 간극연접을 포함하는 **사이원반(intercalated disc)**으로 서로 연결되어 있으며, 이를 통하여 전기적 신호가 심장 전체로 빠르게 퍼져 심근을 서로 협동하여 수축하게 한다. 골격근과 심근세포 모두에서 섬유성 단백질들의 규칙적인 배열은 줄무늬를 나타낸다.

**평활근(smooth muscle**, 그림 14-4c**)**은 줄무늬가 없으며 소화기와 호흡기관의 벽, 자궁, 방광, 큰 혈관, 피부 그리고 눈의 홍채 등 우리 몸 전체에서 발견된다. 평활근은 일반적으로 불수의적이며 느리고 지속적인 수축을 생성한다.

### 신경조직은 전기적 신호를 생성하고 전달하도록 특화되어 있다

사물을 인지하고 반응할 수 있는 우리들의 능력은 뇌, 척수 및 신체의 모든 부위에 존재하는 **신경조직(nerve tissue)** 덕분이다. 신경조직은 신경세포(뉴런)와 신경아교세포의 두 종류로 구성되어 있다.

**뉴런(neuron)**은 전기적 신호를 생성하고 이 신호를 다른 뉴런, 근육 및 분비선으로 전달하도록 특화되어 있다. 전형적인 신경세포는 수상돌기, 세포체, 축삭돌기, 그리고 축삭말단으로 구성된다.

**신경아교세포(glial cell)**는 뉴런을 감싸고, 지지하며, 전기적으로 절연체 역할을 하며, 보호한다. 신경아교세포는 세포간질액의 성분을 조절함으로써 뉴런에 중요한 영향을 미친다.

### 기관은 두 개 혹은 그 이상의 상호작용하는 조직형태를 포함한다

기관은 함께 기능을 수행하는 적어도 두 종류의 조직으로 이루어진다. 하지만 대부분의 기관들은 네 가지 조직, 즉 상피 조직, 결합조직, 근육조직, 신경조직으로 이루어져 있다. 대부분의 기관들은 기관계의 한 부분으로서 그 기능을 수행한다. 네 가지 조직을 포함하는 대표적인 기관으로서 피부에 관하여 살펴보자.

### 피부는 기관의 특성을 설명해준다

피부는 외층부의 상피조직과 그 밑의 결합조직으로 되어 있다. 그리고 결합조직 사이로 혈관, 신경, 근육 및 분비선이 존재한다(그림 14-5). 신체를 보호하는 것 외에 피부는 항상성과 생명 유지에 필수적이다. 피부는 수분 증발을 통해 체온을 조절하며, 질병을 일으키는 미생물들의 침입에 대해 장벽 역할을 한다. 화상으로 인한 광범위한 피부 파괴는 치명적이다.

**표피(epidermis)** 또는 피부의 외층부는 중층상피조직이다. 기저막에 있는 상피세포들은 계속해서 분열하여 딸세포들을 생성하며, 딸세포들은 분화하면서 케라틴 단백질로 채워진다. 케라틴은 피부에 방수 기능을 부여한다.

표피 밑에는 **진피(dermis)**라고 하는 한 층의 결합조직이 놓여있다. 진피에는 상피, 근육, 그리고 신경조직으로 구성된 다양한 구조물들이 있다.

특화된 상피세포들이 표피에서 진피로 침투하여 **모낭(hair follicle)**을 형성한다. 모낭의 기저에 있는 세포들은 빠르게 분열하고, 그 딸세포들은 케라틴으로 채워진다. 새로운 세포들이 모낭의 기저에서 생성됨에 따라 더 오래되고

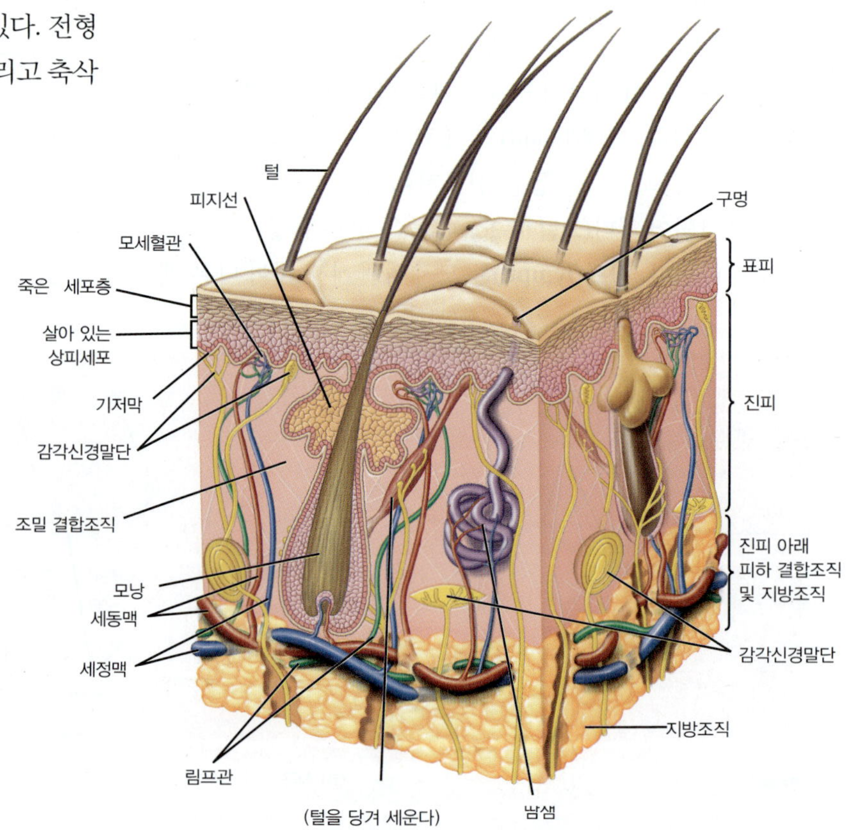


▲ 그림 14-5 **피부는 하나의 기관이다** 포유동물의 피부는 상피조직, 결합조직, 근육조직 그리고 신경조직을 포함하고 있다.

죽어가며 케라틴으로 가득 찬 세포들은 위로 밀려나 피부의 표면 쪽에 위치하게 되고 털로 나타난다. 진피에는 또한 상피조직으로부터 유래된 분비선들이 존재한다. 땀샘은 땀을 분비하고 피지선은 유성 물질을 분비한다.

피부에는 근육조직도 있다. 대부분의 포유동물은 입모근을 수축시켜 털을 세워 추운 날씨에 단열 능력을 높일 수 있다. 그러나 사람은 '닭살'을 경험하는 정도이다.

진피의 아래는 **피하(hypodermis)**이다. 피하는 결합조직 세포들에 의해 생성된 섬유성 단백질들이 산재된 지방조직으로 구성되어 있다. 지방은 몸의 단열을 도와주어 추운 날씨에 체온을 일정하게 유지해준다. 지방조직은 또한 에너지를 제공하기 위해 분해될 수 있다.

## 14.2 순환

### 순환계의 주요 특징과 기능은 무엇인가?

모든 순환계는 세 가지 주요부분으로 되어 있다. 펌프인 **심장(heart)**은 혈액순환을 유지한다. 액체인 **혈액(blood)**은 기체, 영양소, 세포 노폐물의 수송을 위한 용매가 된다. 그리고 **혈관(blood vessels)**은 심장에서 혈액을 온몸으로 보내는 동맥, 온몸에서 심장으로 혈액을 보내는 정맥, 동맥과 정맥을 연결하며 혈관 벽을 통해 물질 교환을 하는 모세혈관 등으로 구성된다.

### 순환계는 다양한 기능을 수행한다

순환계는 체내의 모든 다른 기관계를 돕는다. 척추동물의 순환계는 다음과 같은 기능을 수행한다.

- 폐나 아가미로부터 조직으로 산소를 운반하고, 조직으로부터 폐나 아가미로 이산화탄소를 운반한다.
- 소화계로부터 모든 신체세포로 영양분을 운반한다.
- 노폐물과 독성물질을 간으로 수송한다.
- 호르몬을 운반한다.
- 혈류의 조절을 통해 체온조절을 돕는다.
- 상처치유를 돕고 혈액응고를 통해 출혈을 막는다.
- 백혈구와 항체를 순환시켜 질병으로부터 신체를 보호한다.

### 척추동물의 심장은 어떻게 작동하는가?

척추동물의 심장은 강하게 수축할 수 있는 근육성 방들로 구성되어 있다. **심방(atria)**이라 불리는 방은 혈액을 모은다. 심방의 수축에 의해 혈액이 **심실(ventricle)**로 보내지며 심실의 수축에 의해 혈액은 폐를 통해 신체의 나머지 부위를 순환하게 된다.

### 어류의 단순한 심장으로부터 복잡하고 효율적인 심장으로 진화가 일어났다

어류의 심장은 두 개의 수축성 방, 즉 심방과 심실로 구성되어 있다. 심실에서 펌프된 혈액은 아가미를 지나면서 산소를 얻는다. 혈액은 아가미에서 나머지 신체부위로 이동하면서 조직에 산소를 내놓고 이산화탄소를 받아온다. 온몸을 거친 후 혈액은 심방으로 되돌아온다.

어류로부터 양서류가 나타나면서 두 개의 심방과 하나의 심실을 가져 세 개의 방을 가진 심장이 나타났다. 양서류로부터 출현한 파충류 또한 세 개의 방으로 된 심장을 가진다. 이들 육상 척추동물 순환계가 이룬 중요한 적응은 이중순환계이다. **폐순환(pulmonary circuit)**은 혈액을 심장에서 폐로 보내며 그곳에서 이산화탄소와 산소의 교환이 일어난 후 다시 심장으로 되돌아온다. **체순환(systemic circuit)**은 혈액을 심장에서 온몸으로 보내며 그곳에서 산소는 이산화탄소와 교환된다.

### 네 개의 방으로 된 심장은 두 개의 분리된 펌프를 갖고 있다

악어와 같은 일부 파충류, 조류, 그리고 모든 포유류는 네 개의 방으로 된 심장을 갖는다. 심장의 오른쪽과 왼쪽은 완전히 분리되며 마치 두 개의 심장이 하나처럼 작동한다(그림 14-6). '오른쪽 심장'은 산소가 고갈된 혈액을 처리한다. 우심방은 신체의 각 조직으로부터 두 개의 큰 **정맥(vein)**인 상대정맥과 하대정맥을 통해 산소가 제거된 혈액을 받는다. 혈액이 채워지면 우심방은 수축하여 혈액을 우심실로 보낸다. 그 다음 우심실이 수축하면 산소가 부족한 혈액이 **폐동맥(pulmonary artery)**을 통해 폐로 보내진다.

좌심방과 좌심실로 구성된 '왼쪽 심장'은 산소가 풍부한 혈액을 다룬다. 폐에서 나온, 산소가 풍부한 혈액은 폐정맥을 통해 좌심방으로 들어간 다음 좌심실로 밀려들어간다. 심장의 가장 강력한 근육성 방인 좌심실의 강한 수축에 의해 산소가 풍부한 혈액을 주요 동맥인 **대동맥(aorta)**으로

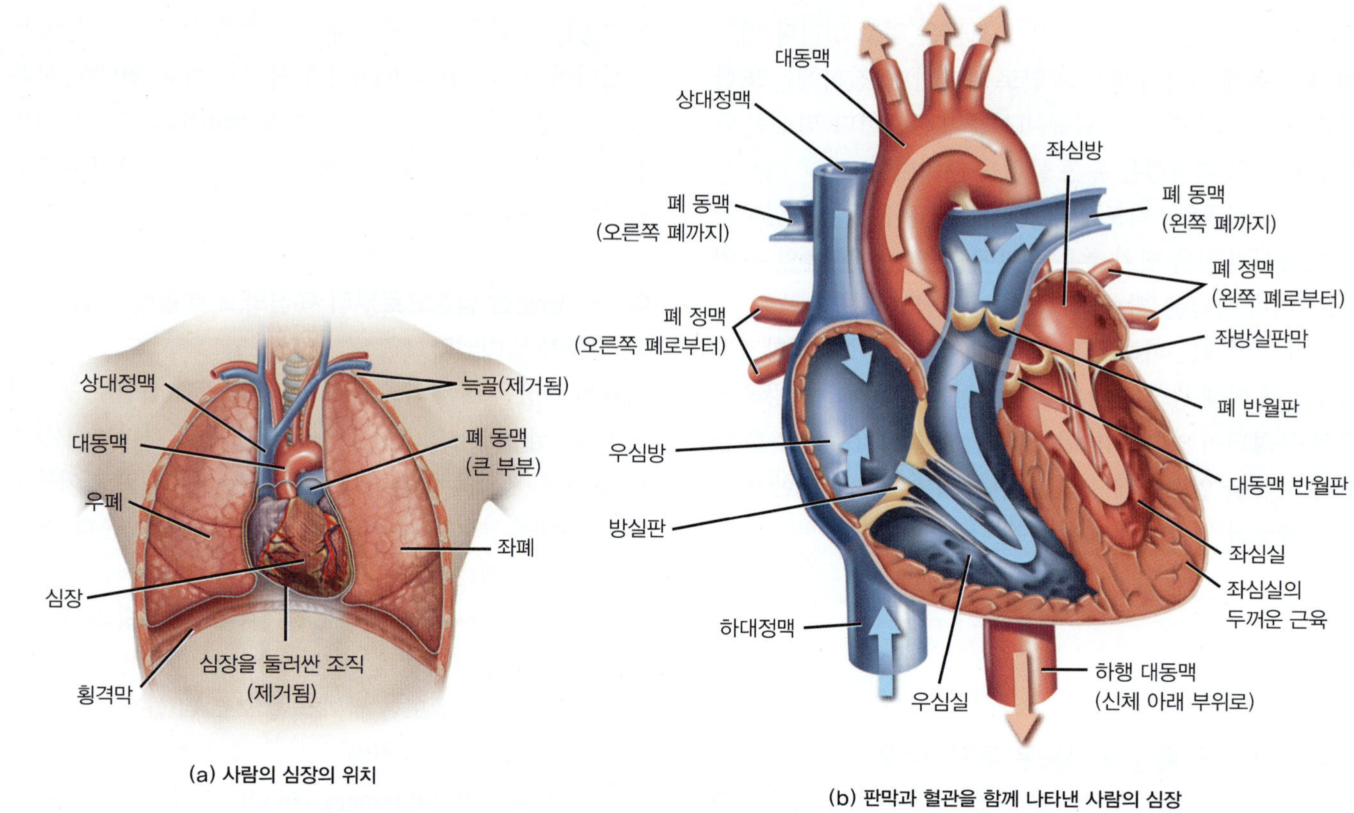


▲ **그림 14-6 사람의 심장** (a) 심장은 폐 사이에 자리하고 있고, 흉강과 복강 사이에 있는 근육으로 된 판인 횡격막 바로 위에 있다. (b) 일방향성의 반월판은 대동맥을 좌심실과 분리하며 또한 폐 동맥과 우심실 사이에도 반월판이 있다. 방실판은 각 심방을 상응하는 심실과 분리한다. 좌심실의 근육성 벽은 우심실의 벽보다 더 두꺼운데 좌심실은 혈액을 온몸으로 보내야하기 때문이다.

내보내 신체의 각 부분을 순환하게 한다.

### 판막은 혈류의 방향을 유지시킨다

혈류의 방향성은 일방향성 판막에 의해 유지된다(그림 14-6). 한쪽 방향의 압력에는 쉽게 열리지만 역방향의 압력에는 닫힌다. **방실판(atrioventricular valve)**은 혈액이 심방에서 심실로 흐르도록 하나 역방향으로는 차단한다. **반월판(semilunar valve)**은 심실이 수축할 때 혈액이 폐동맥과 대동맥으로 들어가게 하며 심실이 이완될 때 혈액이 되돌아오는 것을 차단한다.

### 심방과 심실의 조화로운 수축이 심장주기를 만든다

심장의 심장박동은 **심장주기(cardiac cycle)**라 불리는 조화로운 과정의 연속이다. 각 심장주기 동안 두 개의 심방이 먼저 동시에 수축하는데 이를 심방 수축기라 한다. 몇 분의 1초 뒤에 두 개의 심실이 동시에 수축하는데, 이를 심실 수축기라 한다. 그런 다음 심방과 심실 모두 잠시 이완되는데 이를 확장기라 한다. 휴식중인 사람의 경우 심장주기는 1초 이내에 일어나며 심박수는 분당 약 70회이다. **박동률(heart rate)**은 분당 심장주기를 말한다.

혈압은 두 수치로 나타난다. 수축기혈압은 심실이 수축할 때 측정된 값이며 확장기혈압은 수축 사이의 심장 안정시 동맥에서의 최소압력이다. 혈압이 120/80 이하이면 건강하다고 여겨지며 140/90 이상이면 고혈압으로 정의된다. **고혈압(hypertension)**은 세동맥의 수축에 의해 일어난다. 일부 사람들은 고혈압에 대해 유전적 경향을 갖고 있으나 흡연, 비만, 운동부족, 과다한 음주, 스트레스, 노화 등과도 연관되어 있다.

심장주기는 여러 이상으로 인해 방해받을 수 있다. 박동원이 제대로 작동하지 않으면 **세동(fibrillation)**이라 불리는 빠르고, 조절되지 않은 약한 수축이 일어난다. 심실세동은 혈액이 펌프되지 않으므로 치명적이다. 세동은 심장에 전기적 충격을 가하는 제세동기로 치료할 수 있다.

| 표 14-1 | 혈액의 구성성분과 그 기능 |
|---|---|
| **혈장성분(혈액부피의 약 55%)** | **기능** |
| **수분** | 다른 구성성분을 용해; 혈액에 유동성 부여 |
| **주요 단백질** | |
| 알부민 | 혈액 삼투압 유지; 일부 호르몬, 지방산과 결합하여 수송 |
| 글로불린 | 감염에 대항하는 항체로 작용; 일부 호르몬, 이온 및 다른 분자와 결합하여 수송 |
| 피브리노겐 | 피브린으로 전환되어 응고 촉진 |
| **이온**(소디움, 포타슘, 칼슘, 마그네슘, 염소, 중탄산염, 수소) | pH 유지; 신경활동; 근육수축; 효소활성 촉진 |
| **영양분**(단순당, 아미노산, 지질, 비타민, 산소) | 세포대사에 필요한 물질 제공 |
| **노폐물**(요소, 이산화탄소, 암모니아) | 세포대사의 부산물로 혈액에 의해 제거 장소로 수송 |
| **호르몬** | 신호전달분자들이 혈액에 의해 표적세포로 수송 |
| **세포성분(혈액부피의 약 45%)** | **기능** |
| **적혈구**($mm^3$ 당 5,000,000개) | 산소수송 |
| **백혈구**($mm^3$ 당 5,000~10,000개) | 감염과 질병에 대항 |
| 호중구 | 세균의 포식 및 파괴 |
| 호산구 | 기생충 살해 |
| 호염구 | 염증생성 |
| 림프구 | 면역반응에 관여 |
| 단핵구 | 대식세포로 성숙하여 세포 부스러기, 외래세포 및 외래분자의 포식 |
| **혈소판**($mm^3$ 당 250,000개) | 혈액응고에 필수적임 |

## 혈액이란 무엇인가?

혈액은 두 가지 주요 구성성분으로 되어 있다: (1) **혈장(plasma)**이라 불리는 액체가 혈액양의 약 55~60%를 차지하며, (2) 적혈구, 백혈구 및 혈소판으로 구성된 세포 유래 성분이 혈장에 현탁 상태로 존재한다(그림 14-7). 평균적인 사람은 약 5리터의 혈액을 갖고 있기 때문에 0.5리터 정도를 헌혈한다면 전체 혈액의 약 10%만 헌혈하는 것이 된다. 혈액의 구성성분을 표 14-1에 요약하였다.

### 혈액의 세포 유래 구성성분들은 골수에서 생성된다

세 종류의 세포 유래 구성성분인 적혈구, 백혈구, 혈소판은 모두 뼈 속에 있는 **골수(bone marrow)**의 세포로부터 생산된다. 백혈구 세포만이 완전하고 기능적인 세포이다. 성숙한 적혈구 세포는 발생과정 중에 핵이 소실되어 없어지

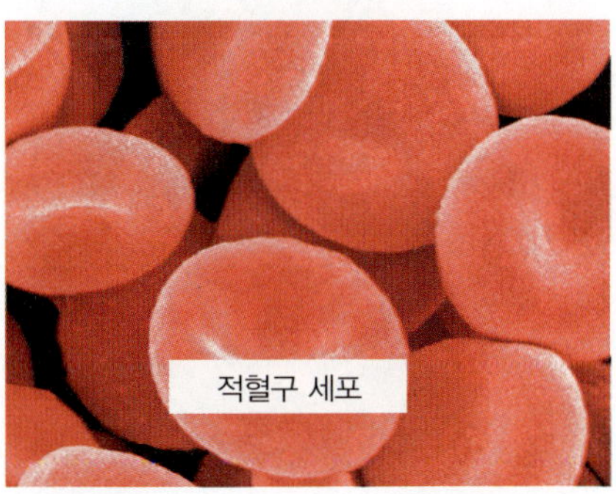


(a) 적혈구

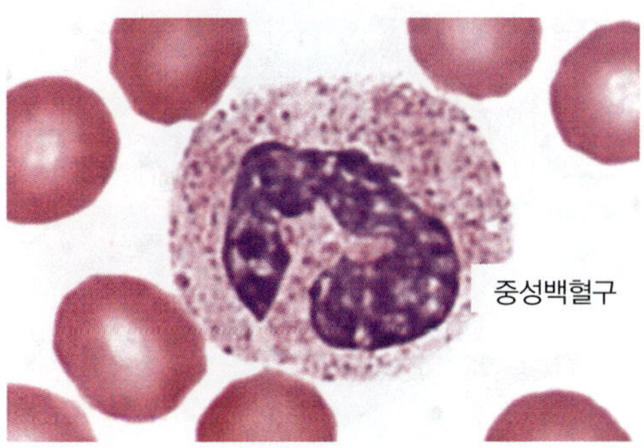


(b) 백혈구

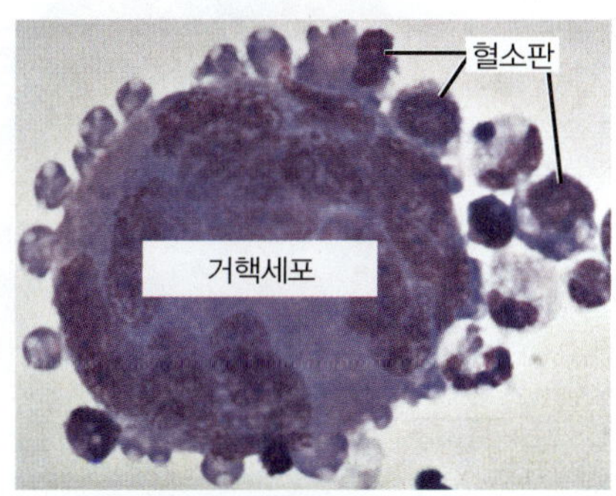


(c) 혈소판을 형성하는 거핵세포

▲ **그림 14-7 혈구의 유형** **(a)** 이것은 양면이 오목한 적혈구 세포를 선명하게 보여주는 전자현미경 사진이다. **(b)** 백혈구의 한 종류인 중성 백혈구가 보다 작은 적혈구에 둘러싸여 있다. **(c)** 혈소판은 거핵세포로부터 형성된, 막으로 둘러싸인 세포질 조각이다.

기 때문에 완전한 세포가 아니다. 혈소판은 세포의 작은 파편이다.

### 적혈구는 산소를 폐에서 조직으로 운반한다

전체 혈액 세포의 약 99%, 전체 혈액량의 거의 45%가 **적혈구세포(red blood cell)** 또는 **적혈구(erythrocyte)**이다. 적혈구세포는 도넛 모양을 하고 있다(그림 14-7a). 이 모양은 핵이 소실되면서 만들어진 것으로 같은 부피의 구형보다 표면적이 넓어 원형질막을 통해 산소를 흡수하고 방출하는 적혈구의 능력을 향상시킨다. 적혈구의 붉은색은 철 함유 단백질인 **헤모글로빈(hemoglobin)** 때문이다. 헤모글로빈은 산소와 결합하면 선명한 붉은색을 띠며 산소를 방출하면 검붉은 색을 띠기 때문에 피부 아래의 정맥이 푸르스름하게 보이게 된다.

### 혈소판은 혈액응고를 돕는 세포 조각들이다

**혈소판(platelets)**은 거핵세포라 불리는 큰 세포의 파편들이다. 거핵세포는 골수에 머물면서 자신의 세포를 터뜨려 막으로 싸인 작은 조각의 혈소판을 만든다(그림 14-7c). 약 10일 동안 생존하는 혈소판은 혈액으로 들어가 혈액응고에 중심적인 역할을 한다.

### 혈액응고는 손상된 혈관을 막는다

**혈액응고(blood clotting)**는 외상뿐 아니라 내상에 의한 혈액의 과다한 출혈로부터 동물을 보호하는 복잡한 과정이다(그림 14-8). 혈관벽이 터지면 파열된 조직은 콜라겐 단백질을 노출시켜 혈소판이 달라붙도록 한다. 부착한 혈소판과 파열된 세포 모두가 다양한 물질을 방출하여 혈병을 만드는 일련의 복잡한 반응을 개시한다. 용해성 혈장 단백질인 **피브리노겐(fibrinogen)**이 불용성 **피브린(fibrin)**으로 전환되는 반응에는 트롬빈(thrombin)이 중요한 역할을 한다. 혈우병은 응고인자인 혈장 단백질이 결핍되어 일어나는 유전병이다.

## 혈관의 종류와 기능은 무엇인가?

혈액은 혈관을 통해 전신을 순환한다. 사람 순환계의 주요 혈관을 그림 14-9에 나타냈다.

동맥은 심장에서 나가는 혈액을 운반한다. 동맥의 벽은 정맥에 비해 두껍고 훨씬 탄력적이다. 동맥은 **세동맥(arteriole)**이라 불리는 보다 작은 직경의 혈관으로 나누어진다. 세동맥은 체내에서 혈액의 분배를 결정하는 데 중요한 역할을 한다. 세동맥은 다시 혈액을 현미경적 크기의 작은 혈관인 **모세혈관(capillary)**의 정교한 그물망에 보낸다. 모세

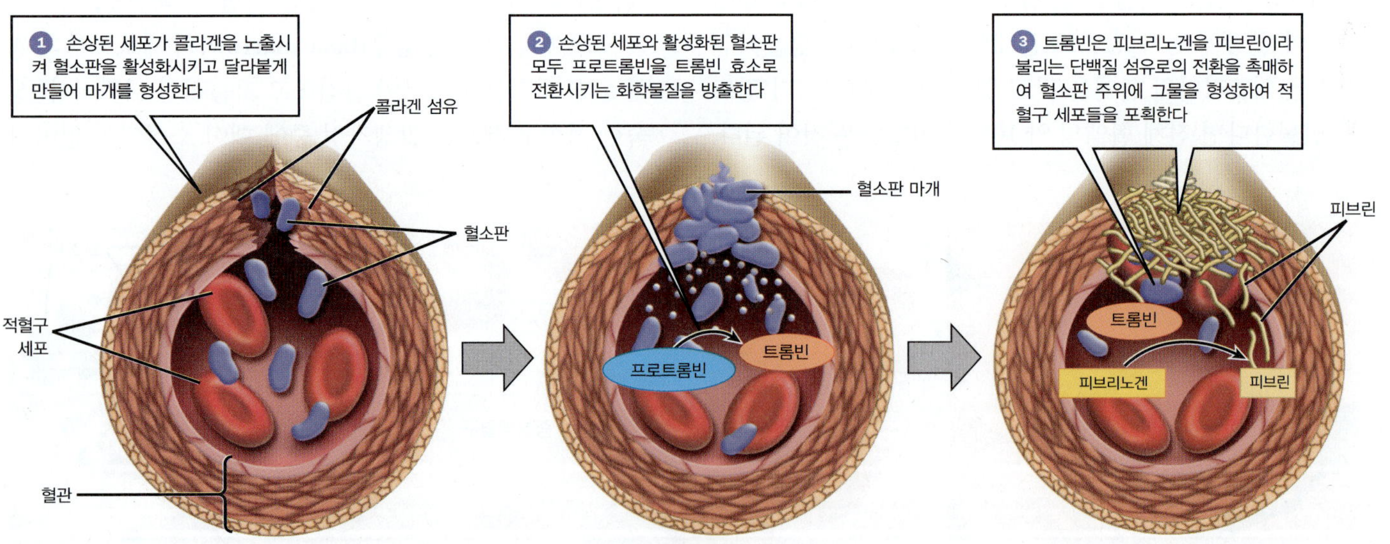


▲ 그림 14-8 **혈액응고 과정** 손상된 조직과 부착하는 혈소판이 혈액 단백질 속에서 일련의 생화학 반응을 일으켜 혈병 형성을 유도한다. 이 그림에서는 응고 과정을 단순화하여 나타냈다.

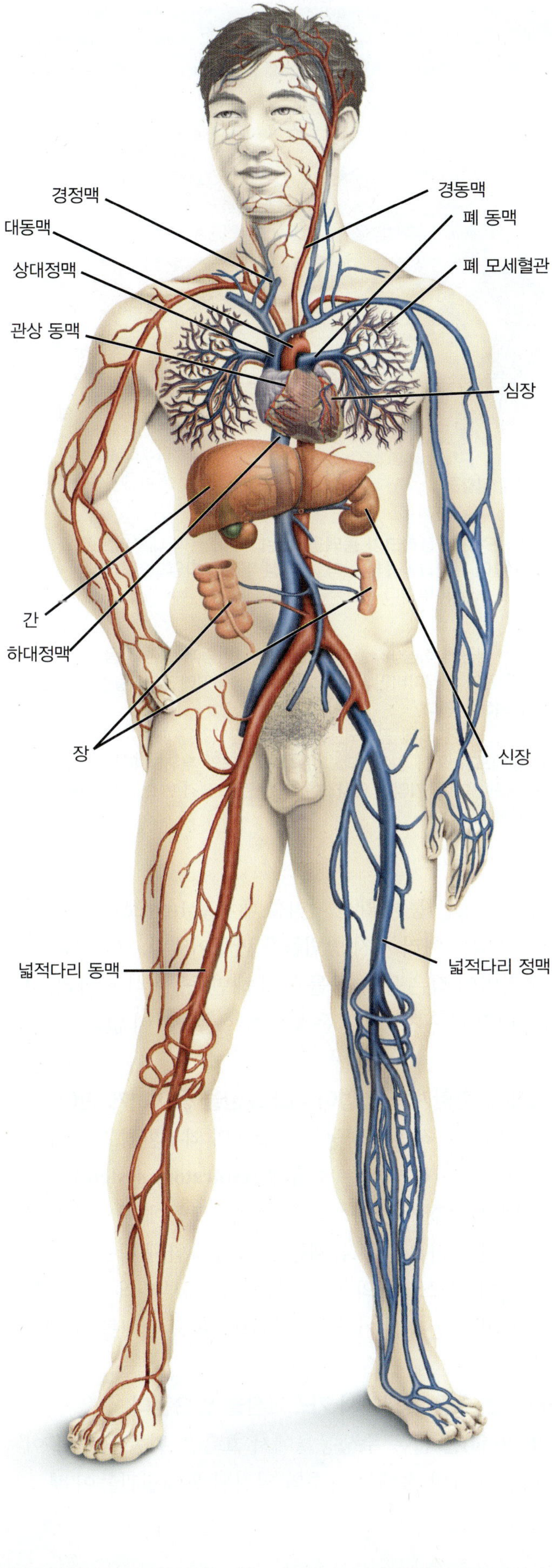


◀ **그림 14-9 인간의 순환계** 대부분의 동맥(그림의 왼쪽에 강조)은 심장으로부터 산소가 풍부해진 혈액을 운반하며 대부분의 정맥(그림의 오른쪽에 강조)은 산소가 제거된 혈액을 심장으로 운반한다. 폐 동맥(산소가 제거된 혈액 운반)과 폐 정맥(산소가 풍부한 혈액 운반)이 유일한 예외이다. 모든 기관은 동맥으로부터 혈액을 공급받아 정맥으로 되돌리는데, 현미경적 크기의 모세혈관에 의해 영양분을 공급받는다. 폐 모세혈관은 매우 크게 확대하여 나타냈다.

혈관의 혈액은 이산화탄소와 다른 노폐물을 세포로부터 받은 뒤 **세정맥(venule)**이라 불리는 혈관을 거쳐 더 큰 정맥으로 보내진다. 정맥은 동맥에 비해 벽이 얇고 근육이 적으며 크게 확장될 수 있다. 정맥이 압축되면 일방향성의 판막에 의해 혈액이 심장 쪽으로 향하게 된다.

정맥의 혈압은 매우 낮으므로 발이나 다리와 같은 신체의 아래쪽에서 심장으로 피를 보내기 어렵다. 오랫동안 앉아 있거나 서 있는 일이 규칙적으로 반복되면 하지에서 정맥류가 형성될 수 있다.

### 림프계는 순환계와 어떻게 작용하는가?

**림프계(lymphatic system)**는 궁극적으로 순환계로 흘러들게 하는 모세림프관과 일부 기관을 포함한다. 림프계가 하는 일은 다음과 같다:

- 과잉의 세포외액을 혈류로 되돌린다.
- 지방을 소장으로부터 혈류로 수송한다.
- 늙은 혈액세포와 혈액으로부터 다른 노폐물을 여과한다.
- 세균과 바이러스를 백혈구세포에 노출시켜 신체를 방어한다.

신체 방어에 관여하는 림프계의 역할에 대해서는 14.6절에서 자세하게 다룰 것이다.

## 14.3 호흡

### 왜 가스를 교환하며 가스교환을 위한 필요조건은 무엇인가?

지각할 것 같으면 2층에 있는 강의실까지 뛰어오르며 당신은 "아하! 내 근육이 세포호흡에 충분한 산소를 얻지 못해서 당을 발효하고 젖산을 축적하고 있구나."라고 생각할 것이다. 마침내 좌석에 앉아 빠르게 호흡하여 적당량의 산소($O_2$)가 몸으로 공급되도록 할 것이다. 당신은 방금 숨쉬기

## 심뇌혈관계 질환

심혈관계 질환(CVD, 심장 및 혈관의 질환)은 미국에서 가장 큰 사망 원인이다. 미국 심장학회에 따르면 CVD에 의해 연간 900,000명 이상이 죽는다. 심장은 사람이 살아있는 동안 쉼 없이 25억 번 이상 격렬하게 수축하여 혈액을 내보낸다. 심장이 약해지거나, 혈관이 좁아지거나 막히거나 파열될 수 있기 때문에, 심혈관계는 기능 부전의 주된 후보이다.

**아테롬성 동맥경화증(atherosclerosis)은 동맥을 폐쇄한다**
아테롬성 동맥경화증은 동맥벽 내에 플라크(plaque)라고 하는 침전물이 쌓여 생긴다. 이러한 침전물은 동맥벽을 두껍게 만들고 탄력을 잃게 만든다. 이것들은 '나쁜' 콜레스테롤(LDL)의 농도가 높은 사람과 '좋은' 콜레스테롤(HDL)의 농도가 낮은 사람에게서 생기는 경향이 있다. 콜레스테롤은 지질 단백질의 소포에 싸여 혈류를 통해 수송된다. LDL은 콜레스테롤을 간으로부터 동맥벽의 세포나 체세포로 수송하여 플라크를 형성하는 데 기여한다. HDL은 콜레스테롤을 간으로 수송하여 혈류로부터 콜레스테롤을 제거한다.
플라크 형성은 동맥 안쪽을 구성하는 내피세포의 손상으로부터 시작된다. 손상된 내피는 대식세포를 끌어들이고, 대식세포는 많은 양의 LDL 콜레스테롤과 다른 지질을 삼킨다(그림 E14-1). 이들 대식세포의 부풀어 오른 몸이 플라크의 지방 중핵이 된다. 그러면 평활근세포가 중핵으로 이동하여 보다 많은 지방과 콜레스테롤을 흡수하여 플라크의 성장에 기여한다. 또한 평활근세포는 지방 중핵을 덮는 섬유성 뚜껑을 구성하는 단백질을 생산한다.
만약 섬유성 뚜껑이 파열되면, 플라크 내의 응고-촉진 인자가 노출된다. 그러면 혈병이 형성되어 동맥을 막는다. 동맥의 혈병은 심장마비와 뇌졸중 같은 심각한 결과를 초래한다.
심장마비(heart attack)는 심근에 혈액을 공급하는 동맥이 막힐 때 일어나는 심근의 죽음이다. 아테롬성 동맥경화증에 의한 죽음의 가장 큰 원인이 심장마비인데, 이 질환은 관상동맥에 생긴 플라크와 혈병에 의해 생긴다.
뇌졸중(stroke)은 뇌에 공급되는 혈류가 차단되었을 때 산소결핍에 의해 뇌세포가 죽어 일어난다. 뇌손상의 정도와 부위에 따라 뇌졸중은 부분적 마비, 기억과 의사소통, 학습곤란, 성격 변화 등의 문제를 야기한다.

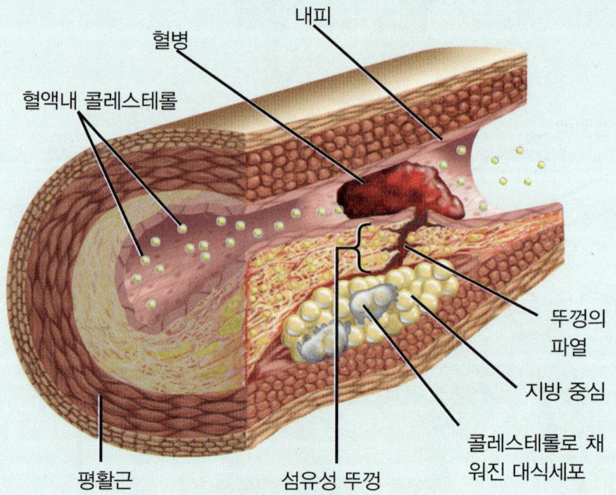


▲ **그림 E14-1 플라크가 동맥을 막는다** 이 동맥 내부의 노란색 침전물이 플라크를 형성한다. 섬유성 뚜껑이 파열되면 혈병을 형성하여 동맥이 막힌다.

와 세포호흡에 의한 ATP 생성과정이 서로 연계되어 있다는 것을 직접 체험하였다.

### 가스교환이 세포호흡을 가능하게 한다

세포호흡은 당과 같은 영양분을 세포가 이용하는 에너지인 ATP로 전환시키는 과정으로서, 지속적으로 $O_2$를 필요로 하고 부산물로 $CO_2$를 발생시킨다. 우리가 간편하게 **호흡(respiration)**이라고 부르는 과정은 세포호흡을 돕기 위해서 몸이 산소를 흡수하고 이산화탄소를 방출하면서 외부환경과 가스를 교환하는 과정이다. 그리고 이 과정은 확산에 의존한다.

### 호흡계는 어떻게 확산 거리를 최소화하도록 적응하였는가?

확산으로 가스가 이동하는 속도는 느린 편이라서, 확산은 세포호흡의 전 과정 중 매우 짧은 거리에서만 유효하다. 생물은 진화과정을 통해 확산 거리를 대체로 1mm보다 짧게 유지할 수 있는 여러 가지 방법들을 만들어냈다. 그러나 비교적 움직임이 적은 동물, 예를 들어 해면동물이나 해파리, 산호, 말미잘 같은 자포동물은 특별한 호흡기관이 없다.

### 호흡계와 순환계의 협업이 가스교환을 용이하게 한다

대부분의 활동적인 대형동물은 신체와 외부환경 사이의 가스교환을 용이하게 하는 **호흡계(respiratory system)**를 가지고 있다. 순환계는 가스를 모든 체세포들에 가까이 운반하는 역할을 하므로, 호흡계는 순환계와 함께 작동하는 경우가 많다. 가스교환의 주요 기관으로 대부분의 수생동물은 아가미를, 곤충은 기관을, 육상 척추동물은 폐를 가진다.

### 아가미는 수중 환경에서 가스교환을 일으킨다

**아가미(gill)**는 많은 수생동물에서 호흡을 위한 장치로 이용된다. 아가미 속에는 다수의 밀집된 모세혈관들이 분포한다. 이 모세혈관들은 가스교환이 일어나는 아가미 표면 가까이까지 혈액을 공급한다. 물고기는 입과 아가미뚜껑을 펌프처럼 움직이거나 입을 연 채로 빠르게 유영하면서 물을 들이마셔, 입에서 아가미를 지나 아가미뚜껑으로 나가는 지속적인 물의 흐름을 만든다.

물속에 존재하는 산소 분자의 수는 공기 중 산소 분자 수의 3% 정도에 불과하다. 어류는 이런 문제를 해결하기 위해 **역류교환(countercurrent exchange)**이라고 하는, 혈액과 물 사이에 가스를 교환하는 매우 효율적인 방법을 갖고 있다.

### 육상동물은 체내 호흡구조를 가지고 있다

최초 척추동물의 **폐(lung)**는 담수 어류에서 출현하였을 것으로 추정되는데, 소화관의 일부가 주머니 형태로 분화한 것으로 보고 있다. 양서류는 육상 생활의 성체가 되면 단순한 폐를 발생시키지만 축축한 피부를 통한 피부호흡에도 의존한다. 파충류, 조류, 포유류의 폐는 양서류의 폐보다 훨씬 복잡하고 또한 큰 표면적을 갖고 있다.

## 공기는 어떻게 인간 호흡계를 통하여 전달되는가?

인간이나 다른 포유류의 호흡계는 기도와 가스교환의 두 부분으로 나눌 수 있다. 가스교환 부분은 폐 모세혈관 속 혈액과 공기 사이에 산소와 이산화탄소가 교환되는 폐 속 영역을 말하고, 기도 부분은 가스교환 부분까지 공기가 이송되는 일련의 통로를 말한다.

### 호흡계의 기도부분은 공기를 폐까지 운반한다

코나 입을 통해서 들어온 공기는 비강이나 구강을 통하여 **인두(pharynx)**에 도달하고, 이어서 소리가 만들어지는 장소인 **후두(larynx)**를 지나게 된다 (그림 14-10a).

후두의 입구는 연골로 된 **후두개(epiglottis)**에 의하여 보호되고 있다. 정상적인 호흡을 할 때면 후두개의 한쪽이 위

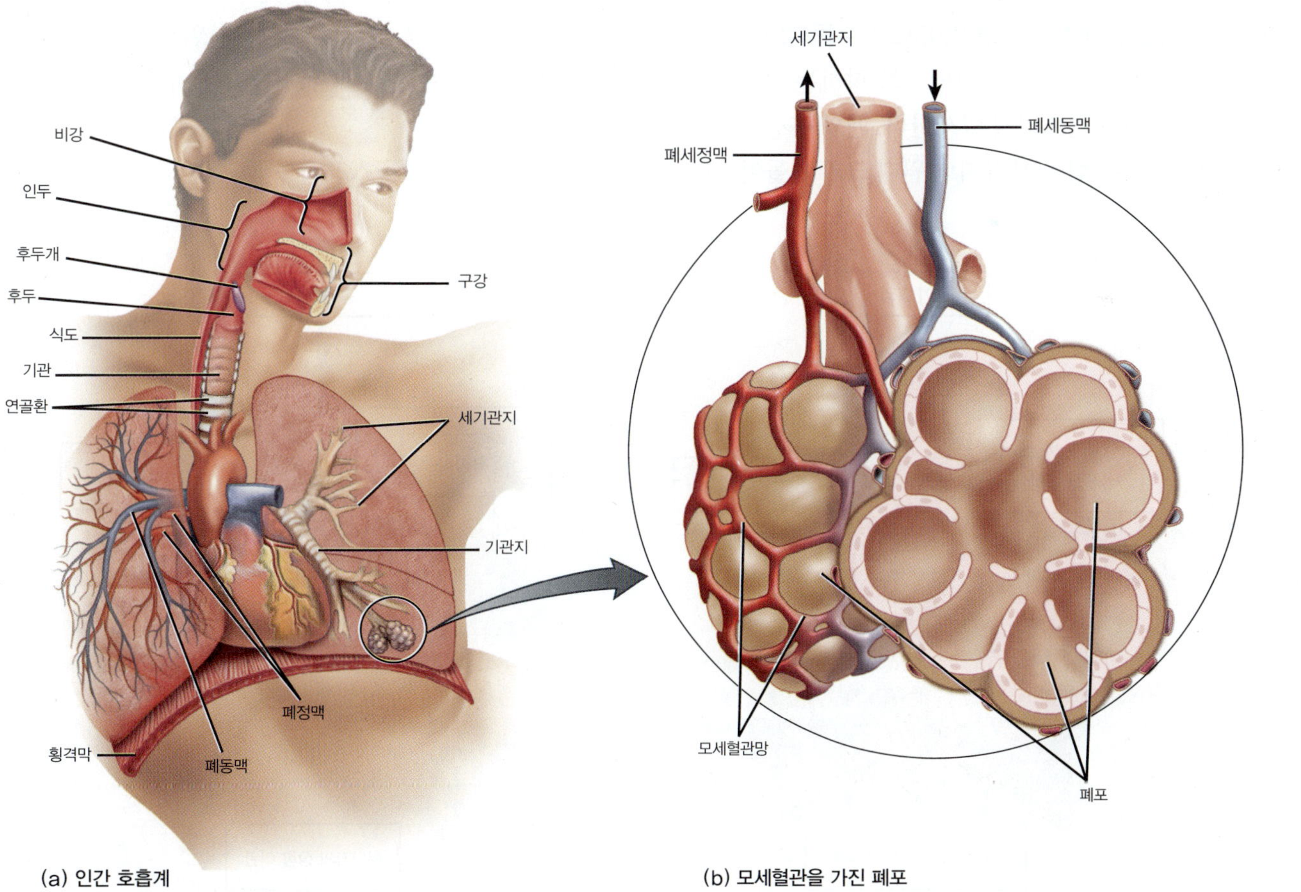


▲ **그림 14-10 인간 호흡계**
**(a)** 인간 호흡계의 주된 구조를 보인다. 폐동맥은 산소가 희박한 혈액(청색)을 폐로 운반한다. 폐정맥은 산소가 풍부한 혈액(적색)을 심장으로 운반한다. **(b)** 폐포의 내부 단면을 확대한 그림으로 폐포와 폐포를 둘러싼 모세혈관망을 보여주고 있다.

로 들려져서 공기가 후두로 자유롭게 흘러가게 한다. 음식을 삼킬 때면 후두개는 아래로 접히며 후두를 덮어 음식물이 식도로 들어가게 한다. 만약 음식이 후두에 걸려 공기가 폐로 가는 것을 막는다면 어떻게 해야 할까? 하임리히법(Heimlich maneuver)을 써야할 것이다. 후두의 내부에는 **성대(vocal cord)**가 자리하고 있다.

공기가 후두를 지나면 연골로 만들어진 **기관(trachea)**으로 들어간다. 흉부 안에서 기관은 두 개의 **기관지(bronchus)**로 갈라지고, 각각의 기관지는 하나의 폐로 이어진다. 폐의 내부에서 각 기관지는 약 1mm 직경의 **세기관지(bronchiole)**로 나누어진다. 기관지와 세기관지의 벽은 관의 직경을 조절할 수 있는 평활근으로 둘러싸여 있다. 운동과 같은 활동을 하면, 평활근이 이완되어서 더 많은 공기가 들어간다. 세기관지는 점차 좁아져서 현미경을 사용해야 볼 수 있는 크기인 **폐포(alveolus)**가 된다. 아주 작은 공기주머니 형태인 폐포에서 가스교환이 일어난다(그림 14-10b).

### 우리는 공기를 능동적으로 들이마시고 수동적으로 내쉰다

호흡은 들숨과 날숨이 폐의 안팎으로 향하는 공기의 대량이동(bulk flow)을 일으켜서 발생한다. 폐와 흉강 모두 탄성이 있어서, 당기는 힘이 사라지면 원래 크기로 돌아간다. 흉강의 아래쪽 경계는 **횡격막(diaphragm)**이라는 근육으로 된 막이다. 공기가 폐로 흡입되는 **들숨(inhalation)**이 진행되는 동안 횡격막은 수축하며 아래쪽으로 내려간다. 갈비뼈와 늑골 근육 또한 수축한다. 이 두 가지 근육의 움직임은 흉강을 크게 만든다(그림 14-11a). 흉강이 확장될 때 폐도 흉강 안에서 같이 팽창한다. 폐가 팽창함에 따라 공기가 폐로 들어온다. 이에 비해 **날숨(exhalation)**은 들숨을 만드는 근육들이 이완될 때 자연적으로 일어난다. 복부근육을 수축하면 더 많은 공기를 강제로 빼낼 수 있다.

### 호흡률은 뇌의 호흡중추에 의하여 조절된다

숨을 쉴 때마다 숨 쉰다는 생각을 해야만 숨이 쉬어진다고 상상해 보라. 다행스럽게도 호흡은 무의식 중에 주기적이고 자동적으로 일어난다. 들숨을 만드는 근육수축 현상은 심장과 달리 매번 신경의 자극을 받아 발생한다. 이러한 충격전류는 **호흡중추(respiratory center)**에서 시작된다. 호흡중추는 연수에 위치한다. 호흡중추에 있는 신경세포는 근육수축을 일으키는 활동전위를 주기적으로 발생시킨다. 호흡률은 연수에 위치한 $CO_2$ 수용체에 의하여 주로 조절된다.

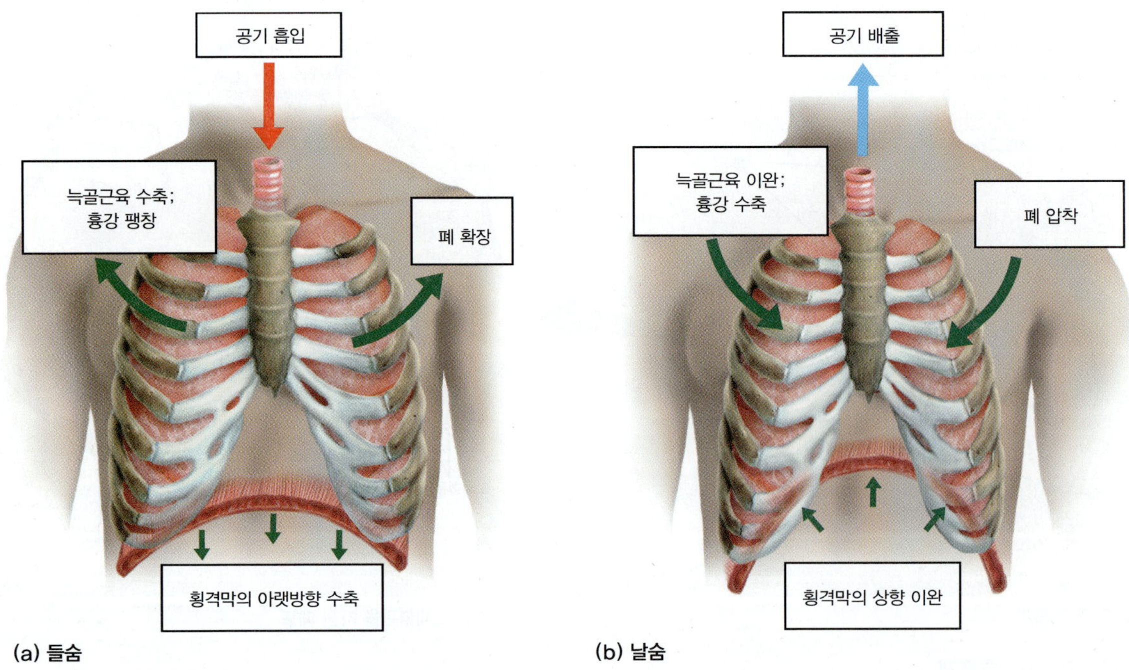


▲ 그림 14-11 **호흡메커니즘** **(a)** 들숨 동안에 뇌로부터 전달되는 주기적인 신경자극은 횡격막과 늑골을 둘러싼 근육을 수축시킨다. 이에 따라 흉강의 크기가 커져서 공기가 몰려들어온다. **(b)** 날숨 동안에 이들 근육들은 이완되고 폐에서 공기를 내뱉게 한다.

### 인간 호흡계 내에서 가스교환은 어떻게 일어나는가?

폐의 내부에서 조밀하게 가지를 친 세기관지로 구성된 기관체계는 공기를 폐포로 이동시킨다. 폐포는 각 세기관지의 끝에 포도송이 모양으로 모여 있다. 일반 성인은 두 개의 폐를 합하면 약 3억 개의 폐포를 갖고 있다. 0.2mm 지름의 이들 미세한 주머니들이 폐 조직 전체가 분홍빛 스폰지로 보이게 한다.

폐포 표면은 모세혈관망으로 덮여있다(그림 14-10b 참조). 호흡막이라는 구조를 통하여 가스가 확산되는데, 호흡막은 폐포의 벽과 모세혈관의 벽이 결합한 형태이다. 호흡막은 매우 얇아서(약 0.5~1 μm), 가스의 확산이 효율적으로 일어난다.

## 14.4 영양과 소화

### 동물은 어떤 영양소가 필요한가?

우리들이 양배추를 먹든 사탕을 먹든 음식물에는 중요한 영양소가 들어있다. 이러한 **영양소(nutrient)**는 생물체가 건강을 유지하기 위해 음식물로부터 섭취하는 물질들이다. 6가지 중요 영양소는 탄수화물, 지질, 단백질, 무기물, 비타민 그리고 물이다.

### 음식물로부터 얻는 에너지가 대사활동의 원동력이다

세포는 믿을 수 없을 만큼 복잡하고 광범위한 활동을 유지하기 위하여 끊임없이 에너지를 필요로 한다. 에너지를 공급하는 영양분은 탄수화물, 지질 그리고 단백질이다. 미국인이 섭취하는 총 에너지의 약 50%는 탄수화물, 약 35%는 지방과 기름, 그리고 약 15%는 단백질이다. 음식물 속의 에너지는 **칼로리(calorie)** 단위로 측정되며 대문자 'C'로 시작하는 킬로칼로리(*Calories, C*)는 1,000 calorie를 뜻한다. 사람이 쉬고 있을 때 1시간 당 평균 70 Ca1를 소모하지만 이 값은 여러 가지 요인의 영향을 받는다. 예를 들면 **기초대사율(basal metabolic rate)**은 사람에 따라 다르다. 사람은 휴식할 때에도 근육 자체를 유지하기 위해 칼로리를 소모한다.

대부분의 세포는 포도당, 설탕 그리고 당이 긴 사슬로 된 다당류 등 탄수화물로부터 주로 에너지를 얻는다. 탄수화물은 바로 쓰이는 에너지원이다. 이에 비해 지방과 기름은 에너지 저장고이다. 단백질과 탄수화물이 1그램 당 4 Cal인데 비하여 지방은 그램 당 약 9 Cal이다. 동물은 여분의 에너지를 체지방 형태로 저장한다. 그리고 먹이가 부족할 때를 대비하여 필요 이상으로 음식을 먹는 경향도 있다. 이 때문에 어떤 사람들은 지방 축적으로 인해 비만이 된다. **체질량지수(body mass index, BMI)**가 비만의 흔한 평가수단이다. 평균 근육량을 가진 사람의 BMI는 18.5~24.9이고, 25~29.9이면 과체중, 30이상이면 비만이다.

### 필수영양소는 건강을 위한 원료다

우리 몸의 세포는 탄수화물을 포함해 우리가 필요로 하는 다양한 분자들을 합성할 수 있지만 **필수영양소(essential nutrient)**는 합성할 수 없기 때문에 음식물을 통하여 섭취해야만 한다. 필수영양소는 동물에 따라 다르다. 사람에게 필요한 필수영양소는 일부 지방산과 아미노산 그리고 다양한 무기물, 비타민 그리고 물 등이다.

**필수지방산(essential fatty acid)**은 많은 생리적 활동을 촉진하는 분자합성의 원료물질이다. **필수아미노산(essential amino acid)**은 성인의 경우 20종의 아미노산 중 9종, 유아의 경우 10종의 아미노산이다. 칼슘, 마그네슘, 인 같은 **미네랄(mineral)**은 뼈와 치아의 주성분이다. 나트륨, 칼슘, 칼륨은 근육수축과 신경충격 신호 전달에 필수적이다. 철분은 혈액 내 헤모글로빈 분자의 중심 구성성분이고, 요오드는 갑상선에서 생산되는 호르몬의 성분이다.

**비타민(vitamin)**은 소량으로 동물의 정상적인 세포기능 및 성장과 발달을 도와주는 다양한 유기화합물 그룹이다. 인간에 필요한 필수 비타민의 종류를 표 14-2에 기재하였다. 인간에 필요한 비타민은 수용성과 지용성 두 가지로 나눌 수 있다.

수용성 비타민에는 비타민 C와 비타민 B 복합체로 구성된 9종류의 비타민이 있다. 대부분의 수용성 비타민은 조효소로서의 기능을 한다. 즉 여러 가지 화학반응을 촉매하는 효소를 돕는다. 각각의 비타민은 여러 가지 대사과정에 관여하기 때문에 수용성 비타민의 결핍은 광범위한 결과를 가져 온다.

지용성 비타민인 비타민 A, D, E 및 K는 여러 가지 기능을 한다. 비타민 A는 눈의 망막에서 빛을 수용하는 시각색소의 합성에 이용되므로 결핍되면 야맹증이 된다. 비타민 D는 정상적인 골격형성에 필요하므로 결핍되면 구루병에 걸린다. 비타민 D는 또한 면역계의 알맞은 기능 조절에도

| 표 14-2 | 인체에 필요한 비타민, 식품원과 기능 | | |
|---|---|---|---|
| **비타민** | **식품원** | **체내에서의 기능** | **결핍증** |
| *수용성* | | | |
| **비타민C (아스코르빈산)** | 귤, 과일, 토마토, 엽채소 | 연골,골격,상아질,콜라겐 합성을 도움 | 괴혈병(피부, 치아, 잇몸, 혈관, 피하출혈 등) |
| **B복합체** | | | |
| **비타민 $B_1$ (티아민)** | 육류, 곡류, 콩류, 생선 | 대사 작용에서 조효소 | 각기(근육 쇠약, 말초신경 변화, 심장 쇠약) |
| **비타민 $B_2$ (리보플라빈)** | 조개류, 낙농제품, 계란 | 에너지 대사에 관련된 조효소 구성성분 | 붉은 입술, 입 주위가 터짐, 안질 |
| **비타민 $B_3$ 니아신** | 육류, 생선, 채소 | 에너지 대사에 관련된 조효소 구성성분 | 펠라그라(피부와 위장질환, 신경정신장애) |
| **비타민 $B_5$ (판토텐산)** | 육류, 완전한 곡식, 콩, 계란, 장세균 산물 | 세포호흡에 관여하는 조효소 A의 구성분 | 피로, 수면장애, 손상장애 |
| **비타민 $B_6$ (피리독신)** | 육류, 완전한 곡식, 토마토, 감자 | 아미노산 대사의 조효소 | 자극 감수성, 경련, 피부염 |
| **비오틴** | 콩류, 채소, 육류 | 아미노산 대사와 세포호흡의 조효소 | 피로, 우울증, 구토, 피부염, 근육통 |
| **엽산** | 육류, 녹채류, 곡류, 장세균 산물 | 핵산과 아미노산 대사의 조효소 | 빈혈, 위장장애, 설사, 생장 지연, 기형아 출산 |
| **비타민 $B_{12}$ (판토텐산)** | 육류, 계란, 낙농제품 | 핵산 및 다른 대사의 조효소 | 빈혈, 신경장애 |
| *지용성* | | | |
| **비타민 A(레티놀)** | 녹색, 황색 및 적색 채소류, 간, 농축한 낙농제품 | 시각색소의 구성분, 피부 및 상피조직의 유지 | 야맹증, 영구 소경, 감염에 취약 |
| **비타민 D** | 대구간유, 계란, 낙농제품 | 골격성장과 무기화 촉진, 칼슘 흡수 증진 | 소아구루병(골격기형), 골격악화 |
| **비타민 E(토코페롤)** | 견과류, 완전한 곡류, 녹채류, 장세균 산물 | 항산화 작용(자유라디칼로부터 세포 상해 방어) | 신경장애 |
| **비타민 K** | 녹채류, 장세균 산물 | 혈액 응고에 중요 | 출혈, 장 출혈 |

관여한다. 햇빛은 피부에서 비타민 D의 합성을 촉진한다. 비타민 E는 우리 몸에서 형성되는 자유라디칼을 중화시키는 항산화물질로 작용한다. 비타민 K는 혈액응고의 조절을 도와준다.

비록 사람은 음식을 먹지 않아도 몇 주 정도는 살 수 있지만, 물을 마시지 못하면 단 며칠 만에 죽는다. 우리 체중의 약 60% 정도는 물이다.

### 소화는 어떻게 이루어지는가?

**소화(digestion)**란 음식을 물리적으로 나누고 화학적으로 분해하는 과정이다. 동물의 **소화계(digestive system)**는 음식물을 처리하는 연속된 구획으로 되어 있고 각 구획에서는 소화를 돕는 물질을 분비한다. 동물의 소화계는 다음과 같은 5가지 특수한 일을 수행한다.

1. **음식물 섭취** 음식물이 입을 통하여 소화관 속으로 운반된다.
2. **물리적 소화** 음식물을 물리적으로 작은 조각으로 부수고, 부서진 작은 조각들에 소화효소가 닿는 표면적을 넓혀준다.
3. **화학적 분해** 소화액 속의 소화효소에 의하여 큰 분자가 더 작은 물질로 분해된다.
4. **흡수** 작은 물질들은 소화관에 있는 세포를 통해 소화관에서 몸속으로 들어간다.
5. **배설** 소화되지 않은 물질들은 몸 밖으로 배출된다.

### 척추동물 소화계는 먹이에 따라 특화되었다

동물의 종류에 따라 음식물 또한 다양하다. 늑대와 고양이 같은 **육식동물(carnivore)**들은 다른 동물을 잡아먹는다. 씨앗을 먹는 새, 소, 쥐와 같은 설치류 등 **초식동물(herbivore)**은 식물만 먹는다. 사람과 곰 같은 동물들은 동물성과 식물성 먹이를 먹고 소화하도록 적응된 **잡식동물(omnivore)**이다. 많은 동물들은 그들이 먹는 먹이로부터 가장 많은 영양분을 섭취하도록 특화된 소화기를 갖고 있다. 척추동물의 주요 소화계는 **입(mouth)**, **식도(esophagus)**, **위(stomach)**, **소장(small intestine)**, **대장(large intestine)**이지만 일부 척추동물은 특화된 주머니를 갖고 있다.

## 사람은 어떻게 음식을 소화하고 흡수하나?

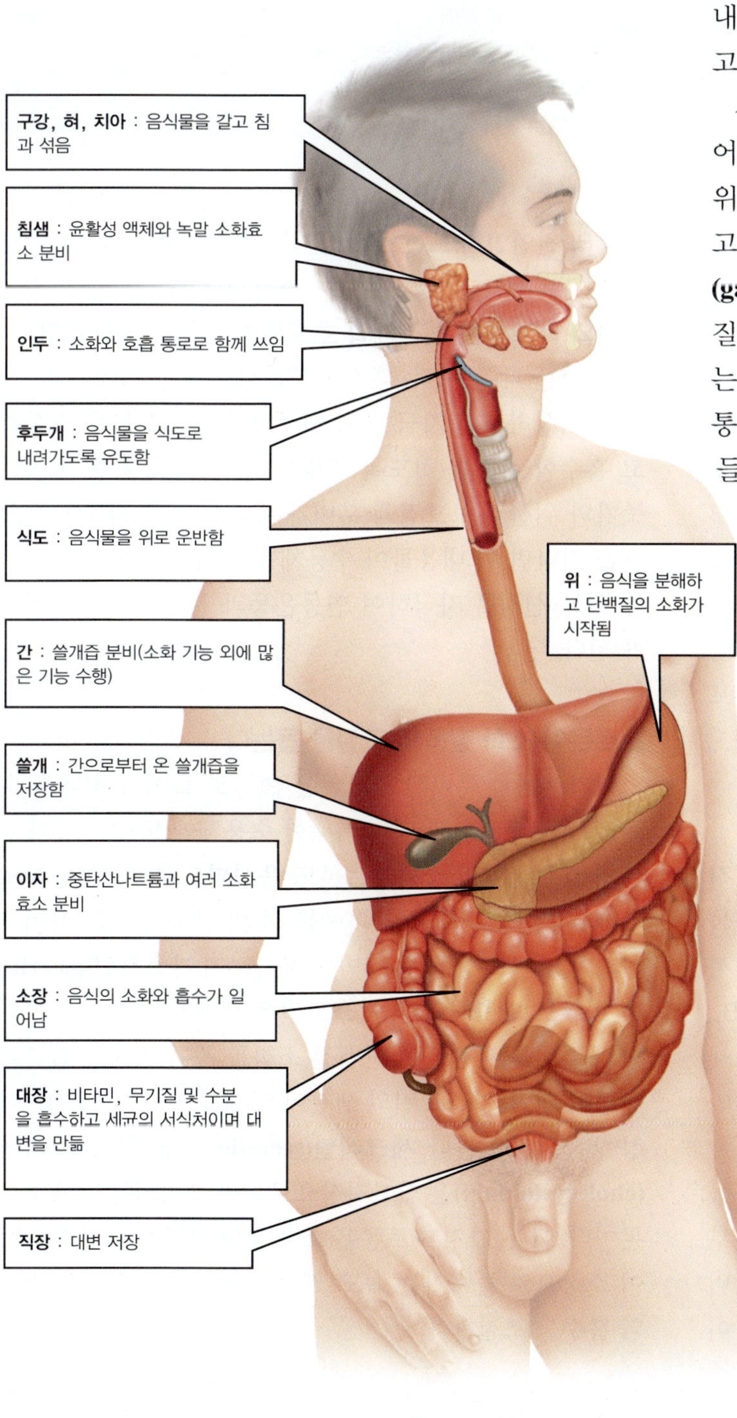


◀ 그림 14-12 사람의 소화관

사람의 소화기관(그림 14-12)은 여러 가지 잡식성 음식에 잘 적응되어 있다. 소화기관의 각 부분은 표 14-3에 요약된 것과 같이 특별한 소화액을 분비한다.

음식을 한입 먹으면 입에서 침이 나오고 이어 치아로 씹기 시작하는데, 이 활동이 음식물의 물리적 및 화학적 소화의 시작이다. 침에는 **아밀라아제(amylase)**라는 소화효소가 들어 있어서 전분을 분해한다. 혀는 음식물을 **인두(pharynx)**로 밀어 넣는 것을 조절한다. 음식물 덩어리를 삼키면 식도의 근육은 수축파동을 일으켜서 음식물을 밀어 내려 보낸다. 이러한 근육운동은 **연동운동(peristalsis)**이라고 부르며 소화관을 따라 계속 일어난다.

사람의 위는 늘어날 수 있는 근육질의 주머니로 되어있어 가끔은 우리가 먹을 수 있는 이상으로 팽창할 수 있다. 위 속으로 들어온 음식물은 **괄약근(sphincter muscle)**이라고 하는 두 개의 환상근육에 의해 위에 머물게 된다. **위샘(gastric gland)**에서는 점액, 염산(HCL) 및 펩시노겐 단백질 등이 분비된다. 음식물은 소화액과 섞여 암죽이라고 하는 두꺼운 산성의 덩어리로 바뀐다. 그 다음 유문 괄약근을 통해 1회 파동에 차 숟가락 하나 정도의 암죽이 소장으로 들어간다. 섭취한 음식물의 크기와 형태에 따라 다르지만 음식물은 먹은 후 위에서 완전히 소화되는 데 약 4~6시간 걸린다.

대부분의 소화는 소장에서 이루어진다. 소장은 십이지장, 공장, 회장의 3부분으로 되어 있다. 짧은 **십이지장(duodenum)**은 위에서 내려온 암죽이 들어오고, 쓸개 및 췌장으로부터 소화액을 받으며, 소화 조절을 돕는 호르몬을 분비하고, 영양흡수를 시작한다. 공장과 회장에서 소화 및 영양 흡수가 완료된다.

**간(liver)**은 지방 소화를 돕는 **담즙(bile)**을 생산한다. 간은 아마도 우리 몸 안에서 가장 다양한 기능을 하는 기관일 것이다. 간은 에너지가 될 지방과 탄수화물을 저장하고 혈당을 조절하며 혈액 내 단백질 합성, 철과 비타민류의 저장, 아미노산이 분해되면서 생기는

| 표 14-3 | 사람의 소화액 | | |
|---|---|---|---|
| 작용부위 | 분비물 | 분비되는 곳 | 소화작용 |
| 입 | 침샘 아밀라제 | 침샘 | 전분을 2당류로 분해 |
| | 점액, 물 | 침샘 | 윤활작용과 음식물 분해 |
| 위 | 펩신 | 위샘 | 단백질을 펩타이드로 분해 |
| | 염산 | 위샘 | 펩신의 활성화, 살균, 무기물 섭취 |
| | 점액 | 위상피세포 | 위 자체가 소화되는 것을 보호 |
| 소장 | 담즙 | 간 | 지질의 유화 |
| | 프로테아제 | 이자 | 펩타이드를 더 작은 펩타이드나 아미노산으로 분해 |
| | 리파아제 | 이자 | 지질을 지방산과 글리세롤으로 분해 |
| | 중탄산나트륨 | 이자 | 위로부터 온 산성 암죽의 중화 |
| | 이자 아밀라아제 | 이자 | 전분을 2당류로 분해 |
| | 펩티다아제 | 소장 상피세포 | 작은 펩타이드를 아미노산으로 분해 |
| | 디사카리다아제 | 소장 상피세포 | 2당류를 단당류로 분해 |
| | 점액 | 소장 상피세포 | 소화액으로부터 소장의 보호 |

유독한 암모니아를 요소로 전환하고 우리가 섭취한 니코틴, 알코올 같은 유해물질을 해독시킨다. 간에서 생성된 담즙은 **담낭(gallbladder)**에 농축되어 보관된다.

위와 소장 사이에 붙어있는 **이자(pancreas)**는 **이자액(pancreatic juice)**을 분비한다. 이자액에는 물, 중탄산나트륨(산성 암죽을 중화시킴), 췌장 아밀라아제, 리파아제 및 프로테아제 등 여러 가지 소화효소가 들어있다(표 14-3 참조).

대부분의 영양분 흡수는 소장에서 이루어진다. 소장의 내벽은 흡수를 위해 표면적이 매우 넓다. 작고 가는 손가락 모양의 **융모돌기(villi)**가 소장 벽의 전체에 주름으로 분포한다. 융모세포는 다시 **미세융모(microvilli)**로 덮여 있다.

### 대장에서 물이 흡수되고 대변이 만들어진다

대장의 대부분은 **결장(colon)**으로 되어 있고 끝 부위는 **직장(rectum)**이라 한다. 소장에서 소화되지 않은 섬유소, 물 등은 대장 안으로 흘러들어간다. 대장은 많은 세균들의 서식지이기도 하다. 대장 속에 사는 일부 세균은 비타민 B($B_1$, $B_2$, $B_{12}$), 엽산 및 비타민 K 합성에 관여한다. 대장의 표피세포는 미끄러운 점액을 분비하며 여분의 수분, 염류 및 비타민을 흡수하고 또 반고체 상태의 **대변(fece)**을 만든다.

대장에는 엄청나게 많은 세균이 살고 있다. 장내 세균들은 면역반응을 돕고, 세균성 질병을 막아주며, 음식물로부터 발암물질과 항암물질 모두를 방출한다. 장내 세균과 비만의 관계에 대한 연구가 최근 늘어났지만 이러한 현상이 비만의 원인인지 또는 결과인지는 분명하지 않다.

### 소화와 배고픔은 신경계와 호르몬에 의하여 조절된다

배가 고플 때는 시각, 후각, 미각, 때로는 음식에 대한 생각이 시상하부를 자극한다. 시상하부는 음식물을 소화하고 흡수할 준비를 하도록 명령을 내린다. 예를 들면 침의 증가와 위산과 보호점액 분비가 증가된다. 음식물이 소화관을 지나면 위 내용물이 수용체를 활성화시키고 그 부위에 있는 신경을 자극하여 연동운동과 분절운동이 일어나게 된다.

### 호르몬이 소화 활동의 조절을 돕는다

소화기관에서 분비된 호르몬은 혈류로 들어가 체내를 순환하고 뇌나 소화관 내의 특수한 수용체에 도달한다. 대부분의 호르몬처럼 소화호르몬도 **음성피드백(negative feed back)** 작용으로 조절된다. 예를 들면, 암죽에 있는 아미노산과 펩타이드 등은 위 내벽을 자극하여 **가스트린(gastrin)**을 혈류로 방출시킨다. 가스트린은 위세포를 자극하여 위산의 분비를 촉진하여 단백질 소화를 증가시킨다. 암죽이 산성이 되면, 가스트린의 생산이 억제되므로 위산은 더 이상 생산되지 않는다. **세크레틴(secretin)**과 **콜레시스토키닌(cholecystokinin)**은 십이지장으로부터 분비되는 소화 호르몬이다. 이 두 가지 호르몬은 소장 내의 화학적 환경과 암죽이 소장으로 들어가는 속도 그리고 영양분의 적절한 소화와 흡수를 조절한다.

### 배고픔은 호르몬이 조절한다

과학자들은 배고픔과 지방 저장에 관련된 호르몬의 메커니즘에 대하여 계속 연구하고 있다. 그 중 일부는 뇌의 활동이며 많은 경우는 사람의 체중조절과 복잡하게 관련되어 있다. 2가지 중요한 식욕조절 호르몬에 **렙틴(leptin)**과 **그렐린(ghrelin)**이 있다. 렙틴은 지방세포에서 분비되는 펩타이드로 지방 저장을 돕는다. 지방 저장이 증가되면 렙틴 분비가 증가되고 지방 저장이 적정수준 이하로 내려가면 혈액 내 렙틴 양이 감소한다. 증가된 렙틴은 배고픔을 감소시킨다. 그렐린은 위에 음식물이 없을 때 위샘에서 분비되는 펩타이드다. 식사시간 전에 혈액 내 그렐린이 증가하면 시상하부를 통해 배고픔이 자극된다. 식사 후에 그렐린이 감소되면 배고픔도 사라진다.

## 14.5 비뇨계

### 비뇨계의 주요한 기능은 무엇일까?

**비뇨계(urinary system)**는 오줌을 생성하고 배출하는 기관계이다. **오줌(urine)**은 혈액이나 간질액으로부터 유래한 여러 가지 물질을 포함하고 있는 묽은 액체이다. 오줌에는 단백질 노폐물, 다양한 이온, 필요한 양을 초과한 수용성 영양분, 그리고 이물질 등이 포함되어 있다. 오줌의 생성과 배출에 의하여 비뇨계는 두 가지 중요한 역할을 수행한다. 비뇨계는 노폐물을 배설하고 항상성을 유지시킨다.

**배설(excretion)**은 몸에서의 노폐물 제거를 뜻하는 용어이다. 비뇨계는 주로 암모니아, 요소 그리고 요산의 형태로 질소 노폐물을 배설한다. **암모니아(ammonia, $NH_3$)**는 많은 무척추동물과 수생생물의 주요한 질소 노폐물이다. 육상 척추동물은 **요소(urea)**의 형태로 배설한다. 조류는 **요산(uric acid)**의 형태로 배설한다. 요산의 생성과 저장 과정에는 물이 거의 필요하지 않기 때문에 요산의 배설은 몸무게를 줄이는 데 효과적이다.

비뇨계의 2차적인 기능인 **항상성(homeostasis)** 유지는 물의 양, pH, 그리고 다양한 작은 분자와 이온 농도 등의 조절을 통해 일어난다.

### 포유류의 비뇨계는 어떤 구조일까?

포유류의 비뇨계는 신장, 요관, 방광, 그리고 요도로 구성되어 있다. 이들 기관은 혈액으로부터 작은 분자와 이온을 여과하고 필수적인 이온과 영양소는 다시 돌려보내고 과도한 물질과 세포 노폐물은 모아서 배설한다.

### 오줌을 생성하고, 저장하고, 배설하는 사람 비뇨계의 구조

사람의 **신장(kidney)**은 주먹 크기로 허리 부위에 쌍으로 존재하는 기관이다(그림 14-13). 신장의 외측 층은 **신피질(renal cortex)**이라 하고 오줌이 만들어진다. 신피질의 아래에 있는 **신수질(renal medulla)**에서는 오줌이 농축되고 물이 보존된다. 신수질은 오줌을 모아 요관으로 보내는 분지된 깔때기 구조의 **신우(renal pelvis)**를 둘러싸고 있다(그림 14-14). **요관(ureter)**은 규칙적인 수축을 통해 오줌을 **방광(bladder)**으로 이동시킨다. 방광의 오줌은 여성 4cm, 남성 20cm 정도인 **요도(urethra)**를 통해 몸 밖으로 배출된다.

### 신장의 네프론이 혈액을 여과하여 오줌을 생성한다

사람의 각 신장에는 대략 1 백만 개의 현미경적 여과장치인 **네프론(nephron)**이 있다(그림 14-15). 네프론은 모두 신피질에서 신수질 쪽으로 뻗어 있다. 각각의 네프론은 신소체

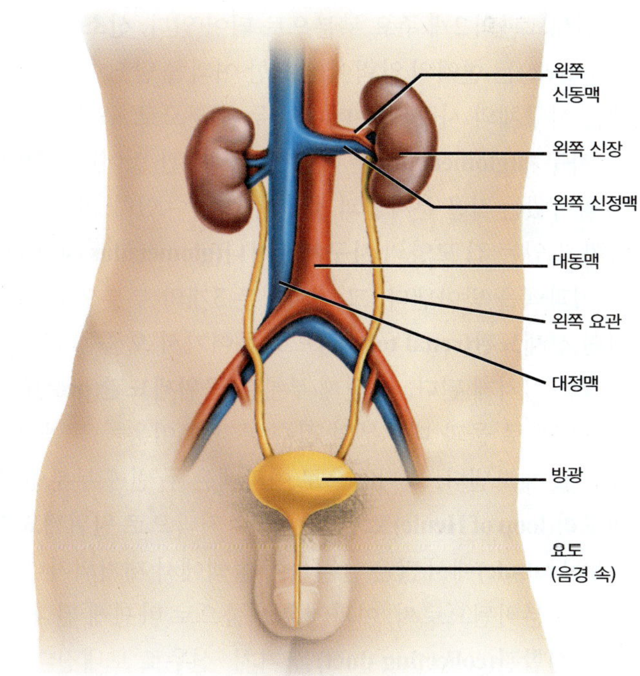


▲ 그림 14–13 사람의 비뇨계와 그 혈액 공급

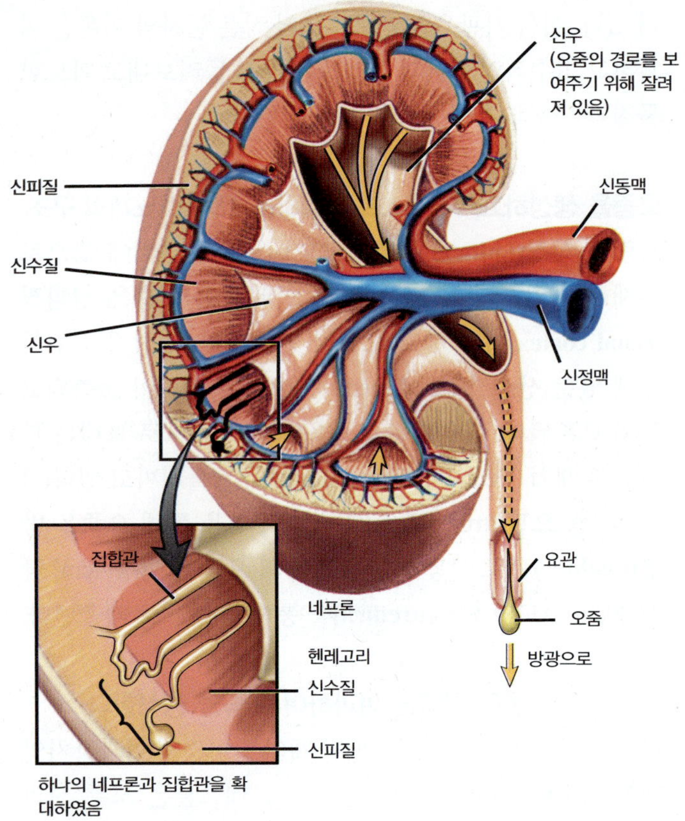


▲ 그림 14-14 **사람 신장의 내부 구조와 혈액 공급** 노란 화살표는 오줌이 흘러가는 경로를 보여준다.

와 신세뇨관의 2개 주요 부분으로 되어 있다. **신소체(renal corpuscle)**는 혈액의 압력이 필요한 여과를 담당한다. 신소체는 사구체와 사구체 주머니의 두 부분으로 구성되어 있다. **사구체(glomerulus)**는 다공성 모세혈관 덩어리로 혈장에 녹아있는 작은 분자들과 물이 통과할 수 있다. 그 주변을 감싸고 있는 컵 모양의 **사구체주머니(glomerulus capsule)**가 여과액을 받아낸다. 그 여과액은 3개의 부분으로 이루어진 **신세뇨관(renal tubule)**으로 들어가서 오줌을 만드는 과정을 거치게 된다. 첫 번째 부분은 **근위세뇨관(proximal tubule)**으로 물과 대부분의 필수 분자와 이온들을 혈액으로 되돌려 보낸다. 그 다음으로 여과액은 두 번째 부분인 **헨레고리(loop of Henle)**로 들어간다. 마지막으로 **원위세뇨관(distal tubule)**에서 많은 물질들이 혈액에서 제거되거나 혈액으로 분비됨으로써 여과액은 오줌으로 바뀌게 된다. 오줌은 **집합관(collecting duct)**을 거쳐 신우로 보내진다. 집합관 속의 오줌이 신수질을 통과할 때, 부가적인 물이 혈액으로 되돌아간다.

## 오줌은 어떻게 생성될까?

오줌은 신장의 네프론에서 여과, 재흡수, 그리고 분비의 3가지 과정을 거쳐서 생성된다.

여과는 혈액으로부터 작은 분자와 이온을 제거한다. 오줌생성의 첫 번째 단계인 **여과(filtration)**는 사구체를 형성하는 모세혈관 벽에 힘이 가해질 때 일어난다(그림 14-15 ①). 2가지 요인이 여과를 수월하게 한다. 첫째는 사구체를 형성하는 모세혈관은 다른 모세혈관보다 다공성이고, 두 번째는 모세혈관으로부터 혈액을 모으는 세동맥은 그것을 공급하는 세동맥보다 좁기 때문에 사구체 내의 압력이 높아지게 된다.

재흡수는 중요한 물질을 혈액으로 돌려보낸다. **재흡수(reabsoption)**는 거의 모든 물, 이온($Na^+$, $Cl^-$, $K^+$, $Ca^{2+}$, $HCO_3^-$) 그리고 여과과정에서 빠져나간 비타민, 포도당과 아미노산과 같은 유기영양소를 혈액으로 되돌린다(그림 14-16 ②). 대부분의 재흡수는 근위세뇨관에서 일어나지만, 네프론 고리와 원위세뇨관에서도 일어난다.

분비는 배설을 위해서 물질을 능동적으로 세뇨관으로 운반한다. **분비(secretion)**는 주로 능동수송으로 일어나는데, 노폐물과 과도한 이온들을 혈액으로부터 세뇨관으로 이동시킨다(그림 14-16 ③).

## 척추동물의 비뇨계는 어떻게 항상성을 유지시켜줄까?

노폐물의 배설과 항상성 유지의 기능을 수행하기 위하여 신장은 엄청난 양의 혈액을 여과한다. 양쪽 신장에 문제가 생기면, 아주 빠르게 사망에 이르게 된다.

척추동물의 비뇨계는 다음과 같은 여러 가지 방법으로 항상성 유지를 돕는다.

- 혈액과 세포 간질액 속의 작은 유기분자와 이온의 유지.
- 적절한 혈액 삼투압을 유지하기 위한 물과 이온 양의 조절.
- 수소와 중탄산염 이온 농도의 조절에 의한 혈액의 적절한 pH 유지.
- 혈압과 혈액의 산소 양을 조절하기 위한 물질의 분비.

물의 균형은 항상성과 생명 유지에 필수적이다. 신장의 중요한 기능 중 하나는 삼투조절이다. **삼투조절(osmoregulation)**은 혈장의 이온과 다른 물질의 농도를 아주 엄격한 범위 내에서 유지하는 과정이다. 만약에 사람이 과도한 양의 물을 섭취하면, 물은 삼투압에 의하여 간질액으로 이동하

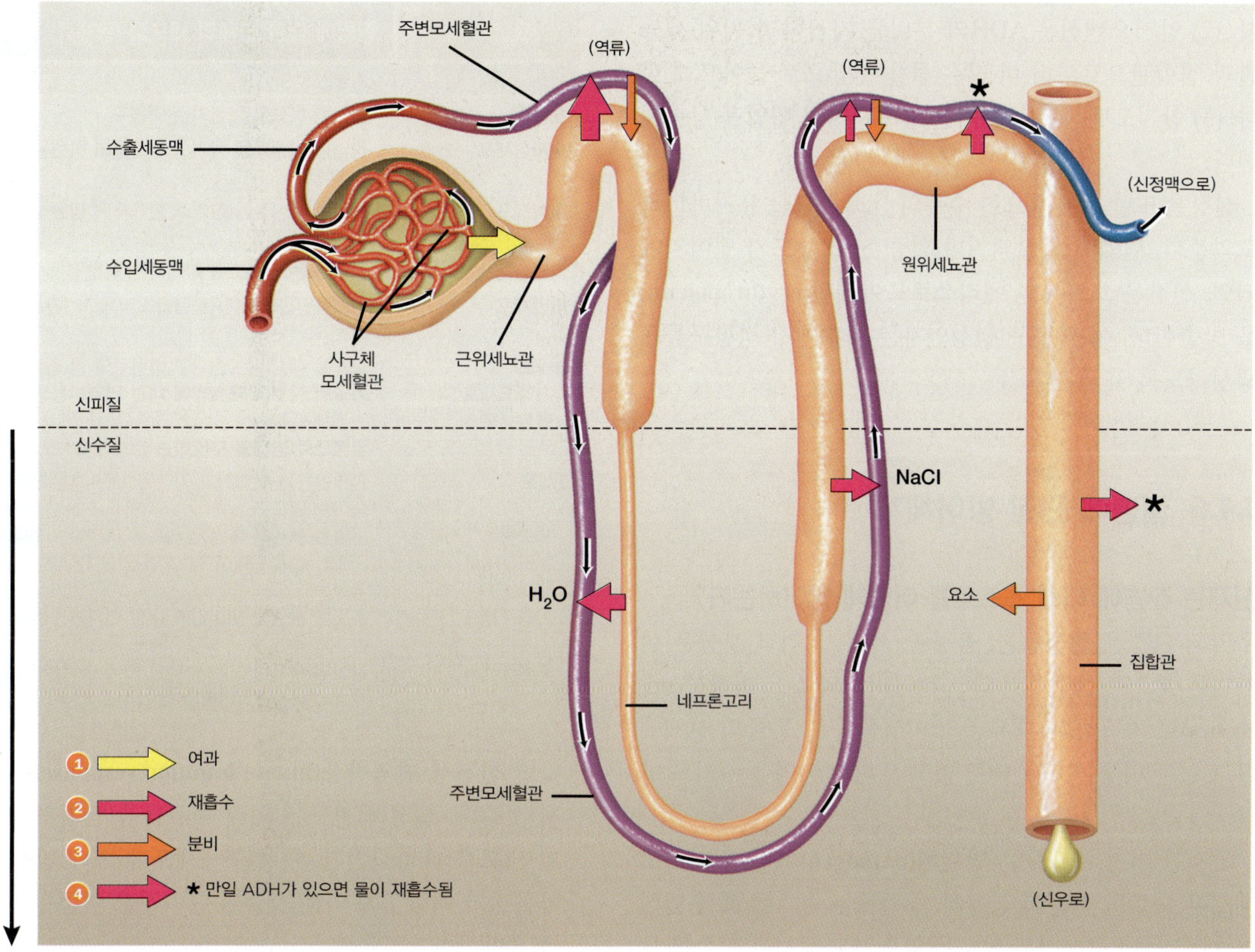


▲ **그림 14-15 오줌의 생성과 농축** 네프론과 집합관의 각 부분의 주요 기능을 단순화하여 나타냈다. 숫자에 설명된 단계는 그림 속의 컬러 화살표에 해당한다. 점선은 신피질과 신수질 사이의 경계를 나타낸다.

여 마침내 세포를 팽창시키게 된다. 뇌세포의 팽창은 두통, 오심과 구토, 발작, 혼수 그리고 가끔은 죽음으로 끝난다.

항이뇨호르몬이 원위세뇨관과 집합관에서 물의 투과성을 조절한다. 원위세뇨관과 집합관에서 혈액으로 재흡수되는 물의 양은 세포막에서 물에 대한 통로를 형성하는 단백질인 **아쿠아포린(aquaporin)**의 수에 의해서 조절된다. 근위세뇨관과 네프론고리의 하행부는 언제나 많은 수의 아쿠아포린이 존재하기 때문에 이 부위의 막은 항상 물에 대해서 높은 투과성을 유지한다. 그러나 원위세뇨관과 집합관의 막의 아쿠아포린은 몸의 필요에 따라 변화한다. 아쿠아포린의 수는 **항이뇨호르몬(antidiuretic hormone, ADH)**에 의해서 조절된다. 뇌하수체 후엽에서 분비되어 혈류로 들어간 ADH는 원위세뇨관과 집합관의 세포막에 아쿠아포린 단백질이 삽입되도록 자극한다.

ADH수준은 어떻게 조절되는 것일까? 시상하부의 수용체가 혈액 삼투압을 감시한다. 몸이 탈수될 때 혈액 삼투압은 올라간다. 혈액 삼투압이 적정 수준을 넘어가면 시상하부는 ADH를 분비하도록 뇌하수체를 자극한다. 그리고 시상하부의 수용체는 시상하부의 갈증 중추를 활성화시켜 물을 마시게 한다.

신장은 혈압조절을 돕고 혈액의 산소수준을 유지하기 위한 물질을 분비한다. 과도한 혈액손실로 인해서 혈압이 떨어지면, 신장은 효소인 **레닌(renin)**을 혈류로 분비한다. 레닌은 **안지오텐신(angiotensin)**의 생성을 촉진한다. 안지오텐신은 3가지 방법으로 낮은 혈압에 대처하게 한다: (1) 안지오텐신은 네프론의 근위세뇨관에서 $Na^+$의 재흡수를 돕는 호르몬인 **알도스테론(aldosterone)**의 분비를 자극한다. 삼투에 의해서 더 많은 물이 들어오고 혈액의 양이 증가된다. (2) 안지오텐신은 ADH의 분비를 자극하여 원위 세뇨관과 집합관으로부터 더 많은 물을 혈액으로 돌아오게 한다. (3) 안지오텐신은 세동맥을 수축시켜서 혈압을 상승시킨다.

신장은 또한 몸에 필요한 수준의 산소 농도를 유지하도록 도와준다. 혈액이 손실되거나 혈중 산소 농도가 떨어지게 되면, 신장은 호르몬인 **에리쓰로포이에틴(erythropoietin)**을 방출한다. 이 적혈구 생성인자는 골수에서 적혈구들을 생성하도록 자극한다.

## 14.6 질병에 관한 방어체계

### 신체는 질병에 대해 스스로를 어떻게 방어하는가?

우리의 환경은 원생동물, 곰팡이, 세균, 그리고 보통은 살아있는 것으로 간주하지 않는 바이러스와 같은 **미생물(microbes)**로 가득하다. 대부분의 미생물들은, 동물의 신체에 살고 있는 미생물조차, 해가 없고 오히려 이익을 주기도 한다.

하지만 어떤 미생물은 **병원체(pathogen)**이다. 번식하고 새로운 숙주를 찾는 과정에서, 병원체는 숙주에 해를 입힌다. 예를 들어 콜레라는 설사를 일으키고 설사는 탈수를 초래하여 숙주를 죽일 정도로 파괴적이다. 콜레라, 홍역, 파상풍 그리고 수두와 같은 대부분의 미생물에 의한 질병은 수백 혹은 수천 년 동안 우리와 함께했다. 최근에는 이미 알려진 병원균의 치명적인 변종이나 새로운 병원균이 발생하여 문제가 되고 있다. HIV, 에볼라(Ebola) 바이러스, 웨스트 나일 바이러스, 돼지독감, 조류독감 등이 그렇다.

척추동물은 이러한 병원균의 공격에 대항하기 위해 매우 정교하고 복합적인 방어체계인 **면역계(immune system)**를 발전시켰다.

### 척추동물은 세 가지 주요한 방어선을 갖추고 있다

- **비특이적 외부 장벽** 이들 장벽은 병원균이 체내로 들어오는 것을 방어한다. 이런 장벽들은 피부나 섬모 같은 해부학적 구조물과 눈물, 침, 점액과 같은 분비물이다. 이러한 장벽들은 몸의 외부를 감싸고 있거나 기도, 소화관처럼 외부로 개방된 관의 막을 형성한다.
- **비특이적 내부 방어** 만약 첫 번째 외부 장벽이 무너진다면 **선천성 면역반응(innate immune response)**이 개시될 것이다. 특정 백혈구는 외래 물질들을 삼키거나 감염된 세포를 파괴시킨다. 손상된 체세포에 의해 방출된 화학물질과 백혈구에 의해 방출된 단백질은 염증반응과 열을 유발한다.
- **특이적 내부 방어** 마지막 방어선은 **후천성 면역반응(adaptive immune response)**으로 면역세포들은 특정 독성물질이나 특정 병원균을 파괴하고 침입자를 기억하여 후에 동일한 침입자를 만나게 되면 더욱 빠르게 퇴치한다.

내부 방어에 관여하는 많은 종류의 세포를 표 14-4에서 요약하였다.

**표 14-4 질병에 대한 신체의 세포성 무기**

| 세포 종류 | 기능 |
|---|---|
| 호중구 | 침입한 미생물을 삼키는 백혈구 |
| 수지상세포 | 침입한 미생물을 삼키고 림프구에 항원을 제시하는 백혈구 |
| 대식세포 | 침입한 미생물을 삼키고 림프구에 항원을 제시하는 백혈구 |
| 자연살해세포 | 감염 또는 암세포를 파괴하는 백혈구 |
| 비만세포 | 히스타민을 분비하는 결합조직세포 ; 염증반응에 중요 |
| B세포 | 항체를 생산하는 림프구(백혈구의 한 종류) |
| 기억 B세포 | 동일한 항원의 재침입에 대한 면역반응을 제공하는 B세포 자손 |
| 형질세포 | 혈액으로 항체를 분비하는 분화된 B세포 |
| T세포 | 면역반응을 조절하고 감염된 세포 혹은 암세포를 죽이는 림프구 |
| 세포독성 T세포 | 감염된 체세포 혹은 암세포를 파괴하는 T세포 |
| 보조 T세포 | B세포 및 세포독성 T세포에 의한 면역반응을 자극하는 T세포 |
| 기억 T세포 | 동일한 항원의 재침입에 대한 면역반응을 제공하는 세포독성 혹은 보조 T세포 자손 |
| 조절 T세포 | 자신의 세포나 분자에 대한 면역 공격을 억제하는 T세포; 자가면역질환의 방어에 중요 |

### 비특이적 방어는 어떻게 수행되는가?

이상적인 방어는 침입자가 체내로 들어오는 피부나 점막과 같은 첫 번째 관문에서 침입자를 막는 것이다. 첫 번째 방어선은 환경에 직접 노출되는 표면으로 피부와 소화관, 기도, 생식기관의 점막 등이다. 피부의 분비물에는 젖산과 같은 천연 항생물질이 포함되어 있다. 장에는 침입한 외래 세균과 곰팡이를 파괴할 수 있는 물질을 분비하는 많은 세균들이 있다. 여성의 경우에는 산성 분비물질과 점액이 질을 보호한다.

외부 장벽을 통과하면, 예를 들어 피부를 뚫고 들어오면,

병원체는 세 가지 형태의 비특이적 선천성 면역반응과 만나게 된다: (1) 식세포와 자연살해세포를 포함한 백혈구에 의한 방어, (2) 염증반응, 그리고 (3) 열.

침입한 병원균은 먼저 식세포 및 자연살해세포와 만나게 된다. **식세포(phagocyte)**라고 부르는 **백혈구(leukocyte)** 중 한 그룹은, 식세포작용을 통해 외부 침입자를 삼킨다. 식세포의 세 가지 중요한 종류는 **대식세포(macrophage)**, **호중구(neutrophil)**, 그리고 **수지상세포(dendritic cell)**이다. 이들 세포는 혈액을 따라 이동하면서 모세혈관 벽을 뚫고 나가 각 신체조직을 순찰하고, 피부와 점막을 통해 침투한 세균과 외부 물질을 소화한다. 후에 논의하겠지만, 수지상세포와 대식세포는 후천성 면역반응에서도 중요한 역할을 한다.

바이러스에 대한 비특이적 방어는 **자연살해세포(natural killer cell)**가 맡고 있다. 바이러스는 체세포에 침입한 후 세포의 대사를 이용하여 더 많은 바이러스를 생산한다. 자연살해세포는 바이러스-감염 세포를 파괴한다. 바이러스가 복제되고 다른 세포에 전파되기 전에 감염된 세포를 죽이는 것은 바이러스에 의해 신체가 심각한 손상을 입기 전에 바이러스 감염을 중지시킬 수 있다. 자연살해세포는 식세포 기능은 없으나 바이러스 감염된 세포막에 구멍을 내는 단백질을 분비하여 천공을 형성한 후 천공을 통하여 효소를 분비한다. 공격을 받은 세포는 곧 죽게 된다.

자연살해세포는 어떻게 건강한 세포와 죽여야 할, 바이러스에 감염된 세포를 구별할까? 정상적인 체세포 표면에는 **주조직적합성복합체(major histocompatibility complex, MHC)**라 불리는 일련의 단백질들이 발현된다. MHC 단백질은 종마다 다르며, 다시 개체마다 다르다. 따라서 사람마다 MHC 단백질은 고유하고, 자신의 세포를 '자기' 로 인식한다. 자연살해세포는 신체를 순찰하며 만나는 자기 세포가 아닌 모든 '비자기' 세포를 죽인다. 바이러스에 감염된 세포는 MHC 단백질이 결여되는 경우가 있어 그들은 자연살해세포에게 비자기로 인식된다. 대부분의 암세포에서도 MHC 단백질이 누락되거나 변경된다. 따라서 자연살해세포에 의해 비자기로 인식되고, 바이러스 감염 세포와 동일한 방법으로 파괴된다.

조직손상과 미생물 침입의 조합인 상처는 **염증반응(inflammatory response)**을 유발하는데, 염증반응은 상처 부위로 식세포를 유인하여 상처 부위에 장벽을 만들어 신체로부터 감염조직을 격리한다. 염증반응에는 발열, 발적, 부종, 통증이 따른다.

전형적인 염증반응은 상처 부위에 세균이 침입하면서 시작된다. 손상된 세포는 화학물질을 분비하고, 이는 다시 **비만세포(mast cell)**를 자극하여 **히스타민(histamine)**을 포함한 여러 물질을 분비시킨다. 히스타민은 소동맥 주위를 감싸고 있는 평활근을 이완시켜 모세혈관벽의 투과력을 증가시킨다. 혈장은 상처 부위로 흘러나온다. 따라서 히스타민이 염증반응의 발적과 부종의 원인임을 설명할 수 있다. 다친 세포, 비만세포, 침입한 미생물 등이 분비한 화학물질에 의해 대식세포와 다른 종류의 백혈구가 몰려든다. 이들은 모세혈관 벽을 빠져나와 세균, 먼지 그리고 세포 잔해물을 삼킨다. 어떤 경우에는 죽은 세균의 혼합물, 조직의 잔해, 살아있거나 혹은 죽은 백혈구세포들로 이루어진 고름이 생긴다.

상처 난 세포가 분비하는 다른 화학물질은 혈액을 응고시킨다. 손상된 세포에서 분비되는 몇몇의 화학물질과 부종은 통증을 야기하며, 이는 일반적으로 더 큰 손상 가능성을 감소시키는 일종의 보호 반응으로 이어진다.

병원균에 반응한 특정 대식세포와 어떤 종류의 세균은 발열물질을 분비한다. **열(fever)**은 어떻게 감염과 싸울까? 증가된 체온은 식세포성 백혈구의 활성을 증가시키며 동시에 세균증식을 감소시킨다. 철의 고갈은 열발생과 더불어 세균의 증식을 방해한다. 한편 열은 후천성 면역계의 세포를 보다 빠르게 증식시키고, 서둘러 효과적인 후천성 면역반응을 시작한다. 열은 또한 바이러스에 감염된 세포를 자극하여 **인터페론(interferon)**이라 불리는 단백질을 생성하여 주변 세포의 바이러스 침입에 대한 저항성을 증가시킨다. 인터페론은 또한 자연살해세포를 자극하여 바이러스-감염 체세포를 파괴한다.

그러나 고열은 뇌 손상을 야기해 위험할 수도 있다. 열은 도움이 될 수도 있고 해가 될 수도 있는 잠재력을 가지고 있기 때문에 아스피린, 아세트아미노펜, 이부프로펜과 같은 해열제의 복용은 의사와의 상의가 필요하다.

### 후천성 면역계의 주요 구성원은?

비특이적 방어가 실패해도 우리 몸에는 아주 특이적인 후천성 면역반응이 있다. 후천성 면역반응은 2000년 전의 그리스 역사학자인 투키디데스도 알고 있었다. 그는 질병에 걸린 사람이 회복되면 다시는 동일한 질병에 걸리지 않는다는 것을 알았다. 면역이 된 것이다. 그러나 특정 질병에 대한 면역반응이 다른 질병까지 막아주는 것은 아니다.

후천성 면역반응은 대식세포, 수지상세포 그리고 림프구를 포함한 여러 종류의 백혈구들 간의 상호작용으로 이루어지며 **후천성 면역계(adaptive immune system)**를 형성한다. 대식세포와 수지상세포는 선천성 그리고 후천성 면역반응 모두에 관여하며, **림프구(lymphocyte)**는 오직 후천성 면역반응에 관여하는 백혈구이다. 림프구에는 두 가지 종류가 있다. **B세포(B cell)**와 **T세포(T cell)**이다.

침입하는 병원체를 효율적으로 감시하기 위해 후천성 면역계는 골수, 림프관, 림프절, 흉선, 비장, 그리고 편도선 등 신체 전반에 걸쳐 존재한다(그림 14-16). 사람의 몸에는 약 500개의 **림프절(lymph node)**이 림프관을 따라 산재되어 있다. 병에 걸리면 부어오르는 곳이 있는데 그것은 사실 림프절이 부어오르는 것이다. **흉선(thymus)**은 흉골 밑 심장의 조금 위에 위치한다. 신생아와 어린아이들에서는 꽤 크지만 사춘기를 지나면서 줄어든다. **비장(spleen)**은 복강의 왼쪽 옆에 위치한 주먹만 한 크기의 기관으로, 위와 횡격막 사이에 존재하며, 혈액을 여과하여 미생물이나 노쇠한 적혈구를 백혈구에 노출시켜 그들을 파괴한다. **편도선(tonsil)**은 인두 주변에 위치하므로 입을 통해 체내로 들어온 미생물과 접하기 쉬운 곳이다.

많은 종류의 단백질도 후천성면역반응에 관여한다. 대식세포와 림프구를 포함한 다양한 세포들에 의해 생산되는 많은 종류의 **사이토카인(cytokine)**이 그렇다. 사이토카인은 세포 들 간의 의사소통에 관여한다. 이들의 기능은 염증반응 및 면역반응에서 림프구 분열을 자극하거나 바이러스 감염에 대한 저항을 증가시키는 등 아주 다양하다. B세포에 의해 생산되는 단백질인 **항체(antibody)**는 면역계가 침입한 미생물을 인식하고 파괴하는 것을 돕는다. **보체(complement)** 단백질은 대부분 간에서 합성되어 혈액을 순환하는데, 면역계를 보조하여 침입한 미생물을 죽인다.

모든 후천성면역반응은 세 가지 단계로 구성되어 있다. 첫째, 림프구는 침입한 미생물을 인식하고 비자기로 식별한다. 둘째, 그들은 공격을 가하고 셋째, 동일한 미생물에 의한 재감염을 방지하기 위해 침입자를 기억한다.

## 후천성 면역계는 어떻게 침입자를 인식하는가?

후천성면역반응을 시작시킬 수 있는 분자를 우리는 항체 생성 분자의 줄임말인 **항원(antigen)**이라고 한다. 항원은 흔히 침입한 세균, 곰팡이, 또는 다른 미생물의 표면에 존재하는 분자이다. 많은 바이러스 항원은 감염된 체세포의 원형질막 안으로 유입된다. 이들은 그들을 삼킨 수지상세포나 대식세포의 원형질막에 '제시'된다. 세균이 분비하는 독소와 같은 항원은 혈장, 림프 또는 세포외액에 용해되어 있다. 그러나 항원이 침입한 미생물이나 독소에만 국한되는 것은 아니다. 만약 당신이 신장을 다른 사람에게 기증한다

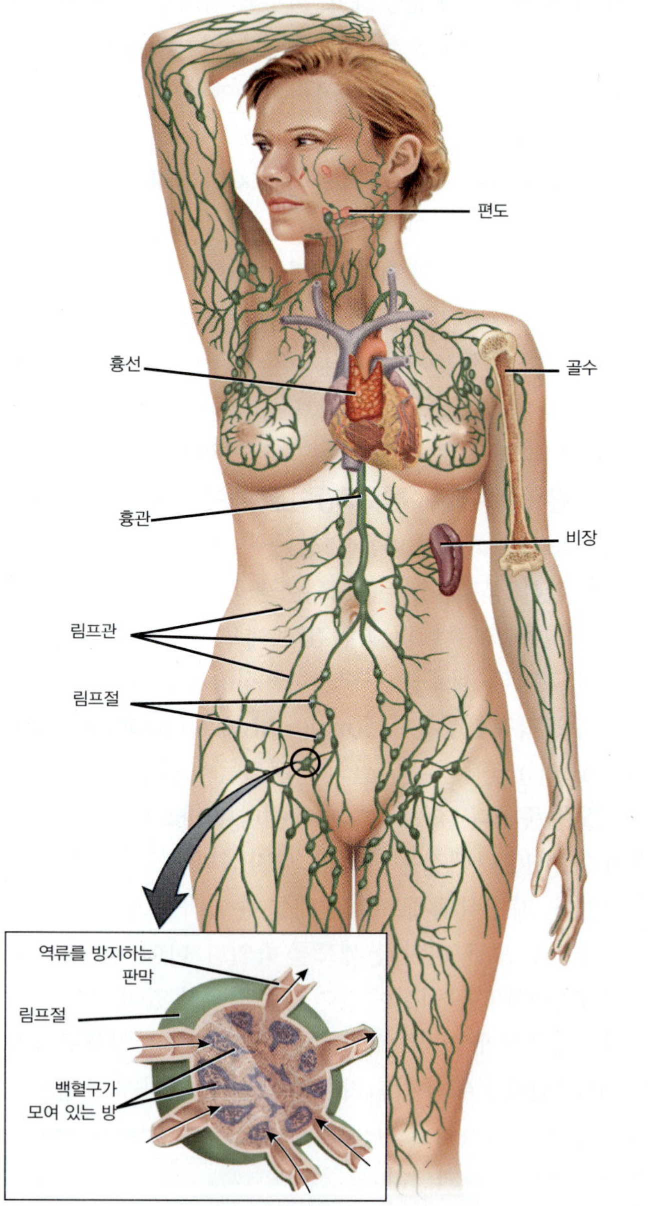


▲ 그림 14-16 **림프계는 많은 면역계를 포함한다** 면역계의 세포는 골수에서 생성되고 골수 혹은 흉선에서 성숙한다. 대부분의 성숙한 면역세포는 림프절 혹은 비장에 머무른다. 림프절을 통해 림프가 순환하면서 대부분의 미생물 침입자를 공격하고 죽인다.

면, 당신의 신장에 있는 항원은 수여자에서 면역반응을 시작시킬 것이다. 매우 신중한 조직 적합성 검사와 면역계를 억제하는 약제의 사용이 없다면, 수여자의 후천성면역반응은 이식한 조직을 공격하게 될 것이다.

림프구는 특정 항원과 결합하여 면역반응을 일으키는 두 가지 종류의 단백질을 생산한다. 항체와 T세포 수용체이다.

항체는 B세포에 의해 생성된다. 항체는 한 쌍의 중사슬과 한 쌍의 경사슬로 구성된 Y자 모양의 단백질 분자이다(그림 14-17). 항체는 항체 사이에 차이가 있는 **가변부위(variable region)**와 같은 종류의 항체에서는 유사한 **불변부위(constant region)**로 되어 있다. 경사슬과 중사슬의 조합은 '팔'과 '지지대'를 만들어내는데, 팔의 끝에 위치한 가변부위는 항원과 결합하는 결합부위를 형성한다. 결합부위는 저마다 특정한 크기, 모양, 그리고 전하를 띠고 있어서 항원항체결합반응이 보이는 특이성의 원인이 된다. Y의 지지대는 중사슬의 불변 부위로 구성된다. 항체의 불변부위는 항체의 위치(예를 들면, B세포 표면 또는 모유로 분비)와 면역반응에서 그들의 역할을 결정한다. 항체의 주요 유형은 IgD, IgM, IgG, IgA, IgE이며 이들은 위치와 기능에서 차이가 있다.

항체의 기능에서 항체의 지지대 부분은 B세포의 원형질막에 항체를 고정하고, 튀어나온 두 개의 팔은 혈액과 림프액 중의 항원분자와 결합한다. 항원과 항체의 결합은 B세포의 분열을 자극한다.

T세포는 항원을 인식하고 결합하는 **T세포 수용체(T-cell receptor)**라 불리는 단백질을 가지고 있다. 모든 T세포는 각기 다른 T세포 수용체를 생산한다. 항원에 대해 매우 특이적인 결합부위를 갖는 가변부가 세포 표면에 돌출되어있다. 항원이 T세포 수용체와 결합하면, T세포가 활성화된다.

후천성 면역계는 수백만 가지의 항원을 인식한다. 잠재적으로 해로운 거의 모든 항원에 반응한다. 어떻게 이렇게 놀랄만한 위업을 이룰 수 있을까? 그러나 B세포와 T세포는 항체와 T세포 수용체를 특정 항원에 꼭 맞도록 만들어내지는 않는다. 대신 B세포와 T세포는 수백만 가지의 항체와 T세포 수용체를 무작위로 합성한다. 백화점에 진열된 기성품 옷과 같고 주문 제작하는 것이 아니다.

후천성면역계는 비자기와 자기를 구별한다. 우리 몸의 세포가 다른 사람의 몸에 들어가면 면역반응을 일으킨다. 조직이식 거부반응이다. 그런데 왜 우리 몸에서는 자신의 면역계를 공격하지 않는 걸까? 골수에서 형성중인 면역세포들이 자기 항원과 결합하면 그들은 세포 사멸 혹은 프로그램화된 세포 죽음이라는 세포 자살을 겪는다. 그러나 모든 자기-반응 B세포와 T세포가 이 방법으로 제거되는 것은 아니다. **조절 T세포(regulatory T cell)**의 기능 중 하나는 우리 몸을 공격하는 자기-반응 림프구를 제어하는 것이다.

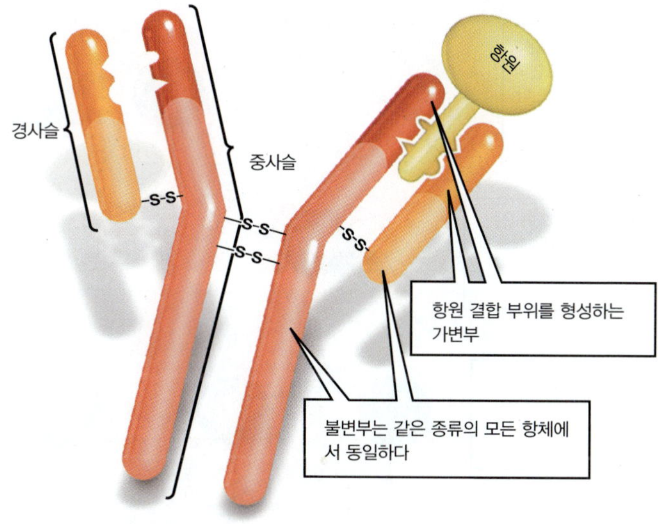


▲ 그림 14-17 **항체 구조** 항체는 'Y' 글자와 같이 배열된 두 쌍의 펩타이드 사슬(경사슬과 중사슬)로 구성된 단백질이다. 두 사슬의 불변 부위는 Y의 기둥 부분을 형성한다. 두 사슬의 가변 부위는 Y의 각 팔 끝부분에 특이적인 결합 부위를 형성한다. 항체는 각기 다른 다양한 가변 부위로 특정 결합 부위를 형성한다.

## 후천성면역계는 어떻게 침입자를 공격하는가?

수백만의 고유한 면역세포를 갖는 이점은 거의 모든 침입자가 후천성 면역반응을 일으킬 수 있다는 것이다. 그 대신 결점은 소수의 세포는 침입자를 죽이기에 충분하지 않다는 것이다. 면역반응이 최고조에 이르려면 세포의 증식과 분화가 필요하기 때문에 보통 1주 또는 2주가 소요된다. 면역반응의 발달은 미생물의 증식속도를 따르지 못할 수 있다.

### 체액성 면역은 혈중 항체에 의해 수행된다

**체액성 면역(humoral immunity)**은 B세포에 의해 수행되고 B세포는 혈류에 항체를 분비한다(그림 14-18). 수백만 가지의 서로 다른 B세포는 표면에 자신만의 특정 항체를 가지고 있다. 미생물이 체내로 침입했을 때, 몇몇 B세포의 항체가 침입자의 항원과 결합한다❶. 항원-항체 결합이 일어난 B세포는 신속하게 분열한다❷. 항원에 의해 '선택'된 B

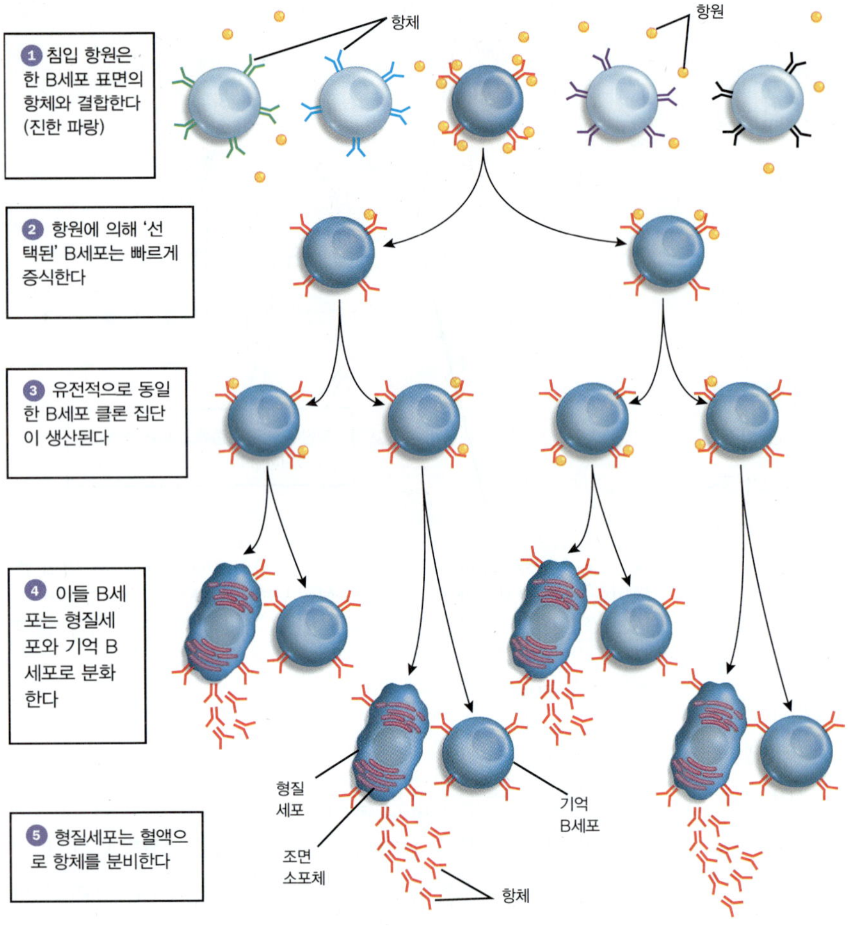


▲ 그림 14-18 **침입한 항원에 의한 B세포 클론 선택**

세포는 증식하고 그 결과 유전적으로 동일한 딸세포 클론을 생산하기 때문에 이 과정을 **클론 선택(clonal selection)**이라 한다❸.

딸세포는 두 개의 세포 유형, **기억 B세포(memory B cell)**와 **형질세포(plasma cell)**로 분화한다❹. 기억 B세포는 침입자에 대한 미래의 면역반응에서 중요한 역할을 한다. 형질 세포는 특정 항체 단백질을 대량 생산하여 혈류로 분비한다❺. 분비되는 항체는 원래의 어버이 B세포 표면에 존재하는 항체와 동일한 항원 결합 부위를 갖는다. 이 과정은 시간이 걸린다. 감염으로부터 회복되려면 2주 정도가 걸리는 이유이다.

혈액 내 항체는 세 가지의 주된 방식으로 침입분자나 미생물과 싸운다. 첫째, 순환하는 항체는 외래분자나 바이러스 또는 세포에 결합하여 중화작용이라는 과정을 통하여 그들을 무해하게 만든다. 예를 들어, 뱀독의 활성부위에 항체가 결합하면, 그 독은 인체에 해를 입힐 수 없다. 많은 바이러스들은 바이러스 단백질이 숙주세포 표면의 특정 수용체 부위와 결합함으로써 세포 내로 들어가는데, 이러한 바이러스 단백질에 항체가 결합하면 바이러스가 세포 내로 들어갈 수 없다. 둘째, 항체는 침입분자나 바이러스 또는 세포 표면을 덮어서 대식세포나 다른 식세포들이 쉽게 파괴하도록 한다. 셋째, 항체가 미생물 표면의 항원에 결합할 때, 항체는 혈액 내에 항상 존재하는 보체 단백질과 상호작용한다. 일부 보체 단백질들은 미생물 세포막에 구멍을 뚫

## 부상하고 있는 치명적인 바이러스

바이러스 질환이 3,000년 이전부터 인류를 괴롭혀 왔음을 얼굴에 천연두 흔적이 있는 파라오 람세스 5세의 이집트 미이라에서 알 수 있다. 그리고 최근 수십 년간, 인간면역결핍 바이러스, 웨스트 나일 열병, 조류독감, 돼지독감, 그리고 에볼라 등의 치명적인 바이러스가 놀랄만한 빈도로 출현하고 있다.

### 조류독감

매년 겨울마다, 흔한 인간 독감이 전 세계를 휩쓸고 지나간다. 독감 바이러스는 호흡기관의 세포에 침투하여 세포 내에서 증식하고, 다음 세대의 바이러스가 이들을 죽이면서 떠난다. 수십만 명의 어른, 신생아, 노약자가 사망한다. 매년 독감에 걸리는 수백만 명의 건강한 어른들은 사망하지는 않지만 호흡기 고통, 열, 근육통에 시달린다. 그들은 후천성 면역계가 독감 바이러스를 물리치기 때문에 생존한다. 또한 면역계는 다음 독감 계절을 대비하여 기억세포를 생산한다.

독감 바이러스는 돌연변이율이 매우 높아, 매년 바이러스가 변한다. 어떤 해에는 근본적으로 다른 변종이 출현하기도 한다. 새로운 변종은 독감 바이러스가 다른 동물에 침투해 변이를 일으킨 후 사람에게도 감염을 일으키게 하거나, 사람과 조류와 돼지의 바이러스 유전자가 단일 바이러스에 조합되었을 때 발생한다. 오늘날의 조류독감은 1997년 홍콩에서 처음 나타났다. 보건 당국은 그 독감이 감염된 닭으로부터 유래한 것이라는 결론을 내리고 홍콩의 모든 닭, 약 150만 마리를 살처분하라고 지시하였다. 그럼에도 불구하고 조류독감은 전 세계에 걸쳐 확산되어 터키, 인도네시아, 이집트와 같이 멀리 떨어진 국가에서도 희생자가 보고되었다. 감염된 환자의 약 60%가 사망하였다.

다행스럽게도, 오늘날의 조류독감은 조류에서 사람으로의 전파가 일어나지 않으며 사람에서 사람으로의 전염도 거의 불가능한 것으로 여겨지기 때문에 전 세계적인 확산을 유발하긴 쉽지 않지만 돌연변이가 더욱 진행된다면 달라질 수 있다.

어서 죽인다. 다른 보체 단백질들은 침입자의 식세포 작용을 용이하게 한다.

항체는 원형질막을 통과할 수 없는 커다란 단백질이기 때문에, 세포 내로 들어갈 수 없다. 그러므로 세포 내로 들어간 바이러스에는 무력하다. 바이러스 감염에 대한 방어는 세포-매개 면역반응의 도움을 필요로 한다.

### 세포-매개성 면역은 세포독성 T세포에 의해 수행된다

**세포-매개성 면역(cell-mediated immunity)**은 바이러스에 감염된 체세포나 암이 되어가고 있는 세포를 공격하는 **세포독성 T세포(cytotoxic T cell)**라 불리는 T세포에 의해 수행된다. 그것은 다음과 같이 기능한다. 세포가 바이러스에 감염되면, 바이러스 단백질 일부가 감염 세포 표면에 남아 원형질막 외부에 '제시' 된다. 세포독성 T세포는 알맞은 T세포수용체로 제시된 바이러스 단백질을 인식하여 감염 세포를 죽인다. 감염 세포가 죽게 되면, 다른 세포로 바이러스 감염이 전파되지 않을 것이다. 암세포 또한 흔히 세포 표면에 특이 단백질을 제시하기 때문에 세포독성 T세포가 이를 비자기로 인식하고 동일한 메커니즘으로 암세포를 죽인다.

### 보조 T세포는 체액성 면역과 세포-매개성 면역반응을 향상시킨다

B세포와 세포독성 T세포는 스스로 미생물 침입자와 싸울 수 없다 그들에겐 **보조 T세포(helper T cell)**의 도움이 필요하다. 보조 T세포는 침입 미생물을 삼켜, 소화한 수지상세포나 대식세포의 세포 표면에 제시된 항원과 결합하는 T세포수용체를 가지고 있다. T세포수용체가 항원과 결합하면 보조 T세포는 빠르게 증식하며 B세포 및 세포 독성 T세포의 세포 분열과 분화를 자극하는 사이토카인을 분비한다.

## 후천성면역계는 어떻게 과거의 승리를 기억하는가?

질병으로부터 회복된 후 수년 또는 평생 동안, 질병을 초래한 미생물에 대한 면역이 유지된다. 어떻게 이러한 일이 가능한가? 질병을 물리친 형질세포와 세포독성 T세포는 단 며칠만 생존하지만, 감염에 반응했던 최초 B세포와 세포 독성 T세포 및 보조 T세포의 딸세포들 중 일부는 **기억 B세포(memory B cell)**와 **기억 T세포(memory T cell)**로 분화하여 오랫동안 생존하기 때문이다. 면역이 된 것이다

## 의학적 치료는 어떻게 면역반응을 돕는가?

인류역사에서 오랫동안 질병과 싸운 것은 오로지 면역반응이었다. 그러나 오늘날 면역계는 두 가지 강력한 보조자인 의학적 처치가 있다. 항생물질과 백신이다.

**항생물질(antibiotics)**은 미생물의 증식을 방해하거나 죽임으로써 감염 방지를 돕는 화학물질이다. 항생물질이 모든 병원체를 막아줄 수는 없지만, 면역계가 방어 임무를 완수할 수 있을 만큼 충분한 시간을 벌어줄 수는 있다. 항생물질은 대사 과정이 표적이기 때문에 이를 갖지 않는 바이러스에 대해서는 대체적으로 효과적이지 못하다. 하지만, 일부 **항바이러스 약제(antiviral drug)**가 개발되어 있고 인간 면역결핍바이러스(HIV), 헤르페스(입과 성기), 간염바이러스 B와 C 그리고 독감 바이러스 등의 치료에 유효하다.

예방접종은 질병에 대한 면역성을 제공한다. **백신(vaccine)**은 보통 약화시키거나 죽인 미생물이거나 유전공학기술을 이용하여 만든 병원체 항원의 일부이다.

### 알레르기는 잘못 겨냥된 면역반응이다

많은 사람들이 해롭지 않는 물질에 대한 면역반응인 **알레르기(allergy)**로 고통 받고 있다. 알레르기 물질에는 꽃가루, 곰팡이 포자, 벌의 침, 그리고 우유, 달걀, 생선, 밀, 견과류, 땅콩 등과 같은 음식이 있다. 알레르기 반응은 **알러젠(allergen)**이라고 불리는 알레르기-유발 항원이 체내로 들어와서 B세포의 '알레르기 항체'(IgE 항체)에 결합하면서 시작된다(그림 14-19 ❶). 이들 B세포는 형질세포가 되어 ❷ 알레르기 항체를 혈장으로 분비한다. 분비된 항체는 주로 비만세포에 부착된다❸. 후에 이들 부착 항체에 알러젠이 결합하면❹, 비만세포는 히스타민을 분비하고, 이로 인해 모세혈관 누출과 염증반응과 같은 증상들을 초래한다 ❺. 전형적인 증상인 콧물, 재채기, 그리고 충혈을 겪게 된다. 음식 알레르기는 보통 장 경련과 설사를 유발한다. 땅콩 혹은 벌침에 대한 알레르기와 같이 심각한 경우에는 염증 반응이 너무 강하게 일어나 기도가 완전히 막혀 질식사하기도 한다.

### 자가면역질환은 자신의 체내 분자에 대한 면역반응이다

우리의 면역계는 자신의 세포를 침입자로 오해하지 않는다. 그렇지만 가끔 무엇인가 잘못되어, '항-자기' 항체가 생산된다. 그 결과 면역계가 자기 자신의 구성성분을 공격

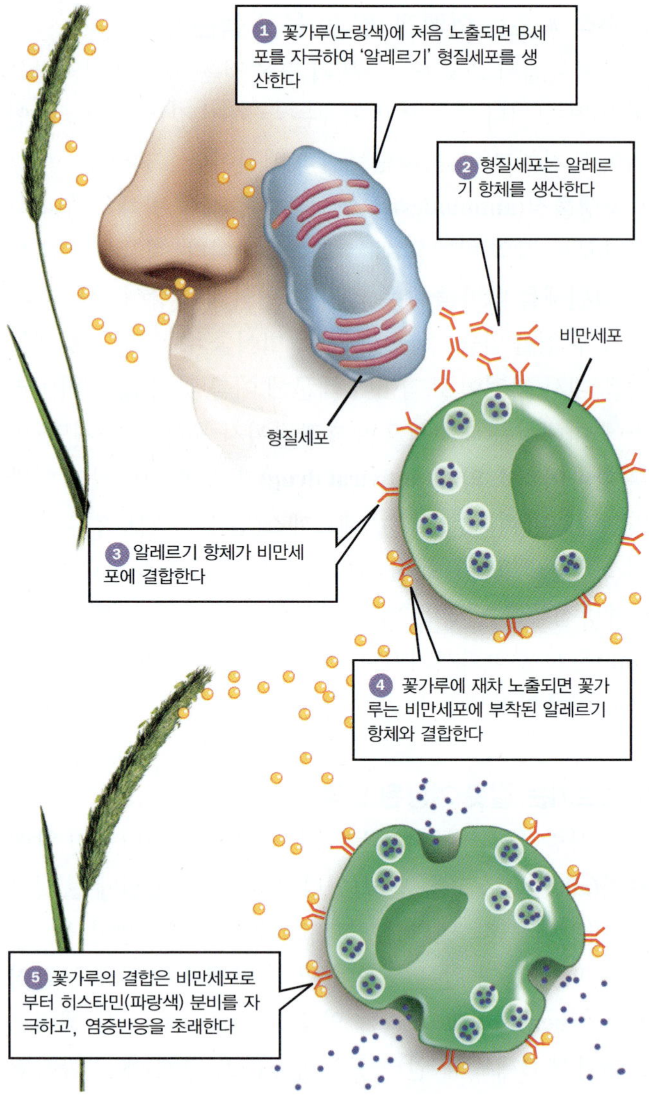


▲ 그림 14–19 **꽃가루에 대한 알레르기 반응**

하는 **자가면역질환(autoimmune disease)**이 초래된다. 제 1 형 당뇨병의 많은 경우, 류머티스성관절염, 중증근무력증, 다발성경화증, 그리고 전신성 낭창 등을 보기로 들 수 있다. 불행하게도, 현재로서는 자가면역질환의 치료법이 거의 없다.

### 면역결핍 질환은 효과적인 면역반응을 유도하지 못해 일어난다

가장 흔한 면역결핍 질환은 **후천성면역결핍증(acquired immune deficiency syndrome, AIDS)**이다. 에이즈(AIDS)는 **사람 면역결핍 바이러스(human immunodeficiency virus, HIV)**에 의해 유발된다. 이 바이러스는 보조 T세포에 침투하여 이를 파괴함으로써 면역계를 약화시킨다. 1981년 최초의 공식적인 진단 이후 약 4,000만 명이 에이즈로 죽었다. HIV는 보조 T세포 내에 들어가서 세포의 대사 기구를 장악하여 바이러스입자를 더 만들어 내도록 하여 세포 밖으로 나온다. 여러 가지 약제들이 HIV의 복제 속도를 낮추어서 에이즈의 진행을 지연시킬 수 있다. HIV는 체외에서는 오래 생존할 수 없기 때문에, 오직 손상된 피부나 점막. 혹은 바이러스가 존재하는 혈액, 정액, 질 분비물, 모유 등의 체액을 통해서만 전염된다.

### 면역계는 어떻게 암과 싸우는가?

암세포는 인체 내에서 매일 형성되지만, 면역계는 암세포가 증식하여 퍼질 기회를 갖기 전에 거의 모두 파괴한다. 이 암세포들은 어떻게 제거할까? 암세포의 표면에는 정상 세포에서 발견되는 MHC 단백질이 없거나 암 특이적인 새로운 단백질이 나타난다. 자연살해세포와 세포독성 T세포가 이러한 차이를 비자기 세포의 표지로서 인식하여 암세포를 파괴한다. 하지만, 일부 암세포들은 면역계가 비자기로 인식하는 항원을 가지고 있지 않아서 면역계의 탐지를 피할 수 있다.

백신은 특정 암을 예방할 수 있다. 간암을 유발하는 B형 간염바이러스, 그리고 자궁암을 유발하는 인체 유두종 바이러스에 대한 예방 백신이 승인되어 있다. 암이 발생한 후 치료할 '치료 백신'도 현재 개발 중에 있다.

대부분의 암에 대한 치료는 여전히 조기 발견 및 수술, 방사선, 화학요법 같은 전통적인 치료에 의존하고 있다. 그러나 수술이나 방사선치료는 전이되어 퍼진 암에 대해서는 효과적이지 못하고, 화학요법은 빠르게 분열하는 일부 정상 세포들도 죽인다. 환자의 모낭과 창자 내면의 줄기세포들이 화학요법으로 손상되면 잘 알려진 부작용인 탈모, 매스꺼움, 구토가 유발된다.

새롭게 떠오르고 있는 **면역항암요법(cancer immunotherapy)**은 2세대 표적항암제에 이어 암치료의 새로운 패러다임이다. 부작용이 적고 여러 가지 암에 효과적이며 치료 효과가 장기적이어서 완치까지 바라볼 수 있다는 이유로 크게 각광받고 있다. 면역항암제는 면역 관문의 차단을 통해 면역세포를 활성화시켜 치료 효과를 나타내는 것으로 알려져 있다.

## 14.7 내분비계

### 세포는 어떻게 소통하는가?

우리 몸의 세포들은 기능의 통합을 위해 서로 간에 소통이 필요하다. 이러한 세포 사이의 소통은 직접소통, 신경전달, 주변 분비, 내분비의 네 가지 방법으로 일어난다.

직접소통에서, 이웃한 세포는 간극연접을 통해 이온과 전기적 신호를 흐르게 한다. 직접소통은 심장과 뇌 등 많은 조직에서 나타난다. 다른 세 가지 종류의 소통에서 세포는 화학전달자를 방출한다. 화학전달자는 **표적세포(target cell)**의 표면이나 내부에 위치하는 특정한 **수용체(receptor)**와 결합함으로써 신호를 전달한다.

**신경전달 소통(synaptic communication)**은 신경계에서 사용된다. 우리는 14.8장에서 이에 대해 자세히 다룰 것이다. 주변분비, 내분비소통이 일어나는 동안 방출되는 전달자에는 다양한 이름이 붙어 있다. 세포에서 분비되고, 간질액이나 혈액에 의해 표적세포로 운반되는 화학전달자를 호르몬이라 한다. **주변분비소통(paracrine communication)**에서는, 간질액을 통해 확산하여 이웃 세포에 영향을 미치는 국소호르몬이 방출된다. **내분비소통(endocrine communication)**에서는, 혈액을 따라 신체 모든 곳으로 운반되는 내분비호르몬이 분비선의 세포들에 의해 방출된다.

### 주변분비소통은 국소적으로 작용한다

주변분비소통에서 신호를 주고받는 세포가 근접해 있기 때문에 소통은 빠른 경향이 있다. 국소호르몬은 방출 직후에 파괴되거나 주변세포들이 빠르게 흡수하기 때문에 대부분 근거리 작용만을 보여준다. 국소호르몬의 보기로는 알레르기와 염증반응의 히스타민과 면역계세포들 사이의 소통 물질인 많은 종류의 사이토카인을 들 수 있다. 변형된 지방산인 **프로스타글란딘(prostagladin)**도 중요한 국소호르몬이다. 분만 시에는 자궁경부의 확장을 유도하고 자궁근육을 수축시킨다. 또한 염증반응과 통증의 원인이기도 하다. 아스피린, 아세타미노펜(타이레놀), 이부프로펜 등과 같은 진통해열제는 프로스타글란딘의 합성을 저해한다.

### 내분비소통은 온몸의 표적세포로 호르몬을 운반하기 위해 순환계를 이용한다

내분비소통은 **내분비선(endocrine gland)**에서의 호르몬 분비로 시작된다(그림 14-20). 내분비선은 갑상선과 뇌하수체의 경우처럼 그 기능이 오직 호르몬 분비인 경우도 있고 이자, 난소, 정소 등과 같이 다양한 기능을 가지는 기관에 파묻혀서 세포 집단이나 개별적인 세포로 분산되어 있는 경우도 있다. 모든 경우에 내분비선의 분비세포는 모세혈관망에 둘러싸인 간질액 속으로 호르몬을 분비한다❶. 호르몬은 모세혈관으로 확산되어 혈액을 따라 온몸으로 운반된다❷. 내분비호르몬은 온몸의 거의 모든 세포에 도달할 수

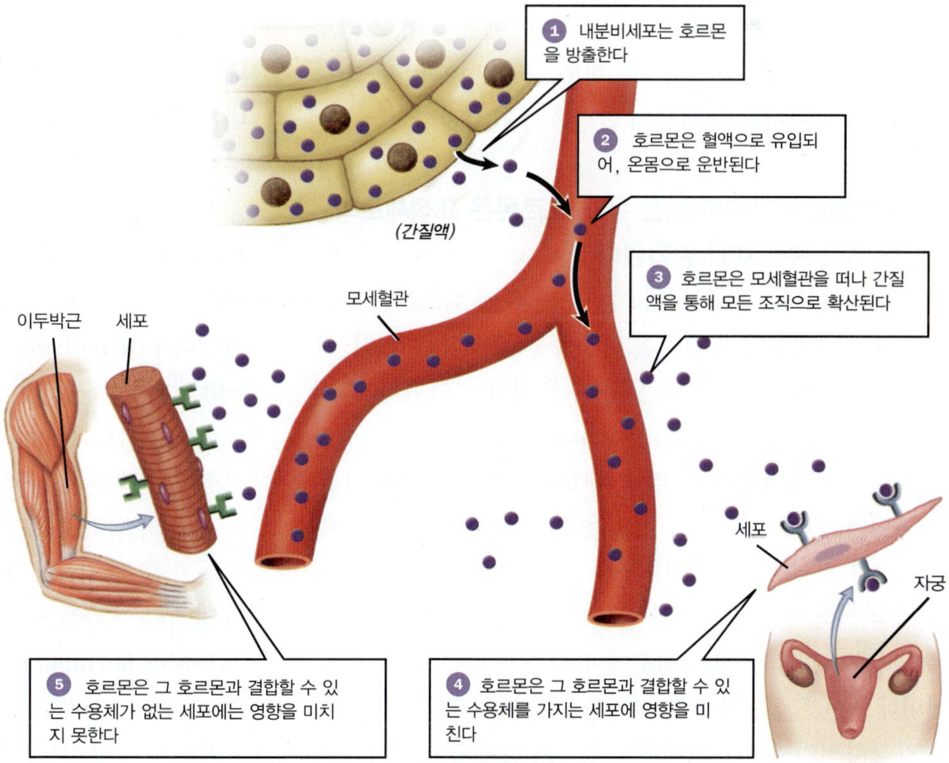


▶ 그림 14-20 **호르몬의 방출, 분포, 수용**

있어도❸, 특정 호르몬과 결합할 수 있는 수용체를 가진 표적세포만이 반응할 수 있고❹, 필요한 수용체가 없으면 반응하지 않는다❺.

## 내분비호르몬은 어떻게 효과를 발휘하는가?

내분비호르몬에는 세 가지 유형이 있다. 콜레스테롤에서 합성되는 **스테로이드호르몬(steroid hormone)**, 아미노산 사슬로 이루어진 **펩타이드호르몬(peptide hormone)**, 한 두 개의 변형된 아미노산으로 구성된 **아미노산 유래 호르몬(amino acid derived hormone)**의 세 가지이다. 이들 호르몬은 표적세포의 표면이나 내부에 위치하는 수용체와 결합하여 (1) 유전자의 전사 조절을 통해 세포가 합성하는 단백질의 양이나 종류를 변화시키거나, (2) 효소를 활성화하거나 저해시키는 방법으로 세포대사를 변화시킨다.

### 스테로이드호르몬은 일반적으로 표적세포 내부의 수용체와 결합한다

스테로이드호르몬은 지용성이므로 원형질막을 가로질러 세포질이나 핵에 위치하는 수용체와 결합하여 호르몬-수용체 복합체를 형성한다. 수용체가 세포질에 있으면 호르몬-수용체 복합체는 핵 속으로 이동한다. 복합체는 특정 유전자와 결합하며 전사를 자극한다. 합성된 mRNA는 세포질로 이동해서 단백질 합성을 지시한다. 예를 들어, 스테로이드호르몬인 테스토스테론은 정소, 근육, 턱 수염, 음모 등의 발달에 관여하는 단백질의 합성을 증가시킨다.

### 펩타이드호르몬과 아미노산 유래 호르몬은 표적세포의 표면에 있는 수용체와 결합한다

대부분의 펩타이드호르몬과 아미노산 유래 호르몬은 수용성이므로 원형질막의 인지질 이중층을 통과할 수 없다. 그러므로 표적세포의 표면에 있는 수용체와 결합한다. 그러면 세포 내부에서 **2차 전달자(second messenger)**를 합성하는 효소가 활성화된다. **고리형 AMP(cAMP)**, 변형된 지질, 칼슘 이온, 산화질소 가스 등 많은 종류의 2차 전달 분자가 있다. 2차 전달자는 세포 내의 다른 분자에 신호를 전달하여 결국 연쇄적인 생화학적 반응을 일으킨다. 결과는 호르몬이나 2차 전달자, 표적세포에 따라 달라진다. 예를 들어, 에피네프린은 심근세포와 간세포 모두에서 cAMP의 합성을 자극하지만 심근세포에서는 수축이 강화되고, 간세포에서는 글리코겐을 포도당으로 분해하는 효소가 활성화된다.

### 호르몬 방출은 피드백 메커니즘에 의해 조절된다

호르몬의 방출은 변화를 거슬러 본래의 상태로 되돌리려는 반응인 **음성피드백(negative feedback)**에 의해 조절된다. 예를 들어, 덥고 화창한 날에 수 킬로미터를 달려 땀으로 1리터의 수분을 방출했다고 가정해 보자. 수분 소실에 대한 반응으로 뇌하수체는 항이뇨호르몬(ADH)의 방출을 통해 신장에서 수분을 재흡수하여 농축된 소량의 소변을 만들 것이다. 그러나 집에 돌아와 2리터의 물을 마신다면, 혈압이 상승될 것이고 심장에 손상을 입히게 될지 모른다. 그러나 음성피드백이 원래의 상태로 회복시킨다. 충분한 물이 혈액으로 들어오면, 항이뇨호르몬의 분비가 정지된다.

호르몬 방출이 **양성피드백(positive feedback)**에 의해 조절되는 경우도 있다. 예를 들어 분만 초기의 자궁수축은 자궁 경부로 아이의 머리를 밀어내고, 이러한 자극은 자궁 경부의 확장을 유도한다. 자궁경부의 확장은 옥시토신 방출을 시작하도록 어머니의 뇌에 신경신호를 보낸다. 옥시토신은 더욱 강하게 자궁근육을 수축시키고, 아이를 자궁경부 쪽으로 강하게 밀어부친다. 그러나 양성피드백이 무한히 지속될 수는 없다. 분만의 경우에 옥시토신 방출과 자궁수축 사이의 양성피드백은 신생아의 출산으로 종료된다.

## 내분비계의 구조와 기능은 무엇인가?

**내분비계(endocrine system)**는 호르몬과 이를 생성하는 내분비선으로 구성된다(그림 14-21).

### 시상하부와 뇌하수체호르몬은 신체의 많은 기능을 조절한다

**시상하부(hypothalamus)**는 **신경분비세포(neurosecretory cell)**의 다발로 구성된 뇌의 한 부분으로 펩타이드호르몬을 분비한다. 신경분비세포의 축삭은 시상하부와 뇌하수체를 연결하는 자루를 통과한 뒤 각각 뇌하수체 전엽과 후엽에서 축삭의 말단을 통해 호르몬을 방출한다. 전엽으로 방출되는 여섯 가지 호르몬은 뇌하수체 전엽에서 특정 호르몬의 방출을 자극하느냐 또는 억제하느냐에 따라 **방출호르몬(releasing hormone)** 혹은 **억제호르몬(inhibiting hormone)**으로 불린다. 뇌하수체 후엽으로 방출되는 호르몬으로는 옥시토신과 항이뇨호르몬이 있고 이들은 방출되면 혈류를

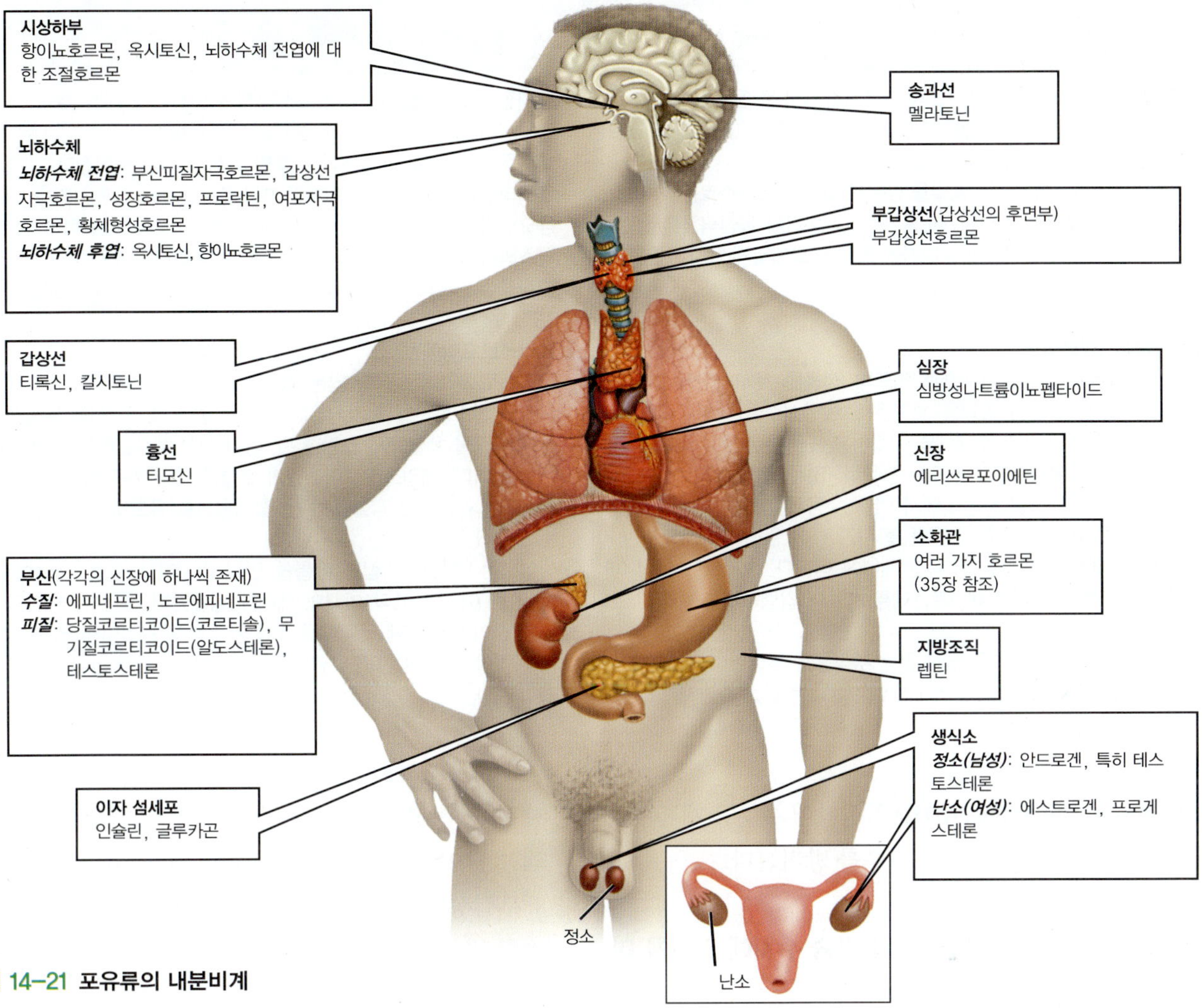


▲ 그림 14-21 포유류의 내분비계

따라 전신으로 운반된다.

**뇌하수체(pituitary gland)**는 시상하부와 자루로 연결된 완두콩 크기의 분비선으로, **뇌하수체 전엽**과 **뇌하수체 후엽**의 두 부분으로 되어 있다. 시상하부 호르몬의 지시로 뇌하수체 전엽에서 방출되는 네 가지 호르몬은 다른 내분비선의 호르몬 생성을 조절한다. **난포자극호르몬(follicle-stimulating hormone, FSH)**과 **황체형성호르몬(luteinizing hormone, LH)**은 수컷의 정소에서 정자와 테스토스테론의 생성을 자극하고, 암컷의 난소에서는 난자, 에스트로겐과 프로게스테론의 생성을 자극한다. **갑상선자극호르몬(thyroid-stimulating hormone, TSH)**은 갑상선을 자극하여 갑상선호르몬을 방출하게 하며, **부신피질자극호르몬(adrenocorticotropic hormone, ACTH)**은 부신 피질에서 코르티솔의 방출을 유도한다.

뇌하수체 전엽에서 분비되는 프로락틴과 성장호르몬은 다른 내분비선에 작용하지 않는다. **프로락틴(prolactin)**은 임신기간 동안 다른 호르몬과 협력하여 젖을 생성하는 유방의 유선 발달을 자극한다. **성장호르몬(growth hormone)**은 단백질 합성의 증가, 에너지원으로 지방 이용의 촉진, 탄수화물 대사의 조절 등 거의 모든 체세포에 작용한다. 성장호르몬은 유년기에 뼈의 성장을 자극한다. 과소 분비는 왜소증을 유발하고 과다 분비는 거인증을 유발할 수 있다.

뇌하수체 후엽에서는 옥시토신과 항이뇨호르몬이 방출된다. **옥시토신(oxytocin)**은 분만 시 자궁 근육의 수축을 유도한다. 옥시토신은 또한 신생아의 젖을 빠는 자극에 대한 반응으로, 유선 근육조직의 수축을 야기하여 산모에게 '유즙 분출반사'를 일으킨다. 옥시토신은 뇌에도 직접 작용한다. 예를 들어, 교미한 적이 없는 암컷 쥐의 뇌에 옥시토신을 주입하면 모성 행동이 나타난다. 사람에서 옥시토신은 사랑의 감정을 가지는 데 중요한 역할을 한다. **항이뇨호르

## 경기력을 향상시키는 약물 - 바보들의 황금?

고등학교부터 올림픽, 프로리그에 이르기까지 많은 운동선수들이 강해지거나 빨라지거나 지구력을 향상시키기 위해 천연 또는 합성 호르몬을 사용한다.

경기력 향상약물 복용으로 처벌을 받은 최고의 운동선수로는 싸이클 프랑스 투어 챔피언인 랜스 암스트롱, 단거리 달리기 올림픽 챔피언인 마리온 존스와 뉴욕 양키즈의 강타자인 알렉스 로드리게스 등이 있다. 두 가지 경기력 향상약물에 대하여 알아보자.

**아나볼릭 스테로이드**

테스토스테론과 아나볼릭 스테로이드의 작용은 유사하지만 아나볼릭 스테로이드가 더 강한 효과를 보여준다. 운동선수들은 아나볼릭 스테로이드가 테스토스테론 수용체와 결합하고, 근육발달을 자극하기 때문에 아나볼릭 스테로이드를 흔히 사용한다. 많은 합성 스테로이드는 테스토스테론보다 더 낮은 농도에서 이들 수용체를 활성화시킨다. 그리고 테스토스테론을 주사하면 불과 몇 시간 내에 완전히 대사되지만, 어떤 합성 스테로이드는 수 주 동안 체내에 남는다. 그러므로 합성 아나볼릭 스테로이드는 천연 테스토스테론보다 더 강력하며 지속적인 효과를 보인다.

그러나 스테로이드 사용은 원치 않는 부작용을 초래한다. 남녀 모두에서 아나볼릭 스테로이드는 면역계를 억제하고, 혈압을 증가시키고, 고밀도지질 단백질('좋은')의 감소와 감정의 변화를 초래할 수 있다. 남성의 경우, 아나볼릭 스테로이드 주사로 뇌하수체 전엽이 보다 적은 양의 성호르몬을 방출하여, 정소가 위축되고 정자 수가 적어진다. 그리고 테스토스테론과 합성 스테로이드를 에스트로겐으로 전환시키는 효소의 작용으로 인해 여성형 젖가슴이 된다. 여성에서, 아나볼릭 스테로이드는 목소리를 굵게 하고, 수염을 나게 하며, 대머리를 포함하여 남성형 신체 변화를 유발한다. 아나볼릭 스테로이드는 난자 발달과 배란도 방해한다.

**에리쓰로포이에틴**

에리쓰로포이에틴은 더 많은 적혈구를 만들도록 골수를 자극해서 근육으로의 산소운반을 증가시킨다. 중요한 경기 몇 주 전에 운동선수가 자신의 혈액을 채혈해서 보관한 뒤, 경기 직전 재주입하면 적혈구 수가 급증할 것이다. 에리쓰로포이에틴과 수혈은 모두 지구력을 향상시킬 것이다. 그러나 높아진 적혈구 수는, 혈액응고를 유도하고 뇌졸중을 유발할 수도 있다.

튀어나온 근육이 위험을 무릅쓸 만한 가치가 있을까? 평범한 남자로서 얻는 이익이 고작 미래의 데이트 상대방과 경쟁자로부터의 감탄어린 시선이라면 글쎄… 약물을 복용하기 전에 보디빌딩 웹 싸이트나 온라인 약물 판매상이 아닌, 권위 있는 기관의 신뢰할 만한 정보를 찾아보기 바란다.

---

**몬(antidiuretic hormone, ADH)**은 신장이 수분을 재흡수하여 혈류로 되돌리는 방법으로 탈수를 방지한다.

### 갑상선과 부갑상선은 물질대사와 칼슘 수치에 영향을 미친다

**갑상선(thyroid gland)**은 목 앞쪽 후두 바로 아래에 위치하고 있다(그림 14-21 참조). 갑상선은 티록신과 칼시토닌이라는 두 가지 호르몬을 생성한다. **부갑상선(parathyroid gland)**은 갑상선 뒷면에 좌우 한 쌍씩, 두 쌍의 작은 덩어리로 되어 있다. 이들 세포는 부갑상선호르몬을 방출한다.

티록신은 에너지 대사에 영향을 미친다. **티록신(thyroxine)** 또는 갑상선호르몬은 요오드를 함유한 아미노산 유도체이다. 티록신은 포도당을 분해하여 에너지를 생성하거나 미토콘드리아를 직접 자극하는 방식으로 신체 대부분 세포에서 대사율을 증가시킨다. 갑상선이 티록신을 불충분하게 생성하는, 갑상선기능부전인 사람은 정신적, 육체적으로 무기력을 느낀다. 식욕은 저하되나 체중이 늘고, 신체의 대사율이 낮아 적은 양의 열을 생성하기 때문에 추위를 타게 된다. 갑상선기능부전증이 심각하게 진행되면, 갑상선이 비대해져 **갑상선종(goiter)**이 생긴다. 갑상선기능항진증은 드문 편이다. 티록신은 또한 성장의 조절을 돕기 때문에, 성장 초기에 갑상선호르몬의 결핍은 정신적, 육체적 발달이 늦어지는 **크레틴증(cretinism)**을 유발할 수 있다.

부갑상선호르몬과 칼시토닌은 칼슘 대사를 조절한다. 적절한 칼슘 농도는 신경과 근육의 기능에 필수적이다. 부갑상선의 **부갑상선호르몬(parathyroid hormone)**과 갑상선에서 분비되는 **칼시토닌(calcitonin)**은 혈액과 체액의 칼슘 수치를 거의 일정하게 유지하도록 공동으로 작용한다. 골격은 필요에 따라 칼슘을 예치하거나 인출할 수 있는 '은행'처럼 이용된다. 부갑상선호르몬은 혈중 칼슘 수치가 떨어지면 뼈에서 칼슘이 방출되도록 한다. 칼시토닌은 뼈로부터 칼슘 방출을 억제한다.

### 이자는 소화와 내분비 기능을 가진다

**이자(pancreas)**에는 다양한 기능이 있다. 이자에서 내분비 기능을 맡은 부위는 **섬세포(islet cell)**의 집단으로 구성되어 있다. 각각의 섬세포는 **인슐린(insulin)** 또는 **글루카곤(glucagon)**이라는 펩타이드호르몬을 생성한다.

인슐린과 글루카곤은 함께 혈액의 포도당 수치를 조절한다. 인슐린과 글루카곤은 탄수화물과 지방의 대사에 길항적 효과를 보인다. 인슐린은 혈당을 감소시키는 반면 글루카곤은 혈당을 증가시킨다. 두 호르몬은 함께 작용해 혈당을 거의 일정한 수준으로 유지시킨다.

당뇨환자의 약 5% 정도는 자신의 면역계가 이자의 인슐린 분비 세포를 파괴하는 자가면역 질환인 1형 당뇨병을 앓고 있다. 1형 당뇨병 환자에게는 빈번한 혈액검사와 인슐린 주입이 필요한데, 인슐린 펌프에 이어 줄기세포 치료요법이 한 줄기 희망을 갖게 하고 있다. 나머지 95%의 당뇨환자는 2형 당뇨병 환자이다. 이들은 신체가 인슐린 저항성이다. 2형 당뇨병을 앓는 거의 대부분의 사람들이 과체중이며, 아마도 이것이 인슐린 저항성의 원인일 수 있다.

### 생식기관은 생식세포와 성호르몬을 생성한다

남성의 **정소(tests)**와 여성의 **난소(ovary)**는 중요한 내분비기관이다. 정소는 전체적으로 **안드로겐(androgen)**이라고 부르는 몇 가지 스테로이드호르몬을 분비하는데 이 중 가장 중요한 호르몬은 **테스토스테론(testosterone)**이다. 난소는 **에스트로겐(estrogen)**과 **프로게스테론(progesterone)**이라는 두 가지 타입의 스테로이드호르몬을 분비한다. 성호르몬은 남성과 여성 모두의 발육에 영향을 미치고, 일생 동안 뇌 기능과 행동에 영향을 미친다.

성호르몬은 남성과 여성 모두에서, 생식계가 기능을 발휘하게 되는 시기인 사춘기에 중요한 역할을 한다. 그 이유는 완전히 이해할 수 없지만, 사춘기는 시상하부가 방출호르몬의 분비량을 증가시키고, 이어서 뇌하수체 전엽에서 황체형성호르몬(LH)과 난포자극호르몬(FSH)을 분비하도록 자극할 즈음에 시작된다.

사춘기의 평균 나이는 1800년대 이래로 현저하게 낮아지고 있다 예를 들어 여성의 첫 번째 월경이 시작되는 평균 나이가 1800년대 중반의 17세에서 오늘날의 12세로 낮아지고 있다. 소년들은 일반적으로 소녀들보다 1~2년 늦게 성적으로 성숙된다. 많은 연구자들은 사춘기 시작연령이 낮아지는 주된 이유가 영양상태가 향상되고, 전체적으로 건강이 더 좋아진 때문으로 믿는다. 인공조명, 사회활동의 변화, 환경오염 등과 같은 다른 요인도 무언가 역할을 할 것이다. 사람에서의 연구뿐만 아니라, 동물에 대한 연구는 농업과 산업 활동으로 발생하는 오염물질이 호르몬 신호체계를 혼란시킬 수 있다는 것을 보여주었다. 이들 '환경호르몬'은 빈번하게 성호르몬의 작용을 모방하거나 차단해서 성적발달을 변화시킬 것이다.

### 부신은 물질대사를 조절하고 스트레스에 반응하는 호르몬을 분비한다

**부신(adrenal gland,** 라틴어로 '신장 위에'라는 뜻)은 부신피질과 부신 수질이라는 매우 다른 두 부분으로 구성되어 있다.

각 부신의 바깥층이 **부신 피질(adrenal cortex)**이다. 부신피질은 당질코르티코이드, 무기질코르티코이드와 소량의 테스토스테론 등 세 종류의 스테로이드호르몬을 분비한다. 그 이름이 암시하는 것처럼 **당질코르티코이드(glucocorticoid)**는 포도당 대사를 조절하는 반면, **무기질코르티코이드(mineralocorticoid)**는 염류의 대사를 조절한다.

당질코르티코이드의 방출은, 시상하부에서 만들어진 방출호르몬의 자극에 이어서 뇌하수체 전엽에서 분비되는 부신피질 자극호르몬(ACTH)에 의해 자극된다. 당질코르티코이드는 스트레스, 외상, 극한 온도 등과 같은 자극에 대한 반응으로 방출된다. **코르티솔(cortisol)**이 가장 많이 분비되는 당질코르티코이드이다. 코르티솔은 포도당 생성 자극, 근육세포에 의한 포도당 흡수 억제, 에너지 생성을 위한 지질 이용 촉진 등의 방식으로 혈당수치를 증가시킨다.

무기질코르티코이드는 혈액의 전해질 함량을 조절한다. 가장 중요한 무기질코르티코이드는 나트륨 농도를 조절해 주는 **알도스테론(aldosterone)**이다. 나트륨 이온은 혈액과 간질액에 가장 풍부한 양 이온이다. 원형질막을 가로지르는 나트륨 이온의 농도구배는(간질액에서는 높고, 세포질에서는 낮다) 신경세포에 의한 전기적 신호의 생성을 포함한 많은 세포메커니즘에 매우 중요하다. 만일 혈액 나트륨 농도가 낮아지면, 부신 피질은 신장과 땀샘에서 나트륨이 빠져나가지 않도록 하여 혈액으로 되돌리는 알도스테론을 방출한다. 한편으로, 거의 모든 음식물은 나트륨을 함유하고 있기 때문에, 음식물 섭취는 몸의 나트륨 저장을 보충하는 것이다. 음식을 통한 나트륨 섭취, 알도스테론 유도, 나트륨 유지 메커니즘의 조합 등으로 혈액 내 나트륨 농도가 정상 수치로 회복되었을 때, 알도스테론 분비가 정지 되는데, 이것은 음성피드백의 또 다른 예이다.

**부신 수질(adrenal medulla)**은 각 부신의 내부 중심에 위치해 있다. 부신 수질은 스트레스나 운동에 반응하여 두 가지 호르몬을 생성한다 - **에피네프린(epinephrine)**과 소량의 **노르에피네프린(norepinephrine)**(이들은 각각 아드레날린과 노르아드레날린으로도 불린다). 이들 호르몬은 신체의 위급한 상황에 대비한다. 이들 호르몬은 심장박동과 호흡률을 증가시키고 혈압과 혈당 수치를 올리며, 소화관으로의 혈액 흐름을 뇌와 근육 쪽으로 흐르도록 해준다. 또한 이들 호르몬은 폐로 공기가 들어가고, 나가는 양을 증가시켜, 폐로의 공기통과를 증대시켜준다. 이러한 이유로, 심각한 알레르기 반응이나 기관천식 발작으로 기도가 수축된 사람에게 종종 에피네프린이 처방된다.

호르몬은 송과선, 흉선, 신장, 소화관, 지방세포와 심장에서도 생성된다

**송과선(pineal gland)**은 뇌의 두 반구 사이에 위치해 있다(그림 14-21 참조). 송과선은 아미노산 유도체인 **멜라토닌(melatonin)**을 생성한다. 멜라토닌은 낮에는 아주 적고, 밤에는 많은 양이 일주기로 분비된다. 포유류에서, 그 주기는 눈에 감지되는 빛에 의해 조절된다. 개구리와 같이 얇고 투명한 두개골을 가진 일부 척추동물에서는, 송과선 자체가 광수용세포를 가지고 있다. 이들 동물에서는 송과선이 직접 낮의 길이에 대해 반응한다. 다른 계절의 광주기 특성에 반응함으로써, 송과선은 많은 동물의 생식주기를 조절한다.

멜라토닌 분비는 수면과 기상 주기에도 영향을 미친다. 어둠은 멜라토닌 생성을 증가시키고 밝은 빛은 억제시켜서, 밤의 멜라토닌 분비가 수면을 촉진시킨다는 증거가 있다. 결과적으로 대부분의 연구자들이 그 효과가 미미하다고 주장할지라도, 멜라토닌은 수면보조제와 시차를 극복하기 위해 사용된다.

**흉선(thymus)**은 흉골 뒤편의 흉강에 위치해 있다(그림 14-21 참조). 흉선은 면역반응에 중요한 역할을 하는, 백혈구(T세포)의 발달을 자극하는 **티모신(thymosin)**이라는 호르몬을 생성한다. 흉선은 유년기에는 크지만, 성호르몬의 영향을 받아 사춘기 이후에는 점차 크기가 작아진다. 그 결과 노년기에는 젊은 사람들보다 더 적은 수의 새로운 T세포를 만들게 되고 새로운 질병에 더 쉽게 걸린다.

신장은 혈액의 산소 함량이 낮아지면 **에리쓰로포이에틴(erythropoietin)**를 방출한다. 에리쓰로포이에틴은 적혈구 생성을 증가시키도록 골수를 자극한다. 또한 신장은, 상처로부터 많은 출혈이 있은 후의 경우처럼, 낮아진 혈압에 대한 반응으로 **레닌(renin)**이라는 효소를 생성한다. 레닌은 혈액 내의 단백질로부터 **안지오텐신(angiotensin)**의 생성을 촉매한다. 안지오텐신은 동맥을 수축시켜 혈압을 높여

▲ **그림 14–22 렙틴은 체지방의 조절을 돕는다** 왼쪽의 마우스는 렙틴 호르몬을 생성하지 못하는 변이를 가지고 있다.

준다. 또한 부신 피질로 하여금 신장에서 혈액으로 나트륨을 재흡수하도록 하는 알도스테론의 방출을 자극한다. 혈액에서의 높은 염분 농도는, 물을 모으고 유지하도록 하여 혈액량과 혈압을 증가시킨다.

위와 소장은 가스트린, 식욕자극호르몬, 세크레틴, 콜레시스토키닌을 포함하여 다양한 종류의 펩타이드호르몬을 생성한다. 이들 호르몬은 소화효소의 분비, 위장과 소장 내의 음식물 이동, 배고픔과 포만감 등과 같은 몇 가지 영양적인 기능을 조절한다.

지방세포는 **렙틴(leptin)**이라는 펩타이드호르몬을 방출한다. 신체에 더 많은 지방이 축적되면, 더 많은 렙틴이 방출된다. 렙틴을 생성할 수 없는 돌연변이 마우스는, 더 많이 먹고 대사율은 낮아서 비만이 된다(그림 14-22), 이들 마우스는 높은 혈액 포도당 수치를 포함하여 2형 당뇨병의 많은 증상도 보여준다. 이들에게 렙틴을 주입하면 체중이 줄고 정상 혈당수치로 회복된다.

식욕자극호르몬은 배고픔과 섭식을 자극하여 체중과 지방 저장을 늘리도록 한다. 렙틴은 지방 저장이 높아질 때 방출된다. 렙틴은 배고픔을 감소시키고 대사율을 증가시켜서, 체중과 지방 저장을 낮춘다. 따라서 여러분은 렙틴 투여가 과체중인 사람에게 유력한 체중감량 수단일 것으로 생각할 것이다. 불행하게도 높은 렙틴 수치의 식욕감소 효과는 낮은 수치의 렙틴에 의한 식욕증가와 비교하여 그 효과가 미미하다. 사실 많은 비만환자들은 높은 렙틴 수치를 보여주지만, 렙틴에 대하여 둔감한 것으로 생각된다.

심장이 방출하는 호르몬인 **심방성나트륨이뇨펩타이드(artrial natriuretic peptide, ANP)**는 혈액량과 혈압을 조절해 준다. 혈액량이 너무 증가되면 - 너무 많은 양의 물을 마

셨을 경우처럼 - 심방이 혈액으로 가득 채워지고 그 결과 심방벽이 확장되면, 심방성나트륨이뇨펩타이드의 방출이 자극된다. 심방성나트륨이뇨펩타이드는 항이뇨호르몬과 알도스테론의 방출을 억제하고 나트륨의 배설을 증가시킨다. 신장에서의 물과 염류의 재흡수가 낮아지도록 해서, 심방성나트륨이뇨펩타이드는 혈액량을 낮추게 된다.

## 14.8 신경계

### 신경세포의 구조와 기능은 무엇인가?

신경계에는 신경세포라 불리는 **뉴런(neuron)**과 **교세포(glia)**의 두 가지 세포가 있다. 뉴런은 신경계에서 주된 임무를 수행하는 세포이다. 뉴런은 정보를 인지하고, 처리하고, 전달하여, 몸의 움직임을 조절한다. 교세포는 뉴런의 기능을 도와주는데 영양분을 제공하고, 세포간질액의 성분을 조절하고, 감염으로부터 보호하며, 상처를 치료하고, 뉴런 사이의 세밀한 소통을 조절한다. 어떤 교세포는 발생 도중 신경세포의 길잡이 역할을 하기도 한다.

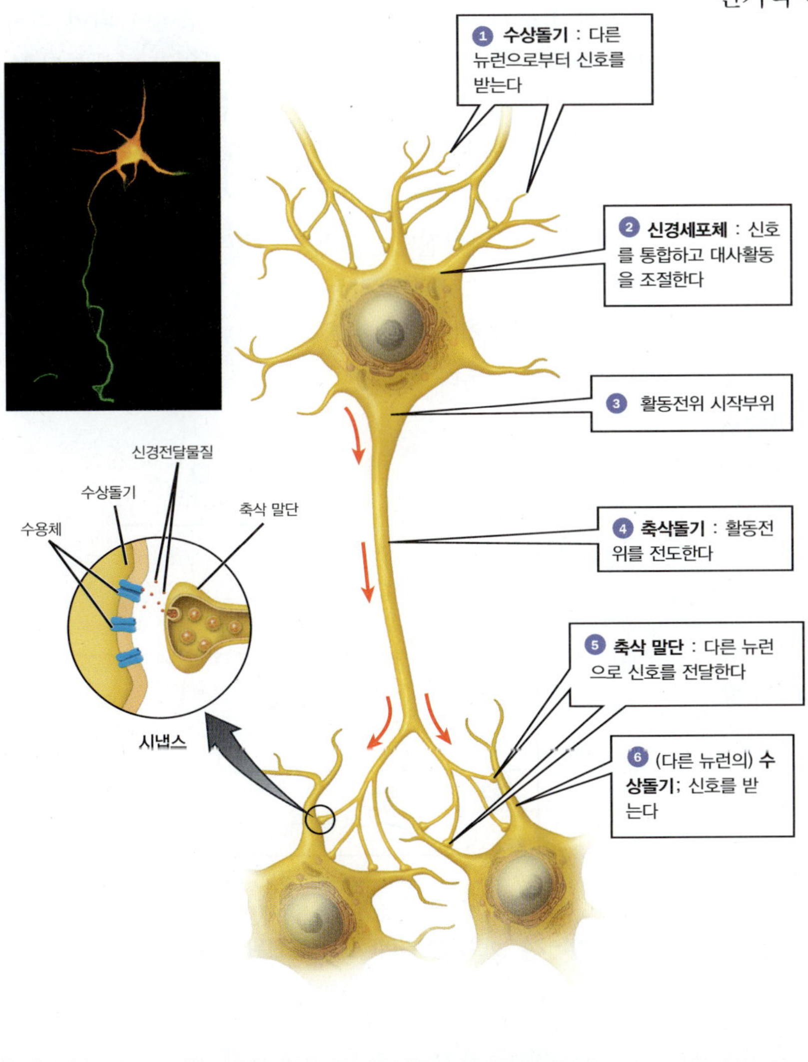


◀ 그림 14-23 뉴런의 특정부위와 기능 빨간색 화살표는 활동전위가 세포체에서 축삭돌기를 따라서 축삭말단으로 전달되는 것을 나타낸다

#### 뉴런의 기능은 세포의 각 부분에 있다

뉴런은 고도로 특화된 세포이다. 전형적인 뉴런은 수상돌기, 신경세포체, 축삭돌기, 그리고 축삭말단의 네 부분으로 구성된다(그림 14-23).

#### 수상돌기는 정보를 받는다

**수상돌기(dendrite)**는 신경세포체에서 뻗어 나온 많은 가지를 가리키며, '신호를 받는' 기능을 한다❶. 이들 많은 가지는 표면적을 넓혀 다른 뉴런이 방출하는 **신경전달물질(neurotransmitter)**의 자극에 반응하여 전기적 신호를 생성한다. 표 14-5은 주요 신경전달물질과 그들의 기능을 요약하고 있다.

#### 신경세포체는 수상돌기로부터 받은 신호를 처리한다

전기적 신호가 수상돌기를 따라 아래로 내려가 '정보처리' 기능을 하는 **신경세포체(cell body)**로 수렴된다❷. 신경세포체는 다른 수상돌기에서 받은 신호를 종합한다. 어떤 신호는 양성적이며 어떤 신호는 음성적인데, 이들 신호의 합이 충분히 양성적이면 뉴런이 전기적 신호인 **활동전위(action potential)**를 생성한다❸. 뉴런의 신경세포체에는 핵, 소포체, 골지체와 같은 소기관들이 있어 대사과정 같은 전형적인 세포 활동을 수행한다.

#### 축삭돌기는 먼 거리까지 활동전위를 전달한다

전형적인 뉴런에는 신경세포체에서 밖으로 뻗은 길고 가는 **축삭돌기(axon)**가 있는데, 이는 신경세포체에서 축삭의 말단까지 활동전위를 전달한다❹. 축삭말단은 다른 신경세포와 접한다.

**표 14-5** 주요신경전달물질

| 신경전달물질 | 위치 | 기능 |
|---|---|---|
| 아세틸콜린 | 운동뉴런과 근육 시냅스; 자율신경계, 뇌 | 골격근 활성화; 부교감신경의 표적 기관 활성화 |
| 도파민 | 중뇌 | 감정, 보상에 중요, 움직임 조절 |
| 노르에피네프린(노르아드레날린) | 교감신경계 | 교감신경계의 표적기관 활성화 |
| 세로토닌 | 중뇌, 뇌교, 연수 | 무드와 잠에 영향 |
| 글루탐산 | 뇌, 척수 | 중추신경계의 주요 흥분성 신경전달물질 |
| 글리신 | 척수 | 척수의 주요 억제성 신경전달물질 |
| 가바(감마아미노 뷰티르산) | 뇌 , 척수 | 뇌의 주요 억제성 신경전달물질 |
| 엔돌핀 | 뇌, 척수 | 무드에 영향, 통증감소 |
| 산화질소 | 뇌 | 기억형상화에 중요 |

어떤 뉴런의 축삭돌기는 척수에서 발끝까지 뻗는데, 그 길이가 약 1미터 정도이다. **신경(nerve)**은 일반적으로 축삭 다발로 존재하는데, 이것은 마치 전기케이블에 전선 다발이 들어 있는 것과 같다.

### 시냅스에서 신호는 한 신경세포에서 다른 신경세포로 전달된다

뉴런이 다른 신경세포로 정보를 전달하는 부위를 **시냅스(synapse)**라 한다(그림 14-23의 확대 그림). 전형적인 시냅스는 다른 뉴런으로 신호를 보내는 **축삭말단(axon terminal)**⑤, 신호를 받는 세포(근육세포, 선세포 혹은 다른 뉴런의 수상돌기⑥), 그리고 두 세포를 분리시키는 조그만 틈으로 구성된다. 대부분의 축삭말단은 신경전달물질을 갖고 있다가 말단에 도달한 활동전위의 자극을 받아 방출한다. 신경전달물질은 틈으로 확산하여 정보를 받는 뉴런의 세포막에 존재하는 수용체와 결합한다.

## 뉴런은 어떻게 신호를 생성하고 전달하는가?

일반적으로 한 뉴런 내에서의 정보는 전기적 신호로 전달된다. 그리고 뉴런 사이에서의 신호 전달은 한 뉴런에서 방출된 신경전달물질을 다른 뉴런이 받음으로써 일어난다.

### 단일 뉴런 내에서 신호는 전기적 신호로 전달된다

휴지 뉴런 세포막의 안팎으로 일정한 전기적 차이 혹은 전위가 유지되고 있는데, 이는 마치 전지의 양극 사이에 전위차가 있는 것과 유사하다(그림 14-24 ①). 이런 전위를 **휴지전위(resting potential)**라 하며, 이 전위는 항상 세포 안쪽이 음성이며 -40에서 -90mV의 값을 나타낸다. 뉴런이 자극을 받으면, 뉴런 내의 전위가 더욱 음성적이 되거나 덜 음성적이 된다②. 전위가 충분히 덜 음성적이 되어 **역치(threshold)** ③ 수준에 도달하면, 활동전위가 발생한다④. 활동 전위가 발생하면 뉴런의 전위가 급격하게 +50밀리볼트까지 올라간다. 활동전위는 2~3 밀리초 동안 지속되고, 다시 휴지전위로 되돌아간다⑤.

축삭돌기의 원형질막은 활동전위를 뉴런 세포체에서 축삭돌기의 말단으로 전도하는데, 거리가 멀어질수록 전기적 신호가 감소하는 금속선과는 달리 전기적 신호의 약화가 일어나지 않는다.

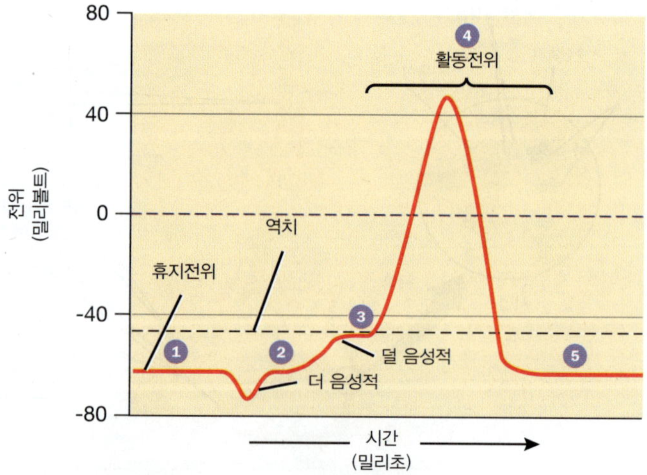


▲ **그림 14-24 뉴런에서 일어나는 활동전위**

축삭돌기를 통하여 이동하는 활동전위의 전도속도는 매우 다양하다. 일반적으로 축삭돌기가 두꺼울수록 활동전위의 전도는 더욱 빨라진다. 절연기능을 하는 **수초(myelin)**가 축삭돌기를 둘러싸면 더욱 빨라진다. 수초가 없는 축삭돌기에서는 활동전위의 전도 속도가 초당 1 내지 2미터에 불과하지만, 수초가 있는 축삭돌기에서는 결절에서 결절로 '점프'하여 활동 전위가 전달되기 때문에 초당 100미터에 이른다.

## 시냅스에서, 뉴런은 화학물질을 이용하여 다른 뉴런과 의사소통한다

신호가 일단 한 뉴런의 시냅스말단에 도달하면, 이 신호는 계속해서 다른 뉴런, 근육, 선에 있는 세포로 전달이 되어야 한다. 이때 전기적 시냅스도 있지만 세포 사이의 신호전달은 흔히 화학물질을 이용하여 이루어진다.

시냅스에서는 두 뉴런이 직접 접하지 않고 조그만 틈이 존재하는데 이를 **시냅스간극(synaptic cleft)**이라 하고, 정보를 보내는 뉴런은 **시냅스전뉴런(presynaptic neuron)**, 정보를 받는 뉴런은 **시냅스후뉴런(postsynaptic neuron)**이라 한다(그림 14-25). 시냅스전뉴런은 신경전달물질을 시냅스간극으로 방출하여 시냅스후뉴런에 전달한다.

뉴런 사이의 소통은 시냅스전뉴런의 세포체 근처에서 활동전위가 시작하여❶, 축삭말단까지 도달한다❷. 축삭말단에는 수많은 시냅스 소낭이 있는데, 이 소낭에는 신경전달물질이 들어 있다. 활동전위가 축삭말단에 도달하면 시냅스 소낭에 들어 있는 신경전달물질이 시냅스간극으로 방출된다❸. 방출된 신경전달물질은 시냅스간극으로 확산하여 시냅스후뉴런 세포막에 존재하는 수용체 단백질에 결합한다❹. 시냅스의 시냅스후뉴런에 있는 수용체 단백질은 이온채널로 뉴런 세포막을 관통하고 있다. 신경전달물질이 이 수용체 단백질에 결합하면 이온채널이 열린다. 나트륨($Na^+$), 칼륨($K^+$), 칼슘($Ca^{2+}$), 염소($Cl^-$) 같은 이온들이 이들 채널을 통하여 이동하면❺, 시냅스후전위라고 부르는 작고, 짧은 전위의 변화를 일으킨다. 시냅스후뉴런이 더욱 음성적이면, 휴지전위가 역치에서 멀어진다. 이와 같은 전위변화를 **억제성 시냅스후전위(inhibitory postsynaptic potential, IPSP)**라 한다. 시냅스후뉴런이 덜 음성적이면, **흥분성 시냅스후전위(excitatory postsynaptic**

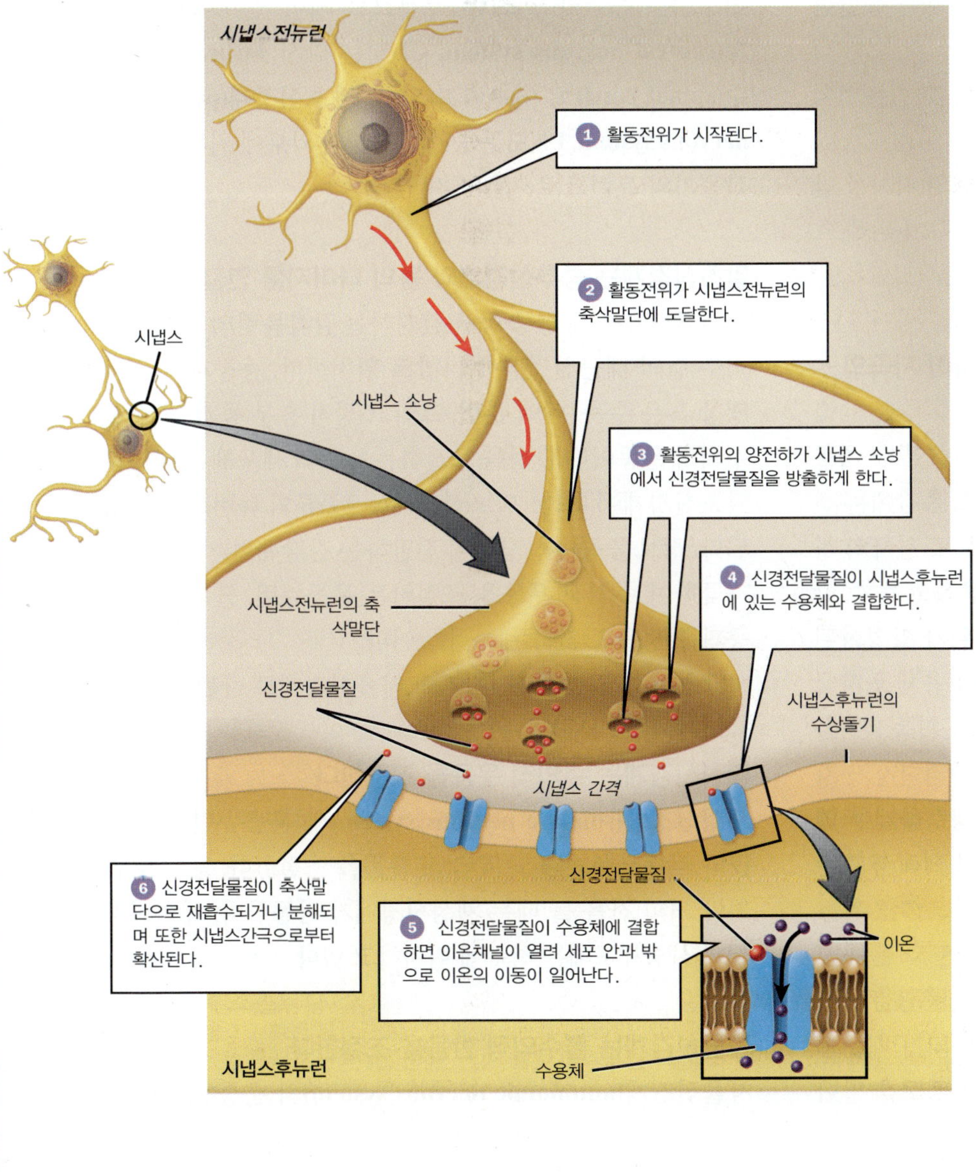


◀ 그림 14-25 시냅스의 구조와 기능

potential, EPSP)라 한다. 방출된 신경전달물질은 이윽고 축삭돌기 말단으로 재흡수되거나 분해되어 다음 신호를 받을 준비를 하게 된다❻.

세포체에 도달한 시냅스후전위는 **통합(integration)**된다. 통합되어 역치전위 이상이 되면, 시냅스후뉴런은 활동전위를 생성한다.

## 신경계는 어떻게 정보를 처리하고 행동을 조절하는가?

신경계는 엄청난 계산을 하고, 막대한 정보를 저장하며, 복잡한 행동을 지시한다. 이런 일들은 특수한 뉴런과 거대하면서도 정돈된 신경망으로 인해 가능하다. 대부분의 행동은 다음의 4가지 요소로 구성된 경로에 의해 조절된다.

1. **감각뉴런(sensory neuron)**이 신체에 가해지는 내부 혹은 외부자극에 반응한다.
2. **연합뉴런(interneuron)**이 많은 자극원의 신호를 통합한다.
3. **운동뉴런(motor neuron)**은 감각뉴런 혹은 연합뉴런의 지시를 받아 효과기를 활성화시킨다.
4. **효과기(effector)**는 근육이나 선인데 신경계의 지시를 받아 행동을 수행하거나 몸의 생리 상태를 바꾸기 위해 호르몬을 방출한다.

### 감각뉴런의 특성과 특정한 뇌 영역과의 연결이 자극의 성질을 입력한다

감각뉴런은 특정 자극에 반응하도록 특화되어 있다. 예를 들어, 어떤 감각뉴런은 빛에 반응하지만 온도, 촉감에는 전혀 반응하지 않는다. 신경계는 두 가지 과정으로 자극의 형태를 입력한다. 첫째, 감각뉴런이 자극에 반응하고 둘째, 감각뉴런들이 자극을 받았을 때 뇌의 특정 부위가 활성화된다. 예를 들어, 빛이 여러분의 망막에 있는 광수용체를 자극하면 시신경이 활동전위를 생성하고 뇌는 그 활동전위를 빛 자극으로 해석한다. 오래전에 독일의 한 생리학자가 자신의 눈을 찔러 뇌로 전달되는 활동전위를 생성하게 하였다. 그랬더니 그의 뇌는 빛 자극으로 해석했고 그래서 그는 별을 보게 되었다.

### 활동전위 빈도가 자극의 강도를 입력한다

모든 활동전위는 같은 크기와 시간으로 지속되기 때문에 단일 활동전위로는 단일 자극의 강도에 관한 정보를 알아내기가 어렵다. 강도는 두 가지 방법으로 입력된다. 첫째, 단일 뉴런에서 생성되는 활동전위의 빈도로 강도가 입력된다. 강도가 강할수록, 뉴런은 빠르게 활동전위를 발사한다. 둘째, 많은 뉴런이 동일한 자극에 반응한다. 자극이 강할수록 많은 뉴런이 흥분을 하는 반면 자극이 약할수록 흥분하는 뉴런의 수가 적다.

### 신경계의 뉴런 신경망이 행동을 조절한다

반사와 같은 단순행동은 2-3개의 뉴런에 의해서 조절되어 궁극적으로 단일 근육을 자극한다. 그러나 피아노를 연주하는 것과 같은 복잡한 행동을 수행하는 데는 뇌의 수백 혹은 수백만 뉴런이 필요하다.

## 인간 신경계의 구조와 기능은 무엇인가?

신경계는 중추와 말초 두 부분으로 되어 있다. **중추신경계(central nervous system, CNS)**는 다시 **뇌(brain)**와 **척수(spinal cord)**로 이루어져 있다. **말초신경계(peripheral nervous system, PNS)**는 중추신경계의 외부에 위치하는 축삭돌기와 뉴런으로 이루어져 있다.

### 말초신경계는 중추신경계와 몸의 나머지를 연결한다

촉감, 압력, 온도, 통증 등을 감지하는 감각뉴런의 세포체는 척수 곁의 배근신경절에 다발로 위치한다. 동공과 기도의 팽창 혹은 수축, 타액 분비, 그리고 성적 흥분 등과 같은 불수의적 운동이나 활성을 조절하는 뉴런의 세포체는 대부분 말초신경계에 있다. 말초신경계는 3종류의 뉴런으로 구성된다. 정보를 중추신경계에 전달하는 감각뉴런, 골격근을 자극하여 수의적 운동을 조절하는 운동뉴런, 불수의적 운동과 활성을 조절하는 뉴런 등이다.

말초신경계는 체성신경계와 자율신경계로 나뉜다.

### 체성신경계는 수의적 운동을 조절한다

**체성신경계(somatic nervous system)**의 운동뉴런은 골격근과 시냅스를 이루고 수의적 운동을 조절한다. 노트를 잡거나 커피 잔을 들 때는 체성신경계가 작동한다. 체성신경계의 신경세포체는 척수에 위치하고 있다.

### 자율신경계는 불수의적 반응을 조절한다

**자율신경계(autonomic nervous system)**의 운동뉴런은 체

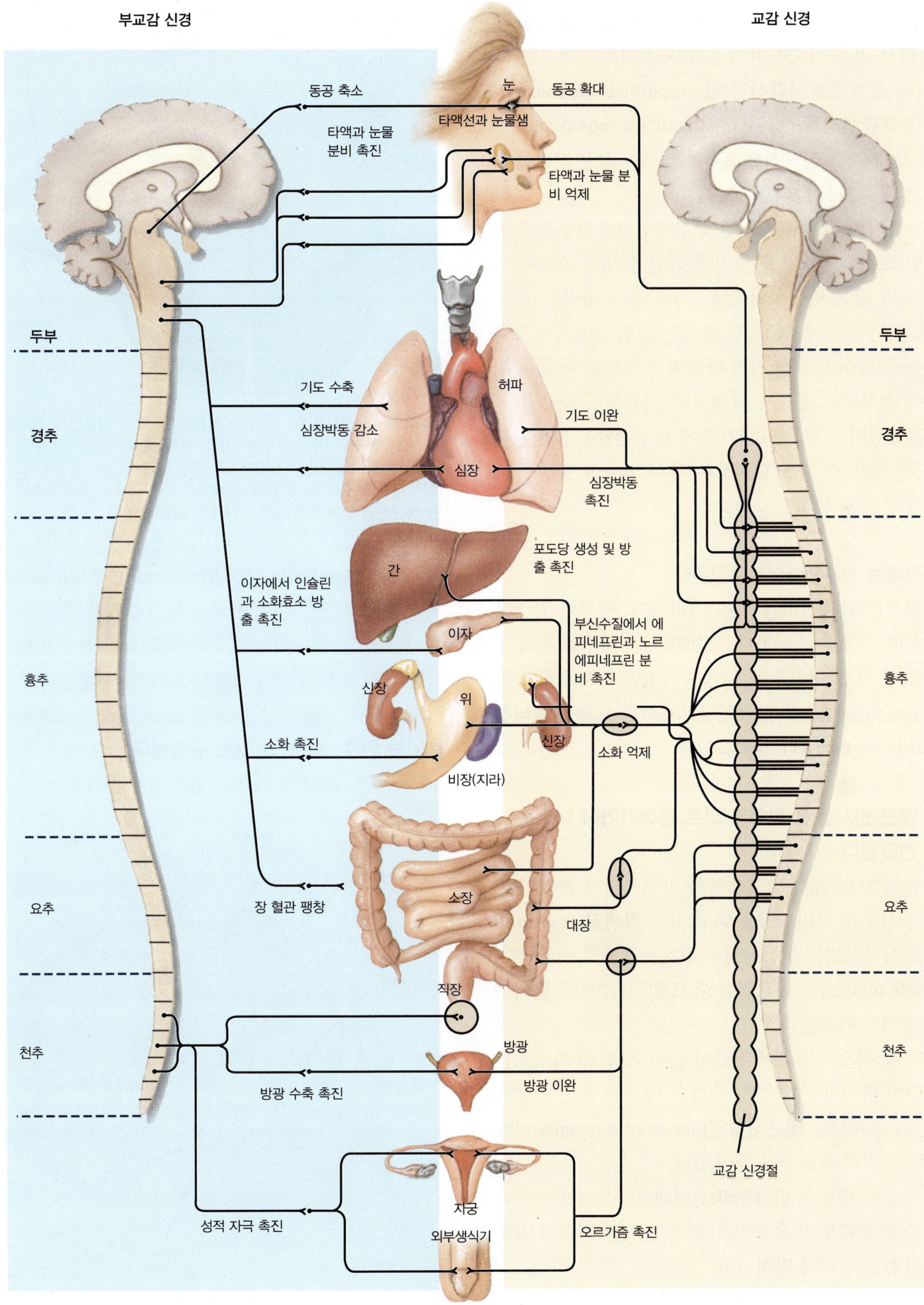


▲ 그림 14-26 **자율신경계** 자율신경계는 교감신경과 부교감신경으로 이루어져 있으며, 두 신경은 모두 같은 기관에 작용하지만 효과는 서로 반대이다.

내의 많은 부분을 자극한다. 즉 심장, 기도와 혈관의 평활근, 그리고 많은 선을 자극하여 대부분 불수의적 행동을 일으킨다. 자율 신경계는 **교감신경계(sympathetic nervous system)**와 **부교감신경계(parasympathetic nervous system)**로 나뉜다(그림 14-26). 일반적으로 두 신경계는 같은 기관을 자극하나 반대 효과를 나타낸다.

교감신경의 뉴런은 표적기관에 신경전달물질인 노르에피네프린(노르아드레날린)을 방출하여 신체가 스트레스, 싸움과 도망 같은 역동적인 활동, 시험 등에 대비할 수 있게 한다. 이런 '싸움-도망' 활동 중에는 교감신경계가 소화관의 활동을 줄여 혈액을 팔과 다리의 근육으로 보낸다. 심장박동이 촉진되고, 동공이 확대되며, 기관지가 확장된다.

부교감신경의 뉴런은 표적기관에 신경전달물질인 아세틸콜린을 방출한다. 부교감신경은 '휴식과 소화' 활동 중에 우세하게 작용한다.

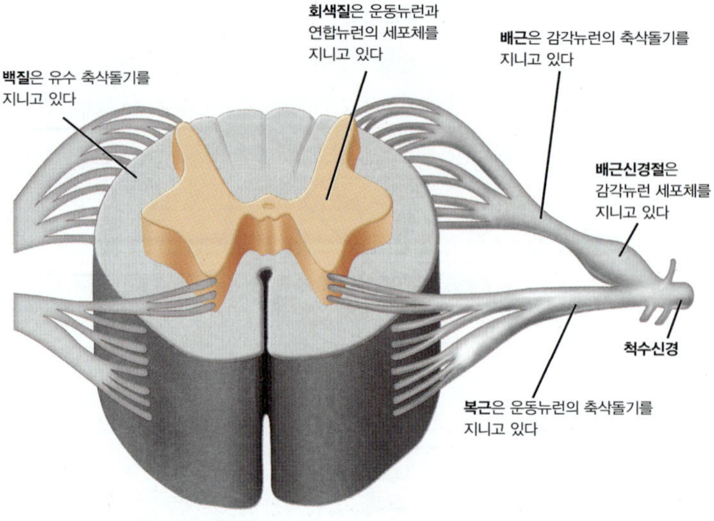


▲ 그림 14-27 **척수** 척수는 뇌를 향해 혹은 뇌로부터 정보를 전달하는 유수축삭돌기의 바깥 부분(백질)과, 연합뉴런과 운동뉴런의 수상돌기와 신경세포체를 포함하는 나비모양의 안쪽 부분(회색질)으로 이루어져 있다. 감각뉴런의 신경세포체는 척수의 바깥에 위치한 배근신경절에 있고 말초신경계의 일부이다.

## 중추신경계는 척수와 뇌로 구성된다

중추신경계는 감각정보를 받아 처리하고, 사고와 감정을 유발시키며, 반응을 지시한다. 중요한 뇌와 척수를 우리 몸은 두개골과 척추, 뇌척수막, 뇌척수액 등으로 보호하고 있다. 혈류에 있는 해로운 화학물질로부터의 보호는 **혈뇌장벽(blood-brain barrier)**이 맡고 있다.

## 척수는 많은 반사를 조절하고 뇌로 들어가거나 나오는 정보를 전달한다

척수(그림 14-27)는 뇌의 바닥에서 등 아래쪽까지 뻗어 있다. 척수의 중심부는 나비모양을 하고 있는 **회색질(gray matter)**이다. 회색질에는 운동뉴런의 신경세포체가 위치한다. **백질(white matter)**은 회색질을 싸고 있고, 수초로 둘러싸인 축삭돌기가 위치한다.

척수의 등 쪽으로는 감각뉴런이 들어오고, 배 쪽으로는 운동뉴런이 나간다. 이를 척수신경의 배근과 복근이라 한다. 배근의 팽대부는 **배근신경절(dorsal root ganglia)**이라 하며 감각뉴런의 세포체가 들어 있다.

가장 단순한 행동은 **반사(reflex)**인데, 반사는 자극에 대한 반응으로 불수의적 운동이다. 많은 반사는 척수와 말초신경계의 뉴런에 의해 일어난다.

## 뇌는 특정 기능을 수행하는 많은 부위로 구성된다

뇌는 **전뇌(forebrain)**, **중뇌(midbrain)**, **후뇌(hindbrain)**의 세 부분으로 구성된다. 전뇌는 대개 후각을, 중뇌는 시각을, 후뇌는 호흡, 심장박동과 같은 자율적인 행동을 담당한다. 사람 뇌의 주요 구조는 그림 14-28에 나타나 있다.

## 후뇌는 연수, 뇌교, 소뇌로 구성된다

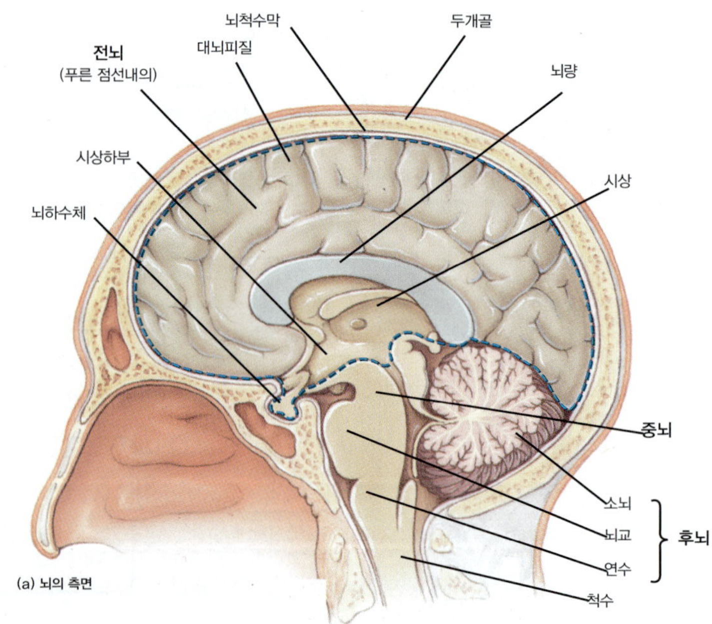


▲ 그림 14-28 **사람의 뇌** 대뇌 반구의 정중선을 절단하면 후뇌, 중뇌, 전뇌를 볼 수 있다.

**연수(medulla)**는 확장된 척수이며, 연수와 연수 바로 위에 위치한 뇌교는 호흡, 심장박동, 혈압, 삼킴과 같은 자율적 기능을 조절한다. 소뇌는 움직임을 조정하는 데 중요하다. 근육과 관절에 있는 자세감지기로부터 온 정보와 움직임에 대한 전뇌의 명령을 통합하여 소뇌는 부드러우면서도 정확한 동작과 자세를 지시한다. 소뇌는 글쓰기나 기타 연주와 같은 숙달된 움직임과 연관이 있다. 박쥐나 새처럼 정교하게 공중을 비행하는 동물들의 소뇌는 특히 크다.

### 중뇌는 움직임, 각성 및 감정을 담당하는 뉴런다발을 포함한다

사람의 중뇌는 매우 작다. 중뇌는 청각전달중추와 눈의 반사운동을 조절하는 뉴런다발을 포함한다. 중뇌에는 또한 도파민을 생성하는 뉴런이 위치한다. 이들 중 하나인 흑질은 파킨슨병과 관계가 있다. 다른 다발은 '보상회로'의 필수적인 부분으로 기쁨과 중독 현상을 맡고 있다.

또한 중뇌에는 **망상체(reticular formation)**가 위치하고 있다. 망상체의 활동으로 어머니는 애기의 작은 울음소리에 깨지만, 밖에서 들려오는 시끄러운 소리에도 잠을 잘 수 있다. 뇌로 들어오는 입력정보를 망상체가 걸러주기 때문이다.

### 전뇌는 시상, 시상하부, 대뇌를 포함한다

**시상(thalamus)**은 몸의 모든 부위에서 오는 감각정보를 대뇌피질로 전달한다. 후각을 제외한 모든 감각입력은 시상을 통하여 대뇌피질로 전달된다.

**시상하부(hypothalamus)**는 체온, 음식물 섭취, 수분 균형, 심장박동, 혈압, 월경주기 및 신체리듬에 영향을 주어 항상성을 유지한다. 뇌하수체에서 방출하는 호르몬을 조절하고 자율신경계의 활동을 조절한다.

**대뇌(cerebrum)**는 두 **대뇌반구(cerebral hemisphere)**로 구성되며, 각 반구의 바깥층은 **대뇌피질(cerebral cortex)**로 이루어져 있다. 대뇌의 기저부에 위치하고 있는 한 쌍의 **해마(hippocampus)**는 장소에 대한 장기 기억을 형성하는 데 중요한 역할을 하며, 학습에도 관여한다. 대뇌 피질은 대뇌반구의 바깥층을 이루고 있으며, 고도로 조직화되어 있다. 피질에는 많은 주름이 있어 표면적이 넓다. 대뇌피질은 해부학적으로 전두엽, 두정엽, 후두엽, 측두엽의 네 영역으로 나뉜다. 또한 기능에 따른 구분인 일차감각령, 일차운동령 등이 알려져 있다(그림 14-29). 전두엽의 앞부분인 전전두피질은 결정 내리기, 행동 순서 예상하기, 공격성 조절하기, 미래에 대한 계획 세우기 등과 같은 복잡한 뇌기능에 관여한다.

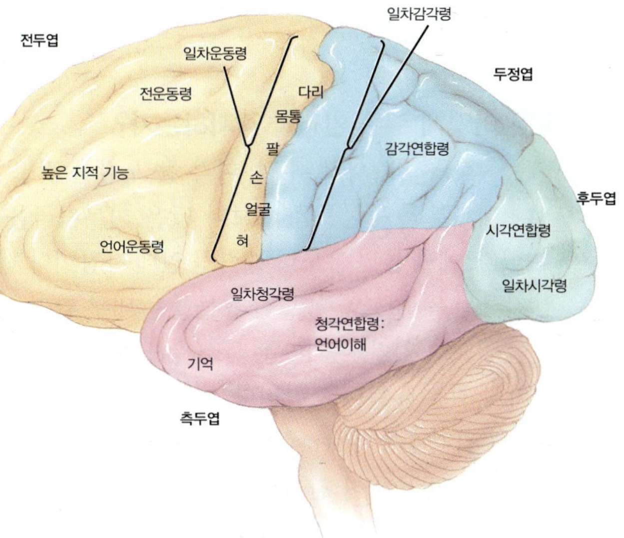


▲ 그림 14-29 **대뇌피질** 사람 왼쪽 대뇌피질의 각 영역은 특별한 기능을 하도록 특화되어 있다. 오른쪽 대뇌피질의 지도도 유사하지만, 말하기와 언어 영역의 경우만 다르다

### 변연계는 감정, 기억 및 항상성 유지를 담당한다

**변연계(limbic system)**는 시상과 대뇌피질 사이에 위치하여 고리구조를 하고 있으며, 시상하부, 편도체, 해마와 대뇌피질의 일부를 포함하는 전뇌의 다양한 집단이다. 이들 구조는 두려움, 분노, 성적욕구 같은 감정을 유발하는 데 도움을 준다.

### 학습과 기억은 뇌의 특정 영역에서의 생화학적, 구조적 변화를 포함한다

학습은 **단기기억(short-term memory)**과 **장기기억(long-term memory)**의 2단계로 일어난다. 단기기억은 몇 분 정도 지속되며 정보를 저장할 수 있는 용량에 한계가 있다. 반복되면 이는 장기기억으로 전환된다. 단기기억은 신경회로의 반복적인 활동에 의한 것이다. 신경회로가 활동하는 동안 기억이 머문다. 반면에 장기기억은 구조적인 것처럼 보인다. 특정뉴런 사이에 시냅스 연결의 강화가 필요하다. 예를 들어, 신경전달물질의 방출이 증가하거나 신경전달물질에 대한 수용체의 수가 증가되어야 한다. 단기 기억의 장기기억 전환 과정에는 해마가 관여한다.

## 14.9 감각

### 동물은 어떻게 주위 환경을 감지하는가?

동물은 촉각, 청각, 시각, 후각, 미각 등 오감을 갖고 있다. 그러나 대부분의 동물들은 이보다 많은 외부자극을 감지할 수 있다. 예를 들면 온도나 중력 등인데 자장이나 전기장을 감지하는 동물도 있다. 또한 동물들은 내부 환경을 감지해야 할 필요가 있다. 여기에는 산소 , pH, 체온 그리고 방광이 얼마나 찼는지 등이 포함된다.

감각은 **감각수용기(sensory receptor)**의 특화된 세포가 환경 자극에 반응하여 전기신호를 만들어낼 때 시작된다. 이 전기신호는 활동전위의 형태로 뇌에 도달하고 그러면 뇌가 환경자극의 성질과 세기를 해석한다. 자극의 성질은 뇌의 어느 신경이 활성화되는지와 관계가 있고 자극의 세기는 활동전위의 빈도와 관계가 있다.

### 온도는 어떻게 감지하는가?

온도수용기는 열과 추위에 반응한다. 몸에 해롭지 않은 외부온도는 피부와 구강에 있는 자유신경말단에 의해 감지된다. 고온수용기나 저온수용기 모두 일반 피부 온도, 즉 약 25 ~ 30℃에서 활동전위를 만든다. 이들 수용기들은 특정 화합물에 의해서도 활성화된다. 보기로 멘톨(menthol)은 저온수용기를 자극하고 장뇌와 정향유는 고온수용기를 자극한다. 이들이 '핫'이나 '쿨' 연고에 사용되는 이유이다.

### 기계적인 자극은 어떻게 느끼는가?

기계적수용기는 몸 전체에서 물리적인 변형, 예컨대 신체일부를 늘리거나 누르거나 휘는 것에 반응한다.

피부의 기계적수용기는 접촉, 가려움, 간지럼의 느낌을 전달한다. 파치니안 소체, 마이스너 소체, 루피니 소체 등이 알려져 있다.

위나 방광과 같이 속이 빈 장기들은 늘어나는 것에 반응하여 속이 채워진 정도를 감지한다. 관절이나 근육에 있는 기계적수용기는 늘어나는 것에 반응하여 관절이 펴졌는지 굽었는지 그리고 얼마나 힘이 주어졌는지 등을 알 수 있게 해준다.

### 소리는 어떻게 듣는가?

귀에는 몇 가지 기능이 있다. 소리, 중력 그리고 머리 방향과 움직임을 감지한다.

사람의 귀는 해부학적으로 바깥귀, 가운데귀, 속귀의 세 부위로 나눌 수 있다(그림 14-30a). 바깥귀는 귓바퀴와 귓구멍으로 구성된다. 귓바퀴는 소리를 모아준다. 소리가 양 귀에 도달하는 시간과 크기 차이를 이용하여 방향을 알아낸다. 귓구멍은 귓바퀴에서 가운데귀로 음파를 전달한다. 가운데귀는 **고막(tympanic membrane)**과 3개의 작은 뼈, 즉 망치뼈, 모루뼈, 등자뼈 그리고 귀인두관 또는 유스타키오관으로 구성된다. 귀인두관은 가운데귀와 인두를 연결하여 고막의 안팎으로 기압을 같게 한다.

소리는 물체의 떨림으로 발생한다. 우리의 귀는 이렇게 생긴 음파를 전기신호로 바꾸어 뇌가 소리로 인식할 뿐 아니라 소리의 방향, 높이, 세기를 판단할 수 있게 한다. 음파가 귓구멍을 통해 들어와 고막을 떨리게 하고 이는 곧 망치뼈, 모루뼈, 등자뼈를 떨리게 만든다. 이 작은 뼈들은 속귀에 이 진동을 전달한다. 속귀의 속이 빈 뼈는 나선구조의 **달팽이관(cochlea)**을 만든다. 달팽이관에는 액체로 채워진 방이 있다(그림 14-30b). U-자형 관이 가운데 관을 둘러싸고 있는 모습이다.

등자뼈는 유연한 막으로 된 난원창을 통해 U- 자형 관 속의 액에 진동을 전한다. 2번째 막인 정원창은 관을 따라 맨 끝에 위치한다. 따라서 등자뼈가 난원창을 진동시킴에 따라 달팽이관 안의 액 성분이 앞뒤로 움직인 것이다(그림 14-30b).

U자 관 안에 용액이 앞뒤로 움직이면 기저막이 덮개막에 대해 움직인다. 이러한 움직임이 털세포의 섬모를 휘게 만들어 털세포에서 수용기전위를 만든다(그림 14-30c, d). 수용기전위에 의해 털세포에서 신경세포들로 신경전달물질이 분비된다. 이 신경세포들이 **청각신경(auditory nerve)**을 구성한다.

우리는 어떻게 소리의 세기(음파의 강도)와 높낮이(음악적 요소, 음파의 주파수)를 인지할 수 있을까? 자극의 세기는 뇌로 향하는 활동전위의 빈도로 반영된다. 아주 큰 소리는 털세포를 손상시켜 청각장애를 유발한다. 그러면 이어폰으로 듣는 음악은 청각 손실을 유발할 수 있다. 음높이를 아는 것은 좀 더 복잡하다. 우리의 뇌는 정원창에 가까운 털세포에서 오는 신호를 높은 음이라고 해석하며, 털세포의 위치가 달팽이관 꼭지에 가까울수록 낮은 음으로 해석한다.

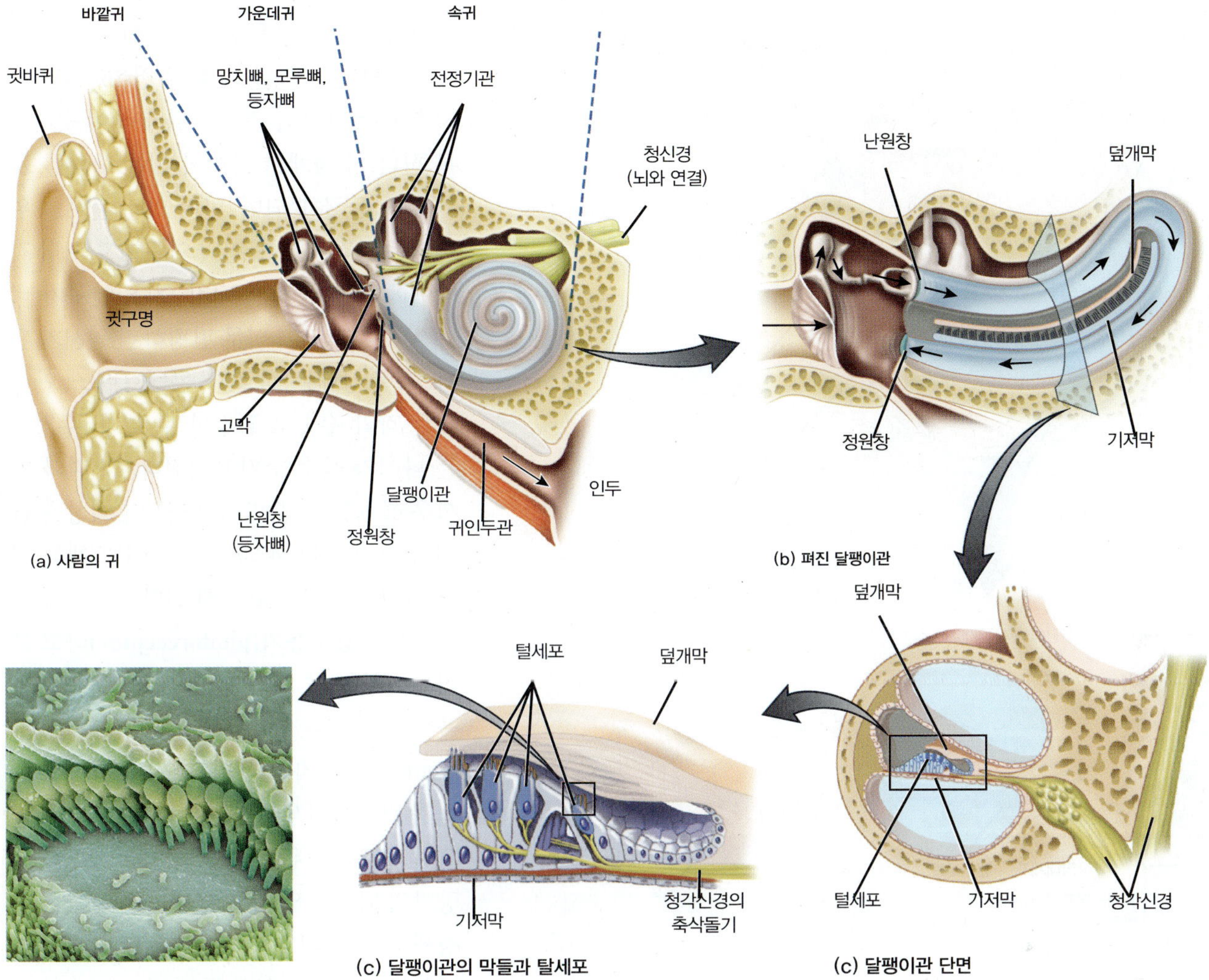


▲ 그림 14-30 **사람의 귀** (a) 전체 귀의 해부도. (b) 만약 달팽이관을 편다면 U자 형태의 액으로 가득 찬 관이 가운데 부분을 둘러싼 모습을 볼 수 있을 것이다. (c) 털세포는 달팽이관 가운데 부분의 기저막 위에 있다.
(d) 털세포의 털들이 기저막과 덮개막 사이를 연결한다. 음파의 진동은 막들을 상대적으로 움직이게 하고 털을 휘게 하여 털세포로 하여금 수용기전위를 생성하게 만든다. 털세포는 신경전달물질을 분비하여 청각신경의 축삭돌기에 활동전위가 생성되도록 한다.

## 중력과 움직임은 어떻게 느끼는가?

속귀는 소리만 감지하는 것이 아니다. 여기에는 **전정기관(vestibular apparatus)**이라고 불리는 중력과 머리의 움직임을 감지하는 구조도 있다. 전정기관은 입구 쪽 전정과 3개의 반고리형 세관으로 되어 있다.

전정에는 중력과 머리의 방향을 감지하는 타원주머니와 둥근주머니가 있다. 타원주머니와 둥근주머니에는 털세포가 있고, 이들의 털은 탄산칼슘의 작은 돌을 포함한 겔 구조에 박혀있다. 타원주머니의 털은 수직이며 둥근주머니의 털은 수평이다. 중력이 돌을 아래로 당기면 머리의 각도에 따라 다양한 방향으로 털이 휜다. 사람은 0.5도만 기울어져도 느낄 수 있다.

전정 외에도 머리의 움직임을 감지하는 3개의 **반고리 세관(semicircular canal)**이 있다. 각 반고리는 액체로 차 있고 그 끝 부분에 팽대부가 있다. 팽대부의 안에는 털세포가 있고 그 털은 겔에 박혀있다. 머리가 움직이면 액체가 팽대부를 밀칠 것이고 그러면 털이 휘게 된다. 3개의 반고리관이 서로 직각으로 자리하고 있으므로, 머리가 어느 방향으로 움직이든 감지할 수 있다. 털이 휘면 활동전위를 일으키고 이는 뇌의 평형감과 움직임을 조절하는 부위로 전달된다.

## 빛은 어떻게 감지하는가?

사람의 눈에는 사진기처럼 들어오는 빛의 양을 조절하고, 초점을 맞춰주는 구조와 광수용기를 포함하는 망막이 있

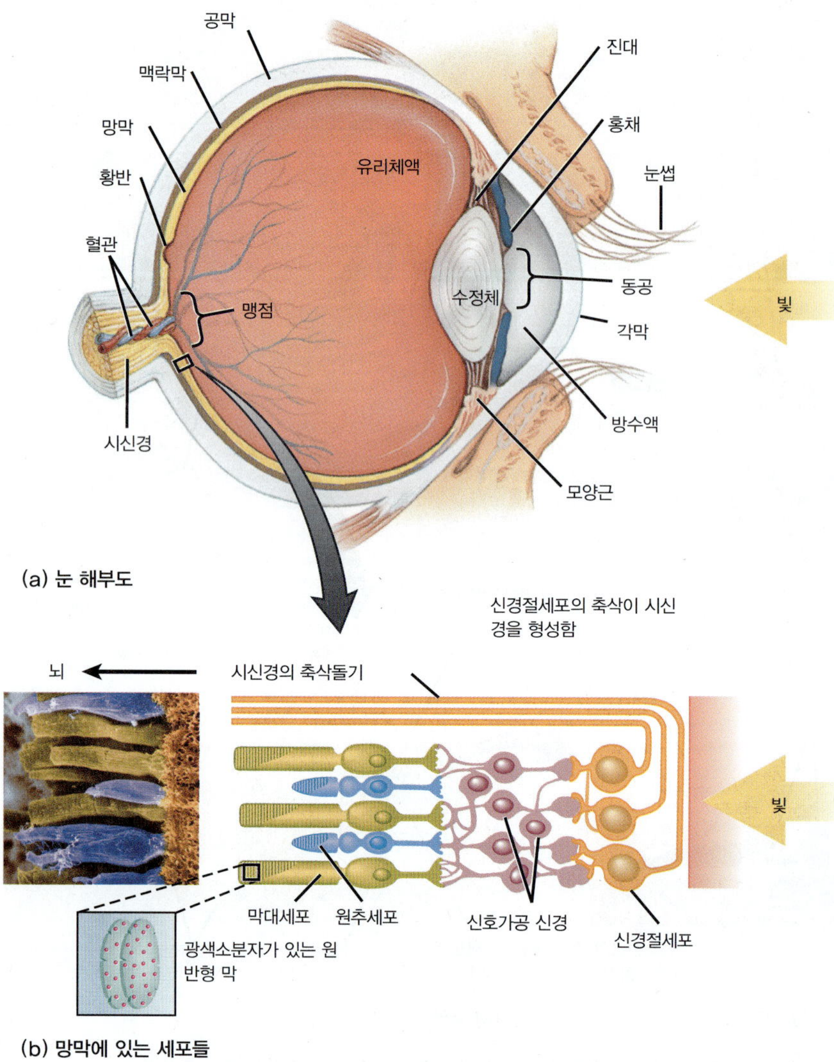


▲ **그림 14–31 사람의 눈** (a) 사람 눈의 해부도. (b) 망막에는 광수용기(막대세포와 원추세포), 신호가공신경, 신경절세포가 있다. 주사전자현미경 사진에서 막대세포는 옅은 초록, 원추세포는 파란색으로 표시하였다.

다(그림 14-31). 안구는 **공막(sclera)**에 싸여 있고, 공막은 투명한 **각막(cornea)**에 이어진다. 빛은 각막을 통해 눈으로 들어온다. 이후 방수액으로 채워진 공간을 지나 색을 지닌 **홍채(iris)**의 가운데 열린 부분인 **동공(pupil)**을 통과한다. 홍채 근육의 수축 및 이완이 동공의 크기를 조절하여 뒤쪽 눈으로 들어오는 빛의 양을 조절한다. 이어서 빛은 투명한 단백질로 구성된 납작해진 구형의 **수정체(lens)**를 만나게 된다. 수정체는 홍채 뒤의 민무늬근에 의해 당겨진 상태로 있다. 수정체 뒤에는 큰 공간이 있고 투명한 젤리와 비슷한 유리체액이 채워져 있어 안구의 모양을 유지하도록 한다. 빛이 유리체액을 지나면 **망막(retina)**에 부딪친다. 여기서 빛 에너지가 활동전위로 바뀌어 뇌로 전달된다. 망막 뒤에는 맥락막이 있어 빛을 흡수해준다.

수정체는 초점을 맞춰 **황반(fovea)**이라고 부르는 망막의 좁은 부위에 상이 맺히도록 한다. 수정체는 가까이 있는 물체를 보기 위해 둥글게 되며, 멀리 있는 물체를 위해서는 납작해진다. 만약 안구가 길거나 각막이 둥글면 근시가 되기 쉽다. 안구가 너무 작거나 각막이 너무 편평하면 원시가 된다. 이런 상태는 적절한 콘택트렌즈, 안경 또는 각막 수술로 교정할 수 있다. 수정체는 나이가 들수록 딱딱해진다. 그 결과 가까운 물체를 볼 수 있을 만큼 더 이상 둥글게 되지 못한다. 40대 중반쯤이면 책을 읽기 위해 안경이 필요하게 된다.

시각은 **광수용기(photoreceptor)**라고 불리는 세포에서 시작된다. 이 세포들은 빛을 받으면 구조가 바뀌는 **광색소(photopigment)**라는 분자를 가지고 있다. 이 구조변화가 광수용기세포 안에서 화학반응을 일으켜 수용기전위를 일으킨다. 광수용기는 망막의 뒤쪽에 있고 망막의 앞쪽에 있는 신경세포가 이 신호를 활동전위로 전환시켜 **시신경(optic nerve)**을 통해 뇌로 전달한다. 시신경이 망막에서 빠져나가는 곳은 수용기가 없고 따라서 초점이 맺히지 않기 때문에 **맹점(blind spot)**이라 부른다.

막대세포와 원추세포는 분포와 민감도에 있어서 차이가 있다. 원추세포는 망막에 퍼져있지만 초점이 선명하게 맺히는 황반에 집중 분포한다. 사람의 눈에는 3종류의 원추세포가 존재한다. 각 광색소는 빨강, 초록, 파랑의 빛에 가장 잘 반응한다. 뇌는 각 원추세포가 얼마만큼 자극되었는지에 따라 색을 판별한다. 막대세포는 황반의 주변부에 많이 분포한다. 막대세포는 원추세포에 비해 더 많은 광색소를 지니고 있어 빛에 더 민감하다. 따라서 희미한 빛을 보는 것은 주로 막대세포에 의한 것이다. 모든 막대세포는 동일한 광색소를 갖고 있어 색을 볼 수는 없다.

### 냄새나 맛은 어떻게 감지하는가?

후각에 대한 수용기는 비강 윗부분의 점액질로 덮인 조직

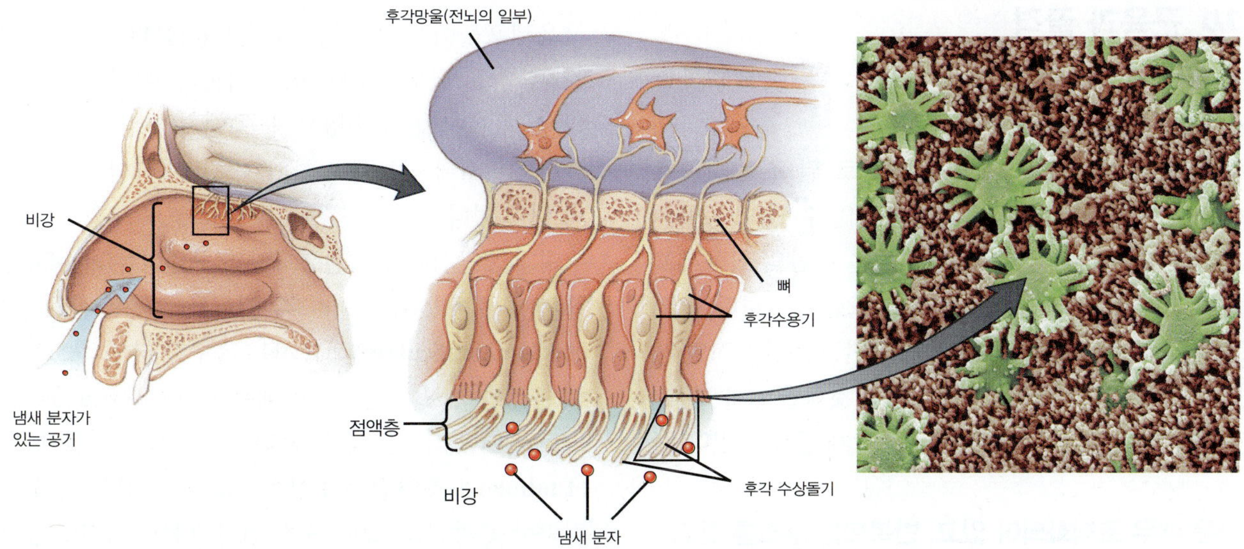


▲ **그림 14-32 후각** 사람의 후각수용기는 비강에 뻗은 털 같은 작은 돌기를 지닌 신경세포들이다. 냄새분자는 수용기를 만나기 전에 이 돌기들이 박혀있는 점액층에 녹아든다.

속에 위치한다(그림 14-32). 후각 수용기는 비교적 긴 수상돌기를 비강 내 점액질에 내놓고 있다. 공기 중의 냄새분자는 점액을 통해 확산하여 수상돌기에 있는 수용기 단백질에 결합한다. 후각수용기는 뇌의 후각망울로 축삭돌기를 보낸다.

사람에선 약 400 종류의 후각 수용기 단백질이 알려져 있다. 각 후각수용기는 한 종류의 수용기 단백질만 갖고 있다. 각 수용기 단백질은 특정한 냄새분자와 결합하여 수용기 전위를 생성한다. 수용기전위가 역치를 넘으면 후각망울로 전달되는 활동전위가 생성된다.

냄새는 여러 분자가 복잡하게 섞여 몇 종류의 후각수용기를 자극하기 때문에 우리가 감지하는 냄새는 많은 종류의 후각수용기 신호를 뇌가 해석한 것이다. 흥미롭게도 수용기 단백질의 발현에는 개인차가 있다. 이것은 특정한 냄새에 둔감한 이유를 설명해준다. 냄새를 잘 맡는 개는 800 종류의 후각 수용기 단백질을 갖고 있다.

사람의 혀에는 약 5,000개의 **맛봉오리(taste bud)**가 유두라고 부르는 작은 돌기 속에 파묻혀 있다. 맛봉오리 안에는 줄기세포와 미각수용기가 들어 있다. 줄기세포는 닳아 없어지거나 손상을 입는 수용기를 보충해준다. 미각수용기에는 미세융모가 나 있다. 한때는 특정한 맛에 대한 맛봉오리가 한 곳에 모여 있는 것으로 알려졌으나, 그렇지 않고 여러 종류의 맛봉오리들이 비교적 고르게 분산되어 있다.

현재까지 알려진 맛은 신맛, 짠맛, 단맛, 쓴맛, 그리고 감칠맛의 다섯 가지이다. 최근에는 지방산이 6번째 맛을 느끼게 한다고 제안되었다. 각 미각수용기는 한 가지 맛에만 반응한다. 감칠맛 수용기를 자극하는 모노소듐 글루타민산(MSG)은 오래전부터 조미료로 사용되어왔다.

우리는 크게 두 가지 방법으로 다양한 맛을 느낀다. 첫째는 음식의 맛이다. 둘째는 음식이 공기 중에 방출하는 냄새다. 맛이 주로 냄새에 기인한다는 사실을 알기 위해 코를 막고 눈을 감은 뒤 음미해 보라.

### 통증은 어떻게 느끼는가?

우리는 데이거나 베이거나 부딪치거나 강산 용액이 몸에 묻으면 통증을 느낀다. 통증은 뇌에서 일어나는 주관적인 감정으로 우리 몸 전체에서 발견되는 통각수용기의 자극에 의해 발생한다. 통각은 몸의 상처를 알려주기 때문에 우리의 건강과 생존에 매우 중요하다. 통증을 느끼지 못하면 사고를 당하는 경향이 높다.

통각수용기에는 여러 종류가 있다. 어떤 통각수용기는 뜨거운 온도에 반응한다. 반면 낮은 온도에 반응하는 것도 있다. 어떤 통각수용기는 고열, 산, 화학물질 등 여러 손상에 반응하기도 한다.

## 14.10 근육과 골격

### 근육은 어떻게 수축하는가?

대부분의 동물은 수축할 수 있는 세포로 된 조직인 **근육(muscle)**을 통해 몸의 특정 부분을 움직일 수 있다. 동물의 세포가 수축할 때 사용되는 단백질들은 사람의 근육세포와 동일하고, 이들 단백질의 상호작용 또한 동일하다. 그러므로 움직일 수 있는 능력과 움직임을 만드는 근본적인 세포 메커니즘은 진화적으로 아주 오래된 것임을 알 수 있다.

근육에는 골격근, 심장근, 민무늬근의 세 종류가 있다.

### 골격근은 매우 조직화되어 있고, 반복되는 구조를 갖고 있다

**골격근(skeletal muscle)**은 골격을 움직이는 근육이기 때문에 이런 이름이 붙었는데, 현미경을 통해서 보면 줄무늬가 나타난다. 골격근은 질긴 섬유성 **힘줄(tendon)**에 의해 골격에 연결된다. 골격근은 신경계에 의해 의식적인 조절이 가능하다.

근육의 근막 안에서는 **근섬유(muscle fiber)**로도 불리는 근육세포들이 다발을 이루고 있다(그림 14-33). 근섬유의 직경은 10 μm서부터 100 μm에 이른다. 어떤 근섬유는 근육의 전체 길이에 걸쳐 있으며, 몸에서 가장 긴 근육의 근섬유는 60 cm에 이르기도 한다. 가장 긴 근섬유에는 수천 개의 핵이 있다.

개개의 근섬유에는 원통모양의 **근원섬유(myofibril)**가 평행하게 존재한다(그림 14-34). 각 근원섬유는 **근소포체(sarcoplasmic reticulum)**라고 하는 특수한 타입의 소포체에 의해 둘러싸여 있다. 근소포체에는 칼슘 이온($Ca^{2+}$)이 높은 농도로 들어 있다. 근섬유를 둘러싸고 있는 원형질막은 **T세관(T tubule)**을 통해 근섬유 안쪽으로 깊은 터널을 만들어 세포 깊숙한 곳의 근소포체와도 밀접하게 붙어 있다(그림 14-34a). 근원섬유는 **근절(sarcomere)**이라는 기능 단위로 반복되고, 가는 필라멘트인 **액틴(actin)** 단백질과 굵은 필라멘트인 **미오신(myosin)** 단백질로 구성된다(그림 14-34d).

### 근섬유는 가는 필라멘트와 굵은 필라멘트 사이의 상호작용을 통해 수축한다

가는 필라멘트와 굵은 필라멘트의 분자 구조로 인해, 두 필라멘트가 결합하고, 또 그 필라멘트 사이를 서로 미끄러질 수 있다. 신경신호가 오면 구형의 액틴은 미오신 머리와 결합한다. 결합으로 인해 미오신 머리가 굽어져서, 가는 필라멘트를 끌어당기게 된다. 이어서 미오신 머리가 가는 필라멘트에서 떨어지며, 머리가 펴진다. 이 과정을 계속 되풀이하면 전체 근육이 수축하게 된다. **활주 필라멘트 메커니즘(sliding filament mechanism)**이라고 하는 이런 수축 과정이 근섬유의 모든 근절을 동시에 짧게 한다.

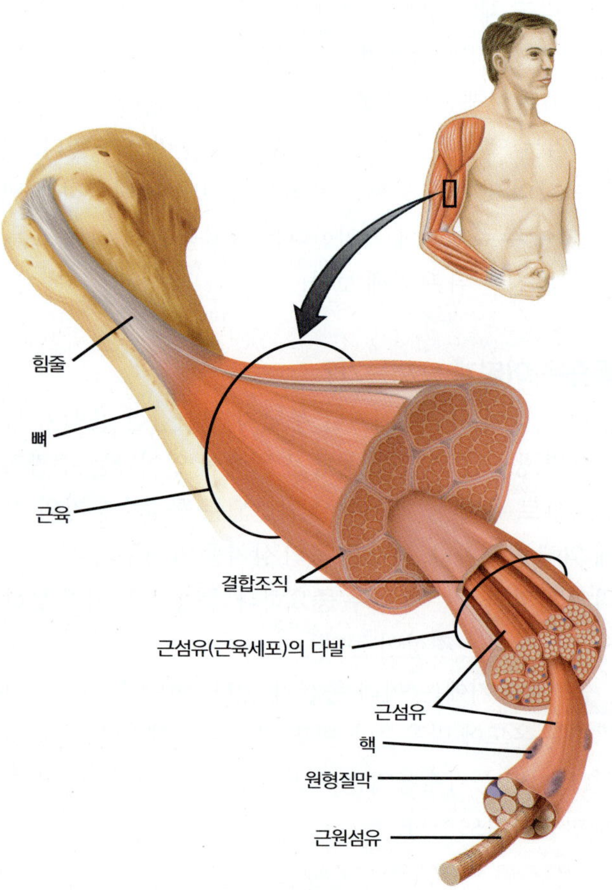


◀ **그림 14-33 골격근의 구조** 근육은 결합조직에 의해 둘러싸여 있으며, 힘줄에 의해 뼈에 붙어 있다. 근육세포(근섬유)는 근육 내에서 다발로 존재한다. 각각의 근섬유는 근원섬유로 채워져 있다.

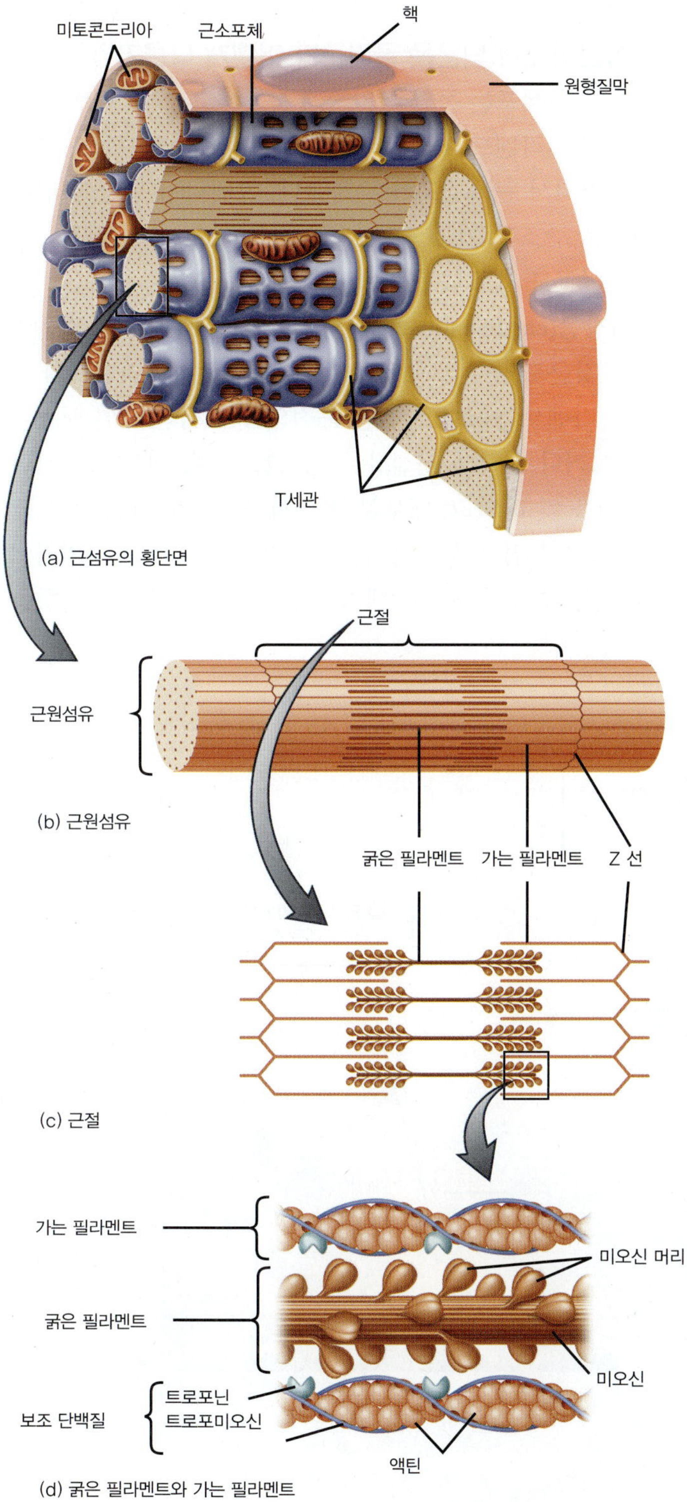


▲ 그림 14-34 **골격근의 근섬유** **(a)** 각각의 근섬유는 원형질막으로 둘러싸여 있다. 원형질막이 T세관을 형성하여 근섬유 속으로 신장되어 들어간다. 근섬유 내에서 근소포체가 각 근원섬유를 둘러싼다. **(b)** 각 근원섬유는 일련의 근절로 구성되어 있고, 이 근절의 양 끝은 Z 선 단백질에 의해 붙어 있다. **(c)** 각 근절 내에는 액틴, 트로포닌, 트로포미오신으로 구성 되어 있는 가는 필라멘트와, 미오신으로 구성되어 있는 굵은 필라멘트가 교대로 나타난다. **(d)** 여기에 굵은 필라멘트와 가는 필라멘트의 상세한 구조를 나타내었다.

### 근육 수축에는 ATP 에너지가 사용된다

미오신의 머리가 액틴에 붙고 떨어지는 과정에는 ATP 에너지가 사용된다. 골격근의 ATP 저장고는 고강도 운동 시 단 몇 초 만에 바닥난다. 고강도 운동을 위해 근육세포는 해당과정을 이용하여 약간의 ATP를 생산한다. 해당과정은 산소를 필요로 하지는 않지만 매우 비효율적인 과정이다. 저강도 운동을 하면, 근육세포가 세포호흡으로 ATP를 생산한다. 세포호흡을 위해서는 모세혈관으로부터 근육세포로 산소 공급이 일어나야만 한다. 흔히 이러한 운동을 유산소 운동이라고 부른다.

### 골격근섬유는 속근과 지근으로 특화되어 있다

골격근섬유에는 두 가지 기본형, 지근과 속근이 있다. 대부분의 근육에는 지근과 속근이 함께 들어 있다. 지근과 속근의 근섬유는 다른 형태의 미오신을 갖고 있어서, 가는 필라멘트를 느리게(지근) 당기거나, 빠르게(속근) 당긴다. 또한 지근섬유는 속근섬유보다 약하게 수축하지만, 수축을 오래 유지할 수 있다. 지근섬유가 미토콘드리아나 산소운반 단백질인 미오글로빈을 보다 많이 갖기 때문이다. 지근섬유는 쉽게 지치지 않지만 속근섬유는 보다 큰 힘으로 수축하고 빨리 지치게 된다.

## 흰 살코기와 짙은 살코기는 어떻게 다른가?

흰 살코기와 짙은 살코기? 대부분의 사람들은 고기에 대한 선호도를 갖고 있는 것 같다. 짙은 다리 고기는 향이 풍부하며, 지방이 많아서 더 촉촉하게 보인다. 그러나 어떤 사람은 부드럽고 흰 가슴살 코기를 더 좋아하기도 한다. 흰 살코기와 짙은 살코기는 고기 내에 있는 우세한 종류의 근섬유 차이에 의한 것이다. 야생의 닭과 칠면조는 보통 땅을 파고, 여우나 코요테로부터 도망가기 위해서나, 밤에 안전한 횃대에 올라갈 때만 난다. 아마도 이런 닭, 칠면조의 가슴살은 속근섬유로 채워져 있을 것이며, 단순히 필사적으로 날개 치는 데 좋을 것이다. 보통 이런 새들은 하루 종일 먹이 찾으러 걸어 다니고, 다리 근육은 지근섬유로 되어 있어서, 오랜 시간 저강도로 걸어 다니는 데 적합하다. 지근섬유 주위에서 혈액을 운반하는 모세혈관과 지근섬유 내에서 산소를 저장하는 미오글로빈으로 인해 많은 철분이 공급되어, 이런 새들의 다리는 짙은 색깔과 강한 풍미를 띠게 된다. 그러나 먼 거리를 날아가는 이동성 오리와 거위의 근육은 어떨까? 예상할 수 있는 바와 같이, 오리와 거위의 가슴 근육은 짙은 살코기로 구성되어 있다.

## 골격근의 수축은 신경계가 조절한다

몸의 움직임을 지시하는 뇌의 신호는 척수의 운동뉴런을 거쳐 운동뉴런과 골격근섬유가 만나는 **신경근접합부(neuromuscular junction)**라는 특화한 시냅스에 도달한다(그림 14-35).

신경근접합부에서, 운동뉴런의 신경전달물질인 아세틸콜린이 근섬유 쪽으로 방출된다. 아세틸콜린에 의해 근섬유에서 활동전위가 발생한다❶. 근육의 활동전위는 T세관을 통해 근소포체로 전달된다❷. 활동전위에 의해 근소포체에서 칼슘 이온($Ca^{2+}$)이 세포질 쪽으로 방출된다❸. $Ca^{2+}$이 트로포닌과 결합함으로써 트로포닌의 형태가 변하고, 또 트로포미오신을 끌어당김으로써, 액틴의 결합부위가 노출된다❹. 이제 미오신 머리가 액틴과 결합하여 굽혀지고 떨어지는 주기를 계속한다❺.

## 심장근과 민무늬근은 골격근과 어떻게 다른가?

모든 근육세포는 동일한 원리에 근거하고 있다. 액틴과 미오신의 필라멘트가 결합하고, 서로 다른 필라멘트 사이로 미끄러져서 근육세포가 수축한다. 그러나 심장근과 민무늬근은 구조적, 기능적으로 골격근과 다르며, 또 심장근과 민무늬근도 서로 다르다.

**심장근(cardiac muscle)**은 심장에만 존재한다. 골격근처럼 심장근도 줄무늬가 있는데, 이것은 굵은 필라멘트와 가는 필라멘트가 교대로 있는 근절의 규칙적인 배열 때문이다. 그러나 심장의 근섬유는 가지를 치며, 세포마다 하나의 핵을 갖고 있고, 대부분의 골격근섬유에 비해 매우 짧다. 그리고 심장근은 골격근섬유와는 다르게 불수의적이다. 비록 수축의 빈도와 세기는 신경계와 호르몬의 영향을

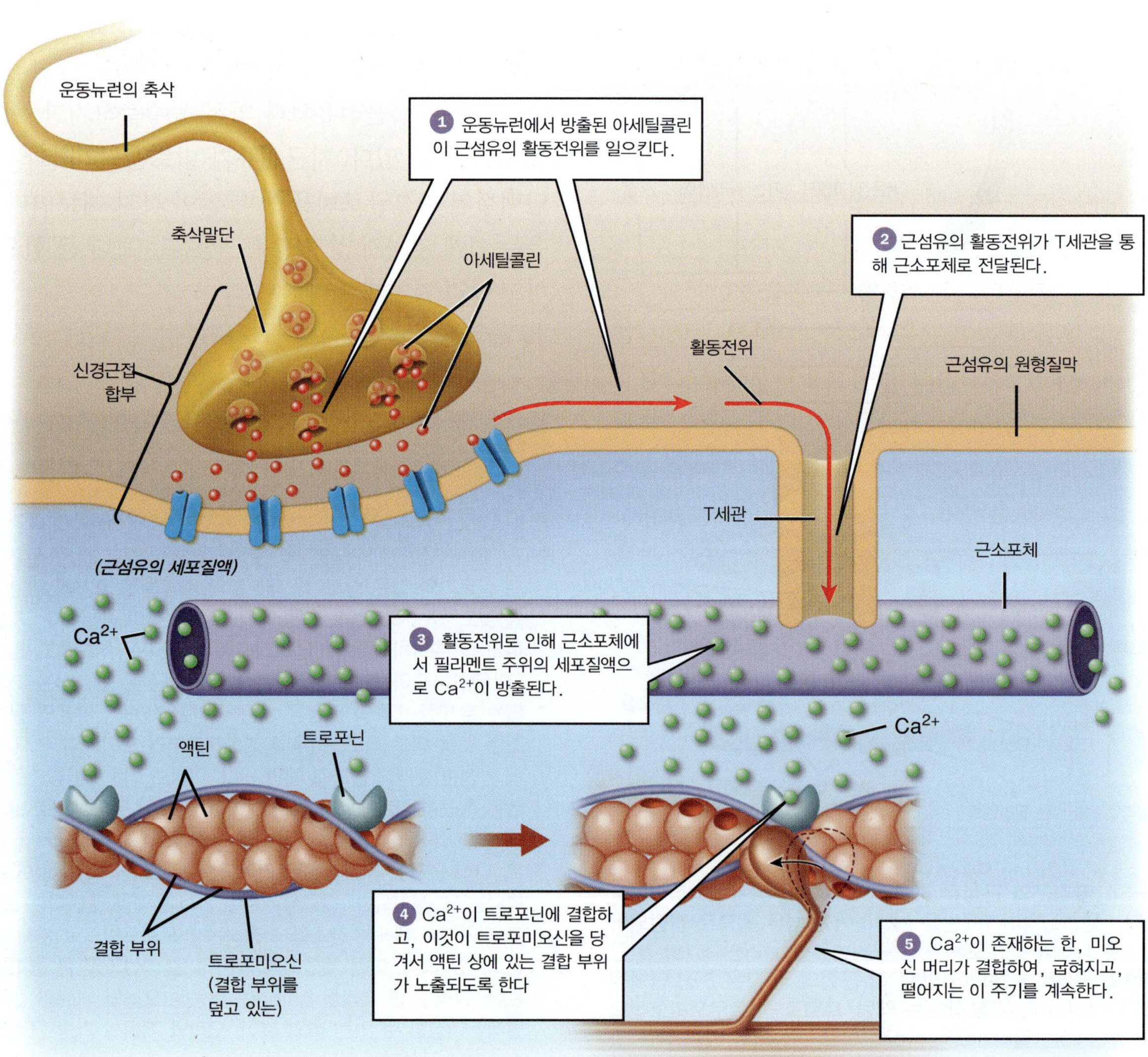


▲ 그림 14-35 운동뉴런의 활동이 골격근섬유의 수축을 자극한다

받지만, 신경계의 입력이 없어도 심장근섬유는 자발적으로 수축한다.

**민무늬근(smooth muscle)**은 속이 비어 있는 기관, 즉 자궁, 방광, 소화관이나 혈관을 둘러싸고 있는 근육이다. 민무늬근세포는 골격근이나 심장근과 달리 줄무늬가 없다. 심장근섬유처럼 민무늬근섬유는 하나의 핵을 갖고 있고, 간극연접을 통해 이웃한 민무늬근섬유와 소통하기 때문에, 세포들이 주기에 맞추어 동시에 수축할 수 있다. 혈압을 올리는 동맥의 수축이나 소화관 내에서 음식물을 움직이는 연동이 그러한 보기이다.

## 골격

**골격(skeleton)**에는 다음과 같은 다양한 기능이 있다.

- 골격은 이동을 가능하게 한다.
- 골격은 몸을 지탱하는 딱딱한 틀을 제공하고, 몸의 내부 장기들을 보호한다. 머리뼈와 척추가 뇌와 척수를 보호하며, 흉곽은 허파와 심장을 보호하고, 골반은 복부의 기관들을 지탱하고 또 보호하기도 한다.
- 포유류 중이의 뼈는 청각에 필수적이다. 중이에 있는 뼈는 음파에 의한 고막의 진동을 달팽이관으로 전달해 준다.
- 적골수 내에서 적혈구, 백혈구, 혈소판을 생산한다.
- 뼈는 칼슘과 인을 저장하고, 필요에 따라 이러한 미네랄을 흡수하고 방출한다.

골격은 두 범주로 나뉜다. **중축골격(axial skeleton)**에는 머리뼈, 척주, 흉곽이 포함된다. **부속지골격(appendicular skeleton)**에는 전지대와 후지대가 포함되며, 부속지는 이 지지대에 붙어 있다. 팔과 손의 전지는 쇄골과 견갑골을 통해 중축골격에 연결되고, 다리와 발의 후지는 골반을 통해 중축골격에 연결되는 식이다.

### 골격은 연골, 인대, 뼈로 구성된다

골격은 세 종류의 결합조직인 연골, 인대, 뼈로 구성된다. 이 세 종류는 모두 살아 있는 세포가 콜라겐 단백질의 기질 속에 파묻혀 있는데, 기질에는 콜라겐 외에 다양한 다른 물질도 포함된다. **연골(cartilage)**의 경우, 세포외기질에 많은 양의 당 단백질이 포함되며, 가끔 탄력 섬유가 들어 있기도 한다. 뼈와 뼈를 연결해 주는 **인대(ligament)**의 경우, 세포외기질에는 물결 모양의 콜라겐 섬유가 나란히 배열되어 있다. **뼈(bone)**의 경우, 콜라겐 섬유의 뼈대에 칼슘과 인 같은 미네랄의 침전이 더해져, 뼈를 단단하고 강하게 한다.

**연골(carfilage)**은 골격 내에서 많은 역할을 한다. 배 발생 동안 골격은 연골로부터 시작되는 경우가 많다. 연골은 관절부위에서 뼈의 말단을 차지하며, 코와 바깥귀의 유연한 형태를 유지해주고, 호흡계의 후두, 기관, 기관지의 틀을 제공한다. 거친 충격을 흡수하는 추간원판도 연골이다. 연골의 살아 있는 세포는 **연골세포(chondrocyte)**라고 한다. 연골세포는 연골기질의 대부분을 차지하는 당 단백질과 콜라겐을 분비한다(그림 14-36a).

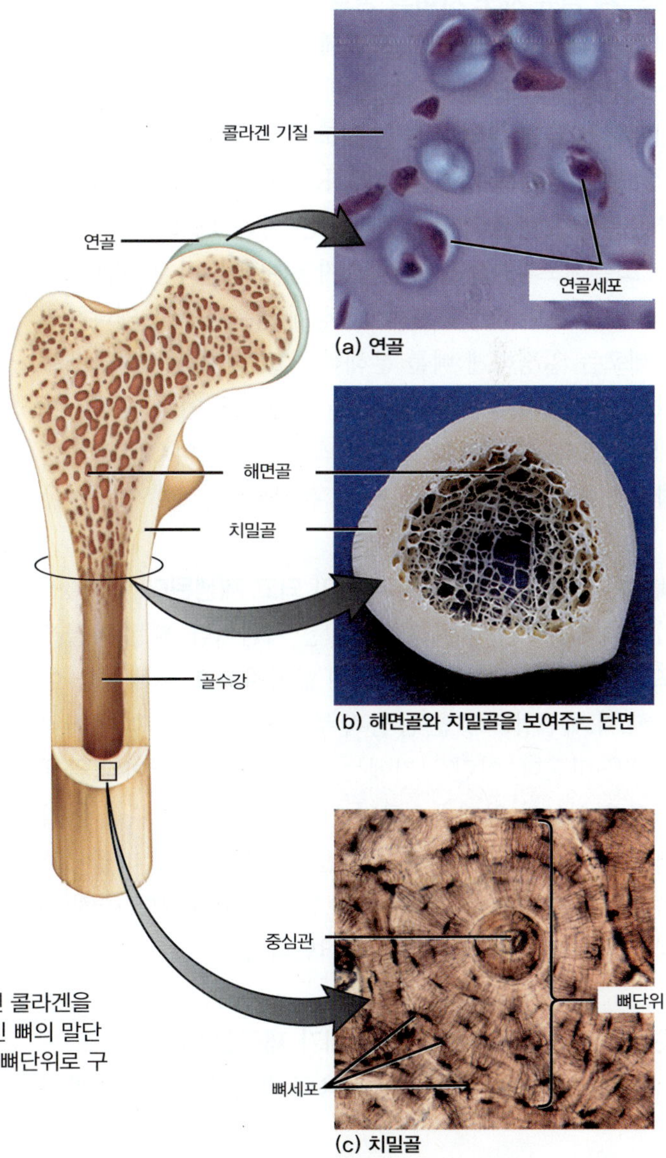


▶ **그림 14-36 연골과 뼈** (a) 연골에 있는 연골세포는 세포바깥 기질인 콜라겐을 분비하며, 이 기질에 세포가 둘러싸이게 된다. (b) 여기에 보이는 것처럼 긴 뼈의 말단 부위에서 치밀골 안쪽에 해면골이 있다. (c) 치밀골은 뼈세포가 묻혀 있는 뼈단위로 구성된다. 뼈단위의 중심관에는 신경, 동맥, 정맥이 들어 있다.

보통 뼈는 속의 해면골과 이를 둘러싸는 바깥의 단단한 치밀골로 구성된다. **해면골(spongy bone)**은 구멍이 많으며, 가볍고, 혈관이 풍부하다(그림 14-36b). **치밀골(compact bone)**은 치밀하고 강하며, 근육의 부착지점이 된다. 치밀골은 **골원(osteon)**이라고 하는 하부구조로 구성되어 있는데, 각 골원은 작은 신경, 동맥, 정맥이 들어 있는 중심관을 둘러싸는 동심원 층으로 구성되어 있다(그림 14-36c).

팔과 다리 같이 긴 뼈는 치밀골로 되어 있으며, 중앙은 골수로 차 있다. 혈액세포를 생성하는 적골수가 어린아이의 해면골와 긴 뼈 내 골수강을 채우고 있다. 이윽고 적골수는 지방의 황골수로 바뀌며, 따라서 혈액세포는 주로 넙다리뼈와 위팔뼈의 끝에서 생성되며, 복장뼈와 골반뼈 같은 납작한 뼈의 해면골 속에서 생성된다.

### 뼈는 세 종류 세포 사이의 상호작용에 의해 형성된다

세 종류의 뼈세포가 있다 **조골세포(osteoblast)**, **골세포(osteocyte)**, **파골세포(osteoclast)**. 배 발생 동안에, 연골의 골격 내에서 미네랄이 침전될 수 있도록 조골세포가 콜라겐 기질을 분비함으로써 뼈를 만든다. 세포분열을 통해 새로운 조골세포가 형성된다. 조골세포는 지속적으로 뼈를 만든다. 조골세포가 이윽고 단단한 기질 내에 갇히게 되면 골세포로 전환된다. 골세포는 뼈 건강에 필수적인데, 왜냐하면 골세포는 일정하게 뼈를 분해하고 또 대체하는 파골세포와 조골세포의 활동을 조절하기 때문이다. 이런 재생을 통해 뼈 강도가 유지되며, 또한 혈액과 뼈 사이의 $Ca^{2+}$ 교환을 함으로써 혈액 칼슘의 항상성이 유지된다.

### 뼈 재구성을 통해 골격은 적응이 되고 재생된다

사람의 뼈는 역동적이고 살아있는 기관이다. 뼈는 파골세포와 조골세포에 의해 끊임없이 없어지고 또 대체된다. 이러한 뼈 재구성으로 인해, 골격 부위에 가해지는 힘이 골격 모양을 바꾼다. 어린 시기에는 조골세포의 활성이 파골세포의 활성보다 앞지름으로써 아이들의 성장에 따라 뼈가 커지고 두꺼워진다. 나이가 들면 활성의 균형이 파골세포 쪽으로 기울어짐으로써 뼈가 더 잘 부러지게 된다. 골절 후에는 극적인 뼈의 재구성이 일어난다.

### 운동에 반응하여 뼈, 힘줄, 인대가 재구성 된다

역도와 같은 고강도 운동이 근육의 크기와 세기를 증가시킨다는 것은 잘 알려져 있다. 이와 마찬가지로 힘줄과 뼈에 가해지는 힘은 힘줄과 뼈를 두껍고 강하게 한다. 예를 들면, 단거리 선수의 정강뼈와 야구선수의 팔뼈가 강하고 굵다. 뼈가 힘을 받지 않는다면 어떤 일이 일어날 것인가? 우주비행사는 골격에 대한 심각한 위협에 직면한다. 우주비행사는 매달 뼈 질량의 1~2 %가 줄어든다.

## 14.11 생식

### 사람은 어떻게 생식하는가?

사람은 **유성생식(sexual reproduction)**을 한다. **생식소(gonad)**에서 감수분열을 통하여 반수체인 정자 또는 난자를 만들고 이는 나중에 융합하여 이배체인 수정란, 즉 **접합자(zygote)**를 만든다. 사람은 부모 양쪽으로부터 유전자를 물려받기 때문에 부모와 유전적으로 다르다. **정소(testes)**라고 하는 남성의 생식소에선 **정자(sperm)**를 생산하고 **난소(ovary)**라고 하는 여성의 생식소에선 **난자(egg)**를 생산한다. 정자와 난자의 융합을 **수정(fertilization)**이라 한다.

### 사람 생식계의 구조와 기능은 무엇인가?

대부분의 포유류는 연중 정해진 계절에만 번식하지만 인간 남성은 계속해서 정자를 생산하고 여성은 한 달에 약 한 번씩 배란한다.

### 생식능력은 사춘기에 시작된다

성적으로 성숙하는 과정인 **사춘기(puberty)**를 통해 생식능력이 확보되고 2차 성징이 발달한다. 사춘기 연령은 소녀에서는 10살과 14살 사이, 소년에서는 12살과 16살 사이이다. 소녀에서 드러나는 첫 번째 표시는 보통 가슴이 부풀어 오르는 것이다. 첫 생리는 그로부터 수년 뒤에 흔히 일어난다. 소년에서는 정소의 성장이 사춘기의 시작을 알리는데 그러면 수정 능력이 한 두 해 뒤에 생긴다. 성기가 커지고, 근육이 생기고, 음모가 나고, 목소리가 굵직해진다. 소년 소녀 모두에게서 사춘기 때부터 구애행동이 나타나기 시작한다.

남녀 모두에서 뇌의 성숙으로 사춘기가 시작된다. 뇌의 성숙은 시상하부에서 **생식소자극호르몬-방출호르몬(gonadotropin-releasing hormone, GnRH)**을 분비하도록 하여 뇌하수체 전엽이 **황체형성호르몬(luteinizing hormone, LH)**

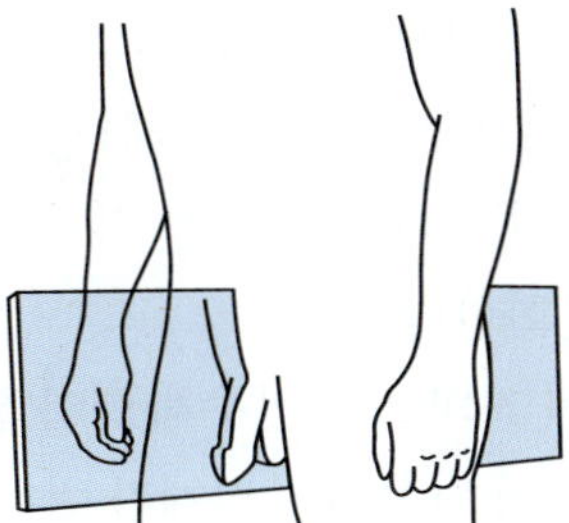

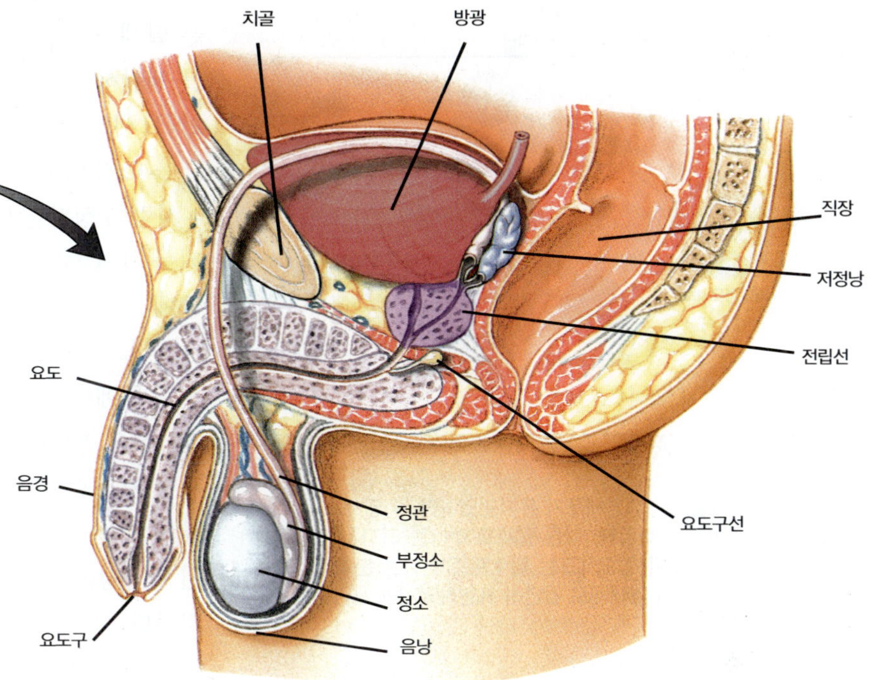


▶ 그림 14-37 **남성의 생식계** 정소는 복강 아래 음낭 속에 들어 있다. 정소에서 나온 정자는 부정소, 정관, 요도를 통과하여 음경의 끝 부분까지 간다. 그 통로를 따라가는 중에 저정낭, 요도구선, 전립선으로부터 액체가 추가된다.

과 **난포 자극호르몬(follicle-stimulating hormone, FSH)**을 생산하도록 자극한다. LH와 FSH는 그 이름들이 여성에서의 기능들로부터 유래되었지만 남성에서도 똑같이 방출된다. 이 호르몬들은 정소를 자극하여 남성호르몬인 **테스토스테론(testosterone)**을 생산하도록 하며, 난소에서는 여성호르몬인 **에스트로겐(estrogen)**을 생산하도록 자극한다.

## 남성 생식계는 정소와 그 부속구조로 되어 있다

남성 생식계는 테스토스테론과 정자를 생산하는 정소, 정자를 활성화시키고 정자에게 영양분을 공급해주는 분비선들, 정자를 저장하며 운반하는 관 등으로 이루어져 있다(그림 14-37).

정소는 **음낭(scrotum)** 안에 들어 있다. 이 위치 때문에 정소는 몸의 중심부보다 0.5~3℃ 정도 낮게 유지된다. 낮은 온도는 정자 형성에 도움이 된다. 정소는 정자를 생산하는 **세정관(seminiferous tubule)**들로 채워져 있다(그림 14-38a). 테스토스테론을 합성하는 **간질세포(interstitial cell)**들은

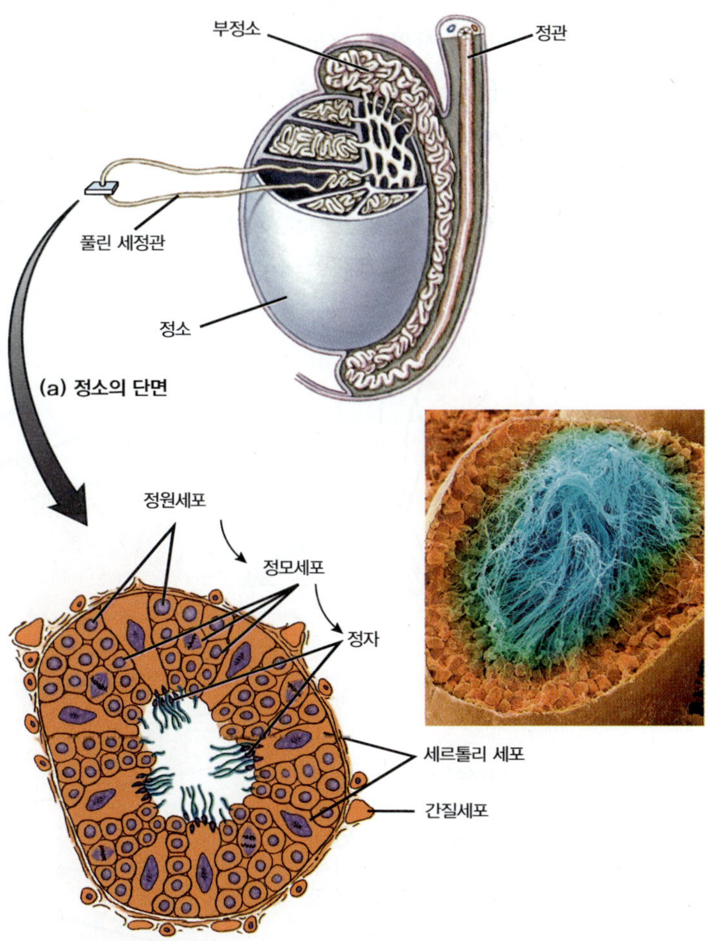


▶ 그림 14-38 **정소의 해부학적 구조** (a) 세정관, 부정소, 정관을 보여주는 정소의 단면. (b) 세정관의 벽 쪽으로 세르톨리 세포와 정원세포가 배열되어 있다. 정원세포들이 분열함에 따라 딸세포들이 안쪽으로 이동한다. 성숙한 정자는 세정관의 가운데 공간으로 나오며, 이 공간은 부정소의 안쪽으로까지 연결된다. 테스토스테론은 간질세포에서 만들어진다.

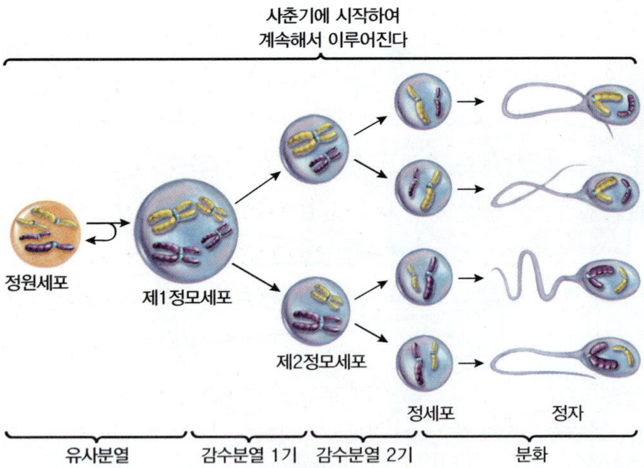


▲ 그림 14-39 **정자형성** 정원세포가 유사분열하면 두 딸세포 중 하나는 정원세포로 남고(곡선 화살표) 다른 딸세포 하나는 커져서 제1정모세포가 된다(직선 화살표). 제1정모세포는 감수분열에 이은 분화를 거쳐 반수체 정자가 된다. 두 쌍의 염색체로 간단히 표현하였지만 사람은 실제 23쌍의 염색체를 갖고 있다.

세정관들 사이의 공간에 위치한다(그림 14-38b).

세정관의 벽 안쪽에는 두 가지 세포가 존재한다. 정자를 만드는 줄기세포인 **정원세포(spermatogonia)**와 분화중인 세포에 영양분을 공급하고 발생을 조절하는, 훨씬 더 큰 세포인 **세르톨리세포(sertoli cell)**이다

정원세포는 유사분열을 통하여 두 가지 유형의 딸세포를 만들어내는 줄기세포이다(그림 14-39). 한 가지 유형의 딸세포는 정원세포로 남아서 끊임없는 정자형성을 맡으며, 다른 딸세포는 여러 차례의 유사분열을 거친 뒤 반수체 정자를 생산하는 감수분열 과정으로 들어간다. 제1정모세포, 제2정모세포를 거쳐 정세포가 된다. 정세포는 더 이상 세포분열을 하지 않고 정자로 분화한다.

사람의 정자는 세포질이 거의 없고 반수체 핵이 정자의 머리를 거의 채우고 있다. 핵의 위쪽에는 첨체가 위치하며, 나중에 그 효소들이 난자의 보호막을 분해하여 정자를 접근시킨다. 머리 뒤쪽에는 미토콘드리아가 있어 꼬리의 채찍질 운동에 필요한 에너지를 공급한다.

남성의 **정액(semen)**은 약 5%만이 정자이고 나머지는 정관 및 요도로 분비되는 저정낭, 전립선, 요도구선이라는 3종류의 분비선이 만든 분비물이다(그림 14-37 참조). 쌍으로 된 **저정낭(seminal vesicle)**의 분비물이 정액의 약 60%를 차지한다. 분비물에는 정자에게 에너지를 제공하는 과당이 많이 들어 있다. **전립선(prostate gland)**이 생산하는, 알칼리성의 영양분이 풍부한 분비물은 정액의 약 30%를 차지한다.

세정관은 접혀져 있는 긴 관인 **부정소(epididymis)**에 모두 합쳐진다(그림 14-37과 14-38a 참조). 정자는 부정소에 보관되고 있다가 운송관인, **정관(vas deferens)**에 의해 운반된다. 정관은 요도에 연결되는데, 요도는 오줌을 운반하다가 사정시엔 정자를 운반한다.

### 여성 생식계는 난소와 그 부속구조로 되어 있다

여성 생식계는 정자를 받아들여 난자에 운반해주고, 발생

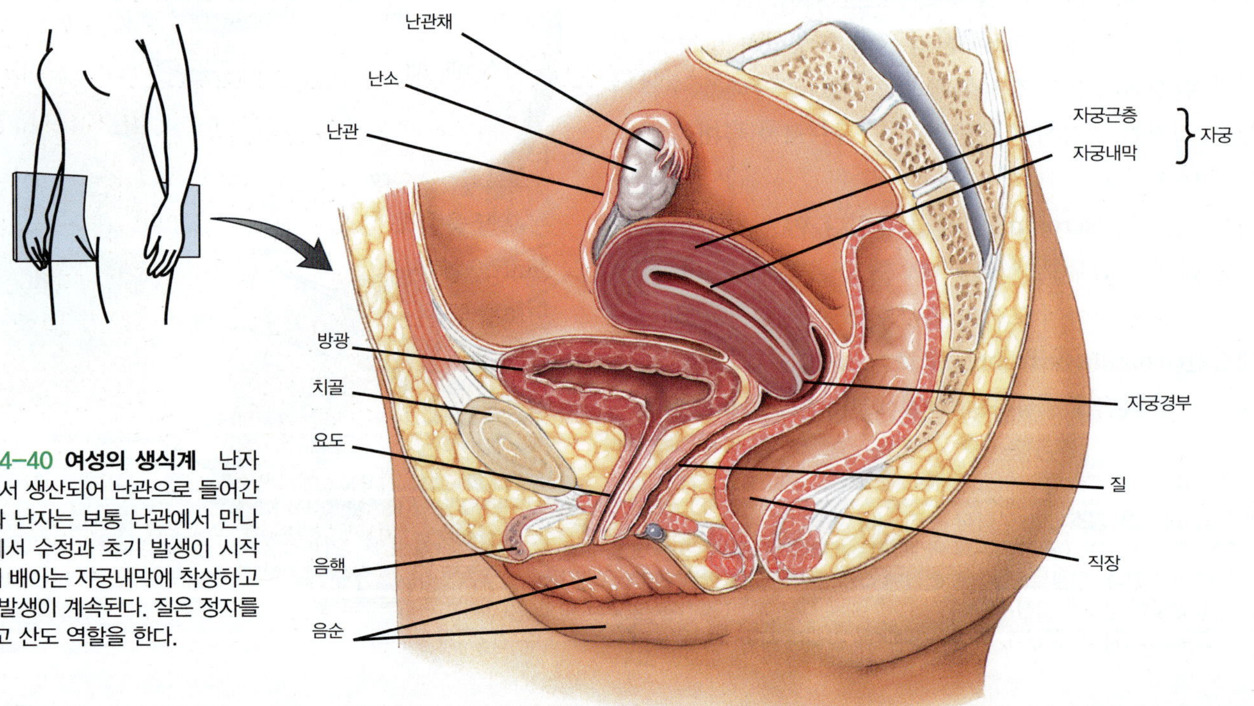


▶ 그림 14-40 **여성의 생식계** 난자는 난소에서 생산되어 난관으로 들어간다. 정자와 난자는 보통 난관에서 만나며, 이곳에서 수정과 초기 발생이 시작된다. 초기 배아는 자궁내막에 착상하고 이곳에서 발생이 계속된다. 질은 정자를 받아들이고 산도 역할을 한다.

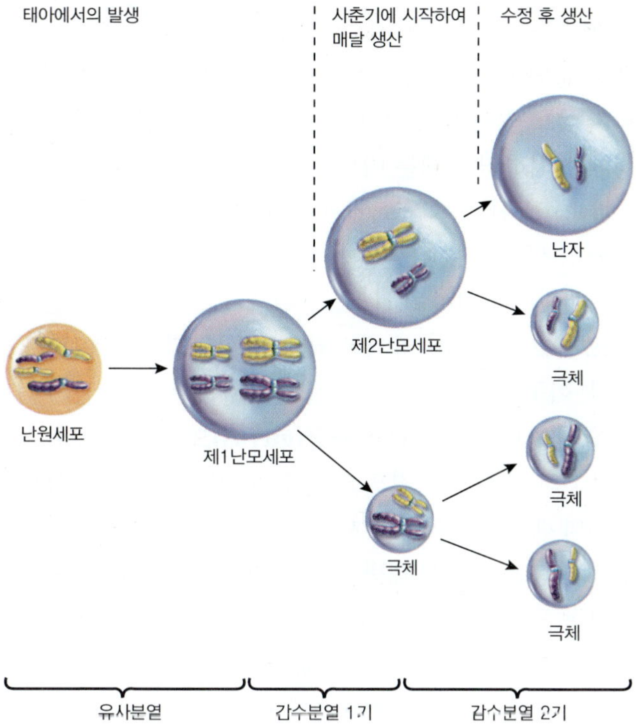


◀ **그림 14-41 난자 형성과정** 난원세포는 커져서 제1난모세포를 형성한다. 감수분열 1기 때 거의 모든 세포질은 한쪽 딸세포인 제2난모세포로 이동한다. 다른 딸세포는 조그만 극체로 염색체는 있지만 세포질은 거의 없다. 감수분열 2기 때 제2난모세포의 세포질 거의 대부분이 난자에게 주어진다. 그리고 남아 있는 여분의 염색체는 제2극체에 버려진다. 제1극체도 역시 감수분열 제2기를 겪는다. 극체들은 결국 퇴화된다. 사람의 경우 정자가 난자를 뚫고 들어가지 않는 한 감수분열 2기가 일어나지 않는다.

중인 배아에 영양을 공급하는 구조들 및 난자를 생산해내는 난소로 이루어져 있다 (그림 14-40).

난자를 형성하는 과정인 난자형성과정은 배 발생 6주 초에 **난원세포(oogonium)**의 형성으로 시작된다 (그림 14-41). 9주경부터 20주째까지 난원세포는 커지면서 분화하여 제1난모세포가 된다. 그 후 감수분열은 중지되고 어떤 제1난모세포도 사춘기까지 감수분열을 다시 시작하지 않는다. 따라서 여성은 평생 동안 쓸 100만~200만 개의 제1난모세포를 지니고 태어난다. 이들 중 대부분이 죽고 사춘기에는 약 40만 개가 남는다. 그 중 수백 개의 난모세포만이 사춘기에서부터 약 50살의 폐경기까지 감수분열을 재개한다.

성숙한 난소에서 난모세포는 작은 세포들로 둘러싸여

## 하이테크 생식

커플 중 약 10-15%가 임신하는 데 어려움을 겪는다. 여성에게 배란촉진제를 주입하면 배란이 촉진된다. 그러나 동시에 여러 개의 난자를 방출하게 하므로, 미국에서는 1980년 이후 여러 명을 출산하는 비율이 두 배로 늘었다. 여러 명을 출산하는 경우는 한 명을 출산하는 경우보다 모체와 아이 모두에게 더 위험하다.

세계적으로 약 5백만 명이 '시험관아기 시술'(IVF)로 태어났다. 시험관아기 시술은 난포 발달을 촉진시키는 배란촉진제를 여성에게 투여하는 것으로부터 시작된다. 배란할 때가 되면 외과의사가 난포 속으로 긴 바늘을 삽입하여 난모세포를 빨아들인다. 난모세포를 정자와 함께 배양 접시에 넣어둔다. 수정 후 접합자가 분열한다. 그렇게 해서 생긴 배아를 8세포기가 될 때까지 약 3일 동안, 또는 배반포까지 약 5일 동안 배양한다.

배아를 자궁에 착상시키려면 배아를 관 속에 빨아들여 자궁 속에 넣어줘야 한다. 젊은 여성의 경우에는 보통 한두 개의 배아를 옮겨준다. 40살 이상의 여성은 4개까지 옮길 수 있다. 배아를 하나 이상 이식하면 성공률이 높아지지만 다태 임신의 확률도 높아진다. 이식하지 않은 배아는 나중에 사용하기 위해 즉시 냉동된다.

운동성이 떨어지거나 정상적으로 수정할 수 없는 정자를 지닌 남성들은 '세포질 내 정자 주입(ICSI)' 방법을 통해 아버지가 될 수 있다. ICSI의 경우, 정소에서 미성숙된 정자세포를 뽑아 가늘고 예리한 피펫으로 난자의 세포질 안에 직접 주입한다(그림 E14-2). ICSI를 통한 IVF의 성공률은 배양 접시에서의 수정 성공률과 동일하다.

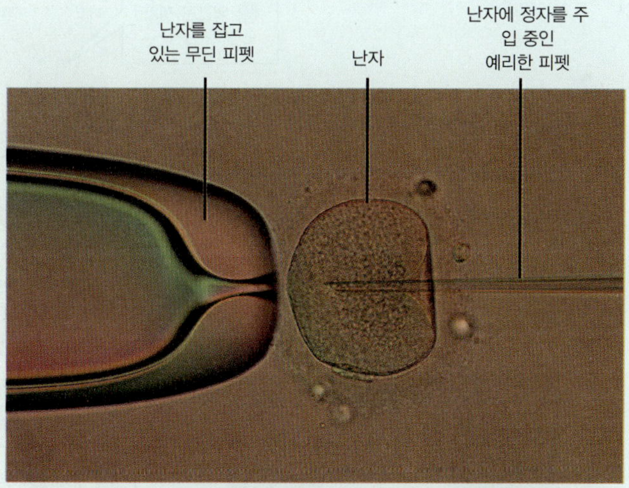


▲ **그림 E14-2 난자 세포질 내 정자 주입** 난자를 매끄러운 유리 피펫의 끝부분에 고정시킨다. 난자의 세포질 안으로 아주 작고 예리한 피펫으로 한 개의 정자 세포를 직접 주입한다.

있는데, 이 난모세포와 부속세포들이 **난포(follicle)**를 이룬다 (그림 14-42 ❶). 난포발생과 배란은 **월경주기(menstrual cycle)** 동안 시상하부, 뇌하수체 전엽, 난소 등이 생산하는 호르몬들의 상호작용에 의해서 조절된다. 대략 한 달에 한 번 시상하부는 GnRH를 분비하여 뇌하수체 전엽이 LH와 FSH를 방출하도록 자극한다. FSH는 십여 개의 난포들을 자극하여 발생을 시작시킨다❷. 증식된 난포세포들은 난모세포에 영양을 공급하고 또한 에스트로겐을 방출한다. 보통 월경주기 동안 하나의 난포만이 완전히 성숙한다❸. 성숙한 난포가 분비하는 에스트로겐 양의 증가로 LH가 급증하면, 제1난모세포는 감수분열 1기를 완료하고 제2난모세포 하나와 극체 하나로 분열된다. 또한 LH의 급증으로 난포가 난소의 표면에서 파열되어 제2난모세포를 방출하는 **배란(ovulation)**이 일어난다❹. 제2난모세포가 수정되지 않는 한 감수분열 2기는 일어나지 않는다. 일부 난포세포들은 난자와 함께 난소를 떠나지만, 대부분의 난포세포들은 난소에 남아❺ **황체(corpus luteum)**가 된다❻. 황체는 에스트로겐과 프로게스테론을 분비한다. 에스트로겐과 프로게스테론의 협동으로 GnRH, LH, FSH가 더 이상 분비되지 않으면, 난포의 성장도 일어나지 않게 된다. 난자가 수정에 실패하면 황체는 며칠 내로 퇴화된다❼.

한 쌍의 난소는 난소에서 자궁에 이르는 **난관(uterine tube**, 수란관 또는 나팔관이라고도 함)의 열려진 끝 근처에 위치한다(그림 14-40 참조). 난관의 입구에 있는 난관채의 섬모가 흐름을 일으켜 배란된 난자를 난관 속으로 모아 들인다. 이곳에서 난자는 정자를 만나 수정된다. 난관의 섬모가 난관을 따라 수정란을 **자궁(uterus)**으로 운반한다.

자궁의 벽에는 두 겹의 층이 있다. 안쪽 막인 자궁내막은 모체와 배아 사이에서 산소, 이산화탄소, 영양소, 노폐물 등을 교환하는 구조인 **태반(placenta)**의 일부가 된다. 자궁의 바깥쪽 근육 벽은 자궁근층이라 하는데 분만 중에 수축하여 태아를 자궁 밖으로 밀어낸다.

자궁의 아래쪽 끝은 **자궁경부(cervix)**에 의해 닫혀 있다. 자궁경부는 자궁에서 발생 중인 태아가 빠져나가지 못하도

▼ 그림 14-42 **여포 발생** 편의상 이 그림은 월경주기에 맞춰 여포발생의 모든 단계를 왼쪽 아래에서부터 시계방향으로 보이고 있다. 실제의 난소에서는 모든 단계가 절대로 같은 시간에 나타나지 않으며 난포는 분화하면서 난소 주변으로 움직이지 않는다.

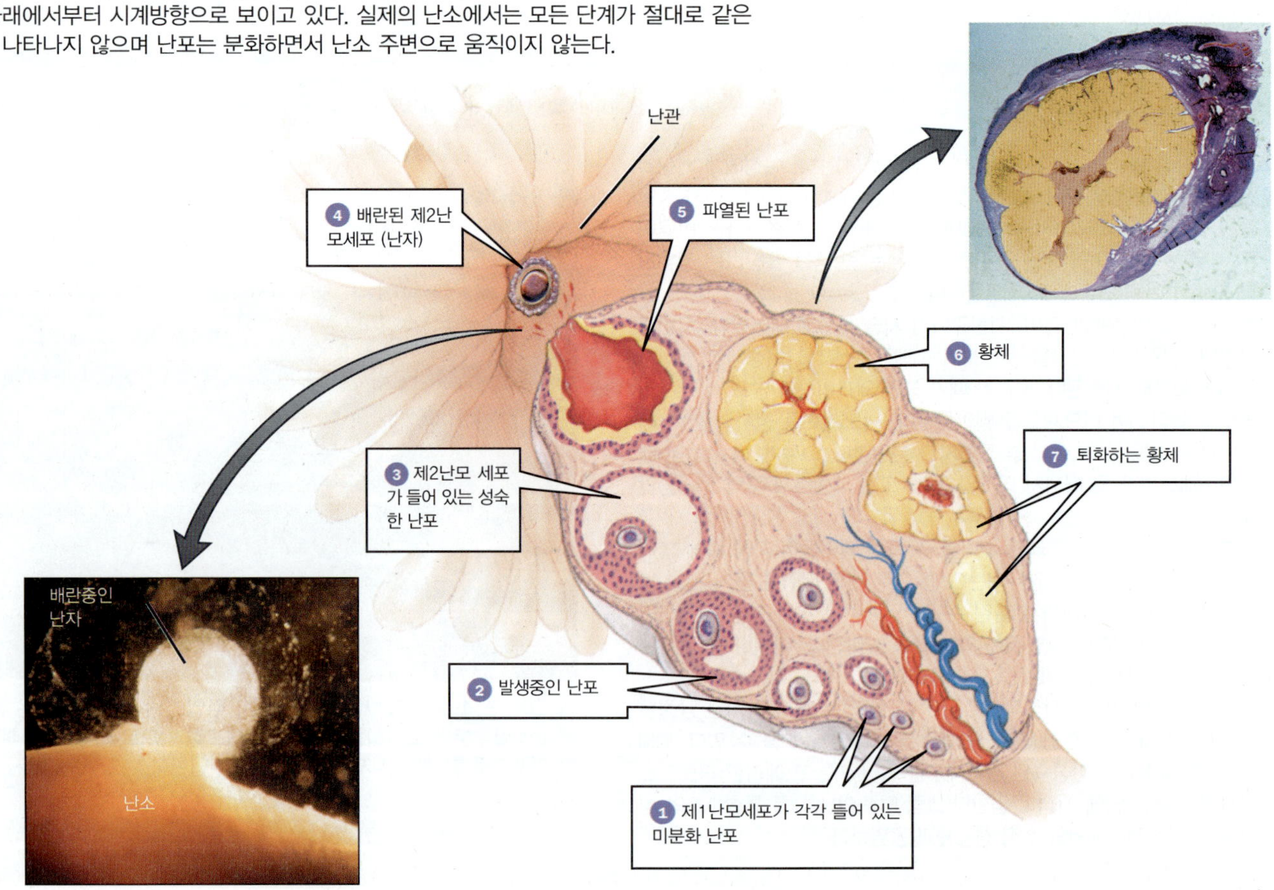

록 하고 있다가 분만 중에는 넓어져서 태아가 나올 수 있도록 해준다. 자궁경부 다음은 밖으로 열려 있는 **질(vagina)**인데 성교 중에는 음경과 정자를 받아들이며 산도로서의 역할도 맡고 있다. 질 벽은 산성 상태를 유지해 감염 가능성을 감소시킨다.

난포에서 분비되는 에스트로겐은 자궁 내막이 두꺼워지도록 그리고 분비선 및 혈관망이 발달하도록 자극한다. 배란 후에는 황체에서 방출되는 에스트로겐과 프로게스테론이 자궁내막의 발달을 더욱 자극한다. 그리하여 난자가 수정되면 배아가 자궁에 도달하여 착상하겠지만, 수정되지 않으면 황체는 퇴화되고 두꺼워졌던 자궁내막도 떨어지게 된다. 그러면 자궁이 수축하여 자궁내막 조직을 밀어내는 과정인 월경이 일어난다.

그러나 수정이 일어나면 배아는 자궁에 착상한 직후 **융모성 생식소자극호르몬(chorionic gonadotropin, CG)**을 분비한다. 이 호르몬은 황체를 살아 있게 해준다. 황체는 임신 첫 몇 달 동안 에스트로겐과 프로게스테론을 분비하여 자궁내막을 계속 증식시킴으로써 임신을 유지한다. 임신 진단키트는 모체의 오줌 속으로 배출되는 약간의 CG를 확인하는 것이다.

## 수정 시에 정자의 핵과 난자의 핵이 융합한다

성교 중 음경은 정자를 질 속으로 방출한다. 정자는 자궁경부와 자궁을 지나 난관으로 들어간다. 정자는 여성 생식관 내에서 2일 내지 드물게는 4일간 살 수 있지만, 미 수정된 난자는 하루쯤 살 수 있다. 따라서 배란 후 1~2일 내에 성교가 일어난다면 정자는 한 쪽 난관 안에서 난자를 만날 수 있을 것이다.

난자는 난포세포들에 의해 둘러싸인 채로 난소에서 배란되는데, 이 난포세포와 젤리 같은 투명대는 정자와 난자 사이의 장벽이 된다. 정자는 분해 효소를 방출해 난자에 접근하는데, 정자수가 모자라면 방출 효소량이 불충분해져 접근이 어렵다. 사정된 수억 마리의 정자 중에서 수백 마리만이 난자의 장벽을 공격하는 데 참여한다. 결국 한 마리의 정자와 난자의 원형질막이 융합되어 정자의 머리가 난자의 세포질로 들어간다. 정자가 들어가면 난자에 두 가지 중요한 변화가 일어난다. 첫째, 투명대를 강화시켜 다른 정자가 난자에 못 들어오게 한다. 둘째, 난자가 감수분열 2기를 속행한다. 마침내 정자와 난자의 핵이 융합함으로써 수정이 완료된다.

난관이 막혀 있거나 남성의 정자수가 적은 경우에는 인공수정이나 시험관아기시술(IVF)을 고려해 볼 수 있다.

## 피임은 어떻게 하는가?

임신의 위험 없이 섹스하기를 원하는 사람들이 많다. 그러나 생식능력을 제한하는 것은 예로부터 쉬운 일이 아니었다. 효과적인 **피임(contraception)** 기술은 1970년대 이후가 되어서야 나타났다.

가장 확실한 피임 방법은 정자 혹은 난자가 통과하는 길을 막거나 끊는 불임시술이다. 정관절제술은 간단하며, 건강이나 성적 능력에 대한 나쁜 영향도 알려져 있지 않다. 여성은 난관을 자르거나 묶어 임신을 못하도록 하는, 보다 복잡한 난관결찰수술을 할 수가 있다.

이에 비해 일시적 피임 방법은 손쉽게 임신을 방지하는 한편 임신의 가능성이 항상 열려 있다. 이는 세 가지 원리를 이용한다. (1) 배란 억제, (2) 난자와 정자의 만남 방해, 그리고 (3) 자궁 내 착상 방지.

복합 경구 피임제에는 합성 에스트로겐과 프로게스테론이 들어 있다. 사후피임약으로 흔히 알려져 있는 응급 피임약에는 프로게스테론의 수용체에 작용하는 화학물질이나 고용량의 프로게스테론이 들어 있다. 둘 다 배란을 막는다.

정자와 난자가 만나지 못하도록 하는 장벽 방법에는 대표적으로 콘돔이 있다. 살정제와 함께 사용하면 더욱 효과적이다.

장기적인 피임법으로는 **자궁내장치(intrauterine device, IUD)**가 알려져 있다. 자궁경부를 통해 자궁에 삽입된 채로 수 년 동안 있게 된다. 임신 확률 1% 이하로 아주 효과적이고 제거하는 즉시 임신할 수 있다.

월경주기의 배란시기 동안 성교를 참는 피임법은 신뢰할 수 없다. 배란시기를 정확히 알기 어렵기 때문이다. 게다가, 정자가 몇 일간 생존할 수 있으므로 배란 전 여러 날 동안 성교를 피해야 한다. 음경 빼기와 질 세척도 전혀 믿을 수 없는 피임법이다.

대부분의 피임 기술은 여성을 위한 것이다. 이는 아마도 다음의 세 가지 이유 때문일 것이다. 첫째, 남성이 아니라 여성이 임신을 하고, 여성이 임신과 출산의 위험을 감수하며, 여성이 남성보다 육아에 더 많은 역할을 해야 한다. 둘째, 남성용 피임법의 개발이 훨씬 어려웠다. 셋째, 꽤 많은 남성

## 줄기세포의 미래

동물 성체의 많은 세포들은 신경이나 근육세포 같은 특정 종류의 세포로 영구 분화되어 있으며 분열할 수 없다. 일부 성체세포는 분열할 수 있지만 딸세포는 한두 가지 종류로만 분화할 수 있다. 그러나 줄기세포(stem cell)는 분화하지 않으면서 여러 번 분열할 수 있고, 몇 가지 종류로 분화하는 딸세포를 만들어낼 수도 있다. 줄기세포의 의학적 잠재력은 대단하여 손상된 조직이 재생될 수만 있다면 심장 마비, 뇌졸중, 척수 손상, 관절염에서 파킨슨병에 이르는 퇴행성 질환의 환자가 그 혜택을 볼 수 있을 것이다.

줄기세포에는 3가지 종류가 있다. 첫째는 **배아줄기세포(ESC)**로 보통 배반포의 내세포괴에서 얻어진다. 물론 정상적인 배아의 내세포괴 속 줄기세포들은 몸 전체를 구성하는 모든 종류의 세포가 될 수 있다. 배양 중인 배아줄기세포는 분화인자를 제대로 혼합하여 특정한 분화 경로를 따르도록 유도할 수만 있다면 모든 종류의 세포가 될 수 있을 것이다(그림 E14-3).

두 번째는 근육, 피부, 골수, 지방, 뇌, 심장 등 대부분의 성체 기관에 소량으로 존재하는 줄기세포이다. 이들은 어린이에서도 존재하지만 보통 **성체줄기세포(ASC)**라 불린다. ASC는 자신을 뽑아낸 조직을 구성하는 몇 가지 종류의 세포로만 분화될 수 있다. 세 번째는 줄기세포가 아닌 성체의 세포에 특정 유전자의 전사를 조절하는 몇 가지 유전자나 분자를 삽입하여 형질전환시킴으로써 만들어내는 **유도다능성줄기세포(iPSC)**이다. iPSC는 어떠한 종류의 세포로도 분화될 수 있다.

실제 임상에서 사용되고 있는 유일한 줄기세포는 ASC이다. 예를 들어 모든 종류의 혈구세포를 만들 수 있는 골수의 ASC는 수십 년간 백혈병, 빈혈, 면역결핍증 등의 치료에 사용되어 왔다. 요즘은 뼈에 구멍을 뚫어 골수를 빼내는 대신 혈구 형성 ASC를 흔히 기증자의 혈액에서 '걸러내고' 있다. ASC는 수십 년간 말과 개의 뼈, 인대, 건 등의 손상을 치료하는 데도 사용되어 왔다. 건과 인대의 손상을 치료받기 위해 ASC 주사를 맞은 사람도 적은 수이긴 해도 벌써 있다. 크론병, 선천성 심부전, 말초동맥경화 등의 성체줄기세포 치료가 현재 임상시험 중이다.

▲ 그림 E14-3 배반포의 내세포괴에서 추출한 배아줄기세포의 배양

들이 호르몬 피임방법을 사용하려 하지 않았다. 그럼에도 불구하고 남성 피임에 대해 연구는 꾸준히 진행되고 있다.

## 14.12 동물의 발생

### 동물 발생이란?

**발생(development)**이란 다세포생물이 자라면서 조직화되고 복잡해지는 과정으로, 보통 수정란에서 시작하여 **유생(larva)**을 거쳐 **성체(adult)**가 되는 것으로 끝난다. 유생과 성체의 모습이 크게 다른 일부 동물의 경우에는 **변태(metamorphosis)**가 필요하다. 세포의 분열과 더불어 세포의 구조와 기능이 특화되는 **분화(differentiate)** 및 세포의 활발한 이동이 일어난다는 점이 특징이다.

### 동물의 발생은 어떻게 진행되는가?

발생 메커니즘은 모든 동물에서 비슷하다. 초기 발생 연구는 주로 양서류를 대상으로 진행되었는데, 그 이유는 연중 내내 짝짓기가 가능하고, 알의 수가 많은데다가 크고 다루기가 쉬우며, 물속에서 발생하여 관찰이 용이했기 때문이다.

발생은 수정란의 유사분열인 **난할(cleavage)**로 시작된다. 수정란은 매우 큰 세포이다. 개구리의 경우, 평균 세포보다 수백만 배는 크다. 난할 도중 세포의 성장이 없기 때문에, 난할이 진행될수록 세포의 크기가 점점 작아진다. 몇 번의 세포분열 후 **상실배(morula)**가 되고 상실배 내에 공간이 생기면 **포배(blastula)**가 된다. 난할의 패턴은 종에 따라 다르며 부분적으로는 난황의 양에 의해 결정된다. 포배에서 표면에 있던 세포들은 이윽고 새로운 위치를 찾아 대대적으로 이동하는데, 이를 **낭배형성(gastrulation)**이라 한다. 낭배형성은 포배의 한쪽 면에 **원구(blastopore)**라고 하는 움푹 들어간 부분이 생기면서 시작된다. 원구는 포배 내로 점점 들어가 내강을 형성하고 이는 결국 소화관으로 발전한다. 이동한 세포들이 배아에 3개의 층을 형성하게 되면 이것을 **낭배(gastrula)**라 부른다. 원구를 통해 안으로 이동해 들어온 세포(노란색)를 **내배엽(endoderm)**이라고 하는데 이에서 간, 췌장, 기도 등이 생겨난다. 바깥쪽에 남게 되는 세포(파란색)는 **외배엽(ectoderm)**이라고 하는데 이에서 피부, 털, 손발톱 같은 표피구조와 신경계가 생겨난다. 외배엽과 내배엽 사이로 이동한 세포들은 세 번째 층(분홍색)인 **중배엽(mesoderm)**이 되는데 이에서 근육, 골격, 순환계 등이 생겨난다.

낭배형성 다음 단계는 세 배엽으로부터 몸의 기관이 형성되는 **기관형성(organogenesis)**이다. '**마스터(master)**'유전자를 켜고 끄는 것과 **세포예정사(programmed cell death)**가 중요한 역할을 맡고 있는 과정이다.

동물의 완전한 육상생활은 양막란의 진화로 가능해졌다. 양막란을 갖는 양막류(파충류, 조류, 포유류)의 배아는 자신의 '개인 연못' 속에서 발생한다. 양막란에는 4종류의 **배외막(extraembryonic membrane)**이 있다. 파충류에서 **융모막(chorion)**은 알 껍질의 안쪽을 덮으며 배아와 외부환경 사이에서 산소와 이산화탄소를 교환한다. **양막(amnion)**은 배아를 '개인 연못' 속에 가둬두고, **요막(allantois)**은 노폐물을 분리하며, **난황낭(yolk sac)**은 난황을 싸고 있다. 모체 내에서 발생이 일어나고 발생을 주로 태반에 의지하는 포유류의 경우에도 4개의 배외막이 있고 발생에 필요하기까지 하다.

## 발생은 어떻게 조절되는가?

배아 및 성체를 이루는 거의 모든 세포와 접합자는 동일한 유전자, 즉 온전한 성체를 만드는 데 필요한 모든 유전자를 갖고 있다. 그러나 특정 세포 하나만을 놓고 보면 일부 유전자만이 사용되고 대부분의 유전자는 사용되지 않는다. 그러니까 발생 동안의 세포분화는 유전자 발현의 차이 때문에 일어난다.

### 난자 속의 모계 분자가 배아의 초기 분화를 지시한다

접합자의 모든 세포질은 수정되기 전에 난자에 이미 존재하고 정자는 거의 핵만을 제공한다. 그러므로 세포분화의 열쇠는 세포질에 있다. 특정 전사인자나 mRNA를 수정란의 세포질 속에 치우치게 갖고 있으면 이들은 난할에 의해 분리되어 초기 배아세포의 운명을 빨리 정하게 된다. 전사인자란 어떤 유전자를 켜고 끌 것인지를 조절하는 단백질을 말하는데, 세포의 운명은 이 전사인자에 달려 있다. 많은 유전자들의 활성을 조절하는 마스터유전자의 산물은 전사인자다.

일부 동물에서처럼 모계 분자들의 세포질 내 위치가 세포의 운명을 조기에 결정하는 경우도 있지만, 포유류에서는 초기 세포의 운명이 그렇게 빨리 정해지는 것이 아니다. 포유류에서는 세포 간 상호작용에 의해 발생운명이 보다 점진적으로 결정된다.

### 세포 사이의 화학적 소통이 배아 발생을 조절한다

발생 중의 세포는 가까이 있는 다른 세포들이 방출하는 화학적 신호물질에 반응하는 과정, 즉 **유도(induction)**를 통해 분화한다. 1900년대 초 발생학자들은 이식 실험을 통해 세포의 운명이 미리 결정되어 있는 것이 아니고, 이식된 곳의 발생 운명을 따르도록 유도된다는 것을 알아냈다. 1920년대에 한스 슈페만과 힐데 만골드는 양서류 배아의 원구 부근에 위치한 특정 세포 집단이 머리와 신경계를 어디에서 만들지 유도한다는 것을 밝혀냈다. 이들은 지금 **형성체(organizer)**라 불린다(그림 14-43).

### 호메오박스 유전자가 체절 전체의 발생을 조절한다

초파리, 개구리, 사람 등 다양한 동물에서 발견된 **호메오박스 유전자(homeobox gene)**에는 특히 중요한 마스터유전자군이 들어있다. 호메오박스 유전자는 신체 특정 부위의 발생에 영향을 미치는 전사인자를 암호화하고 있다. 호메오박스 유전자는 초파리에서 처음 발견되었는데, 어떤 호메오박스 유전자에 돌연변이가 일어나자 날개가 한 쌍 더 달렸다.

호메오박스 유전자는 머리에서 꼬리 쪽 순서로 염색체 상에 배열되어 있고 발생을 조절하는 부위에서 전사된다.

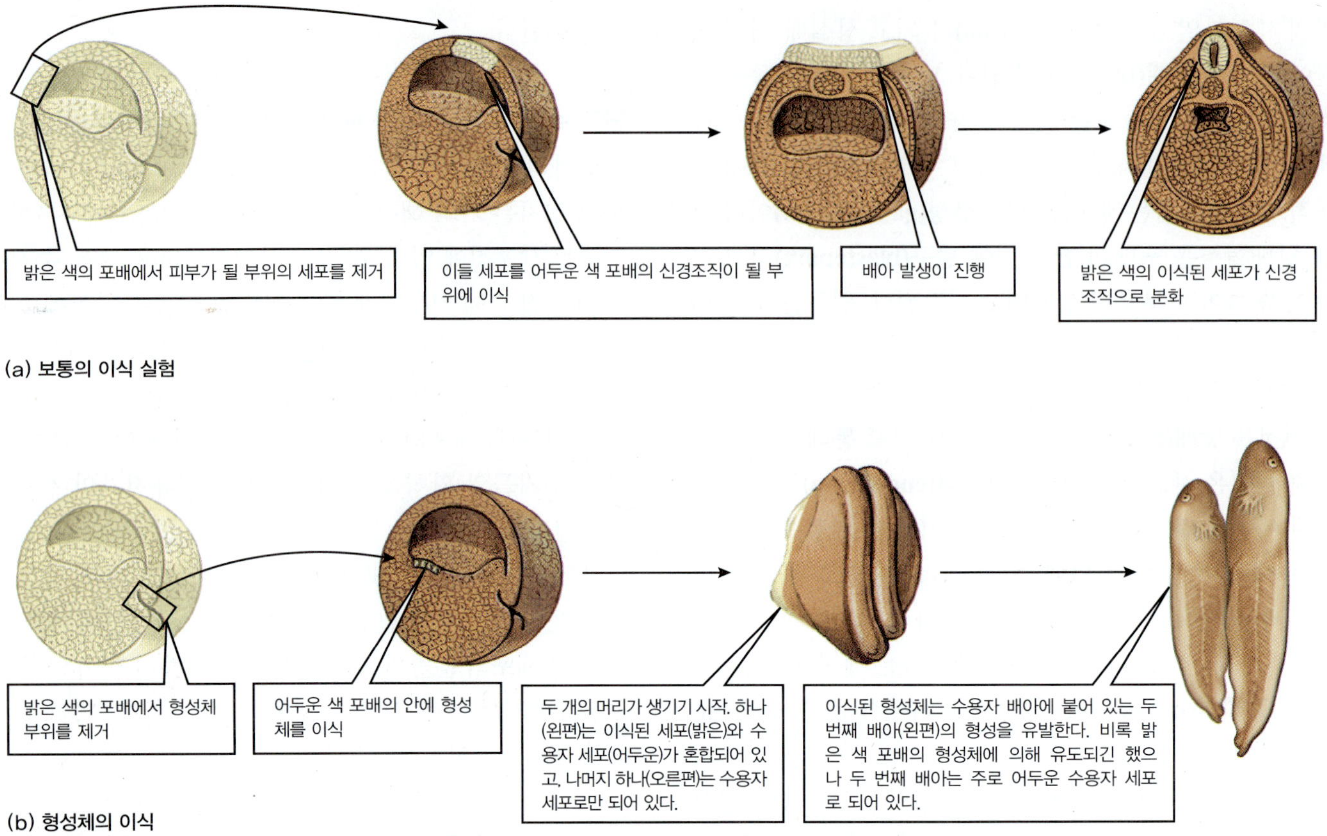


▲ **그림 14-43 유도** 대부분의 발생에서 어떤 주어진 세포의 운명은 주변에 있는 다른 세포의 영향을 강하게 받는다. **(a)** 양서류 포배의 일부를 두 번째 배아에 이식하면 주변 세포는 흔히 이식편이 그 부위의 특징을 나타내도록 유도한다. **(b)** 그러나 원구 주위의 형성체를 다른 배아에 이식하면 이들은 수용자의 주변 세포들이 두 번째 배아의 구조 대부분을 발생하도록 유도한다.

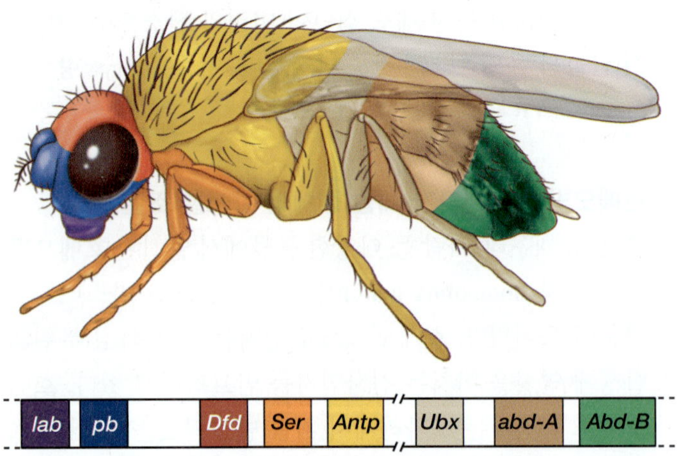


▲ **그림 14-44 호메오박스 유전자가 체절 발생을 조절한다** 염색체 상의 호메오박스 유전자 순서는 체절 발생에서의 역할과 일치한다. 초파리에서 각 호메오박스 유전자는 머리에서 꼬리 쪽 순서로 같은 색으로 표시한 체절에서 작용한다.

예를 들면 '머리' 호메오박스 유전자는 배아의 머리에서, 그리고 '꼬리' 호메오박스 유전자는 꼬리에서 전사된다(그림 14-44).

## 사람의 발생은 어떻게 이루어지는가?

동물 발생의 일반적인 원리는 사람의 초기 발생에도 그대로 적용된다.

### 세포 분화, 낭배형성, 기관형성이 임신 첫 2개월 동안 일어난다

사람의 난자는 보통 난관에서 수정된다. 접합자는 난관에서 몇 번의 난할을 거친 다음 상실배의 상태로 자궁에 도착한다. 수정 후 5일째면 접합자는 포배 단계인 **배반포(blastocyst)**가 된다. 배반포는 **내세포괴(inner cell mass)**라 불리는 세포덩어리와 이를 둘러싸는 바깥 세포층으로 나뉜다. 내세포괴의 세포는 신체의 모든 조직으로 발생할 수 있는

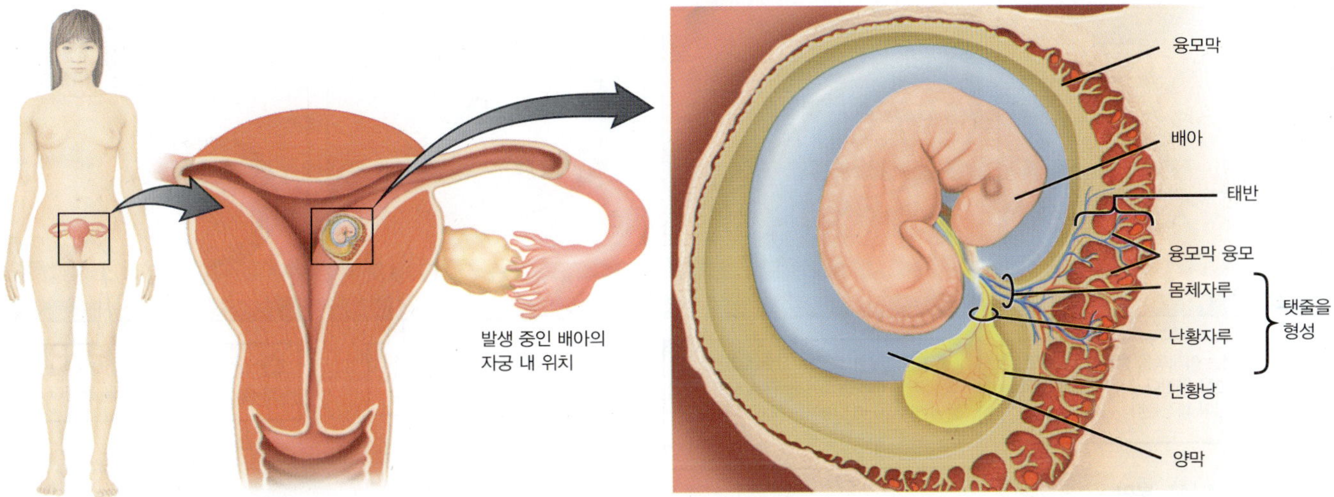


▲ 그림 14-45 **4주째의 사람 배아** 배아는 자궁 속으로 불거져 있고 태반은 한 쪽에 제한되어 있다. 몸체자루와 난황자루가 합쳐져 탯줄을 형성하고 탯줄은 배아와 모체 사이에서 노폐물과 양분을 교환한다.

잠재력을 갖고 있다. 내세포괴는 사람의 배아줄기세포를 만드는 데 쓰이는 재료이기도 하다. 수정 후 6일에서 9일째쯤 **착상(implantation)**이 일어난다.

낭배 형성은 수정 후 2주째 끝 무렵에 시작된다. **배반(embryonic disc)**의 양막 측 세포층에서 양서류의 원구에 해당하는 틈이 생기며, 이 틈을 통해 세포들이 배반 안쪽으로 이동하여 중배엽, 내배엽을 형성한다. 표면에 남은 세포들은 외배엽이 된다.

발생 3주째가 되면 척수와 뇌가 생기기 시작하고 4주초가 되면 심장이 박동하기 시작한다. 이 시기에 배아는 양수에 잠긴 상태로 자궁 내강 속으로 불거져 나오게 되고(그림 14-45), 난황자루와 몸체자루는 합쳐져 탯줄이 된다. 4주와 5주째에 꼬리와 인두열(어류 배아의 아가미와 상동인, 머리 뒷부분의 굴곡부, 그림 14-46)이 나타나지만, 발생이 진행되면서 사라진다.

수정 후 2개월 말이 되면 배아가 사람의 모양을 갖추게 되어 이때부터는 **태아(fetus)**라고 부른다.

## 성장과 발생은 임신 후반부 7개월 동안에도 계속 진행된다

뇌와 척수가 성장함에 따라 행동이 나타나기 시작하며, 빠르면 임신 3개월에 엄지손가락을 빨고 움직이고 자극에 반응한다. 폐, 위, 장, 신장 등이 커지며 기능도 할 수 있게 된다. 약 38주가 만삭이지만 의학적 도움만 있으면 32주 이상의 태아들도 자궁 밖에서 살 수 있다.

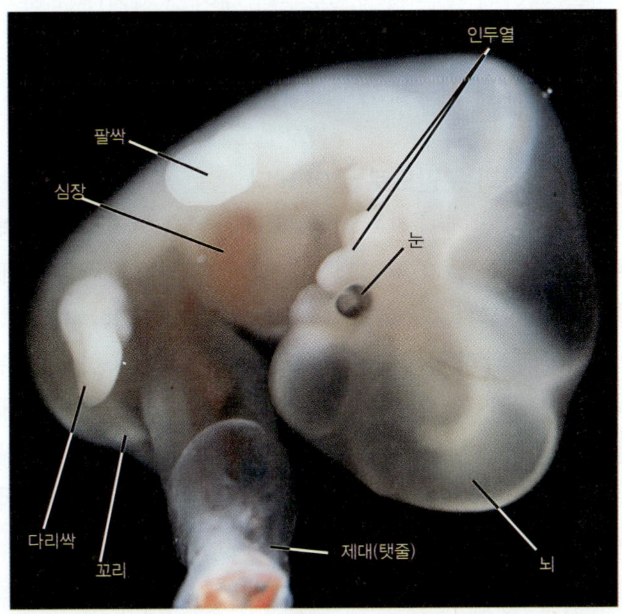


▲ 그림 14-46 **5주째의 사람 배아** 5주가 끝날 때쯤 사람의 배아는 몸의 절반이 머리이다. 꼬리와 인두열이 뚜렷하고 이는 사람과 다른 척추동물의 진화적 유연관계에 대한 증거이다.

## 태반은 모체와 태아 사이에서 물질을 교환한다

착상 후 며칠 동안에는 배아가 자궁내막에서 직접 영양분을 섭취한다. 이후 수주에 걸쳐 배아와 자궁내막이 합쳐지면서 **태반(placenta)**이 형성된다. 배반포의 바깥층인 융모막에서 손가락 같이 생긴 융모막융모가 자궁내막으로 자란다. 자궁내막의 일부 혈관이 파괴되어 모체 혈액으로 이루어진 풀(pool)이 생기면 융모막융모가 여기에 잠긴다. 산소는 모체에서 배아로 확산되고, 양분은 모체에서 배아 쪽으로 능동수송되며, 노폐물은 태아의 혈액에서 모체 혈액 쪽

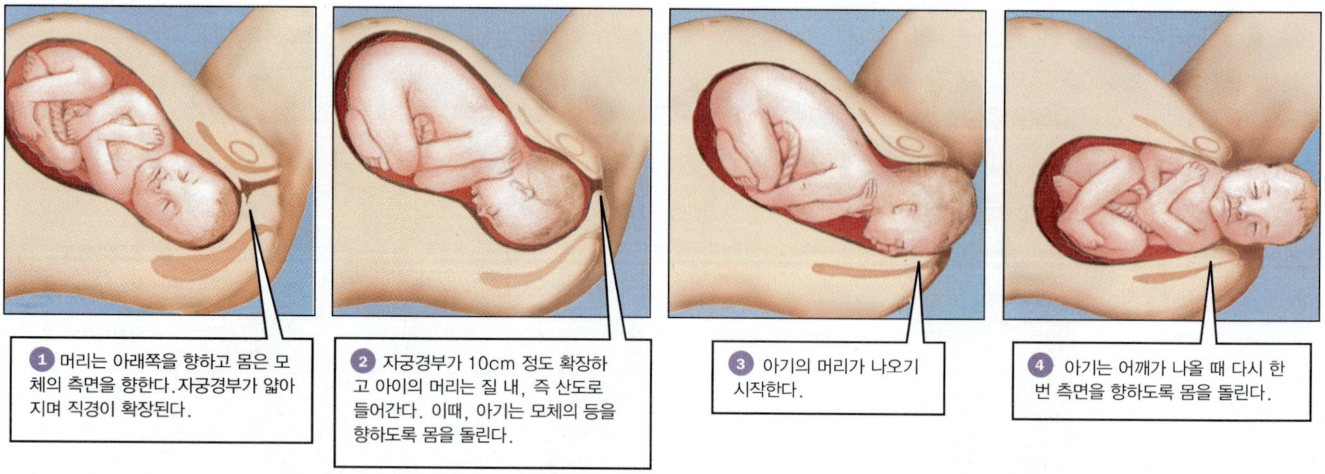


▲ 그림 14-47 **분만**

으로 확산된다.

비록 태반이 많은 공격으로부터 태아를 지켜내긴 하지만, 완전하게 보호할 수 있는 것은 아니다. 질병을 유발하는 일부 생물과 많은 유해 화학물질이 태반을 건너기도 한다.

### 임신은 진통과 분만으로 끝이 난다

임신 마지막 달에 태아는 보통 자궁 안에서 머리를 자궁경부에 댄 자세를 유지한다. 출산은 대개 9개월째의 끝 무렵에 분만(labor)이라는 자궁의 수축으로 시작된다(그림 14-47).

골격근과 달리 자궁 평활근은 자발적으로 수축하고 수축 경향은 자궁의 확장으로 더욱 강화된다. 태아가 성장함에 따라 자궁근도 계속 확장되는데, 출산 몇 주 전부터 가끔씩 수축이 일어나기도 한다(가진통). 자궁이 수축하면 태아의 머리를 자궁경부 쪽으로 밀면서 자궁경부를 확장시킨다. 경부의 확장은 옥시토신 호르몬 분비를 자극한다. 옥시토신은 자궁 수축을 자극하여 태아를 더욱 세게 경부 쪽으로 밀고, 경부가 더욱 확장되고, 그러면 이는 더 많은 양의 옥시토신을 방출시킨다. 이러한 양성피드백은 자궁경부가 충분히 넓혀져 태아가 빠져나올 때까지 계속된다.

### 모유 분비는 임신 호르몬에 의해 촉진된다

여성의 유방에서 젖을 만들어내는 **유선(mammary gland)**은 지방조직으로 둘러싸여 있고 인대에 의해 흉벽에 고정되어 있다. **소엽(alveolus)**에서 만들어진 젖은 유관을 거쳐 유두로 분비된다.

유아에게 젖을 먹이기 위해서는 3단계의 일이 필요하다. 첫 번째 단계는 젖 생산을 준비하는 것이다. 두 번째 단계는 젖을 분비하는 수유이다. 출산 직후 태반이 자궁에서 떨어지면 에스트로겐과 프로게스테론 농도는 크게 줄지만 프로락틴 농도는 여전히 높게 유지되는 일이 일어난다. 그러면 에스트로겐과 프로게스테론의 억제로부터 풀려나 프로락틴이 수유를 자극한다. 세 번째 단계는 젖 사출 반사이다. 아기가 젖을 빨면 유두가 자극되어 시상하부로 신호가 가고 이에 따라 뇌하수체 전엽이 프로락틴과 옥시토신을 방출한다. 옥시토신은 유선 주위의 근육을 수축시켜 소엽 속의 젖을 유관 속으로 방출시킨다.

출생 후 첫 수일 동안, 유선은 **초유(colostrum)**라고 하는 노르스름한 액체를 분비한다. 초유에는 단백질이 풍부하며 신생아를 일부 질병으로부터 보호해줄 모체의 항체가 들어있다.

### 노화는 발생의 마지막 단계인가?

**노화(aging)**란 필수적인 생물 분자, 특히 DNA의 손상이 차츰 누적되어 세포 기능에 결함이 생기고, 건강이 악화되어, 결국 죽음으로 이어지는 과정이다. 젊은 사람들은 쉽게 손상을 회복하지만 나이 들면 왜 신체의 손상을 회복하지 못하는 것일까? 많은 동물에서 노화는 예정된 일로 노화의 시간과 속도가 유전적으로 정해져 있는 것 같다. 유대류 쥐의 수컷은 모든 에너지를 교미에 쏟아 부어 소진한 뒤 1~2주일이 안 되어 죽지만 암컷은 이십여 년을 산다.

수천 년 동안 사람들은 노화를 늦추고 수명을 연장시키기 위해 노력해왔다. 식사의 변화, 특히 영양가 높은 음식을 소량 먹는 것이 수명을 연장시킬 수 있다고 한다. 적어도 동물실험을 통해서는 그렇다.

# 부록

찾아보기

# 찾아보기

### ㅇ

**생명과학교재편찬회**

옮긴이

강태홍 김군도 김근중 김대현 김원신 김응삼 김응석 김일철 김형배 남동하
박기영 박순주 박종군 방성호 배 석 선상미 성치남 성하철 양승환 윤화경
이경본 이동현 이정현 이종은 이창호 이학영 이황희 임선영 임선희 임재환
임형탁 전방욱 전홍성 정계준 정병갑 정은영 정재성 정정남 정진웅 정현숙
조삼례 조영근 조현욱 진은정 최동욱 최상기 최준길 최한길 표병식 한원동

**엮은이**

**김군도 임재환 정병갑 정정남**

(가나다 순)

# 알기쉬운 생명과학 – 개념과 핵심

1판 인쇄 2020년 1월 21일
1판 발행 2020년 1월 25일

지은이 G.Audesirk, T.Audesirk, B.E.Byers
엮은이 생명과학교재편찬회
펴낸이 홍정수
펴낸곳 탐구당

출판등록 1950. 11. 1 서울 제 03-00993호
140-011 서울특별시 용산구 한강대로62 나길 6
대표전화 (02)3785－2211 | 팩스 (02)3785－2272
E-mail : tamgudang@paran.com
http://www.tamgudang.co.kr

ISBN 978-89-6499-044-5
값 28,000 원

이 도서의 국립중앙도서관 출판예정도서목록(CIP)은 서지정보유통지원시스템 홈페이지(http://seoji.nl.go.kr)와 국가자료공동목록시스템(http://www.nl.go.kr/kolisnet)에서 이용하실 수 있습니다.(CIP제어번호: CIP2020002298)